D1670540

Timothy O'Riordan (Hrsg.)

Umweltwissenschaften und Umweltmanagement

Springer
Berlin
Heidelberg
New York
Barcelona
Budapest
Hongkong
London
Mailand
Paris
Santa Clara
Singapur
Tokio

Timothy O´Riordan (Hrsg.)

Umweltwissenschaften und Umweltmanagement

Übersetzung von Armin Stasch

Mit 157 Abbildungen

Springer

Herausgeber:
Professor Dr. Timothy O´Riordan
University of East Anglia
School of Environmental Sciences
London
UK

Übersetzer:
Armin Stasch
Büro Stasch
Robert-Koch-Str. 14
95447 Bayreuth

Titel der englischen Originalausgabe:
Environmental Science for Environmental Management

This translation of „Environmental Science for Environmental Management" is published by arrangement with Addison Wesley Longman Limited, London.

ISBN 3-540-61210-6 1. Auflage Springer-Verlag Berlin Heidelberg New York

Die deutsche Bibliothek - CIP-Einheitsaufnahme
Umweltwissenschaften und Umweltmanagement / Timothy O´Riordan (Hrsg.). Über. Armin Stasch.- Berlin ; Heidelberg ; New York ; London ; Paris ; Tokyo ; Hong Kong ; Barcelona ; Budapest : Springer, 1996
ISBN 3-540-61210-6
NE: O´Riordan, Timothy [Hrsg.]

Herstellung: PRODUserv, Springer-Produktions-Gesellschaft, Berlin
Satz: Reproduktionsfertige Vorlage des Autors
Umschlaggestaltung: de´blik, Berlin
SPIN: 10495451 30/3020 - 5 4 3 2 1 0 - Gedruckt auf säurefreiem Papier

Geleitwort

Im Juni 1992 versammelten sich in Rio de Janeiro, Brasilien, 25 000 Menschen zur größten Konferenz aller Zeiten, die auf Grund der großen Zahl der teilnehmenden Präsidenten und Regierungschefs auch als «Welt-Gipfel» bezeichnet wird. Sie stand unter der Schirmherrschaft der Vereinten Nationen und befaßte sich mit den Themen Umwelt und Entwicklung. Es wurden u.a. folgende Fragestellungen betrachtet:

> Wie kann zwischen der Notwendigkeit zur Entwicklung und Verbesserung der menschlichen Lebensqualität und der wichtigen Verpflichtung, die Umwelt zu bewahren, die richtige Balance gefunden werden? Wie kann das Ziel einer nachhaltigen Entwicklung erreicht werden?

Die Konferenz war nicht nur ein Meilenstein für die Umwelt; daß Umweltthemen ein fester Bestandteil des politischen Alltags geworden sind, konnte nicht deutlicher demonstriert werden. Sie war auch ein Ereignis von großer Bedeutung für die Beziehung zwischen Wissenschaft und Politik. Weil die wissenschaftliche Gemeinschaft den Politikern und Verantwortlichen dieser Welt das Problem der globalen Erwärmung (einschließlich ihrer Unwägbarkeiten) klar verdeutlichen konnte, erwies es sich auf dieser Konferenz als möglich, nahezu alle Länder zur Unterzeichnung des Rahmenabkommens zur Klimaveränderung zu bewegen.

Der Welt-Gipfel in Rio war nur ein Anfang. Über Kernprobleme wie Forstwirtschaft und Artenvielfalt wurde keine Übereinkunft erreicht. Die Klima-Konvention ist ein großer Schritt vorwärts, aber eindeutige und verbindliche Maßnahmen müssen noch vereinbart werden.

Auf den betroffenen Gebieten bedeutet das Ergebnis des Gipfels eine enorme Herausforderung für die Wissenschaftler dieser Erde. Zum Beispiel spricht die Zielsetzung der Klima-Konvention von der Notwendigkeit, die Konzentration von Kohlendioxid in der Atmosphäre zu stabilisieren, nicht hinnehmbare Schäden am Ökosystem zu vermeiden, sicherzustellen, daß die weltweite Nahrungsmittelversorgung nicht gefährdet wird und Vorsorge für eine nachhaltige wirtschaftliche Entwicklung zu treffen. Um diese Anforderungen zu erfüllen, müssen die besten Fachkenntnisse in komplexen Bereichen der Naturwissenschaften, der Wirtschaft, der Risikoforschung und des menschlichen Verhaltens aufgeboten werden. Aber es wird noch mehr gefordert. Es ist ebenso notwendig, die Kenntnisse der Natur- und der Sozialwissenschaften quer durch die Disziplinen miteinander zu verknüpfen.

Genau dies ist für den interdisziplinären Ansatz, der den Schwerpunkt dieses Buches bildet, dringend erforderlich. Soll ein solcher Ansatz erfolgreich sein, so sind interdisziplinär nicht nur ein besseres gegenseitiges Verstehen und eine sehr gute Kommunikation nötig, sondern ein Maß an Austausch und Integration jenseits der normalerweise möglichen oder für ausreichend befundenen Horizonte. Die Themenauswahl der verschiedenen Kapitel wurde darauf ausgerichtet, aufzuzeigen, wie ein solcher Austausch und eine solche Integration realisiert werden können.

Auf Grund seiner Bandbreite und seines integrierenden Charakters wird dieses Buch in der Ausbildung von Umweltwissenschaftlern und -managern von besonderem Wert sein. Eine Frage, die sich immer stellt, wenn ein wissenschaftliches Lehrbuch geplant wird, betrifft das Gleichgewicht zwischen der Notwendigkeit einer breitgefächerten Themenauswahl und der ebenso nötigen Tiefe des Wissens. Es ist unabdingbar, daß die Studenten ein spezielles wissenschaftliches Problem in seiner gesamten Tiefe studieren, wenn sie begreifen sollen, worum es in der Wissenschaft überhaupt geht. Weil in den Umweltwissenschaften viele spezielle Probleme einen grundsätzlich multidisziplinären Charakter aufweisen, kann ihr Studium zu einem gründlichen Verständnis von mehr als nur einer Disziplin führen.

Viele Umweltprobleme werfen Fragen nach Werten auf, die weit über Betrachtungen des ökonomischen Wertes oder des Nutzens hinausgehen. Welchen Bereichen unserer Umwelt sollte z.B. der größte Wert beigemessen werden? Solchen Fragen ist viel Aufmerksamkeit gewidmet worden - ist es doch sehr einfach, diese Fragen zu stellen, angemessene Antworten zu finden aber sehr viel schwieriger. Wenn es darum geht, der Erde einen bestimmten Wert beizumessen und dabei eine ausgewogene Perspektive einzuhalten, ist es Voraussetzung, einen möglichst genauen Blick auf die Probleme mit einem interdisziplinären wissenschaftlichen Ansatz zu verknüpfen. Dieses Buch will dazu beitragen, eine solche Perspektive zu eröffnen.

Sir John Houghton
Vorsitzender der Royal Commission in Environmental Pollution,
Großbritannien

Dieses Buch ist dem Andenken von Lord Zuckerman, OM[1] FRS[2] gewidmet, der durch sein Beispiel und seine visionäre Führung viel für die Begründung der interdisziplinären Umweltwissenschaften getan hat.

---

1 Order of Merit, britischer Verdienstorden.

2 Fellow of the Royal Society, Mitglied der Königlichen Gesellschaft.

Danksagung

Im März 1990 hielt ich in der wunderbaren, von Wren[3] gestalteten Kirche von St. James Picadilly einen Vortrag über das Thema dieses Buches. Am Schluß der Diskussion fragte mich ein äußerst lebhafter Herr, ob ich wohl dazu bereit wäre, dies in ein Buch umzuwandeln, um den Menschen der Zukunft zu helfen, den Wert der Umweltwissenschaften besser einzuschätzen. Dieser Herr war Isador Caplan, der frühere Sekretär des Hilden Trust, einer karitativen Stiftung, die unter anderem Ausbildungsförderung betreibt. Folglich finanzierte der Hilden Trust die Vorbereitung dieses Buches, und meine Kollegen und ich sind sowohl Herrn Caplan als auch der Stiftung für Ihre Unterstützung äußerst dankbar. Außerdem möchte ich den Mitarbeitern von Longman Higher Education für die Unterstützung des Projektes und dafür, daß sie bei dessen Vorbereitung so hilfreich waren, danken. Und letztlich schulde ich all meinen Kollegen hier an der UEA großen Dank. Sie haben geduldig und bereitwillig ihre Kapitel vorbereitet, und sogar andere dringendere Pflichten konnten sie in ihrer Aufmerksamkeit nicht ablenken.

Wir danken den folgenden Stellen für die freundliche Genehmigung, urheberrechtlich geschützte Materialien zu verwenden:

Academic Press (London) Ltd. für Abb. 14.2 (Hamilton und Clifton 1979); American Society of Civil Engineers für Abb. 7.10 (Paice und Hey 1993); Annual Reviews Inc. für die zweite Abb. in Kasten 16.3 (Rasmussen 1990); R.P. Ashley für Abb. 13.1 und Abb. 13.2; Blackwell Scientific Publications für Abb. 14.3 (Ruivo 1972); Butterworth Heinemann Ltd. für die erste Abb. in Kasten 16.3 (Carter 1991); Cambridge University Press für die Abbildungen 6.1, 6.2, 6.3, 6.4, die Tabelle in Kasten 6.1 (Houghton, Jenkins und Ephraums 1990), Abb. 6.8 (Warrick und Rahman 1992), die zweite Abb. in Kasten 17.3 und Tabelle 17.1 (Holdern und Pachauri 1992); Defence Research Agency (Space and Communications Department) für Abb. 11.8 (Curran 1985); Earthscan Publications Ltd. für Abb. 6.6a (Parry 1990); Elsevier Science für Abb. A.1, Nachdruck aus: The Science of the Total Environment, 108, O'Riordan, The new environmentalism and sustainable development, 5–15, Copyright (1991) mit freundlicher Genehmigung von Elsevier Science Ltd., The Boulevard, Langford Lane, Kidlington, OX5 1GB, UK, Abb. 14.8, Nachdruck aus: Marine Pollution Bulletin, 12, Fonselius, Oxygen and hydrogen sulphide

[3] Sir Christopher Wren, engl. Architekt (1632–1723).

conditions in the Baltic Sea, 187–194 Copyright (1982) mit freundlicher Genehmigung von Elsevier Science Ltd, The Boulevard, Langford Lane, Kidlington, OX5 1GB, UK und für Abb. 18.5, Nachdruck aus: Journal of Chronic Diseases, 9, Cobb, Miller und Wald, on the estimation of the incubation period in malignant disease, 385–393, Copyright (1959), mit freundlicher Genehmigung von Elsevier Science Ltd., The Boulevard, Langford Lane, Kidlington, OX5 1GB, UK; Engineering Surveys Ltd (Incorporating Clyde Surveys) für die Abb. in Kasten 11.6 (Curran 1985); The Geographical Journal für Abb. 6.6b (Hulme, Hossell und Parry 1993); Harvard University Press für Abb. 18.4, nachgedruckt mit freundlicher Genehmigung des Verlegers von «AIDS in the World», herausgegeben von Jonathan Mann, Daniel J.M. Tarantola und Thomas W. Netter, Cambridge, Mass. Copyright 1992 durch den Präsidenten und die Mitglieder des Verwaltungsrates des Harvard College; Helgolander Meeresuntersuchungen für Abb. 14.4 (Ernst 1980); Her Majesty's Stationery Office für die Tabelle in Kasten 17.2 (Warren Spring Laboratory, im Namen der DOE, erstveröffentlicht in: Digest of Environmental Protection and Water Statistics 15, nachgedruckt mit freundlicher Genehmigung des Leiters des HMSO; Hodder & Stoughton Ltd. für Abb. 4.1 (Anderson 1977); Institute of Fisheries Management für die Abbildungen 7.13, 7.14, 7.16 und 7.17 (Hey 1992); IOP Publishing Ltd für die Abb. in Kasten 14.2 (Wood 1982); Kluwer Academic Publishers für die Abb. in Kasten 6.8 (Pittock und Nix 1986), nachgedruckt mit freundlicher Genehmigung von Kluwer Academic Publishers; Longman Group Ltd. für die Abbildungen 11.1, 11.3, 11.4, 11.9 und 11.10 (Curran 1985); National Radiological Protection Board für Abb. 18.6 (Hughes und O'Riordan 1993); Nature für Abb. 6.5 und Tabelle 9.1 (Wigley und Raper 1992) Copyright (1992) Macmillan Magazines Ltd; National River Authority Thames Region für Abb. 9.5; Oxford University Press für Abb. 3.5 und die Tabellen 3.2 und 3.3 (Willis und Benson 1989); Research Institute for Agrobiology and Soil Fertility (AB-DLO) für Abb. 14.1 (Salomons und de Groot 1978); The Royal Society für Abb. 14.6 (Royal Society 1983); Springer Verlag GmbH & Co. KG für Abb. 7.12 (Brookes 1987); Verlag Heinz Heise GmbH & Co KG für Abb. 13.3 (Foster 1985); John Wiley & Sons Inc. für Abb. 7.5 und Tabelle 7.1 (Winkley, Reponse of the lower Mississippi to river training and realignment, In: Hey, Bathurst und Thorne (Hrsg.) Gravel-bed Rivers) Copyright 1982 John Wiley & Sons Inc.; World Health Organization für die Abbildung in Kasten 18.1 (Beaglehole, Bonita und Kjellström 1993); Worldwatch Institute für Tabelle 1.1, Nachdruck aus: State of the World 1988, herausgegeben von Lester R. Brown *et al.*, mit Genehmigung von W.W. Norton & Company, Inc. Copyright 1988 durch Worldwatch Institute.

Obgleich jede Anstrengung unternommen wurde, die Inhaber der Urheberrechte ausfindig zu machen, erwies sich dies in einigen Fällen als unmöglich. Wir möchten diese Gelegenheit nutzen, um allen Inhabern von Urheberrechten, deren Rechte wir, widerstrebend, verletzt haben könnten, unsere Entschuldigung anzubieten.

Inhaltsverzeichnis

Verzeichnis der Autoren

Alle Autoren lehren an der Universität von East Anglia, Großbritannien und sind unten mit Nennung ihrer Position und ihrer Hauptforschungsgebiete in der Reihenfolge ihrer Beiträge aufgeführt.

Prof. Timothy O'Riordan, Fakultät der Umweltwissenschaften (Umweltpolitik)
Prof. Kerry Turner, Fakultät der Umweltwissenschaften (Umweltökonomie)
Dr. Ian Bateman, Fakultät der Umweltwissenschaften (Umweltökonomie)
Dr. Alastair Grant, Fakultät der Umweltwissenschaften (Marine Sedimentologie und Chemie)
Dr. John Barkham, Fakultät der Umweltwissenschaften (Ökologie und Ethik)
Prof. Keith Clayton, Fakultät der Umweltwissenschaften (Angewandtes Umweltmanagement)
Dr. Richard Hey, Fakultät der Umweltwissenschaften (Umweltgeomorphologie)
Dr. Karen Heywood, Fakultät der Umweltwissenschaften (Physische Ozeanographie)
Prof. Mike Stocking, Fakultät für Entwicklungsstudien (Bodenerosion und Landnutzungsmanagement)
Dr. Kevin Hiscock, Fakultät der Umweltwissenschaften (Umweltgeohydrologie)
Dr. Tim Jickells , Fakultät der Umweltwissenschaften (Biogeochemie)
Dr. Peter Brimblecombe, Fakultät der Umweltwissenschaften (Ökologische Chemie)
Frances Nicholas, Fakultät der Umweltwissenschaften (Umweltwissenschaften)
Dr. Simon Gerrard, Fakultät der Umweltwissenschaften (Risikoanalysen)
Dr. Gorden Edge, Fakultät der Umweltwissenschaften (Energiepolitik)
Dr. Keith Tovey, Fakultät der Umweltwissenschaften (Umwelttechnik)
Dr. Robin Haynes, Fakultät der Umweltwissenschaften (Epidemiologie und Gesundheitswissenschaften)

Einführung: Umweltwissenschaften in der Weiterentwicklung

Timothy O'Riordan

Science does not need qualifiers like 'good' or 'green', or suffixes like 'ism'. Adding the -ism is designed simply to bring science down to the level of the pseudo sciences such as Marxism or Creationism. People who do so think it a ticket of entry: actually it is a rejection slip.

Alex Milne im *New Scientist*, 12. Juni 1993

Eine Herausforderung an die Wissenschaft

Alex Milne spricht für viele Wissenschaftler, die ihre Kultur durch eine Welle populistischer Kritik bedroht sehen. Die Nonkonformisten behaupten, daß die etablierten Wege wissenschaftlichen Verhaltens gegen empfindliches und vorsorgendes Umweltmanagement gerichtet sind und dabei die elitären und ausbeuterischen Aspekte, die für alle Instrumente der Macht charakteristisch sind, widerspiegeln und reproduzieren. Zum Beispiel geben Wynne u. Meyer (1993) die Position der Umweltaktivisten wieder, wenn sie argumentieren, daß die Forschung ein hohes Maß an Kontrolle über das von ihr studierte Objekt anstrebt. Dadurch werden präzise Beobachtungen der Wechselbeziehungen zwischen einer kleinen Anzahl von Variablen möglich, so daß sich der «Regulierende» nur auf die Beziehungen beschränkt, deren Ursachen und Auswirkungen entweder beweisbar sind oder ziemlich unzweideutig aufgezeigt werden können.

Diese Vorgehensweise neigt dazu, den Regulierenden in die Defensive zu setzen. Es könnte eine große Zahl korrelierender Faktoren geben, die aus Mangel an Möglichkeiten oder ungeeigneter Aufzeichnungstechnik nicht mit entsprechender Sorgfalt gemessen werden. Der Regulierende aber hat in einer demokratisch-politischen Kultur im Umweltschutz ein angestrebtes Schutzmaß zu rechtfertigen. Ein Einspruch, z.B. durch einen Industriebetrieb, kann zu einer kosten- und zeitaufwendigen Berufung vor Gericht führen. So ist es wahrscheinlich, daß der Regulierende auf Nummer Sicher geht und den Umweltstandard oder das zugelassene Maß an Verschmutzung auf der Basis von Beweismaterial festlegt, welches vor Gericht Bestand hätte. Das wiederum ist auf konventionelle wissenschaftliche Methoden angewiesen. Daher wird der Kern wissenschaftlicher Technik im Rechtswesen und in behördlichen Entscheidungsprozessen über die Umweltqualität zur politischen Waffe.

Die Wissenschaft ist wertbesetzt, genau wie die Wissenschaftler, die ihr Geschäft ausüben. Das muß akzeptiert werden, obgleich es nicht immer erkannt wird. Wir sollten einsehen, daß der Prozeß der wissenschaftlichen Überprüfung auch entwickelt wurde, um offensichtliche ideologische Falten auszubügeln. Wichtiger ist der Glaube, daß die Praxis der Wissenschaft eine nicht nachhaltige wirtschaftliche und soziale Kultur stärken könnte. Weil wir nicht wissen, wo die Grenzen der Nachhaltigkeit liegen, könnte der wissenschaftliche Ansatz eine Rechtfertigung dafür liefern, Veränderungen des Planeten zu bewirken, die jenseits seiner Toleranzgrenzen liegen. Doch selbst wenn man auf Nummer Sicher geht, kann der wissenschaftliche Ansatz durchaus unabsichtlich das trügerische Gefühl der Sicherheit vermitteln, daß wir die Freiheit hätten, in beliebiger Weise mit der Erde umzugehen. Deshalb ist die Kritik an die Rolle und das Selbstbewußtsein der Wissenschaft gerichtet. Und das in einer Welt, die sich zum ersten Mal zu dem Versuch aufrafft, die eigenen menschlichen Ausdünstungen zurückzuhalten und den nur auf sich selbst ausgerichteten privaten Unternehmen weltweit Verpflichtungen aufzuerlegen. Bis heute bestimmen deren Eigenschaften das Wesen des Fortschritts und der materiellen Sicherheit. Sie herauszufordern erfordert Kühnheit und hieb- und stichfeste Argumentationen.

Die Wissenschaft ist Angriffen ausgesetzt, aber sie bleibt in den meisten Bereichen bei ihren Traditionen. Doch es gibt auch Veränderungen. Es ist die kreative Beziehung zwischen der Beibehaltung grundlegender Prinzipien wissenschaftlicher Methodik und der Anpassung an neue Realitäten bezüglich der Rolle der Wissenschaft in menschlichen Angelegenheiten, die die modernen Umweltwissenschaften formt. Dieser Zusammenhang bildet den Rahmen für die folgenden Kapitel.

Umweltwissenschaften und Interdisziplinarität

Lange Zeit hat man die Umweltwissenschaften mit den Geowissenschaften gleichgesetzt. Vor allem, da sie das Studium der Atmosphäre, des Landes und der Ozeane sowie der großen chemischen Kreisläufe, welche die physikalischen und biologischen Systeme durchziehen, umfassen und dies alles miteinander in Beziehung setzen. Für die meisten Bereiche der Lehrinhalte umweltwissenschaftlicher Kurse, z.B. in der höheren Ausbildung im Vereinigten Königreich, ist dies noch der Fall. Im kontinentalen Europa und speziell in den USA gilt dies weniger. Dort finden sich gewöhnlich auf breiterer Basis begründete und stärker interdisziplinäre Lehrgänge.

Eine Studie für das Britische Ministerium für Erziehung und Wissenschaft aus dem Jahre 1993 zeigte auf, daß 1988 nur 21 höhere Bildungsstätten Umweltwissenschaften oder Kurse für Umweltstudien anboten, mit 27 weiteren geplanten professionellen Spezialprogrammen für Umweltgesundheit, -technologie und -ingenieurwesen. Bis 1992 offerierten insgesamt 35 Institutionen Umweltwissenschaften oder verwandte Lehrgänge mit 71 angebotenen speziellen Umweltausbildungsgängen. Heutzutage sind diese Themen von großem Interesse und erfreuen sich reger Nachfrage, aber die Definition dessen, woraus die Umweltwissenschaften eigentlich bestehen, muß noch genauer erarbeitet werden. Es ist in Mode gekommen, alle möglichen wissenschaftlich basierten Lehrgänge als «grün» zu betiteln – und das zur größten Verärgerung von Herr Milne und der Tradition, für die er so vehement eintritt.

Die Studie des Britischen Ministeriums für Erziehung und Wissenschaft warf einen genaueren Blick auf das, was ein spezielles Umweltprogramm ausmacht. Es sind dies Lehrgänge, die in erster Linie gestaltet wurden, um:

- das Umweltverständnis der Studenten zu entwickeln, es auf die Bereiche der Natur- und Sozialwissenschaften zu lenken, und/oder
- eine berufsbezogene Ausbildung für die verschiedensten Umweltpraktiker bereitzustellen.

Wir sehen, daß die Umweltwissenschaften in immer stärkerem Maße interdisziplinär werden, die Menschen auf eine *Weltbürgerschaft* vorbereiten und sie darauf trainieren, flexible und dennoch kompetente Analytiker und Entscheidungsträger zu werden. Dies sind keine Ziele, die sich leicht in einem Studium unterbringen lassen, geschweige denn in nur einem Fachbereich.

Die Interdisziplinarität unterscheidet sich von der Multidisziplinarität darin, daß sie auf gemeinsame Themen der Prozesse und Entwicklungen abzielt, die sowohl physikalische als auch soziale Systeme umfassen. Normalerweise ist dafür eine enge Zusammenarbeit zwischen Lehrern und Studenten bezüglich der studierten Phänomene vonnöten. Multidisziplinariät setzt dagegen auf Information, Analyse und Verständnis durch eine Vielfalt an Disziplinen, strebt aber kein breiteres und integriertes Verständnis des «Was?» und «Warum?» an. Sie ist verwaltungstechnisch einfacher zu verwirklichen und weniger vom guten Willen und der Toleranz der Praktiker abhängig.

Wie man aus der Diskussion in Kasten 0.1 ersehen kann, meint Interdisziplinarität viel mehr als nur das Ineinandergreifen von Fachrichtungen. Das wäre die Multidisziplinarität, wie sie sich in den Überlappungsbereichen der etablierten Disziplinen darstellt. Interdisziplinarität bedeutet, verstärkt übertragbare Wissenschaft in den politischen Bereich einzubringen und sich mit der Öffentlichkeit auseinanderzusetzen. Und dies aus dem Grund, weil ein gesellschaftliches Verständnis für die Durchführung von Wissenschaft, gerade im Hinblick auf die große Ungewißheit, auf die Wertekonflikte und die Mehrdeutigkeit von Daten, lebenswichtig ist.

Wir werden in diesem Buch oft feststellen, daß derzeitige Untersuchungen eine Funktion der Einstellung der Wissenschaftler, der Forschungsbedingungen und des nationalen Blickwinkels sind. Erhebungen über die Methanproduktion von Reisfeldern variieren um einen Faktor von über 200. Wie kann ein Verfahren gefunden werden, um den Beitrag eines gegebenen Landes zum Treibhauseffekt zu messen? Ähnlich hängt die Verteilung angekündigter *Umweltsteuern* oder zugelassener Schwefeldioxid-Emissionen entscheidend von glaubwürdigen Datensammlungen und deren Übertragbarkeit ab. Interdisziplinarität bezieht sich also auf eine *machbare* oder eine *öffentliche Wissenschaft* und umfaßt außerdem multidisziplinäre Ansätze.

Interdisziplinarität ist unbestreitbar schwierig zu verwirklichen, da:

- die moderne wissenschaftliche Tradition ihre Kultur nicht ohne weiteres mit anderen Wissens- und Geistesbereichen teilt,
- ein beruflicher Aufstieg in der Wissenschaft eher beschleunigt wird, wenn eine genaue Überprüfung die Grundlagen der Forschung und die gleichbleibend hohe Qualität der Forschungsmethode bestätigt,
- eine mehrfache Autorenschaft die Integration vieler Disziplinen einschließt sowie aufwendig und zeitraubend sein kann, obwohl diese mehrfache Autorenschaft mit steigender Anerkennung als Basis der Karriereförderung gelten kann und sich letzten Endes auch lohnt,
- viele der etablierten höheren Bildungsstätten es als zu schwierig erachten, aus altgedienten Abteilungen für Einzeldisziplinen eine Form der Interdisziplinarität zu erzeugen, besonders aus jenen, die ein hohes wissenschaftliches Ansehen genießen und mit einem steten Fluß an Forschungsmitteln ausgestattet sind.

Das bewirkt, daß die Interdisziplinarität bisher weder die besten und intelligentesten Gelehrten begeistern, noch, daß sie in den Abteilungen der Umweltwissenschaften Fuß fassen konnte. Interdisziplinarität ist nicht nur eine Frage der Integration. Sie ist die Basis für einen neuen Weg, Umweltprobleme zu erkennen, zu charakterisieren, zu interpretieren, zu analysieren und zu lösen. Sie umfaßt nicht nur wissenschaftliche Forschung, sondern auch eine fruchtbare Beziehung zwischen denen, die eigenverantwortlich handeln und entscheiden müssen, und jenen, die auf der Basis verschiedener Forschungsmethoden Entscheidungsgrundlagen aufbereiten und ihren Rat anbieten.

Betrachten wir z.B. die vieldiskutierte Frage der Umweltbesteuerung. In den Kap. 2 und 3 sowie in den Kap. 1 und 19 werden wir sehen, daß es wichtige Gründe dafür gibt, für den Lebensstil, für den wir uns entschieden haben, auch aufzukommen, d.h. *alle* entstehenden Lebenskosten zu begleichen. Das wiederum bedeutet für die Wirtschaft, den Markt so auszuweiten, daß Gewinne aus lebenswichtigen Umweltschutzmaßnahmen oder solchen, die unsere Lebensqualität verbessern, berücksichtigt werden können. Beispiele wären der Schutz bodenstabilisierender Vegetation in Hanglagen, humusreicher Oberböden oder die Beendigung des kommerziellen Walfangs zugunsten des Walschutzes. Das bedeutet auch, jene Menschen, die für die Inanspruchnahme der Umwelt bzw. für den Nutzen, den sie aus Schutzmaßnahmen ziehen, nicht bezahlen wollen, zur Verantwortung zu ziehen; sei es in Form einer Steuer oder durch den Handel mit Genehmigungen.

Kasten 0.1 Interdisziplinarität und Multidisziplinarität

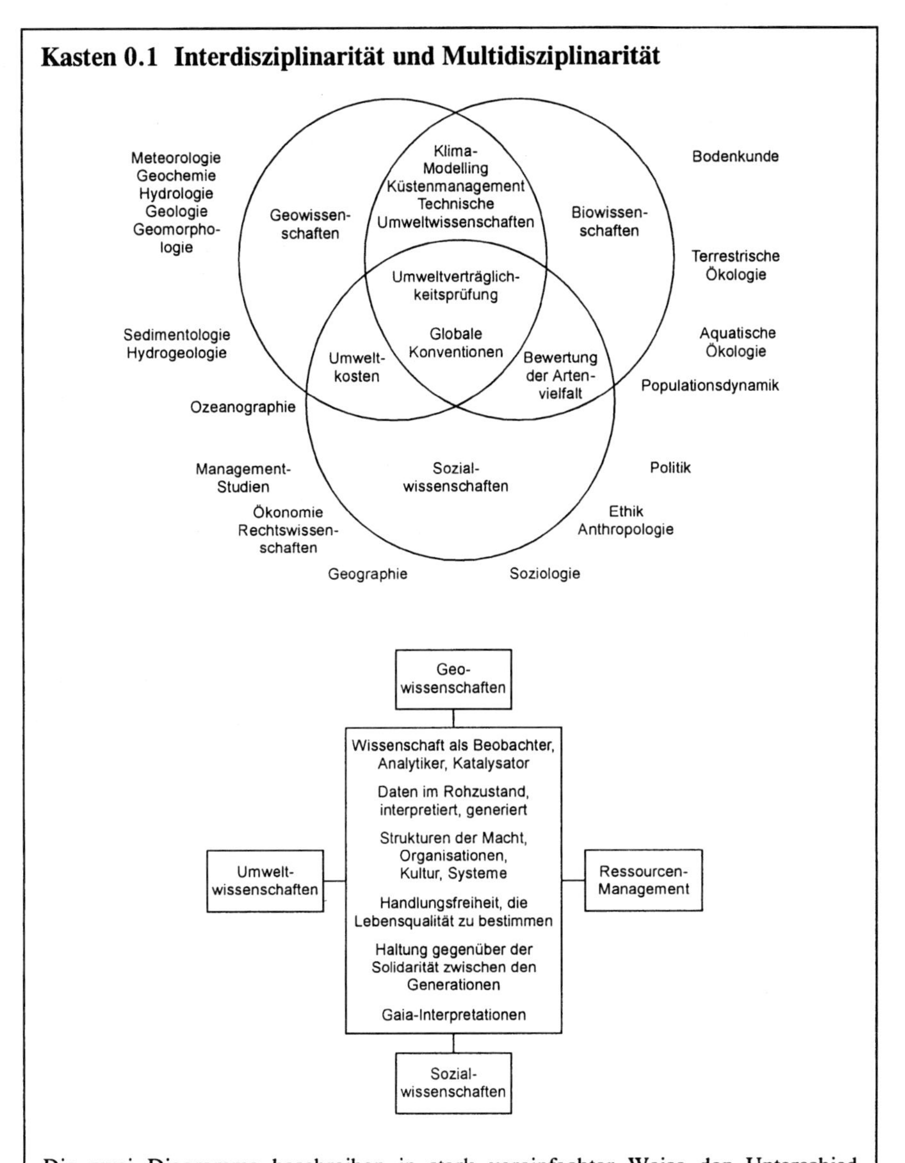

Die zwei Diagramme beschreiben in stark vereinfachter Weise den Unterschied zwischen Interdisziplinarität und Multidisziplinarität. Im ersten Fall beeinflussen sich die drei Wissenschaftszweige, namentlich die Geowissenschaften, Biowissenschaften und Sozialwissenschaften nur selten. Jede von ihnen hat ihre eigenen Entfaltungsbereiche, und die interessanten Forschungsgebiete finden sich keineswegs nur innerhalb der Überlappungsbereiche der Einzeldisziplinen. Aber gerade dort läßt sich z.B. das Klimasystem sehr erfolgreich untersuchen, und auch das Gebiet der Umweltökonomie entwickelt sich in den Räumen zwischen Ökonomie und Ökologie. Im sich

Fortsetzung n.S.

Kasten 0.1 ***Fortsetzung***

stets ausweitenden Bereich der Umweltverträglichkeitsprüfung (UVP) findet sich öfter eine eher formale Multidisziplinarität. Zugegebenermaßen ist diese Methodik selbst heute, ein Vierteljahrhundert nachdem die Amerikaner als erste diesen Ansatz im Nationalen Umweltgesetz von 1969 einführten, mehr eine Mischung aus auf vorherbestimmten Konzepten basierenden Kleingutachten als ein wirklich integratives Verfahren.

Damit sich das Prinzip der UVP bewährt, muß mehr getan werden, als nur die Disziplinen zu integrieren. Es muß darüber hinaus für eine feste Anleitung gesorgt werden, nach der sich Projektentwicklungen richten sollen. Interdisziplinarität berücksichtigt die Kräfteverteilung durch einen Informationsaustausch, der wahrscheinlich zu Beeinflussungen, Veränderungen oder sogar zu Übernahme von Werten und Reaktionen führt. Und sie erkennt, daß Informationen eine Funktion von Wissen, Erfahrung und Macht sind. Mit anderen Worten, die lebenswichtigen Zutaten für eine UVP müssen von den Menschen kommen, deren Interessen direkt betroffen sind. Es handelt sich bei dieser Feststellung nicht um einen Fall von wohlgemeintem Liberalismus: es ist die Anerkennung der Tatsache, daß diejenigen, die eine Ressource über Generationen genutzt haben, die besten Sachverständigen sind, wenn es darum geht, die Auswirkungen einer Veränderung abzuschätzen.

Diese Interdisziplinarität funktioniert auch dann noch, wenn eine herkömmliche Umweltprüfung oder die Politik bei einem Projekt versagen. Sie stellt einen neuen Ansatz beim Sammeln und Interpretieren von Daten dar. Sie anerkennt die Notwendigkeit, Informationen nach verschiedenen politischen und ethischen Gesichtspunkten abzuwägen, und gibt denen mehr Macht, die normalerweise von solchen Vorgängen ausgeschlossen sind.

Vorausgesetzt, daß die Mittel, die eine Gesellschaft aufbringen muß, um eine genutzte Naturressource zu ersetzen oder Schäden an ihr zu beheben, ein Maß für die Kosten der Nutzungsrechte an diesen Ressourcen abgeben können; dann sind Wirtschaftsfachleute in Zusammenarbeit mit Biogeochemikern, Ökologen, Hydrologen u.a. auch in der Lage, vernünftige Schätzungen über den ökonomischen Wert von Schutzmaßnahmen anzustellen. Solche Berechnungen können allerdings niemals exakt sein; sie können nur Annäherungen auf der Basis der derzeit genauesten Schätzungen sein. Wenn der Preis für die Nutzung einer Naturressource zu niedrig ist, wird er nicht den beabsichtigten Effekt haben. Auch wenn andauerndes, umweltschädigendes oder umwelterhaltendes Verhalten den Marktverhältnissen angepaßt wird, könnte die systematische Unterschätzung drohender Verluste von *Umweltleistungen* zu weiteren Zerstörungen führen. Werden z.B. Umweltsteuern erst einmal erhoben, dann wird ein bestimmtes Verhalten quasi legalisiert und folglich in Zukunft wesentlich schwieriger durch etwaige Steuererhöhungen zu beeinflussen sein.

Ist der Preis zu hoch, würden nicht nur die realen volkswirtschaftlichen Kosten steigen, weil Investitionen über Gebühr in Richtung Umwelterhaltung gelenkt würden, ohne daß dies durch die Netto-Erträge gerechtfertigt wäre. Es könnte auch die Unabhängigkeit der Wissenschaft in Frage gestellt werden, die sich nicht mit jenen berät und abstimmt, die die Kosten zu tragen haben.

Kasten 0.2 Über das Wesen der Interdisziplinarität

Es ist bekannt, daß Kinder unter einem Alter von 5 Jahren *holistisch*[2] denken, so wie viele Menschen, die nicht den Vorteil einer strukturierten wissenschaftlichen Ausbildung genießen können. Interdisziplinarität umfaßt das Verschmelzen von Wissen zu allgemeinen Konzepten und die Anwendung von Ideen als Ganzem zur realistischen Lösung von Problemen. Echte Interdisziplinarität hat wahrscheinlich nie existiert, da dieses Phänomen *per definitionem* die Vereinheitlichung von Konzepten vorsieht, die als eigenständig gedachte Gebilde geschaffen wurden. Das käme dem Versuch gleich, eine Orange aus den einmal getrennten Segmenten und ihrer Haut wieder zusammenzusetzen. Mit etwas Geschick und Klebstoff käme zwar eine glaubwürdige Orange zustande, aber sie wäre ein ersonnenes, kein lebendiges Gebilde. So können wir zwischen Multi- bzw. Pluridisziplinarität und wirklicher Interdisziplinarität unterscheiden. Die ersten beiden sind im wesentlichen synonym: die letzte ist eine Fusion *ab initio*. Das ist der Grund für die Verwirrung um diesen Begriff. Der Weg der Multidisziplinarität ist die in einem Rahmen festgelegte Koordination von Spezialisten, wobei Integration nur mit Mühe und oft durch Zufall zustande kommt. Echte Interdisziplinarität ist ein grundsätzlich einzigartiger Ansatz in der ganzen Wissenschaft.

Dennoch ist es möglich, einige allgemeine Ansätze, die sowohl die Natur- als auch die Sozialwissenschaften umfassen, zu bestimmen. Hier sind vier, die vielversprechend erscheinen:

1. *Chaos* ist ein Konzept, das es erlaubt, dynamische Systeme in ihrer Unberechenbarkeit und mit ihren unbestimmbaren Verhaltensmustern zu begreifen. Chaos existiert in Regierungsinstitutionen genauso wie in der Welt der Quantenphysik oder der Dynamik von Wirbelstürmen. Der entscheidende Punkt ist, daß man von den Prinzipien lernt, die für die jeweils verschiedenen Umstände gelten.
2. *Soziales Lernen* ist der Prozeß, bei dem Lebewesen durch intelligentes Schlußfolgern ihre natürliche Umwelt begreifen und durch den sie mit Weitsicht oder vorbereiteter Anpassung handeln. Dieses Prinzip der vorsorgenden, aber evolutionären Anpassung kann unabdingbar sein, um auf Umweltstreß reagieren zu können.
3. *Dynamische Gleichgewichte* kommen in der Natur überall vor, gewöhnlich aber im entropischen Sinne, daß nämlich die Gleichgewichte über Zeiträume hinweg verschoben oder auf dynamisch stabile Verhältnisse neu eingestellt werden. Dies könnte der Grund für Schwankungen im Sauerstoff- oder Schwefelkreislauf sein und ebenso für den Kohlenstoffkreislauf oder die menschliche Population gelten.
4. *Fähigkeit zur Transferleistung und evolutionäre Anpassung*. Dies ist eine andere Version von Nummer 3. Die Fähigkeit zur Transferleistung ist der *Ausdauer* ähnlich und fordert vom Individuum Kooperation, Wettbewerb, Gerechtigkeit und Respekt, bezieht sich aber auch auf das Wohl der Gruppe. Diese Prinzipien beinhalten auch solche der wechselseitigen Beeinflussung und des Teilens, um zu gewährleisten, daß adäquate Überlebensbedingungen aufrecht erhalten werden. Die Fähigkeit zur Transferleistung muß mit physikalischen und ökologischen Parametern wie Toleranz und Anpassungsfähigkeit in Verbindung gesetzt werden.

Fortsetzung n.S.

[2] Holismus: philos. Ganzheitslehre.

Kasten 0.2 ***Fortsetzung***

Dies alles könnte ein Überdenken der Ansprüche an die wissenschaftliche Ausbildung und die Verbindungen zwischen Ausbildungsstätten und Industrie, Handel und Verwaltung nötig machen. Es sollte Entfaltungsmöglichkeiten für die Universitäten und Colleges geben, um mit Organisationen zusammenzuarbeiten, die mit Politikanalysen und der Lösung von Umweltproblemen beschäftigt sind. Es gibt außerdem noch die Möglichkeit gemeinsam betreuter Promotionen, Partnerschaften zwischen Universitäten und unterstützenden Institutionen. Solche Promotionsprogramme würden sowohl die Ausbildung als auch die Fähigkeit, Probleme zu lösen, fördern.

Etwas Derartiges geschah in Norwegen. Zur Empörung der Schiffahrts- und Transportindustrie wurde eine hohe Energiesteuer erhoben, um die CO_2-Emissionen, den Hauptverursacher des Treibhauseffektes (vgl. Kap. 6), zu senken. Die Industrie fühlte sich angesichts einer überwiegend die Wasserkraft nutzenden Energiewirtschaft und gegenüber den Nachbarstaaten, die keine Energiesteuer erhoben, massiv benachteiligt. Schließlich wurde die Energiesteuer gesenkt. Norwegen plant, die zulässigen CO_2-Emissionen anderer Staaten zu Preisen aufzukaufen, die unter den Kosten einer Emissionssenkung im eigenen Lande liegen. In globaler wie auch wirtschaftlicher Hinsicht ist dies die kostengünstigste Strategie. Sie hätte jedoch von Anfang an etabliert werden können, wenn die Planungen jene, über deren Lebensgrundlage sie gerade entscheiden, in stärkerem Maße konsultiert hätten - besonders im Hinblick auf das hehre Ziel der Beachtung des Verursacherprinzips.

Der Fall Norwegens wird gewöhnlich als Beispiel einer «joint implementation» angeführt, eines bilateralen Handels zwischen zwei CO_2-Emittenten, die beide danach streben, die Kosten der gemeinsamen Handlungen zu minimieren. Aus globaler Sicht ist an diesem Ansatz nichts falsch. Leider erhöht aber jedes CO_2-Molekül - egal, wo es freigesetzt wird - die Emissionsbilanz und damit den Treibhauseffekt. Aus politischer und ethischer Sicht könnte man daher die *joint implementation* als Rückschritt betrachten. Norwegen strebt im Umweltschutz eine führende Rolle an: die Strategie der joint implementation mag zwar ökonomisch effizient sein, ist in diesem Zusammenhang aber politisch sehr gefährlich.

Interdisziplinarität ist nicht nur eine Sache verstärkt integrierender Theorien und größerer Verschmelzung der Disziplinen. Sie zielt auf einen praktisch ausgerichteten Forschungsstil, der seine Themen umfassender diskutiert und mehr Beteiligung zuläßt. Ebenso muß sie auf den institutionellen Rahmen, innerhalb dessen Forschung und Analyse gefördert werden, einfühlsam reagieren. Der Begriff «institutioneller Rahmen» bezieht sich auf die Praxis des Lernens und der Verständigung, auf Verhaltensmuster und Beurteilungsnormen wie auch auf die einbezogenen Organisationen und deren Wechselbeziehungen untereinander. Zum Beispiel kann in einem gewissen institutionellen Rahmen die Beteiligung einer betroffenen Gruppe illusorischen Charakter haben und nur um ihrer selbst willen gewährt werden, um also den Status quo zu sichern. Dies geschieht dort, wo Informationen nicht frei verfügbar sind, wo Kommunikationsabläufe von angestellten Beratern bestimmt werden, und dort, wo es keine Mechanismen gibt, die die Aufgeschlossenheit gegenüber anstehenden Problemen erzwingen. In den USA z.B. sind Chemiefirmen verpflichtet, sich mit ihren Gemeinden über tolerable toxische Emissionen zu beraten. In Großbritannien hingegen werden solche Informationen nur an jene weitergegeben, von denen die Chemiefirmen annehmen, daß sie informiert werden sollten. In den USA gibt es die Möglichkeit rechtlicher Sanktionen gegen Firmen, die das Programm zur Öffentlichkeitsbeteiligung ablehnen. In Großbritannien sind Arrangements mit der Öffentlichkeit reine Ermessenssache des Unternehmens.

Die Umweltwissenschaft als Forschungszweig muß sich in konfliktträchtigen Strukturen zurechtfinden, die durch Macht, Vorurteile, Druck und Lobbyismus gekennzeichnet sind. Kein Problem wird von allen Hauptbetroffenen auf die gleiche Art gesehen. Zwangsläufig wird über den Weg der Problemlösung, ja sogar über die Notwendigkeit dazu, Uneinigkeit herrschen. Die meisten der Kohle-, Öl- und Gasproduzenten weigern sich zum Beispiel, die wissenschaftlichen Hauptthesen zur Klimaerwärmung in vollem Maße anzuerkennen. Sie fordern eine Verbesserung wissenschaftlicher Vorhersagen, um die dadurch gewonnene Zeit für die Erwirtschaftung weiterer Profite zu nutzen, die sie teilweise in erneuerbare Energien, Maßnahmen zur Energieeinsparung oder gänzlich andere Produktlinien investieren wollen. Sie würden eine Energiesteuer akzeptieren, aber nur, wenn die Steuereinnahmen von ihnen selbst für die Suche nach alternativen Energiequellen verwendet werden können. Es gibt je nach Staat große Unterschiede hinsichtlich der Praxis, Steuern zweckgebunden zu erheben. In den USA, Deutschland und auch in Japan ist die direkte Erhebung zweckgebundener Steuern zulässig. In Großbritannien, Frankreich und Italien ist das nicht der Fall. Die zweckgebundene Besteuerung gewinnt - wie insgesamt der Bereich der Umweltsteuern - zunehmend an Bedeutung. Obwohl Großbritannien in dieser Hinsicht keine entschiedene Politik betreibt, leitete der Finanzminister im Haushaltsplan vom Herbst 1993 £1,25 Mrd. aus der Mehrwertsteuer auf häusliche Brennstoffe in Form von Steuererleichterungen und Subventionen für die Wärmeisolierung von Häusern zu den Verbrauchern zurück. Zusätzlich brachte er £70 Mio. für eine Aufstockung des Hausenergie-Effizienz-Programmes auf, teils aus den genannten Brennstoffsteuern, teils aus den zusätzlichen £1,6 Mrd., die die Erhöhung der Benzinpreise, der Straßenbenutzungssteuer und der Steuer auf KFZ-Versicherungsbeiträge dem Staat einbrachten.

Die Umweltsteuerpolitik wird die fiskalen Bereiche in der nächsten Zukunft voraussichtlich dominieren. Dennoch gerät gerade die Diskussion über ein so grundlegendes ökonomisches und politisches Thema wie das der Umweltsteuer auf Grund wissenschaftlicher Unsicherheit, organisatorischer Voreingenommenheit und politischer Manipulation ins Stocken. All diese Schwierigkeiten verkörpern jedoch den Bereich, in dem Interdisziplinarität notwendig ist. Deshalb ist die moderne Umweltwissenschaft zwar eine schwierige Herausforderung, aber auch eine faszinierende Sache - wenn sie *richtig* betrieben wird.

Die Erweiterung der wissenschaftlichen Tradition

Es hat schon immer eine lebhafte Debatte über Definitionen und Ziele von Wissenschaft gegeben. Eine Kostprobe dieses Disputs wurde zu Beginn dieses Buches gegeben. Urteile werden nur schwer revidiert, Ansichten unermüdlich verteidigt. Ein Teil des Problems liegt in der gegenseitigen Fehlinterpretation der Positionen einzelner Beteiligter. Die Wissenschaft versucht, sich auf der Basis grundlegender Prinzipien, Theorien, Gesetze und Hypothesen weiterzuentwickeln. Im wesentlichen sind dies Aussagen und Interpretationen über eine Reihe von Bedingungen, die von kontinuierlicher Überprüfung durch Experiment, Beobachtung, Bestätigung und Wiederholung abhängig sind.

Dies sind angemessene Verfahren. Sie bilden die Basis der Sozial- und auch der Naturwissenschaften. Wie wir gesehen haben, liegt das Problem nicht in der Zulässigkeit dieser Verfahren - sie ist zweifelsohne gegeben; die Frage dreht sich darum, ob sie durch andere Urteils- und Dialogformen ausgeweitet werden sollen, um auf breiterer Front eine Partnerschaft mit der Gesellschaft eingehen zu können. Dies würde der Wissenschaft helfen, sich ihrer Zuständigkeit für problematische gesellschaftliche Entwicklungen bewußt zu werden, insbesondere, da sie ernsthaft nach der Wahrheit sucht.

Lassen Sie uns zuerst einen Blick auf die wissenschaftlichen Methoden werfen, wie sie allgemein verstanden werden (de Groot 1993 liefert einen guten Überblick). Wissenschaft entwickelt sich durch Theoriebildung, Theorieprüfung und nachvollziehbare Beweisführung. Die grundlegenden Theorien selbst sind auf ihre Korrektheit hinsichtlich ihrer inneren Logik sowie auf ihre Konsistenz, d.h. die ihnen innewohnende Glaubwürdigkeit hin überprüft worden.

Diese Theorien werden dann auf Hypothesen und Annahmen übertragen, deren Richtigkeit oder Anwendbarkeit innerhalb eines Rahmens vorgegebener Bedingungen dann Gegenstand der Untersuchung sind. Normalerweise beruht diese Untersuchung auf Beobachtungen und sorgfältigen Aufzeichnungen; auf Experimenten oder Modellierungen, bei denen Repräsentanten der Wirklichkeit geschaffen werden, um eine überschaubare Basis für Untersuchungen und Vorhersagen zu bilden. Wenn historische Aufzeichnungen vorliegen, kann das Modell anhand der gemessenen Werte kalibriert und so auf seine Zuverlässigkeit und Genauigkeit hin überprüft werden. Stehen keine historischen Aufzeichnungen zur Verfügung oder wurde das Modell explizit konzipiert, um zukünftige Entwicklungen darzustellen, so ist eine gründliche Überprüfung der Modellannahmen, der Wechselwirkungen und Empfindlichkeiten zwischen Ursache und Wirkung, die nicht eindeutig oder unbekannt sind, durch gleichgestellte Fachleute der einzige Test auf deren Zuverlässigkeit.

Als «peer review» bezeichnet man die Beurteilung von Modellen durch erfahrene Fachleute, deren aufrichtiger Wunsch die Einhaltung allerhöchster Qualitätsstandards und somit der Glaubwürdigkeit ihres gemeinsamen Berufs-

Kasten 0.3 Wissenschaftlicher Rat und politische Entscheidung

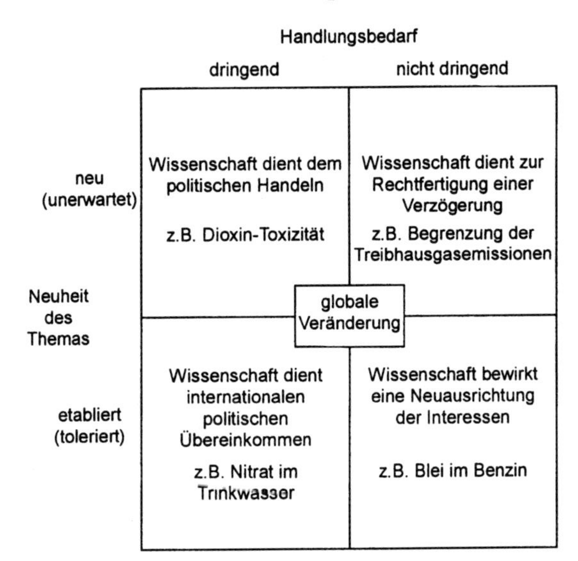

Das Diagramm stellt die Beziehungen zwischen wissenschaftlicher Beratung und politischen Entscheidungen dar. Die Rolle einer wissenschaftlichen Beratung hängt in großem Maße davon ab, daß Informationen einer breiten Öffentlichkeit zugänglich sind und daß die Mitgliederzahl in Beratungsausschüssen vergrößert wird, um möglichst viele Betroffene zu beteiligen. Einfluß in diesem Sinne haben auch einige staatliche wissenschaftliche und technologische Einrichtungen, deren Gutachten vom Gesetzgeber selbst in Auftrag gegeben und erstellt werden. Auch die Gutachten dieser Stellen sollten der Öffentlichkeit zugänglich sein (Jasanoff 1992).

Für das Diagramm wurden nur zwei Achsen ausgewählt: die vermeintliche Dringlichkeit des Themas und seine relative Neuigkeit. Politiker lieben es, Zeit zu schinden, weil sie dies von der unangenehmen Pflicht befreit, Entscheidungen zu fällen, weil es die Heftigkeit einer kontroversen Diskussion mildert und außerdem erlaubt, wissenschaftliche Gutachten anfertigen zu lassen, die jede beliebige Entscheidung zu rechtfertigen vermögen. Besteht dringender Handlungsbedarf, wird der wissenschaftliche Rat den politischen Sachzwängen meist untergeordnet. So sind etwa die mutmaßlichen karzinogenen Eigenschaften von Dioxin wahrscheinlich weniger gravierend als ursprünglich angenommen. Doch jede Bedrohung durch Dioxin (etwa aus einem Chemiebetrieb) scheint eine heftige und unmittelbare Reaktion hervorzurufen. Heute gelten für Verbrennungsanlagen hinsichtlich der Dioxine die höchsten Standards, und das Verhältnis zwischen Kosten und Nutzen für den Umweltschutz ist zuungunsten der Kosten unausgewogen. Ähnlich verhält es sich, wenn ein Problem von dritter Seite als so dringlich angesehen wird, daß ein Staat auf Grund internationaler Übereinkünfte dazu gezwungen wird, es ebenso anzugehen wie diese. Auch hier ordnen sich wissenschaftliche Gesichtspunkte den staatlichen Verpflichtungen unter. Ein gutes Beispiel aus den USA ist die nur widerstrebend anerkannte Notwendigkeit, die Schwefeldioxid- und Stickoxid-Emissionen der Kohle-

Fortsetzung n. S.

Kasten 0.3 ***Fortsetzung***

kraftwerke zu reduzieren, um die Natur und die Wälder Kanadas zu schützen. Ein ähnliches Beispiel ist die Entscheidung Großbritanniens, die Klärschlammverklappung in der Nordsee zu stoppen, obwohl die wissenschaftlichen Erkenntnisse darauf schließen lassen, daß der Beitrag Großbritanniens sowohl ökonomisch als auch ökologisch unbedeutend ist.

Wird ein Problem als nicht dringlich bewertet, ist kein wissenschaftlicher Rat so willkommen wie jener, der es rechtfertigt, die Befassung mit diesem Problem zu vertagen. Die Aufgaben des «Intergovernmental Panel on Climate Change» (IPCC) wurden teilweise von der Notwendigkeit bestimmt, internationale Messungen, die den Staaten auferlegt wurden, formal zu legitimieren, um die hohen CO_2- und Methan-Emissionen senken zu können. Diese Messungen sind teuer und langwierig. Aus diesem Grund schien eine wissenschaftliche Begründung unabdingbar zu sein.

Wissenschaftliche Erkenntnisse können, zur rechten Zeit und öffentliche Akzeptanz vorausgesetzt, dazu dienen, die Interessenlage neu zu ordnen. Dies ist die aktive Rolle der Interdisziplinarität und der Wissenschaft im «offenen Klassenzimmer», welches das eigentliche Ziel der angewandten Umweltwissenschaften ist. Damit dieses Arrangement erfolgreich sein kann, müssen die zu Beginn genannten Bedingungen geschaffen werden.

standes ist. Dies ist die entscheidende Basis für vorhersagende Wissenschaften. Wir werden sehen, daß die wichtigsten Themen globaler Veränderungen - Klimawandel, Ozonabnahme, Verlust an Artenvielfalt, Rodung der Tropenwälder, mikrotoxikologische Störungen der Ökosysteme - nicht mit absoluter Sicherheit vorhersagbar sind. Sie alle sind daher Gegenstand von Netzwerken genauer wissenschaftlicher Überprüfung mit dem Ziel, einen Konsens herzustellen, der die Grundlage für politische Entscheidungen und Handlungen bildet. Diese Aussage gilt sowohl für die Sozial- als auch für die Naturwissenschaften. Für eine interdisziplinäre Wissenschaft ist diese Aufgabe schwieriger und weniger erfolgreich zu bewältigen, doch das Prinzip der Bewahrung zuverlässiger Professionalität bleibt.

So viel zur Theoriebildung, -verbesserung und der Zuverlässigkeit empirischer Methoden. Die Wissenschaft hat noch ein drittes Ziel: sie muß eine Grundlage für die Beurteilung menschlicher Handlungen liefern. Es handelt sich hierbei um eine normative Rolle, die nur mit Hilfe der auf sozialer Ebene vereinbarten Kriterien bewältigt werden kann. Solche Normen sind gewöhnlich umstritten und sicherlich auch mehrdeutig. Sie betreffen Prinzipien der Gerechtigkeit, Fairneß, Effizienz und alle anderen Umstände, die dazu führen, bestimmte Handlungen als moralisch richtig einzustufen. Es ist offensichtlich, daß die Definition dieser Prinzipien je nach politischer Kultur variiert und auch in den Wissenschaften diskutiert wird. Zum Beispiel streiten sich Wirtschaftswissenschaftler regelmäßig darüber, welchem Prinzip gesellschaftlichen Verhaltens Vorrang gegeben werden sollte: Effizienz oder Gerechtigkeit. Wir werden in Kap. 2 feststellen, daß dies nicht mehr in jeder Hinsicht einen Unterschied macht. Politiker denken gerne in Begriffen von Gerechtigkeit oder Gleichbehandlung, selbst wenn dies kostenintensivere (d.h. weniger effiziente) Lösungen nach sich zieht. Es ist vernünftig, nicht von einem einzigen normativen Kriterium auszugehen. Verschiedene Umstände erfordern auch verschiedene Maßstäbe:

- *Effizienz* im Sinne kostengünstigerer Lösungen ist eine feine Sache, wenn sie Produkte betrifft, die auf einem funktionierenden Markt angeboten werden, der es erlaubt, umweltrelevante Nebeneffekte in die Kosten einzubeziehen.
- *Fairneß* und *Gerechtigkeit* für alle Betroffenen sind dort besonders wichtig, wo über Ansprüche oder Rechte gegenwärtiger und zukünftiger Generationen verhandelt wird - das bedeutet in der Regel auch dort, wo ein gemeinsames Vorgehen vieler Staaten das Erreichen eines Zieles ermöglichen soll.
- die Notwendigkeit der *Begleichung alter Bringschulden*. Das umfaßt etwa die Beseitigung von Altlasten, die Reduzierung der Treibhausgasemissionen (einige Länder emittieren bereits seit langer Zeit) und - in zunehmendem Maße - die Neuverteilung von Wasserrechten. Politisch sind diese Forderungen sehr umstritten, denn gewöhnlich sind es die wirtschaftlich und politisch starken Nationen, die von den schwächeren, die unter den alten Verfehlungen mit zu leiden haben, überzeugt werden müssen, sich dieser Schulden zu entledigen. In den modernen Umweltwissenschaften ist dies ein wichtiges normatives Prinzip.
- *Gleichbehandlung* mag zwar nicht besonders kosteneffektiv sein, aber sie fördert das Prinzip der Lastenverteilung. Sie findet gemeinhin in den Fällen Anwendung, bei denen mehrere Länder an einer Umweltzerstörung beteiligt sind, selbst wenn der Beitrag einiger größer ist als der der anderen. Von jedem einzelnen wird erwartet, Verantwortung zu übernehmen, weil dies schlicht als seine soziale Pflicht und als Ausdruck kollektiver Solidarität angesehen wird. Unter diesem Aspekt kann keine *wissenschaftliche* Begründung die Basis für die Verhandlungen zur Lastenverteilung bilden. Von Bedeutung ist das dahinterstehende Prinzip der gemeinsamen Verantwortung. Gemeinsames Vorgehen ermöglicht es, tatsächlich auch alle betroffenen Länder einzubinden.

Im folgenden Kapitel wird dargestellt, wie all diese Kriterien dazu beitragen können, Umweltprobleme zu lösen. *Effizienzfragen* dominieren in ökonomischen Analysen (Kap. 2 und 3), während Überlegungen zur *Gerechtigkeit* im wesentlichen Kollektivvereinbarungen bestimmen (Kap. 1 und 19). Im Risikomanagement spielt die *Begleichung alter Bringschulden* eine Rolle, während die Forderung einer *Gleichbehandlung* in den ethischen Ansätzen des Ökosystemmanagements zum Nutzen des ganzen Planeten (Kap. 5) und in Fragen zu Gesundheit und Umwelt zum Tragen kommt (Kap. 18).

Das Prinzip der Vorsorge

Eines der vielen Themen der folgenden Kapitel ist die endlose Suche nach einem besseren Verständnis der in der Umwelt ablaufenden Prozesse. Dieses Verständnis bildet die Basis für die Erstellung realistischer Modelle und zuverlässiger Vorhersagen der Folgen politischer Entscheidungen - aber auch des Nichthandelns. Der Zuverlässigkeitsanspruch ist jedoch nicht unter Berücksichtigung aller Ökosysteme erfüllbar. Tatsächlich findet eine leidenschaftliche Debatte darüber statt, ob wir genug wissen, um überhaupt irgendeine vorsichtige Vorhersage wagen zu können, geschweige denn eine, die politische Handlungen anleiten und begründen kann.

Man sollte hinsichtlich der Unwägbarkeiten in den Umweltwissenschaften drei Ebenen unterscheiden:

1. *Datenmangel.* Oft gibt es weder historische Aufzeichnungen noch umfassende Beobachtungen, die eine zuverlässige Beschreibung der Abläufe gestatten. Nehmen wir den Fall der Nährstoffanreicherung in der Nordsee (vgl. Kap. 14). Es liegen Beweise für große Phytoplankton-Umsätze vor - normalerweise ein Zeichen für eine hohe Nährstoffversorgung. Aber es existieren keine genauen Belege über deren historische Entwicklung, so daß wir nicht wissen, ob diese Umstände ungewöhnlich sind. Außerdem gelangt von Zeit zu Zeit nährstoffreiches Wasser des Nordatlantik über Strömungen und Winddrift in die Nordsee. Dies könnte ein primärer natürlicher Faktor für die Nährstoffschwankungen sein. In diesem Fall könnte der nährstoffreiche Abfluß der Hauptzuflüsse noch zusätzlich mit kommunalen Klärschlämmen, Industrieabwässern und landwirtschaftlichen Rückständen gesättigt werden. Die Zeitspanne, über welche heute eine Datenerfassung abläuft, mag zwar lang sein, aber keine noch so große Datenmenge kann das Fehlen historischer Aufzeichnungen ausgleichen.
2. *Unzulänglichkeiten der Modelle.* Modelle globaler Klimaveränderungen (siehe Kap. 6) und des damit verbundenen Risikos eines Meeresspiegelanstiegs (Kap. 9) basieren auf dem Verständnis der Wechselwirkungen zwischen der Atmosphäre, den Ozeanen, den Organismen und den polaren Eiskappen. Die Wissenschaft kann ihre Modelle zwar auf die Empfindlichkeit bezüglich der Eingabeparameter testen, aber jedes Modell wird durch die Unkenntnis der hochkomplexen und wenig durchschaubaren Wechselwirkungen begrenzt. Das Prinzip des *peer review*, wissenschaftliche Netzwerke zur Zusammenarbeit sowie wechselseitige Kritik sichern die Modelle zwar ab, doch bleiben sie dennoch höchst unvollständig. Möglicherweise können solche Modelle lediglich noch verfeinert werden, aber niemals naturgetreue Abbilder der Wirklichkeit liefern.
3. *Das Unbegreifbare.* Sowohl der Datenmangel als auch die Unzulänglichkeiten der Modelle können mit Zeit und Anstrengung überwunden werden. Es gibt jedoch eine Theorie, die davon ausgeht, daß viele natürliche Prozesse undefi-

nierbar und unbestimmbar sind, weil sie auf nicht nachvollziehbare Art und Weise ablaufen. So wie Sterne und Galaxien scheinbar ohne Vorwarnung und nicht auf Grund irgendwelcher bekannter Gesetzmäßigkeiten chaotische Phasenveränderungen und umfassende chemische Umwandlungen durchlaufen, scheinen auch irdische Systeme chaotisch (zufällig) und katastrophal zu reagieren - sie wechseln in andere Phasenzustände oder zeitigen plötzlich heftigere Auswirkungen auf ihre Umgebung als zuvor angenommen. Solche Vorgänge sind aber grundsätzlich und *per definitionem* nicht modellierbar, und auch größere Datensammlungen erlauben keinen genaueren Einblick in sie. Bis auf absehbare Zukunft scheint sich die Vorhersagbarkeit solch komplexer Systeme unseren Möglichkeiten zu entziehen. Kann uns irgend jemand tatsächlich sagen, was mit dem Klima, den Niederschlägen und der Artenvielfalt dieser Erde geschehen wird, wenn innerhalb der nächsten 50 Jahre neun Zehntel der tropischen Wälder verschwinden?

Jede dieser drei Ebenen stellt für die Umweltwissenschaften möglicherweise eine schwere Belastung dar. Wir können der Forderung, die natürliche Anpassungsfähigkeit der Umwelt, die sogenannte Annäherung an die kritische Belastungsgrenzen, voll auszunutzen, nicht zustimmen, wenn wir nicht einmal wissen, wo diese Grenzwerte überhaupt liegen. Genauso wenig können wir die Theorien der Populationsdynamik mit ihren Räuber-Beute-Beziehungen oder die Theorien über Indikatorarten heranziehen, um Veränderungen von Ökosystemen zu beschreiben, da über diese Phänomene zu wenig bekannt ist, um realistische Angaben zu Toleranzgrenzen machen zu können. Wir können und müssen unsere theoretischen Modelle und empirischen Entwürfe verbessern, aber das wird uns nicht zu zuverlässigen Interpretationen über Störungen und deren Folgen führen.

Also besinnen wir uns zunehmend wieder auf das *Prinzip der Vorsorge*. Es handelt sich hierbei um ein zumeist noch mißverstandenes Prinzip, dem sowohl auf wissenschaftlicher wie auf planerischer Ebene tiefes Mißtrauen entgegengebracht wird. Dem ist so, weil die Anwendung dieses Prinzips die Machtverhältnisse zwischen Wissenschaft und Öffentlichkeit, zwischen Entwicklungs- bzw. Umweltfachleuten und jenen, die die Natur ausbeuten, verschiebt.

Das Konzept der Vorsorge soll in den folgenden Abschnitten erklärt werden. Es lassen sich oberflächlich vier Aspekte unterscheiden:

1. *Umsichtiges Handeln*. Bevor wissenschaftliche Daten über Ursachen und Wirkungen vorliegen, ist dies, basierend auf den Prinzipien eines vernünftigen Managements und auch aus Gründen der Kosteneffizienz, angeraten. So lassen sich erhöhte Folgekosten in der Zukunft vermeiden. In diesem Sinne umfaßt Vorsorge auch die Befürwortung eines Eingreifens, wenn durch unterlassenes Handeln Lebenserhaltungssysteme von irreversiblen oder schwerwiegenden Schäden bedroht sind.
2. Die *Erhaltung ökologischer Bestände auf Grund der Unwissenheit* über die Folgen des eigenen Handelns. Dies bedeutet die bewußte Nicht-Ausbeutung von Ressourcen, selbst wenn diese zur Verfügung stehen. Beispiele wären Fisch- oder Walbestände, aber auch Mineralvorkommen. Als Begründung

wäre anzuführen, daß wir die möglichen langfristigen Folgen einer völligen Ausbeutung nicht kennen. Es ist aber auch die moralische Pflicht reicherer Nationen, den ärmeren die nötige Zeit zu lassen, sich eine Weile *unnachhaltig* entwickeln zu können, um den Übergang zu einer *nachhaltigen* Wirtschaftsweise leichter vollziehen zu können.

3. *Sorgfalt im Management.* Da eine Vorhersage sämtlicher Folgen, die die Veränderung eines Habitats, die Manipulierung eines Ökosystems oder die Sanierung einer Müllkippe haben können, unmöglich ist, ist es notwendig, die Anordnung und Durchführung solcher Vorhaben öffentlich zu machen. Dies erfordert die konzentrierte und kreative Beteiligung der Betroffenen am Managementprozeß. Das gilt besonders für den Betrieb gefährlicher Anlagen wie von Atomkraftwerken, Müllverbrennungsanlagen und für die Freisetzung genmanipulierter Organismen.
4. Anwendung des *Verursacherprinzips.* Dies ist der umstrittenste Aspekt des Vorsorgeprinzips. Die Problematik der Machtverschiebung wurde bereits angesprochen. In der Vergangenheit wurde Entwicklung unter Inkaufnahme von Risiken betrieben; die Begleichung von Umweltschäden wurde durch das fortschreitende Wachstum finanziert. Möglicherweise hätte es viele Innovationen und Untersuchungen nicht gegeben, wenn man deren Risiken nicht als notwendiges Übel des Fortschritts eingeschätzt hätte. Ein übliches Verfahren ist es, im Schadensfall Betroffene aus speziell für solche Fälle geschaffenen Rücklagen, also letztlich aus den Profiten der Unternehmen, zu entschädigen. Wachstum sei die Basis für eine spätere Umverteilung. Die Umweltverträglichkeitsprüfung soll die möglichen Konsequenzen eines geplanten Vorhabens in einer solchen plausiblen, juristischen und öffentlichen Form eruieren, die als ausreichend erachtet werden kann.

Das Prinzip der Vorsorge strebt an, dies zu ändern. Es zielt darauf ab, die Verantwortung derer stärker zu betonen, die bestimmte Dinge verharmlosen, bzw. wenigstens eine Haftung einzuführen, um die Entschädigung von später anerkannten Geschädigten zu gewährleisten.

Die Verpflichtung der Allgemeinheit gegenüber ist letztlich eine Übereinkunft zugunsten der Erde, ihr nämlich bei jeder Erschließungsmaßnahme ein Äquivalent dessen, was ihr entnommen wurde, zurückzugeben. Es ist klar, daß diese Ausgleichsinvestitionen nicht notwendigerweise eine Wiederherstellung bedeuten. Aber sie sollen einen Ersatz für die angeeigneten Werte und Leistungen darstellen. So sollten die Erträge der Ausbeutung nicht erneuerbarer Ressourcen dazu verwendet werden, erneuerbare als Ersatz bereitzustellen. Die Nutzung tropischer Wälder oder der Korallenriffe sollte mittels drastischer Geldforderungen begrenzt werden, die für einen garantierten Schutz verbleibender Flächen mit ausreichender Größe verwendet werden könnten. Eine andere Möglichkeit wären Tantiemenzahlungen an eine weltweite Stiftung, die mit diesen Mitteln taxonomische Forschungen zur Aufhellung der Kenntnisse über die Entwicklung der Artenvielfalt finanzieren könnte. Ebenfalls denkbar wäre ein System erwerbbarer Erschließungsrechte, das Entwicklungsvorhaben in empfindlichen Zonen untersagt, jedoch in weniger empfindlichen Gebieten zuläßt. Diese spekulativen Vorschläge stehen in klarem Gegensatz zum üblichen Vorgehen, weshalb der Widerstand von und die Auseinandersetzungen mit mächtigen, einschlägig bekannten Interessengruppen zunehmen.

Vorsorge sollte von Prävention unterschieden werden. Letztere bezieht sich auf die Ausschaltung bekannter Gefahren, wie z.B. bei Giftstoffen durch die Reduzierung toxischer Materialien in Produktion und Nutzung. Prävention ist nur ein Verfahren zur Abschwächung bekannter Gefahren. Bei der Vorsorge handelt es sich jedoch um einen ganz anderen Ansatz. Sie erfordert eine Vorsorgeverpflichtung bei *allen* Handlungen, beabsichtigt die Verminderung von Unsicherheiten durch erhöhte Vorsicht, kluges Management, Veröffentlichung der Informationen und die Anwendung modernster Technologien. Sie unterstützt auch gemeinsames, staatsübergreifendes Vorgehen, auch wenn infolgedessen einige Länder offensichtlich mehr Unannehmlichkeiten in Kauf nehmen müssen als andere. Dies ist der Grund, weshalb nach internationalem Verständnis des Begriffs der Vorsorge gefordert wird, ihn dem jeweiligen Leistungsvermögen eines Landes anzupassen, d.h. mit gebührender Rücksicht auf dessen Fähigkeiten zu vorsorgendem Verhalten und im richtigen Verhältnis zum erwarteten Nutzen. Daher wird dieses Konzept vom Prinzip des Möglichen (oder der Angemessenheit seiner Anwendung) und der Verhältnismäßigkeit (oder den Vorsorgekosten in Relation zum erwarteten Nutzen) bestimmt. In bezug auf den letzten Punkt werden wir in Kap. 19 sehen, daß ärmeren oder benachteiligten Ländern Ausgleichszahlungen oder gewisse Anreize angeboten werden müssen, um sie dafür zu entschädigen, daß sie zur Nutzung ihrer Ressourcen in Verfahren investieren müssen, die viel teurer sind als jene, die sie herkömmlicherweise anwenden würden. Im Grunde soll diese Vorgehensweise einem globalen Nutzen dienen (z.B. der Verringerung bzw. dem Ersatz ozonabbauender Stoffe oder der Verminderung von Treibhausgasemissionen).

Die Umweltwissenschaften von außen betrachtet

Die Umweltwissenschaften entwickeln sich weiter, indem sie problemorientierter, politisch relevanter, fachübergreifender und selbstkritischer werden. Dies sind sinnvolle Entwicklungen, doch rütteln sie keineswegs an den Fundamenten wissenschaftlicher Traditionen. Um sich jedoch mit so schwierigen Umständen wie der Unsicherheit von Vorhersagen, der Unbestimmtheit von Prozessen, ihrer öffentlichen Wirkung und mit politischer Manipulation auseinandersetzen zu können, bedarf es sowohl des Mißtrauens als auch der Offenheit und außerdem einer erfrischenden Unbefangenheit, die ihnen gut anstehen würde.

Interessanterweise passen sich Industrie- und auch nichtstaatliche Organisationen an das neue Bild der Umweltwissenschaften an. Die Industrie wurde von einer Unmenge internationaler Verträge, Regelungen und Verfahrensnormen überschwemmt, die ihr von internationalen Regierungsorganisationen wie z.B. den Vereinten Nationen, den Nordsee-Anrainer-Staaten, der Europäischen Union und verschiedenen Handelsblöcken auferlegt wurden. Zusätzlich wird die jüngere staatliche Gesetzgebung oft von diesen internationalen Übereinkünften wie auch von einer starken öffentlichen Meinung beeinflußt. Die öffentliche Meinung ist zugegebenermaßen Schwankungen unterworfen, doch legt sie immer noch auf die Wissenschaft und unabhängige Untersuchungen wie auch auf saubere und sichere Lebensumstände einen großen Wert. In der Hackordnung öffentlicher Glaubwürdigkeit nehmen Wissenschaftler eine Spitzenposition gleich neben Ärzten und Geistlichen ein. Journalisten und Politiker stehen am unteren Ende aller Glaubwürdigkeitsskalen.

So beginnt die Industrie über weite Themenfelder hin Kontakte zu den Umweltwissenschaften zu knüpfen. Das betrifft Themen wie Kostennutzenanalysen, Umweltverträglichkeitsprüfungen, Risiko-Management-Fragen, Ökotests, Lebenszyklus-Analysen oder die Optimierung von Vorschriften, speziell jener zum Umgang mit neuen Produkten und zur Müllbeseitigung. Dies bietet Umweltwissenschaftlern neue Berufschancen als Manager, PR-Spezialisten, Ethik-Beauftragte und Umweltsachverständige. Gleichzeitig bietet die Industrie sehr günstige Grundlagen für die Umweltforschung. Sie gibt Fallstudien in Auftrag, legt umfangreiche Datensammlungen an und weckt das Interesse für Probleme, die nur durch kreative Zusammenarbeit gelöst werden können.

Mittlerweile engagieren auch Umweltorganisationen Wissenschaftler und arbeiten mit Forschungsinstituten zusammen. Alle größeren international arbeitenden Gruppen wie etwa Greenpeace, Friends of Earth und der World Wide Fund for Nature (WWF) unterhalten eigene Wissenschaftsabteilungen, die wissenschaftliche Informationen sichten und nach Lücken und Mißständen suchen. Vorkämpfer dieser Organisationen besuchen die größeren Wissenschaftskongresse und sind mit den computerisierten wissenschaftlichen Informationsnetzen aktiv verbunden. Moderne Umweltgruppen tun gut daran, sich wissenschaftlich auf dem neuesten Stand zu halten. Es wäre jedoch andererseits ungünstig für diese Gruppen, der Rolle der Wissenschaft bei der Wahrnehmung, Analyse und Lösung von Umweltproblemen allzu unkritisch gegenüberzustehen. Heutzutage findet zwischen den regierungsunabhängigen Organisationen (non-governmental organizations = NGOs), der Industrie, den Regierungen und den akademischen Einrichtungen eine wichtige Debatte statt, welche die ganze Umweltwissenschaft voranbringt. Das Ergebnis ist eine Erweiterung der Wissenschaft in die Welt der Politik, der Wirtschaft und des sozialen Wandels hinein.

Diese erweiterte Wissenschaft wurde vom amerikanischen Politikanalytiker Lee (1993) als «civic science», als *öffentliche Wissenschaft* bezeichnet. Dieser Begriff bezeichnet jenen Prozeß, bei dem sich wissenschaftliche Untersuchungen ihren Weg durch unsichere und weite Bereiche unerforschter Gebiete, die als *gesellschaftliche Einschätzung zukünftiger Optionen* bezeichnet werden, bahnen und sich dabei öffentlicher Beteiligung und Verantwortung öffnen. Bei fast allen

Kasten 0.4 Wissenschaft und Nachhaltigkeit

Im Anschluß an ihr berühmtes Buch «Limits to growth» betrachten Meadows *et al.* (1992) die Bedingungen für einen kreativen Dialog zwischen den Wissenschaften und der Völkergemeinschaft, um allen eine nachhaltige Zukunft zu ermöglichen. Sie bestimmen fünf Schlüsselfaktoren:

1. *Erkennen und Verdeutlichen* der eigenen Wünsche im Gegensatz zu solchen, die einem suggeriert wurden bzw. mit denen man sich lediglich zufrieden gibt. Visionen zu haben bedeutet, Hindernisse beiseite zu räumen, die der Verwirklichung von Träumen oder besseren Zuständen entgegenstehen. Dies ist die Grundlage für eine neue Nachhaltigkeit, die es erfordert, für das eigene Handeln die Verantwortung zu tragen, sich mit der Gesamtheit der Schöpfung zu identifizieren und aus Einsicht, nicht aus Pflichtgefühl oder Loyalität zu handeln.
2. *Vernetztes Zusammenarbeiten* bzw. *Gruppenbildung*. Informationsnetzwerke übermitteln sowohl Informationen als auch Werte in sehr effektiver Weise. Sie stellen Verbindungen unter Gleichgesinnten her: sie geben jedermann die Möglichkeit, seine Meinung zu äußern und sich als Teil des Ganzen zu fühlen, gleichgültig, wie kompliziert dieses Ganze auch sein mag. Dies ist die Arena, in der die moderne Welt mit ihrer erschreckenden Informationsflut und sozialen Entfremdung am wenigsten repressiv wirkt.
3. *Die Wahrheit zu sagen* oder eine Sprache zu entwickeln, die die Menschen miteinander verbindet und nicht trennt oder abschreckt. Die Wahrheit zu sagen, schafft ein Gefühl der Verbindlichkeit, der Aufrichtigkeit und der Lebendigkeit. Auf diese Weise wird eine wesentlich bessere Kommunikation möglich. Die Sprache sollte offen und nicht geschlossen wirken. Zum Beispiel sollte nicht davon gesprochen werden, daß Veränderungen *Opfer* erfordern, sondern daß sie die Chance bieten, sich neue *Möglichkeiten* zu eröffnen. «Opfer» ist nicht die richtige Bezeichnung für die Weitergabe von Ressourcen an zukünftige Generationen, denn ein Akt des Teilens ist kein Verlust.
4. *Lernen* bedeutet, zwar lokal zu handeln, dies aber in einem globalen Zusammenhang zu sehen. Jedes Molekül CO_2 oder FCKW, dessen Freisetzung verhindert wird, ist ein Fortschritt, ebenso wie die Fähigkeit, dies anderen zu ermöglichen. Regierungen können lediglich den Rahmen für den Beitrag der Bürger vorgeben: dieser Beitrag sollte den gesteckten Rahmen jedoch überschreiten, und dies sogar auf anarchische Weise.
5. *Lieben* bedeutet, die Freude an der Schöpfung solidarisch auf alle Menschen und alles Leben auf der Erde auszuweiten. Liebe meint Freundschaft, Großzügigkeit, Verständnis und echtes Einfühlungsvermögen für das Leben vor, während und nach seiner irdischen Existenz. Es ist unmodern, jenseits der Kirche nach diesen Regeln zu handeln: aber Liebe ist die Essenz von Religion, und Religion ist die beste Basis, um Menschen miteinander zu verbinden. Leider hat die Mehrzahl religiöser Fundamentalisten die innersten Prinzipien ihres Glaubens vergessen.

in diesem Buch behandelten wichtigen Umweltthemen - dem Umgang mit Giftmüll, der Entsorgung radioaktiver Abfälle, der Energiesteuer, der Ausweitung der Basis von Eigentumsrechten der Weltbevölkerung und der Neuordnung der Entwicklungs- und Verbrauchsvorrechte zwischen Nord und Süd - spielen die Umweltwissenschaften für die öffentliche Reaktion und Meinung eine wichtige, wegweisende und kommentierende Rolle. Dies ist die fachübergreifende Wissenschaft für die nächste Generation. Für Umweltwissenschaftler sind dies wunderbare Zeiten. Man kann sicher sein, daß man seine Ansichten zu einem beliebigen Thema, wie auch immer sie heute sein mögen, in 10 Jahren geändert haben wird - so stark ist die Dynamik der Forschungsmethoden und -gegenstände.

Literaturverzeichnis

de Groot WT (1993) Environmental science theory: concepts and methods in a one-world, problem-oriented paradigm. Elsevier, Dordrecht

Department of Education (1993) Environmental responsibility: an agenda for environmental education in higher education. (Toyne Report). HMSO, London

Jasanoff S (1992) Pluralism and convergence in international science policy. In: IIASA (ed) Science and sustainability: selected papers on IIASA's 20th anniversary. International Institute for Applied Systems Analysis, Laxemburg, Österreich, pp 157–180

Lee K (1993) Compass and gyroscope: integrating science and politics for the environment. Island Press, New York

Meadows DH, Meadows DL, Randers J (1992) Beyond the limits: global collapse or a sustainable future. Earthscan, London

Milne A (1993) The perils of green pessimism. New Sci 12 June 31–37

Wynne B, Meyer S (1993) How science fails the environment. New Sci 5 June 33–35

Weiterführende Literatur

Für all jene, die ganz von vorne beginnen wollen, gibt es zwei Hauptwerke über den Veränderungscharakter der Wissenschaften:

Kuhn R (1970) The structure of scientific revolutions. University of Chicago Press, Chicago

Merton R (1973) The sociology of science. University of Chicago Press, Chicago

Zwei aktuellere Arbeiten, die es sich zu lesen lohnt:

Latour B (1987) Science in action. Harvard University Press, Cambridge, MA

Ezrahi Y (1990) The descent of Icarus: science and the transformation of contemporary democracy. Harvard University Press, Cambridge, MA

Um einen Überblick über das Vorsorgeprinzip zu erhalten, siehe:

O'Riordan T, Cameron J (eds) (1994) Interpreting the precautionary principle. Cameron and May, London

Costanza R, Cornwell L (1992) The 4P approach to dealing with scientific uncertainty. Environment 34/9:12–20, 42

Ein allgemeinerer Blick auf die mögliche Rolle der Umweltwissenschaften siehe bei:

O'Riordan T (1992) Towards a vernacular science of the environment. In: Roberts LEJ, Weale A (eds) Innovation in environmental management. Belhaven, London

Teil A

Teil A

Für den Umweltschutz selbst bedeutet Erfolg gleichzeitig auch den Verlust seiner besonderen Identität. Darüber sollten wir nachdenken. In den vergangenen 20 Jahren haben Umweltschützer uns dahin gebracht, daß wir unser Bewußtsein, unser Verhalten, unsere Gesellschaft und unsere Wirtschaft reformieren. Sie erreichten dies, indem sie den Umweltschutz nicht als separate Wissenschaft, als Lehrgegenstand, als Programm einer politischen Partei oder als soziales Ethos definierten, sondern indem sie versuchten, ihn als Teil unseres Lebens im Alltag zu etablieren. Das Erwachen eines Umweltbewußtseins äußert sich im Versuch, die Kosten des Daseins in unsere Wirtschaft, die Gesamtheit der Schöpfung in unsere Ethik und das Bewußtsein einer von allen geteilten, lebendigen Welt in unsere Politik einzubeziehen. Gelänge das irgendwann, wären wir auf dem richtigen Weg. Umweltschutz sollte nicht isoliert stehen.

Selbstverständlich ist das nicht so einfach. Abbildung A.1 zeigt, daß die Menschen auf drei verschiedene Arten zur Umwelt in Beziehung stehen:

1. Indem sie die Wissenschaft an die erste Stelle setzen und sich auf die wissenschaftliche Glaubwürdigkeit verlassen, bevor sie endgültig Maßnahmen ergreifen. Sie verwenden die besten Modelling-Techniken, um glaubwürdige Vorhersagen zu machen.
2. Indem sie Pläne im Einklang mit der Natur erstellen und anerkennen, daß natürliche Prozesse uns tatsächlich einen großen Dienst erweisen. Diesen unschätzbaren Nutzen sollten wir würdigen, uns an natürliche Prozesse anpassen und diese unterstützen. Dies erschließt uns den Weg zu umweltorientierter Wirtschaftswissenschaft, Ethik und zum «Öko-Auditing» von Industrieunternehmen.
3. Indem sie das Gaia-Konzept umsetzen. Dieses Konzept wird in Kap. 19, besonders in Kasten 19.3, behandelt. Es symbolisiert die Einbindung des menschlichen Lebens in die Gesamtheit der lebenserhaltenden Schöpfung.

Diese drei Ansätze zum Umweltmanagement haben schon immer eine Rolle für die Menschen gespielt. Alle Gesellschaften gestalten und überwinden ihre natürliche Welt und unterliegen ihr schließlich – was im wesentlichen eine Frage der Einstellung ist. Verschiedene Autoren räumen ebenfalls ein, daß der Mensch mit dem Wunsch geboren wurde, die Welt zu manipulieren, aus ihr einen sicheren und geschützten Lebensraum zu machen. Er akzeptiert heute aber auch, daß die

Erde seine Existenz ermöglicht und daß sie mit Demut und Respekt behandelt werden sollte. Diese Gegensätze sind solange von Vorteil, solange das Gleichgewicht zwischen beiden Positionen in etwa gewahrt bleibt. Die beiden Denkrichtungen werden oft als Technozentrismus und Ökozentrismus bezeichnet (O'Riordan 1981). Wir werden in den folgenden Kapiteln sehen, wie beide Perspektiven auf eine belebende und aufregende Weise in Ökonomie und Ethik eingebunden werden können.

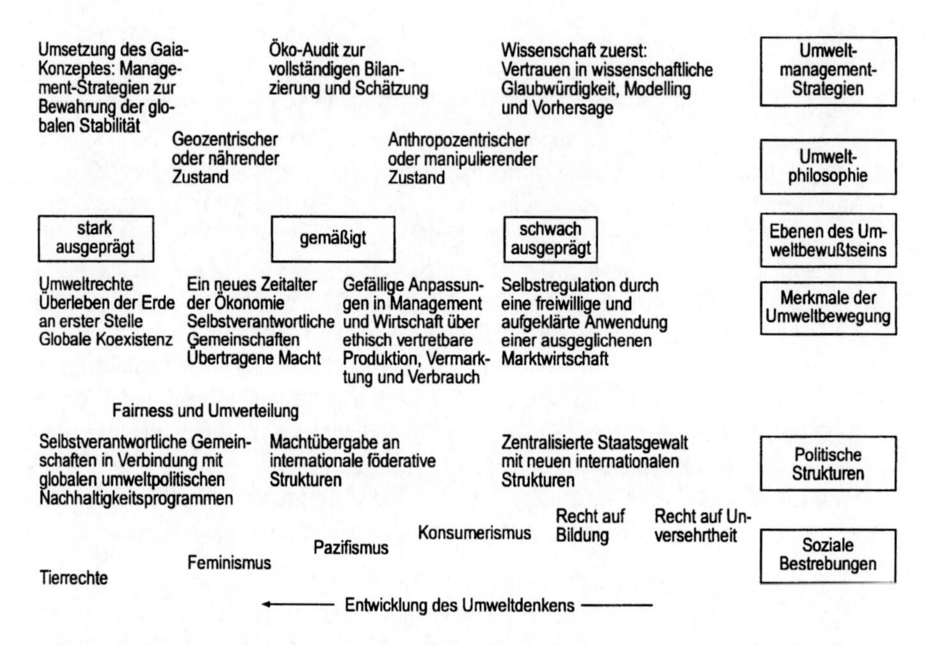

Abb. A.1. Ebenen des Umweltbewußtseins. Keine der drei Ebenen steht für ein bestimmtes Individuum, aber jede spiegelt wieder, wie die Welt, die Gesellschaft und die Politik betrachtet und empfunden werden kann (*Quelle:* O'Riordan 1991, The new environmentalism and sustainable development; *The Science of the Total Environment* 108, 5–15).

Aus der Verknüpfung der drei genannten Hauptrichtungen mit der Art und Weise, sich der Umwelt bewußt zu sein, resultieren drei Ebenen des Umweltbewußtseins. Dies sind politische oder wertbesetzte Einstellungen zur Umwelt, die diesem Text zugrunde liegen. Jede gibt eine Tendenz wieder – keine Person: keine existiert als reiner Typus. Zu verschiedenen Zeiten unseres Lebens gelangt die eine oder andere dieser Tendenzen an die Oberfläche.

1. Das *schwach ausgeprägte Umweltbewußtsein* orientiert sich weitgehend am konservativen politischen Spektrum und wurzelt im Wissenschaftsdenken bzw. im Technozentrismus. Es bevorzugt die Selbstregulierung über ein aufgeklärtes Bewußtsein, hinreichende Information über die Bedürfnisse des

Einzelnen und angemessene Manipulation der Märkte, um wirksame, d.h. kosteneffektive Lösungen zur Verbesserung der Umwelt zu schaffen. Solche Auffassungen tauchen gewöhnlich in Verbindung mit zentralistischen Nationalregierungen auf und bei wohltätigen internationalen Einrichtungen, die von mildtätigen souveränen Staaten unterstützt werden.

2. Das *gemäßigte Umweltbewußtsein* trennt die technozentristische von der ökozentristischen Denkrichtung, orientiert sich aber an einer Gestaltung im Einklang mit der Natur. Es bevorzugt ein ökologisch beeinflußtes Management und Bewertungsinstrumente wie z.B. erweiterte Kostennutzenanalysen und umfassende integrierte Verfahren zur Umweltbewertung. Es ist das Aushängeschild einer nachhaltigen Entwicklung und ist an vielen Stellen, so auch im 5. Umweltaktionsplan der EG, anzutreffen. Das gemäßigte Umweltbewußtsein ist innerhalb politischer Strukturen seinem Wesen nach föderalistisch, sowohl auf regionaler (d.h. subnationaler) als auch auf internationaler Ebene.
3. Das *stark ausgeprägte Umweltbewußtsein* ist insgesamt radikaler und stellt nach traditionellen Gesichtspunkten höhere Anforderungen. In den Kästen 19.1 und 19.2 wird das Thema ausführlich behandelt. Das stark ausgeprägte Umweltbewußtsein ist nicht nur radikal und favorisiert Gewalt im Namen des ökologischen Friedens, sondern auch reformistisch in seinem Trachten, die Wirtschaft des 21. Jahrhunderts in selbstverantwortliche, teilende Gemeinschaften zu verwandeln. Definitionsgemäß unterstützt es übertragene, anarchische, politische Strukturen, die sich für Prinzipien wie Fairneß und Umverteilung quer durch alle Generationen einsetzen.

Diese Dreierallianz der Ausrichtungen, auch im Umweltmanagement, wird durch eine Reihe sozialer Tendenzen genährt, die ihre Energie aus der Umweltschutzbewegung ziehen, die ihren Ursprung jedoch in anderen Gebieten des sozialen und politischen Lebens haben. Es ist diese Zufuhr von Willensenergie, die der Umweltschutzbewegung ihren umfassenden und anpassungsfähigen Charakter und Eigenschaften verleiht, die sie dann wieder dazu befähigen, sich zu entfalten und weiterzumachen. Diese Tendenzen betreffen das Recht auf Unversehrtheit, auf Informationsfreiheit und auf einen ökologisch orientierten Konsumerismus - welche alle danach trachten, den Menschen mit der Kontrolle über sein Leben als Verbraucher und Bürger zu betrauen. Am radikaleren Ende stehen Friede, Sicherheit, Frauen-, Tierschutz- und Umweltrechtsbewegungen, die diejenigen Gruppen und Organismen, die noch keine angemessenen Rechte besitzen, stärken wollen.

Abbildung A.2 setzt diese Beziehungen in einen anderen Rahmen, nämlich den Streit zwischen zwei radikalen Standpunkten. Auf der einen Seite steht der radikale Standpunkt des Neoliberalismus, der die Befreiung der Wirtschaftssysteme vertritt, damit sie einen ökologischen Aufbau annehmen können. Auf der anderen Seite steht der radikale Standpunkt des Kollektivismus, der ein wachsendes Umweltbewußtsein fordert, um uns aus der Umklammerung des staatlich oder privat ausgeübten Kapitalismus, mit seinen subtilen Kontrollen der Meinungen und Wünsche der Bürger, in ihrer Eigenschaft als Verbraucher zu befreien. In der Mitte sind die pluralistischen und emanzipatorischen Auffassungen von Humanismus, Bildung und Bürgerrechtsbegründung aufgeführt, die für eine Eingliederung der Umweltethik in alle Aspekte der Gesellschaft und Wirtschaft stehen, ohne in einen rücksichtslosen Anarchismus überzugehen, aber doch klar erkennend, daß eine Reformation der Märkte unter den Bedingungen des Kapitalismus unmöglich ist.

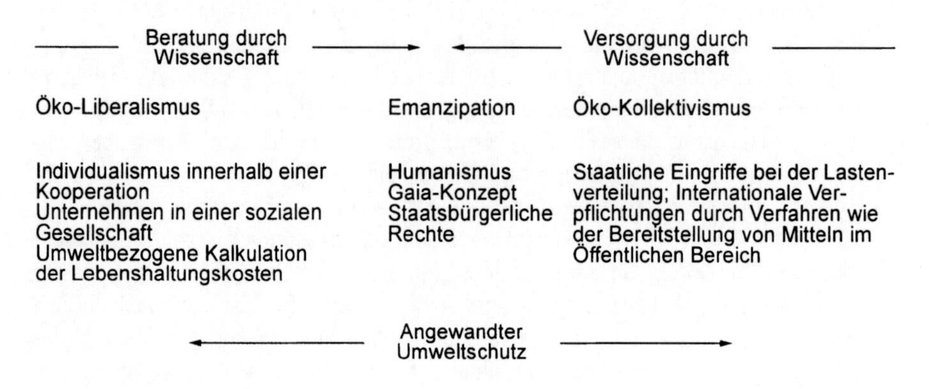

Abb. A.2. Verschiedene Auffassungen von Umweltmanagement und Umweltpolitik, die auf unterschiedlich radikalen Positionen basieren.

Die Erweiterung wissenschaftlicher Horizonte auch im Hinblick auf Glauben und Wissen, die Ökoliberalisierung der Volkswirtschaft und Bilanzierung sowie die Verbindung einer grundlegenden transzendentalen Solidarität mit der Einzigartigkeit der Schöpfung, das sind die Ziele dieses Buches. Die folgenden Kapitel übertragen diese Ideen auf die Praxis der Ökonomie und Ökologie, jene zwei wesentlichen Aspekte im Haushalt der Erde, die nie voneinander getrennt betrachtet werden sollten.

Weiterführende Literatur

Für die Theorie der Umweltpolitik empfehlen wir das frühere Material von O'Riordan T (1981) Environmentalism (Pion, London). Anschließend sollte man Pepper D (1986) The roots of modern environmentalism (Croom Helm, London) lesen, um eine fundierte Analyse des Öko- und Technozentrismus zu bekommen. Weston J (1989) Red and green (Pluto, Nottingham) ist eine hervorragende Kritik sozialistischer Ansichten über die Umweltschutzbewegung. Dies wird in ausgezeichneter Weise durch Dobson A (1990) Green political thought (Unwin Hyman, London) relativiert, der als erstklassiger politischer Theoretiker eine umfassende Analyse abgibt. Bevorzugt man eine eher marxistische Darstellung, empfiehlt sich Dickens P (1992) Society and nature: towards a green social theory (Harvester Wheatsheaf, Hemel Hempstead). Schließlich bietet sich als hervorragende Besprechung verschiedener Ökobewegungen Eckersley R (1992) Environmentalism and political theory: towards an ecoentric approach (UCL Press, London). Jedes einzelne dieser Bücher sollte dazu ermutigen, die übrigen zu lesen. Ebenfalls empfehlenswert ist Emel J, Peet R (1989) Resource Management and natural hazards. In: Peet R, Thrift N (eds) New models in geography, Vol. 1, Unwin Hyman, London, pp 49–76. Drei vor kurzem erschiene Bücher sind der Literatur über grüne Politik hinzuzufügen. Dobson A, Lucardie P (eds) (1993) The politics of nature: explorations in green political theory (Routledge, London) bietet einen weitgefaßten Überblick von Umweltideologien. Pepper D (1994) Ecosocialism: from deep ecology to social justice (Routledge, London) bespricht die postmarxistische Literatur über Anarchie und Umweltsozialismus. Und Sachs W (ed) (1993) Global ecology: a new arena for political conflict (Zed Books, London) schließlich liefert die umfassendste postmarxistische Kritik der Konferenz in Rio und der Politik nachhaltiger Entwicklung.

1 Die globale Umweltdebatte

Timothy O'Riordan

Behandelte Themen:

- Ausschluß der Gemeinschaftlichkeit
- Die UN-Konferenz über Umwelt und Entwicklung
- Finanzierung nachhaltiger Entwicklung
- Die Bevölkerungsfrage

Die globale Umweltdebatte wird von einer Mischung aus Angst um den Planeten Erde und Sorge um die Milliarden weniger glücklichen Menschen bestimmt, deren Kinder einer hoffnungslosen Zukunft entgegensehen. Sie haben die Wahl zu Sterben oder zu Überleben, indem sie die Existenzgrundlagen zerstören, die ihre eigenen Kinder in 10 bis 20 Jahren zum Überleben brauchen.

Es gibt Tausende veröffentlichter Berichte und Bücher intelligenter Menschen und Organisationen, die auf die Notwendigkeit hinweisen, daß Reich und Arm teilen müssen, damit allen eine sichere Zukunft ermöglicht wird. Dabei geht es um mehr als nur um Geld. Das Teilen schließt wissenschaftliche Kenntnisse und Technologien, Management- und Anpassungsfähigkeiten sowie wechselseitiges Verständnis der schwierigen Lage des anderen ein. Dieser Fluß an «Know-how zum Überleben» muß sich in alle Richtungen ausbreiten können.

Bisher ist viel zu wenig dafür getan worden, um einen friedlichen Übergang zu solchen Zuständen zu gewährleisten. Allein die Erwähnung notwendiger Transferleistungen oder die Forderung zum Teilen überhaupt erregt einerseits Ärger auf Seiten derer, die bedingungslos geben sollen, und andererseits verärgert es die Empfänger, die sich von jenen, mit deren Namen sie eine lange Reihe umweltpolitischer und sozialer Ungerechtigkeiten verknüpfen, nicht sagen lassen wollen, wie sie ihre Angelegenheiten zu regeln haben. Von besonderem Interesse ist die wechselnde Auffassung vom Kräftegleichgewicht. Die Gruppe der 77 (gegenwärtig 130) armen Länder begreift zum ersten Mal, daß die reichen Länder ihre Ressourcen und die für die Erde lebenswichtigen biologischen und biogeochemischen Mechanismen tatsächlich brauchen. Es geht dabei nicht nur um wirtschaftliche Bereiche, die durch Erschöpfung der Rohstoffe, Kriege oder anhaltende Umweltzerstörung empfindlich geschwächt werden könnten. Es ist wahrscheinlich, daß lokale Kriege, von denen heutzutage über 40 auf der Welt ausgetragen werden, ernste Auswirkungen auf die ökologische Stabilität und jene grundlegenden Menschenrechte haben, die die Voraussetzung zum Übergang zu einer nachhaltigen Wirtschaft darstellen. Es ist kein Wunder, daß die globale ökologische Sicherheit nun ganz oben auf der internationalen Tagesordnung steht. Die Menschheit hält ihre Lebensgrundlagen in den eigenen Händen. Das ist der Grund, weshalb die globale Umweltdebatte die ökonomischen und politischen Angelegenheiten in absehbarer Zukunft bestimmen wird - ganz zu schweigen von militärischen Überlegungen.

Dieses Kapitel behandelt die Agenda 21, den Entwurf einer überlebensfähigen Gesellschaft auf der Erde, der für die Wissenschaft wichtiges Material enthält. Die Agenda bietet eine Basis für eine fachübergreifende Umweltwissenschaft, für verbesserte wissenschaftliche Leistungsfähigkeit auf der ganzen Welt und für die regelmäßige weltweite Überprüfung ihrer Erkenntnisse. Die Aussichten einer erweiterten und gestärkten Umweltwissenschaft lassen uns noch Hoffnung, denn:

> Wenn sich die gegenwärtigen Vorhersagen zum Wachstum der Weltbevölkerung als richtig erweisen und die Muster menschlichen Handelns auf diesem Planeten unverändert bleiben, können Wissenschaft und Technik weder die unumkehrbare Zerstörung der Natur noch die andauernde Armut für die meisten Menschen dieser Welt verhindern (Nationale Akademie der Wissenschaften, Königliche Gesellschaft 1992).

Das Fazit einer bedeutenden Wissenschaftstagung lautet:

> ... der Verringerung der zwei größten Störfaktoren auf dieser Welt [sollte] höchste Priorität gegeben werden: dem Anwachsen der Weltbevölkerung und der zunehmenden Ausbeutung der Ressourcen. Wenn diese Störungen nicht auf ein Mindestmaß begrenzt werden, wird die Wissenschaft zu machtlos sein, um die Reaktion auf die Herausforderungen der globalen Veränderungen zu unterstützen, und es wird keine Garantien für eine nachhaltige Entwicklung geben können (Dooge *et al.* 1992, S. 7).

Beide Erklärungen, von der Spitze der Wissenschaft abgegeben, folgern, daß die Menschheit die Macht hat, die Lebenserhaltungssysteme eines Planeten, der im Universum vielleicht einzigartig ist und der für die letzten 3,5 Mrd. Jahre das Leben aufrechterhalten hat, zu stören - nicht aber zu zerstören. Wirklich bedroht ist die Menschheit selbst bzw. jene zwei Drittel der Bevölkerung, die selbst auf geringfügige Verminderungen grundlegender Ressourcen, wie etwa fruchtbarem Land, Energie, Wasser oder Abfallentsorgungskapazitäten, empfindlich reagieren.

Zeugnisse fossiler Aufzeichnungen deuten an, daß die Erde selbst erstaunlich unverwüstlich ist. Die Biosphäre - das ist die belebte Hülle aus Luft, Wasser und Land, die das Leben ermöglicht - hat vulkanisch verursachte Verdunklungen und riesige Meteoriteneinschläge überstanden, die das Klima drastisch veränderten und katastrophale Artensterben verursachten (Wilson 1988). Mit der Zeit jedoch hat die Erde nicht nur ihr Gleichgewicht wiedergefunden, sondern die Biodiversität und Komplexität sogar noch erhöht und dabei nicht zuletzt den Menschen hervorgebracht.

Die Zeiträume der Wiederherstellung waren jedoch nach menschlichen Maßstäben immer sehr lang. In der Zwischenzeit fanden unzweifelhaft große Verschiebungen der Artenspektren in regionalem Maßstab statt. Die Erde selbst ist sich ihrer Arten nicht bewußt: die Arten entstehen und sterben gemäß der geheimnisvollen Prozesse, die wir Schöpfung und Evolution nennen. Bevor die Menschen auftauchten, existierte kein empfindsames Wesen, welches einen Verlust betrauern oder eine Geburt begrüßen konnte. Wir sind es, die sich als Art um das Leben auf der Erde sorgen. Wie der Historiker Arnold Toynbee (1976) bemerkte, ist die Menschheit beides: gut und böse; sie zerstört, kann aber auch schaffen und wiederherstellen. Als einzige unter allen lebenden Kreaturen besitzen die Menschen einen rationalen Verstand und eine emotionale Seele: die Menschen haben ein Gewissen und sind so zu reflektiertem Urteilen imstande. Die Geschichte der Menschheit ist von der Sorge über die Fähigkeit der Menschen, sich selbst ihrer Lebensgrundlagen zu berauben, und der Gewißheit, daß nur sie selbst sich daran hindern kann, geprägt.

Kasten 1.1 Die Inanspruchnahme des Planeten Erde

- Die Weltbevölkerung beträgt 5,5 Mrd. Menschen und nimmt jährlich um 100 Mio. bzw. 270 000 täglich zu.
- Die Weltwirtschaft wuchs seit 1950 um 3 % jährlich. Wenn sich dieser Trend fortsetzt, wird die Produktion im Jahre 2050 das Fünffache der heutigen betragen.
- Eine Mrd. Menschen leiden gegenwärtig Hunger, und seit 1950 wurden 1,2 Mrd. ha Land durch Übernutzung schwer degradiert.
- Der marine Jahresfischfang betrug 1990 84,2 Mio. t, das sind 35 % mehr als 1980 und 400 % mehr als 1950. In 8 der weltweit 17 größten Fischfanggebiete überschritten die Erträge die unteren Grenzen für eine nachhaltige Nutzung.
- In 70 Jahren wird bei der gegenwärtigen Verbrauchssteigerung und unter Berücksichtigung der Preiszunahme sowie der Verbesserung der Fördereffizienz der größte Teil des tatsächlich förderbaren Öls verbraucht sein.
- In 150 Jahren werden alle verbliebenen natürlichen Gasreserven, wieder unter Annahme angemessener Preisveränderungen und verbesserter Fördertechniken, erschöpft sein.
- Gegenwärtige Steigerungen im Energieverbrauch vorausgesetzt, wird der Gesamtenergiebedarf im Jahr 2010 dem Äquivalent von 17,5 Billionen Watt oder 92 Mrd. Barrel Rohöl entsprechen. Das sind 50 % mehr als heute. Und doch werden 85 % des Bedarfs aus fossilen Brennstoffen gedeckt werden: das ist ein um 35 % höherer fossiler Brennstoffverbrauch als heute. Auch wenn die Energieeffizienz um 2 % jährlich steigen sollte, wird man im Jahr 2010 immer noch 15 Billionen Watt benötigen.
- Über 1 Mrd. Menschen haben keinen Zugang zu sauberem Trinkwasser. 1,7 Mrd. Menschen (etwa die Hälfte der Bevölkerung der Entwicklungsländer) stehen keine angemessenen gesundheitlichen Einrichtungen zur Verfügung. Über 60 Länder weltweit bewässern weniger als 10 % ihrer Ackerflächen. Die gesamte Bedarfssteigerung Israels an Wasser nach 1967 wurde durch die Zufuhr aus ehemals arabischen Gebieten gedeckt. 95 % des von Ägypten genutzten Nilwassers sind Zuflüsse aus anderen Ländern – heute gibt es 9 Staaten, die mehr Wasser verbrauchen, als die jährlichen Niederschläge auf ihr Gebiet ausmachen.

Ein Bericht nach dem anderen, Buch auf Buch und Konferenz auf Konferenz – sie alle kommen zu dem Schluß, daß die Menschheit in Schwierigkeiten und die Erde schwer belastet ist.

Will man über das Ausmaß der weltweiten Umweltveränderungen auf dem Laufenden bleiben, sind drei Jahresberichte heranzuziehen. Dies sind die vom US World Resources Institute verfaßten *World Resources*, herausgegeben von Oxford University Press; *State of the World*, herausgegeben von Earthscan und verfaßt vom US Worldwatch Institute; und der *UNEP Environmental Data Report*, herausgegeben von Blackwell. Kasten 1.1 faßt die Fakten zusammen, die sich in den vergangenen 20 Jahren angesammelt haben. Es ist der Allgegenwärtigkeit der Medien und den erweiterten Lehrplänen der Schulen zu verdanken, daß vieles davon dem Leser bestens bekannt ist.

Die folgenden Punkte verdeutlichen die Schwere der Krise:

- Etwa 5000 Kinder sterben bereits täglich auf Grund vermeidbaren Mangels an Nahrungsmitteln, Wasser, Hygiene und gesundheitlicher Grundversorgung.
- Etwa 900 Mio. Menschen leben unter Bedingungen, in denen sie mit den ihnen zur Verfügung stehenden Mitteln zur Nahrungsproduktion, Beschaffung von Brennholz und sauberem Wasser sich selbst oder ihre Familien nicht länger am Leben erhalten können.
- Gegenwärtig gibt es etwa 15 Mio. Menschen, die ihre Heimat verlassen mußten, weil sie dort nicht mehr überleben konnten oder durch Unterdrückung bzw. militärische Konflikte vertrieben wurden. Weitere etwa 10 Mio. Menschen wurden innerhalb ihrer eigenen Grenzen in unwirtliche Gegenden oder bereits stark belastete Regionen vertrieben.
- Der Verlust der schützenden Boden- und Walddecke ist jetzt schon so weit fortgeschritten, daß die Erosion die Gewinnung von Neuland bereits übertrifft. Die Einführung ertragreicher Sorten, verbessertes Marketing und bessere Lagerung haben die Gesamt-Pro-Kopf-Produktion an Nahrungsmitteln aufrechterhalten, aber in Teilen Afrikas und Südostasiens fiel die Pro-Kopf-Produktion für über ein Jahrzehnt ab, da das Bevölkerungswachstum die Produktivitätssteigerung übertraf.
- Bevölkerungswachstum, unfreiwillige Abwanderung und Landlosigkeit zwingen die Menschen zur Umsiedlung bzw. dazu, Erschließungsprojekte voranzutreiben, die die Zugänglichkeit ursprünglich unbewohnter Gebiete erhöhen. Dies alles trägt, wie die Strategien internationaler Wirtschaftspolitik, die auch heute noch die Nutzung von Harthölzern subventionieren, zum Verlust der tropischen Wälder bei – und das trotz der katastrophalen Folgen für die Umwelt.
- Es wird angenommen, daß zwei Fünftel der Weltbevölkerung unter Bedingungen leben, bei denen schon geringfügige Veränderungen des Klimas, der Wasser- und Brennstoffversorgung unverhältnismäßige Folgen für ihre Überlebenschancen haben könnten. Der Klimawandel, d.h. tatsächlich registrierbare Temperaturabweichungen von der Norm, könnte noch ein Jahrhundert von uns entfernt sein. Aber auch relativ geringe Schwankungen als Vorläufer dieses Wandels werden sich mit ziemlicher Sicherheit ungünstig auf viele Millionen Menschen auswirken.

- Für die große Mehrzahl der Armen dieser Welt bringt nicht die Umweltzerstörung globalen Ausmaßes den Tod. Den bringt die allgemeine Geißel der Krankheiten, ungenügender Gesundheitsversorgung und Ernährung sowie lokal begrenzter Verschmutzungen durch Verkehr, Haushalts- und Industrieabfälle sowie durch die Energiegewinnung. Für diese in die Enge getriebene Gruppe bewirkt eine globale Umweltpolitik soviel, als würde man das Messing auf der «Titanic» polieren.

Die Umweltbelastung und soziale Benachteiligung wirken sich bereits auf uns aus. Die Medien zeigen uns das jeden Tag aufs neue. Wie jedermann weiß, besteht das Hauptproblem darin, unsere weitere Entwicklung in solche Bahnen zu lenken, die einerseits umweltverträglich sind und andererseits möglichst schonend für diejenigen, die bereits durch ihre Armut dazu gezwungen werden, ihre eigenen Lebensgrundlagen zu zerstören.

Wenn es um die Grundvoraussetzungen für eine nachhaltige Entwicklung ging, wurde in der bisherigen Debatte ausdrücklich die Priorität der Sicherung von Ernährung, Energieversorgung und Grundrechten für Minderheiten und Frauen betont. Die reicheren Nationen der OECD (Organisation für wirtschaftliche Zusammenarbeit und Entwicklung) tendieren jedoch dazu, statt dessen die *großen* globalen Probleme stärker in den Vordergrund zu rücken, von denen sie sich selbst bedroht sehen. Dies sind: die Klimaveränderung mit ihren unabwägbaren Folgen für Landwirtschaft, Wasserversorgung und Küstenschutz; die Ozonabnahme mit ihren gleichermaßen ungewissen Folgen bezüglich Hautkrebs- und Augenerkrankungen (wie dem Grauen Star) und der Funktionen des Phytoplanktons an den Meeresoberflächen; sowie der Verlust von Arten und Habitaten und die damit verbundene Verschwendung genetischer Ressourcen, die für die Zwecke der Pharmazie, der Nahrungsmitteltechnologie und der Schädlingsbekämpfung eventuell größte Bedeutung haben.

Für den ärmeren Süden sind das potentiell verheerende Gefahren, aber sie sind kein Thema, dem so eindeutige Priorität beigemessen wird wie dem täglichen Bedarf zum Überleben, der so viele Völker im Süden beschäftigt.

Es ist verlockend, daraus zu schließen, daß sich die wohlhabenden Nationen über die globalen Veränderungen Sorgen machen, deren Folgen erst die übernächste oder spätere Generationen betreffen, während die ärmeren Staaten nicht die Mittel besitzen, um in hoffnungslos verschmutzten Städten, die von giftigem Staub und Dünsten erfüllt sind, für sauberes Wasser und eine ordentliche Müllbeseitigung zu sorgen. In einem Gutachten über die weltweite Schwermetallverseuchung schließt Nriagu (1990), daß über 150 Mio. Menschen erhöhte Bleikonzentrationen in ihrem Blut haben, daß 250 000 – 500 000 Menschen auf Grund einer Cadmiumvergiftung ein Nierenversagen erleiden und daß weitere 500 000 Menschen vermutlich in Folge einer Arsenvergiftung an Hautkrebs erkrankt sind. Laut Nriagu (1990, S. 32) gilt allgemein, daß in Entwicklungsländern «die Menschen für Vergiftungen durch toxische Metalle in ihrer Umwelt viel anfälliger sind: schlechte Ernährung und Gesundheit, hohe Bevölkerungsdichte, schlechte hygienische Bedingungen und ein zahlenmäßiges Übergewicht

Tabelle 1.1. Eine Reihe von Schätzungen der zur Genesung der Erde notwendigen Mittel. Dies ist eine der bestmöglichen Abschätzungen, doch sie basiert eher auf standardisierten und simplen Berechnungen als auf zuverlässigen Werten. In den angewandten Umweltwissenschaften muß noch viel getan werden, um bessere Berechnungen unter Berücksichtigung der aktuellen Verhältnisse in den unterschiedlichen Bereichen anstellen zu können (Werte in Milliarden US-$).

Jahr	Bevölkerungsstabilisierung			Reduzierung v. Entwaldungen u. Erhaltung der Artenvielfalt	Aufforstungen	Energieeinsparung		Bodenschutz	Entwicklungshilfe	Summe
	Familienplanung	Verbesserung von Bildung u. Gesundheit	finanzielle Anreize			Steigerung der Wirkungsgrade	Entwicklung erneuerbarer Energien			
1991	3	6	4	1	2	5	2	4	20	47
1992	4	8	6	2	3	10	5	9	30	77
1993	5	10	8	3	4	15	8	14	40	107
1994	5	11	10	4	5	20	10	18	50	133
1995	6	11	12	5	6	25	12	24	50	151
1996	6	11	14	6	7	30	15	24	40	153
1997	7	11	14	7	8	35	18	24	30	154
1998	7	11	14	8	8	40	21	24	20	153
1999	8	11	14	8	8	45	24	24	10	152
2000	8	11	14	8	9	50	27	24	10	161
Summe	59	101	110	52	60	275	142	189	300	1288

Quelle: Brown und Wolf (1993), S. 183

an Kindern und schwangeren Frauen - die als gefährdetste Gruppe angesehen werden -, all dies erhöht die Empfindlichkeit gegenüber einer umweltbedingten Metallvergiftung.»

So sollte es nicht überraschen, daß eine Umfrage in 22 Staaten, die extra für den Gipfel in Rio angefertigt wurde, eine weitverbreitete Betroffenheit über die Umweltverschmutzung aufzeigt. Die Mehrheit aller Befragten plazierten den Schutz der Umwelt und ihre Wiederherstellung unter die drei wichtigsten Themen, denen die Regierungen ihre Aufmerksamkeit widmen sollten (Dunlop *et al.* 1992).

Tabelle 1.1 faßt die Einzelheiten globaler Umweltangelegenheiten zusammen. Werden Umweltthemen nicht speziell diskutiert, betrachten nur wenige Menschen solche Belange von selbst als vorrangiges Thema. Dennoch taten dies bei einer Umfrage mehr als ein Fünftel der Befragten in den Niederlanden, Mexiko, Finnland, Indien, der Schweiz und Chile. Besonders bezeichnend sind die relativ ähnlichen Antworten in allen Ländern bezüglich der Sorge über die Umweltzerstörung - unabhängig vom Reichtum des jeweiligen Landes. Dies deutet auf ein weltweites dauerhaftes Grundinteresse an der Umweltsituation hin.

Besonders heimtückisch ist der subtile und anhaltende Abbau des Handlungsspielraumes - und damit einer der Lebensgrundlagen -, der den Menschen den letzten Hauch einer Chance nimmt, mit der langsamen, doch stetigen Verschlechterung der Gesundheitssituation, der Ernährungslage und des Wohlstandes selbst fertig zu werden. Dies ist die Folge zunehmender Machtlosigkeit und Isolation der Benachteiligten dieser Welt.

1.1 Ausschluß der Gemeinschaftlichkeit

Die Zeitschrift «Ecologist» war eines der ersten Foren, in denen für das Prinzip der Nachhaltigkeit eingetreten wurde, lange bevor dies in UN-Kreisen der Fall war. Eine in ihr erschienene Veröffentlichung, «Blueprint for Survival» (1972), ging der UN-Konferenz über die menschliche Umwelt in Stockholm 1972 voraus. Teile des Textes wurden damals von den Kommentatoren verworfen, der größte Teil seiner Analysen und Rezepte tauchte jedoch später in verschiedenen offiziellen Berichten wieder auf - nicht zuletzt auch in dem der Welt-Kommission über Umwelt und Entwicklung, allgemein bekannt als der «Brundtland Report» (1987), von dem später noch die Rede sein wird. Werfen wir einen Blick auf die Argumente für die Wiederherstellung der *Gemeinschaftlichkeit*, die in der Ausgabe zum 20. Jahrestag des *Ecologist* im Juni 1992 vorgebracht wurden.

Gemeinschaftlichkeit ist weniger die Summe gemeinsam besessener Ressourcen als vielmehr eine Form gemeinsamer Existenz, bei der Gegenseitigkeit an der Tagesordnung ist. In der Gemeinschaftlichkeit erkennen die Menschen ihre gegenseitige Abhängigkeit als auch jene von der sie versorgenden Erde. Im Geiste der Gemeinschaftlichkeit helfen sich die Menschen in Notlagen gegenseitig. Gemeinschaftlichkeit bedeutet, unter Anerkennung sozialer Verantwortung und gegenseitiger Achtung den Wohlstand zu teilen. Sie bedeutet auch, anderen Gefälligkeiten ohne Gegenleistung zu erweisen, statt diese gegen Geld zu verkaufen. Deshalb ist die Gemeinschaftlichkeit eine besondere soziale und kulturelle Organisationsform:

> ... lokale oder gemeinschaftliche Befugnisse, die Unterscheidung von Mitgliedern und Nicht-Mitgliedern, strenge Gleichheit unter Mitgliedern, ein größeres Interesse an der Sicherheit der Gemeinschaft als an deren Zuwachs und das Fehlen von Zwängen, die zu Armut führen. (Ecologist 1992, S. 125)

In diesem Zusammenhang umfassen Befugnisse das Recht, Außenseiter auszuschließen bzw. jeden zu bestrafen, der die Gemeinschaft mißbraucht. Des weiteren können sie eine zusätzliche Struktur interner Regeln und Rechte, Pflichten und Überzeugungen bedeuten, die es der Gemeinschaft ermöglichen, das menschliche Verhalten zu beeinflussen. Gemeinschaftlichkeit ist also eine Metapher für eine nachhaltige Wirtschaft in einer gerechten und wachsamen Gesellschaft, die auch ohne die Erfordernis formeller Verständigung weiß, warum und wie man koexistiert.

Gemäß dieser These liegt das tatsächliche globale Dilemma in der steten Vereinnahmung der Gemeinschaftlichkeit – durch multinationale Organisationen und Nationalstaaten, durch zwischenstaatliche Organisationen und auch kriminelle Vereinigungen. Mit den Worten des *Ecologist*:

> Erschließung kann niemals mehr als einer Minderheit nutzen; sie beruht auf der Zerstörung von Umwelt und von einzelnen Völkern. Sie versucht zu beherrschen, zu zerbrechen und zu enteignen – mit einem Wort, zu vereinnahmen. Die Herausforderung besteht darin, eine Erschließung abzulehnen und Gemeinschaftlichkeit einzufordern.

Vereinnahmung bedeutet, die Gemeinschaftlichkeit für materielle Interessen zu mißbrauchen, für den Individualismus, die Abhängigkeit und die Unterdrückung. Sie bedeutet, Menschen im Namen des Fortschritts das Überlebensrecht zu nehmen, die Möglichkeit eines beständigen Daseins zu verweigern und Gewinne nicht gerecht zu verteilen. Sie bedeutet den Verfall traditioneller Normen durch die Bestrafung derer, die überkommene Ansichten vertreten, und droht vielleicht das abzuschaffen, wofür diese Menschen eintraten. Vereinnahmung ist ein Prozeß der Nicht-Nachhaltigkeit. Gemäß dem amerikanischen Kommentator Ivan Illich ist Vereinnahmung die «neue ökologische Ordnung»: ihre heimtückischste Eigenschaft ist die Schaffung von Herrschaftsstrukturen, die ihre Autorität noch verstärken. So hat z.B. die «grüne Revolution» nicht nur eine Abhängigkeit von Kunstdüngern und Pestiziden nach sich gezogen, sondern auch wirtschaftliche Allianzen zwischen Saatgutproduzenten, agrochemischen Firmen und pharmazeutischen Gesellschaften (Shiva 1991).

Diese Sicht ist radikal und problematisch. Sie gründet auf der Annahme, daß Genügsamkeit, Selbstbeschränkung und die Freude am Minimalismus in gewisser Hinsicht ein menschlicher Idealzustand seien, der quasi natürliche Endzustand einer kreativen Kultur. Sie vermittelt den Eindruck, daß die Erhaltung solcher Zustände durch eine mögliche Einbeziehung in Entwicklungsvorhaben und mehr noch durch offene Märkte, bessere Gesundheitsversorgung, Alphabetisierung und Kreditvergabe kulturell unterminiert und letztlich unmöglich gemacht werden kann. Es handelt sich hierbei um eine gefährliche Rhetorik: sie deutet an, daß die Beibehaltung einer selbstauferlegten Barriere gegen äußere Einflüsse so etwas wie der beste Weg für eine nachhaltige Entwicklung sei. Es liegt ein Hauch wohlmeinenden Elitedenkens über dieser Perspektive. Sicherlich gibt es ebenso viele Wege zur Nachhaltigkeit wie Gesellschaften. Doch es wäre beunruhigend, sollte mehr als nur ein Körnchen Wahrheit in der Behauptung liegen, daß die Bemühungen derer, die eine nachhaltige Entwicklung propagieren, gleichzeitig Reformen beabsichtigen, die die Gemeinschaften noch weiter voneinander abgrenzen könnten.

1.2 Die UN-Konferenz über Umwelt und Entwicklung

Diese berühmte Konferenz, die als «UN-Konferenz über Umwelt und Entwicklung»[1] oder auch als «Welt-Gipfel» bezeichnet wird, verursachte auf Seiten der Kommentatoren starke und gegensätzliche Reaktionen. Es ist unnötig darauf hinzuweisen, daß vieles davon mit den Positionen aus dem Spektrum bezüglich der nachhaltigen Entwicklung zu tun hat, mit den Erfahrungen aus Übereinkünften der Periode vor Rio und der Zerschlagung übertriebener Hoffnungen und Erwartungen, die statt realistischer Forderungen angestellt wurden.

Die größte Auswirkung auf die öffentliche Meinung hatte wahrscheinlich die verheerende Kritik von Seiten der Nichtstaatlichen Organisationen (NGOs) noch bevor der Gipfel zu Ende war (vgl. Kasten 1.2). Sie verursachte eine stark ablehnende Haltung in der Bevölkerung und auch in den meisten Medien. Interessanterweise wechselten nahezu alle größeren Zeitungen und manche Nachrichtensender ihre Umweltkorrespondenten, setzten deren Teilnahme vorübergehend aus oder beendeten sie ganz. Eine spezielle Umweltberichterstattung wird dadurch nicht mehr in der Weise gewährleistet wie noch eine Dekade zuvor.

Die Konferenz selbst wurde abgehalten, um zwanzig Jahre nach dem ersten großen Welt-Gipfel, der UN-Konferenz über die Umwelt des Menschen im Juni 1972 in Stockholm, die Lage der Welt zu bilanzieren und deren Zukunftsperspektiven zu bestimmen. Die Konferenz in Stockholm war von dem Mißtrauen geprägt, das viele Länder der Dritten Welt den Absichten der Industrienationen entgegenbrachten. Ihre Sichtweise war die, daß die reichen Länder um der Erde (oder ihres ästhetischen Empfindens) willen die Entwick-

[1] Engl.: UN Conference on Environment and Development (UNCED).

lung der ärmeren in irgendeiner Form begrenzen oder zukünftige Hilfen und den Handel in Abhängigkeit von bestimmten Umwelt-Bedingungen kontrollieren wollten. Dies führte zum Vorwurf des Umweltkolonialismus und der Unterwerfung der Armen unter die Launen der Reichen, deren Reichtum zum größten Teil auf dem Rücken der Benachteiligten erwirtschaftet wurde.

Die Stockholmer Konferenz komplizierte die Beziehungen zwischen Nord und Süd. Sie wurde durch die Schaffung des UN-Umweltprogrammes, das darauf abzielte, Umweltveränderungen zu erfassen, und das Ziel einer gelenkten Hilfestellung zur Verringerung von Umweltschäden und der Ressourcenausbeutung propagierte, beeinflußt. Nachfolgende Konferenzen über Desertifikation, Frauenrechte, Bevölkerung und Stadtentwicklung erbrachten außer einer Menge

Kasten 1.2 Zitate britischer NGOs zu Rio

We have to climb a mountain, and all governments have succeeded in doing here is meander in the foot-hills having barely established a base camp.

Jeremy Leggett, Wissenschaftsdirektor, Greenpeace, Sunday Times, 14. Juni 1992

We need a paradigm shift. I saw no sign of that happening in Rio. Of course we have to welcome any progress, but it has been microscopic.

Jeremy Leggett, Wissenschaftsdirektor, Greenpeace, Independent, 15. Juni 1992

The Earth Summit has exposed the enormous gulf that lies between what the public want and what their leaders are willing to do. The North has done little to signal let alone address, the issue of its over-consumption. Much of the burden of the environment and development crisis has been left on the shoulders of ten of the world's poorest countries in the South.

Andrew Lees, Kampagnenleiter, FoE, Independent, 15. Juni 1992

It's all generalities. We need to know specifically what is going to be done and by when.

Charles de Haes, Generaldirektor, WWF-International, Financial Times, 15. Juni 1992

The Earth Summit was a failure. The words were there but the action was lacking.

Chris Rose, Campaigns Director, Greenpeace, Guardian, 15. Juni 1992

I came here with low expectations and all of them have been met.

Jonathan Porritt, Guardian, 2. Juni 1992

Diese Texte erwecken den Eindruck, unbedachte Reaktionen zu sein, eventuell, um die Bedürfnisse der Medien nach schnellen und eingängigen Schlagzeilen zu befriedigen. Der Ärger mit den nach Einfachheit und Schnelligkeit strebenden Medien liegt in dem Umstand, daß kein Nachrichtenservice zu einer wohlüberlegten und ernsthaften Debatte bereit ist.

Rhetorik und vielen großen Hilfsversprechen, von denen die wenigsten neue Geldmittel bewirkten, recht wenig. Die Runde der UN-Konferenzen wurde als teurer Zirkus mit geringer Bedeutung für die Bedürfnisse der Verzweifeltsten angesehen.

Wie bekannt sein dürfte, wurde unter UN-Schirmherrschaft im Jahre 1983 mit der Norwegischen Premierministerin Frau Brundtland als Vorsitzender die Weltkommision über Umwelt und Entwicklung gebildet. Diese Kommission wurde mit der Aufgabe betraut, die Voraussetzungen und Umstände für eine *nachhaltige Entwicklung* zu ermitteln und zu fördern. Dieser Begriff bleibt in seiner Anwendung jedoch unklar und mysteriös (vgl. Kasten 1.3). Seine starke Mehrdeutigkeit vermag die Spannweite seiner Bedeutungen nicht zu integrieren. Er scheint sich zwar durchzusetzen, doch niemand kann ihn so recht zur Anwendung bringen, geschweige denn definieren, wie eine nachhaltige Gesellschaft in Bereichen wie der politischen Demokratie, Sozialstrukturen, Normen, wirtschaftlichen Aktivität, Siedlungsgeographie, Landwirtschaft, Energienutzung, internationalen Beziehungen und des Transports auszusehen hat. Möglicherweise wurde der Weltgipfel auf Grund eines Mysteriums einberufen.

Die Brundtland-Kommission lehnte es ab, dieses Rätsel zu lösen, aber sie lieferte eine aussagekräftige Analyse der Fehler, die der Mensch im Zuge der Nutzung dieser Erde begangen hat, und was dagegen unternommen werden sollte. Die wichtigsten Vorschläge für institutionelle Reformen lauten:

1. Die Schaffung eines Gremiums für Nachhaltige Entwicklung, um die Zusammenarbeit aller UN-Organisationen und Behörden bei der Förderung des Ziels nachhaltiger Entwicklung zu ermöglichen.
2. Die Schaffung nationaler Strategien für eine nachhaltige Entwicklung, die auf ihre Allseitigkeit und Effektivität von einer unabhängigen UN-Behörde geprüft werden.
3. Finanzielle Unterstützung und politische Anerkennung von nationalen und kommunalen regierungsunabhängigen Organisationen, um gemeinschaftliches Handeln und die Loslösung aus der Abhängigkeit von nicht nachhaltigen Strukturen zu ermöglichen.
4. Die Stärkung von Monitoring- und technischen Hilfsprogrammen des UN-Entwicklungs-Programmes mit der Absicht, die Forschungskapazitäten in jedem Land zu erhöhen, um eine regelmäßige *Revision* der Welt vornehmen zu können.
5. Die Schaffung eines Programmes zur weltweiten Risikoprüfung, um Gefahren und kritische Zonen, die die Umwelt betreffen und sozial empfindlich sind, zu erkennen und mit lokalen Behörden bei der Entwicklung der Fähigkeit, diese Gefahren nachhaltig zu überwinden, zusammenzuarbeiten.
6. Die Bedeutung der internationalen Wissenschaftsgemeinschaft zu erhöhen, um eine gesunde wissenschaftliche Basis für jede Umstellung in Richtung einer nachhaltigen Entwicklung bereitstellen zu können.
7. Die Zusammenarbeit mit der Industrie zu verbessern, um diese zu veranlassen, die Entwicklung und Weitergabe unangebrachter Technologien zu revi-

dieren und mit den lokalen Behörden bei der Entwicklung nachhaltiger Wirtschaftsformen zu kooperieren.
8. Die UN-Vollversammlung zur Abgabe einer Erklärung und einer nachfolgenden Konvention über den Umweltschutz und die nachhaltige Entwicklung zu veranlassen.
9. Die Reorganisation sämtlicher internationaler Kredit- und Entwicklungsbehörden, um eine grundsätzliche Verpflichtung zur nachhaltigen Entwicklung zu gewährleisten. Ähnliche Verpflichtungen sollen bilaterale Hilfsorganisationen eingehen; und sowohl diese als auch erstere sollen von unabhängiger Seite überprüft werden.
10. Die Schaffung neuer Fonds zur Finanzierung des Übergangs zur Nachhaltigkeit. Dazu können Einkünfte aus der Nutzung allgemeiner Güter (Fischerei, Schiffahrt, Meeresbodennutzung, Weltraumnutzung), aus nachweislich ausbeuterischem Handel und speziellen internationalen Finanzierungsmaßnahmen verfügbar gemacht werden.
11. Die Garantie regionaler Nachfolge-Konferenzen und einer internationalen Konferenz, erzielte Fortschritte zu prüfen und für Folgeabkommen einzutreten, durch die Maßstäbe festgesetzt werden und die menschliche Entwicklung innerhalb der Richtlinien über menschliche Bedürfnisse und der Naturrechte gewährleistet wird.

Diese Liste wurde hier vollständig wiedergegeben, da sie eine brauchbare Grundlage für die folgenden Beurteilungen liefert. Die Konferenz in Rio fand statt, wie die Brundtland-Kommission dies wünschte, und 1990 wurden auch regionale Konferenzen (Punkt 11) abgehalten. Die eine, die sich an die reichen industrialisierten Länder des Nordens richtete, fand in Bergen statt. Ihre Bedeutung lag nicht in ihren Beschlüssen, die im großen und ganzen eher durchschnittlich waren, außer vielleicht jenen zur Unterstützung des Prinzips der Vorsorge.

Die Bemühungen in Bergen billigten Nichtstaatlichen Organisationen das Recht zu, nationalen Delegationen anzugehören, indem ihnen gestattet wurde, an vorministeriellen Verhandlungen teilzunehmen (Punkt 3 s.o.). Dadurch war es den NGOs in Bergen möglich, Versammlungen von Wissenschaft, Industrie, Umweltgruppen der Jugend und Gewerkschaften zu organisieren (Punkt 7, s.o.). Deren Bedeutung sollte nicht unterschätzt werden. Diese Gruppen schufen ein weltweites Netzwerk gleichgesinnter Organisationen, das eine überwältigende Solidarität auf allen Gebieten ihrer Bemühungen und Interessen förderte. Der Wiener Welt-Wissenschafts-Kongreß von 1991 (Dooge *et al.* 1992) war ein direktes Ergebnis der Wissenschaftstreffen in Bergen, ebenso wie die Gründung des Wirtschaftsrates über nachhaltige Entwicklung. So wurden zwei weitere Anregungen der Brundtland-Kommission aufgegriffen, nämlich der organisierte Kontakt zur Verbesserung wissenschaftlicher Leistungsfähigkeit (Punkt 6) und die Bereitstellung internationaler positiver Erfahrungen für die multinationale Industrie (Punkt 7). Es handelt sich hierbei um sehr zaghafte Initiativen, denn aller Anfang ist schwer. Aber immerhin ist etwas in Bewegung gekommen.

Kasten 1.3 Was ist «Nachhaltige Entwicklung»?

Gemäß der Brundtland-Kommission ist Nachhaltige Entwicklung eine solche,

> *die den Bedürfnissen der Gegenwart entspricht, ohne die Fähigkeit zukünftiger Generationen zu gefährden, ihre eigenen Bedürfnisse zu decken.*

Das schließt automatisch gewisse Vorstellungen über Fairneß und den Zugang zu grundlegenden Ressourcen, die für die gesamte Bevölkerung notwendig sind, ein, sowohl für die gegenwärtige als auch für die zukünftige. Das bedeutet, den Ärmsten die Gelegenheit zu geben, ihren Lebensunterhalt nachhaltig zu bestreiten, und zwar durch einen geeigneten Technologietransfer, Nutzung von Kapazitäten in Wissenschaft und Management und durch korrekte Preise für die Nutzung von Ressourcen. Es muß auch sichergestellt werden, daß die im Vergleich mit *normalem Wachstum* zusätzlich anfallenden Kosten bei dieser Vorgehensweise von den bessergestellten Ländern aufgebracht werden. Ebenso sollten Ressourcen für zukünftige Generationen gesichert werden, um damit eine Art Entschädigung bereitzustellen, falls wir uns in unseren Entscheidungen gründlich geirrt haben sollten.

Die Wirtschaftswissenschaft definiert drei Ebenen der Nachhaltigkeit:

1. Eine *sehr schwach ausgeprägte Nachhaltigkeit* erfordert, daß der Gesamtvorrat an Vermögenswerten (natürlichen, künstlichen und menschlichen) stets konstant bleiben sollte. Das setzt voraus, daß für die eine oder andere dieser Vermögensformen ein Ersatz gefunden und ein ausreichender Teil des Einkommens dazu verwendet werden kann, um jeden Wertverlust auszugleichen.
2. Eine *schwach ausgeprägte Nachhaltigkeit* berücksichtigt den Umstand, daß es auf Grund einer eventuell begrenzten Anpassungsfähigkeit der Erde keine Garantie dafür geben kann, daß ihr *Vermögensvorrat* konstant bleibt. Dieses entscheidende natürliche Kapital der Erde muß geschützt werden, um die Erhaltung des Lebens aller Arten zu sichern (das bedeutet, ökologischen Spielraum zu sichern). Angesichts irreversibler oder katastrophaler Schäden am Weltökosystem wird die Bedeutung dieses entscheidenden Grundkapitals um so größer.
3. *Strenge Nachhaltigkeit* berücksichtigt den Vorrang funktionierender Ökosysteme, um das Leben auf der Erde auf die kosteneffektivste und streng *natürliche* Weise zu erhalten. Der Natur wird ermöglicht, ihre Funktionen zu erfüllen, teilweise aus Zweckgründen, vor allem aber aus Gründen der Vorsorge und der Ethik. Es werden Indikatoren für den Existenznutzen der Natur, den Nutzen durch Weitergabe, für ihre Irreversibilität und Empfindlichkeit sowie die kritischen Toleranzen der Erschöpfung benötigt, da dies Zeigewerte für den Gesundheitszustand der Natur sind. Dieser letzte Punkt umfaßt nicht nur die Reduzierung lebensbedrohenden Stresses, sondern mißt auch der inneren Ruhe, die durch die Gewißheit entsteht, in einer wirklich nachhaltigen Welt zu leben, eine Bedeutung zu.

Quelle: Turner 1993; Pearce und Warford 1993.

Der Gipfel in Rio war, wenn schon sonst nicht, wenigstens in bezug auf die Organisation ein großer Erfolg. Ihm gingen vier zweiwöchige Vorbereitungskonferenzen voraus, an denen jeweils 170 Länder teilnahmen. Begleitet wurden sie von NGOs, die jeweils neun Basisgruppen repräsentierten – die Urbevölkerung, Umweltorganisationen, Wissenschaft, Lokalverwaltungen,

Wirtschaft, Landwirte, Gewerkschaften, Frauen- und Jugendverbände. Es gab genügend Anlässe zu heißen Kämpfen, die sich speziell um Finanzierungs-Modelle, den Nord-Süd-Technologietransfer, internationale Konventionen und die Überbeanspruchung von Ressourcen (im Sinne verschwenderischer oder ineffizienter Nutzung) drehten. Schließlich lockte die UN-Konferenz über Umwelt und Entwicklung 110 Staats- und Regierungschefs an, Repräsentanten von 153 Ländern, 2500 regierungsunabhängige Gruppen, 8000 akkreditierte Journalisten und über 30 000 Beteiligte im Anhang. Viele Staats- und Regierungschefs hatten sich nie zuvor mit dem Doppelthema Umwelt und Entwicklung befaßt, einige Länder hatten bis dahin jedes organisierte Umweltvorhaben boykottiert, und noch weniger hatten auch nur irgendeinen Vorgang angeregt, der zu einem Dialog mit den Basisgruppen geführt hätte, der als Voraussetzung für jede Art von Strategie gilt, die den Weg zu einer nachhaltigen Entwicklung bereiten soll.

Die positiven Aspekte von Rio waren folgende:

- Die Begeisterung auf dem Gipfel selbst, das Gefühl internationaler Solidarität unter den Aktivisten, der gewaltige Gewinn an Selbstvertrauen und die Unterstützung von Gruppen, die vor Rio unter erschwerten Bedingungen für die Bürgerrechte der einfachen Leute kämpften. Diese «grüne» Zusammenarbeit sollte nie unterschätzt werden. Heutzutage sind 25 000 NGOs auf der Szene nach Rio aktiv. Ihre Vertreter trafen sich auf zwei Nachfolgekonferenzen, die 1993 und 1994 in Manchester abgehalten wurden. Die NGOs vereinigen sich im Umfeld von Umwelt- und Entwicklungsfragen. So ergab sich letztlich die Einsicht, daß die Armen der unterentwickelten Welt und die Hilfsorganisationen der entwickelten Welt so etwas wie ein gemeinsames Dach mit den Umwelt- und auch den Menschenrechtsorganisationen wie z.B. Amnesty International schaffen sollten. Dieses vereinigte Vorgehen auf internationaler, nationaler und lokaler Ebene wird von einem echten Impuls tiefer Begeisterung getragen. Da die Gruppen nun formell Teil aller Verhandlungsparteien sind, hat Rio die Welt der NGOs elektrifiziert. Natürlich ist dies erst der Anfang, und auch die beste Koordination unter den NGOs kann kaum etwas bewirken, wenn die Regierungen sich taub stellen, internationale Finanzierungskörperschaften untätig und wenig hilfsbereit bleiben und parteipolitische Ideologien es ablehnen, den Sozial- und Gleichheitsaspekt der Nachhaltigkeit wahrzunehmen.
- Es wurden zwei globale Konventionen unterzeichnet, eine zum Klimawandel und eine zur Biodiversität (vgl. Kap.19). Sie basieren auf einer «weichen» Gesetzgebung und auf flexiblen Formulierungen, die aber alle Parteien (auch die Nichtunterzeichner) fest an internationale Verpflichtungen binden. Beide Konventionen werden von einer Kommission, die sich aus den Unterzeichner-Parteien zusammensetzt, überwacht. Unterstützt werden sie von wissenschaftlichen und technologischen Prüfungskomitees und von einem kleinen, aber wichtigen Sekretariat. Es wird von den Nationen erwartet, daß sie jährliche Berichte über die Maßnahmen zur Erreichung der gemeinsamen Ziele verfassen. Mängel in diesen Berichten sollten dann Gegenstand der Über-

wachung durch das Parlament und der politischen Arbeit der NGOs sein. In manchen Ländern wird dies der Fall sein; in anderen nicht. Jedoch mag die Anstrengung derer, die versuchen, ähnliche Maßnahmen zu vereinbaren, die Nachzügler eventuell anspornen.

- Die Agenda 21 war das Kernstück des Treffens, ein Bericht mit 40 Kapiteln über die Mißstände in dieser Welt und mit Vorschlägen, wie diese zu beheben seien. Jedes Kapitel behandelt Ziele, Handlungsprioritäten, ein Nachfolgeprogramm und eine Kostenschätzung. Dies liefert die Grundlagen für die Strategien zur nachhaltigen Entwicklung, die nun jährlich der UN-Kommission für Nachhaltige Entwicklung übermittelt werden (Punkt 2, s.o.). Die Kap. 23–32 behandeln die Stärkung der Rolle der neun Basisgruppen, die oben erwähnt wurden. Die Kap. 35–37 decken die Themen Wissenschaft, öffentliches Bewußtsein und Bildung sowie die Leistungssteigerung bezüglich des Wissenschafts- und Technologietransfers in den Entwicklungsländern ab. Wir werden weiter unten sehen, daß die Finanzmittel für die Steigerung der Leistungsfähigkeit mittels der weltweiten Finanztransaktionen gewonnen werden können. Das Konzept einer weltweiten Revision, wie es im Brundtland-Report (Punkt 4, s.o.) beschrieben wird, ist in Kap. 35 enthalten. Es könnte die Datenlage über die globalen Veränderungen verbessern, sie an entscheidende Modelle auf regionaler Basis anknüpfen und mit Überlebensstrategien verbinden – hoffentlich mit der beabsichtigten internationalen Finanzierung. Es handelt sich hier um langfristige Ziele, aber immerhin liegt wenigstens *ein* Konzept vor. Diese Kapitel sind von fundamentaler Bedeutung für die Zukunft der aktiven Umweltwissenschaften und für die Förderung einer Weltbürgerschaft – einer Gemeinschaft, die sowohl sachkundig ist als auch die Mittel hat, um ihre Gesellschaft und ihre Wirtschaft in Richtung einer verstärkten Nachhaltigkeit zu verändern. Der Erfolg der Agenda 21 hängt im wesentlichen von der Bereitschaft der Regierungen ab, die politischen und bildungspolitischen Bedingungen zu schaffen, die das Bewußtsein einer Weltbürgerschaft gedeihen lassen. Der Bewährungstest der Agenda 21 ist darin zu sehen, inwieweit diese Gedanken in die Strategien für eine nachhaltige Entwicklung eingehen, die jede Nation als ihren Beitrag zur Agenda 21 entwickeln muß.

Die Inhalte der Agenda sind wichtige Errungenschaften. Die Implikationen für eine globale Verwaltung werden in Kap. 19 diskutiert. Es ist wichtig, an dieser Stelle die Effekte des Impulses und der impliziten Erwartungen herauszuheben. Rio wird danach beurteilt, in welchem Maße die verschiedenen Institutionen, die daraus hervorgehen oder dadurch in ihrer Arbeit bestärkt werden, auf allen Ebenen menschlicher Bemühungen tatsächlich einen verantwortungsvollen Übergang zu wenn auch vorläufigen Formen der Nachhaltigkeit bewirken. Das Ausmaß, in dem durch die reformierten institutionellen Strukturen Einstellungen geändert, Prioritäten gewechselt, Vorurteile abgebaut, das Denken integriert, Etatplanungen und Handeln in Einklang gebracht, ministerielle Politik koordiniert und vor allem eine ganze Reihe von bewußten und demokratisch verantwortbaren

Pfaden in Richtung Nachhaltigkeit vorgezeichnet werden – dieses Ausmaß wird der entscheidende Prüfstein für langfristige und lebenssichernde Erfolge von Rio sein.

Die störenden Aspekte des Treffens in Rio liegen paradoxerweise im Versagen, auf internationaler Ebene finanzielle und organisatorische Arrangements zu treffen, die die Agenda 21 effektiv umzusetzen geholfen hätten. Dies lag zu einem Teil daran, daß sich die Ausarbeitung geeigneter Strukturen als überaus kompliziert erwies, zum anderen an der Starrheit und Unbeweglichkeit der bereits existierenden Organisationen und auch an dem nicht unbedeutenden Umstand, daß zunächst einmal der tiefsitzende beiderseitige Verdacht der reichen und armen Länder, bei der nachhaltigen Entwicklung handle es sich um eine Art großen Trickbetrug, auszuräumen war. Dieser Verdacht erhärtete sich zu der Überzeugung, daß man weder den Reichen noch den Armen zutrauen könne, innerhalb der eigenen Grenzen für Nachhaltigkeit zu sorgen, und daß jeglicher Geldfluß – ob nach Süd oder Nord – fern von jener ausgegrenzten, gewöhnlichen Bevölkerung versiege, deren Lebensunterhalt überall auf der Welt immer weiter schrumpft.

1.3 Die Finanzierung nachhaltiger Entwicklung

Es wurden bereits verschiedene Schätzungen über die Kosten eines Übergangs zur Nachhaltigkeit angestellt. Zum größten Teil handelt es sich dabei um bloße Mutmaßungen, weil niemand das ganze Feld überschauen kann. Wir können uns, die wir noch am Anfang dieses Vorhaben stehen, noch keine genaue Vorstellung davon machen, was getan werden muß – für die Versorgung mit sauberem Wasser, Wiederaufforstung, Erziehung und Bildung, die medizinische Grundversorgung, Abfallentsorgung und Bodenverbesserung. Deshalb ist das Element der Kapazitätsausnutzung der Agenda 21 so wichtig (Punkt 5, s.o.). Will man eine Vorstellung von den Kosten für Wiederherstellung und Schutz gewinnen, müssen lokale Kenntnisse in lokale, regionale und nationale Berechnungen eingebracht werden.

Mit der Zeit wird dieser Punkt in allen nationalen Nachhaltigkeitsstrategien (Punkt 2, s.o.) eine Schlüsselposition einnehmen. Die Umweltwissenschaften werden im großen und ganzen bei der kulturellen Integration der Naturwissenschaften und bei der ökologisch fundierten Kostenrechnung eine enorm wichtige Funktion haben. Diese Art von Taxierung kann nicht in einem streng disziplinären Sinn durchgeführt werden. Für die jeweiligen *Kosten* ist von Bedeutung, wie die Aufgabe auf Grund welcher nationalen Berechnungen durchgeführt (vgl. Tabelle 1.1) und von wem sie beendet wird. Holmberg (1992) z.B. würde solche Schätzungen sofort niedriger ansetzen, wenn sie aus Plänen öffentlicher

Instanzen stammen, wenn Militärpersonal in Nachhaltigkeitsprogramme mit einbezogen würde oder wenn Hilfsgelder in volkswirtschaftlich nützliche Projekten statt in verschwenderische und unnachhaltige Prestigeprojekte wie große Staudämme, Krankenhäuser oder Atomkraftwerke investiert würde.

Eine weitere kontroverse Frage bezüglich internationaler Finanzierung ist die, inwieweit es nötig ist, internationale Mittel aufzubringen, um sogenannte «incremental costs» (s.u.) zu begleichen, die nötig sind, um globale Verpflichtungen einzugehen, anstatt nationalen Prioritäten nachzukommen. In UN-Kreisen umfaßt dieser Begriff, der nur auf Entwicklungsländer angewendet wird, *entweder* die Kosten, die nötig sind, um ein Land zu Verpflichtungen zu drängen, die es aus eigenen Interessen nie eingehen würde, *oder* jene Sondermittel, die einem Vorhaben zugeschossen werden müssen, welches die Voraussetzungen für eine globale Konvention schaffen soll. Ein Beispiel für den ersten Fall wären die Kosten für den Ersatz ozonschädigender Chemikalien durch ozonfreundliche Ersatzstoffe. Ein Fall der zweiten Art wäre etwa der Umstieg von Kohle auf Gas bei der Elektrizitätserzeugung, weil Gas etwa 40 % weniger CO_2 als Kohle, zudem so gut wie kein SO_2 und nur die Hälfte an Stickoxiden produziert. So würden die Kosten für einen Umstieg von Kohle auf Gas oder von fossilen Brennstoffen auf erneuerbare als *incremental costs* eingestuft und folglich Gegenstand jeglicher Kostenrechnung über Nachhaltigkeit sein. Da diese Denkweise relativ neu ist, werden viele Jahre vergehen, um für jedes Land zu einer Abschätzung der *incremental costs* zu gelangen.

Nichtsdestoweniger haben einige Analytiker versucht, einen Kostenentwurf für den Übergang in die Nachhaltigkeit zu erstellen. Tabelle 1.1 zeigt eine solche Schätzung des Worldwatch Institute in Washington. Sie geht von einem Betrag von etwa $150 Mrd. jährlich über einen Zeitraum von 1991 bis 2000 aus, der für 1995 wohl aber näher an $200 Mrd. liegen dürfte. Diese Zahlen stehen im Kontrast zu den $1000 Mrd., die jährlich für Waffen ausgegeben werden (Brundtland 1987), und den 1991 tatsächlich gezahlten $127 Mrd. Entwicklungshilfe (Holmberg 1992). Die Agenda 21 nimmt eine Größenordnung von jährlichen $600 Mrd. für die Periode 1993–2000 an, jedoch wurde diese Schätzung für alle Bereiche einzeln und auf Grundlage besonderer Akten verschiedener Lobbys erstellt. Sie ist reichlich übertrieben und hat möglicherweise mehr geschadet als genützt, da sie mögliche Geldgeber, die schon von strukturell bedingten Rezessionen geplagt sind, abschreckt.

Etwas unvoreingenommener betrachten Grubb (1993) und seine Mitarbeiter die Lage und errechneten die Kosten für die Umsetzung der Agenda 21 mit $130 Mrd. jährlich. Die Schätzungen des UNCED-Sekretariats für die *incremental costs* der Klima- und Biodiversitäts-Konventionen rangieren zwischen $30 und $70 Mrd.

All diese Berechnungen sollten nicht allzu genau genommen werden. Während nationale Nachhaltigkeitsstrategien in Gang gebracht werden und die Umweltwissenschaften in immer stärkerem Maß Anwendung finden, darf man die Kostenschätzungen bezüglich eines Übergangs zur Nachhaltigkeit nur als politische Erklärungen werten. Das geht aus den sich Rio anschließenden Streitigkeiten über zusätzliche Finanzierungsfragen deutlich hervor.

Vor und während Rio verlangten die Entwicklungsländer neue und zusätzliche Mittel, die rechtmäßigen, einforderbaren Verpflichtungen entsprächen. Das wurde von den wohlhabenden Nationen als unrealistisch und zu verbindlich abgelehnt. Letzten Endes wurden mehr Absichtserklärungen denn Finanzmittel überreicht. Es gibt keine Erhöhung der bilateralen Hilfe, gleichwohl das Ziel von 0,7 % des Bruttosozialproduktes geblieben ist: gegenwärtig machen die Zahlungen nur etwa die Hälfte davon aus. Die groß angekündigte Bereitstellung von Mitteln für die schlecht ausgestattete Internationale Entwicklungsbehörde, die ursprünglich mit $3–5 Mrd. oder 15 % der neuen Investitionen für Einzelprojekte veranschlagt wurde, hat sich größtenteils verflüchtigt.

Die einzige Finanzierungsinstitution, die in dieser Hinsicht einigermaßen gut abgeschnitten hat, ist die *Global Environment Facility* (GEF). Sie wurde im Jahre 1991 als dreijähriges Pilotprojekt geschaffen, um für ausgesuchte *incremental costs* in den Bereichen der Verminderung von Treibhausgasemissionen, des Schutzes der Biodiversität, des internationalen Wasser-Managements und generell der Energieeinsparung aufzukommen. Die GEF wird gemeinsam betrieben von der Weltbank, dem UN-Entwicklungs-Programm sowie dem UN-Umwelt-Programm und von einer Expertenkommission wissenschaftlich und technisch beraten.

Die Unterstützung durch die Weltbank als Hauptfinancier war höchst umstritten, da die meisten Entwicklungsländer und die umweltpolitischen NGOs gerade die Weltbank als Vertreter der schlimmsten Form des nicht-nachhaltigen Kapitalismus ansehen. Sie behaupten, die Weltbank unterstütze undemokratische und korrupte Regime der Dritten Welt mit Prestigeprojekten, für die die Empfängerländer die geliehenen Mittel mit Zinsen zurückzahlen müssen. Ein großer Teil dieser Zinszahlungen würde durch ausbeuterische und von Mißmanagement geprägte Projekte der Ressourcennutzung aufgebracht, die viele mittellos und entmutigt zurücklassen. Es muß jedoch fairerweise gesagt werden, daß die Wahl der Methoden, mit denen solche Rückzahlungen finanziert werden, in erster Linie Sache des Empfängerlandes ist und nicht der Weltbank: es gibt keine zwingenden Gründe dafür, daß das System unbedingt ausbeuterisch sein *muß*. Die Tatsache, daß es das aber ist, und daß die Bank dies zu billigen scheint, ist der Grund für ihren schlechten Ruf in manchen Ländern.

Die GEF hat sich wohl oder übel zu der Institution entwickelt, über die der Nord-Süd-Finanztransfer abläuft. In ihrer Startphase war sie mit $1,6 Mrd. ausgestattet. Von Mitte 1994 bis 1997 könnten noch einmal gut $3–4 Mrd. hinzukommen, wobei der mit Abstand bedeutendste Teil der zusätzlichen Mittel von der UNCED kommt. Jedoch fordern sowohl die Klimakonvention als auch die zur Biodiversität eine Neustrukturierung der GEF, um sie gegenüber den Gebern, aber auch den Nutznießern zur Rechenschaft zu verpflichten. Der Süden sähe gern eine Vereinbarung in der Form «ein Mitglied, eine Stimme»: der Norden hätte gern die Stimmgewalt, um sich als Wohltäter darstellen zu können.

Dies ist ein wichtiges Thema, gibt es doch keine andere Einrichtung für Transferleistungen dieser Größenordnung, bevor nicht ein völlig neuer Finanzierungsmechanismus gefunden wird, was höchst unwahrscheinlich ist, oder bestehende multilaterale Banken und Hilfsinstitutionen regionalisiert werden und sich mit der Finanzierung der *incremental costs* befassen. Am wahrscheinlichsten ist jedoch die Neuorganisation der GEF, die unabhängiger sein wird und über diplomatisch angelegte Strukturen für größere Verantwortlichkeit verfügen

Kasten 1.4 Die Bewertung natürlicher Ressourcen

Ein System nationaler Erhebungen bildet in Übereinstimmung mit dem UN-Statistik Büro (UN Statistical Office) die Basis für die nationalen Einkommensberechnungen. Diese berücksichtigen unter anderem den Wertverlust von Vermögensgütern wie etwa Häusern, Straßen, Lagerbeständen usw. Bei Wertverlusten von Naturressourcen jedoch setzen diese Berechnungen auf die Auswertung von Satellitenaufnahmen. So z.B. bei Forsten und Böden, und auch dann wird dabei nur ein kleiner Teil der Ressourcen abgedeckt. Das größte Ärgernis dabei ist, daß diese Erhebungen weder die Verluste an natürlichen Ressourcen durch Degradation oder Ausbeutung systematisch aufzeigen noch die Einkommenseinbußen berücksichtigen, die auf Grund der durch den Entzug der Naturressourcen verminderten Produktivität eintreten. Deshalb ist das Verfahren in doppelter Hinsicht irreführend. Auf der einen Seite unterschätzt es dramatisch den Wegfall produktiver Güter und auch die negativen Effekte von Bodenerosion, Verschlämmung oder Artensterben. Auf der anderen Seite gehen jedoch die Aufwendungen für die Schadstoffvermeidung und Sanierungsmaßnahmen als Zunahme in das nationale Einkommen ein, während Kosten im Gesundheitswesen und durch Umweltzerstörung, die bei der Produktion entstehen, ignoriert werden.

Die Wirtschaftswissenschaft versucht gerade, ein System ökologischer Bilanzierung zu schaffen, das sowohl die Nebeneffekte der Verluste natürlicher Ressourcen aufzeigt als auch wirtschaftliche und gesundheitliche Auswirkungen der Umweltverschmutzung sowie Aufwendungen für eher optische Umweltsanierungsmaßnahmen berücksichtigt. Eine Studie auf Costa Rica zeigt auf, daß sich dort die Waldverluste in den letzten 20 Jahren zu einem Wertverlust von $4,1 Mrd. summierten – dem Äquivalent der Gesamtvermögensschöpfung eines Jahres. Dieser Wertverlust könnte die Wirtschaft Costa Ricas bis zu 2 % jährlich oder etwa ein Drittel des Netto-Wachstums kosten. Verluste durch Bodenerosion wurden mit einem Äquivalent von 9 % der landwirtschaftlichen Nettoproduktion berechnet – jährlich.

Ganz offensichtlich führt das gegenwärtige Bilanzierungssystem in gefährlicher Weise dazu, daß die einzelnen Nationen die katastrophalen wirtschaftlichen Auswirkungen der Verluste ihrer Naturgüter massiv unterschätzen. Noch heute werden bei der Berechnung der nationalen Ressourcen-Bilanzen die volkswirtschaftlichen und umweltpolitischen Auswirkungen von Bodenerosion und Waldzerstörung nicht vollständig einbezogen. Hier liegt eindeutig eine der Aufgaben der angewandten Umweltwissenschaften. Die Grundlagen für eine vollständige Wertschätzung der Umwelt sind zu erweitern, so daß realistische Verlustschätzungen angestellt und die Kosten für den Schutz und die Wiederherstellung der Natur bestimmt werden können.

Quelle: Repetto 1992.

wird. Dies wäre folgerichtig an andere institutionelle Veränderungen gebunden, für die eine größere formelle Verpflichtung zu mehr Nachhaltigkeit vonnöten wäre, sowohl in politischer als auch in praktischer Hinsicht. Diese Punkte werden im letzten Kapitel genauer dargelegt; vgl. dazu auch Jordan (1993).

Bevor wir das Thema der internationalen Finanzierung verlassen, sollte klargestellt werden, daß ein großer Teil der von nach Süden fließenden $125 Mrd. besser eingesetzt werden könnte. Das könnte eine Politik bewerkstelligen, die auf die ärmsten Länder ausgerichtet ist, auf die Armen in diesen Ländern und auf nachhaltige Entwicklungsprojekte, die diesen Armen einen höheren Lebensstandard ermöglichen (Holmberg 1992, S. 307). Gegenwärtig kann aber nur etwa ein Drittel der Hilfsmittel frei in diese Richtung gelenkt werden. Zur Bedarfsdeckung der ärmsten Gruppen werden nur etwa 10 % der Gelder verwendet. Leider fließen viele Mittel in die Taschen der Reichen oder des Militärs, oder sie werden verwendet, um Energie- und Rohstoffpreise zu subventionieren, damit die urbane Mittelklasse der Empfängerländer zufriedengestellt wird. Die Mehrheit der Entwicklungsländer subventioniert aktiv Ressourcen, die wenigstens einen normalen Marktpreis aufweisen und, wenn möglich, auch die vollen Umweltkosten tragen sollten. Auf Grund einer Vielzahl innenpolitischer Gründe ist dies nicht der Fall. Deshalb werden wertvolle Ressourcen vergeudet und zusätzliche Umweltschäden angerichtet. Auch gehen mehr als 40 % der technischen Hilfe für Entwicklungsländer an exkoloniale Staatsbeamte oder nichtortsansässige Berater. Viel zu wenig steht für die Erschließung einheimischen Wissens, für die grundlegende Umweltforschung wie Monitoring, Kartierung, Analyse und Auswertung von Ressourcen-Management-Programmen zur Verfügung.

1.4 Die Bevölkerungsfrage

Zur Zeit ist eine ärgerliche und endlose Debatte über die genauen Gründe der gegenwärtigen enormen Umweltzerstörung im Gange. Einige machen das Bevölkerungswachstum dafür verantwortlich, andere den Konsumrausch der Reichen, andere einen nicht angeratenen Technologietransfer und wieder andere halten eine verzerrte Preisgebung für die Ursache, die zum Mißbrauch der allen gemeinsamen Ressourcen und zu maßloser Verschwendung der in Privatbesitz befindlichen Ressourcen führt.

Manche geben dem Mangel an juristisch geschützten internationalen Besitzrechten an der Natur und den Mißständen bei den Menschenrechten die Schuld. Eine Aufnahme dieser Rechte in die formale Gesetzgebung würde, ihrer Argumentation zufolge, Nationen, Wirtschaftsunternehmen und jeden Einzelnen weltweit dazu zwingen, solche Rechte in allen Gesichtspunkten der Entwicklung anzuerkennen. Kritiker kontern, daß solche formellen rechtlichen Übereinkünfte jegliche Kreativität und Initiative ersticken und stur legalistisches, bürokratisches Vorgehen fördern würden. Andere bemerken einen Verfall ethischer Werte, der den Geist der Menschen zu Materialismus und Egoismus führt.

Tatsächlich sind all diese Kräfte am Werk. Eine wahrhaft nachhaltige Gesellschaft hätte Eigenschaften, die mit jeglicher modernen Gesellschaft unvereinbar wären, außer mit jenen, die von der westlichen «Zivilisation» gänzlich unberührt sind. Eine nachhaltige Gesellschaft würde keinerlei Bevölkerungswachstum aufweisen. Sie müßte also entweder eine strenge Geburtenkontrolle durchführen, hohe Sterblichkeitsraten haben oder eine quasi freiwillige Sterbehilfe betreiben. Dies sind sehr gefährliche Pfade, die einer äußerst vorsichtigen Erkundung bedürfen. Es gäbe keine technologischen Innovationen, die zu einer nicht-erneuerbaren Ressourcennutzung oder zu exzessiver Anhäufung von Reichtum führen würden. Dort, wo eine Anhäufung stattgefunden hätte, würde der erlangte Wohlstand mit den weniger glücklichen Menschen geteilt, unter der Annahme, daß sich der Fluß der Hilfsmittel umkehrt, sollten sich die jeweiligen Verhältnisse ändern. Eine solche Gesellschaft würde innerhalb der Grenzen der *Wiederherstellbarkeit* bleiben oder an der Entwicklung neuer Ressourcen und Lebensräume arbeiten, ohne dabei Profite durch die Ausbeutung nichterneuerbarer oder nichtersetzbarer Ressourcen anzustreben. Sie würde auf dem Gleichheitsprinzip und sozialer Gerechtigkeit aufbauen, auf kommunaler Demokratie und einer Unmenge rücksichtsvoller Verhaltensregeln der Art, wie sie zum Stichwort *Gemeinschaftlichkeit* in diesem Kapitel bereits entfaltet wurden. Eine soziale Kontrolle fände von innen heraus statt, vermittelt über eine Art gleichheitlicher kommunaler Strukturen, die allgemein akzeptiert würden. Diese Bedingungen passen mit keiner der vorherrschenden Ideologien der heute regierenden politischen Parteien zusammen.

Wir sollten uns deshalb nun der Bevölkerungsfrage zuwenden und uns unter dem Aspekt des Entwurfs einer nachhaltigen Gesellschaft fragen, was mit dem Wachstum der Bevölkerung geschehen könnte und sollte. Wie der Leser sicherlich weiß, verdoppelt sich die Weltbevölkerung gegenwärtig alle 40 Jahre. Alle 10 Jahre kommen 1 Mrd. Menschen (im Schnitt 100 Mio. jährlich) hinzu. Die Kinder, die heute geboren werden, werden im Jahre 2020 in einer Welt mit 8 Mrd. Menschen leben (im Vergleich zu 5,5 Mrd. 1994), ungeachtet jeglicher vorhersehbarer Folgen außer eines geradezu horrenden Elends.

Die Anzahl an fortpflanzungsfähigen jungen Menschen ist der Ausgangspunkt für das zukünftige Bevölkerungswachstum. Um von einem extremen Beispiel auszugehen – wenn der Eintritt einer niedrigen Vermehrungsrate (sagen wir 2,2 Kinder pro gebährfähiger Frau) in Afrika um 25 Jahre von 2025 bis 2050 verzögert würde, dann würde die Nettodifferenz in der afrikanischen Bevölkerung im Jahre 2100 1,5 Mrd. Menschen bzw. mehr als das Dreifache der heutigen Gesamtbevölkerung Afrikas betragen (Arizipe *et al.* 1992, S. 63). Die mögliche Bandbreite der Entwicklung der Weltbevölkerung unter Annahme von verschiedenen Geburten- und Sterberaten bis zum Jahre 2100 gibt Abb. 1.1 wieder. Die wohl realistischste Kurve ist Nummer 2 mit einer starken Abnahme der Geburten- und Sterberate bis 2025 und anschließender konstanter Fertilität bzw. einem Netto-Nullwachstum. Doch selbst dann würde sich die Zahl der Menschen im Vergleich zu heute verdoppeln. Es wurde jedoch berechnet, daß für eine nachhaltige Wirtschaft auf dem heutigen westlichen Konsumniveau eine Bevölkerung von 2,5 Mrd. das Maximum wäre. 5,5 Mrd. Menschen wären bei einem durchschnittlichen Lebensstandard, wie er heute etwa in Spanien zu finden ist, gerade noch tolerierbar.

Kasten 1.5 Die Kosten der Umweltsanierung

Generell liegen die Kosten für eine Verminderung der Umweltverschmutzung oder genaugenommen für die Verhinderung noch schlimmerer Ausmaße bei ca. 1 bis 2 % des Bruttoinlandproduktes (BIP). In Haushaltszahlen ausgedrückt, wären das in den USA ein Drittel der Kosten für Ernährung, ein Fünftel der Energiekosten oder etwa ein Zehntel der Kosten für die medizinische Versorgung. Berechnungen deutscher Wirtschaftsfachleute gelangen zu dem Ergebnis, daß der Gesamtaufwand für Umweltschutz und Umweltsanierung allein 1989 etwa 6 % des BIP für West-Deutschland und möglicherweise 10 % für ganz Deutschland betragen hätte. Eine aktuelle US-amerikanische Umweltschutz-Studie veranschlagt zukünftige Kosten für eine umweltgerechte Anpassung auf 2,5 % des BIP, bei jährlichen Kosten von etwa 150 Mrd. US-Dollar.

Keine dieser Berechnungen berücksichtigt die wahren Kosten der Umweltzerstörung im Hinblick auf die generelle «Zersetzung», Abfallbeseitigung, Freisetzung gesundheitsgefährdender Stoffe, Lebensfähigkeit von Ökosystemen und allgemeine ästhetische Abneigung gegen verpestete Luft und gelb verfärbte Bäume. Die Mittel, die nötig sind, um einen Umweltstandard (wieder) zu erreichen, wie ihn sich die Menschen gegenwärtig wünschen, wurden von Daly und Cobb als so hoch geschätzt, daß sie praktisch Amerikas Realeinkommen stabilisieren könnten. Wachstum ist ein sehr relativer Begriff. Nachhaltiges Wachstum würde einen Einschnitt im Einkommen bewirken – aber einen Gewinn für Gesundheit und Lebensqualität darstellen.

Quelle: Carlin *et al.* 1992; Daly und Cobb 1989.

Die Abnahme von Fruchtbarkeit und Sterblichkeit bringt jedoch andere Probleme mit sich, wie z.B. Altersprobleme und Krankheitsanfälligkeit. Modelle zeigen, daß das Altersmittel von 35 Jahren in modernen Industrienationen und 25 Jahren in den ärmeren Ländern auf etwa 50 Jahre im Weltdurchschnitt im Jahre 2100 ansteigen würde. Das zeitigt drastische Konsequenzen für arbeitsabhängige Einrichtungen, für das Gesundheits- und das Rentenwesen. Laut Arizipe und ihren Kollegen wird entweder die Bevölkerungszahl oder das Durchschnittsalter nie dagewesene Ausmaße erreichen. Dieses explosive Wachstum wird früher oder später in höhere Sterblichkeitsraten münden (wobei AIDS die Hauptursache darstellen könnnte, da bereits jetzt in Thailand und Zentralafrika fast jede zehnte Frau davon betroffen ist), oder die Überalterung wird schmerzhafte soziale Anpassungsprozesse und eine völlige Neuorganisation der familiären und staatlichen Versorgungssysteme für ältere Menschen notwendig machen. Was auch immer geschieht, diejenigen, die Arbeit haben, müssen einen unverhältnismäßigen Anteil der wirtschaftlichen Last tragen. Und es gibt keine Garantie dafür, daß mehr als vier Fünftel der arbeitsfähigen Bevölkerung auch eine Beschäftigung haben werden, um diese schwere Verantwortung zu tragen. Das sind die Folgen arbeitsvermindernder Technologien und der Inflexibilität der Arbeit bezüglich Mobilität und Umschulung in den meisten Wirtschaftssystemen.

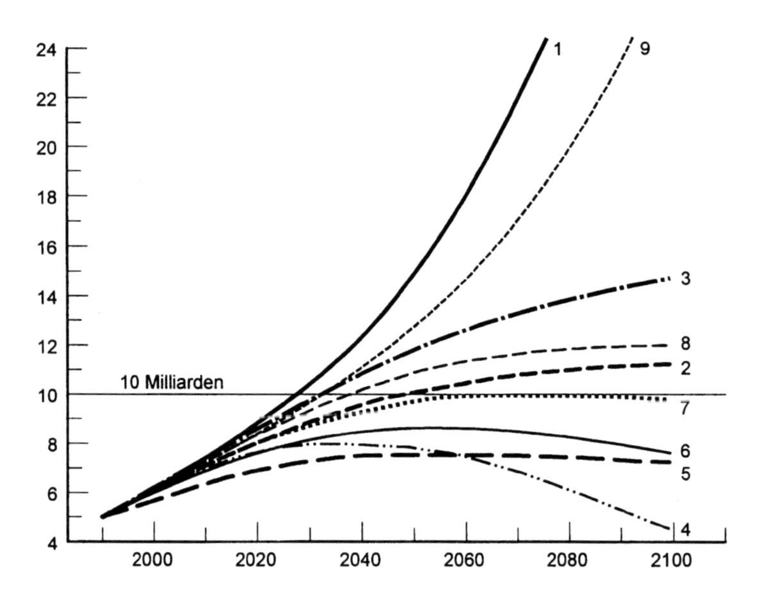

Abb. 1.1. Bevölkerungsvorhersagen für das Jahr 2100, basierend auf verschiedenen Annahmen über die zeitliche und zahlenmäßige Entwicklung der Fruchtbarkeits- und Sterblichkeitsraten. Die Kurve mit der größten Steigung, Kurve *1*, ist lediglich die Fortschreibung der tatsächlichen Trends der Jahre 1985–90. Die nächsthöhere Kurve (*9*) geht von konstanten Geburtenraten in Afrika und Asien, aber von einer um 10 % erhöhten Sterblichkeitsrate aus. Die niedrigste Vorhersage (Kurve *4*) geht von einem raschen Rückgang der Geburtenrate auf einen Wert von 1,4 ab 2025 aus. Die zwei folgenden Kurven (*5* und *6*) verbinden einen raschen Wechsel der Geburtenrate auf 2,1, beginnend 1990 (*5*), mit einer mittleren Sterblichkeit bzw. ab 2025 (*6*) mit einer konstanten Sterblichkeit. Die übrigen Kurven (*2*, *3*, *7*, *8*) sind Variationen verschiedener Fruchtbarkeits- und Sterblichkeitsraten (*2*: starker Rückgang von Geburten- und Sterblichkeitsrate bis 2025, danach konstant; *3*: UN Geburtenrückgang um 25 Jahre verzögert, UN mittlere Sterblichkeit; *7*: UN Sterblichkeitsrückgang um 25 Jahre verzögert, Geburtenrate von 2,1 in 2025; *8*: Lebenserwartung von 80/85 Jahren und Geburtenrate von 2,1 im Jahre 2025). Die Chancen einer Weltbevölkerung von weniger als dem Doppelten der heutigen in 100 Jahren sind eher gering und hängen natürlich vom Erfolg der Agenda 21 ab (*Quelle:* Arizipe *et al.* 1992, S. 63).

Es könnte geschehen, daß die Theorie und die Praxis von *Arbeit*, *Sozial-* bzw. *Öffentlichen Leistungen*, *Entlohnung* und *Tauschwert* im nächsten Jahrhundert grundlegende Veränderungen erfahren. Die Schattenwirtschaft, die das Volk der

Armen in den meisten Städten und Dörfern der Dritten Welt nutzt, wird noch allgegenwärtiger werden, obwohl niemand weiß, was dann aus den Steuererhebungs-Maßnahmen und der Finanzierung des Wandels zur Nachhaltigkeit wird (siehe Ekins und Max-Neef 1992, die eine gute Darstellung bringen).

Die Ursachen eines raschen Bevölkerungswachstums sind so vielschichtig wie die Bedingungen, die es begrenzen. Kulturen sind schon per definitionem extrem heterogen. Es gibt kein einfaches Bündel von Maßnahmen, die die flacheren Kurven in Abb. 1.1 bewirken. Zu den Mindestanforderungen gehören:

- Zugang zu einer sicheren und sozial akzeptierbaren Empfängnisverhütung, die in einer kulturell angepaßten Weise bereitgestellt wird und die Geburtenkontrolle und Familien- sowie Sozialfürsorge miteinander verbindet;
- Zugang zu grundlegender und zuverlässiger Versorgung mit lebenswichtigen Gütern wie Nahrung, Energie, Wasser, Gesundheitsfürsorge, Bildung und Sozialversorgung, damit die Familien eine Zukunft haben, ohne in starkem Maße von Kinderarbeit abhängig zu sein;
- Reformen des Landeigentums und lokaler Schuldnerstrukturen, um die Armen aus untragbaren Pachtverhältnissen, wucherbedingter Not oder noch schlimmeren Verhältnissen zu befreien;
- Verbesserung der Bildung, der sozialen Möglichkeiten und Kreditwürdigkeit von Frauen, um ihnen die Möglichkeit zu geben, die Bereiche ihres Lebens selbst zu kontrollieren, in denen sie gegenwärtig zu sehr von anderen abhängig sind;
- Reduzierung des Konsums und extravaganter Verschwendung durch die Reichen dieser Welt, um mit gutem Beispiel voranzugehen und ökologischen Raum für die Entwicklungsländer zu schaffen;
- die Schaffung demokratischer Strukturen und friedenserhaltender Sicherheitsstrategien, die es allen Menschen ermöglichen, den Charakter ihrer regionalen Wirtschafts- und Gesellschaftsstrukturen selbst zu bestimmen.

Lösungsansätze dieser Art lassen sich nur auf globaler Ebene verwirklichen. Aus diesem Grund ist es auch so schwierig, die Höhe der Gesamtbevölkerung auf einem stabilen Level zu halten. Dies kann nicht durch Pläne, Technologien oder bürokratische Eingriffe verwirklicht werden. Der Weg dorthin führt über eine friedliche, weltweite Revolution des innersten Wesens der Macht und der sozialen Zusammenhänge. Daher sind nachhaltige Wirtschafts- und Sozialstrukturen, die sich selbst erhalten können, ein so entscheidendes Ideal. Wir werden diese Ziele womöglich nie erreichen, vielleicht sogar nicht einmal annäherungsweise. Aber das verschwommene Bild, das wir uns von ihnen machen, ist alles, was wir haben, um unser Haus in Ordnung zu bringen. Die Umweltwissenschaften können auf diesem Weg, der für das Überleben von so grundlegender Bedeutung ist, eine entscheidende Rolle spielen.

Literaturverzeichnis

Arizipe L, Costanza R, Lutz W (1992) Population and natural resource use. In: Dooge J et al. (eds) An agenda for science for environment and development into the 21st century. Cambridge University Press, Cambridge, pp 61–78
Brown LC, Wolf EC (1988) Reclaiming the future. In: Brown LC (ed) State of the World. Norton, New York, pp 170–189
Brundtland GH (Chair) (1987) Our common future. Oxford University Press, Oxford
Carlin P, Scodari PF, Garner DH (1992) Environmental investments: The cost of cleaning up. Environment 34/2:12–20, 38–44
Daly HE, Cobb J (1989) For our common good: redirecting the economy towards community, the environment and a sustainable future. Beacon Press, Boston
Dooge JCI, Goodman GT, la Riviere JWM, Lefevre J Marton, O'Riordan T, Praderie F, Brennan M (eds) (1992) An agenda for science for environment and development into the 21st century. Cambridge University Press, Cambridge
Dunlap RE, Gallup jr GH, Gallup AM (1993) Of global concern; results of the health of the planet survey. Environment 35/9:6–15, 33–39
Ecologist (1972) Blueprint for survival. Ecologist 1/1
Ecologist (1992) Whose common future? Ecologist 22/4
Ekins P, Max-Neef M (1992) Real life economics: understanding wealth creation. Routledge, London
Grubb M (1993) The Earth Summit agreements: a guide and assessment. Earthscan, London
Holmberg J (1992) Financing sustainable development. In: Holmberg J (ed) Policies for a small planet. Earthscan, London
International Union for the Conservation of Nature (1992) Caring for the earth: a strategy for sustainable living. IUCN, Gland, Schweiz
Jordan A (1993) The infunctional organisational machinery for sustainable development: Rio and the road beyond. CSERGE working paper GEC 13-93, University of East Anglia, Norwich
Nraigu JO (1990) Global metal pollution: poisoning the biosphere? Environment 32/7:6–12, 28–33
Pearce DW, Warford JJ (1993) World without end: economics, environment and sustainable development. Oxford University Press, Oxford
Repetto R (1992) Earth in the balance sheet. Environment 34/7:13–20, 43–45
Shiva V (1991) The violence of the green revolution. Zed Books, London
Toynbee A (1976) Mankind and mother earth. Oxford University Press, Oxford
Turner RK (1993) Sustainability: principles and practice. In: Turner RK (ed) Sustainable environmental economics and management. Belhaven Press, London, pp 3–36
Wilson EO (1989) Threats to biodiversity. Sci Am 261/3:60–70

Weiterführende Literatur

Es gibt drei reguläre Berichte über den Zustand der Erde. Sie sind unentbehrlich für die Einschätzung des globalen Dilemmas: World Resources Institute (jährlich erscheinend) World resources (Oxford University Press, Oxford); World Watch Institute (jährlich erscheinend) State of the World (Earthscan, London); United Nations Environment Programme (jährlich erscheinend) Environmental Data Report (Blackwell, Oxford).

Leicht zugängliche Hinführungen zur UNCED sind Grubb M (1993) The Earth Summit agreements: a guide and assessment (Earthscan, London); Environment (1992) Earth Summit: judging its success. Environment 34/4; Holmberg J (1993) The road from Rio (International Institute for Environment and Development, London).

2 Umweltökonomie und -management

R. Kerry Turner

Behandelte Themen:

- Knappheit und Wirtschaftlichkeit
- Ökologische Grenzen der Wirtschaft
- Nachhaltige wirtschaftliche Entwicklung
- Die Frage der Bewertung
- Umweltschutzpolitik

Umweltökonomen können in drei große Gruppen eingeteilt werden, obwohl viele sich selbst zwei oder auch allen drei Gruppen zurechnen würden. Die ersten sind im wesentlichen eine Erweiterung der konventionellen neoklassischen Wirtschaftstheoretiker, die ihr Handwerk auf marktfreie Erscheinungen anwenden wie z.B. Volksmittel oder öffentliche Güter, wie sie im vorhergehenden Kapitel vorgestellt wurden. Sie trachten nicht danach, irgendeine grundlegend neue Theorie zu schaffen, sondern ziehen es lieber vor, die bereits existierenden Theorien über Sozialwirtschaft und neoklassische Wirtschaft auszubauen, indem sie Ersatzmärkte und Nachfragekurven konstruieren.

Die zweite Gruppe bezeichnet sich selbst als ökologische Ökonomen. Sie wollen die grundlegenden Prozesse von Ökologie und Ökonomie zu einer neuen Disziplin verknüpfen. So versuchen sie Schätzungen über den Wert von Ökosystemen, die den Menschen Schönheit und Erholung bieten, oder über den Wert ihrer reinigenden, umsetzenden und abpuffernden Prozesse anzustellen. Sie prüfen auch Wiederherstellungskosten - wieviel es etwa kosten würde, eine natürlich ablaufende Reinigungsfunktion durch eine künstlich geschaffene zu ersetzen. Dieser innovative Fachbereich des Ressourcenmanagement wird uns in vielen der folgenden Kapitel beschäftigen. Ökologisch orientierte Wirtschaftswissenschaftler versuchen, die klassische Kosten-Nutzen-Analyse auszubauen, indem sie die in der Umweltökonomie entwickelten Techniken in ihre Überlegungen einbeziehen. Auf diese Weise suchen sie nach den effektivsten, dauerhaftesten und natürlichsten Hilfsinstrumenten, um Böden, Fließgewässer, Nährstoffkreisläufe, natürlichen Küstenschutz oder schlicht schöne Strände zu bewahren.

Der dritten Gruppe werden manchmal die humanistisch orientierten Wirtschaftswissenschaftler zugeordnet. Sie tendieren dazu, sich als eine Gemeinschaft anzusehen, die sich von ihren Kollegen im Wirtschaftsgeschäft abhebt. Sie behaupten, daß die Menschen kreative und kollektive Wesen voller Geist, Toleranz und Uneigennützigkeit sind, solange es ihnen möglich ist, auf eine Art zu leben, die durch wechselseitige Hilfe, Gewaltlosigkeit und einen nur geringen Grad an Materialismus gekennzeichnet ist. Humanistische Wirtschaft ist eine Wirtschaft des kleinen Maßstabs, der Selbsthilfe, des Dienstleistungssharings und der gegenseitigen Verpflichtung. Es ist die Wirtschaftsweise eines Lebens innerhalb der Grenzen der Natur, in sozialen Strukturen der Nähe und Fürsorglichkeit. Die beiden ersten Gruppen würden behaupten, daß keine Unterschiede zwischen ihrer und der humanistischen Betrachtung der Gesellschaft bestehen. Aber die letzteren versuchen, einen besonderen Geist der Menschheit zu identifizieren und zu fördern, der nach ihrer Ansicht in unserer materialistischen und von Habgier gekennzeichneten Gesellschaft, die immer noch auf der Basis ökologischen Raubbaus existiert, nicht anzutreffen ist.

Der Unterschied zwischen den einzelnen Lagern ist kleiner, als viele glauben wollen, und zweifellos springen die Funken zwischen den Protagonisten über. Die Wurzeln der Unterschiede zwischen diesen Gruppen liegen in der Sichtweise, mit der sie die Gesellschaft und die Welt betrachten. Humanistisch denkende Ökonomen vertreten eine moralistische, beinahe «öko-faschistische» Linie im Hinblick auf die Frage, was für den Menschen gut ist und wie er seine Gesellschaft strukturieren sollte. Die anderen sind mehr darauf bedacht, dafür zu sorgen, daß im Prozeß in Richtung Nachhaltigkeit Wachstum und Umweltzerstörung entkoppelt werden, während die gesellschaftliche Entwicklung sich selbst überlassen bleibt. Dabei stützen sie sich auf ökonomische Eckwerte, die sie für eine nachhaltigere Nutzung von Umweltressourcen gesetzt haben.

In diesem Kapitel arbeitet Kerry Turner die verschiedenen Merkmale der Nachhaltigkeit heraus. Er verdeutlicht, daß in der Wirtschaftswissenschaft Überlegungen zur Wohlfahrt und Gerechtigkeit vielleicht wesentlich ernster genommen werden müssen als jene zur Wirtschaftlichkeit, wenn die Ungewißheit über die politische Entwicklung der Staaten, das Prinzip der Vorsorge und die moralische Verpflichtung, das Wohlergehen unserer Nachkommen zu gewährleisten, angemessen in Betracht gezogen werden müssen.

Dies legt nahe, daß der ökonomische Aspekt der Ressourcenpreisgestaltung keine rein technische Anwendung sein kann, selbst wenn dies behauptet wird. Bei der Festsetzung der Ressourcenpreise spielt eben auch ein nicht unwesentliches Quantum an Politik, Gesetzen und Moral eine Rolle. Betrachten wir z.B. ein Feuchtgebiet in einem reichen Land mit einer starken Umweltbewegung, einer aufgeschlossenen Regierung und einem geringen Vorkommen solcher Gebiete. Die Kosten, die zum Schutz vor jeglicher Beeinträchtigung angesetzt werden müßten, wären viel höher als für ein identisches Feuchtgebiet in einem Land mit einer verarmten Bevölkerung, das die Möglichkeit hat, Devisen aus dem Tourismusgeschäft zu erwerben. Das Feuchtgebiet würde dort sowohl Trinkwasser als auch Brauchwasser für die touristische Erschließung liefern. Betrachtet man allein *Preis*, dann würde er noch niedriger liegen, wenn das Land nach strengen Richtlinien regiert würde, Umweltverträglichkeitsprüfungen nicht gesetzlich gefordert wären und eine öffentliche Beteiligung am Ressourcen-Management schlicht kein Bestandteil der landläufigen Kultur wäre.

Wie man sieht, ist der Preis eines Naturvermögens nicht absolut. Er ergibt sich aus dem Zusammenwirken von Kenntnissen, Wissenschaft, Grundsatzverfechtern, pluralistischen politischen Kulturen und gesellschaftlichen Erwartungen über das zukünftige Wachstum und die jeweilige Rolle der Natur auf dem Weg zu einer nachhaltigeren Zukunft. Eine in diesem Sinne abgerundete Umweltwissenschaft kann dem Analytiker dabei helfen zu verstehen, wie der Wert der Natur hergeleitet wird, und wie man diesen geschickt managen kann, um der Gesellschaft eine lebenswerte Zukunft zu eröffnen.

2.1 Einführung

Dieses Kapitel überprüft die wichtigsten Ideen, Konzepte und Methoden der Wirtschaftswissenschaftler, die mit Themen zum Umweltressourcenmanagement befaßt sind. Die Berechnungen, die sie anstellen, sind nicht, wie oft von Nichtökonomen angenommen wird, eine Form der Finanzbuchhaltung. Wie in Kap. 3 erörtert wird, beschäftigt sich die Finanzanalyse mit dem Geldfluß (Aufwendungen und Einnahmen) in Verbindung mit Einzelpersonen, Firmen und manch anderen, auch öffentlichen Stellen. Um im Jargon zu bleiben – die Finanzbuchhaltung befaßt sich mit «privaten Kosten und Gewinnen». Wirtschaftsanalysen hingegen befassen sich nicht nur mit Geld. Jeder Wandel im menschlichen Wohlergehen hat eine ökonomische Wirkung und wird in Form von sogenannten «volkswirtschaftlichen Kosten und Nutzen» gemessen. Diese Effekte setzen sich zusammen aus *externen* Kosten und Nutzen (*externe Effekte*) und *privaten* Kosten und Nutzen. Die Umweltverschmutzung ist, wie praktisch alle Umwelt-Einflüsse, ein typischer externer Kostenpunkt.

Externe Kosten entstehen, wenn zwei Voraussetzungen vorliegen:

1. Ein Urheber (z.B.: ein Betrieb, der Abwässer in einen Fluß einleitet) verursacht durch seine Tätigkeit eine Beeinträchtigung des Wohlergehens eines anderen (z.B.: ein Angler, der sich flußabwärts vom einleitenden Werk befindet), da jede Verschlechterung der Wasserqualität den Genuß der natürlichen Reize des Flusses verdirbt.
2. Die Beeinträchtigung, die der Geschädigte erleidet, wird nicht kompensiert.

Die Differenz zwischen volkswirtschaftlichen Kosten und Nutzen ist der volkswirtschaftliche Netto-Nutzen. Wirtschaftswissenschaftler versuchen nun alle relevanten volkswirtschaftlichen Kosten und Nutzen von Projekten, politischen Verhaltensweisen und Handlungen abzuschätzen und zu bewerten. In der Veranschlagung des volkswirtschaftlichen Netto-Nutzens spielt Geld eine wesentliche Rolle, da es ein geeigneter Maßstab dafür ist, wie weit die Menschen im Hinblick auf die Umwelt mit ihren Wünschen gehen. Die ökonomische Argumentation zugunsten eines besseren Umweltschutzes verleugnet nicht jeglichen moralischen Standpunkt, den Einzelne gerne zugunsten der Natur in den Vordergrund stellen würden. Sie ist lediglich eine andere Art der Argumentation.

Der ökonomische Standpunkt mag wohl stärker und auf Grund seiner geläufigen Maßstäbe einfacher zu verstehen sein als der moralische, besonders dort, wo diese Standpunkte, wie so oft, nicht klar voneinander getrennt sind. Dieses Dilemma tritt z.B. dann auf, wenn das von einer mittellosen Bevölkerung besiedelte Gebiet Habitate enthält, die von den Wohlhabenden anderer Länder sehr hoch eingeschätzt werden. Hier entsteht ein Rechtskonflikt - auf der einen Seite stehen die Besitzrechte der heimischen Bevölkerung mit dem Zugang zu einem nachhaltigen Lebensunterhalt (Nahrung, Obdach und Arbeit), auf der anderen Seite die weitergefaßten Besitzrechte der globalen Gemeinschaft, die das Habitat und seine vom Aussterben bedrohten Arten schützen will. Wie wir im nächsten Kapitel bemerken werden, ist es für Wirtschaftswissenschaftler möglich, sowohl die Wertschätzung dieser unterschiedlichen Positionen zu prüfen, als auch für verschiedene Interpretationen dieser Eigentumsrechte einzutreten. Systeme (d.h. internationale Übereinkünfte) zur fairen Festsetzung des *globalen Wertes* von Lebensräumen und Arten sind jedoch viel schwieriger zu gestalten und durchzuführen.

Wir wenden uns nun den zugrundeliegenden Prinzipien der Umweltökonomie zu, um aus der Perspektive eines ökonomischen Ansatzes das Ressourcenmanagement zu erörtern.

2.2 Knappheit und Effizienz

Die Wirtschaftswissenschaft ist auf fundamentaler Ebene unmittelbar mit dem Begriff der Knappheit und der Milderung der mangelbedingten Probleme befaßt. Ökonomie ist das Studium der Verteilung begrenzter Güter (sämtlicher Ressourcen, vom Menschen geschaffener und natürlicher) zur Befriedigung einer maximalen Zahl menschlicher Ziele (Wünsche und Bedürfnisse), soweit dies mit den vorherrschenden Technologien und Kenntnissen möglich ist. Im Hinblick auf dieses grundlegende Anliegen bezüglich der Knappheit definiert die Wirtschaftswissenschaft die effizienteste Verteilung der knappen Ressourcen unter einer Reihe verschiedener Rahmenbedingungen. Sie betont, daß alle Projekte, politischen Überlegungen und Handlungen sogenannte «Opportunitätskosten» (siehe Kasten 2.1 und 2.2) verursachen, die von vornherein feststehen, wenn entsprechende Beschlüsse umgesetzt werden. Das Prinzip der Opportunitätskosten betont, daß nichts, Umweltressourcen eingeschlossen, frei verfügbar ist. Der Bau von z.B. Jachthäfen oder kommerziellen Hafenanlagen unter «Verwendung» von Umwelt würde einen Verzicht auf allen Nutzen (Opportunitäten) bedeuten, den die natürlichen Systeme hätten bieten können: z.B. als Verschmutzung abpuffernde Zonen, Sturm-Schutzzonen oder als Lebensraum wildlebender Tiere und Pflanzen.

Kasten 2.1 Marktmechanismen

Käufer (Nachfrage) und Verkäufer (Angebot), die über einen freiwilligen, dezentralisierten Austauschprozeß miteinander in Kontakt kommen, können unter entsprechenden Verhältnissen ein Preisgleichgewicht und eine effiziente Ressourcenverteilung festsetzen (d.h. es gibt keine alternative Verteilung, die alle Beteiligten letztlich genauso gut oder andere besser stellt).

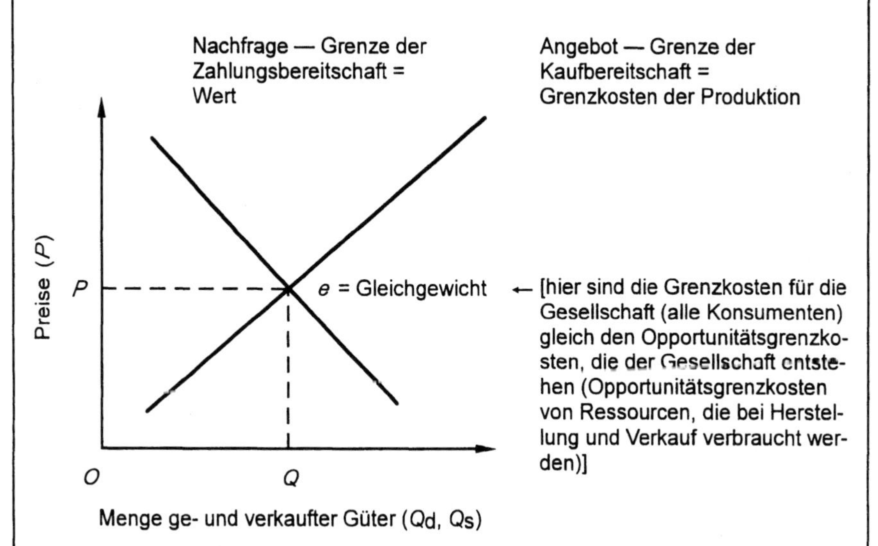

Die Abbildung veranschaulicht eine Situation, in der der Preis einer Ware als zentraler Faktor angenommen wird, um zu bestimmen, wieviel die Käufer davon zu kaufen bereit sind - und umgekehrt, wieviel davon die Firmen zum Verkauf anbieten. Alle anderen Faktoren, die Angebot und Nachfrage beeinflussen können, werden als konstant vorausgesetzt (Einkommen, Preis von Ersatzgütern usw.):

so gilt $Q_d = f(P)$
$W_s = f(P)$

in e, $Q_d = Q_s$ bei einem vorgegebenen Marktpreis P.

Bei e entspricht die Mindestzahlungsbereitschaft der Verbraucher (ihre Bewertung der Ware) den Mindestkosten (Arbeit, Rohmaterialien, Energie usw.) der Herstellung. Die Effizienz wird maximiert, solange die strukturellen Bedingungen für einen perfekten Wettbewerb erfüllt sind:

- eine große Anzahl Käufer und Verkäufer;
- optimale Information;
- die Tauschgüter können prinzipiell individuelles Eigentum sein;
- sämtliche Kosten von Produktion und Verbrauch werden durch die Marktpreise wiedergegeben.

Der Preis gleicht sich an, bis bei e die Menge, die die Käufer nachfragen, der Menge entspricht, die angeboten wird. Die Mittel sind ausreichend verteilt, um eine Menge OQ zu produzieren.

Die angewandte Wirtschaftswissenschaft arbeitet mit dem Prinzip und der Methode der Kosten-Nutzen-Analyse (wir untersuchen das ausführlich in Kap. 3). Gemäß dem Kosten-Nutzen-Prinzip und dem Kriterium der ökonomischen Effizienz wird kein Projekt, Verfahren oder Vorgehen befürwortet, wenn der volkswirtschaftliche Nutzen (N) die volkswirtschaftlichen Kosten (K) nicht übersteigt. Der optimale Umfang eines Projektes oder Vorhabens ist durch den maximalen Unterschied zwischen Nutzen und Kosten gekennzeichnet. Genauer[1]:

1. akzeptiere eine Option möglicherweise, wenn

$$N > K, \text{ d.h. Netto } N > 0$$

2. wähle diese Option so, daß

$$\max\ [N\text{–}K], \text{ d.h. max Netto } N$$

In der Wirtschaftswissenschaft wird auch viel Zeit und harte Arbeit darauf verwendet, jene Rahmenbedingungen zu untersuchen, die dazu beitragen sollten, die Gesamtrate der Wirtschaftsaktivität in einem Wirtschaftssystem zu erhöhen. Das vorherrschende Ziel der Regierungspolitik war und ist es noch, das Wirtschaftswachstum zu maximieren (konventionell auf das Bruttoinlandsprodukt (BIP) oder das Bruttosozialprodukt (BSP) bezogen, die jährlich bestimmt werden). Die Grundüberzeugung dieser Politik ist, daß ein gesteigertes Wirtschaftswachstum zu einem höheren materiellen Lebensstandard und einer wachsenden Auswahl für den Verbraucher führt. Eine Neuinterpretation dieses Standpunkts erfolgt in Kap. 5.

2.3 Die ökologischen Grenzen der Wirtschaft

Umweltökonomen haben in der jüngsten Vergangenheit (seit den späten 60er Jahren) nachdrücklich die Tatsache betont, daß die Wirtschaftssysteme von den ökologischen Systemen (Pflanzen, Tiere und ihre Wechselbeziehungen) abhängen und *nicht* umgekehrt. Das Konzept der Knappheit ist in diesem ökologischen Zusammenhang ebenfalls von Belang. In den thermodynamischen Gesetzen ist niedergelegt, daß die ökonomische Produktion und der Verbrauch nicht auf eine vollständige Zerstörung von Materie und Energie hinauslaufen, sondern nur eine Umwandlung bewirken. Um funktionieren zu können (also z.B. die Bereitstellung von privaten Gütern und Dienstleistungen oder die Bildung von Vermögen für seine Betreiber zu ermöglichen), muß die Wirtschaft Bodenschätze

---

[1] In bestimmten Situationen sind manche Aktivitäten, z.B. die Abfallbeseitigung, unvermeidbar. In solchen Fällen steigt die Effektivität, wenn die volkswirtschaftlichen Nettokosten dieser Aktivität durch ein Projekt, eine Methode oder eine Vorgehensweise (die die Ressourcen umverteilt) reduziert (vielleicht auch minimiert) werden.

(Rohstoffe und Brennstoffe) aus ihrer Umwelt gewinnen und diese verarbeiten (sie in zum Verbrauch bestimmte Endprodukte verwandeln) und große Mengen an verarbeiteten und/oder chemisch umgewandelten Bodenschätzen (Abfälle) in die Umwelt zurückführen. Dieses sogenannte *Stoffgleichgewicht* in einer Wirtschaft veranschaulicht, daß während des Wachstumsprozesses immer mehr an nützlicher Materie (mit niedriger Entropie) und Energie in das System (z.B. durch Abbau- und Ernteprozesse) integriert werden, nur um nach einem gewissen Zeitraum an verschiedensten Orten als nutzlose Materie und Energie (Reste und Abfälle mit hoher Entropie) wieder aus dem System entlassen bzw. emittiert zu werden (siehe hierzu Kasten 2.3). Dies veranlaßte einige Wirtschaftswissenschaftler, nicht nur die Effizienz der bestehenden wirtschaftlichen Aktivitäten, sondern auch mögliche zukünftige, durch Ressourcenmangel bedingte Beschränkungen des Wachstums und des Gesamtumfangs der wirtschaftlichen Aktivitäten zu untersuchen. Der Begriff des *nachhaltigen Wirtschaftswachstums* kommt nun angesichts zunehmender Besorgnis über die Umweltverschmutzung, die die Assimilationskapazität der Ökosysteme immer stärker beansprucht, und über den Raubbau an natürlichen Ressourcen, die die Biosphäre liefert, in Mode. Die natürlichen Güter und Leistungen (Landschaften und Erholungsgebiete), die von den Ökosystemen bereitgestellt werden, könnten ebenso einer Qualitätsverschlechterung oder einer vollständigen Zerstörung ausgeliefert sein. Die Prinzipien der Knappheit und der Opportunitätskosten können nun ebenso wie das Ziel einer effizienten Rationierung der knappen Bodenschätze auf den gesamten Umfang von Umweltgütern und -leistungen – Abfallassimilation, Ruhe und Frieden, reine Luft und klares Wasser, unverbaute Landschaften und lebenserhaltende Systeme – angewendet werden. Wenn die Umweltressourcen knapper werden, können Wirtschaftsanalysen bei der Entwicklung und der Rechtfertigung von Strategien zur Verminderung zukünftigen Mangels eine Rolle spielen. Dies erfordert die Herstellung eines Gleichgewichts zwischen den Interessen der Menschen, die das Verlangen haben, die Umwelt als Konsumenten zu nutzen (z.B. als Quelle von Rohstoffen oder als Mülldeponie), und jenen, die den Wunsch haben, die Umwelt in ästhetischer oder einer nicht konsumgebundenen Weise zu genießen (z.B. die Wale lieber zu beobachten als zu töten, oder sich an dem Gedanken erfreuen, daß der kostbare Tropenwald soweit als möglich in seinem natürlichen Zustand zu erhalten ist). Dies wird als *psychologischer Nutzen* eingestuft und weist einen reellen ökonomischen Wert in dem Sinne auf, daß die Menschen bereit sind, dafür zu bezahlen und auf andere Freuden zu verzichten, um diesen speziellen Nutzen zu genießen. Desweiteren müssen neben den Bedürfnissen der jetzigen Generation auch die Bedürfnisse von künftigen Generationen berücksichtigt werden. Dies wurde in Kap. 1 erörtert.

Die Frage, wie und unter welchen Bedingungen freie Märkte dazu beitragen können, dieses Gleichgewicht zu erreichen, hat eine lange und umfassende Reihe an Fachliteratur hervorgebracht. Wirtschaftstheorien besagen, daß der Markt unter bestimmten Bedingungen imstande ist, eine effiziente Rationierung der

Kasten 2.2 Verschmutzung als externer Effekt: der Fall einer Recyclingpapierfabrik

Ein Versagen des Marktes hängt von der Abwesenheit der vierten strukturellen Bedingung ab, die in Kasten 2.1 aufgeführt wird. In der Realität sind alle Märkte nur eingeschränkt konkurrenzfähig und die strukturellen Bedingungen, die für einen perfekten Wettbewerb notwendig sind, fehlen. Im Fall der Recyclingpapierfabrik in dieser Darstellung würde der geltende Preis den Wert P annehmen, gäbe es keine behördlichen Einschränkungen (Gesetze, Verordnungen oder Steuern) hinsichtlich der Umweltverschmutzung; die Kaufs- und Verkaufsmenge wäre dann OQ.

Dieser Zustand repräsentiert keine effiziente Verteilung der knappen Ressourcen, falls auch externe Effekte existieren. Wahrscheinlich würde in dieser Situation die Verschmutzung als externer Effekt (volkswirtschaftliche Kosten) eine Rolle spielen. Recyclingpapier- und Preßspanfabriken produzieren leider außer den *umweltfreundlichen* Papierprodukten auch potentiell gefährliche Abwässer.

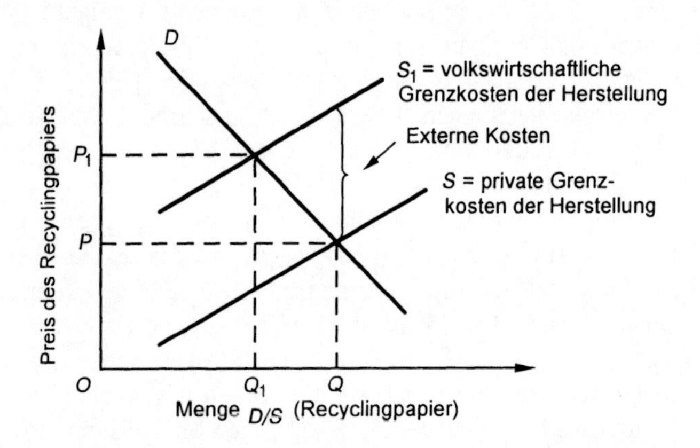

Fehlen Umweltschutzverordnungen oder andere offizielle Kontrollmittel, wird die Fabrik ihre Abwässer vermutlich direkt in den örtlichen Fluß einleiten. Ferner wird angenommen, daß flußabwärts eine andere Fabrik das Wasser aus dem Fluß dazu verwendet, um Lebensmittel zu produzieren, und daß noch weiter flußabwärts ein Naturreservat und Erholungsgebiete mit Wassersportanlagen existieren. Den Verbrauchern flußabwärts (z.B. die Lebensmittelfirma, Vogelbeobachter und Erholungssuchende) entstehen auf Grund der Wasserverschmutzung durch die Recyclingfabrik Kosten. Die Nahrungsmittelfabrik muß eine teurere Wasserreinigungsanlage installieren und die Wassersportenthusiasten müssen sich mit einem geringeren Naturerlebnis abfinden oder sogar das Schwimmen an diesem Standort gänzlich aufgeben. Wird die Verschmutzung besonders stark, können auch die wildlebenden Tiere gänzlich aus den Naturreservaten verschwinden.

Der gesamte Kostenaufwand von Produktion und Verbrauch der wiederverwerteten Güter wurde mit dem Preisniveau P nicht korrekt wiedergegeben. Die privaten Kosten der Recyclinganlage sollten um die zusätzlich einzubeziehenden volkswirtschaftlichen Kosten (in Geldwerten) erhöht werden, somit verschiebt sich S zu S_1.

Fortsetzung n.S.

Kasten 2.2 ***Fortsetzung***

Wenn die volkswirtschaftlichen Kosten miteinbezogen sind und die Angebotskurve auf S_1 verschoben ist, wird ein neuer Preis P_1 festgesetzt. Die effiziente Ressourcenverteilung (exakt die Abfallassimilationsleistung der Umwelt wiedergebend) macht einen höheren Preis P_1 und ein niedrigeres Niveau bei der Produktionsmenge Q_1 erforderlich.

Korrekturen auf Grund externer Effekte erfordern in der Praxis eine Reihe von behördlichen Eingriffen in die Marktwirtschaft durch eine Kombination von Verordnungen und Abgaben bei Verunreinigungen.

Ressourcen zu erreichen, vorausgesetzt, daß keine externen Effekte vorhanden sind - siehe Kasten 2.4. Sind jedoch externe Effekte vorhanden bzw. macht ein bestimmter Anteil öffentlicher Güter (Definition s.u.) eine Rationierung erforderlich, bestehen die Märkte die Wirtschaftlichkeitsprüfung nicht und müssen korrigiert werden.

Das entscheidende Merkmal der externen Effekte ist die Existenz von Gütern, um die sich die Menschen sorgen (z.B. reine Luft, klares Wasser, schöne Landschaften), die jedoch nicht auf dem Markt gehandelt werden. Die Mehrheit der Umweltgüter fallen in eine Kategorie, in der kein Marktwert zur Verfügung steht. Diese Güter werden als öffentliche ausgewiesen. Öffentliche Güter weisen im allgemeinen die charakteristischen Merkmale gemeinschaftlichen und nicht ausschließlichen Konsums auf. Das heißt, daß sich die gesamte Gütermenge, die von anderen Personen konsumiert werden kann, durch den Verbrauch einer Person nicht verringert. So verringert z.B. der Verbrauch von reiner Luft durch einen Einzelnen nicht den Verbrauch eines Anderen. Nicht-Auschließlichkeit bedeutet, daß ein Einzelner einen Anderen nicht davon abhalten («ausschließen») kann, eine Ressource zu konsumieren, da die Ressource für alle frei verfügbar ist. Dies gilt im Fall von reiner Luft ebenso wie für die Atmosphäre, in die jeder Kohlendioxyd emittieren kann.

Gerade diese charakteristischen Merkmale vieler Umweltgüter bewirkten, daß ihr *wahrer* (gesamtwirtschaftlicher) Wert völlig unterschätzt oder ignoriert worden ist. Sie blieben ohne Maßstab und ohne Wertschätzung und wurden deshalb unrationell ausgebeutet. Keineswegs alle negativen externen Effekte sind jedoch auf ein Versagen des Marktes zurückzuführen. Man denke nur an den Schaden (Verlust von Habitaten und Landschaften sowie durch Dünger und Pestizide verursachte Wasserverschmutzung), den agrarwirtschaftliche Praktiken der Umwelt zugefügt haben. In diesem Fall liegt das Versagen in der fehlenden richtigen Regulation.

Die gemeinsame Agrarpolitik der EU erlaubt den Mitgliedsstaaten, in den Agrarmarkt durch Zolltarifschranken und Subventionierung von Feldfrüchten und Viehbeständen (selbst bei vorhandenem Überschuß) einzugreifen, um auf diese Weise Agrarprodukte aus Nichtmitgliedstaaten auszuschließen. Eine der Folgen ist eine massive Überproduktion und eine ungewollte landwirtschaftliche Umweltverschmutzung durch Dünge- und Pestizidrückstände.

Kasten 2.3 Modell eines Stoffgleichgewichts

In diesem Modell wird die Wirtschaft als ein offenes System dargestellt, das der Umwelt Stoffe und Energie entzieht und schließlich eine äquivalente Menge an Abfall wieder in die Umwelt entläßt. Zu viel Abfall am falschen Platz und zur falschen Zeit verursacht Umweltverschmutzung und sogenannte externe Kosten (externe Effekte). Eine bestimmte Abfallmenge wiederzuverwerten, ist sowohl möglich als auch praktikabel, eine 100 %ige Verwertung ist jedoch physikalisch unmöglich und ökonomisch unerwünscht.

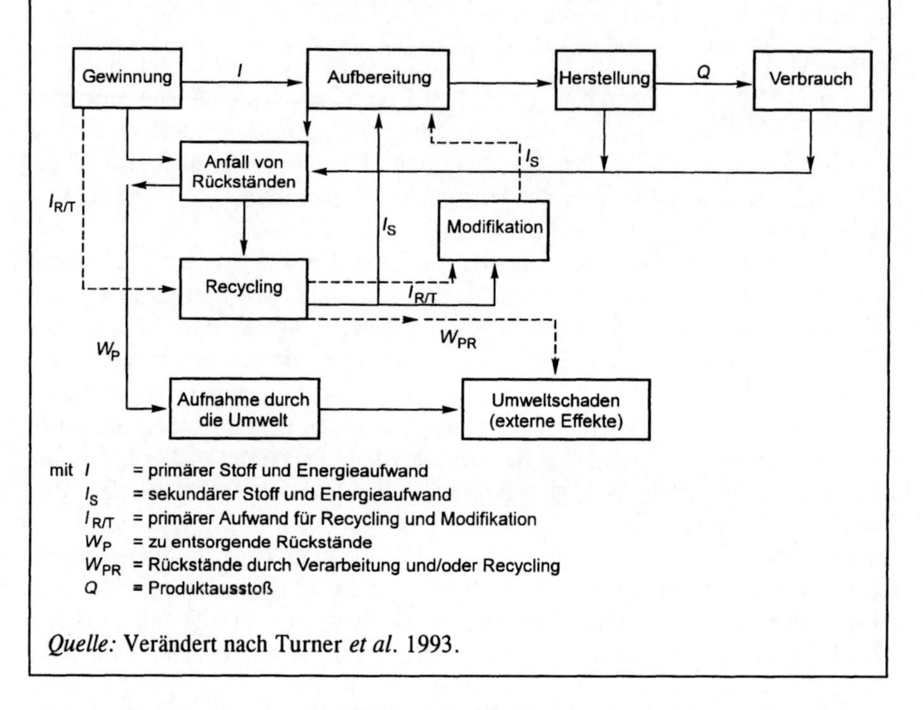

Quelle: Verändert nach Turner *et al.* 1993.

Viele Umweltgüter sind gleichzeitig *Gemeingüter* und/oder *öffentlich zugängliche* Ressourcen. Die Kombination von schwachen Besitzrechten und inadäquatem juristischen Schutz vor einer Übernutzung (oder völlig uneingeschränktem öffentlichem Zugang) zusammen mit einer kostenlosen oder billigen Verwendung dieser Ressourcen hat zwangsläufig zur Übernutzung, in manchen Fällen zur Zerstörung des Bestands geführt. Tropische Regenwälder, Hochseefischerei und die Abfallaufnahmekapazität der Meere sind Beispiele für den Raubbau an Ressourcen.

Der Ökonom ist bestrebt, die freie Verfügbarkeit solcher Besitzrechte zu begrenzen und für die Nutzung der Ressourcen Preise festzusetzen, um diese spezielle Form des Marktversagens zu verhindern. Diese Punkte werden im nächsten Kapitel hergeleitet.

Zusammenfassend kann man sagen, daß die Umweltökonomie bemüht ist hervorzuheben, daß zumindest eine Klasse negativer externer Effekte – jene, die mit der Entsorgung der durch das Wirtschaftssystem verursachten Abfälle verknüpft sind - keine vereinzelten und seltenen Fälle sind, sondern unvermeidlich und alltäglich. Ferner nimmt die ökonomische Bedeutung der negativen externen Effekte in dem Maße zu, wie die Wirtschaftssysteme sich entwickeln (Industrialisierung und Versorgung größerer Bevölkerungen). In gleichem Maße nimmt die Aufnahme- und Assimilierungsfähigkeit der Umwelt ab (zunehmende Knappheit). Dadurch steigt der Wert der Erhaltung natürlicher Assimilationskapazitäten.

Kasten 2.4 Opportunitätskosten und Ressourcenverteilung

Betrachten wir ein reizvolles Flußtal, das im Begriff steht, mit einem Damm versehen zu werden, um mittels Wasserkraft erzeugte Elektrizität an eine Gemeinde flußabwärts zu liefern. Ist der Staudamm erst gebaut, wird die natürliche und unverdorbene Eigenart des Tales, einschließlich der Lebensweise der Menschen, die an dem Fluß leben, für immer verloren sein. Dies sind die Kosten, die von vornherein als Folge des Projektes feststehen und die einen Teil des Konzepts der Opportunitätskosten bilden. Das Geld, das für den Dammbau aufgewendet würde, könnte auch für den Bau eines Kohlekraftwerks oder eines örtlichen Krankenhauses verwendet werden. Diese Umleitung der Ressourcen von einem Bereich in einen anderen zählt ebenso zu den Opportunitätskosten. In der Wirtschaftswissenschaft gilt die Regel, die Verteilung der Ressourcen zu optimieren, d.h. mittels ausgesuchter Optionen, die den maximalen Nettonutzen liefern, die knappen Ressourcen am effizientesten zu nutzen.

Aus einer theoretischen Perspektive wurde gezeigt, daß die normalen Marktmechanismen nicht frei von externen Effekten sein können (und folglich keinen effizienten Ressourcenverteilungsmechanismus liefern), wenn die Fähigkeit der Umwelt zur Assimilation von Abfällen begrenzt ist, es sei denn:

- daß das Material und die Energie, die über Produktionsprozesse in einen Wirtschaftskreislauf eingebracht werden, keinen Abfall produzieren (100 % Wiederverwertbarkeit) und alle Endprodukte letzten Endes durch den Konsum vernichtet werden; und
- daß Besitzrechte alle wichtigen Umweltgüter sichern, indem sie diese Umweltgüter in Privatbesitz stellen und so deren Handel auf einem freien Markt ermöglichen.

Die erste Bedingung steht im Widerspruch zu dem grundlegenden physikalischen (thermodynamischen) Gesetz von der Erhaltung der Masse bzw. Energie und die zweite ist unmöglich zu realisieren bzw. auf Grund der Eigenschaften vieler Umweltgüter undurchführbar.

Da der Kern der Umweltproblematik unter anderem zwangsläufig externe Effekte und öffentliche Güter betrifft, kann man sich nicht darauf verlassen, daß die Marktmechanismen ausreichende Mengen von Umweltgütern und -leistungen bereitstellen. Dies führt uns zu einer grundlegenden Frage - wie kann oder soll die Gesellschaft entscheiden, welche Umweltqualität sie sich erkaufen soll? Ein möglicher Ansatz, der die größte Unterstützung aus dem Lager der Wirtschaftswissenschaftler erhält, stützt sich auf die Kosten-Nutzen-Analyse (siehe Kap. 3). Dessen ungeachtet neigt der konventionelle ökonomische Ansatz in der Praxis jedoch dazu, sich ziemlich eng und vornehmlich an das ökonomische Leistungsziel zu halten (d.h. die knappen Ressourcen so zu nutzen, daß nach Abzug aller Kosten ein maximaler Gewinn erreicht wird). Von Natur aus werfen Umweltprobleme ein breites Spektrum wissenschaftlicher, politischer, ethischer und ökonomischer Fragen auf. So wichtig es ist, nach Wegen zu suchen, unsere Umweltressourcen so effizient wie nur möglich zu nutzen, so lebenswichtig ist es z.B. auch, die Fairneß bei Verteilung von Nutzen und Kosten zu gewährleisten. Dies ist als Prinzip der ökonomischen Gerechtigkeit bekannt - siehe Kasten 2.5.

Kasten 2.5 Effizienz und Gerechtigkeit in der Umweltökonomie

In der Vergangenheit war für die Wirtschaft die Effizienz der alleinige Maßstab für die optimale Verteilung der Ressourcen, und es wurde davon ausgegangen, daß Fragen zur Gerechtigkeit über Sonderzahlungen oder Abfindungsvereinbarungen erledigt werden könnten. Die Tatsache, daß es ausreichende Gewinne aus einer gegebenen Ressourcennutzung gibt, die dies gestatten, und dennoch einen reellen Nutzen erzielen lassen, genügt dem Kriterium der Effizienz. Aber angenommen, steigende Treibhausgasemissionen erhöhen den Meeresspiegel soweit, daß tiefliegende Inselstaaten überflutet und völlig verschwinden würden (Kap. 1, 6, 9 und 19 streifen diesen Thema): Dann kann es nicht ausreichen, die Inselbewohner für ihre Umsiedlung in höher gelegene Regionen lediglich finanziell zu entschädigen. Das Verschwinden der Inseln wäre ein gravierender Verteilungsverlust. Die Wirtschaft kann in diesem Fall die Lösung mit den geringsten Kosten aufzeigen, aber Politiker und Diplomaten müssen entscheiden, welche Rechte höher einzustufen sind - jene der Treibhausgasemittenten, über das entscheidende Maß hinaus zu emittieren, oder jene der Insulaner. In Fällen wie diesem sind wirtschaftliche und ethische Überlegungen miteinander verflochten.

2.4 Nachhaltige wirtschaftliche Entwicklung

Fragen zur *fairen* Verteilung der Ressourcen werden schnell kompliziert und umfassen im ökologischen Zusammenhang nicht nur die Fairneß zwischen heute lebenden Menschen, sondern auch die Fairneß zwischen ihnen und zukünftigen Generationen. Die Ausbeutung der Assimilationskapazität von terrestrischen Ökosystemen, Ozeanen und der Atmosphäre, um nur ein Beispiel zu nennen, bedeutet eine Verminderung dieser lebenserhaltenden Fähigkeit, die damit zukünftigen Generationen in geringerem Umfang zur Verfügung steht. Es besteht außerdem die Gefahr, daß diese Fähigkeit möglicherweise ab einem gewissen Grad der Erschöpfung nicht regenerierbar ist. Andere (erneuerbare) Ressourcen wie z.B. Fischgründe und Wälder sind ebenso in Gefahr, übernutzt werden, ohne daß ihnen die Zeit zur Regeneration bleibt. Geschieht dies, wird der Grundstock solcher Güter, die ja Vermögenswerte darstellen, für die zukünftigen Generationen drastisch vermindert. Man kann sich also die Frage stellen, ob das fair ist. Ist es *gerecht*, daß die heutigen Generationen diese Vermögenswerte zerstören (und damit die ökonomischen Möglichkeiten, die sie böten), auch wenn aus diesem Prozeß Gewinne erzielt werden - aber auf Kosten der Menschen, die noch nicht leben und die in dieser Angelegenheit keine Stimme haben? Diese Fragen sollen den Leser dazu bewegen, über eine Reihe wichtiger und heikler Probleme nachzudenken, die mit dem Gebrauch und Mißbrauch unserer Umwelt verbunden sind.

In diesem Kapitel wird durchaus die Position vertreten, daß die ökonomische Effizienz - den größtmöglichen «Wohlstand» (Nutzen nach Kostenabzug) aus einer Reihe verschiedener Ressourcen zu schöpfen - von entscheidender Bedeutung ist. Es liegt aber in der Natur der Umweltthemen, daß sie eine Erweiterung konventioneller ökonomischer Ansätze erfordern, um, unter anderem, die Ziele einer gerechten Verteilung und einer besseren Umweltqualität zu integrieren.

In den Kategorien wirtschaftlicher Dimensionen ausgedrückt, stehen drei Hauptpunkte auf einer umweltgerechteren Tagesordnung:

1. Die Zurückweisung der Idee, daß das Wirtschaftssystem vor allem ausgelegt ist, um die unbegrenzten Wünsche der «vernunftbegabten Wirtschaftsperson» (des *Homo oeconomicus*) - das archetypische egoistische (gierige) Mitglied einer entgrenzten Marktwirtschaft - zu befriedigen. Wir müssen mehr über die Bedürfnisse der Menschen (als Kollektiv) nachdenken und weniger über ihre individuellen Wünsche. Die menschlichen Verhaltensweisen müssen in gewissem Umfang geändert, die Konsumgier gezügelt werden.
2. Eine umweltgerechte Wirtschaft sollte auch die Fähigkeit besitzen, sich selbst auf der Basis der Nachhaltigkeit zu reproduzieren und auszuweiten. In diesem Kapitel wollen wir einen genauen Blick auf die Nachhaltigkeit und eine nachhaltige ökonomische Entwicklung werfen. Zur *nachhaltigen Entwicklung* sind viele Definitionsversuche gemacht worden, aber zunächst werden wir uns darauf beschränken, dieses Konzept lediglich hinsichtlich seiner ökonomisch langfristigen Entwicklung zu erörtern.
3. Eine umweltgerechte Wirtschaft muß sich langfristig dergestalt entwickeln, daß das Anwachsen der wirtschaftlichen Tätigkeit von der Umweltbelastung durch diese Tätigkeit entkoppelt wird. Auf der Basis des Prinzips des Massengleichgewichts wird diese Entkopplung auch solche technischen Veränderungen einschließen, die unsere Ressourcennutzung effizienter gestalten und die verursachte Verschmutzung geringer und weniger schädlich ausfallen lassen werden. Eine vollständige Entkopplung ist jedoch thermodynamisch unmöglich. Einige Umweltschützer sind bereits der Auffassung, daß eine Entkopplung, wiewohl notwendig, keine ausreichende Bedingung für eine

nachhaltige Wirtschaft ist. Sie würden so weit gehen, entweder das Ausmaß der Wirtschaft einzufrieren (d.h. die Höhe des Wirtschaftsaufkommens, seine Veränderungsrate sowie die Höhe und Wachstumssrate der Bevölkerung) oder es sogar zu verringern.

Die am häufigsten publizierte Definition von Nachhaltigkeit ist die der Brundtland Kommission (1987). Sie definiert eine nachhaltige Entwicklung als

> Entwicklung, die den Bedürfnissen der Gegenwart entspricht, ohne die Fähigkeit zukünftiger Generationen zu gefährden, ihre eigenen Bedürfnisse zu decken.

Auf der Basis dieser Definition muß sowohl das Problem der Gerechtigkeit innerhalb einer als auch zwischen den einzelnen Generationen gelöst werden, bevor eine Gesellschaft das Ziel der Nachhaltigkeit erreichen kann. Die soziale und ökonomische Entwicklung muß dann stets dergestalt ablaufen, daß die Auswirkungen der ökonomischen Prozesse (auf Ressourcenquellen und Abfallassimilationssenken) minimiert werden, wenn die zukünftigen Generationen die daraus entstehenden Kosten tragen müssen. Wenn gegenwärtig ablaufende Lebensprozesse (z.B. der Abbau nicht erneuerbarer Mineralien) zukünftige Kosten hervorrufen, muß dafür die volle Entschädigung bereitgestellt werden (z.B. durch Leistungs- oder Bürgschaftsvereinbarungen, die finanzielle Hilfen ermöglichen, oder durch neue Technologien, die ein Umschwenken auf andere Ressourcen erlauben, z.B. von fossilen Brennstoffen zur Solarenergie).

Die Kommission warf auch ein Schlaglicht auf «die wesentlichen Bedürfnisse der Armen, denen überwiegende Priorität eingeräumt werden sollte». Mit anderen Worten, eine nachhaltige Entwicklung muß das Anwachsen eines allgemein definierten Lebensstandards unter besonderer Berücksichtigung des Wohls der Armen ermöglichen, zugleich aber einen erheblichen, nicht kompensierbaren Kostenaufwand für die zukünftige Menschheit vermeiden. Die Kommission warf auch einen recht optimistischen Blick auf die Möglichkeiten, ökonomische Prozesse von den Auswirkungen auf die Umwelt zu entkoppeln.

Nachhaltige Entwicklung ist deshalb, darin sind sich alle einig, eine langfristige ökonomische Entwicklung. Sie kann hinsichtlich des Bruttosozialproduktes (d.h. der jährlichen Produktion von Gütern und Dienstleistungen abgeglichen auf Export und Import) pro Kopf oder durch den reellen Verbrauch von Gütern und Dienstleistungen pro Kopf gemessen werden. So wird auch die nachhaltige Entwicklung durch eine nicht rückläufige Entwicklung im Verbrauch, durch das Bruttosozialprodukt oder andere anerkannte Wohlstandsindikatoren charakterisiert. Das nächste Kapitel behandelt diesen Punkt genauer.

Eine schwierigere Aufgabe besteht darin, notwendige und ausreichende Bedingungen zum Aufbau einer nachhaltigen Entwicklung zu ermitteln. Wie entschädigen wir die Zukunft grundsätzlich für den Schaden, den unsere Aktivitäten heute verursachen können? Die Antwort liegt in der Weitergabe von Kapitalvermächtnissen. Das heißt, diese Generation hat sicherzustellen, daß sie der nächsten Generation ein Grundkapital von mindestens der Höhe hinterläßt, wie es der jetzigen Generation zur Verfügung steht. Dieses Kapital begründet zukünftigen

Wohlstand, indem es die Bereitstellung jener Güter und Leistungen ermöglicht, von denen das menschliche Wohlergehen abhängt.

Einige Analytiker behaupten, daß es nicht notwendig ist, die Umwelt (das natürliche Kapital) gesondert zu betrachten, da sie nur eine Erscheinungsform von Kapital ist. Sie führen an, daß für die nachhaltige Entwicklung lediglich die Weitergabe eines Grundkapitals beliebiger Zusammensetzung erforderlich ist, das nicht niedriger sein darf als das heutige. Wir könnten eine qualitativ geringerwertige Umwelt weitergeben, solange wir diesen Verlust durch einen höheren Bestand an Straßen und Maschinen oder an anderweitigem vom Menschen erzeugtem (physischem) Kapital ausgleichen. Im entgegengesetzten Fall kann ein geringer Bestand an Straßen und Fabriken durch einen höheren Anteil an Feuchtgebieten, Mischwaldgebieten oder durch ein besseres Bildungswesen ausgeglichen werden. Diese Position basiert jedoch auf der strengen Voraussetzung, daß zwischen den verschiedenen Kapitalformen vollkommene Austauschbarkeit besteht.

Andere Analytiker glauben, daß es nicht zulässig ist, eine solche Annahme zu machen. Einige Bestandteile des natürlichen Kapitalbestandes können nicht durch von Menschen geschaffenes Kapital (außer auf einer sehr eingeschränkten Grundlage) ersetzt werden. Und einige der Ökosystemfunktionen sind essentiell für das menschliche Überleben. Es handelt sich dabei um lebenserhaltende Leistungen, die für die großen chemischen Kreisläufe (die ja das Leben auf unserem Planeten erst ermöglichen) von grundlegender Bedeutung sind und nicht ersetzt werden können. Andere ökologische Vermögenswerte sind mindestens genauso essentiell für das geistige Wohlbefinden des Menschen, wenn auch nicht gerade von grundlegender Bedeutung für das menschliche Überleben - Landschaft, Raum, Frieden und Ruhe. Diese Vermögenswerte sind kritisches natürliches Kapital. Da sie, wenn überhaupt, nur schwer ersetzbar sind, erfordert das Prinzip der Nachhaltigkeit ihren nachhaltigen Schutz.

Wenn wir die letztere Position akzeptieren, dann beinhaltet die Strategie der Nachhaltigkeit die Erfüllung eines Generationenvertrages über ein konstantes Grundkapital und Kapitalvermächtnisse. Die heutige Generation könnte im voraus jene Entwicklungsprozesse - abhängig von den entstehenden volkswirtschaftlichen Opportunitätskosten - ausschließen, die über eine bestimmte Schadensschwelle in Form von Kosten und Irreversibilität hinaus eine Wertminderung des natürlichen Kapitals (d.h. den Verlust kritischen natürlichen Kapitals, lebenserhaltender Leistungen, von Schlüsselarten und -Prozessen) zur Folge hätten.

Jede nachhaltige Zukunftsstrategie wird auch die Frage behandeln müssen, wie groß die globale Bevölkerung werden darf, um zumindest die elementaren Existenzgrundlagen langfristig zu sichern. Für die Menschen der Südhalbkugel trifft es zu, daß viele ihren Lebensunterhalt bereits heute in einer anfälligen, gefährdeten und schutzlosen Umwelt bestreiten. Nachhaltige Existenzgrundlagen können nur durch politische Maßnahmen geschaffen werden, die die Verwundbarkeit vermindern, z.B. auch durch Maßnahmen zum Überschwemmungsschutz angesichts der Meeresspiegelerhöhung, die durch die globale Erwärmung des Klimas induziert wird; durch Maßnahmen, um den Erhalt der Nahrungsgrundlagen zu verbessern und Versäumnisse der Märkte zu kompensieren; und durch regelndes Eingreifen z.B. bei unangemessenen Ressourcenpreisen und unkoordinierter Entwicklungspolitik.

Es kann nun eine Reihe von Regeln zur nachhaltigen Nutzung des natürlichen Kapitals umrissen werden:

- Fehlentwicklungen in den Märkten und bei marktbeeinflussenden Maßnahmen (z.B. Subventionen) sollten in bezug auf Ressourcen-Preise und Besitzrechte korrigiert werden.
- Erhaltung der Regenerationsfähigkeit von erneuerbarem, natürlichem Kapital - d.h. die Ernteerträge sollten die Regenerationsraten nicht überschreiten; Vermeidung übermäßiger Verschmutzung, die die Abfallaufnahmekapazitäten und das Lebenserhaltungs-System bedrohen könnte.
- Technologische Veränderungen sollten über ein indikatives Planungssystem gesteuert werden, das darauf abzielt, die Umstellung von nichterneuerbarem auf erneuerbares natürliches Kapital zu fördern; ein effizienz-steigernder technischer Fortschritt sollte Vorrang vor einer umsatz-steigernden Technologie haben.
- Erneuerbares natürliches Kapital sollte genutzt werden, aber nur in dem Maße, wie auch Ersatz (einschließlich Recycling) geschaffen wird.
- Der Gesamtumfang des Wirtschaftsaufkommens muß begrenzt werden, so daß er innerhalb der Tragfähigkeit des verbliebenen natürlichen Kapitals bleibt. Angesichts der gegenwärtigen Unsicherheiten sollte ein vorsorgendes Verfahren eingeführt werden, das einen internen Sicherheits-Spielraum aufweist. Dieser Punkt wurde bereits in der Einleitung behandelt.

Es ist offensichtlich, daß diese Bedingungen eine Mischung aus Natur- und Sozialwissenschaften erfordern. Fehlentwicklungen der Märkte und Besitzrechte können nicht ohne Evaluierung der externen Kostenfaktoren, die durch diese Fehlentwicklungen verursacht werden, abgeschätzt werden - der Verlust einer Walddecke führt zu Bodenerosion (siehe Kap. 12), die übermäßige Wasserentnahme aus Flüssen und Seen führt zu Wassermangel und gefährdet deren ökologischen Fortbestand (siehe Kap. 13) und die Abholzung der tropischen Wälder zu Einbußen im Lebensunterhalt der dort ansässigen Urbevölkerung (siehe Kap. 4). Desgleichen erfordert der Erlaß von Fischfangquoten und Waldnutzungsquoten Kenntnisse über die Regenerationsfähigkeit dieser Ressourcen und ihre Toleranzgrenzen. Dies zusammen stellt die Basis für eine fundierte Wissenschaft, die sich auf geeignete Daten, lokale Kenntnisse und regelmäßige Überwachungen stützt. Das wiederum führt insgesamt zu verbesserten Vorhersagemodellen. Da unser Wissen zwangsläufig nie vollständig sein kann, gewinnt das Prinzip der Vorsorge an Bedeutung. Dieses Prinzip sollte jedoch nicht willkürlich angewendet werden, sondern so weit als möglich als Ergänzung gründlicher Wissenschaft und durchdachter Bewertungen.

2.5 Die Frage der Bewertung

Die Wirtschaftswissenschaft betont die Notwendigkeit der Bewertung von Umweltfunktionen und -leistungen, die generell preislich nicht eingeordnet sind, um jene Entscheidungen zu korrigieren, die die natürliche Umwelt als frei verfügbares Gut betrachtet. Für den Ökonomen entsteht dann ein wirtschaftlicher Wert, wenn das Wohlbefinden einer Person hinsichtlich ihrer Bedürfnisse und Wünsche gesteigert wird. Positive ökonomische Werte - Nutzen - rühren daher, daß es den Menschen besser geht. Negative ökonomische Werte - Kosten - rühren daher, daß es den Menschen schlechter geht. Die ökonomische Bewertung mißt also menschliche Präferenzen für oder gegen Zustandsänderungen der Umwelt. Hierbei wird *nicht* die Umwelt selbst bewertet.

Gegen eine rein ökonomische Bewertung lassen sich folgende Einwände erheben:

- Die in der Wirtschaftswissenschaft entwickelten Methoden und Techniken, um solche Vorlieben (z.B. die Bereitschaft, für eine Umweltqualität auch zu bezahlen) abzuschätzen, sind nicht zuverlässig. Wir prüfen diese Techniken und ihre Grenzen in Kap. 3 und kommen dabei zu dem Schluß, daß zuverlässige Schätzungen bei einer großen Zahl von Umweltgütern und -leistungen möglich sind.
- Das Schicksal unserer Umwelt darf nicht nur von den Bedürfnissen des Menschen bestimmt werden. Wir halten dies aus demokratischen Gründen für inakzeptabel.
- Die Bedürfnisse des Menschen sind zwar von Bedeutung, jedoch nicht die einzige Bewertungsgrundlage. Die Natur verfügt über einen eigenen ihr innewohnenden Wert. Die Diskussion über den Nutz- (oder instrumentellen) Wert für den Menschen und den natürlichen, «inneren» Wert ist in Wirklichkeit fruchtlos. Die Wirtschaftswissenschaft streitet die Möglichkeit eines inneren Wertes nicht ab. Sie zieht es jedoch vor, den Nutzwert über die Zahlungsbereitschaft zu ermitteln. Da es nicht möglich ist, die inneren Werte der Natur empirisch nachzuweisen, gelangt eine solche Diskussion zu keinem Ergebnis. Der innere Wert muß intuitiv akzeptiert oder verworfen werden.

Trotzdem erfaßt die ökonomische Umweltbewertung in einem gewissen Sinn nur einen Teilwert der Umwelt. Dies ist ein von der Wissenschaft seit längerem angeführter Kritikpunkt. Übernimmt man die Perspektive eines komplexen *Systems* einschließlich so vieler Wechselbeziehungen zwischen Wirtschaft und Umwelt wie möglich, dann wird einsichtig, daß gesunde Ökosysteme bereits vor der Existenz einzelner Funktionen und Leistungen bestehen müssen. In Kap. 3 wird dargelegt, daß der gesamtwirtschaftliche Wert, d.h. die Kombination von aktiven und passiven Gebrauchswerten, sich auf diese einzelnen Funktionen und Leistungen (die sekundäre Werte genannt werden) bezieht. Die Gesamtheit dieser sekundären Werte erfaßt jedoch *nicht* den primären Wert des Systems selbst, seiner lebenserhaltenden Funktionen, deren wertvolle Eigenschaft darin besteht, alles miteinander zu verknüpfen und die somit selbst einen ökonomischen Wert darstellen. Wir können den primären Wert eines Ökosystems nicht genau abschätzen, aber diese Kategorie kann dazu dienen, uns daran zu erinnern, daß der ökonomische Gesamtwert stets eine Unterschätzung des *wahren*, tatsächlichen Wertes der Umwelt darstellt.

Die von Wirtschaftswissenschaftlern entwickelten Methoden und Techniken, um die Vermögenswerte der Umwelt in finanzieller Hinsicht bewerten zu können, werden im nächsten Kapitel detaillierter untersucht. In der Praxis hat die Bewertung zwei Haupteffekte: erstens werden die Funktionen der Umwelt, die zwar ohne Preisangaben, aber durchaus wertvoll sind, in die Kostennutzenanalyse von reellen Projekten einbezogen, und zweitens werden die möglichen ökonomischen Schäden, die den nationalen Wirtschaften durch den Raubbau an den Ressourcen und durch Umweltverschmutzung entstehen, verdeutlicht.

Auch wenn sich die Gesellschaft auf ein *akzeptables* Qualitätsniveau ihrer Umwelt - unter anderem durch Rückgriff auf ökonomische Kostennutzenanalysen - geeinigt hat, gibt es noch weitere zu lösende Probleme. Um eine Entscheidung auch zu verwirklichen, ist ein Wandel im Verhalten von Herstellern und Verbrauchern erforderlich. Auch über den Sinn von Regel- und Kontrollmechanismen und von marktgestützten Anreizen zur Eindämmung der Umweltverschmutzung[2] gibt es in der Umweltökonomie eine nicht enden wollende Diskussion.

2.6 Umweltschutzpolitik

Bei der Wahl geeigneter politischer Mittel im Umweltschutz müssen wir bestimmen,

- welche Instrumente und Technologien zur Reduzierung der Umweltverschmutzung zur Verfügung stehen;
- welche Ziele die einzelnen Methoden zur Bekämpfung der Umweltverschmutzung haben - unter besonderer Berücksichtigung der Art der Verschmutzung und der Höhe des Umweltrisikos, das aus ihr erwächst, sowie des Umfangs und der Zuverlässigkeit der Kontrollmethoden, des vollständigen volkswirtschaftlichen Kostenaufwands und der tatsächlichen Verteilung der Kosten und Nutzen in der Gesellschaft;
- wie kosteneffektiv die verschiedenen politischen Instrumente im Hinblick auf diese Ziele sind; und wie *politisch* akzeptabel bestimmte Instrumente sind.

---

[2] Es gibt noch einen dritten Ansatz, den sogenannten (Ressourcen-) Besitzrechts-Ansatz, der auf den geltenden Kompensationsverfahren bei rechtsgültigem Eigentum und deren möglichen Verbesserungen des Ressourcen-Schutzes basiert.

Kasten 2.6 Welche ökonomischen Instrumente stehen zur Verfügung?

Anreize, die ökonomische Instrumente geben, können folgende Formen annehmen:

- direkte Änderung von Preis- und Kostenniveaus: z.B. Emissionsänderungen;
- indirekte Änderung von Preisen und Kosten über Finanzierungs- oder finanzpolitische Mittel: z.B. fördern Subventionen oder finanzpolitische Anreize die Akzeptanz von «sauberen Technologien»;
- Markterschließung: z.B. über handelsfähige Emissionsgenehmigungen.

Abgaben

Dieses Instrument eröffnet den direktesten Weg, die Nutzung der Umwelt mit einem Preis zu belegen.

Emissionsabgaben sind Abgaben auf den Eintrag von Schadstoffen in Luft, Wasser oder Boden sowie auf Lärmerzeugung. Sie stehen in Relation zur Schadstoffmenge und -eigenschaft sowie zum Kostenaufwand des Umweltschadens.

Verbraucherabgaben stocken die öffentlichen Einkünfte auf und stehen in Relation zum Aufbereitungs-, Einsammlungs- und Entsorgungsaufwand oder dienen, je nach der Situation, in der sie anfallen, der Eintreibung von Verwaltungskosten. Sie sind nicht unmittelbar auf den Umweltschadensaufwand bezogen.

Produktabgaben werden auf solche Produkte erhoben, die die Umwelt im Produktionsverfahren, durch ihren Verbrauch oder ihre Beseitigung schädigen. Die Höhe der Abgabe richtet sich nach der entsprechenden Höhe der Umweltschäden, die mit dem entsprechenden Produkt verbunden sind.

Marktfähige Genehmigungen sind umweltzulässige Quoten, Zuteilungen oder Maxima der Verschmutzungslevel. Zunächst bemißt sich die Erteilung solcher Genehmigungen nur nach dem jeweiligen Ziel im Umweltschutz, aber letztlich können solche Genehmigungen gemäß bestimmten festgesetzten Vorschriften zu einem Handelsgegenstand werden.

Handelbare Emissionsgenehmigungen

- Handelbare Genehmigungen für Ressourcennutzung und Emissionen stellen einen innovativen und erprobenswerten Weg dar, um Umweltprobleme anzugehen. Dadurch, daß sie dem Umweltverschmutzer die Flexibilität zubilligen, sich an den Umweltstandard anzupassen, ermöglichen sie die Zustimmung zu Regelungen, die niedrigere Kosten als die bekannten Regel- und Kontrollmechanismen erzeugen.
- Sie bieten Umweltqualität nicht zum Schleuderpreis an, da das Gesamtniveau der Qualität durch die Gesamtanzahl der Genehmigungen bestimmt wird, und diese wiederum durch offizielle Regelungen festgesetzt wird.
- Für Ressourcennutzer und Umweltverschmutzer scheinen sie, zumindest nach längerem Einsatz und falls die bürokratische Kontrolle auf ein Mindestmaß reduziert wird, annehmbarer zu sein.
- Sie besitzen die wichtige Fähigkeit, Kohlendioxidemissionen zu steuern. Tatsächlich wird der Vorschlag gemacht, international handelbare Genehmigungen für CO_2-Emissionen einzuführen. Der Anreiz dabei wäre, daß Länder, für die eine

Fortsetzung n.S.

Kasten 2.6 ***Fortsetzung***

Reduzierung der CO_2-Emissionen zu kostspielig ist, Genehmigungen kaufen könnten, während jene, für die es einfacher wäre, die Emissionen einzuschränken, Genehmigungen verkaufen könnten. Außerdem könnte es sinnvoll sein, ärmeren Ländern einen großen Anteil solcher Genehmigungen zuzugestehen, da diese sie an die reicheren Ländern verkaufen könnten.

Der Regelungs-Ansatz basiert auf der Erteilung einer Lizenz durch eine Behörde, die festlegt, was erlaubt ist und was nicht (z.B. die Installation und Arbeit mit einem neuen Geräteteil oder Verfahren), oder welche Zielvorgabe bei der Ausführung getroffen wird (z.B. ein energieeffizienter Standard). Die Grundlage dieses Lizenzvergabesystems bildet gewöhnlich ein Ermessensspielraum, z.B. bezüglich der Grenzwerte, die für den in Betracht gezogenen Schadstoffaustrag geeignet sind und die in Abhängigkeit vom Stand der Technik, ihrer zukünftigen Entwicklung sowie der Höhe der Investitionen in Relation zum volkswirtschaftlichen Nutzen einer Produktionsumstellung ermittelt werden. In der Praxis gründet sich die Lizenzvergabe auf bestimmte Verfahren und Verordnungen. In den USA sind die besten zur Verfügung stehenden Technologien Vorschrift, in Großbritannien das am besten durchführbare Verfahren oder die beste zur Verfügung stehende, aber auch finanziell günstigste Technologie.

Die Regelungen können auch folgende Punkte behandeln:

- Grenzwerte im Sinne maximaler Austragsraten einer Verschmutzungsquelle;
- Verbot von Schadstofffreisetzungen auf Grund gemessener Konzentrationen oder wegen der verursachten Schadenshöhe;
- Festlegung von In- und Output eines gegebenen Produktionsverfahrens.

Ökonomische Anreize basieren nicht auf Handlungen, sondern auf Zahlungen und bestärken im Prinzip den ökonomisch rational denkenden Umweltsünder darin, sein Verhalten zu ändern, indem er Einsparungen (z.B. bei der Abführung einer auf Abfälle erhobenen Umweltsteuer) gegen zusätzlich Kosten für eine Reduzierung der Abfallmenge abwägt. Frühere ökonomische Arbeiten auf dem Gebiet der Steuerung der Umweltverschmutzung betonen, daß ökonomische Anreize einen wünschenswerten Ansatz darstellen. Sind bestimmte Voraussetzungen gegeben, führt der effizienteste (strenggenommen: der kosteneffektivste) Weg, um ein vordefiniertes Umweltniveau zu erreichen, über die Auferlegung einer Umweltabgabe oder ähnliche ökonomische Anreize. Werden jedoch einige dieser Bedingungen gelockert und zusätzlich Kriterien wie das der gerechten Verteilung bzw. andere ethische Erwägungen eingebracht, sind die Vorzüge des Anreizansatzes nicht mehr so eindeutig (siehe Kästen 2.6 bis 2.9).

Jeder hat Ansatz seine Vorteile und Grenzen, eine kombinierte Vorgehensweise aber besonders viele Vorteile. Da die Umwelt nicht generell den freien (oder stark subventionierten) Märkten überlassen werden sollte, werden Regelungen notwendig, um ökonomische Anreize und Besitzrechts-Systeme zu unterstützen.

Kasten 2.7 Auswahlkriterien für politische Instrumente

- Ökonomische Effizienz.
- Geringer Informationsbedarf – eine minimale Menge an verläßlichen Informationen, deren Aktualisierungskosten tragbar sein müssen, sollte ausreichend sein.
- Verwaltungskosten – komplexe, hochtechnische Programme erfordern große Informationsmengen und tragen ein hohes Risiko von Fehlern oder einer sehr geringen Effektivität in sich.
- Gerechtigkeit – stark rückschrittliche Programme sollten vermieden werden.
- Zuverlässigkeit – die Umweltwirksamkeit des Programms sollte trotz der unvermeidlichen Unsicherheiten so zuverlässig wie möglich sein.
- Anpassungsfähigkeit – das Programm muß die Fähigkeit besitzen, sich an veränderte Technologien, Preise und klimatische Verhältnisse anzupassen.
- Dynamische Anreize – das Programm sollte ständig jenseits politischer Vorgaben die Entlastung der Umwelt und technische Neuerungen fördern.
- Politische Akzeptanz – die Instrumente sollten keine zu radikalen Abweichungen von aktuellen und voraussichtlichen zukünftigen Verfahrensweisen und zugrundeliegenden Philosophien mit sich bringen.

2.7 Schlußfolgerungen

In diesem knappen Überblick über einige der Hauptprinzipien und die Praxis der Umweltökonomie versuchten wir die folgenden Punkte herauszustellen:

- Die ökonomische Analyse ist nicht äquivalent zur monetären Buchhaltung. Sie ist um einiges umfangreicher und ,umfaßt die gesamte Palette der volkswirtschaftlichen Kosten und Nutzen, die in Zusammenhang mit einem Projekt zur Ressourcenverteilung stehen.
- Der ökonomische Ansatz benutzt die Kategorie «Geld» nur insofern, als es ein brauchbares Maß für die Einschätzung dessen ist, was die Menschen hinsichtlich ihrer Umwelt wollen und was sie nicht wollen. Er ist am ökonomischen Wohlstand der Menschen interessiert, bestreitet jedoch nicht die mögliche Existenz davon unabgängiger ethischer Argumente zugunsten der Erhaltung der Natur.
- Die Themenfelder des Umweltressourcenmanagements weisen in ihrem Kern immer ein *Mangel*-Problem auf. Deshalb wird das Kriterium der ökonomischen Effizienz bei der Regelung des Konflikts um die Ressourcennutzung eine wichtige (jedoch nicht die alleinige) Rolle spielen. Wenige Ressourcen besitzen einen unendlichen Wert, und Beschlüsse zur Ressourcenverteilung beinhalten immer Opportunitätskosten. Kosten-Nutzen-Analysen können eine wertvolle Rolle bei der Beurteilung solcher Verteilungsbeschlüsse spielen.
- Die thermodynamischen Gesetze verdeutlichen, daß sich Wirtschaftssysteme auf Ökosysteme stützen und nicht umgekehrt. Die Abfallbeseitigung und ähn-

liche Belastungen durch Verschmutzung (externe Effekte) sind unvermeidlich und bei wirtschaftlichen Vorgängen alltäglich. Da die Abfallaufnahmekapazität der Umwelt jedoch nicht unbegrenzt ist (d.h. sie ist ein knappes Gut), kann der ökonomische Marktmechanismus nicht frei von externen Effekten sein. Ein unkontrollierter Markt führt deshalb zur Degradation in der Umwelt (d.h. zum ineffizienten Verbrauch der Umweltressourcen).
- Das Konzept nachhaltiger ökonomischer Entwicklung kombiniert sowohl Effizienz- als auch Gerechtigkeits-Prinzipien. Diese ökonomische Entwicklung hat auf lange Sicht Bestand. Wir vertreten die Ansicht, daß das Verständnis der nachhaltigen Entwicklung auf die Vorstellung eines Kapitalvermächtnisses zwischen den Generationen angewiesen ist. Ein zeitlich konstantes Grundkapital ist sowohl eine notwendige als auch eine ausreichende Bedingung für die Nachhaltigkeit.
- Die Wirtschaftsanalytik setzt die Diskussion über den Umfang und den Grad einer möglichen Austauschbarkeit (über technische Änderungen) zwischen verschiedenen Komponenten des gesamten Grundkapitals (künstlich geschaffenen, menschlichen und natürlichen Kapitals) fort. Wir haben dagegen die mögliche Bedeutung von «kritischem» natürlichem Kapital hervorgehoben, das per definitionem nicht ersetzbar ist und deshalb erhalten werden muß.
- Die finanzielle Bewertung der Umweltfunktionen und -leistungen (die Nutz- und nutzfreie Werte liefern), die allgemein ohne preisliche Einordnung sind, ist notwendig, um Beschlüsse zu korrigieren, die diese Leistungen wie freie Güter behandeln. Solche Umstände führen, wenn sie nicht korrigiert werden,

Kasten 2.8 Umweltabgaben

Die relativen Vorteile von Abgaben gegenüber Verordnungen

- Sie sind eine kosteneffektivere (d.h. niedrigere Kosten verursachende) Methode, um einen vorgegebenen Qualitätsstandard zu erreichen.
- Sie enthalten einen dynamischen Antrieb für Umweltsünder, mit der Absenkung der Emissionen unter einen vorgeschriebenen Standard fortzufahren.
- Sie sind ein Anreiz für Firmen, Gelder in langfristige Investitionen zur Regulation der Verschmutzung anzulegen.
- Sie haben eine *breitere* Wirkung.

Die Grenzen der Abgaben

- Die Unsicherheit insbesondere über die Höhe des verursachten Schadens führt auch zur Unsicherheit über die *optimale* Höhe der Abgabe.
- Rückschrittliche Wirkung einiger Umweltabgaben; z.B. erhöhte MwSt. auf inländischen Energieträger; eine Milderung ist über die Umverteilung von Steuereinnahmen möglich (fiskalische Neutralität).
- Internationale Zusammenhänge; z.B. wird die CO_2-Abgabe in bedeutendem Umfang in der Zukunft voraussichtlich nur dann eingeführt, wenn eine Anzahl von Ländern zusammenarbeiten. Das erfordert jedoch internationale Übereinkommen (Problem der «Trittbrettfahrer»).

unumgänglich zu einem Abbau bzw. zum vollständigen Verlust einer Ressource.

- Wenn sich die Gesellschaft für ein *akzeptables* (quasi-nachhaltiges) Level in der Umweltquantität und -qualität entschieden hat, gibt es trotzdem noch Probleme, die gelöst werden müssen - insbesondere muß geklärt werden, wie diese *politische* Entscheidung in der Praxis umgesetzt werden kann. Es sind dazu Instrumente einer sogenannten «Ermächtigungspolitik» erforderlich. Diese Instrumente gliedern sich in zwei allgemeine Kategorien - Verordnungen und ökonomische Anreize. Verordnungsmaßnahmen sind oft nicht effizient genug, da sie höhere Kosten verursachen als marktgestützte Maßnahmen. Ansätze ökonomischer Anreize erhöhen den politischen Wirkungsgrad - wenn sie angenommen werden. In der Realität gründen sich die Eindämmungsmaßnahmen gegen Umweltverschmutzung vor allem noch auf Verordnungen, auch wenn ökonomische Anreize immer häufiger als Mittel eingesetzt werden. Dieser Trend wird von Ökonomen sehr begrüßt. Letztendlich wird ein kombiniertes Maßnahmenpaket eingesetzt werden müssen, um so den vielfältigen Entscheidungskriterien gerecht zu werden, die diese politischen Grundsatzentscheidungen und ihre Umsetzung erfordern. Die Liste der Kriterien schließt ökonomische Effektivität, aber auch Gerechtigkeit, Umwelteffektivität, *politische* Akzeptanz und verwaltungstechnische Durchführbarkeit ein.

Kasten 2.9 Die Bekämpfung der Umweltverschmutzung und Unsicherheitsfaktoren

In der Realität ist die Umweltthematik durch eine ganze Reihe von Unsicherheitsfaktoren gekennzeichnet. Die zuständige Behörde muß viel zu oft versuchen, das Risiko einer Umweltverschmutzung gegen das Risiko abzuwägen, daß den gewerblichen Umweltsündern eine unmäßige Kostenlast aufgebürdet wird. Im oberen Abschnitt der Abbildung wird angenommen, daß es keine Unsicherheitsfaktoren gibt. Unter diesen Verhältnissen besagt die ökonomische Regel, daß die Grenzkosten des Umweltschadens mit den Grenzkosten der Beseitigung gleichgesetzt werden können. Die zuständige Behörde könnte dann eine Abgabe OA festsetzen und eine effiziente Abnahme der Umweltverschmutzung ER^* erreichen.

Wenn Unsicherheitsfaktoren existieren, aber Schwellenwerte bei den Schadensfunktionen (d.h. die Belastung wirkt ab einem gewissen Level äußerst schädigend) angenommen werden können, dann ist es sinnvoll, die Emissionen vorsichtig zu reduzieren. In dieser Situation greift am besten ein Genehmigungsverfahren, das die erlaubte Emissionsmenge festsetzt und kontrolliert. Im Kontrast dazu führt die Festsetzung einer Abgabe in K zu einer großen Unsicherheitsspanne $ER_1 - ER_2$ - siehe mittlerer Teil der Abbildung.

Alternativ dazu wird angenommen, daß es keine Schwelleneffekte in der Schadensfunktion gibt, daß aber die Kosten für die Regulation der Belastung voraussichtlich im gleichen Maß steigen, wie die Emissionen reduziert werden. In diesem Fall gilt die Sorge mehr den übermäßigen Kosten, die der Industrie schaden können und

Fortsetzung n.S.

Kasten 2.9 ***Fortsetzung***

damit Arbeitsplätze gefährden. Wird das Genehmigungsverfahren dazu benutzt, um das Emissionslevel auf ER^* zu bringen, und erhöhen sich die Kosten für die Kontrolle der Umweltverschmutzung sogar auf die *Grenzkosten 1*, dann hat die Industrie erhebliche Ausgaben (K_3) verschwendet. Abgaben wären unter diesen Umständen ein besseres Mittel (Fehlerspanne K_1–K_2) – siehe unterer Abschnitt der Abbildung.

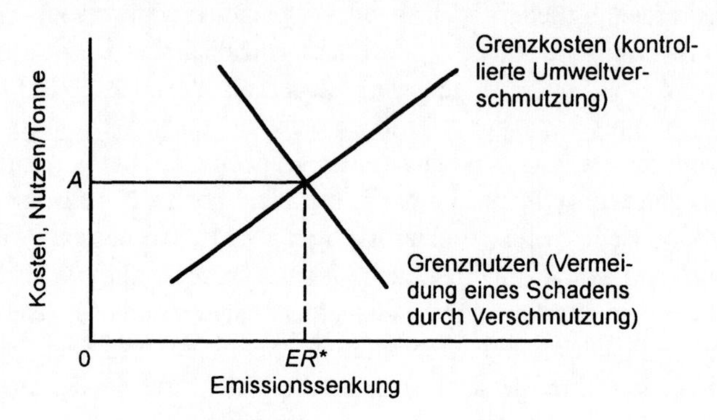

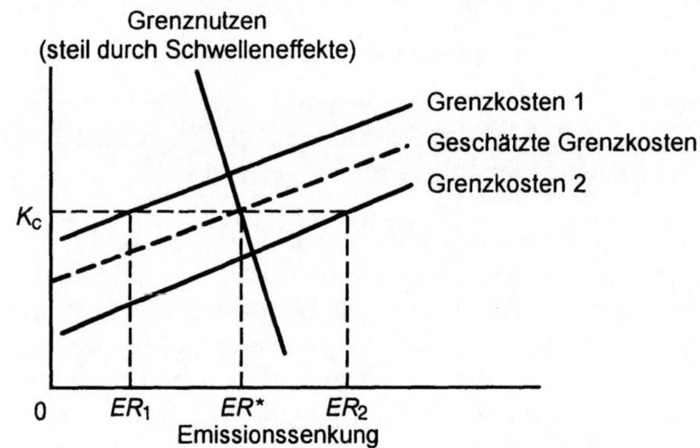

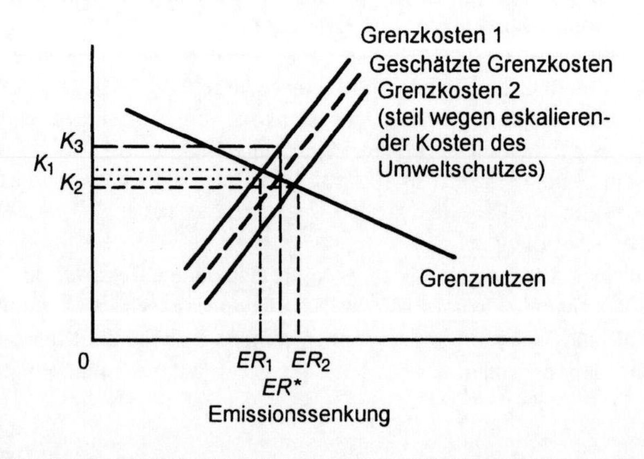

Literaturverzeichnis

Costanza RE (ed) (1992) Ecological economics. Columbia University Press, New York
DOE (1992) The potential role of market mechanisms in the control of acid rain. HMSO, London
Ekins R, Neef M (eds) (1992) Real life economics: understanding wealth creation. Routledge, London
Turner RK, Pearce DW, Bateman IJ (1993) Environmental economics: an elementary introduction. Harvester Wheatsheaf, Hemel Hempstead
World Commission on Environment and Development (1987) Our Common Future. Oxford University Press, Oxford

Weiterführende Literatur

Folgende Bücher repräsentieren hauptsächlich die nichttechnische, einführende Behandlung der umweltökonomischen Prinzipien: Pearce DW, Barbier E, Markandya A (1989) Blueprint for a green economy (Earthscan, London); Pearce DW (ed) (1991) Blueprint 2 (Earthscan, London); Turner et al. (1993).

Eingehendere Behandlung des Themas bei Pearce DW, Turner RK (1990) The economics of natural resources and the environment (Harvester Wheatsheaf, Hemel Hempstead).

3 Ökologische und ökonomische Bewertung

Ian Bateman

Behandelte Themen:

- Der Bewertungsrahmen
- Methoden der monetären Bewertung
- Nachhaltigkeitszwänge

Ian Bateman gibt eine umfassende Darstellung der verschiedenen Methoden, mit denen Volkswirte sich bemühen, natürliche Ressourcen oder Prozesse, die zwar einen volkswirtschaftlichen Wert besitzen, aber gewöhnlich bei ihrer Nutzung oder Unterschutzstellung nicht bezahlt werden, preislich festzulegen. Kritikern mißfällt die Idee, die Natur mit Preisen zu versehen. Sie wenden ein, daß eben gerade dies eine Ausweitung des Kapitalsystems bedeutet, welches für das Dilemma, in dem wir uns heute befinden, verantwortlich ist. Sie sind der tiefen Überzeugung, daß eine finanzielle Bewertung der Umwelt nur ein weiterer Schritt in der weltweiten Herabwürdigung menschlichen Lebens ist - ganz abgesehen von der Natur. Sie behaupten außerdem, daß ein solches Vorgehen bei Bewertungen die notwendige Unterscheidung zwischen dem Einzelnen als Konsumenten einerseits und als Bürger andererseits verwischt.

Dies ist ein wichtiger Punkt, der einem Großteil des folgenden Kapitels zugrunde liegt. Es befaßt sich vornehmlich mit Besitzrechten, die schon in Kap. 1 behandelt wurden. Als Konsument strebt der Einzelne danach, sich Güter für seinen persönlichen und privaten Nutzen anzueignen. Dies muß sich nicht nur auf rein materielle Dinge wie Boote oder Schuhe beschränken. Es können genauso gut «positionelle Güter», wie schöne Landschaften, saubere Luft, Frieden und Ruhe oder interessante Skulpturen, sein. In all diesen Fällen zielt der Einzelne als Konsument darauf, sich ein Besitzrecht zu erkaufen, welches von niemand Anderem beansprucht werden kann. In gewissem Sinne ist dies die Grundlage der hedonistischen bzw. besitzrechtlichen Preisvariationen, welche Ian Bateman behandelt.

Der Einzelne als Bürger sieht die Welt jedoch mit ganz anderen Augen. Als solcher ist er mehr interessiert am Teilen, an der Verantwortung Anderen, der Zukunft und der Natur gegenüber. Als Bürger teilt er Besitzrechte als gemeinsames Gut mit Anderen. Der Bürger ist bereit, soziale Regelmechanismen, die Verbrauch, Nutzung und privaten Erwerb betreffen, zu akzeptieren. Ein Bürger ist sich sowohl seiner selbst bewußt als auch gesellschaftlich engagiert bzw. verankert.

Diese beiden Sichtweisen können durcheinander geraten, wenn man Menschen auf eine Reihe möglicher Bewertungen reagieren läßt, vor allem wenn dieses «Preis»-Spiel nur die Möglichkeit einer «Nimm es, oder laß es sein»-Entscheidung auf einer steigenden Skala erlaubt. Daher ist es nicht sonderlich überraschend, wenn umweltspezifische Eventualwertstudien ein sehr verzerrtes Bild davon wiedergeben, was ein Befragter als Konsument zu akzeptieren bereit ist, im Vergleich zu dem als Bürger.

Beispielsweise ist es ziemlich offensichtlich, daß der Wert eines Wals ganz davon abhängt, ob er nur beobachtet oder aber getötet werden soll. Weniger offensichtlich ist die Wahrscheinlichkeit, daß der «Konsument» einen zu beobachtenden Wal anders bewerten wird als der «Bürger» den gleichen Wal, den er vielleicht nie zu sehen bekommt, der ihm aber allein aus der Tatsache heraus, daß er existiert, Befriedigung verschafft. Welcher Wert höher und welcher niedriger ausfallen wird, hängt zum Teil von der ethischen Einstellung der entsprechenden Person zur Ökologie (Kasten 19.1) und von den erklärten Besitzrechten der Walfänger ab.

Die Problematik unterschiedlicher Bewertungen wird immer dann besonders deutlich, wenn Besitzrechte eher als universell denn als privat angesehen werden. Daher rührt auch die große Diskrepanz zwischen Schätzungen der Zahlungsbereitschaft zur Vermeidung von Ärgernissen oder zum Schutz von Schönem im Vergleich zur Bereitschaft, sich für das Akzeptieren von Zerstörungen bestechen zu lassen. Unter Ökologen ist dieses Problem bekannt. Aber die Allgemeinheit nimmt die Ergebnisse quantifizierter Nutzenrechnungen nur allzu voreilig als allgemeine Wahrheit hin. Ian Bateman sind solche Ansprüche fern. Die Methoden, die er zusammenfaßt, sind ein Beitrag zu besserem Ressourcen-Management und zur Rechtfertigung von Projekten - nicht mehr und nicht weniger.

Trotzdem stellt die quantifizierende Bewertung von Umweltfaktoren in gut und schlecht ein Machtelement dar, welches durchaus das Rechtsempfinden verzerren kann, wenn es allzu naiv in Kostennutzenanalysen oder politisches Handeln umgesetzt wird. Nehmen wir z.B. die Energiesteuer, die in den Kapiteln 1, 6 und 18 behandelt wird. Für die meisten Wirtschaftler ist ein CO_2-Molekül nichts anders als jedes andere Molekül auch, wenn es um die Bewertung eines Schadens oder der volkswirtschaftlichen Kosten geht, die mit einer zusätzlichen Tonne des Gases anfallen. Die Schätzungen reichen von $10 bis $30 pro Tonne. Wie wir in Kap. 18 feststellen werden, würde für die Reduzierung des CO_2-Ausstosses bis zu einem Punkt, an dem keine anthropogenen Störungen im Ökosystem mehr auftreten, eine Mindeststeuerbelastung von $300 pro Tonne notwendig sein, die in Entwicklungsländern, welche auf dem Weg in eine Wirtschaft sind, die sich auf fossile Energien stützt, noch um ein Fünffaches höher sein müßten. Jedoch bedeutet eine zusätzliche Tonne CO_2 für ein Land, das fossile Brennstoffe mehr oder weniger verschwendet, etwas anderes als für ein Land mit größtenteils verarmter Bevölkerung, das sich noch in der Entwicklung befindet. Einen ähnlichen Vergleich könnte man auch in bezug auf die weitere

Zunahme ozonzerstörender Gase in Ländern anstellen, die es sich mit Hilfe von Klimaanlagen gutgehen lassen, und solchen Ländern, in denen ein eigener Kühlschrank so selten ist wie Regen in der Sahelzone.

Entwicklung beginnt hier nicht von einer gerechten Basis aus. Aus der Sicht exakter Naturwissenschaft ist ein Schadstoff jedoch immer der gleiche, Messung für Messung. In rechtlichen, politischen und vor allem ethischen Begriffen ist er das nicht. Also sollte die Besteuerungspraxis schon aus Verteilungsgründen verändert werden. Es gibt keinen Grund, warum dies nicht so gehandhabt werden sollte. Erreicht werden könnte dies durch eine Art Einkommensausgleich oder durch Einkommensübertragung, um so die «incremental costs» zu berücksichtigen. Es ist entscheidend, daß diese Übertragungen tatsächlich stattfinden, wenn die Umweltökonomie ihrem erklärten Ziel der Wohlstandsmaximierung gerecht werden soll. Auch hier liefert die bisherige Wissenschaft nur einen Teil der Antworten, zu denen die interdisziplinären Umweltwissenschaften eine großen Beitrag leisten können.

Was vielen gehört, wird von den wenigsten geachtet.
(Aristoteles)

3.1 Einführung

Dieses Kapitel befaßt sich mit den ökonomischen Methoden, mit denen Entwicklungsvorhaben analysiert werden. Solche Pläne können verschiedenster Art sein, wie z.B. das Vorhaben, eine neue Autobahn zu bauen, eine Überprüfung der Stromerzeugungsmöglichkeiten oder eine Untersuchung über den Sinn von Küstenschutzmaßnahmen. Wie schon im vorherigen Kapapitel erwähnt, würde ein Privatunternehmen zur Beurteilung eines solchen Projekts eine «Finanzkalkulation»[1] durchführen, um abschätzen zu können, ob die erreichbaren Profite die notwendigen Investitionen rechtfertigen. Die Aufgabe des Volkswirts jedoch ist es, aus einem gesamtgesellschaftlichen Blickwinkel heraus zu urteilen. In einer solchen «Wirtschaftlichkeitsberechnung» untersucht der Volkswirt die der Gesellschaft entstehenden Gesamtkosten, die eine Projektentwicklung mit sich bringt, und vergleicht sie mit dem Nutzen, den dieses Projekt für die Gesellschaft bringt. Konsequenterweise nennen wir diese Methode «Kostennutzenanalyse» oder kurz «KNA».

Die ökonomische Bewertung durch eine Kostennutzenanalyse hilft, Politikern und Planern im Rahmen verschiedener Investitionsmöglichkeiten Mittel zur Verfügung zu stellen und den sozialen Wohlstand zu maximieren. Theoretisch können Kostennutzenanalysen auch benutzt werden, um Projekte (Einzelinvestitio-

---

[1] Am Ende des Kapitels ist ein kurzes Glossar zum Nachschlagen von Fachbegriffen angefügt.

nen), Methoden (Vorgehensweisen, die mehrere Projekte umfassen) oder Programme (Pläne, die ihrerseits aus einer Reihe von Methoden bestehen) zu bewerten. Seit ihrer Entstehung in den fünfziger Jahren ist die KNA jedoch vielerlei Kritik ausgesetzt.

Die stärkste Kritik betrifft die offensichtliche Unzulänglichkeit, mit der diese Methodik in der Praxis Umwelteinflüsse durch wirtschaftliche Entwicklungen berücksichtigt. Es gibt zwei Hauptprobleme, die durch diesen «traditionellen» oder auch konventionellen KNA-Ansatz entstehen[2]:

1. Konventionelle KNA bewerten nicht alle Posten gleichrangig. Im Einzelnen bedeutet dies, daß im Gegensatz zu den Kosten- und Nutzenposten, die in finanziellen Betragswerten ausgedrückt werden, die Umwelteinflüsse eines Projekts mit «nichtfinanziellen» Bewertungen beschrieben werden, denen ihrerseits von Entscheidungsträgern dann nicht genügend Gewicht gegeben wird.
2. Konventionelle KNA besitzen kein «Nachhaltigkeitskriterium», d.h. sie haben keinen inneren Mechanismus, der den Erhalt von Leistungen der Umwelt zwischen den Generationen sichert (Intergenerationale Gerechtigkeit).

Das folgende Kapitel beginnt zunächst mit der Diskussion neuerer Ansätze zur Bewältigung dieser Probleme: der Bewertung von Umweltgütern und -dienstleistungen in Geldwerten. Danach folgt eine kurze Diskussion einiger Möglichkeiten zur Aufstellung praktischer Regeln für mehr Nachhaltigkeit bei Projektplanungen.

Bevor wir uns diesen Ansätzen zuwenden, sollten wir uns zunächst mit der Komplexität von Kosten und Nutzen auseinandersetzen, damit wir von einer einfachen Finanzkalkulation zu einer vollständigen KNA gelangen können.

3.2 Der Bewertungsrahmen

Um die Unterschiede zwischen der rein finanziellen und der ökonomischen Bewertung eines Projekts zu verdeutlichen, wenden wir uns einem realen Beispiel zu.

Abbildung 3.1 zeigt die verschiedenen Rahmenbedingungen, um eine von einem Forstwirtschaftsbetrieb geplante Aufforstung zu bewerten. Das Aufforstungsprojekt verursacht sowohl Kosten als auch Nutzen. Kosten und Nutzen können unterteilt werden in «interne» Posten (solche, die dem Betrieb anzurechnen sind) und «externe» Posten (solche, die dem Rest der Gesellschaft zufallen).

---

[2] Dies ist keinesfalls eine vollständige Auflistung. Weitere wichtige Fragen betreffen z.B. verzögert eintretende Kosten und Nutzen (Diskounting); Fragen zur Gerechtigkeit innerhalb der heutigen Generation (intragenerational) und andere Themen. Dazu Hinweise in der weiterführenden Literatur am Ende des Kapitels.

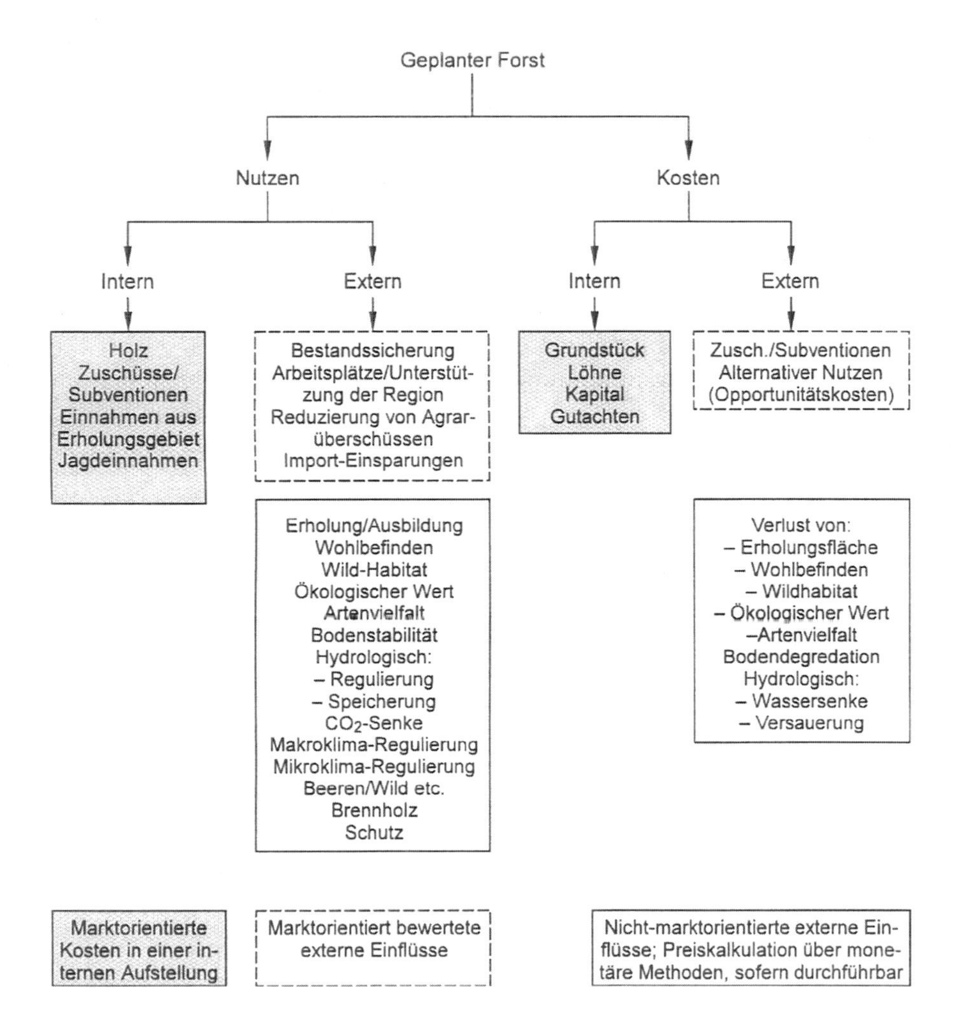

Abb. 3.1. Erweiterter Kostennutzenrahmen zur Bewertung eines geplanten Waldes. «Intern» bezieht sich auf Kosten und Nutzen des privaten Forstbetriebs, «extern» auf Kosten und Nutzen für die Gesellschaft (*Quelle:* Bateman 1992a).

Für den privaten Forstwirtschaftsbetrieb ist es natürlich notwendig zu wissen, ob mit dem Waldstück Profit zu machen ist. Um das herauszufinden, führt man eine finanzielle Bewertung durch, in der man den internen Nutzen, der erreicht wird, mit den internen Kosten, die zu bezahlen sind, vergleicht (schattierte Flächen in Abb. 3.1). Wenn der interne Nutzen die internen Kosten so weit übersteigt, daß es sich für den Betrieb nicht lohnt, anderweitig zu investieren, wird er mit dem Projekt fortfahren und mit der Aufforstung beginnen.

Alle Arten von KNA befassen sich mit dem erweiterten volkswirtschaftlichen Wert eines Projekts und ziehen sowohl die internen wie auch die externen

Kosten und Nutzen, wie in Abb. 3.1 aufgelistet, in Betracht. Für einen KNA-Experten ergibt sich nun die wesentliche Frage, wie die einzelnen Posten zu bewerten sind.

In einer KNA können interne Kosten und Nutzen eines Projekts normalerweise im Verhältnis zu ihrem Marktpreis bewertet werden[3]. Auch einige der externen Posten stehen in Relation zu Marktpreisen (gestrichelter Rahmen). Wenn beispielsweise der aufzuforstende Boden zuvor landwirtschaftlich genutzt wurde, dann bedeutet das natürlich einen Verzicht auf die daraus resultierenden landwirtschaftlichen Erträge (die sog. «Alternativerträge» in der Spalte der externen Kosten). Dies bedeutet einen Verlust für die Gesellschaft, d.h. es entstehen externe Kosten, die kalkuliert werden können, indem man sich die Marktpreise der (verlorengegangenen) landwirtschaftlichen Erzeugnisse ansieht. Für viele Posten gibt es jedoch keine Marktpreise (z.B. Annehmlichkeiten, Erholung, Lebensraum für Tiere und Pflanzen) und damit fällt für diese ein solcher Ansatz aus (durchgezogen umrandeter Rahmen). Bis vor kurzem konnte man mit einer KNA externe Posten, die in keinem Verhältnis zum Markt stehen, preislich nicht einordnen (monetarisieren). Da in diese Kategorie viele der externen Umweltfaktoren eines Projekts fallen (z.B. der Nutzen durch die Schaffung von Erholungsraum, Lebensraum für Tiere und Pflanzen, oder Kostenfaktoren, wie Umweltverschmutzung und Verlust von Lebensraum), bedeutet dies, daß die Summen einer solchen KNA in bezug auf Umwelteinflüsse bisher unterbewertet waren. Dies wiederum führte zu Entscheidungen, die im besten Falle auf Grund mangelhafter und im schlimmsten Fall voreingenommener Informationen erfolgten. In der Praxis löste man dieses Problem gewöhnlich, indem man der KNA zusätzlich eine schriftliche Einschätzung etwa in Form einer Umweltverträglichkeitsprüfung beifügte. Da Entscheidungsträger normalerweise aber dazu neigen, bevorzugt mit Finanzwerten zu arbeiten, bedeutet dies, daß die nichtmonetären Faktoren von den anderen überlagert wurden.

3.3 Methoden der monetären Bewertung

3.3.1 Überblick

Oftmals werden «(Dienst)-leistungen» der Umwelt, ob als Bereitsteller von Erholungsmöglichkeiten, in Form von landschaftlichen Reizen oder als Schadstoffassimilator, als «freie» Güter behandelt. Dies entsteht aus der allge-

---

[3] Jede KNA wendet Marktpreise so an, daß sich der tatsächliche Wert eines Postens für die Gesellschaft ergibt, z.B. könnte der ungefähre volkswirtschaftliche Wert von Holz angenommen werden als dessen Marktpreis, abzüglich geleisteter Subventionen (da diese von der Gesellschaft über Steuern finanziert werden). Diesen Vorgang nennt man «Schatten-Preiskalkulation» («shadow pricing»). Für eine detailliertere Darstellung siehe Pearce (1986).

meinen und andauernden Verwechslung der Begriffe «Preis» und «Wert». Sogar früheste Wirtschaftsanalytiker hatten schon erkannt, daß der Preis eines Gutes nicht unbedingt seinem Wert entsprechen muß. Vor mehr als 200 Jahren wies Adam Smith auf die extreme Ungleichheit zwischen dem (sehr niedrigen) Preis von Wasser und seinem (sehr hohen) Wert hin. Auch heute noch richtet sich der Verbrauch von Umweltgütern und -dienstleistungen im allgemeinen eher nach ihrem Preis denn nach ihrem Wert. Ein Beispiel aus heutiger Zeit ist die Einleitung britischer Abwässer in die Nordsee. Hier erbringt die Nordsee sehr wertvolle, aber nicht monetarisierte Dienstleistungen zur Abwasserbeseitigung. Diese werden jetzt nur deshalb offensichtlich, weil die allmähliche Abschaffung solcher Praktiken (MTPW 1990) die Abfallwirtschaft zwingt, sich kostenintensive Alternativen durch Verbrennung und Deponien an Land zu erschließen.

Dieses Beispiel kann auch einen Weg aufzeigen, wie man Umweltgüter monetarisieren kann, indem man nämlich die Marktpreise alternativer Güter untersucht. Ein solcher Ansatz gehört zu einer erweiterten Gruppe von «Preiskalkulationstechniken», die monetäre Bewertungen für Umweltgüter und -dienstleistungen vornehmen, indem sie auf Güter bezogen werden, die einen Marktpreis haben. Solche Ansätze sind oft sehr einfach durchführbar und können eine perfekt angemessene Bewertung liefern. Da es jedoch oftmals besser erscheint, überhaupt irgendeinen als gar keinen Preis festzusetzen, veranschlagt man auf diese Weise den vollen Wert möglicherweise viel zu niedrig, woraus sich eine erhebliche Fehlverteilung der Ressourcen ergeben könnte.

Ökonomische Theorien zeigen, daß der volle Wert eines Gutes nur kalkuliert werden kann, wenn man die Nachfragesituation untersucht, d.h. eine Nachfragekurve erstellt, die zeigt, welche Mengen einer Ressource vom Verbraucher abhängig vom Preis genutzt würden. Ein solcher Ansatz würde den Unterschied zwischen dem Preis des Wassers und seinem Wert offenlegen, da man anhand der Nachfragekurve erkennen würde, daß die Menschen beinahe jeden Preis für die Sicherung eines Grundvorrats an Wasser zu zahlen bereit wären.

Abbildung 3.2 zeigt die Nachfragekurve für Erholung in einem frei zugänglichen Waldgebiet. Die Kurve gibt an, wie der Einzelne diese Waldbesuche bewertet, ausgedrückt durch den Geldbetrag, den er für diese zu zahlen bereit wäre (= Zahlungsbereitschaft ZB). Man sieht, daß die ZB für den ersten Besuch (£15), im Vergleich zur ZB für den zweiten Besuch (£8,5) und die weiteren (4,00; 2,00; 0,50; 0,00) relativ hoch ist. Die Anzahl wahrgenommener Besuche wird durch den Punkt bestimmt, an dem die ZB dem Marktpreis der Ware entspricht. In diesem speziellen Fall ist der *Marktpreis* gleich «Null», da es sich um einen frei zugänglichen Wald handelt; somit ergeben sich sechs Besuche. Der *Wert* aller Besuche wird durch die Summierung der ZB aller sechs Besuche ermittelt (£30), d.h. der Wert des Gutes ist ablesbar als Fläche unterhalb der Nachfragekurve (diese Regel gilt sowohl für Handelsgüter als auch für nichthandelbare Güter). Man kann, wie bei vielen Umweltgütern, deutlich sehen, daß Erholungsausflüge im Wald einen erheblichen Wert darstellen. Der Marktpreis dieser Ausflüge ist jedoch «Null».

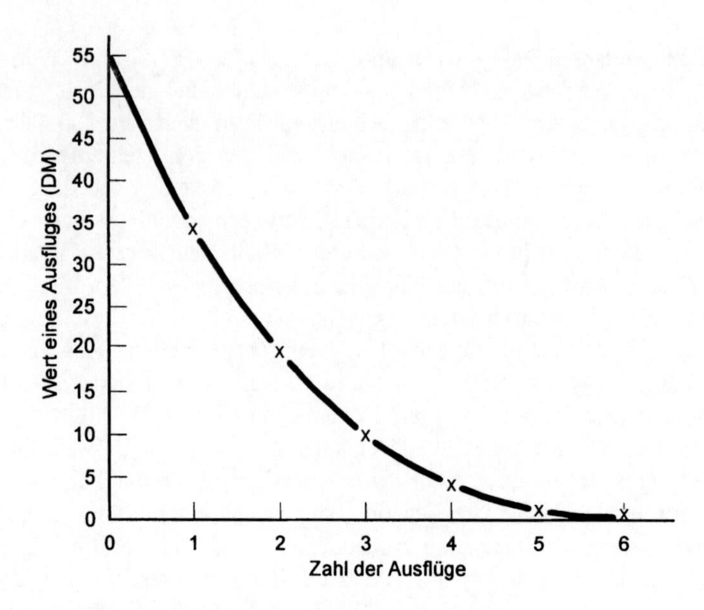

Abb. 3.2. Nachfrage nach Erholungsausflügen in einen Wald.

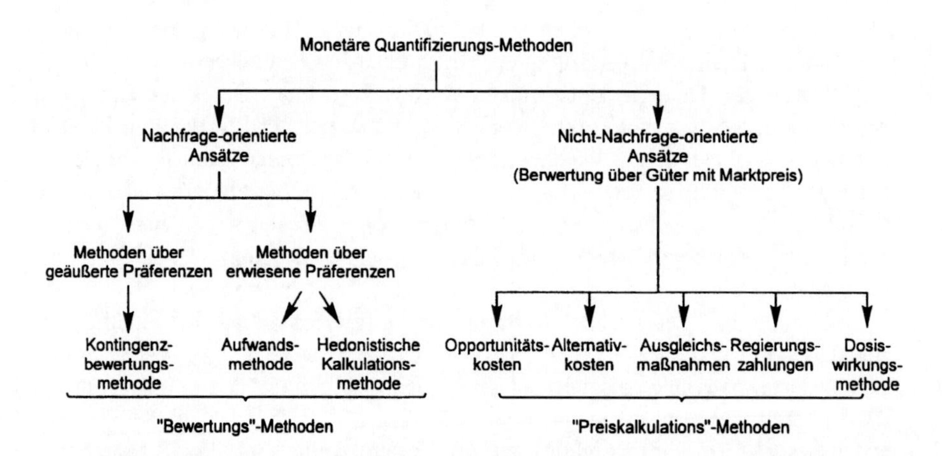

Abb. 3.3. Methoden zur Bewertung und «Monetarisierung» von Umweltgütern und -dienstleistungen (*Quelle:* Bearbeitet nach Bateman 1992b).

Zur Auswertung von Nachfragekurven wurden verschiedene Ansätze entwickelt. Diese Methodik ist, obwohl in der Umsetzung komplexer als Ansätze zur nicht nachfragebezogenen Kalkulation, immer dort hilfreich, wo eine große Diskrepanz zwischen Preis und Wert einer Ressource vermutet werden kann. Abbildung 3.3 skizziert die verschiedenen Bewertungsmethoden monetärer Kalkulation, von denen eine jede in den folgenden Abschnitten vorgestellt wird.

3.3.2 Methoden der Preiskalkulation

Opportunitätskosten. Ein möglicher Ansatz ist, zu untersuchen, auf welchen Marktwert verzichtet werden müßte, um, sagen wir, einen bestimmten Umweltfaktor zu verbessern. Ein neueres Beispiel aus Großbritannien ist die derzeitige Schaffung eines «Neuen Nationalforstes» durch die Countryside Commission (Landschaftskommission) zwischen Leicester und Burton-on-Trent in den Englischen Midlands (Countryside Commission 1990). Der Standort, der beinahe 40 000 ha umfaßt, schließt eine große Fläche hochwertigen Ackerlandes mit ein, deren Verlust sogenannte «Opportunitätskosten» darstellt.

Streng genommen sollten die Opportunitätskosten dem Netto-Marktpreis der Agrarprodukte des Gebietes entsprechen, das durch den neuen Forst «verloren» geht. Da diese Produkte aber auf Grund der Gemeinsamen Agrarpolitik der EU subventioniert werden, wäre der Ausgleich, der an die Landeigner bezahlt würde, der entgangene Subventionswert der Produktion abzüglich der Investitionskosten. In wirtschaftlicher Hinsicht stellt dies eine Marktverzerrung dar, ist aber aus Fairneßgründen politisch notwendig. Ressourcenpreise sind eher eine Funktion der Markt*strukturen* und des politischen Einflusses großer Interessengruppen als der wettbewerblichen Verhältnisse. Ausgleichsvereinbarungen spiegeln diese Preisverzerrungen wider. Dieser «Wert» bestimmt jedoch die unterste Grenze des ökologischen Nutzens des neuen Waldgebiets.

Kosten von Alternativen. Wenn ein Umweltgut innerhalb eines Entwicklungs- oder Produktionsprojekts verbraucht (oder dessen Verbrauch geplant) wird, ist eine mögliche Bewertungsstrategie die Berechnung der Kosten für die Verwendung alternativer Ressourcen. Ein Beispiel sind die oben erwähnten Alternativen zur Abwasserbeseitigung durch Einleitung in die Nordsee. Ein weiteres Beispiel sind die Pläne zur Erweiterung der Autobahn M3 in England. Es ist geplant, die Strecke quer durch Twyford Down, ein Gebiet von anerkanntem landschaftlichem Reiz in Mid-Hampshire, Großbritannien, zu führen. Hier ergab der Alternativplan, nämlich die Autobahn durch einen Tunnel unter Twyford Down zu führen, Kosten von knapp £70 Millionen (Medley 1992), einen Betrag, den das Verkehrsministerium als eindeutig über dem Umweltnutzen durch Schutz des Gebietes liegend empfand.

Ausgleichsmaßnahmen. Eine weitere Kalkulationsmöglichkeit besteht darin, sich die Kosten für die Bereitstellung eines gleichwertigen, alternativen Umweltgutes an einem anderen Standort anzusehen. Eine Studie (Buckley 1989) untersuchte diese Möglichkeiten an einem Entwicklungsprojekt, das einen bestehenden Lebensraum bedrohte. Es wurden drei Möglichkeiten hervorgehoben: Rekonstruktion des Habitates (Bereitstellung eines alternativen Standortes); Umsiedlung des Habitates (Überführung des bestehenden Habitates an einen anderen Standort); Restaurierung des Habitates (Aufwertung eines bestehenden, degradierten Habitates). Die Kosten der gewählten Option kann man dann als «Preis» des bedrohten Lebensraums in die Projektkalkulation aufnehmen (weitere Einzelheiten zum Ansatz der Ausgleichsmaßnahmen werden später behandelt).

Regierungszahlungen. Die Regierung als Richter über öffentliche Präferenzen bewertet gelegentlich in direkter Weise Umweltgüter und -dienstleistungen, z.B. durch Festlegung von Subventionszahlungen direkt an den Hersteller (insbesondere Landwirte) zur Übernahme umweltschonender Produktionsmethoden. Solche Werte werden als Teil von Projektbewertungen verwendet. Ein Beispiel ist der Aldeburgh-Deich in Suffolk (Südost-England), bei dem die Kosten der Deichrenovierung verschiedenen Posten gegenübergestellt wurden. Einer davon war der ökologische Wert der geschützten Landschaft, der über ESA-Subventionen (Environment Sensitive Area = Ökologisch sensibles Gebiet) an örtliche Landwirte ermittelt wurde (Turner *et al.* 1992).

Dosis-Wirkungsmethode. Statistische Methoden können angewendet werden, um verschiedene Verschmutzungsgrade (Dosis) mit verschieden starken Schäden (Wirkung) in Beziehung zu setzen. In einer interessanten neueren Studie wurden die Umweltkosten eines Kohlekraftwerks bestimmt, indem man verschiedene Dosis-Wirkungsmodelle, die Säure- und Photooxidant-Emissionswerte und ihren Einfluß auf Wälder, Landwirtschaft, Fischerei etc. zueinander in Beziehung setzen, untersuchte. (Holland und Eyre 1992). Wird der physikalische Einfluß dieser Emissionen auf, sagen wir, Ernteeinbußen in t/ha/a berechnet, dann kann dieser monetär bewertet werden, indem man die Verlustmenge mit dem Marktpreis multipliziert. Kasten 3.1 erläutert diese spezielle Fallstudie.

Zusammenfassung: Methoden der Preiskalkulation. Nicht-Nachfragekurven-orientierte Methoden können dabei helfen, grobe Einschätzungen für Umweltgüter und -dienstleistungen zu liefern, welche sonst vielleicht wie freie Güter behandelt würden. Diese Ansätze sind jedoch nicht frei von Fehlern und Einschränkungen. Die Methoden der «Opportunitätskosten», «Alternativkosten» und «Ausgleichsmaßnahmen» liefern monetäre Eckwerte, mit denen der Wert des entsprechenden Umweltgutes nur subjektiv beurteilt werden kann. Sie stellen keine echten Bewertungen dar, da sie lediglich betrachten, ob eine Ressource einen Wert besitzt, der ihre Opportunitätskosten übersteigt. Diese Kritik gilt auch für die Methode der Regierungszahlungen, doch hier haben wir zusätzlich noch das Problem, daß die verwendeten Eckwerte nicht vom Markt, sondern von der Regierung festgelegt werden.

Die «Dosis-Wirkungsmethode» bietet die Möglichkeit einer breiten Anwendbarkeit (Schultz 1986; Barde und Pearce 1991), wenngleich auch Zweifel angesichts der Komplexität und der sich daraus ergebenden Probleme statistischer Auswertbarkeit einiger Dosis-Wirkungsbeziehungen angemeldet wurden (Turner und Bateman 1990).

Kasten 3.1 Die Dosis-Wirkungsmethode bei der Berechnung der Kosten von Schwefelemissionen bei der Getreideproduktion

Bild A zeigt die Schwefelemissionen (in ppb) eines Kohlekraftwerkes. Der Umwelteinfluß solcher Emissionen wird zunächst in einer einfachen Rahmenuntersuchung bewertet (Tabelle A). Bild B konzentriert sich dann auf nur einen der in Frage kommenden Einflüsse – in diesem Fall den Schaden an Getreide. Die in diesem Bild dargestellte Dosis-Wirkungskurve zeigt, daß mit zunehmender Schwefelkonzentration in der Luft (K_0 zu K_1) der Getreideertrag abnimmt (E_0 zu E_1). Tabelle B bewertet die jährliche Gesamtmenge der SO_2-Emissionen des Kohlekraftwerks, indem der diesen Emissionen entsprechende Ernteverlust ermittelt (Bild B) und mit dem Marktpreis (pro t) multipliziert wird. Schließlich erhalten wir auf diese Weise, unter Einbeziehung von Subventionseinsparungen und weiterer relevanter Faktoren, eine Schätzung des volkswirtschaftlichen Wertes (oder «Schattenpreises») der Verluste.

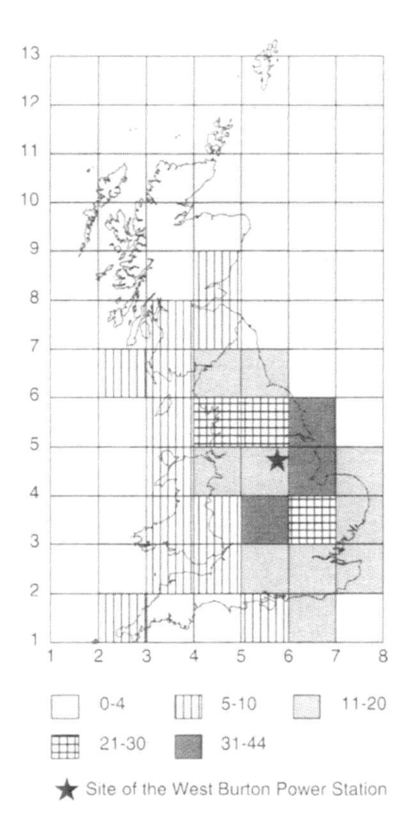

Bild A. Emissionsquelle: Jahresmittel-SO_2-Umgebungskonzentration für das West Burton «B» Kraftwerk.

Fortsetzung n.S.

Kasten 3.1 *Fortsetzung*

Tabelle A. Rahmenuntersuchung: Verteilung der Einwirkungen

	Einwirkungen				
Schadstoff	Wäder	Feld-früchte	Wild-pflanzen	Tiere	Fischerei
SO_2	2	2	2	1	0
NO_2	1	1	1	1	0
NH_3	1	1	1	1	0
O_3	3	3	3	1	0
Säure gesamt	3	1	3	2	3
N gesamt	3	0	3	2	2

Einwirkung: 0 = niedrig/keine; 1 = wenig; 2 = stark; 3 = sehr stark

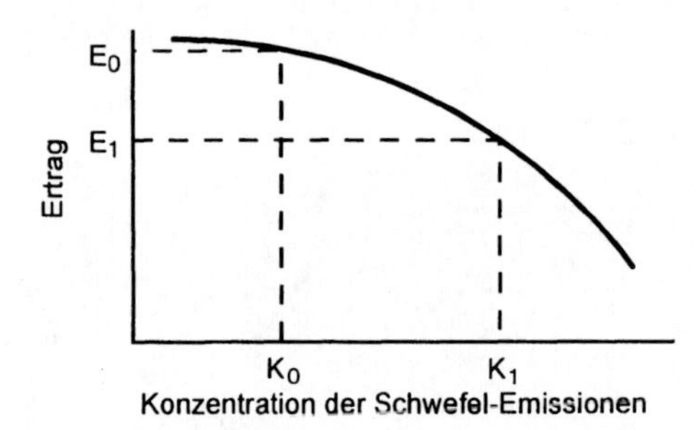

Bild B. Typische Dosis-Wirkungsbeziehung zwischen Schwefel und Getreide.

Tabelle B. Kosten der Schadstoffeinwirkung. Szenario: Einwirkungen von SO_2-Emissionen auf ausgewählte Getreidearten, ausgelöst durch den Bau eines 1800-Megawatt-Kohlekraftwerks in West Burton.

Getreideart	Einwirkung[a] (Verlust in t)	Marktwert[b] (£)	Schattenpreis[c] (£)
Weizen	1 471	161 810	151 253
Gerste	1 258	138 380	129 352

[a] Anwendung der Dosis-Wirkungsfunktion von Baker *et al.* (1986), angepaßt an das Wachstum bei sehr niedrigen SO_2 Werten.
[b] Preise sind die in Nix (1993) für 1994 geschätzten, nämlich 110 £/t.
[c] Schattenpreis-Festsetzungen sind übernommen von Bateman (1994), die die EG-Preis-Subventionen (detailliert in OECD 1992 und EG 1992) sowie die von Roningen und Dixit (1989) geschätzten Preiseinflüsse durch Subventionen berücksichtigen.
Quelle: Holland und Eyre 1992.

3.3.3 Bewertungsverfahren mittels Nachfragekurven

Alle folgenden Methoden konzentrieren sich auf die Beurteilung einer Nachfragekurve zu einem in Frage kommenden Umweltgut. Als solche liefern sie echte Bewertungen statt einfacher Preisbestimmungen. Abbildung 3.3 stellt die beiden grundsätzlichen Typen der Bewertungsmethoden für Nachfragekurven vor: die Nachfrage kann erstens gemessen werden, indem man die genannten (*erklärten*) Präferenzen Einzelner für bestimmte Umweltgüter untersucht (Ermittlung durch Befragungen), und zweitens, indem sich die Nachfrage nach Umweltressourcen durch Marktstudien über den Erwerb von Marktgütern *erweist*, die ein Individuum benötigt, um in den Genuß einer mit diesen Marktgütern vernküpften Naturressource zu gelangen. Bevor wir uns mit diesen Bewertungsmethoden im einzelnen auseinandersetzen, müssen wir uns zunächst der grundlegenden Frage zuwenden, was wir meinen, wenn wir sagen, daß etwas einen «Wert» besitzt.

3.3.4 Was bedeutet «Wert»?

Die verschiedenen Bewertungsrahmen der von uns als «konventionell» und «erweitert» bezeichneten KNA entstehen aus den unterschiedlichen Erklärungen dessen, was den Begriff «Wert» bestimmt. Traditionelle ökonomische Denkmodelle begreifen Wert als ein *utilitaristisches* Konzept. Danach haben Dinge nur dann einen *Wert*, wenn sie für den Menschen eine Funktion oder eine Dienstleistung darstellen, d.h. einen konsumtiven Wert[4] besitzen. *Primäre* konsumtive Werte schließen das beabsichtigte Ziel eines Projekts ein, so wäre im bereits erwähnten Aufforstungsplan der erzielte Holzwert ein *primärer Nutzen*. *Sekundäre* konsumtive Werte schließen den vom Projekt erzeugten assoziierten Nutzen ein. Im Forstbeispiel würde dies den Wert der geschaffenen Arbeitsplätze und der Erholungsmöglichkeiten einschließen.

Eine wichtige Erweiterung des utilitaristischen oder instrumentellen konsumtiven Wertes ist die Idee eines «optionalen» Wertes (Weisbrod 1964; Bishop 1982; Kriström 1990). Diese berücksichtigt die Vorstellung, daß der Einzelne ein bestimmtes Gut momentan zwar möglicherweise nicht nutzt, dennoch aber die Option einer künftigen Nutzung schätzt. Beispielsweise ist man bereit, dem Erhalt eines regionalen Erholungsgebiets zuzustimmen, das man zwar noch nicht besucht hat, welches man aber in Zukunft in Anspruch nehmen möchte.

Ein Hauptunterschied zwischen der auf den Nutzen gegründeten utilitaristischen Wertetheorie und der von Umweltökonomen vertretenen (die erweiterte KNA unterstützenden) Theorie ist die Einbeziehung von «nichtkonsumtiven Werten»[5]. Diese Theorie stellt fest, daß der Einzelne etwas wertschätzen kann, ohne es je persönlich zu nutzen oder dessen Nutzung zu beabsichtigen.

---

[4] In diesem Buch teilweise auch als «Nutzwerte» oder «Gebrauchswerte» bezeichnet (Anm.d.Ü.).

[5] In diesem Buch teilweise auch als «Nicht-Nutzwerte» oder «Nichtgebrauchswerte» bezeichnet (Anm.d.Ü.).

Es gibt hier zwei Unterteilungen:

1. Die Fähigkeit, Werte an künftige Generationen weitergeben zu können, stellt einen «Vermächtniswert» dar. Der Einzelne, der beispielsweise persönlich keine Vorliebe für Waldspaziergänge hat, mag anerkennen, daß seine Kinder (oder die Kinder Anderer) anders denken könnten und daher am Erhalt der Wälder für künftige Generationen ein Interesse haben. Diese Vorstellung gründet sich zwar immer noch auf den Nutzen für den Menschen, aber nicht auf dessen, der ihm einen Wert beimißt.
2. Die zweite Kategorie der Nichtnutzung ist in dieser Hinsicht von der ersten gänzlich verschieden: «Existenzwerte» beziehen sich auf Werte, die ein Einzelner dem Erhalt eines Naturgutes beimißt, welches weder von ihm selbst noch von künftigen Generationen jemals unmittelbar genutzt wird. Man kann es beispielsweise als wichtig empfinden, die Antarktis vor der Verschmutzung durch Schadstoffe zu schützen, auch wenn man davon überzeugt ist, daß eine solche Verschmutzung weder heute noch in Zukunft für den Menschen von Nachteil sein würde. Genauso könnte man in unserem Forstbeispiel den Erhalt eines weit entfernten Waldes als Lebensraum für Tiere und Pflanzen anerkennen.

Pearce und Turner (1990) vereinen diese konsumtiven- und nichtkonsumtiven Werte im Konzept des «Ökonomischen Gesamtwertes» (ÖGW). Abbildung 3.4 faßt die Einzelaspekte des ÖGW am Beispiel eines Forstprojektes zusammen.

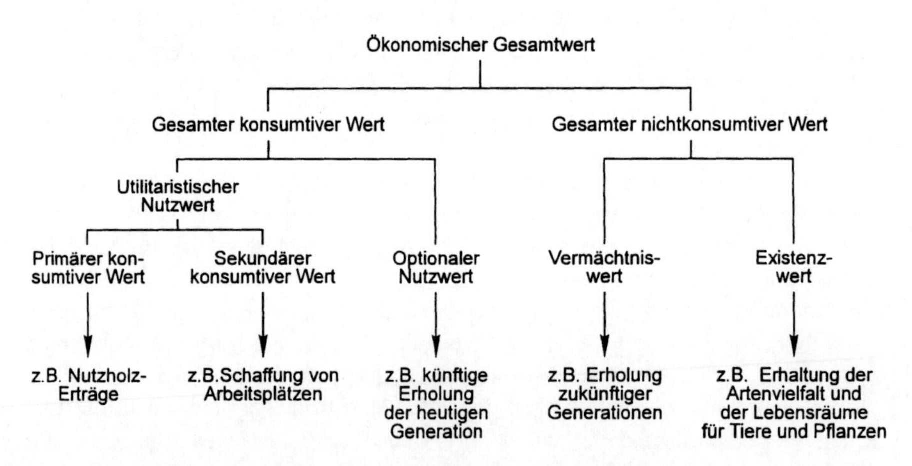

Abb. 3.4. Ökonomischer Gesamtwert (am Beispiel eines Forstprojektes).

Indem wir von utilitaristischen auf ÖGW-Konzepte des Wertbegriffs übergehen (d.h. von konventionellen KNA zu erweiterten KNA), ermöglichen wir eine entscheidende Erweiterung der Einstellung des Menschen gegenüber der Bewertung von Gütern. Damit erkennen wir auch an, daß menschlichen Bewertungen komplexe Motivationsstrukturen zugrunde liegen. Die utilitaristische Werttheorie erkennt die Motivation des Menschen als grundsätzlich durch individuelle Gewinnvorstellungen verursacht an (persönliche Präferenzen). Die ÖGW-Theorie hingegen betrachtet den Menschen nicht nur als Individuum, sondern auch als Teil der Gesellschaft, und berücksichtigt, daß er neben seinem Streben nach Individualität auch altruistisch (uneigennützig) motiviert ist (gemeinschaftliche Präferenzen). Diese Motivationen können natürlich auch miteinander in Konflikt stehen. Nehmen wir als Beispiel die Planung von Transporterfordernissen. Die persönlichen Präferenzen des Einzelnen heben vielleicht den konsumtiven Wert von Autos für Transportzwecke hervor, ungeachtet der dadurch in der Atmosphäre verursachten Schäden. Seine gemeinschaftlichen Präferenzen werden aber möglicherweise durch Vorstellungen von Vermächtnis- und Existenzwerten so stark beeinflußt, daß er die Ausweitung schadstoffärmerer öffentlicher Beförderungssysteme bevorzugt. Damit stehen die Einzelkomponenten des ÖGW miteinander in Konflikt. Im Beispiel des Verkehrswesens verbindet man die Entwicklung eines ausgedehnten Fernstraßennetzes zwar mit positiven konsumtiven Werten (Nutzen), aber mit negativen Existenz- bzw. Vermächtniswerten (Kosten). Umweltökonomen haben sich deshalb damit befaßt, den konventionellen KNA-Rahmen zu erweitern, um sowohl den konsumtiven wie auch den nichtkonsumtiven Wert von Umweltgütern zu erfassen. Mit diesem Problem beschäftigen sich unsere sogenannten «Bewertungsmethoden».

Die Bewertungsmethoden beziehen sich dabei auf den Menschen als Entscheidungsträger über den Wert. Deshalb werden diese Techniken «Präferenzmethoden» genannt, von denen zwei grundsätzliche Varianten existieren:

1. *Methoden der ausgedrückten Präferenzen.* Sie befragen den Menschen nach seiner Wertschätzung von Umweltgütern. Die am häufigsten angewandte ist die «Kontingenz-Bewertungsmethode» (KBM; = «contingent valuation method») . Da der Mensch sowohl Individuum wie auch Teil der Gesellschaft ist, sind die angegebenen Wertschätzungen wahrscheinlich ein Mischung aus individuellen (privaten) und gemeinschaftlichen Präferenzen.
2. *Methoden der erwiesenen Präferenzen.* Auch diese Methoden ermitteln die Wertschätzung einzelner Personen, allerdings nicht durch *geäußerte* Präferenzen, sondern indem sie den *Erwerb von Marktgütern*, die benötigt werden, um ein bestimmtes Umweltgut zu nutzen, beobachten (z.B. den Kauf von Benzin für einen Erholungsausflug in die Natur). Zu diesen Methoden gehört die «Aufwandsmethode» (AM) und die sogenannte «Hedonistische Preiskalkulationsmethode» (HPM).

Wir wenden uns zunächst der Kontingenz-Bewertungsmethode für ausgedrückte Präferenzen zu.

Die Kontingenz-Bewertungsmethode. Mit dieser Methode erhält man ökologische Bewertungen, indem man Menschen danach befragt, wie hoch ihre *Zahlungsbereitschaft* (ZB) für den Erhalt eines Umweltgutes ist oder wie hoch ihre *Akzeptanzbereitschaft* (AB) für den Verlust[6] dieses Umweltgutes ist. In einer jüngeren Studie untersuchten Willis und Garrod (1993) die Bereitschaft der Bewohner und der Besucher der «Yorkshire Dales», die bestehende Landschaft zu bewahren oder mittels einer Auswahl aus verschiedenen Möglichkeiten einer Veränderung dieser Landschaft zuzustimmen. Anschließend wurden sie nach ihrer Zahlungsbereitschaft für die von ihnen gewählte Option befragt. Tabelle 3.1 zeigt die Ergebnisse dieser Untersuchung, wobei deutlich wird, daß sowohl die Besucher wie auch die Bewohner, die eine naturbelassene Landschaft bevorzugten, eine höhere Zahlungsbereitschaft im Vergleich zu jenen zeigten, die den heutigen Landschaftszustand bevorzugten. Diese wiederum hatten eine höhere Zahlungsbereitschaft als jene, welche eine geplante und verwaltete Umwelt bevorzugten. Während jedoch diejenigen Besucher, die im Gegensatz zur heutigen eine sich selbst überlassene Landschaft bevorzugten, die zweithöchste Zahlungsbereitschaft aufwiesen, gefiel nur wenigen Bewohnern eine solche Möglichkeit - und selbst diejenigen unter ihnen, die eine solche Option favorisierten, zeigten nur eine geringe Zahlungsbereitschaft.

Durch die Multiplikation der Zahlungsbereitschaft von Nutzern für die von ihnen gewählte Option bezüglich einer speziellen Landschaft mit der Menge dieser Nutzer läßt sich ein Gesamtwert für diese Landschaftsoption abschätzen.

Tabelle 3.1. Zahlungsbereitschaft (in £/Person) für verschiedene Landschaften

gewählte Landschaftsoption	Besucher (£)	Bewohner (£)
Ist-Zustand	22,12	26,03
naturbelassene Landschaft	34,20	29,75
geplante Landschaft	18,18	13,38
sich selbst überlassene Landschaft	23,75	7,67

Quelle: Bearbeitet aus Willis und Garrod 1993.

Die Befragung von Besuchern eines Ausflugszieles kann also eine Schätzung über dessen Wert ergeben. Die Kontingenz-Bewertungsmethode läßt auch die Möglichkeit der Befragung von Nichtnutzern des Untersuchungsobjektes zu, so daß optionale Nutzwerte, Vermächtnis- und Existenzwerte ebenfalls in die Studie einbezogen werden können. Das bedeutet, das die Kontingenz-Bewertungsmethode uns erlaubt, den ökonomischen Gesamtwert eines Naturgutes abzuschätzen.

Kasten 3.2 liefert ein gutes Beispiel für eine Studie, die sowohl Nutz- als auch Nichtnutzungswerte untersucht.

---

[6] Es könnten auch noch weitere Szenarien konstruiert werden. Siehe Bateman und Turner (1993).

Kasten 3.2 Konsumtiver und nichtkonsumtiver Wert der Verbesserung der Wasserqualität von Flüssen

Dieses Beispiel stammt aus Desvousges *et al.* (1987), der sowohl den konsumtiven wie auch den nichtkonsumtiven Wert der Verbesserung der Wasserqualität im Monongahela-Fluß, einem der großen Flüsse Pennsylvanias (USA), untersuchte. Eine repräsentative Befragung von Haushalten im Gebiet ermittelte die Bereitschaft, zusätzliche Steuern zum Erhalt oder zur Verbesserung der Wasserqualität zu bezahlen. Die Wissenschaftler spielten verschiedene Varianten des Kontingenz-Bewertungsverfahrens durch. Eine der Varianten stellte den Haushalten drei mögliche Szenarien mit unterschiedlichen Wasserqualitäten zur Wahl und fragte ganz einfach nach der Summe, die sie bereit wären für jede zu zahlen:

Szenario 1: Erhalt der momentanen Flußqualität (nur für Bootsfahrten geeignet) statt weiterer Verschlechterung bis zu einem Punkt, an dem keine Nutzung (incl. Bootsfahrten) mehr möglich ist.

Szenario 2: Verbesserung der Wasserqualität bis zu einem Grad, der Angeln zuläßt.

Szenario 3: Weitere Verbesserung bis zur Möglichkeit des Badebetriebs.

Zahlungsbereitschaft (ZB) für Wasserqualität-Szenarios

Szenario	Durchschnittl. ZB aller Befragten ($)	Durchschnittl. ZB der Nutzergruppe ($)	Durchschnittl. ZB der Gruppe der Nichtnutzer ($)
Erhalt der Flußqualität (Bootfahren)	25,50	45,30	14,20
Verbesserung der Flußqualität (Angeln)	17,60	31,30	10,80
Weitergehende Verbesserung (Schwimmen)	12,40	20,20	8,50

Aus den Ergebnissen können eine Reihe interessanter Schlußfolgerungen gezogen werden. Bezogen auf die Resultate der Gesamtumfrage können wir erkennen, daß die angegebenen ZB-Summen eine konventionelle Nachfragekurve für Wasserqualität ergeben, d.h. die Menschen sind bereit, einen relativ hohen Betrag für ein anfängliches Grundniveau an Qualität zu bezahlen. Sie sind aber zunehmend weniger bereit, für die weitere Verbesserung dieser Wasserqualität zu bezahlen. Die Abbildung zeigt die Nachfragekurve für die Ergebnisse der gesamten Umfrage, d.h. für den durchschnittlichen Haushalt. Man beachte, daß die Zahlungsbereitschaft von Nichtnutzern nicht bei Null liegt. Das liegt daran, daß diese Haushalte, auch wenn

Fortsetzung n.S.

Kasten 3.2 ***Fortsetzung***

sie den Fluß selbst nicht besuchen, trotzdem seinen Erhalt und sogar seine Aufwertung schätzen, damit Andere ihren Nutzen daraus ziehen können. Wie wir bereits gesehen haben, leitet sich dieser nichtkonsumtive oder Existenzwert von den altruistischen «gemeinschaftlichen Präferenzen» der Menschen ab und zeigt, daß eine Konzentration auf die «persönlichen Präferenzen», wie sie sich in den Preisen von Marktgütern ausdrücken, nicht immer das komplette Wertespektrum (Ökonomischer Gesamtwert) wiedergibt, das der Mensch für Güter, besonders für solche, die die Umwelt bereitstellt, besitzt.

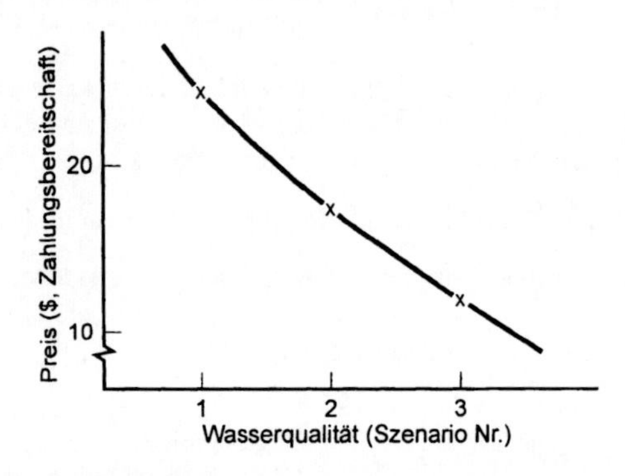

Nachfragekurve für Wasserqualität.

Die Aufwandsmethode (AM). Die Aufwandsmethode zieht die für den Ausflug eines Einzelnen zu einem Zielort entstehenden Kosten stellvertretend zur Bestimmung des Erholungswerts dieses Ausflugs heran, d.h. die Werte erweisen sich über den Kauf von Marktgütern.

Die entstandenen Aufwandskosten entsprechen in einem konventionellen Nachfragekurvendiagramm der vertikalen Preisachse (wie schon in Abb. 3.1 gezeigt). Wie man sieht, bestimmt der Besuchspreis (Reisekosten) die Anzahl der Besuche (horizontale Achse, Abb. 3.2). Durch eine Vor-Ort-Befragung von Besuchern über die ihnen entstandenen Reisekosten und die Anzahl ihrer Besuche können wir eine Nachfragekurve für diesen Ort erstellen. Genau wie bei allen anderen Gütern entspricht die Fläche unterhalb der Nachfragekurve dem Wert des Ortes.

Die Nachfragekurve wird ausgedrückt als «Ausflugsfunktion», die einfach die Anzahl der Besuche[7] (B) als Funktion einer Konstanten (α), der Reisekosten (RK) und anderen relevanten Variablen (x) erklärt (Gleichung 3.1):

$$B = \alpha + b_1\, RK + b_2 X \tag{3.1}$$

[7] Dies kann entweder ausgedrückt werden als Anzahl der Besuche durch eine Person in einem Jahr oder als Besuchsrate, d.h. als Anzahl der Besuche dividiert durch die örtliche Bevölkerung.

Die Koeffizienten b_1 und b_2 bestimmen das Wesen und die Stärke der Abhängigkeit zwischen den erläuternden Variablen (*RK* bzw. *X*) und der abhängigen Variable (*B*). Ein gutes Beispiel für solche Ausflugsfunktionen zeigt Tabelle 3.2, die aus einer AM-Studie zum Erholungswert von Ausflugsfahrten zu britischen Waldgebieten stammt (Willis und Benson 1989).

Tabelle 3.2. Ausflugsfunktionen: Besuchswerte für vier britische Waldgebiete

Waldgebiet	Konstante (α)	Reisekosten (*RK*) (b_1)	Autos (*X*) (b_2)
Thetford	−10,5	−0,4	6,2
Hamsterley	−11,6	−0,6	13,6
Clatteringshaws	−7,4	−0,4	5,1
Symonds Yat	−12,4	−0,5	9,4

Alle Ergebnisse sind signifikant (bei $p > 0{,}05$).
Für alle Funktionen gilt in allen Fällen $R^2 > 85\ \%$ und $n = 21$.
Quelle: Willis und Benson 1989.

Tabelle 3.2 zeigt die Werte von α, b_1 und b_2 für vier verschiedene Waldgebiete. Wie man sieht, hat der Koeffizient b_1 in allen Fällen ein negatives Vorzeichen, was bedeutet, daß bei einem Anstieg der Reisekosten (d.h. bei zunehmender Entfernung vom Waldgebiet) die Anzahl der Besuche, ausgedrückt durch die Besuchsrate (*B*), abnimmt. Diese indirekte Proportionalität verursacht den abfallenden Verlauf der Nachfragekurve aus Abb. 3.2. Wir haben außerdem eine zweite signifikante Variable (*X*), welche in diesem Fall der Anzahl der Autos in einem Gebiet entspricht. Das positive Vorzeichen des Koeffizienten (b_2) zeigt, daß mit der Anzahl der Autos auch die Zahl der Besuche steigt. Beide Beziehungen sind auch in sich logisch[8].

Da wir nun die Form der Nachfragekurve kennen (Neigung bedingt durch b_1), sind wir nun in der Lage, die Fläche unter der Kurve zu bestimmen, also den Wert der Waldbesuche (vgl. Bateman 1993). Tabelle 3.3 stellt die Ergebnisse aus dieser Berechnung in Form des Wertes pro Besuch dar (Spalte 2, in Spalte 1 stehen die Namen der Waldgebiete). Durch Multiplikation dieses Wertes mit der Anzahl der jährlichen Besucher (Spalte 3) ergibt sich der *Gesamterholungswert* des entsprechenden Waldgebiets (Spalte 4).

Teilt man nun den Gesamterholungswert jedes Waldgebietes (Spalte 4) durch seine Fläche (Spalte 5), so können wir den Erholungswert pro Hektar jedes einzelnen Waldgebietes berechnen (Spalte 6). Wenn wir diese Werte in einer Karte darstellen (wie in Abb. 3.5 geschehen), können wir ermitteln, wo der Erholungswert am höchsten ist. Abbildung 3.5 zeigt die so entstandene Karte, die,

[8] Es gibt keine Vorhersage über das Vorzeichen der Konstanten (α), das hier negativ ist.

wie nicht anders zu erwarten, darlegt, daß hohe Werte in der Nähe dicht besiedelter Gebiete (höhere Besuchszahlen) zu finden sind. Diese Informationen können bei der Planung von Erholungsgebieten hilfreich sein.

Tabelle 3.3. Werte für Erholungsausflüge zu vier verschiedenen britischen Waldgebieten (Preise von 1987)

Waldgebiet	Erholungswert pro Besucher	Anzahl der jährlichen Besucher	Gesamterholungswert	Fläche (ha)	Erholungswert (£/ha)
Thetford	2,51	102 000	256 020	20 000	12,80
Hamsterley	1,69	122 000	206 180	2 086	98,84
Clatteringshaws	2,27	32 000	72 640	5 870	12,37
Symonds Yat	2,11	158 000	333 380	1 440	231,51

Quelle: Willis und Benson 1989.

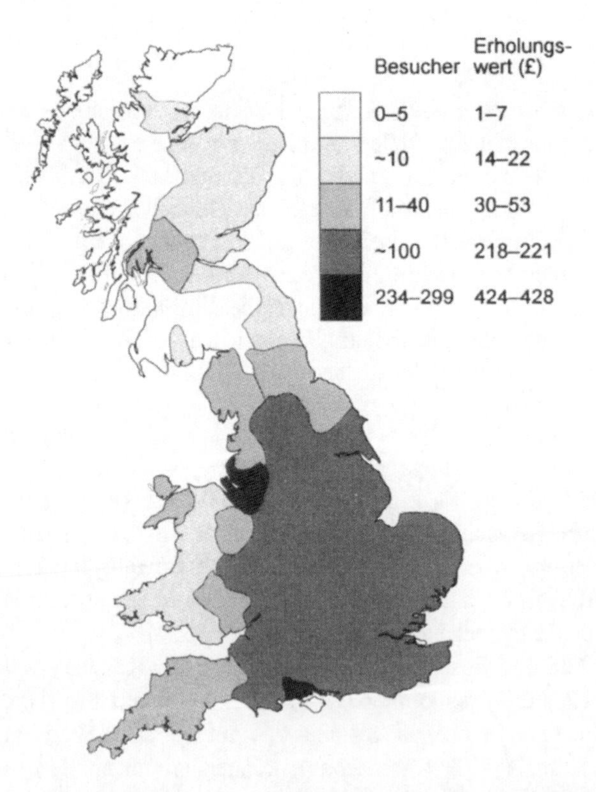

Abb. 3.5. Der Erholungswert von Waldgebieten (£/ha/a) (*Quelle:* Benson und Willis 1991).

Anders als die Kontingenz-Bewertungsmethode kann die Aufwandsmethode nur die Nutzwerte für diejenigen erfassen, die den Standort tatsächlich aufsuchen. Optionale Werte und nichtkonsumtive Werte (Vermächtnis und Existenz) werden nicht ermittelt, und daher kann mit dieser Methode der Ökonomische Gesamtwert nicht bestimmt werden. Die Erholungswerte durch die Gruppe der Nutzer machen jedoch oft einen erheblichen Anteil des Ökonomischen Gesamtwertes aus, so daß die Aufwandsmethode bereits weltweit Anwendung findet.

Die Hedonistische Preiskalkulationsmethode. Eine weitere Methode der erwiesenen Präferenzen, die hedonistische Preiskalkulationsmethode, wurde bezeichnenderweise auf die Bewertung von Umweltgütern wie landschaftliche Reize, Lärmbelastung und Luftqualität angewendet, und zwar wegen deren Einfluß auf die örtlichen Immobilienpreise.

Die hedonistische Preiskalkulationsmethode setzt eine zweistufige Analyse voraus. In Stufe eins wird der für ein Umweltgut gezahlte Preis über Preisveränderungen von Immobilien in Relation zu Veränderungen des fraglichen Gutes abgeschätzt. Dies liefert Beobachtungen entlang der Vertikalachse eines Nachfragediagramms. Nehmen wir beispielsweise an, wir würden uns für die Einschätzung des «Attraktivitätswertes» von Laubbäumen interessieren. Die erste Stufe der Analyse müßte ermitteln, wie der Hauspreis (*Hp*) in bezug auf die Anzahl der Laubbäume (*L*) in dessen Nähe variiert. Das gilt ebenso für andere relevante Einflußvariablen wie z.B. strukturelle Eigenschaften (*S*, z.B. Hausgröße), Nachbarschaftseigenschaften (*N*, z.B. Zugangsmöglichkeit zu Arbeitsplätzen) und weiterer relevanter Variablen (*X*). Dies zu tun erfordert eine Abschätzung der statistischen Funktion in Form der Gleichung 3.2[9]:

$$Hp = \alpha + b_1 L + b_2 S + b_3 N + b_4 X \tag{3.2}$$

mit:

α = konstant
b_1 = Koeffizient der Laubbaumanzahl (*L*)
b_2 = Koeffizient der strukturellen Eigenschaften (*S*)
b_3 = Koeffizient der nachbarschaftlichen Eigenschaften (*N*)
b_4 = Koeffizient weiterer Einflußvariablen (*X*)

Wir interessieren uns für b_1, den Koeffizienten der Variablen *L*, um die es hier geht. Die Auswertung der Gleichung ergibt den Anteil des Hauspreises, der wegen des Vorhandenseins (oder Nichtvorhandenseins) von Laubbäumen in der Nähe des Hauses[10] gezahlt wurde, d.h. den «Preis» der Laubbäume (P_L).

---

[9] Tatsächlich kann es mehrere relevante Größen für S, N und X geben. Für genauere Ausführungen siehe Bateman (1993).

[10] Die Bewertung dieses «impliziten Preises» wird in Bateman (1993) genauer behandelt. Wäre der Koeffizient b_1 nicht signifikant, würde dies darauf hinweisen, daß das Vorhandensein von Laubbäumen den Häuserpreis nicht entscheidend beeinflußt. Die

Mit Hilfe dieser Information erstellt Stufe zwei der hedonistischen Preiskalkulationsmethode die Nachfragekurve des Attraktivitätswertes, den Laubbäume darstellen. Um dies zu erreichen, beziehen wir die Anzahl der sich in der Nähe der Häuser befindenden Laubbäume (L) auf den für sie gezahlten Preis (P_L) und auf alle weiteren relevanten Variablen (die wir, um Verwechslungen mit der Variablen X aus der vorhergehenden Gleichung zu vermeiden, mit Z bezeichnen). Dies ergibt folgende Gleichung für unsere Nachfrage-Kurve (Gleichung 3.3):

$$L = \alpha + L_1 P_L + L_2 Z \qquad (3.3)$$

mit:

α = konstant
L_1 = Koeffizient des für die Laubbäume gezahlten Preises (P_L)
L_2 = Koeffizient der anderen Einflußvariablen (Z)

Aus Gleichung 3.3 ergibt sich die Nachfragekurve für die Beziehung zwischen dem Preis der Laubbäume (P_L) und ihrer Anzahl (L). Diese Beziehung wird durch den Koeffizienten L_1 in Gleichung 3.3 wiedergegeben. Die Auswertung von Gleichung 3.3 zeigt, daß $L_1 < 0$ ist und daß die charakteristische, negative Abhängigkeit zwischen Preis und nachgefragter Menge für die Attraktivität ebenso gilt wie für andere Güter auch. Abbildung 3.6 zeigt die aus Gleichung 3.3 abgeleitete Nachfragekurve.

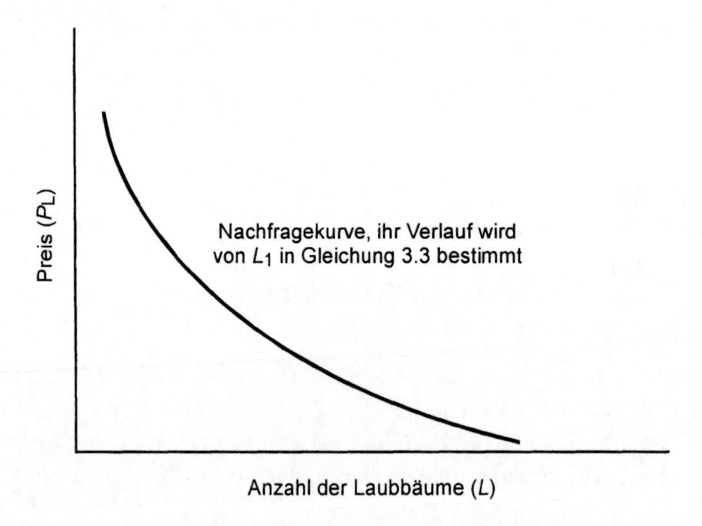

Abb. 3.6. Nachfragekurve zum Attraktivitätswert von Laubbäumen.

Untersuchungen von Garrod und Willis (1992) zeigen, daß dies aber der Fall ist, d.h. für Häuser in der Nähe von Laubbäumen werden höhere Preise bezahlt.

Kasten 3.3 Hedonistische Preiskalkulationsstudien über Luftverschmutzung und Lärmbelastung

Der Großteil der bis heute durchgeführten hedonistischen Preiskalkulationsstudien untersuchte entweder die Luftverschmutzung oder die Lärmbelästigung in US-amerikanischen Städten. Tatsächlich wird diese Methode allgemein eher für die Berechnung von Umweltkosten (Schäden) als für den Nutzen der Umwelt angewendet. Gerade Untersuchungen zur Luftverschmutzung und Lärmbelästigung sind jedoch meist sehr heikel, da die damit aufgezeigten Kosten für den Einzelnen nicht mehr nachvollziehbar sind. Beispielsweise sind Gase wie Kohlenmonoxid, die potentiell sehr schädlich (unter Umständen sogar tödlich) sein können, für den Einzelnen ohne die entsprechende Meßtechnik nicht spürbar. Des weiteren tritt das Erscheinen eines Luftschadstoffes (oder einer Lärmquelle) sehr häufig zusammen mit weiteren auf. Der letzte Umstand stellt die Analytiker vor das Problem, zwischen den einzelnen Schadstoffen unterscheiden zu müssen. Ein allgemein akzeptierter Ausweg aus diesen Problemen ist es, sich auf einen einzelnen Schadstoff zu konzentrieren, gleichzeitig aber anzuerkennen, daß die Wahrnehmungen der Menschen sich in der Realität auf ein weites, nicht aufschlüsselbares Schadstoffspektrum beziehen. Diesen Umstand sollte man sich bei der Betrachtung der Werte in untenstehender Tabelle, die sich mit Luftverunreinigungen befaßt, stets vergegenwärtigen.

Stadt	Jahr der a Eigentumsdaten b Schadstoff-Messung	Schadstoff	% Abnahme des Eigentums-Wertes pro % Schadstoffzunahme
St. Louis	1960 1963	Sulfation Partikelteilchen	0,06–0,10 0,12–0,14
Chicago	1964–67	Partikelteilchen u. Sulfation	0,20–0,50
Washington	1970 1967–68	Partikelteilchen Oxidantien	0,056–0,12 0,01–0,02
Toronto/ Hamilton	1961 1961–67	Sulfation	0,10
Philadelphia	1960 1969	Sulfation Partikelteilchen	0,10 0,12
Pittsburg	1970 1969	Staub u. Sulfation	0,09–0,15
Los Angeles	1977–78	Partikelteilchen u. Staubfall	0,22

Quelle: Pearce und Markandya 1989.

Garrod und Willis (1992) unternahmen eine solche Studie zum Attraktivitätswert von Laubbäumen in Großbritannien. Sie fanden heraus, daß ein signifikant höherer Preis für Häuser mit einem Blick auf Laubbäume gezahlt wurde (d.h. $b_1 > 0$

in Gleichung 3.2) und ermittelten eine charakteristisch abflachende Nachfragekurve für diesen Vorzug (d.h. $L_1 < 0$ in Gleichung 3.3). Durch Summierung der unter der Kurve liegenden Fläche berechneten sie den Wert für eine Reihe von Szenarien, wie etwa der Anpflanzung von Laubbäumen in Hausnähe oder des Austausches von Nadelbäumen durch Laubbäume.

Die hedonistische Preiskalkulationsmethode kann auch zur Bestimmung von Umweltkosten herangezogen werden. Kasten 3.3 stellt die Ergebnisse einer Reihe solcher Untersuchungen, die sich mit den Auswirkungen von Luftverschmutzung befaßten, vor.

3.3.5 Schlußfolgerungen: monetäre Bewertungsmethoden

Obwohl die Methoden der «Bewertung» in der empirischen Anwendung zuweilen problematischer sind als die zuvor besprochenen einfacheren Methoden zur «Preiskalkulation», haben sie doch den Vorteil, daß sie ein breiteres Anwendungsfeld bieten und es erlauben, eher *Werte* statt nur *Preise* (was, wie wir gesehen haben, einen erheblichen Unterschied darstellen kann) festzustellen. Die Erweiterung der Kostennutzenanalyse durch solche Ansätze liefert uns eine verbesserte theoretische Basis, um über geläufige Geldwerte solche Umweltgüter und -dienstleistungen, die andernfalls unbewertet oder fälschlicherweise als wertlos eingestuft würden, in unserer Entwicklung angemessen zu berücksichtigen.

3.4 Nachhaltigkeitszwänge

3.4.1 Globale Umweltveränderungen: die Notwendigkeit zu Nachhaltigkeitszwängen

Seit den 60er Jahren wird der Sorge Ausdruck verliehen, daß die momentanen wirtschaftlichen Wachstumsraten eine langfristige Verfügbarkeit von Ressourcen bedrohen und so das Wohl künftiger Generationen gefährden. Diese «Limits to Growth»[11]-Debatte ist, obgleich sich der Schwerpunkt verschoben hat, zwei Jahrzehnte lang weitergeführt worden. Momentan richtet sich die Sorge hauptsächlich auf die Ausmaße globaler Umweltveränderungen (siehe Kap. 1), die bereits stattfinden oder in naher Zukunft stattfinden werden. Sie sind das direkte Resultat der vom Menschen bewirkten wirtschaftlichen Aktivitäten und des zunehmenden Drucks einer stetig wachsenden Erdbevölkerung.

---

[11] *Limits to Growth* ist der Titel einer bekannten Veröffentlichung des Club of Rome (Meadows *et al.* 1974), die zum ersten Mal die Aufmerksamkeit der Öffentlichkeit auf die Gefahren nichtnachhaltiger Wachstumsraten richtete und feststellte, daß der verfügbare Vorrat an Ressourcen bald erschöpft sein wird.

Es besteht tatsächlich die Möglichkeit, daß stetes uneingeschränktes Wirtschaftswachstum die lebenserhaltenden Funktionen der Umwelt schwer oder gar katastrophal schädigen kann und damit auf drastische Weise das Wohl künftiger Generationen mindert. Es liegen konsequenterweise gewichtige Argumente für die Aufnahme von Beschränkungen in KNA-Bewertungen vor, um diese Möglichkeit angemessen zu berücksichtigen. Es muß garantiert werden, daß nur solche Vorhaben befürwortet werden, die mit unseren Umweltgütern in einer nachhaltigen Weise umgehen, d.h. es ist sicherzustellen, daß Kostennutzenanalysen den Zwang zu nachhaltiger Entwicklung berücksichtigen. Der letzte Teil des Kapitels setzt sich mit den notwendigen Bestandteilen, den Formulierungen und der Anwendung solcher Einschränkungen auseinander. Um Wiederholungen zu vermeiden, werden folgende Abkürzungen verwendet:

K_N = natürliches Kapital; natürliche Ressourcen, z.B. Luft, Wasser, Mineralvorräte.

K_M = vom Menschen erzeugtes, künstliches Kapital; produzierte Ressourcen, z.B. Gebäude, Maschinen, Endprodukte.

3.4.2 Konventionelle KNA: das Fehlen eines Zwanges zur Nachhaltigkeit

Das Ziel jeder KNA ist die Zuteilung von Ressourcen, um das Wohl der Menschen zu maximieren. Eine einfache Maximierungsregel ist die sog. «Pareto-Optimierung». Hierbei wird die Durchführung eines geplanten Projektes nur zugelassen, wenn es das Wohl Einzelner verbessert, ohne dabei das Wohl Anderer zu vermindern. Würde diese Regel rigoros angewendet, würde jede Entwicklung hinfällig werden (z.B. könnten auf Grund der Abnahme an Lebensqualität der Anrainer keine Autobahnen gebaut werden). Die Pareto-Optimierung wurde deshalb durch das sog. «Hicks-Kaldor-Kriterium des potentiellen Ausgleichs» ergänzt, welches festlegt, daß Projekte dann gestattet werden können, wenn diejenigen, die vom Projekt profitieren, *theoretisch* jene, die aus dem Projekt Nachteile haben, vollständig entschädigen könnten und dabei trotzdem noch einen Gewinn erzielen, d.h. daß der Gesamtnutzen höher ist als die Gesamtkosten. Man beachte, daß dies nur die Festsetzung eines *potentiellen* Ausgleichs verlangt und nicht, daß dieser Ausgleich tatsächlich stattfindet. Die Möglichkeit, daß es tatsächliche Verlierer einer konventionellen KNA-Entscheidung gibt, ist damit nicht ausgeschlossen (d.h. «intragenerationale» Gerechtigkeit[12] ist nicht garantiert).

Diese potentielle Ausgleichsregel führt auch zu Problemen für den Erhalt grundlegender Umweltfunktionen. Konventionelle KNA enthalten kein «Nachhaltigkeitstheorem», welches garantiert, daß ein konstanter Vorrat an

---

12 Man beachte den Unterschied zwischen «intragenerationaler» und «intergenerationaler» Gerechtigkeit (siehe Glossar).

Umweltressourcen von einer Generation an die andere weitergegeben wird. Der Grund liegt darin, daß zwischen natürlichem Kapital (K_N) und künstlichem Kapital (K_M) nicht unterschieden wird. Das bedeutet, daß die Umwandlung eines K_N durch Verarbeitung zu einem gleichwertigen K_M nach konventionellen KNA-Regeln als gleichwertiger Austausch angesehen wird.

Dieser Punkt führt zu einem der Hauptprobleme. Auf Grund der einzigartigen Eigenschaften des K_N ist die Zunahme von K_M nicht immer ein tatsächlich angemessener Ersatz für das verbrauchte K_N. Die Gewinnung z.B. tropischer Harthölzer (K_M) ist kein angemessener Ausgleich für den Verlust der entsprechenden Regenwaldfläche (K_N), die eine Vielzahl anderer Werte aufweist

Kasten 3.4 Die Kläranlage bei Stalham im nördlichen Einzugsgebiet des Flusses Bure in den Broads, GB.

Der Fluß Bure versorgt den See «Barton Broad», der durch Detritusablagerungen von Algen immer schneller verschlammt. Die Zunahme der Algen wird durch die Phosphatzufuhr aus der Kläranlage verursacht. Das ökologische Ziel ist es, die Phosphatkonzentration im Broad auf unter 100 mg/l zu senken. Diese Konzentration wird als auslösende Schwelle für die Wiederansiedlung großblättriger Wasserpflanzen und eines vielfältigeren biologischen Artenspektrums angesehen. Um dieses Ziel zu erreichen, muß der Phosphatgehalt im Abfluß der Kläranlage auf 2 mg/l gesenkt werden. Das kann über den Zusatz von Eisensulfat realisiert werden. Die jährlichen Kosten dafür wären mit £150 000 zu veranschlagen. Der Nutzen besteht in der zwar einleuchtenden, aber immer noch ungewissen Verbesserung eines Erholungsgebiets und einer wichtigen Schutzzone. Die Entscheidung darüber erfordert die Unterstützung durch das zuständige Wasserwirtschaftsamt (National Rivers Authority, NRA) als Vollzugsbehörde und Zustimmung durch das Wasserversorgungsamt, der Aufsichtbehörde, die die Tarife überwacht und der *Anglian Water Service Plc.* (Anglia Wasserwerk AG) erst die Genehmigung erteilen muß, ihre Wassergebühren soweit über das Inflationsniveau anzuheben, damit dieses Projekt finanziert werden kann. In einem Klima, das durch Rezession und politische Unruhe angesichts allgemein hoher Kosten und Steuern bestimmt wird, ist dies natürlich kein einfaches Unterfangen. Der Barton Broad wird jedoch von der NRA und der Verwaltung der Broads mit einem Kostenaufwand von £1,5 Mio. wiederhergestellt, so daß der Druck auf die Anglia Wasserwerk AG, ihren Beitrag zu leisten, ausgesprochen hoch ist.

(z.B. weiteren Ertrag, Lebensraum, biologische Vielfalt, etc.). Dieses Problem ist meist sehr komplexer Natur, da die Entscheidung zur Verarbeitung natürlicher Ressourcen (K_N) oft nicht mehr rückgängig zu machen ist (ist der Regenwald erst einmal abgeholzt, ist er für immer verloren). Auf lange Sicht gesehen riskieren wir, mit der «Verarbeitung» von K_N zu K_M die Grundlagen der Umwelt zu vernichten und die wirtschaftliche Entwicklung so weit zu treiben, daß weder das ökologische noch das ökonomische System funktionsfähig bleiben. Die Umweltökonomie hat sich diesem Problem durch die Einbindung eines Nachhaltigkeitskriteriums in die erweiterte KNA-Methodik genähert.

Kasten 3.5 Die Halversgate Marschen in Norfolk

Diese Marschlandschaft ist mittlerweile durch eine ESA-Bestimmung geschützt (ESA = Environmentally Sensitive Area; = ökologisch sensibles Gebiet). Auf Grund dieser Maßnahme zahlt das Ministerium für Landwirtschaft, Fischerei und Ernährung an Landwirte bis zu £2 Mio. jährlich, damit sie die Marschen als Weideland erhalten und sie im Winter fluten, um Zugvögeln Rastplätze zu bieten. Die Entwässerungsmühle im Vordergrund wird von «English Heritage» (Britische Denkmalpflege-Einrichtung) verwaltet. Der Wert der Marschen beläuft sich laut Kontingenz-Bewertungsstudien der Universität von East Anglia auf £2–4 Mio. jährlich. Diese Untersuchung bildet die Grundlage der Bewertung des Nutzens des Flutschutzes für Landwirtschaftsflächen gegen die Sturmfluten der Nordsee und den ansteigenden Meeresspiegel. Ohne den Beleg einer Kontingenz-Bewertungsstudie ist es zweifelhaft, ob ein verbesserter Überflutungsschutz überhaupt verwirklicht werden könnte.

3.4.3 Die Regel konstanter Naturressourcen (KN-Regel)

Ein mögliches Nachhaltigkeitskriterium ist die «Regel der konstanten Naturressourcen» (Turner und Pearce 1990). Sie besagt: «Kompensation erfordert die Weitergabe eines Vorrates natürlicher Güter an künftige Generationen, der nicht kleiner sein darf als der, welcher sich im Besitz der jetzigen Generation befindet» (Turner und Pearce 1990). Deshalb ist es für die Erweiterung der KNA um die

Beachtung der Notwendigkeit zu nachhaltiger Entwicklung erforderlich, daß die *potentielle* Ausgleichsregel von Hicks-Kaldor zugunsten einer *tatsächlichen* Ausgleichsregel für Naturressourcen erweitert wird. Sie legt fest, daß der Verbrauch von K_N-Gütern durch die Schaffung eines gleichwertigen Ersatzes von K_N ausgeglichen werden muß.

Wenn also ein Projekt eine bestimmte Menge K_N verbraucht (z.B. der Bau einer Straße durch einen natürlichen Lebensraum), muß der Ausgleich in Form eines gleichwertigen K_N-Ersatzes erfolgen (z.B. Rückgewinnung von ökologisch wertlosem Ödland als Lebensraum). Ähnlich sollte die Nutzung der Wälder zur Holzgewinnung von entsprechenden Aufforstungsprojekten begleitet werden, um sicherzustellen, daß ein gleichbleibender Vorrat weitergegeben und somit ein Ausgleich zwischen den Generationen ermöglicht wird.

Kritiker werfen der KN-Regel vor, daß sie das konventionelle wirtschaftliche Wachstum (Zunahme von K_M) bis zu einem gewissen Grad verlangsamen könnte. Dadurch aber, daß der K_N-Vorrat gesichert wird, ermöglicht die KN-Regel ein nachhaltigeres Wirtschaftswachstum (K_M wächst nicht auf Kosten von K_N) anstatt eines unnachhaltigen (K_M-Wachstum auf Kosten von K_N). Außerdem führt dies auf Grund der positiven Attribute von K_N zu einer offensichtlichen Steigerung der Lebensqualität.

Die Regel konstanter Naturressourcen garantiert, daß die Analyse ökonomischer Effizienz durch Überlegungen zur Gerechtigkeit ergänzt wird:

- Die Gerechtigkeit innerhalb der heutigen Generation (intragenerational) wird durch die Verringerung der Naturzerstörung und -verschmutzung erhöht. Dies führt zu einer Anhebung des Lebensstandards, vor allem für ärmere Gesellschaftsschichten, die (möglicherweise) überproportional von Verlusten betroffen sind.
- Die Gerechtigkeit zwischen aufeinander folgenden Generationen (intergenerational) wird erhöht, indem der Erhalt eines gleichbleibenden Vorrats an Naturressourcen für die Zukunft gesichert wird.

Was den zweiten Punkt angeht, könnten Kritiker anführen, daß die jetzigen Naturressourcen eher der Verbesserung denn des Erhalts auf dem jetzigen Niveau bedürfen. Selbst wenn dem so ist und man akzeptiert, daß künftige Projekte sich dem Wiederaufbau der K_N zuwenden müssen, so sollte doch das momentane Problem, die drohende Erschöpfung der K_N einzudämmen, vorrangig sein.

3.4.4 Die praktische Anwendung der «Regel konstanter Naturressourcen»: Kapitalersetzbarkeit und Ausgleichsmaßnahmen

Auch mit der KN-Regel orientiert sich die erweiterte Kostennutzenanalyse immer noch am Grundsatz ökonomischer Effizienz, wenn es darum geht, Ressourcen zwischen konkurrierenden Nutzungsformen optimal zu verteilen. Sie erkennt damit an, daß im Falle eines realisierbaren Ausgleichs (in Form von K_N-Ersatz) eine Weiterentwicklung (Umwandlung von K_N zu K_M) stattfinden darf und diese auf die Maximierung des sozialen Wohlstandes zielen soll. Die KN-Regel garantiert, daß der tatsächliche Ausgleich den K_N-Vorrat konstant hält, während ökonomische Effizienzregeln dafür sorgen, daß der mögliche nachhaltige Einsatz von K_N optimal genutzt wird.

Der Austausch von K_N und K_M steht natürlich dann im Widerspruch zur Regel, wenn ein gleichwertiger, tatsächlicher Ersatz nicht durchführbar ist. Dies trifft für unersetzbare Naturressourcen zu, für die kein K_N-Ausgleich möglich ist[13]. So ist zum Beispiel bei Projekten, die Erholungsgebiete beeinträchtigen, der Ersatz relativ einfach durchführbar, indem man degradierte Flächen rekultiviert. Die Zerstörung der Ozonschicht oder der Regenwälder kann jedoch nicht ausgeglichen werden. Solche Überlegungen gehen in die Definition einer Reihe «kritischer natürlicher Kapitalgüter» (K_N^K) ein, die für eine «Entwicklung» keinesfalls in Frage kommen, da ihre Nutzung nicht gleichwertig und in genügendem Maße ausgeglichen werden kann.

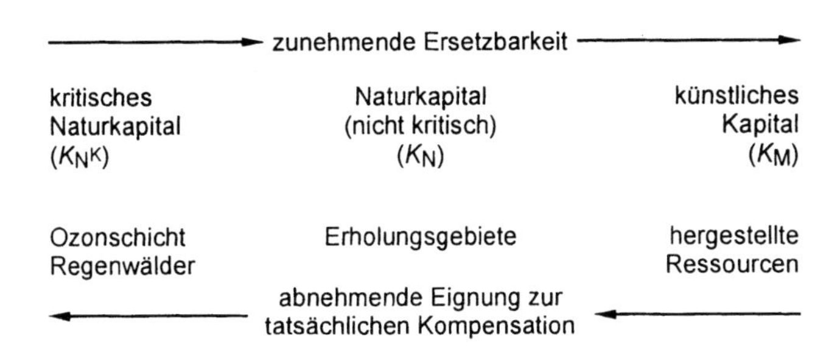

Abb. 3.7. Potentielle Ersetzbarkeit zwischen natürlichem und künstlichem Kapital.

In der Praxis erhalten wir auf diese Weise ein Kontinuum der Ersetzbarkeit, das vom reinen «kritischen Naturkapital», für das es keinerlei Ersatz gibt, bis hin zur reinsten Form künstlichen Kapitals reicht: dem Geld, das vollkommen austauschbar ist. Abbildung 3.7 illustriert dieses Kontinuum.

Die K_N^K-Unterteilung kann durch den Ansatz der Ausgleichsmaßnahmen, der bereits dargestellt wurde, festgelegt werden. Dieser befaßt sich mit der Durchführkeit eines realen K_N-Ausgleichs für Verbrauch oder Nutzung von K_N. Wie wir bereits festgestellt haben, gibt es drei mögliche Varianten der Ausgleichsmaßnahmen:

---

[13] Man beachte, daß dies für bestimmte nichterneuerbare Ressouren nicht 100 %ig zutrifft. Der Verbrauch von Öl beispielsweise kann nicht durch Ersatz-Öl ausgeglichen werden. Er kann aber durch den Ersatz der Dienstleistungen des Öls ausgeglichen werden, z.B. durch nachhaltige Energien. Dieses Thema wie auch das Konzept der Nachhaltigkeit behandeln Turner, Pearce und Bateman (1993) ausführlicher.

1. *Rekonstruktion*, d.h. Bereitstellung eines alternativen Habitatstandortes;
2. *Umsiedlung*, d.h. Umzug eines bestehenden Lebensraumes an einen neuen Standort;
3. *Restoration*, d.h. Verbesserung eines bestehenden, brachliegenden Standortes.

In jedem dieser Fälle wird die Akzeptanz und Durchführbarkeit einer Option mittels einer Umweltverträglichkeitsprüfung (UVP) abgeschätzt. Dabei entscheiden Umweltwissenschaftler in Zusammenarbeit mit Umweltökonomen über die ökologische Akzeptierbarkeit von Projektentscheidungen. Die Kosten der befürworteten Ausgleichsmaßnahmen stellen keine Bewertung der betroffenen Naturressourcen dar, repräsentieren diese aber in monetärer Form als Posten in der Kostennutzenanalyse. Außerdem garantiert ein solcher Ansatz – vorausgesetzt, es wird am Prinzip des tatsächlichen Ausgleichs der KN-Regel festgehalten – die Vermeidung der Degradation unserer Umwelt, ohne dabei den Anspruch des volkswirtschaftlichen Nutzens innerhalb ökonomischer Effizienzanalysen fallen zu lassen.

3.4.5 Nichterneuerbare Ressourcen und die KN-Regel

Die KN-Ausgleichsregel ist offensichtlich auf «erneuerbare» Ressourcen wie solche in der Forstwirtschaft oder auf Fischbestände, die sich nach ihrer Nutzung bis zu einem gewissen natürlichen Grad, sofern man dies zuläßt, regenerieren können, anwendbar. Nicht alle Ressourcen besitzen jedoch diese Regenerationsfähigkeit. Kohle- oder Ölvorräte beispielsweise sind begrenzt. Deshalb führt ihr Verbrauch zum Erschöpfen dieses natürlichen Kapitalvorrats in einer Weise, die letztlich nicht nachhaltig ist. Der Verbrauch dieser Ressourcen kann durch den Austausch mit identischem natürlichem Kapital nicht ausgeglichen werden. Führt dies nun dazu, daß diese Posten in die Kategorie des «kritischen natürlichen Kapitals» ($K_N{}^K$) eingestuft und ihr Verbrauch untersagt werden müßte? Bedeutet die KN-Regel ein Ende der Öl- und Kohleförderung?

Um dies zu beantworten, müssen wir uns die Bedeutung des «tatsächlichen» Ausgleichs genauer ansehen. Er bezieht sich auf den Ausgleich all der Werte, die uns die natürlichen Ressourcen bereitstellen. Der Wert der Ozonschicht besteht nicht in ihrem Gehalt an O_3-Molekülen, sondern darin, daß sie uns vor den schädlichen Auswirkungen der ultravioletten Strahlung schützt. Könnten wir sie durch einen Austauschstoff ersetzen, der bei gleicher Garantie seiner Langlebigkeit und ohne nachteilige Nebenwirkungen dieselbe Schutzwirkung erbringt, dann wäre ein tatsächlicher Ausgleich durchführbar – und die Ozonschicht müßte nicht länger als kritisches natürliches Kapital bewertet werden. Weil wir aber keinen solchen weltumspannenden UV-Schutzschirm bereitstellen können, bleibt die Ozonschicht ein kritisches natürliches Kapital und für uns eigentlich unantastbar.

Bedeutet dies, daß Öl unberührt im Boden verbleiben sollte? Öl ist ein wesentlicher Bestandteil der Weltwirtschaft, ohne den eine vollständige wirtschaftliche Neuordnung notwendig wäre - einschließlich massiver Wohlstandseinbußen der Menschheit. Die KN-Regel bezieht sich jedoch lediglich darauf, daß die *Dienstleistungen* des Öls für die Zukunft erhalten werden müssen, wenn schon das Öl selbst nicht regeneriert werden kann. Der Grundsatz tatsächlichen Ersatzes in der KN-Regel erzwingt eine völlig neue Betrachtung der Nutzung lebenswichtigen nichterneuerbaren, nichtkritischen Naturkapitals. Tatsächlicher Ausgleich für die Dienste des Öls (z.B. Energie) bedeutet, daß diese Dienste für künftige Generationen erhalten werden müssen. Deshalb sollten die Gewinne, die Produktion und Verbrauch von Öl erzielen, auch dafür eingesetzt werden, Investitionen in die Schaffung alternativer Energiequellen für die Zukunft zu unterstützen.

Dies kann auf zwei Arten geschehen. Entweder durch Investitionen zum Auffinden neuer Quellen nichterneuerbarer Energievorräte (z.B. Auffinden neuer Öllagerstätten oder Uranabbau) oder durch Investitionen in nachhaltige Energiequellen (Solarenergie, Windkraft, Wellenkraft, etc.). Damit dieser Ausgleich tatsächlich und in ausreichendem Maße stattfindet, muß er mindestens die gleiche Menge an zukünftiger Jahresenergiemenge bereitstellen wie die heutigen Ölvorräte, und das, ohne die Zukunft mit neuen Kosten zu belasten. Dieser letzte Punkt stellt aber gerade - auf Grund von Studien über die Erschöpfung der Uranvorräte - die Investitionen in die Kernenergie in Frage. Nachhaltige Energieoptionen sind sicherlich zu bevorzugen, da sie, sobald die nächste nichterneuerbare Energiequelle versiegen wird, eine Wiederholung der notwendigen Überlegungen zur Ersetzbarkeit, wie wir sie (mit all den dazugehörenden Technologiekosten) momentan anstellen, verhindern helfen.

3.5 Schlußfolgerungen

Die Umweltökonomie stellt eine Erweiterung und keine Abspaltung der herkömmlichen ökonomischen Theorien dar. Als solche baut sie auf der grundlegenden ökonomischen Analyse des Anspruchs der Verbesserung des volkswirtschaftlichen Wohlstands durch Maximierung der Effizienz bei der Verteilung knapper Ressourcen auf. Umweltökonomen haben hauptsächlich durch zwei Erweiterungen der konventionellen Kostennutzenanalyse die Umwelt in ökonomische Bewertungen einzubeziehen versucht:

1. Umweltschäden und natürliche Ressourcen, die für ein Projekt verbraucht werden, wurden durch die Anwendung verschiedener Techniken Geldwerte zugeordnet. Das erlaubt einen ausgewogenen Vergleich mit anderen (Marktpreis-) Kosten- und Nutzenfragen, die bei Projekten auftreten, und stellt sicher, daß Umweltgüter und -schäden nicht länger als nichtkalkulierbare oder freie Posten behandelt werden.
2. Die Anliegen nachhaltiger Entwicklung werden auch dadurch in die erweiterte KNA eingebunden, daß die Grundsätze der KN-Regel den nachhaltigen Erhalt

eines konstanten Vorrats an Umweltgütern und -diensten für die Zukunft sichern.

Diese Erweiterungen stellen eine wichtige und notwendige Überarbeitung herkömmlicher Projektbewertungen dar und ermutigen dazu, sich innerhalb solcher Analysen langfristig angelegte Perspektiven zu eigen zu machen.

Literaturverzeichnis

Baker CK, Colls JJ, Fullwood AE, Seaton GGR (1986) Depression of growth and yield in winter barley exposed to sulphur dioxide in the field. New Phytol 104:233–241

Barde J-P, Pearce DW (eds) (1991) Valuing the environment. Earthscan, London

Bateman IJ (1992a) The United Kingdom. In: Wibe S, Jones T (eds) Forests: market and intervention failure. Earthscan, London

Bateman IJ (1992b) The economic evaluation of environmental goods and services. Integrated Environ Manage No.14:11–14

Bateman IJ (1993) Valuation of the environment, methods and techniques: revealed preference methods. In: Turner RK (ed) Sustainable environmental economics and management: principles and practice. Belhaven Press, London, pp 192–267

Bateman IJ, Turner RK (1993) Valuation of the environment, methods and techniques: the contingent valuation method. In: Turner RK (ed) Sustainable environmental economics and management: principles and practice. Belhaven Press, London

Bateman IJ (1994) Shadow prices for UK agricultural output. School of Environmental Sciences, University of East Anglia, Mimeo

Benson JF, Willis KG (1991) Valuing informal recreation on the Forestry Commission estate, Forest Bulletin No.104 HMSO, London

Bishop RC (1982) Option value: an exposition and extension. Land Econ 58:1–15

Buckley GP (ed) (1989) Biological habitat reconstruction. Belhaven Press, London

Countryside Commission (1990) A Countryside for the 21st Century. Countryside Commission, Cheltenham

Desvousges WH, Smith VK, Fisher A (1987) Option price estimates for water quality improvements: a contingent valuation study of the Monogahela River. J Environ Econ Manage 14:248–267

European Community (1992) CAP monitor: 24.6.92. EC, Brüssel

Garrod GD, Willis KG (1992) The environmental economic impact of woodland as two stage hedonic price model of the amenity value of forestry in Britain. Appl Econ 24: 715–728

Holland MR, Eyre N (1992) Evaluation of the external costs of a UK coal fired power station on agricultural crops. In: Proceedings of the 2nd International Conference on the External Costs of Electrical Power, September 1992, Racine, Wisconsin

Kriström B (1990) Jevons W Stanley (1888) On option value. J Environ Econ Manage 18:86–87

Meadows DH, Meadows DL, Randers J, Behrens WW (1974) The limits to growth. Pan, London

Medley G (1992) Nature, the environment and the future, paper presented to the U3A International Symposium, Cambridge University

MTPW (Ministry of Transport and Public Works) (1990) Formal declaration of the Third International Conference for the Protection of the North Sea: The Hague 1990. MTPW, Den Haag, Niederlande
Nix J (1993) Farm management Pocketbook. 24th ed. Wye College, Kent
OECD (1992) Tables of producer subsidy equivalents and consumer subsidy equivalents 1978-1991. OECD, Paris
Pearce DW (1986) Cost benefit analysis. Macmillan, London
Pearce DW, Markandya A (1989) The benefits of environmental policy. OECD, Paris
Pearce DW, Turner RK (1990) Economics of natural resources and the environment. Harvester Wheatsheaf, Hemel Hempstead
Price C (1993) Time, discounting and value. Blackwell, London
Roningen VO, Dixit PM (1989) Economics implications of agricultural policy reforms in industrial market economics. Staff Report No. AGES 89-36, Agriculture and Trade Analysis Division, Economics Research Service, United States Department of Agriculture
Sagoff M (1990) Ecology and economy. Cambridge University Press, Cambridge
Schultz W (1986) A survey on the status of research concerning the evaluation of benefits of environmental policy in the Federal Republic of Germany. OECD workshop on the benefits of environmental policy and decision making, Avignon
Turner RK (1988) Sustainability, resource conservation and pollution control: an overview. In: Turner RK (ed) Sustainable Environmental Management: Principles and Practice. Belhaven Press, London
Turner RK, Bateman IJ (1990) A critical review of monetary assessment methods and techniques. Environmental Appraisal Group, University of East Anglia
Turner RK, Pearce DW (1990) The ethical foundations of sustainable economic development, LEEC Paper 90-101. International Institute for Environment and Development, London
Turner RK, Bateman IJ, Brooke JS (1992) Valuing the benefits of coastal defence: a case study of the Aldeburgh sea defence scheme. In: Coker A, Richards C (eds) Valuing the environment: economic approaches to environmental evaluation. Belhaven Press, London
Turner RK, Pearce DW, Bateman IJ (1993) Environmental Economics: an elementary introduction. Harvester Wheatsheaf and John Hopkins University Press, Hemel Hempstead Baltimore
Weisbrod BA (1964) Collective-consumption services of individual-consumption goods. Q J Econ 78:471-477
Willis KG, Benson JF (1989) Recreational values of forests. Forestry 62/2:93-110
Willis KG, Garrod GD (1993) Valuing landscape: a contingent valuation approach. J Environ Manage 37:1-22

Weiterführende Literatur

Eine detaillierte einführende Darstellung aller Themen dieses Kapitels findet sich in Turner, Pearce und Bateman (1993). Fortgeschrittene Darstellungen liefern folgende Werke:

Kostennutzenanalyse

Die beste Einführung zu dem Thema liefert Pearce (1986). Im Anschluß böten sich mehrere Texte an, z.B. Sugden R und Williams A (1978) Practical cost benefit analysis (Oxford University Press, Oxford) oder aktueller Gramlich EM (1990) A guide to benefit-cost analysis. 2nd ed. (Prentice Hall, New Jersey). Aus Platzgründen und auf Grund der Entscheidung, sich auf die monetäre Bewertungsfrage zu konzentrieren, wurde nur das Grundgerüst der KNA vorgestellt. Eine wichtige Ausführung, der sich interessierte Leser auf jeden Fall widmen sollten, ist die Frage des *Diskounting* (Bewertung verzögerter Kosten und Nutzen). Die Grundlagen zum Diskounting liefert wiederum Pearce (1986). Wir empfehlen jedoch auch die neuere Darstellung von Price (1993).

Externe Kosten

Der KNA-Ansatz zu den externen Kosten ist nicht die einzige Möglichkeit der Festsetzung von Naturgütern. Einen wichtigen Ansatz liefert das «Coase-Theorem», welches die Besitzrechte solcher Güter betont und damit einen wettbewerbsorientierten Markthandel zu deren optimaler Nutzung erreichen will.

Als Einführung empfiehlt sich Pearce und Turner (1990) und danach der Originaltext Coase R (1960) The problem of social cost, J Law Econ 3:1–44.

Preis contra Wert: die Nachfragekurve

Es gibt zahlreiche geeignete Einzeltexte zur Mikroökonomie. Als Einführung empfehle ich meine persönlichen Favoriten: Hirschleifer J (1991) Price theory and applications (Prentice Hall, New Jersey) und Johansson P-O (1991) An introduction to modern welfare economics (Cambridge University Press, Cambridge). Auf einem mittlerem Niveau steht Varian H (1992) Intermediate microeconomics (Norton, New York London).

Monetäre Bewertungsmethoden

Es gibt relativ wenig Texte, die «Preiskalkulations»-Ansätze detaillierter darstellen. Eine Einführung mit zahlreichen Beispielen geben jedoch Dixon JA und Sherman PB (1990) Economics of protected areas: a new look at benefits and costs (Earthscan, London). In den letzten Jahren hat die Zahl der Texte, welche die beschriebenen Bewertungsmethoden untersuchen, merklich zugenommen. Einführende Texte sind Pearce DW, Markandya A und Barbier EB (1989) Blueprint for a green economy (Earthscan, London) sowie Pearce und Turner (1990) und das neueste Buch von Turner RK, Pearce DW und Bateman IJ (1993) Environmental economics: an elementary introduction (Harvester Wheatsheaf,

Hemel Hempstead). Anwendungsbeispiele finden sich in Barde und Pearce (1991) sowie in Navrud (1992) Pricing the European environment (Scandinavian University Press and Oxford University Press). Auf fortgeschrittenerem Niveau gibt folgende Veröffentlichung hervorragende Darstellungen zu den Themen Kontingenz-Bewertungsmethode, Aufwandsmethode und Hedonistische Preiskalkulationsmethode: Hufschmidt MM, James DE, Meister AD, Bower BT und Dixon JA (1983) Environment, natural systems and development: an economic valuation guide (John Hopkins University Press, Baltimore London). Leichter zugänglich sind möglicherweise die Kapitel von Bateman und Turner in: Turner RK (ed) (1993) Sustainable environmental economics and management: principles and practice (Belhaven Press, London), die ebenfalls alle drei Methoden behandeln. Die Kontingenz-Bewertungsmethode ist am ausführlichsten dargestellt in Mitchell R und Carson RT (1989) Using surveys to value public goods: the contingent valuation method (Resources for the Future, Washington DC).

Nachhaltigkeit

Erörterungen des Themas finden sich unter anderem bei Fernie J und Pitkethly AS (1985) Resources: environment and policy (Harper and Row, London) und in einzelnen Kapiteln von Turner RK (ed) (1993) Sustainable environmental management (Belhaven Press, London). Ein leicht verständlicher und wichtiger Report ist der der Weltkommission für Umwelt und Entwicklung (der sog. «Brundtland-Report»): Our common future (Oxford University Press, Oxford). Eine ökonomische Analyse des Problems der Normenanwendung geben Baumol WJ und Oates W; erstmalig veröffentlicht 1971 im Swedish Journal of Economics 73/1 und vor kurzem wiederveröffentlicht in Markandya A und Richardson J (1992) The Earthscan reader in environmental economics (Earthscan, London). Schließlich eine neuere Analyse der Nachhaltigkeit von Turner in Turner (1993).

Glossar

***Aufwandsmethode* (AM).** Eine Methode der «erwiesenen Präferenzen» zur monetären Bewertung eines Erholungsgebietes durch die Untersuchung der Kosten, die der Mensch für den Besuch eines bestimmten Gebietes auf sich nimmt (daher auch «Reisekostenmethode»).

Ausgedrückter Präferenzwert. Wert eines Naturgutes, der über die Aussagen Einzelner über ihre Wertschätzung dieses Gutes ermittelt wird.

Dosis-Wirkungsmethode. Eine «Nicht-Präferenz-Methode» zur monetären Bewertung eines Umwelteinflusses, die eine statistische Beziehung zwischen der Verschmutzungs-«Dosis» (z.B. Luftverschmutzung) und der daraus resultierenden «Auswirkung» (z.B. Zunahme von Atemwegserkrankungen) errechnet und dabei Marktpreise verwendet (z.B. zusätzliche Kosten im Gesundheitswesen).

Erneuerbare Ressourcen. Alle natürlichen Ressourcen (K_N oder K_N^K), die - sofern man dies zuläßt - die Fähigkeit besitzen, sich bis zu einem bestimmten Niveau zu regenerieren; z.B. Fischbestände, Waldgebiete gemäßigter Breiten.

Erwiesener Präferenzwert. Der Wert eines bestimmten Gutes, den man durch Untersuchung der Kaufentscheidungen des Einzelnen erhält, welche in gewisser Weise die Charakteristika dieses Gutes widerspiegeln.

Finanzkalkulation. Eine Analyse der Verteilung verfügbarer Ressourcen (normalerweise Finanzmittel), die von Privatunternehmen durchgeführt wird und deren Ziel Profitmaximierung ist.

***Gemeinschaftliche Präferenz* (gemeinschaftlicher Wert).** Der Wert, den der Einzelne durch sein Handeln als uneigennütziges Mitglied der Gesellschaft einem bestimmten Posten oder Ereignis beimißt (z.B. die Präferenz, einen Teil des Einkommens Anderen zu geben).

Globale Umweltveränderungen. Veränderungen, die durch das wirtschaftliche Wachstum verursacht werden und die Umwelt des ganzen Planeten betreffen (z.B. Ausdünnung der Ozonschicht, globale Erwärmung, Meeresspiegelanstieg).

Hedonistische Preiskalkulationsmethode. Eine Methode der «erwiesenen Präferenzen» zur monetären Bewertung der Umwelt. Sie nutzt Preisschwankungen des Immobilienmarktes, um entweder den Wert eines Umweltgutes (z.B. eines örtlichen Waldgebietes) oder eines Umwelteinflusses (z.B. der regionalen Smogbelastung) zu messen.

Intergenerationale Gerechtigkeit. Gerechte Verteilung des Wohlstands zwischen der heutigen und zukünftigen Generationen.

Intragenerationale Gerechtigkeit. Gerechte Verteilung des Wohlstands innerhalb der bestehenden Generation.

Kontingenz-Bewertungsmethode. Eine Methode der «ausgedrückten Präferenzen» zur monetären Bewertung eines Umweltgutes, die nach der Zahlungsbereitschaft (ZB) für den Erhalt eines Standorts bzw. nach der Akzeptanzbereitschaft (AB) als Ausgleich für dessen Verlust fragt.

***Kosten-Nutzen-Analyse* (KNA).** Siehe unter Ökonomische Bewertung.

***Kritisches natürliches Kapital* (K_N^K).** Eine Reihe natürlicher Ressourcen, die sich, wenn sie einmal vom Menschen verbraucht worden sind, weder selbst noch mit Hilfe des Menschen regenerieren können (z.B. Amazonas-Regenwald, Ozonschicht).

***Künstliches Kapital* (K_M).** Ressourcen, die der Mensch aus natürlichem Kapital durch Weiterverarbeitung, hergestellt hat (z.B. Autos, Stahl, Gebäude, Kunstdünger, Elektrizität).

Nachhaltige Entwicklung. Wirtschaftliches Wachstum, das die Umwelt weder vermindert noch degradiert. Es existieren zahlreiche Definitionen. Turner (1988) definiert eine nachhaltige Entwicklungpolitik als eine, die «danach strebt, eine 'akzeptierbare' Wachstumsrate des realen Pro-Kopf-Einkommens zu erzielen, ohne die Vorräte an nationalem Kapital zu vermindern».

Nachhaltigkeitszwang. Siehe «Regel der konstanten Naturressourcen».

Natürlicher Wert. Siehe Nicht-Präferenzwert.

***Natürliches Kapital* (K_N).** Ressourcen, die von der Natur bereitgestellt werden (z.B. Boden, Wasser, Luft, Gesteine, fossile Brennstoffe).

Nicht-Präferenzwert. Ein Wert, der sich aus einer natürlichen Eigenschaft oder durch bestimmte Umstände ergibt und für den es keine vom Menschen geäußerte Präferenz gibt. Zum Beispiel besitzen die UV-Schutz-Eigenschaften der Ozonschicht einen Wert, der außerhalb menschlicher Präferenzen bzw. Bewertungen der Ozonschicht liegt.

Nichterneuerbare Ressourcen. Jeder natürliche Ressource (K_N oder $K_N{}^K$), die nicht die Fähigkeit zur Regeneration besitzt und deshalb nur einmal genutzt werden kann (z.B. Kohle, Ölvorräte).

Ökonomische Bewertung. Analyse der Verteilung verfügbarer Ressourcen auf die im Wettbewerb befindlichen Entwicklungsvorschläge mit dem Ziel der Maximierung des volkswirtschaftlichen Wohlstands (ökonomische Effizienz).

***Persönliche Präferenz* (persönlicher Wert).** Der Wert, den der Einzelne durch sein Handeln nach rein eigennützigen Interessen einem bestimmten Posten oder Ereignis beimißt (z.B. die persönliche Präferenz, das eigene Einkommen zu behalten und nicht Anderen zu geben).

***Regel der konstanten Naturressourcen* (KN-Regel).** Der Gedanke, die Umwelt (oder besser: die Dienstleistungen, welche die Natur bietet) für künftige Generationen in konstanter Menge zu erhalten.

***Umweltverträglichkeitsprüfung* (UVP).** Eine Beurteilung der Auswirkungen eines Projektes bzw. einer wirtschaftlichen Entwicklung auf die Umwelt. Sie hat keinen monetären Charakter und konzentriert sich auf die natürlichen Aspekte der Umweltveränderungen.

4 Die Wirkung des Menschen auf terrestrische Ökosysteme

Alastair Grant

Behandelte Themen:

- Wissenschaft und Biodiversität
- Soll man sich um die Verluste an Biodiversität sorgen?
- Lösungsansätze
- Die UN-Konvention zur Biodiversität
- Untersuchungsmethoden
- Auswirkungen auf die Vegetation
- Artensterben

Es fällt dem Menschen sehr leicht, der Erdc zu schaden; und dies trotz anders lautender Bekundungen, denn Worte und Taten stimmen selten überein. Vicle der schrecklichsten Verbrechen wurde im Namen des Friedens und der Liebe zu Gott begangen. So sollte es uns nicht überraschen festzustellen, daß die Menschen von Anbeginn der Zeiten einfache, aber äußerst wirkungsvolle Werkzeuge benutzt haben, um Siedlungen zu gründen, Feinde auszumerzen, Wild zu jagen oder Holzkohle herzustellen - nämlich Feuer und Axt. Die Kettensäge und die Planierraupe stellen zugegebenermaßen einen ziemlichen Schritt auf der technologischen Leiter dar, das Ergebnis bleibt jedoch nahezu dasselbe.

Alistair Grant entwickelt klar und verständlich, was uns die Wissenschaft über den Umgang unserer Vorfahren mit der Landschaft und der Artenvielfalt lange vor der industriellen Revolution erzählen kann. Dies ist keineswegs immer eine Geschichte von Brutalität und Verlogenheit. In der Ignoranz gegenüber den Folgen, dem Verlust jeglichen Gemeinsinns, der Summierung rein individuellen Verhaltens mit ungünstigen Wirkungen im Ganzen sind die Ursachen langfristiger Umweltveränderungen zu finden.

Wissenschaft und Biodiversität

Heutzutage zeigen sich viele Menschen über den potentiellen Verlust von Arten und Lebensräumen betroffen. So viele, daß das UN-Rahmenabkommen zur Biodiversität, mit dem der unkontrollierten Zerstörung rechtlich Einhalt geboten werden soll, in Rio unterzeichnet und 1990 ordnungsgemäß ratifiziert wurde. Der Begriff «Biodiversität» wird für die Vielfalt und Variabilität lebender Organismen vom Gen bis zum Elefanten angewendet. Die Einschätzung der Biodiversität ist weniger eine Sache von Zahlen als eine des «funktionalen Überschusses». Der Verlust einer Art, von der andere Arten in entscheidender

Weise abhängen, ist sehr viel schwerwiegender als das Verschwinden einer Art, deren ökologische Nische sogleich von anderen Arten eingenommen werden kann. So besteht eine Hauptaufgabe wissenschaftlicher Forschung darin, nicht nur zu zählen, sondern auch die genetisch funktionale Bedeutung der Arten in einer Vielfalt von Ökosystemen zu ergründen. Daher ist die Analogie zum Verlust einer Bibliothek, deren Bücher nicht katalogisiert wurden, nur teilweise zutreffend. Von viel größerem Interesse ist die relative Bedeutung einer jeden Art für die Anpassungs- und Widerstandsfähigkeit des genetischen Grundstocks, der es ermöglicht, anthropogenen oder natürlichen Streß zu verkraften. Entscheidend ist deshalb nicht die Frage, wie hoch die Zahl der Arten ist, deren Verlust sich die Erde leisten kann, sondern wieviele kritische Arten bewahrt werden müssen.

Die absolute Zahl der bekannten Arten oder Organismen beträgt ungefähr 1,4 Mio., davon sind rund 250 000 Pflanzen, 44 000 Wirbeltiere und 750 000 Insekten. Doch von den Pilzen, die für die Zersetzung organischen Materials und die Widerstandskraft gegen Krankheiten so entscheidend sind, sind nur ca. 69 000 von vermuteten 1,5 Mio. Arten bekannt. Arroyo und seine Kollegen (1992) schätzen, daß wahrscheinlich etwa 10 Mio. verschiedene Arten auf der Erde existieren. Erfaßt sind weniger als 20 % der Süßwasserarten und weniger als 1 % der marinen Organismen, einer Gruppe, die eine entscheidende Rolle im biogeochemischen Kreislauf spielt. So schließen Arroyo *et al.* (1992, S. 208) reumütig:

> Es gibt nur wenige Wissenschaftsgebiete, über die so wenig bekannt ist, und keines mit einer so direkten Relevanz für das menschliche Dasein. Eine offensichtliche Herausforderung ... wird darin bestehen, eine theoretische Basis für die Biodiversität zu schaffen ... und realistische Aufnahmeverfahren zu entwickeln, um die dringend benötigten zusätzlichen Daten zu erfassen.

Verschiedene Schätzungen gehen von einem wahrscheinlichen weltweiten Verlust von 20–25 % aller Pflanzenarten innerhalb der nächsten 30 Jahre aus, mit einer Gefährdung von über 35 % in den Tropen. Wendet man die Prinzipien der *Insel-Biogeographie* als Richtschnur für die Empfindlichkeit der Arten gegenüber Störungen ihrer Lebensräume sowie den Verlust weiterer, von Schlüsselarten abhängiger Arten auf Südamerika an, könnten dort etwa 15 % der Pflanzen- und 2 % der Vogelarten verlorengehen. Myers (1990) geht davon aus, daß etwa 20 % aller Arten auf nur 0,5 % der Oberfläche der Erde gefunden werden, die daher als sogenannte «hot spots» das Ziel für einen größtmöglichen Schutz sein sollten. Ehrlich und Ehrlich (1992, S. 225) geben an, daß täglich zwischen 10 000 und 60 000 Arten verloren gehen - 10 000 davon allein in Folge des Einsetzens des seßhaften Landbaus.

Soll man sich um die Verluste an Biodiversität sorgen?

Die Konsequenzen des Verlustes von fast einem Drittel aller lebenden Arten innerhalb einer Generation ernüchtern den Verstand. Dies ist ein wissenschaftliches, ethisches, politisches und wirtschaftliches Thema von grundsätzlicher Bedeutung für die Zukunft der Menschheit. Pflanzen und Organismen stellen die essentielle Grundlage für viele Medikamente und die genetischen Stämme vieler Kulturpflanzen und Industrieprodukte dar. In China werden 5000 der geschätzten 30 000 Pflanzenarten für medizinische Zwecke verwendet. Bis heute stellen weltweit praktisch nur etwa 110 Pflanzenarten die Nahrung. Tatsächlich ist der Verlust potentieller wissenschaftlicher Erkenntnisse, die folglich zum Wohle der Menschen eingesetzt werden könnten, einer der Gründe, weshalb wir nachdenklich werden sollten.

Die anderen Gründe sind genauso schwerwiegend. *Moralische* und *ästhetische* Überlegungen sind zwei davon. Falls wir fürsorgliche Menschen sind, sollten wir – eine von vielen Millionen genetischer Konstellationen – besorgt sein. Der amerikanische Biologie Ehrenfeld (1978) argumentiert, daß die Arten und ihre Habitate geschützt werden sollten,

> weil sie existieren und weil ihre Existenz an sich der heutige Ausdruck eines andauernden historischen Prozesses von immensem Alter und Erhabenheit ist. Langwährende Existenz in der Natur bringt das unanfechtbare Recht auf ein dauerhaftes Dasein mit sich.

Dieser Punkt wird in den folgenden Kapiteln aufgegriffen. Die Achtung dieser Rechte kann entweder auf einem inneren, persönlichen Gewissen beruhen, das von kulturellen Normen bestimmt wird, oder von Außen durch Rechtspflichten bzw. lebenden Organismen zugestandene Existenzrechte initiiert werden – Rechte, die einen Schutz verbindlich festschreiben und stärken. In der modernen Gesellschaft ist zur Zeit keine der beiden Möglichkeiten besonders gut entwikkelt.

Wenn wir uns nicht um diese Rechte kümmern, verweist das auf seelische Verelendung und die Abwesenheit des Gefühls der Treuhänderschaft und Solidarität mit der Universalität der Schöpfung. Ironischerweise sollten wir uns weniger Sorgen über das Verschwinden der Arten selbst machen als vielmehr darüber, daß dies den meisten Menschen gleichgültig zu sein scheint, und nach den Gründen für diese Entfremdung forschen. Wenn ganze Populationen verschwinden, taucht jedoch eine neue Bedrohung auf. Es geht um den Verlust der Fähigkeit zu widerstehen, Gefahren zu entgehen, sich genetisch zu verändern sowie sich zu entwickeln, so daß man auch in einer sich wandelnden Welt zurechtkommt. Gerade zu der Zeit, in der die Welt den größten Belastungen ausgesetzt ist, verlieren wir die natürliche Fähigkeit zahlreicher Populationen, sich anzupassen. Zudem betrifft dies auch den Verlust an Ökosystemfunktionen, die uns alle am Leben erhalten – und das auf eine preisgünstige Art und Weise.

Von Wäldern aufbereitetes Wasser sowie das Phytoplankton der Ozeane spielen eine grundlegende Rolle im Schwefel- und Kohlenstoffkreislauf. In Flußmündungsbereichen werden Nährstoffe in Sedimenten eingelagert, wieder freigesetzt und bieten damit ökologisch beste Bedingungen für eine ganze Reihe von Nahrungsketten. Böden absorbieren sauren Regen und geben zuvor gespeichertes Wasser in kontrollierter Weise wieder ab, zwischendurch setzen sie

Minerale zu lebenswichtigen Pflanzennährstoffen um. Ein einziges Gramm Boden kann über 1 Mio. Bakterien enthalten, 100 000 Hefezellen und 50 000 Sorten an Pilzen. Ohne diese könnte weder Stickstoff fixiert werden, noch könnten Bodenminerale in die für die menschliche Gesundheit essentiellen Bausteine umgewandelt werden. Gingen uns diese Mechanismen verloren, müßten wir notgedrungen versuchen, mit extrem teurem Ersatz zu überleben.

Lösungsansätze

Was kann getan werden? Es gibt eine Reihe von Vorschlägen - abgesehen von dem, unsere Wissenschaft zu verbessern.

Die Idee, *Schulden gegen Natur zu tauschen*, scheint in ihrer Umsetzung immer unwahrscheinlicher zu werden - obwohl sie noch Sinn macht. Sie besteht darin, die Schulden zahlungsunfähiger Dritte-Welt-Länder gegen eine Beteiligung in Landeswährung abzuschreiben und mit diesen über eine Organisation der reichen Länder abgesicherten Mitteln die Erhaltung und den Schutz genetischer Ressourcen zu finanzieren. Bis heute wurde nur ein kleiner Betrag der Schulden auf diese Weise abgeschrieben - ca. $1 Mrd. für wenige Millionen Hektar Reserven. Das Hauptproblem liegt in der Garantie eines ausreichenden Geldflusses und eines guten lokalen Managements. Viele verarmte Nationen stehen dieser Idee ökologischer Verpflichtungen sehr kritisch gegenüber, da sie darin nur ein weiteres Instrument der unersättlichen, kapitalistischen Welt sehen (Patterson 1991).

Die *Suche nach nutzbaren Arten* ist eine Variante des Nord-Süd-Technologietransfers. Die Idee besteht darin, lokale Schutzorganisationen zu finanzieren, die mit Hilfe des ethnobiologischen Wissens der ortsansässigen Bevölkerung nach Pflanzen und Organismen suchen, die für die genetische Umwandlung in Medikamente, krankheitsresistente Rassen oder biologische Pestizide von Wert sein könnten. In einem berühmten Beispiel finanzierte der US Pharmagigant Merck der costa-ricianischen Organisation INBio sowohl die Suche nach möglicherweise wertvollen Arten als auch den Schutz kostbarer Habitate (Blum 1993; Reid 1993). Jeglicher Profit eines erfolgreichen Vorhabens würde mit INBio geteilt werden. Solch ein Abkommen ist ideal, sofern sich zu guter Letzt wenigstens eine Pflanze als Volltreffer erweist und somit ausreichend Mittel zur Finanzierung anspruchsvoller medizinischer Technologien zur Verfügung stehen.

Übertragbare Nutzungsrechte sind eine geniale Idee, jedoch noch relativ unerprobt. Ihre Absicht ist es, ein gefährdetes Ökosystem zu schützen, indem die Entwicklungsrechte an Bodenschätzen, Wasserkraft oder Produkte aus den Wäldern an andere Träger übertragen werden. Diese könnten ihren Sitz durchaus in einem anderen Land haben, in dem Entwicklungsmaßnahmen umweltverträglicher sein mögen. Natürlich wären für die Übertragung dieser Entwicklungsrechte gewisse Kompensationen notwendig, aber die Wirtschaft des schützenden Landes dürfte dadurch keinen Schaden nehmen. Die geschützten Gebiete könnten über einen kontrollierten *Grünen Tourismus* den gewünschten Nutzen erbringen, indem Zugangsberechtigungen an Besucher verkauft werden, die die biologische Vielfalt in diesen Reservaten erleben wollen.

Der *Verkauf von Rechten an geistigem Eigentum* (engl.: intellectual property rights, IPRs) bzw. deren Katalogisierung in öffentlichem Interesse könnte auf zweierlei Art erfolgen. Ein Wirtschaftsunternehmen, das aus einer Pflanze eine Droge gewinnt, hält ein IPR auf das Patent. Genauso sollte es der einheimischen Bevölkerung möglich sein, die ethnobiologisches Wissen erfolgreich anwendet. Ihr Wissen, das für einen Wissenschaftler, einen Touristen oder ein biochemisches Unternehmen unterschiedlichen Wert hat, fällt ebenfalls unter die IPRs. Das Erfassen solcher IPRs ist jedoch nicht einfach. Wir brauchen dafür gewissenhafte juristische Neuerungen, die unabdingbar sind, um geistiges Gemeingut zu erfassen. Bisher wurden zwar kleine juristische Fortschritte gemacht, jedoch bietet sich einer kreativen Vereinigung von Ökologen, Juristen, Anthropologen und Ökonomen noch ein weites Betätigungsfeld. Frühere Studien nehmen an, daß der Wert von Heilpflanzen in einer Größenordnung von $10–50/ha liegen könnte, während niedrigere Schätzungen vom pharmazeutischen Wert eines reichen Tropenwaldes von $20/ha ausgehen. Der absolute Wert tropischen Waldes könnte in doppelter Hinsicht, nämlich in seiner Rolle als CO_2-Absorber und in seinem Status als Erbe für zukünftige Generationen, zwischen $550 und $2200/ha liegen – das Vierfache des wirtschaftlichen Nennwertes (Brown und Moran 1993; Brown und Adger 1993).

Das führt zu einer interessanten Rechnung. Gerade jetzt betragen die Bodenpreise in Ländern mit tropischen Wäldern um $300/ha. Der Schutzwert CO_2-speichernder Bäume könnte mit $1000/ha veranschlagt werden. Damit könnte es sich für die «reiche Welt» auszahlen, die Entwicklungsrechte für die hervorragendsten Wälder für einen zwischen diesen Beträgen liegenden Preis zu erwerben. Dies würde die Übertragung der Rechte, und zwar der Entwicklungs- wie auch der geistigen Rechte, an einige weltweit wirkende Treuhänderorganisationen bedeuten. Bis heute gibt es kein solches Arrangement, aber langsam sollte uns der tatsächliche «globale» Wert eines tropischen Regenwaldes bewußt werden (Swanson 1992; Pearce 1993).

Die UN-Konvention zur Biodiversität

Diese wichtige Konvention etabliert die Prinzipien eines dauernden Managements bzw. Schutzes von Bioreservaten, sucht nach passenden finanziellen Maßstäben, garantiert den Zugang zu IPRs und fördert den geeigneten Technologietransfer. Jede Nation hat einen Plan zum Schutz und zur Aufrechterhaltung der Biodiversität zu entwerfen sowie ihren genetischen Grundstock zu ermitteln. Ebenso hat jede Nation die Verantwortung, ihre «Schlüssel-Ökosysteme» zu schützen, das einheimische Wissen über die Ethnobiologie zu erhalten und die Verbreitung biotechnologischer Produkte, die den unverfälschten genetischen Grundstock infiltrieren oder gefährden könnten, zu verhindern. Entscheidend ist, daß die Konvention das Recht der Nationen schützt, ihr biogenetisches Gemeingut für die Allgemeinheit zu sperren, aber auch, ihre IPRs mit anderen zu teilen – gegen eine Vergütung. Das sind die Gründe, weshalb der INBio-Merck-Vertrag als ein so wichtiger Präzedenzfall angesehen wird.

Die Konvention sichert der Konferenz der unterzeichnenden Parteien auch die Autorität und Führerschaft zu, einen finanziellen Rahmen zur Erleichterung dieser Anstrengungen festzulegen. Der letzte Punkt wird sehr kontrovers verhandelt, da Großbritannien und die USA in ihm speziell die Möglichkeit erkennen, die GEF (Global Environment Facility, vgl. Kap. 1) zu umgehen oder als quasi von den Spendern kontrolliertes finanzielles Instrument zu mißbrauchen. Bis jetzt ist dieser Punkt nicht geklärt worden. Eine Reihe von Beobachtern fürchtet, daß sich die Konvention bis zum Treffen der Konferenzparteien zu ausführlich mit der technologischen Biodiversität durch Gentechnik und zu wenig mit der natürlichen Biodiversität durch adäquaten Schutz von Ökosystemen und Ethnowissen befaßt. Finanzielle Transferleistungen zur Sicherung ihres dauerhaften Existenzrechtes mögen sich für die nächsten Jahre als schwer garantierbar – oder praktisch nicht erfüllbar – erweisen. Tatsächlich ist dies eine entscheidende Phase für den Schutz der Artenvielfalt.

Die gegenwärtige ökologische Krise gliedert sich in zwei miteinander verknüpfte Hauptstränge: die großräumige Zerstörung ganzer Habitate und die unmittelbare Gefahr der Auslöschung vieler Tier- und Pflanzenarten. Letzteres wird oft unter dem Begriff «Verlust von Biodiversität» zusammengefaßt – der Auslöschung einzelner Arten als Folge von Habitatzerstörung und einer Vielzahl anderer anthropogener Einflüsse. Die entscheidendsten Vorgänge bei der Zerstörung terrestrischer Habitate sind die Entwaldung großer Areale in den feuchten Tropen und zunehmende Degradation in semiariden Zonen als Folge von Überweidung. Die bekanntesten Beispiele von Artensterben sind die Ausrottung von Vogel- und Großsäugerarten wie etwa des Dronte (oder Dodo) oder des Großen Alk als Folge der Bejagung durch den Menschen oder der Einbürgerung natürlicher Feinde wie etwa von Ratten und Hunden. Säugetiere und Vögel machen aber nur einen kleinen Teil aller auf der Erde vorkommenden Arten aus. Der Großteil des Artensterbens ist das Ergebnis von Habitatzerstörung (siehe unten).

Diese Prozesse werden oft als eigentümliches Charakteristikum der gegenwärtigen Menschheitsgeschichte angesehen, als Ergebnis einer modernen Industriegesellschaft, die mit ihrer Umwelt nicht mehr in Harmonie lebt. Im Gegenzug werden oft die sogenannten «primitiven» Gesellschaften angeführt, deren Lebensweise sich mit der Natur im Gleichgewicht befinde. Insbesondere die populäre Mythologie der Umweltbewegung stellt die den globalen Hamburgermarkt beliefernden Rinderzüchter den nordamerikanischen Indianer- bzw. australischen Aborigines-Kulturen gegenüber, in denen sie ein Leben in ökologischer und spiritueller Harmonie mit der Natur verwirklicht sieht. Durch eine differenziertere Betrachtung gelangen wir zu einer sorgfältiger ausgearbeiteten Philosophie, die die Umweltzerstörung der dominierenden, gestörten Weltsicht der entwickelten Welt mit ihren jüdisch-christlichen Wurzeln zuschreibt, während die heidnischen oder pantheistischen Weltanschauungen eine günstigere

Basis für den Umweltschutz liefern. Die wahrscheinlich bekannteste Darstellung dieser Argumentation ist ein Artikel von Prof. Lynn White mit dem Titel «The historical roots of our ecologic crisis», der 1967 in der Zeitschrift *Science* erschien, und noch oft zitiert wird:

> Speziell in der westlichen Form ist das Christentum die anthropozentrischste Religion, die die Welt je gesehen hat. Im absoluten Gegensatz zum historischen Heidentum und zu asiatischen Religionen begründete sie nicht nur den Dualismus von Mensch und Natur, sondern besteht auch noch darauf, daß es Gottes Wille sei, daß der Mensch die Natur für seine eigenen Zwecke ausbeutet.

Es ist hier nicht der Ort, jene die Umwelt betreffenden Implikationen spezieller theologischer oder philosophischer Systeme zu überprüfen. Breadly (1990) hat dies auf leicht verständliche Weise getan; O'Riordan (1981) gibt eine stärker technisch orientierte Diskussion wieder. Es ist jedoch notwendig, zu überprüfen, in welchem Umfang die Umweltzerstörung und anthropogen bedingtes Artensterben rezente Phänomene sind und ob es irgendwelche Hinweise dafür gibt, daß vorindustrielle Gesellschaften tatsächlich in Harmonie mit der Natur lebten oder dies noch tun. In diesem Kapitel soll dies mit der Betrachtung der anthropogenen Einflüsse auf die Biosphäre während der letzten 12 000 Jahre versucht werden. Dieser Zeitraum wurde gewählt, weil er das Ende der letzten Vereisung und den Beginn der gegenwärtigen geologischen Ära, des Holozän, umfaßt. Zu Beginn werden die Methoden, mit denen menschliche Einflüsse auf die Umwelt vergangener Zeiten untersucht werden, umrissen. Anschließend sollen die strukturellen Anpassungsleistungen ganzer Ökosysteme überprüft und schließlich anthropogene Einflüsse auf eine Teilmenge der Arten eines Ökosystems erörtert werden.

4.1 Untersuchungsmethoden

Die geologische Abteilung, die dem Holozän vorausging, das Pleistozän, wurde vom Wechsel zwischen Glazialen und wärmeren Interglazialen geprägt. Die letzte jener Eiszeiten ist auf dem europäischen Festland als Weichseleiszeit (süddt. Raum: Würmeiszeit) bekannt, in Großbritannien als Devensian und in Nordamerika als Wisconsin. Das Ende dieser Vereisung vor ca. 14 000 bis 12 000 Jahren scheint eine Periode mit einer rapiden Klimaverbesserung gewesen zu sein. Als die Gletscher zurückwichen, wurden erhebliche Landflächen für eine Besiedelung verfügbar. Seitdem hat es auch klimatische Schwankungen gegeben, die Veränderungen der Jahresmitteltemperatur von bis zu einigen Grad Celsius mit sich brachten. Selbst solche Klimaschwankungen genügten, um Änderungen in der Verbreitung von Tieren und Pflanzen zu bewirken. Deshalb ist der Einfluß des Menschen auf die Vegetation in zwei separaten Schritten zu untersuchen. Der erste besteht im Ermitteln der Vegetationszustände und der Artenverbreitung in der Vergangenheit, der zweite im Versuch, herauszufinden, wie hoch der Anteil an Veränderungen ist, der auf menschliche Einflüsse zurückgeht.

Manchmal liefern historische Aufzeichnungen Informationen über rezente Veränderungen der Flora und Fauna. Das schließt alte Karten, die Erwähnung von Arten oder Waldgebieten in Büchern oder anderen schriftlichen Aufzeichnungen und Berichten von Entdeckungsreisen mit ein. Wegen der Bedeutung von Holz als Baumaterial geben historische Aufzeichnungen oft gute Auskünfte über Waldrodungen. Zum Beispiel zeigen sie uns, daß vor 300 v.Chr. die Könige von Zypern die Wälder als Reaktion auf deren großflächige Abholzung unter ihren Schutz stellten. In manchen Fällen sind diese historischen Quellen bemerkenswert detailliert. Das «Domesday Book» z.B. liefert gute Informationen über Landnutzungsformen im England des 11. Jahrhunderts. Ähnlich detailliert können die Ursachen und der zeitliche Ablauf der Geschehnisse, die zur Auslöschung des Großen Alk (*Pinguinus impennis*) führten, rekonstruiert werden. Die exakten Termine größerer Ausrottungsaktionen auf einzelnen Inseln sind aus Schiffslogbüchern seit Beginn des 16. Jahrhunderts bekannt. Sie enden mit der Tötung des letzten Paares dieser Spezies durch zwei Fischer auf Eldey Rock vor Island am 3. Juni 1844. Zwangsläufig sind die Aufzeichnungen fragmentarischer, je weiter man in die Vergangenheit zurückgeht. Letztendlich stammen die ältesten Aufzeichnungen ökologischer Veränderungen von Pollen, Holz, Tierknochen oder anderen Materialien, die in Sedimentablagerungen erhalten blieben. Pflanzliches Material ist am besten unter aquatischen Bedingungen wie etwa in Seeschlamm und in Torfmooren konserviert worden, Tierknochen am besten unter ariden oder alkalischen Konditionen. Diese Ablagerungen liefern Informationen über die Fülle und Verteilung von Pflanzen und Tieren in der Vergangenheit. Das Vorhandensein menschlicher Artefakte, Schnittspuren an Skeletten sowie die Zusammensetzung von Küchenabfällen und Latrinen erlauben Rückschlüsse auf das Ausmaß menschlicher Aktivitäten.

Pollenablagerungen, die während des Rückzuges der Gletscher begannen, könnten eine zeitliche Folge von Vegetationsentwicklungen anzeigen, die den heutigen räumlichen Vegetationsgradienten entlang Höhen und Breiten ähnlich wäre. Die sich zuerst einstellende Vegetation war die Tundra, gefolgt von der Entwicklung der Wälder, die in Europa anfangs von Birken (*Betula sp.*), dann von Rotkiefern (*Pinus sylvestris*) aufgebaut wurden. Diesen folgte dann der Einzug von Laubbaumarten, speziell der Eiche (*Quercus*), Ulme (*Ulmus*) und Linde (*Tilia*). Aus der Abnahme von Baumpollen und der Zunahme von Arten, die für gestörte Waldgebiete charakteristisch sind, wie etwa Erle (*Alnus*), Hasel (*Corylus*) und Heidekraut (*Calluna*), kann auf Entwaldungen geschlossen werden. Pollen von Arten, die einen offenen Boden benötigen, wie etwa Wegerich (*Plantago*) und Adlerfarn (*Pteridium*), tauchen ebenfalls auf. Wenn diese Veränderungen in der Flora mit dem Auftreten von Holzkohle oder menschlichen Artefakten in Verbindung gebracht werden, können sie als Indizien für Ent-

Kasten 4.1 Die Entwicklung der Deckenmoore

Deckenmoore kommen in Höhenlagen vor, die auch für das Baumwachstum günstig sind. Viele dieser Moore überlagern gut entwickelte Böden, die oft Baumstümpfe oder andere Überreste enthalten, die eine Bewaldung vor der Moorbildung anzeigen. Offensichtlich hat es einige Veränderungen gegeben, die eine Bodenvernässung und Torfakkumulation auslösten. Drei Erklärungsmöglichkeiten bieten sich an:

Klimaverschlechterung. In Großbritannien könnte eine kurze Kälteperiode zwischen 5400 und 5000 Jahren vor heute die Verdunstungsraten gesenkt und zu einer Vernässung der Böden geführt haben. Diese Interpretation basiert jedoch letztlich auf Belegen für einsetzende Torfentwicklung – eigenständige Beweise für einen solchen Klimawechsel selbst fehlen.

Bodenentwicklung. In Gebieten mit hohen Niederschlägen und speziell unter Nadelwäldern entwickeln sich Böden, die Podsol genannt werden. In diesen Böden wird Eisen aus den oberen Bodenhorizonten gelöst und in tiefere Horizonte verlagert. Dieses Eisen kann in tiefer gelegenen Bereichen des Bodenprofils ausgefällt werden und einen harten, undurchlässigen, sogenannten «Eisenstein»-Horizont bilden, der die Entwässerung des Bodens behindert. Möglicherweise führt die Bodenentwicklung in regenreichen Gebieten zur Bildung eines solchen Eisenstein-Horizontes, der zeitweise zu einer Bodenvernässung führt. Aber das ist keine befriedigende Erklärung für die Entwicklung von Deckenmooren. Böden, die eine Torfdecke unterlagern, sind zuweilen nur schwach entwickelt, und zeigen sicherlich nicht immer gut entwickelte Podsol-Eigenschaften oder Beweise für eine intensive Eisenauswaschung. Es ist möglich, daß die Bildung einer wasserstauenden Schicht gerade unterhalb der Pflugtiefe auf vorher ackerbaulich genutzten Flächen in Irland die Bildung von Torf ausgelöst hat. Diese Erklärung benötigt also die Annahme vorheriger menschlicher Eingriffe.

Menschliche Eingriffe. Die dritte und wahrscheinlichste Erklärung liegt darin, daß vom Menschen durchgeführte Rodungen den Wasserhaushalt der Böden veränderten und damit die Torfbildung initiierten. Nachdem dies zunächst die Vernässung der Böden verursachte, wurde schließlich auch die Wiederbewaldung verhindert. Bäume verfügen über eine große Blattoberfläche und weisen folglich relativ hohe Transpirationsraten auf. Außerdem kann das Kronendach eines Waldes Regenwasser abfangen (Interzeption) und – selbst wenn ein großer Teil davon den Boden erreicht – einiges davon wieder verdunsten. Werden Bäume gefällt, sinkt auf Grund des Zusammenwirkens beider Prozesse der Wasserverlust durch Verdunstung. Die Zunahme an verfügbarem Wasser kann eine Bodenvernässung bewirken und zwangsläufig die Torfbildung in Gang setzen. In jüngerer Zeit stieg nach Rodungen in borealen und gemäßigten Gebieten der Abfluß von Oberflächenwasser um 8 bis 40 % an. Untersuchungen der Interzeption durch Kronendächer und des Bodenwasserhaushaltes in verschiedenen Vegetationstypen ergeben eine Zunahme des verfügbaren Wassers von 10–20 % als Folge von Rodungen. So scheint dieser dritte Erklärungsansatz sehr plausibel zu sein. Es mag sein, daß die überzeugendsten Hinweise von einer Reihe rezenter Beispiele stammen, bei denen Rodungen zu einem Grundwasseranstieg mit Bodenvernässung und Absterben verbleibender Bäume führten. Pollenaufzeichnungen liefern Anzeichen, die mit dem Auftreten anthropogener Vegetationsstörungen zur Zeit der Torfbildung übereinstimmen.

waldungen als Folge menschlicher Aktivitäten, inklusive des Gebrauchs von Feuer, gewertet werden. Indirekte Beweise für Vegetationsveränderungen und deren Konsequenzen liefert auch das Studium von Bodenprofilen, die etwa unter Erdarbeiten konserviert wurden. Sedimentationsraten in Seen, Feuchtgebieten und in Talgründen liefern Informationen über das Einsetzen von Bodenerosion.

Beweise dieser Art sind zwangsläufig fragmentarisch. Anzeichen menschlicher Eingriffe mögen eher Indizien als schlüssige Beweise sein. Jedoch hilft der Vergleich der Auswirkungen derzeitiger menschlicher Eingriffe mit den fossilen Aufzeichnungen, diese Unwägbarkeiten zu erhellen. Man kann z.B. über die Folgen von Bejagung, Rodung oder Ansiedlung von Arten in der Vergangenheit durch Auswertung historischer Aufzeichnungen vergleichbarer Fälle erste Schlüsse ziehen.

Die Kästen 4.1 und 4.2 greifen einzelne Fallstudien auf und zeigen in einigen Details, wie menschliche Einflüsse bestimmt werden können.

4.2 Auswirkungen auf die Vegetation

Die Umwelt kann, basierend auf dem Maß menschlicher Eingriffe in die Vegetation, als natürlich, subnatürlich, seminatürlich oder kulturell kategorisiert werden. In einer natürlichen Umwelt ist der menschliche Einfluß unbedeutend oder gleich Null. Alle anderen sind in unterschiedlichem Maße gestört.

4.2.1 Natürliche Umwelt

Auf den meisten Landflächen der Erde wäre Wald die natürliche Vegetation, außer dort, wo die Bedingungen zu kalt oder zu trocken sind. Die potentiellen Urwälder sind heute flächenmäßig größtenteils reduziert – entweder durch Fällung oder indem die Regeneration durch Brandrodung oder Beweidung verhindert wird. Die größten Flächen natürlicher Vegetation finden sich folglich in den Gebieten, die für den Menschen oder seine Haustiere zu unwirtlich sind – in Wüsten und Tundren.

Es ist schwierig zu ermitteln, welche Lebensräume – bis auf die Gebiete ohne menschliche Population – wirklich ungestört sind. In Großbritannien wird die ursprüngliche Vegetation der meisten Gegenden Laubwald gewesen sein. Jedoch wurden 14 Mio. von ursprünglich 16 Mio. ha gerodet, und alle verbleibenden Gebiete letztendlich auch geschlagen, so daß nur wenige ursprüngliche, natürliche Flächen verblieben sind. Veränderungen der Vegetation scheinen bereits sehr früh eingesetzt zu haben. Es gibt einige Anhaltspunkte dafür, daß bereits während des letzten Interglazials (Hoxnian) möglicherweise durch den Menschen mittels Feuer Entwaldungen stattfanden – eventuell, um dadurch Jagdwild zusammenzutreiben. Diese Annahme basiert auf dem gemeinsamen Auftreten steinerner Handäxte und den Beweisen für Entwaldung. Es gibt aber auch Belege für zeitgleiche Entwaldungen auf anderen Standorten, die eher auf einen Großbrand mit natürlicher Ursache als auf ein kontrolliertes Niederbrennen schließen

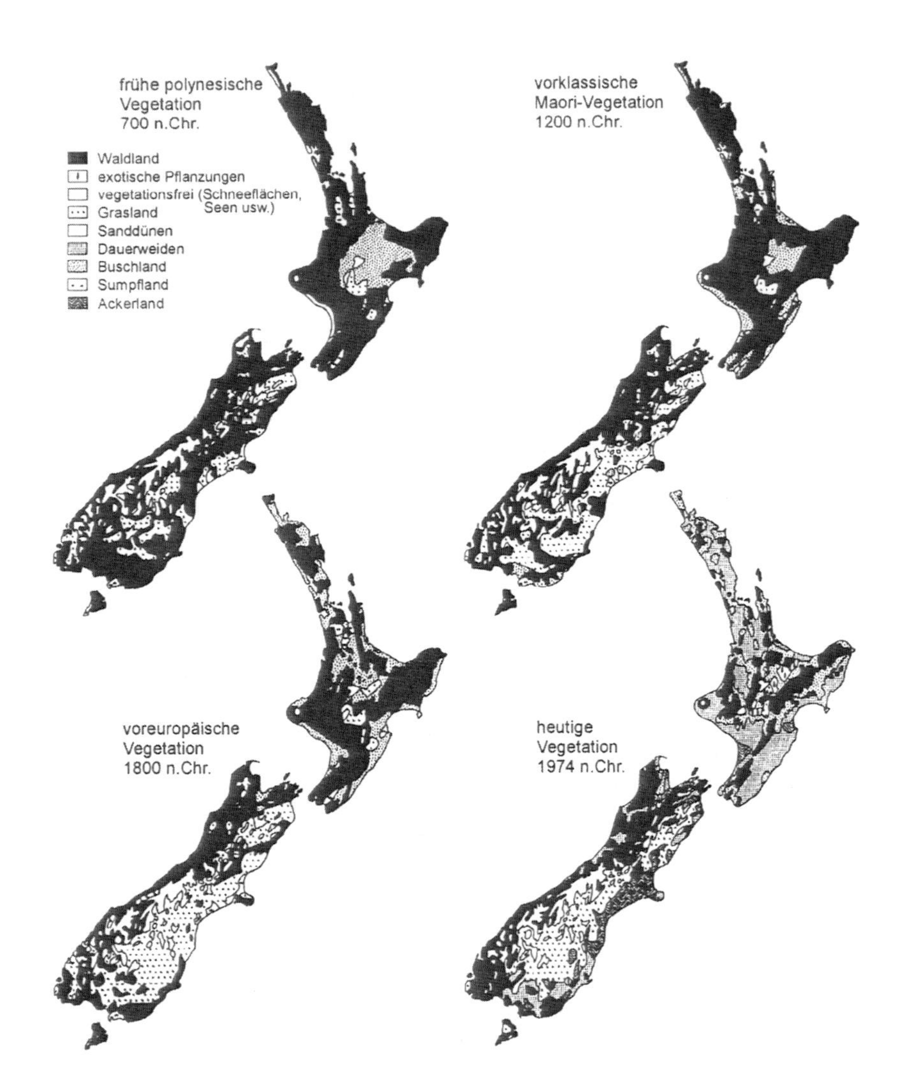

Abb. 4.1. Veränderungen der Vegetation Neuseelands, ausgelöst durch den Menschen. Die erste Karte zeigt das Vegetationsmuster kurz nach der Ankunft des Menschen. Trotz der jungen Besiedlung sind bereits einige der Graslandschaften im Osten und Nordosten der Südinsel das Ergebnis menschlicher Tätigkeit. Ausgedehnte Entwaldungen und die Anlage von Dauerweiden wurden seit der Ankunft der europäischen Siedler vorgenommen. Doch schon zuvor wurden große Waldflächen als Ergebnis der Aktivitäten der Maoris durch Busch- und Grasland ersetzt (*Quelle:* Anderson 1977).

Kasten 4.2 «Overkill»

Während des letzten Interglazials vor etwa 120 000 Jahren war die Großsäugerfauna sehr viel artenreicher als heute. Jene, die die letzte Eiszeit überlebt hatten, wurden danach rasch ausgelöscht. Amerika hatte zu Beginn des Holozän eine Fauna, in der auch Mammuts, Mastodons und Riesenfaultiere vertreten waren. In Australien kamen mehr als zwölf Gattungen von Riesenbeuteltieren vor. Die Megafauna war in Neuseeland mit den Moas vertreten, auf Madagaskar mit den Elefantenvögeln und großen Lemuren. In Nord- und Südamerika sowie Australien starben 70–80 % aller Großtiere aus (Großreptilien und Großvögel für Australien eingeschlossen).

Die Hauptphasen des Aussterbens verliefen weltweit nicht gleichzeitig. Das Sterben fand in Australien vor mehr als 150 000 Jahren statt. Das Artenschwinden in Neuseeland und auf Madagaskar dagegen fand in jüngerer Zeit statt; wahrscheinlich zwischen 1000 und 1600 n.Chr. in Neuseeland und zwischen 500 und 1100 n.Chr. in Madagaskar. Vor etwas mehr als 1000 Jahren starben in Neuseeland nach der Einwanderung der Maoris mehr als 40 Vogelarten aus. Die bedeutendsten dieser ausgestorbenen Arten waren mit 13 oder mehr Arten die Moas, flugunfähige, den Kiwis nahe verwandte Vögel. Die größten unter ihnen hatten ein geschätztes Lebendgewicht von 230 kg und eine maximale Größe von 3 m, die häufigsten Arten ein Gewicht zwischen 25 und 60 kg. Verglichen mit den Populationsdichten des Emu und Cassowary in Australien, kann eine Gesamtpopulation von nicht mehr als einigen zehntausend Tieren angenommen werden. Skelette von Moas, die auf großen Schlachtplätzen gefunden wurden, zeigen allein auf der Südinsel die Tötung einiger Hunderttausend Individuen durch die Maoris an. Es gibt auch Belege für ausgedehntes Sammeln der Eier. Die Moas überdauerten die klimatischen Schwankungen der Eiszeiten und den Großteil des Holozän, wurden dann aber nach der Ankunft der ersten Polynesier schnell ausgerottet. Die Beweise dafür, daß die Ausrottung eine direkte Folge der Bejagung durch den Menschen war, die eventuell durch Habitatzerstörung und Konkurrenz durch eingeführte Hunde verstärkt wurde, sind stichhaltig.

In Nordamerika starb der größte Teil der Megafauna im Zeitraum von 12 500 bis 11 500 Jahren vor heute aus. Dies mag mit der Zeit umfangreicher klimatischer Veränderungen zusammenfallen, aber es ist auch eine Periode, in der erste Anzeichen weiträumiger menschlicher Besiedlung auftreten. Es wird angenommen, daß die Einwanderungswege über die Landbrücke der Beringstraße verliefen. Überreste der Megafauna treten oft mit frühindianischen Artefakten der *Clovis*-Kultur auf. Hinweise auf eine menschliche Besiedlung vor dieser Zeit sind fragmentarisch und umstritten. Wenn es eine frühere menschliche Population gegeben haben sollte, muß sie sehr klein gewesen sein. Das zeitliche Zusammenfallen von menschlicher Besiedlung und Verschwinden der Megafauna läßt sich wieder als Ursache und Wirkung deuten, obwohl die Beweise hier weniger schlüssig sind als in Neuseeland.

Eine Reihe von Argumenten spricht gegen klimatische Ursachen für das Aussterben der Megafauna. Wie oben erwähnt variieren die Zeiten des Verschwindens von Ort zu Ort, und in vielen Fällen korrelieren sie mit ersten Anzeichen einer menschlichen Bevölkerung. Die Großsäuger verschwanden selektiv, ohne Hinweise auf zeitgleiches Verschwinden von Gefäßpflanzen, Käfern, marinem Phytoplankton oder Kleinsäugern. Es ist schwer einzusehen, weshalb Großsäuger ungewöhnlich anfällig auf klimatische Veränderungen reagieren sollten, besonders, da sie mit vorhergehenden Vereisungen und Erwärmungen scheinbar gut zurecht gekommen sind.

lassen. Für das Holozän gibt es Hinweise auf Rodungen schon vor 8000 Jahren. Großräumiger Wandel von Wäldern in Deckenmoore tritt vor 5000 Jahren in Erscheinung (vgl. Kasten 4.1). Zur Zeit der Normanneninvasion waren nur 15 % der Fläche Englands bewaldet; 25 % waren in Weideland umgewandelt worden; 30 % waren Moor- und Heideland; und ungefähr 30 % wurden für den Ackerbau verwendet. Die Landfläche Englands war für lange Zeit weit von einem natürlichen Zustand entfernt. In Neuseeland setzt die Verdrängung der Wälder durch andere Vegetationsformationen großflächig kurz nach der Einwanderung der Maoris ein, deutlich vor der europäischen Besiedlung also (vgl. Abb. 4.1). Im Mittelmeerraum wurden die meisten Flächen der ursprünglichen immergrünen Eichenwälder durch Maccie bzw. Phrygana (eine Gemeinschaft von Sträuchern mit kleinen, harten immergrünen Blättern in Form eines dichten Gebüschs) oder noch schwerer degradierte Habitate ersetzt, so daß auch hier wirklich natürliche Umwelt sehr selten geworden ist.

Weltweit sind 8–9 Mio. von ursprünglich 45 Mio. km^2 Wald und Waldgebieten verschwunden, und etwa die Hälfte der Vernichtung fand nach 1850 statt (Williams 1990). Wie wir unten sehen werden, gibt es Diskussionen über den Punkt, ab dem Landschaften als natürlich oder als Ergebnis anthropogener Störungen angesehen werden sollen, besonders im Fall von Grassteppen und Pampas. Wir können dennoch sagen, daß viele der Vegetationsformen, die allgemein als natürlich angesehen werden, bereits das Ergebnis menschlicher Störungen in ehemaligen Wäldern sind. Dies schließt viele Gras- und Heidelandschaften ein, die im folgenden Abschnitt erwähnt werden.

4.2.2 Subnatürliche Umwelt

In diesen Lebensräumen hat der menschliche Einfluß zwar einige Veränderungen in der Vegetation verursacht, die Struktur der Vegetation ist aber grundsätzlich gleich geblieben – Wälder sind Wälder und Grasland ist Grasland. Wie im vorhergehenden Abschnitt erwähnt, haben viele der bestehenden Wälder gemäßigter Breiten einige Störungen durch den Menschen erfahren, stellen also eine subnatürliche Umwelt dar.

Anfängliche menschliche Einwirkungen scheinen eher subnatürliche Ökosysteme geschaffen als sofort zu völligen Entwaldungen geführt zu haben. Im Abschnitt über die Methoden habe ich den Ablauf aufgezeichnet, bei dem Rodungen eine Abnahme der Baumpollen und eine Zunahme der Pollen von Arten verursacht haben, die nicht gemeinsam mit Bäumen vorkommen können. Typischerweise gehört zu den ersten Anzeichen von Rodungen nur eine relativ geringe Abnahme der Baumpollen, gefolgt von einer Waldregeneration. Dies läßt darauf schließen, daß die Rodungen auf kleine Flächen (eventuell Lagerplätze) beschränkt waren oder aber kontrollierte Brandrodung durchgeführt wurde, die darauf abzielte, das Kronendach zu öffnen und das Wachstum junger Schößlinge zu unterstützen, um so mehr Nahrung für grasende Huftierherden, besonders Hirsche, bereitzustellen. Wie auch immer, jedesmal, wenn eine Fläche niedergebrannt wurde, gingen Nährstoffe durch Auswaschung verloren. Wiederholtes Niederbrennen führt möglicherweise zur völligen Auslaugung des Bodens. Beweise dafür liefern verschüttete Bodenprofile in Gebieten, in denen die Böden ursprünglich schon basenarm waren. Nach der ersten Rodung versauerten diese Böden. Dem folgte eine Torfdeckenbildung in nassen Bereichen (Kasten 4.1) und die Entwicklung von Podsolen in trockeneren Bereichen. In beiden Fällen wurde die Regeneration des Waldes womöglich verhindert. Auf trockeneren Böden entwickelte sich dann häufig eine Calluna-Heide.

4.2.3 Seminatürliche Umwelt

Hier wurde der natürliche Vegetationstyp verändert, aber es hat keine absichtliche Veränderung der Artenzusammensetzung gegeben – die dort auftretenden Arten kommen spontan vor. Weite Bereiche der nicht ackerbaren Flächen fallen in diese Kategorie. Die bei weitem häufigste Veränderung der Vegetationsstruktur ist die Entwaldung, die in eine Reihe verschiedener Vegetationstypen mündet. Dies schließt die als *Maccien* und *Chapparal* bekannten Hartlaubbusch-Vegetationen in Gebieten mediterranen Klimas mit ein, ebenso die Deckenmoore in Hochlandgebieten mit hohen Niederschlagsraten sowie eine Reihe von Gras- und Heidelandschaften andernorts. Manche der neu geschaffenen Ökosysteme wie z.B. Kalkrasen, Heiden und Weidemarschen können vielfältige Lebensgemeinschaften beherbergen und sind von hoher Schutzwürdigkeit. Sie sind in den meisten Fällen nicht natürlichen Ursprungs, obwohl Heideflächen auf der landwärtigen Seite mancher Dünen entstehen können und Kalkrasen möglicherweise aus Tundren entstanden sind, deren Bodendecke zu dünn war, um Baumwachstum zu ermöglichen. Es gibt aber auch andere unterschiedlich degradierte seminatürliche Lebensräume, die sehr viel weniger Tier- und Pflanzenarten begünstigen. Dies schließt sowohl die Vegetation ein, die sich auf den verarmten Böden entwickelt, die nach der Rodung tropischer Regenwälder (vgl. Kasten 4.3) zurückbleiben, als auch die Vegetation jener ariden Gebiete, die von Bodenerosion durch Überweidung betroffen sind.

Der erste Schritt in der Bildung von Grasland und anderen seminatürlichen Vegetationstypen ist üblicherweise die Entwaldung, die sehr früh im Holozän einsetzte. Der Beginn der Kalkrasenbildung in den Wäldern Yorkshires könnte ein Hinweis auf Rodungen vor 8300 Jahren sein. Wenn wir ein Gebiet als entwaldet einstufen, sobald die Baumpollen mit weniger als 50 % ihrer Höchstwerte vorkommen, erhalten wir Rodungsphasen über die Zeiträume von 3900–3700 v.Chr. für den größten Teil des Nordwestens Schottlands bis hin zu 400–300 v.Chr. für die Grampians und die Cairngorms. Dieser Punkt wurde im größten Teil Englands und Wales' vor 2600 bis 2100 Jahren erreicht. Für andere Teile der Welt werden erhebliche Rodungen wie folgt datiert: in Afrika vor 3000 Jahren, in Süd- und Zentralamerika vor 7000 Jahren und womöglich bereits vor 9000 Jahren in Indien und Neuguinea.

Kasten 4.3 Artenvielfalt und tropische Regenwälder

Die Anzahl der Arten, die in dieser Region wissenschaftlich beschrieben wurde, beträgt 1,4 Mio. Die Mehrzahl dieser Arten sind Landbewohner, knapp die Hälfte sind Insekten, etwa 250 000 sind höhere Pflanzen (Wilson 1988). Die genaue Zahl der Arten lebender Organismen auf der Erde kennen wir nicht, nicht einmal die ungefähre Größenordnung. Intensive Sammlungen in kleinen Gebieten tropischer Regenwälder fördern große Zahlen bisher nicht beschriebener Arten zu Tage, wobei wiederum die Insekten dominieren. Schätzungen, die auf Extrapolationen dieser Arbeiten basieren, lassen vermuten, daß es mehr als 30 Mio. Arten auf der Erde geben könnte, während die meisten konservativen Schätzungen die Gesamtzahl mit lediglich 3 Mio. angeben. Es gibt Grund zu der Befürchtung, daß viele Arten bereits ausgestorben sein werden, bevor sie überhaupt beschrieben werden konnten.

Die tropischen Regenwälder standen schon im Mittelpunkt der Sorge um die Biodiversität. Obwohl sie nur 7 % der Landoberfläche des Planeten bedecken, sind sie biologisch äußerst reich und beherbergen schätzungsweise mindestens 50 % aller Arten der Welt. Die tropischen Regenwälder werden außerdem sehr schnell dezimiert (1 % der Fläche wird jedes Jahr gerodet, mehr als 1 % deutlich degradiert). Die Zahl der Arten, die durch diese Rodungen verlorengehen, ist unbekannt.

Warum sollten wir uns über das Artensterben Sorgen machen?

1. Der *Wert des Lebens*. Die Existenz jeder Art gilt als um ihrer selbst willen ausreichend begründet. Anschauungen dieser Art reichen von der «ultragrünen» Ansicht, nach der jede Art den gleichen Wert besitzt und kein Mensch das Recht hat, irgendeine Art auszulöschen, bis hin zur der eher pragmatischen Einstellung, daß möglicherweise jede Art für das Wohl der Menschen, die über die Ornithologie oder durch Naturerlebnisse mit ihnen Freude erfahren, vorteilhaft sein könnte. Die letztere Ansicht mißt den größeren und mehr Aufmerksamkeit erregenden Arten – besonders den Vögeln, Säugetieren, Schmetterlingen und Blütenpflanzen – einen höheren Wert bei.
2. Der *wirtschaftliche Wert*. Andere Aspekte des Artensterbens haben einen deutlich funktionaleren Charakter und lassen in der Artenvielfalt eine potentielle Quelle wirtschaftlicher Erträge erkennen. Viele Medikamente wie Aspirin und Penicillin wurden ursprünglich aus Pflanzen und Pilzen gewonnen. Nur ein kleiner Teil der Arten wurde bisher auf ihre medizinischen Eigenschaften hin untersucht, wobei die tropischen Arten besonders selten herangezogen wurden. Wenn viele dieser Arten verlorengehen, werden wir mit absoluter Gewißheit auch eine Reihe nützlicher Medikamente verlieren. Diese Überlegungen haben die Disziplin der Ethnobotanik hervorgebracht. Ethnobotaniker versuchen, jene Pflanzen zu identifizieren, die von der einheimischen Bevölkerung für medizinische Zwecke verwendet werden, da sich aus diesen Arten sehr wahrscheinlich nützliche chemische Verbindungen isolieren lassen.

Ein starkes ökonomisches Argument gegen die Rodung von Regenwäldern ist, daß diese Rodungen nur sehr armes Ackerland hervorbringen. Starke Niederschläge kombiniert mit hohen Temperaturen bedeuten, daß totes organisches Material schnell zersetzt wird und daß Auswaschung und Verwitterung sehr intensiv sind. Die Böden sind typischerweise sauer und nährstoffarm. Nur 0,1 % der Nährstoffe liegen im Boden tiefer als 5 cm vor, der größte Teil der Nährstoffe ist im Gewebe der lebenden

Fortsetzung n. S.

Kasten 4.3 ***Fortsetzung***

Pflanzen gebunden. Wird der Wald gerodet und die Vegetation verbrannt, erlauben die so freigesetzten Nährstoffe einen Feldfruchtanbau. Die Nährstoffe werden jedoch rasch aus dem Boden ausgewaschen, so daß eine Nutzpflanzenkultur nur für wenige Jahre möglich ist. Danach ist das Land bestenfalls noch als extensive Rinderweide brauchbar. Die Regeneration der Wälder läuft sehr langsam ab, weil einerseits die Nährstoffe verloren gegangen sind und sich andererseits viele Regenwaldbäume nur allmählich ausbreiten. Es wurden einige Versuche unternommen, um die wirtschaftlichen Erträge einer Waldrodung mit jenen einer dauerhaften Nutzung des Waldes – inklusive des Sammelns von Früchten, Nüssen und Latex sowie einer beschränkten Einzelstammnutzung – zu vergleichen. Eine Ertragsschätzung für Waldrodung (Peters *et al.* 1989) zur Holzgewinnung ermittelt einen anfänglichen Gewinn von $1000 pro ha, gefolgt von $150 jährlich durch Rinderhaltung. Mit einer dauerhaften Nutzung hingegen kann ein jährliches Einkommen von $750 erwirtschaftet werden. Die Gewinne aus einer Rodung fließen gewöhnlich einer anderen Personengruppe zu als die Erträge einer dauerhaften Waldnutzung. Es ist eine sehr schwierige Aufgabe, politische und wirtschaftliche Wege zu finden, um zu verhindern, daß die weniger sinnvolle Nutzung durch Rodung weiter betrieben wird.

In manchen Fällen gibt es Streit über die Bedeutung des menschlichen Einflusses, was die Debatte über den Status eines Vegetationstyps als *natürlich* oder *seminatürlich* einleitet. Weite Bereiche des Britischen und Skandinavischen Hochlandes sind von mehrere Meter mächtigen Torfablagerungen bedeckt. Die Torfakkumulation zeigt an, daß die abgestorbene Vegetation in Folge von Vernässung schneller abgelagert wird, als sie zersetzt werden kann. Oberflächlich betrachtet scheint Bodenvernässung das Ergebnis hoher Niederschlagsraten zu sein, die dann eine Bewaldung letztlich verhindern würde. Hohe Niederschläge machen einen Standort sicherlich für Torfanreicherung geeigneter, aber es gibt stichhaltige Beweise, daß dafür ein Eingreifen des Menschen notwendig ist (vgl. Kasten 4.1). Am weitaus umstrittensten ist die Rolle menschlichen Eingreifens in bezug auf die Graslandschaften der amerikanischen Prärien, südamerikanischen Pampas und afrikanischen Savannen. Typischerweise geht der Wald dort zugunsten des Graslandes zurück, wenn die Niederschlagsrate abnimmt. Die unmittelbare Ursache dieses Wandels ist jedoch nicht die Niederschlagsrate selbst, sondern der Einfluß von Feuer. In den Zentralebenen der Vereinigten Staaten kommen inmitten der Prärien isolierte natürliche Waldlandflecken vor, speziell an Steilhängen und anderen scharfen Brüchen in der Topologie. Werden Bäume in breitem Artenspektrum in Plantagen oder Schutzgürteln angepflanzt, ist es ihnen möglich, über Jahrzehnte - auch mit Trockenperioden - zu überdauern und sich in feuchten Jahren zu reproduzieren. Der entscheidende Faktor ist, daß das Auftreten regelmäßiger Brände das Graswachstum gegenüber Buschwerk und Bäumen begünstigt. Die oberirdischen Teile der Bäume und Büsche sind das Ergebnis mehrerer Jahre Wachstum. Selbst wenn manche Arten nach einem Brand wieder austreiben können, wird doch ihre Größe und damit auch ihre Fähigkeit zur Vermehrung beschränkt.

Diese Argumente konzentrieren sich auf den Umfang, in dem diese Brände das Ergebnis menschlichen Handelns sind. Es liegen klare Beweise dafür vor, daß etwa in afrikanischen Savannen Hirten absichtlich Brände entfachen, um das Grasland zu erhalten. Es gibt auch einige Hinweise darauf, daß die Gebiete der amerikanischen Prärien und Pampas in der voreuropäischen Periode durch vorsätzliches Niederbrennen ausgeweitet wurden. Magellan benannte Feuerland nach der großen Zahl von Bränden, die er dort lodern sah. Feuer spielte ebenso bei der Umwandlung der Wälder mediterraner Klimate in Maccien eine Rolle. Auf der Insel Madeira, die vor nicht allzu langer Zeit noch unbewohnt war, trat diese Umwandlung in historischer Zeit auf. Die Insel war ursprünglich bewaldet, doch schon einige Jahre nach der Besiedlung verbrannten unkontrollierte Feuer die ganze Insel, die Vegetation wechselte von Wald- in Busch- und Grasland. Die Degradation des Landes infolge von Überweidung, speziell durch Schafe und Ziegen, läßt sich bis zu den sehr frühen Tagen der Landwirtschaft im Mittleren Osten vor etwa 10 000 Jahren zurückdatieren.

Obwohl menschliche Völker schon seit Tausenden von Jahren eine Hauptursache der Entwaldung gewesen sind, schnellte die Entwaldungsrate erst in jüngerer Zeit steil nach oben. Nach der europäischen Kolonisation verlor Nordamerika in 200 Jahren mehr Waldfläche als Europa in 2000 Jahren. Eine ursprünglich 170 Mio. ha große Waldfläche, die sich mehr oder weniger durchgehend von der US-Ostküste bis zum Mississippi erstreckte, ist jetzt auf 10 Mio. ha reduziert worden. Gegenwärtig wird jährlich etwa 1 % der existierenden Regenwälder gerodet (vgl. Kasten 4.3 und Kap. 5).

4.2.4 «Kultur»-Umwelt

In diese Kategorie fallen künstliche Systeme wie etwa Agrarflächen, in denen der Vegetationstyp absichtlich vom Menschen bestimmt wird. Das beinhaltet den Verlust vorheriger natürlicher, sub- oder seminatürlicher Lebensräume. Das neue System beherbergt normalerweise weniger Pflanzenarten als jenes, das es ersetzt und in Konsequenz auch eine weniger vielfältige Fauna. In seiner extremsten Form bedeutet dies die Schaffung von Flächen, die nur von einer Art dominiert werden – wie etwa Weizenmonokulturen, die eine Prärielandschaft mit bis zu 100 Grasarten ersetzen. Die Fauna jener Landschaften kann durch den Einsatz von Pestiziden gegen herbivorische Insekten verarmen, obwohl immer deutlicher erkannt wird, daß der wahllose Gebrauch solcher Pestizide auch jene Insekten tötet, die als Prädatoren die Schadinsektenart in Grenzen halten. Ein «besseres» Grasland spannt die Grenzlinie zwischen seminatürlicher und Kultur-Landschaft auf. Eine Heuwiese, die erst spät in der Vegetationsperiode geschnitten wird, beherbergt viele Blütenpflanzen. Diese können überdauern, weil der jährliche Schnitt das Vordringen von Holzpflanzen verhindert, während sie selbst Gelegenheit haben, ausreichende Größe zu erreichen und Samen auszubilden, bevor sie gemäht werden. Standortverbesserungen, die einfach nur

Düngerzugabe bedeuten, verursachen eine Abnahme der Artenvielfalt, weil schnell wachsende Pflanzen in der Lage sind, andere Arten durch Konkurrenz zu verdrängen. Dies wird oft mit einer häufigeren und auch früher im Jahr stattfindenden Mahd für eine Silage verbunden. Das hindert viele Pflanzen an der Vollendung ihres jährlichen Zyklus von Wachstum und Samenbildung und reduziert so ebenfalls die Artenvielfalt. Wird eine Wiese untergepflügt und Raigras angesäht, ist die Grenze zur «Kultur-Umwelt» überschritten.

Die Domestizierung von Tieren und Pflanzen begann vor rund 10 000 Jahren. In dieser Zeit wurden wohl auch die ersten Kulturlandschaften geschaffen. Heute werden ungefähr 1,5 Mrd. ha Land für die Feldfruchtproduktion genutzt (bei einer weltweiten Gesamtsumme von 14,5 Mrd. ha). In den letzten zwei Jahrhunderten hat sich die Umwandlungsrate von nicht landwirtschaftlich genutzten in landwirtschaftlich genutzte Flächen rapide beschleunigt - im Jahre 1700 betrug die Ackerfläche schätzungsweise nur 265 Mio. ha (Richards 1990).

Landwirtschaftliche Systeme verwenden in der Regel Pflanzen, die für eine erfolgreiche Vermehrung auf das Eingreifen des Menschen angewiesen sind. Diese Abhängigkeit ist das Ergebnis sowohl unabsichtlicher als auch absichtlicher Selektion. Eine Auslese mit dem Ziel höherer Erträge findet absichtlich statt, kann aber auch unabsichtlich ablaufen, indem die Rassen mit den höchsten Erträgen unter besonderen Wuchsbedingungen mehr Samen für die nächste Generation beisteuern. Eine unabsichtliche Auslese kann auch gegen Eigenschaften stattfinden, die in Wildpopulationen zwar günstig sein mögen, aber unter Kulturbedingungen zu einer verminderten Überlebenskraft führen. Das betrifft auch die Samenruhe und das spontane Abwerfen der Samen. In vielen Fällen hat das im Endeffekt zur Evolution neuer Arten geführt - es herrscht z.B. Uneinigkeit darüber, welche Wildart der Urahn des Mais ist. Viele andere Arten entstanden auf Grund menschlicher Eingriffe und traten zunächst als Ackerunkräuter auf. Dazu gehören Pflanzen, die als «Feldfruchtsamen-Imitatoren» bekannt sind und Samen besitzen, die in Größe und Form jenen bestimmter Nutzpflanzen ähnlich sind. Sie sind Gegenstand der gleichen unabsichtlichen Selektion, die durch die Domestikation der Nutzpflanzen entstand. Solche Arten sind in den letzten Jahrzehnten in ihrer Verbreitung stark zurückgegangen. Dies liegt am Gebrauch selektiver Herbizide, der Entwicklung mechanischer Dreschverfahren mit Saatgutreinigung und an der Abhängigkeit der Landwirtschaft von kommerziell hergestelltem Saatgut, so daß nicht mehr die Samen aus der Vorjahresernte verwendet werden.

4.3 Artensterben

Nach der Betrachtung des Wandels der Lebensräume im großen Maßstab wenden wir uns nun den Auswirkungen anthropogen bedingter Veränderungen terrestrischer Ökosysteme auf einzelne Arten zu. Großräumige Habitatzerstörungen führen zu lokaler Auslöschung von Pflanzenarten und Tieren, die von diesen Pflanzen oder dem Habitattyp abhängig sind. Auch wenn kleine Reserven des Habitats erhalten bleiben, kommt es womöglich zu einem Verlust an Artenvielfalt - eine kleine Fläche kann zumindest bei großen Arten nur eine relativ kleine Population versorgen, und diese kleineren Populationen sind von einer Auslöschung durch zufällige Fluktuationen eher bedroht. Auch verfügen kleinere Populationen über eine niedrigere genetische Vielfalt, so daß sie gegenüber Extremsituationen wie Klimaschwankungen und Infektionskrankheiten weniger gut gerüstet sind. Forschungen auf ozeanischen Inseln haben gezeigt, daß die Zahl der Arten eines speziellen Taxon proportional zur vierten Wurzel der Inselfläche (Fläche^{0,25}) ist. Eine ähnliche Beziehung wird für Inseln tropischen Regenwaldes inmitten gerodeter Flächen angenommen. Zu diesem Effekt kommt noch hinzu, daß Arten häufig endemisch auf einzelnen Inseln vorkommen und daß nicht selten Arten besonders in den Tropen auf einzelne Waldgebiete beschränkt sind. In diesem Fall bedeutet eine lokale Auslöschung an diesem einen Ort das komplette Verschwinden. Doch selbst wo dies nicht der Fall ist, kann eine Reihe lokaler Ausrottungen zum völligen Verschwinden von Arten führen.

4.3.1 Das Aussterben großer Säugetiere

Große Säugetier- und Vogelarten sind von der Bejagung durch den Menschen besonders gefährdet und wurden infolgedessen schon oft großräumig ausgerottet. So wurden z.B. in Großbritannien in historischer Zeit der Auerochse, der Wolf, das Wildschwein, der Braunbär und der Biber ausgerottet sowie viele andere Arten in ihrer geographischen Verbreitung stark eingeschränkt. Es gibt auch deutliche Anzeichen dafür, daß schon in prähistorischen Zeiten viele Tierarten durch den Menschen ausgerottet wurden. Dies gilt besonders für die sogenannte «Megafauna» - üblicherweise werden Tiere mit einem Gewicht von über 44 kg dazu gezählt. In vielen Fällen, besonders aber auf Inseln und wahrscheinlich auch in Nord- und Südamerika, folgte das Verschwinden großer Säugetiere rasch auf die Ankunft der Menschen, ein Phänomen, das auch als «overkill» bezeichnet wird (vgl. Kasten 4.2).

4.3.2 Die Einführung von Arten

Artensterben tritt auch in Folge der Einführung exotischer Arten aus anderen Gebieten auf. Diese eingeführten Arten verdrängen die einheimischen Arten entweder durch direkte Konkurrenz oder aber - im Falle der Einführung von Tieren - durch ihre Nahrungswahl bzw. Überweidung. Die Auswirkungen der Einführung exotischer Tierarten werden durch Beispiele von Inseln, auf denen Arteneinbürgerungen in historischer Zeit stattfanden, besonders deutlich. Vielen Inseln fehlt es an großen Prädatoren, weshalb die Einführung eines Prädatoren schwerwiegende Auswirkungen haben kann. Flugunfähige und bodenbrütende Vögel sind dann besonders schutzlos. Auf verschiedenen Pazifikinseln wie auch Hawai und den Lord Howe-Inseln führte die Einschleppung von Ratten zum Aussterben eines großen Teils der Vogelarten. In einigen Fällen brachten polynesische Kolonisten in voreuropäischer Zeit die Ratten mit. Auf anderen Inseln, wie etwa den Fidschi-Inseln, Tonga, Samoa und den Galapagos-Inseln, hatte die Einführung von Ratten nur geringe Auswirkungen, weil diese Inseln offensichtlich entweder schon einheimische Ratten oder aber Landkrabben aufwiesen. Auf anderen Inseln sind eingeführte Katzen und Füchse für das Aussterben von Tierarten verantwortlich. Im Jahre 1894 wurde der einzige flugunfähige Singvogel der Welt, der Stephen-Island-Zaunkönig, durch die Anstrengungen einer einzigen Katze, die dem Leuchtturmwärter gehörte, ausgerottet. Einige Schneckenarten sind ausgestorben, weil man räuberische Schnecken zur Bekämpfung einer anderen eingeschleppten Schadart, der Schnecke *Achatina fulica* einführte. Eingebürgerte Arten haben auch schädliche Auswirkungen auf die Pflanzenwelt. Die Beweidung durch Ziegen hat besonders schwere Auswirkungen auf Inselvegetationen, aber auch Schweine, Schafe und Rinder sind am Aussterben mancher Pflanzenart schuld. Das eingeführte Gras *Imperata cylindrica* verhindert gegenwärtig die Regeneration gerodeter Regenwälder in Indonesien und auf Java.

4.4 Schlußfolgerungen

Wir haben gesehen, daß infolge menschlichen Einwirkens ein großer Teil der Vegetation der Erde verändert wurde und viele Arten ausgestorben sind. Es ist sicherlich richtig, daß die zunehmende technologische Entwicklung und die exponentiell wachsende Weltbevölkerung unsere Art in die Lage versetzt haben, die Umwelt in den letzten Jahrhunderten in viel stärkerem Maß zu degradieren, als dies je zuvor möglich war. Das hier vorgelegte Material zeigt jedoch, daß die menschliche Gesellschaft auch mit der einfachsten Technologie in der Lage ist, der Natur schweren Schaden zuzufügen. Das mag entweder durch Unfälle (wie den Transport exotischer Tierarten) oder als Folge absichtlicher Eingriffe (Waldrodungen und Ausrottung von Arten der Megafauna) geschehen. Es hat ohne Zweifel Zeiten und Orte gegeben, an denen die Menschen die Ressourcen der Umwelt auf nachhaltige Art und Weise genutzt haben. Es ist jedoch offensichtlich, daß die Menschen während des größten Teils des Holozän eine Kraft gewesen sind, die die Umwelt erheblich veränderte. Das Ideal einer mit der Natur lebenden primitiven Gesellschaft erweist sich nüchtern betrachtet als Mythos. Antikes Heidentum und östlicher Pantheismus scheinen in der Vergangenheit Umweltzerstörungen im großen Maßstab nicht verhindert zu haben. Es ist falsch, solche Weltanschauungen mit dem Hinweis auf eine verlorengegangene Einheit zwischen Mensch und Natur, für die es tatsächlich nur wenige Anhaltspunkte gibt, zu fördern.

Literaturverzeichnis

Anderson AG (1977) New Zealand in maps. Hodder and Stoughton, London
Arroyo MTK, Raven P, Sarukhan J (1992) Biodiversity. In: Dooge JCI et al. (eds) An agenda for science for environment and development into the 21st century. Cambridge University Press, Cambridge, pp 205–222
Blum E (1993) Making biodiversity conservation profitable: a case study of the Merck INBio agreement. Environment 35/4:16–20, 38–45
Bradley I (1990) God is green. Darton, Longman and Todd, London
Brown KR, Adger N (1993) Forests for international offsets: economic and political issues of carbon sequestration. CSERGE Working Paper GEC 93–15, University of East Anglia, Norwich
Brown KR, Moran D (1993) Valuing biodiversity: the scope and limitations of economic analysis. CSERGE Working Paper GEC 93009, University of East Anglia, Norwich
Ehrenfeld D (1978) The arrogance of humanism. Oxford University Press, Oxford
Ehrlich P, Ehrlich A (1992) The value of biodiversity. Ambio 21/3:219–226
Myers N (1990) The biodiversity challenge: expanded hot spots analysis. The Environmentalist 10/4:1–14
O'Riordan T (1981) Environmentalism, 2nd ed. (vor allem Kap. 6) Pion, London
Patterson A (1991) Debt for nature swaps and the need for alternatives. Environment 32/10:4–13, 31–32
Pearce DW (1993) Saving the world's biodiversity. Environment and Planning A 25/6:755–760
Peters CM, Gentry AH, Mendlesohn RO (1989) Valuation of an Amazonian rainforest. Nature 339:655–656
Reid WV (ed) (1993) Biodiversity prospecting: using genetic resources for sustainable development. World Resources Institute, Washington DC
Richards JF (1990) Land transformation. In: Turner BL, Clark WC, Kates RW, Richards JF, Mathews JT, Meyer WB (eds) The Earth as transformed by human action. Cambridge University Press, Cambridge, pp 163–178
Swanson T (1992) Economics of a biodiversity convention. Ambio 21/3:250–258
Williams M (1990) Forests. In: Turner BL, Clark WC, Kates RW, Richards JF, Mathews JT, Meyer WB (eds) The Earth as transformed by human action. Cambridge University Press, Cambridge, pp 179–201
Wilson EO (ed) (1988) Biodiversity. National Academy Press, Washington DC

Weiterführende Literatur

Bush MB, Flenley JR (1987) The age of British chalk grasslands. Nature 329:434–436
Folke C, Perrings C, McNeeley SA, Myers N (eds) (1993) Biodiversity: ecology, economics, policy. Ambio 22/2–8:62–172
Mannion AM (1991) Global environmental change. Longman, Harlow
Martin PS, Klein RG (1984) Quarternary extinctions: a prehistoric revolution. University of Arizona Press, Tuscon
Moore PD (1975) Origin of blanket mires. Nature 256:267–269

5 Ökosystemmanagement und Umweltethik

John Barkham

Behandelte Themen:

- Was ist Ökosystemmanagement?
- Ausbeutung und die Folgen für die Ökosysteme
- Nachhaltiges Ökosystemmanagement
- Globale Fragen und lokales Handeln
- Die Zerstörung der Ökosysteme oder eine Änderung des Verhaltens
- Management zum Erhalt der Artenvielfalt
- Die Anlage von Biotopen
- Externe Effekte im Biotopmanagement
- Artenschutz

John Barkham setzt sich mit der offensichtlichen, aber häufig vernachlässigten Tatsache auseinander, daß Natur überall ist - auch dort, wo der Mensch scheinbar die Amtsgewalt übernommen hat. Das Wunder der Natur liegt nicht nur in ihrer Schönheit und ihrer Unvorhersehbarkeit, sondern auch in der Flexibilität und Reichweite ihrer Regenerationsfähigkeit. Eine Abraumhalde wird, sofern sie nicht völlig vergiftet ist, nach und nach von Unkraut überwachsen und behutsame Planung kann beinahe jeden unschönen Anblick kaschieren. Es existiert ein beachtlicher Arbeitsmarkt im Bereich der Rekultivierung oder gar Umsiedlung ganzer Biotope. Die Aschefelder des Mount St. Helens erwachen durch den wunderbaren Prozeß der Besiedlung langsam wieder zu neuem Leben. Ebenso, wie das scheinbar verheerende Feuer im Yellowstone Nationalpark den Boden für einen neuen Kreislauf der Regeneration bereitete, so wird jede Umweltkatastrophe zu einem Anschauungsunterricht für Umweltschützer. Die Wiederherstellung eines zerstörten Lebensraums zu beobachten, ist ein aufregendes Erlebnis. Naturschutz muß sich nicht nur im starken Engagement für den Schutz bestehender Biotope oder Tierreservate äußern.

Will die Menschheit unter halbwegs zufriedenstellenden Bedingungen überleben, muß sie sich mit den Rechten der Natur und der Verantwortung für Ökosysteme anfreunden. Man braucht kein professioneller Umweltschützer zu sein, um die Natur zu bewundern und für ihre Rechte zu kämpfen. Bürger, die über ein Gewissen verfügen und mit einer Videokamera ausgestattet sind, können Erstaunliches vollbringen, wenn sie gut organisiert und in der Lage sind, sich zu artikulieren. Die ökologische Revolution kann nur dann stattfinden, wenn sich die Ethik natürlicher Gemeinschaftlichkeit, das Bewußtsein also, sich auf einer gemeinsamen Reise im endlosen Kreislauf des Lebens zu bewegen, in unser aller Bewußtsein und Verhalten eingeprägt hat. Das darf nicht nur Gegenstand wundervoller Tierfilme oder farbenfroher Bildbände sein. Auch sie haben ihren Platz, aber sie dienen eher der Unterhaltung, als daß sie Menschen aufrütteln.

Eine Ethik der natürlichen Gemeinschaftlichkeit wird dann entstehen, wenn der Mensch begreift, wie die Natur in allen Bereichen seiner Umwelt und seiner Freizeit wirkt; wenn die Kosten für das Leben jene Unmengen unverzichtbarer Dienste, die Ökonomie und Ökologie durch ihre gemeinsamen Wurzeln im zu verwaltenden Haushalt der Natur aneinander binden, widerzuspiegeln beginnen; und wenn Gesetze entstehen, die es ermöglichen, philosophische Vorstellungen «transpersonaler» Ökologie (siehe Kästen 19.1 und 19.2) zu einem gesetzlichen Existenzrecht auszudehnen. Dieser ökologischen und rechtlichen Neuordnung muß jedoch eine Erweiterung unseres eigenen Bewußtseins und ein Bewußtwerden für die Einzigartigkeit der Welt, in der wir glücklicherweise leben dürfen, vorausgehen.

5.1 Drei Szenarien

Es ist eine beeindruckende Erfahrung, den tropischen Regenwald am Rande des Amazonas an der südlichsten Spitze von Kolumbien zu betreten (Abb. 5.1). Drückende Hitze, Stille und Düsternis, wo die Ruhe nur vom gleichmäßigen, hohen Zirpen der unsichtbar bleibenden Zikaden im Dach des Waldes unterbrochen wird, bestätigen das Wissen, daß der Regenwald ein natürliches, in Tausenden von Jahren entwickeltes Ökosystem ist. Es ist jedoch nicht unberührt geblieben. Es existiert eine lange Geschichte indianischer Besiedlung – nur weniger Menschen, die am Ufer der Nebenflüsse leben und die, mit ihrer tiefen Kenntnis der Pflanzen und Tiere des Waldes, sich diesen zunutze machen und beeinflussen.

Während ich langsam einen schwer erkennbaren Pfad inmitten einer scheinbar endlosen Ansammlung dunkelgrüner Zimmerpflanzen, die für das ungeübte Auge alle gleich aussehen, entlangschreite, bin ich mir bewußt, daß trotz des Wissens der Indianer niemand aus unserem wissenschaftlich orientierten Kulturkreis weiß, welche Pflanzen hier vorkommen. Nur wenige darauf spezialisierte Botaniker wären vor Ort vielleicht in der Lage, einen größeren Teil davon zu identifizieren. Eine Bestandsaufnahme der Baumarten, die in einem ähnlichen brasilianischen Waldgebiet 1000 km stromabwärts durchgeführt wurde, läßt vermuten, daß wir wahrscheinlich bis zu 200 verschiedene auf jedem einzelnen Hektar finden würden. Eine ähnliche Zählung von Schmetterlingen stromaufwärts in Peru ergab etwa 1200 Arten auf nur 55 km^2 – das sind mehr als in ganz Nordamerika. Über 400 Vogelarten wurden allein entlang dieses 2 km langen Wegs hier im *Amacayacu Nationalpark* dokumentiert. Tausende Käfer, Spinnen und andere Wirbellose sind unbekannt. Ich bin mir bewußt, daß ich sicherlich Arten sehe, die noch niemals dokumentiert wurden, deren Namen und ökologische Funktionen noch nicht einmal einem Fachmann bekannt sind.

Zwischen den benachbarten Stationen Kings Cross und St Pancras im Herzen Londons führt eine laute und staubige Straße zwischen viktorianischen Mauern, Warenhäusern und Gasbehältern nach Norden. Auf der linken Seite der *Camley Street*

Abb. 5.1. Urwaldriesen und Lianen am Ufer eines Nebenflusses im *Amacayacu Nationalpark*, Kolumbien.

stößt ein Abfallsammelplatz ohrenbetäubenden Lärm und Wolken von Staub aus. Gegenüber, hinter einer massiven Holzverkleidung, zwischen der Straße und dem Grand Union Kanal, liegt der nur 0,9 ha große *Camley Street Naturpark*. Plakate und Graffities lassen keinen Zweifel daran, daß dies ein bedrohter Ort ist. Er ist verplant als Teil der Endstation für die neue Eisenbahnstrecke zum Tunnel, der Frankreich und Großbritannien unter dem Ärmelkanal verbindet, und ironischerweise von einer Gesellschaft, die sich «London Regeneration Consortium PLC» nennt, geplant wird.

Innerhalb der Holzverkleidung, hinter dem hölzernen Chalet mit kleinen Stühlen für Kinder und Wänden, die mit Tierpostern und Informationsmaterial bedeckt sind, liegen Blumenbeete und ein großer Teich mit Schilf, Lilien und einem geschäftigen Insektenleben. Über 5000 Schulkinder, die hauptsächlich aus der Innenstadt kommen, besuchen jedes Jahr diesen besonderen Ort, um ein winziges Stück freier «Natur» zu erleben, oft zum ersten Mal.

Der *Camley Street Naturpark* wurde von einer Gruppe Freiwilliger und Angehöriger des Londoner Wildlife Trust 1983 auf dem Gelände eines verlassenen Kohlenhofs geschaffen. Das kleine Gelände wurde landschaftsgärtnerisch gestaltet, der Teich angelegt und einige Arten angesiedelt, denen er nun Schutz und Unterschlupf gewährt. Die meisten Pflanzen und Tierarten stellten sich jedoch von selbst ein: zur Zeit gibt es mehr als 150 Arten von Blütenpflanzen, 18 Pilzarten und sogar 70 bis 80 Spinnenarten.

Dies ist ein natürlicher Ort inmitten einer Stadt, von Menschen geschaffen, ein Asyl, in dem die Natur geschützt ist und wo Kinder lebendige Natur fühlen, berühren und riechen können. *Camley Street* symbolisiert die Notwendigkeit naturnaher Plätze in der Stadt, die von jeder Planung nach heutigen Planungsrichtlinien erwartet wird. Doch wird sie von nur wenigen Planern berücksichtigt und von noch wenigeren richtig umgesetzt, weil sie oft unerfahren sind und schlecht beraten werden.

Abb. 5.2. Niederwaldnutzung in einem alten Waldgebiet, *Honeypot Wood*, Norfolk, England.

Ich fahre durch das intensiv bewirtschaftete Farmland von East Anglia in Großbritannien. In einer eher flachen Landschaft aus Geschiebelehm hebt sich eine Ansammlung niedriger Bäume ab, die dieser ansonsten recht gesichtslosen Landschaft ein wenig Kontur verleiht. Was ist das Besondere am *Honeypot Wood*?

Seine isolierten, von Getreidefeldern umgebenen zehn Hektar sind von einem alten, geteerten Wegenetz durchzogen – ein Vermächtnis aus Zeiten des Zweiten Weltkrieges, als er als Munitionsspeicher für den nahegelegenen Flugplatz diente. Trotz allem war hier, soweit wir wissen, seit prähistorischen Zeiten nie etwas anderes als Waldland. *Honeypot Wood* verdankt sein Überleben der Tatsache, daß er seit mindestens 700 Jahren für die umgebenden Höfe und Gärten Holz liefert, sowohl Brennholz wie auch Bauholz.

Honeypot Wood ist ein mittelbares Bindeglied zu dem sogenannten *Urwald*, der den gesamten Osten Englands bedeckte, bevor man ihn für landwirtschaftliche Zwecke rodete. Viele seiner Tier- und Pflanzenarten kennt man nur von Plätzen wie diesem, der eine lange kontinuierliche Geschichte hat. Heute, da die meisten umgebenden Hecken entfernt wurden, die einst den Wald mit anderen vergleichbaren Standorten verbanden, ist seine Flora und Fauna isolierter als jemals zuvor (Abb. 5.2).

Es gibt jedoch noch Verbindungen. Sein Wert für die einheimische Bevölkerung besteht nicht mehr hauptsächlich im Nutzholz – wenngleich dieses immer noch vermarktet wird – sondern vor allem darin, daß er für jeden als Naturschutzgebiet zugänglich ist. Er wird von einer kommunalen Naturschutzorganisation, dem «Norfolk Naturalists Trust», verwaltet. Wie *Camley Street* ist auch dieses Waldgebiet ein für alle Menschen erreichbarer Zufluchtsort, der von einer durch die menschliche Landnutzung veränderten lebensfeindlichen «Natur» umgeben wird, und dessen Bestandserhaltung durch mehr gerechtfertigt wird als den Wert seiner Forstprodukte. Der unaufhaltsame Marsch des «Fortschritts» hat kurz vor der Zerstörung dieses bemerkenswerten Überrests eines natürlichen Waldes innegehalten. Derselbe «Fortschritt» droht auch – tausendfach stärker und mehr als ein Jahrtausend nach *Honeypot Wood* – den großen Regenwald am Amazonas in eine ähnliche Landschaft vereinzelter Flächen zu zersplittern. *Honeypot Wood* und der *Amacayacu Nationalpark* sind sich in ihrer geschichtlichen Entwicklung und auch in ihrer Beispielhaftigkeit als Waldökosysteme ähnlich. In jeder anderen Hinsicht unterscheiden sie sich erheblich, nicht zuletzt deshalb, weil sich der tropische Regenwald noch immer etwa 700 km nach Norden erstreckt.

5.2 Was ist Ökosystemmanagement?

Das Management eines Ökosystems umfaßt mehr als nur den Schutz einer Handvoll isolierter Überreste natürlicher Pflanzen- und Tiergemeinschaften oder die Pflege neugeschaffener. Es ist auch mehr als eine Reihe von Entwicklungsmaßnahmen. Das Wort «Ökosystem» ist eine nützliche Kurzbezeichnung für die an Land und im Wasser lebenden Pflanzen und Tiere sowie deren Interaktion untereinander und mit ihrer anorganischen Umwelt wie Luft, Wasser und Boden. Der Begriff «System» verweist darauf, daß es sich dabei um dynamische Interaktionen handelt, die sich ständig und mit jedem Element und jeder Art, die direkt oder indirekt einen Einfluß auf die anderen ausübt, verändern. Die Vorstellung eines *globalen Ökosystems* ist eine Anerkennung der Tatsache, daß in der Natur letztendlich alles in wechselseitiger Abhängigkeit steht – und natürlich ist auch der Mensch Teil dieses Systems.

Es ist eine unabweisbare Tatsache, daß der Mensch vom Funktionieren des globalen Ökosystems oder der *Biosphäre*, wie es manchmal auch genannt wird, abhängig ist. Ebenso offensichtlich ist es, daß die Spezies «Mensch» eine Fähigkeit entwickelt hat, die Dynamik dieses Ökosystems in einer Geschwindigkeit und einem Ausmaß zu verändern, die alle bisherigen Organismen auf der Erde übertrifft. In diesem Zusammenhang gibt es zwei wichtige Überlegungen, die für unser Verständnis gegenwärtiger Zwänge bei der Verwaltung der globalen Umwelt grundlegend sind:

1. Das menschliche Bewußtsein und solche Errungenschaften, die den Menschen von den deterministischen Regelmechanismen, mit denen die Umwelt auf freilebende Tiere wirkt, scheinbar weitgehend befreit haben, haben uns mit einer Arroganz ausgestattet, die in der Vorstellung gipfelt, wir besäßen die Freiheit, die Umwelt zumindest bis zu dem Punkt auszubeuten, an dem wir unsere eigenen Interessen offenkundig verletzen. Unbequeme Konsequenzen übermäßiger Nutzung oder des Mißbrauchs könnten durch technologische Entwicklungen und besseres Management bewältigt werden, insbesondere wenn Bewertungsansätze über Marktpreise verwendet werden.
2. Wir unterliegen, den Tieren gleich, den selben grundlegenden biologischen Einschränkungen von Geburt, Wachstum, Fortpflanzung und Tod und sind mit den gleichen grundlegenden konkurrierenden Triebkräften zur Aneignung materieller Güter ausgestattet. *Kooperatives Verhalten* wird dort, wo es sich in der Natur zeigt, im allgemeinen als Verhalten interpretiert, welches für das *individuelle* Überleben am besten geeignet ist. Für den Menschen bedeutet der Wettbewerbsinstinkt sowohl auf individueller wie auch auf gemeinschaftlicher oder nationaler Ebene kurzfristigen Gewinn, bedroht aber langfristig sein Überleben. Ob die Menschheit überlebt, hängt von der Entstehung neuer kooperativer Verhaltensmuster bezüglich des Ressourcenverbrauchs und der Notlage der Benachteiligten ab.

Diese beiden Überlegungen sind unbequem. Die erste herauszustellen, ist unbeliebt; die zweite anzusprechen, richtet die Aufmerksamkeit auf die unliebsame Konfrontation mit unserem unbewußten Konkurrenzdenken, welches das Überleben des Einzelnen in den Vordergrund stellt. Die Anerkennung dieser Überlegungen und das Wissen, daß jeder von uns und unseren Nachkommen davon betroffen ist, sind Grundvoraussetzungen für den entscheidenden Schritt, dem Umweltverständnis und den guten Absichten die notwendigen Taten in Richtung Nachhaltigkeit folgen zu lassen.

5.3 Ausbeutung und die Folgen für die Ökosysteme

Das Wort «Ausbeutung» bedeutet, den maximalen wirtschaftlichen Vorteil zu erzielen oder, im allgemeineren Sinn, etwas selbstsüchtig oder unmoralisch zu verwenden. Diese Definition berücksichtigt nicht den Status des benutzten Gutes. Das Gut wird genutzt, auch wenn nicht sicher angenommen werden kann, daß das verbrauchte Gut in irgendeiner Form ersetzt werden kann. Wenn wir mit einer Ressource auf diese Art und Weise umgehen, gibt es für ihre beständige Verfügbarkeit keine Garantie. Das Problem ist, daß wir nur von sehr wenigen biologischen Ressourcen den maximalen nachhaltigen Ertrag kennen, weil wir die langfristige Populationsdynamik wildlebender Arten in natürlichen Wäldern, Korallenriffen oder Ozeanen noch recht wenig verstehen. Trotz intensiver Arbeit an verbesserten populationsdynamischen Modellen sind sich die Ökologen nur in sehr wenigen Fällen sicher, welches Ausmaß der Nutzung von einer Population vertragen wird. Daher müßte an dieser Stelle das *Vorsorgeprinzip* (vgl. Kap. 1) herangezogen werden.

Wenn das Management einer Art sich nur nach den Kräften des Marktes richtet, statt flexibel und regulierend mit dem Ziel eines nachhaltigen Ertrages zu verfahren, ist es möglich, daß die betreffende Population ausgelöscht wird. Diese einfache Aussage gilt aus zweierlei Gründen (Abb. 5.3):

1. Solange Profit erzielt werden kann, lohnen sich weitere Investitionen. Wenn investiert wird, wird der Verlust an Kapital zeitlich hinausgezögert. Je länger ein Unternehmer im Geschäft bleibt, desto geringer fällt der Investitionsverlust aus.
2. Wenn der betriebene Aufwand den Punkt eines maximal nachhaltigen Ertrages überschreitet, nimmt der Ertrag ab, und der Preis steigt. An dieser Stelle ergibt sich die Alternative, sich entweder einer anderen Ressource zuzuwenden oder, wenn keine verfügbar ist, mit der Ausbeutung der bisherigen fortzufahren, bis diese ausgelöscht ist, sofern nicht Maßnahmen ergriffen werden, die wenigen verbliebenen Bestände zu erhalten.

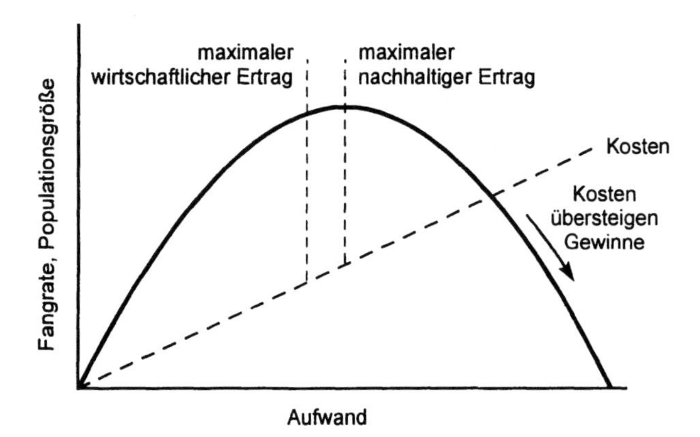

Abb. 5.3. Das Verhältnis zwischen Populationsgröße, Fangrate und Fangaufwand. Weitere Erläuterungen im Text (*Quelle:* nach Clark 1976).

Nur noch ein einziges Exemplar des schönen Spix-Blauara lebt in einem gut bewachten Tal im Nordosten von Brasilien in freier Wildbahn. Diese Tierart wurde durch illegalen kommerziellen Fang an den Rand des Aussterbens gebracht. Die Tatsache, daß Fallensteller entschlossene Versuche unternehmen, den Schutz, den die örtliche Bevölkerung diesem letzten freilebenden Exemplar gewährt, zu umgehen, beweist den ständig steigenden finanziellen Wert einer seltenen Art. Die Zukunft dieser Tierart hängt jetzt von der internationalen Zusammenarbeit ab, mit der 22 in Gefangenschaft lebende Exemplare zu Brutzwecken zusammengebracht werden sollen, um den späteren Nachwuchs im ursprünglichen Lebensraum wieder anzusiedeln. Sie hängt auch davon ab, ob es möglich ist, innerhalb der ansässigen Bevölkerung ein Gefühl von Stolz und Ansehen für den Schutz einer international bekannten und seltenen Tierart zu wecken. Und schließlich hängt sie auch von der Beseitigung des Marktes für diese Tierart ab - davon, daß wirklich *jeder* zustimmt, daß diese Tiere in Gefangenschaft keinen Wert darstellen. Wenn auch nur einige dies nicht akzeptieren, könnte die Art wieder vom Aussterben bedroht sein. Deshalb ist die ethische Dimension eines Ökosystemmanagements von so großer Bedeutung.

Ähnlich wie der Spix-Blauara wurden mehrere der großen Walarten unbarmherzig bis an den Rand der Ausrottung verfolgt (Abb. 5.4). Zwei Faktoren haben das jedoch bisher verhindert: Erstens hat die Walfangindustrie ihre Aufmerksamkeit Arten mit größeren Populationen zugewandt - statt der großen werden nun die kleinen Walarten verfolgt (vom Blauwal über Finnwal zum Seiwal; Abb. 5.4a). Zweitens, weil die zunehmende Wirksamkeit der Internationalen Walfangkommission, die gegen den unerbittlichen Fortgang ökonomischer Logik interveniert, die letztendlich zu einer Auslöschung aus kommerziellen Gründen geführt hätte, spürbar wird (vgl. Kasten 5.1).

Kasten 5.1 Die internationale Regelung des Walfanges

Die Internationale Walfangkommission (International Whaling Commission, IWC) ist eine Organisation von 37 Ländern, die alle ein direktes Interesse am Walfang haben, die aber nicht alle tatsächlich Walfang betreiben. Jedes Land besitzt eine Stimme und jede Entscheidung muß von einer Zweidrittelmehrheit getragen werden. Zur Zeit betreiben nur drei Länder – Norwegen, Island und Japan – aktiv Walfang: die restlichen besitzen ein Vetorecht. Im Jahre 1983 sprach das IWC ein Verbot für jeglichen kommerziellen Walfang aus, wenngleich auch drei Jahre bis zur Verwirklichung des Verbots verstrichen. 1993 versuchten die drei Walfang-Nationen den Fang von Zwergwalen wiederaufzunehmen und Walfangrechte für die Ureinwohner einzurichten. Beide Vorschläge wurden aus folgenden Gründen abgewiesen:

- Die tatsächliche Zahl der Zwergwale ist nicht bekannt. Die verläßlichste Schätzung für den Nordatlantik beträgt 53 000 bis 139 000, für den Südatlantik 0,5 bis 1 Mio.
- Nur wenn sich die Bestände bis zu etwa 75 % ihrer ursprünglichen Größe erholen, kann über den Walfang nachgedacht werden. Da es für keine dieser Zahlen Garantien gibt, bleibt das Moratorium auf unbestimmte Zeit bestehen.
- Wale sind mehr als ein Jahrhundert lang bejagt worden, deshalb ist eine Pause dringend nötig. Zudem kann an der Walbeobachtung («whalewatching») mehr Geld verdient werden als am Walfang.

Diese Beispiele belegen das Wirken einer überholten und rücksichtslosen ökonomischen Logik, die es zudem unterläßt, sowohl die langfristigen Kosten als auch jene, die Menschen aufgebürdet werden, die keinen Anteil am Markt haben, in Betracht zu ziehen. Diese Kosten werden aber von modernen Umweltökonomen *berücksichtigt* (siehe Kap. 2), die die Anwendung des *Vorsorgeprinzips* im Management natürlicher Ressourcen vorziehen. Dieses besagt, daß wir dort, wo Unsicherheiten über die langfristigen Auswirkungen des momentanen Ressourcenverbrauchs bestehen, mit Bedacht vorgehen sollten.

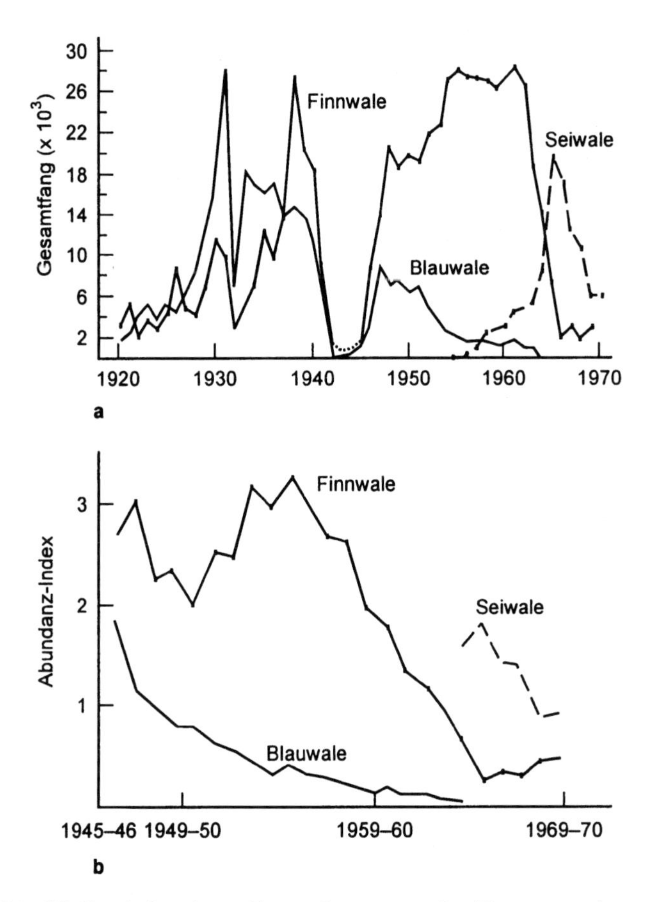

Abb. 5.4. Die Walfangindustrie: **a** Gesamtfangquoten der Hauptarten in antarktischen Gewässern, 1920–1970; **b** Veränderungen des Abundanz-Index für die gleichen Arten, 1945–1970 (*Quelle:* nach Gulland 1971).

Dennoch verstärken die Zielsetzungen einer kurzfristig ausgelegten Marktwirtschaft die vorherrschende Haltung im Management unserer natürlichen Ressourcen. Sie gründen sich auf einen wettbewerblichen Materialismus, der wiederum selbst teilweise das Produkt jener grundlegenden biologischen Triebkräfte ist, die oben angesprochen wurden. So werden wir beispielsweise Zeugen der Vernichtung von Tropenwäldern, die auf wirtschaftliche Interessen, welche auch viel mit roher politischer Machtausübung zu tun haben, zurückzuführen ist. Wie bereits in der Einführung erwähnt, lassen sich Wirtschaft, politische Strukturen und Machtmißbrauch nicht voneinander trennen. Die Märkte operieren nicht frei: sie werden von ökonomischen Strukturen stark beeinflußt, von der Zahl der am Wettbewerb beteiligten Firmen, von der Unterstützung oder der Feindseligkeit der Regierungen und vom Stand der Umweltwissenschaften. Auf diese Weise sind verschiedene Erscheinungsformen des sogenannten «freien Marktes» für Waldrodungen, den Rückgang der Fischbestände in verschiedenen Teilen der Welt, die Degradierung wenig ertragreicher Graslandschaften durch Überweidung und den jährlichen Bodenverlust durch Erosion, die auf eine intensive und auf größtmöglichen Profit ausgerichtete Bewirtschaftung zurückzuführen ist, mit verantwortlich.

Eine andere Analyse dieses Managementansatzes zeigt, daß er sich auf kurzfristige Eigeninteressen gründet – man stolpert solange den Weg entlang, bis man nicht mehr weiterweiß, dann ändert man die Richtung und beginnt von vorne. Die unerbittliche Logik dieses Prozesses wird durch zwei weitere Faktoren noch vorangetrieben:

1. Die Forderungen nach höheren Lebensstandards.
2. Steigende Bevölkerungszahlen.

Die Folgen für die Ökosysteme sind:

1. Artenverlust und damit Verlust an genetischer Vielfalt. Zusammengenommen bedeutet dies einen Verlust der *Biodiversität* (siehe Kap. 4).
2. Verlust der *Produktionskapazität*: es kann nicht genügend Pflanzen- und Tiermaterial – *Biomasse* – erzeugt werden.

Ökosysteme sind erstaunlich flexibel. Jedes ist natürlichen Störungen ausgesetzt. Diese können entweder die winzigen Ausmaße eines Regentropfens haben, der einen frischen Sämling zerstören kann, oder die Größe eines Vulkanausbruchs, der die teilweise oder vollständige Zerstörung Hunderter Quadratkilometer Wald bewirkt. Der Zerstörung folgt Regeneration – das Heranwachsen neuer Individuen oder das Weiterwachsen überlebender Arten. Ein Gummiband, das gedehnt oder zusammengedrückt wird, kehrt in seine ursprüngliche Form zurück. Dieser *negative Rückkopplungsmechanismus* verdeutlicht die Fähigkeit von Ökosystemen, nach einer Störung in einen Zustand zurückzukehren, der dem ursprünglichen sehr nahe kommt, wenngleich er diesem auch nie mehr ganz entsprechen wird. Wenn man nun aber das Gummiband so stark überdehnt oder zusammenpreßt, daß seine Fähigkeit, in die ursprüngliche Form zurückzukehren, überbeansprucht wird, dann bleibt ein dauerhafter Schaden zurück. Dies gilt auch für Ökosysteme.

Kasten 5.2 Die Überschreitung der ökologischen Schwelle: Eutrophierung

Die Broads, eine Seenlandschaft in England, sind durch mittelalterlichen Torfabbau entstanden. Die seichten Seen sind ein Beispiel dafür, wie künstliche strukturelle Veränderungen eines Ökosystems zu dessen festem Bestandteil wurden. Die Anreicherung mit Phosphor (P), hauptsächlich aus Haushaltsabwässern, im Fall des Hickling Broad aber auch durch rastende Möwen, hat das Wachstum von Phytoplankton auf Kosten höherer Wasserpflanzen, wie See- und Teichrosen, stark beschleunigt. Dieser Wandel scheint auch bei reduzierten Phosphoreinträgen von dauerhafter Natur zu sein und kann nur rückgängig gemacht werden, wenn man neue Strukturen bereitstellt, die das Überleben des Zooplanktons angesichts eines zunehmenden Drucks durch Predatoren sichert.

Quellen: George 1992; nach Moss und Leah 1982.

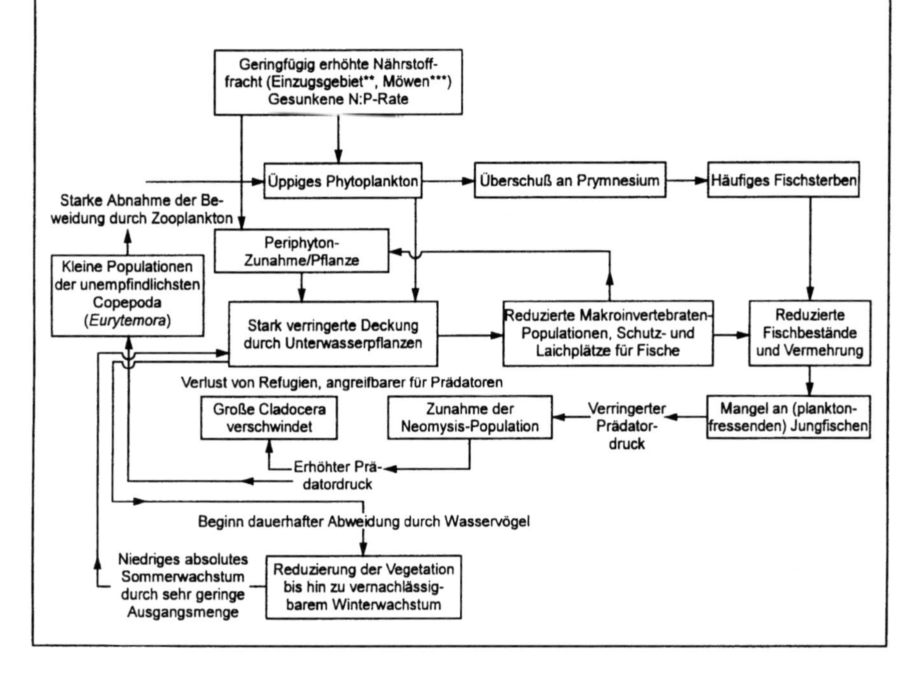

Die Populationszahlen der großen Wale zeigen bis jetzt keine Anzeichen dafür, daß sie etwa auf einen Stand wie vor dem Zweiten Weltkrieg zurückkehren (Abb. 5.4b). Auch der peruanische Sardellenfang (Abb. 5.5), der 1970 seinen Höhepunkt erreichte, zeigt nur Anzeichen für eine teilweise Erholung. Es scheint, als ob die übermäßige Ausbeutung von Sardellen die Populationszahlen auf ein Niveau verringerte, von dem sie sich bisher nicht mehr erholen konnten. Möglicherweise hat sich die Struktur des Ökosystems durch das plötzliche Verschwinden eines solch wichtigen Bestandteils der Meeresnahrungskette dauerhaft verändert, so daß der Wiederanstieg der Sardellenpopulationen auf das Niveau vor ihrer übermäßigen Ausbeutung durch die Konkurrenz mit anderen Arten oder durch eingeschränkte Ressourcen, die für Wachstum und Fortpflanzung benötigt werden, verhindert wird (ein weiteres Beispiel wird in Kasten 5.2 gezeigt).

Diese Beispiele veranschaulichen weitere grundlegende Prinzipien im Ökosystemmanagement:

- Die ausbeuterische Nutzung von Ökosystemen verringert die Optionen ihrer künftigen Nutzung entweder zeitweise oder dauerhaft.
- Der Versuch, geschädigte Ökosysteme wiederherzustellen, ist entweder kostspielig und langwierig oder es fehlen dafür die nötigen wissenschaftlichen Grundlagen; in vielen Fällen treffen beide Bedingungen zu.

Kasten 5.3 Torf - eine nachhaltige Ressource?

In Großbritannien gibt es etwa 1,5 Mio. ha Moorlandschaft, hauptsächlich im Hochland. Die Niedermoore im Tiefland machen etwa 4,5 % davon aus und von diesen sind nur etwa 3,3 % in einem natürlichen Zustand. Der Großteil der verlorengegangen Flächen geht auf die Trockenlegung für die Agrarnutzung im 19. Jh. und für die Forstwirtschaft im 20. Jh. zurück. In jüngerer Zeit sind die Verluste jedoch auf den kommerziellen Torfabbau zurückzuführen. Torf, der im Gartenbau breite Anwendung findet, ist in den letzten 30 Jahren ein kommerziell erfolgreiches Produkt gewesen. Sein Abbau hinterläßt interessante Feuchtgebiete und offene Wasserflächen mit einer Vielzahl an Möglichkeiten für die Freizeitnutzung.

Oberflächlich betrachtet, könnte man Torf vielleicht für eine erneuerbare Ressource halten und deshalb annehmen, daß deren nachhaltige Nutzung möglich sei. Die Erneuerungsrate, etwa 2 mm/a, ist jedoch so gering, daß eine kommerzielle Nutzung diesen Wert bei weitem übersteigt. Die neuen Techniken der Torfverarbeitung führen dazu, daß die Rate und vor allem das Ausmaß des Abbaus viel größer sind als die Fähigkeit der Torfmoore, sich zu regenerieren. Veränderungen im Wasserhaushalt der Moore infolge des Abbaus und die verminderte Fähigkeit seltenerer und weniger ausbreitungsfähiger Pflanzen- und Tierarten, sich wieder anzusiedeln, bedingen eine ständige Abnahme der Biodiversität.

Es ist sogar fragwürdig, ob ein Abbau in bescheidenem Umfang mit nachhaltiger Nutzung im Einklang steht. Neuere Untersuchungen der Folgen des Torfabbaus für den Kohlenstoffkreislauf (CO_2) lassen es fraglich erscheinen, ob es überhaupt je eine nachhaltige Nutzung von Torfmooren geben kann.

Der Erhaltungswert einzelner Moore ist von großer Bedeutung, doch der eigentliche Wert der Moore liegt in dem Beitrag, den sie zur Stabilisierung des Weltklimas durch CO_2-Fixierung leisten.

Quelle: Barkham 1993.

Es ist unklug, unsere Ökosysteme weiter so zu behandeln, als seien sie unerschöpfliche Quellen, und darauf zu hoffen, daß «schon etwas geschehen wird, das die Probleme löst», sich auf die «technologischen Tricks» und menschlichen Scharfsinn zu verlassen, um sich aus der Klemme helfen zu können. Jeder Geschäftsmann, der nur mit einem minimalen finanziellen Gespür ausgestattet

Kasten 5.4

Brasilien		
Ursprüngliche Waldfläche im Amazonasbecken (km^2), geschätzt	4 550 000	
Heutige Fläche (km^2), geschätzt	2 220 000	
Bisher zerstörte Fläche (%), geschätzt	52	
Gegenwärtige Zerstörungsraten (%/a)	0,4	1981–85
	2,1	1987
	1,3	1988
	2,3	1989
	0,8	1990
Geschätzte zerstörte Fläche 1981–1991 (%)	9	

Großbritannien und Nordirland

Seminatürliches Ökosystem	Geschätzte zerstörte Fläche in % von 1945–80 (1945 = 100 %)
Tiefland-Grasland auf neutralen Böden	95
Tiefland-Sümpfe	96
Tiefland-Kalkrasen	80
Laubwaldaltholzbestand	30–50
Tiefland-Heiden	40
Hochland-Moore und Grasland	30

Englische Grafschaft	Zeitraum	Geschätzter prozentualer Verlust der Zahl oder der Flächenanteile seminatürlicher Lebensräume
Shropshire	1979–89	10,3 (Fläche)
Cornwall	1980–88	11 (Anzahl)
Surrey	1975–85	25 (Anzahl an blumenreichem Grasland) 16 (Anzahl an Heideland)
Hampshire	1984–89	24 (Flächen mit Rasen auf Kreideböden)
Gloucestershire	1977–85	33 (Flächen mit Rasen auf Kalkböden)

ist, weiß, daß eine Kapitalinvestition, um mit steigenden, wiederkehrenden Ausgaben zu Rande zu kommen, nur ein kurzfristiger Notbehelf im Laufe eines Verfahrens zur Kostensenkung sein kann. Es war ermutigend, daß bei der «UN-Konferenz über Umwelt und Entwicklung» (Weltklimagipfel in Rio) im Juni 1992 der «Rat der Unternehmer für eine nachhaltige Entwicklung» (Business Council for Sustainable Development) eingerichtet wurde, welcher dem Gipfel die durchschlagende Mitteilung überbrachte, daß Firmen, die nicht «ökologisch effizient» arbeiten, nicht lange im Geschäft bleiben würden.

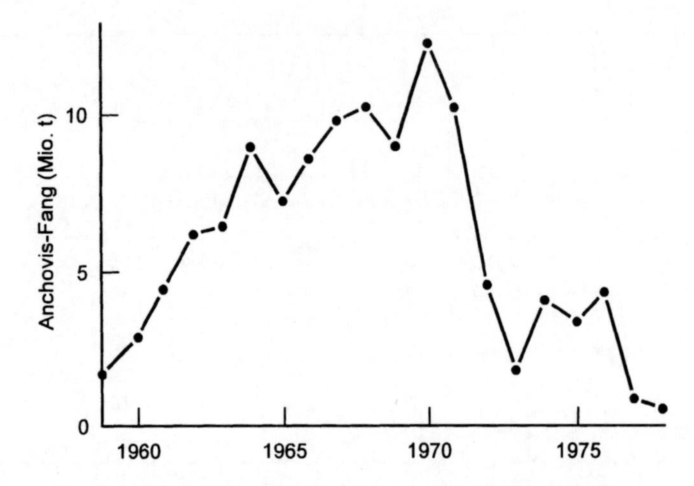

Abb. 5.5. Aufstieg und Niedergang des peruanischen Sardellenfischfangs (*Cetengraulis mysticetus*) vor der Küste Perus und Chiles (*Quelle:* nach Newman 1993).

Die Popularität, die der Begriff «nachhaltige Nutzung» der lebenden Ressourcen neuerdings erfährt, sollte sein revolutionäres Wesen nicht verdecken. Er läuft allgemein anerkannter Praxis zuwider und fordert die Grundsätze westlicher Kultur, Gesellschaft und Organisation heraus.

5.4 Nachhaltiges Ökosystemmanagement

Nachhaltige Nutzung ist das Gegenteil von Ausbeutung und umfaßt eine Reihe miteinander verbundener Aspekte:

- Erhalt der Produktionskapazität von Ökosystemen: dies heißt, daß weder Organismen noch Boden, Wasser oder Nährstoffe in einem Ausmaß aus dem Ökosystem entfernt werden dürfen, das die jährliche Produktion an Biomasse entscheidend verringert. Das bedeutet auch, daß Elemente, die denselben Effekt haben – so z.B. eine breite Palette an Schadstoffen –, wenn überhaupt, dann nur in einem bestimmten Umfang in die Umwelt entlassen werden dürfen.
- Nutzung von Ökosystemen in einer Weise, die Optionen für eine künftige Nutzung offenläßt: das bedeutet eine Nutzung, wie sie oben beschrieben wurde, darüberhinaus aber, daß der Artenreichtum, d.h. die Artenzahl pro Flächeneinheit, erhalten bleibt. Arten, die heute keinen Wert besitzen, können in Zukunft sehr wertvoll für uns sein.
- Erhalt solcher landwirtschaftlicher Anbausysteme, die ohne einen Rückgriff auf Ressourcen auskommen, der auf Kosten des Erhalts anderer Ökosysteme

geht. Somit ist der Torfabbau zum Erhalt von Stadt-, Garten- und Treibhaus-Ökosystemen inakzeptabel (siehe Kasten 5.3).

Es entspricht dem gesunden Menschenverstand, die Produktionskapazität von Ökosystemen und auch die Managementoptionen für künftige Generationen aufrechtzuerhalten. Warum dies bisher nicht allgemeine Praxis war und wie die Umweltökonomie versucht, die künftigen Kosten heutiger Aktivitäten zu berücksichtigen, wird in den Kap. 2 und 3 erläutert.

Dies ist der Punkt, an dem Ökonomen und Ökologen enger zusammenarbeiten müssen. Zur Zeit versucht der Ökologe, dem Ökonomen klarzumachen, wann das Maximum eines nachhaltigen Ertrages erreicht ist oder welche Funktionen Ökosysteme beispielsweise als Senken für Gase und Schadstoffe ausüben. Dies sind tatsächliche Nutzen, für die die Gesellschaft zu zahlen bereit sein sollte – denn der Verlust dieser Funktionen und der Versuch, sie künstlich zu ersetzen, könnte viel höhere Kosten verursachen. Somit ist es für den Volkswirt möglich, die Nützlichkeit von Ökosystemen zu bewerten und der Gesellschaft bei einem nachhaltigen Management zu helfen.

5.5 Globale Fragen und lokales Handeln

Globalen Fragen zum Ökosystemmanagement wird in den Medien zur Zeit so viel Platz eingeräumt, daß man leicht dem Glauben verfallen kann, daß vor der *eigenen* Haustür alles in Ordnung sei und wir anderen Ländern erzählen dürften, was sie zu tun haben. So übt beispielweise Norwegen Druck auf Großbritannien aus, die Schwefelemissionen aus Kraftwerken, welche zur Übersäuerung norwegischer Seen und Flüsse geführt haben, zu reduzieren, während es gleichzeitig Bemühungen unterstützt, die Walfangindustrie wiederzubeleben. In ähnlicher Weise übt Großbritannien, gemeinsam mit anderen westlichen Nationen, Druck auf Brasilien aus, die Vernichtung der Tropenwälder zu stoppen und Maßnahmen zu deren nachhaltiger Nutzung zu ergreifen, während gleichzeitig (Kasten 5.4) neuere Zahlen belegen, daß in Großbritannien die verbliebenen seminatürlichen Ökosysteme mit einer Rate zerstört werden, die jener bezüglich des brasilianischen Regenwaldes im Amazonasgebiet vergleichbar ist.

Das Ausmaß, der Ernst und die Dringlichkeit globaler Fragen zum Ökosystemmanagement, mit denen wir konfrontiert werden, stehen in stillem Einverständnis mit unserer überempfindlichen Haltung gegenüber den Aktivitäten anderer Menschen und Völker, so daß man sich leicht dem Gefühl von Verzweiflung und Machtlosigkeit ausliefern kann. Tatsächlich beginnt aber gutes Haushalten natürlich zu Hause. Zur Sicherstellung eines nachhaltigen Managements können wir im täglichen Leben auf drei verschiedenen Ebenen eine ganze Menge beitragen:

1. Der persönliche Lebensstil und das Konsumverhalten sollten im Hinblick auf die nachhaltige Nutzung natürlicher Ressourcen geändert werden, statt dem herrschenden Druck des wettbewerblichen Materialismus nachzugeben.
2. Auf lokaler Ebene sollten Aktionen stattfinden, um kommunale Entscheidungen, die Landnutzung und Abfallbeseitigung betreffen, zu beeinflussen.
3. Eingriffe auf Regierungsebene sind wichtig, um die gesetzlichen und organisatorischen Rahmenbedingungen sowie die finanziellen Anreize zu liefern, die notwendig sind, um es den Menschen zu ermöglichen und sie zu ermutigen, sich durch persönliches Engagement und durch Aktionen auf lokaler Ebene für eine nachhaltige Nutzung einzusetzen.

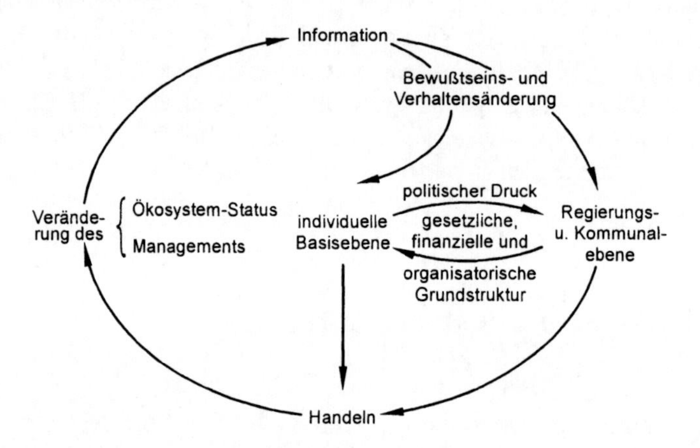

Abb. 5.6. Der Weg zu einem nachhaltigen Ökosystemmanagement: die Wechselwirkungen zwischen dem Einzelnen und der Gesellschaft. Pfeile verweisen auf Auswirkungen und Veränderungen.

Diese drei Ebenen beeinflussen sich gegenseitig. Richtungsänderungen resultieren aus der Wechselwirkung zwischen dem Einzelnen und der Gesellschaft (Abb. 5.6). Der Prozeß wechselseitiger Veränderung schreitet, mit unterschiedlicher Geschwindigkeit und an verschiedenen Orten, bereits voran. In Kasten 5.5 werden einige derzeitige westeuropäische Managementprobleme, die entsprechenden Reaktionen darauf sowie ihre Folgen aufgezeigt. Diese Informationen verdeutlichen drei wichtige Punkte:

1. Sowohl auf Regierungsebene wie auch im persönlichen Bereich findet sich ein bemerkenswert gesteigertes Bewußtsein für die Probleme des Ökosystemmanagements.
2. Es werden Maßnahmen ergriffen, um ein weites Feld von Problemen zu lösen, von denen jedes für sich genommen wichtig ist, die aber isoliert voneinander betrachtet werden. Die Aufmerksamkeit wird auf Detailfragen gerichtet, aber es besteht nicht die Verpflichtung zu einem grundlegenden

Richtungswechsel, es gibt kein erklärtes Ziel oder eine umfassende Stategie, welche die *wechselseitige Abhängigkeit* der Komponenten der belebten und unbelebten Umwelt anerkennt.

3. Die Bindung von Regierungen an internationales Handeln durch verpflichtende Verträge ist nur schwach oder gar nicht vorhanden. Globale Umweltprobleme verlangen *per definitionem* nach einer beispielhaften Kooperationsbereitschaft der Menschen.

5.6 Die Zerstörung der Ökosysteme oder eine Änderung des Verhaltens

Die Trägheit der dominierenden menschlichen Grundhaltung ist gewaltig. Zur Zeit läßt sich kaum erkennen, wie solche Änderungen zustandekommen sollen, die so grundlegend sind, daß die rapide zunehmende Zerstörungsrate der natürlichen Ressourcen, auf denen die menschliche Zivilisation aufbaut und von denen sie immer abhängig sein wird, aufgehalten, geschweige denn rückgängig gemacht werden kann. Die Weltbevölkerung nimmt derzeit jährlich um etwa 100 Mio. Menschen zu, wird bis zum Jahr 2000 um etwa 1 Mrd. angewachsen sein und sich Mitte des nächsten Jahrhunderts möglicherweise verdoppelt haben. Dies stellt einen immensen zusätzlichen Druck auf die begrenzten Ressourcen dar. Zusätzlich besteht die allgemeine Forderung nach höheren Lebensstandards.

In Kasten 5.6 werden zwei extreme Szenarien dargestellt. Sie bilden die beiden möglichen theoretischen Endstationen zweier verschiedener Wege, die die Gesellschaft einschlagen kann. Keines der beiden Szenarien wird zustandekommen: es werden Elemente aus beiden zum Tragen kommen. Der Mensch wird stets mehr dem einen oder dem anderen zustreben, je nachdem, in welcher Situation er sich befindet oder wie sein persönlicher Charakter beschaffen ist. Außerdem gibt es Möglichkeiten des Verhaltens, die mit beiden Szenarien im Einklang stehen. Jeder von uns steckt voller Konflikte. Deshalb sind ökologischer Mißbrauch und Zerstörung auch so schwer zu handhaben. Der Begriff «dominierende Grundhaltung» ist hier enorm wichtig. Derzeit stimmt die vorherrschende Grundhaltung eher mit Szenario 1 überein. Um zu einer Situation zu gelangen, die mehr dem Szenario 2 entspricht, sind weitreichende Veränderungen unserer *Haltung* notwendig. Einstellungsänderungen ihrerseits hängen von der Erweiterung unseres Bewußtseins und Gewissens ab: all dies zusammen wird durch unsere Erziehung beeinflußt.

Es ist wichtig zu erkennen, daß wir in der Lage sind, eine *Wahl* zu treffen. Je länger wir uns jedoch auf einem Weg in Richtung Szenario 1 bewegen, desto mehr berauben wir uns der Wahlmöglichkeiten, wenn Böden degradiert, lebende

Kasten 5.5 Beispiele heutiger strategischer Probleme des Ökosystemmanagements in Westeuropa, Handlungsstrategien von Regierungen und Organisationen sowie bereits verzeichnete bzw. erwartete Veränderungen im Management und im Status von Ökosystemen

Problem	Handlungsstrategien	
	Regierungsebene	lokale Ebene
Landwirtschaftliche Überproduktion in gemäßigten Breiten	Subventionsrückgang durch Gemeinsame EU-Agrarpolitik Subventionen für Flächenstillegungsprogramme	
Starke Abhängigkeit der Landwirtschaft von Kunstdünger und Pestiziden	Ausweitung der Forschung	Nachfrage nach Erzeugnissen aus dem naturnahen Landbau
Sinkende Einkommen in der Landwirtschaft	Diversifikation	Forderung von Umweltzuschüssen
Fortschreitende Zerstörung natürlicher Lebensräume in landwirtschaftlich genutzten Gebieten	Finanzielle Förderung von Landeignern in ökologisch sensiblen Gebieten	Beratergruppen für Landwirtschaft und Naturräume Erkundung und Bestandsaufnahme wichtiger natürlicher Lebensräume
Weltweit niedrige Holzpreise führen zu:		Medieninteresse und öffentliches Anliegen
Vernichtung der Tropenwälder	Beginn internationaler Diskussionen	WWF, FoE (Friends of the Earth) Pflanzenschutzkampagnen
Mängel in der Laubwaldbewirtschaftung gemäßigter Breiten	Neue Zuschüsse für die Bewirtschaftung	Ausbau eines lokalen Holzmarktes
Wertabnahme von Naturräumen in Waldgebieten gemäßigter Breiten		Ehrenamtliche Helfer zur Reduzierung der Bewirtschaftungskosten
Schutz küstennaher, mariner Lebensräume	Gesetzgebung zur Festsetzung mariner Naturschutzgebiete	Kampagnen von Naturschutzorganisationen Widerstand der Fischerei- und Schiffahrtslobby
Ausbau von Straßen	Förderung neuer Verkehrskonzepte Gesetzlicher Schutz spezieller Naturräume	Gegenkampagnen von Naturschutzorganisationen, Befürwortung durch Interessengruppen der Bereiche Transport und Entwicklung

Fortsetzung n.S.

Kasten 5.5 ***Fortsetzung***

Stattfindende Veränderungen	
Management	Auswirkung auf den Zustand des Ökosystems
Alternative Nutzungen Abnahme der Intensivierung	Derzeit wenig Änderung. Bei langfristigem Engagement werden Grünland-Monokulturen einen zunehmenden Artenreichtum aufweisen
Zunahme des ökologischen Landbaus	Abnahme chemischer Rückstände; Zunahme der Leistungsfähigkeit von Naturräumen, Diversität hängt aber auch von anderen Landbewirtschaftungsfaktoren ab
Sensiblerer u. angemessenerer Umgang mit Biotopen, die an Ackerflächen grenzen. Priorität zielt auf Kreide- und Kalkrasen, Tiefland-Heiden, Ufer- u. Küstenbereiche sowie Hochland	Erhalt von Hecken, Gräben, Randbereichen, alten Rasenflächen, Restwäldern, Teichen. Verbesserter Schutz des natürlichen Landschaftgefüges und besonderer Merkmale, die nicht unter gesetzlichem Schutz stehen
Wenig Änderung. Notwendigkeit der Neubewertung von Tropenhölzern, bevor Entscheidendes in Richtung einer nachhaltigen Holzwirtschaft geschehen kann	Leichter Rückgang der Zerstörungsrate des Tropenwalds in Brasilien. Kein Einfluß auf den weltweiten Anstieg der Zerstörungsrate wegen Japan
Ermutigung zu traditioneller Forstwirtschaft, Wiedereinführung der Niederwaldnutzung	Direkter Nutzen für eine Reihe von naturnahen Forsten, die kurze Umtriebszeiten erfordern
Wenig Änderung; größtenteils unwirksam. Straßenbau geht weiter	Wenig Änderung, bis auf einige wenige kleinflächige Standorte. Zerstörung wertvoller Ackerflächen und Naturräume

Ressourcen erschöpft werden und Arten aussterben. Wie weit wir uns in Richtung Szenario 1 bewegen müssen, bevor jene Grundhaltung internationale Zustimmung erfährt, die Szenario 2 untermauert, können wir an dem Umfang ermessen, in dem globale Umweltkatastrophen einer Bewußtseinserweiterung jeweils vorausgehen. Nur eine wirklich weltweite Verpflichtung wird diese Veränderung ermöglichen. Dies ist auch der Grund, warum der Weltklimagipfel in Rio einberufen wurde und warum internationale Regierungsvereinbarungen so wichtig sind.

Es besteht kein Zweifel, daß der Großteil der Menschen Szenario 2 bevorzugt. Für einige bedeutet dies aber wesentliche Einbußen an Macht, Prestige und Ressourcen. Bis jetzt gibt es keine Anzeichen für eine kollektive oder persönliche Bereitschaft, solche Opfer zu bringen. Dafür gibt es tiefreichende psychologische Gründe. Alice Miller hat die Verbindungen zu frühkindlichen Erfahrungen einleuchtend aufgezeigt. Viele, die in ihrer frühen Kindheit nicht geliebt wurden oder emotional vernachlässigt blieben, versuchen als Erwachsene unbewußt ihre unerfüllten kindlichen Bedürfnisse auf unangemessene Weise zu befriedigen. Das kann entweder dadurch geschehen, daß im Übermaß materielle Güter angehäuft werden, viel mehr, als zur normalen Bedürfnisbefriedigung nötig wären, oder indem versucht wird, über das Leben anderer Macht und Kontrolle auszuüben.

Dies ist äußerst problematisch, da es am anderen Ende der Skala Millionen von Menschen gibt, deren Grundbedürfnisse nicht gedeckt werden und die deshalb unter Hunger, Heimatlosigkeit und am Mangel an menschlicher Fürsorge sowie an Menschenrechten leiden. Aus der Praxis von Psychologen und Soziologen wissen wir, daß das Grauen und die Verzweiflung solcher Erfahrungen die Wurzeln für Gewalt darstellen. Ein Leben, das unter solchen Bedingungen beginnt, kann kaum der Förderung des Respekts vor dem Leben, anderen Wesen und den natürlichen Ressourcen gegenüber dienen. Diejenigen, deren Kindheit durch die Befriedigung grundlegender physischer und emotionaler Bedürfnisse gekennzeichnet war, sind als Erwachsene mit echter Fürsorge und Mitgefühl anderen Menschen und allen lebenden Wesen gegenüber ausgestattet. Diese Grundhaltung ist in der Welt aber nicht vorherrschend. Es ist ganz offensichtlich, daß Szenario 1 vorherrscht und daß dies die Folge einer kollektiven und weitgehend unbewußten Philosophie der Gewalt ist.

Globale Priorität im Ökosystemmanagement hat deshalb die Deckung der tatsächlichen Grundbedürfnisse der gewöhnlichen Menschen. Bis diese befriedigt sind, können Verhaltensweisen zum Erhalt der Strukturen und der Vielfalt der Biosphäre nur lokal wirksam werden. Die Fortdauer dieses anhaltenden Prozesses kann für die Zukunft nicht hinlänglich gesichert werden, da regionale und globale Umweltveränderungen, die sich aus Phänomen wie Klimawandel und Meeresspiegelanstieg ergeben, auftreten können. Dennoch war die Notwendigkeit für die ständige Weiterentwicklung und Anwendung eines vernünftigen Managements auf der Grundlage wissenschaftlicher ökologischer Prinzipien und Kenntnisse nie größer.

Kasten 5.6 Zwei Szenarien

Szenario 1: «Business-as-usual»	weitere Folgen
Vorherrschende Grundhaltung: Wettbewerblicher Materialismus; Machtkonzentration auf wenige Menschen, wenige multinationale Gesellschaften und wenige Nationen; Nutzung technischer Entwicklungen zur Festigung bisheriger Verteilung von Macht u. Ressourcen	
Verteilung der Ressourcen	
Zunehmende Ungleichheit:	Kluft zwischen Arm u. Reich wird größer Verschuldung steigt; Not u. soziale Spannung nehmen zu
Folgen für Ökosysteme	
Zunehmende Abholzung des Tropenwaldes	Abnahme der Verfügbarkeit und Anstieg der Brennholz-Preise; Zunehmende Dürre
Erhöhte Treibhausgasemissionen	Anstieg des Meeresspiegels Ertragsrückgänge auf Grenzstandorten
Desertifikation von Acker- und Weideland auf Grenzstandorten	Zunahme der Bodenerosion Zunahme der chemischen Schadstoffe
Intensivierung der landwirtschaftlichen Produktion gemäßigter Breiten	Zunahme des Artenschwundes
Steigende Zerstörung mariner Fanggründe	Zusammenbruch mariner Nahrungsketten
Verlust an Biodiversität	Tierwelt zunehmend auf kleine und isolierte Naturschutzgebiete beschränkt

Szenario 2: Richtungsänderung	weitere Folgen
Vorherrschende Grundhaltung: Kooperativ; Respekt vor dem Leben; Stärkung des Einzelnen; menschenfreundliche Entwicklungen; umweltfreundliche Technologie, im Dienste aller Menschen	
Verteilung der Ressourcen:	
Verringerung der Ungleichheit	Erste Welt (Norden) stellt massive Hilfsprogramme in Kooperation mit Dritter Welt (Süden) Finanzielle Anreize für Ressourcenschutzprogramme; Gemeinschaften zu Pflege und Erhalt lokaler Naturressourcen
Folgen für Ökosysteme:	
Umweltkosten werden bei Entwicklungsvorhaben vollst. in Rechnung gestellt.	Vernünftige Planung bei der Nutzung natürlicher Ressourcen
Schutz u. Wiederherstellung von Tropenwäldern	Schutz von Brennholzressourcen
Wiederherstellung degradierter Böden	Wiedereinbürgerung artenreicher und nützlicher Pflanzen- und Tiergemeinschaften
Schutz mariner Lebensgemeinschaften	Maximal nachhaltige Fischfangerträge
Geringer anorganischer Stoffeintrag in der Landwirtschaft	Minimierung chemischer Verschmutzung
Maximale ökologische Diversität im Einklang mit effizienter Ertragsleistung	Strukturreiche und interessante produktive Landschaften, die eine Verbindung zwischen Nationalparks und Naturreservaten schaffen
Keine vom Menschen verursachte Veränderung des Weltklimas	Erhalt der Biodiversität und des momentanen standortspezifischen Arteninventars

5.7 Management zum Erhalt der Artenvielfalt

5.7.1 Ziele und Strategien

Die Absicht der globalen Umweltstrategie ist es, Wege zu finden, um die Grundbedürfnisse des Menschen so zu befriedigen, daß dies mit einem intakten Fortbestand der Biosphäre vereinbar ist. Die grundlegenden Ziele sind:

- die Aufrechterhaltung der wesentlichen ökologische Prozesse und lebenserhaltenden Systeme;
- die Bewahrung der genetischen Vielfalt, die bereits gefährlich reduziert ist;
- die Sicherstellung einer nachhaltigen Nutzung von Arten und Ökosystemen durch uns und unsere Nachkommen.

Das heißt in der Praxis, daß die Produktionskapazität der Ökosysteme, die vom Menschen für die Herstellung von Nahrung und Materialien genutzt werden, erhalten werden muß. Überfischung, Bodenerosion, Zerstörung durch Verschmutzung, regionale klimatische Veränderungen auf Grund der Vernichtung von Wäldern führen allesamt zum Scheitern einer Sicherstellung der nachhaltigen Nutzung.

Neben den Ökosystemen Acker und Forst, die intensiv bewirtschaftet werden, sind die natürlichen und seminatürlichen Ökosysteme von Bedeutung, damit die Ressourcen wildlebender Tier- und Pflanzenarten sowie die genetische Vielfalt, die sie aufweisen, erhalten werden. Maßnahmen zur Erhaltung der Biodiversität sind Aufgabe des *Naturschutzes*. Das Hauptaugenmerk dieser Bemühungen gilt dem Versuch, Bedingungen zu schaffen, unter denen Pflanzen- und Tierpopulationen «sich selbst erhalten». Das heißt, daß sie in der Lage sind, auf natürliche Weise zu überleben und sich fortzupflanzen - ohne daß eine Wiedereinführung nötig ist. Der Erhalt von Arten unter künstlichen Bedingungen - Tiere in Zoos, Pflanzen in botanischen Gärten, eingefrorene Pflanzensamen - wird aus naturschutzfachlicher Sicht im allgemeinen als letzter Ausweg angesehen, der erst dann eine Rolle spielt, wenn das Aussterben in freier Wildbahn droht (siehe Kasten 5.7).

Angemessene Strategien für den Erhalt der Biodiversität bedürfen der Betrachtung unter verschiedenen Aspekten. Wenn wir auf der globalen Ebene beginnen, kommen einige überraschende Tatsachen zum Vorschein (vgl. Kasten 5.8). Vögel sind dabei hilfreiche Indikatoren, weil wir über ihren Zustand und ihre Verteilung mehr wissen als über jede andere Gruppe. Die Informationen in Kasten 5.8 zeigen, daß die bei weitem größte Artenvielfalt in tropischen Ökosystemen zu finden ist. Die meisten dieser Ökosysteme sind Wälder und fast alle liegen in den Ländern der Dritten Welt. Der Schutz dieser Ökosysteme ist von immenser Bedeutung, kann jedoch nur dann verwirklicht werden, wenn diese Länder in die Lage versetzt werden, ihr berechtigtes Streben nach höheren Lebensstandards zu befriedigen. Dies wiederum erfordert eine Einstellungsänderung der Länder der Ersten Welt bezüglich der Hilfe für die Dritte

Welt. Das Scheitern der Konferenz von Rio, eine Einigung über eine Waldkonvention zustande zu bringen, zeigt uns, wie weit der Weg zur Entwicklung der politischen und wirtschaftlichen Rahmenbedingungen ist, die eine Grundvoraussetzung für den Erhalt der Biodiversität auf globaler Ebene sind. Obwohl auf beiden Seiten Fehler gemacht wurden, war einer der entscheidenden Gründe für das Scheitern der Wunsch einiger Entwicklungsländer, sich das Recht vorzubehalten, ihre Wälder auf eine Weise auszubeuten, die ihren eigenen politischen Vorstellungen entspricht. Der Erhalt der Tropenwälder ist eine der entscheidendsten Aufgaben, der sich die Menschheit in diesem Jahrzehnt zu stellen hat. Aber erst, wenn das Sterben schließlich vorüber ist, werden wir eine Vorstellung vom Umfang haben, zu dem die gegenwärtige anhaltende Vernichtungsrate führen kann und wie weit sich die globale Biodiversität dadurch verringert haben wird.

Kasten 5.7 Der Kalifornische Kondor

Dieser prächtige, aasfressende Vogel war einst weitverbreitet – von Britisch-Columbia bis zum Kalifornischen Golf. Die Populationen nahmen während der Periode spanischer Viehwirtschaft im 18. Jh. zu. Im 19. Jh. wurde während des Goldrauschs von Siedlern berichtet, die «riesige Bussarde» abschossen: der Rückgang begann möglicherweise in dieser Zeit. Er setzte sich in unserem Jahrhundert fort, bis die Zahl der in freier Wildbahn brütenden Paare sich 1981 auf drei verringert und 1984 wieder auf fünf erhöht hatte. Während des Winters von 1984/85 starben vier der fünf Brutpaare. Trotz scharfen Widerstands wurde beschlossen, daß alle in freier Wildbahn verbliebenen Exemplare, einschließlich der Einzeltiere, gefangen werden sollten, um in Gefangenschaft ein Brutprojekt, das bereits 16 in Gefangenschaft befindliche Tiere einschloß, zu unterstützen. Die Fangaktion wurde 1987 beendet und ergab 27 Vögel, die in den Zoos von Los Angeles und San Diego in Gefangenschaft lebten. In den darauffolgenden Jahren begann die Aufzucht von Küken – 1988 eines, 1989 vier und 1990 zehn. Ende 1991 gab es in den beiden Zoos 52 Kondore, genug, um den Versuch einer Wiederaussetzung zu wagen. Somit gingen die Pläne zur Wiederaussetzung dieser Tiere in die freie Wildbahn mit der Freilassung einiger Exemplare des Kalifornischen Kondors in Erfüllung. Leider starben bereits drei davon – einer durch Vergiftung, die anderen durch Kollision mit Hochspannungsleitungen. Die Wiederaussetzung wird trotzdem weitergehen, bis es wenigstens zwei sich selbst erhaltende Populationen gibt, die jede aus etwa 100 Tieren bestehen wird.

Dieses einzelne Vorhaben ist vielleicht von Erfolg gekrönt. Doch die Kosten einer solchen Unternehmung sind enorm und können nur für einige wenige Arten durchgeführt werden. Außerdem wird das Projekt nur dann erfolgreich sein, wenn die Ursachen des raschen Rückgangs beseitigt werden. Für die meisten vom Aussterben bedrohten Arten liegt der Grund dafür im Verlust ihrer Lebensräume. Das bedeutet, daß eine Wiedereinführung einer Art unmöglich ist, solange ihr Lebensraum nicht wiederhergestellt ist. Im Fall des Kalifornischen Kondors wurde im Rahmen des Aussetzungsprogrammes ein fast 100 000 ha großes Areal unter Schutz gestellt.

Die Kosten des Rückgangs und Aussterbens von Arten sollten in die Kosten-Nutzen-Analysen jedes Entwicklungsvorschlages, der Veränderungen oder eine Zerstörung von Ökosystemen beinhaltet, eingebracht werden.

Quellen: Birds und BBC Wildlife Magazine, Gallagher 1990.

Kasten 5.8 Indikatoren für die Bedeutung der lebenden Ressourcen tropischer Wälder

- 70 % aller Wirbeltiere, aller Papilionidae (Familie Ritter- oder Edelfalter) und höherer Pflanzen kommen in nur 12 tropischen Ländern vor;
- tropische Wälder beherbergen 155 000 der 250 000 bekannten Pflanzenarten;
- 700 Baumarten wurden in zehn je 1 ha großen Aufnahmeflächen in Borneo gefunden, was der Gesamtzahl aller Baumarten Nordamerikas entspricht;
- 90 % aller Primaten finden sich nur in den tropischen Waldregionen Lateinamerikas, Afrikas und Asiens;
- ein Fünftel aller Vogelarten findet sich im Amazonasregenwald;
- etwa drei Viertel aller endemischen Vogelareale, die von der internationalen Vogelschutzorganisation ICBP (International Council for Bird Preservation) als vorrangige Artenschutzgebiete bestimmt wurden, befinden sich in den Tropen.

Quelle: Lean *et al.* 1990; Bibby *et al.* 1992.

Obwohl die tropischen Wälder auf globaler Ebene wichtiger sind als alles andere, ist es von Bedeutung, den Schutz der Biodiversität auch auf regionaler und lokaler Ebene - und außerhalb der Tropen - nicht aus den Augen zu verlieren. Die gerade erlassene «Lebensraumrichtlinie» der EU (*Habitat Direktive*) ist ein Beispiel grundlegenden politischen und administrativen Handelns, das den Schutz der natürlichen und seminatürlichen Ökosysteme und der in ihnen vorkommenden Arten in 12 europäischen Ländern ermöglichen und sichern soll. Diese Direktive verlangt, daß jedes Land seinen eigenen gesetzlichen Rahmen schafft, der die Zerstörung von Flächen auf dem eigenen Territorium, die zum Schutz wildlebender Tier- und Pflanzenarten unbedingt notwendig sind, verhindert.

Auf nationaler und lokaler Ebene gibt es zwei gänzlich verschiedene Probleme, die für ein effektives Ökosystemmanagement und für einen wirksamen Artenschutz angegangen werden müssen. Das erste ist die Schaffung geeigneter organisatorischer und administrativer Strukturen. Das zweite, und hier liefert die Umweltwissenschaft ihren entscheidenden Beitrag, ist die Bestimmung eines den Artenschutz garantierenden Managements.

5.7.2 Organisatorische und administrative Strukturen

Naturschutzbehörden und Naturschutzorganisationen in verschiedenen Ländern der Welt unterscheiden sich, was ihre Strukturen und Befugnisse angeht, auffällig voneinander (Kasten 5.9). Diese Unterschiede sind oft tief in alten Traditionen und im Umweltbewußtsein verwurzelt. In den südlichen Ländern Europas beispielsweise gibt es auf lokaler Ebene keine traditionelle Pflege eines örtlichen Naturraums. In Ländern wie Frankreich und Italien sind ehrenamtliche Organisationen, die sich um den Schutz selbst populärer Arten, etwa der Vögel, kümmern, noch in den frühesten Entwicklungsphasen. Die menschliche Haltung ist und bleibt traditionsgemäß ausbeuterisch. Wildlebende Vögel werden grundsätzlich als frei zugängliche Nahrung angesehen oder als bloße Jagdobjekte abgeschossen. In Großbritannien gibt es Organisationen wie die «British Royal Society for the Protection of Birds», einer unter königlicher Schirmherrschaft stehenden Gesellschaft für Vogelschutz, die 1889 gegründet wurde, inzwischen 880 000 Mitglieder hat und 120 Naturreservate mit einer Gesamtfläche von 75 000 ha besitzt. Sie übt sowohl auf die Regierung als auch auf die internationale Vogelschutzpolitik erfolgreich Einfluß aus.

Kasten 5.9 Ein Vergleich von Ansätzen zum Umweltschutz in Großbritannien und Schweden

Schweden ist etwa dreimal so groß wie Großbritannien, mit etwa einem Sechstel der Bevölkerung. Auf den ersten Blick könnte man erwarten, daß in einem Land, das so dicht besiedelt ist wie Großbritannien, viel größere Probleme in bezug auf den Naturschutz auftreten. Doch obwohl es in Schweden sehr große Gebiete mit wenigen Menschen gibt, sind die Probleme mit dem Rückgang und dem Verschwinden wichtiger Lebensräume und Arten sehr ähnlich. Der Wolf (*Canis lupus*) ist vom Aussterben bedroht, andere räuberische Säugetiere wie Luchs und Braunbär sind stark zurückgegangen. Konflikte zwischen landwirtschaftlichen und kommerziellen Interessen und dem Biotopschutz sind alltäglich. Zudem haben Änderungen der traditionellen Landnutzung, wie die Entwässerung von Feuchtwiesen und die Aufgabe der Niederwaldnutzung (GB) und Waldweiden (Schweden), zum Verschwinden wichtiger Ökosysteme geführt.

Die Umweltschutzgesetzgebung beider Länder ist weitgehend vergleichbar. Unterschiedlich ist jedoch die Art der Durchsetzung. In Großbritannien werden Naturschutzgebiete größtenteils von nationalen Behörden festgesetzt, was in Schweden in die Zuständigkeit der regionalen Regierungen fällt. Entscheidungen zur Ausweisung von Nationalparks werden in Schweden direkt vom Parlament getroffen, während in Großbritannien in einem solchen Fall der Umweltminister, beraten von drei nationalen Behörden, der *Countryside Commission* (England), *dem Countryside Council for Wales* (Wales) und der *Scottish Natural Heritage* (Schottland), die Entscheidung trifft. Auch die Nationalpark-Konzeption ist in den beiden Ländern unterschiedlich – das schwedische stimmt mit denen der meisten Länder der Welt überein, während das Konzept in Großbritannien, auf Grund der dichten Besiedlung alteingesessene Landwirtschaft, Siedlungen, Straßen und Industrie einschließt.

Der größte Unterschied bezieht sich jedoch auf die jeweilige Bedeutung, die den Naturschutzverbänden zukommt. In Großbritannien spielen sie eine große Rolle beim Erwerb von Naturschutzgebieten, durch ihren Einfluß auf die Landnutzungspolitik und bei Kampagnen für Umweltverbesserungsmaßnahmen. Viele dieser Organisationen gründen sich auf Mitgliedschaften. Die Gesamtzahl an Mitgliedern in solchen Vereinen schätzt man auf 4 Mio., eine starke politische Lobby. In Schweden hält man üblicherweise die Regierung für den Schutz der Umwelt und die Wahrung der Bürgerinteressen für verantwortlich. Möglicherweise war dort die Notwendigkeit einer so starken Initiative nicht so dringlich gegeben.

Der effektivste Weg zur Ausbildung administrativer und organisatorischer Strukturen zur Sicherung der Arten besteht für den Einzelnen und für

Regierungen in einer partnerschaftlichen Zusammenarbeit. Ohne die unmittelbare Unterstützung durch die Basis in den örtlichen Gemeinden ist auf lange Sicht kein Erfolg zu erwarten. Ebenso können die Verpflichtungen und Bemühungen örtlicher Gemeinschaften ohne den schützenden und fördernden Schirm der Gesetzgebung und ohne finanzielle Unterstützung angesichts des Drucks der Entwicklung scheitern. Es bedarf kommunikativer Strukturen auf höchstem Niveau und eines feinfühligen und kooperativen Umgangs anstatt eines Modells der Feindschaft und permanenter Machtkämpfe zwischen Regierung und Bevölkerung. Die «Groundwork Trusts» in Großbritannien sind ein Beispiel (Kasten 5.10) für diese Art von Entwicklung, ebenso die Form, in der der *Amacayacu Nationalpark* in Kolumbien durch die Kooperation und volle Einbindung der örtlichen Dorfgemeinschaften geschützt wird. Pläne für Nationalparks und Naturreservate angesichts örtlichen Widerstands zu verwerfen, ist ebensowenig sinnvoll, wie eine Politik, die den Menschen aus bestimmten Schutzgebieten ausschließt.

Eine große erzieherische Aufgabe wird noch zu erfüllen sein, in vielen Teilen der Welt muß sogar erst noch damit begonnen werden. Sie soll die Aufmerksamkeit sowohl nationaler als auch regionaler Regierungen sowie die des Einzelnen nicht nur für die *Bedeutung* der lebenden Ressourcen, sondern auch für die persönliche, lokale, regionale und landesweite *Verantwortung* ihnen gegenüber wecken und verstärken.

Kasten 5.10 Die Arbeit der «Groundwork Trusts»

«Groundwork» hat es sich zur Aufgabe gemacht, eine nachhaltig wirksame Regeneration, Verbesserung und Verwaltung der Umwelt auf lokaler Ebene durch die Entwicklung von Partnerschaften zustandezubringen, die Unternehmen, die ortsansässige Bevölkerung und Organisationen in die Lage versetzen, ihren Beitrag zum ökologischen, wirtschaftlichen und sozialen Wohl weitestgehend auszubauen.

Ihre kleinen Teams ausgebildeter Umweltfachleute helfen beratend und unterstützend ganzen Kommunen bei der Verwirklichung ökologischer Verbesserungen. Das derzeit bestehende Netz von 30 Groundwork Trusts soll in den nächsten Jahren auf 50 erweitert werden. Die meisten haben ihren Sitz in alten, etablierten Industrieregionen, in denen es große Areale aufgelassener Flächen und verfallender Industriebetriebe gibt.

Quelle: Birmingham, the Groundwork Foundation.

5.7.3 Biotopmanagement

Unterschiedliche kulturelle Traditionen und unterschiedliche Umweltbedingungen sind miteinander verknüpft und führen zu unterschiedlichen Einstellungen der freien Natur gegenüber. In Nordamerika zum Beispiel, wo es riesige, relativ unbewohnte Gebiete trockener, kalter Gebirgsökosysteme gibt und wo der

Großteil der Flächen in öffentlichem Besitz ist, gibt es eine starke *Tradition zum Schutz* der Wildnis. Im dicht besiedelten Großbritannien, wo es kaum einen Quadratmeter gibt, der nicht von menschlichen Bemühungen über Jahrhunderte beeinflußt wurde und nahezu das ganze Land in privaten Händen liegt, gibt es eine ähnlich *starke Tradition des Eingriffs und der Manipulation* seminatürlicher Ökosysteme - *semi* deshalb, weil solche Gemeinschaften, obwohl sie aus einheimischen Arten bestehen mögen, nur sehr schwache Verbindungen zu den *natürlichen* Ökosystemen aufweisen, die vor der Ankunft und der Beeinflussung durch den Menschen hier vorkamen.

Soll sich eine Population in der Wildnis selbst erhalten, so muß ihr *Biotop* erhalten werden. Das Biotop besteht aus den biotischen und den abiotischen Komponenten der Umwelt, die für das Leben und die Fortpflanzung der Art in dem von ihr bewohnten Areal wichtig sind (Kasten 5.11). Es überrascht daher nicht, daß beim Naturschutz der Einrichtung geschützter Gebiete, die jeweils einen bestimmten Status einnehmen - z.B. «Naturschutzgebiet», «Nationalpark» - häufig der Vorzug gegeben wird. Dies sind Gebiete, deren hauptsächliche Aufgabe darin besteht, natürliche Prozesse zu erhalten und den Einfluß des Menschen auf ein Mindestmaß zu reduzieren. Ideal wäre eine weltweite Vernetzung solcher Gebiete, die den gesamten Bereich terrestrischer, limnischer und mariner Lebensräume umfaßt, um so den Erhalt der Biodiversität sicherzustellen.

Der *Amacayacu Nationalpark*, der kleine Naturpark in der *Camley Street* und das *Honeypot Wood* Naturschutzgebiet sind drei sehr unterschiedliche Beispiele geschützter Lebensräume, die verschiedene Zielvorstellungen und entsprechende Managementstrategien repräsentieren. Aus ökologischer Sicht besteht der entscheidende Unterschied zwischen diesen Standorten in der Art und Weise, wie der Prozeß der natürlichen Sukzession beeinflußt werden muß. *Sukzession* ist die Abfolge von Veränderungen, die in Pflanzen- und Tiergemeinschaften stattfinden, wenn sie sich über einen bestimmten Zeitraum an einem Ort entwickeln. Diese Veränderungen sind Reaktionen auf eine sich verändernde Umwelt, die größtenteils vom Vorkommen, dem Wachstum, der Fortpflanzung und schließlich dem Tod der Pflanzen und Tiere, die sich dort angesiedelt haben, abhängt.

Ökosystemmanager haben die grundsätzliche Wahl, in den natürlichen Prozeß der Sukzession an einem bestimmten Ort einzugreifen oder nicht. Die Auflassung eines Standortes ist dann eine geeignete Maßnahme, wenn der Endpunkt der Sukzession die gewünschte Pflanzen- oder Tiergemeinschaft ist. Das ist häufig bei Wald- oder marinen Lebensräumen der Fall. Andere Biotope, die ein frühes Sukzessionsstadium darstellen, oder solche, die vom Menschen geschaffen wurden, was bei vielen Gras- und Heidelandschaften der Fall ist, bleiben nur bei weiteren anthropogenen Eingriffen erhalten.

Der Amacayacu Nationalpark ist ein riesiges Areal (3000 km^2) feuchten tropischen Waldes in direkter Nachbarschaft eines noch viel größeren durchgehenden Waldgebietes im westlichen Amazonas-Becken. Ständig bilden sich zufällig und auf Grund umstürzender Bäume neue Waldlichtungen, die in ihrer Größe und deshalb auch in ihrer Ausbildung variieren. Trotz des unveränderten Erscheinungsbildes des Waldes entstehen jährlich Lichtungen, die 2 % der Waldfläche ausmachen. Die umgestürzten Bäume werden auf natürliche Weise von Arten kolonisiert, die für dieses Sukzessionsstadium charakteristisch sind und bieten so zeitweise Lebensmöglichkeiten für Arten, die direktes Sonnenlicht am Waldboden benötigen. Das bedeutet, daß der Wald ein sich ständig veränderndes Mosaik darstellt, dessen «Mosaiksteine» unterschiedliche Zeitspannen seit der letzten großen Störung anzeigen. Um diese Vielfalt zu erreichen, ist kein Management notwendig. Der Einfluß einer geringen Zahl ortsansässiger Menschen, die von Waldprodukten abhängig sind und vorübergehende, aber größere Lichtungen zum Ackerbau anlegen, kommt zu diesen (natürlichen) Störungen noch hinzu, betreffen aber nur die Flußuferbereiche des Waldes. Das für den Erhalt der biologischen Vielfalt in *Amacayacu* notwendige Management besteht aus einem effektiven Schutz, der einen gesicherten politischen und administrativen Status garantiert sowie einer entsprechenden Aufsicht, um eine illegale Nutzung wie Rodung oder Wildern zu verhindern.

Die isolierte 10 ha große Fläche von *Honeypot Wood* würde sich ohne eingreifende Maßnahmen sehr stark verändern. Die Niederwaldnutzung, die Praxis eines zyklischen, regelmäßigen Schneidens der Stockausschläge (Brennholz), die sich aus den langlebigen Stümpfen entwickeln, inmitten eines lichten Bestandes vereinzelter großer Bäume (Bauholz), war für Hunderte von Jahren im britischen Tiefland allgemein verbreitet und führte zur Ansiedlung von Lebensgemeinschaften, die dem regelmäßigen Zyklus von Licht und Schatten besonders gut angepaßt waren. Dies ist dem Tropenwald in *Amacayacu* ähnlich, unterscheidet sich aber in der regelmäßig wiederkehrenden Rodung und dem regelmäßigen Auftreten eines verschiedenaltrigen Bestandes, der jedoch nur kleinflächige Waldparzellen erfaßt. Viele Schmetterlinge, die typischerweise auch im Wald vorkommen, sind beispielsweise von sonnigen Lichtungen abhängig. Die Entwicklung der Niederwaldnutzung ist möglicherweise zufällig mit einem sich verschlechternden Klima zusammengefallen und lieferte sonnige, geschützte Lichtungen in Waldgebieten, die sonst, weitgehend ungestört, zu kalt geworden wären, um diese Arten zu erhalten. Diese seit langem durchgeführte Bewirtschaftung abzubrechen, würde bedeuten, die daran angepaßten Arten zu verlieren (Abb. 5.8). In Foxley Wood, einem 120 ha großen, von *Honeypot Wood* 16 km entfernten Wald, sind auf Grund der Einstellung dieser Waldnutzungsform in den letzten 40 Jahren alle vier dort ursprünglich vorkommenden Perlmuttfalter-Arten verschwunden (Kasten 5.12). Auch aus *Honeypot Wood* sind sie verschwunden und auf Grund der Isolation dieser Wälder besteht keine Chance, daß sie sich ohne Hilfe des Menschen an einem der beiden Orte wieder ansiedeln. Diese Falter stellen sehr strenge Anforderungen an den Lebensraum, was wir auch für so viele andere Arten annehmen müssen, über deren Ökologie wir bisher wenig wissen. Oft sind sie nicht in der Lage, die Strecken zwischen isolierten Biotopen zu überbrücken. Eine Aufgabe der Ökologen ist es, die geheimnisvollen und oft außergewöhnlichen Lebensabläufe, Anpassungen und Reaktionen

Kasten 5.11 Schutzmaßnahmen, Lebenszyklus und Biotop des Schwarzfleckigen Ameisen-Bläulings (*Maculinea arion*)

Der Fall dieser Tierart verdeutlicht, wie hoch das Niveau detaillierten, ökologischen Wissens und des Verständnisses sein muß, um einen erfolgreichen Schutz mit dem Ziel einer sich selbst erhaltenden Population zu gewährleisten.

Geschichte
Der Schwarzfleckige Ameisen-Bläuling ist ein schöner, blauer Schmetterling mit einer Spannweite von beinahe 4 cm. Im Süden Englands war er schon immer relativ selten. Er kommt in isolierten Kolonien auf trockenem kurzrasigem Grasland in steiler Südlage, hauptsächlich in Meeresnähe vor. Viele Kolonien verschwanden auf Grund landwirtschaftlicher Veränderungen in der ersten Hälfte des 20. Jh. Im Jahr 1954 wurden die Kaninchenpopulationen, die für den Erhalt des kurzrasigen Graslands wichtig sind, von dem der Falter abhängig ist, durch eine Krankheit (*Myxomatosis*) ausgelöscht. Die Schmetterlingskolonien wurden dadurch auf eine Handvoll reduziert. In den frühen 70er Jahren existierte nur noch eine einzige Kolonie und trotz angestrengter Versuche, die Bedingungen, die man für das Überleben der Art als notwendig erachtete, zu erhalten, starb er 1979 in England aus.

Lebenszyklus
Das Weibchen legt einzelne Eier in die Blütenköpfe des Frühblühenden Thymians (*Thymus praecox*). Die Raupe erscheint nach 5–10 Tagen und ernährt sich für 2–3 Wochen von Pollen und Samen der Pflanze. Während dieser Zeit schließt sie ihre Häutungen ab, nimmt aber wenig an Gewicht zu. Dann läßt sie sich auf den Boden fallen und lockt mit einem honigartigen Drüsensekret, das sie bei Reizung abgibt, verschiedene Spezies der Roten Ameisen an. Die Ameisen schleppen die Raupe in ihr Nest. Diese ändert dort ihr Freßverhalten, tut sich an Ameisenlarven gütlich und wächst schnell bis auf ihre nahezu volle Größe heran. Die Raupe überwintert im Ameisennest. Nach weiterer Freßtätigkeit im frühen Frühling verpuppt sie sich, noch immer im Nest verbleibend. Kurz nach dem Schlüpfen bahnt sie sich als ausgewachsener Schmetterling den Weg an die Erdoberfläche.

Biotopmanagement
Es ist seit langem bekannt, daß der Frühblühende Thymian nur auf sehr kurzrasigem Grasland vorkommt. Was jedoch erst in den späten 70er Jahren, als die Erforschung abgeschlossen war, deutlich wurde, ist die Tatsache, daß von den verschiedenen Spezies roter Ameisen, die im Lebensraum des Schmetterlings vorkommen, nur die Nester einer Art (*Myrmica sabuleti*) ein erfolgreiches Schlüpfen des Schmetterlings ermöglichen. Diese Ameisenart benötigt insbesondere warme, trockene Plätze für ihr Nest. Diese werden durch vegetationsfreie Stellen, die durch intensives Grasen und Trittschäden von Kaninchen oder Weidetieren gebildet werden, bereitgestellt. Sobald das Gras höher wachsen kann, führt die Beschattung zu einer deutlichen Temperatursenkung der oberflächennahen Bodenschicht. Für eine erfolgreiche Schutzmaßnahme ist es daher entscheidend, kurzen Rasen mit vielen kahlen Flecken zu erhalten, sowohl für den wilden Thymian als auch für die rote Ameise, auf die der Schwarzfleckige Ameisen-Bläuling angewiesen ist. Wenn die Sicherstellung dieser Bedingungen auch nur ein einziges Jahr nicht funktioniert, kann dies an diesem Standort für beide Arten das Aussterben bedeuten.

Quelle: Thomas und Lewington 1991a.

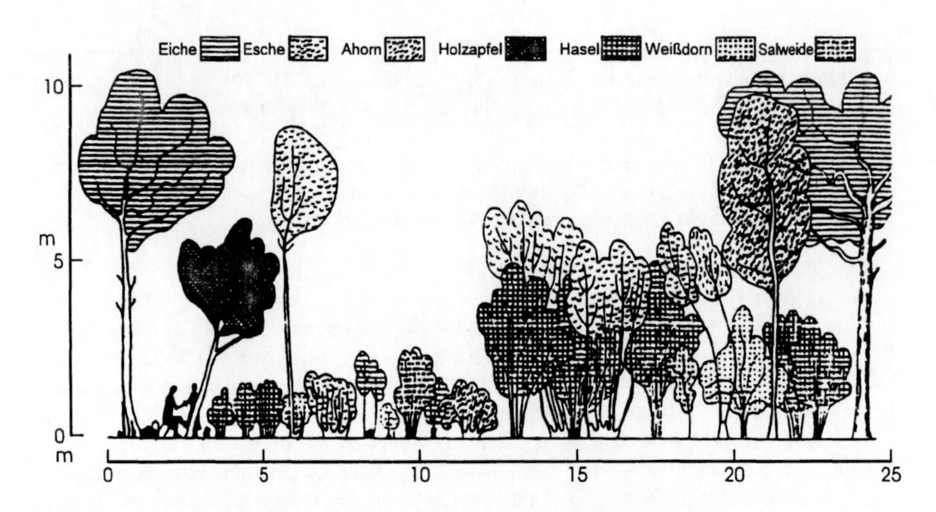

Abb. 5.7. Niederwald mit vereinzelten Überhältern – die traditionelle Form der Waldnutzung in Teilen Westeuropas während des Mittelalters und der Frühen Neuzeit (*Quelle:* nach Rackham 1975).

Abb. 5.8. Männchen des Kaisermantels. Der Kaisermantel toleriert von den fünf oben aufgeführten Fleckenfaltern den meisten Schatten.

von Arten auf Umweltveränderungen aufzudecken. Wenn wir all das wissen, dann können wir sicherstellen, daß an Orten, die oft nur winzige Überreste von natürlichen Lebensräumen darstellen, die Bedingungen für das künftige Überleben bestimmter Arten erhalten oder wiederhergestellt werden können.

Kasten 5.12 Die fünf sich an Veilchen ernährenden Fleckenfalter des alten Waldlandes in Großbritannien

Die fünf orangebraunen Schmetterlingsarten, deren Individuenzahl in den letzten 50 Jahren drastisch abgenommen hat, stellen auf den ersten Blick beinahe ein Rätsel dar, da die Nahrungspflanze der Raupen aller Arten das Veilchen (*Viola* spp.) ist. Man sollte deshalb erwarten, daß der Wettbewerb untereinander zur Verdrängung der konkurrenzschwachen Arten durch die dominanteste führt. Neuere Untersuchungen haben jedoch gezeigt, daß in der Praxis die Bedingungen, unter denen die Weibchen ihre Eier erfolgreich ablegen, und die Biotope der Adulten für jede Art feine Unterschiede aufweisen. Die traditionelle Niederwaldnutzung lieferte einen turnusmäßigen Wechsel im Wald, der diese Kleinstlebensräume entstehen ließ und den erfolgreiche Schutzstrategien nun nachahmen müssen. Keine dieser Arten kommt in ausgewachsenem Niederwald oder in schattigen, unbewirtschafteten Waldflächen vor.

Art	Biotope	Bevorzugte Eiablageplätze
Braunfleckiger Perlmuttfalter (*Boloria selene*)	Waldlichtungen feuchtes Grasland feuchtes Heidemoor Farnbestände	Grasflecken, in denen Veilchen in Gruppen wachsen, üppig wachsende Veilchen in Schlagfluren, 3–4 Jahre nach der Rodung
Silberfleck-Perlmuttfalter (*Boloria euhphrosyne*)	Waldlichtungen trockenes Grasland Hänge mit Farnbeständen	Veilchen, die auf warmen Böden wachsen, 1–2 Jahre nach Rodungen
Feuriger Perlmuttfalter (*Argynnis adippe*)	Hänge mit Farnbeständen Waldlichtungen Kalksteinfels-ausbisse	Veilchen, die auf warmen Böden wachsen, 1–2 Jahre nach Rodungen
Gr. Perlmuttfalter (*Argynnis aglaja*)	Aufgelassenes Grasland Gebüschränder Dünen und Wald-lichtungen	Grasflecken, in denen Veilchen in Gruppen wachsen
Kaisermantel (*Argynnis paphia*)	Laubwälder mit lichtem Kronendach und sonnigen Lichtungen	Lichte Wälder mit offenem Kronendach

Quelle: Thomas und Lewington 1991; Warren 1992.

Eine Niederwaldnutzung stellt eine verkürzte und veränderte *sekundäre* Sukzession dar, die auf Waldrodungen folgt. Diese Sukzession nennt man *sekundär*, weil viele der Arten, die bei der Entwicklung des dem Schnitt folgenden Ökosystems eine Rolle spielen, schon in Form von Stümpfen oder in der Krautschicht vorhanden sind. Der Boden mit seinem organischen Material und den damit verbundenen Destruenten (organisches Material zersetzende Organismen) sowie mit seinem Depot an lebensfähigen Samen ist ebenfalls schon vorhanden. Ein bewußtes Eingreifen in ein Ökosystem schließt anfängliche Störungen ein, die so erfolgen müssen, daß über die folgende sekundäre Sukzession die gewünschte Entwicklung erreicht wird. Im Falle des Niederwaldes erfolgt dieser Eingriff etwa alle 10 Jahre. Bei Heideflächen kann ein periodisches Abbrennen in Verbindung mit einer regelmäßigen Beweidung durch Schafe erforderlich sein. Zum Erhalt eines artenreichen Graslandes ist eine mosaikartige Bewirtschaftung von Flächen erforderlich, die von verschiedenen Kombinationen aus Beweidung und Schnitt geprägt wird. Auf diese Weise können die verschiedenen Pflanzen- und Insektenarten erfolgreich geschützt werden (Kasten 5.13). Diese komplexe Aufgabe hängt von einem fein aufeinander abgestimmten Management ab, das wiederum selbst die Kenntnis der komplexen Lebensraumansprüche einer ganzen Palette von Arten, jede mit ihren einzigartigen Merkmalen, voraussetzt. Dies verdeutlicht die wesentlichen Verbindungen zwischen erfolgreichem Management und entsprechender ökologischer Forschung.

5.8 Die Anlage von Biotopen

Der *Camley Street Naturpark*, ein Ort, dessen Standortbedingungen komplett durch menschliches Eingreifen geprägt wurden, verdeutlicht das Prinzip, daß die Maßnahmen, die wir im Bereich eines einzelnen Standorts durchführen, eine Frage der *Auswahl* sind. Die einen mögen sich für Vögel begeistern, die anderen für Pflanzen, Libellen oder Reptilien. Wieder andere interessieren sich nicht so sehr für seltene oder ungewöhnliche Arten, sondern sind eher an der Atmosphäre interessiert, die von lebenden Wesen geschaffen wird, am Empfinden von *Natürlichkeit*. Für den letzteren Grund, für bestimmte erzieherische Zwecke sowie das Erlebnis frei lebender Pflanzen- und Tierarten genügen meist Gemeinschaften gewöhnlicher Organismen. Dazu gehören Bakterien und andere Mikroorganismen, für die sich zwar wenige begeistern können, über die es aber dennoch einige wichtige Dinge zu lernen gibt. Sie sind z.B. für die Aufrechterhaltung der Strukturen und Funktionen von Ökosystemen, auf Grund ihrer Rolle bei der Energieumwandlung in den Nahrungskreisläufen, von entscheidender Bedeutung. Neu geschaffene Lebensräume erfüllen wichtige Funktionen, insbesondere, indem sie der Stadtbevölkerung einen Zugang zur Natur ermöglichen.

Die Schaffung von Lebensräumen ist ein neuer Aufgabenbereich, der beträchtliche ökologische Forschungen und experimentelles Management anregt. Es überrascht nicht, daß dieser Aufgabenbereich in entwickelten, stark besiedelten Ländern wie Großbritannien und den Niederlanden, wo vor allem in den letzten 50 Jahren viele der seminatürlichen Lebensräume zerstört wurden, eine große Bedeutung erlangte. Man muß sich darüber klar sein, daß der Verlust alter seminatürlicher Lebensräume nicht durch die Schaffung neuer ersetzt werden kann. Es ist bestenfalls möglich, etwas scheinbar Ähnliches zu schaffen. Wir besitzen heute das ökologische Know-how, um interessante und attraktive artenreiche Wiesen und Tiefland-Heideflächen zu schaffen, die für den Laien von ihrem schon lange existierenden Gegenstück nicht zu unterscheiden sind. Untersuchungen belegen, daß es keinen schnellen Weg zur Entwicklung eines artenreichen Rasens wie z.B. eines Kalkmagerrasens gibt. Das sich langsam entwikkelnde und interaktive Verhältnis zwischen den Pflanzenarten selbst sowie zwischen ihnen und dem Boden ist ein langwieriger Prozeß, der es uns möglich macht, noch nach mehr als hundert Jahren zwischen relativ neuen und schon sehr lange existierenden Graslandschaften zu unterscheiden.

Da man bisher nicht in der Lage ist, eine alte, artenreiche Gemeinschaft zu schaffen oder wieder einzuführen, überrascht es nicht, daß sich ein wachsendes Interesse auf die *Verpflanzung* solcher Lebensräume richtet - das Ausgraben einer von Zerstörung bedrohten Gemeinschaft und deren Transport an einen neuen, sicheren Standort. Die Möglichkeit eines solchen Verfahrens ist offensichtlich für diejenigen interessant, die sich mit wertvollen Lebensräumen in solchen Gebieten konfrontiert sehen, die für weitere Entwicklungen verplant werden. Einige Erfolge konnte man bei der Verpflanzung von Grünlandpflanzengemeinschaften verzeichnen; geringeren Erfolg hatte man dagegen mit der dazugehörenden Insektenfauna. Eine Kolonie des immer seltener werdenden Falters Argus-Bläuling *(Plebejus argus)* wurde bei dem Versuch, eine Heidegemeinschaft in Südengland zu verpflanzen, ausgelöscht. Es gibt keinen Grund zur Annahme, daß sich ein so komplexes Biotop wie ein alter Wald verpflanzen läßt. Die jungen Bäume und die Bodenvegetation würden zwar technisch einige Schwierigkeiten bereiten, die aber überwunden werden können, der Boden jedoch, der sich über Tausende von Jahren auf natürliche Weise entwickelt hat, stellt ein unlösbares Problem dar. Zudem sind viele der seltensten Flechten, Moose und Insekten an die Rinde und das Holz der größten und ältesten Bäume gebunden.

Kasten 5.13 Landschaftspflege der Kalkrasen im Old Winchester Hill Nationalpark in Hampshire

Die im folgenden behandelte Graslandschaft umfaßt etwa 34 ha und ist, wie so viele Naturschutzgebiete in England, der isolierte Rest eines einst ausgedehnten Lebensraumes. Dieser Rest besteht größtenteils aus kurzrasigen Grünflächen auf dem weißen Kreide-Kalkstein Südenglands. Die kurzrasigen Flächen wurden traditionell durch eine intensive Beweidung mit Schafen aufrechterhalten. Auch Kaninchen spielten dabei eine Rolle. Änderungen der Bewirtschaftung und das durch die Seuche von 1954 (siehe auch Kasten 5.11) ausgelöste Kaninchensterben führten zu einem Verlust von mehr als 80 % dieses Biotoptyps, der außergewöhnlich reich an Wirbellosen- und Pflanzenarten ist. Pro Quadratmeter gibt es bis zu 45 Pflanzenarten. Die

Fortsetzung n.S.

Kasten 5.13 ***Fortsetzung***

wichtigen Wirbellosengesellschaften in Winchester Hill umfassen auch viele Schmetterlingsarten. Zwischen den Pflegemaßnahmen zum Erhalt des Pflanzenartenspektrums und jenen zur Erhaltung der Wirbellosen besteht ein gewisser Interessenkonflikt. Der Erhalt des floristischen Artenreichtums verlangt eine regelmäßige, starke Beweidung, während der Erhalt vieler Wirbellosenarten das Wachstum eines längeren, üppigeren Rasens voraussetzt.

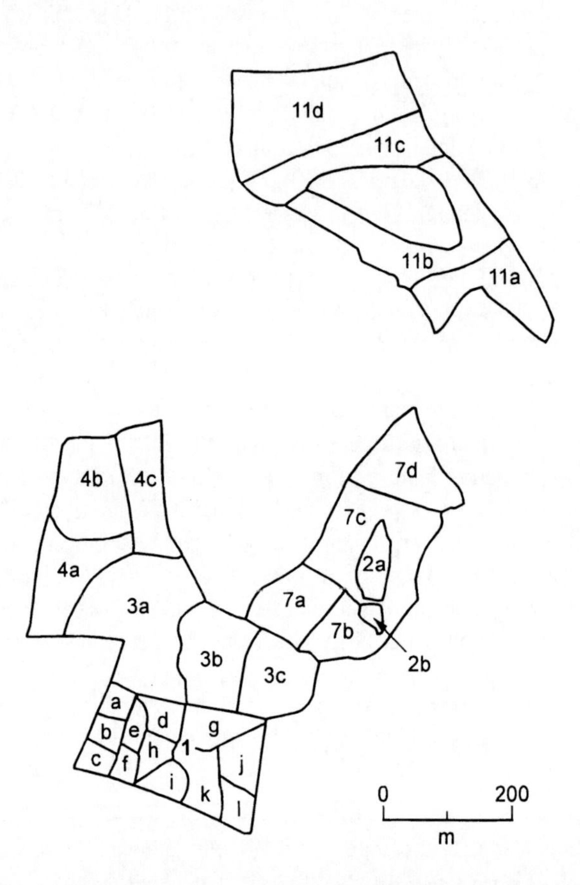

Um diesen Konflikt zu überwinden, wurde das Schutzgebiet in einzelne Parzellen eingeteilt, die einem jahreszeitlichen Rotationsweidezyklus durch Schafe unterworfen werden, der ein Mosaik aus unterschiedlich hohen Rasen entstehen läßt. Das Weidekonzept für die einzelnen Parzellen wird in der unten folgenden Tabelle aufgeführt. Dieses Konzept verändert sich mit den Informationen, die durch das laufende Programm aus Langzeitbeobachtungen und Forschungen über die Ansprüche bestimmter Pflanzen- und Tiergruppen gewonnen werden.

Fortsetzung n.S.

Kasten 5.13 ***Fortsetzung***

Weideeinheiten	Weidekonzept	Relevante Faktoren
Parzelle 1	Kleinmaßstäbliches Rotationssystem – geringe Beweidung einiger Hangbereiche während der meisten Monate. Daher Einteilung in Unterparzellen a–l	Bedarf eines Mosaiks aus sehr kurzem, kurzem und mittelhohem Rasen Zahlreiche Schutzmaßnahmen erfordern Problemlösungen in Konfliktsituationen
Parzelle 2a	Kurzzeitige Winterweide jedes 3.–5. Jahr	Die Orchidee «Ohnhorn» (*Aceras anthropophorus*) und höher wachsende Arten
Parzelle 2b	Wird den Kaninchen überlassen	Typischer von Kaninchen kurzgehaltener Rasen.
Parzelle 3	Gemäßigter Weidedruck in einem jährlich wechselnden Turnus	Botanisch und auch im Hinblick auf Schmetterlinge interessanter Südwall; Als Notreserve geeignete Winterweidefläche
Parzelle 4	Gemäßigter Weidedruck in einem jährlich wechselnden Turnus	Hang mit Schlüsselblumen und Stattlichem Knabenkraut (*Orchis mascula*); Ausreichender Weidedruck zur Unterdrückung von Hartriegelgebüsch
Parzelle 7a, b	Juli/August (September) Beweidung in einem 2-Jahres-Turnus	Der moosige, feuchte Nordhang ist Lebensraum für bestimmte Schmetterlingsarten; Erhalt des Anteils feiner Gräser und Kräuter im Verhältnis zu dominierenden Arten
Parzelle 7c, d und 11a, b	Winterweide in einem 2-Jahres-Turnus	Natürliches kurzrasiges Grasland, die tiefer gelegenen Hangbereiche sind für Schmetterlinge interessant
Parzelle 11c, d	Jährliche Mittwinterweide	Kurzgehaltener Rasen für Heidevegetation, Adonisschmetterling und Bläulinge. Sommerweide wirkt stark schädigend
Parzelle 11d	Gemäßigter bis starker Weidedruck verteilt auf Sommer und Winter Mosaik unterschiedlich hoher Rasenabschnitte durch Pferchung	Bekämpfung dominanter Gräser zur Vermeidung eines Überwucherns; Geeignetes Biotop für Wirbellose; Als Notreserve geeignete Winterweideflächen

Quelle: mit freundlicher Genehmigung von David Henshilwood, English Nature, Newbury.

Selbst wenn wir annehmen, daß solche Probleme technisch gelöst werden könnten, gibt es zwei weitere Schwierigkeiten, von denen sich jede einzelne als unüberwindlich erweisen könnte. Zum einen kann man sich keine Vorstellung von der Dimension einer lang überdauernden Lebensgemeinschaft machen. Kann sie nach einer Verpflanzung jemals wieder den alten Zustand einnehmen? Zum anderen wären die Kosten voraussichtlich so immens, daß derlei Anstrengungen wahrscheinlich nur in sehr kleinem Maßstab und nur bei sehr außergewöhnlichen Umständen durchgeführt würden.

Obwohl ökologische Untersuchungen zur Durchführbarkeit von Lebensraumverpflanzungen angesichts der Forderungen nach einem vorsichtigen Umgang mit der Natur als wenig interessant und politisch gefährlich eingestuft werden können, ist es mittelfristig vielleicht von entscheidender Bedeutung, diese Art der Forschung zu erweitern, um die Biodiversität weltweit sicherstellen zu können. Falls die Gefahr der globalen Erwärmung Wirklichkeit wird, hängt das Überleben von Arten, die jetzt auf kleine Inseln seminatürlicher Lebensräume in einem Meer intensiv bewirtschafteter, aufgeforsteter oder städtischer und industrieller Flächen beschränkt sind, davon ab, ob sie an neue Standorte mit entsprechenden klimatischen Bedingungen gebracht werden können oder nicht. Das unterstreicht die Tatsache, daß viele Arten, wie z.B. Schmetterlinge (Kasten 5.13), relativ immobil sind und daß viele nicht in der Lage sind, große und für sie lebensfeindliche Land- oder Wasserflächen zu überbrücken. Am mobilsten sind natürlich die Vögel, während es bei Säugetieren, Insekten und Pflanzen je nach Art enorme Unterschiede gibt.

5.9 Externe Effekte im Biotopmanagement

Die Bedrohung durch klimatische Veränderungen unterstreicht die notwendige Berücksichtigung *externer Effekte* (hier weniger in bezug auf ihre finanzielle Seite) bei der Auseinandersetzung mit den Schwierigkeiten des Ökosystemmanagements. Externe Effekte sind jene, die außerhalb des Einflusses des Durchführenden oder seiner Organisation liegen. Gegenwärtig sind das im allgemeinen Faktoren, die mit der Bewirtschaftung der umliegenden Flächen zusammenhängen, wie z.B. Pestizid- und Düngereinsatz auf landwirtschaftlichen Flächen und deren Drift über die Zielfläche hinaus. Solche Probleme können manchmal durch die Einrichtung von *Pufferzonen* überwunden werden – Bereiche von geringerem ökologischen Wert, die ein ökologisch besonders interessantes Kernstück schützend umgeben. Im Falle geschützter Feuchtgebiete umfassen die Kontrollen eines Managements selten die Wasserquantität und -qualität des gesamten Einzugsgebietes, von dem der eigentliche Standort abhängt. Ähnlich wird auch eine Luftverschmutzung nicht direkt an der Emissionsquelle erfaßt. Die Auswirkungen des sauren Regens auf Standorte, die weit von der Emissionsquelle der Stickoxide und des Schwefeldioxid entfernt sind, sind heute recht gut belegt.

Die globale Erwärmung stellt eine noch schwerer abzuschätzende Bedrohung dar. Ein Anstieg von 1,2 °C bis zum Jahr 2050 kann mittlerweile als relativ sicher angenommen werden. Dies bedeutet auf der nördlichen Erdhalbkugel eine Nordverschiebung der Klimagürtel von etwa 200–300 km. Mobile Arten wie Vögel, einige Insekten und Pflanzen, die große Mengen Samen produzieren, die sich anemochor, d.h. mit dem Wind verbreiten, könnten in der Lage sein, mit dieser Verschiebung Schritt zu halten. Für langlebige Arten wie Bäume und alle weniger ausbreitungsfähigen Arten übersteigt das Maß der vorhergesagten klimatischen Veränderungen bei weitem alles bisher Dagewesene. Arten, die heute als gefährdet eingestuft werden, finden sich dann möglicherweise in Naturschutzgebieten wieder, aus denen es kein natürliches Entkommen mehr gibt. Die externen Effekte auf diese Art können den Erfolg einer standortbezogenen Strategie für den Erhalt der Biodiversität mehr oder weniger stark bedrohen. Dies hat zwei Konsequenzen. Zunächst besteht eine wirkliche Gefahr darin, natürliche und seminatürliche Ökosysteme in kleine Inselbereiche zu isolieren, so daß es für einen Großteil der Arten keine oder kaum eine Chance gibt, zu- oder abzuwandern. Das wachsende Interesse, *grüne Korridore* oder *eine Vernetzung* von Lebensräumen durch Hecken und Randbereiche von Straßen und Autobahnen als Teil des *Landschaftsgefüges* zu schaffen, könnte sich unter diesem Aspekt als entscheidend erweisen. Die Möglichkeit eines natürlicheren, flexibleren Reagierens auf künftige veränderte Bedingungen erhöht den ohnehin schon bestehenden Wert dieser linearen Biotope für die Natur.

Auf internationaler Ebene wird dies erhebliche Schwierigkeiten bereiten. Es sei erwähnt, daß die Ausweisung bestimmter, klar definierter Gebiete als Nationalparks und Naturschutzgebiete politisch und verwaltungstechnisch oft gelegen kommt. Diese Form der Problemlösung kann jeder Politiker verstehen, auch wenn er wenig über die Pflege von Ökosystemen weiß. Die Einrichtung eines entsprechenden weltweiten Netzes von Biosphärenreservaten ist verlockend und organisatorisch grundsätzlich durchführbar. Andererseits bestärkt dies in den Köpfen der Politiker die gefährliche Vorstellung, daß man die ökologische Lobby als Gruppierung mit speziellen Interessen dadurch ruhigstellen kann. Die Vorstellung, daß die Pflege sowohl landwirtschaftlicher wie natürlicher Ökosysteme als Ganzes in nachhaltiger Weise ausgeführt werden muß, ist erheblich schwieriger in die Praxis umzusetzen, da dies die *Gesamtheit* jeder Landschaft, jedes Ozeans und jedes limnischen Systems sowie eine grundlegende Änderung der Einstellung zur Natur einschließt.

5.10 Artenschutz

Wenn wir uns die Fülle der verschiedenen Lebensräume in der Welt ansehen – Wälder, Felsküsten, Grasweiden, Flüsse, Gebirge usw. – sollten wir annehmen, daß die darin lebenden Arten auf sich selbst «achten können». Doch genügt es nicht, lediglich zu überprüfen, ob genügend Lebensräume vorhanden sind, wir müssen uns außerdem darum kümmern, daß sich der Bestand einer einzelnen Art nicht besorgniserregend ändert.

Es besteht kein Zweifel, daß die Zerstörung der Lebensräume der wichtigste Einzelfaktor ist, der zum Rückgang der meisten Arten beiträgt, und daß deshalb einem Schutz dieser Lebensräume weltweit höchste Priorität eingeräumt werden muß. Der Mensch übt jedoch auch auf andere Weise Druck auf bestimmte Spezies aus, nämlich durch deren direkte Ausbeutung oder Verfolgung. Ökonomische Ausbeutungsmechanismen, die zum Aussterben von Arten, z.B. seltenen Vogelarten oder Walen, führen können, wurden bereits erwähnt. Der Fischfang ist ein Beispiel dafür, daß ein Lebensraum grundsätzlich vor seiner Verschmutzung und in Flachwasserbereichen vor seiner Zerstörung durch moderne Schleppnetzmethoden geschützt werden muß. Eine Schlüsselstellung nimmt jedoch die vernünftige Regelung der Fangquoten ein. Die aus ihnen abgeleiteten ökologischen Daten und Vorhersagemodelle sind heute soweit ausgereift, daß sie die notwendigen Informationen für einen sensiblen Umgang mit den Hauptfischfanggebieten liefern können.

Für die große Zahl der Zugvögel, die den Winter südlich der Sahara verbringen, gibt es in Nordeuropa genügend Brutplätze. Doch müssen wir uns auch um die Biotope kümmern, die sie im Winter und während ihres beachtlichen Zuges nutzen. Besonders wichtig für insektenfressende Vögel ist die semiaride Gebüschzone in der Sahelzone südlich der Sahara, wo sie Insektennahrung «auftanken», bevor sie sich an die Nonstop-Überquerung der Sahara machen. Eine Desertifikation dieser Zone durch Übernutzung durch den Menschen könnte tiefgreifende Auswirkungen auf die Fähigkeit dieser Vögel haben, eine Überquerung durchzustehen. Der Schutz dieser Nahrungshabitate ist für ihr Überleben genauso notwendig wie der Schutz ihrer Brut- und Überwinterungsplätze. Und wenn sie die Überquerung der Sahara überleben, müssen sie das Spießrutenlaufen der schießfreudigen Menschen in Südeuropa über sich ergehen lassen. Die Massenabschlachtung von Zugvögeln in Frühjahr und Herbst konnte noch immer nicht unter Kontrolle gebracht werden.

Der Schutz wandernder Tiere ist unbequem und aufwendig. Sie bleiben nicht in der Nähe der Gebiete, die zu ihrem Schutz eingerichtet wurden. Das Bonner Artenschutzabkommen von 1979 (Convention on the Conservation of Migratory Species of Wild Animals) bemüht sich um den Schutz von Tieren, die Ländergrenzen überschreiten. Bis heute ist es relativ wirkungslos geblieben, da nur eine Minderheit - und darunter nur wenige afrikanische Länder - es unterzeichnet haben. Immerhin wird hier deutlich, daß nur internationale Zusammenarbeit die Zukunft sowohl der Arten als auch ihrer Lebensräume sichern kann.

Seltene Arten haben sich als wichtige und erfolgreiche *Aushängeschilder* für den Naturschutz erwiesen. Das Panda-Logo des WWF ist ein Beispiel dafür, wie eine einzelne Art, die man mit Begriffen wie «kuschelig» und «warm» in Verbindung bringt, für den Naturschutz und zur Weckung des öffentlichen Bewußtseins genutzt werden kann. In mehr allgemeiner Art verwendet die britische Gesellschaft für Vogelschutz, die «British Royal Society for the Protection of Birds», Vögel als Aushängeschild für ihr generelles Anliegen, die Artenvielfalt auf nationaler und internationaler Ebene zu erhalten. Manchmal, wie im Fall des Spix-Blauara, kann man das drohende Aussterben einer attraktiven Art nutzen, um den Schutz auch auf andere, ähnliche Arten und ihre Lebensräume auszuweiten.

5.11 Schlußfolgerungen

Welche gemeinsame, allgemeine Bedeutung ist nun also dem *Amacayacu Nationalpark*, dem *Camley Street Naturpark* und *Honeypot Wood* beizumessen?

Erstens sind sie alle drei Symbole der Grundhaltung, die Szenario 2 untermauert, nämlich des Respekts vor dem Leben: *Amacayacu*, die Wildnis; *Honeypot*, das zerbrechliche, dünne Bindeglied zur prähistorischen Zeit in einer intensiv genutzten Kulturlandschaft; *Camley Street*, das neugeschaffene Biotop inmitten urbaner Trostlosigkeit.

Zweitens sind dies Orte, an denen es möglich ist, die Biodiversität zu erhalten, eine angemessene nachhaltige Praxis im Naturschutz anschaulich darzustellen und grundlegende ökologische Forschungen durchzuführen, die erfolgreiche Schutzmaßnahmen unterstützen. All das zusammen soll uns auf eine Zeit vorbereiten, in der die nachhaltige Nutzung natürlicher Ressourcen allgemeine Praxis sein wird. In *Amacayacu* schützen wir das natürliche, außergewöhnlich komplexe, weithin unbekannte Gefüge der Lebensräume im tropischen Regenwald. In *Honeypot Wood* erhalten wir ein intensiv bewirtschaftetes System, das die Lebensgemeinschaft einer historischen Waldnutzungsform schützt. Und in *Camley Street* schaffen wir ein wertvolles Ökosystem, das den Stadtmenschen zugänglich ist, deren direkte Umwelt in puncto Natur ansonsten eher arm ist.

Und schließlich ist es für uns wichtig zu begreifen, daß wir tatsächlich in der Lage sind etwas zu tun, etwas zu verändern. Ohne dieses Bewußtsein würden wir in Verzweiflung und Zynismus verfallen. Die allgemein bekannte Ermahnung «global denken, lokal handeln» könnte man jetzt umformulieren zu «global handeln und lokal handeln». Wir müssen vor Ort handeln, denn das ist das einzige, was die meisten von uns überhaupt tun können. Wir müssen zudem davon überzeugt sein, daß das gemeinsame Gewicht des Handelns vor Ort - oder um es mit den Worten von Norman Moore zu sagen: die Achtung vor den «winzigen Einzelheiten» - auch wichtige globale Veränderungen herbeiführt. Letztendlich können nur örtliche Initiativen internationale, regierungsübergreifende Bemühungen, Ökosysteme auf nachhaltige Weise zu verwalten, bewirken. Ökosystemmanagement ist etwas, das uns alle angeht und mit dem wir bereits vor unserer eigenen Haustür anfangen müssen.

Literaturverzeichnis

Barkham JP (1993) For peat's sake: conservation or exploitation? Biodiv and Conserv 2:556–566

Bibby CJ, Collar NJ, Crosby MJ, Heath MF, Imboden Ch, Johnson TH, Long AJ, Stattersfield AJ, Thirgood SJ (1992) Putting biodiversity on the map: priority areas for global conservation. International Council for Bird Preservation, Cambridge

Clark CW (1976) Mathematical bioeconomics: the optimum management of renewable resources. Wiley, New York

Clark CW (1981) Bioeconomics. In: May RM (ed) Theoretical ecology: principles and applications. Blackwell, Oxford, pp 387–418

Gallagher T (1990) The dawn of recovery. Birds 13/4:55–59

George M (1992) The land use, ecology and conservation of Broadland. Packard, Chichester

Gulland JA (1971) The effect of exploitation on the numbers of marine animals. In: den Boer PJ, Gradwell GR (eds) Dynamics of populations. Centre for Agricultural Publishing, Wageningen, Niederlande, pp 450–468

Lean G, Hinrichsen D, Markham A (1990) Atlas of the environment. WWF/Arrow Books, London

Moss B, Leah RT (1982) Changes in the ecosystem of a guanotrophic and brackish shallow lake in Eastern England: potential problems in its restoration. Int Rev Hydrobiol 67: 625–659

Rackham O (1975) Hayley Wood: its history and ecology. Cambient, Cambridge

Thomas J, Lewington R (1991) The butterflies of Britain and Ireland. Dorling Kindersley, London

Warren M (1992) Britain's vanishing fritillaries. Br Wildl 3:282–296

Weiterführende Literatur

Barkham JP (1991) Personal psychology and the environmental crisis. Int Minds 3/1:12–15

Barrett S (1980) Conservation in Amazonia. Biol Conserv 18:209–235

Brennan A (1988) Thinking about nature: an investigation of nature, values and ecology. Routledge, London

Elkington J, Hailes J (1989) The green consumer guide. Gollancz, London

Gibson CWD, Brown VK (1992) Grazing and vegetation change: deflected or modified succession? J Appl Ecol 29:120–131

Green B (1985) Countryside conservation, 2nd ed. Allen & Unwin, London

Henderson N (1992) Wilderness and the nature conservation ideal: Britain, Canada and the United States contrasted. Ambio 21/6:394–399

International Union for Conservation of Nature and Natural Resources (IUCN) (1980) World Conservation Strategy. IUCN, Gland, Schweiz

King A, Schneider B (1991) The first global revolution. Simon and Schuster, New York

Lovelock JE (1987) Gaia: a new look at life on earth. Oxford University Press, Oxford

Maslow AH (1970) Motivation and personality, 2nd ed. Harper & Row, London

Meyer A, Sharan A (1992) Equity and survival: climate change, population and the paradox of growth. Global Commons Institute, London
Miller A (1990) Banished knowledge. Virago, London
Moore NW (1987) The bird of time. Cambridge University Press, Cambridge
Nature Conservancy Council (1984) Nature conservation in Britain. Nature Conservancy Council, Peterborough
Newman EI (1993) Applied ecology. Blackwell, Oxford
Pearce D, Markandya A, Barbier EB (1989) Blueprint for a green economy. Earthscan, London
Royal Society for Nature Conservation (1989) Losing ground: habitat destruction in the UK: a review in 1989. RSNC, Lincoln
Sayer JA, Whitmore TC (1990) Tropical moist forests: destruction and species extinction. Biol Conserv 55:199–213
World Commission on Environment and Development (1987) Our common future («Brundtland»-Report). Oxford University Press, Oxford

Teil B

Teil B

Die Erde stellt sich uns als ein äußerst hochentwickelter, sich selbst regulierender Organismus dar, der in der Lage ist, Leben sowohl hervorzubringen als auch zu erhalten. Leben ist dabei kein Nebenprodukt, sondern ein wirksamer Bestandteil im System des Planeten. Natürliche Prozesse, die von chemischen, physikalischen und biologischen Gesetzen angetrieben werden, scheinen die Fähigkeit zu besitzen, sich den unvermeidlichen Veränderungen der Erdachse, den Schwankungen der Sonneneinstrahlung, gelegentlichen Meteoriteneinschlägen und Störungen durch Vulkanausbrüche anpassen zu können. Inwieweit diese bio-geo-chemischen Prozesse hierbei tatsächlich «reagieren», um Erschütterungen und Störungen zu absorbieren, ist aber noch immer ein Geheimnis, über das nur wenige Wissenschaftler zu spekulieren in der Lage sind. Doch selbst wenn dieses «Reagieren» in erster Linie zufällig und unvorhersehbar ist, so hat es doch den Anschein, als ob das «planetare Lebenserhaltungssystem» kreative und anpassungsfähige Kräfte aufweist, die sowohl umwandelnde wie ausgleichende Funktionen innerhalb dieses faszinierenden Evolutionsprozesses ausüben.

Es gibt zwei unterschiedliche Anschauungen zum Prozeß der Evolution, die bei genauerer Betrachtung weniger gegensätzlich sind als sie zunächst erscheinen. Der einen hat sich der Evolutionsbiologe Richard Dawkins angenommen, die andere wird von den Anhängern der «Gaia»-Konzeption vertreten, deren oberster Fürsprecher James Lovelock ist. Dawkins behauptet, daß die Evolution keine spezielle und zielgerichtete Absicht verfolgt. Zufällige Auslese in Verbindung mit einem verhältnismäßigen Vorteil formt Anpassung und Anordnung der genetischen Charakteristika und Verhaltensmuster. Dies ist recht eindeutig an Darwinschen Vorstellungen orientiert. Die Auslese kann in vielerlei Richtungen wirken und dabei physiographische Ausprägungen hervorrufen, die eindeutig über reine Nutzanwendungen hinausgehen, wie zum Beispiel Größe und Gewicht von Geweihen oder auffallenden Federschmuck an Kopf und Schwanz von Vögeln. Dawkins und seine Anhänger denken dabei an Evolutionsmuster, wie es sie in spielerischen Computerprogrammen gibt. Dies deutet an, daß pure Zufälligkeit nicht unbedingt das vorherrschende Element in der evolutionären Entwicklung ist. Die Organismen stehen sowohl in einem kooperativen wie auch wettbewerblichen Verhältnis zueinander. Koevolution bedeutet, daß sich Arten in bezug zueinander wie auch an veränderte Umweltbedinungen anpassen. Anpassung an die Umgebung ist ein gerichteter Anpassungsmechanismus, der es einer Artengruppe erlaubt, sich zu ihrem gegenseitigen Vorteil über eine Reihe kollaborierender wie auch räuberischer Techniken aufeinander einzustellen. Genetische Veränderungen können sowohl aktiv als auch reaktiv sein. Die Arten sind möglicherweise in der Lage, ihre Zukunft zu «planen». Dies ist vielleicht mit der Fähigkeit verbunden, die äußere Welt in einer «gedachten, virtuellen» Realität mehr oder weniger simulieren zu können. Man kann diesen Gedanken weiterentwickeln, indem man hochentwickelte Soft- und Hardware herstellt, die mögliche Zukunftsvorstellungen mit Lebensformen ersinnt, die ihrerseits in zunehmendem Maße zu interaktivem Verhalten in der Lage sind.

Darin steckt zwar noch sehr viel Spekulation, es macht aber dennoch Spaß, diese Vorstellungen zu verfolgen. Die sog. «neue Evolutionstheorie» bedeutet tatsächlich einen Schritt zurück zu Ideen des 19. Jh., die Lamarck zum ersten Mal ausgesprochen hat, der wiederum von dem niederländischen Philosophen Spinoza beeinflußt war. Ihrer Ansicht nach ist Evolution grundsätzlich ein «Bewältigungs»-Prozeß, in dem Arten die Toleranzgrenzen des bio-geo-physikalischen Systems austesten, dem sie sich sowohl anpassen, das sie andererseits aber durch ihre Anwesenheit und ihr Verhalten verändern. Manchmal kommt es vor, daß sie dabei «zu weit gehen» und umkommen, manchmal lassen sie zuviel «Freiraum» und werden dann durch andere Arten bedroht, die sich in den freibleibenden Nischen einrichten. Manchmal passen sie ihre Umgebung möglicherweise «bewußt» an, um für das Überleben und die weitere Anpassung gerüstet zu sein. Welcher Mechanismus es auch immer sein mag, Evolution scheint dann am erfolgreichsten zu sein, wenn sie sowohl kooperativ wie konkurrierend, wagemutig wie vorsichtig, vorausschauend wie reaktiv ist. Interaktionen spielen sich größtenteils auf einem lokalem Niveau ab, Lovelock ist aber überzeugt, daß sie auch in planetaren Maßstäben stattfinden können.

Die Lehre von «Gaia» und ihren Anhängern wird in Kap. 19 ausführlicher behandelt (siehe vor allem Kästen 19.3 und 19.4). An dieser Stelle sei nur gesagt, daß Lovelock und seine Anhänger «Gaia» als wissenschaftliches Programm begreifen. Sie sehen die Erde nicht als ein «intelligentes» oder «teleologisches» Wesen an, welches nach einem göttlichen Zweck oder Prinzip ausgerichtet ist. Sie sind aber der festen Überzeugung, daß die Erde ein außergewöhnlicher Organismus ist, in dem belebte und unbelebte Prozesse gemäß bestimmter Mechanismen, die bestenfalls selbstregulativ, keinesfalls aber vorherbestimmt sind, sich gegenseitig beeinflussen, verstärken und neu ordnen. In dieser Weise schließt der Schwefelzyklus die physikalische Verwitterung von Gestein, die vulkanische Chemie von Gasen und Lava, die biologische Aufnahme von Schwefelsalzen durch Algen und den Niederschlag schwefelhaltiger Aerosole auf den Boden, wodurch die anorganische Materie ständig erneuert wird, mit ein.

Wie auch immer, die irdischen Systeme basieren in wirklich außergewöhnlicher Weise sowohl auf organischen als auch anorganischen Prozessen. Ihre biologischen und physiochemischen Funktionen sind für den Menschen von enormer Bedeutung. Niemand kennt den umfassenden lebenserhaltenden Wert des

Ozons in der Stratosphäre und deshalb weiß auch niemand, wieviel uns die Zerstörung eines weiteren Viertels rein zahlenmäßig «kosten» würde. Die derzeitige Zerstörung des Ozons über der Antarktis beträgt etwa 7 %, woraus sich auch die Bedeutung des Vorsorgeprinzips bei den weltweiten Bemühungen zum Schutz dieser empfindlichen Zone 50 km über der Erdoberfläche ergibt.

Lovelock hat vor kurzem erläutert, daß der «Wert des Tropenwalds» quasi dem Wert der weltweiten Wirtschaft gleichkommt, und zwar auf Grund seiner einzigartigen Funktion als «Klimaanlage», welche die überhitzten Tropen durch die Aufnahme latenter Wärme bei der Verdunstung von Wasser abkühlt und die Wetterverhältnisse der gemäßigten Breitengrade reguliert, in denen ein großer Teil der globalen Reichtümer zu finden ist und viele lebenswichtige Veränderungen und Neuerungen ablaufen. Lovelock mag sich vielleicht in der einen oder anderen Größenordnung irren. Den Kern der Sache trifft er aber sicherlich. Tropische Wälder sind wirtschaftliche Güter, deren Wert eher in ihrer weltweiten Funktion als Regulatoren von Wasser- und Energiekreisläufen zu sehen ist, ganz zu schweigen von der unbekannten Zahl der Tier- und Pflanzenarten, als im äußerst kurzfristigen Handelswert ihrer Hölzer.

All dies legt nahe, daß wir uns über die Funktionen weltweiter Prozesse noch viel mehr Wissen aneignen müssen, damit wir ihre Wirkung und das Maß, indem sie die unvermeidlichen verändernden Effekte der kolonialisierend tätigen menschlichen Art aufzufangen vermögen, besser verstehen lernen. Dies soll der Aufruf der folgenden Kapitel sein. Klimatische Veränderungen sind bedeutsam, weil sie die Fähigkeiten bio-geo-chemischer Mechanismen, auf relativ schnelle Temperaturwechsel zu reagieren, verändern können. Paläoklimatische Untersuchungen fossiler Funde und der Zusammensetzung früherer Atmosphären, die sich durch chemische Analysen der in Eisschichten eingeschlossenen Luft und frühzeitlicher Ablagerungen bestimmen lassen, legen die Vermutung nahe, daß zwischen Kohlendioxid-Konzentrationen und globaler Temperatur ein enger Zusammenhang besteht. Tatsächlich steht die Abfolge der Eiszeiten in Abhängigkeit zur CO_2-Menge. Was genau diese Veränderungen verursachte, darüber gibt es noch keine gesicherten Erkenntnisse. Vulkanische Aktivität könnte teilweise dafür verantwortlich sein, ebenso durch den Temperaturanstieg bewirkte Veränderungen der Photosyntheseraten selbst. Die Kap. 6 und 9 von Keith Clayton, die sich mit Klimaveränderungen und dem Ansteigen des Meeresspiegels auseinandersetzen, fassen den Stand der Wissenschaft und die möglichen Folgen der potentiell langfristigen Erschütterungen globaler Bedingungen für Wirtschaft und Gesellschaft zusammen.

Die Lehren von Lamarck, Lovelock und Dawkins besagen, daß sich Arten anpassen, miteinander in Wettbewerb stehen und auch kooperieren. Der Mensch stellt eine klassische Verkörperung dieser Anlagen dar. Eine der Anpassungsfähigkeiten ist die sich verändernde Rolle, welche die Wissenschaft bei der Verwaltung und Behandlung der Natur spielt. Die Anwendung wissenschaftlicher Erkenntnisse verbessert das Verständnis und liefert durch Monitoring, Modelling und den Gebrauch von Indikatoren Richtwerte für angemessenes Reagieren.

Die folgenden Kapitel sollen auch zeigen, daß natürliche Abläufe von den Absichten und Einwirkungen des Menschen nicht völlig unabhängig sind. Ökologische Manipulation ist dafür ein gutes Beispiel. Sie steht für die Erkenntnis, daß geomorphologische und biologische Funktionen beim Umgang mit Flüssen, Küsten und Gefahrengebieten, wie etwa solchen, die durch Erdrutsch oder Lawinen oder auch seismische Fallen gefährdet sind, auf sensible Weise miteinbezogen werden müssen. Flüsse können sich selbst überlassen, ökologisch umgestaltet oder wiederhergestellt werden, je nachdem wie verletzlich oder anpassungsfähig sie sind. Ebenso können Küstengebiete auf vielfältige Art und Weise umgestaltet werden, entweder durch den Bau küstennaher «Riffe», die die Kraft der Wellen brechen und damit eine Sedimentstreuung herbeiführen, indem man bestimmte Gebiete der Erosion aussetzt, um stromabwärts gelegene Strände zu versorgen oder aber durch die Erhaltung von Sanddünen und ihrer befestigenden Vegetation sowohl zu Zwecken der Erholung als des Küstenschutzes. Während diese Eingriffe noch vor zehn und mehr Jahren eher in Form baulicher Strukturen erfolgten, die natürliche Abläufe veränderten, so geschieht dies heute in ökologischer und geomorphologischer Hinsicht weitaus umweltverträglicher. Für sich allein genommen ist dies, sowohl in der Praxis wie auch in der Zielsetzung, tatsächlich eine Revolution. In erster Linie betrifft dies die angewandte ökologische Wissenschaft.

Einerseits ist dies für viele Umweltwissenschaftler, die sich auf Stellensuche befinden, eine gute Nachricht. Beratungseinrichtungen im Ökomanagement suchen Umweltwissenschaftler, Geomorphologen und Wirtschaftswissenschaftler, um ihren Kompetenzbereich zu erweitern. Gleichzeitig wird im Bereich der Planung langsam deutlich, daß es notwendig ist, ein breiteres Spektrum von Umweltwissenschaften in die Lehrpläne der Berufsausbildung einzubringen. Der Arbeitsmarkt dehnt sich zwar aus, aber eher durch die breiter angelegte Ausbildung etablierter Berufssparten als durch eine verbreiterte Basis für Umweltwissenschaftler. Wahrscheinlich wird sich diese zurückhaltende Reaktion auf «grüne» Berufsvorstellungen eher in einer Reihe von Managementkursen für angewandte Umweltwissenschaften im Bereich graduierter Hochschulabschlüsse äußern. Einfache Hochschulabschlüsse sind dafür weder weit genug ausgelegt, noch sind sie für die Komplexität der Gesetze, der Politik, der ethischen Grundfragen, der Wirtschaft und der Planungen, nach denen heute innerhalb einer partizipativen Wissenschaft verlangt wird und in die das erste Kapitel eine Einführung vermittelte, genügend sensibilisiert. Die Sparte promovierter, durch Fallstudien trainierter Hochschulabgänger sollte im Gegensatz zu ihren Vorgängern viel bessere Voraussetzungen mitbringen, um mit den Themen, die auch im folgenden Teil behandelt werden, umzugehen.

All das zieht grundlegende Schlußfolgerungen für die Ausbildung künftiger Umweltmanager nach sich. Bis jetzt gibt es nur wenige echte interdisziplinäre Studiengänge, wie sie in der Einführung dargestellt wurden. Das ist auch durchaus einleuchtend. Interdisziplinarität bedeutet harte Arbeit. Sie reift nur äußerst langsam und ist vom Teamgeist abhängig. Innerhalb dieser neugeordneten Disziplinen gibt es keine vorgegebenen Wege für die individuelle Auszeichnung oder vorgeprägte Karriereverläufe. Auch heute noch hat der falsche Glaube Bestand, daß sich die «Mainstream»-Zeitschriften hauptsächlich, wenn auch nicht ausschließlich, auf die rein beschreibenden Wissenschaften zu verlegen haben. Es gibt noch viel zu tun, um heute eine wissenschaftliche Perspektive für die Problemlösungen von morgen zu schaffen.

Es ist anzunehmen, daß sich innerhalb der nächsten fünf Jahre die großen Forschungsgremien Nordamerikas, Europas und Australasiens zusammensetzen wer-den, um spezifische interdisziplinäre Ausbildungsprogramme für mehrere The-menbereiche zu schaffen. Dies könnte in Form von Schulen geschehen, die sich auf methodologische Entwicklungen konzentrieren, denen eine Vielzahl von Materialien aus Fallstudien zur Verfügung stehen und die Beziehungen zu Entscheidungsträgern haben. Auch werden bestimmte fachübergreifende Forschungsprogramme über Stipendien an Reiz gewinnen. Der Schlüssel zu diesem Bereich ist die Zusammenarbeit von Hochschulen, Wirtschaft, Regierungen und nichtstaatlichen Organisationen. Von der Einrichtung solcher interdisziplinärer und problemorientierter Partnerschaften sind wir zwar noch ein Stück entfernt, aber im Geiste einer leistungsfähigen Wissenschaft, die sich vor dem Hintergrund der Agenda 21 auszubilden beginnt, sollte diese Zeit bald kommen.

«Grüne» Vorstellungen im Lehrplan werden langsam alle Themen und Ausbildungseinrichtungen erfassen. Indem man sich der zahllosen Wege, die zu ganz verschiedenen Vorstellungen über eine legitime, nachhaltige Entwicklung der Zukunft führen, annimmt, kann viel erreicht werden – insbesondere, wenn sie durch partnerschaftliche Fallstudien belegt und aufgezeigt werden.

Mittlerweile müssen auch die Planungs-, Ingenieurs- und Finanzierungseinrichtungen, genauso wie ihre Kollegen, die für die Bestimmungen und Verordnungen zuständig sind, auf diese bisher weitgehend unbeachtete Revolution im Ressourcen- und Umweltmanagement reagieren. Flüsse werden größtenteils immer noch begradigt oder eingedämmt, Küsten mit Beton eingesäumt und Bodenerosion mit Hilfe künstlicher Strukturen kontrolliert. Und das alles zu Lasten hilfreicher natürlicher Prozesse und nützlicher örtlicher Traditionen. Wenn man diesen nützlichen und unterstützenden Verbündeten entgegenarbeitet, dann werden sie zu unseren Feinden. Flüsse überfluten, weil sie zu stark kanalisiert werden – die Mississippi-Überschwemmungen vom Juni 1993 bezeugen dies sehr eindrucksvoll (siehe Kasten B.1). Die Küsten werden erodiert, wenn künstliche Dämme durch Drainagesysteme an den Klippen ausgehöhlt werden. Gutgemeinte Bodenerhaltungsmaßnahmen werden nutzlos, wenn die ansässige Bevölkerung nicht genügend motiviert ist, Ablagerungen zu beseitigen oder den Betrieb von Pumpen aufrechtzuerhalten.

Die Einrichtungen, die für die Verwaltung ungeschützter Ressourcen verantwortlich sind, sind nicht immer so ausgelegt, daß sie Umweltwissenschaften mit partizipatorischen Strukturen gestatten. Dies ergibt sich zum Teil aus der Geschichte der Institutionen – die Mitarbeiterstruktur dieser Stellen stützt sich

Kasten B.1 Die Mississippi-Hochwasserkatastrophe im Jahr 1993

Der Mississippi ist in jeder Hinsicht ein gewaltiger Strom. Wie bei allen großen Flüssen ist Hochwasser ein integraler Bestandteil seiner Natur. Über 150 Jahre lang haben amerikanische Ingenieure nach Möglichkeiten gesucht, den Strom und seine großen Nebenarme durch Dämme, Stauwehre und Flußbettbegradigungen zu zähmen. Im Jahre 1927 starben 200 Menschen und verloren 700 000 ihre Häuser durch Hochwasserfluten, die durch künstliche Veränderungen des Flußlaufs noch verstärkt wurden. Die großen Überschwemmungen des Ohio River im Jahr 1936 und des Missouri 1957 führten zu verstärkten Anstrengungen, die Flüsse zu bändigen, hatten aber zur Folge, daß immer mehr Menschen und immer mehr Eigentum hinter Schutzdämmen und unter Talsperren, deren bauliche Kapazität immer auch überfordert werden konnte, angreifbar wurden.

Zwischen Januar und Juli 1993 überstiegen die Niederschlagsmengen im oberen Mississippi-Basin den bisherigen Durchschnitt um das eineinhalb- bis zweifache. Im Juni brachte ein anhaltendes Tiefdruckgebiet das System zum Überlaufen. An 73 der 154 Kontrollpunkte überstieg das Hochwasser alle bisherigen Höchstwerte. Mehr als 1000 Schutzdämme auf einer Strecke von 6000 km brachen oder wurden überflutet. Das amerikanische Rote Kreuz gab die Zahl der vom Hochwasser betroffenen Gebäude mit 56 295 an. Der Gesamtschaden betrug etwa $12 Mrd. Wahrscheinlich war weniger als ein Fünftel des Eigentums und nur etwa die Hälfte des überfluteten Farmlandes durch Versicherungen gedeckt. Zahlreiche Straßen, Brücken, Telekommunikationseinrichtungen wurden zerstört, ebenso Wasserversorgungsanlagen, Propangasspeicher und Chemikalienlager, die alle dem trügerischen Schutz der Flutwälle anvertraut worden waren.

Diese Überschwemmungen führten in den USA zu einem Umdenken im Umgang mit überschwemmungsgefährdeten Gebieten. Eine Schadensbegrenzung sollte durch Umsiedlung erreicht werden. Gleichzeitig wollte man die Gelegenheit nutzen und die Zahl der Feucht- und Erholungsgebiete innerhalb der ungeschützten Überschwemmungszonen erhöhen. Hilfszahlungen werden zunehmend an langfristige Maßnahmen zur Hochwasservermeidung und zum Hochwasserschutz gebunden, wenngleich dies in dem Bemühen, möglichst schnell wieder ein alltägliches Leben einkehren zu lassen, nicht immer möglich ist. Katastrophenpläne und eine bessere Standortwahl für Gefahrgutlagerplätze werden aufeinander abgestimmt und die kommunale Ausbildung sowie der Versicherungsschutz verbessert.

Letztendlich ist der Mississippi nicht zähmbar. Eine Politik, die sich bei der Überschwemmungsprävention nur auf den Bau von Staudämmen verläßt, ist zum Scheitern verurteilt. Schon auf grund der rein organisatorischen Komplexität der einzelnen Stellen und deren notwendige Koordination wird es keine leichte Aufgabe sein, andere Wege zu gehen. Eine mögliche Alternative wären örtliche Kooperationen, die Privatinitiativen und gemeinschaftliche Vorhaben integrieren. Währenddessen sollte man dem Mississippi Platz für einen natürlichen Lauf einräumen: schließlich ist er dafür auch ausgelegt.

Quelle: Myers und White 1993.

meist auf eine Mentalität der «alten Schule». Gleichzeitig liegt es aber auch an Haushaltsverfahren und Kostennutzenberechnungen, die eher eine Präferenz für einmalige Kapitalausgaben als für wiederkehrende Ausgaben (Dämme statt

Pflanzung von Bäumen) haben und klar definierbare Projekte den sanften, manipulativen Techniken vorziehen. Wie wir in den Kap. 2 und 3 schon gesehen haben, ist die Umweltökonomie als Technik schon älter, macht aber bei Kostennutzenberechnungen von Flußsanierungsmaßnahmen oder Küstenschutzprojekten noch immer Fortschritte. Die Finanzministerien sind gegenüber den Forderungen von Ökonomen bei Kontingenz-Bewertungsstudien zurückhaltend und zudem, sofern sie keinerlei ökologische Ausbildung haben, mißtrauisch gegenüber sanften Techniken, die nicht auf ein Funktionieren in alle Ewigkeit ausgerichtet sind oder deren Aufrechterhaltung sehr arbeitsaufwendig ist. Dies ist also keineswegs ein leichter Weg. Die neuen Ansätze müssen sich in der Praxis erst noch beweisen.

Literaturverzeichnis

Myers MF, White GF (1993) The challenge of the Mississippi floods. Environment 38/10:5-9

National Research Councils (1992) Restoration of aquatic ecosystems: science technology and public policy. National Academy Press, Washington DC

Weiterführende Literatur

Von der sogenannten «neuen Biologie» kann man sich in Goldsmith E (ed) (1990) Gaia and evolution (Ecologist Publications, Wadebridge, Cornwall) einen Eindruck verschaffen. Siehe auch Dickson D (1984) The new politics of science (Pantheon Books, New York) und Latour B (1987) Science in action: how to follow scientists and engineers through society (Havard University Press, Cambridge, MA). Die Arbeit von James Lovelock wird am besten in Lovelock J (1992) Gaia: the practical science of planetary medicine (Gaia Books, Stroud) zusammengefaßt. Die Vorstellungen von Dawkins finden sich in Dawkins R (1978) The selfish gene (Paladin, London) und in The Economist (1993) The future surveyed (Economist Books, London). Dieses Buch ist außerdem eine gute Sammlung von Texten, die einen Blick in die Zukunft wagen, sich allerdings zugegebenermaßen stark den Varianten einer Politik des «business as usual» zuwenden. Verbindungen zu Spinoza finden sich in Wienpahl P (1979) The radical Spinoza (New York University Press, New York). Fox W (ed) (1991) From anthropocentrism to deep ecology, Revision, 13/3:107-152, stellt eine gute Auseinandersetzung mit einer modernen ökologischen Philosophie dar.

6 Die Gefahr einer globalen Erwärmung

Keith Clayton

Behandelte Themen:

- Künftige globale Erwärmung: Wie wahrscheinlich ist sie?
- Treibhausgase und der «Treibhauseffekt»
- Prognosen über die Wirkung erhöhter Treibhausgaskonzentrationen
- Die Folgen einer künftigen Erwärmung
- Maßnahmen zur Abschwächung einer künftigen globalen Erwärmung
- Können die Vorhersagen verbessert werden?

In einer interessanten Untersuchung über die Entwicklung der Erkenntnisse zum sauren Regen, zur Ozonabnahme und globaler Erwärmung kam Kowolak (1993) zu folgenden Schlüssen:

- Die Aufdeckung der einzelnen Phänomene erstreckte sich über viele Jahre. Im Fall des sauren Regens über beinahe ein Jahrhundert, bei der Klimaerwärmung über mehr als ein Dreivierteljahrhundert und bei der Ozonabnahme über mehr als ein Jahrzehnt.
- Ein Durchbruch gelingt meist eher zufällig, aber immer mittels eines Datenbestandes, aus langjährigen Meßreihen und langwierigen, aber notwendigen Beobachtungen und Aufzeichnungen.
- Zu neuen Erkenntnissen gelangt die Wissenschaft auch mit Hilfe von Kommunikationsnetzen und Experimenten. Keines dieser großen, weltweiten Probleme wurde durch eine Einzelperson aufgedeckt, obgleich es in der Forschungsgeschichte ein paar herausragende Namen gibt. In jedem dieser Fälle wurde das Geheimnis durch multidisziplinäre Arbeits- und Forschungsgruppen enträtselt.
- Die meisten, wenn nicht gar alle wissenschaftlichen Untersuchungen wurden nur teilweise mit öffentlichen Mitteln finanziert. Ein Großteil wurde von Privatinvestitionen getragen, einige sogar mit dem Privatvermögen der Wissenschaftler bestritten. Die großzügig mit Geldmitteln unterstützte Wissenschaft tendiert eher dazu, großen Entdeckungen hinterherzulaufen, als sie zu machen.

Auf Grund des heutigen Forschungsstandes zeichnen sich die Probleme, die der nachfolgenden Generation bevorstehen, bereits ziemlich deutlich ab. Was fehlt, ist eine gewissenhafte Beweissammlung, die Bildung bisher unüblicher wissenschaftlicher Arbeitsgruppen und die ständige Einbindung der neun Basisgruppen

(Kap. 1), die von nun an die globale Debatte dominieren sollten, wie auch ein Wandel in der Rolle der Medien. Die Medien sollten verstärkt als Übermittler und Verbindungsglied agieren, indem sie eine Basis für eine Verständigung in gemeinsamen Fragen liefern und nicht auf eine Panikerzeugung abzielen oder mit Detailgeschichten zur Befriedigung oberflächlicher Neugier hausieren gehen. Seltsamerweise führt die Aufspaltung der Umweltthemen in unstrukturierte Themengebiete dazu, daß Umweltjournalisten gegenüber ihren Kollegen aus den Bereichen Landwirtschaft, Wirtschaft und selbst Religion erheblich an Boden verlieren. Einer der großen Widersprüche im Umweltschutz liegt in dem Bestreben, ihn in den Alltag einzubeziehen, gleichzeitig aber deutlich in den Mittelpunkt zu stellen, um seine Aktualität zu erhalten.

Die Klimadebatte ist wichtig, weil sie zusammen mit dem Ozonverlust Ausdruck der globalen Umweltveränderungen ist. Ein Molekül eines Treibhausgases, welches irgendwo freigesetzt wird, betrifft jeden. CO_2, CH_4 und FCKW behalten ihre Wirksamkeit für die atmosphärische Erwärmung über 60, 10 bzw. 100 Jahre bei. Somit betrifft jedes zusätzliche dieser Moleküle nicht nur jeden einzelnen von uns, sondern wird auch noch vier kommenden Generationen Sorgen bereiten. Der faszinierende Aspekt eines weltweiten Temperaturanstiegs liegt in der Tatsache, daß eine Lösung dieses Problems gefunden werden muß, die vor keiner nationalen Gesetzgebung und keiner wirtschaftlichen Aktivität innehalten darf. Für jeden Emittenten gibt es genügend finanzielle Anreize, entweder eine Treibhausgassenke irgendwo auf der Welt ausfindig zu machen oder aber in eine Reduktion der künftigen Treibhausgase anderer Länder zu investieren, um damit hinsichtlich der Produktion selbst effizienter zu werden. Man nennt dies entweder «offset» (d.h. die Treibhausgase anderer aufzukaufen) oder «joint implementation» (d.h. in Treibhausgassenken zu investieren).

Beide Ansätze sind im UN-Rahmenabkommen über den Klimawandel (siehe Kap. 1 und 19) enthalten. Im Prinzip könnten dies die neuesten und aufregendsten Aspekte einer interdisziplinären Umweltwissenschaft werden. Jeder *offset*- oder *joint implementation*-Plan erfordert die Kenntnis über die Strahlungswirksamkeit jedes dieser Gase, die Aufnahmekapazitäten verschiedener organischer Systeme, die möglichen Kosten einer weiteren Zunahme der Gase für die nächsten vier Generationen und über die politischen und rechtlichen Aspekte einer tatsächlichen Gewährleistung, daß die Resultate solcher Pläne allen betroffenen Gruppen und der Welt insgesamt Nutzen bringen.

Diese wunderbare Chance zur Interdisziplinarität wird aber nicht einfach zu erfüllen sein. Ein Beispiel stellt die Aufregung um die Messung der Strahlungswirksamkeit bzw. das sogenannte globale Erwärmungspotential verschiedener Gase dar. Der UN-Ausschuß über den Klimawandel, kurz IPCC (Intergovernmental Panel on Climate Change), setzte sich 1990 und 1992 in seinen Berichten damit auseinander. Sie waren aber auch Gegenstand vieler weiterer Untersuchungen, die vor allem Hammond und seine Kollegen (1992) am World Resources Institute in Washington, USA, durchführten. Basierend auf dem Erwärmungspotential derzeitiger Emissionen versuchen sie einen Index «treibhauswirksamer» Komponenten zu erstellen. Diese wurden dann wiederum mit der Verweilzeit dieser Emissionen in der Atmosphäre in Beziehung gesetzt.

So weit, so gut - die wirklichen Schwierigkeiten treten aber bei der Schätzung der tatsächlichen Emissionen auf. Nationale Bestandsaufnahmen für CO_2 wurden bereits entwickelt, liegen aber für viele Länder noch im Bereich von Mutmaßungen, vor allem für jene, in denen die Abholzungsraten und die Bodendegradationsraten nicht bekannt sind. Für Methan sind die Voraussetzungen sogar noch ungünstiger, da im Reisanbau zwischen 25 und 175 Mio. t pro Jahr freigesetzt werden können und in der Großviehhaltung können dies pro Tier - abhängig von der Ernährung und von ihrem Arbeitseinsatz - 35 bis 50 kg pro Jahr sein. Je nach Zusammensetzung variiert auch auf ähnliche Weise das Wirkungspotential von Halogenverbindungen.

Eine dritte Schwierigkeit stellt die Bewertung früherer Emissionen im Verhältnis zu heutigen Emissionen dar. Der von Hammond aufgestellte Index berücksichtigt weder das Vermächtnis der Emissionen der letzten 200 Jahre, noch versucht er das künftige Erwärmungspotential auf Grund heutiger Emissionen zu bestimmen. Das heißt, daß z.B. Indonesien und Brasilien auf Grund der Abholzung und des Reisanbaus (vor allem Indonesien), die zudem erst neueren Datums sind, einen recht hohen Index erreichen, während der Anteil Westeuropas und Japans, wo der Bedarf an Nahrungs- und Forsterzeugnissen über viele Jahre hinweg zu einer zunehmenden Freisetzung von CO_2 und CH_4 führte, nur die heutigen Emissionen einschließt. Des weiteren berücksichtigt der Index auch nicht den Umfang der Reduzierung durch sogenannte «Senken» wie etwa die Fixierung z.B. in Biomasse und allgemein eine Einbindung in bio-geo-chemische Kreisläufe. Ein Teil dieser Prozesse läuft im Rahmen nationaler Ressourcen, ein nicht schätzbarer Teil aber in den internationalen Gemeingütern (siehe Kap. 19) ab. Dies wirft äußerst unangenehme Fragen für diejenigen auf, die nach Handelsgenehmigungen oder Verhandlungspositionen zur Beseitigung von Treibhausgasen und zur Lastenteilung suchen, nicht nur, weil Emissionsraten noch immer nicht bekannt sind, sondern auch auf Grund der extremen politischen Sensibilität in bezug auf die Rechte, die Entwicklung weiter voranzutreiben und dabei die globalen Gemeingüter als frei zugängliche Reservoire zu nutzen.

Neuere Studien lassen darauf schließen, daß Sulfataerosole, die aus der Emission von SO_2 in die Troposphäre stammen, dazu beitragen, tiefere Atmosphäreschichten abzukühlen, indem die Reflexion der Sonneneinstrahlung erhöht wird, bevor diese durch die Erdoberfläche absorbiert und anschließend als Wärmestrahlung im Langwellenbereich in der Atmosphäre absorbiert werden kann (Wigley 1989). Dies könnte die künftige Erwärmung über die nächsten 100 Jahre um etwa 0,2 bis 0,4 °C verringern - für einige signifikant genug, um von künftigen «Kältepools» innerhalb einer differenzierten Erwärmung der Atmosphäre zu sprechen. Jedenfalls führt dies dazu, daß man der Wissenschaft zutraut, auf der Suche nach größerer Genauigkeit der Prognosen durchdachte analytische Modellrechnungen zu entwickeln. Für Politiker aber, die sich einem möglichen Protest gegen eine Energiesteuer oder Lastenverteilung höherer

Emissionsreduktionsraten gegenübersehen, die ärmeren Nationen eine längere, weniger nachhaltige Entwicklung ermöglichen, sind solche Berechnungen beunruhigend und fördern leicht eine kleinliche Diplomatie und eine Verschleppung.

Man erkennt recht schnell, wie leicht die Wissenschaft für ideologische oder politische Zwecke eingespannt werden kann. Einen wirklich zufriedenstellenden und unabhängigen «Treibhausindex» wird es wohl nie geben. Das heißt aber nicht, daß in dieser Richtung keine Anstrengungen unternommen werden sollten. Die Tatsache, daß die Welt eine Konvention über den Klimawandel zustandebrachte, welche die Rahmenbedingungen für eine Bestandsaufnahme von Treibhausgasen und Strategien zu deren Beseitigung bereitstellt, bedeutet zumindest, daß eine vernünftige Wissenschaft einen geeigneten institutionellen Rahmen hat, in welchem sie ihre Dienste zur Verfügung stellen kann.

6.1 Künftige globale Erwärmung: Wie wahrscheinlich ist sie?

Nach der gegenwärtigen Meinung der meisten Wissenschaftler wird es eine globale Erwärmung infolge des anthropogenen Beitrags, der zusätzlich zu einem natürlichen Gemisch von «Treibhausgasen» in die Atmosphäre gelangt, geben. Treibhausgase sind diejenigen Gase, welche der kurzwelligen Sonnenstrahlung erlauben, die Atmosphäre zu durchdringen, die aber langwellige Strahlung absorbieren, welche von der Erdoberfläche zurückgestrahlt wird. Der Vorgang beschreibt zwar nicht exakt das, was in einem Treibhaus geschieht, der Begriff erweist sich aber in der öffentlichen Diskussion als effektiv. Wir sind wahrscheinlich nicht in der Lage, diese Erwärmung für die nächsten Jahrzehnte wirklich zu beweisen, aber die Prognosen eines «zunehmenden Treibhauseffekts» werden sehr ernst genommen. Sie bilden den Ausgangspunkt für die Bemühungen, ein internationales Handeln zu ermöglichen, noch bevor der tatsächliche Beweis erbracht werden kann. Wenn wir nicht sofort eine Verringerung der Emissionen erwirken, hinterlassen wir der nächsten Generation ein weit größeres Problem und würden wir überhaupt nicht handeln, ist die potentielle Erwärmung vielleicht hoch genug, um nicht nur unseren eigenen Lebensstil, sondern überhaupt das Überleben von Menschen in bestimmten Gebieten zu gefährden.

Dieser Feststellung würde heute der Großteil der Wissenschaftler, die mit dieser Frage befaßt sind, zustimmen. Es ist aber gar nicht so sicher, daß jeder Wissenschaftler diese Einschätzung teilt, da die Folgerungen aus dieser Position, die unser Handeln bestimmen sollten (besonders wenn es um das Verbrennen fossiler Brennstoffe oder die Brandrodung von Regenwäldern geht), so einschneidend sind, daß viele Regierungen nur zögernd eingestehen, daß solche drastischen Maßnahmen ergriffen werden sollten. In der Tat steht dies im Kontrast zu den Reaktionen auf das «Ozonloch» in der Stratosphäre, da wissenschaftliche Beweise für eine Änderung – nämlich die Zerstörung der

Ozonschicht - die Regierungen so weit überzeugten, daß eine internationale Vereinbarung zur Reduzierung dieser Bedrohung in die Wege geleitet wurde, die als das «Montreal-Protokoll» bekannt ist. Da sowohl die Höhe und vor allem der zeitliche Verlauf der globalen Erwärmung noch immer ungewiß sind und die wirtschaftlichen und sozialen Auswirkungen einer Begrenzung von CO_2-Emissionen viel bedeutender sind als die von FCKW und FCK (in Anlehnung an den englischsprachigen Gebrauch für vollständig halogenierte Kohlenwasserstoffe, Anm.d.Ü.), läßt dies unsere Entscheidungsträger schließen, daß wir uns auf eine globale Erwärmung einstellen könnten und daß dies eine billigere und angenehmere Möglichkeit sei, als den Verbrauch an Brennstoffen zu reduzieren.

Kasten 6.1 Die Treibhausgase und ihre quantitative Veränderung seit der vorindustriellen Zeit

	CO_2	CH_4	Freon-11	Freon-12	NO_x
Atmosphärische Konzentration	ppmv	ppmv	ppmv	ppmv	ppmv
Vorindustriell (1750–1800)	280	0,8	0	0	0,288
Gegenwärtig (1990)	353	1,72	0,00028	0,000484	0,31
Jährliche Veränderung	1,8	0,015	0,0000095	0,000017	0,0008
	(0,5 %)	(0,9 %)	(4 %)	(4 %)	(0,25 %)
Atmosphärische Lebensdauer (a)	50–200	10	65	130	150

Quelle: Houghton *et al.* 1990.

Das IPCC spielt in der Debatte um eine tatsächliche globale Erwärmung eine besondere Rolle. Dieses herausragende internationale Wissenschaftlergremium hat in den letzten Jahren an einer Reihe sorgfältig erarbeiteter und deutlich formulierter Berichte zu den Mechanismen der Klimaänderung und der wahrscheinlichen Erwärmung gearbeitet. Durch die internationale Zusammenarbeit des IPCC wurden insbesondere viele Ungereimtheiten in den verschiedenen Computermodellen, die zur Vorhersage der Effekte eines steigenden CO_2-Gehalts benutzt wurden, verringert. Dadurch können überzeugendere Argumente zu einer möglichen Erwärmung präsentiert werden. Andererseits lernen wir immer mehr über die äußerst komplizierten Rückkopplungseffekte innerhalb des Systems Erde/Atmosphäre, und Wissenschaftler fanden dadurch heraus, daß die Erwärmungsrate (wenn auch nicht der langfristige Betrag des Anstiegs) wahrscheinlich bedeutend niedriger ausfallen wird, als es die ersten Berichte vermuten ließen. Dies hat den doppelten Effekt, daß die scheinbare Genauigkeit der wissenschaftlichen Prognosen angezweifelt wird und es wird der Zeitpunkt hinausgezögert, an dem tatsächlich gehandelt werden muß. Allerdings ist dies natürlich nicht der Weisheit letzter Schluß. Eine langsamere Erwärmung zieht auch eine verzögerte Reaktion auf begrenzende Maßnahmen nach sich, auch wenn dies nicht leicht einzusehen ist.

Kasten 6.2 Der Treibhauseffekt und seine Klimawirksamkeit

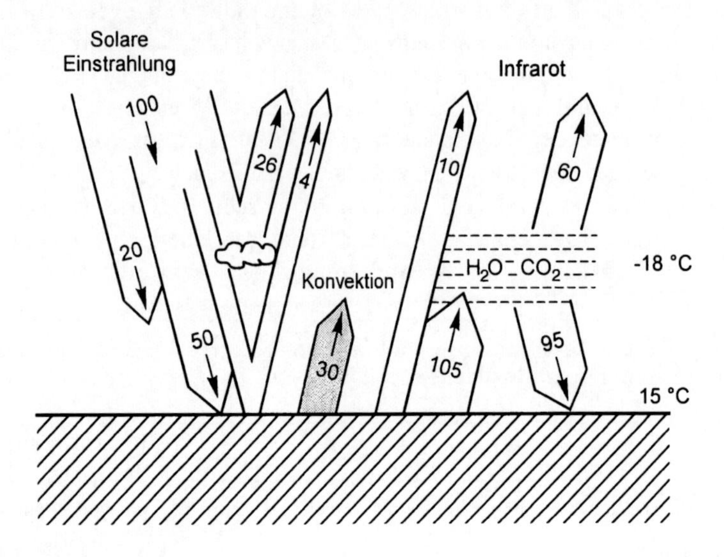

Der globale Wärmehaushalt
(*Quelle:* Jäger und Ferguson 1991, S. 53)

Diese vereinfachte Darstellung zeigt die zwei direkten Regelmechanismen für die Oberflächentemperatur der Erde: die eintreffende solare Strahlung und der isolierende Effekt der gasförmigen Atmosphäre und ihrer Wolken. Die Strahlungsenergie der Sonne ist zwar nicht völlig unveränderlich, aber doch nahezu konstant, so daß die hauptsächlichen klimatischen Veränderungen das Resultat einer veränderten Zusammensetzung der Atmosphäre sind. In der Darstellung wird die kurzwellige eintreffende solare Strahlung mit 100 % angegeben, von denen 30 % durch Wolken oder die Erdoberfläche zurück ins All reflektiert werden. Die Hälfte der eintreffenden Strahlung erwärmt die Erdoberfläche. Diese wiederum strahlt langwellige Energie (Infrarotstrahlung) ab, die nicht so leicht durch die Atmosphäre dringt und so zu einer Erwärmung der unteren Atmosphäreschichten führt, woraus sich eine Temperaturdifferenz zu höheren Schichten von 33 °C ergibt, die hier als «Treibhauseffekt» dargestellt wird. Wenn die Absorption durch die Treibhausgase zunimmt, dann wird auch dieser Temperaturunterschied zunehmen. Das führt zu einer Erwärmung der Erdoberfläche (einschließlich der Ozeane) und der tieferen Atmosphäre, jedoch nur, wenn der von der Erde abgestrahlte Energiebetrag niedriger ist als der von der Sonne eingestrahlte. Das hier dargestellte Gleichgewicht ist also zur Zeit nicht gegeben. In Energieeinheiten ausgedrückt absorbiert die Erde aus dem All 240 W/m^2 und strahlt etwa 236 W wieder ab. Der Überschuß von etwa 4 W/m^2 absorbierter Strahlung (der berechnete Wert einer plötzlichen Verdopplung von CO_2) ist die «treibende» Komponente der Strahlung. Im Lauf der Zeit wird die wärmere Erdoberfläche zu einer ausreichenden Zunahme der abgegebenen Infrarotenergie führen, um auf der Erde wieder ein Gleichgewicht mit der Sonneneinstrahlung herzustellen – allerdings mit einer wärmeren Erdoberfläche als zuvor.

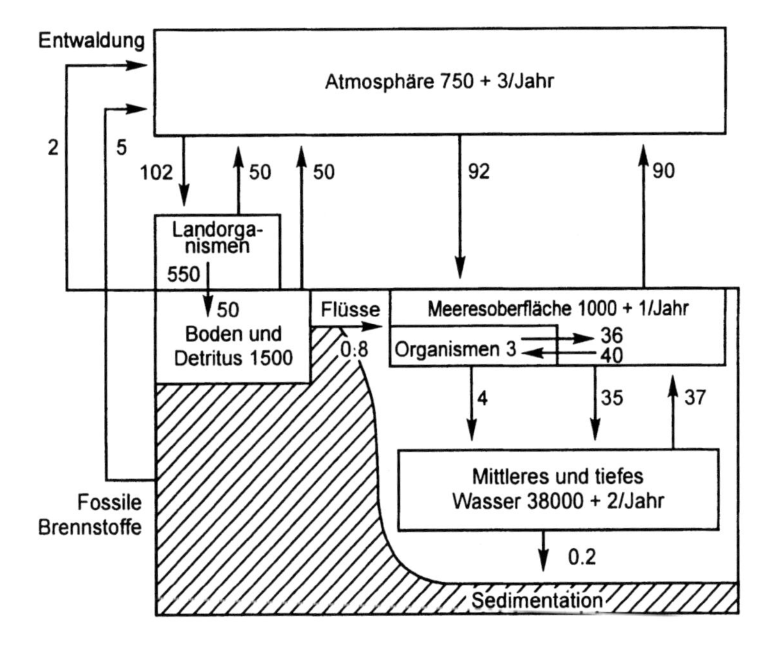

Abb. 6.1. Der globale Kohlenstoffhaushalt. Das Schema zeigt die Kohlenstoffumsätze zwischen den Reservoiren und die geschätzten, in ihnen enthaltenen Kohlenstoffmengen in Gigatonnen (10^9 Tonnen). Es sei erwähnt, daß das Fließgleichgewicht eine relativ hohe CO_2-Aufnahme durch die Ozeane und durch erhöhte Assimilation der Landvegetation erfordert, um die geschätzte Freisetzung durch Entwaldungen auszugleichen. Viele Schätzungen zeigen einen Nettoverlust bei der Landvegetation und den Böden auf Grund von Rodungen und Desertifikation an. Auch wenn es überraschen mag, daß wir den Verbleib der riesigen Mengen fossilen Kohlenstoffs, der jedes Jahr verbrannt wird, nicht genau nachvollziehen können, kann man erkennen, daß diese Menge nur einen kleinen Teil der Gesamtumsätze und einen sehr geringen Anteil des in den Reservoiren gebundenen Kohlenstoffs ausmacht. Außerdem sind die Austauschmengen über den Ozeanen und den Landflächen in globaler Hinsicht extrem schwierig zu messen (*Quelle:* Houghton *et al.* 1990).

6.2 Treibhausgase und der «Treibhauseffekt»

Der Wärmehaushalt der Erde befindet sich langfristig in einem Gleichgewicht, wobei die Erde die solare Einstrahlung absorbiert und die gleiche Menge in Form von Wärmestrahlung wieder abgibt. Gäbe es keinen durch die Atmosphäre bedingten «Treibhauseffekt», läge die durchschnittliche Temperatur der Erdoberfläche bei −18 °C. Die derzeitige globale Durchschnittstemperatur liegt bei etwa +15 °C - ein Temperaturunterschied von 33 °C. Diese Temperaturdifferenz wird durch die Atmosphäre bewirkt und «Treibhauseffekt» genannt (siehe Kasten 6.2). Die Atmosphäre besteht hauptsächlich aus Stickstoff und Sauer-

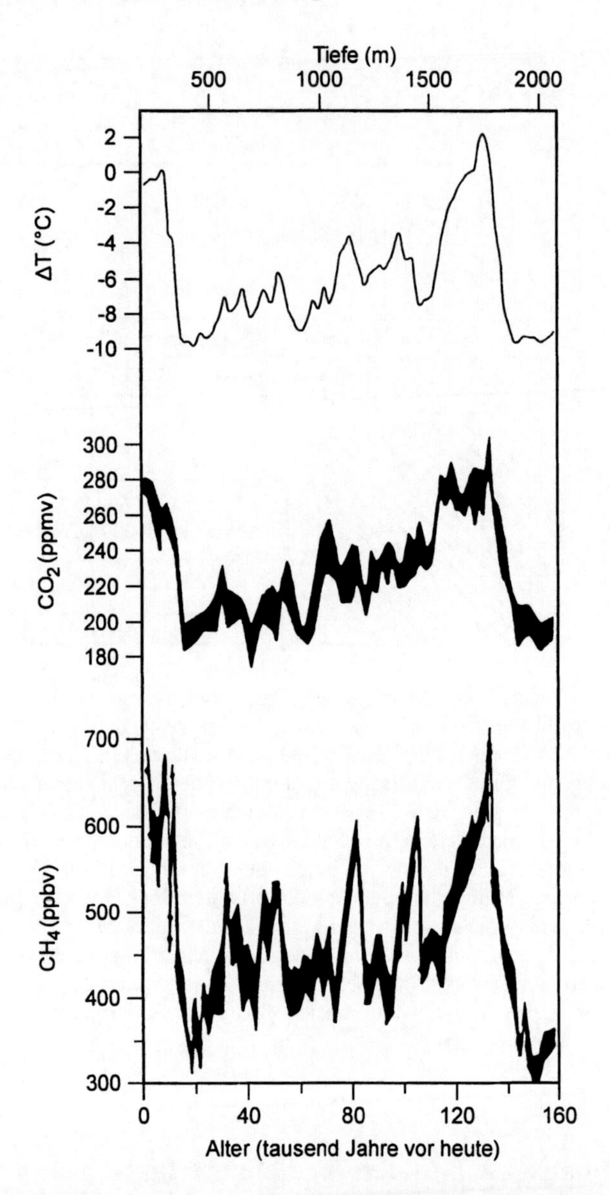

Abb. 6.2. Lokale Temperaturwerte, CO_2- und CH_4-Gehalte in den letzten 150 000 Jahren. Die Werte für Kohlendioxid und Methan in der Atmosphäre wurden aus im Eis eingeschlossenen Luftblasen ermittelt. Man kann erkennen, daß die Werte schwanken und sich die Kurvenverläufe ähneln, wobei aber komplizierte Rückkoppelungsprozesse beteiligt sind (größere Eisflächen während der Kaltzeiten stehen in Zusammenhang mit kleineren Flächen tropischen Regenwaldes; kalte Perioden bedeuten beispielsweise eine eingeschränkte Photosyntheseaktivität). So wäre es unklug, die Verbindung zwischen Kohlendioxidgehalt der Atmosphäre und der Temperatur als simplen Kausalzusammenhang zu begreifen. Deshalb kann nicht sie allein zur Prognose künftiger globaler Temperaturen herangezogen werden (*Quelle:* Houghton *et al.* 1990).

stoff; es sind aber die Spurengase, vor allem Kohlendioxid und Wasserdampf, die für den isolierenden Effekt der Atmosphäre verantwortlich sind.

Der Fluß von Kohlendioxid in und aus der Atmosphäre wird durch eine komplexe Abfolge hauptsächlich biologischer Prozesse auf der Erde geregelt und kann in Form eines Kohlenstoffhaushalts bilanziert werden (Abb. 6.1). Der Hauptfluß des Kohlenstoffs ist der Austausch zwischen Atmosphäre und Biosphäre, die die Pflanzen und Tiere, die auf dem Land und im Wasser leben, umfaßt. Pflanzen nehmen über die Photosynthese Kohlendioxid (CO_2) als Kohlenstoffquelle für ihr Wachstum auf und geben dabei Sauerstoff ab. Tiere verbrauchen für ihre Lebens- und Wachstumsprozesse Sauerstoff und geben CO_2 ab. Weitere natürliche CO_2-Quellen sind Gase, die bei Vulkanausbrüchen freigesetzt werden, und natürliche Brände, ebenso wie die Zersetzung von tierischem und pflanzlichem Material. Langzeitsenken von Kohlendioxid sind die Fixierung von Kohlenstoff im Calciumcarbonat der Schalen von Meerestieren, die sich am Meeresboden als Kalkstein und Kreide ablagern, und die Akkumulation von pflanzlichem und tierischem Material in Torf, Kohle und Öl. Zusätzlich löst das Meerwasser selbst Kohlendioxid und verteilt es nach und nach im ganzen Wasserkörper, da das Oberflächenwasser absinkt und in großer Tiefe auf die ozeanischen Tiefseeströmungen trifft.

Die natürliche Gleichgewichtslage des Kohlenstoffkreislaufs hat sich während der Erdgeschichte stark verändert, wahrscheinlich vor allem während der Kaltzeiten in den letzten paar hunderttausend Jahren. Man kann diese natürlichen Schwankungen mittels Messungen des CO_2-Gehalts von Luftblasen, die in den Tiefen der polaren Eisdecken eingeschlossen sind, untersuchen. Aus dem Vergleich früherer atmosphärischer CO_2-Konzentrationen mit den damaligen Temperaturen ergibt sich eine enge Korrelation (Abb. 6.2). Man könnte versucht sein zu argumentieren, daß die veränderten CO_2-Gehalte in der Atmosphäre die Änderung des Eisvolumens bewirkten. Es wird jedoch vermutet, daß die Auswirkungen globaler Temperaturänderungen auf die biologischen Aktivitäten auf der Erde und auf die Rate, mit der das Meerwasser CO_2 aufnahm oder abgab (dies hat mit dem Absinken kalten, salzhaltigen Oberflächenwassers und der Auftriebsströmung des Tiefenwassers an die Oberfläche zu tun), mindestens genauso wichtig waren. Dies wird durch die Tatsache gestützt, daß Methan, ein weiteres Treibhausgas, nach dem gleichen Muster variiert. Folglich werden alle drei Kurven vermutlich durch externe Faktoren beeinflußt. In diesem Fall durch die Erwärmung und Abkühlung, die durch die orbitalen Veränderungen der Erde (Milankovitch-Effekt) ausgelöst und durch Schwankungen in den bio-geochemischen Zyklen dieser Gase verstärkt werden.

Bohrkerne von Eis aus dem 18. Jh. weisen CO_2-Gehalte von etwa 280 ppm auf. Die heutigen Werte (1991) sind etwa 25 % höher (350 ppm). Messungen, die auf dem Mauna Loa, einem erloschenen Vulkan auf einer der Hawaii-Inseln, seit 1950 durchgeführt werden, zeigen eine beständige Zunahme (Abb. 6.3 a und b). Hawaii ist für derartige Messungen ein geeigneter Standort, da es dort nur wenige lokale CO_2-Quellen gibt und die relativ große Höhe die Untersuchung einer Luft ermöglicht, die für den Großteil der nördlichen Hemisphäre typisch ist. Analysen der Hawaii-Kurve zeigen eine konstante jahreszeitlich bedingte

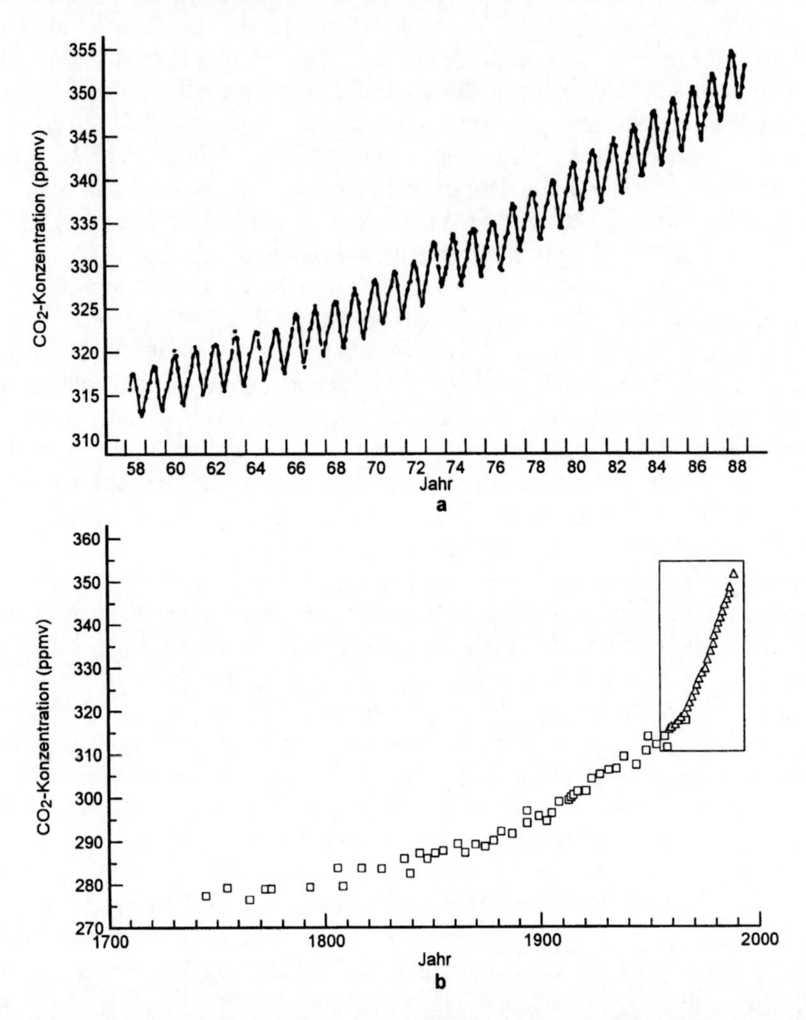

Abb. 6.3. **a** CO_2-Gehalte seit 1750, die aus Eisbohrkernen ermittelt wurden; **b** CO_2-Werte auf dem Mauna Loa seit 1958. Wie bei Abb. 6.2 wurden die früheren Werte des in der Atmosphäre gebundenen Kohlendioxids von Messungen abgeleitet, die man anhand eingeschlossener Luftblasen in Eisbohrkernen bekannten Alters durchführte. Direkte Kohlendioxidmessungen der Atmosphäre werden erst seit 1950 an einem hochgelegenen Meßpunkt auf der Insel Hawaii gemacht. Es zeigen sich sowohl jahreszeitliche Schwankungen (hauptsächlich auf Grund der jahreszeitlichen Schwankung der Vegetationsaktivität, da sich der Großteil der Landmassen auf der nördlichen Erdhalbkugel befindet; die durch das Verbrennen fossiler Energieträger im Winter auf der nördlichen Halbkugel zusätzlich verstärkt wird) als auch der langfristige Trend, der auf einer jährlichen Zunahme von Kohlendioxid hauptsächlich aus fossilen Brennstoffen beruht (*Quelle:* Houghton *et al.* 1990).

Kasten 6.3 CO_2-Fixierung durch Aufforstungen

Die geschätzte, jährlich der Atmosphäre zugeführte Kohlenstoffmenge beträgt 5,4 Gigatonnen (10^9 t) durch den Verbrauch fossiler Brennstoffe und 1,6 Gigatonnen durch Waldrodungen, wobei diese Zahlen einer Fehlertoleranz von bis zu 20 % unterliegen können. Die Aufforstung einer Fläche von 450 Mio. Hektar würde eine Fixierung von bis zu 2,9 Gigatonnen Kohlenstoff jährlich bedeuten. Gleichzeitig würde die Gesamtbiomasse dabei zunehmen, wobei dieser Nettozuwachs verschiedene Veränderungen verwandter Kohlenstoffreservoire (z.B. des Bodens) zur Folge hätte. Auf einer solch riesigen Fläche Bäume anzupflanzen, wäre eine enorme Aufgabe und sicherlich finanziell aufwendiger, als Anstrengungen zu unternehmen, den Verbrauch fossiler Brennstoffe zu reduzieren, und zwar durch eine effizientere Energieerzeugung und einen effizienteren Energieverbrauch bei fossilen Brennstoffen und durch Förderung alternativer erneuerbarer Energien wie Wind- und Wasserkraft. Würde Großbritannien auf einer Fläche von 1 Mio. ha Pappeln (als Brennstoffquelle) in einem 3-Jahres-Zyklus pflanzen, würde dies nur 3 % der gesamten britischen und gerade mal 0,01 % der weltweiten CO_2-Emissionen ausgleichen. Diese Zahlen verdeutlichen, daß trotz der riesigen Flächen, auf denen bisher Waldrodungen durchgeführt wurden oder die gerade gerodet werden, die Verbrennung fossiler Brennstoffe durch die Industrienationen der Hauptfaktor für die Erhöhung von CO_2-Konzentrationen ist.

Fluktuation auf der Nordhalbkugel: steigend im Winter/Herbst und fallend im Frühling/Sommer. Dies spiegelt die Bedeutung der Landflächen auf der Erde wider, da der größte Teil der Landmassen sich auf der nördlichen Hemisphäre befindet und die Vegetation hier im Frühling und Sommer aktiver ist (CO_2-Fixierung durch Photosynthese). Einen weiteren Beitrag dazu leistet (zumindest in Europa) der Mensch durch die winterliche Verbrennung fossiler Energieträger; auch dies findet hauptsächlich nördlich des Äquators statt. Wenn man die Kurve hinsichtlich der jahreszeitlichen Schwankungen bereinigt, dann erhält man einen ständig steigenden CO_2-Gehalt, mit einer augenfälligen Verzögerung im Jahr 1974. Dies war das Ergebnis der hohen Ölpreise auf Grund der OPEC-Aktivitäten im Jahre 1973: eine Zeitlang verbrauchten wir über 6 % weniger von dem teuren Öl und dieser niedrigere Verbrauch schlug sich sofort im CO_2-Gehalt in der Atmosphäre nieder. Es gibt kaum ein deutlicheres Indiz für den Beitrag fossiler Brennstoffe zur CO_2-Konzentration in der Atmosphäre, und auf dieser Art von Beweisen baut die Wissenschaft auf. Solche Beweise sind nie unanfechtbar, aber fundierte Maße auf der Grundlage brauchbarer Theorien (d.h. eines gesicherten Verständnisses der Prozesse, die am Fluß und an der Umwandlung von Kohlenstoff beteiligt sind) geben uns die Möglichkeit, künftige Veränderungen vorherzusagen. Auf dieser Grundlage kann eine öffentliche politische Auseinandersetzung stattfinden, wenngleich natürlich nicht die gesamte Umweltwissenschaft solche klaren und fundierten Prognosen künftiger Umweltveränderungen liefern kann.

Einen entscheidenden Anteil an der Erhöhung der atmosphärischen Kohlendioxidkonzentration hat der Verbrauch fossiler Brennstoffe. Kohlenstoff, der vor

Millionen von Jahren in Öl und Kohle gebunden wurde, wird beim Verbrauch fossiler Energien in der Industrie, beim Heizen unserer Wohnungen und im Straßenverkehr in großen Mengen der Atmosphäre wieder zugeführt. Der Transfer von etwa 5 Mrd. t Kohlendioxid jährlich aus den Vorräten, die vom Leben auf der Erde vor vielen Millionen Jahren gebunden wurden, beansprucht heute die Biosphäre in einem Maß, an das sie sich so schnell nicht anpassen kann. Jahr für Jahr entlassen wir noch mehr Kohlendioxid in die Atmosphäre als durch natürliche Prozesse wieder abgebaut werden kann, so daß der Anteil an Kohlendioxid insgesamt zunimmt. Zu diesem momentanen Ungleichgewicht tragen wir auch durch die Zerstörung der Vegetation, vor allem der tropischen Regenwälder, einer wichtigen CO_2-Senke, bei. Die Waldrodungen und die Degradation der dazugehörigen Böden setzen Kohlenstoff durch Verbrennung oder durch die natürliche Zersetzung (Oxidation) frei. Die verringerte Fläche natürlicher Waldgebiete reduziert den Holzzuwachs und somit die Aufnahme von Kohlendioxid aus der Atmosphäre durch die natürliche Vegetation. Das IPCC schätzt, daß 10–15 % der CO_2-Zunahme durch Waldrodung und fast der gesamte verbleibende Anteil durch den Verbrauch fossiler Brennstoffe verursacht wird.

Kasten 6.4 Das Kopenhagener Verhandlungspaket des Montreal-Protokolls

Im Oktober 1992 trafen sich die Nationen, die 1987 das Montreal-Protokoll zum Schutz der Ozonschicht unterschrieben hatten, in Kopenhagen, um den Stand der schrittweisen Produktionseinstellung für verschiedene ozonzerstörende Gase zu überprüfen. Da weitere wissenschaftliche Indizien anzeigten, daß bis zu 40 % des Ozons über der Antarktis und mehr als 12 % über der Arktis während des zeitigen Frühjahrs (wenn das Sonnenlicht die photochemische Aktivität wieder anzuregen beginnt) verloren gehen, wurden schrittweise Produktionseinstellungen wie folgt vorverlegt:

- vollständig halogenierte Kohlenwasserstoffe (FCK) – von Januar 2000 auf Januar 1996, mit einer Reduzierung um 75 % der Menge von 1992 bis Januar 1994;
- Tetrachlorkohlenstoff – von Januar 2000 auf Januar 1996, mit einer Reduzierung um 75 % der Menge von 1992 bis Januar 1994;
- Halone – von Januar 2000 auf Januar 1996;
- Methylchloroform – von Januar 2005 auf Januar 1996, mit einer Reduzierung der Menge um 50 % auf das Niveau von 1989 bis 1994;
- FCKW-Verbrauch bis zum Jahr 1996 auf das Niveau von 1989 und 3,1 % des FCK-Verbrauchs von 1989.

Trotz dieser harten Maßnahmen wird die Ozonabnahme kurzfristig weiter beschleunigt werden, da FCKW in den ersten Jahren ihrer Lebensdauer schneller wirksam werden als FCK. Die Ozonabnahme wird bis weit ins nächste Jahrhundert weitergehen, da Fluorchlorkohlenstoffmoleküle bis zu 75 Jahre lang aktiv bleiben. Wichtig ist auch, sich daran zu erinnern, daß viele der chlor- und bromfreien Ersatzstoffe für Fluorchlorkohlenstoffe zwar das Ozon nicht angreifen, aber trotzdem sehr wirkungsvolle Treibhausgase sind.

Bis jetzt haben wir uns auf Kohlendioxid als wichtigstes Treibhausgas unseres Planeten konzentriert. Obgleich es zu 80 % an diesem Effekt beteiligt ist, so gibt es doch auch andere Gase, die die Wärme in der unteren Atmosphäreschicht wirksam zurückhalten. Einige dieser Gase haben auf Grund menschlicher Aktivität zugenommen. Am offensichtlichsten trifft dies auf die FCK (vollständig halogenierte Kohlenwasserstoffe) zu, die hergestellt werden, um stabile Gase für viele Einsatzbereiche zu liefern, wie Kältemittel für Kühlschränke, Isolierschäume, Feuerlöschmittel und für die Reinigung elektronischer Bauteile. Am besten bekannt ist aber ihre Verwendung als Treibmittel in Sprühdosen. Noch bis 1986 machten Treibmittel 25 % des FCK-Verbrauchs aus, doch diese wurden durch die Einführung von Ersatzstoffen beinahe vollständig eliminiert. Bis jedoch eine Verwendung der Ersatzstoffe als Lösungsmittel und in Isolierschäumen erreicht wird, wird noch einige Zeit vergehen, auch wenn das Montrealer

Kasten 6.5 Globales Erwärmungspotential

Das globale Erwärmungspotential ist eine Berechnung des möglichen Erwärmungseffekts in der unteren Atmosphäre für jedes der Treibhausgase im Verhältnis zu Kohlendioxid. Es gibt außerdem indirekte Auswirkungen, die sich aus Reaktionen innerhalb der Atmosphäre ergeben, da einige Gase chemisch aufgespalten werden, um dann wieder andere Treibhausgase zu bilden. Die Messungen sind noch immer ungenau, aber beispielsweise ist bei Methan ein indirekter Effekt sicherlich vorhanden, der durchaus dem direkten Einfluß entspricht. Die Berechnung künftiger Auswirkungen wird durch die Lebensdauer der Gase in der Atmosphäre beeinflußt – selten entspricht die Eintragrate der Austragsrate. Wenn der Eintrag z.B. als Ergebnis des Protokolls von Montreal sinkt, ist der Prozeß ihrer Entfernung und ihre chemische Stabilität für die Dauer ihres Verbleibs in der Atmosphäre (für ihre «Verweilzeit») entscheidend. Diese Zahlen werden laufend in dem Maße revidiert, wie sich der wissenschaftliche Kenntnisstand verbessert und die Untersuchung der Atmosphäre die Erkenntnis über die Verbreitung und Verteilung einiger der relativ seltenen Gase erweitert. Die Unsicherheiten im aktuellen Wissensstand wirken sich politisch aus und erschweren es den Wissenschaftlern, sich auf einen notwendigen Umfang der Reduzierung von Emissionen bestimmter Gase zu einigen.

	Direktes globales Erwärmungspotential	Anzeichen für ein indirektes globales Erwärmungspotential	Langlebig?
CO_2	1	keine	ja
CH_4	11	positiv	nein
NO_x	270	unsicher	ja
Freon-11	3400	negativ	ja
Freon-12	7100	negativ	ja
FCKW-22	1600	negativ	hauptsächl. nein
FKW-134a	1200	keine	ja?

Quellen: Houghton *et al.* 1992, S. 15; Houghton 1991, S. 33.

Protokoll einen festen Zeitplan für einen generellen Stopp aufgestellt hat. Bekannt geworden sind diese Gase durch die Zerstörung der stratosphärischen Ozonschicht, sie sind aber auch sehr wirkungsvolle Treibhausgase. Sie können tatsächlich, Molekül für Molekül, etwa 16 000 mal wirkungsvoller als Kohlendioxid sein, doch zum Glück ist ihre Konzentration im Verhältnis zum CO_2 relativ gering. Trotzdem bewirken sie beinahe 20 % des Treibhauseffekts (siehe Kasten 6.4).

Methan und Stickoxide sind Gase mit ähnlichen Eigenschaften. Methan entsteht bei vielen natürlichen Prozessen. Eine Quelle sind die weltweit zunehmenden Viehbestände; es entsteht aber auch bei der Zersetzung von Pflanzen und wird beim Auftauen von Permafrostböden freigesetzt. Leckagen in Gasleitungen sind eine weitere Quelle. Stickoxide (NO_x) werden durch eine Vielzahl biologischer Vorgänge in Boden und Wasser gebildet. Viele dieser Gase werden in immer größeren Mengen durch die Zunahme der Weltbevölkerung und den damit verbundenen Viehbeständen, dem Straßenverkehr und der Verbrennung von Erdgas erzeugt. Der momentane Anteil jedes einzelnen Treibhausgases an der globalen Temperaturerhöhung sowie ein Vergleich mit Werten aus dem 19. Jahrhundert ist in Kasten 6.5 dargestellt.

6.3 Prognosen über die Wirkung erhöhter Treibhausgaskonzentrationen

Um den Effekt erhöhter Konzentrationen an Treibhausgasen auf die globale Temperaturbilanz vorherzusagen, wird oft der zukünftige Zeitpunkt gewählt, an dem alle Gase zusammen den doppelten Wert des vorindustriellen Gehalts von CO_2 (280 ppm) erreicht haben werden. Dies wird normalerweise als Verdoppelung des CO_2 bezeichnet, selbst wenn zu diesem Zeitpunkt die CO_2-Konzentration etwa nur 410 ppm betragen wird und erst der zusätzliche Effekt der FCKW, des Methan usw. ein «CO_2-Äquivalent» von 560 ppm erbringt. Wann wird dieser Punkt erreicht sein?

Die Vorhersage künftiger Anstiege setzt Annahmen über die weitere wirtschaftliche Entwicklung voraus, die wiederum den Verbrauch fossiler Brennstoffe lenkt. Weniger kritisch für die Berechnung sind Schätzungen zur künftigen Rate der Waldrodungen. Es gibt Probleme, die unsere unzulänglichen Kenntnisse über den globalen Kohlenstoffhaushalt betreffen. Die von der IPCC erstellte Bilanz ist nicht ausgeglichen, wie jene in Abb. 6.1. Es gibt eine noch unbekannte CO_2-Senke, oder die Leistung einer bekannten ist höher als bisher angenommen. Eine Zeitlang nahm man deshalb an, daß unsere Schätzungen über die Aufnahmekapazität der Ozeane falsch sind, aber verbesserte Meßmethoden des Luft-Meer-Austausches und weitere ozeanographische Beobachtungen, die das Verständnis der daran beteiligten Prozesse erhöht haben, lassen dies nun weniger wahrscheinlich erscheinen. Ein anderer Grund könnte eine erhöhte CO_2-Fixierung durch die Vegetation sein, da ihre Wuchskraft mit steigendem CO_2-Gehalt zunimmt. Möglicherweise ist das ein wichtiger Baustein zur vollständigen Klärung des Verbleibs des fehlenden Kohlendioxids. Das IPCC stellte diese ungelösten Fragen jedoch zurück und verwendet eine künftige Wachstumsrate, bei der angenommen wird, daß die heutige Erhöhung des Kohlendioxidgehalts auch in Zukunft anhält (auch bekannt als «business-as-usual»-Szenario). Demzufolge wird eine Verdoppelung des CO_2-Äquivalents im Jahr 2030 eintreten. Folglich erscheint dieser Zeitpunkt in vielen Analysen zur zukünftigen Klimaänderung.

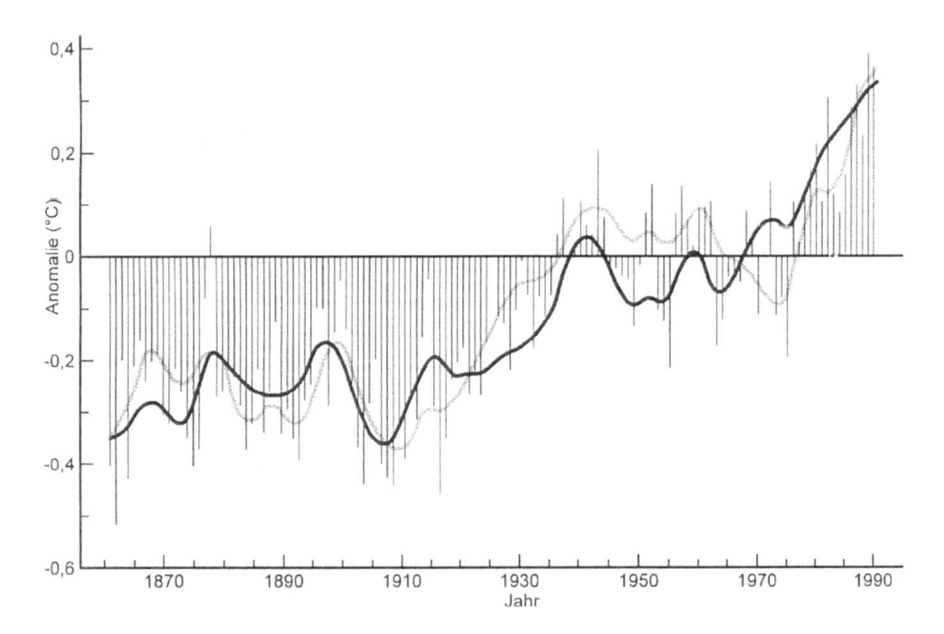

Abb. 6.4. Durchschnittstemperaturen der letzten 150 Jahre der nördlichen (graue Linie) und der südlichen (schwarze Linie) Hemisphäre. Die sorgsam zusammengetragenen Aufzeichnungen vergangener Temperaturen zeigen weitgehende Übereinstimmung zwischen den beiden Hemisphären, obwohl auf der südlichen Halbkugel Ozeane dominieren und auf der nördlichen die Landmassen mit den Hauptemissionsgebieten von CO_2 und anderen Schadstoffen wie SO_2 liegen. Das Muster der Erwärmung zeigt komplexe zyklische Erwärmungs- und Abkühlungsphasen, die mit Modellen, die Zufallsvariablen enthalten, simuliert werden können. Wenn das einzige, auf das wir uns stützen könnten, die vergangene Aufzeichnung der globalen Temperaturen wäre, gäbe es keine Grundlage für die Vorhersage künftiger Abwärts- oder Aufwärtstrends (*Quelle:* Houghton *et al.* 1990).

Die Vorhersage der bis dahin zu erwartenden Erwärmung ist keine leichte Aufgabe. Gäbe es keinerlei Komplikationen, dann würde die CO_2-Zunahme eine

Verringerung der Energieabgabe an den Weltraum auf 236 W/m^2 bewirken, was eine Erhöhung der Erdoberflächentemperatur von 1,2 °C erfordern würde, um das Gleichgewicht wieder auf einen Wert von 240 W/m^2 einzustellen. Es treten jedoch eine Reihe komplizierender Prozesse auf, wie z.B. die globale atmosphärische Zirkulation und Veränderungen der Wolkenbedeckung (Wasserdampf ist ein Treibhausgas, dessen Wirkung aber dadurch ausgeglichen wird, daß die Wolken, die aus Wasserdampf gebildet sind, an ihrer Oberseite Wärme reflektieren) sowie der Albedo (Reflexionsvermögen) der Erdoberfläche, da die Erwärmung die Schnee- und Eisflächen verkleinert.

Um diese Faktoren für die Berechnung heranziehen zu können, sind aufwendige Computermodelle notwendig, die als globale Zirkulationsmodelle bekannt sind und die auf dem gleichen Prinzip wie die Modelle zur Wettervorhersage beruhen. Diese können mittels leistungsstarker Rechner über lange Zeiträume hinweg die Auswirkungen veränderter CO_2-Konzentrationen simulieren. Unterschiedliche Modellrechnungen führen zu unterschiedlichen Prognosen für einen Temperaturanstieg, so daß einige Mühe darauf verwendet werden muß, um eine Annäherung und eine international gültige Schätzung der künftigen Erwärmung zu erreichen. Die Veröffentlichungen des IPCC sagen einen Wert von 1 °C über dem jetzigen Stand im Jahr 2025 voraus und danach eine Erhöhung von 0,3 °C pro Jahrzehnt, eine Rate, die alle natürlichen Schwankungen der letzten 10 000 Jahre bei weitem übersteigt. Dies würde seit Beginn der industriellen Revolution bis zum Ende des nächsten Jahrhunderts eine Gesamterwärmung von 4 °C bedeuten. Wenn diese Zahl (im weltweiten Durchschnitt) auch kleiner scheint, so sei angemerkt, daß das Temperaturminimum während der letzten Eiszeit nur etwa 5–6 °C tiefer lag als heute und daß die Erwärmung während der letzten 100 Jahre einen Anstieg der weltweiten Durchschnittstemperatur von nicht mehr als 0,5 °C darstellt (Abb. 6.4).

Eine Möglichkeit, die gemachten Annahmen und die Verfahren bei der Erstellung von Computermodellen zu überprüfen, besteht darin, die bereits bekannten Schwankungen der letzten 150 Jahre heranzuziehen und zu testen, ob diese vom Modell vorhergesagt würden, wenn man das Computerprogramm vor der industriellen Revolution starten läßt. Tatsächlich fällt der vorhergesagte Anstieg der Temperatur höher aus als der beobachtete, obgleich er innerhalb des natürlichen Variabilitätsbereiches liegt und deshalb auch mit dem Modell vereinbar ist. Das Modell sagt allgemein eine Erwärmung von etwas mehr als 1 °C voraus, der beobachtete Wert beträgt zur Zeit etwa 0,5 °C. Es ist bekannt, daß sich die südliche Halbkugel ein wenig mehr erwärmt hat als die nördliche. Natürlich wäre es sehr hilfreich, wenn man dies genau erklären könnte. Die Ozeanfläche auf der südlichen Halbkugel ist größer und die nördliche Halbkugel trägt die Hauptlast industrieller Aktivität. Man vermutet (Wigley 1991), daß die Temperaturerhöhung auf der nördlichen Halbkugel durch Schadstoffe reduziert wird, wobei SO_2, das bei der Verbrennung von Öl und Kohle entsteht, zu einem gewissen Maß die Wirkung von CO_2 ausgleicht. Aus SO_2 entstehen Sulfataerosole (kleine, in der Atmosphäre feinst verteilte Partikel), die einen direkten Einfluß auf das Strahlungsgleichgewicht, aber auch einen indirekten Einfluß durch die Veränderung der Albedo von Wolken ausüben. Dies erschwert die Vorhersage der Effekte einer erhöhten SO_2-Belastung, ist aber vielleicht gerade der Grund, weshalb bei einem Vergleich zwischen Nord- und Südhalbkugel zum einen eine Verzögerung bei der Erwärmung auf der Nordhalbkugel zu verzeichnen ist, zum anderen in unserem Jahrhundert ein niedrigerer globaler Temperaturanstieg stattfindet, als man ihn auf Grund der CO_2-Zunahme und anderen Treibhausgasen erwartet hätte. Dies hat möglicherweise auch zur Folge, daß die momentanen Anstrengungen zur Reduzierung der SO_2-Emissionen (unter anderem wegen der Problematik des «sauren Regens»), ohne gleichzeitig den Verbrauch fossiler Brennstoffe zu verringern, zu einer schnelleren Erwärmung führen könnte, so daß wir dem Vorhersagemodell näherkommen.

Kasten 6.6 Die Sensibilität des Klimasystems

Die Sensibilität des Klimasystems ist ein Maß für die Reaktion der globalen Durchschnittstemperatur auf Veränderungen im CO_2-Gehalt der Atmosphäre. Für eine Verdoppelung des CO_2-Äquivalents lag dies bei den frühen Modellrechnungen im Bereich von 1,5 °C bis zu 6 °C, wenngleich der Spitzenwert inzwischen durch das IPCC zurückgewiesen wird. Im Fall des ersten Wertes dürften wir in Zukunft sogar noch mehr fossile Brennstoffe verbrauchen als bisher. Trotzdem würde die atmosphärische Erwärmung bis zum Jahr 2030 2,5 °C nicht übersteigen. Sollten die höheren Werte zutreffen, dann würde, selbst wenn von jetzt an bis zum Jahr 2030 der Atmosphäre kein weiterer Kohlenstoff zugeführt würde, die Temperaturerhöhung dennoch einen Wert von 2,5 °C erreichen können, bis sich auf der Erde wieder ein Gleichgewicht im Wärmehaushalt einstellt. Das Maß der Sensibilität des Klimasystems wird somit zur kritischsten Variablen in der Schätzung künftiger Erwärmung. Kurzfristig ist sie sicherlich weitaus wichtiger als irgendeine Schätzung künftiger Kohlendioxidemissionen. Die Forschung ist zur Zeit bemüht, für ihre Berechnungen den verläßlichsten Wert zu ermitteln. Die meisten Hochrechnungen zeigen bei der Verwendung verschiedener Sensibilitätsfaktoren unterschiedliche Ergebnisse. Zur Zeit werden folgende Werte verwendet: Mindestwert (1,5 °C), beste Schätzung (2,5 °C), Höchstwert (4,5 °C). Die Sensibilität wird beeinflußt von Faktoren wie der verstärkten Bewölkung einer wärmeren Erde und dem Zeitraum der Erwärmung der Tiefsee. Sie wird zudem beeinflußt durch eine Abkühlung durch Sulfataerosole, wobei sich eine wesentliche Abkühlung in niedrigen Sensibilitätswerten niederschlägt und ein begrenzter Kühlungseffekt den Wert Richtung Höchstmarke verschiebt.

Wigley hat zusammen mit anderen Kollegen (1992) in einer Untersuchungsreihe zu den Gefahren und Folgen einer Klimaänderung unter anderem das Problem des Nachweises klimatischer Veränderungen diskutiert. Sie stellten fest, daß trotz fehlender Beweise für eine tatsächliche Erwärmung viele Entscheidungsträger bereits zu einer Politik des weltweiten Handelns tendieren. Dies ist als Ergebnis eines Vertrauens in die öffentlichen Darstellungen der Klimaforscher zu werten (wenngleich es innerhalb der wissenschaftlichen Literatur viele Einsprüche gibt). Die Wahrscheinlichkeit, daß die instrumentelle Aufzeichnung in den letzten 100 Jahren eine zwar unregelmäßige, aber tatsächliche Erwärmung belegt, wird offensichtlich ernst genommen. Wigley und seine Kollegen folgern daraus, daß die Beschlüsse dem Nachweis vorausgehen können, daß es aber auch hilfreich sein könnte, Vorschläge bereitzuhalten, *welche* Maßnahmen notwendig sind. Die entscheidende Frage ist die Sensibilität des Klimasystems, denn sie bestimmt sowohl das Ausmaß einer zukünftigen Veränderung als auch den Erfolg diverser Gegenmaßnahmen. Nachdem Prognosen und Nachweise unter verschiedenen Aspekten diskutiert wurden, kommen sie zu dem Schluß, daß die Hauptaufgabe darin liegt, das derzeitige Überwachungsnetz zu verbessern, indem man sich von überholten, für die Wettervorhersage bestimmten Modellen zugunsten von Beobachtungsmethoden, die für langfristige Klimastudien ausgelegt sind, abwendet. Dies umfaßt nicht nur die langfristige Verfügbarkeit von Daten, sondern auch die Erhebung von Daten, die weitere externe Erwärmungsfaktoren wie z.B. die solare Einstrahlung und die Konzentration von Sulfataerosolen in der Atmosphäre behandeln.

Kasten 6.7 Der Drei-Stufen-Plan zur Verbesserung der Klimavorhersage

Wie schon in der Einführung angesprochen wurde, macht die Wissenschaft durch simples Ausprobieren Fortschritte, indem sie Hypothesen überprüft und indem sie die Realität anhand von Modellen vereinfacht darstellt, die dann durch Beobachtungen belegt werden und die dort, wo Beobachtungen nicht genügen, einer Überprüfung durch Fachleute unterzogen werden müssen. Die Forschung bemüht sich derzeit, die globalen Klimamodelle zu verbessern, um verläßlichere Vorhersagen machen zu können, die dann Entscheidungsträgern, Ökonomen, Rechtsanwälten und Umweltaktivisten zur Verfügung gestellt werden können. Diese langwierige Aufgabe wird in drei Schritten angegangen:

1. Untersuchungen der Rückkopplungseffekte durch Wolken und Schadstoffaerosole, des Luft-Ozean-Gasaustausches, der Durchmischung des Ozeans und des Boden-Luft-Gasaustausches. Dies bedeutet eine grundlegende empirische Forschung, die einen Großteil der erforderlichen Etats verschlingen wird.
2. Präzisierung der Modellrechnungen, indem man die Prognosen mit den Ergebnissen aus diesen detaillierten Untersuchungen in Beziehung setzt, die Gültigkeit des Modells überprüft, um die Eingaben zu verbessern, und mittels Satellitenüberwachung zur Schätzung der Wolken-, Ozean- und Landoberflächenvariablen (z.B. Veränderungen der Landvegetation).
3. Modellanpassung durch Überprüfung der Qualität der Modelle anhand der aktuellen Klimavariablen, die aus Beobachtungsdaten ermittelt werden. Diese Anpassung geschieht fortlaufend.

Das IPCC will solche Prognosen alle 3–5 Jahre aktualisieren. Diese Prognosen wiederum werden bei der Teilnehmerkonferenz des UN-Rahmenabkommens über den Klimawandel verwendet und durch die Wissenschafts- und Technologieunterausschüsse vermittelt. Somit bildet die Spitze interdisziplinärer Umweltwissenschaften die Grundlage für eine produktive und beständige globale Politik.

Fortsetzung n.S.

Kasten 6.7 *Fortsetzung*

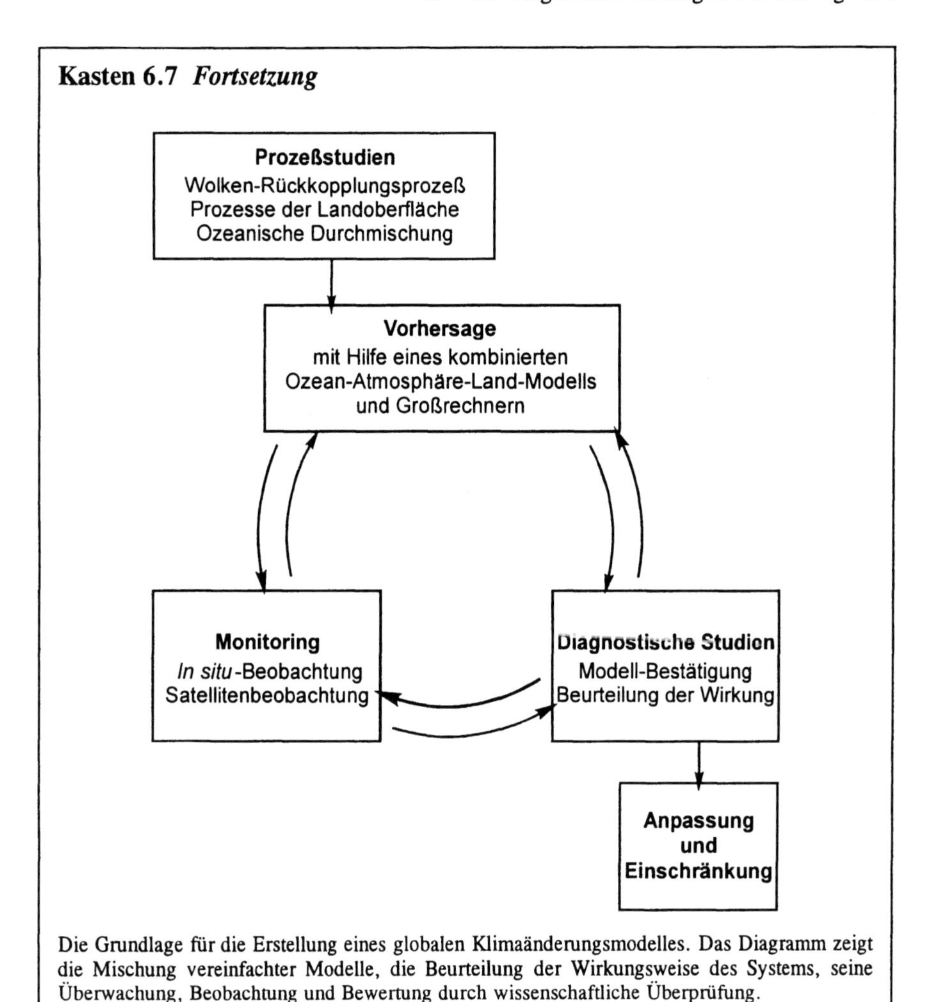

Die Grundlage für die Erstellung eines globalen Klimaänderungsmodelles. Das Diagramm zeigt die Mischung vereinfachter Modelle, die Beurteilung der Wirkungsweise des Systems, seine Überwachung, Beobachtung und Bewertung durch wissenschaftliche Überprüfung.

6.4 Die Folgen einer künftigen Erwärmung

6.4.1 Anstieg des Meeresspiegels

Das IPCC hat darauf hingewiesen, daß ein möglicher Effekt der globalen Erwärmung der Anstieg des Meeresspiegels ist (Abb. 6.5). Dieser wäre weniger das Ergebnis eines Schmelzens der großen Eiskappen in Grönland und der Antarktis, sondern des Schmelzens der Gletscher in Gebirgen wie den Alpen und des Himalaya. Von gleicher Bedeutung wäre die thermische Ausdehnung der sich erwärmenden Ozeane (siehe Tabelle 9.1). Diese beiden Effekte werden in Zukunft einen Anstieg des Meeresspiegels von etwa 5 mm pro Jahr zur Folge haben. Der heutige Anstieg beträgt momentan etwas mehr als 1 mm jährlich.

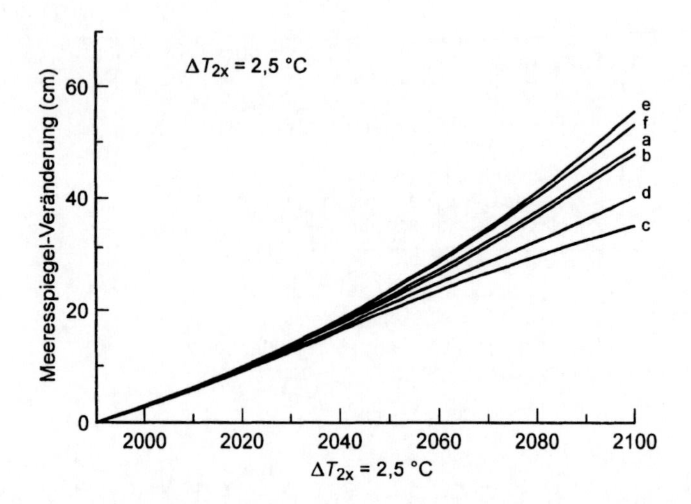

Abb. 6.5. Voraussichtlicher Meeresspiegelanstieg infolge der globalen Erwärmung. Die Vorhersagen von **a** bis **f** stützen sich auf verschiedene Annahmen zur Bevölkerungsentwicklung, zur wirtschaftlichen Aktivität, zum Umgang mit fossilen Brennstoffen usw. Erwähnenswert ist, daß selbst drastische Maßnahmen am Anstieg des Meeresspiegels zumindest bis zum Jahr 2040 relativ wenig ändern. Diese Verzögerung von etwa einem halben Jahrhundert liefert sowohl einen Anlaß zur Besorgnis, falls in naher Zukunft kein entsprechendes Maßnahmenpaket eingeleitet wird, als auch eine Grundlage für das Argument, daß auf Grund fehlender kurzfristiger Wirkungen, ein Hinausschieben von Entscheidungen keinen Einfluß auf die frühen Wirkungen auf das Meeresspiegelniveau haben würde. Trotzdem werden die Maßnahmen, die in der ersten Hälfte des nächsten Jahrhunderts ergriffen werden, die Höhe des Meeresspiegelanstiegs für das nächste Jahrhundert stark beeinflussen. Dann nämlich werden auf Grund des Ausmaßes des Anstiegs viele Küstenregionen vor größeren Problemen stehen. Die Verzögerung der Reaktion des Meeresspiegels auf Veränderungen der atmosphärischen Zusammensetzung wird sich auf einen Zeitraum von zwei bis drei nachfolgenden Generationen erstrecken (siehe auch Abb. 6.8) (*Quelle:* Wigley und Raper 1992).

Der erwartete Anteil aus dem Schmelzen der großen (und deshalb trägen) grönländischen Eisdecke liegt bei nur etwa 12 % des geschätzten Gesamtanstiegs. Einigen Vorhersagen zufolge wird dieser jedoch dadurch ausgeglichen, daß die antarktischen Eismassen zunächst etwa die gleiche Menge an Wasser aufnehmen. Die Antarktis ist heute eine Eiswüste mit geringem Schneefall. Wenn sich die Erde erwärmt, werden sich auch die südlichen Ozeane erwärmen und dies führt zu einer erhöhten Verdunstung und gleichzeitig auch zu höheren Niederschlägen in den Polargebieten. Dadurch wird der Schneefall in der Antarktis zunehmen, vor allem in deren Randzonen, nach und nach aber auch im Landesinneren. Dieser Schnee wird in Eis umgewandelt, und erst wenn dieses durch die langsamen Bewegungen innerhalb der Eismassen an den Rand der Eisgrenze transportiert worden ist, wird es in das Meer zurückkehren. Dies wird zweifellos mehrere Jahrhunderte dauern, wenn nicht noch länger. Es wird viel über die Möglichkeit diskutiert, daß der westantarktische Bereich dieser großen Eisdecke durch den ansteigenden Meeresspiegel bedrängt werden und deshalb relativ schnell schmelzen könnte. Dies könnte tatsächlich passieren, aber auch nur in Zeiträumen von vielen Jahrhunderten, und zum Anstieg des Meeresspiegels innerhalb der nächsten Generationen kann dies nicht beitragen. Trotz der wissenschaftlichen Glaubwürdigkeit einer Verzögerungswirkung des riesigen antarktischen Systems beharren doch einige Forscher darauf, daß eine tatsächliche langfristige Gefahr eine potentielle Bedrohung für die nächsten zwei oder drei Generationen darstellt. Sie betonen die Gefahr eines starken Meeresspiegelanstiegs und vernachlässigen die zeitliche Verzögerungen, um die Notwendigkeit von Vorbeugemaßnahmen hinsichtlich der Treibhausgase zu unterstreichen.

Der voraussichtliche Meeresspiegelanstieg von etwa 30 cm bis zum Jahr 2050 wäre nicht allzu hoch, würde aber die Probleme bezüglich Erosion und Gezeitenüberflutungen, die weltweit an den Küsten auftreten, noch erschweren. Diese Fragen werden in Kap. 9 behandelt.

Tabelle 6.1. Notwendige Reduktionen um die «Treibwirkung» zu verhindern, 1990

Treibhausgas	Notwendige Reduktionen (%)
CO_2	>60
CH_4	15–20
NO_x	70–80
Freon-11	70–75
Freon-12	75–85
FCKW-22	40–50

(*Quelle:* Houghton und Mers 1990)

6.4.2 Der Wasserhaushalt

Auch wenn der Meeresspiegelanstieg in der Öffentlichkeit größere Aufmerksamkeit erfährt, sind doch die Probleme der Wasserverfügbarkeit (sowohl im Boden als auch aus der Leitung) wahrscheinlich viel ernster einzuschätzen und nur mit einem hohen Kostenaufwand zu lösen. Wir verlassen hier den Boden relativ sicherer Vorhersagen. Wir können allerdings mit Sicherheit davon ausgehen, daß das künftige Klima im Mittel feuchter sein wird, etwa zwischen 3 und 15 %. Wärmere Ozeane haben eine höhere Verdunstungsrate und da die Feuchtigkeit nicht langfristig in der Atmosphäre verbleiben kann, zieht das auch eine Zunahme der Niederschläge nach sich. Unsere Computersimulationen sind nicht in der Lage, die mögliche zeitliche und räumliche Verteilung der zusätzlichen Niederschläge vorherzusagen. Wenn Landschaften mit geringen Niederschlägen weniger erhalten als nötig wäre, um die erhöhte temperaturbedingte Evapotranspiration der Pflanzen auszugleichen, werden die dort auftretenden Sommerdürren noch härter ausfallen. Auf der Basis heutiger Schätzungen werden die wahrscheinlichsten Folgen eine zunehmende Aridität der Wüsten und Wüstenrandgebiete, trockenere Sommer in mittleren Breiten, aber auch eine generelle Tendenz zu erosiven, gewittrigen Starkregenereignissen sein (Gleich 1992). Es überrascht nicht, daß 1994 eine große globale Konferenz zur Verabschiedung einer internationalen Konvention zur Bekämpfung der Desertifikation stattfand (UN Convention on Desertification). Zu diesem Zeitpunkt sind die Umweltwissenschaften gefragt. Hulme und Kelly (1993) weisen darauf hin, daß etwa 20 % der zunehmenden Desertifikation in der Sahelzone andere Ursachen haben als Änderungen in der jährlichen Niederschlagsmenge – möglicherweise eine Kombination aus Überweidung und Verlust der Pflanzendecke (und deshalb eine veränderte Albedo) mit der Folge von Trockenheit und Erwärmung. Kurzum, es ist möglich, daß die Desertifikation einen Rückkopplungseffekt bewirkt, der zu geringeren lokalen Regenfällen führt und somit die Auswirkung von Dürreperioden verstärkt. Bis jetzt sind die Modellrechnungen noch nicht in der Lage, dies zu beweisen; dazu sind weitere Daten über Niederschläge, Evapotranspiration, Veränderungen in der Vegetation und Temperaturen notwendig. Deshalb herrscht auch die dringende Notwendigkeit, die wissenschaftlichen Kapazitäten der Dritten Welt zu verbessern.

In fast 20 afrikanischen Ländern gibt es keinerlei Bewässerungssysteme und für sie werden künftige Klimaveränderungen viele Probleme und große Not bringen. Langfristig wären damit für dürreanfällige Gebiete wie die Sahelzone Katastrophen vorprogrammiert, die möglicherweise zu Abwanderungen in feuchtere Gebiete und der Gefahr sozialer Spannungen und vielleicht auch bewaffneter Konflikte führen. Die Gefahr der Instabilität der Dritten Welt könnte sich zum größten Druckmittel für die entwickelten Länder entwickeln, den Verbrauch fossiler Brennstoffe zu vermindern, wenngleich der Waffenhandel, der schon ein Volumen von mehr als $500 Mrd. zugunsten der reichen Länder erreicht hat, zweifellos noch zunehmen wird. Solche Schlußfolgerungen mögen zynisch klingen, doch seltsamerweise sind sowohl die Geheimdienste als auch Finanzministerien auf der ganzen Welt an den Prognosen der Computermodelle sehr interessiert.

Viele entwickelte Länder haben jedoch einen Wasserbedarf, der in etwa den normalerweise verfügbaren Niederschlagsmengen entspricht, und haben daher schon heute in Trockenperioden Schwierigkeiten, diesen Bedarf zu decken. Die Wasserreservoire von New York sind innerhalb der letzten dreißig Jahre zeitweise leer gewesen; große Teile Englands erlebten in den Jahren 1975/76 und 1990/91 schwere Trockenperioden. In vielen Gegenden wird Wasser in oberirdischen Speichern gesammelt. Häufige Trockenperioden werden dazu führen, daß immer größere, sehr teure Wasserspeicher gebaut werden müssen, gegen die sich Landeigentümer wehren werden. In anderen Gegenden bilden Grundwasserleiter unterirdische, natürliche Wasserspeicher. In England ist das zum Beispiel in großen Teilen von East Anglia, Lincolnshire und des Themsetals der Fall. Diese sind vom Wasser der wasserführenden Kreideschichten abhängig, die gewöhnlich innerhalb weniger Monate im Winter wieder aufgefüllt werden. Trockene Winter und ein zunehmender Wasserbedarf in heißen und trockenen Sommermonaten haben dazu geführt, daß es zu Beginn der neunziger Jahre verboten war, die Gärten zu gießen, und Schlimmeres droht, wenn die Winterregen- und Schneefälle wieder ausbleiben. Im Westen der USA erfolgt die Wasserverteilung nach dem Prinzip «wer zuerst kommt, malt zuerst». Im allgemeinen profitiert davon die Landwirtschaft auf Kosten der städtischen und industriellen Versorgung wie auch der Tier- und Pflanzenwelt in Flüssen und Seen, aus denen zu viel Wasser zur legalen Bedarfsdeckung entnommen wird. In den USA nimmt der Kampf um Wasserpreise, die diesen gravierenden Verlusten für die Naherholung und die Tier- und Pflanzenwelt gerecht werden, heftige Ausmaße an. Die Berechnung dieser Werte, die in den Kap. 2 und 3 diskutiert wurden, zeigen, daß über kurz oder lang eine Neuverteilung der Wasserrechte und erhebliche Preisverschiebungen notwendig sein werden. Das bedeutet zweifellos langwierige und teure juristische Auseinandersetzungen.

In einer wärmeren Welt werden die Sommer nicht nur heißer, sondern auch länger sein, und damit den Zeitraum für die Auffüllung der Wasserspeicher im Winter verkürzen. Auch wenn der Niederschlag um 15 % zunimmt, wie manche Modellberechnungen vorhersagen, und selbst wenn der Niederschlag im Winter und im Sommer gleichermaßen zunimmt, könnte der Zeitraum für die Wiederauffüllung zu kurz sein, um der gesteigerten Nachfrage im Sommer gerecht zu werden. Diejenigen, die in dürregefährdeten Gebieten leben, werden dann wünschen, daß Pläne zum Import von Wasser aus feuchteren Gebieten schneller verwirklicht worden wären. Andere werden eine Neuverteilung über die Wasserpreise verlangen, wie sie den USA bevorsteht, gekoppelt an die Bemessung der privaten Wasserversorgung, an eine volkswirtschaftliche Beurteilung der Niedrigwasserstände in Flüssen und an einen Grundwasserschutz, um die Schüttung natürlicher Quellen zu erhalten. Es überrascht nicht, daß ein weltweites Interesse an der ökologischen Berechnung von Wassergebühren besteht, selbst wenn auf Grund der klimatischen Wasserbilanz kein überschüssiges Wasser für eine Neuverteilung erzeugt werden kann. Einige Gegenden, die momentan knapp mit ihrem Wasser auskommen, werden kürzer treten müssen - unabhängig davon, wie hoch der Wasserpreis für den Konsumenten sein wird.

6.4.3 Naturräume und Landnutzung

Die Ungewißheit, mit der regionale Niederschlagsprognosen behaftet sind - und vor allem bezüglich künftiger jahreszeitlicher Niederschlags- und Temperaturverhältnisse - macht Prognosen zu den Wirkungen der globalen Erwärmung auf die natürliche Tier- und Pflanzenwelt schwierig. Viele Naturschutzgebiete wurden eingerichtet, um Tiere und Pflanzen auch am Rande ihres Verbreitungsgebiete zu erhalten. In Zukunft werden sich diese Schutzgebiete entweder innerhalb dieser natürlichen Verbreitungsgebiete befinden oder sich soweit davon entfernen, daß Arten, für die das Schutzgebiet eigentlich gedacht war, aussterben werden. Wahrscheinlich wird das Hasenglöckchen, eine der typischsten Frühjahrspflanze in englischen Waldregionen, ganz verschwinden und zweifellos werden ihm viele weniger auffällige Arten in der Nähe ihrer südlichen Verbreitungsgrenzen folgen. Sie werden durch Zuwanderung neuer Arten oder durch die Ausbreitung bereits vorhandener ersetzt werden. Die Wanderungsbewegungen von Zugvögeln werden sich verändern, und einige unserer bekannten Wintergäste werden in nördlichere Regionen ziehen.

Unser größtes Problem jedoch sind die Zukunftsprognosen für eine Landwirtschaft in einer wärmeren Welt. Sie werden eine große Rolle spielen, da jeder größere Effekt auf die bedeutenden getreideproduzierenden Gegenden der Welt ernste Auswirkungen auf die weltweite Nahrungsversorgung haben wird. Diese Folgen allein wären, wenn sich sonst nichts ändert, schwerwiegend genug, aber die Hauptwirkung auf die Landwirtschaft wird nicht die veränderte globale Umwelt ausüben, sondern die bestehenden Kräfte der Wirtschaftspolitik und die Erfolge der Pflanzenzüchter. Der Maisanbau in Großbritannien ist ein Resultat der Pflanzenzucht und nicht der klimatischen Veränderungen. Die nördliche Anbaugrenze der Sonnenblume bewegt sich in Frankreich mit der Entwicklung neuer Sorten in Richtung Ärmelkanal. Parry (1990) zufolge wird jede Erhöhung der Jahresmitteltemperatur um 1 °C die momentanen landwirtschaftlichen Zonen in Europa um 300 km und in den USA um 175 km nach Norden verschieben, auch ohne die Nutzpflanzen weiter verbessern zu müssen (Abb. 6.6).

Kasten 6.8 Die Beziehung zwischen Temperaturveränderungen, Niederschlagsveränderungen und Wasserverfügbarkeit

In einer wärmeren Welt wird mehr Wasser aus den Meeren verdunsten und, da eine Speicherung in der Atmosphäre nicht möglich ist, nach wenigen Tagen wieder als Regen niedergehen. Die räumliche und jahreszeitliche Verteilung kann von den Computermodellen bisher nicht vorhergesagt werden. Auch die Evapotranspiration wird in einer wärmeren Welt während der Vegetationsperioden zunehmen.

In tropischen und subtropischen Gebieten ist das Klima für ein ganzjähriges Pflanzenwachstum warm genug, in Savannenzonen und in Monsungebieten ist das Pflanzenwachstum in den trockenen Jahreszeiten eingeschränkt. Das sind in den tropischen und Monsungebieten der Winter und in den westlichen subtropischen Randzonen mit einem «mediterranen» Klima der Sommer. Die Temperaturänderung wird in den Tropen und Subtropen geringer ausfallen als in den höheren Breiten; somit wird dort vor allem die jahreszeitliche Verteilung der Niederschläge und weniger eine Änderung der Temperatur die künftige Wasserverfügbarkeit regeln.

In höheren Breiten ist das Pflanzenwachstum in den Wintermonaten durch kalte Temperaturen eingeschränkt. Das Wachstum in den Sommermonaten hängt davon ab, wieviel von den Winterniederschlägen im Boden gespeichert wird und in welchem Maß Bodenwasservorräte durch sommerliche Regenfälle ergänzt werden. In manchen Jahren fallen kaum Sommerniederschläge und das Pflanzenwachstum kann infolge der Trockenheit eingeschränkt sein. In der Regel kann die Vegetation kürzere

Fortsetzung n.S.

Kasten 6.8 ***Fortsetzung***

Trockenphasen unbeschadet überstehen. Der Winter ermöglicht eine Wiederauffüllung der Bodenwasservorräte, die Auffüllung der natürlichen Grundwasservorräte und der oberirdischen, vom Menschen angelegten Wasserspeicher. Diese Speicher werden im Sommer für die Wasserversorgung und Bewässerungssysteme verwendet.

Falls in Zukunft in einer wärmeren Welt die zusätzlichen Niederschläge gleichmäßig über das ganze Jahr verteilt wären, würde das zu einer verbesserten Auffüllung der Wasserreservoire führen und dazu beitragen, den Bedarf eines längeren und wärmeren Sommers zu decken. Dieses erfreuliche Ergebnis könnte jedoch durch einen kürzeren Winter und eine längere Vegetationsperiode aufgehoben werden. Sollten die Niederschläge stabil bleiben oder im Sommer abnehmen, würde das Bewässerungsmaßnahmen zum Erhalt der Landwirtschaft notwendig machen und der gesamte restliche Wasserverbrauch könnte zu Engpässen und häufigeren Trockenphasen führen. Heute schon trocknen manchmal kleinere Flüsse in den trockeneren Gebieten der östlichen USA und in Ostengland im Sommer aus. Dies könnte einigen Erwärmungsszenarien zufolge bei unzureichender Zunahme an Niederschlägen fast jährlich geschehen und damit sowohl die natürliche Vegetation als auch die Landwirtschaft drastisch beeinflussen.

Ein gutes Beispiel der potentiellen Bedeutung günstiger Veränderungen jahreszeitlicher Niederschläge ist das optimistische Szenario für Australien von Pittock und Nix (1986). Wie die Darstellung zeigt, prognostizieren sie eine Steigerung der Pflanzenproduktivität von mindestens 20 % für mehr als die Hälfte der Fläche Australiens – das setzt nicht nur eine geringere Erhöhung der Jahresmitteltemperatur in niedrigeren Breiten voraus (wie dies auch von globalen Modellrechnungen vorausgesagt wird), sondern auch, daß sich die jährliche Niederschlagszunahme von etwa 20 % aufteilt in eine Zunahme von 40 % im Sommer und eine Abnahme von 20 % im Winter. Das widerspricht nicht den Vorhersagen über die veränderte Stärke der Monsunwinde, jedoch würde die Karte weit weniger optimistisch aussehen, wenn die sommerliche Zunahme geringer ausfiele.

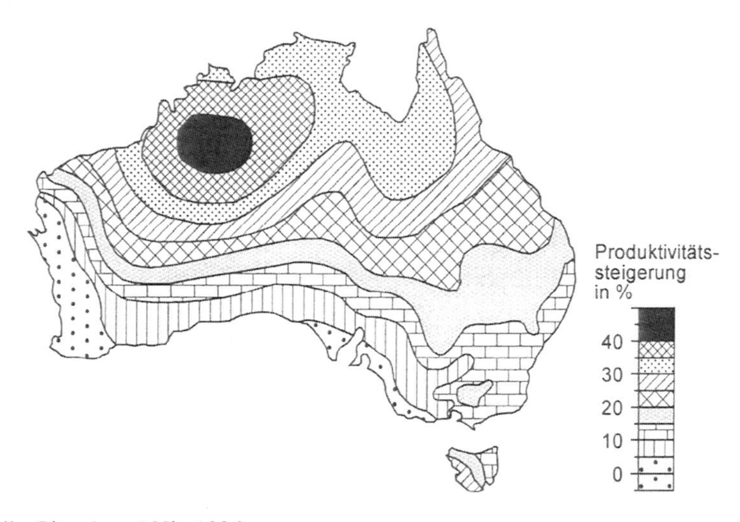

Quelle: Pittock und Nix 1986.

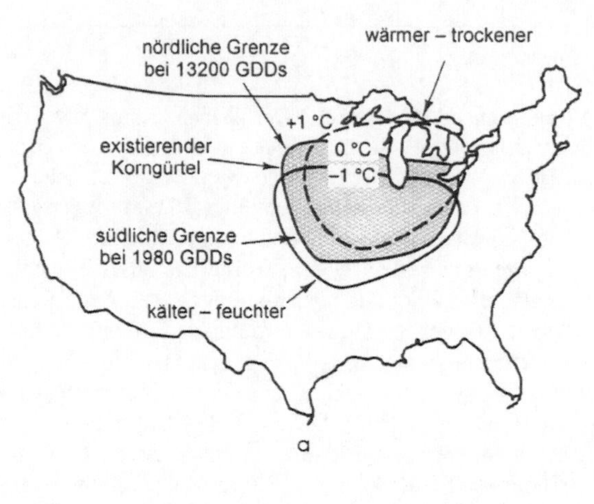

Abb. 6.6. Karten der künftigen Verbreitung von Anbaugebieten in **a** den USA und **b** Nordwesteuropa. Die Karten basieren auf verschiedenen Annahmen, um zu zeigen, wie sich die Anbaugebiete bei einer künftigen Klimaänderung nach Norden verschieben werden. In vielen Fällen werden die bestehenden Versuche von Pflanzenzüchtern, schneller reifende Sorten zu züchten, diese Verschiebungen noch verstärken. Weniger vorhersehbar ist der Einfluß einer künftigen Agrarpolitik (GDD's = growing degree days) (*Quelle:* Parry 1990 und Geographical Journal; Juli 1993).

Es wird einen erheblichen Aufwand erfordern, regionale Vorhersagen zu verbessern (siehe Kasten 6.7). In dem Ausmaß, in dem wir einer erheblichen Erwärmung ausgesetzt sind - unabhängig davon, wie schnell wir versuchen, die Treibhausgase auf dem gegenwärtigen Niveau zu stabilisieren - müssen wir ermitteln, wo die stärksten Auswirkungen zu erwarten sind. Auf diese Weise könnte eine Bedrohung der lokalen Nahrungsversorgung durch größere Produktivität andernorts ausgeglichen werden. Eine Verbesserung der Vorhersagen hängt von der Entwicklung regionaler Klimamodelle ab (ein für Europa entwickeltes Beispiel zeigt Abb. 6.7) und von Verbesserungen der globalen Computermodelle selbst. Besonders die Modellierung der Ozeane muß verbessert werden, ebenso die Verknüpfung des Ozeanmodelles mit der Atmosphäre. Andere wichtige Weiterentwicklungen betreffen eine verfeinerte Darstellung der Wolken und ihrer Rückkopplungseffekte. Auch die chemischen Vorgänge in der Atmosphäre müssen berücksichtigt werden. Das wird mindestens ein Jahrzehnt in Anspruch nehmen. Da dies eine zu lange Zeitspanne ist, um riskieren zu können, daß zwischenzeitlich nichts geschieht, kommt den Strategien, die in Kap. 17 skizziert werden, eine große Bedeutung zu.

6.5 Maßnahmen zur Abschwächung einer künftigen globalen Erwärmung

Es wurde bereits erwähnt, daß die Entdeckung der Ozonabnahme in der Stratosphäre über der Antarktis zu einem internationalen Abkommen, dem Protokoll von Montreal (1987), führte. Obwohl die wachsende Bedrohung der schützenden Ozonschicht in der Stratosphäre (sie schützt die Erdoberfläche vor der schädlichen UV-Strahlung der Sonne) der Auslöser für das Montreal-Protokoll war, werden dessen Maßnahmen den Beitrag der halogenierten Kohlenstoffe zum Treibhauseffekt reduzieren. Leider wird dies bis zu einem gewissen Grad durch Ersatzstoffe ausgeglichen, die zwar in der Stratosphäre weniger reaktionsfreudig sind, trotzdem aber Treibhauseffekte in der Troposphäre verursachen.

Die unmittelbaren Ergebnisse des Gipfels von Rio 1992 waren für diejenigen, die auf ein schnelles Handeln zur Einschränkung unseres Verbrauchs an fossilen Brennstoffen gehofft hatten, enttäuschend. Die Kap. 1 und 19 befassen sich mit der Politik des UN-Rahmenabkommens, die darauf abzielt, die nicht-FCKW-Treibhausgase zu reduzieren. Wissenschaftlich gesehen ist es unbedingt notwendig zu begreifen, daß enorme Verringerungen notwendig wären, um die zunehmende Erwärmung aufzuhalten. Das IPCC stellte Schätzungen für diese Verringerungen auf (siehe Tabelle 6.1). Zur Zeit halten die meisten Länder solche Reduzierungen für nicht durchführbar und unterstellen, daß diese Maßnahmen die Weltwirtschaft stärker stören würden, als es die globale Erwärmung könnte, und deshalb wird man wahrscheinlich nach einem Kompromiß suchen müssen.

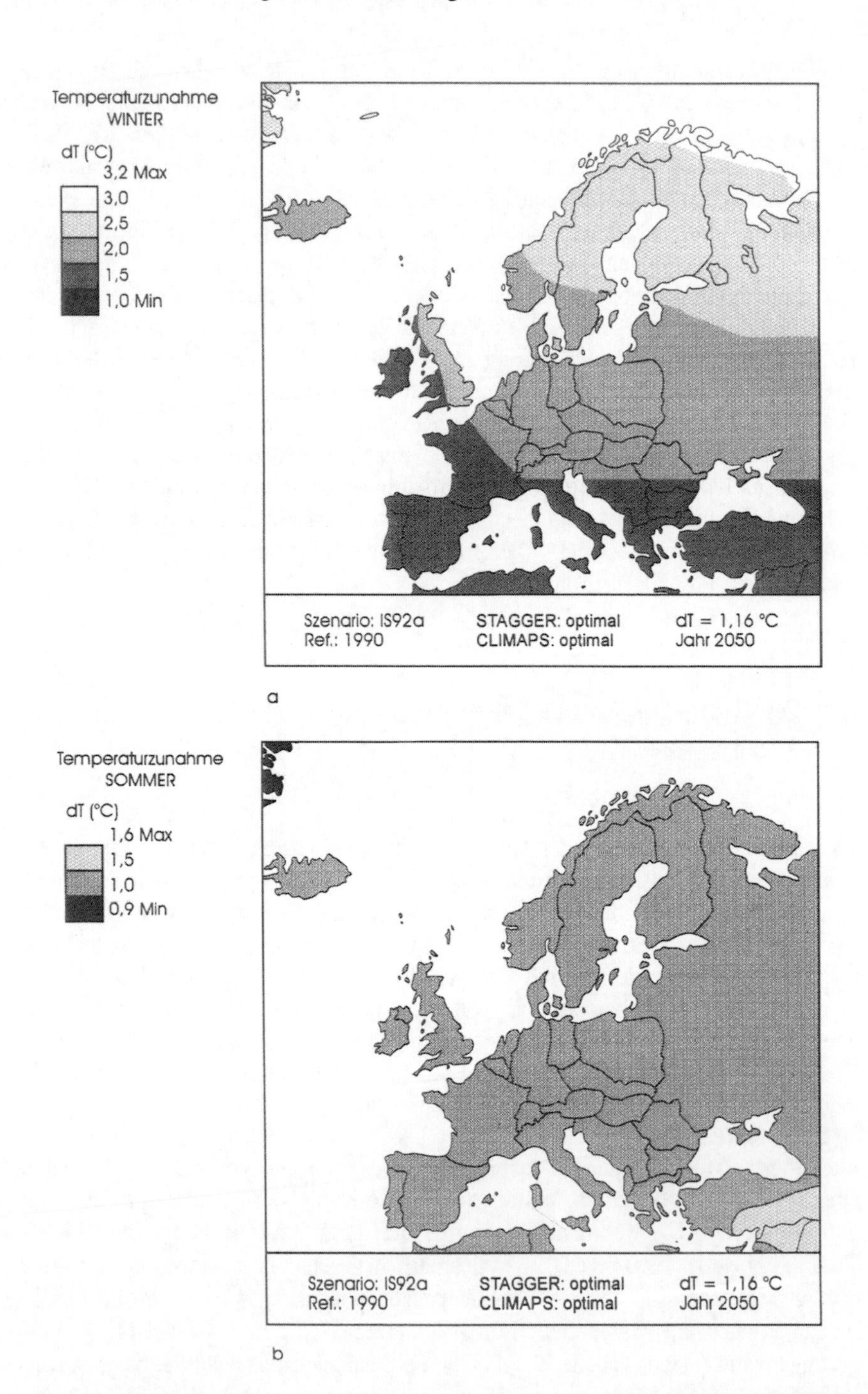

Abb. 6.7. Beispiel für eine regionale Vorhersage einer Verdoppelung des CO_2-Äquivalents. Die Karten stammen aus detaillierten regionalen Modellrechnungen zukünftiger Klimaänderungen (*Quelle:* Rotmans *et al.* 1994).

Kasten 6.9 Der politische Aspekt der Klimatologie

Warrick und Rahman (1992) beobachteten, daß vier Fünftel der akkumulierten anthropogenen CO_2-Emissionen aus den entwickelten Ländern stammen und daß etwa drei Viertel der durch die Abholzung bewirkten CO_2-Freisetzung aus Waldrodungen außerhalb der Länder der Dritten Welt stammen. So sieht sich ein Land wie Bangladesh (mit einem Anteil von 2 % an der Weltbevölkerung) gegenwärtig durch die ernste Gefahr eines Meeresspiegelanstiegs bedroht, obwohl es zur globalen Erwärmung nur 0,06 % beiträgt. Dies wirft einige wichtige ethische Fragen auf. Kasten 6.5 lieferte den Index der globalen Erwärmung bezogen auf verschiedene Treibhausgase. Kann eine Mengeneinheit CO_2, die von einem PS-starken Auto eines Pendlers in Los Angeles abgegeben wird, mit einer Mengeneinheit Methan, die von einem Ochsen abgegeben wird, der auf einer kleinen indischen Farm einen Pflug zieht, gleichgesetzt werden? Ist es richtig, daß die USA, die für beinahe ein Viertel aller Treibhausgasemissionen verantwortlich sind, für sich selbst die Aufnahmekapazitäten der globalen Gemeingüter der Ozeane und Wälder einfordern? Wenn Handelsabkommen dazu führen, daß die Industrie, die mit elektrischer Energie betrieben wird, verstärkt in Länder der Dritten Welt mit niedrigen Löhnen und weniger strengen Umweltkontrollen ausweicht, sollte dann das zusätzliche CO_2, das bei der Bereitstellung dieser elektrischen Energie frei wird, genauso besteuert werden wie die sinkenden CO_2-Emissionen aus der industrialisierten Welt, die bis heute ohne Beschränkungen oder Besteuerung die Freiheit hatte, für alle ein Vermächtnis an Emissionen zu hinterlassen?

An dieser Stelle wirken Wissenschaft, Politik, Gesetz und Ethik aufeinander ein. Die Entwicklung von Gegenmaßnahmen wie die Unterschutzstellung von Wäldern, die Energiesteuer und der Küstenschutz sollte berücksichtigen, daß Treibhausgase von den einzelnen Nationen nicht in eine faire und gerechte Welt abgegeben werden. Deshalb muß eine gute Umweltwissenschaft sowohl interaktiv als auch politisch sensibel sein – aber gemäß ihrer eigenen Traditionen und Standards.

Momentan ist die kanadische Regierung mit ihrem Plan, die Freisetzung von Kohlendioxid bis zum Jahr 2000 auf ein Niveau herunterzufahren, das noch 20 % unter dem des Jahres 1990 liegt, am konsequentesten. Die EU versucht bis zum Jahr 2000 auf das Niveau von 1990 zurückzukehren, wenngleich ein Einvernehmen schwer zu erreichen sein wird, besonders da die momentanen CO_2-Mengen nur Schätzungen sind und mit verschiedenen Verfahren erhoben werden. Es könnte noch zehn Jahre dauern, bis die industrialisierte Welt geeignete Überwachungsmöglichkeiten für Kohlendioxid entwickelt hat, die notwendig sind, um künftige Emissionen international einzudämmen. Einer der wichtigsten Beiträge der Umweltwissenschaften werden in den nächsten Jahren überprüfbare Datensammlungen sein.

Selbst wenn alle Emissionen, die höher sind als jene von 1750 (d.h. das Niveau vor der industriellen Revolution), bereits morgen eliminiert werden könnten, wird es zu einer unvermeidbaren Erwärmung kommen, da bereits erhöhte Treibhausgaskonzentrationen in der Atmosphäre vorhanden sind. Infolge der höheren Treibhausgaskonzentrationen ist das Strahlungsgleichgewicht der Erde gestört. Die Erde erwärmt sich, und diese Erwärmung wird so lange andauern, bis das Gleichgewicht wiederhergestellt ist. Ähnlich verhält es sich mit Effekten, bei denen die Wirkung der Erwärmung verzögert eintritt, z.B. beim Anstieg des Meeresspiegels. Hier wird die Angleichung länger dauern und in ihrem Ausmaß größer ausfallen. Abbildung 6.8 zeigt, daß der Meeresspiegel mindestens für weitere hundert Jahre ständig steigen würde und noch vor Ende des nächsten Jahrhunderts über 18 cm höher wäre als heute, selbst wenn internationale Bemühungen sofortige Wirkung zeigen sollten. Anders ausgedrückt heißt dies, daß selbst bei einer frühzeitigen Reaktion auf den zunehmenden atmosphärischen CO_2-Gehalt sich die nächsten drei oder vier Generationen mit Veränderungen auseinandersetzen werden müssen, die durch den Verbrauch fossiler Brennstoffe im 20. Jh. ausgelöst wurden. Doch effektive Maßnahmen unter Einbeziehung der volkswirtschaftlichen und wirtschaftlichen Kosten durchzusetzen, ist um so schwerer, je länger man noch über einen ungewissen künftigen Wandel diskutiert. «Kommt Zeit, kommt Rat» ist eine häufige Einstellung. Andere wollen auf «Nummer sicher» («no regret») gehen und lieber jetzt als später handeln - ein Handeln nach dem *Vorsorgeprinzip*.

Ein vor kurzem durchgeführter Vergleich (Pachauri und Damodaran 1992) zwischen einer frühen vorbeugenden Reaktion («Vorsorgeprinzip») und der Taktik des Abwartens (mit eventuell notwendiger Anpassung) hat gezeigt, wie wichtig die verwendeten ökonomischen Modelle für die Ergebnisse sind. Hier ergibt sich eine interessante Übereinstimmung mit der Frage, die das IPCC anging - die anfänglichen Abweichungen in den Prognosen komplexer Modelle, die alle auf den gleichen physikalischen Prinzipien und mathematischen Regeln basierten. Sie fanden heraus, daß drakonische Maßnahmen die wirtschaftliche Entwicklung verzögern würden, daß es aber Wege gibt, mit denen eine offene Verbreitung von Informationen über künftige Veränderungen, Bereiche wie die Energieeffizienz und die Erhaltung der Wälder, sowohl zum Nutzen der Weltwirtschaft als auch mit dem Effekt einer Abschwächung künftiger Klimaänderungen verbessert werden können. Eine Energiesteuer schien ein wichtiger Bestandteil eines solchen Maßnahmenpakets zu sein. Sie fanden aber auch heraus, daß die globale Erwärmung - unabhängig davon, ob die Welt jetzt handelt oder abwartet - «Gewinner» wie «Verlierer» schaffen wird. Anders ausgedrückt: die Kosten der Untätigkeit werden genauso ungleich verteilt sein wie der Aufwand, den ein Eingreifen mit sich bringen würde. Insbesondere werden die Divergenzen zwischen politischem Handeln und möglichen Spannungen zwischen Nord und Süd eine baldige Vereinbarung über die notwendigen Eingriffe auf globaler Basis erschweren. Selbst die «Schuldzuweisung» für den heutigen, weniger stabilen Zustand unserer Umwelt löst breite Uneinigkeit aus, da die «Fakten» zu den Treibhausgasemissionen auf verschiedenste Weise dargestellt und analysiert werden können.

All dies verweist vor allem darauf, daß sich die Umweltwissenschaft in einer Welt etablieren muß, in der es um Macht und Vorurteile geht und die von Wunschdenken und ungerechtfertigten Katastrophenstimmungen beherrscht wird. Auf den Ebenen, die dem einzelnen Wissenschaftler übergeordnet sind,

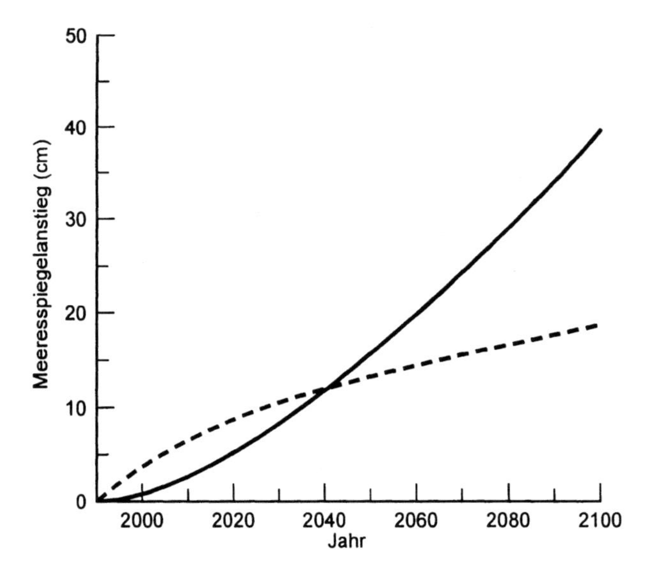

Abb. 6.8. Unvermeidbares Ausmaß des künftigen Meeresspiegelanstieges. Selbst wenn wir morgen damit aufhören würden, der Atmosphäre CO_2 aus fossilen Brennstoffen zuzuführen, würde der verzögerte Effekt vergangener Temperaturerhöhungen auf das Volumen der Meere, auf Gletscher und Eisdecken bewirken, daß der Meeresspiegel über mehrere Jahrzehnte weiter ansteigt. Die gestrichelte Linie zeigt den nicht vermeidbaren Anteil auf Grund vergangener Veränderungen (*Quelle:* Warrick und Rahman 1992).

gibt es keine unabhängige Bewertung der Beweise und keine wirklich objektive Sammlung von Fakten. Die Daten sind von den Modellrechnungen abhängig, der Leistungsfähigkeit der Computer, von den Erhebungsverfahren und den behördlichen Weisungen derer, die die Informationen der Öffentlichkeit zur Verfügung stellen. Das heißt *nicht*, daß es keinen Platz für eine streng wissenschaftliche Forschung gibt, ganz im Gegenteil. Ohne den Zusammenschluß selbstkritischer Wissenschaftler in solchen Gremien wie dem IPCC gäbe es keine glaubwürdige Übereinstimmung, auf die sich ein internationales Handeln stützen könnte. Die Umweltwissenschaften bleiben auch weiterhin unvollkommen und vieles muß noch erforscht werden, bevor globale Systeme hinlänglich verstanden werden. Aber selbst unser derzeitiges, begrenztes Wissen ist im Hinblick auf weltweite Ereignisse von entscheidender Bedeutung.

6.6 Können die Vorhersagen verbessert werden?

Wenn zukünftig nach dem Vorsorgeprinzip verfahren wird, können wir geduldig warten, bis die Klimaforschung präzisere Aussagen treffen kann, und darauf vertrauen, daß wir begonnen haben Maßnahmen zu treffen, die langfristig gesehen die Erwärmungsrate verringern und möglicherweise den globalen Wärmehaushalt stabilisieren können. Leider gibt es Grund genug zu argumentieren, daß dieses «Vorsorgeprinzip» verfrüht ist, wenn man die Unsicherheitsfaktoren der momentanen Vorhersagemodelle und die derzeitige Tendenz betrachtet, sich sorgfältigeren Analysen zuzuwenden und die Prognosen künftiger Erwärmungsraten einzuschränken. Es gibt sogar Anzeichen dafür, daß Wissenschaftler, die von der Unabwendbarkeit künftiger Klimaänderungen und von einem Handlungsbedarf überzeugt sind, aus Angst, daß die Weltöffentlichkeit das Interesse an der Dringlichkeit und an den tatsächlichen Problemen verliert, dazu bereit sind, die Forschungen zu verlangsamen und die Überprüfung der Vorhersagen abzuwarten.

Einer derart politisch motivierten Wissenschaft kann man nicht gestatten, sich zu entfalten. Der Erfolg des IPCC besteht in der Schaffung scheinbarer Einmütigkeit durch die qualitative Verbesserung der Forschung. Wahrscheinlich werden bessere Kenntnisse der Rolle der Ozeane, der verschiedenen Rückkopplungseffekte in der Atmosphäre (z.B. die Veränderung der Wolkendecke) und der deutlicher werdende Nachweis einer «CO_2-Düngung» die Vorhersagen der Klimaerwärmung nach unten korrigieren. Gleichzeitig werden Computermodelle entwickelt, die detailliertere und somit realistischere Analysen der Veränderungen auf regionaler Ebene erlauben. Von diesen sind verbesserte regionale Vorhersagen zu Temperatur- und Niederschlagsänderungen zu erwarten, aus denen wiederum Prognosen des künftigen Wasserhaushalts abgeleitet werden können. Es ist sehr wahrscheinlich, daß es trotz der Gesamtzunahme des Niederschlags auf Grund eines wärmeren Klimas die jahreszeitlichen Veränderungen in Verbindung mit der höheren Evapotranspiration in den wärmeren und längeren Vegetationsperioden in einigen Gegenden zu nachteiligen Veränderungen kommt. Dies wird sich auf die Denkstrategien der betroffenen Regierungen auswirken und ebenso – im Hinblick auf die Entwicklungsländer mit ihren weniger anpassungsfähigen Wirtschaftsstrukturen – auf die entwickelten Länder, die eine Instabilität und deren Auswirkungen fürchten.

Es ist zu erwarten, daß es den entwickelten Ländern zunehmend leichter fallen wird, eine Politik der Anpassung als effektive Strategie zu propagieren, außer für jene Gegenden, für die regionale Prognosen Veränderungen im Wasserhaushalt erwarten lassen, die schwieriger auszugleichen sein werden als Temperaturveränderungen. Gleichzeitig kann die zunehmende Verläßlichkeit regionaler Prognosen für Entwicklungsländer (wo die erwarteten Temperaturänderungen niedriger ausfallen werden als in Ländern höherer Breiten) auf Veränderungen im Wasserhaushalt hindeuten, welche das bestehende empfindliche Gleichgewicht zwischen Bevölkerung und Nahrungsmittelversorgung bedrohen. Eine Lösung dieser Fragen wird weit mehr Zeit in Anspruch nehmen als die frühen Reaktionen auf die ersten IPCC-Prognosen vermuten ließen. Das Thema globaler klimatischer Änderungen und der entsprechenden Gegenmaßnahmen wird uns sicherlich nicht davonlaufen, und es wird sich nicht mehr auf die einfache Untergangs- oder Abwiegelungsszenarien der letzten Jahre eingrenzen lassen.

Dieses Thema wird zunehmend komplexer und mit anderen globalen und regionalen Fragen wie dem Bevölkerungswachstum und den unterschiedlichen Themen zum Konzept der Nachhaltigkeit stärker verknüpft werden. Diese Punkte werden in Kap. 1 und 19 behandelt.

Literaturverzeichnis

Gleick PH (1992) Effects of climatic change on shared water resources. In: Mintzer IM (ed) Confronting climatic change: risks, implications and responses. Cambridge University Press, Cambridge

Hammond A, Rudenberg E, Moonmaw W (1991) The greenhouse index. Environment 33/1:10–15, 33–35 (siehe auch die Antworten auf diesen Artikel in Environment 23 - bzw. 33; Anm. d. Übers. - /2:3–5, 42–43)

Hoffert MI (1992) Climate sensitivity, climate feedbacks and policy implications. In: Mintzer IM (ed) Confronting climatic change: risks, implications and responses. Cambridge University Press, Cambridge

Houghton JT (1991) Scientific assessment of climate change: summary of the IPCC Working Group 1 Report. In: Jäger J, Ferguson HL (eds) Climate change: science, impacts and policy. Proceedings of the Second World Climate Conference. Cambridge University Press, Cambridge, pp 23–45

Houghton JT, Jenkins GJ, Ephraums JJ (eds) (1990) Climate change. IPCC scientific assessment (report prepared for IPCC by Working Group 1). Cambridge University Press, Cambridge

Houghton JT, Callender BA, Varney SK (1992) Climatic change 1992: the supplementary report to the IPCC scientific assessment. Cambridge University Press, Cambridge

Hulme M, Kelly PM (1993) Exploring the links between desertification and climatic change. Environment 35/6:4–11, 39–46

Kowoloh ME (1993) Common threads: research lessons from acid rain, ozone depletion and global warming. Environment 35/6:12–20, 35–38

Pachauri RK, Damodaran M (1992) 'Wait and see' versus 'No regrets': comparing the costs of economic strategies. In: Mintzer (ed) Confronting climatic change: risks, implications and responses. Cambridge University Press, Cambridge, pp 237–252

Pittock AB, Nix HA (1986) The effects of changing climate on Australian biomass production – a preliminary study. Climatic Change 8:243–255

Rotmans J, Hulme M, Downing TE (1994) Climate change implications for Europe: an application of the ESCAPE model. Global Environmental Change (in Druck)

Warrick RA, Rahman AA (1992) Future sea level rise: environmental and socio-political considerations. In: Mintzer IM (ed) Confronting climatic change: risks, implications and responses. Cambridge University Press, Cambridge, pp 97–112

Wigley TML (1989) Possible climate change due to SO_2-derived cloud compensation media. Nature 339:365–367

Wigley TML (1991) Could reducing fossil-fuel emissions cause global warming? Nature 349:503–506

Wigley TML, Raper SCB (1992) Implications for climate and sea level of revised IPCC emissions scenarios. Nature 357:293–300

Wigley TML, Pearman GI, Kelly PM (1992) Indices and indicators of climate change: issues of detection, validation and climate sensitivity. In: Mintzer IM (ed) Confronting climatic change: risks, implications and responses. Cambridge University Press, Cambridge, pp 85–96

Weiterführende Literatur

Jäger J, Ferguson HL (eds) (1991) Climate change: science, impacts and policy. Proceedings of the Second World Climate Conference. Cambridge University Press, Cambridge

Mintzer IM (ed) (1992) Confronting climatic change: risks, implications and responses. Cambridge University Press, Cambridge

Niederlande, Ministry of Housing, Physical Planning and Environment (1990) CFC action programme: cooperation between government and industry. Den Haag

Nilsson A (1992) Greenhouse earth. John Wiley, Chichester

Parry M (1990) Climate change and world agriculture. Earthscan, London

Parry ML, Swaminathan MS (1992) Effects of climatic change on food production. In: Mintzer IM (ed) Confronting climatic change: risks, implications and responses. Cambridge University Press, Cambridge, pp 113–127

Smith PM, Warr K (eds) (1992) Global environmental issues. Hodder and Stoughton, London

Warrick RA, Barrow EM, Wigley TML (1990) The greenhouse effect and its implications for the European Community. Commission of the European Communities, EUR 12707 EN, 30 pp (auch in französischer Sprache erhältlich)

7 Fluviale Prozesse und Fluß-Management

Richard Hey

Behandelte Themen:

- Natürliche Prozesse in Fließgerinnen
- Hochwasserschutzprojekte
- Stabilisierung von Flüssen
- Renaturierung von Flüssen

Eine der am wenigsten beachteten Aspekte der Veränderung des Umweltbewußtseins ist, daß in vielen Berufszweigen «grüne» Themen langsam, aber stetig Eingang gefunden haben («greening»). Die Ingenieure erkannten als erste, daß natürliche Prozesse eigentlich ihre Arbeit verrichten, so daß es vernünftiger ist, derartige natürliche Prozesse bei der Planung zu berücksichtigen und nicht gegen diese zu arbeiten. Im Lauf der Zeit folgten den Ingenieuren Buchhalter, Anlageberater, Vermessungsingenieure, Grundstücksmakler und seit neuestem die medizinischen Berufe, die widerwillig die Alternativmedizin akzeptieren.

Richard Hey gibt einen Überblick über die Fortschritte, welche die Umwelttechnik bzw. der ökologische Wasserbau bei der Gestaltung von Fließgewässern gemacht hat. Es ist interessant zu untersuchen, wie neue Anschauungen in die Denkweise der Wasserbauingenieure Eingang gefunden haben. Es hat immer umweltbewußte Visionäre in dieser Branche gegeben, aber bis vor kurzem sind ihre Stimmen nicht gehört worden. Eine Ursache für die Akzeptanz neuer Denkweisen liegt schlicht und einfach in den Kosten der Fehler, die gemacht werden, wenn natürliche Prozesse bei der Planung von Staudämmen, Deichen, Hochwasserschutzprojekten und des Ausbaus von Flüssen nicht beachtet werden.

Einen zweiten Faktor bildete die Etablierung von Umweltverträglichkeitsprüfungen. Diese wurden in den USA mit dem Gesetz zur Umweltpoltik («US National Environmental Policy Act») 1969 eingeführt. Aus diesem bemerkenswerten Gesetz, das sich eher am Rande für eine produktive Harmonie mit der Natur in der gesamten Bundespolitik der USA aussprach, ergab sich die formelle Verpflichtung, Eingriffe umweltbewußt durchzuführen. Das Resultat war eine Generation technischer Planer, die Kenntnisse in Ökologie, Bodenkunde, Umweltökonomie und -ethik sowie in der Planung und Änderung von Flächennutzungsformen aufweisen mußten. Dies war ein langwieriger Prozeß, und selbst heute noch werden viele Umweltverträglichkeitsprüfungen nach vorgegebenen «Kochrezepten» von zwielichtigen Arbeitsgruppen hausintern erstellt, um den gesetzlichen Anforderungen Genüge zu tun. Erst in letzter Zeit wurden Schritte unternommen, die Qualitätskontrolle der verschiedenen umweltwissenschaftlichen Planungsfirmen zu verbessern, die mit dem Aufkommen der UVPs in ihrer Zahl weltweit rasch zunehmen. Eine Untersuchung über UVPs in Großbritannien bewies, daß weniger als die Hälfte zulänglich waren und nur ein Viertel als umfassend angesehen werden konnte. Es gibt einen florierenden Arbeitsmarkt in der Landschafts- und Eingriffsplanung, in dem gut ausgebildete Umweltwissenschaftler als Angestellte begehrt sind.

Die dritte treibende Kraft waren die gesetzlichen Auflagen zur Umweltpflege in der Wasserwirtschaft durch eine ökologische Gesetzgebung. In Großbritannien wird diese gesetzliche Bestimmung manchmal als «Schönheitsklausel» bezeichnet, weil sie sich aus der Verpflichtung für Elektrizitätsgesellschaften ergeben hat, bei der Ausführung ihrer Aufgaben auf den wünschenswerten Schutz der Schönheit der Natur Rücksicht zu nehmen. Der Begriff «Schönheit der Natur» umfaßt in der Rechtssprache sowohl Pflanzen- und Tierwelt und deren Lebensräume als auch landschaftliche Eigenarten und deren öffentliche Wertschätzung. Ebenso deckt er nicht einfach nur Lebewesen und biologische Prozesse, sondern auch geologische und morphologische Merkmale ab.

Ende der 80er Jahre entstanden in Großbritannien eine Reihe zusätzlicher privater Versorgungsbetriebe, vor allem in der Telekommunikation, Gas-, Wasser- und Stromversorgung. Als die Gesetze ausgearbeitet wurden, riefen die Umweltverbände nach hinreichenden Schutzklauseln, die auch den ästhetischen Wert der Natur berücksichtigen. Daraus ergab sich gegenüber den unverbindlichen Phrasen der 50er Jahre eine Verschärfung der gesetzlichen Formulierungen mit Begriffen wie «Förderung», «Ausgleich» und «Abstimmung» der wirtschaftlichen Tätigkeit mit Rücksicht auf die Existenz natürlicher Prozesse. Sowohl die privaten britischen Wasserversorgungsunternehmen als auch die Wasserwirtschaftsämter haben die Pflicht, die natürliche Umwelt zu «fördern» und die Schönheit der Natur zu bewahren. Dies wird von den betroffenen Gesellschaften und Organisationen ernst genommen, da jede ministerielle Richtlinie – z.B. zum Hochwasserschutz oder zur Uferbefestigung von Flüssen – gerichtlich revidiert werden könnte, wenn sich zeigen sollte, daß eine derartige Politik nicht aktiv umgesetzt worden ist.

Das neuseeländische Gesetz zur Bewahrung von Ressourcen von 1991 enthält eine «Zukunftsvision». Als Zielsetzung wird die Förderung einer nachhaltigen Nutzung natürlicher und materieller Ressourcen genannt. Nach § 6 dieses Gesetzes müssen alle Personen, die mit der Nutzung von Ressourcen zu tun haben, die Notwendigkeit anerkennen, besonders wichtige Orte zu schützen; dies schließt auch Stätten der Maori ein, die auf Grund kultureller Traditionen und Eigentumsrechte bedeutsam sind. Diese formelle Pflicht ist dem Grundsatz zur Verpflichtung der Öffentlichkeit gegenüber ähnlich. Darüberhinaus wird den Nutzern von Ressourcen abverlangt, daß sie insbesondere auf das «Kaitiakitanga», eine Vorstellung der Maori über die Ausübung eines Wächter- und Verwaltungsamtes, Rücksicht nehmen. Des weiteren sei auf die Effektivität der Nutzung, die Bewahrung und Entwicklung von Erholungsgebieten, die Umweltqualität im allgemeinen und den Existenzwert von Ökosystemen zu achten. Dies sind zwar Verpflichtungen mit großem Ermessensspielraum, aber sie erfordern doch eine formelle Absichtserklärung und eine Antwort auf jeden Antrag zur Ressourcennutzung. Durch die Ausdehnung einer derartigen Gesetzgebung auf die nördliche Hemisphäre würden Planern und Entwicklern eindeutige Auflagen gemacht, sich umweltverträglich zu verhalten.

Schließlich hat die aufkommende Umweltökonomie bewiesen, daß Planungen im Einklang mit der Natur nicht nur kosteneffektiv sind, sondern auch der volkswirtschaftliche Wert von Pflanzen- und Tierwelt, Biotopen oder leicht zu erreichenden Erholungsgebieten aus ökonomischer Sicht einen bedeutenden Posten darstellen. Somit finden die unter bestimmten Vorgaben durchführbaren Bewertungsanalysen, wie sie in Kap. 3 skizziert wurden, allmählich auch in die Kostennutzenanalysen der Planungen zum Wasserbau und Hochwasserschutz Eingang.

Die Mittel, die zur Erhaltung jener volkswirtschaftlichen Werte, welche als konkrete Nutzen einzuschätzen sind, aufgewendet werden müssen, sollte man zu einem besonders günstigen Zinssatz diskontieren. Denn diese Werte währen wohl sehr viel länger als der übliche 40jährige Zeithorizont bei technischen Projekten. Dies würde es nahelegen, die Nutzung niedrigerer Diskontsätze zu fördern, um eine langfristige Gewinnerwartung in Betracht ziehen zu können. Eine derartige Strategie wird jedoch von Finanzministern sehr argwöhnisch betrachtet. Heutzutage gibt es einen lebhaften Streit zwischen den Vertretern der klassischen und der erweiterten Kostennutzenanalyse – genau wie bei den Ingenieuren zwischen den Anhängern eines kreativen multidisziplinären Wasserbaus und denjenigen, die mit einfacheren traditionellen Mitteln wie Beton und Stahl planen, um der ungestümen Natur den menschlichen Willen aufzuzwingen. Das Pendel schlägt immer mehr zugunsten einer ökologischen Modernisierung aus.

7.1 Einführung

Seit Jahrhunderten haben wir Flüsse für unsere Zwecke nutzbar gemacht. Sie wurden zur Erschließung von Wasserressourcen und Erzeugung von Wasserkraft aufgestaut; sie wurden ausgebaggert, verbreitert und begradigt, um Schiffahrt zu ermöglichen, Land wirkungsvoller zu entwässern und Hochwasser abzuschwächen, und stabilisiert, um dem Verlust von Gebäuden und Brücken vorzubeugen oder Ackerland zu schützen. Diese Maßnahmen verändern den natürlichen Charakter der Flüsse und führen, wenn der Fluß nicht vollständig verbaut ist, zu schwerwiegenden Instabilitäts-Problemen (Raynov *et al.* 1986). All dies kann die Schutz- und Erholungsfunktion der Flußökosysteme erheblich beeinträchtigen.

In der Europäischen Union, den USA und vielen anderen Staaten machen es Gesetze über Eingriffe in die Landschaft heute obligatorisch, formale Verträglichkeitsprüfungen zu jeder größeren Planung wie der Veränderung von Flußsystemen durchzuführen. Darin eingeschlossen sind Deiche und Korrekturen an Flußläufen. Während dadurch die Erkennung und in manchen Fällen die Durchführung der am wenigsten schädlichen Optionen ermöglicht wird, treten Naturschutzverbände für die Annahme umweltverträglicherer Lösungen ein, welche sich die Erhaltung natürlicher Fließgewässer mit Hilfe von Methoden der Ingenieurbiologie als Ziel setzen. Ein solcher Ansatz ist sicherlich zu begrüßen, aber willkürliche Veränderungen an einem Fluß stellen wahrscheinlich nicht mehr als ein nur für kurze Zeit wirksames Linderungsmittel dar. Solche wenig durchdachten Änderungen können sogar die Zielsetzung von Planungen gefährden.

Bedeutende Probleme entstehen, wenn ein Fluß unnatürlichen Bedingungen ausgesetzt wird; deshalb sollten geeignetere Lösungsansätze auf dem Verständnis der Prozesse begründet sein, welche die Morphologie des Flusses und dessen dynamische Anpassung an veränderte Bedingungen steuern. Durch Planungen im Einklang mit der Natur können dauerhafte und umweltverträgliche Lösungen erreicht werden. Dadurch wird das natürliche Spektrum an Gewässer- und Uferhabitaten gesichert, welches Fischerei, Flora und Fauna benötigen, wird die optische Attraktivität bewahrt, so daß sich der Bedarf für den späteren Unterhalt auf ein Minimum reduziert. Ökologische Ansätze sind deshalb wahrscheinlich auf lange Sicht kosteneffektiver als traditionelle Methoden.

Um verstehen zu können, warum viele traditionelle Wasserbaumaßnahmen Instabilität und Umweltschäden verursacht haben, und um besser geeignete Planungsverfahren entwickeln zu können, müssen alle Faktoren, die Gestalt und Größe von alluvialen Flußbetten regulieren, in Betracht gezogen werden.

7.2 Natürliche Prozesse in Fließgerinnen

Die Grundlagenforschung in der Hydromechanik hat die Faktoren bestimmt, welche die Morphologie alluvialer Flußbetten steuern. Im wesentlichen passen sich die gesamte Gerinnebreite und -tiefe sowie Gefälle, Fließgeschwindigkeit und Grundrißgestaltung des Wasserlaufs an Durchfluß, Sedimentfracht, Korngröße der Sohlen- und Ufersedimente (Kies, Sand, Schluff, Ton), Ufervegetation (Gras, Sträucher, Bäume) und Talgefälle an. Ändert sich eine dieser Variablen infolge der Regulierung von Zuflüssen, der Änderung der Landnutzung oder direkter Eingriffe in den Flußlauf, so gerät das Fließgerinne bzw. Flußbett aus dem Gleichgewicht, wird Erosion oder Sedimentation gefördert.

Empirische Gleichungen, die auf Geländemessungen und statistischer Analyse basieren und zur Vorhersage der Maßverhältnisse von stabilen alluvialen Flußbetten entwickelt wurden, werden dazu verwendet, um die Richtung von Änderungen erkennen zu können (Kasten 7.1).

Kasten 7.1 Maßverhältnisse stabiler Flußbetten und Vorhersage von Veränderungen am Flußbett

Empirische Gleichungen, welche die Maßverhältnisse von stabilen alluvialen Flußbetten bestimmen, können zur Vorhersage von Veränderungen am Flußbett verwendet werden. Diese Gleichungen sind für bestimmte Umweltbedingungen der Flüsse spezifisch, z.B. für Flußsohlen aus Kies, Sand, Schluff oder Ton, und sollten nicht aus dem Zusammenhang gerissen verwendet werden. Für Flüsse mit Kiesbett wurden die folgenden Gleichungen auf der Grundlage britischer Geländedaten ermittelt (Hey und Thorne 1986).

Querschnitt

Gerinnebreite	$W = 4{,}33\ Q^{0,5}$ (m)	Vegetationstyp I	(1)
	$W = 3{,}33\ Q^{0,5}$ (m)	Vegetationstyp II	(2)
	$W = 2{,}73\ Q^{0,5}$ (m)	Vegetationstyp III	(3)
	$W = 2{,}34\ Q^{0,5}$ (m)	Vegetationstyp IV	(4)
Mittlere Gerinnetiefe	$d = 0{,}22\ Q^{0,37}\ D_{50}^{-0,11}$ (m)	Vegetationstyp I–IV	(5)

Längsschnitt

Wasserlaufgefälle

$S = 0{,}087\ Q^{-0,43}\ D_{50}^{-0,09}\ D_{84}^{0,84}\ Q_S^{0,10}$ Vegetationstypen I–IV (6)

Grundriß

Krümmung $p = \frac{S_v}{S}$ Vegetationstypen I–IV (7)

Mäanderlänge $Z = 6{,}31\ W$ (m) Vegetationstypen I–IV (8)
(Abstand zwischen Stromschnellen)

Dabei bedeuten:

Q = Durchfluß (m^3/s),
Q_S = Sedimenttransport (kg/s),
D_{50} = Median der Korngröße des Sohlenmaterials (m),
D_{84} = Korngröße des Sohlenmaterials, bei 84 % der Körnungs-Summenkurve (m),
Vegetationstyp I = keine Bäume und Sträucher am Ufer,
Vegetationstyp II = 1–5 % Bäume und Sträucher,
Vegetationstyp III = 5–50 % Bäume und Sträucher,
Vegetationstyp IV = mehr als 50 % Bäume und Sträucher,
S_V = Talgefälle.

Die Reaktion eines Flusses auf veränderte Bedingungen erkennt man, indem man die Richtung einer erzwungenen Veränderung (Zunahme +, Abnahme –) in den obigen Gleichungen betrachtet. Damit wieder ein Gleichgewichtszustand hergestellt wird, muß sich der Fluß an die erzwungene Veränderung anpassen, worauf sich die anderen Variablen in allen Gleichungen einstellen (+ oder –).

Fortsetzung n.S.

Kasten 7.1 ***Fortsetzung***

Zum Beispiel schneidet der Bau von Staudämmen die Sedimentzufuhr zum abwärts gelegenen Flußlauf ab und verringert den Durchfluß bei Hochwasser (d.h. Q und Q_S nehmen ab). Die Unterbrechung (des Haushalts) des fluvialen Sedimenttransports verursacht Erosion unterhalb des Staudamms mit den folgenden Konsequenzen:

Aus Gleichung (6) folgt

$\underset{-}{S}\,\overset{-}{Q}\;\overset{-}{Q}_S\,\underset{+}{D}_{84}$ (erzwungene Änderung) (Reaktion)

- das Talgefälle verringert sich bis zu dem Punkt, an dem das Sohlenmaterial nicht mehr transportiert werden kann (d.h. S nimmt ab),
- feines Sohlenmaterial wird bevorzugt erodiert, so daß ein gröberer Rückstand zurückbleibt (d.h. D_{84} nimmt zu).

Die übrigen Gleichungen zeigen an, daß

- sich die Breite verringert,
- sich die Tiefe trotz der Einschneidung des Flusses verringert, da höhere Ufer instabil sind,
- die Krümmung zunimmt, vorausgesetzt, das Talgefälle ändert sich nicht.

Wenn derartige Änderungen die Fähigkeit des Flusses erhöhen, Sedimente zu transportieren, dann breitet sich flußaufwärts ein Ungleichgewicht aus, das sich in Form von kolkförmiger Erosion und Akkumulation im Flußbett und damit verbundenen Uferabrissen äußert. Wenn es andererseits eine plötzliche lokale Änderung der Sedimentzufuhr gibt, so wird das Ungleichgewicht flußabwärts wandern. Einmal ausgelöst, läuft eine Folge von Vertiefungs- und Auffüllungsphasen ab, deren Ausmaß zunehmend geringer wird. Schließlich wird sich ein neuer Gleichgewichtszustand einstellen, vorausgesetzt, die steuernden Faktoren stabilisieren sich.

Die Hauptanforderung an die Planung flußbaulicher Projekte besteht deshalb darin, das natürliche Regime des fluvialen Sedimenttransports beizubehalten. Dadurch wird dem Auftreten von instabilen Verhältnissen, dem Bedarf von kostspieligen Reparaturarbeiten und langfristigen Unterhaltsverpflichtungen vorgebeugt.

Um den Wert eines Flusses für Fischerei und Naturschutz zu sichern oder zu erhöhen, ist es unbedingt erforderlich, daß Merkmale natürlicher Flußläufe wie Kolke, Stromschnellen, Flußschlingen, Ufersandbänke und natürliche Steilufer (wo immer dies möglich ist) durch wasserbauliche Maßnahmen erhalten oder wiederhergestellt werden. Wo tiefgreifendere wasserbauliche Maßnahmen erforderlich sind, sollten Biotop-Entwicklungsmaßnahmen zur Erhöhung der Diversität durchgeführt werden. Diese müssen vernünftig angelegt werden, da willkürliche Veränderungen an einem Fluß wahrscheinlich nicht von Dauer sind.

Von den hydraulischen und sedimentären Prozessen, die in mäandrierenden alluvialen Flußbetten wirken, weiß man genug, um ökologisch verträgliche

Maßnahmen in technische Planungen einbinden zu können. Im wesentlichen gilt dies für die in großem Rahmen ablaufenden Erosions- und Akkumulationsprozesse, die für die Bildung von Mäandern, Kolken, Stromschnellen und Sandbänken sowie für Uferabrisse verantwortlich sind.

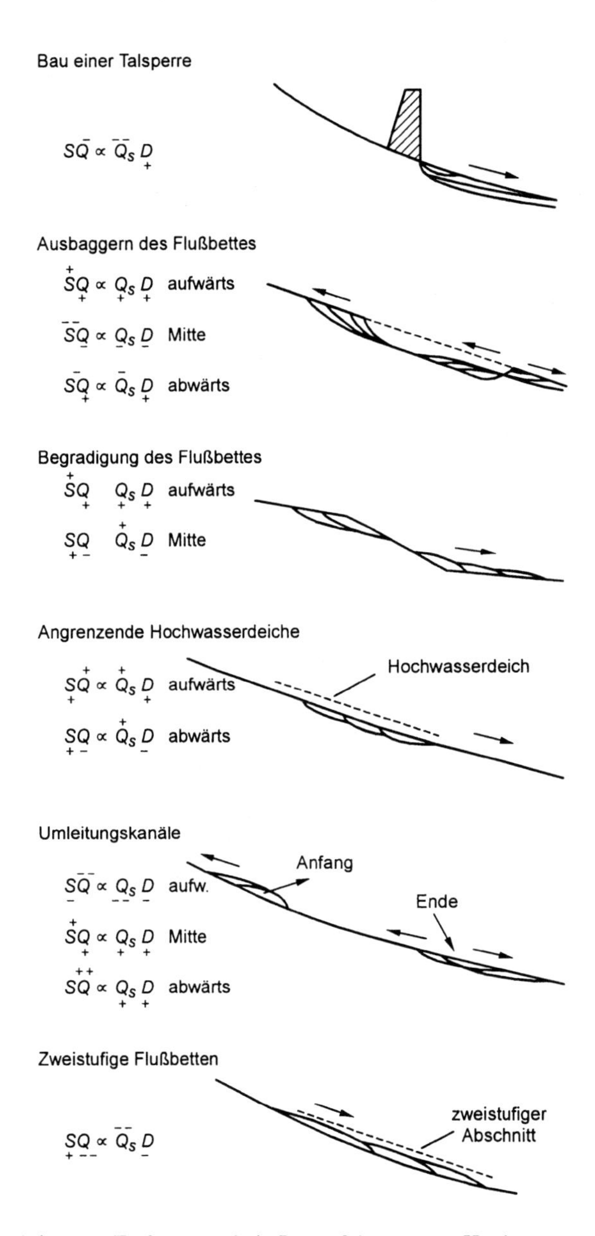

Abb. 7.1. Reaktion des Flußbetts auf die Durchführung von Hochwasserschutzprojekten (+ Zunahme; – Abnahme; obere Linie: Kontrolle; untere Linie: Endzustand).

7.3 Hochwasserschutzprojekte

Hochwässer können abgeschwächt werden, indem entweder das Hochwasser in für diesen Zweck gebauten Speicherbecken zurückgehalten oder der Flußlauf so ausgebaut wird, daß der Hochwasserabfluß innerhalb der Ufer bleibt. Der Bau von Hochwasserrückhalte- oder -speicherbecken kann der unmittelbaren Umgebung des Reservoirs ausreichenden Schutz bieten, aber deren Wirkung wird herabgesetzt, sobald der Flächenanteil des Einzugsgebietes ohne Hochwasserschutzmaßnahmen wächst. Sie werden oft dazu verwendet, den Hochwasserabfluß von Stadtgebieten, Autobahnen und Parkplätzen fernzuhalten. Bei großen Flußeinzugsgebieten wären zahlreiche Becken in den Tälern der Zuflüsse zum Oberlauf oder eine Anzahl von größeren Reservoiren am Hauptfluß erforderlich, wenn eine signifikante Verringerung des Hochwasserabflusses am Unterlauf erreicht werden soll.

Dadurch, daß Speicherbecken das Abflußverhalten und den Haushalt des Sedimenttransports verändern, können sie eine beträchtliche Tiefenerosion des Flußbetts bewirken, da ihr Abfluß nahezu sedimentfrei ist. Aus den Wasserhaushaltsgleichungen (Kasten 7.1) ist ersichtlich, daß die verringerte Sedimentfracht Erosion verursacht, sich das davon abhängige Wasserlaufgefälle verringert und die Korngröße des Sohlenmaterials zunimmt. Zum Beispiel hat sich das Flußbett des Colorado unmittelbar unterhalb der Parker-Talsperre 4,6 m, 50 km flußabwärts 2,6 m tief eingeschnitten. Erosion wurde bis 125 km unterhalb des Damms beobachtet.

Neuere Planungen, größere Hochwasserspeicherbecken an der Loire bei Serre de la Fare, an der Allier bei Le Veudre und an der Cher bei Chambonchard zu errichten, um Überschwemmungen an der Oberen und Mittleren Loire abzuschwächen, wurden als Folge anhaltender politischer Einflußnahme zugunsten der Umwelt abgelehnt oder verschoben, weil sich kosteneffektive Lösungen als mögliche Alternative erwiesen, ohne daß damit Umweltschäden verbunden wären (Purseglove 1991).

Eine Erhöhung der Abflußmenge im Flußbett wurde häufig durch Verbreiterung und Vertiefung des Flusses (Abb. 7.3) erreicht. Zielsetzung war, die Fläche des Abflußquerschnitts zu vergrößern, um das Durchflußvermögen des Flußbetts zu erhöhen. Von dieser Vorgehensweise war beinahe das gesamte englische Flachland betroffen. Landwirtschaftliche Meliorationsprogramme zur Entwässerung von tiefgelegenen Flußauen erforderten es, daß das Flußbett zur Senkung des Grundwasserspiegels um bis zu 1 m tief ausgebaggert und zur Erhöhung des Fassungsvermögens bei Hochwässern verbreitert werden mußte. Viele dieser Arbeiten wurden in der ersten Hälfte des 19. Jahrhunderts ausgeführt und sind von da an instand gehalten und weiterentwickelt worden, insbesondere während der «Plough for Victory»-Kampagne im Zweiten Weltkrieg. In diesen Flachlandflüssen wurde die Zahl der Ufer- und Gewässerbiotope stark verringert, was sich auf Wirbellose, Fische, Vögel und die sonstige Tier- und

Pflanzenwelt negativ auswirkte. Als Unterhaltungsmaßnahme werden diese künstlichen Fließgerinne im Abstand von 5 bis 10 Jahren ausgebaggert und so vor Verschlammung bewahrt, wodurch zwangsläufig jede ökologische Wiederbesiedlung verhindert wird.

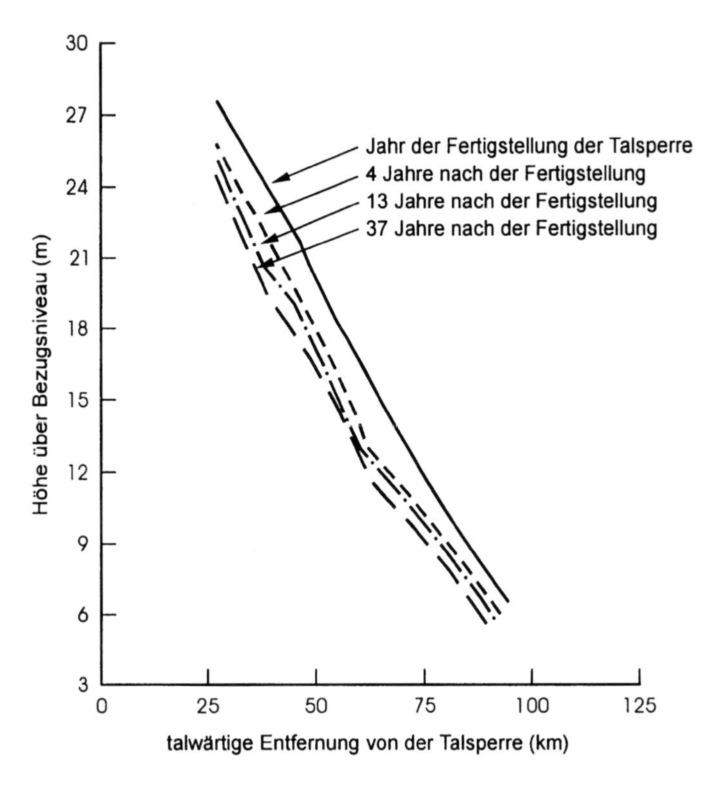

Abb. 7.2. Längsprofil des Colorado unterhalb der Parker-Talsperre; zum Zeitpunkt der Fertigstellung der Talsperre sowie 4, 13 und 37 Jahre später (*Quelle:* Williams und Wolman 1984).

Eine derartige Vorgehensweise kann oft Mittelgebirgsflüsse, die eine große Bodenfracht transportieren, bedenklich aus dem Gleichgewicht bringen und sich auch auf die Umgebung des Flusses nachteilig auswirken. Aus den Haushaltsgleichungen (Kasten 7.1) geht hervor, daß die Erosion infolge der Zunahme des Gefälles am oberen Ende des ausgebaggerten Abschnitts einsetzt und flußaufwärts zurückschreitet (Abb. 7.1), während ein Großteil des erodierten Materials im unteren Teil des ausgebaggerten Bereichs, wo das Gefälle künstlich verringert wurde, abgelagert wird (Abb. 7.1). Sollte sich die Sedimentfracht unterhalb der ausgebaggerten Strecke verringern, so kann dies weitere Tiefenerosion zur Folge haben (Abb. 7.3). Die Folgen der Veränderungen kann man am ausgebaggerten und verbreiterten Abschnitt des River Usk bei Brecon beobachten. Auch wenn

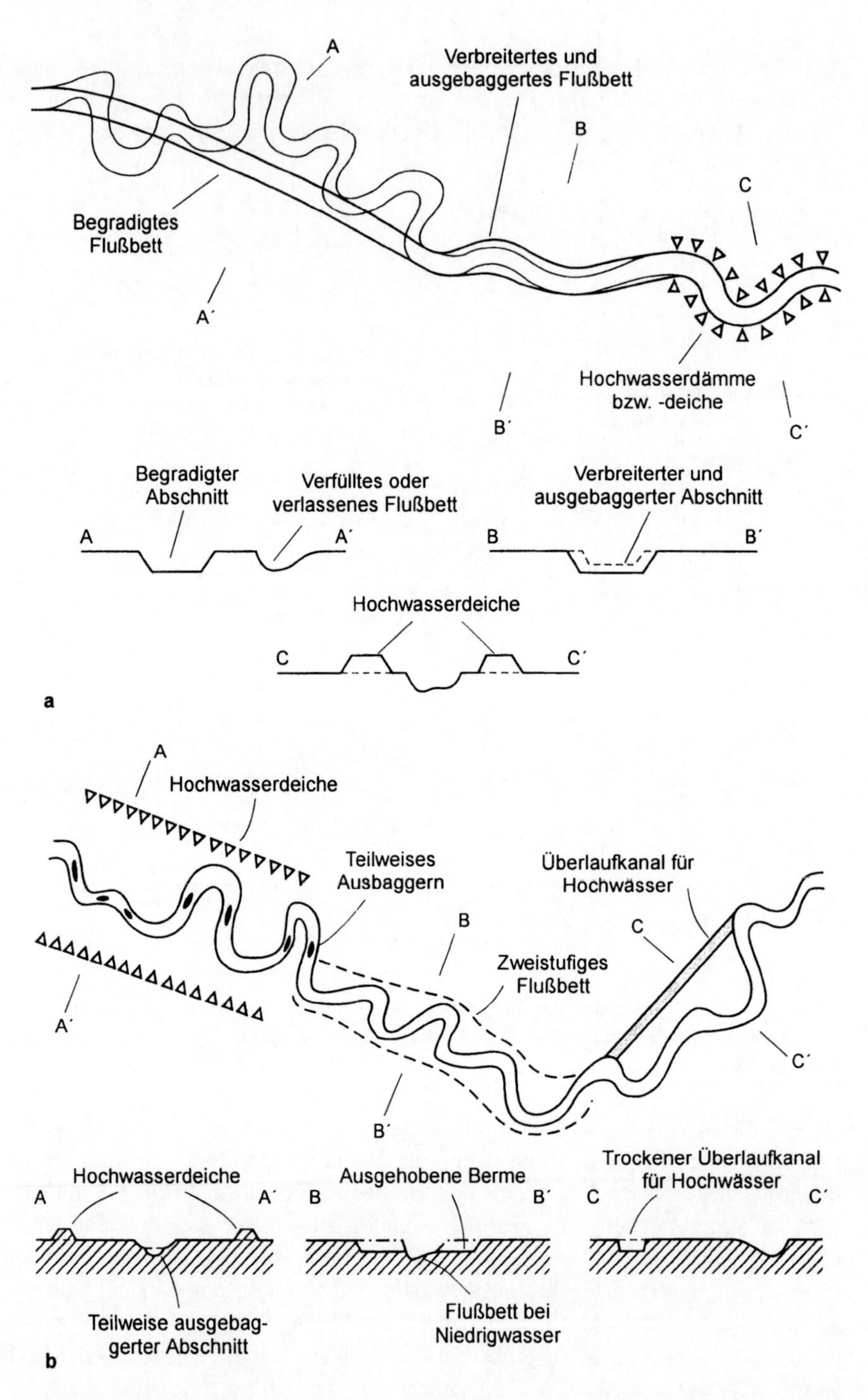

Abb. 7.3. Hochwasserschutzprojekte: **a** traditionelle Methoden; **b** umweltverträgliche Methoden.

Erosion am oberen Ende durch ein Wehr verhindert wird, so müssen doch jährlich 5000 t Sediment aus dem ausgebaggerten Abschnitt entfernt werden, um das vorgesehene Fassungsvermögen beizubehalten (Abb. 7.4). Selbst dann findet flußabwärts Erosion statt.

Abb. 7.4. Hochwasserschutzprojekt am River Usk in Brecon (Wales). Dieser Fluß wurde ausgebaggert und verbreitert, um sein Fassungsvermögen für Hochwasser zu erhöhen, was seine Transportkapazität für Sedimente verringert und eine Sedimentfalle geschaffen hat. Regelmäßiges Ausbaggern ist für den Unterhalt erforderlich, um das Fassungsvermögen für Hochwasser zu erhalten. Man beachte die gemauerte Wand zur Verhinderung von Abrissen am erhöhten Ufer.

Auch Flußbegradigungen werden durchgeführt, um das Fassungsvermögen für Hochwässer zu erhöhen, da die Fließgeschwindigkeit im Bereich mit vergrößertem Gefälle zunimmt. Was mit dem Mississippi geschah, ist ein klassisches Beispiel dafür, wie Überschwemmungen durch Flußbegradigung verschlimmert werden können. Nach den schweren Überschwemmungen von 1927 wurden Abschnitte des Unterlaufs derart verändert, daß die Strecke für den Schiffsverkehr verkürzt und das Fassungsvermögen für Hochwässer vergrößert wurde (Abb. 7.5). Die Einschneidung im ausgebauten Abschnitt wurde durch das auf Grund der Flußbegradigung erhöhte Gefälle gefördert, sie schritt flußaufwärts zurück und wirkte sich auch auf Nebenflüsse aus (Abb. 7.1). Durch die erhöhte

Sedimentfracht, die sich aus der Erosion am oberen Ende ergab, nahm die Sedimentation in den begradigten Abschnitten bedenkliche Ausmaße an, da der Fluß versuchte, sich wieder ein mäandrierendes Bett zu schaffen (Abb. 7.1). Seitdem wurden für das Ausbaggern des Flusses, um die für die Schiffahrt notwendige Tiefe und das Fassungsvermögen für Hochwässer zu erhalten, sowie für den Bau von Dammspornen, welche die Erosion am Ufer und Sedimentation im Flußbett verhindern sollten, mehrere Milliarden Dollar ausgegeben (Winkley 1982). Bezeichnenderweise waren für den natürliche Flußlauf nur geringe Unterhaltungsmaßnahmen erforderlich (Tabelle 7.1).

Tabelle 7.1. Aufzeichnungen über die bei Unterhaltsmaßnahmen ausgebaggerten Mengen an einem Abschnitt des Mississippi bei Greenville

Zeitraum	ausgebaggerte Menge (m^3/km/a)
Vor Mäanderdurchbruch	137
Durchbruch (1950)	10 360
1951–64	29 835
1965–73	62 833
1974–77	39 695

Quelle: Winkley 1982.

Erfahrungen mit ähnlichen Problemen wurden in Großbritannien gemacht. Der Ystwyth in Westwales wurde gleichmäßig begradigt, um sein Gefälle und Fassungsvermögen für Hochwässer zu erhöhen, aber der mäandrierende Flußlauf stellte sich schnell wieder her. Um das künstlich begradigte Flußbett zu erhalten, wären zur Stabilisierung der Ufer aufwendige Uferbefestigungmaßnahmen notwendig. Dazu können Wände aus Mauerwerk, Spundwände, Blöcke aus Porenbeton, mit Steinen gefüllte Drahtschotterkörper oder große Steinblöcke dienen. Zwangsläufig ist all dies optisch sehr aufdringlich und kann die Umgebung des Ufers vollständig zerstören.

Ein weiterer traditioneller Ansatz zur Abschwächung von Überschwemmungen besteht im Bau von an den Fluß grenzenden Hochwasserdeichen (Abb. 7.3). Das natürliche Flußbett bleibt intakt. Die Kontrolle der Hochwässer wird dadurch erreicht, daß man zwar Wasser aus dem Flußbett überlaufen läßt, aber dessen Ausdehnung eingrenzt. Normalerweise werden Dämme nahe am Fluß gebaut, damit die geschützte Fläche möglichst groß ist. Solche Maßnahmen können die Stabilität des Bettes von Mittelgebirgsflüssen nachteilig beeinflussen, da sie die Transportkapazität für die Bodenfracht lokal steigern (Abb. 7.1). Bei Flachlandflüssen kann die Stabilität des Flußbettes erhalten und der Wert der Uferbiotope gesteigert werden. Optisch jedoch sind sie ziemlich störend, da sie die Aussicht vom Fluß über die Aue einschränken.

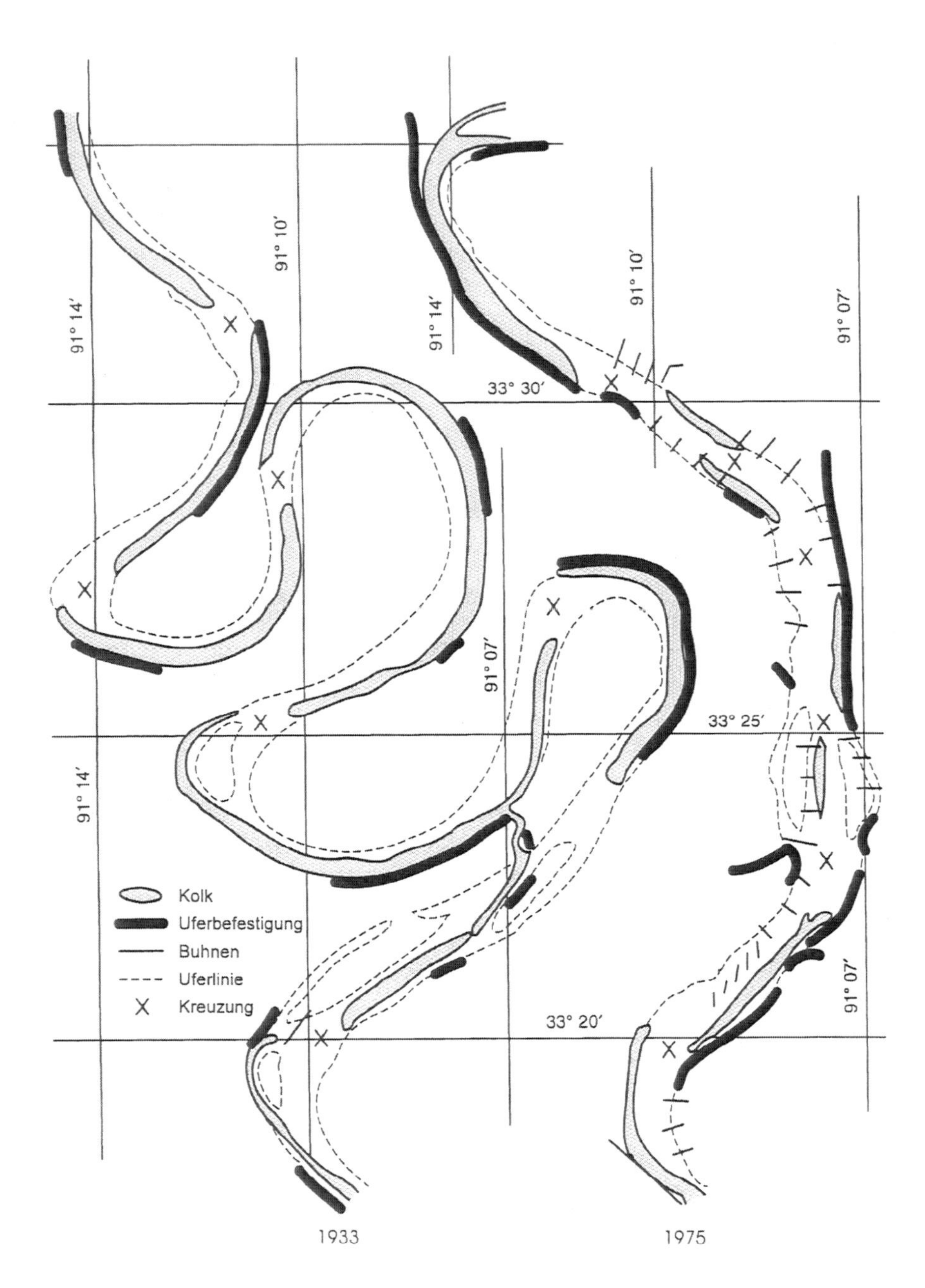

Abb. 7.5. Vergleich eines Abschnitts des unteren Mississippi: 1933 und 1972 (*Quelle:* Winkley 1982).

Naturschutzgruppen kritisierten heftig die ökologische und ästhetische Verwüstung, die durch den Bau von Hochwasserschutzobjekten angerichtet wurde.

Dies ist Teil eines allgemeinen Trends zugunsten einer Technik auf ökologischer Grundlage, der sich auch beim Küstenmanagement und bei der Planung und Trassenführung von Autobahnen zeigt. Vieles davon ist von jener Umweltökonomie beeinflußt, über die in den Kapiteln 2 und 3 ein Überblick gegeben wurde, und in eine erweiterte Kostennutzenanalyse integriert. Das alles hat zur Entwicklung alternativer Ansätze geführt, die für umweltverträglich gehalten werden (Lewis und Williamson 1984). Darin inbegriffen sind Umgehungs- bzw. Umleitungskanäle, wobei das Hochwasser ab einer bestimmten Abflußmenge in einen separaten Kanal überlaufen kann und das natürliche Flußbett intakt bleibt, sowie Hochwasserdämme, die vom Fluß abgesetzt am Rand des Mäandergürtels liegen, und zweistufige Abflußrinnen, bei denen die Oberfläche der Aue abgetragen wird, um eine Abflußrinne für Hochwässer zu schaffen, während das natürliche Flußbett für Niedrigwasser unangetastet bleibt.

Umleitungskanäle sind bei Flachlandflüssen mit Erfolg angelegt worden, z.B. am River Exe bei Exeter, ohne den Wert des ursprünglichen Flusses für Naturschutz und Fischerei oder die Stabilität des Flußbettes nachteilig zu beeinflussen. Aus den Haushaltsgleichungen ist jedoch zu ersehen, daß dies bei Mittelgebirgsflüssen die Akkumulation am Beginn der Umleitung und Erosion an ihrem Ende fördern würden (Abb. 7.1). Im Flachland sind zweistufige Flußbetten besonders geeignet, da durch sie die Vielfalt der Pflanzenwelt erhöht wird. Die Hochwasserbermen der Dämme müssen, um ein Zuwachsen zu verhindern, gepflegt werden, da sonst das Hochwasserfassungsvermögen abnehmen würde. In Mittelgebirgslagen würden zweistufige Abflußrinnen starke Aufschüttung verursachen, da die Transportkapazität beträchtlich verringert würde.

Hochwasserschutzdämme, die an den Rand des Mäandergürtels zurückversetzt wurden, stellen die beste Lösung zur Abschwächung von Hochwasser dar, da das natürliche Flußbett nicht gestört wird (Hey *et al.* 1990). Sogar bei Mittelgebirgsflüssen ändert sich das natürliche Regime des Sedimenttransports nicht. In vielen Fällen, insbesondere bei städtischen Projekten, dürfte Platzmangel die Übernahme derartiger Planungen ausschließen und Alternativlösungen erforderlich machen. Im Flachland sind zweistufige Abflußrinnen eine Möglichkeit, wenn sie richtig unterhalten werden, aber selbst hier benötigen sie zusätzlichen Raum. In Mittelgebirgslagen oder dort, wo die Flächen in Nähe von Flachlandflüssen sehr gefragt sind, müssen eventuell Schutzwände errichtet werden, um das Hochwasser zurückzuhalten. Unter diesen Umständen ist es unabdingbar, daß sie architektonisch sorgfältig geplant werden und daß im Gewässer liegende Bauwerke (z.B. Wehre) in die Konzeption eingebunden werden, um sicherzustellen, daß das Regime des fluvialen Sedimenttransports nicht unterbrochen und die Vielfalt der Biotope erhalten bleibt.

Entscheidungen, welche die Durchführung von Projekten zur Abschwächung von Hochwässern betreffen, basieren auf Kostennutzenanalysen. Umweltverträgliche Methoden, bei denen im Einklang mit der Natur geplant wird, anstatt dem Fluß den Willen des Menschen aufzuzwingen, sind von Natur aus stabiler, benötigen daher kaum Unterhaltungsmaßnahmen und können die Umgebung des

Flusses aufwerten. Infolgedessen sind sie wahrscheinlich sowohl in finanzieller als auch in ökologischer Hinsicht weniger kostspielig als traditionelle Ansätze. Methoden, die auf den in Kap. 3 skizzierten basieren, werden heute überall angewendet. Die Freizeitgesellschaft ist bereit, einen deutlich höheren Preis für ästhetisch befriedigenden Flußbau zu bezahlen.

7.4 Stabilisierung von Flüssen

Herrscht innerhalb eines Flußabschnittes ein Ungleichgewicht zwischen Sedimentnachschub und Schleppkraft, wird der Fluß instabil. Regionale Instabilität weist auf ständige langanhaltende Tiefenerosion und Aufschüttung großen Ausmaßes als Ergebnis natürlicher oder anthropogener Veränderungen hin.

Verringertes Sedimentangebot, z.B. auf Grund eines Staudammprojektes, einer Landnutzungsänderung oder erhöhter Transportkapazität, die sich unter anderem aus einer Senkung des Meeresspiegels, der Hebung des Landes oder einer Flußbegradigung ergeben kann, verursacht eine Einschneidung des Flußbettes. Schließlich stellt sich ein neues Gleichgewicht ein, bei dem der Flußlauf in einer neuen, tiefer gelegenen Aue verläuft. Von der ursprünglichen Aue bleibt normalerweise eine Terrasse zurück. Um die Wirkung der Erosion einschränken und deren Übergreifen auf angrenzende Laufabschnitte verhindern zu können, ist eine Verringerung der Transportkapazität des Flusses erforderlich. Das erreicht man am besten, indem man das Wasserlaufgefälle dadurch verringert, daß man in dem betroffenen Abschnitt und am oberen Ende des eingeschnittenen Teilstücks eine Kette von Wehren und Absturzbauwerken errichtet, um weitere rückschreitende Erosion zu verhindern (Abb. 7.6). Üblicherweise werden diese Bauwerke geplant und angelegt, um sicherzustellen, daß kein Transport von Sohlenmaterial stattfinden kann und daß das Material, das aus dem flußaufwärts gelegenen Abschnitt angeliefert wird, ohne Erosions- oder Akkumulationswirkung durch den betroffenen Abschnitt geleitet werden kann.

Ein alternatives Verfahren zur Bestimmung der Zahl der erforderlichen Wehre bietet ein geomorphologischer Ansatz. In Abschnitten, an denen sich nahezu ein Gleichgewichtszustand eingestellt hat, erlauben es vorgenommene Messungen, eine einfache Gleichung zur Vorhersage eines stabilen Gefälles aufzustellen. Damit können Größe, Standort und Anzahl der Bauwerke zur Gefällesteuerung ermittelt werden (Schumm *et al.* 1984). Viele Bäche und Flüsse im nördlichen Mississippi sind als Folge von Laufbegradigungen zwecks Hochwassereindämmung auf dramatische Weise instabil geworden. Die Einschneidung in das feinkörnige Schwemmland der Aue hat die Gerinnebreite von 2–3 m auf über 40 m und die Tiefe von 0,5 m auf 10–15 m steigen lassen. Es wurden Bauwerke zur Steuerung des Gefälles angelegt, um diese Flüsse wieder zu stabilisieren. Berechnungen vom Oaklimiter Creek auf geomorphologischer Grundlage ergeben eine geringere Zahl erforderlicher Wehre (6 Wehre) anstelle der nach traditionelleren Methoden vorgesehenen Anzahl (15–20 Wehre).

Abb. 7.6. Bauwerk zur Regulierung des Gefälles am Goodwin Creek in Mississippi (USA). Es wurde errichtet, um rückschreitende Erosion zu verhindern. Dieses mit Steinblöcken und Tauchbrettern gefaßte Tosbecken fängt die Energie der Strömung unterhalb des Wehres auf.

Erhöhte Sedimentfracht kann einen Fluß mit Material derart überlasten und eine Verzweigung in Form von vielfach miteinander verbundenen Rinnen, mit einer Reihe dazwischenliegender Sand- und Kiesbänke bzw. -inseln, auslösen oder begünstigen. Das Niveau sowohl des Flußbettes als auch des Talbodens wird dabei angehoben und eine neue Flußaue gebildet. Eine Stabilisierung derartiger Fließgerinne ist durch bauliche Maßnahmen zur Gefällesteuerung, durch Aufforstungsprogramme oder durch Steuerung der von flußaufwärts in den entsprechenden Abschnitt eintretenden Sedimentfracht realisierbar. Es wäre auch möglich, den Flußabschnitt so auszubauen, daß der Sedimentnachschub durchgeleitet wird. Das erreicht man im allgemeinen durch eine Steigerung der Strömungsenergie, indem man Wasserlaufgefälle und Abflußtiefe durch Begradigung und Verengung auf eine einzige Flußrinne maximiert. Um den Fluß in diesem unnatürlichen Zustand zu erhalten, müssen die Ufer zur Verhinderung von Uferabrissen mit Steinblöcken oder ähnlichem befestigt werden (Abb. 7.7). Der früher verwilderte Schweizer Alpenrhein wurde im 18. Jahrhundert auf diese Weise weitgehend verbaut. Zwangsläufig wird der natürliche Fluß mit seinem strukturreichen Biotopkomplex durch ein einheitlich kanalisiertes Fließgerinne mit begrenztem Wert für Naturschutz und Umwelt ersetzt.

Eine für die Umwelt günstigere Losung wäre die Schaffung eines unregelmäßig gewundenen Flußlaufes. Dies müßte so konzipiert werden, daß die zugeführte Sedimentfracht auch bei einem leicht verringerten, dem Mäandermuster angepaßten Gefälle abgeleitet werden kann. Durch die Schaffung eines mäandrie-

Abb. 7.7. Flußstabilisierung am Schweizer Alpenrhein. Der ursprünglich verwilderte Flußlauf wurde zur Stabilisierung verschmälert, eingetieft und begradigt. Die Ufer wurden zur Verhinderung von Erosion und Einhaltung des Verlaufs mit Steinblöcken befestigt.

renden Laufes mit variabler Flußbettgeometrie würde eine Reihe von Fließgewässerbiotopen geschaffen, die für Pflanzen, Wirbellose und Fische wertvoll wären. Auch wenn einschneidendere Uferschutzmaßnahmen erforderlich wären, um die Prallhänge der Mäander zu stabilisieren, könnten anderswo behutsame Verfahren, die insbesondere die Vegetation einbeziehen, für einen geeigneteren Lösungsansatz sorgen, der auch ästhetisch befriedigender wäre und Fischen Deckung böte.

Auf lokaler Ebene betreffen Instabilitätsprobleme im allgemeinen die Verhinderung von Uferabrissen und Bewahrung der geplanten Form des Flußbettes. Traditionellerweise werden von Erosion betroffene Ufer geschützt, indem man sie mit irgendeiner Art von «Schutzdecke» überzieht, um sowohl oberflächliche Abtragung als auch größere Abrisse zu verhindern. Äußerstenfalls kann das bei Ufern, die einer extremen hydraulischen Belastung ausgesetzt sind, die Form einer Wand aus Beton oder Mauerwerk annehmen; andere Varianten bei geringerer Belastung sind Blöcke aus Porenbeton, mit Steinen gefüllte Drahtschotterbehälter, Steinschüttungen, Matten aus Geotextilien und Abdeckungen aus Weiden, Schilf und Gras. Eine möglichst behutsame Methode muß für jeden Standort entsprechend den örtlichen Umständen ausgewählt werden; Richtlinien und

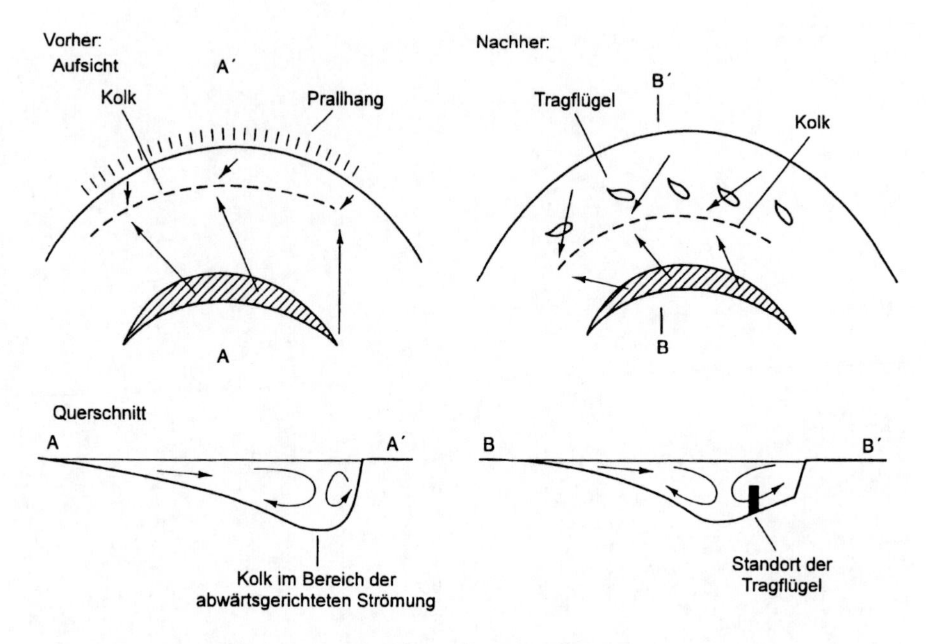

Abb. 7.8. Einschränkung der Ufererosion mit Tragflügeln. Hier verringern Unterwassertragflügel die Schubspannung gegen das Ufer, indem sie die Entstehung zusätzlicher schnell fließender, direkt auf das Ufer treffender Strömungen unterdrücken.

Flußdiagramme, die diese Auswahl ermöglichen, sind auf der Grundlage von Geländebefunden entwickelt worden (Hey *et al.* 1991).

Alle bisher genannten Methoden bieten Schutz, indem sie die *Erosionsresistenz* des Ufers erhöhen. Eine Alternativlösung besteht darin, die *Strömung* in der Nähe des Ufers so zu verändern, daß die hydraulische Belastung des Ufers vermindert und einem Uferabriß vorgebeugt wird. Das würde die *Ursachen* des Problems wirkungsvoller behandeln und gleichzeitig das Ufer in seinem natürlichen Zustand belassen.

Eine Installation von Grundschwellen oder Tragflügeln im Flußbett der Mäanderbereiche erzeugt sekundäre Querströmungen, die dem walzenförmigen Hauptwirbel entgegengesetzt sind, der sich aus der gekrümmten Strömung der Flußschlinge ergibt (Abb. 7.8). Als Folge davon sinkt das schnell fließende Oberflächenwasser nunmehr im Bereich der Tragflügel ab. Dies erfolgt normalerweise direkt am Prallhang und verursacht Kolkbildung, Unterschneidung und Uferabbrüche (Abb. 7.9). Der Tiefenschurf wird verlagert, Vertiefungen in Ufernähe werden aufgefüllt. Der Fuß der Uferwand wird stabilisiert, weitere Uferabrisse werden verhindert. Sollten Akkumulationen die Tragflügel verschütten, würde das urprüngliche sekundäre Strömungsmuster wiederhergestellt werden. Da die damit verbundene Tiefenerosion die Tragflügel wieder freilegen würde, reguliert sich das System selbst. Solche Systeme wurden am East Nishnabotna River in den USA (Odgard und Mosconi 1987) und am River Roding,

Abb. 7.9. Tragflügel, die zur Verhinderung von Ufererosion in Flußschlingen installiert wurden.

Großbritannien (Paice und Hey 1989 und Abb. 7.9) mit Erfolg zur Einschränkung von Ufererosion eingesetzt.

Die Kenntnisse der Hydromechanik können auch dabei helfen, lokale Probleme mit der Kolkbildung an Brückenpfeilern zu vermeiden. Jüngste Brückenschäden am River Towy bei Glanrhyd (Wales), am River Ness bei Inverness (Schottland), an der Brücke der Route 90 über den Schoharie Creek (USA) und am Inn bei Innsbruck (Österreich) werfen ein Schlaglicht auf den Bedarf nach verbesserten Methoden zur Einschränkung der Erosion. Traditionellerweise werden Kolke mit Schüttungen großer Steine wieder aufgefüllt, was jedoch keine dauerhafte Lösung darstellt, da dies die Brückensockel vergrößert und das Flußbett noch erosionsanfälliger macht. Mit der Zeit werden die Steine entweder weggespült oder verschüttet. Die Analyse der Prozesse der Tiefenerosion bzw. Kolkbildung mit Hilfe maßstabsgerechter Modelle zeigt, daß Tiefenerosion stattfindet, weil schneller fließendes Oberflächenwasser an der flußaufwärts

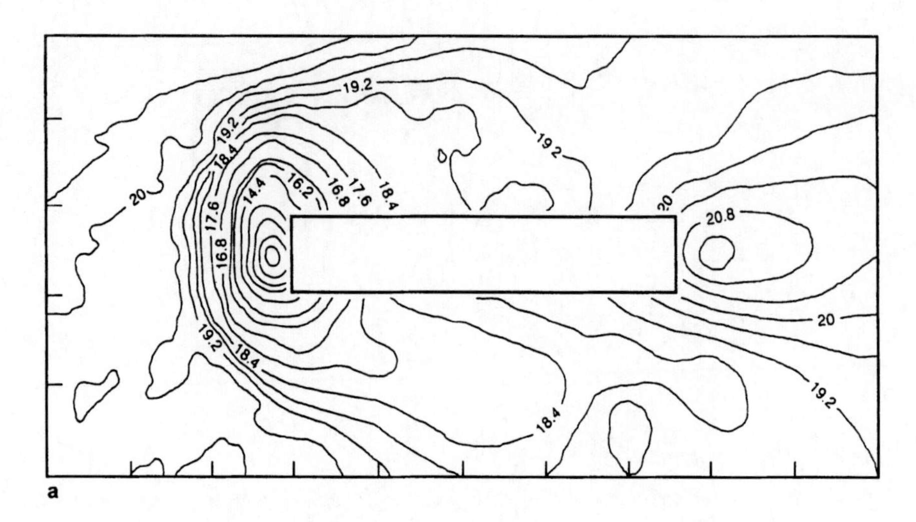

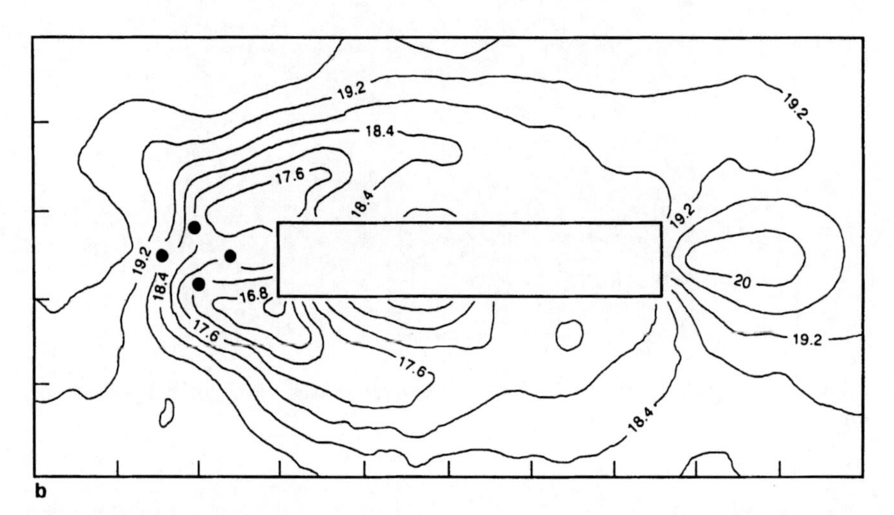

Abb. 7.10. Auskolkung des Flußbettes an stumpfen Brückenpfeilern im Modell: **a** ohne Schutz, lokale Auskolkung 80 mm, Q = 0,03 m^3/s (3 h); **b** durch Pfahlgruppe geschützt, lokale Auskolkung 33 mm, Q = 0,03 m^3/s (3 h). Höhenlinien in cm, anfängliches Höhenniveau des Flußbetts 20 cm (*Quelle:* Paice und Hey (1993) The control and monitoring of local sour at bridge piers. In: Hsieh Wen Shen, S.T. Shu und Feng Wen (Eds) Hydraulic Engineering '93,1. Wiedergabe mit Erlaubnis des ASCE.).

gelegenen Seite des Pfeilers absinkt, wodurch die sohlennahe Fließgeschwindigkeit beträchtlich erhöht wird. Letzteres ist für die Erosion des Sohlenmaterials in der Nähe des Pfeilers verantwortlich. Dauerhafte Abhilfe schafft hier z.B. die Installation von vier rautenförmig gruppierten zylindrischen Pfählen unmittelbar oberhalb des Brückenpfeilers. Dadurch läßt sich die Fließgeschwindigkeit am Pfeilersockel beträchtlich vermindern. Als Folge davon ist der Strudel an der

Stirnseite des Pfeilers weniger ausgeprägt, so daß die Eintiefung verringert wird. Tests mit maßstabsgerechten Modellen zeigen, daß die lokale Eintiefung um bis zu 70 % reduziert werden kann. Feldversuche zur Bewertung der Methode werden zur Zeit am Tavy-Viadukt über die Mündung des Tavy bei Plymouth, am Over-Viadukt über den River Severn bei Gloucester (Abb. 7.11) und am Coton-Viadukt über den River Tame bei Tamworth durchgeführt (Paice *et al.* 1993).

7.5 Renaturierung von Flüssen

Flußbauliche Maßnahmen haben im Laufe der Jahrhunderte Hunderte von Flußkilometern nachteilig beeinflußt (Brookes 1988; Purseglove 1988). Eine nachträgliche Bewertung von Hochwasserschutzprojekten zeigt, daß schlecht geeignete wasserbauliche Eingriffe im Vergleich zu natürlichen Flußläufen durchweg die floristische Vielfalt verringern, während umweltverträgliche Methoden die Vielfalt erhöhten, da dabei ein breites Spektrum an Biotopen geschaffen wurde (Hey *et al.* 1991). Deshalb besteht die Aufgabe darin, die natürlichen Flußläufe wiederherzustellen, vorausgesetzt, daß die wasserbaulichen Ziele eingehalten werden können.

Nichttechnische Vorgehensweisen beziehen sich auf die Wiederherstellung natürlicher Merkmale einer Laufstrecke, die früher ausgebaggert bzw. begradigt worden war. Das kann unter anderem die Sanierung von Mäandern, Kolken, Stromschnellen, Steilufern und Stillwasserzonen umfassen. Bei Mittelgebirgsflüssen gibt es im allgemeinen nur eine Lösungsmöglichkeit, die durch die steuernden Variablen vorgegeben ist (Kasten 7.1). Da der Durchfluß bei Flachlandflüssen im allgemeinen unterhalb des Grenzwerts für Geschiebeführung liegt, ist man hier in der Wahl des Renaturierungsverfahrens flexibler.

Man benötigt geomorphologische Kartierungen der Laufstrecke, um die Beschaffenheit der bestehenden Gewässermorphologie und der Eigenschaften des Gewässergrunds zu ermitteln. Das ermöglicht zusammen mit alten Landkarten und Luftbildern des Geländes einen Vergleich zwischen dem natürlichen Zustand vor dem Gewässerausbau und dem derzeitigen Zustand.

Bei Flachlandflüssen, die lediglich begradigt worden sind, sollte es möglich sein, das ursprüngliche Mäandermuster mit den damit verbundenen Kolken in den Mäandern und Stromschnellen an den Wendepunkten zwischen den Schlingen wiederherzustellen. Breite und Tiefe des Flußbettes können mit Hilfe der passenden Gleichungen (Kasten 7.1) oder der Untersuchung angrenzender natürlicher Laufstrecken bestimmt werden. Mit dem Ziel, unter Anwendung dieser Methode ursprünglich mäandrierende Flußläufe in ihrem natürlichen Charakter zu schaffen (Abb. 7.12), sind in Dänemark mehrere Flachlandflüsse mit Erfolg wiederhergestellt worden.

Abb. 7.11. Einschränkung der Kolkbildung an Brückenpfeilern am Over-Viadukt über den River Severn bei Gloucester (England). Eine Pfahlgruppe wurde oberhalb des Pfeilers errichtet, um die Fließgeschwindigkeit zu verlangsamen und Kolkbildung im Flußbett zu verhindern. Bei dieser Brücke erforderte die Breite des Pfeilers die Verwendung von sechs in Form eines Dreiecks aufgestellten Pfählen.

Bei solchen Flüssen, die sich ihr natürliches Mäandermuster bewahrt haben, die aber verbreitert und deren Stromschnellen beseitigt wurden, ist es notwendig, Stromschnellen und Kolke wiederherzustellen sowie das Flußbett an strategisch wichtigen Stellen zu verengen, um natürliche Ablagerungs- und Erosionsvorgänge zu unterstützen. Setzt man voraus, daß die Stromschnellen bei randvoller Wasserführung vollständig überflutet werden, dann wird das Fassungsvermögen bei Hochwässern nicht beeinträchtigt. Diese Art der Vorgehensweise wurde mit Erfolg bei Lyng am River Wensum (Großbritannien) als Teil eines Programms zur Verbesserung von Fischhabitaten durchgeführt.

Bei begradigten Flußläufen, bei denen sich die Höhenlage des Bettes durch Ausbaggern beträchtlich gesenkt hat (um bis zu 1 m), sind drastischere Maßnahmen notwendig. Wenn man nur den mäandrierenden Flußlauf wiederher-

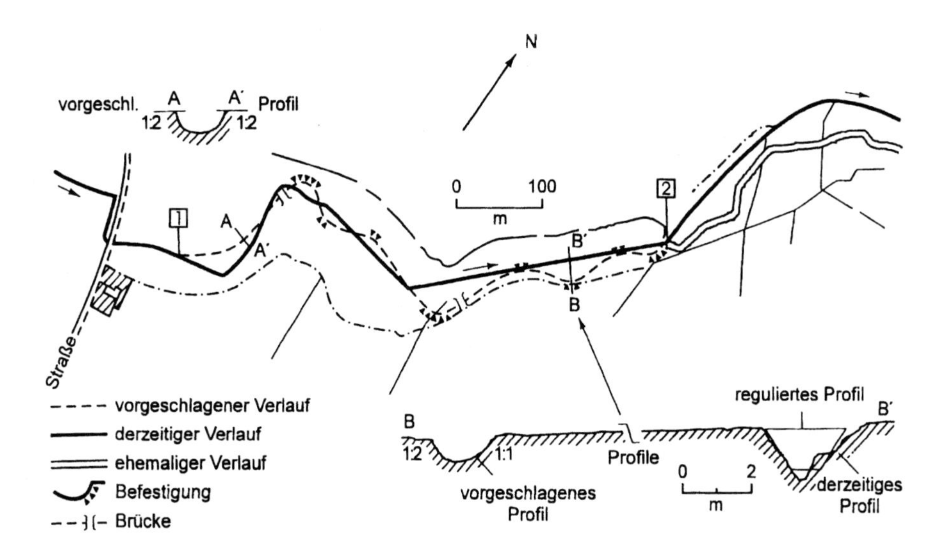

Abb. 7.12. Renaturierter Lauf des Stensbaek-Baches im südlichen Jütland (Dänemark) (*Quelle:* Brookes 1987).

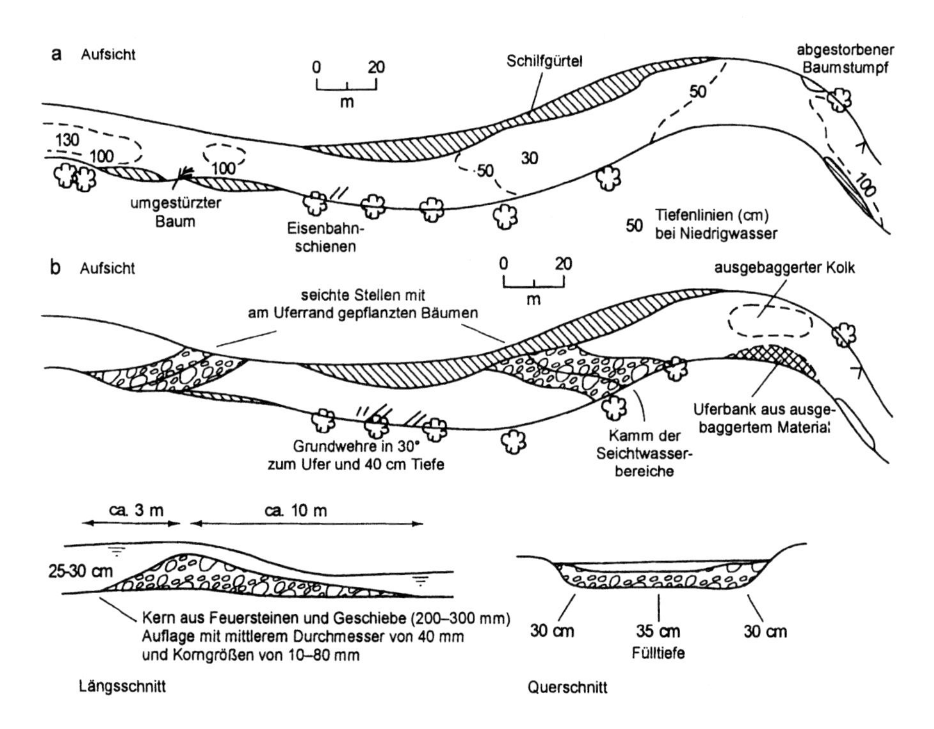

Abb. 7.13. Wiederherstellung von Kolken und Stromschnellen am River Wensum bei Lyng (England): **a** geomorphologische Karte des ursprünglichen Flußbetts; **b** Vorschlag der Abfolge von Kolken und Stromschnellen (*Quelle:* Hey 1992).

stellt, würde ein zu tief eingeschnittener Fluß entstehen. Das Flußbett wieder aufzufüllen, um das ursprüngliche Höhenniveau wiederherzustellen, wäre keine brauchbare Lösung, da das den Grundwasserspiegel um einen entsprechenden Betrag anheben und sich nachteilig auf die Drainage der umgebenden Flächen auswirken würde. Eine reale Lösung läge darin, in der bestehenden Aue einen Korridor genau in Höhe des Betrages auszuheben, um den das Flußbett einst durch Ausbaggern gesenkt worden ist, also eine neue Niedrigwasser-Aue zu schaffen. Die Breite des Korridors wird von der Schwingungsbreite des Mäandergürtels, der wiederhergestellt werden soll, bestimmt. Auch wenn der Fluß ein geringeres Gefälle als der ausgebaute begradigte Flußlauf haben wird, bleibt das Fassungsvermögen für Hochwässer innerhalb der neuen Aue erhalten.

Der River Blackwater wurde in der ersten Hälfte des 19. Jahrhunderts gründlich ausgebaggert und kanalisiert. Im Rahmen einer Erweiterung der Kiesgruben in der Flußaue wurde die Gelegenheit genutzt, den Fluß in seinen ursprünglichen Zustand zu versetzen. Auf Karten aus dem Jahre 1790 ist zu erkennen, daß der Fluß damals viel schmäler und stärker gewunden war. Geomorphologische Kartierungen zeigten, daß das Flußbett um 0,8 m abgesenkt worden war. Es wurde eine neue Niedrigwasser-Aue von 15–20 m Breite und 0,8 m Tiefe ausgehoben, die eine schmale, maximal 5 m breite gewundene Abflußrinne mit Kolken und Stromschnellen enthielt (Abb. 7.14 und 7.15). Berechnungen ergaben, daß die Niedrigwasserstände nicht angehoben würden, daß das Fassungsvermögen für Hochwässer unterhalb des Niveaus der derzeitigen Aue erhalten und das Flußbett stabil bleiben würde. Das stellte den alten Flußverlauf tatsächlich wieder her, und seine neue Diversität wird die Möglichkeiten für Fischerei in dem kreidehaltigen Fließgewässer beträchtlich verbessern.

Bei Flußrenaturierungen von Mittelgebirgsflüssen muß sichergestellt werden, daß das Regime des fluvialen Sedimenttransports nicht durch die geplanten Renaturierungsmaßnahmen beeinträchtigt wird. Deshalb ist es notwendig, daß sich die Planung eines Umbaus auf die *aktuellen* Verhältnisse stützt, da sich der ursprüngliche Zustand auf frühere Rahmenbedingungen eingestellt hatte, die heute möglicherweise nicht mehr bestehen. Eine geomorphologische Kartierung der zu renaturierenden Laufstrecke und angrenzender natürlicher Abschnitte wird die bestehenden Verhältnisse bestimmen. Dies macht es in Verbindung mit den zugehörigen Gleichungen (Kasten 7.1) möglich, den neuen Flußlauf umweltverträglich zu planen.

Flußumleitungen sind hinsichtlich des Planungsverfahrens Renaturierungsprojekten ähnlich. Bei Maßnahmen wie z.B. Flußumleitungen wegen Straßenbauprojekten würden manche Wasserbauingenieure die Anlage eines *geradlinigen* Umleitungskanals befürworten. Da damit die Kapazität für den fluvialen Sedimenttransport lokal erhöht würde, wäre Instabilität die Folge. Daher sind naturnahe Umleitungen zu bevorzugen, insbesondere die Länge und damit auch das Gefälle des Flußlaufes sind beizubehalten. Wo der ursprüngliche Flußlauf in großem Umfang verbaut ist, sollte die Gelegenheit ergriffen werden, einen natürlicheren Flußlauf zu realisieren.

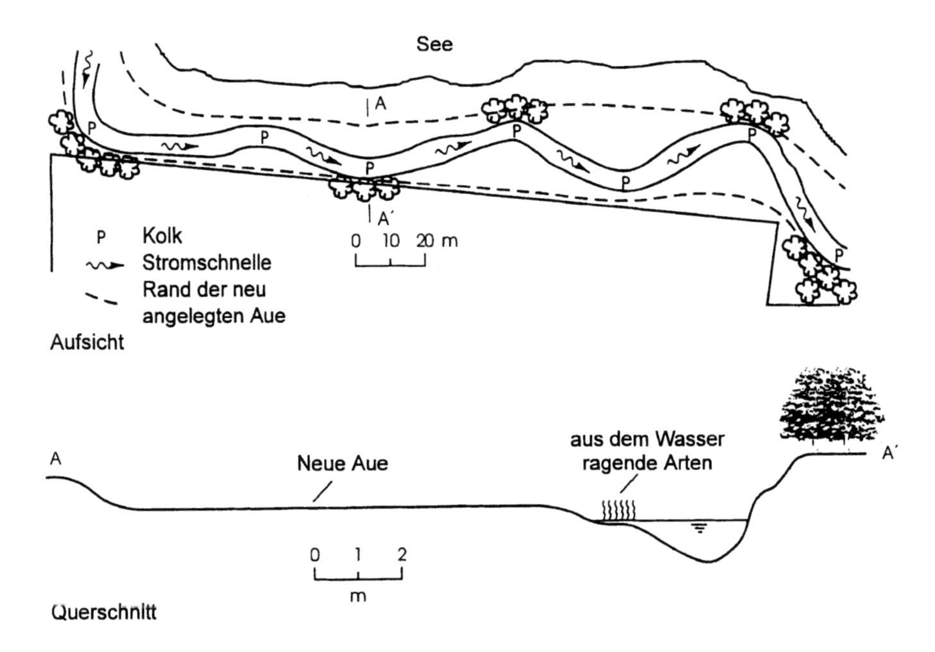

Abb. 7.14. Plan einer Umleitung am River Blackwater bei Remerston (England) (*Quelle:* Hey 1992).

Am River Neath in Südwales (Großbritannien) wurden Flußumleitungen unter Verwendung dieser Grundsätze geplant. Eine typische geomorphologische Karte und die Planung für den Teil einer Umleitung werden in Abb. 7.16 veranschaulicht.

Bauliche Methoden, einschließlich der Installation von künstlichen Bauwerken in der Strömung, können eingesetzt werden, um lokale Aufschüttung oder Abtragung zu fördern, Laufstrecken mit Kolken zu schaffen und die Substratbeschaffenheit abwechslungsreicher zu gestalten. Sie sind vor allem bei der Erhöhung der Biotopvielfalt stark ausgebauter Flußabschnitte von Nutzen. Vor der Installation baulicher Maßnahmen ist deren exakte Plazierung sicherzustellen, damit sie die Strömungsvorgänge tatsächlich verbessern und den Sedimenttransport sowie das Fassungsvermögen für Hochwässer nicht beeinträchtigen. Indem man sich die Strömungsenergie - entweder mit Hilfe des Überlaufs an Wehren, der Abflußkonzentration mit Leitblechen oder durch die Erzeugung sekundärer Strömungen mit Grundschwellen - nutzbar macht, können Abtragung und Ablagerung beeinflußt werden. Diese Bauwerke sind vor allem in Flachlandflüssen, in denen die Strömungsenergie im allgemeinen nicht ausreicht, um Tiefenerosion zu verursachen, nutzbringend einzusetzen. Bei Mittelgebirgsflüssen werden sie am besten zur Stabilisierung und zur Verbesserung der Biotopstrukturen in Bereichen stark ausgebauter Strecken eingesetzt. Nichtbauliche Methoden sind bei natürlichen Flußläufen vorzuziehen.

Abb. 7.15. Flußrenaturierung am River Blackwater bei Reymerston (England). Dieses Foto zeigt die Wiederherstellung eines schmalen, gewundenen Flußbetts, das in einer neu angelegten Niedrigwasser-Aue liegt. Die Biotopvielfalt ist wiederhergestellt worden. Inzwischen haben sich Pflanzen der Wasser- und Ufervegetation angesiedelt.

Die Vielfalt möglicher Baumaßnahmen wird in Abb. 7.17 veranschaulicht. Unterwasserschaufeln sind weniger störend als andere Bauwerke und haben zudem den Vorteil, daß sie Schwebstoffe nicht auffangen oder das Fassungsvermögen des Flusses für Hochwässer nachteilig beeinflussen. Sie wurden ursprünglich zur Schaffung und Erhaltung von Kolken entwickelt (Hey 1992), können aber auch eingesetzt werden, um Ufererosion und Mäanderbildung auszulösen. Eine Reihe von Schaufeln wurde im River Wensum (Großbritannien) bei Fakenham und Lyng installiert.

7.6 Schlußfolgerungen

Die Versuche, einen Fluß unnatürlichen Bedingungen auszusetzen, führen bei Mittelgebirgsflüssen, die beträchtliche Mengen Geschiebe transportieren, zu schweren Instabilitätsproblemen und langfristigen Unterhaltsverpflichtungen. Bei Flachlandflüssen, die relativ geringe Mengen transportieren, ist Instabilität vielleicht kein Problem, aber die Schaffung von eintönigen und sterilen kanalisierten Flüssen zerstört die Umwelt des Flusses vollkommen.

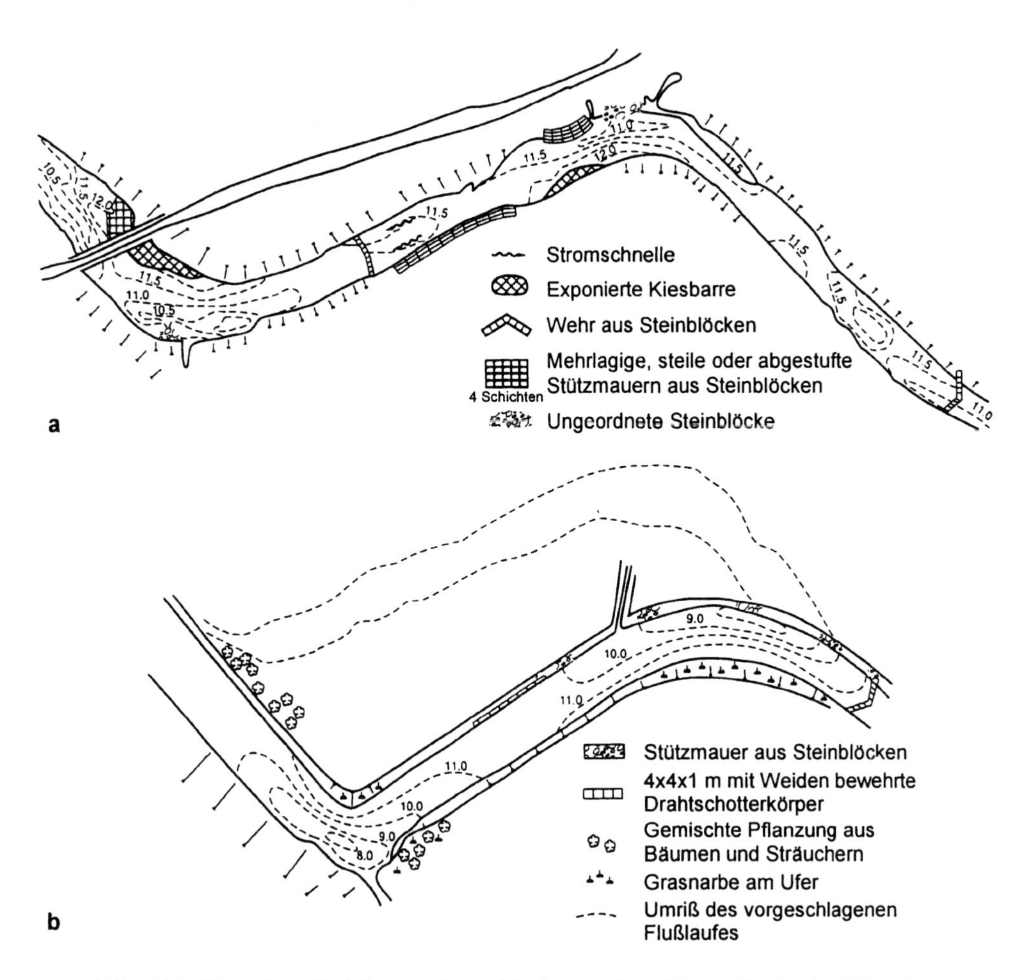

Abb. 7.16. Plan der Umleitung eines Abschnitts des River Neath in Südwales: **a** geomorphologische Karte des ursprünglichen Flußbetts; **b** Umleitungsvorschlag (*Quelle:* Hey 1992).

Dieser kurze Rückblick veranschaulicht die Schlüsselrolle der fluvialen Geomorphologie bei der Gestaltung von Flüssen. Er bringt zum Ausdruck, daß das grundlegende Verständnis der natürlichen Prozesse in Fließgewässern Voraussetzung für die erfolgreiche Planung umweltverträglichen Wasserbaus ist.

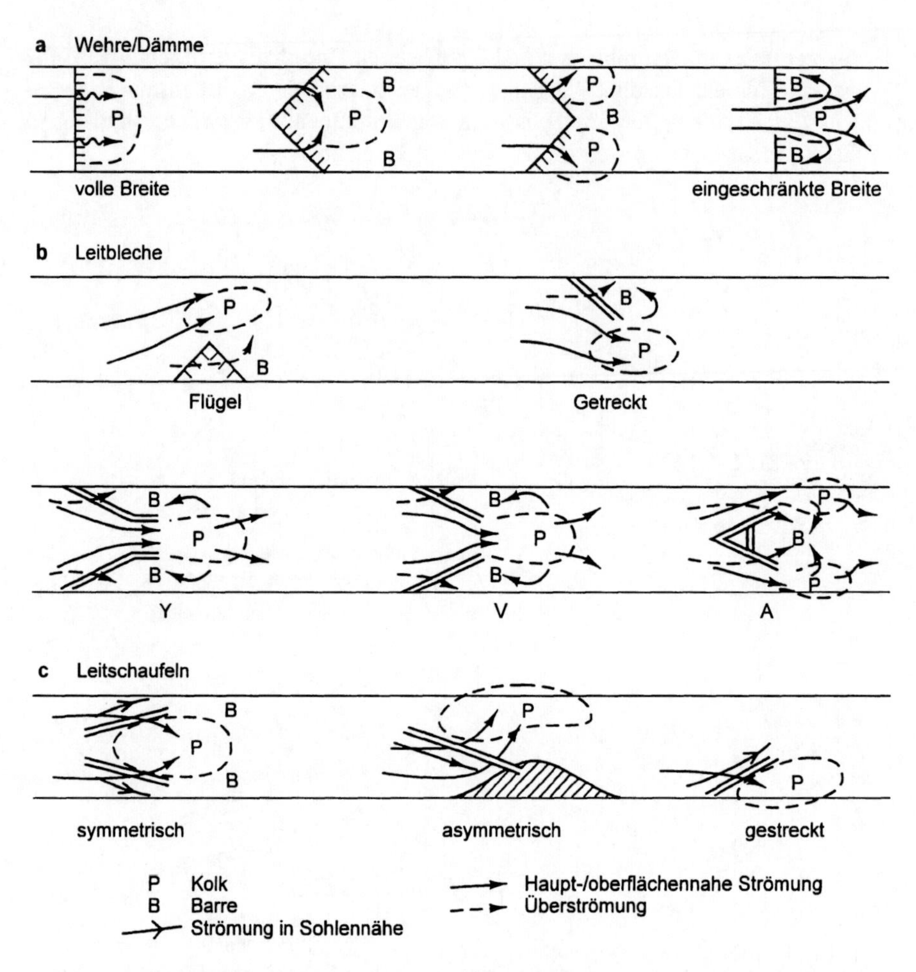

Abb. 7.17. Entwicklung von Flußbiotopen unter Verwendung von baulichen Maßnahmen. In Teil **b** symbolisieren *Y*, *V* und *A* unterschiedliche Leitblechformen (*Quelle:* Hey 1992).

Literaturverzeichnis

Brookes A (1987) Restoring the sinuosity of artificially straightened stream channels. Environmental Geology and Water Science 10:33–41

Brookes A (1988) Channelized rivers, perspectives for environmental management. Wiley, Chichester

Hey RD (1986) River Mechanics. J Inst Water Eng Scientists 40/2:139–158

Hey RD (1992) River mechanics and habitat creation. In: O'Grady KT, Butterworth AJB, Spillett PB, Domaniewski JCJ (eds) Fisheries in the year 2000. Institute of Fisheries Management, Nottingham, pp 271–285

Hey RD, Thorne CR (1986) Stable channels with mobile gravel beds. American Society of Civil Engineers, J Hydraul Division 112/8:671–689
Hey RD, Heritage GL, Patteson M (1990) Design of flood alleviation schemes: engineering and the environment. Ministry of Agriculture, Fisheries and Food, London
Hey RD, Heritage GL, Tovey NK, Boar RR, Grant A, Turner RK (1991) Streambank protection in England and Wales, R&D Note 22. National Rivers Authority, Bristol
Lewis G, Williams G (1984) Rivers and wildlife handbook. Royal Society for the Protection of Birds, Sandy
Odgaard AJ, Mosconi CE (1987) Streambank protection by submerged vanes. American Society of Civil Engineers, J Hydraulic Eng 113/4:520–536
Paice C, Hey RD (1989) Hydraulic control of secondary circulation in meander bend to reduce outer bank erosion. In: Albertson ML, Kia RH (eds) Design of Hydraulic Structures 89. Balkema, Rotterdam, pp 249–254
Paice C, Hey RD (1993) The control and monitoring of local scour at bridge piers. In: Hsieh Wen Shen, Shu ST, Feng Wen (eds) Hydraulic Engineering '93, 1. American Society of Civil Engineers, New York, pp 1061–1066
Paice C, Hey RD, Whitbread J (1993) Protection of bridge piers from scour. In: Harding JE, Parke GAR, Ryall MJ (eds) Bridge Management 2, Telford, London, pp 543–552
Purseglove J (1988) Taming the flood. Oxford University Press, Oxford
Purseglove J (1991) Liberty, ecology, modernity. New Scientist, 28 September, 45–48
Raynov S, Pechinov D, Kopaliany Z, Hey RD (1986) River response to hydraulic structures. UNESCO, Paris
Richards K (1982) Rivers. Methuen, London
Schumm SA, Harvey MD, Watson CC (1984) Incised channels: morphology, dynamics and control. Water Resources Publications, Littleton, Colorado
Williams GP, Wolman MG (1984) Downstream effects of dams on alluvial rivers. US Government Printing Office, Washington, DC
Winkley BR (1982) Response of the Lower Mississippi to river training and realignment. In: Hey RD, Bathurst JC, Thorne CR (eds) Gravel Bed Rivers. Wiley, Chichester, pp 659–681

Weiterführende Literatur

In diesem Kapitel wird in knapper Form erläutert, wie die Kenntnisse über natürliche Prozesse in Fließgerinnen eingesetzt werden können, um umweltverträgliche wasserbauliche Maßnahmen zu planen. Eine erschöpfende Behandlung der Grundlagen der Hydromechanik von Flüssen, welche die Planung wasserbaulicher Projekte untermauern, würde den Rahmen der Darstellung sprengen. Infolgedessen war es nicht möglich, detaillierte Planungsrichtlinien bereitzustellen. Zur weiteren Information sei der Leser auf folgende Bücher und Artikel verwiesen.

Flüsse: Prozesse und Form

Hey (1986)
Knighton D (1984) Fluvial forms and processes. Edward Arnold, London
Morisawa M (1985) Rivers. Longman, London
Richards (1982)

Bewertung wasserbaulicher Maßnahmen und umweltverträglicher Planungsverfahren

Brookes (1988)
Hey RD (1990) Environmental river engineering. J Water Environ Manage 4/4:335–340
Hey RD (1993) Environmentally sensitive river engineering. In: Calow P, Petts GE (eds) Rivers Handbook II. Blackwell, Oxford, pp 337–362
Hey RD, Heritage GL (1993) Draft guidelines for design and restoration of flood alleviation schemes, R&D Note 154. National Rivers Authority, Bristol
Hey et al. (1990)
Paice and Hey (1989)

8 Litorale Morphodynamik und Küstenmanagement

Keith Clayton und Timothy O'Riordan

Behandelte Themen:

- Litorale Morphodynamik
- Küstenschutz
- Integriertes Küstenmanagement

Die Verwaltung der Küstenzone gestaltet sich außerordentlich schwierig. Dennoch ist sie von entscheidender Bedeutung für die Sektoren Wirtschaft und Erholung sowie für die Regeneration des Naturhaushaltes. Über zwei Drittel der marinen biologischen Aktivitäten finden an oder in der Nähe der Küste statt, ganz besonders in Bereichen der Ästuare. Bedeutsame nährstoffreiche Zonen, wie z.B. das Wattenmeer in der östlichen Nordsee, dienen gut der Hälfte der kommerziell nutzbaren Fischbestände als Laichplätze. Dort verbringen diese auch ihre entscheidenden Entwicklungsabschnitte. Der Verlust dieses Raumes wäre ein schwerer Schlag für das marine Ökosystem der Nordsee. Die Mangrovensümpfe der tropischen Küsten spielen eine unentbehrliche Rolle bei der Regulierung von Gezeiten und Hochwasserereignissen. Sie akkumulieren nährstoffreiche Sedimente und stellen Refugien für Fische und Wirbellose dar. Sie alle sind durch Fehlplanungen und falsche Küstennutzung ebenso bedroht wie die nicht minder wertvollen Korallenriffe. Das beinhaltet alles, vom illegalen kommerziellen Abernten der Korallen über Verschmutzungen durch küstennahe Hotel- oder private Wohnanlagen bis hin zur Änderung mariner Strömungen infolge von Hafen-, Straßen- oder Jachthafenerweiterungen.

Eine ausgewogene und aufeinander abgestimme Nutzung der Küstenzone ist deshalb so schwierig, weil sie drei «Regionen», drei «Verwaltungsbereiche» und drei «Typen» des Managements abdeckt. Die Regionen sind:

- die küstennahen Gewässer jenseits der Niedrigwassermarke und innerhalb nationaler Hoheitsbereiche;
- der Streifen zwischen Niedrig- und Hochwassermarke einschließlich der Flußmündungen;
- das Vorland einschließlich Landspitzen, Strände und Neulandareale.

Normalerweise werden diese Regionen, wenn auch nicht in jedem Land, von verschiedenen Behörden verwaltet, die ihrerseits einer Reihe von Regierungsstellen untergeordnet sind. In Großbritannien z.B. stehen die Küstengewässer unter Verwaltung der Landwirtschaftsämter, die Küste selbst unter der der Krone sowie der Umweltministerien und das Vorland unter Verwaltung kommunaler Behörden, die den Umweltministerien unterstellt sind. Der Küstenschutz fällt in die Zuständigkeit der Kommunalverwaltungen, die - bedingt durch die von der Zentralregierung angedrohte Begrenzung der Kommunalsteuern - ihre Etats massiv einschränken müssen. Dagegen obliegt der Hochwasserschutz den Wasserwirtschaftsbehörden, die den Landwirtschaftsministerien untergeordnet sind.

In anderen Ländern sind die Kompetenzen anders verteilt, aber Konfliktpotentiale unter konkurrierenden Verwaltungen sind stets präsent. Im folgenden Kapitel werden Argumente für eine *vernetzte Verwaltungsstruktur* angeführt, für eine fein abgestimmte verwaltungstechnische Verbindung kommunaler, regionaler und nationaler Behörden, gekoppelt mit Koordinierungstellen für Planung, Küstenschutz, Förderung mariner Bodenschätze und Fischereiverwaltung. Bis heute hat es in keinem Land eine erfolgreiche Zusammenarbeit eines Dreierbündnisses von Landnutzungsaufsicht, Verwaltungsaufsicht der Küstengewässer und integriertem Küstenschutz unter Anwendung ökologisch-geomorphologischer Grundsätze gegeben.

Dies führt uns zum dritten Problem, das dringend nötige Reformen im Küstenmanagement verdeutlicht: Die Managementtypen sind zu verschieden. Was die Küstengewässer betrifft, wird das Fernziel formeller Planung, nämlich die Regulierung und Abschätzung der Umweltauswirkungen, meist knapp verfehlt. Die Förderung mariner Kiese, Pipelineverlegung in Küstengewässern, Hafenerweiterungen und Jachthäfen hinter der Küstenlinie - all dies kann sich dem Einfluß sowohl einer strategischen als auch örtlichen Planung geschickt entziehen. Hier tendiert die Verwaltung zu einer eher pragmatischen Vorgehensweise und je nach Tradition und Einfluß dazu, Folgeprobleme einer Ausbeutung oder Erweiterung zu vernachlässigen.

Das folgende Kapitel zeigt auch auf, daß an der heutigen Küste eine permanente Spannung zwischen ökologisch ausgerichteten Managementmaßnahmen der aktiven und forschenden Art und der technischen Vorgehensweise des «Aufbauens und Niederreißens» herrscht. Das Warten auf Anzeichen einer Krise oder des Versagens von Schutzanlagen, begleitet vom Protestgeschrei der Haus- und Grundeigentümer, denen gestattet wurde, sich in gefährdeten Bereichen anzusiedeln, scheint geradezu symptomatisch zu sein. Sie glauben, sie seien berechtigt, den Schutz einer öffentlich finanzierten Behörde zu beanspruchen. Ähnlich verhält es sich bezüglich des landwärtigen Teils der drei Küstenregionen. Der Charakter des Managements erleichtert hier den Fortgang der bisherigen Entwicklungen, und das mit Überschwemmungen und einem möglichen Meeresspiegelanstieg vor Augen. In keiner Weise werden die speziellen Ansprüche eines umweltbewahrenden Schutzkonzeptes berücksichtigt - etwa Landspitzen dem Meer preiszugeben, es zu ermöglichen, daß Salzmarschen, um Eingriffe zu verhindern, in Schutzgebiete umgewandelt werden, und neue Dünen in Gebieten zu schaffen, in denen eine Entwicklung fein abgestimmt und Tourismus begrenzt sein sollten. Das Handwerkszeug steht zur Verfügung, nur ist es bis jetzt noch nicht sinnvoll eingesetzt worden.

Dies verdeutlicht das Dauerthema im Umwelt-Management, nämlich das der *politischen Zusammenarbeit*. Trotz jahrelanger interministerieller, zwischenstaatlicher und intersektoraler Koordination ist die Küstenzone in den USA ein politisches Schlachtfeld. Subventionen fördern den übermäßigen Gebrauch chemischer Mittel, die für den Eintrag von Nährstoffen und Giften sorgen. Muscheln und Krustentiere werden vernichtet und dem Tourismus abträgliche Algenblüten verursacht. Hochwasserschutzprogramme fördern auf unsensible Weise Ufererschließungen, die selbstverständlich durch Bundessubventionen abgesichert sind, wenn der nächste Hurrikan hereinbricht. In South Carolina z.B. suchte der Hurrikan Hugo Folly Island vor der Küste von Charleston heim und zerstörte oder beschädigte 89 von 290 Anwesen. Trotz vorhandener Gesetze zur Begrenzung des Wiederaufbaus wurden die Vorschriften geändert, um eben diesen in Bereichen zu ermöglichen, von denen bekannt war, daß sie der Erosion unterliegen und überschwemmungsgefährdet sind. Küstenschutzkonzepte werden solche Grundstücke sichern. Bundessteuerverordnungen berücksichtigen keine umweltschonende Wirtschaft und bezahlen statt dessen – über Steuervergünstigungen – die Erschließung von Feuchtgebieten. Weil es keine Vergünstigungen für deren Erhalt gibt, geht der volkswirtschaftliche Wert dieser Marschen verloren.

Diese sehr lästigen politischen Konflikte sind in der administrativen Geschichte der Verwaltungsbehörden begründet. Sie schufen Begünstigte, die zum Schutz ihrer Interessen massiven und auch erfolgreichen Einfluß ausüben. Sie schufen Präzedenzfälle, die von den Gerichten eher aus verfahrenstechnischen als aus moralischen Gesichtspunkten unterstützt werden müssen, und sie können Beschlüsse von Möchtegern-Reformern untergraben, da die Hürden nicht nur hoch, sondern auch unvorhersehbar sind. Das folgende Kapitel bietet eine Reihe von Lösungswegen an, die auf den Prinzipien aufbauen, die diesem Text als Ganzes zugrundeliegen.

Man sei sich trotzdem bewußt: an der Küste findet eine administrative Revolution statt. In Großbritannien z.B. kooperieren etwa die Hälfte der für die Küsten zuständigen Distriktbehörden in den Bereichen Planung und Entwicklung. Einige bedienen sich detaillierter zwischenbehördlicher Verfahren, die durch sogenannte Projektoffiziere und steuernde Arbeitsgruppen abgesichert werden. Diesen fehlen noch Macht und Mittel, doch schon ihre Anwesenheit ist einflußreich.

Die Aussicht auf einen Meeresspiegelanstieg regt sehr wohl Innovationen und noch mehr Anpassungen an. Wie alle Organismen sind Menschen imstande, auf Umweltveränderungen zu reagieren. Anders als ihre nichtmenschlichen Mitstreiter im Spiel der Evolution machen sie aber einen großen Wirbel darum.

Weiterführende Literatur

Platt R, Beatley T, Miller HC (1991) The folly at Folly Beach and other failings of US coastal erosion policy. Environment 33/9:6–9, 25–32

Die Küstenbereiche sind einerseits empfindlich, andererseits aber stark bevölkert. Mehr als die Hälfte der Weltbevölkerung lebt innerhalb eines 60 km breiten Streifens entlang der Küsten. Bis zum Jahr 2020 kann dieser Anteil 70 % ausmachen, und viele von ihnen werden in städtischen Ballungszentren oder dichtgedrängt in landwirtschaftlich genutzten Gebieten leben. Die Zunahme des Ferntourismus und die Anziehungskraft der Küsten haben dort auch eine neue Siedlungsart und Anwohnerschaft entstehen lassen, die sich in Ferienorten und teuren Anwesen zusammendrängt. Die Küste ist sowohl attraktiv als auch gefährlich. Sie unterliegt ständigen physikalischen und biologischen Veränderungen, doch ihre Besiedlung geht weiter, als sei sie friedlich und stabil. Die Küsten steuern etwa 25 % der biologischen Bruttoproduktion bei, versorgen weltweit über zwei Drittel der Fischerei- und neun Zehntel der Muschel- und Krabbenindustrie.

Die Küstengebiete waren immer schon schwierig zu verwalten. In den Einführungen zu diesem Abschnitt und zu diesem Kapitel wurde auf den Punkt gebracht, daß in der Regel weder die Institutionen noch die jeweiligen Politiker in der Lage waren, ein für diese empfindlichen und instabilen Gebiete verträgliches und vorausschauendes Management zu betreiben. Das Problem liegt darin, daß die Küste für den Menschen zu wichtig ist, als daß man sie einfach dem Schicksal der Natur überlassen könnte. Der Meeresspiegelanstieg stellt ein viel gewaltigeres Problem dar, als allgemein realisiert wird, weil er Werte bedroht, Landansprüchen und starken ökonomischen Interessen zuwiderläuft. Er kann politische Stimmungen umkehren und außerdem den Status einer Ingenieurszunft stärken, die sich nicht gern verdrängen läßt. Es ist kein Wunder, daß die Küste ein administratives Schlachtfeld darstellt, voller konkurrierender Behörden, sich gegenseitig mißtrauender Verwaltungsebenen und ohne ausreichende Finanzmittel.

In diesem Zustand der relativen Verwaltungsanarchie können starke Interessenten an Raum gewinnen. Ingenieure der «alten Schule» freuen sich, wenn Krisen ernsthafte Gefahren hervorrufen, selbst wenn sie das entstandene Leid und die Not betroffen macht. Trotz Erkenntnis des Desasters besteht die Tendenz einer ingenieurbetonten Problemannäherung weiter, beinahe so, als ob dies eine Mission um ihrer selbst Willen sei. Wahre Sachverständige hingegen orientieren sich neu, grenzen strikt Refugien mit hohem Regenerationswert für die Tierwelt ab und setzen diese auch durch. Sie sind diejenigen, die genügend Mittel für Ausgleichszahlungen für die absichtlich schutzlos gelassenen Zonen bereitstellen. All dies setzt große Weitsicht voraus, rege öffentliche Beteiligung, gute Nerven und eine sehr effektive Kommunikation. Das sind die Qualitäten einer guten, fachübergreifenden Zusammenarbeit der angewandten Umweltwissenschaften.

8.1 Litorale Morphodynamik

Küsten werden von Wellen und Strömungen geformt. Wellen wiederum werden durch Wind erzeugt, der seine kinetische Energie auf die Meeresoberfläche überträgt. Je länger die Erstreckung der vom Wind aufgewühlten See ist (engl.: «fetch»), desto stärker sind die Wellen. Surfen ist immer an den dem offenen Meer zugewandten Küsten am beliebtesten. Wenn sich die Wellen seichterem Wasser nähern, zehrt sich ihre Energie durch Aufwühlen der Sedimente, durch ihre Erosionsleistung und durch Wellenbrechen auf. Die Gestalt der Küste beeinflußt die Art der Energieumwandlung. Konvergierende Orthogonale[1], jene Stärke der Energie, die im rechten Winkel zum Wellenkamm ausgerichtet ist, bündeln die Kraft der Welle, während divergierende Orthogonale sie zerstreuen. Mit Hilfe der Satellitentechnologie ist es möglich, die potentielle Wellenenergie für verschiedene Windrichtungen zu erfassen und mit diesem Wissen für anschließende Planungen die zu erwartenden Muster von Erosions- und Akkumulationsbereichen zu erklären. Wird das Verständnis aktueller Prozesse zu historischen Aufzeichnungen von Küstenveränderungen hinzugenommen, erlaubt dies das Erkennen permanent gefährdeter Küstenabschnitte. Wie lange es dauern wird, bis dieses Wissen in planerische Entscheidungen umgesetzt wird, hängt davon ab, wie glaubwürdig die Wissenschaft und wie groß der politische Einfluß der Planungs- und Verwaltungsbehörden ist.

Da Wellen gewöhnlich nicht im rechten Winkel auf den Strand treffen, wird ein Teil ihrer Energie in eine laterale Verlagerung der Sedimente umgewandelt. Auch dort, wo Windmuster verschieden sind, sichert die Bedeutung des «fetch» (s.o.), daß diese durch ein bedeutendes Ausmaß gekennzeichnete Drift vorhersehbar bleibt. Zum Beispiel wandern Küstensedimente entlang der kalifornischen Küste mit einer Rate von 300 000 m^3 jährlich südwärts. Schwere Stürme, die mit einer Wahrscheinlichkeit von einem Ereignis in 10–20 Jahren auftreten, ergeben außergewöhnlich hohe Werte an Sedimentbewegungen. Ganze Strände können über Nacht umgeformt werden oder ganz verschwinden. Diese episodischen Erscheinungen sind nicht nur für Eigentumsverluste und menschliches Leid verantwortlich; sie sind ein wesentlicher Aspekt der Küstenformung. Abbildung 8.1 zeigt, wie die Küsten Englands und Wales in den vergangenen 100 Jahren aufgebaut und erodiert wurden.

Zusammen mit der wellengenerierten Sedimentverlagerung formen sedimentsortierende Gezeitenströmungen das Relief der Küstenlinie. Gezeitenströmungen sind in tieferen Teilen der Küstengewässer der dominierende Faktor und in von küstennahen Sandbänken und Halbinseln geschützten Flußmündungen von besonderer Bedeutung. Aus der Sicht des Managements ist der Umstand von Bedeutung, daß gezeiteninduzierte Sedimentverlagerungen in Mündungsbereichen ein Ausbaggern ausgleichen und abgelagerte Giftstoffe im

---

[1] Nach der Orthogonalmethode in Refraktionsdiagrammen graphisch bestimmter Wert für die senkrecht zum Wellenkamm gerichtete Wellenenergie. [Anm.d.Ü.]

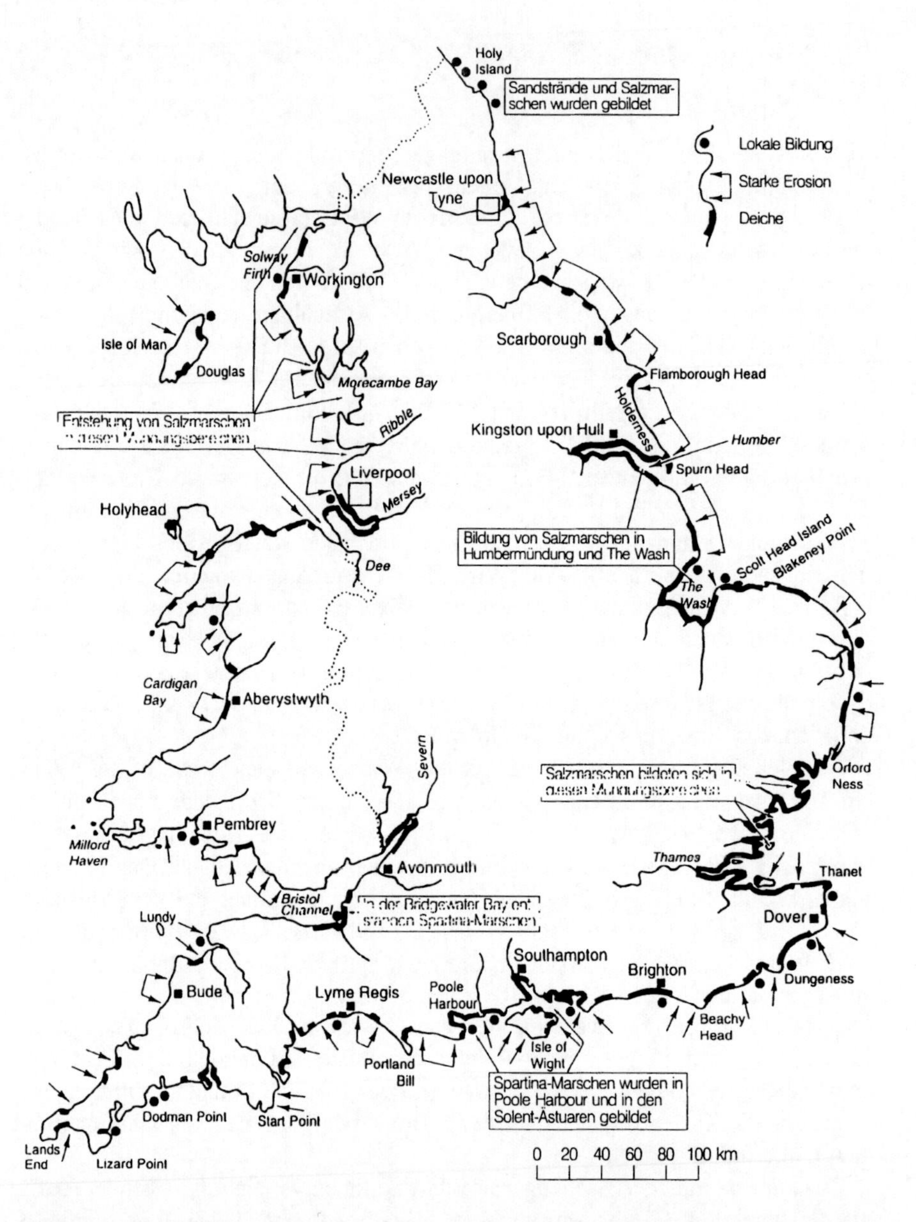

Abb. 8.1. Der Vergleich der Küstenlinie von England und Wales des Jahres 1980 mit Karten des späten 19. Jahrhunderts ergab das hier dargestellte Muster an Veränderungen.

Untergrund begraben können. In dicht bevölkerten Gebieten, in denen Flüsse eventuell Sedimente aus verschmutzten Industriezonen transportieren, wie z.B. dem Rotterdamer Hafen an der Rheinmündung, kann dies ein schwerwiegendes

Problem darstellen - ein derart schweres, daß die niederländische Regierung eine ungewöhnliche Kooperation mit potentiell umweltbelastenden Betrieben anstrebt. Sie schlägt vor, durch Abschluß eines Vertrages mit dem Verschmutzer über eine Art Eigentumsrecht ein Verursacherprinzip zu etablieren. Es handelt sich dabei um eine freiwillige Leistung seitens identifizierter Verschmutzer zur Beseitigung oder Stabilisierung betroffener Sedimente, um möglichen Gerichtsverfahren und hohen Geldstrafen zu entgehen. Der Plan basiert auf dem Nachweis einer Abwassereinleitung und einer Sedimentbelastung. Ein solcher Nachweis wäre über ein «finger print»-Verfahren, d.h. die Kodierung einzelner Abwässer mit chemischen Indikatoren, in Verbindung mit einem zuverlässigen Modelling möglich.

Strände verändern sich fortwährend. Ihre Hauptfunktion ist es, die Küste gegenüber der Energie der Wellen und Gezeiten abzuschirmen. Ohne diesen Schutz würden leicht erodierbare Küstenstriche sehr schnell verschwinden. Strände bilden sich aus einem *Sedimentspeicher*, der vom Meeresboden, von erodierten Vorgebirgen oder von materialführenden Flüssen stammt. Groben Strandkies findet man dort, wo sich die Wellenenergie konzentriert, Sand oder Schlick dort, wo sie sich verteilt. Abbildung 8.2 gibt einen Überblick der Küstenterminologie. Dünen sind in diesem Zusammenhang besonders wichtig, da sie infolge Erosion den Stränden Material zuführen und sich während windstiller Perioden auf natürlichem Wege regenerieren. Sie können durch Gräser, die wie der Strandhafer (*Ammophila arenaria*) ein ausgedehntes Wurzelsystem entwickeln, stabilisiert werden. Diese binden den Sand, bilden an der Oberfläche eine dünne organische Auflage, senken ferner die Windgeschwindigkeit und fördern dadurch eine größere Sandanhäufung. Dünen können durch Trittschäden von Besuchern mehr geschädigt werden als durch natürliche Faktoren: hieraus ergibt sich die Notwendigkeit drastischer Maßnahmen für den Erhalt der Dünen, um Besucher von gefährdeten oder bereits geschädigten Gebieten auszuschließen. Häufig sind Beaufsichtigung und Öffentlichkeitsarbeit notwendig, um sicherzustellen, daß Trittschäden auf ein Minimum reduziert werden. Ein besseres öffentliches Verständnis der ökologischen und geomorphologischen Rolle der Dünen bei der Strandformung und beim Küstenschutz muß tatkräftig gefördert werden. Dies wäre sogar wirksamer als die Rekonstruktion und Neuanlage von Dünen, die bereits als Teil einer strategischen Antwort auf eine Meeresspiegelerhöhung durchgeführt werden. In den Niederlanden z.B. ist der Schutz der Dünen ein Hauptaspekt bei der Erhaltung der Küsten. Dort sind alle Dünen nicht nur gesetzlich, sondern auch durch ein koordiniertes Management geschützt. Desweiteren werden Zonen zur Wiederherstellung von Dünen ausgewiesen. Die Rechtfertigung der Kosten gegenüber dem Nutzen dieses Programmes beinhaltet Schätzungen über den Erholungswert der Dünen unter Verwendung der Aufwandsmethode (vgl. Kap. 3) und der ökonomisch-ökologischen Ansätze (vgl. Kap. 2). Ohne diese Techniken wäre es weitaus schwieriger, in Wiederherstellungsprogramme zu investieren. Dünen dienen auch als Quellen frischen Grundwassers.

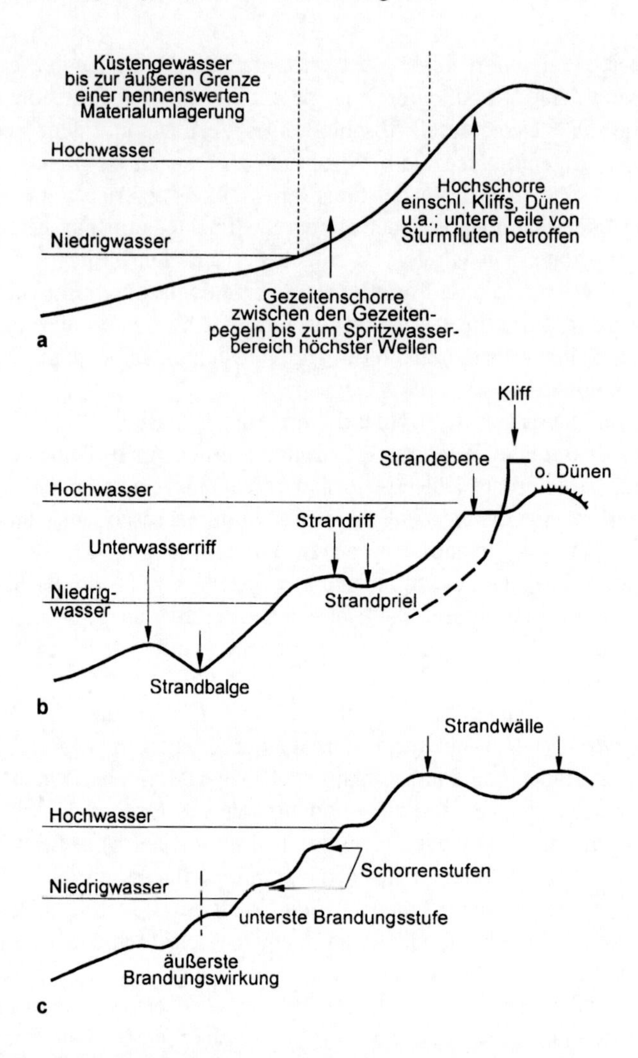

Abb. 8.2. Die Küstenterminologie: **a** Strandprofil; **b** Aufbau eines Sandstrandes; **c** Aufbau eines Kiesstrandes.

Salzmarschen kommen in geschützten Küstenregionen vor, in denen die Wellenenergie durch küstennahe Hindernisse, Strandwälle oder längsseits der Ästuare aufgezehrt wird. Die Marschen selbst werden durch ein kompliziertes Netz von – dem Wechsel der Gezeiten unterworfenen – kleinen Buchten wirksam überflutet und entwässert. Sie sind durch eine Vegetation gekennzeichnet, die den Schlick zurückhält und die Marschen langsam in die Höhe bis zum Niveau der höchsten Fluten aufbaut. Die Marschen selbst sind wichtige Umwandler von Schwefel und halten Nährstoffe und toxische Sedimente zurück. Ihre biologisch-geologisch-chemische Rolle in der Wechselbeziehung zwischen Meer und Atmosphäre stellt heute einen Schwerpunkt vieler wissenschaftlicher Forschungen dar.

Abb. 8.3. Veränderungen eines Strandquerprofils innerhalb von mehreren Jahren.

Erste Erkenntnisse deuten auf eine Fähigkeit zur Selbstregulierung hin, durch die Kohlenstoff, Schwefel und die Methanerzeugung aufrechterhalten werden. Derartige Marschen schützen nicht nur leicht erodierbare Küsten und Dämme vor der Wellenaktivität; sie können angesichts eines steigenden Kohlenstoff- und Schwefelumsatzes auch eine wichtige Rolle als geochemische Senke spielen. Außerdem gelten Salzmarschen als äußerst wertvolle Habitate für die Vogelwelt. Watvögel können in großer Anzahl - z.B. im Wattenmeer, an der Nordseeküste von North Norfolk und im Osten der USA an den Flußmündungen von Carolina bis Delaware - angetroffen werden. Viele Salzmarschen sind Schutzzonen zu Erhaltungs- und zu Erholungszwecken mit einem volkswirtschaftlichen Wert, der groß genug ist, ihre Ausweitung durch eine umsichtige kontrollierte Rückführung ehemaliger Marschen, d.h. durch Beseitigung vorgelagerter Dämme, zu rechtfertigen.

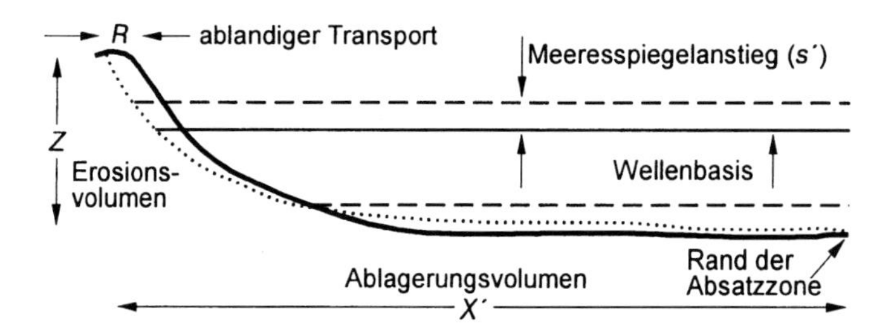

Abb. 8.4. Die Bruun'sche Regel: 1962 beschrieb Bruun eine Konzeption, die die Entwicklung eines Ausgleichs-Küstenprofils während einer landeinwärts gerichteten Bewegung der Strandlinie als Ergebnis einer Meeresspiegelerhöhung zu erklären versucht. Bruun nimmt dabei an, daß es zu keinen langfristigen Veränderungen der Eingangsenergie und der Sedimentmenge kommt.

Abbildung 8.3 illustriert eine typische Serie von Strandprofilen. Das Profil hat einen enormen Einfluß auf das Erosionspotential eines Strandes und ebenfalls auf die wahrscheinliche Gestalt des Strandes während einer Periode anhaltenden Meeresspiegelanstiegs. Dies ist auch als *Bruun'sche Regel* bekannt, die von einem norwegischen Ingenieur aufgestellt wurde:

$$\text{Stranderosion } (R) = \frac{\text{Profilbreite x Meeresspiegelanstieg } (s')}{\text{Profiltiefe } (z)}$$

wie in Abb. 8.4 veranschaulicht.
Die Erosionsrate kann folgendermaßen gebildet werden:

- Möglichst langfristige Aufzeichnung von Windrichtung und -geschwindigkeit;
- Herstellung einer Beziehung zwischen den Winddaten und der Wellenhöhe durch Beobachtung und Wellenbeckenexperimente;
- anschließend Erstellung eines Modells der Wellenbeugung auf der Basis des Strandprofils und *Snells Gesetz der Wellenbrechung*.

Die anhaltende Erosion der Kliffe liefert eine bedeutende Zufuhr an Strandmaterial. Sie führt zu einer erosiven küstennahen Zone und an der Küste zu einer wirksamen Uferdrift. Sand- und Kiesbänke fungieren in Gebieten mit relativer Stabilität als Sedimentvorrat und können gegen extreme Fluten Puffer von unschätzbarem Wert darstellen. Zonen, die in dieser Hinsicht relativ selbstregulierend sind, werden manchmal als Küstenzellen bezeichnet. Diese verändern sich zwar ständig, können aber dazu benutzt werden, Abtrag, Transport und Ablagerung von Sedimenten zu bestimmen. Abbildung 8.5 zeigt, wie solche Verfahren genutzt werden können, um den Sandhaushalt von East Anglia aufzudecken. Die Rolle der «Fütternden Kliffe» als Quelle einer kontinuierlichen Auffüllung ist besonders im Tiefland von äußerster Bedeutung, da dort die Flüsse keinen Sand und Kies an die Küste liefern. Solche Gebiete sollten vor jeglicher Form der Entwicklung geschützt sein, und es sollte bewußt zugelassen werden, daß weiterhin Erosion stattfindet.

8.2 Küstenschutz

In Großbritannien fällt die Verwaltung der Küste zwei Ministerien und zwei politischen Zuständigkeitsbereichen zu (siehe Einführung zu diesem Kapitel). Die Küste selbst obliegt der Verantwortung des Landwirtschaftsministeriums und seiner ausführenden Organe, der Wasserwirtschaftsbehörden. Die Wasserwirtschaftsbehörden sind auf zehn Bezirke verteilt und werden in ihrer Arbeit durch örtliche Hochwasserschutz-Kommitees unterstützt. Diese sind größtenteils aus Grundbesitzern überschwemmungsgefährdeter Gebiete und Ratsmitgliedern der

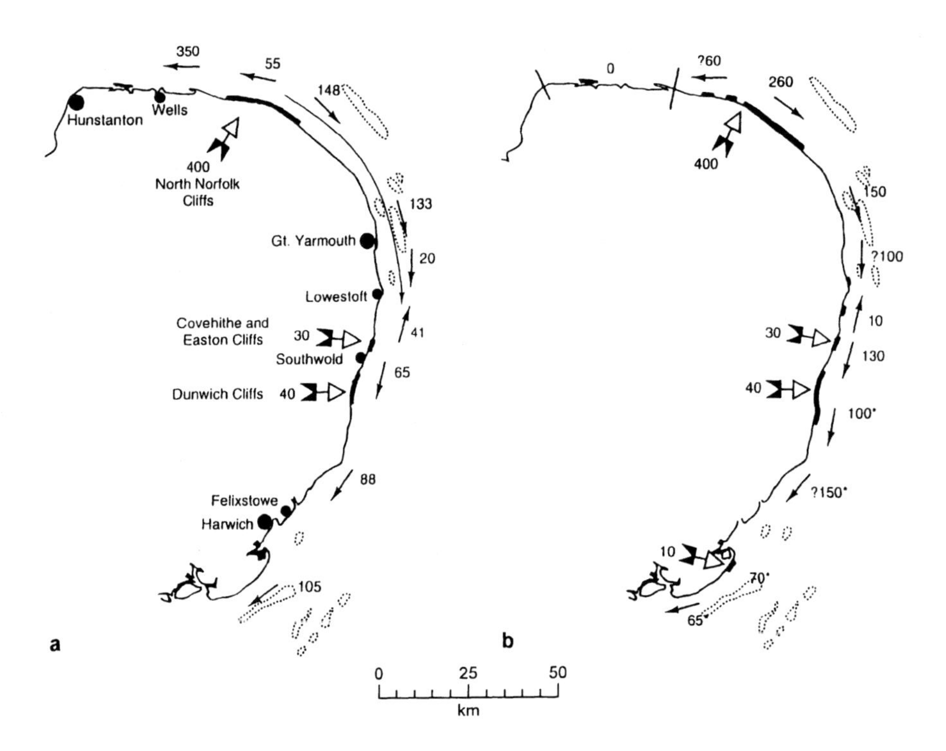

Abb. 8.5. Der Sandhaushalt von East Anglia. Einträge von Kliffs und Strandversatz in Beträgen von 1000 m³/Jahr. **a** Berechnete Nettobeträge des Sandtransports an der Küste im Zeitraum von 13 Jahren (1964–1976); **b** Die wahrscheinlichsten Beträge sind jene, die über unterschiedliche Zeiträume hinweg aus Untersuchungen der Brutto- und Nettotransportbeträge an der Küste hergeleitet wurden. Dabei wurden sowohl theoretisch bestimmte als auch aus Messungen von Wellenbeobachtungsgeräten (1974–1979) berechnete Werte benutzt. Sie werden als relativ zuverlässig angesehen (über einen Zeitraum von 20 Jahren und mehr). Nur die mit einem «?» markierten Beträge gelten als unsicher, wobei jedoch die Transportrichtung stimmt. Die Sternchen bezeichnen theoretische Beträge, die mangels Sand und/oder eines allen Gezeitenständen ausgesetzten Strandes nicht erreicht wurden. Die wichtigsten der Küste vorgelagerten Bänke werden in beiden Plänen angezeigt.

Kommunalverwaltung, die häufig auch die Küstenwahlkreise repräsentieren, zusammengesetzt. Das Küstengebiet vom Meer landeinwärts obliegt dem Umweltministerium und betrifft auch die Bezirksräte. Ihr Ziel ist es, die Erosion unter Kontrolle zu bringen und das Küstengebiet zu stabilisieren. Sie erhalten zwar für bewährte Küstenschutzkonzepte Zuschüsse vom Landwirtschaftsministerium, müssen aber generell für die Instandsetzungskosten selbst aufkommen.

Finanzielle Engpässe sind auch bei den Hochwasserschutzprogrammen alltäglich. In Großbritannien müssen die Grafschaftsräte etwa ein Viertel des Kapitals für das Programm der Wasserwirtschaftsbehörden zum Schutz der Küste beisteuern. Dieses Geld wird nach einem Jahr vom Umweltministerium zurückgezahlt.

Unterdessen müssen die Grafschaftsräte ihren Bürgern für dieses Kapital Steuern auferlegen, da sie bereits Gelder für viele andere Erfordernisse, wie z.B. Polizei, Sozialleistungen und Straßenbau, aufbringen müssen. Die Schlüssel, nach denen die Ausgaben einer Grafschaft festgesetzt sind, ziehen die Notwendigkeit eines Küstenschutzes nicht in Betracht. Infolgedessen werden die Grafschaften regelmäßig mit einer Rechnung konfrontiert, die ihre Ausgabebudgets überschreitet. Auch wenn das Geld schließlich zurückfließt, ist dies von geringer Bedeutung, da die Grafschaft in ihren Gesamtausgaben durch Weisungen der Zentralverwaltung, die auf theoretischen Kostenschätzungen basieren, eingeschränkt ist.

Es kommt folglich zu einem Tauziehen zwischen den Küstengrafschaften, den örtlichen Landentwässerungskommittees, in denen sie gut vertreten sind, und den Wasserwirtschaftsbehörden mit ihren spezifischen Erfordernissen. Technische Anlagen erhalten selten so viel Kapital, wie es die Finanzen erforderlich machen, und jedes Jahr mit einem Defizit schafft einen finanziellen Rückstand, der sich politisch als sehr unangenehm erweisen kann.

Hinter der Fassade geschäftiger technischer Aktivität herrscht ein gewaltiger politischer und wirtschaftlicher Aufruhr. In Bezug auf den Erhalt der Küste existiert in keinem Land ein administrativer Zusammenhang. In Neuseeland wurde ein Gesetz zur Erhaltung der Ressourcen erlassen, das eine einzige Küstenbehörde vorsieht; das landwärtig gelegene Gebiet wird jedoch noch von zwei kommunalen Ebenen aus verwaltet. Wegen der Landnutzungsaufsicht und des Schutzes von gefährdeten Strandgrundstücken und Feuchtgebieten herrschen in den USA häufig Auseinandersetzungen zwischen Bundes-, Staats- und Kommunalbehörden. Das Lagunenprojekt Venedig stockte jahrelang auf Grund der Unfähigkeit, regionale und nationale Prioritäten miteinander zu verknüpfen, ungeachtet der zunehmenden Hochwassergefahr und trotz eines Verwaltungskomittees, dessen Aufgabe es war, die verschiedenen verantwortlichen Parteien zu koordinieren (siehe Kasten 8.1).

Kasten 8.1 Die Lagune von Venedig

Venedig ist in jeder Hinsicht sowohl unersetzlich als auch gefährdet. Seine Seemacht im 13. bis 16. Jh. stattete es mit der nötigen Stabilität und dem Reichtum aus, eine prachtvolle Stadt zu errichten, die, auf einer Inselgruppe innerhalb einer Lagune gelegen, durch eine der Küste vorgelagerte Barriere schwach geschützt ist. Mit den Jahrhunderten wurde die Barriere für die Handelsschiffahrt durchbrochen. Die Lagune wurde ausgebaggert, um Zugang zu schaffen und Material zur Landaufschüttung zu gewinnen. Viele der Barrieren und ökologisch wertvollen Schlickzonen sind verschwunden oder wurden reduziert. Immer noch ist Venedig periodischen Sturmfluten ausgesetzt, außergewöhnlichen Hochwassereinbrüchen, die von starken Winden an der östlichen Seite eines nach Süden ziehenden alpinen Tiefdruckgebietes vorangetrieben werden. Am 4. November 1986 erreichte die Flut 194 cm gegenüber einem durchschnittlichen Flutpegel von 50–60 cm. Der berühmte St.-Markus-Platz war einen Meter überflutet und über 70 % der Stadt standen unter Wasser. Heutzu-

Fortsetzung n.S.

Kasten 8.1 ***Fortsetzung***

tage ereignen sich Fluten von mindestens 100 cm fünf- oder sechsmal im Jahr: Eine Meeresspiegelerhöhung von 30 cm würde bedeuten, daß der St.-Markus-Platz nahezu jeden Tag überflutet würde. Diese Fluten sind nicht nur ein großes Ärgernis für die Touristen und allgemein für den Handel: sie greifen die Fundamente der Gebäude an und verstärken sowohl das Problem des Gestanks als auch das der Stechmücken.

1992 stellte die italienische Regierung umgerechnet $1–2 Mrd. für die Vorbereitung eines Planes bereit, quer durch die vier Eingänge der Lagune hydraulische Sperren zu errichten. Diese Bauten werden aus 79 Schleusenklappen bestehen, wobei jede so konstruiert ist, daß sie in einem Winkel von 50° gegen die ansteigende Flut emporgehoben wird. Die Tore können unabhängig voneinander bedient werden und es so niedrigen Fluten gestatten, nur durch ein Tor einzudringen und dadurch den Wasseraustausch der Lagune zu erhöhen, die stark mit Nährstoffen und landwirtschaftlichen Abwässern verunreinigt ist. Außerdem wird die Lagune durch vier Konzepte manipuliert, die entworfen wurden, um ihre Fähigkeit, hohe Wasserstände zu absorbieren, wiederherzustellen:

1. Rekonstruktion der Küstenmarschen, derzeit mit einer Ausdehnung von der Hälfte ihrer ursprünglichen Fläche von 100 km^2. Dies wird über Versuchsreihen zur Rekonstruktion von Salzmarschen vorbereitet.
2. Instandhaltung des komplexen hydraulischen Netzwerkes der Lagune, die sich derzeit durch Erosion und Ausbaggern verändert, um größere Wasserzirkulationen an den Küstenmarschen zuzulassen.
3. Wiederbepflanzung seichter Zonen mit einer Marschvegetation, um sowohl den Schlick zu stabilisieren als auch die Schlammzonen aus ökologischen Gründen zu besiedeln.
4. Die Konstruktion von Sandengpässen, um einen Teil des Sediments zurückzugewinnen, das von der Meeresströmung mitgeführt wird und das derzeit durch den Einlaß der Hafendämme umgelenkt wird.

Das venezianische Lagunenprojekt ist auf dem Papier gut durchdacht, aber noch weit davon entfernt, tatsächlich vollendet zu werden. Ein Teil des Problems liegt in der Vielfalt der Zuständigkeitsbereiche zwischen Kommunalverwaltungen, regionalen und nationalen Regierungen. Aber eine größere Schwierigkeit besteht darin, unter den Kommunalverwaltungen eine Übereinstimmung zu erzielen, um den Grundstein für Abwasseraufbereitungsanlagen, Entfernung der Nährstoffe und Reduktion landwirtschaftlicher Düngerapplikation zu legen. Ironischerweise kann der Erfolg der physikalischen Sperren zur Kontrolle der Gezeiten ernstlich in der Lage sein, der Gestalt und Ökologie der Lagune Schaden zuzufügen, sofern das Projekt nicht als ein Ganzes entworfen und gemanagt wird.

Natürlich ist es im Interesse aller, dauerhafte und kosteneffektive Küstenschutzanlagen zu schaffen. Die Frage ist nur, was ist dauerhaft und was ist kosteneffektiv, wenn es um den Küstenschutz geht?

Die üblichen Schutzmaßnahmen sind die Kies- bzw. Tonbank oder der Deich. Sie sind gewöhnlich darauf ausgelegt, solchen Hochwasserereignissen zu widerstehen, die, kleine landwirtschaftlich genutzte Gebiete betreffend, mit einer

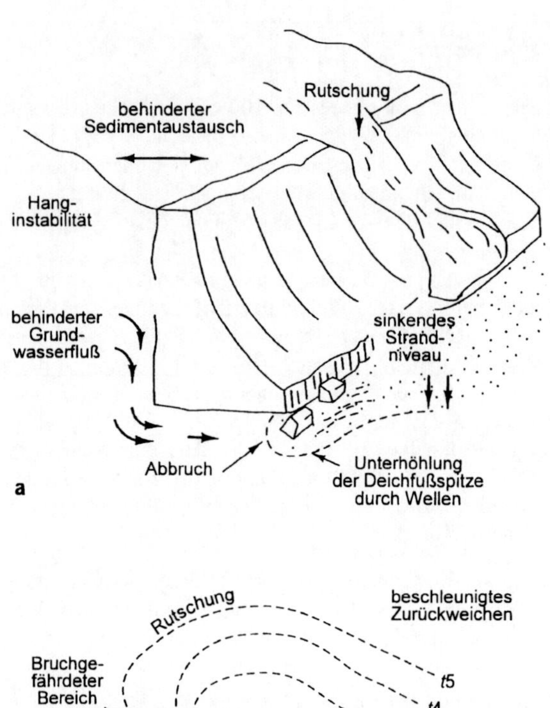

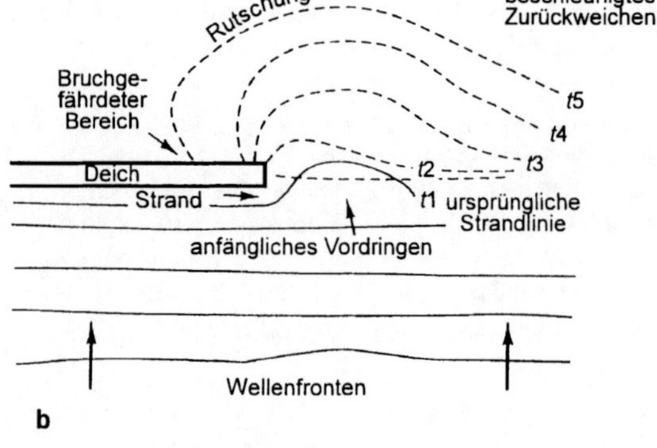

Abb. 8.6. Einige Umweltprobleme, die von Deichen verursacht werden: **a** sinkendes Strandniveau, schlechte Entwässerung und ein behinderter Sedimentaustausch führen sowohl zu Unterschneidungen als auch zu Rutschungen; **b** am Deichende weicht die Strandlinie erosiv zurück und schließlich kommt es zu einer Unterhöhlung des Deiches von hinten, die Einstürze verursacht. Die Zustände *t1* bis *t5* zeigen das Zurückweichen der Strandlinie über einen längeren Zeitraum an.

Wahrscheinlichkeit von einem Ereignis in 20 Jahren auftreten. Bei Straßen- und Bahnverbindungen ist dies ein Zeitraum von 50 und bei gewerblichem oder Wohneigentum 200 Jahre. Solche Bauwerke halten selten länger als 40 Jahre, einige versagen bereits bald nach ihrer Errichtung, wenn die morphologischen Prozesse der Küste nicht richtig eingeschätzt wurden. Abbildung 8.6 zeigt, wie eine unzulängliche Dränage eine Schutzmauer im Fußbereich eines Kliffs deshalb unterminieren kann, weil die Erosion des Kliffs verhindert wird. Die unterbundene Erosion verursacht ein Defizit in der Materialzuführung des Strandes. So

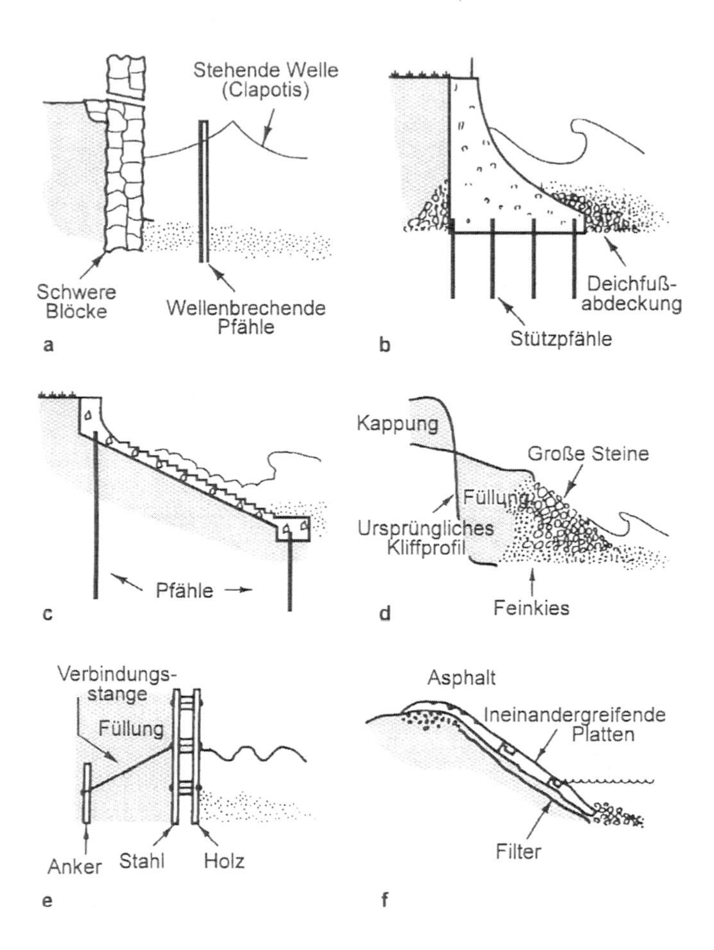

Abb. 8.7. Eine auf Energiewerten beruhende Abfolge von Strandschutzkonstruktionen (**a–f** von hoch bis niedrig): **a** senkrecht stehender Deich, der aus widerstandsfähigen, ineinandergreifenden Blöcken aufgebaut ist; **b** gewölbter Deich mit Deichfußdeckwerk; **c** geneigter und treppenförmiger Deich, der durch Pfähle gesichert wird; **d** Panzerung mit einem Schotterwall und Hangumgestaltung; **e** Schutzwand aus Holz oder Stahl; **f** Befestigung aus Platten, Schanzkörben oder Asphalt.

kann dort, wo es sonst eine relativ stabile Küste gegeben hätte und nun ein Deich oder ein Buhnensystem endet, zusätzliche Erosion auftreten.

Abbildung 8.7 zeigt deutlicher, wie verschieden die Küstenschutzvorrichtungen funktionieren. Das Hauptproblem bei den meisten dieser Konstruktionen ist, daß sie eine Wellenreflexion und somit eine größere Abtragung des Strandes verursachen und auf diese Weise ihre Fundamente einer verstärkten erosiven Kraft aussetzen. Befestigungen oder Holzkonstruktionen, die entworfen wurden, um die Wellenenergie aufzuzehren, schaden eher, wenn sie voll verschalt sind. Bessere Entwürfe sollten einen Durchlaß für Wasser inklusive des mitgebrachten

Küsten- und Kliffsedimentes zulassen. Ähnlich sollten Buhnen oder Holzkonstruktionen, die rechtwinklig zur Küste stehen, weiträumig angelegt sein, um eine Sedimentakkumulation zu ermöglichen. Die Menge des Strandmaterials zwischen den höher und tiefer gelegenen Abschnitten der angrenzenden Buhnen sollte stabil bleiben, etwa wie ein Fließgleichgewicht in einer beständig sich füllenden Wanne mit einem kontrollierten Ablaß. Der richtige Abstand ergibt sich aus Versuchen, der Kenntnis der Wellenmuster sowie -intensität und der Effektivität der Buhnen. Abbildung 8.8 beschreibt den Berechnungsablauf. Ebenso wichtig ist, daß Sand oder Kies zwischen neu errichteten Buhnen plaziert wird und dieser nicht aus der natürlichen Uferdrift entnommen wird.

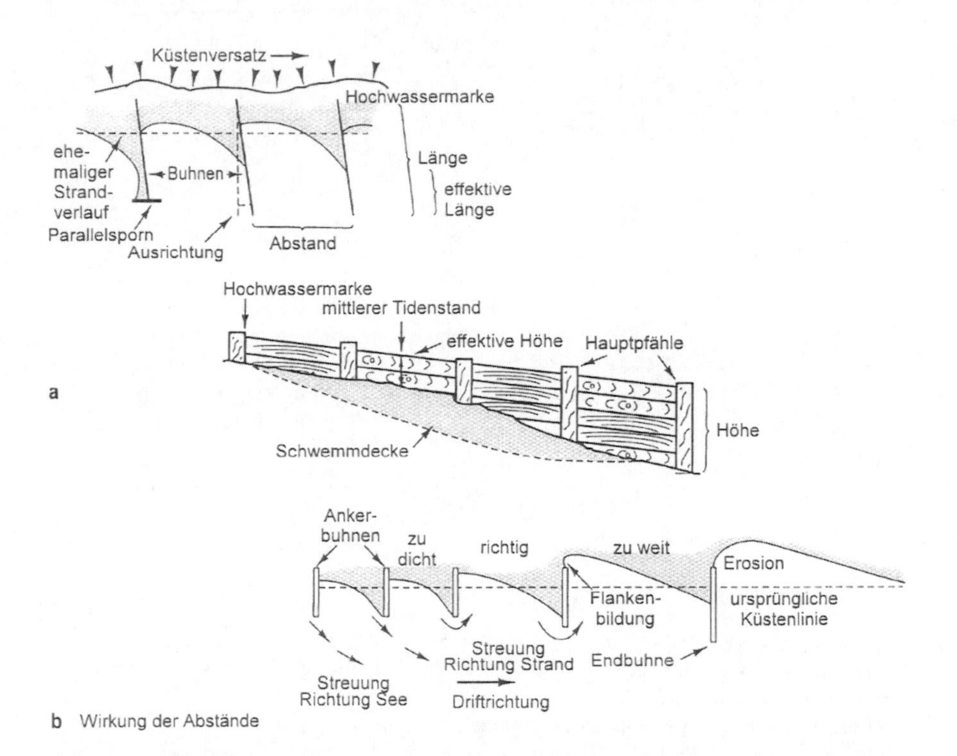

Abb. 8.8. Buhnenkonstruktionen und ihre Abstände. **a** Buhnen sollten so konstruiert sein, daß sie das Sediment auffangen und zurückhalten. Dies ist aber oft nicht der Fall. Die Auffangleistung und die Wirksamkeit der Buhnen können durch die Kenntnis der Materialmengen beurteilt werden, die sich in und aus einem Buhnenfeld bewegen. Die anwachsende «Leiste» im mittleren Diagramm kann nur einen schmalen Teil des Buhnenzwischenraumes einnehmen. **b** Die Korrektur der Buhnenabstände ist wahrscheinlich eine Funktion von Wellenparametern. Relativ schmale Abstände fördern die Bildung von Flanken. Endbuhnen sind oft für eine abwärts, in Richtung der Küstenströmung einsetzende Erosion (*downdrift erosion*) verantwortlich. Auffangleistung (%) = zurückgehaltenes Volumen x 100 / (Länge x Abstand x Höhe); Buhneneffektivität (%) = (Volumen-Input – Volumen-Output) x 100/Volumen-Input.

8.3 Integriertes Küstenmanagement

Ein integriertes Management der Küstenzone ist das ideale Konzept, um das sich zwar alle bemühen, aber nur wenige erreichen. Es beruht im wesentlichen auf vier Grundsätzen:

1. Natürliche Prozesse zur Verteidigung und zum Schutz sollten gefördert, zu einem angemessenen Preis kalkuliert und vollständig in die Planung oder das Managementkonzept aufgenommen werden.
2. Hauptsächlich zu diesem Zweck sollten natürliche Bereiche wie Landspitzen, Dünen, Salzmarschen und Feuchtgebiete angemessen gesetzlich geschützt, von bestehender Besiedlung - wenn nötig über eine Entschädigung - freigeräumt und ihre erhaltende Funktion sorgsam überwacht werden.
3. Befestigungen zum Küstenschutz sollten immer in angemessener Weise ausgeführt werden und die Erhaltung des natürlichen Strandes unterstützen. Außerdem sollten Kosten-Nutzen-Analysen den wesentlichen Zusammenhang beider Aspekte berücksichtigen.
4. Die Landnutzungsplanung sollte offiziell in ihren Berechnungen berücksichtigen, daß die anfälligen Küstengebiete einem Meeresspiegelanstieg und einer steigenden Sturmgefahr entgegensehen, so daß in diesen Gebieten keine neue Besiedlung oder wirtschaftliche Aktivität erlaubt wird und bereits existierende Bebauungen, soweit möglich, nicht mehr geschützt werden - wiederum auf Grundlage einer entsprechenden Entschädigung.

Das sind harte und umstrittene Grundsätze. Selbst in gut zusammenarbeitenden Verwaltungen werden sie nicht oft angewendet. Und eifersüchtig geschützte Regierungsüberzeugungen und -richtlinien, in denen Kosten-Nutzen-Analysen wie die in Kap. 2 und 3 vorgestellten noch keinen festen Platz einnehmen, verhindern durch die daraus sich ergebende Küstenschutzpolitik ein integriertes Management.

Integriertes Küstenmanagement ist kein geradlinig und einfach umsetzbares Konzept. Es ist ein Prozeß mit vielen gangbaren Wegen, die von den physikalischen, institutionellen und politischen Umständen des Küstenschutzes abhängig sind. Es wäre sehr unklug, eindeutige Planungsrichtlinien für Managementkonzepte festzulegen. Drei Kriterien können dazu dienen, um die Entwicklung geeigneter Verfahren im integrierten Küstenmanagement zu unterstützen:

1. *Die Optimierung vielfältiger Ziele.* Wenn viele unterschiedliche Zielvorgaben bestehen, wird man immer einige fallen lassen müssen, um andere erfüllen zu können. Das Ziel des integrierten Küstenmanagements sollte es sein, Verwaltungsstrukturen zu schaffen und die Öffentlichkeit in der Weise zu beteiligen, das Übereinkünfte erzielt werden können. Dies kann zwar zu einer begrenzten Verwirklichung der Ziele einzelner Interessengruppen führen, bedeutet aber nicht zuletzt, daß ein gemeinsames Ziel von allen respektiert und unterstützt wird. Dies setzt ein flexibles und anpassungsfähiges Manage-

ment voraus, das auf Veränderungen im Informationsstand und in der experimentellen Wissenschaft reagieren und das öffentliche Interesse in der gleichen Weise entsprechend der Fortschritte dieses Innovationsprozesses verändern kann. Es erfordert auch die Notwendigkeit von einfallsreichen und innovativen Kosten-Nutzen-Analysen, die durch die Befürwortung von seiten der informierten Öffentlichkeit gestützt werden (siehe Kasten 8.2).

2. *Die Aufrechterhaltung der lebenserhaltenden Prozesse*. Ein gut geführtes Küstenprojekt sollte nachweislich die lebenserhaltenden Systeme der Küstenzone stärken. Möglich wird dies durch den Entwurf geeigneter Maßnahmen, durch die Schaffung und den Schutz von Habitaten und durch die Einsicht in unser begrenztes Verständnis der Belastbarkeit von Ökosystemen. Eine gutfundierte wissenschaftliche Basis für die Arbeit an der Küste, eine effiziente ökologische und hydrologische Überwachung, so weit es unsere Kenntnisse erlauben, und die ehrliche Akzeptanz der Grenzen unseres Wissens sind vonnöten. Die Unsicherheit unseres Wissen ist kein Schreckensbild, wenn wir sie angemessen in Betracht ziehen.
3. *Ein wirksames Management*. Die *Kosten* für jedes Küstenzonenprogramm müssen in bezug auf seinen Erfolg bei der Integration der von Natur aus widersprüchlichen Zielvorgaben und der Garantie ihrer ökologisch verträglichen Realisierbarkeit gemessen werden. Wenn diese Ziele nachvollziehbar sind, kann der *Nutzen* zum Teil anhand der Verfahren gemessen werden, die zum Erfolg führen. Ein wirksames Management realisiert sich im Vertrauen in ein Programm, das gut begründet ist, effizient überwacht und jenen gut vermittelt wird, die in seinen Erfolg investiert haben. Die öffentliche Beteiligung ist nicht nur ein demokratisches Symbol. Sie sollte einen Prozeß von Beratung und kontinuierlicher Neuorientierung hinsichtlich eines variablen Bündels optimierter Ziele, die nur durch die Aufklärung der gemeinsamen Interessen miteinander vereinbar werden, in Gang bringen (siehe Kasten 8.3).

Immerhin werden Fortschritte gemacht. In allen Organisationen, die die technischen Verfahren entwickeln und einsetzen, gab es einen steten Wandel zugunsten einer Mischung aus einer Strandpflege und dem Konzept eines kontrollierten Rückzugs, zusammen mit konventionellen Mitteln wie Uferschutzschichten, Deichen und Buhnen. Es ist viel von «angepaßter Technik» und von einer «Zusammenarbeit mit der Natur» die Rede. Dies ist ein wichtiger Schritt vorwärts, denn die Kosten-Nutzen-Analysen müssen in irgendeiner Form den Erholungswert (unter Anwendung der Aufwandsmethode) und den Reichtum an Vorzügen (unter Anwendung der Kontingenz-Bewertungsmethode) berücksichtigen.

Das Vorsorgeprinzip wird nun hinsichtlich des Schutzes von Feuchtgebieten, der Kontrolle von Schadstoffeinträgen, besonders von Nährstoffen, bereitwilliger angewendet, und die Last eines verträglichen Eingriffs in die Umwelt wird vermehrt auf die Schultern der Entwickler geladen. Außerdem kommt die strategische Umweltverträglichkeitsprüfung (UVP) in Mode. Sie ist ein zentrales

Kasten 8.2 Die «Broads» und eine Strategie zur Hochwasserbekämpfung

Die Norfolk und Suffolk Broads, eine Seenlandschaft in Ostengland, sind eines der wichtigsten Feuchtgebiete in Nordwesteuropa. Die 20 000 ha umfassende Region besteht im wesentlichen aus den entwässerten und nicht dränierten Tälern dreier Flüsse, die in Great Yarmouth zusammenlaufen. Das gesamte Gebiet liegt unter Hochwasserniveau und ist durch Sturmfluten, die von Nordwinden entlang eines Tiefdruckgebietes, das in Richtung Südosten die Nordsee überquert, herangetragen werden, sehr gefährdet. Gegenwärtig sind die Küstenschutzmaßnahmen, die nach der großen Sturmflut vom 1. Februar 1953 wiederaufgebaut wurden, in verhältnismäßig gutem Zustand. Vor zehn Jahren erforderte die Rechtfertigung eines jeden Programms zur Stabilisierung der langsam versinkenden Ufermauern und die Abwehr des ansteigenden Meeres durch einen Strandwall in Yarmouth einige erstaunliche Berechnungen über den verbesserten landwirtschaftlichen Ertrag in den trockengelegten Marschen. Seitdem Getreide zum einen stark subventioniert wird und zum anderen im Überschuß vorhanden ist, wären solche Berechnungen angesichts der Kritik von Umweltorganisationen, die ängstlich darauf bedacht sind, die historischen Weidenmarschlandschaften und die vielfätigen Wasserpflanzen in den Entwässerungskanälen beizubehalten, nicht mehr möglich.

Heute ist die gesamte Region als umweltsensitives Gebiet eingestuft. Das heißt, daß das britische Landwirtschaftsministerium jährlich über £2,5 Mio. an Landwirte bezahlt, um unrentables Weideland zu sichern und die ökologisch vielfältigen Entwässerungssysteme wiederherzustellen. Diese Investition liefert die Basis für eine ökologische ausgerichtete Kostennutzenanalyse nach dem Prinzip, das in Kap. 2 erörtert wurde. Die Umweltschutzinteressenten in der Region glauben, daß die Kombination aus einem Gezeitenwehr am Fluß Bure zusammen mit Schwemmland, das die Flutwellen in Richtung auf die südlichen Flüsse absorbiert, einen angemessenen Schutz darstellt und eine reichhaltige Ökologie unterstützen würde. Das örtliche Landentwässerungskomitee bevorzugt ein einfaches Gezeitenwehr am Inner-Yare ohne Schwemmland, aber mit einem höheren Sicherheitsgrad für alle Täler. Die momentan gültigen Regierungsrichtlinien, deren Priorität der Schutz von städtischen Gebieten ist, schlagen ein äußeres Gezeitenwehr an der Yaremündung vor, das Great Yarmouth wie auch die Broads schützen würde. Diese Alternative wurde jedoch aus navigationstechnischen Gründen ausgeschieden. Über die Angelegenheit muß noch entschieden werden, wahrscheinlich aber werden sich weder ein Gezeitenwehr am Yare noch ein kleineres Gezeitenwehr am ökologisch empfindlichen Bure als kosteneffektiv erweisen. Beim Yare-Gezeitenwehr wäre das selbst bei großzügiger Auslegung und mit Hilfe einer Kontingenz-Bewertung der Fall. Deshalb wird ein Programm vorbereitet, das eine Dammverstärkung zusammen mit geplantem örtlichem Schwemmland vorsieht und an Projekte zur Aufgabe überschüssigen Agrarlandes zur lokalen Gezeitenentlastung gekoppelt ist. In diesem Zusammenhang ist ein Programm zur Erhöhung der Flußpegel bei Niedrigwasser zu sehen. Dadurch soll das Eindringen von Salzwasser auf ökologisch verträgliche Maße beschränkt werden.

Die Geschichte der Broads zeigt die komplizierte Politik der Abstimmung von Landnutzung und verträglicher Technik, die wechselnde Rolle der Kostennutzenanalyse in der Bewertung landwirtschaftlicher Rentabilität und eingeschränkter Landnutzung sowie den Rahmen für die Erweiterung der Artenvielfalt bei extensiver landwirtschaftlicher Nutzung als Teil eines Gesamtansatzes zum Hochwasserschutz.

Fortsetzung n.S.

Kasten 8.2 ***Fortsetzung***

Dies ist Gegenstand eines integrierten Küstenmanagements, das den Rahmen für einen kontrollierten Rückzug durch ein sowohl wünschenswertes als auch flexibles Schutzprogramm festsetzt. Der Kompromiß kam nach drei Jahren intensiver Diskussion zustande. Die gegensätzlichen Einstellungen im Denken wurden durch das Verfahren jedoch nicht merklich geändert.

Element der Vorgehensweise des Küstenmanagements beim Naturschutz, bei der Bekämpfung der Umweltverschmutzung, bei der Einschränkung des Tourismus und bei der begrenzten Gewässernutzung in Verbindung mit langfristigen Plänen zur Küstenentwicklung, um einem Meeresspiegelanstieg zuvorzukommen. Bis heute sind die Errungenschaften auf diesem Gebiet bescheiden geblieben, da die integrierte Vorgehensweise immer noch eine ferne Vision ist. Aber zumindest wird diesen Überlegungen heutzutage, da nationale Umsetzungen der Agenda 21 und Nachhaltigkeitsstrategien entwickelt werden und wachsender Druck auf die Regierungen ausgeübt wird, den Umweltgedanken in alle Aspekte der Politik der Ressourcenverwaltung einfließen zu lassen, mehr Gehör verschafft.

Kasten 8.3 Die Untersuchung der australischen Küstenzone

Von 1992 bis 1994 hielt die «Resource Assessment Commission» der australischen Commonwealth Regierung Hearings ab und entwickelte Positionspapiere zum Management der gesamten australischen Küste. Die Kommission beschloß, folgende Richtlinien festzusetzen:

- *Küstenzonen-Management.* Eine bessere Koordination zwischen Commonwealth- und Staatsregierung und Kommunalverwaltung ist nötig, indem sowohl die Ziele als auch die Budgets integriert und die Prinzipien geteilter Leitungsbefugnisse akzeptiert werden. Dies verlangt die Einrichtung von gesetzlich unterstützten Verwaltungskooperativen, die von Projektkoordinatoren auf einer subregionalen Basis geleitet werden, um so Verschwendungsstrukturen vorzubeugen.
- *Vorsichtsmaßnahmen gegen Umweltverschmutzung und in der Landnutzungsplanung.* Die Verschmutzung der Küste ist bereits besorgniserregend fortgeschritten. Vorsorgemaßnahmen, die an eine umweltorientierte Ökonomie gekoppelt sind, müssen bei der Abwasserreinigung und -beseitigung, bei der Kontrolle von landwirtschaftlichen Abfällen und bei Räumungsprogrammen in einem Ästuar angewendet werden. Die touristische Entwicklung muß streng überwacht werden, mit besonderem Schutz der Schlüsselhabitate. Das Verursacherprinzip sollte auf eine touristische Belastungsabgabe ausgeweitet werden, um nachhaltige Touristikprojekte zu finanzieren.
- *Beteiligung der Urbevölkerung.* In vielen Teilen von Nord- und Westaustralien haben Ureinwohner de facto Besitzrechte im Fischfang, in der touristischen Entwicklung, im Seeparkmanagement und beim Schutz kultureller und heiliger Stätten. Diese Anforderungen sollten in das kooperative Küstenmanagement mitaufgenommen werden.

Leider wird diese Entwicklung für viele bewohnte und gefährdete Küsten zu spät kommen. Die tiefliegenden Inseln im Pazifik und in der Karibik sind sogar bei einem geringfügigen Meeresspiegelanstieg extrem gefährdet, doch können sie keinen Versicherungsschutz gegen Überschwemmung auf ihren Besitz, einschließlich der Ferienhotels, abschließen, geschweige denn eine Entschädigung für den Verlust ihres Besitzes erhalten. Dies wird wahrscheinlich zu erheblichen Konsequenzen für die zukünftige wirtschaftliche Entwicklung führen, zumal keine Entschädigungsregelungen in Aussicht stehen. Besonders nach heftigen Sturmschäden zeichnen sich in jedem Land Unruhen über die Ablehnung eines solchen vom Steuerzahler finanzierten Schutzes jener Liegenschaften, die in der durch Flutwellen gefährdeten Küstenzone liegen, ab. Die Eigentums- und Wohlstands-Politik führt gewöhnlich zusammen mit einem Post-Katastrophen-Mitgefühl dazu, daß diese Gebiete wieder aufgebaut werden, selbst wenn ein kontrollierter Rückzug aus der Küstenzone sich als bessere Wahl erwiese. Trotz aller Anstrengungen sind UVPs für den Schutz der Feuchtgebiete und der anderen nationalen lebenswichtigen Zonen an der Küste nicht besonders effektiv. Eine modifizierte Kosten-Nutzen-Analyse bietet ebenfalls keinen besonderen Schutz. Als die IPCC[2] ihre Kräfte sammelte, um umfassendere Ansätze zu einem Küstenmanagement zu entwickeln, hoffte manch einer, daß einige dieser Unzulänglichkeiten überwunden werden könnten. Die Zeichen stehen nicht gut, wenn das Meerwasser an die Tür plätschert und der Schrei nach Schutz lauter ist als der nach Rückzug. Ein möglicher Durchbruch ist vielleicht von verstärkten nationalen Plänen zum strategischen Küstenmanagement - vor dem Hintergrund der Bewegung zur Agenda 21 - und Kompensationszahlungen zur Aufhebung des Eigentumsschutzes an solchen Küsten, die in ihren natürlichen Zustand zurückgeführt werden sollen, zu erwarten. Die notwendigen Mittel dafür könnten zum Teil aus der Kohlendioxidabgabe zufließen. Schließlich wird der Meeresspiegelanstieg möglicherweise zu 60 % durch Kohlendioxidemissionen verursacht. Dies öffnet die Büchse der Pandora der Sondereinnahmen aus der Besteuerung der Umweltleistungen. Wenn sich die Puzzleteile alle an ihrem richtigen Platz befinden, könnte das integrierte Küstenmanagement vielleicht seinen Kinderschuhen entwachsen.

Weiterführende Literatur

Als guter Einstieg dient Carter RWG (1988) Coastal environments: an introduction to the physical, ecological and cultural systems of coastlines (Academic Press, London). Den geomorphologischen Bezug gibt Clayton KM (1979) Coastal geomorphology (Macmillan Educational Books, London). Einen wert-

[2] Intergovernmental Panel on Climate Change.

vollen Überblick über die Sichtweise verschiedener Länder bezüglich des Themas liefert: Organization of Economic Cooperation and Development (1993) Coastal zone management: integrated policies (OECD, Paris). Perspektiven ökologischer Planung siehe in: Salm RV, Clark JR (1984) Marine and coastal protected areas: a guide for planners and managers (International Union for the Conservation of Nature, Gland, Schweiz).

9 Vorhersagen zum Meeresspiegelanstieg und der Umgang mit den Konsequenzen

Keith Clayton

Behandelte Themen:

- Die Jüngste Geschichte der Meeresspiegelschwankungen
- Die Reaktion der Küste auf den gegenwärtigen Meeresspiegelanstieg
- Die Technik und die Stabilisierung der Küstenlinie
- Prognosen zum Meeresspiegelanstieg
- Anpassungen an einen zukünftigen Meeresspiegel
- Das Konzept des Küstenzonenmanagements
- Vor einer schweren Wahl: Selektivität im Küstenzonenmanagement
- Das langfristige Management der Küstenzone

Wie im vorigen Kapitel bereits deutlich wurde, ist die Küste sowohl ökologisch empfindlich als auch stark bewohnt. Viele Küstengebiete sind durch einen Anstieg des Meeresspiegels gefährdet. Das gilt besonders für die etwa 30 kleinen Inselstaaten, die größernteils im Pazifischen und Indischen Ozean liegen und deren höchste Erhebungen den Meeresspiegel nur um einen Meter überschreiten. Sollte ein Meeresspiegelanstieg schließlich diese Höhe erreichen, würden diese Inselstaaten verschwinden. Es verwundert deshalb nicht, daß sie sich zu einer Vereinigung zusammengeschlossen haben, die sich energisch für das Vorsorgeprinzip einsetzt. Doch heute ist es äußerst unwahrscheinlich, daß das internationale Versicherungswesen irgendwelche wichtigen Projekte an den Küsten dieser auf den Tourismus angewiesenen Inseln versichern würde. Das bedeutet, daß die Wirtschaft dieser Inseln entweder selbst für die Versicherung gegen Überschwemmungen aufkommen muß, oder daß die Bestrebungen, mehr Touristen aus Übersee in diese Gebiete zu lenken, stark eingeschränkt werden müßten.

Das Dilemma der kleinen Inselstaaten zieht eine ganze Reihe von Fragen zum Umgang mit dem Meeresspiegelanstieg nach sich. Die erste wäre: mit welchem Anstieg muß gerechnet werden? Das hängt eindeutig davon ab, inwieweit die Weltbevölkerung bereit ist, ihre Treibhausgasemissionen zu reduzieren. Um etwa den Meeresspiegelanstieg auf ca. 20 cm zu begrenzen, indem die CO_2-Konzentration bis zum Jahr 2000 auf das Niveau von 1990 eingefroren und danach die CO_2-Gesamtkonzentration stetig auf 400 ppmv gehalten wird, müßten $15 Billionen aufgewendet werden. Würde man einen Anstieg um weitere 10 cm tolerieren und die Stabilisierung der CO_2-Konzentration auf 500 ppmv festsetzen, müßten immer noch etwa $6 Billionen an Kosten angesetzt werden. Das sind grobe Schätzungen, die auf vorläufigen Modellrechnungen basieren, aber sie vermitteln eine Vorstellung von der Größenordnung des weltweiten Aufwandes, der betrieben werden muß, um die Schäden, die durch den Anstieg des Meeresspiegels entstehen, zu begrenzen (Kay *et al.* 1993). Für die USA würde ein Meeresspiegelanstieg um 30-40 cm \$5–10 Mrd. bzw. 0,2 % des Bruttoinlandsproduktes ausmachen. Programme zum Schutzmauerbau, Projekte zum kontrollierten Rückzug und zum Rückbau von Küsten könnten Arbeitsplätze schaffen und gefährdete Urlaubsgebiete und Ferienheimkomplexe verlegen. Die USA könnten einen Meeresspiegelanstieg trotz bedeutender Konsequenzen für die Wasserversorgung von Städten an Flußdelten wie z.B. New Orleans verkraften.

Für die kleinen Inselstaaten und die großen landwirtschaftlich genutzten Landstriche in den Flußdelten der Dritten Welt, besonders in Bangladesh und Pakistan, aber auch in Indonesien und Südostasien, sieht die Sachlage ganz anders aus. Die Menschen, die hier leben und von denen die meisten keinen Grundbesitz haben oder obdachlos sind, wären durch einen Meeresspiegelanstieg von nur wenigen Zentimetern bereits extrem gefährdet. Die USA und Europa (einschließlich der früheren Sowjetunion) sind starke CO_2-Emittenten: inwieweit achten sie auf zusätzliche Zentimeter beim Meeresspiegelanstieg, da ihre Wirtschaft schon durch politische Manipulationen des Staatshaushalts, des Handels und der Industrie überlastet ist? Den unter Druck stehenden Politikern sind die Zusammenhänge offensichtlich nicht klar.

Die *UN-Kommission für eine nachhaltige Entwicklung*, die in Kap. 1 vorgestellt und in Kap. 19 eingehender betrachtet wird, kann die politischen und ethischen Aspekte dieser Probleme über ihre Analyse der Strategien zur nachhaltigen Entwicklung und ihr Interesse für das integrierte Küstenmanagement angehen. Es gibt einen Mittelweg zwischen der Anpassung an einen Anstieg des Meeresspiegels und der Einschränkung der Emissionen, die das Meer unnötigerweise ansteigen lassen.

9.1 Die jüngste Geschichte der Meeresspiegelschwankungen

Der Meeresspiegel verändert sich ständig, an vielen Küsten zweimal täglich mit den Gezeiten und mit jeder Mondphase, zwischen den niedrigen Nipptiden und extremen Springtiden. Trotzdem ist es möglich, mit der Untersuchung komplexer Aufzeichnungen an Pegelmeßstandorten eine durchschnittliche Meereshöhe über eine gewisse Zeitspanne zu erfassen. Diese Gezeitenpegel sind nicht besonders häufig. In Großbritannien stehen z.B. nur etwa ein Dutzend ausführliche und zuverlässige Meßreihen zur Verfügung, obwohl das Interesse an der Veränderung des Meeresspiegels und das Risiko von Überschwemmungen bei Sturmfluten in den letzten Jahren zur Einrichtung neuer Pegelmeßstandorte führte.

Kasten 9.1 Verwundbarkeit der Küsten und Überschwemmungsgefahr

Die Küste ist eine gefährdete Zone. Aber warum leben dann dort so viele Menschen und warum wird sie in so vielen Fällen zur städtischen und industriellen Erschließung genutzt? Natürlich müssen in einigen Fällen Industrien und andere Aktivitäten an der Küste angesiedelt werden, entweder wegen des Zugangs zum Meer, der Fischerei- und anderer Häfen oder wegen des Kühlwasserbedarfs der Atom- und der konventionellen Kraftwerke. Auch Seebäder können kaum anderswo liegen, obwohl man sie nicht gerade an erodierten Küsten oder auf Landstrichen, die leicht überschwemmt werden, ansiedeln müßte. Aber der Großteil der Küstenerschließung fällt nicht unter diese Kategorien und bräuchte folglich auch keiner Gefahr ausgesetzt zu werden.

Die Gründe, weshalb Menschen in gefährdeten Gebieten leben und dort bauen wollen, sind komplex, sie können aber mit dem Thema der Risikoabschätzung in Zusammenhang gebracht werden, das in Kap. 16 umrissen wird:

- Der Nutzen aus der Erschließung der Küsten ist real und dauerhaft, während die Risiken ungewiß sind und sehr episodische Auswirkungen haben. Die Menschen tendieren deshalb dazu, die Risiken herunterzurechnen und den Nutzen aufzuwerten.
- Küstenschutzwerke werden von Organisationen gebaut, die staatliche Mittel für ihre Arbeit erhalten, da Eigentum geschützt werden muß. So kommt es, daß um so mehr für den Schutz gebaut wird, je mehr Menschen hinter diesen Schutzwerken in einer potentiell gefährdeten Zone leben wollen. Und je mehr Häuser gebaut werden, desto bessere und aufwendigere Küstenschutzprogramme werden erforderlich – womit sich der Kreislauf schließt.
- Für etliche sehr arme Menschen ist die gefährliche Küste der einzige Landstrich, der ihnen zur Besiedlung zur Verfügung steht. Diese besitzlosen Menschen, z.B. im Ganges-Brahmaputra-Delta in Bangladesh, sind Krankheiten oder Katastrophen am stärksten ausgesetzt. Paradoxerweise sind diejenigen, die am ehesten unter der Erosion der Küste und den Folgen von Überschwemmungen leiden, die sehr Reichen in den entwickelten Ländern und die sehr Armen in den unterentwickelten Ländern.

Die Nordseepegel machen deutlich, daß die Beziehung zwischen Land- und Meereshöhe komplex ist. Im Süden von Großbritannien und sogar fast entlang der gesamten Ostküste von England steigt der Meeresspiegel langfristig an, und zwar mit einer Rate von 1–2 mm pro Jahr. Aber in Schottland und Norwegen zeigen die Gezeitenpegel einen langfristig fallenden Meeresspiegel an (Abb. 9.1). Ein ähnliches Muster gibt es auch in den USA. Dort steigt der Meeresspiegel südwärts von New York und fällt entlang der Küste von Neu-England und in Alaska. Der Grund für diese «Senkung» des Meeresspiegels ist in beiden Fällen derselbe: die Aufzeichnung der nördlichen Pegel wird durch die kontinuierliche Hebung der Erdkruste, die sich unter einer gewaltigen, zwei und mehr Kilometer dicken Eisdecke während der letzten Kaltzeit vor mehr als 18 000 Jahren abgesenkt hatte, beeinflußt. Obwohl diese Eisdecke vor 14 000 und 8000 Jahren geschmolzen ist, hebt sich die Kruste noch immer sehr langsam, um in ihre Gleichgewichtslage ohne Eislast zurückzukehren. Der

Meeresspiegel selbst wurde durch die zusätzliche Wassermenge beeinflußt: die schmelzende Eisdecke hat den Meeren Wasser zugeführt und den Meeresspiegel von etwa −130 m vor 18 000 Jahren soweit angehoben, bis er vor 5000 Jahren das gegenwärtige Niveau erreichte.

Man kann keine sehr zuverlässige Entwicklung für das durchschnittliche Meeresniveau aus den wenigen Meßpegeln ableiten. Versucht man aber, einen umfassenderen Pegelquerschnitt der ganzen Welt zu erstellen und jene Pegel zu eliminieren, die im Bereich des postglazialen Auftriebs oder in gegenwärtig sich absenkenden Gebieten (z.B. Flußdelten) liegen, ergibt sich ein globaler Meeresspiegelanstieg von etwas mehr als 1 mm pro Jahr. Dieser Anstieg scheint bereits seit dem letzten Jahrhundert anzudauern, sein Beginn ist jedoch unbekannt. Wahrscheinlich ist er die Reaktion auf die natürliche globale Erwärmung, die der «Kleinen Eiszeit» im 17. bis 18. Jahrhundert folgte.

9.2 Die Reaktion der Küste auf den gegenwärtigen Meeresspiegelanstieg

Die Untersuchung der Strände in der ganzen Welt zeigt, daß Sandverlust und konsequente Landeinwärtsverschiebung der Küstenlinie weit verbreitet sind. Da es keine eindeutige Ursache für diese Tendenz gibt, scheint sie eine Konsequenz zu sein, die wir von einem anhaltenden Anstieg des Meeresspiegels erwarten würden. Der Meeresspiegelanstieg führt zu Erosion, da das tiefere Wasser allmählich eine höhere Wellenenergie auf den Strand einwirken läßt. Im Bestreben, wieder ein Gleichgewicht herzustellen, wird der Strand durch die einwirkende höhere Wellenenergie erodiert und die Wasserlinie dadurch landeinwärts verschoben.

Die Probleme mit der Erosion ergeben sich vor allem aus unseren unablässigen Versuchen, die Küste zu nutzen. In den letzten 150 Jahren haben nahezu alle Gesellschaften ihre Küstenzonen (mit Hochwasserdeichen und Entwässerungssystemen) erschlossen und nutzen sie ackerbaulich und in zunehmendem Maße für städtische Siedlungen. Tatsächlich sind viele bedeutende Städte wie z.B. London, New Orleans und Bangkok schon in Gefahr, überschwemmt zu werden. Diese Gefahr wird in Zukunft noch zunehmen.

Es gibt natürlich etliche Aktivitäten, die auch weiterhin an Küstenstandorte gebunden sind, z.B. in Hafen- und Industrieanlagen, die aus Transportgründen oder zwecks Kühlwassernutzung einen direkten Zugang zum Meer benötigen (Kasten 9.1). Die Erschließung der Küste zu Erholungszwecken hat zu einer Urbanisierung der Küstenzone geführt. Verstärkt wurde diese Urbanisierung in der entwickelten Welt durch eine allgemeine Migration in die Küstenstädte, so daß zu denjenigen Einwohnern, die tatsächlich für die Dienstleistungen in der Tourismusindustrie gebraucht werden, eine große Wohnbevölkerung hinzu

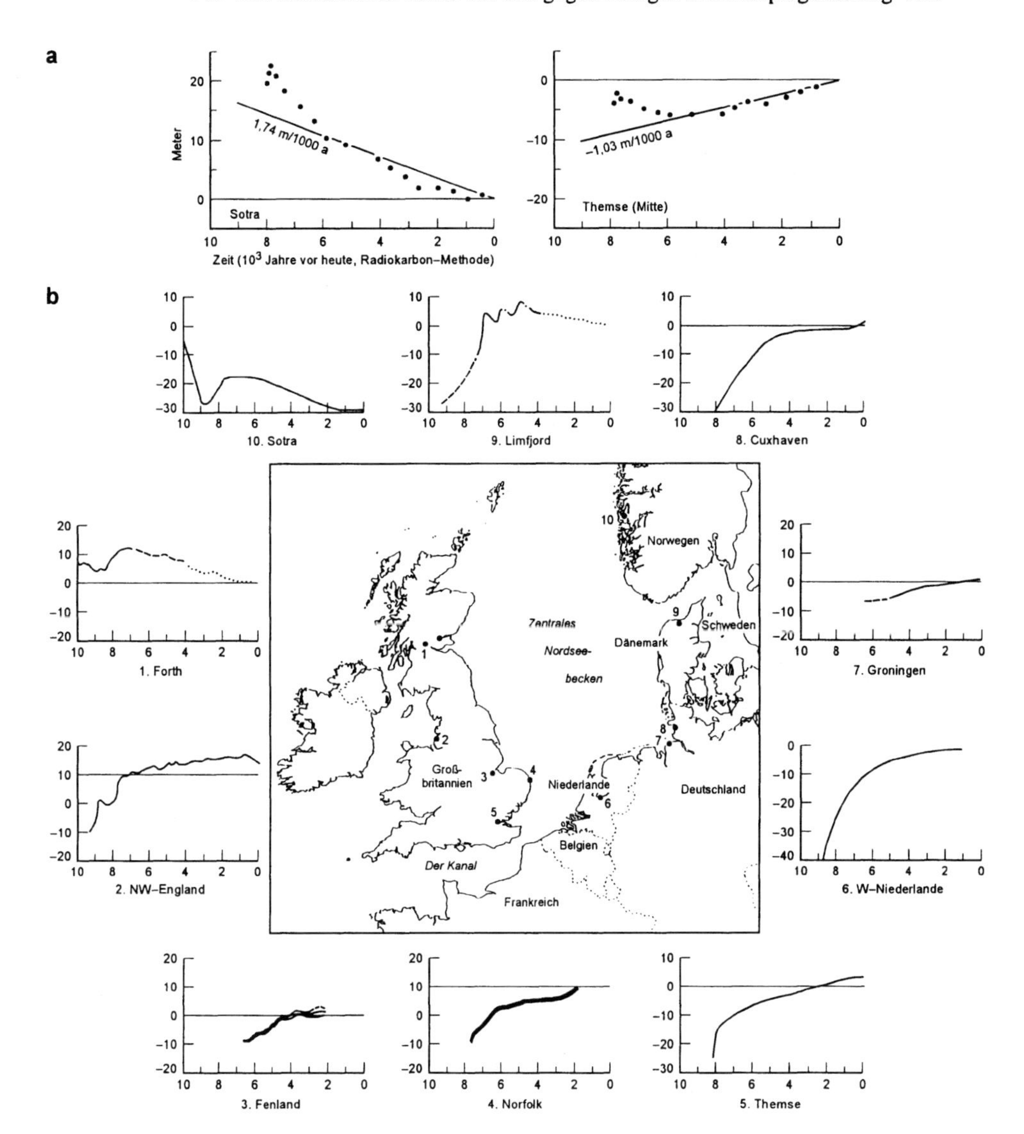

Abb. 9.1. Langfristige Aufzeichnungen des Meeresspiegels im Bereich des Nordseebeckens. **a** Die Diagramme für Sotra und Themsemündung zeigen den generalisierten Verlauf der lokalen Landbewegungen unter Berücksichtigung der Veränderung des Meeresspiegels durch das Abschmelzen der Eisdecken. Die Geraden zeigen bei Sotra die Auswirkung der isostatischen Ausgleichsbewegung an und in der Themsemündung einen Meeresspiegelanstieg, der durch eine lokale Landabsenkung verursacht wird. Die graphischen Darstellungen rund um die Karte in **b** zeigen die Aufzeichnung der Meeresspiegelentwicklung gegenüber dem Land in den letzten 10 000 Jahren. Man sieht, wie die relativ stabilen südlichen Standorte den Wiederanstieg des Meeresspiegels nach der Eisschmelze verzeichnen und die nördlichen Standorte die Wechselwirkung des Gesamtanstiegs des Meeresspiegels mit der isostatischen Ausgleichsbewegung nach der Druckentlastung infolge des Abschmelzens der Eismassen.

kommt. In der Konsequenz wurde die litorale Gefahrenzone ausgebaut und erschlossen, so daß Hochwasser und Erosion von Zeit zu Zeit ihren Tribut fordern. Auch die Entwicklungsländer stehen zunehmend vor solchen Problemen, da die Küstengebiete für den Tourismus erschlossen werden, während etliche kleine Inselstaaten (besonders ozeanische Koralleninseln) überhaupt keine höheren Lagen aufweisen und sich besonders verwundbar fühlen.

9.3 Die Technik und die Stabilisierung der Küstenlinie

Die häufigste Reaktion bestand – wie bei allen Naturgefahren – im Bau technischer Anlagen, um die Bedrohung von Leben und Eigentum zu beseitigen. Früher wurden diese Anlagen als äußerst vorteilhaft angesehen; sie verminderten die Gefahr eines Wasserübertritts und nachfolgender Überschwemmung und stoppten die Erosion (Abb. 9.2). Da aber diese Anlagen eben den natürlichen von der See her angreifenden Erosionsprozessen weiterhin ausgesetzt waren, wurde der strandnahe Gewässerbereich ständig vertieft und/oder der Strand kontinuierlich zurückverlegt. Kann der Strand nicht zurückweichen, weil darauf eine Mauer errichtet wurde, fällt das Strandniveau. Dies wiederum setzt die Mauer zunehmend den Attacken der Wellen aus. Mit der Reflexion der Wellen an der Mauer erhöht sich der Sedimentverlust des Strandes. Infolgedessen werden die Fundamente der Mauern unterspült und brechen in sich zusammen. Noch ernster sind die Folgen solcher Anlagen für die Stabilität der Küste selbst. Wo die natürlichen Quellen für die Strandsedimente durch dic Errichtung von Schutzwerken abgeschnitten werden, verlieren die Strände driftabwärts an Volumen und somit auch ihre Pufferwirkung gegen die Wellenenergie. Weltweit wurden sedimentführende Flüsse aufgestaut, und ihre Sedimentfracht, die unter natürlichen Verhältnissen Strände oder Delten versorgt, wird nun in Stauseen abgelagert. Weil diese Systeme ihr natürliches Gleichgewicht wiederherzustellen versuchen, kommt es zu verstärkter Küstenerosion. In anderen Fällen wurden Kiesstrände zur Erhöhung ihrer Kämme und Unterbindung des Überspülens durch die Wellen versteilt: der daraus resultierende Steilstrand verliert seine Sedimente ans Meer. Strände, die Jahrtausende überstanden haben, werden nun innerhalb weniger Jahrzehnte zerstört (Kasten 9.2).

In der zweiten Hälfte dieses Jahrhunderts überschritt das Ausmaß des technischen Schutzes an der britische Küste sein Optimum. Wir wissen z.B. von der Königlichen Kommission über Küstenerosion und Aufforstung, daß 1911 Messungen, die vom Vermessungsamt in Auftrag gegeben worden waren, ergaben, daß trotz eines Erosionsverlustes von etwa 80 ha Land pro Jahr 650 ha Land durch die Urbarmachung von Salzmarschen, Sandbänken und anderen Flächen, die durch ein natürliches Wachstum der Küste entstanden, gewonnen wurden. Die große Sedimentmenge, die aus der Erosion der hohen Kliffe stammt, wurde

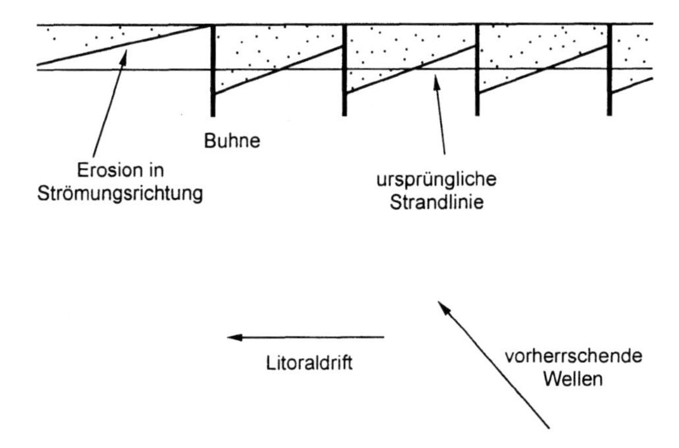

Abb. 9.2. Die Funktion einer wirksamen Buhne. Obwohl Buhnen die Sandverlagerung entlang des Strandes durch die Litoraldrift eindämmen, ist ihre Wirkung auf die Litoraldrift durch die Reorientierung innerhalb jeder einzelnen Buhnenbucht von größerer Bedeutung. Liegt die Strandlinie zwischen den Buhnen in ihrem Winkel zu den vorherrschenden anbrandenden Wellen nahe der natürlichen Linie, kann die erfolgte Reorientierung die Litoraldrift auf nahezu Null bringen und das Strandvolumen erhalten. Wenn sie jedoch mehr als 15° von der normalen Ausrichtung zu den vorherrschenden Wellen abweicht, halten die Buhnen den Sand zwar zurück, leiten aber gleichzeitig Mengen des Sandes so weit in das Meer hinein, daß sie für das Strandsystem verloren sind. Ein gutes Beispiel für wirksame Buhnen ist auf dem Foto im Kasten 9.2 zu sehen.

die Küste entlang verfrachtet und lagerte sich in relativ großen Bänken in oder etwas über Meerespiegelhöhe ab. Heute jedoch geht mehr Land verloren, als gewonnen wird; unsere Eingriffe in natürliche Prozesse rund um die Küste führten zur Abschneidung besonders vieler natürlicher Sedimentquellen und beschleunigten den Sedimentabtrag von vielen Stränden durch den Versuch, die Lage dieser Strände zu halten. Wir haben auch die Sedimentakkumulation durch die Urbarmachung großer Salzmarschen, die nun nicht länger vom natürlichen Zuwachs profitieren können, reduziert. Die Schädigung von Sanddünen bewirkt, daß diese wichtigen natürlichen Sandspeicher sich nach einem Sturmschaden nicht mehr schnell genug regenerieren - können sie sich jedoch regenerieren, stehen sie den Stränden als Lieferanten von großen Sandmengen zur Verfügung, und gleichen die erosive Wirkung von Sturmfluten aus.

Dieses ernüchternde Bild wiederholt sich in vielen Ländern, einschließlich der USA (siehe Kasten 9.3). Die Niederlande sind tatsächlich eine der wenigen Nationen, die es durch eine gute staatliche Planung und mit vielen sorgfältig durchgeführten wissenschaftlichen Untersuchungen geschafft haben, daß ein Großteil ihrer Küste ohne schädigende Effekte stabilisiert wurde. Die Kosten sind hoch (und werden hoch bleiben, da viele ihrer Küsten auf eine ständige Unterhaltung angewiesen sind), aber voll gerechtfertigt, da ein Großteil des Landes unter dem Niveau des Meeresspiegels (Abb. 9.3) liegt.

Kasten 9.2 Warum ein Strand den besten Küstenschutz bietet

Die gewöhnliche Reaktion auf Küstenerosion oder Hochwassergefahr ist der Bau starker Mauern mit tiefliegenden Fundamenten, und das, obwohl dadurch der erosionsbedingte Sedimentabtrag an den Stränden und in der küstennahen Zone nicht zu verhindern ist. Zudem reflektieren Mauerwerke die Wellen und veranlassen sie, Bodenvertiefungen im Strand auszuspülen, wodurch die Erosion verstärkt wird. Buhnen können einen breiteren Strand mit einem angemessenen natürlichen Sedimentvorrat erhalten, sie können aber nicht mehr als einen Teil des natürlichen Sedimentvorrats zurückhalten. Sie können im Gegenteil den Sedimentabtrag sogar erhöhen, indem das Sediment teilweise bei der Verlagerung um die Buhnenenden herum in die See gestreut wird (vgl. Abb. 8.8). Ein weiteres Problem ergibt sich durch die Zurückhaltung der Sedimente. Driftabwärts werden wegen des entstehenden Sedimentdefizits die Bedingungen verschlechtert – dies wird oft als das «Problem der letzten Buhne» bezeichnet. Die einzig effektive Gegenmaßnahme ist die Speisung der Strände – mit Sandzufuhr, die durch Ausbaggern der küstennahen Gewässer gewonnen wird. Das hat in Seebädern den doppelten Nutzen, daß die bestehende Maueranlage und Promenade gesichert und der Erholungswert des Strandes erhalten oder sogar erhöht werden. Der Strand bei Cromer (Norfolk, England), der unten abgebildet ist, benötigt dringend eine Restaurierung mit solchen Sandzugaben.

Inzwischen wurden an Küsten, die der Überflutung und Erosion besonders ausgesetzt sind, so viele feste Bauwerke errichtet, daß lange Küstenabschnitte in der ganzen Welt vollständig vom fortwährenden Unterhalt dieser technischen Anlagen abhängig sind. Da leider immer mehr Küsten auf diese Weise modifiziert werden, wird das natürliche Sedimentgleichgewicht so gestört, daß die natürlichen Landformen entlang der Küste, einschließlich der Strände, Salzmarschen und Kiesbänke, verloren gehen. Wie in Kasten 9.2 erläutert wird, schaffen diese Veränderungen oft eine unstabile Küste, die schneller erodiert als die ursprüngliche Küste, bevor sich die Ingenieure ihrer annahmen. Allzuoft vertraute die Gesellschaft der Technik und nahm an, daß die Küstenlinie befestigt und die Gefahren gebannt werden könnten. Die Küstenlinie ist jedoch ein natürliches dynamisches System, das auf einem Gleichgewicht zwischen Sedimenteinträgen und Verlusten durch Akkumulation an Stränden, Dünen, Salzmarschen und küstennahen Bänken beruht. Je mehr man die Küste sich selbst überläßt, desto besser.

Aus den Daten von 1911 wird ersichtlich, daß damit «kleine» Inseln wie etwa Britannien nicht der anhaltenden Zerstörung durch das Meer preisgegeben werden müssen. In Folge dieser Beobachtungen verlagert die Küstentechnik heute ihre Akzente und schätzt inzwischen die besonders wichtige Rolle der Strände und weiterer natürlicher Landformen für die Stabilität der Küste höher ein. Modernere Planungen versuchen zwischen der See und den technischen Anlagen breite und hohe Strände zu regenerieren, um das in den Dünen zurückgehaltene Sandvolumen zu erhöhen und um die breiten Salzmarschen vor den Hochwasserdeichen zu versorgen. In den niederen Breiten spielen Korallenriffe und Mangrovensümpfe eine ähnliche Rolle und verdienen den gleichen Schutz. Manchmal genügt es, wenn die Planung des Küstenschutzes ein verstärktes Augenmerk auf die Erhaltung eines ordentlichen Strandes richtet, in anderen Fällen kann der Sandverlust schon so groß sein, daß eine Sandaufschüttung (die Speisung des Strandes) erforderlich wird. Da die benötigten Sandmengen enorm sind und die Aufschüttungen wieder schneller verlorengehen, als der natürliche Sandeintrag für einen Ausgleich sorgen kann, ist auch dies kein Allheilmittel - aber solche Maßnahmen werden zunehmend, besonders in den USA und in den Niederlanden, als Element des Küstenschutzes angewendet.

Die Überprüfung der Grenzen einer technischen «Lösung» bei küstenbezogenen Problemen ergab dieselben Schlußfolgerungen wie die Analyse der Eingriffe flußbaulicher Art: Die Beschränkung der Landnutzung innerhalb der Gefahrenzone ist wichtiger als die Anwendung «baulicher» Maßnahmen wie etwa der Bau von Uferdämmen. Wie das im einzelnen erreicht wird, überprüfen wir später in diesem Kapitel. Da große Teile der Küstenlandstriche, die leicht überflutet werden können, bebaut sind, sind Warnsysteme und Evakuierungspläne ebenso wichtig wie die Schutzbauwerke. Folglich wurden entlang der flachen Strandwallinseln an der Atlantikküste der USA und entlang der Nordseeküste von England, den Niederlanden und von Nordwestdeutschland Sturmwarnsysteme eingerichtet (Kasten 9.4). Sie sollen Gefahren für Menschenleben ausschließen, können aber nur wenig dazu beitragen, den Schaden zu vermindern, der durch Überschwemmungen entsteht (Abb. 9.4).

Kasten 9.3 Die Strandwallinseln an der Atlantikküste der USA

Die flachen Strandwallinseln entlang der nordamerikanischen Atlantikküste erwiesen sich als attraktive Sommerwohnsitze und sind zunehmend, wie so oft in solchen Gebieten, das ganze Jahr über bewohnt. Tatsächlich gibt es in Orten wie Ocean City in Maryland Hochhausbauten für Hunderte Familien, von denen sich viele an die Küste zurückgezogen haben. Diese Küstenlinie weist eine lange Geschichte von Erosion und verheerenden Überschwemmungen auf, deren Ursache die von Hurrikans ausgelösten Sturmfluten sind. In wohlhabenden Orten wie Ocean City können natürlich riesige Summen aufgewendet werden, um durch wiederholte Sandgaben einen stabilen Strand zu erhalten, aber bei zerstreut liegenden Gebäuden läßt sich dies nicht rechtfertigen. So werden sich die meisten dieser Inseln landeinwärts verlagern, und die Einwohner werden von einer Evakuierung bis zur nächsten leben, bis ein schwerer Sturm ihre Häuser zerstört. In der Vergangenheit wurden diese dann wieder aufgebaut, meist mit Mitteln aus privaten Versicherungen oder öffentlicher Katastrophenhilfe. Die Frage für die Zukunft bleibt, wie lange dies so weitergehen kann. Oder sollte das Management der Küstenzone den Wiederaufbau des beschädigten Eigentums ausschließen und die weitere Erschließung dieser schutzlosen Inseln verbieten?

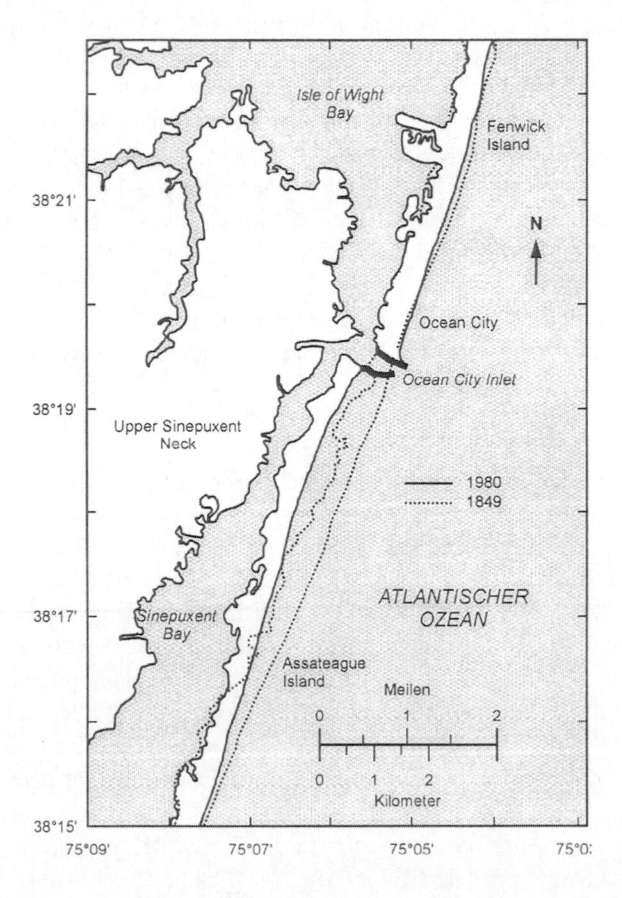

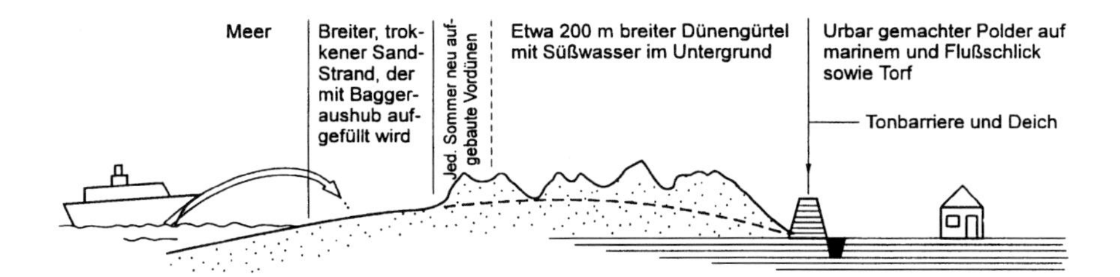

Abb. 9.3. Die Niederlande: Querschnitt durch ein typisches Küstenschutzobjekt (*Quelle:* nach Rijkswaterstaat 1990).

Abb. 9.4. Typischer Sturmschaden, US Atlantikküste, *Barrier Islands*.

Wie bei den Wettervorhersagen sind auch der Genauigkeit, mit der Wissenschaftler vor Sturmfluten warnen können, Grenzen gesetzt. Deshalb warnte die Amerikanische Meteorologische Gesellschaft, daß auf Grund der Schwierigkeiten bei der genauen Vorhersage des Eintreffens eines Hurrikans an der Golf- und Atlantikküste der USA Evakuierungspläne zu Anwendung kommen müßten, die die dreifache Länge der möglicherweise betroffenen Küste erfassen. Damit wären aber zwei Drittel der Evakuierungen nicht notwendig. Es ist nicht leicht, unter diesen Umständen richtig zu reagieren. Die Evakuierung großer Küstenstädte beansprucht mehr Zeit, als die gewöhnliche Vorwarnzeit gestattet. Es besteht die Hoffnung, dieses Problem durch hohe, standfeste Gebäude zur «vertikalen Evakuierung» zu lösen (siehe Kasten 9.5). Ein ähnliches Problem tritt in Großbritannien auf. Dort ist es bei zweistöckigen Häusern sicherer, sich ins Obergeschoß zu begeben, als die Häuser zu verlassen. Für jene, die in einstöckigen Bungalows wohnen, wie sie nahe der Küste verbreitet sind, besteht die einzige Chance darin, eine Leiter zu benutzen und auf das Dach zu steigen. Alle Warnsysteme und Evakuierungsprogramme hängen von einer informierten Öffentlichkeit ab, die sich der Gefahren bewußt ist und die weiß, was zu tun ist, wenn die Sirenen ertönen. Diesen Kenntnisstand zu erreichen, ist nicht einfach: in den USA steht es um die Kenntnisse und Reaktionsvermögen besser als in Britannien, wo die Öffentlichkeit seltener gewarnt und im richtigen Verhalten bei Gefahr unzureichend geschult wird.

9.4 Prognosen zum Meeresspiegelanstieg

Wie bereits in Kap. 6 erörtert wurde, ist die Wahrscheinlichkeit einer zukünftigen globalen Erwärmung als Resultat der veränderten Zusammensetzung der Atmosphäre (durch die sogenannten «Treibhaus»-Gase) recht hoch. Obwohl ungeklärt ist, ob wir den Meeresspiegelanstieg der letzten 150 Jahre der globalen Erwärmung zuschreiben müssen (die Erdatmosphäre erwärmte sich in dieser Zeit um etwas mehr als ein halbes Grad Celsius), sind wir doch sicher, daß eine zukünftige Erwärmung der Erdatmosphäre einen Meeresspiegelanstieg verursachen würde. Wie auch immer, die sehr deutliche Erwärmung der letzten anderthalb Jahrzehnte wird in den nächsten 40 Jahren einen Effekt auf das Niveau des Meeresspiegels haben. Tabelle 9.1 gibt einen Überblick über die Schätzungen verschiedener temperaturbedingter Beiträge zum Meeresspiegelanstieg, um den der letzten hundert Jahre zu erklären. Sie bilden eine brauchbarc Grundlage, um zukünftige Veränderungen anhand von Vorhersagen des zu erwartenden Temperaturanstiegs abzuschätzen.

Die gegenwärtig genauesten Schätzungen zum Meeresspiegelanstieg liegen bei rund 13 cm bis zum Jahr 2030 (wenn der CO_2-Anteil der Treibhausgase das Doppelte seiner Konzentration von 1750 erreicht) und bei rund 21 cm bis 2050 (Abb. 6.5). Es ist unwahrscheinlich, daß der Anstieg bis 2100 einen halben Meter übersteigt. Das sind alles keine hohen Zahlen, und obwohl sie gemäß einer Reihe bestimmter Voraussetzungen gewissenhaft ermittelt wurden, könnten sich die «extremen» Schätzungen als richtig erweisen. Aber selbst diese Prognosen sind nicht signifikant. Schließlich erleben wir heute zahlreiche Überschwemmungen der Küsten und haben mit unseren Bemühungen, die Küste zu stabilisieren, wenig Erfolg - obwohl der Meersspiegel in den letzten 100 Jahren *nur* um 10–15 cm anstieg. Ein Anstieg von 13 cm in den nächsten 40 Jahren ist eine höhere Rate; tatsächlich wird die jährliche Rate bald von etwas über 1 mm/a auf 3-6 mm/a zunehmen. Der drei- oder vierfache Anstieg wird die Tendenz der Strände, landeinwärts zu wandern, verstärken. Außerdem wird er die Rate der Strandverluste vor Befestigungsanlagen sowie auch die Erosionsrate entlang einiger unbefestigter erodierender Küsten enorm erhöhen.

9.5 Anpassungen an einen zukünftigen Meeresspiegel

Ein zukünftiger Meeresspiegelanstieg wird, zumindest solange er unter einem Meter über dem gegenwärtigen mittleren Meeresspiegel bleibt, jenen Ländern keine neuen Probleme bereiten, die ihre Küsten bereits zu stabilisieren und die Gefahr einer Überschwemmung zu mindern versuchen. Er wird jedoch die bestehenden Probleme vergrößern und eine kritische Überprüfung einiger bestehender Techniken erforderlich machen. Unser ernsthaftes Interesse muß jenem umfassenderen Ansatz gelten, der mehr Gewicht auf die Einschränkung der Landnutzung in Küstennähe legt.

An einigen Stellen entlang vieler erschlossener Küsten besteht keine andere Wahl, als die vorhandenen Anstrengungen, das Meer zu bannen, zu intensivieren. Die Stabilität und Qualität unserer Küstenschutzanlagen muß verbessert und alles Erdenkliche getan werden, um den ihnen vorgelagerten Sand zu halten. In zunehmendem Maße wird man zweifellos zur Speisung der Strände übergehen. All das ist machbar, aber sehr kostspielig. Heutige Küstenschutzprogramme kosten oft über £5 Mio. pro Kilometer und müssen noch viel höher veranschlagt werden, wenn Küstenschutzbauten mit einer Strandauffüllung kombiniert werden. Das Auffüllen der Strände bzw. Reparaturen beschädigter Konstruktionen werden in Zukunft verstärkt notwendig sein. Höhere Konstruktionen können viel teurer werden, weil sie massiver sind und größere Fundamente benötigen.

Kasten 9.4 Wie das britische Nordsee-Sturmwarnsystem funktioniert

Wie die Abbildung zeigt, entwickelt sich eine Sturmflut in der südlichen Nordsee, wenn sich ein schwaches Tiefdruckgebiet ost- oder südostwärts von Schottland nach Dänemark bewegt. Das erzeugt Südwestwinde vor dem Tief, die das Wasser nordwärts treiben und ungewöhnlich niedrige Gezeiten mit sich bringen, die eine Navigationsgefahr für Supertanker und andere große Schiffe darstellen. Das Gefälle der Meeresoberfläche verstärkt sich durch den Meeresspiegelanstieg unter dem Tiefdruckzentrum; der Meeresspiegel wird um 5,5 cm pro Millibar fallendem Luftdruck steigen. Dieser Betrag mag nicht besonders groß erscheinen, berücksichtigt man aber den Bereich der Meeresoberfläche, der davon betroffen ist, zeigt sich, daß dies eine beträchtliche Wassermenge betrifft. Wenn das Tief in Richtung Kontinent zieht, kehren die Nordwinde auf seiner Rückseite den Druck auf die Meeresoberfläche um und treiben das Wasser südwärts, zurück in die südliche Nordsee. Auch dieser Prozeß wird durch den Druckanstieg unterstützt, wenn das Tief weiterzieht und die Meeresoberfläche im Norden niedergedrückt wird. So zieht eine Flut, die Höhen bis zu 2,5 m über der normalen Gezeitenflut erreicht, gegen den Uhrzeigersinn die Ostküste von England hinunter und dann (da sie nicht durch die schmale Straße von Dover entkommen kann) nordwärts zurück entlang der belgischen, niederländischen und deutschen Küste. Nach dem Schema kommen und gehen auch die Gezeiten, nur daß die Geschwindigkeit der Flutwelle nicht jenen der Tiden-Flutwellen entspricht.

Das Warnsystem richtet sich nach Vorhersagen über Bewegungen eines Tiefdrucksystems über der Nordsee. Diese werden ständig auf den neuesten Stand ge-

Fortsetzung n.S.

Kasten 9.4 ***Fortsetzung***

bracht, und mit Hilfe eines Computers wird anhand des Modells einer simulierten Nordseeflutwelle und im Abgleich mit früheren Ereignissen die Wahrscheinlichkeit einer Flutwelle evaluiert. Dies erlaubt eine frühzeitige Auslösung der Alarmbereitschaft: Nationale und lokale Behörden (das Landwirtschaftsministerium und die Wasserwirtschaftsämter) werden alarmiert, die Katastrophenschutzorganisationen der Ortsbehörden in Alarmbereitschaft versetzt. Die aktuelle Flutwelle kann, während sie die Ostküste von Schottland und England passiert, über die Gezeitenpegel überwacht werden. So kann der Computer seine Voraussage über Zeitpunkt und Höhe der Flutwelle (wobei die kritischsten jene sind, die mit der Gezeitenflut zusammenfallen, da sich ihre Wirkung dann summiert), wenn sie ihren Zug durch das Nordseebecken beginnt, abändern und verbessern. Per Telex oder Fax werden die Wasserwirtschaftsämter über die aktuellen Vorhersagen informiert und können die aktuellen Pegelstände damit vergleichen. Dort, wo sie eine Überflutung befürchten, wird die Polizei informiert. Es ist Aufgabe der Polizei, die Warnungen über lokale Radio- und Fernsehsender sowie eine Reihe von Küstensirenen, die unter ihrer Kontrolle stehen, wirkungsvoll zu verbreiten. Die Polizei hat auch Beratungs- und Sicherungs-Funktionen, falls eine Evakuierung notwendig wird. In den vergangenen Jahren ist die ansässige Bevölkerung durch Handzettel über die Gefahren bei einer Flutwelle und das notwendige Verhalten informiert worden. In einigen Fällen sind Menschen aus besonders gefährdeten Gebieten evakuiert worden, wenn auch nicht immer an Orte, die über dem potentiellen Überschwemmungspegel lagen. Generell wurde jedoch die effektive Übermittlung der Warnungen an die gefährdeten Menschen im Gefahrenfall noch nicht geprobt oder überprüft.

Im Jahre 1953 verloren entlang der Küste von England 300 Menschen ihr Leben, über 3000 in den Niederlanden. Das Warnsystem sollte eine Wiederholung verhindern, aber da es seither keine Einschränkungen beim Bau weiterer Häuser (einschließlich vieler einstöckiger Häuser) gegeben hat, sind nun wesentlich mehr Menschen gefährdet als noch 1953. Schwere Verluste an Menschenleben bei einer zukünftigen Flutwelle können angesichts der Begrenztheit des gegenwärtigen Warnsystems nicht ausgeschlossen werden. Die wissenschaftlichen Vorhersagen sind hervorragend, die sozialwissenschaftlichen Kenntnisse über die richtige Gefahrenerziehung, Warnmethoden und angemessenen Verhaltensweisen der Bevölkerung aber weniger gut entwickelt.

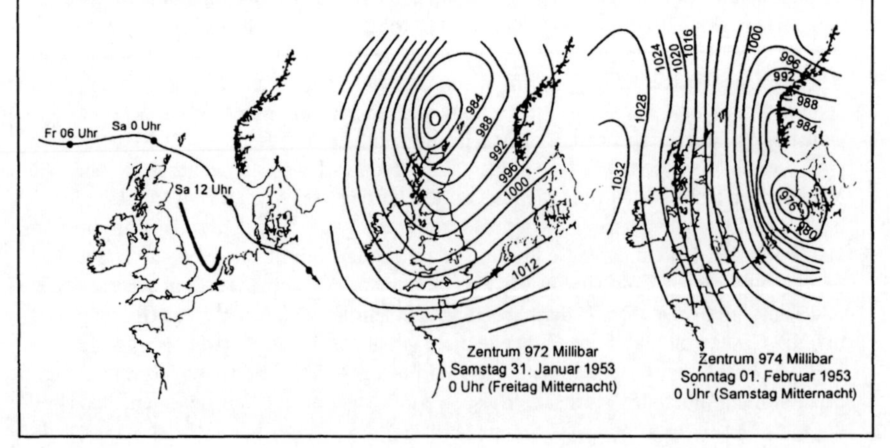

Wir haben keine andere Wahl, als vielerorts mehr Geld zu investieren. In den Niederlanden kann sich niemand vorstellen, dem Meer zu gestatten, das Land zu überfluten. Da ein Großteil des Landes unter dem gegenwärtigen Meeresspiegel liegt, wird man die bestehende Politik beibehalten (Abb. 9.3). Wo auf breite Strände und sich daran anschließende Dünen kein Verlaß ist, sind mächtige Konstruktionen gebaut worden, insbesondere der Absperrdeich, der die frühere Zuider Zee (das jetzige Ijssel Meer) einschließt, und das kürzlich fertiggestellte Deltaprojekt, das die Gezeiten aus dem gesamten Rheindeltakomplex fernhält. Diese Bauten sind hoch genug, um für eine gewisse Zeit mit einem Meeresspiegelanstieg zurechtzukommen, jedoch wird man um regelmäßige Verbesserungen nicht herumkommen. In Großbritannien wurden längere Ästuare durch den Bau von Gezeitenwehren vom Meer getrennt; das größte liegt an der Themse und schützt ganz London vor der Überschwemmungsgefahr durch die Gezeitenflut. Bau und Unterhalt dieser Wehre sind sehr kostspielig, garantieren aber ein hohes Maß an Schutz - London ist gegen eine 1000-jährliche Flut geschützt; für die meisten Küstenstädte hinter Deichen ist ein 200-jährliches Niveau das Äußerste, was gerechtfertigt werden kann (Abb. 9.5).

Tab. 9.1. Die Hauptfaktoren, die zu einem Meeresspiegelanstieg beitragen

Faktor	Schätzungen (cm)[a] niedrig	beste	hoch
Während des letzten Jahrhunderts			
Thermische Ausdehnung der Meere[b]	5,5	3,7	2,7
Abtauen alpiner Gletscher	1,5	3,9	7,4
Grönländische Eiskappe	1,0	2,5	4,0
Antarktische Eiskappe	−5,0	0,0	5,0
Berechneter Gesamtanstieg	3,0	10,1	19,1
Beobachteter Gesamtanstieg	10,0	15,0	20,0
1990–2030			
Thermische Expansion der Meere	6,0	8,0	12,6
Abtauen alpiner Gletscher	1,7	7,2	18,8
Grönländische Eiskappe	0,4	1,9	5,1
Antarktische Eiskappe	−0,6	−0,6	0,0
Berechneter Gesamtanstieg	2,6	16,4	36,5

[a] *Beste* und *hoch* beziehen sich auf Schätzungen zur mittleren globalen Temperaturschwankung und spiegeln nicht notwendigerweise die niedrigsten, besten und höchsten Schätzungen der verschiedenen Komponenten des Meeresspiegelanstiegs wider.
[b] Die größere thermische Ausdehnung für die niedrige Schätzung (und umgekehrt) ergibt sich aus der Kombination der Rechenparameter, die im Erwärmungsmodell benutzt werden, mit der Vorgabe von einem Temperaturanstieg von 0,5 °C.
Quelle: Wigley und Raper 1992.

Wem diese Probleme schon beträchtlich erscheinen, der sollte seinen Blick auf Bangladesh richten. Dieses im Delta des Ganges-Brahmaputra gelegene, hoffnungslos verarmte Land leidet regelmäßig unter den Überschwemmungen der Flüsse; in nassen Jahren liegt mehr als die Hälfte des Landes unter Wasser. Das Land erholt sich jedoch schnell von der Süßwasserüberschwemmung, und obwohl Seuchen ein Problem darstellen, überlebt die Bevölkerung größtenteils unversehrt. Sturmfluten, die mit Hurrikans in den Golf von Bengalen eindringen, sind eine andere Sache. Die Geschwindigkeit der Attacke, das große Problem, eine ausreichende Warnung auszugeben, der Mangel an sicherer Zuflucht, die Höhe der Überschwemmung, starker Wind und Wellengang und das Salzwasser bedrohen Menschen, Vieh und Ernte. Im Jahre 1970 starben schätzungsweise 300 000 Menschen und weitere 100 000 im Jahr 1990. Seitdem Radios verbreiteter sind, werden die durchgegebenen Warnungen auch vernommen. Aber auf den tiefliegenden Inseln des Deltas müssen Zufluchtsstätten für Menschen und Vieh, die über dem Überschwemmungsniveau liegen, erst noch gebaut werden. Bis jetzt gibt es davon nur einige Wenige. Es wurden zwar technische Projekte zur Gefahrenabwehr ausgearbeitet, doch diese sind alle äußerst kostspielig und größtenteils mit erheblichen Nachteilen für die Umwelt verbunden. In der Zwischenzeit wächst die Bevölkerung stetig an. Jede noch so flache Insel im Delta wird besiedelt, so daß die Zahl der Risiken und Probleme, wie die der Bereitstellung sicherer Zufluchtsstätten, die den Angriffen einer Flut widerstehen können, zunimmt. Armut und Besitzlosigkeit zeugen von der

Abb. 9.5. Das Gezeitenwehr der Themse, England (Mit freundlicher Genehmigung des Wasserwirtschaftsamtes, Bereich Themse).

Kasten 9.5 Die amerikanische meteorologische Gesellschaft warnt vor den Grenzen der Wissenschaft

Im Jahre 1986 veröffentlichte die Amerikanische Meteorologische Gesellschaft eine Erklärung unter dem Titel «Is the United States headed for hurricane disaster?» Sie begann mit folgendem Absatz:

> *Wir stehen hier in den Vereinigten Staaten Hurrikans hilfloser gegenüber als je zuvor. Millionen von Menschen wurden von unseren reizvollen Küsten angelockt, so daß jetzt eine große Bevölkerung der Bedrohung durch Hurrikans und Sturmfluten ausgesetzt ist. Leider hält die Entwicklung von Modellen, die zur Verlängerung der Vorwarnzeiten bei Vorhersagen führen soll, nicht mit der Notwendigkeit Schritt, eine ständig weiter steigende Bevölkerung an den Küsten zu evakuieren.*

Das hier geschilderte direkte Problem liegt im Umstand, daß Warnungen, die zuverlässig genug sind, um viele Menschen nicht unnötigerweise zu evakuieren, erst 12 Stunden vor Eintreffen des Sturmes ausgegeben werden können, eine Evakuierung aber gewöhnlich 24 Stunden, in den großen Städten sogar noch länger dauert. Ein Eingreifen bei frühzeitigeren Warnungen bedeutet, daß auf Grund der Unsicherheitsfaktoren, die mit der Geschwindigkeit des Herannahens und der Richtung des Hurrikans verbunden sind, zwei von drei Evakuierungen unnötig sind – was außerdem auch unwirtschaftlich und gefährlich ist, da dies dazu führen kann, daß die Bereitschaft der Bevölkerung, sich bei der nächsten Warnung wieder angemessen und richtig zu verhalten, geringer sein wird. Von gleicher Bedeutung ist, daß die meisten der Betroffenen weder die Problematik einer genauen Vorhersage verstehen, noch in der Lage sind, die Dauer von Evakuierungsmaßnahmen einzuschätzen.

Das grundlegende, nicht deutlich genug angesprochene Problem ist, daß selbst mit erheblich gesteigertem finanziellem Aufwand und immer ausgeklügelteren Beobachtungssystemen die Vorhersagen über Zeitpunkt und Ort des Eintreffens eines Hurrikans nicht entscheidend verbessert werden können. Es gibt zur Zeit keine Hoffnung auf eine entscheidende Verbesserung bei der Vorwarnzeit. So sind bis auf weiteres die «vertikale Evakuierung» und politische Maßnahmen, die die Zahl der Gefährdeten senken, die einzig brauchbaren Mittel. Und auch langfristig wird die chaotische und komplexe Natur des Wettergeschehens eine undurchschaubare und somit unkalkulierbare Komponente in der Hurrikanwanderung bleiben. Es ist wichtig, daß Wissenschaftler dieses grundlegende Dilemma ihrer Grenzen ebenso offen darlegen, wie sie nach Anerkennung für den hohen Entwicklungsstand und die relative Zuverlässigkeit ihrer Vorhersagen streben. Ebenso entscheidend ist, daß auch Nichtwissenschaftler die gefährliche Natur der Küstenzone und die Bedeutung einer geregelten und gut geplanten Erschließung verstehen, damit die Anzahl der gefährdeten Menschen (und deren Eigentums) verringert werden kann.

Unmöglichkeit, sich in sicheren Gebieten niederzulassen. Immer mehr Menschen müssen sich schutzlos den Küstenstürmen aussetzen, selbst wenn sie sich der Gefahren voll bewußt sind. Die Ungleichheit der Einkommen und Möglichkeiten erzeugt eine Ungleichheit in der Sicherheit. Das Management der Küstenzone wirft oft ein Schlaglicht auf diese Tragödien der heutigen Gesellschaften. Auch in entwickelten Ländern wie Großbritannien mögen Hochwasserschutzprojekte entworfen werden, die weite Gebiete schützen und in diesem Sinne die hohen Werte der Natur bewahren, während die sehr konkreten Gefahren für die benachteiligte Stadtbevölkerung in direkter Nachbarschaft ignoriert werden.

9.6 Das Konzept des Küstenzonenmanagements

In den letzten Jahren führte die Notwendigkeit, Besseres zu leisten, als lediglich die bestehende Küstenlinie zu verteidigen, zur Entwicklung eines Konzeptes des *Küstenzonenmanagements* – die kombinierte Anwendung von Landnutzungsbeschränkungen und Entscheidungen über spezielle Maßnahmen zum Schutz (oder zur Preisgabe) der aktuellen Küstenlinie. Dieser Ansatz hat den Vorteil, daß die Küstenzone als eine von Natur aus gefährliche Zone erkannt wird, in der angemessene nichtbauliche Maßnahmen neben den üblichen baulichen Maßnahmen zur Gefahrenabwehr Anwendung finden können. Er räumt auch Warn- und Evakuierungsmaßnahmen einen angemessenen Platz ein, die ebenfalls eine sinnvolle Reaktion auf viele Naturgefahren darstellen. Der Ansatz des Küstenzonenmanagements ist wesentlich langfristiger ausgerichtet als der im Grunde kurzfristige Ansatz, den sich Ingenieure bisher zu eigen machten: die meisten Projekte wurden auf eine Haltbarkeit von 20–40 Jahren ausgelegt und Kostennutzenanalysen maximieren den eher unmittelbaren Nutzen dieser Projekte und lassen langfristige Probleme oder Effekte unberücksichtigt.

Es ist leichter, ein solches Küstenzonenmanagement vorzuschlagen, als es praktisch umzusetzen. Dies erfordert eine Definition der Küsten-Gefahrenzone sowie die Kombination von Verantwortlichkeiten für den Küstenschutz (und/oder Schutz gegen Überschwemmung) und der Macht zur Kontrolle der Landnutzung sowie der Bereitstellung eines Warn- und Evakuierungssystems. Diese Aufgaben werden allgemein in der nationalen Gesetzgebung definiert und gewöhnlich von gänzlich verschiedenen Organen ausgeführt, so daß die Gesetzgebung gefordert ist, wenn es um die Installierung eines effektiven Küstenzonenmanagements geht. In England z.B. liegt der Hochwasserschutz in der Verantwortlichkeit der auf regionaler Ebene angesiedelten Wasserwirtschaftsbehörden; der Schutz der Küste vor Erosion liegt in der Verantwortlichkeit der Bezirksbehörden; die Planung (im direkten Sinne der Kontrolle von Erschließungsprojekten) unterliegt ebenfalls den Bezirken; demgegenüber unterliegt die allgemeine, bauliche Planungspolitik und Aufsicht über das Warnsystem der Grafschaft. Zudem werden bei Planungs- bzw. Zonierungs-Verfahren die Gefahren an der Küste nicht immer berücksichtigt: in England gibt es relativ strenge Planungskontrollen, doch wenn jemand eine Baugenehmigung für ein Haus auf der Spitze einer Klippe beantragt, dann wird ihm diese wahrscheinlich verweigert, weil der natürliche, ländliche Charakter des Standortes bewahrt werden soll und nicht, weil die Gefahr besteht, daß das Haus in ein paar Jahren die Felswand hinunterrutscht. Vor kurzem führten Regierungsrichtlinien ein Konzept ein, wonach die Gefahr von Erdrutschen, Erosion oder Überschwemmungen der Küste als Grund für die Verweigerung von Erschließungsgenehmigungen angegeben werden darf, aber es bleibt abzuwarten, wie weit diese unverbindlichen Richtlinien praktisch umgesetzt werden.

In anderen Ländern sind die Konzepte zum Umgang mit Gefahren zufriedenstellender. So ist im Osten der USA die Vorschrift üblich, daß bewohnte Stockwerke über dem Überschwemmungsniveau liegen müssen, während gleichzeitig die allgemeinen Kontrollen der Erschließung durch eine Zonierung lokal begrenzt und ineffektiver sind als in Großbritannien. Es ist in den USA jedoch auch möglich, im Bereich der Niedrigwassermarke Land zu besitzen und auf dem Strand und in anderen exponierten Lagen Häuser zu bauen. In Großbritannien ist der ganze Landstrich zwischen Hoch- und Niedrigwassermarke in öffentlichem Besitz, der von der Krone verwaltet wird, die so in der Lage ist, den Mißbrauch des Strandes zu verhindern. Sie gestatten den ungehinderten öffentlichen Zugang zum Ufer und freien Durchgang entlang des Ufers, wogegen das Fehlen solcher Zugangsrechte in vielen Teilen der USA ein Problem darstellt. Die Küstenzone erhält so einen den National- und Bundesparks vergleichbaren Status.

Die Sicherstellung eines Landnutzungssystems, das die Gefahren an der Küste beseitigt, eines adäquaten Warnsystems, einer Managementstruktur, die die Küste weitgehend in ihrem natürlichen (also dynamischen) Zustand erhält und, wo erforderlich, einen hohen Standard im Küstenschutz garantiert, ist nicht einfach. Unter Berücksichtigung der Kenntnis unterschiedlicher nationaler Managementverfahren sprechen alle Zeichen dafür, daß eine einzige starke und zentrale Behörde erforderlich ist, um diese Ziele umzusetzen. Nur dort, wo die Verantwortlichkeit für die Küste auf nationaler Ebene liegt, finden wir ein wirkungsvoll verwaltetes System vor. Jedes effektive Küstenzonenmanagement sollte die Macht und die Rechte haben, Erschließungen zu verhindern und sicherzustellen, daß sich ausgedehnte Küstenstriche natürlich entwickeln können. Das schließt Entscheidungen ein, die der Einzelne für entmutigend und persönlich zu kostspielig halten wird, so daß sie per Gesetz und/oder über angemessene Entschädigungen durchgesetzt werden müssen.

Es liegt, wie so oft, nahe, einen Kompromiß zwischen einem stark zentralisierten Küstenzonenmanagement und einer Struktur, die regionale Unterscheidungen ermöglicht und die ortsansässige Bevölkerung in die Beschlußfassung einbezieht, zu suchen. Sicherlich muß jedes zentralisierte System zumindest die physikalischen Eigenheiten der Küstensedimente, Wellenenergien und die Besonderheiten des landseitigen Erschließungsdrucks zwischen den wichtigen Sektoren der Küste kennen. Wie in Kasten 9.6 erläutert wird, ist das britische System dadurch gekennzeichnet, daß es die örtlichen Gemeinden in die

Kasten 9.6 Der Struktur des britischen Küstenmanagements

Die *Küstenlinie* wird unterteilt in Flachküsten, die den Gezeiten ausgesetzt sind und der Verantwortlichkeit der Wasserwirtschaftsbehörden unterliegen, und Steilküsten, die der Verantwortlichkeit der Bezirksräte unterliegen. Befestigungen, die an der Flachküste vorgenommen werden, um die Hochwassergefahr zu verringern, werden als Küstenverteidigungsmaßnahmen bezeichnet, Arbeiten, die durchgeführt werden, um die Erosion der Küste einzuschränken, werden als Küstenschutz bezeichnet. Beide, Küstenverteidigungsmaßnahmen und -schutz, werden in solchen Fällen, die von der Zentralregierung genehmigt sind, vom Landwirtschaftsministerium subventioniert, das für 60–80 % des Kapitalaufwands der Maßnahmen aufkommt. Reparaturen werden als immer wiederkehrender Kostenaufwand betrachtet und fallen den Kommunalbehörden zu. Zum Beitrag der Zentralregierung kommt Unterstützung aus kommunalen Steuereinnahmen der Grafschaften und Bezirke hinzu.

Die *Gezeitenzone* und die *küstennahen Gewässer* werden von der Krone (Crown Estate Commissioners) verwaltet. Sie gewähren und verweigern Abbaulizenzen von Sand und marinen Aggregaten in den küstennahen Gewässern und verhindern sie generell in der Gezeitenzone oder in deren direkter Nähe. Tatsächlich werden die meisten Abbaugenehmigungen für Standorte erteilt, die wenigstens 5 km von der Küste entfernt sind, mindestens aber auf der Seeseite der jeweils küstennächsten Bank, die offensichtlich die größte Wirkung auf die Wellenenergie am Ufer hat, liegen müssen.

Die Erstreckung der *litoralen Zone landwärts der Küste* ist nicht offiziell definiert. Sie schließt offenkundig alle tiefliegenden Bereiche ein, die den Überschwemmungen ausgesetzt sind und auch jene Küstengebiete, die künftig der Erosion unterliegen werden. An den wenigen Standorten, an denen dies durch die verantwortlichen Behörden (Grafschaftsräte) für bauliche Planungen festgelegt wurde, wurde sie als Zone mit einem Erosionsrisiko für die nächsten 75–100 Jahre ausgewiesen. Eine Kommunalbehörde hat schon Pläne aufgestellt, um etwas gegen eine in der erosionsgefährdeten Zone erteilte Genehmigung zu unternehmen. Diese Zone erstreckt sich fast 1 km landeinwärts im Bereich der gegenwärtig stärksten Erosion. Die Kontrolle über die Erschließung liegt bei den Bezirksräten, so daß an Steilküsten, die der Erosion unterliegen, sowohl der Küstenschutz als auch die Planungskontrolle in derselben Hand liegen. Rat zur Erteilung einer Planungsgenehmigung in Zonen, die zu Überschwemmungen und Erosion (oder Küstenerdrutschen) neigen, kommt von der Zentralregierung (Umweltministerium). Zusätzlich müssen die Wasserwirtschaftsbehörden bei allen Erschließungsanträgen von Grundstücken, die dazu neigen, überschwemmt zu werden, konsultiert werden. Wenn überhaupt, wird ihr Rat jedoch von den Kommunalbehörden, die eine Erschließung gewöhnlich unter dem Aspekt der Erfordernis eines höheren Schutzes durch die Wasserwirtschaftsbehörde betrachten und nicht bedenken, daß dieser vielleicht besser vermieden werden sollte, kaum in Anspruch genommen. Es muß eine Änderung dieser Haltung stattfinden, im Einklang mit einem verstärkten Einfluß der Zentralregierung und verstärkter öffentlicher Information über den zukünftigen Meeresspiegelanstieg. Küstenverteidigungsanlagen erfordern ebenfalls eine Planungsgenehmigung – diese wird immer bereitwillig erteilt.

In Großbritannien gibt es keine gesetzliche Grundlage dafür, welche *Entschädigung* Eigentümern gezahlt werden sollte, wenn ihre Grundstücke vom Beschluß betroffen sind, daß Küstenschutz- oder Küstenverteidigungsmaßnahmen beendet werden.

Beschlußfassung zu ihrem Küstenstrich einzubeziehen versucht, während die üblichen Standards und Techniken vor allem durch zentrale Finanzierungen durchgesetzt werden. Es ist ebenfalls klar, daß die ortsansässige Bevölkerung nur in bezug auf die Probleme erosionsgefährdeter Küstenstriche besonders stark beteiligt ist, während die Verwaltung der Hochlandküsten und der komplexen Maßnahmen gegen Überschwemmungen viel stärker zentralisiert und bürokratisiert ist. Das andere Extrem findet sich in jenen Ländern einschließlich der USA, in denen es üblich ist, daß die einzelnen Landeigentümer an der Küste ihre eigenen Schutzvorrichtungen gegen die Erosion treffen – ihr begrenzter Erfolg und der optisch ungünstige Eindruck ist jedoch ein Beweis für die Notwendigkeit, in größerem Rahmen zu planen.

Die Niederlande sind eines der wenigen Länder mit einer starken und zentralisierten Planung: die Qualität und die Wirksamkeit ihrer Verfahren beim Küstenmanagement haben wir bereits gewürdigt. Die entsprechend ehrgeizigen und gutfinanzierten staatlichen Planungen werden in aufwendigen Dokumentationen beschrieben und von Zeit zu Zeit aktualisiert. Ihrer Befürwortung gehen öffentliche Diskussionen und Verbesserungsvorschläge voraus. Sollte es dabei zu Meinungsverschiedenheiten kommen, können diese über ausführliche öffentliche Anhörungen erörtert werden. Zwar wird auf diese Weise eine demokratische Beteiligung der Öffentlichkeit bei den Planungen zum Küstenschutz, zu dessen Zielen und den Methoden ermöglicht. Aber so wichtig die kommunalen Beschlüsse zur Genehmigung oder Ablehnung von Erschließungsvorhaben sind, so bedarf es doch eines höheren, den Kommunen angeschlossenen Entscheidungsorgans, das an Vorschriften oder Gesetze gebunden ist und von einer unabhängigen Verwaltung unterstützt wird, wenn langfristige Entscheidungen über den Umgang mit individuellem Grundbesitz an der Küste getroffen werden müssen. Das gilt besonders dann, wenn Beschlüsse gefaßt und durchgesetzt werden müssen, die private Grundstücke wieder der natürlichen Erosion oder der Wirkung der wechselnden Gezeiten aussetzen.

Die USA hat (im großen und ganzen) nur schwache Gesetze zur Zonierung der Küste: die Häuser werden eher vertikal «verschoben» (um den Gesetzen zu entsprechen, wonach bewohnte Stockwerke höher liegen müssen als das Gezeiteniveau) als horizontal aus der unmittelbaren Gefahrenzone entfernt. Der Küstenschutz wird zwar zentral entworfen (durch das *US Army Ingenieurs-Corps*), aber diese Planungen bevorzugen eher bauliche Maßnahmen zur Problemlösung. Das Küstenmanagement reicht von der örtlichen Beteiligung des Bundes an öffentlichen Grundstücken und Nationalparks bis hin zu staatlichen, städtischen und auch privaten Verantwortlichkeiten. Es gibt sonst kaum Industrieländer mit so vielen Kilometern an *ad hoc* und privat errichteten baulichen Maßnahmen, die erheblichen optischen Schaden anrichten und – infolge ihrer lokal begrenzten und amateurhaften Ausführung – keinen zeitlich dauerhaften Wert für den Schutz des Ufers darstellen. Das ähnlich komplexe und vergleichbar ineffektive britische Planungssystem wird in Kasten 9.6 beschrieben.

9.7 Vor einer schweren Wahl: Selektivität im Küstenzonenmanagement

Vermutlich wird sich mit der Zeit in vielen Ländern ein Ansatz im Management der Küstengebiete durchsetzen, der Überschwemmungen oder künftige Erosion zuläßt. Die stärkere Zunahme des Meeresspiegelanstiegs wird diese Entwicklung beschleunigen. Natürlich ist es einfach, über eine flexiblere Küstenmanagementpolitik zu schreiben und vorzuschlagen, daß kleinräumigere Gebiete auf einem höheren Niveau geschützt und andere sich selbst überlassen bleiben sollten. Die Umsetzung solcher Überlegungen sind ein Stück praktischer Politik, die ein genaues wissenschaftliches Verständnis der Küste, strenge Planungsverfahren, rationelle Kosten-Nutzen-Evaluierungen (und andere Methoden der vergleichenden Analyse) und ein Entschädigungsverfahren für jene, die im Interesse der Gesellschaft und des langfristigen Schutzes der Küstengebiete benachteiligt werden, voraussetzen.

Wie bereits angedeutet wurde, werden in vielen Fällen die vorhandenen Anstrengungen, das Meer aus tiefliegendem Land herauszuhalten oder in Häfen und Seebädern der Erosion vorzubeugen, fortgesetzt werden. Es ist jedoch auch in diesen Fällen wahrscheinlich, daß erheblich verstärkte Anstrengungen unternommen werden müssen, um die natürlichen Elemente der Küstenlinie als Teil des Schutzes gegen die Einwirkung des Meeres zu erhalten, wie z.B. Salzmarschen oder Sanddünen vor einer Eindeichung und Strände vor Strandbefestigungen. Techniken, die dies ermöglichen, gibt es bereits, aber die meisten sind entweder auf eine Sedimentzufuhr angewiesen (die sehr kostspielig sein kann) oder erfordern die Aufrechterhaltung natürlichen Sedimenteintrags durch Flüsse oder erodierende Kliffe. Vermutlich werden bald zwingende Gründe vorliegen, die es nahelegen, den größeren Flüssen wieder zu gestatten, ihre Sedimente an die Küsten zu transportieren (und d.h. auch, den weiteren Bau von Dämmen und Gezeitenwehren zu beenden), und die Erosion der Kliffe (oder «feeder bluffs», wie die Amerikaner sie nennen) zuzulassen. Wenn das Küstenzonenmanagement die verschiedenen Verantwortlichkeiten integrieren könnte, sollten vernünftige Entscheidungen einfacher zu treffen sein. Wenn aber, wie z.B. zur Zeit in Großbritannien, die Steilwände eines Kliffs anderen Behörde unterstellt sind als die darunterliegende Küste, sind Konflikte und Uneffektivität vorprogrammiert. Dies scheint nahezulegen, die unterschiedlichen Sedimentvorkommen zur Grundlage der Küstenplanung zu machen. Diese Überlegung sollte auf keinen Fall ignoriert werden, damit Küsteningenieure die Stabilität des Strandes und die Sedimentquellen, von denen diese abhängt, nicht mißachten. Auf der anderen Seite weisen viele Länder ein hohes Investitionsvolumen in den landeinwärts gelegenen Gebieten auf, so daß das Küstenzonenmanagement den Grad der landwärtigen Erschließung berücksichtigen muß, wenn Umfang und Art des Schutzes in angemessener Weise festgesetzt werden sollen. Es sollte versucht werden, die Küstenstädte oder größere tiefliegende, landwirtschaftlich genutzte

Flächen in einem Maß zu schützen, der ihrem Entwicklungs- bzw. Erschließungsgrad entspricht - unabhängig vom Muster der Sedimentbereiche entlang der Küste.

Viele Länder sind angesichts der wachsenden Probleme, die ein Meeresspiegelanstieg mit sich bringt, davon abgekommen, allein den Ingenieuren die Entscheidung über Maßnahmen zur Stabilisierung der Küste zu überlassen und gehen verstärkt davon aus, daß die Küste soweit als irgend möglich sich selbst überlassen werden sollte. Das wird natürlich nur durch die Einführung strenger Auflagen möglich sein. Denn wenn die Bautätigkeit (einschließlich der Renovierung älterer Gebäude) gestoppt wird, sinken auch die Risiken bei Überschwemmungen oder einem Meeresspiegelanstieg erheblich. Diese Maßnahmen werden sich mit der Zeit auf die Arithmetik von Kostennutzenberechnungen auswirken und so den ökonomischen Druck auf Küstenschutzpläne vermindern. Eines der Probleme dieses Ansatzes ergibt sich aus dem zeitlichen Rahmen. Küstenverteidigungsanlagen können gebaut werden und einen Schutz bieten oder wenigsten Risiken mindern und das über eine Zeitspanne von 1-30 Jahren. Eine Landnutzungsplanung wird an der Küste erst nach 20 bis 300 Jahren ihre Wirksamkeit beweisen können. Diese sehr lange Evaluierungsphase, auf die sich die Entscheidungen zu Art und Ort von Erschließungen gründen, werden es notwendig machen, die Absichten und Pläne vieler Landeigentümer zu übergehen.

Nichtsdestoweniger ergeben sich konkrete Vorteile aus einem radikalen Umdenken hinsichtlich einer natürlichen (und potentiell natürlichen) Küste. Wir würden zu einer Situation zurückkehren, in der wir die natürlichen Eigenschaften einer Küste sowohl als natürlichen Puffer gegen einen Angriff des Meeres als auch wegen ihres ästhetischen Wertes schätzen. Das wird sie für die Gesellschaft attraktiver machen und dazu führen, daß sie um so höher bewertet (im monetären Sinne) und besser geschützt wird. In vielen Fällen wären die Kosten eines solchen Wandels niedrig, und tatsächlich wäre der Nutzen dieser

Kasten 9.7 Wie dynamisch ist die natürliche Küste?

Die verbreitete Vorstellung, daß das Meer, sofern es nicht daran gehindert wird, über weite Strecken in das Land eindringen kann, ist falsch; wenn der Strand um einige zehn Meter landeinwärts versetzt wird, ist die Wirkung auf das Gefälle der Küste beträchtlich und schwächt die Gewalt der Wellen rasch ab. Nur dort, wo der Sedimentaustrag aus der küstennahen Zone (entweder in die küstennahen Gewässer oder entlang der Küste mit der Litoraldrift) hoch ist, wird sich die Versetzung der Küstenlinie fortsetzen. Diese erodierenden Zonen haben sich oft zu erodierenden Klifflinien entwickelt, z.B. bei den Kliffen von Holderness (England) nördlich von Humber (durchschnittliche Rate der Zurückverlegung beträgt 2 m/a) und den Kliffen von Norfolk (durchschittliche Rate der Zurückverlegung beträgt 1 m/a). Wo diese Kliffbereiche mit Ackerland bedeckt sind, können sie der Erosion überlassen bleiben: solche Landverluste haben in bezug auf die Produktionseinbußen keine größere Bedeutung, wogegen schon die einfachste Kostennutzenanalyse zeigt, daß die Umwandlung der Felder durch die Erosion des Kliffs in Strandsediment äußerst kosteneffektiv ist.

Abb. 9.6. Haus auf dem Rand einer einstürzenden Küstensteilwand, Kalifornien, USA (*Quelle:* Platt *et al.* 1992).

Investitionen langfristig höher als jener der gegenwärtigen Politik. Der Grund dafür liegt darin, daß die Gesamtverschiebung der natürlichen Küste sogar unter Einbeziehung eines Meeresspiegelanstiegs wahrscheinlich relativ gering ist, vorausgesetzt, die Erosion an den angrenzenden Kliffen wird nicht unterbunden und ein ausreichender Sedimenteintrag auf diese Weise gewährleistet (Kasten 9.7). Dort, wo die weitere Erosion der Kliffe (noch?) nicht gestattet werden kann (auch wenn die strikte Begrenzung der Erschließung des Landes auf dem Kliff bereits greift), muß die natürliche Sedimenteinspeisung unterstützt werden, um zur Erhaltung der Stabilität der Küste beizutragen (Abb. 9.6).

An Flachküsten wird das Hauptziel sein, die Urbarmachung der Salzmarschen rückgängig zu machen, was gegenwärtig 80–90 % der Salzmarschen in den Industrieländern beträfe. Wie wir gesehen haben, besitzen Salzmarschen einen enormen Wert, da sie die Fähigkeit haben, mit dem Meeresspiegelanstieg Schritt zu halten und zudem als Naturschutzgebiete wichtige Funktionen erfüllen. Ähnlich wie bei den Steilküsten ist die Stillegung von landwirtschaftlich genutzten Flächen in den Industrieländern kein Problem, so daß es ebenfalls ein Einfaches

Abb. 9.7. Dünenmanagement, Marram-Gras-Anpflanzungen, Fenwick Island, Barrier Island Atlantikküste, USA.

zu sein scheint, die Hochwasserdeiche zu entfernen und das Land dem Meer zu überlassen. Unter dem Aspekt des Landmanagements ist das richtig, denn es würde schnell eine natürliche Salzmarschvegetation aufkommen, obwohl sich in einigen sehr tief liegenden Bereichen vielleicht erst ein Schlickwatt aufbauen muß, bevor wieder eine Salzmarsch entstehen kann. Lediglich die verständlicherweise unzufriedenen Landwirte müßten entschädigt werden, was jedoch in vielen Fällen ohne Änderungen in der nationalen Gesetzgebung nicht möglich sein wird. Die Spannungen werden besonders durch den Widerstand der Verwalter von Naturschutzgebieten (und besonders Vogelschutzgebieten) auf urbar gemachten Salzmarschen entlang der Küste deutlich, wenn diese mitansehen müssen, wie ihre Schutzgebiete in Marschen zurückgeführt werden sollen. Doch im Prinzip ist ihr «Opfer» ebenso sinnvoll wie das eines landwirtschaftlich genutzten Grundstücks. Kosten und Nutzen solcher Entscheidungen sind schwer zu bestimmen, denn viele nicht genau bestimmbare Aktivposten müssen geschätzt werden. Während es einfach ist, einen Rückzug aus dem Küstengebiet als eine notwendige Anpassung an einen bevorstehenden Meeresspiegelanstieg bekanntzugeben, ist es schwierig, diesen ohne Konflikte durchzusetzen. Einige Themen der Bewertungsproblematik werden in Kap. 2 und 3 dargelegt.

Der Beitrag der Geomorphologen zum Küstenzonenmanagement besteht im Aufzeigen einer Serie von Landformen entlang der Küste, die in einer natürlichen Abfolge auf den Meeresspiegel ausgerichtet sind und die sich bei einem

Meeresspiegelanstieg wieder in derselben Anordnung einstellen. Diese Landformen umfassen Strände (aus Sand oder Kies), Sanddünen und Salzmarschen. Eines der Ziele eines Küstenmanagements muß sein, diesen Landformen eine möglichst natürliche Entwicklung zu gestatten, denn nur dann werden sie mit dem Meeresspiegelanstieg durch ein Anwachsen oder durch eine relative begrenzte Strandversetzung Schritt halten können. Offensichtlich wurden in einigen Fällen diese Landformen bereits so verändert, daß sie nicht mehr in der Lage sind, sich natürlich zu entwickeln. Sanddünen können durch eine Mauer vom Strand abgeschnitten werden (und der Strand von den Dünen), Strände können mit Buhnen übersät sein, Salzmarschen sind häufig auf Grund großflächiger Urbarmachung stark zurückgegangen. Es überrascht nicht, daß dermaßen veränderte Systeme nicht mehr effektiv funktionieren, so daß wir auch erkunden müssen, ob sie überhaupt in ihren ursprünglichen Zustand rückgeführt werden können. Nur dann dürfen sie ihrer natürlichen Entwicklung überlassen werden und sich somit ohne Folgekosten dem zukünftigen Meeresspiegelanstieg anpassen.

In einigen Küstengebieten wird man die Beschlüsse der vergangenen Jahre revidieren müssen und urbar gemachtes Land wieder den natürlichen Einflüssen der Küste aussetzen. Wenn es um kleine, noch landwirtschaftlich genutzte Flächen geht, sollten diese Revisionen nicht zu aggressiv umgesetzt werden, auch wenn möglicherweise Wege entwickelt werden müssen, um die Umwandlung urbar gemachten Landes in Salzmarschen zu unterstützen – es sei denn, wir entdecken, daß die Natur dies wirkungsvoller erledigen kann. Wo eine Bebauung vorhanden ist, ist die Entscheidung schwieriger, so daß einige Zeit vergehen kann, bevor eine Rückführung wirtschaftlich und politisch durchsetzbar ist. Weitere Priorität hat die Verbesserung der Dünen; allzuoft sind sie intensiver Trittbelastung ausgesetzt und in vielen Gebieten sind auf ihnen Ferienhäuser errichtet worden. Die Verbesserung des Dünenmanagements ist bereits an einigen Küstenorten in Angriff genommen worden, z.B. durch «English Nature» in britischen Naturschutzgebieten, durch den Bezirksrat von Sefton entlang der Küste von Lancashire, England und durch die US-Behörden an vielen Stellen auf den Barrier Islands der atlantischen Küste (Abb. 9.7). Führend sind die Niederländer, die die Dünen nicht nur unter dem Gesichtspunkt des Küstenschutzes bewerten, sondern auch ihre Rolle für die Wasserversorgung berücksichtigen.

9.8 Das langfristige Management der Küstenzone

Ein künftiges Küstenzonenmanagement wird angesichts des steigenden Meeresspiegels unterschiedliche Aufgaben koordinieren, die räumlichen Beziehungen der Küstenzone integrieren (etwa erodierende Steilhänge mit der Erhaltung von benachbarten Stränden und Salzmarschen in Beziehung setzen) und die Probleme auf ihre langfristigen Aspekte hin untersuchen. Dieses Management wird selektiv sein: viele Gebiete werden immer einen größeren Aufwand an Maßnahmen erfordern, um die Stabilität der Küste und einen wirksamen Schutz selbst bei den schlimmsten Überschwemmungen zu gewährleisten. Aber dieser Aufwand wird

Kasten 9.8 Landnutzungsplanung in der Küstenzone

Die Landnutzungsplanung in der Küstenzone wird besonders als langfristig angelegtes politisches Instrument, das die Durchsetzung strenger Gesetze erfordert, an Bedeutung gewinnen. Natürlich werden Einzelne immer Möglichkeiten ausfindig machen, um sich in der gefährdeten Zone ob des vermeintlichen Vorteils einer Küstenlage anzusiedeln. Doch sollte die gesamte Gesellschaft eine klare Vorstellung davon entwickeln, ob nicht heutige Investitionen künftige Generationen in eine schwierige Lage bringen. Es braucht Zeit, um die Menschen davon zu überzeugen, daß die Fortsetzung der derzeitigen Versuche, die Küstenlinie zu stabilisieren, nicht die beste Alternative ist. Niemand sollte jedoch glauben, daß die Bereitwilligkeit, ein Küstenzonenmanagement aufbauen, kurzfristig zu einem effektiven Gefahrenmanagement führen wird; eher schon werden lange Auseinandersetzungen nötig sein, um die Einstellung der Öffentlichkeit zu ändern, und zweifellos werden weitere Buhnen gebaut und umfangreiche Deiche für die nächste Generation angelegt werden. Einige Elemente und Grundzüge eines solchen umfassenden und integrativen Ansatzes wurden für North Carolina mit den unten abgebildeten Vorschlägen entwickelt (Owens 1985).

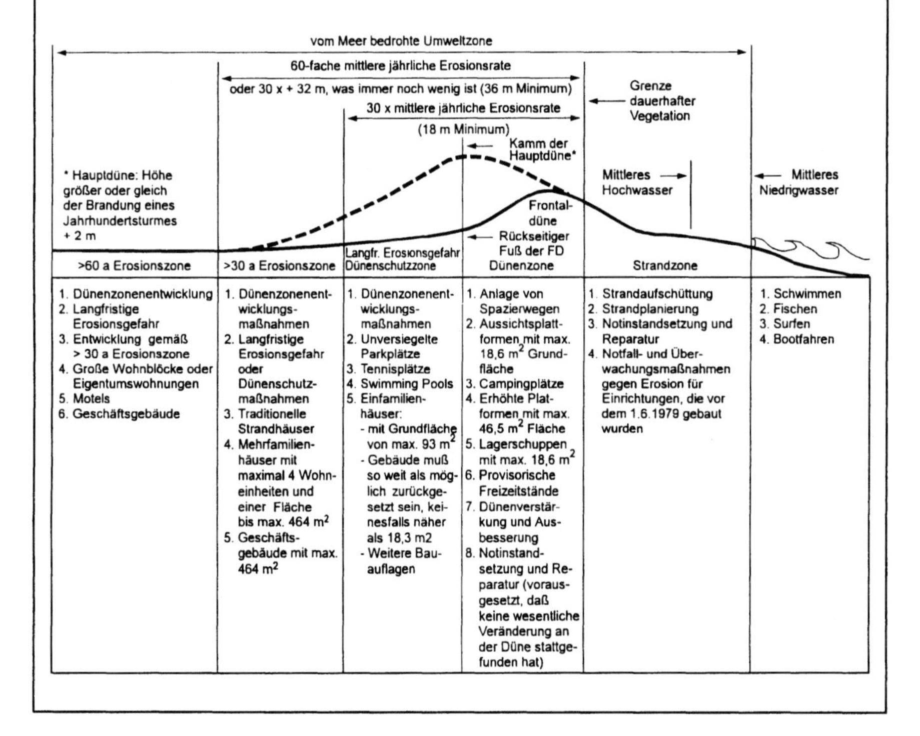

ausgeglichen werden durch eine Verringerung der Mittel, die heute für den Schutz von kleinen Gemeinden und etlichen kleineren landwirtschaftlich genutzten Ländereien aufgebracht werden.

Wir werden die Entwicklungen der letzten 150 Jahre durch eine steigende Anzahl an Salzmarschen und aktiven Küstendünengebieten revidieren. Wir werden ein verbessertes Warnsystem bereitstellen und ebenso die gefährdeten Menschen über angemessenes Verhalten im Falle einer Flutwelle besser unterrichten. Über all dem werden wir lernen, an der Küste mit der Natur zu leben und daß wir nicht verpflichtet sind, für Bauholz und Beton Geld auszugeben, um so das Meer in seine Schranken zu weisen. Wo immer es möglich ist, sollten wir dem Meer gestatten, seinen eigenen Platz zu finden; sogar mit einem steigenden Meeresspiegel dürfte das nicht so schwer zu erreichen sein. All dies wird die Bereitschaft erhöhen, Maßnahmen zu ergreifen, um die künftige globale Erwärmung eher früher als später zu reduzieren.

Kasten 9.9 Ein Beispiel möglicher Veränderungen einer Flachküste - Norfolk, UK

Die Flachküste von North Norfolk ist von Strandwallinseln und Sandbänken geprägt. Gegenwärtig ist sie teilweise stabil bzw. wächst sogar. Da sie eine flache und mobile Küste ist, weist sie auch Standorte auf, an denen sogar heute noch Erosion auftritt. Über die Hälfte der Salzmarschen wurden in Ackerland umgewandelt, einschließlich der Weidegebiete, die zu Vogelschutzgebieten erklärt wurden, und einer Fläche mit Sanddünen, die als Golfplatz genutzt wird. Mit dem Meeresspiegelanstieg wird es einige Veränderungen der ungeschützten Küste geben, aber das Hauptproblem wird darin liegen, daß die urbar gemachten Salzmarschen zunehmend durch Überschwemmungen gefährdet sein werden, da sie nicht durch Schlickakkumulation bei Flut erhöht werden. Zweifellos wird man Mittel investieren, um den Schutz der Küstendörfer wie Cley und Wells zu verbessern, obwohl einige kleinere Dörfer in den tieferen Lagen wie Blakeney, Salthouse und Brancaster Staithe häufiger und unter höheren Überschwemmungen leiden werden. Das erschlossene Ackerland jedenfalls, einschließlich Holme (1), Brancaster (3), Burnham Overy (5), Holkham (6), Morston/Blakeney (7, 8) und Salthouse (9) rechtfertigt den Aufwand für Verbesserungen nicht und sollte wieder in natürliche Salzmarschen umgewandelt werden. Kleinere Gebiete wird man zuerst aufgeben, da die Werte, deren Schutz vorrangig ist, sicherlich keine Bauwerke auf den umgebenden Bänken erlauben. Aber vielleicht ist es sogar fraglich, ob überhaupt irgendwelche der landwirtschaftlich genutzten früheren Salzmarschen erhalten bleiben sollen. Dies wird politisch immer noch einfacher durchzusetzen sein als die Umwandlung der heute als «natürliche» Vogelschutzgebiete ausgewiesenen Flächen, wie z.B. Tichtwell (2) und Cley (9), auch wenn sie auf die Dauer nur schwer gegen eine Überschwemmung zu schützen sind. Golfplätze auf Klippen wie bei Sheringham (10) werden unter der rapide zunehmenden Abrasion infolge der Erosion der Kliffe leiden; jene auf Sanddünen wie bei Brancaster (4) können nur geschützt werden, wenn eine Sandspeisung der Strände erfolgt – deren Erhalt *könnte* durch den doppelten Erholungswert des Golfplatzes wie des benachbarten Ferienstrandes gerechtfertigt werden. Aber auf

Fortsetzung n.S.

Kasten 9.9 *Fortsetzung*

lange Sicht sollten Flachküsten wie diese am besten der Natur überlassen werden, bis auf jene kleinen Ansiedlungen, die durch verbesserte, ausreichend zurückgesetzte Wälle geschützt werden können, so daß sie durch die Salzmarschen und/oder Sanddünen vor dem Einfluß der Wellen geschützt sind.

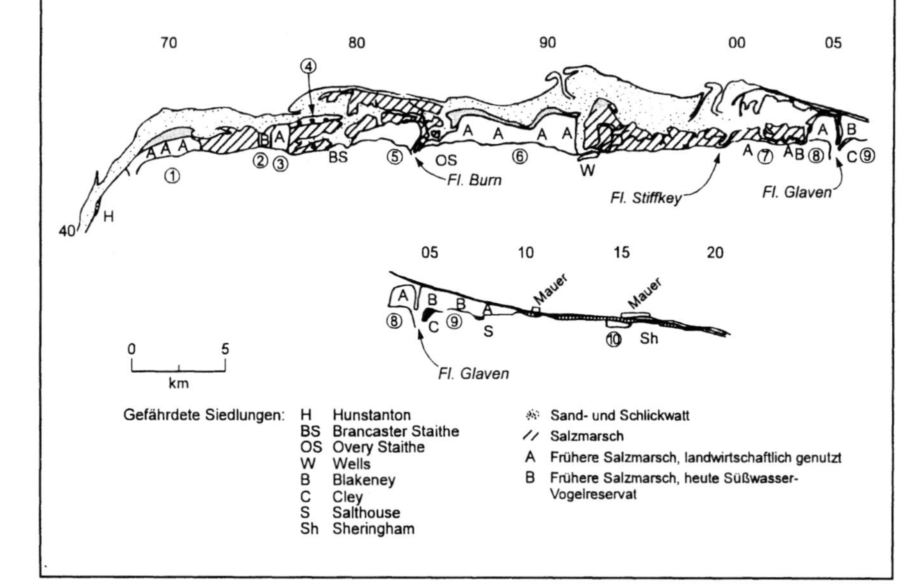

In vielen Ländern ist die Küste bis auf die kurzen Abschnitte, die industriell oder touristisch erschlossen wurden, noch in einem weitgehend natürlichen Zustand. Es bleibt zu hoffen, daß die absolut unbefriedigende Situation in vielen Industrieländern von jenen zur Kenntnis genommen wird, denen eine tiefgreifende Veränderung und Erschließung ihrer Küstenzone noch bevorsteht. Auch in starkbevölkerten Ländern kann der Küstensaum eine Zone bleiben, in der natürliche Prozesse weiter ablaufen können und die Natur genossen werden kann. Die Küste mit ihren Dünen, Stränden und Flachseen hat eine wichtige Funktion als Erholungsgebiet. Da die Urbanisierung durch den Tourismus eine Form der Küstennutzung darstellt, die noch zunimmt, müssen in der Nähe liegende ungestörte Gebiete zu diesem Zweck auch erhalten bleiben. Solch ein Nebeneinander ist sowohl heute als auch angesichts eines zukünftigen Meeresspiegelanstiegs vielleicht die geeignetste Form der Küstennutzung (Kasten 9.8). Dennoch muß der überwiegende Teil der Küste so belassen werden, daß er sich den täglichen, saisonalen und langfristigen Veränderungen des Meeresspiegels ohne Störungen anpassen kann. Es sollte nur noch ein kleiner Teil der Küste urbanisiert und vom Menschen vereinnahmt werden. Und selbst dort ist die Aufrechterhaltung eines hohen Strandniveaus die einzige langfristig wirksame Methode, die erschlossene Küste zu schützen.

Literaturverzeichnis

Clayton KM (1992) Coastal geomorphology. Nelson, London

Hicks SD, Debaugh Jr HA, Hickman Jr LE (1983) Sea-level variations for the United States, 1955–1980. NOAA, Rockville, MD

Owens DW (1984) Erosion rates and hazard mapping in coastal resource management. In: Preventing coastal flood disasters: the role of the States and Federal response, Proceedings of a National Symposium, Ocean City, Maryland, Mai 23–25, pp 137–148, Special Publication No. 7, Association of State Floodplain Managers and the University of Colorado, Natural Hazards Research and Applications Information Center, Boulder, Colorado

Owens DW (1985) Coastal management in North Carolina: building a regional consensus. J Am Planning Assoc 51:322–329

Platt RH, Miller HC, Beatley T, Melville J, Mathenia BG (1992) Coastal erosion: has retreat sounded? Monograph 53. University of Colorado, Institute of Behavioral Science Program on Environment and Behaviour, Boulder

Raper SC, Wigley TML (1991) Short-term global mean temperature and sea level change. In: Goodness CM, Palutikov JP (eds) Future climate change and radioactive waste disposal. Proceedings of International Workshop, Nirex Safety Studies, NSS/R257, pp 203–213

Rijkswaterstaat (Dutch Ministry of Transport and Public Works) (1990) A new coastal defence policy for the Netherlands. Netherlands Ministry of Transport and Public Works, Den Haag

Shennan I (1987) Holocene sea-level changes in the North Sea region. In: Tooley MJ, Shennan I (eds) Sea-level changes. Blackwell, Oxford

Weiterführende Literatur

Anon (American Meteorological Society) (1986) Is the United States headed for hurricane disaster? A statement of concern by the American Meteorological Society as adopted by the Council on January 12, 1986. Bull Am Meteorol Soc 67/5:537–558

Bird ECF (1985) Coastline changes: a global review. Wiley, Chichester

Bruun P (1962) Sea-level rise as a cause of shore erosion. Journal of the Waterways and Harbors Devision, American Society of Civil Engineers 88:117–130

Clayton KM (1989) Sediment input from the Norfolk cliffs, eastern England – a century of coast protection and its effect. J Coastal Research, 5:433–442

Clayton KM (1990) Sea-level rise and coastal defences in the UK. Q J Eng Geol, London 23:283–287

Davies JL (1980) Geographical variation in coastal development (2nd ed). Longman, London

Houghton JT, Jenkins GJ, Ephraum JJ (eds) (1990) Climate change: the IPCC scientific assessment. Cambridge University Press, Cambridge

Intergovernmental Panel on Climate Change, Response Strategies Working Group, Coastal Zone Management Subgroup (1992) Global climate change and the rising challenge of the sea. (Report prepared for IPCC by Working Group 3). Directorate General Rijkwaterstaat, Den Haag, Niederlande

Kaufman W, Pilkey Jr OH (1983) The beaches are moving: the drowning of America's shoreline. Duke University Press, Durham, NC

Kay RC (1990) Development controls on eroding coastlines: reducing the impact of greenhouse-induced sea-level rise. Land Use Policy 17:169–172

Penning-Rowsell EC et al. (1992) The economics of coastal management. A manual of benefit assessment techniques. Belhaven Press, London

Royal Commission on Coast Erosion and Afforestation (1911) Third and Final Report, Volume III (Part I) Cd. 5708. HMSO, London

Warrick RA, Barrow EM, Wigley TML (eds) (1993) Climate and sea level change: observations, projections and implications. Cambridge University Press, Cambridge

Warrick R, Farmer G (1990) The greenhouse effect, climatic change and rising sea level: implications for development. Trans Inst Br Geogr 15:5–20

Warrick R (1993) Slowing global warming and sea-level rise: the rough road from Rio. Trans Inst Br Geogr 18:140–148

Wigley TML, Raper SCB (1992) Implications for climate and sea level of revised IPCC emissions scenarios. Nature 357:293–300

Williams SJ, Dodd K, Gohn KK (1991) Coasts in Crisis. US Geological Survey Circular 1075:p 32

10 Die Ozeane vom Weltraum aus gesehen

Karen J. Heywood

Behandelte Themen:

- Satellitenaltimetrie: Die Rolle der Meereszirkulation für das Klima
- Infrarotradiometrie: Ozeanische Wirbel und küstennahe Aufstiegsströmung
- Farbmessung: Die Produktivität der Ozeane
- Mikrowellenradiometrie: Die Polynyas

Wir beginnen gerade erst zu begreifen, wie wichtig die Ozeane für die Regulierung der globalen Kreisläufe sind. Karen Heywood zeigt auf, wie uns moderne Satellitenbilder, die auf der Grundlage eingehender ozeanographischer Untersuchungen und hochentwickelter Modellvorstellungen interpretiert werden, verdeutlichen können, in welch hohem Maß die Ozeane die Atmosphäre widerspiegeln. Sie sind in ständiger Bewegung und transportieren mit ihren Hauptströmungen Energie und Kohlendioxid über weite Strecken unseres Globus. Kalt- und Warmwasserzellen bilden sich, werden zerstreut, neu gebildet und stabilisiert. Diese Zellen sind Energiesenken und -quellen, die für das Klima und die Produktion biologisch erzeugter Atmosphärengase, die Wolkenbildung und Niederschlag bestimmen, sehr wichtig sind. Die Planktondichte wird extrem stark durch Sonnenlicht, Wassertrübe, Temperatur und auch durch Strömungsbewegungen beeinflußt.

Die Meere sind womöglich mehr als nur ein Temperaturregelmechanismus. Unter der Einwirkung des Sonnenlichts auf den Wasserdampf, der von der Meeresoberfläche verdunstet, bilden sich Hydroxyl-Radikale (OH). Diese sind für die Beseitigung von Methan aus den oberen Atmosphäreschichten verantwortlich und spielen bei der Regelung anderer Treibhausgase wie den Fluorchlorkohlenstoffen wahrscheinlich eine große Rolle. Die Herstellung von OH variiert erheblich in Abhängigkeit von Raum und Höhe: wir wissen bisher wenig über seine mildernden Effekte. Die Meere geben ihre Geheimnisse der Wissenschaft nur sehr zögerlich preis; diese Entdeckungsreise hat gerade erst begonnen.

Es wundert nicht, daß eines der nächsten Hauptthemen, denen internationale Aufmerksamkeit geschenkt werden wird, der weltweite Umgang mit den Ozeanen ist. Bis 1996 soll ein UN-Abkommen über die Ozeane unterzeichnet werden. Dieses Abkommen wird von jener Wissenschaft und ihrem Verständnis der Zusammenhänge zwischen Ozean und Atmosphäre abhängig sein, die im folgenden Kapitel von Karen Heywood dargestellt werden. Der mögliche Einfluß zunehmender UV-Strahlung auf das Phytoplankton der nördlichen und südlichen

Meere wird erforscht. In diesem Bereich sind empirische Beweise dringend notwendig. Bisher sind nur Analysen relativ kurzzeitiger Datenreihen verfügbar, somit müssen mögliche Fluktuationen der Primärproduktion an der Meeresoberfläche im Hinblick auf das Vorsorgeprinzip modelliert werden. Es ist auch möglich, daß die globale Erwärmung die wüstenähnlichen Eigenschaften eines Großteils der Meeresoberfläche verstärkt, indem sie die Planktonproduktion auf die küstennahen Bereiche mit aufströmenden Tiefenwässern und die Flußmündungsgebiete beschränkt. Das wiederum könnte das Ausmaß der Wolkenbildung über den Ozeanen einschränken, welches von den Dimethylsulphat-Aerosolen, die manche Phytoplanktonarten produzieren, abhängen. Eine solche Reduzierung der Wolkendecke könnte die mögliche Wolkenzunahme durch Sulphat-Aerosole aus industrieller Verschmutzung und Autoabgasen mehr als ausgleichen.

Es könnte aber auch *nicht* so sein: all das ist noch Spekulation. Jede dieser Möglichkeiten könnte eine Verstärkung oder Abschwächung einer Erwärmung bewirken. Deshalb sollten wir auch gemäß dem Vorsorgeprinzip langsam und angemessen handeln. Die Themen, die in der Einführung zu Kap. 8 angesprochen wurden, sind auch hier äußerst wichtig. Ein integriertes Küstenzonenmanagement stellt hier sowohl ein ethisches Bedürfnis als auch eine wissenschaftliche Notwendigkeit dar. Die Randgebiete des Meeres weiterhin übermäßig zu beanspruchen, könnte sich als große Dummheit erweisen: dennoch sind dies die Gebiete, die noch immer weitgehend unkoordiniert verändert werden.

Was immer das Ergebnis auch sein mag, die Ozeane werden auch in Zukunft immer aus dem gleichen Grund erforscht werden: sie sind riesige Reservoire lebenswichtiger bio-geo-chemischer und physikalischer Prozesse unvorstellbaren Ausmaßes, deren Bedeutung wir kaum je begreifen werden. Dies kann aber keine Entschuldigung dafür sein, intensive wissenschaftliche Forschungen – systematische Aufzeichnungen von Temperaturen, Salzgehalt, Strömungsbewegungen, Gasaustausch, Tiefendynamik und physiochemischen Verbindungen zur Atmosphäre – zu vernachlässigen. Die Arbeiten daran haben bereits begonnen: im «Worlds Ocean Circulation Experiment» und im Rahmen ergänzender Studien, die durch internationale und nationale Wissenschaftsprogramme finanziert werden. Die erzielten Informationen werden von größter Bedeutung sein.

Das Problem ist, daß es Jahrzehnte gemeinsamer Beweissammlung, zahlreicher Arbeitskreise und Konferenzen sowie teurer vernetzter Wissenschaftsteams bedarf, um diese Arbeit zu leisten. Einmal begonnen, kann man ein solches Unternehmen nicht den Unwägbarkeiten politischer Stimmungen oder Wissenschaftsbudgets, die von politisch orientierten Budgetkürzungen oder aufkommender Ungeduld angesichts unvollständiger Ergebnisse bestimmt werden, ausliefern. Forschungen dieser Art sind extrem von einer verläßlichen Finanzierung, ständigen Aufzeichnungen und festen Forschungsnetzwerken abhängig. Vielleicht müßte es für den Bereich der Meeresforschung eine dem IPCC entsprechende Einrichtung geben. Wollen wir hoffen, daß dies eines der Ergebnisse der UN-Konferenz und der nachfolgenden internationalen Abkommen ist.

Internationale wissenschaftliche Zusammenarbeit dieser Art ist gefährdet, wenn Wissenschaftsbudgets von Launen und Vorurteilen bedroht sind. Die Zukunft solch hochentwickelter Netzwerke sollte durch Mechanismen geschützt sein, die sie politikunabhängig machen und zudem unabhängige Qualitäts- und Verläßlichkeitsprüfungen zulassen. Das heißt nicht, daß Politiker außen vor bleiben sollen - ganz im Gegenteil. Damit ozeanographische Wissenschaft gedeihen kann, muß sie politiker- und bürgerfreundlich sein. Dieser Aufruf soll aber nicht mißverstanden werden. Wissenschaft muß nicht notwendigerweise durch Popularisierung benachteiligt, sondern kann dadurch verbessert werden. Mit den modernen Techniken graphischer Darstellung kann die wissenschaftliche Entdeckung der stabilisierenden Rolle der Ozeane buchstäblich in die Wohnzimmer derjenigen gebracht werden, deren Aufgabe es sein wird, dieses wunderbare Phänomen zu schützen.

10.1 Einführung

Obwohl 70 % der Oberfläche unseres Planeten von Wasser bedeckt sind, wissen wir über das physikalische, chemische und biologische Zusammenwirken der Ozeane noch recht wenig. Wie sollen wir also mit dieser Ressource umgehen? Die Ozeane werden als Nahrungsquelle genutzt: vom Krill über Fisch bis zu den Walen; dienen als Transportmedium für die weltweite Schiffahrt, als Förderstandort natürlicher Ressourcen wie Öl oder Gas und zu Zwecken der Erholung und des Tourismus. Wir werden auch sehen, daß sie enormen lokalen wie globalen Einfluß auf unser Klima haben.

Meteorologen sind in der Lage, das Wetter mit relativer Genauigkeit vorherzusagen, da ein weltweites Netzwerk von Überwachungsstationen existiert, das die Parameter der Atmosphäre mehrmals täglich mißt. Ozeanographen besitzen kein solches Netzwerk. Deshalb müssen sie darauf hoffen, daß Messungen, die quasi isoliert auf kleinen aber teuren Schiffen in der Mitte des Ozeans durchgeführt werden, in anderen Jahren oder in benachbarten Regionen vergleichbare Ergebnisse liefern würden. Ärmere Länder sind oft nicht in der Lage, solche schiffgestützten Untersuchungen zu unterhalten, doch könnte gerade ihr lokales Meeresgebiet für eine Entwicklungsförderung von besonderem Wert sein. Die Bereitstellung relativ preiswerter, aus der Ferne gemessener ozeanographischer Daten ist eine Möglichkeit, mit der wir alle zu einem verantwortungsvollen Umgang mit einer gemeinsamen Ressource beitragen können - schließlich kann Wasser, das heute im Indischen Ozean ist, in wenigen Jahrzehnten durch den Nordatlantik fließen.

Der Start des ersten Satelliten zur Meereserkundung, Seasat, revolutionierte die Ozeanographie. Zum ersten Mal konnten Tausende Quadratkilometer Meeresoberfläche täglich bei einer Auflösung von wenigen Kilometern beobachtet werden. Im Juli 1991 wurde der europäische Fernerkundungssatellit ERS-1 (European remote sensing satellit) gestartet (Abb. 10.1). Für die nächsten

Abb. 10.1. Der Erdbeobachtungssatellit ERS-1, gestartet 1991 (künstlerische Darstellung).

Jahrzehnte plant man den Einsatz weiterer Meereserkundungssatelliten. Vielleicht werden sich die Satelliten als jene Werkzeuge erweisen, die notwendig sind, um die rätselhaften Ozeane verstehen zu lernen:

- Wie und warum verändern sich ihre Strömungssysteme von Jahreszeit zu Jahreszeit oder von Jahr zu Jahr?
- Wie tragen Ozeane zum Wärmetransport vom Äquator zu den Polen und somit zu den möglichen Veränderungen unseres Klimas durch übermäßige Treibhausgase bei?
- Wie weit hängt die Produktivität der Ozeane (von Plankton bis zum Fisch) von physikalischen Prozessen ab?

In diesem Kapitel werden wir sehen, wie uns neuere Entwicklungen der Fernerkundungstechnik helfen, die Funktionen der Ozeane besser zu verstehen. Wir werden erläutern, wie Strömungen in den Ozeanen angetrieben werden und wie Satelliten diese Strömungen genauer als jemals zuvor messen können. Wir werden sehen, wie die Verteilung biologischer Produktivität vom Weltall aus gemessen werden kann und inwiefern sie mit physikalischen Prozessen, wie Wirbeln oder Fronten, in Verbindung steht. Wir werden erkennen, wie Ozeane und Packeis sich gegenseitig beeinflussen und was dies für unser Klima bedeutet.

10.2 Satellitenaltimetrie: Die Rolle der Meereszirkulation für das Klima

Meeresströmungen, sowohl nahe der Oberfläche als auch in der Nähe des Meeresbodens (in etwa 4 km Tiefe), spielen beim Transport der Wärme von äquatorialen in polare Gebiete eine große Rolle (Kasten 10.1). Würden Ozeane und Atmosphäre die Wärme vom Äquator nicht abtransportieren, würde sich die Erde in tropischen Gebieten, in denen eine Nettoerwärmung durch die Sonne stattfindet, weiter erwärmen und in polaren Gebieten, in denen mehr Wärme abgegeben als aufgenommen wird, abkühlen. Man glaubt, daß die Meere etwa die Hälfte der Wärme, die notwendig ist, um das Klima der Erde im Gleichgewicht zu halten, transportieren - die andere Hälfte wird von atmosphärischen Kreisläufen getragen. Es gibt verschiedene Wege, wie die Meere dies bewerkstelligen:

- Warme Oberflächenströmungen (wie der Golfstrom, der Teil des nordatlantischen subtropischen Wirbel ist) transportieren Wasser in kühlere Regionen, wo dieses seine Wärme an die Atmosphäre abgibt (deshalb ist das Klima in Nordeuropa milder als das in Kanada, obwohl beide auf gleichen Breitengraden liegen).
- Kaltes, dichtes Wasser der Polarregionen sinkt nach unten und fließt in der Nähe des Meeresbodens in Richtung Äquator (dieses Wasser ist dichter, da es sowohl kälter als auch salzhaltiger ist - kaltes Wasser ist dichter als warmes Wasser, und salzhaltiges Wasser ist dichter als «frischeres» oder Süßwasser).
- Einzelne Wirbel können sich von Meeresströmungen abtrennen und sich von ihrer Ursprungsregion wegbewegen.

Klimamodelle (und mit ihnen Vorhersagen zur Erwärmung auf Grund der Zunahme der Treibhausgase) sind kaum möglich, wenn wir nicht wissen, wie wir ozeanische Prozesse (wie etwa Vermischung durch Wirbel, Reliefeinfluß auf die Strömungen, Wärmefluß zwischen Wasser und Luft, Impulse und Süßwasser sowie Wassermassenbildung und -zirkulation) in sie einbinden sollen.

Kasten 10.1 Was treibt die ozeanische Zirkulation an?

Die Oberflächenströme des Ozeans werden auf zweifache Weise durch die Atmosphäre angetrieben:

1. Direkt durch den Wind (*windgetriebene Zirkulation*)
2. Indirekt durch Unterschiede in der Verteilung von Wärme und Salz (*thermohaline Zirkulation*) auf Grund von Sonnenwärme, Verdunstung, Niederschlag und anderer Austauschprozesse.

Im Allgemeinen fließen Oberflächenströmungen entlang des Äquators von Ost nach West, während direkt nördlich und südlich davon großflächige Zirkulationen stattfinden, die *subtropische Strömungswirbel* genannt werden. Diese Strömungswirbel sind auf der südlichen Halbkugel gegen den Uhrzeigersinn und auf der nördlichen Halbkugel im Uhrzeigersinn gerichtet, d.h. sie sind antizyklonal. Die Hauptströmung im südlichen Ozean fließt von West nach Ost und ist das einzige Mittel für den Transport von Wasser zwischen den Becken des Pazifik, Atlantik und Indischen Ozeans. In den nördlichen Bereichen des Atlantik und Pazifik bewirken kleinere zyklonale *Subpolarkreisel* einen zweiten Kreislauf, der durch den Austausch mit benachbarten

Fortsetzung n.S.

Kasten 10.1 ***Fortsetzung***

Meeren, wie dem Grönlandmeer, dem Labradormeer und dem Arktischen Ozean noch kompliziert wird.

Bis zum Aufkommen ozeanographischer Satelliten waren die einzigen verfügbaren und verläßlichen Daten über Oberflächenströmungen Messungen der Kursabweichung von Schiffen nach deren Winddriftkorrektur. Da solche Aufzeichnungen hauptsächlich von Schiffahrtslinien gemacht wurden und daher, vor allem für die Südhalbkugel, sehr spärlich vorlagen, wurden sie über weite Strekken (in Zehnerkilometern) und Zeitintervalle (in Dekaden) gemittelt. Mit anderen Worten, die Ozeanographen maßen das «Klima» der Ozeane – deren Hauptströmungen. Wir wollen nun einen Blick auf das ozeanographische «Wetter» werfen – auf die Wirbel und die Veränderungen der Hauptströmungen, für deren Beobachtung bisher Schiffe mit Spezialausrüstungen nötig waren. Wie können Satelliten aus einer Höhe von mehreren Hundert Kilometern die Strömungsgeschwindigkeit messen?

Die Instrumente der Satelliten können die Geschwindigkeit, mit der das Wasser fließt, nicht direkt messen, aber ein Instrument, das *Altimeter* genannt wird, kann Neigungen in der Höhe der Meeresoberfläche messen. Wenn die Strömung geostrophisch ist (siehe Kasten 10.2), kann man aus der Messung der Meeresoberflächenneigung die Geschwindigkeit der Strömung ableiten.

Der Radaraltimeter, der von einem im Orbit befindlichen Satelliten getragen wird, sendet einen Mikrowellenimpuls aus, der von der Meeresoberfläche reflektiert wird (Abb. 10.2.). Durch exakte Zeitmessung bei der Reflexion des Impulses kann die Entfernung zwischen Satellit und der Meeresoberfläche gemessen werden. Ist die Position der Satellitenbahn bekannt, kann die Höhe der Meeresoberfläche und somit die geostrophische Strömung abgeleitet werden. Diese Technik wurde während der dreimonatigen Seasat-Mission im Jahr 1978 überprüft. Seitdem wurden Altimeter auf anderen erdbeobachtenden Satelliten, wie Geosat (1986–89), ERS-1 (seit 1991) und TOPEX/POSEIDON (seit 1992), eingesetzt und sind auch für künftige Missionen wie ERS-2 und Polarbeobachtungssatelliten geplant.

Im Verlauf der 90er Jahre werden als Teil des «Worlds Ocean Circulation Experiment» (WOCE) intensive großangelegte Messungen durchgeführt werden, um die Gründe langfristiger Veränderungen innerhalb der Ozeanwirbel-Systeme zu bestimmen. Man vermutet, daß jahreszeitliche Veränderungen in den Meeres-

Kasten 10.2 Geostrophische Strömungen

Die meisten Strömungen in den Ozeanen sind *geostrophischer* Art, d.h., daß die Corioliskraft auf Grund der Erdrotation von einem horizontal im Wasser wirksamen Druckgradienten ausgeglichen wird. Dieser horizontale Druckgradient ergibt sich, da eine Flanke der Strömung höher liegt als die andere, und ist von der Geschwindigkeit der Strömung abhängig. Der Golfstrom z.B. fließt als schmaler, kaum 100 km breiter Strom mit einer Geschwindigkeit von knapp 2 m/s entlang der Ost-Küste der USA nordwärts. Die Meeresoberfläche auf der Ostseite kann mehr als 2 m höher liegen als auf der Westseite. Diese Höhenunterschiede (in der Meeresoberflächen-Topographie) finden sich bei allen ozeanischen Strömungen – wenn man die Neigung der Meeresoberfläche kennt, kann man die momentane Geschwindigkeit berechnen.

strömungen hauptsächlich von Veränderungen der Oberflächenwinde abhängen, während thermohaline Prozesse (d.h. die Bildung von kalten Wassermassen in Polarregionen, die nach und nach durch den gesamten Ozean fließen) in Zeiträumen von Jahrzehnten eine Rolle spielen.

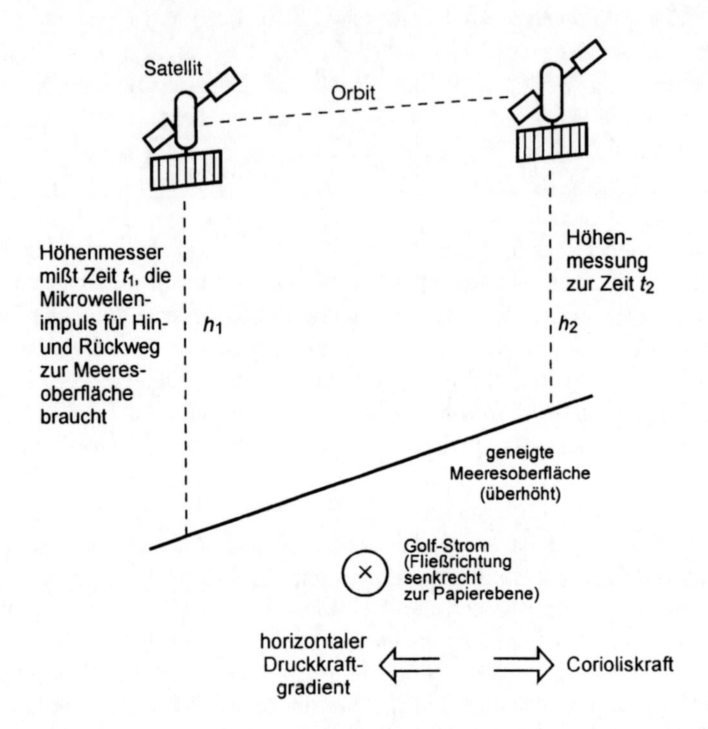

Abb. 10.2. Die Messung geostrophischer Strömungen mittels Satellitenaltimetrie. Die Kraft des horizontal wirksamen Druckgradienten in Abhängigkeit von der Neigung der Meeresoberfläche wird durch die Corioliskraft ausgeglichen, die in der nördlichen Hemisphäre im 90°-Winkel zur Strömungsrichtung wirkt. Dabei bezeichnen h_1 und h_2 die Höhe des Satelliten über der Meeresoberfläche an zwei Punkten seines Orbits. Diese Höhen ergeben sich jeweils aus den Entfernungsmessungen zwischen Orbit und Meeresoberfläche zu den Zeitpunkten t_1 und t_2 sowie der Kenntnis der Laufzeit des Radarimpulses.

Ein Beispiel für eine langfristige Interaktion zwischen Atmosphäre und Ozean ist die sogenannte «große Salzgehalt-Anomalie». Während der 70er Jahre flossen im Nordatlantik Frischwassermassen arktischen Ursprungs um das subpolare Wirbelsystem herum. Dies hat möglicherweise die Fischbestände und lokale Wettersysteme beeinflußt, hat aber auch ein mögliches Feedback auf das Weltklima angezeigt, was katastrophale Auswirkungen haben könnte. Oberflächenwasser im Nordatlantik mit niedrigem Salzgehalt verhindert möglicherweise Tiefenkonvektion und die dadurch erfolgende Bildung kalten nordatlantischen Tiefenwassers.

Das liegt daran, daß frisches Wasser eine geringere Dichte besitzt - es stabilisiert die Wassersäule und verhindert die für die Bildung des kalten und salzhaltigen Tiefenwassers im Nordatlantik grundlegende Vermischung durch Wind und Oberflächenabkühlung. Das Tiefenwasser des Nordatlantik ist nicht nur deshalb wichtig, weil es kalt und deshalb Teil des Wärmetransportsystems ist, sondern auch, weil es möglicherweise bei der Aufnahme von Kohlendioxid durch die Ozeane eine Rolle spielt. Einige gehen davon aus, daß unser Klima zwei «Zustände» einnehmen kann - einen, bei dem nordatlantisches Tiefenwasser gebildet wird (d.h. das momentane Klima), und einen, bei dem dieser Prozeß gestoppt wird. Würde dies geschehen (wie wahrscheinlich schon öfter im Laufe der Erdgeschichte), wäre unser Klima gänzlich anders. Nordeuropa z.B. hätte nicht länger relativ milde Winter, da die Wärme nicht länger durch Konvektionsprozesse an die Atmosphäre abgegeben würde. Obwohl die Messung der Salinität vom Weltraum aus noch weiter entwickelt werden muß, bietet die Satellitenaltimetrie eine Gelegenheit, Veränderungen der Oberflächenströmungen über Zeiträume von Jahreszeiten bis zu Jahrzehnten zu überwachen.

Klimaveränderungen in Nordeuropa wurden mit Oberflächentemperaturanomalien des Nordatlantik korreliert. Man spricht dabei von der «Nordatlantikoszillation». Sie entspricht dem sogenannten «ENSO-Phänomen» (El Niño Südoszillation) bzw. einfach «El Niño» («das Kind») im Pazifischen Ozean. Es hat sich gezeigt, daß gelegentliches Ausbleiben des Aufstiegs kalten, nährstoffreichen Wassers bei Peru (mit katastrophalen Auswirkungen für die Fischindustrie) in Verbindung mit der El Niño-Warmwasserströmung steht, die über den äquatorialen Pazifik fließt. Dies konnte sowohl per Altimetrie als auch durch Satellitenmessung der Oberflächentemperatur beobachtet werden.

Zwischen 1978 und 1980 wurden Veränderungen in den Strömungen der subtropischen Wirbel des Nordatlantik gemessen. Es ist nicht bekannt, ob sich der gesamte Strömungswirbel in seiner Stärke veränderte oder ob sich das System der Strömungswirbel insgesamt leicht bewegte oder seine Form veränderte. Derzeit werden schiffgestützte Beobachtungen durchgeführt, um das Ausmaß der Reaktion dieser Strömungswirbel in Abhängigkeit von der Jahreszeit zu bestimmen. Es ist unvermeidlich, einen Kompromiß zu finden zwischen der Überwachung eines Gebietes, das groß genug ist, um gute räumliche Durchschnittswerte zu liefern und Auswirkungen von Schlingen und Wirbeln zu eliminieren, und dennoch klein genug, um zu sichern, daß Beobachtungen so zeitnah möglich sind, daß sich die Veränderungen der Wirbel nicht störend auswirken. Langfristige Veränderungen des Ozeanklimas können nur dann umfassend überwacht werden, wenn Methoden der Fernerkundung angewendet werden, da Untersuchungen vom Schiff aus keine zeitlich und räumlich umfassende Abdeckung des Gebiets ermöglichen.

10.3 Infrarotradiometrie: Ozeanische Wirbel und küstennahe Aufstiegsströmung

Das Satellitenaltimeter ist ein *aktiver* Sensor, da er Strahlungsimpulse aussendet und die Reflexion dieser Impulse aufzeichnet. *Passive* Sensoren zeichnen nur die Strahlung auf, die auf natürliche Weise von der Erde ausgesendet wird. Die Strahlungsintensität im Infrarotbereich liefert uns die Temperatur des Senders (die Sonne ist so heiß, daß sie Strahlung im sichtbaren Wellenbereich abgibt, wohingegen die viel kühlere Erde Strahlung aussendet, die im Infrarot- und Mikrowellenbereich liegt). Sensoren wie der AVHRR (Advanced Very High Resolution Radiometer), die in der Satellitenreihe der NOAA (US National Oceans and Atmosphere Administration) in den 80er und 90er Jahren Anwendung fanden, zeigten, daß Temperaturunterschiede der Meeresoberfläche von weniger als einem Zehntel Grad vom Weltall aus beobachtet werden können und daß Messungen der absoluten Temperaturwerte mit einer Genauigkeit von einem Grad möglich sind. Die Temperaturen, von denen hier die Rede ist, sind die der obersten Millimeter der Meere.

Man wundert sich vielleicht, warum das Meer bei Kalifornien (an der Westküste der USA) viel kälter ist als das Meer vor der Küste Floridas im Osten. Dies liegt am küstennahen Aufstieg kälteren Tiefenwassers (siehe Kasten 10.3), einem Prozeß, der von den vorherrschenden Winden angetrieben wird. Satellitenbilder der Meeresoberflächentemperaturen haben gezeigt, daß sich die Aufstiegszone nicht in einem gleichförmigen Band die Küsten entlangzieht, sondern aus vielen kleinen und kleinsten Einzelströmungen kalten Wassers besteht, die sich mehrere Kilometer auf das offene Meer hinaus ausdehnen können. Ihre Position kann durch die Form der Küste beeinflußt werden. Der Aufstieg kalten Wassers hat Einfluß auf das lokale Klima - ein Beispiel dafür sind die Küstennebel, die manchmal im Sommer an der Westküste der USA auftreten. Dies geschieht, weil das kalte Aufstiegswasser die Luft rasch abkühlt und der sich in der Luft befindliche Wasserdampf kondensiert.

Das aufströmende Wasser ist nährstoffreich, so daß die betroffenen Regionen hochproduktiv sind und wichtige Fischfanggebiete darstellen. Das Wissen über Zeitpunkt, Ort und Bedingungen des Auftretens dieser kalten, hochproduktiven Regionen ist für die Einschätzung der Fischerträge von Bedeutung. Auf diesem Wege können relativ günstige in Abständen aufgenommene Fernerkundungsdaten über die Oberflächentemperaturen der Meere zur Planung der örtlichen Fischereiindustrie beitragen. Dies dürfte vor allem für Entwicklungsländer interessant sein. Einige Fischflotten empfangen mittlerweile sogar Infrarot-Satellitenbilder in Echtzeit auf ihren Schiffen und sind somit in der Lage, mögliche Aufenthaltsorte von Fischschwärmen aufzusuchen.

AVHRR-Bilder helfen uns außerdem, die Struktur und Entstehung von Wirbeln zu verstehen. Diese Wirbel sind sowohl für den Wärmetransport als auch

Kasten 10.3 Wie der Wind küstennahen Wasseraufstieg verursacht

Auf Grund der Wirkung der Corioliskraft wird ein Wind, der auf der Nordhalbkugel weht, in der Oberflächenschicht eine Strömung herbeiführen, die im 90°-Winkel nach Rechts verläuft (nach Links auf der südlichen Halbkugel). Bläst der Wind wie in der Abbildung parallel zur Küste, wird das Wasser von der Küste weggedrückt. Zur Herstellung des Gleichgewichts muß Wasser von anderer Stelle nachfließen – es steigt aus tieferen Schichten auf und muß sich, unterhalb des abfließenden Wassers, auf die Küste zu bewegen. Das aufströmende Wasser ist kälter als das ersetzte. Dies beschreibt die Situation entlang der östlichen Grenzen des Pazifik und Atlantik, z.B. bei Peru, Kalifornien und Portugal.

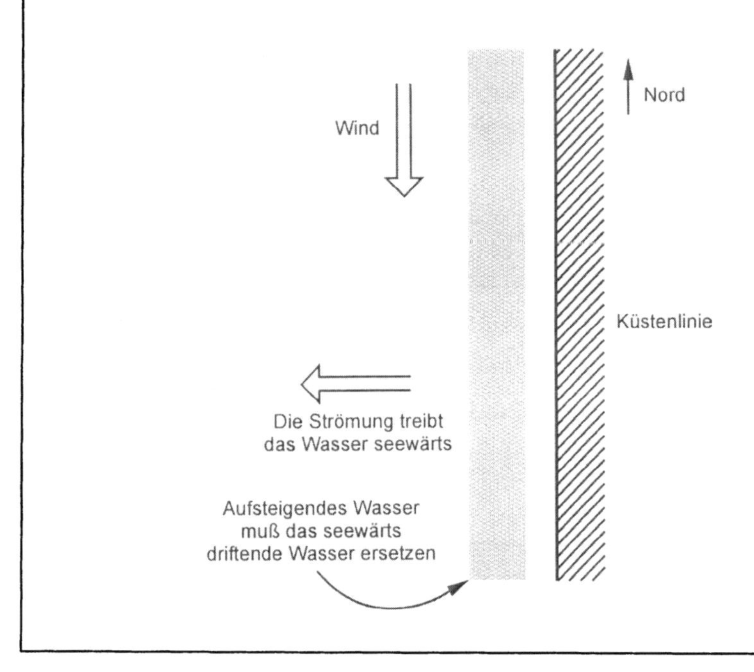

für biologische Prozesse von Bedeutung, da sie nährstoffreiches Wasser in weniger produktive Zonen transportieren können und somit Oasen für das Wachstum von Plankton schaffen. Einige besonders dramatische Wirbel bilden sich im Golf von Tehuantepec an der Pazifikküste Mexikos als Reaktion auf atmosphärischen Druck (Barton *et al.* 1993). Eine große Fläche kalten Wassers (etwa 10 °C kälter als das umgebende Wasser) erstreckt sich auf Grund eines stark ablandigen Windes, bekannt als «Norther», über mehrere Hundert Kilometer auf die offene See hinaus. Dieser intermittierende Wind tritt regelmäßig während der Wintermonate auf, wenn sich über dem nordamerikanischen Kontinent atmosphärischer Druck aufbaut, der sich schließlich durch die einzige Lücke der Sierra Madre Gebirgskette am Isthmus von Tehuantepec entlädt.

Abbildung 10.3 zeigt die Meeresoberflächentemperatur, die während des Norther im Januar 1989 mit Hilfe des AVHRR beobachtet wurde. Die darüber gelegten Pfeile zeigen die Windgeschwindigkeiten, die von einem Forschungsschiff gemessen wurden. Der Wind verläßt die Küste in der Nähe von Salina Cruz und fächert sich über dem Golf mit Spitzengeschwindigkeiten von bis zu 20 m/s auf. Die Kombination aufströmenden Wassers mit Oberflächenabkühlung und Vermischung durch den Wind führt zu einer Reduzierung der Oberflächentemperatur in der Mitte des Golfs von 28 °C auf 16 °C.

Auf der rechten Seite des Windstroms bildet sich ein großer Wirbel, was im nördlichen Abschnitt der Abb. 10.3 an der Krümmung der hellen Zone zu erkennen ist. Die Reste eines Wirbels, der durch den vorhergehenden Norther gebildet wurde, sind südlich davon zu erkennen. Die AVHRR-Bilder erlauben die Bestimmung der Form und der Ausdehnung der Wirbel. Ein Schiff würde für die Erkundung eines solchen Wirbels mehrere Tage brauchen, währenddessen dieser sich mit Sicherheit verändern würde. Desweiteren ist es den Forschern möglich, in den Tagen nach dem Ereignis über die AVHRR-Bilder die Auflösung und Dynamik des Wirbels bei nachlassendem Wind zu studieren.

Der Start des ERS-1 erlaubt durch Verwendung des ATSR-Systems (Along Track Scanning Radiometer) eine noch genauere Bestimmung der absoluten Oberflächentemperatur (bis zu 0,1 °C). Das ATSR mißt in zwei Richtungen, eine, die vorwärts gerichtet, und eine, die direkt nach unten ausgerichtet ist. Durch die doppelte Beobachtung jedes Areals ist die Korrektur der Störungen durch die atmosphärische Absorption der Infrarotstrahlen möglich.

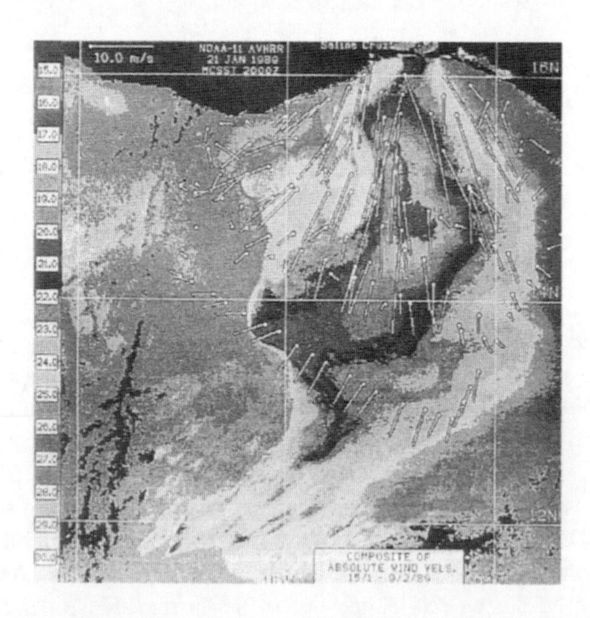

Abb. 10.3. Ein AVHRR-Bild des Golfs von Tehuantepec, Mexiko, im Januar 1989 zeigt einen kalten Wirbel, der von einem starken Windereignis erzeugt wurde. Die eingetragenen Windvektoren wurden von einem Beobachtungsschiff ermittelt.

10.4 Farbmessung: Die Produktivität der Ozeane

Die Farbe des Meerwassers wird durch die eingebrachten Sedimente (in Küstengewässern) und durch Phytoplankton (auf hoher See oder in Küstengewässern) bestimmt. Phytoplankton besteht aus mikroskopisch kleinen Pflanzen, die Chlorophyll-*a* und andere Pigmente enthalten, die das von ihnen für die Photosynthese benötigte Sonnenlicht absorbieren (Kasten 10.4). Phytoplankton, das normalerweise grün ist, absorbiert Licht im roten und blauen Wellenlängenbereich. Die Primärproduktion der oberflächennahen Schichten kann daher durch die Wellenlänge des von der Meeresoberfläche abgestrahlten Lichtes abgeschätzt werden, und stellt somit eine Größe dar, die vom Weltraum aus gemessen werden kann. Das betreffende Licht wird vom Phytoplankton der oberen 10 m abgegeben (oder vom Sediment der obersten Meter in Küstengewässern, in die das Licht nicht sehr tief eindringen kann).

Der CZCS (Coastal Zone Colour Scanner) war ein Radiometer, der vom Nimbus-7-Satelliten der NASA von 1978 bis 1986 getragen wurde. Mit Hilfe der Messung verschiedener Wellenlängen des sichtbaren Lichtes wurden Algorithmen zur Bestimmung von Phytoplanktonkonzentrationen entwickelt. In tropischen Gewässern, in denen Sonnenlicht keinen begrenzenden Faktor darstellt, tritt die größte Primärproduktivität in Regionen auf, in denen der oberflächennahe Wind das Aufsteigen nährstoffreichen Wassers aus Tiefen von mehreren Hundert Metern bewirkt (z.B. im Golf von Tehuantepec). Im Allgemeinen ist dies in den östlichen Randbereichen der Ozeane der Fall, wie an den Küsten Nordwestafrikas, Portugals und Kaliforniens (Abb. 10.4). In außertropischen Ozeanen, wie dem Nordatlantik, tritt Primärproduktion dann auf, wenn das Sonnenlicht nach der winterlichen Durchmischung der Gewässer (d.h. Nährstoffeintrag aus tieferen Schichten) eine ausreichende Intensität erlangt hat, so daß es zu einer Phytoplanktonblüte im Frühjahr kommt. Diese Blüte ist oft auf Einzelflächen beschränkt, deren Verteilung von Wirbeln und anderen physikalischen Prozessen abhängt. Das mit Satelliten ermittelte rechtzeitige Wissen vom Planktonüberfluß macht es möglich, ein Forschungschiff in die Bereiche mit Planktonblüten zu entsenden, um die dort ablaufenden biologischen Prozesse zu untersuchen. Es hat sich erwiesen, daß der Chlorophyllgehalt, der durch CZCS-Messungen bestimmt wurde, mit großen Schwärmen von Thunfischen und entsprechend erfolgreichen Fängen vor der Küste Kaliforniens in direktem Zusammenhang steht.

Die Farbe des Meeres ist auch für die Erklärung physikalischer Prozesse wie Fronten und Wirbel von Wert, da die Phytoplanktonverteilung durch die Strömungen beeinflußt wird. Diese Erscheinungen werden auf Infrarotbildern der Oberflächentemperaturen nicht immer abgebildet, da die Wasserfronten möglicherweise nur durch eine unterschiedliche Salinität gekennzeichnet sind oder durch eine überlagernde Schicht mit anderer Temperatur verdeckt werden. Es ist jedoch oft der Fall, daß die Wassermassen beiderseits einer Front sich durch ihre Produktivität unterscheiden und deshalb auf Farbbildern sichtbar sind.

Kasten 10.4 Die Rolle des Phytoplankton in bio-geo-chemischen Kreisläufen

Phytoplankton nimmt in Seewasser gelöstes Kohlendioxid auf und gibt Sauerstoff ab. Außer Sonnenlicht benötigt es für das Wachstum Nahrung, z.B. Stickstoff. Daher ist das Phytoplankton ein wichtiger Bestandteil der globalen bio-geo-chemischen Kreisläufe von Kohlenstoff, Stickstoff und anderen Elementen. Das Phytoplankton wird durch Zooplankton «abgegrast», dessen Ausscheidungen dann als amorphe Masse, die auch *Meeresschnee* genannt wird, auf den Meeresboden sinken. Somit wird das Kohlendioxid, ursprünglich ein atmosphärisches Gas, gebunden und zum Meeresboden verfrachtet. Wir nehmen an, daß hierdurch erhebliche Mengen von CO_2 der Atmosphäre für lange Zeit entzogen werden. Es ist nötig, den Kohlenstoffkreislauf genauer zu erforschen, um zu ermitteln, ob eine anthropogen bedingte CO_2-Zunahme unser Klima tatsächlich erwärmt. Satellitengestützte Farbsensoren erlauben es uns nun, das Ausmaß und die Veränderungen der ozeanischen Primärproduktion zu bestimmen. Die «Joint Global Ocean Flux Study» ist ein großes internationales Projekt, das sich damit bereits auseinandersetzt.

Abb. 10.4. Globale Meeresproduktivität, gemessen mit dem CZCS.

Wirbel werden normalerweise von Regionen starker Scherströmungen abgeschnitten. Zum Beispiel formen sich im Bereich der «Agulhas Retroflexion» südlich von Südafrika, wo Strömungen, die entlang der Ostküste südwestwärts fließen, durch die starken antarktischen Polarströme in östliche Richtung zurückgedrängt werden, Wirbel aus warmem Wasser des Indischen Ozeans. Diese wandern um das Kap der Guten Hoffnung herum in den Atlantischen Ozean hinein und sind für den Transport von Wärme und Wasser zwischen den Ozeanen von großer Bedeutung. Auf Altimetrieaufzeichnungen wurde auch festgestellt, daß sie bis zum äquatorialen Atlantik wanderten. Dies deutet an, daß die Wärme, die in diesen Ringen oder Wirbeln transportiert wird, zum warmen Klima Nordeuropas beiträgt, doch wissen wir bis jetzt noch nicht, wie wichtig dieser Wärmetransport für das globale Klima ist.

Golfstrom-Ringe sind ein weiteres Beispiel abgesonderter Wirbel, mit denen eine Wassermasse isoliert und in eine andere verfrachtet wird. Sie bilden sich

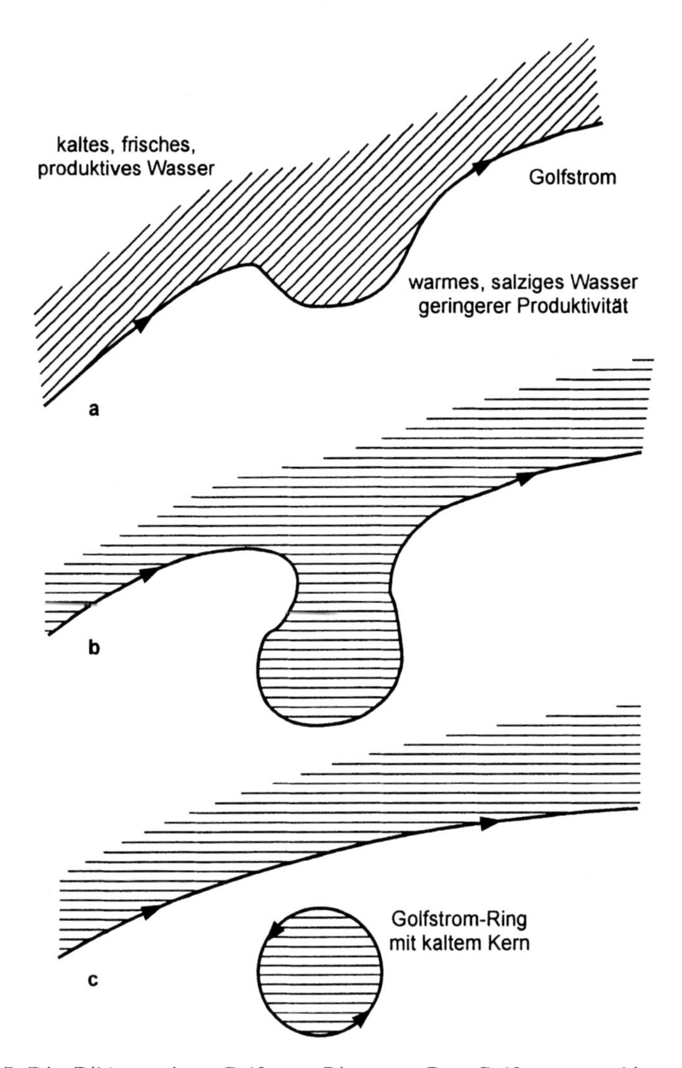

Abb. 10.5. Die Bildung eines Golfstrom-Ringes. **a** Der Golfstrom markiert die Front zwischen Schelfwasser im Norden und ozeanischem Wasser im Süden. Wie viele schnelle Strömungen kann auch er instabil werden und mäandrieren. **b** Mäander werden oft verstärkt und nehmen an Größe zu. **c** Schließlich wird der Mäander abgekappt und verbleibt als isolierter Wirbel aus kaltem Schelfwasser südlich des Golfstroms. Der Golfstrom selbst hat sich dadurch geglättet.

durch die Kappung von Mäandern innerhalb des Golfstroms (Abb. 10.5). Sie können einen Durchmesser von 100 bis 300 km erreichen und mit einem Rotationszyklus von wenigen Tagen über Monate bestehen bleiben.

Die Küstengewässer im Norden sind kalt und frisch und besitzen eine hohe Produktivität, da Gezeiten und Wind für eine Durchmischung mit nährstoffreichen Tiefenwässern sorgen und weil Nährstoffe auch über die Flüsse eingetragen werden. Das Wasser des Golfstroms und der Sargasso-See ist warm, salzhaltiger und weist eine niedrige Produktivität auf, da es nährstoffarm ist. Daher sind diese Ringe auf Satellitenbildern sowohl der Farben wie auch der Oberflächentemperatur des Atlantik sehr gut zu erkennen (Abb. 10.6). Dies zusammen liefert uns die Instrumente, um das Bestehen dieser Ringe vom Abkappen über das Abdrängen entlang des Golfstroms bis hin zur allmählichen Vermischung mit den umgebenden Wassermassen zu verfolgen.

Ein Nachfolger des CZCS wird SeaWIFS sein, dessen Start für 1995 geplant war. Er befindet sich zur gleichen Zeit in der Umlaufbahn wie andere Meeresbeobachtungssatelliten (TOPEX/POSEIDON, ERS-1, ERS-2). Die sich ergänzende Verwendung von Daten mehrerer Sensorsysteme ist eine der größten Herausforderungen und interessantesten Aufgabenbereiche für Ozeanographen.

10.5 Mikrowellenradiometrie: Die Polynyas

In jedem Winter bedeckt das Packeis große Flächen der südlichen Ozeane, die die Antarktis umgeben, und wirkt dabei wie eine Decke, die die Ozeane von der kühlenden Wirkung der Winde isoliert. Die Polarregionen sind die Senken für den Überschuß an Sonnenenergie, die auf den Äquator trifft. Daher sind die dort stattfindenden Luft-Wasser-Austauschprozesse für den Erhalt des globalen Wärmegleichgewichts von großer Wichtigkeit. Wenn wir Vorhersagen für Klimaveränderungen aufstellen wollen, ist es nötig, die Rolle von Eis und Schnee und der jährlichen Veränderungen der Packeisbedeckung zu bestimmen.

Kartographische Erfassungen der Ausdehnungen von Eisschichten und deren jahreszeitlichen Veränderungen waren bis zum Einsatz von Mikrowellensensoren auf erdbeobachtenden Satelliten nicht möglich. Wellenlängen des sichtbaren Lichtes sind wegen der Wolkenschichten und der langen winterlichen Dunkelphasen nicht geeignet. Mikrowellen, deren Intensität von der Temperatur abhängig ist, werden ständig von der Oberfläche der Erde abgestrahlt und haben den Vorteil, daß sie Wolkenschichten durchdringen. Die Intensität der Strahlung, die vom Eis und den offenen Meeresflächen abgegeben wird, ist höchst unterschiedlich, weshalb Mikrowellenscanner eingesetzt werden können, um Dicke und Verteilung des Packeises zu bestimmen.

Als in den frühen 70er Jahren die ersten Mikrowellensensoren eingesetzt wurden, wurden aufregende Entdeckungen hinsichtlich der Packeisverteilung gemacht. Es wurden große Gebiete eisfreien Wassers, sogenannte *Polynyas*, entdeckt, die auch den Winter über eisfrei blieben (Abb. 10.7). Die Weddell-Meer-Polynya tauchte über mehrere Jahre an der gleichen Position auf, wodurch die Vermutung nahegelegt wurde, daß es bestimmte Grundvoraussetzungen gibt, die auch im Sommer bestehen bleiben. Bis jetzt wissen wir noch immer nicht, warum sich die Polynya in manchen Jahren bildet und in anderen nicht (siehe Kasten 10.5).

Abb. 10.6. Farbe (oben) und Oberflächentemperatur (unten) des Atlantik, die einen Golfstrom-Ring zeigen.

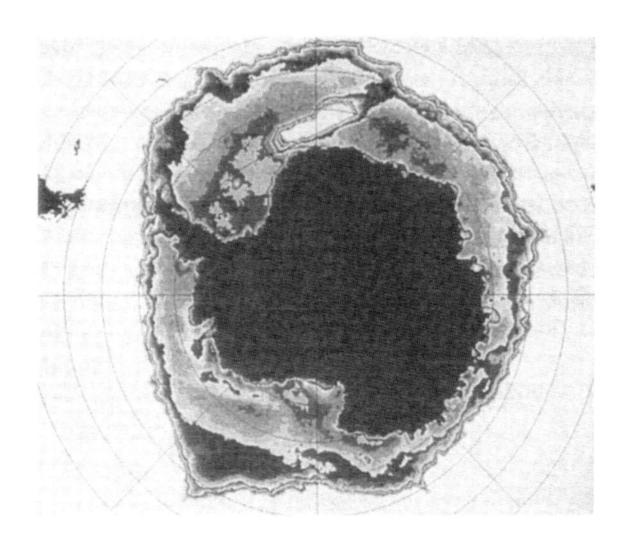

Abb. 10.7. Passives Mikrowellenbild der Antarktis mit der Weddell-Meer-Polynya.

Das Vorhandensein einer großen Polynya kann möglicherweise das örtliche und sogar das globale Klima beeinflussen. Das Wasser innerhalb einer Polynya ist wärmer als das umgebende Meer, womit ihre Existenz den Wärmetransfer vom Ozean in die Atmosphäre verstärkt, da der Wind, der über das Wasser zieht, erwärmt wird. Zusätzlich nimmt dieser Wind Feuchtigkeit von der offenen Wasserfläche auf und wird dadurch, daß die Oberfläche des Wassers glatter ist als die von Eis, weniger stark durch Oberflächenreibung abgebremst. Satellitenbilder zeigen, daß die Wolkendichte auf der abwindigen Seite der Polynyas, auf der die erhöhte Feuchtigkeit der Luft zu Kondensation führt, größer ist. Außerdem liegt die Vermutung nahe, daß Kohlendioxid durch die Konvektionszellen in den Polynyas in tiefere Schichten der Ozeane transportiert wird. Dies würde das Gas aus den kurzfristigen klimatischen Systemen entfernen, da es Jahrhunderte dauert, bevor das Kohlendioxid wieder an die Meeresoberfläche zurückkehrt. Andere negative Rückkopplungseffekte, die das Klima stabilisieren, schließen verstärkte Verdunstung aus den Polynyas ein, die zu verstärktem Niederschlag über den polaren Kappen führen, wodurch die Gesamteismenge relativ stabil bleibt. Möglicherweise sind Polynyas Teil der natürlichen Wege zum Erhalt des Gleichgewichts bei zunehmenden Kohlendioxidkonzentrationen in der Atmosphäre. Einige dieser Punkte wurden bereits in Kap. 6 bei der Diskussion der Unwägbarkeiten klimatischer Erwärmungsmodelle diskutiert.

10.6 Schlußfolgerungen

Es wäre falsch, die Fernerkundung für die Lösung aller die Ozeane betreffenden Fragen zu halten. Es gibt viele Probleme, die damit nicht angegangen werden können - z.B. die Bestimmung und Verteilung tierischen Lebens, Untersuchungen der Sedimentablagerungen, Analysen der Schadstoffbelastung durch Industrieabfälle oder die Messung von Tiefseeströmungen. Grundsätzlich können Satelliten nur Oberflächenphänomene darstellen, meistens nur solche, welche die obersten hundert Meter betreffen (z.B. Farben oder geostrophische Oberflächenströmungen), manchmal sogar nur die obersten Millimeter (z.B. Infrarot-Messungen der Temperatur). Es ist immer noch notwendig, mit Schiffen auf das Meer hinauszufahren, um Wasser- und Sedimentproben oder Meeresorganismen zu sammeln. Außerdem sind viele der hier beschriebenen Sensoren noch in der Entwicklung. Daher sind schiffgestützte Messungen nötig, um die Satellitenmessungen zu kalibrieren und zu bewerten. Dennoch ist die Fernerkundung ein wertvolles neues Instrument, das in der Lage ist, den Menschen des 21. Jahrhunderts bisher nicht erreichbare Informationen über die Ozeane der Welt zu liefern, ohne daß er sich dabei nasse Füße holt.

In diesem Kapitel haben wir einen kleinen Einblick in die Fragen erhalten, mit denen sich Ozeanographen auseinander setzen müssen, um die Meere zu verstehen. Das Meer hat auf den Menschen schon immer eine Faszination ausgeübt, ganz abgesehen von den praktischen Problemen mit seiner Ausbeutung oder von seinen Funktionen im Klimageschehen. Es wird oft gesagt, daß wir über die Oberfläche des Mondes besser Bescheid wüßten als über die Tiefen der Ozeane! Die Wirtschaft vieler Länder hängt in großem Maß von ihren Fischfangflotten ab, dennoch verstehen wir das komplexe Nahrungsnetz aus Nährstoffen und Phytoplankton, Zooplankton und größeren Arten noch immer nicht gänzlich. Wir nutzen die Ozeane für Transportzwecke und als Standort für die Förderung fossiler Brennstoffe. Unsere Fähigkeit sie zu nutzen, ohne Leben zu gefährden, hängt vom Verständnis dieser feindlichen Umwelt ab. Es überrascht nicht, daß

Kasten 10.5 Bildung von Polynyas

Es gibt zwei Typen von Polynyas, die durch verschiedene Mechanismen bewirkt werden. Der erste sind Küstenpolynyas (siehe unten), die durch ablandige Winde geformt werden, die aus der Antarktis wehen und das Packeis vor den Küsten wegtreiben, wobei offene Wasserflächen entstehen, in denen sich neues Eis bilden kann. Wenn sich Packeis bildet, so ist dieses frischer als Seewasser: das zurückbleibende Wasser ist also salzhaltiger (Sole) und deshalb auch dichter. Dieses dichte Wasser sinkt nach unten und stellt eine der Quellen der Wassermassen dar, die als antarktisches Tiefenwasser bekannt sind. Dieses kalte, salzhaltige Wasser verteilt sich über die Meeresböden aller Weltmeere. Diese Wassermasse ist eine wichtige Komponente des globalen Wärmehaushalts, da sie den Wärmetransport zu den Polen ermöglicht, indem sie Kaltwasser von den südlichen Ozeanen in äquatoriale Bereiche transportiert. Dies ist einer der Schwerpunkte des World Ocean Circulation Experiment (WOCE), das dabei helfen soll, den Wärmetransport solcher Tiefenströme zu quantifizieren.

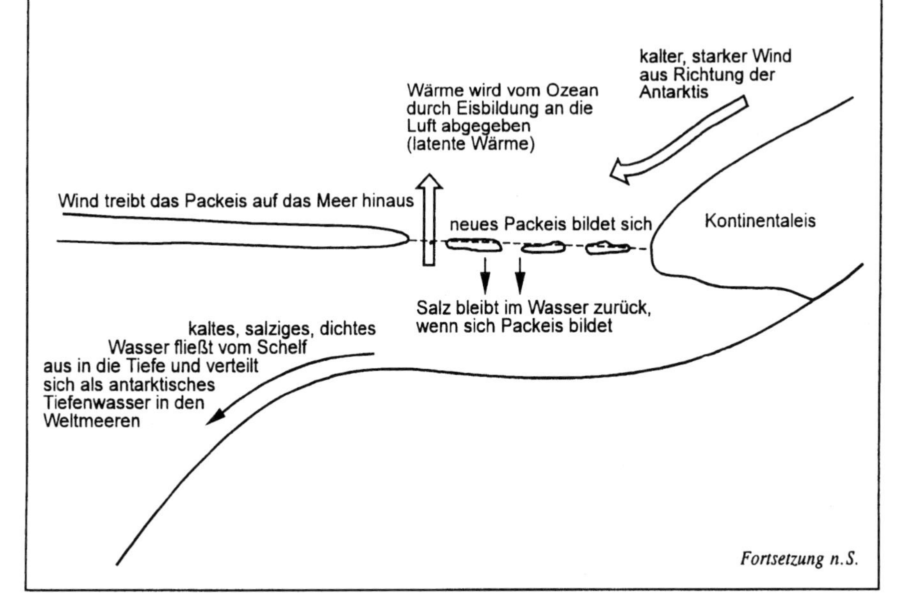

Fortsetzung n. S.

Kasten 10.5 ***Fortsetzung***

Tiefseepolynyas (siehe unten), für die das Weddell-Meer-Polynya ein Beispiel ist, sind größer und beständiger und umfassen mehrere Hundert Quadratkilometer Fläche, oft über mehrere aufeinanderfolgende Winter. Die Polynya wird wahrscheinlich durch Konvektionszellen aufrecht erhalten, die einen Durchmesser von etwa 10 km haben und wärmeres Tiefenwasser an die Oberfläche tragen, wo es abkühlt und wieder nach unten sinkt. Der Salzgehalt des Wassers ist wichtig, da er in polaren Regionen die Dichteschichtung bestimmt – kälteres, frischeres Wasser liegt über wärmerem mit höherem Salzgehalt. Von der Salinitätsschichtung hängt es letztendlich ab, ob sich eine Polynya formt oder nicht. Wenn der Oberflächensalzgehalt auf Grund von Umwälzungen vorhergehender Jahre, die salzhaltiges Wasser an die Oberfläche gebracht haben, hoch ist, ist es wahrscheinlicher, daß sich ein Polynya formt, da dann bereits eine geringe Abkühlung des Oberflächenwassers ausreicht, um dessen Dichte so weit zu erhöhen, daß diese größer ist als die der darunter liegenden Wassermassen. Die dadurch in Gang gesetzten Konvektionszellen bewirken durch den Transport fühlbarer Wärme ein Abschmelzen der Eisdecke. Aus diesem Grund bilden sich offene Wasserflächen. Der Standort einer Polynya hängt wahrscheinlich von einem günstigen Relief des Meeresbodens ab. Während der 80er Jahre beispielsweise kehrte eine große Polynya über der Maud-Höhe in der Nähe der Antarktis immer wieder, eventuell begünstigt durch Aufstieg von Tiefenwasser. Die Zufuhr kalten Wassers in die Tiefsee trägt möglicherweise durch Mischung mit den sehr salzhaltigen Wassern küstennaher Polynyas zum antarktischen Tiefenwasser bei.

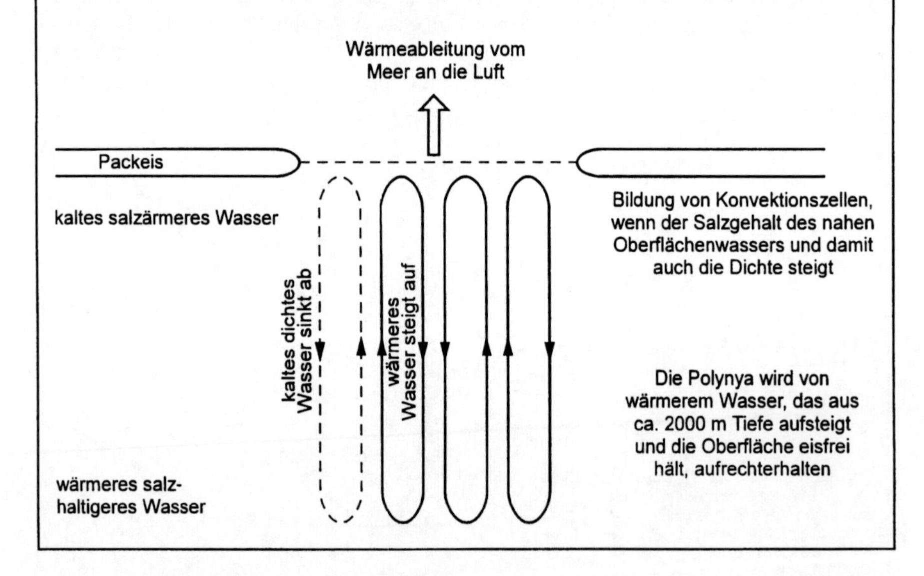

die Weltmeere Thema eines Treffens im Jahr 1996 oder 1997 sein werden, das sich an den Richtlinien des UN-Rahmenabkommens über den Klimawandel orientieren wird. Die Vorbereitungen für diese Konferenz werden zum erheblichen Teil von den Ergebnissen wissenschaftlicher Untersuchungen, die in diesem Kapitel zusammengefaßt wurden, abhängen.

Wir haben gelernt, daß die Nutzung von satellitengestützten Fernerkundungstechniken für die Ozeanographie einen Sprung nach vorne verspricht, da Wissenschaftler, Ingenieure und Planer plötzlich riesige Datenmengen zur Verfügung haben, die sowohl in räumlicher wie zeitlicher Hinsicht umfangreicher sind als alles vorher Dagewesene. In Meeresbereichen, von denen man bisher annahm, daß sie relativ gemächliche Strömungen aufweisen, werden jetzt Phänomene wie Fronten und Wirbel entdeckt, die vermutlich enormen Einfluß auf die Planktonverteilung haben. Zum ersten Mal sind wir in der Lage, einen Blick auf die Vielfalt der Strömungen zu werfen und ihre Veränderungen über Jahreszeiten, Jahre und Jahrzehnte hinweg zu beobachten. Dies ist vor allem für diejenigen wichtig, die sich mit der Zunahme von Treibhausgasen und möglichen Auswirkungen auf unser Klima befassen. Veränderungen im atmosphärischen Druck könnten beispielsweise die Bildung von Tiefenwasser beeinflussen, was die Kreisläufe der Weltmeere vollständig umgestalten könnte. Jedoch ist über den wechselseitigen Einfluß von Meeren und Atmosphäre nicht genug bekannt, um Wissenschaftler in die Lage zu versetzen, diese Auswirkungen halbwegs gesichert vorherzusagen.

Deshalb ist es notwendig, daß wir unser Wissen über die Ozeane erweitern – dies setzt multidisziplinäre Anstrengungen voraus. Fernerkundungstechniken werden neben den schiffgestützten Meßtechniken mehr und mehr zu einem Standardinstrument und uns in die Lage versetzen, die faszinierenden Prozesse innerhalb der Ozeane zu erforschen.

Literaturverzeichnis

Barton ED, Argote ML, Brown J, Kosro PM, Lavin ML, Robles JM, Smith RL, Trasuina A, Velez HS (1993) Supersquirt: the dynamics of the Gulf of Tehuantepec, Mexico. Oceanogr 6:23–30

Weitere relevante Beiträge enthalten: Ellett DJ (1993) The north-east Atlantic: a fan assisted storage heater. Weather 48/4:118–126; Gordon AL (1988) The Southern Ocean and global climate, Oceanus 31/2:39–46

Weiterführende Literatur

Wer mehr über Satelliten-Ozeanographie wissen möchte, sollte Robinson IS (1985) Satellite oceanography: an introduction for oceanographers and remote-sensing scientists (Ellis Horwood, Chichester) lesen. Es beschreibt detailliert, wie jeder Sensor arbeitet und bringt Beispiele ozeanographischer Phänomene. Es gibt viele gute Lehrbücher, in denen die Physik der Meereszirkulation und die

Luft-Wasser-Interaktionen erklärt werden. Eine Reihe, aktuell genug, um Fernerkundungseinsätze zu beinhalten, wird von der Open University (1989) Ocean Circulation (Pergamon, Oxford) herausgegeben.

Die erste bedeutende Veröffentlichung, in der erstmalig Höhenmeßdaten von Seasat genutzt wurden, um Karten globaler Dimensionen und mittelmaßstäblicher Variabilität zu erhalten, ist die von Cheney RC, Marsh JG, Beckley BD (1983) Global mesoscale variability from collinear tracks of Seasat altimeter data. Journal of Geophysical Research 88:4343-4354. Jüngeren Datums ist ein Artikel des Journal of Geophysical Research - Oceans (März 1990), der dem altimetrischen Satelliten der US Navy, Geosat - er flog von 1986-1989 - gewidmet ist. Der wissenschaftliche Hintergrund des internationalen World Ocean Circulation Experiment (WOCE) wird diskutiert von Woods JD (1985) The world ocean circulation experiment. Nature 314:501-511. Neuere Veränderungen der Zirkulationen des Nordatlantik, speziell die «große Salzgehaltanomalie» von Süßwasser, das den Nordatlantik während der 70er Jahre durchströmte, wurden beschrieben von Dickson RR, Meincke J, Malmburg SA, Lee AJ (1988) The great salinity anomaly in the northern North Atlantic 1968-1982, Progress in Oceanography 20:103-151. Aufregende neue Ergebnisse, die die Struktur des Wirbels im Golf von Tehuantepec aufzeigen, finden sich in Barton et al. (1993).

11 Das Festland, aus dem All betrachtet

Keith Clayton

Behandelte Themen:

- Fernerkundung mit Satelliten
- Passive und aktive Sensoren
- Die Datenexplosion
- Bilder oder digitale Daten?
- Auflösung
- Radar
- Geoinformationssysteme
- Potentielle Anwendungen
- Klassifizierung der Landoberfläche mittels Fernerkundungsdaten
- Relief
- Geologie
- Schnee und Eis
- Ozeane
- Wetter und Klima
- Globale Veränderung
- Natürliche Gefahren
- Entwicklungsländer

Im Jahr 1980 hatte niemand klare Vorstellungen davon, wie stark der Rückgang des tropischen Waldes oder wie groß das Ausmaß der Landdegradation war. Dabei handelt es sich um zwei miteinander verflochtene Vorgänge, die von größter Bedeutung für den globalen ökologischen Zustand sind. Staatliche Stellen, unabhängige Wissenschaftler und internationale Organisationen stellten zwar Beweise zusammen, was aber zwangsläufig unterschiedliche Ergebnisse mit sich brachte – so etwa bei dem Kriterium für eine Definition von «Verlust» und «Degradation». Diese fest mit dem Boden verwurzelte «alte Geographie» war gut gemeint und außerdem sehr hilfreich beim Erstellen eines synoptischen Bildes. Sie vermittelte zudem eine, wenn auch in kultureller Hinsicht variierende, globale Vorstellung.

Heute wird ein großer Teil dieser Aufgaben durch Fernerkundung per Satellit übernommen, deren ursprüngliche Bestimmung der militärischen Überwachung galt. Durch dieses militärische Erbe liegt die technische Qualität nun um Klassen höher als es der Fall gewesen wäre, wenn es sich ursprünglich lediglich um wissenschaftliche oder geographische Motive gehandelt hätte. Detailauflösungen von außergewöhnlicher Klarheit entstanden aus der Notwendigkeit heraus, eine

Raketenabschußbasis oder eine strategische Radarstation in dichtbewaldetem Gebiet ausfindig zu machen. Heutzutage ist in den Wissenschaftsbudgets genug Geld vorhanden, um mit starker Unterstützung von seiten der Weltraumbehörden, denen bewußt ist, daß zur Zeit sowohl militärische als auch extraplanetarische Erkundung unpopulär sind, die Potentiale der Weltraumtechnologie für die Beurteilung von Landnutzungsänderungen und globalen ökologischen Auswirkungen menschlichen Handelns einzusetzen. Mit relativ bescheidenen Mitteln können weltweit sehr viele Forschungsinstitute Zugang zu den Datenbanken der geographischen Informationssysteme erhalten.

Dies ist zwar wichtig, jedoch sollte man sich gleichzeitig vergegenwärtigen, daß die Gewinnung von Datenmaterial über Veränderungen der Umwelt eine wichtige Aufgabe ist, der ohne die Heerscharen von in unwirtliche Gebiete ausschwärmenden Analytikern unmöglich zu lösen wäre. Schätzungen zufolge ist der Rückgang des tropischen Regenwaldes fast doppelt so hoch, wie noch Mitte der 80er Jahre angenommen wurde. Es können aber auch ernsthafte Bemühungen von seiten der Nationen mit einem Bewußtsein für die Artenvielfalt, die Ausmaße dieses Rückgangs einzudämmen, angeführt werden. Diese Technologie hat dann eindeutig eine große Bedeutung, wenn es darum geht, das Einhalten internationaler Vereinbarungen oder Management-Innovationen zu kontrollieren. In dieser Hinsicht ist sie ein unentbehrlicher Begleiter einer jeden Übereinkunft oder restriktiven Vertrages.

Zum Beispiel kann die Ermittlung der Zunahme oder des Rückgangs von Lebensräumen für die UN-Konvention über die Biodiversität (UN Biodiversity Convention) jetzt systematisch organisiert werden. Auf die gleiche Weise könnte das tatsächliche Ausmaß der Desertifikation (wenn auch ohne deren kulturelle Bedeutung) rechtzeitig für die UN-Konvention über die Desertifikation (UN Convention on Desertification) aufgezeigt werden. Veränderungen von Korallen- und Küstenökosystemen sowie empfindlicher Hochlandregionen, die durch Tourismus und unangepaßte Entwicklung verursacht wurden, kann man jetzt für nationale und internationale Organisationen und NGOs aufzeichnen und dokumentieren. In Großbritannien und Nordirland ist sowohl beim Flächenstillegungsprogramm als auch beim Programm für empfindliche Naturräume die klare Einhaltung der Vereinbarungen durch Landeigentümer und Besitzer erforderlich, bevor Zahlungen geleistet werden. Dies gilt für die europaweiten Flächenstillegungsprogramme, d.h. für die Stillegung landwirtschaftlicher Produktionsflächen für eine Dauer von bis zu 20 Jahren auf permanenter oder rotierender Basis. Der Überwachung per Satellit kommt bei der Überprüfung der Einhaltung der Planungsziele eine entscheidende Bedeutung zu. Die Landwirte werden mittlerweile ebenso auf Grund von Computerausdrucken wie auf Grund eigener Angaben bezahlt. Es ist vorhersehbar, daß die Überwachungs- und Überprüfungsfunktion der Satelliten- und GIS-Technologie in den angewandten Umweltwissenschaften immer bedeutsamer werden wird.

An dieser Stelle kommt die Erhöhung wissenschaftlicher Leistungfähigkeit ins Spiel. Die Bereitstellung von Computern, Datensätzen und Bildaufzeichnungsgeräten wird in Entwicklungsländern nicht immer sinnvoll sein, wo empfindliche Technik von Stromausfällen gestört werden kann, wo die Ausbildung hinter dem technischen Fortschritt oft zurückbleibt und wo dauerhafte Forschungseinrichtungen nicht finanziert werden können. Für die Erfüllung der Forderung der Agenda 21 nach einer verstärkten wissenschaftlichen Leistungssteigerung ist die Verknüpfung von Spitzentechnologien, gründlicher Wissenschaft, außerterrestrischen Aufzeichnungen mit ihrer Überprüfung durch Geländearbeit, digitaler Kartierung unter Berücksichtigung ethnobotanischer Kenntnisse und wirtschaftlichen Analysen, die kulturelle Aspekte berücksichtigen, nötig. Ohne Zweifel steckt die Informationsrevolution noch in den Kinderschuhen. Doch die Entwicklung zeigt, daß Fernerkundung und GIS bestens geeignet sind, die Erfassung von Umweltveränderungen genau und global zu unterstützen.

Die Kunst besteht nun darin, dies alles wirksam und überlegt mit kulturspezifischen Anpassungsmaßnahmen und institutionellen Neuordnungen am Boden zu verbinden. Ein Anfang hierbei wurde vom wissenschaftlichen Ausbildungsprogramm START gesetzt, das vom *International Biosphere Geosphere Programme* des *International Council of Scientific Unions* gefördert wird. Weitere Fortschritte verspricht man sich von der Ausweitung eines bescheidenen Projektes, das von der Universität der Vereinten Nationen (United Nations University) gefördert wird und kritische ökologische Gebiete zum Gegenstand hat. Gemeinsam versuchen dort Geographen, Ökologen und Anthropologen, Gebiete der Erde ausfindig machen, die besonders empfindlich auf Umweltstreß reagieren und in denen die Fähigkeiten und Talente der dortigen Gesellschaften soweit verschüttet wurden, daß sie letztendlich zu jeder Veränderung unfähig waren. Das Programm hebt hervor, wie die Kombination gesammelter Daten ökologischer Veränderungen mit einer detaillierten Beurteilung institutioneller Versäumnisse und überlasteter Kapazitäten in Verbindung gebracht werden kann, um die Widerstandsfähigkeit gegen Anfälligkeit und Verdrängung (der erste ein physikalischer, der zweite ein sozio-kultureller Begriff) von Gebieten, die dem Risiko sowohl global verursachten als auch lokal erzeugten Umweltstresses ausgesetzt sind, zu erhöhen. Diese Arbeiten sollten verstärkt vorangetrieben werden und den Grundstock für erfolgreiche Versuche nachhaltiger Entwicklung bilden, und zwar auf jedem einzelnen Kontinent.

Weiterführende Literatur

Kasperson RE (1993) Critical environmental zones. United Nations University Press, Tokyo

Die besonderen Vorteile einer vertikalen Sicht auf die Erdoberfläche aus großer Höhe konnte man sich erstmalig durch den Ballon, später durch das Flugzeug vergegenwärtigen. Man erhielt eine Aufsicht, die zwar wesentlich mehr Inhalte bot und daher schwieriger zu lesen war als eine Karte, jedoch - auf dem Boden nicht wahrnehmbare - Muster und Besonderheiten enthielt, die auf keiner Karte erschienen. Eine der ersten systematischen Anwendungen dieses Ansatzes war die archäologische Betrachtung der Salisbury-Ebene in der Kreidelandschaft Südenglands, durch die die hölzernen Vorboten von Stonehenge und viele andere faszinierende und bedeutsame Muster entdeckt wurden, die die frühe Kolonisation durch den prähistorischen Menschen belegten.

11.1 Fernerkundung mit Satelliten

Mit dem Abschuß des ersten Raumfahrzeuges in den 60er Jahren wurden Kameras und andere hochentwickelte Sensoren eingesetzt, um die Atmosphäre, Ozeane und Landoberflächen der Erde zu studieren. Die ersten Kamerabilder der US Apollo-Raumfähre zeigten die Verteilungsmuster der Land- und Wasserflächen, wie sie bis dahin nur in Atlanten zu sehen waren. Sie zeigten auch die Landoberfläche mit den dazugehörenden Vegetationsmustern im Original, manche davon natürlichen, andere landwirtschaftlichen Ursprungs. Einige waren bereits bekannt und wurden in dieser Form erwartet, konnten aber in einer bisher nicht erreichbaren Klarheit gesehen werden - so z.B. die Muster der bewässerten Landwirtschaft in der ägyptischen Wüste im Nildelta und als schmaler Streifen entlang des Nils. Einige der größten anthropogenen Formen wie das Gezira-Bewässerungsprojekt im Sudan oder die Kreis-Beregnungsfelder im amerikanischen Südwesten oder der Libyschen Wüste waren auf keiner herkömmlichen Karte einsehbar. Urbane Bereiche, andere Zeichen menschlicher Eingriffe oder Transportsysteme waren nicht leicht auszumachen.

Ernsthafte Bemühungen, die Landoberfläche vom All aus zu beobachten, begannen mit dem Abschuß der Landsat-Satelliten in den 70er Jahren. Tatsächlich blieb diese Satellitenserie die wichtigste Einzelquelle aus dem All von globaler Bedeutung. So sind die Sensoren, die im Laufe der Zeit für die Landsatserie entwickelt wurden, von zentraler Bedeutung für das Unterfangen, den Großteil der Erdoberfläche in seinen Merkmalen aufzuzeichnen und zu interpretieren. Nur die höchsten Breiten werden von dieser Folge von Erderkundungssatelliten nicht erfaßt, obwohl natürlich auch Gebiete, die häufig wolkenbedeckt sind (hohe Breiten und äquatoriale Bereiche), weniger intensiv zu erkunden sind als Wüsten und andere saisonal-trockene Zonen. Im letzteren Fall ist die Erfassung während der Trockenperiode weit einfacher durchzuführen als während der Regenzeit - Aufnahmen aus dieser Zeit fehlen teilweise völlig. Deshalb können Beobachtungen, die eine mehrmalige Erfassung nötig machen, für einige Gebiete der Erde nur sehr schwer durchgeführt werden.

11.2 Passive und aktive Sensoren

Satellitensensoren können zur Erfassung und Messung dreier Energietypen genutzt werden (Abb. 11.1). Der erste ist die von der Erdoberfläche - Wasser, Laub, Dächer, Wolken usw. - reflektierte Sonnenstrahlung. Prinzipiell umfaßt dies den gesamten Wellenbereich solarer Stahlung, jedoch absorbiert die Atmosphäre von manchen Wellenbändern so viel, daß nur wenig für eine Erfassung übrig bleibt. Zwischen diesen Absorptionsbereichen liegen jedoch sogenannte «Strahlungsfenster», in deren Bereich die Strahlung die Atmosphäre relativ leicht passieren kann. Das sind die bevorzugten Wellenlängen für Fernerkundungszwecke (Abb. 11.2). Beim zweiten Typus handelt es sich um von der Erdoberfläche selbst ausgesandte Strahlung - im Prinzip ist das die thermische Infrarot- bzw. Wärmestrahlung. Die Sensoren, die diese zwei Strahlungstypen aufzeichnen, werden als passive Sensoren bezeichnet, da sie keine andere Energiequelle außer der Sonnenstrahlung und der Wärmestrahlung der Erde erfassen (die thermale IR-Strahlung kann nachts gemessen werden). Aktive Sensoren hingegen erfordern auf ihrer Raumsonde eine auf die Erde gerichtete Energiequelle. Die reflektierte Strahlung wird dann vom Satelliten gemessen - bei der verbreitetsten Methode werden Radarwellen eingesetzt.

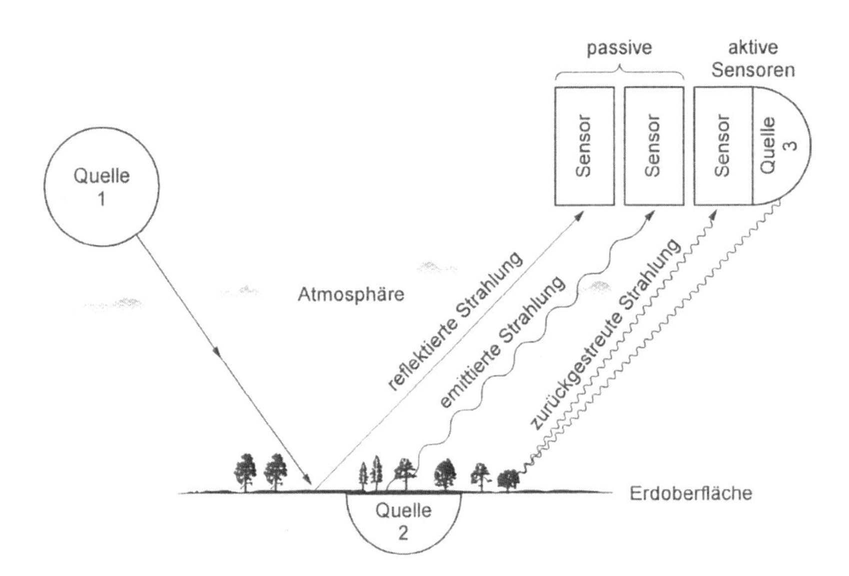

Abb. 11.1. Die drei Hauptquellen für Satellitendaten. Für passive Sensoren ist die Hauptenergiequelle die Sonne. Dadurch kann sowohl reflektierte als auch ausgesandte Strahlung wahrgenommen werden. Aktive Sensoren verfügen über eine eigene Quelle im Satelliten und die reflektierten Radarwellen werden über einen geeigneten Sensor registriert (*Quelle:* Curran 1985, Abb. 2.1).

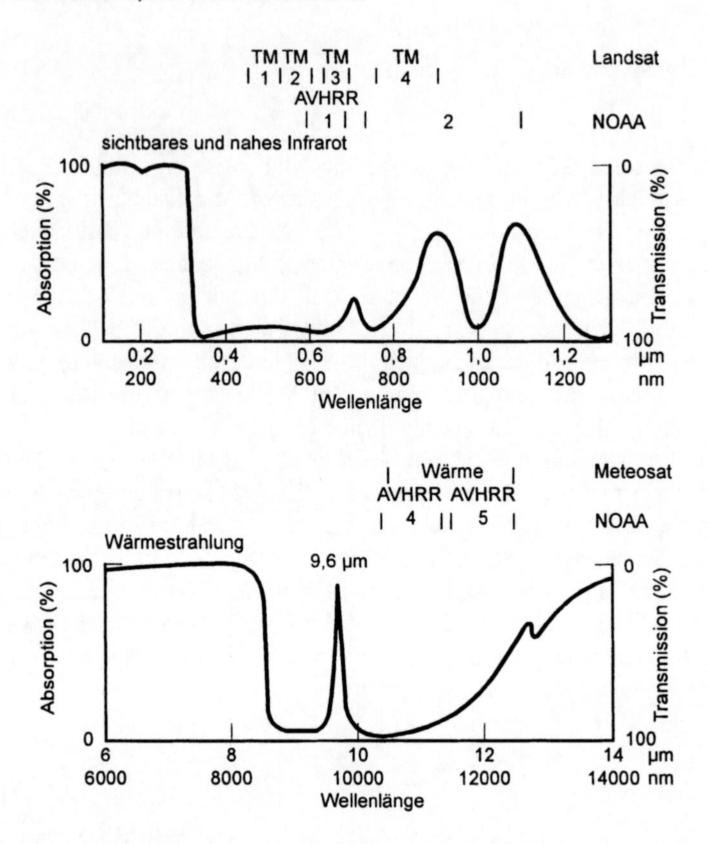

Abb. 11.2. Die von Satelliten verwendeten atmosphärischen «Fenster». Zusätzlich zu den sichtbaren Wellenlängen und denen des nahen IR durchdringen verschiedene Teile infraroter Wellenbereiche erfolgreich die Atmosphäre und werden von den angegebenen Sensoren genützt. Für Details über Satelliten und Sensoren siehe Kasten 11.3 (*Quelle:* Harris 1987, Abb. 2.5).

11.3 Die Datenexplosion

Eine Eigenschaft bezüglich der Datengewinnung mittels der Landsat-Serie und nun durch den französischen SPOT (Système Probatoire de l'Observation de la Terre) und andere Satelliten ist die schiere Menge verfügbaren Datenmaterials. Diese Systeme zeichnen Daten digital auf. Die gemessenen Reflexionen werden auf rechteckige Flächen (Pixel) bezogen gespeichert. Diese Pixel werden reihenweise in Zeilen angeordnet, während der Satellit auf seiner Umlaufbahn die Erdoberfläche abtastet (Abb. 11.3). Jedes Landsat-Bild im original MSS-Format (Mulitspektral-Scanner) hat 2340 Zeilen mit je 3240 Pixeln: Das ergibt 7,5 Mio. Pixel pro Kanal und 30 Mio. Pixel für jedes Vierkanal-Bild. Das neuere TM-

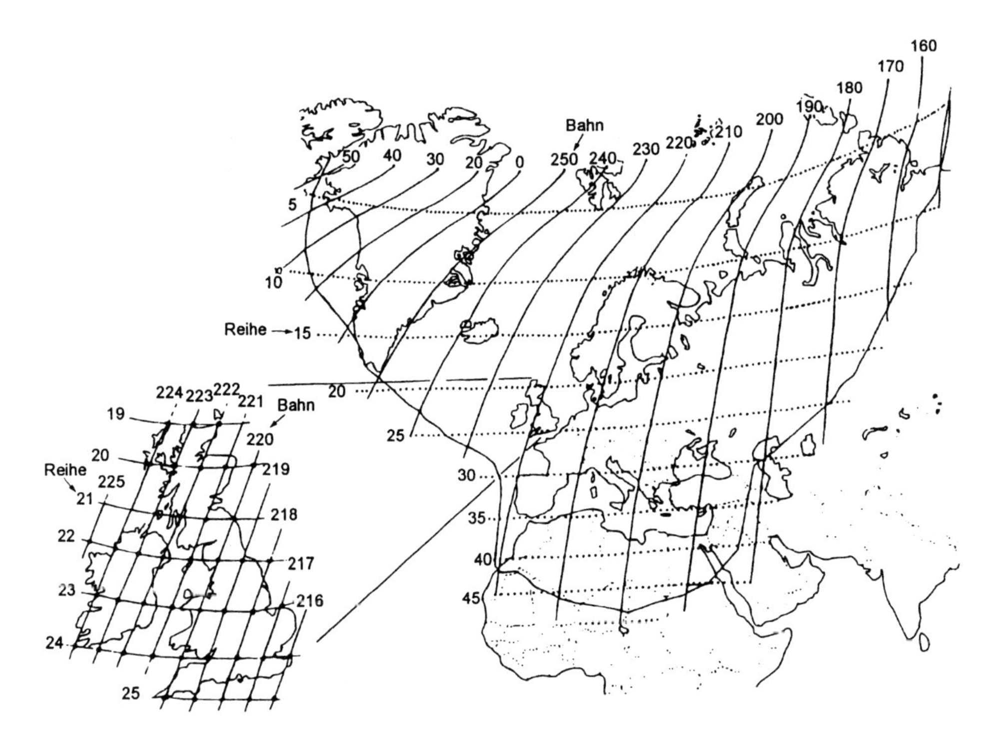

Abb. 11.3. Das Referenzsystem erdumkreisender Satelliten mit Bahnen und Reihen. Dieses System wird angewandt um die jeweils 180 x 180 km messenden Bilder des Landsat-MSS-Systems zu kennzeichnen. Die Bahnen sind aufeinanderfolgend der Erdumdrehung entsprechend nach Westen versetzt. Jede Bahn wird alle 18 (später alle 16) Tage wieder umflogen (*Quelle:* Curran 1985, Abb. 5.20).

Format (thematic mapper) enthält Daten von sieben Wellenbändern mit einer höheren Auflösung (30 m für alle außer dem thermalen IR, verglichen mit 79 m beim Landsat-MSS-Format) und enthält deshalb etwa 100 Mio. Pixel pro Bild. Eine Aufnahme dauert 25 Sekunden, so daß sogar das frühe Landsat-System in der Lage war, 30 Mio. Computerbänder pro Jahr zu füllen. Diese Kapazität hatte zur Folge, daß manche der Aufnahmen nie gespeichert und viele von denen, die gesammelt wurden, nie benutzt worden sind. So steht für manche Gebiete ein Überangebot an Daten zur Verfügung, wogegen andere Regionen selten ein wolkenfreies Bild abgeben oder sogar, wie in manchen Ländern, während der Regenzeit überhaupt keines erstellt werden kann.

Ein verwandtes Problem ist die Verfügbarkeit der Daten. Am häufigsten wurden die Daten der US Landsat-Serie genutzt: einer der wichtigsten Gründe dafür ist die Verfügbarkeit dieses Materials aus einer zentralen Quelle und zu erschwinglichen Preisen. Jedes System, das versucht, eine Satellitenplattform kostendeckend zu betreiben, wird so teure Daten produzieren, daß deren Nutzung durch Kunden zwangsläufig gering bleiben wird. Außerdem fällt es ärme-

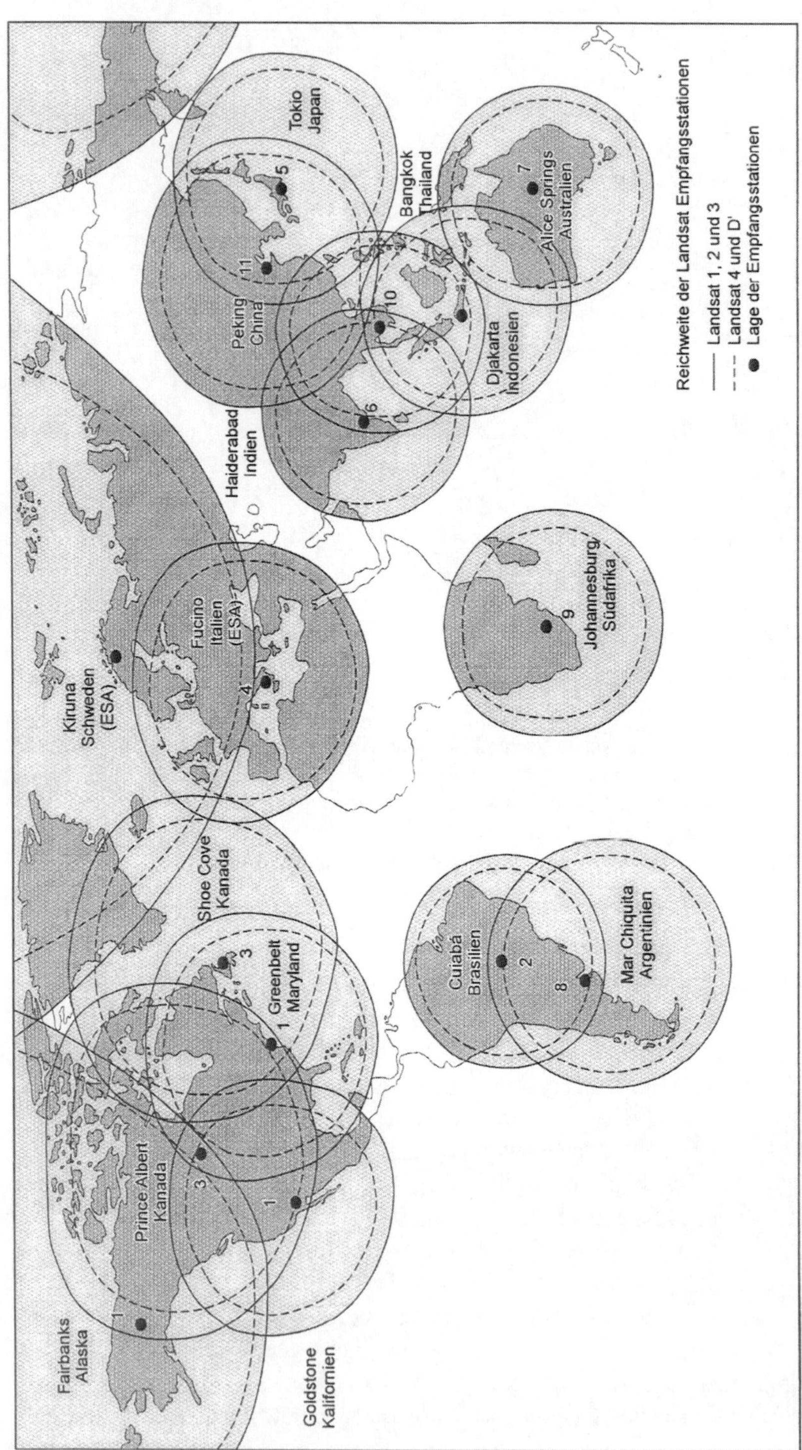

Abb. 11.4. Die weltweite Lage der Landsat Empfangsstationen. Die Gebiete, die nicht im Einzugsbereich einer Empfangsstation liegen, können nur abgedeckt werden, wenn deren Aufnahmen mittels des mitgeführten Bandspeichers zwischengespeichert und später an die Erde gefunkt werden. Es sei erwähnt, daß die Abdeckung in Gebieten der unterentwickelten Welt gering ist und die Polarbreiten von diesen Satelliten nicht eingesehen werden können (*Quelle:* nach Curran 1985, Abb. 5.18).

ren Ländern schwer, in solche Daten zu investieren und Möglichkeiten der Auswertung, d.h. personelle und ausrüstungstechnische Voraussetzungen, zu schaffen. Der Ausbildungsaufwand für die computerisierte Auswertung von Satellitenaufnahmen ist erheblich größer als für die Luftbildauswertung. Außerdem birgt eine solche Auswertung wesentlich mehr Unsicherheiten. Dies ist teilweise der Grund dafür, daß, obwohl zur Zeit in der Forschung Satellitenaufnahmen häufig genutzt werden, ihre routinemäßige Anwendung bei Kartierung, Überwachung und Datengewinnung begrenzt bleibt, speziell in Entwicklungsländern – auch wenn sie gerade dort von größtem Nutzen wären. Für eine weltweite routinemäßige Anwendung und Ausnutzung des vollen Potentials bedarf es weiterer Fortschritte bei der Ausbildung von Fachpersonal und auch bei den Analysesystemen. Außerdem sind für Satelliten ohne eigenes Speicher-Modul weitere Empfangsstationen notwendig (Abb. 11.4). Kasten 11.1 liefert weitere Details über Satelliten und Sensorsysteme.

Kasten 11.1 Satelliten- und Sensorsysteme

Die Mindesthöhe, auf der ein Satellit die Erde für eine angemessene Zeit umkreisen kann, ohne durch die Bremswirkung der Atmosphäre an Höhe zu verlieren, liegt bei etwas über 700 km. Das ist die Höhe, welche die meisten Erdbeobachtungssatelliten benützen, um die Auflösung zu maximieren. Die ersten Landsat-Satelliten (von 1972) kreisten auf einer Höhe von 900 km und wurden wie die meisten ihrer Nachfolger positioniert, um einer sonnensynchronen Bahn zu folgen; z.B. kreuzten sie den Äquator jeden Tag zur gleichen Zeit, relativ früh am Morgen, wenn man von angemessenen Beleuchtungsverhältnissen und deutlichen Schatten ausgehen und die im Laufe des Tages zunehmende Wolkenbildung vermeiden kann. Die Verlagerung des Orbits um den Globus herum ergab alle 18 Tage eine wiederholte Überfliegung. Diese Zeit wurde von Landsat 5 (gestartet 1984) auf 16 Tage verkürzt.

Die andere bevorzugte Position ist mindestens 35 000 km von der Erdoberfläche entfernt. Ein Satellit, der auf Höhe des Äquators positioniert und in erdgleiche Umlaufrichtung gebracht wird, erscheint in einer geostationären Position. Er steht immer über dem gleichen Punkt der Erde. Stellt man mindestens drei solcher Satelliten in Position, ist eine komplette Abdeckung der Erde möglich, vornehmlich, um Daten der Wetterbeobachtung zu liefern. Die geostationären Positionen werden jedoch zunehmend mit Satelliten besetzt, die mit speziellen Instrumenten ausgestattet sind, die weit mehr durch die Atmosphäre beobachten können als nur Wolkenmuster und Temperaturen. Der einzige Nachteil dieser distanzierten Position ist die verringerte Auflösung. Die Auflösungen für die niedrig kreisenden Satelliten liegen im Bereich von 10–70 m/Pixel, während für geostationäre Satelliten 1–10 km charakteristisch sind.

Die Beobachtungen dieser Plattformen sind zwangsläufig auf jene Wellenlängen begrenzt, die durch die Atmosphäre transmittiert werden. Diese Wellenlängen, die Spektralfenster oder Wellenlängenfenster genannt werden, sind in Abb. 11.2 dargestellt. Die erfaßten Spektraldaten können in engere oder breitere Bänder aufgeteilt werden (siehe auch Abb. 11.3). Der ursprüngliche Multispektralscanner (MSS = multispectral scanner) der Landsat-Serie verwendete vier Bänder (numeriert

Fortsetzung n.S.

Kasten 11.1 ***Fortsetzung***

von 4 bis 7, da das RBV (return beam vidicon = Fernsehkamera) die Bänder 1 bis 3 belegte), drei von ihnen im sichtbaren Bereich und eines im Infrarot - ein Band, welches durch gesunde Vegetation reflektiert und durch Wasser stark absorbiert wird. Das erfolgreiche TM-System (thematic mapper) benutzt 7 Bänder, drei im sichtbaren Bereich - denen, die vom MSS genutzt wurden, sehr ähnlich - und vier im infraroten Bereich. Eines spricht auf gesunde Vegetation gut an, eines reagiert empfindlich auf Feuchtigkeit, eines stellt geologische Unterschiede heraus (Band 7, 2,08–2,35 μm) und das letzte (Band 6) ist das thermale IR (Wärmestrahlung). Um ausreichende Strahlungswerte zu erhalten, deckt das Band 6 vier Pixel für die anderen Bänder mit ab. Andere Sensoren, die von erdumkreisenden Satelliten getragen werden, arbeiten mit Radar, während technisch fortschrittlichere Satelliten eine ganze Reihe von Spezialinstrumenten mit sich führen. Ein für die Oberflächenerkundung besonders wichtiger ist das sehr effektiv arbeitende AVHRR (Advanced Very High Resolution Radiometer), das eine Vielzahl von Kanälen abdeckt. Es erfaßt täglich die Strahlungsdaten mit einer Auflösung von 4 km auf globaler Basis und kann so jeden wolkenfreien Tag nutzen. Durch die Beobachtung der Wellenlängen, die von Pflanzen am stärksten absorbiert werden, sind Rückschlüsse auf die Biomasse des Blattgrüns und folglich auf Photosyntheseraten möglich.

Die Datenübermittlung vom Satellit zur Erde erfolgt per Funk. Die Landsat und SPOT Satelliten speichern die Daten bei Bedarf auf Band zwischen, um diese dann verspätet zu übermitteln, wenn sie sich in Reichweite einer Bodenempfangsstation befinden. Die Systeme mit höherer Auflösung sammeln nicht alle möglichen Daten. Hier findet eine Auswahl nach Art der Oberfläche, Wolkenbedeckung und wissenschaftlichen Anforderungen statt.

11.4 Bilder oder digitale Daten?

Viele Autoren sprechen nachlässigerweise von Satellitenbildern, als handle es sich um Photographien. Einige sind es tatsächlich: die früheren Apollo Raumfahrzeuge hatten Hasselblad-Handkameras an Bord, deren Farbphotos von der Erde nebenbei bemerkt auch sehr ansprechend waren (Abb. 11.5). Sie wurden normalerweise aus schrägem Winkel aufgenommen und vermittelten erstmals ein realistisches Bild von Kontinenten, die man bis dahin nur aus großmaßstäblichen, abstrakten Atlaskarten kannte, und das stets aufs Neue beeindruckt. Die meisten Schwarzweiß- oder Farbabbildungen entstehen dadurch, daß Graustufen-Rasterbilder mit Hilfe der Pixeldaten produziert werden, die von Satelliten aufgezeichnet und übertragen wurden. Dies ist mit einem Zeitungsbild vergleichbar, das quasi durch das «Sieben» eines photographischen Originals größerer Auflösung aus Tausenden und Abertausenden kleiner Punkte hergestellt wird.

Die Zahl der Pixel ist so hoch, daß man die Textur der Abbildung nicht sehen kann, außer (was auch öfters geschieht), wenn ganze Datenzeilen über- oder unterhalb der Farbmittelwerte benachbarter Zeilen aufgezeichnet werden. Große Farbbilder (die z.B. im Maßstab 1 : 250 000 gekauft werden können) werden aus Daten im Landsat-MSS-Format dadurch erstellt, daß drei der vier Bänder in den Grundfarben der additiven Farbmischung Blau, Grün und Rot verwendet werden. Konventionell wird das nahe IR (z.B. Band 7 des Landsat-MSS) in Rot, das rote Ende des sichbaren Spektrums in Grün und der blaugrüne Teil des Spektrums in Blau gedruckt. Das Ergebnis ist das, was man als «Falschfarben»-Bild kennt, mit gesunder Vegetation in Rot und tiefem Wasser in fast Schwarz.

Abb. 11.5. Ein frühes Photo aus dem All von Süd-Saudi-Arabien. Dieses Schrägbild war im Original in Farbe und zeigt ein riesiges Wadi-System im Hadramaut Plateau in der Saudi-Arabischen Wüste. Wolken verschleiern den weiten Blick; ob sie über der Wüste oder dem Persischen Golf liegen, wird nicht deutlich (Mit freundlicher Genehmigung der NASA).

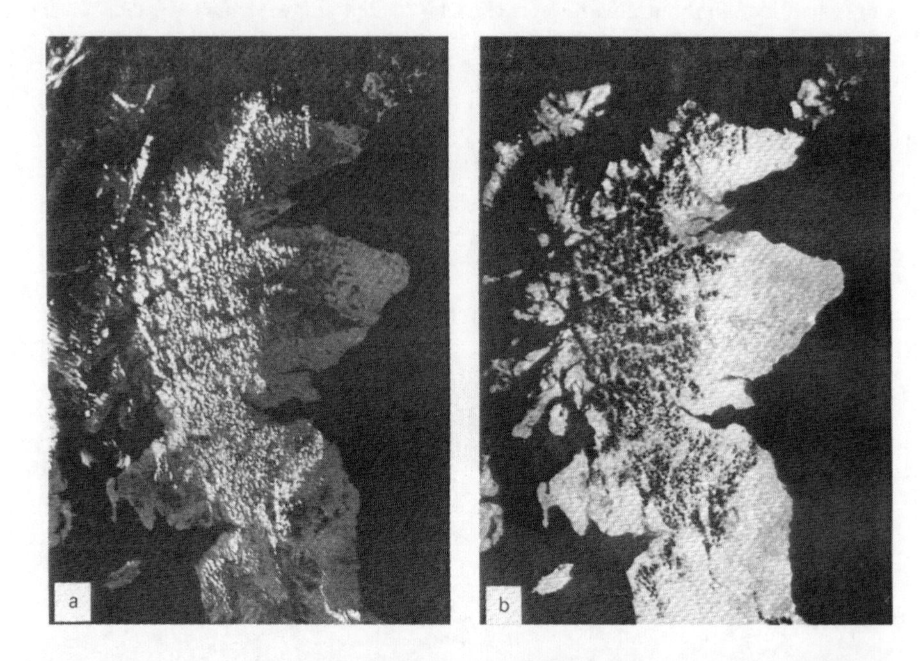

Abb. 11.6. Bilder in sichtbarem Licht und thermalem Infrarot von Schottland. Das Bild auf der linken Seite zeigt weiße Wolken, die das Sonnenlicht reflektieren, sowie das dunkle, lichtabsorbierende Meer. Das Bild auf der rechten Seite hätte genausogut nachts aufgenommen worden sein können. Die Wolken sind kalt und daher dunkel, kontrastierend zum warmen Land und der kühleren See (das Bild wurde im Mai aufgenommen). Ein Negativbild würde weiße Wolken zeigen, ähnlich jenen auf dem sichtbaren Bild (Mit freundlicher Genehmigung der NASA).

Die visuelle Interpretation gedruckter Satellitenbilder ist von hohem Wert. Nachdem sich der Benutzer an das Maß der Verfälschung und die Verwendung von Wellenbändern jenseits des visuellen Lichtes gewöhnt hat, können derartige Bilder sehr nützlich sein: in zunehmendem Maße finden sie auch Anwendung in den Medien (Abb. 11.6). So werden Nacht-IR-Wolkenbilder im allgemeinen in der Fernsehwettervorhersage gezeigt und der Zuschauer fragt sich nicht, wie Wolken nachts «gesehen» werden können. Die präzisesten Arbeiten (z.B. Flächenbestimmungen) lassen sich mit digitalen Daten durchführen, da die Software, die in der Lage ist, gleich mehrere Wellenbänder zu analysieren, inzwischen allgemein für Desktop-Computer zur Verfügung steht. Meistens wird mit den Bildern so verfahren, als wären sie nach einer quadratischen Nord-Süd- und Ost-West-Matrix ausgerichtet (in Wirklichkeit sind sie jedoch gekippt). Hochwertige Softwarepakete sind allerdings in der Lage, die Bilder zu transformieren und auf eine korrekte Koordinatenmatrix zu übertragen.

Im Folgenden beziehen sich die beschriebenen Methoden im allgemeinen eher auf die Computermanipulation digitaler Daten als auf die visuelle Interpretation von Abbildungen. Einige Beispiele heute verfügbarer Programme werden in Kasten 11.2 vorgestellt. Da dieses Kapitel nicht versucht, die detaillierten Einführungen in die Fernerkundung, die in mehreren hervorragenden Werken verfügbar sind, zu ersetzen, wird vorausgesetzt, daß die Bilder bezüglich geometrischer Fehler, Sensorprobleme und atmosphärischer Verzerrungen (z.B. beeinflußt Dunst kurze Wellenlängen stärker als lange) korrigiert wurden. Normalerweise enthalten Bänder, die man von offiziellen oder kommerziellen Quellen erhält, die betreffenden Korrekturen.

11.5 Auflösung

Generell hat sich bei den Erderkundungssatelliten die Auflösung während der letzten zwei Dekaden durch die Verkleinerung der Pixel verbessert. Dies gelang zum Teil durch die Verbesserung der Instrumente, aber auch dadurch, daß man die Satelliten in eine niedrigere Umlaufbahn brachte. Dieser Kunstgriff reduzierte außerdem den Abstand zwischen zwei Umläufen. Die Pixel der ursprünglichen Landsat-Serie stellten eine Fläche von 79 x 79 m dar, die TM-Serie eine Fläche von 30 x 30 m (außer für das ferne IR-Band) und SPOT erreicht ungefähr 10 x 10 m. Viele Forscher und potentielle Nutzer von Satellitendaten haben auf diese Verbesserung gedrängt, da sie eine effektivere Unterscheidung kleiner Flächen (wie Felder) und eine genauere Klassifikation ermöglichen. Seitdem jedoch für beachtliche Flächen eine bessere Auflösung auch durch die Luftbildfotographie erreicht werden kann, stellt sich die Frage, ob die höhere Präzision den Umgang mit so großen zusätzlichen Datenmengen in jedem Fall aufwiegt.

Für viele Anwender ist der großflächige Überblick von Satellitenbildern von erheblichem Wert, erlaubt er doch Untersuchungen, die mit kleinmaßstäblichen Karten sehr schwierig durchzuführen wären, geschweige denn mit Tausenden von Luftbildern. So sind Fortschritte bei der Präzision der eingesetzten Wellenbänder (und die damit einhergehende Erhöhung der Zahl an Spektralbändern) sehr willkommen, während eine verbesserte Auflösung mit gemischten Gefühlen betrachtet werden kann. In der Tat wurden zum Teil wichtige Arbeiten mit Hilfe der groben Auflösung (1–10 km) stationärer meteorologischer Satelliten geleistet (Abb. 11.7). Die Analysen mit stationären Satelliten sind für manche Anwendungen, z.B. die Überwachung globaler Veränderungen, tatsächlich von besonderem Wert. Es leuchtet ebenfalls nicht immer ein, daß sich das erfolgreiche Klassifizieren von Bildern mit der zunehmenden Auflösung verbessert; nehmen wir als Beispiel urbane Gebiete, die relativ leicht zu separieren sind, es sei denn, die Auflösung ist so gut, daß man einen Flickenteppich aus Gebäuden, Straßen, Bäumen und Gärten bekommt – in diesem Fall müssen die Pixel derart gruppiert werden, daß man den Gesamteindruck eines typischen bebauten Gebietes erhält.

Kasten 11.2 Computerprogramme zur Auswertung digitaler Bilder

Als der erste Landsat-Satellit ausgesetzt wurde, mußten Computerprogramme geschrieben werden, um die Daten auszuwerten. Dies erforderte die Verwendung von Großrechenanlagen, eine Tendenz, die auch trotz schnellerer Rechner anhielt, da immer komplexere Algorithmen zur Klassifikation von Multispektralaufnahmen entwickelt wurden. In den letzten 10 Jahren wurde es mit Hilfe von speziell dafür entwickelten Softwarepaketen, wie dem frühen PCIPS oder dem höherentwickelten IDRISI, möglich, die Bilder darzustellen und auszuwerten. Erst in jüngerer Zeit wurden sie mit verschiedenen Ebenen des Geoinformationssystems (GIS) kombiniert, um die Integration von Satelliten und anderen räumlichen Daten zu ermöglichen.

Fast alle erdumkreisenden Satelliten beschreiben schräggestellte Umlaufbahnen. Deshalb erfordert die Kombination von Satelliten-Pixeldaten mit geometrisch korrekt kartierten Daten eine Korrektur der Satellitenbilder, was gewöhnlich auch eine Überarbeitung der Daten beinhaltet, um Pixel zu erzeugen, die nach dem Gitternetz der Karten ausgerichtet sind. Das erfordert beträchtliche Rechenkapazitäten und wurde in der Vergangenheit auf Großrechnern in einem separaten Prozeß durchgeführt. Das korrigierte Bild konnte dann auf einem Desktop-Computer genutzt werden. Mit der Entwicklung immer leistungsstärkerer Desktop-Rechner wurde es möglich, diese Arbeiten mit Hilfe eines Programms wie ERDAS nun auf einem Computer auszuführen. So verlassen wir die Zeiten, in denen es der Desktop-Anwender leichter fand, die Karten zu verzerren, um sie der vom Computer gelieferten Komplexität der Satellitendaten anzupassen. Heute integrieren die (wenn auch zwangsläufig noch viel komplexeren) Systeme die Fähigkeiten, klassifizierte Satellitenbilder mit einem voll entwickelten GIS zu kombinieren.

So wie bei den meisten Softwarepaketen ist das dem Anwender abverlangte Verständnis der zugrundeliegenden Verfahren begrenzt. Das hat seine Vorteile, birgt aber auch Gefahren in sich. Es ist wunderbar, die Möglichkeit zu haben, hochentwickelte Algorithmen zu nutzen, die mit Wahrscheinlichkeiten und verwandten Techniken arbeiten, um eine optimale Klassifikation der Multispektraldaten zu gewährleisten. Aber ohne ein gewisses Verständnis für die Vorarbeiten und die Daten, die dafür gebraucht werden, können grobe und vorschnelle Ergebnisse zustandekommen. Die optimale Auswahl der Bänder und Trainingsgebiete (Referenzgebiete) erfordert ein angemessenes Verständnis der multispektralen Daten und der aufgezeichneten Erscheinungen. Auch der Maßstab spielt dabei eine Rolle. In manchen Gebieten wird ein großer Teil der Pixel innerhalb einzelner Flächen (und vielleicht sogar einzelner Pflanzen) liegen oder eine einheitliche Vegetationsdecke wiedergeben. Dagegen werden die Pixel in anderen Gebieten (speziell in solchen mit kleinen Feldern oder den für bebaute Gebiete typischen komplexen Mustern) eine gemische Landbedeckung wiedergeben. Beide Typen würden auf die gleiche Weise klassifiziert, obwohl die Bedeutung der erstellten Klassen höchst unterschiedlich wäre.

Wenn die Interpretation nach feineren Gesichtspunkten erfolgt und Informationen wie z.B. Bodentypen, Feuchtigkeitsverhältnisse oder geologische Sachverhalte ermittelt werden sollen, dann erfordert die Computerinterpretation digitaler Bilder einen angemessenen Einblick in die Ursachen, die verschiedene Spektralbänder beeinflussen könnten, und ein größeres Maß an Geländedaten, die mit den Interpretationen verglichen werden müssen.

Abb. 11.7. Wolkenloser Blick auf die Vegetation Europas. Das Bild wurde über einen Zeitraum von 7 Tagen im März 1983 aufgebaut, um mit Hilfe der AVHRR-Daten einen Vegetationsindex zu kartieren. Trotz der geringen Auflösung ist das Gesamtmuster von nützlicher Klarheit. Außerdem konnte man Gebiete mehrmals an aufeinanderfolgenden Tagen aufnehmen und somit ein wolkenfreies Bild erstellen, dessen Aufnahme zu einem einzigen Zeitpunkt niemals möglich gewesen wäre: Teile dieses Ausschnittes würden an allen Tagen des Jahres wolkenbedeckt sein (Mit freundlicher Genehmigung der NOAA).

Am Ende der Reihe mit den höchsten Auflösungswerten stehen militärische Satelliten, die mittels spezieller Techniken Bilder liefern, die herkömmlichen Luftbildern vergleichbar sind. Sie nehmen tatsächlich Luftbilder auf, sind also nur dort geeignet, wo der Zugang vom Boden aus nicht möglich ist. Sie verwenden eher die physikalische Rückgewinnung aufgezeichneter Bilder als die Übertragung eines Bildes in digitaler Form.

Zu beachten ist auch die wichtige Frage der spektralen Auflösung. Die Verschmälerung der Bandbreiten, die in den aufeinanderfolgenden Sensoren des Landsat-MSS-Typ benutzt werden, kann der Tabelle in Kasten 11.3 entnommen werden. Sie zeigt auch eine Zunahme im verwendeten Spektralbereich, besonders jenseits des längeren Endes des sichtbaren Bereichs im Infrarot. Einige dieser Anpassungen wurden mit bestimmten Zielen durchgeführt, wie die letzte Ergänzung (wie ihre Position in der Sequenz zeigt) zum TM des Landsat D (und nachfolgender Satelliten mit TM-Sensoren), von der man sich einen besonderen Nutzen für die geologische Kartierung erhoffte. Ebenso wie der MSS, der ungetestet blieb, bevor er mit dem ersten Landsat-Satelliten in dessen Orbit war und fast vom RBV (return beamvidicon), das nicht immer so gut gearbeitet hat wie

Kasten 11.3 Multispektrale Sensoren in Nachfolge-Satelliten

Der Leser wird, ist er an einer vollständigen Auflistung der Satelliten und ihrer Sensoren interessiert, auf die vielen Lehrbücher über Fernerkundung verwiesen (Literaturverzeichnis am Ende dieses Kapitels). Diese Auswahl-Liste enthält jene, die den größten Beitrag zur Interpretation der Erdoberfläche geleistet haben.

Name und Land	Sensor	Wellenbänder[a]	Auflösung	Erfassungs-wiederholung
Landsat 1–5	MSS			
(USA)	Band 4	0,5–0,6	79 m	18 Tage[b]
	Band 5	0,6–0,7	..	..
	Band 6	0,7–0,8	..	..
	Band 7	0,8–1,1	..	..
Landsat 4–5	TM			
(USA)	Band 1	0,45–0,52	30 m	16 Tage
	Band 2	0,52–0,60	..	..
	Band 3	0,63–0,69	..	..
	Band 4	0,76–0,90	..	..
	Band 5	1,55–1,75	..	..
	Band 6	10,4–12,5	120 m	..
	Band 7	2,08–2,35	30 m	..
SPOT	HRV Scanner[c]			
(Frankreich)	Panchromatic	0,51–0,73	10 m	≥ 4 Tage[d]
	Multispectralmodus:			
	Grün	0,50–0,59	30 m	w.o.
	Rot	0,61–0,69	..	..
	nahes IR	0,79–0,89	..	..
TIROS/NOAA	AVHRR			
(USA)	Kanal 1	0,55–0,68	1,1 o. 5,5 km	12 Stunden
	Kanal 2	0,725–1,1	..	..
	Kanal 3	3,55–3,93	..	..
	Kanal 4	10,5–11,5	..	..
	Kanal 5	11,5–12,5	..	..

[a] Zum vereinfachten Vergleich alle Wellenlängen in Mikrometer (μm)
[b] Landsat 4 und 5: 16 Tage
[c] High Resolution Visible Scanner
[d] Schräge Aufsicht

erwartet, verdrängt wurde, wurde das TM-System fast vom Landsat D verdrängt. Der Konkurrent war ein Festkörpersystem namens «multilinear array», das anschließend für das SPOT-System übernommen wurde. Es erreicht höhere Auflösungen und kann außerdem Spektraldaten über eine sehr große Anzahl eng begrenzter Kanäle sammeln. Diese zusätzlichen Informationen können prinzipiell dazu verwendet werden, die Klassifikation und Erkennung von Details auf der Erdoberfläche zu verbessern. Ein Problem liegt darin, daß die Informationen mittels Kombination oder gar Auslassung vereinfacht werden müssen, wenn sie mit den herkömmlichen Programmen verarbeitet werden sollen, und zwar solange, bis die Rechenzeit der Computer soweit beschleunigt sein wird, daß die volle Datenmenge von neuen Algorithmen mit einem vertretbaren Zeitaufwand bewältigt wird.

Interessanterweise wurde das MSS-System neben dem TM des Landsat 4 weiterverwendet. Dies geschah teilweise auf Grund seiner bewährten Technik und Zuverlässigkeit, aber auch, weil damit Beobachtungen langfristiger Veränderungen mit ähnlichen Bildern möglich waren. Ebenso konnten Interpretationsverfahren, die sich bewährt hatten, weiterverwendet werden, was für die vielen Länder, in denen die Kosten der Datenbeschaffung und -interpretation einen wichtigen Faktor darstellen, eine entscheidende Frage bei der Verwendung von Satelitenbildern ist.

11.6 Radar

Bisher haben wird nur solche Satelliten beschrieben, die die Bänder des sichtbaren Lichts und des IR (und zwar unter Ausnutzung der von der Erde zurückgestrahlten Sonnenenergie) verwenden. Sie werden auch als passive Systeme bezeichnet. Eine andere wichtige Gruppe verwendet aktive Sensoren, die selbst Energie ausstrahlen. Die wichtigsten unter ihnen nutzen Radarwellen und dies gewöhnlich als SLAR (Side Looking Airborne Radar = Seitensichtradar), bei dem der Radarimpuls von den Geräten an Bord eines Flugzeuges oder eines Satelliten ausgesendet wird. Dieser wird mit unterschiedlicher Wirkung von der Erdoberfläche reflektiert, von der Radarquelle registriert und aufgezeichnet. Die Auflösung solcher Systeme hängt unter anderem von der Größe der Empfangsantenne ab. Ein geschickter Kunstgriff hierbei ist die Ausnutzung der vom Satelliten während der Laufzeit des Radarimpulses zurückgelegten Strecke. Die Positionsverlagerung des Satelliten wird mit Hilfe ausgeklügelter Datenaufbereitung dazu verwendet, eine riesige Empfangsantenne zu simulieren. Das bedeutet, daß die mögliche Auflösung eines solchen Systems nicht mehr von der Höhe der Quelle abhängt. So erreichen SLAR-Systeme von Satelliten die gleichen Auflösungen wie solche in Flugzeugen und liegen allgemein im Bereich um die 30 m. Ein weiterer Vorteil des SLAR ist, daß weder dessen Sicht (z.B. durch Wolken oder bei Nacht) behindert wird, noch irgendwelche einzelnen Wellen-

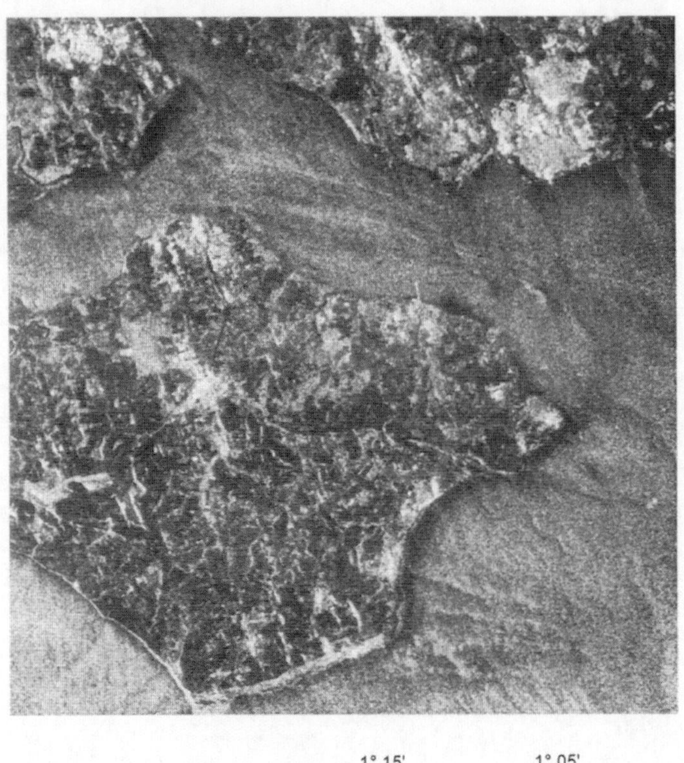

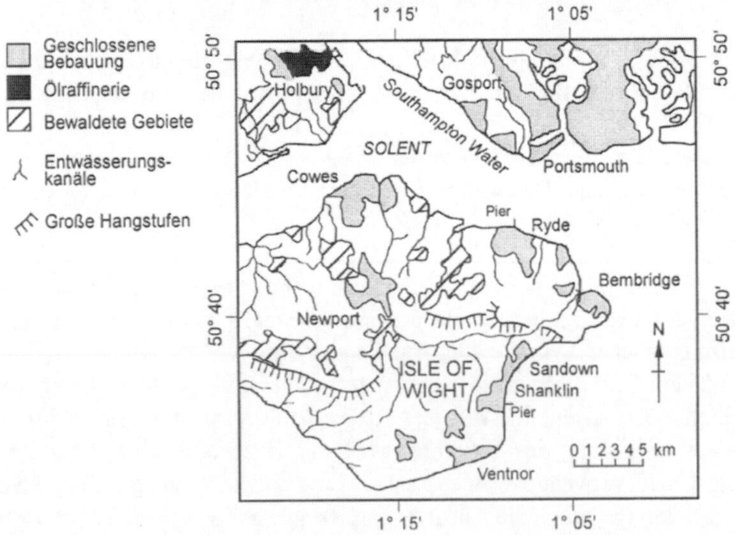

Abb. 11.8. Ein SLAR-Bild der Isle of Wight. Zu beachten ist, daß die Details die Wellenmuster auf See wie auch viele Einzelheiten an Land wiedergeben. Dieses Bild stammt vom Satelliten Seasat, der im Jahre 1978 nur 100 Tage arbeitete (Mit freundlicher Genehmigung des Space and Communications Department, DRA, Farnborough, UK).

längen durch die Atmosphäre absorbiert werden (Abb. 11.8). Daher ist sein Einsatz zur Erkundung tropischer Breiten mit einer täglichen frühen Wolkendecke von besonderem Wert. Der Nachteil des SLAR ist, das die mit ihm erzeugten Bilder noch weiter von Abbildungen in sichtbarem Licht entfernt sind als Multispektralaufnahmen. So gehört ein gewisses Maß an Übung und Erfahrung zur effektiven und genauen Interpretation solcher Bilder.

11.7 Geoinformationssysteme (GIS)

Im Laufe der letzten Jahre wurden computerisierte Systeme zur Verarbeitung räumlicher Daten entwickelt, die allgemein unter der Bezeichnung «Geoinformationssysteme», kurz «GIS», bekannt sind. Sie erlauben dem Anwender die Verknüpfung von Karteninhalten mit statistischen Daten, um so Analysen innerhalb von Grenzen verschiedenen Typs (politischer oder physischer Art) durchzuführen und Untersuchungen räumlicher Muster oder des Grads räumlicher Übereinstimmung zwischen unterschiedlichen Variablen innerhalb des GIS-Systems anzustellen.

Diese Systeme verwalten die Daten generell in Form von Vektoren, d.h. in einem Koordinatensystem vom x,y-Typ. Es sind viele Programme für eine Reihe verschiedener Computer auf dem Markt. Die meisten dieser Programme erlauben auch die Einbindung von Satellitendaten, so daß die Reflexionswerte mit digitalen Höhendaten (DTM oder *digital terrain model*), politischen Grenzen usw. verknüpft werden können. Die Integration der Daten erlaubt es, innerhalb der GIS-Systeme Informationen zur Unterstützung der Klassifikation von Satellitenbildern heranzuziehen. Zum Beispiel kann die Klassifizierung von Walddecken erheblich verbessert werden, wenn man den Einfluß des Reliefs auf die Einstrahlung über die Verknüpfung mit räumlichen Modellen berücksichtigt.

Die Verwendung von Satellitenbildern setzt deren Korrektur voraus. Das sind in der Regel die Berichtigung der Schiefstellung und die Korrektur der Maßstäbe sowohl in Nord-Süd-, als auch in Ost-West-Richtung (Abb. 11.9). Dazu ist die Identifizierung wenigstens einiger Punkte des Bildes in Form von Bodenkoordinaten (z.B. in geographischen Gittern wie dem Gauß-Krüger-System oder als Höhen- und Breitenangabe) nötig. Es ist dann möglich, entweder das korrigierte Bild zu einem neuen Pixelsystem mit passender Ausrichtung im Koordinatensystem zusammenzufügen oder alternativ die Rasterdaten der Originalszene in die Vektordaten des GIS-Systems zu transformieren. Manchmal wird all dies notwendig sein, um Karteninhalte wie etwa Straßennetze, Verwaltungsgrenzen oder einfach eine Küstenlinie zu überlagern. In solchen Fällen mag es besser sein, diese Inhalte auf das neu aufgebaute Rasterbild zu projizieren, da dann die numerischen Analyseroutinen des Bildverarbeitungssystems verfügbar bleiben. In anderen Fällen mag das klassifizierte und korrigierte Bild als Variable in das GIS-Paket eingebunden werden.

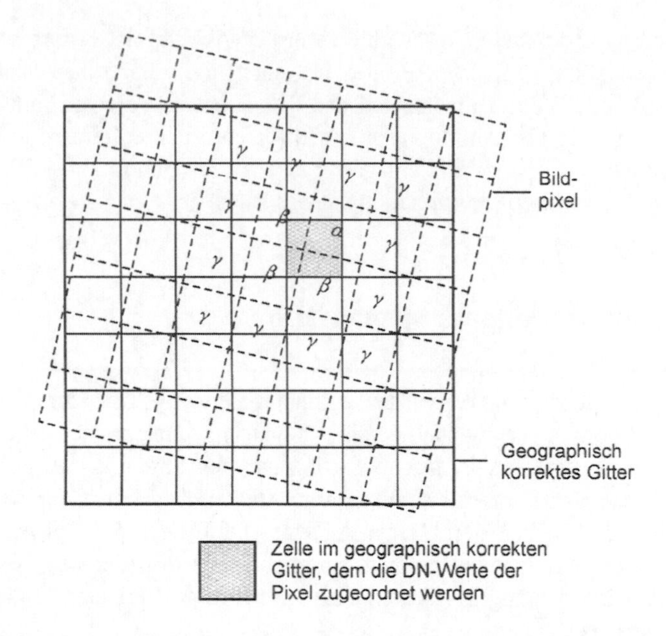

Abb. 11.9. Korrekturverfahren zur Ausrichtung und Neuordnung eines Satellitenbildes. Das Bild muß in die richtige Lage gedreht und in die richtigen Maßstäbe für die Nord-Süd- und Ost-West-Ausdehnung gebracht werden. Den neuen Pixeln können DN-Werte nach verschiedenen Methoden zugeordnet werden: entweder erhalten sie den Wert des alten Pixels mit dem größten Flächenanteil am neuen Pixel (Methode des nächsten Nachbarn, d.h. den Wert von Pixel α), den gewichteten Mittelwert der vier beteiligten Pixel (bilineare Interpolation, d.h. proportionale Anteile der Pixel α und ß) oder den proportionalen Anteil der 16 nächsten Pixel (kubische Konvolution, α, ß und). Die benötigte Rechenzeit erhöht sich von einem relativen Wert von 1 für die erste Methode auf 10 für die zweite und 20 für die dritte (*Quelle:* Curran 1985, Abb. 6.16).

11.8 Potentielle Anwendungen

Die Daten von multispektralen oder Radarreflexionen der Erdoberfläche können dazu verwendet werden, die Landbedeckung zu identifizieren. Das können natürliche Vegetation, Agrarflächen, städtische oder industrielle Areale, Wasserflächen usw. sein. In vielen Fällen werden diese Informationen charakteristische Eigenschaften (Intensität, Muster, zeitliche Veränderungen) haben, die eine zusätzliche hoch präzise Interpretation von Merkmalen gestatten. Auf diese Art können Informationen über Landnutzungsformen, Böden, geologische Sachverhalte, Oberflächenprozesse (wie Überschwemmungen und Erdrutsche) oder Pflanzenkrankheiten gewonnen werden. Wie wir sehen werden, sind einige dieser sekundären Interpretationen von erheblichem Nutzen, z.B. bei der Auffindung großer Erzlagerstätten oder dem Umgang mit Naturkatastrophen wie etwa schweren Überflutungen. Natürlich ist es genauso möglich, daß die gewonnenen

Details wenig Wert besitzen oder daß die Daten nicht sicher interpretierbar sind. Zum Beispiel brachten viele der frühen Klassifizierungen komplexe Listen hervor, die, wenn man sie sich genauer betrachtet, allein für Wasserflächen bis zu sechs oder sieben verschiedene Klassen (klares, trübes, eutrophes, fleckiges, ständig bedecktes, tiefes und seichtes) verzeichnen. Noch gefahrvoller ist der Schritt, Informationen über die Landbedeckung in Daten über die Landnutzung umzusetzen. Genauso, wie man durch bloße Anschauung nicht zu sagen vermag, ob ein Schaf nun seiner Wolle oder seines Fleisches wegen gehalten wird, kön-

Kasten 11.4 Das «Large Area Crop Inventory Experiment»-Programm (LACIE), gesponsert durch die NASA

Dieses Gemeinschaftsprogramm wurde in den USA von der NASA (National Aeronautics and Space Administration), der NOAA (National Oceans and Atmospheres Administration) und der USDA (Department of Agriculture) begründet und zielte auf die Entwicklung von Techniken zur Nutzpflanzenidentifizierung, die dabei helfen sollten, eine Inventur der Anbauflächen und Erträge der Hauptgetreideanbaugebiete der Welt inklusive der früheren UdSSR zu erstellen. Man ging davon aus, daß es mit Hilfe «spektraler Signaturen» möglich sein sollte, einzelne Getreidearten zu identifizieren und dadurch die Anbauflächen zu ermitteln. Der Ertrag sollte über die Ermittlung des Pflanzenwachstums (Primärproduktion über die Farbe, d.h. über das Chlorophyll) unter Heranziehung klimatischer sowie anderer Informationen über die Wachstumsbedingungen abgeschätzt werden.

Das Programm beruhte auf der heute längst verworfenen Annahme, daß sich eine Bibliothek pflanzenspezifischer «Spektralsignaturen» bekannter Flächen aufbauen und auf andere nicht bekannte Felder übertragen ließe. Ein besonderes Problem war der Umstand, daß Aufnahmen, die im Mittsommer vom amerikanischen Mittelwesten gemacht wurden, eine erhebliche Verwirrung zwischen reifem und unreifem Getreide wiedergaben. Das hieß, daß für verläßliche Messungen zeitliche Serien benötigt wurden, was wiederum die regelmäßige Verfügbarkeit einer Vielzahl von Satellitenbildern bedeutete, und zwar Jahr für Jahr, und daß für deren Klassifizierung zusätzliche Arbeitszeit (d.h. mehr Geld) gebraucht wurde. Das LACIE-Forschungsprogramm ist ein gutes Beispiel für den Optimismus, der den Start und die frühe Nutzung der Landsat-Daten umgab. In den 80er Jahren wurde das Projekt – ohne jemals nützliche Daten für die Landwirtschaftsplanung geliefert zu haben – eingestellt. Seitdem hat es auch keine wesentlichen Fortschritte in dieser Richtung gegeben. Es wurden weiterhin Machbarkeitsstudien durchgeführt, doch auch das italienische AGRIT-Programm, mit dem jährliche Nutzpflanzen-Erhebungen erstellt und auf nationaler Ebene die Produktion vorhergesagt werden sollte, befand sich 1986 mit dem Versuch, TM-Daten für die Kartierung von Hartweizen in der Region Apulien zu nutzen, immer noch in der Experimentierphase. Ein Teil der Schwierigkeiten beruhte auf der großen Zahl benötigter Aufnahmen und dem Problem, für das ganze Gebiet zeitnahe wolkenfreie Beobachtungen machen zu können. Dazu kamen der hohe Bildbearbeitungsaufwand und die Kosten für die schwierige Gewinnung von Geländedaten der vielen benötigten Trainingsgebiete (Ascani 1986). Viele ehrgeizige nationale Programme hatten mit diesen dauerhaften Problemen zu kämpfen, die das Haupthindernis bei der effektiven Nutzung der riesigen aus dem All gelieferten Datenmenge darstellen.

nen Grünflächen im Frühjahr Weideflächen repräsentieren, Heuwiesen, Parkrasen, Sportfelder, junge Getreidefelder oder einfach nicht untergepflügte Wildkräuter. Einige dieser Klassen mögen über andere Merkmale oder durch Überwachung saisonaler Veränderungen (was nur möglich ist, wenn eine begrenzte Wolkenbedeckung wiederholte Beobachtungen zuläßt) bestimmt werden. Gewöhnlich stützt sich die Interpretation von Landnutzungsformen aber auf andere Informationen über das vom Satellitenbild dargestellte Gebiet und die dort angewandten Agrartechniken. Dazu gehören auch nationale oder regionale Erhebungen über Anbaufrüchte oder landwirtschaftliche Betriebe. Das mag genauso für Böden und geologische Themen gelten. Eine zerschnittene Basaltdecke kann von einem qualifizierten Auswerter erkannt werden, doch um zu entscheiden, ob sie zu den jurassischen oder tertiären Lavaserien gehört, bedarf es sicher anderer Quellen. Eines der ehrgeizigsten Forschungsprojekte war das Programm «LACIE», das sich zum Ziel nahm, mit Hilfe von Satellitendaten die Ernteertäge der Hauptgetreideanbaugebiete der gemäßigten Breiten vorherzusagen. Seine Beschreibung findet sich in Kasten 11.4.

11.9 Klassifizierung der Landoberfläche mittels Fernerkundungsdaten

Der gebräuchlichste Ansatz zur Klassifikation von Landoberflächen ist die Verwendung von Arealen, die durch Bodendaten, Kartenmaterial oder andere unabhängige Quellen eingeordnet werden können. Mit ihrer Hilfe lassen sich die Klassifikationsparameter festlegen, die dann im Idealfall auf das ganze Bild übertragen werden können. Diese Areale bekannter Landoberflächen werden «Trainingsgebiete» genannt. Sie lassen sich auf verschiedene Weise klassifizieren. Auf niedrigster Ebene könnten wir z.B. entdecken, daß eine uns bekannte Wasserfläche auf Band 7 des Landsat DN-Werte von unter 10 aufweist, was uns dazu veranlassen könnte, alle anderen Areale mit DN-Werten unter 10 als Wasserflächen einzustufen. In dem Fall bliebe jedoch das Risiko, daß sehr steile Hänge in Schattenlage oder auch Flächen, die von sehr großen, hohen Gebäuden beschattet werden, so unzureichend beleuchtet werden, daß ihre Reflexionen ebenfalls DN-Werte unter 10 ergäben. Folglich würden sie falsch klassifiziert (Abb. 11.10). Dieses Problem können wir überwinden, wenn wir, auf Computer gestützt, mehrere Spektralbänder - in der Regel alle verfügbaren (d.h. vier beim Landsat-MSS und sieben des TM) - klassifizieren. Helles Wasser wird dann relativ hohe Werte am blauen Ende des Spektrums aufweisen, und für jedes einzelne Wellenband wird mit Hilfe der Trainingsgebiete eine Reihe von Werten ermittelt. Wenn das ganze Bild auf dieser Basis klassifiziert wurde, wird ein tiefer Schatten nicht als Wasser eingestuft, obwohl er die Kriterien dafür auf Band 7 erfüllen mag. Seine Werte werden für die anderen Bänder, speziell derjenigen mit kürzeren Wellenlängen (Landsat Band 4), zu klein ausfallen.

Kasten 11.5 «Bodenrealität»

Nur eine begrenzte Zahl von Schlußfolgerungen kann allein aus Satellitendaten gezogen werden. Einige Typen der Landbedeckung sind bezüglich der Spektraldaten dafür eindeutig genug, so z.B. Wasserflächen, die sich in der Regel mit hoher Sicherheit allein unter Verwendung des nahen IR-Bandes (z.B. des Landsat-MSS Band 7) erkennen lassen. Bei manchen Gebieten reicht ein allgemeines Wissen über die angebauten Pflanzen aus, um zu entscheiden, was verschiedene Klassen repräsentieren, wobei natürlich Kenntnisse über die relativen Flächenanteile der Hauptfrüchte diesem Prozeß helfen würden.

Detailliertere Bildklassifizierungen erfordern genaue Informationen über die Landoberfläche, und zwar für kleinere Areale, die dann als «Trainingsgebiete» herangezogen werden, um mit ihnen die spektrale Kennzeichnung für jeden Landtyp festzulegen. Der Festlegung der Klassen sollte mit möglichst hoher Sicherheit erfolgen. Sie können anschließend mit weiteren Flächen, deren Typ bekannt ist, die aber bei der Klassifikation nicht verwendet wurden, überprüft werden. Das erlaubt eine Abschätzung der Zuverlässigkeit der Klassifikation des ganzen Bildes. Die Extrapolation auf angrenzende Aufnahmen kann unsicher sein, eine solche über die Zeit ist gewöhnlich höchst unsicher. Leider wird nur sehr wenig von dem, was auch als «Bodenrealität» bezeichnet wird, exakt zum Zeitpunkt der Satellitenüberfliegung beobachtet. Um das zu gewährleisten, ist ein Maß an Organisation und eine Ausstattung mit finanziellen Mitteln notwendig, wie sie gewöhnlich nicht zur Verfügung stehen. In Gebieten wie Großbritannien oder den östlichen USA würde das auch die unnütze Entsendung von Wissenschaftlern an Tagen mit Wolkenbedeckung bedeuten. Aus diesen Gründen sind verschiedene Ersatzkonstruktionen für die Bodenrealität im engeren Sinne in Gebrauch. Das sind z.B. Erhebungen der Landnutzungsformen, die vor oder nach der Abtastung durch den Satelliten erfolgen, statistische Daten der Landnutzung, Luftbilder mit Details, die eine sichere Beurteilung der Erdoberfläche zulassen usw.

Oft macht die Beschaffung zuverlässiger Bodendaten, die eine effektive Klassifikation der Satellitenaufnahmen erst ermöglicht, einen erheblichen Teil der Gesamtkosten aus. Ebenso oft ist dies auch der am wenigsten befriedigende Teil des Projektes. Der Notwendigkeit, genügend Daten zur Überprüfung der vorgenommenen Klassifikation zu sammeln, wird ebenfalls nicht immer Genüge getan. Doch die Annahme, es würde ausreichen, eine Interpretation mit zuverlässigen Trainingsgebieten zu überprüfen, ist naiv. So erlauben z.B. zuverlässige Trainingsgebieten für Moorgebiete des nordenglischen Hochlandes eine rasche Kartierung der Hochlandvegetation. Leider deckt sich die spektrale Signatur der Moorgebiete exakt mit jener der die nördlichen Hügellandschaften umgebenden urbanen Areale. Dieser Umstand führt bei Unkenntnis der Lage der urbanen Gebiete und ihres Nichtausschlusses von der Klassifizierung zu einer Karte mit groben Fehlern, die praktisch ohne jeglichen Nutzen ist.

Es gibt verschiedene Wege, diese Berechnungen durchzuführen, und die dafür verwendeten Algorithmen tragen unterschiedliche Bezeichnungen. Einige beschreiben akkurat den ihnen zugrundeliegenden Prozeß (z.B. «parallelepiped»-Verfahren), und andere sind nur etwas populärere Bezeichnungen des gleichen Prozesses (z.B. «box»- oder «boxcar»-Verfahren). Mit der Leistung heutiger Computer ist es auch auf gewöhnlichen Desktop-PCs möglich, komplizierte

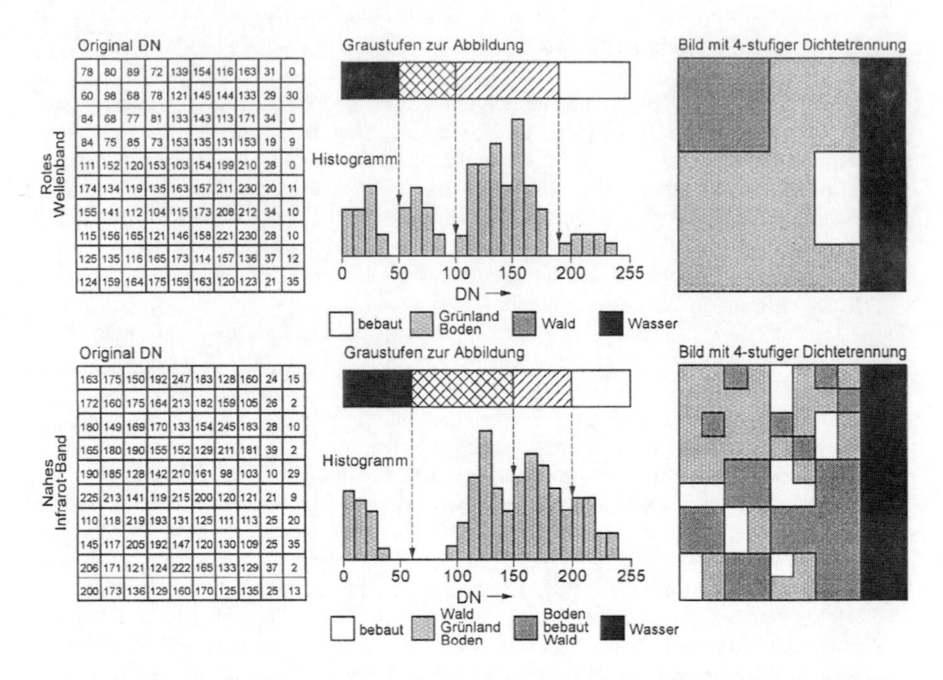

Abb. 11.10. Die Beziehungen zwischen den digitalen Werten (DN = digital number) zweier Bänder und der Landoberfläche. Die begrenzte Anzahl von Werten für jeden Oberflächentyp dieser beiden Bänder wird im mittleren Teil des Diagrammes gezeigt. Durch die Kombination zweier oder mehrerer verschiedener Bänder, die möglichst wenig vom jeweils anderen abhängen sollten, können wesentlich genauere Entscheidungen getroffen werden (*Quelle:* Curran 1985, Abb. 6.28).

Algorithmen wie etwa das «Maximum Likelihood»-Verfahren anzuwenden. Vorausgesetzt, die Trainingsgebiete wurden sorgfältig ausgewählt und die klassifizierten Bilder wurden mit weiteren Daten über die Landnutzung abgeglichen, kann das Ergebnis von sehr hoher Genauigkeit sein.

Dennoch kann die Genauigkeit solcher Klassifikationen nie vollkommen sein, oft werden sogar Fehler von 20–30 % als unvermeidbar angesehen. Ob diese Fehler groß genug sind, um den Wert von Fernerkundungsdaten zu begrenzen, hängt ganz von der Anwendung ab, für welche die Klassifikationen durchgeführt wurden. Für Vergleiche von Ertragsschätzungen mit solchen früherer Jahre kann auch ein fehlerhaftes Bild proportionale Werte der Gesamtsumme liefern und die damit verbundenen Steigerungen oder Abnahmen können durchaus als real eingeschätzt werden. In anderen Fällen können offensichtliche Veränderungen räumliche Muster aufweisen, die entweder vermuten lassen, daß die Oberfläche korrekt identifiziert wurde, oder daß, wenn sich etwa einige der «Weizenfelder» verdächtig an der Küstenlinie häufen, eine Fehlklassifizierung, z.B. von einer vollentwickelten Salzmarsch, vorliegt. In anderen Fällen zeigen Aufnahmen verschiedener Jahreszeiten für einige Gebiete eine Beständigkeit der Landtyps an, aber einen Verlust dieser für andere Typen. So kann Winterweizen im Winter und Frühjahr als Grasland klassifiziert werden, sich aber zur Erntezeit von Weideland klar unterscheiden. Auch wenn dies schon zu Genüge bekannt ist: die Unterscheidung hängt von der Möglichkeit einer wolkenfreien Beobachtung zu Zeiten der Sommersaison ab. In Zonen wie etwa den Britischen Inseln wird das nicht in jedem Jahr der Fall sein (vgl. Kasten 11.5).

Wie bereits in einem früheren Abschnitt erwähnt wurde, scheint sich die Genauigkeit der Klassifikation zu erhöhen, wenn die Auflösung abnimmt. Eine Ausnahme davon bilden landwirtschaftliche Flächen, für die eine Auflösung ideal ist, die einzelne Felder erfaßt. Da diese jedoch in ihrer Größe weltweit variieren, besteht das Problem in der Auswahl geeigneter Aufnahmen (oder geeigneter Klassifizierungsverfahren) je nach Gebiet. Daher reichten bereits Landsat-MSS-Bilder aus, um die riesigen Felder und Kreisbewässerungsanlagen des amerikanischen Westens zu betrachten, während selbst die Auflösung des TM-Sensors für die Beobachtung der meisten Landwirtschaftsflächen in Afrika ungenügend ist. Dort kann nur SPOT mit seiner hohen Auflösung einzelne Felder voneinander trennen. Ein weiterer Faktor ist die Art der Ackergrenzen.

Kasten 11.6 Das Problem der Mischpixel

Das Konzept der spektralen Signatur und der Klassifizierung durch spektrale Bereiche einer Anzahl spektraler Bänder mit Hilfe einer «Box»- oder «Maximum Likelihood»-Methode basiert auf der vereinfachten Annahme, daß jedes Pixel eines Satellitenbildes ein einzelnes Pixel einer Landoberflächenklasse und folglich auch dessen Reflexion (und atmosphärische Transmission) wiedergibt. Dort, wo die Pixel relativ klein sind, wie z.B. beim TM oder SPOT, wird diese Vereinfachung für einen großen Teil der Pixel tatsächlich zutreffen. Doch es wird unausweichlich auch viele Pixel (beim MSS vielleicht sogar sehr viele) geben, die zwei Oberflächenklassen enthalten. In einem solchen Fall wird der Digitale Wert (DN) des Pixels ein gewichtetes Mittel der Reflexion der betroffenen Oberflächentypen sein. Ist die Zahl solcher «Mischpixel» gering, wird sie zu keiner merklichen Fehlklassifizierung führen. Ist sie größer, wird mit ihr der Anteil der korrrekt klassifizierten Fläche sinken.
Wir können diesen Punkt am einfachen Beispiel eines Sees illustrieren, der zur Zeit des Sommers von Laubwald umgeben ist. Die Pixel, die auf Band 7 des MSS (oder jedes anderen nahen IR-Bandes anderer Scanner) die Reflexion der Seeoberfläche aufzeichnen, werden niedrige Werte, wahrscheinlich unter 15, enthalten, während der Laubwald Werte von vielleicht 100 ergibt. Entlang der See-Waldgrenze werden einzelne Pixel Seeanteile von einigen Prozent bis zu 95 % enthalten. Das hat, abhängig vom Verhältnis der abgedeckten Wald- und Seefläche, Werte zwischen 15 und 100 zur Folge. Ein Pixel, das durch die Uferlinie in nahezu gleiche Hälften geteilt wird, hat demnach rechnerisch einen Wert von 57. Hat der See stellenweise ein sandiges Flachufer, so setzt sich das Pixel sogar aus drei separaten Reflexionswerten zusammen.

Solche «Mischpixel» werden generell weder als Waldfläche noch als Wasserfläche klassifiziert. Obwohl sie möglicherweise mit anderen Landoberflächentypen

Fortsetzung n.S.

Kasten 11.6 *Fortsetzung*

des Band 7 übereinstimmen, ist es doch unwahrscheinlich, daß sie sich mit den entsprechenden Klassen all der anderen analysierten Bänder decken. Folglich werden sie unklassifiziert bleiben, obwohl mit ihnen die beiden Hauptklassen Wasser und Laubwald erfaßt wurden. Ist die Generalisierung noch größer (was z.B. bei Bildern der geostationären Satelliten der Fall ist), sind möglicherweise alle Pixel gemischt zusammengesetzt und eine Klassifizierung wird lediglich Klassen ähnlich gemischter Oberflächentypen ergeben. Ein Beispiel des Effektes unterschiedlicher Landoberflächenanteile benachbarter Pixel gibt die untenstehende Abbildung. Der Verlauf der Themse kann sehr leicht dem unteren Bild (Band 7, nahes IR) entnommen werden, jedoch variiert die Helligkeit der Pixel (niedrigere Werte sind dunkler dargestellt) mit dem Anteil der von den Pixeln abgedeckten Wasserfläche.

Es gibt einfache Wege, die Kanten (Grenzlinien) in Bildern ausfindig zu machen, z.B. indem man generell das Bild «weichzeichnet» und die dadurch erhaltenen Werte aus dem Original entfernt. Dadurch lassen sich Kanten wie etwa Ackerraine oder Uferlinien leichter erkennen und die Interpretation von Bereichen mit Mischpixeln verbessern.

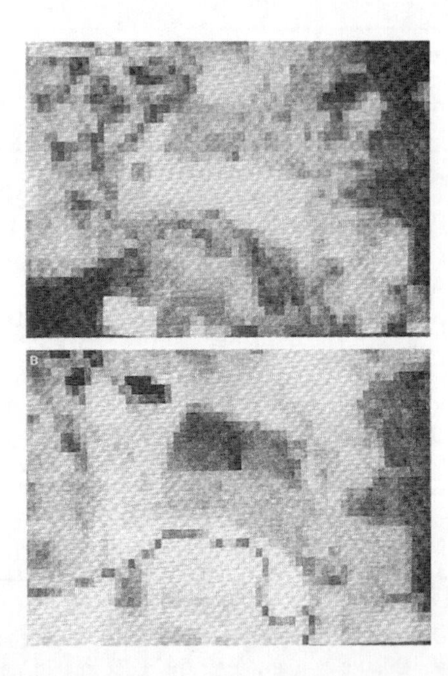

Digitale Werte und Landoberflächen. Diese beiden (stark vergrößerten) Landsat MSS-Bilder geben Teile des englischen Themsegebietes wieder. Der Fluß kann im unteren Bild (Band 7) gut erkannt werden und im oberen (Band 5) erscheinen offene Wasserflächen eher grau. Die Themse ist ungefähr so breit wie ein Pixel, doch nur wenige Pixel des Band 7 geben ausschließlich Wasser wieder und erhalten somit dunkle Grauwerte. Die meisten erscheinen auf Grund der unterschiedlichen Wasseranteile in abgestuften Grautönen, jedoch verursacht der Wasseranteil in jedem Fall eine gegenüber den benachbarten Pixeln dunklere Grauwerte: so kann der Flußlauf erkannt werden (*Quelle:* Curran 1985, Abb. 6.19.).

Zäune bereiten keinerlei Probleme; Hecken können jedoch die Klassifizierung kleiner Äcker eindeutig komplizieren, da sie nicht breit genug sind, um ein Pixel ganz auszufüllen, aber in hohem Maße relevant werden, wenn die Größe der Äcker ein oder zwei Pixel nicht erheblich überschreitet. Einige Anmerkungen und damit verbundene Probleme finden sich in Kasten 11.6 (Das Problem gemischt zusammengesetzter Pixel).

11.10 Relief

Es hat bisher bemerkenswert wenige Versuche gegeben, topographische Informationen aus Satellitendaten zu gewinnen. Tatsächlich werden die durch Neigung und Blickwinkel entstehenden Effekte bei den Versuchen, z.B. die Vegetation zu klassifizieren, eher als störend empfunden. Es wurden sogar Techniken entwickelt, die Reliefdaten aus Kartenmaterial verwenden, um die durch Neigung und Lichteinfall auftretenden Modifizierungen der zum Satelliten reflektierten Strahlung herauszurechnen. Prinzipiell kann diese Information aber auch andersherum eingesetzt werden, um die Neigung daraus abzuleiten. Es wurde bewiesen, daß dies möglich ist. Allerdings wurde noch keine umfassende Reliefbestimmung mittels Satellitendaten vorgenommen.

Im sichtbaren Bereich ergibt die selektive Beleuchtung von Hangbereichen, die von Hangneigung und Einfallwinkel abhängt, in Kombination mit den sich abwechselnden Höhenstufen der Vegetation, einen außergewöhnlich klaren Reliefeindruck, was bei der Betrachtung jeder Weltraumaufnahme eines hügeligen Gebietes sofort einleuchtet. Besonders klar wird dies in gebirgigen Gebieten mit maximaler Reliefierung, doch sogar relativ ebene Gebiete können durch ein klar erkennbares Flußnetz «geprägt» werden und somit der menschlichen Vorstellung ein wirkungsvolles Abbild des Reliefs erschließen.

11.11 Geologie

Bis auf jene Fälle, in denen weder eine Boden- noch eine Vegetationsdecke die Sicht behindern, kann das geologisch Anstehende nur indirekt kartiert werden. Freiliegendes Festgestein ist außer in einigen Wüsten- oder steilen Gebirgszonen selten. Trotzdem sind viele Beispiele zu verzeichnen, bei denen geologische Erscheinungen mit Hilfe von Satellitenbildern identifiziert wurden – für gewöhnlich durch deren indirekte Wirkung auf die Vegetation. Dies schließt auch einige ganz spezifische Effekte wirtschaftlich interessanter, erzhaltiger Gesteine ein: Die Suche nach möglichen Lagerstätten ist zweifellos durch den von Satellitenaufnahmen erzielten Überblick unterstützt worden. So wie bei jeder Interpretation hängt der Erfolg von einigen Bodeninformationen ab, um das Bild in angemessener Weise klassifizieren zu können. In Australien, wo die Vegetationsbedeckung durch das aride Klima begrenzt wird, können bekannte Erzvorkommen dazu benutzt werden, um bestimmte spektrale Signaturen zu ermitteln, nach denen dann relativ unerforschte Gebiete intensiv abgesucht werden.

Andere kartierbare geologische Aspekte enthalten Muster, die durch das Ausstreichen der Gesteine entstehen und damit auf deren Strukturen hinweisen. Auf diese Weise können antiklinale Kuppen, die zuweilen als Ölfallen wirken oder tiefere Gesteine näher an die Oberfläche «bringen», geortet werden. Diese Standorte können dann z.B. aus dem Flugzeug heraus (z.B. durch Magnetfelduntersuchungen) oder durch Geländearbeiten (z.B. seismische Technik) detaillierter untersucht werden.

11.12 Schnee und Eis

Schneebedeckung kann per Satellit über weite Flächen hinweg kartiert werden. Dazu verwendet man die bei Tageslicht reflektierte Strahlung oder IR-Strahlung bei Nacht. Der Kurzlebigkeit einzelner Niederschläge und auch der Notwendigkeit, Gebiete mit häufiger und andauernder Bedeckung kartieren zu können, kann die Satellitenbeobachtung durchaus gerecht werden, allerdings unter der Voraussetzung, daß wolkenlose Phasen zur Verfügung stehen. Die kontinuierliche Überwachung durch stationäre meteorologische Satelliten erlaubt das Kartieren von sowohl Schnee und Eis auf dem Festland als auch von Eisdecken auf den Ozeanen. Jahr für Jahr können so die Veränderungen der winterlichen Eisbedeckung aufgezeichnet werden und ein Niveau detaillierten Wissens erreicht werden, das nicht einmal von historischen Aufzeichnungen übertroffen wird. Wir sollten uns daran erinnern, daß selbst in den späten 40er Jahren niemand wußte, ob die Hudson Bay im Winter vollkommen zufriert oder nicht. Erst die Einführung der landesweiten Luftbildphotographie durch die kanadische Regierung konnte diese und ähnlich bedeutsame Fragen beantworten und diente damit dem Verständnis des arktischen Klimas. Heute sind die annuellen Schwankungen des Zeitpunktes, an dem sich eine geschlossene Eisdecke bildet, und die Lage der südlichen Packeisgrenze im Nordatlantik und Nordpazifischen Ozean durch Fernerkundungsdaten hinlänglich bekannt. Sogar die Eisdicke kann per Radar gemessen werden. Eine weitere nützliche Anwendung ist die Überwachung der Eisbergdrift – und zwar sowohl wegen der dadurch zu erhaltenden Informationen über Meeresströmungen, als auch, um die Schiffahrt vor möglichen Gefahren zu warnen.

Von besonderem Interesse ist das Vor- und Rückschreiten der Gletscher infolge veränderter Niederschläge und Temperaturen. Informationen über gespeicherte Eismassen und deren Abschmelzen im Frühjahr und Sommer sind die Basis der Wasserverfügbarkeit für viele Wasserkraft- und Bewässerungssysteme. Das langfristige, d.h. über Dekaden oder längere Zeiträume beobachtete Verhalten von Gletschern bezüglich ihrer Ausdehnung stellt einen wichtigen Indikator für die befürchtete globale Erwärmung dar und hat einen direkten Einfluß auf den Meeresspiegel. Modelle des zukünftigen Meeresspiegelanstiegs benötigen ein Verständnis der Zusammenhänge zwischen globalen Temperaturen und Eisvolumen, wenn zuverlässige Vorhersagen künftiger Auswirkungen getroffen werden sollen. Gesetzt den Fall, es sind wolkenlose Phasen vorhanden, können die unteren Grenzen von Talgletschern leicht aus Landsatbildern abgelesen und so langfristige Veränderungen ermittelt werden. Mit altimetrischen Satellitendaten lassen sich die Oberflächen unserer großen Eisdecken kartieren. Sie werden mit der Zeit weit genauere Berechnungen über die Veränderungen des Massengleichgewichts erlauben. Gegenwärtig sind solche Berechnungen noch schwer zu erstellen; es gibt zum Beispiel in der Literatur keine Einigung darüber, ob die Massenbilanz des antarktischen Eisschildes negativ oder positiv ist. Innerhalb des nächsten Jahrzehnts sollten altimetrische Daten ausreichender Präzision Messungen des sich verändernden Volumens der Grönlandeisdecke erlauben; und sobald ein Satellit in die Umlaufbahn gebracht wurde, der auch Breiten südlich 82°S abdeckt, können Volumenänderungen der antarktischen Eismasse bestimmt werden. Gegenwärtig plant die ESA (European Space Agency) einen Polarsatelliten namen POEM-1, der einen weiterentwickelten Oberflächenaltimeter mit sich führen und der diese und andere Aufgaben übernehmen soll.

11.13 Ozeane

In vielerlei Hinsicht, nicht nur in literarischer, bleiben die Ozeane die große *terra incognita* der Welt. Das Zusammentragen von Daten durch Überwasserschiffe, Schwimmbojen und verschiedene Tauchsonden ist ein langwieriges Unterfangen. Daher sind Beobachtungen verschiedener Orte zwangsläufig auch zeitlich getrennt. Viele Aspekte der Weltmeere können über Satelliten erfaßt werden; dabei werden immens große Gebiete nahezu gleichzeitig abgedeckt. Zu den Variablen, die ohne weiteres meßbar sind, zählen die Oberflächentemperatur (mit deren Hilfe man die aktuellen Strömungsmuster sichtbar machen kann), die Wellenhöhe und -erstreckung sowie die Rauhigkeit der Oberfläche (durch die sich Windgeschwindigkeit und -richtung bestimmen lassen), die Farbe (so weist z.B. Chlorophyll auf Planktonblüten hin), die Trübheit (Verschmutzung, Küstenerosion und Flußeintritte), die Niederschläge über den Ozeanen und natürlich die Eisbedeckung. Es wurde vorgeschlagen, die primäre Meeresproduktion über die Interpretation von Chlorophyllmustern - basierend auf der Meeresfarbe (Platt und Sathyendranath 1988) - zu messen. Satellitengestützte Altimeter können die Höhe der Meeresoberflächen mit erstaunlicher Präzision messen, sogar Tidenmessungen inmitten der Ozeane sind möglich. Die Oberflächenneigung kann in Beziehung zur Windstärke und Meeresströmung gesetzt werden. Verschmutzungen wie Öleinleitungen können aufgespürt und über Zeiträume hinweg verfolgt werden. Diese Punkte wurden im vorherigen Kapitel veranschaulicht.

Durchläufe verschiedener Gezeitenstadien ermöglichen die Erstellung sehr präziser Höhenlinienkarten von Flachküsten, wie sie z.B. für das dänische Watt durchgeführt wurden (Folving 1984). Dieselbe Veröffentlichung stellt auch die Vegetation der Gezeitenzone und Sedimenttypen in deren tieferen Bereichen dar. Der sich verändernde Charakter der Küstenzonen, entweder durch natürliche Entwicklung oder menschliche Eingriffe (z.B. Landgewinnungsprojekte in der Gezeitenzone oder Auflichtung der Mangroven zur Garnelenzucht), läßt sich durch den synoptischen Überblick aufeinanderfolgender Überfliegungen überwachen.

11.14 Wetter und Klima

Wie wohl jedem Fernsehzuschauer einleuchten wird, sind Satellitenbilder von großer Bedeutung für die Wettervorhersage (Abb. 11.11). Dies schließt nicht nur die sich verändernden Wolkenmuster, sondern auch die Ermittlung von Windgeschwindigkeit und -richtung über den Meeren (mit Hilfe des Scatterometers des ERS-1 Satelliten) sowie die dort niedergehenden Niederschläge ein. Der Großteil der Daten wird mit Hilfe von Computermodellen der globalen Zirkulation verarbeitet, die ein großes Netzgitter für ihre Analysen verwenden. Aus diesem Grund ist die ziemlich grobe Auflösung der sehr weit entfernten geostationären meteorologischen Satelliten kein Nachteil.

In den letzten Jahren wurden verstärkt Versuche unternommen, Satellitensensoren für die Erkennung von Klimaveränderungen einzusetzen. Die genauen Messungen der Meeresoberflächentemperatur haben viel zu unserem Wissen über die weltweiten Meerestemperaturen beigetragen, einschließlich der Gebiete der südlichen Hemisphäre, wo nur wenige Schiffe unterwegs sind und daher auch nur wenig Datenmaterial aus früheren Zeiten vorhanden ist. Dies wiederum unterstützt die Bestimmung der globalen Durchschnittstemperatur, einer jährlichen Variable als Grundlage für die Untersuchung des Treibhauseffektes. Es war ein satellitengestützter Sensor, der die Ausdehnung des antarktischen «Ozonloches», das erstmalig durch Beobachtungen vom Boden aus entdeckt wurde, bestätigte.

Abb. 11.11. Blick auf die Erde vom geostationären Satelliten GEOS-Ost im sichtbaren Wellenband am 12.3.1980. Die Konturen Nord- und Südamerikas lassen sich zwischen den Wolkenmustern erkennen. Die rotierenden Tiefdrucksysteme der höheren Breiten nördlich und südlich des Äquators sind deutlich zu sehen (Mit freundlicher Genehmigung der NOAA).

Nach unten gerichtete Sensoren können innerhalb der Atmosphäre Temperaturen auf unterschiedlichen Druckniveaus messen. Temperaturmessungen der oberen Atmosphäre (einschließlich der Stratosphäre) sind ebenso möglich wie auf Niveaus, die für die Oberflächenwerte repräsentativ sind. Vorsichtige Analysen einer zehn Jahre umfassenden Meßreihe der mittleren Troposphäre (Spencer und Christy 1990) beanspruchen für die monatliche, weltweit - über Land und Ozeane - bestimmte Durchschnittstemperatur eine Meßgenauigkeit von 0,01 °C für sich. Es ergab sich eine große Temperaturvariabilität in Zeiträumen von Wochen bis zu einigen Jahren, jedoch keinen generellen Trend über die ganze Zeit hinweg.

Die Korrelation mit den zwei bedeutendsten globalen Temperaturserien, die auf Thermometermessungen basieren, zeigt eine bessere Übereinstimmung mit der Zeitserie von Jones als mit jener von Hansen und Lebedev. Unglücklicherweise gibt es physikalische Gründe dafür, warum die Übereinstimmung über den Ozeanen gering sein kann - und gerade von dort werden bessere Daten dringend benötigt. Für die Abschätzung, ob sich die Erde nun erwärmt oder nicht, ist ein längerer Zeitraum der Temperaturbeobachtung notwendig.

Raval und Ramanathan (1989) behaupteten, sie wären in der Lage, den Treibhauseffekt über den Weltmeeren zu messen, d.h. die von den atmosphärischen Gasen und Wolken absorbierte IR-Strahlungsenergie. Die ins All entweichende Strahlung wurde seit 1985 vom «Earth Radiation Budget Experiment» (ERBE) auf Flächen von 35 x 35 km gemessen. Die Daten wurden nach den Kriterien «klarer Himmel» und «Wolkenbedeckung» getrennt, bei der der Treibhauseffekt stark zunahm. Daten der Meeresoberflächentemperaturen (wiederum zum Teil auf Satellitendaten basierend) wurden für die Berechnung der von der Oberfläche ausgestrahlten Energie verwendet. Wird die in den Weltraum entweichende Energie davon abgezogen, ergibt der Rest die Energiemenge, die durch den Treibhauseffekt in der Atmosphäre verbleibt. Sind diese Messungen über den Ozeanen erst einmal über einen ausreichend langen Zeitraum hinweg durchgeführt und die Ergebnisse gemittelt worden, so werden spätere, auf der gleichen Basis vorgenommene Messungen Veränderungen der Treibhausabsorption aufdecken. Die ausgewerteten Daten zeigen die bereits erwartete, rasche Zunahme der Wasserverdunstung, aber auch, daß der Treibhauseffekt unter sowohl klarem Himmel als auch bewölkten Bedingungen mit hohen Oberflächentemperaturen - wie in tropischen Ozeanen charakteristisch - rasch ansteigt.

Rapely (1991) untersuchte den Nutzen der Weltraumradaraltimeter (wie Seasat und jenes des ERS-1) für die Klimaforschung. Zu den Situationen, durch die Klimaveränderungen mittels genauer altimetrischer Messungen aufgezeigt werden können, zählt er die Veränderung des Meeresspiegels, die Eiskappentopographie (und damit das Massengleichgewicht), die Seespiegel in bezug auf den Abfluß und die Kartierung von Feuchtgebieten wie des Sudd (Sudan), wo zwei Drittel des den Victoriasee über den Weißen Nil verlassenden Wassers verdunsten.

11.15 Globale Veränderungen

Im Frühjahr 1983 setzte die NASA eine Arbeitsgruppe ein, deren Aufgabe es war, ein Erdbeobachtungssystem (Earth Observation System, EOS) für die 90er Jahre zu entwerfen. Daraus wurde die «Mission to planet Earth», der Beitrag der NASA - geplant für Mitte der 90er Jahre - zum US-Programm über globale Veränderungen (Asrar 1990). Der Ansatz bestand in der Entwicklung von Sensoren zur Erfassung der Hauptaspekte der Energie-, der Wasser- und der biogeochemischen Kreisläufe der Erde. Direkte Messungen des Solarenergieflusses durch die Atmosphäre sind nicht möglich (obwohl die Nettobilanz natürlich gemessen werden kann). Deshalb müssen über die Beobachtung solcher Kontrollvariablen wie Wolkenbedeckung und Modellingverfahren, mit deren Hilfe die Daten über die Wolkendecke und die Schlüsselfunktionen der obersten Wolkenschicht verarbeitet werden, die die Wolken durchdringenden Energiemengen ermittelt werden. Zu weiteren Variablen, die durch Fernbeobachtung gemessen werden können, zählen die Höhe der Grenzschicht auf globaler Ebene und der Fluß sowohl der merklichen als auch der latenten Wärme. Der letzte Aspekt überschneidet sich mit Messmethoden, die entwickelt wurden, um das Muster des globalen hydrologischen Kreislaufes festzulegen. Die diesbezüglichen Variablen umfassen Evapotranspiration, Niederschlag, Wasserdampf in der Atmosphäre und Schneebedeckung. Davon können einige nur dann auf globaler Basis eingeschätzt werden, wenn Satellitendaten zur Verfügung stehen, da das heutige land- und seegestützte Wetterbeobachtungssystem nur begrenzt Daten liefert. Einige der Variablen, wie etwa die Verdunstung von Ozeanen, werden zum ersten Mal gemessen werden.

Die wichtigen biogeochemischen Kreisläufe beinhalten den Kohlenstoffhaushalt, der nach heutigen Beobachtungen unausgeglichen ist. Die vier zentralen mit einbezogenen Prozesse sind die Photosynthese, die autotrophe Respiration und die aerobe sowie anaerobe Oxidation. Ihre direkte Messung vom Weltraum aus ist nicht möglich, aber einige der Kontrollvariablen können mit verbesserter Genauigkeit über Satellitenbeobachtung ermittelt werden. Das verbesserte Verständnis der ozeanischen Zirkulation, der Meeresoberflächentemperatur, der Rauheit der Meeresoberfläche und der biologischen Aktivität wird uns dabei helfen, die Schätzgenauigkeit der CO_2-Nettoaufnahme durch die Ozeane weiter zu verbessern. Das EOS-System ist entworfen worden, um die zeitliche und räumliche Verbreitung der Primärproduktion mit Temperatur, Wind, Trübheit und Sonnenlicht im Kontext zum globalen Muster ozeanischer Zirkulation zu messen. Eine genauere Festlegung der Nettobilanz des terrestrischen Biosphäre-Atmosphäre-Austausches von Kohlenstoff erfordert eine verbesserte Schätzung der Wirkung von Abholzungen tropischer Wälder und der Produktivität der Systeme, die den abgeholzten Wald ersetzen. Sie erfordert auch ein besseres Verständnis des Ausmaßes der Bodenzerstörung und deren Implikationen für den Kohlenstoff sowie Methan und Stickoxide. Deutliche Fortschritte hängen von der globalen Extrapolation der an der Erdoberfläche durchgeführten Messungen ab. Weder die eine noch die andere Vorgehensweise wird ohne Unterstützung durch die jeweils andere unser Verständnis der Dinge verbessern.

11.16 Natürliche Gefahren

Die Zunahme der Weltbevölkerung fordert einen unerbittlichen, immer größer werdenden Tribut an Schäden, Tod und Verletzungen durch Naturereignisse wie

Überschwemmungen, Erdbeben und Vulkanausbrüche. Durch Vorhersagen und Warnsysteme wird eine gewisse Milderung erreicht, und es gibt Wege, wie sich diese die Weltraumüberwachung zunutze machen. So können Veränderungen der Oberflächentemperatur von Vulkanen aufgezeichnet und Überschwemmungsereignisse im Oberlauf von Flüssen derart überwacht werden, daß ihre Entwicklung im Unterlauf vorhergesagt werden kann. Wie dem auch sei, diese Techniken können nur dann effektiv arbeiten, wenn die Bilder oder Daten sofort übertragen werden und auf einer zuverlässigen Basis verfügbar sind. Die konstante Überwachung durch geostationäre meteorologische Satelliten ist somit von hohem Wert, da der Zyklus der Abdeckung durch erdumkreisende Satelliten zu lang für ein effektives Warnsystem ist und auf jeden Fall insgesamt zu häufig durch Wolken behindert wird. Offensichtlich wird dies bei der Überwachung von Überschwemmungen, da diese ja aus Starkregenereignissen resultieren, die mit großflächigen Wolkendecken einhergehen.

Die detaillierten Beobachtungen erdumkreisender Satelliten sind nach dem Ereignis wertvoller, nämlich dann, wenn sie das Ausmaß überschwemmter Gebiete, der von einem Vulkanausbruch betroffenen Flächen oder des von einem Erdbeben hinterlassenen Schadens feststellen. Nach dem Erdbeben in Nicaragua wurden zur Ermittlung der Schäden tatsächlich Radarbilder per Flugzeug aufgenommen. Andererseits wird der Nutzen solcher Techniken leicht überschätzt. Wie bei solchen Bildern üblich, geschieht das Sammeln der Information schnell und effizient, jedoch hängt die Nutzung von der Interpretation und der Darstellung der Ergebnisse ab. Und nur wenige Länder besitzen diese Kapazitäten oder können einen angemessenen Stab gut ausgebildeter Analytiker unterhalten, die, mit der nötigen Ausrüstung versehen, eine ausreichende Antwort liefern, wenn große Gebiete durch Erdbeben oder Überschwemmungen verwüstet wurden. Diese Möglichkeit böte zusammen mit der Bereitstellung von Notunterkünften einen besseren Hilfsansatz der internationalen Gemeinschaft als die Entsendung von Spezialteams zur Suche nach den unter Trümmern verschütteten Opfern.

11.17 Entwicklungsländer

Obwohl mehr Länder durch topographische Karten hinreichend abgedeckt sind, als dies normalerweise angenommen wird, und sie sogar über gute Luftbilder verfügen mögen, fehlen für gewöhnlich aktuelle Informationen über Landnutzung, Vegetationsdecke, Besiedlung und Waldrodungen. Eine Vielzahl dieser Informationen kann mit Satellitenbildern kartographisch erfaßt werden, infolgedessen sich Veränderungsprozesse verfolgen lassen und auch eine bessere nationale Landwirtschaftsplanung und Nahrungsmittelversorgung u.a. erreicht werden kann. Veränderungen werden durch Bevölkerungswachstum oder auch Landflucht mit einhergehender Urbanisierung, durch sich verändernde wirtschaftliche Bedingungen, durch klimatische Schwankungen (vor allem Dürre) oder durch vielzählige Kombinationen derselben vorangetrieben. Zum Export bestimmte landwirtschaftliche Erzeugnisse bringen Muster und Lage traditioneller ländlicher Systeme durcheinander. Die Entfernung der Vegetationsdecke und die Ausweitung der Agrarflächen verstärken die Bodenerosion. Zunehmende Beweidung, Bevölkerungswachstum, Rückgang der natürlichen Vegetation und Dürreereignisse treiben gemeinsam eine allgemeine Verschlechterung voran, die häufig unter der Bezeichnung «Desertifikation» zusammengefaßt wird.

Beispiele für die Nutzung von Weltraumbildern in solchen Gebieten gibt es reichlich. Ein gutes Beispiel ist die von Belgien geleistete Arbeit in Burkina Faso. Es wurden Landsat-MSS-Daten klassifiziert, um die Landbedeckung in solchen Gebieten zu kartieren, wo die Muster und das Ausmaß der Kultivierung unbekannt waren. Fünf Typen der Landbedeckung wurden unterschieden: Felder und vegetationslose Böden; Hartkrusten- und degradierte Böden; Dornstrauchsavanne; Baumsavannen und trockenes Waldland; saisonal überflutete Tieflagen. Man fand charakteristische Muster in verschiedenen Gebieten, für die jeweils Erhebungen durchgeführt wurden, um die Bevölkerungsdichte und die Selbstversorgungsrate mit Nahrungsmitteln zu ermitteln. Es wurden auch zeitliche Veränderungen aufgenommen, um zu beobachten, ob die Gebiete mit Hartkrusten an der Bodenoberfläche anwuchsen oder stagnierten. Die gleichen Erhebungstechniken, kombiniert mit Fernerkundungsbildern verschiedener Maßstäbe, liefern so Jahr für Jahr ein gutes Bild der landwirtschaftlichen Produktion. Der Landsat-MSS erlaubt die weiträumige Lokalisierung der Besiedlung und die Erkennung ihrer inneren Muster und speziell der Muster der Landkultivierung. Einzelne Siedlungen können identifiziert und genau lokalisiert werden, und diese Gebiete können dann im Detail mit Daten höherer Auflösung (TM oder SPOT) untersucht werden. Diese Systeme können einzelne Felder und daher auch einzelne Nutzpflanzen feststellen. Mit Hilfe von Untersuchungen vor Ort erhält man Statistiken der agrarwirtschaftlichen Produktion mit einer Genauigkeit von bis zu 85 % – ein gutes Stück besser als die für die meisten Länder erhältlichen statistischen Daten.

Die Vorgehensweise ist komplexer, als es dieses Modell vermuten läßt. Die besten Einschätzungen der Biomasseproduktion und somit der Getreideerzeugung werden nicht mit SPOT, sondern mit dem AVHRR auf dem US NOAA-Satelliten erzielt. Dieser liefert zwar lokale Gebietsdaten, jedoch mit geringer Auflösung, die notwendigerweise die Biomasse über weite Gebiete integriert. Wie dem auch sei, die Fähigkeit dieses Instruments, tägliche Veränderungen zu messen, erlaubt die Datengewinnung für ein Agrarprodukt wie etwa Sorghum. Die geringfrequentierte Bedeckung durch Satelliten höherer Auflösung bedeutet, daß ohne eine zeitliche Kontinuität die Signale verschiedener Nutzpflanzen durcheinander geraten und erstellte Ertragsschätzungen unbefriedigend bleiben. Hinzu kommt die große Zahl der in diesen Gebieten angebauten verschiedenen Nutzpflanzen (und in vielen Fällen ihrer Zwischenfrüchte). Es leuchtet also ein, daß der erreichbaren Genauigkeit dadurch Grenzen gesetzt werden. Andererseits sind, im Verhältnis zu den ungenauen offiziellen Agrarstatistiken, die grob gezeichneten Bilder, die mit Hilfe der Satelliteninformationen gezeichnet werden können, von großem Wert.

Die belgische Studie in Burkina Faso hat beachtliche Informationen über das Ausmaß der Veränderungsrate der Wälder und Waldsavannen, speziell in der Nähe größerer Siedlungen, eingebracht. Holz als Brennstoff wird über ständig zunehmende Entfernungen hinweg, in manchen Fällen bis hin zu einigen hundert Kilometern, transportiert. Die zunehmenden Probleme, wachsende Städte mit Holz oder Holzkohle zu versorgen, führen dazu, daß die Kosten für Brennmaterial heute 15–20 % des durchschnittlichen Haushaltsbudgets einnehmen. Dies wiederum zieht eine immer stärker werdende Ausbeutung erreichbarer Waldgebiete, sogar weit außerhalb der Städte, nach sich. Seit diese Sachverhalte ohne weiteres über Landsat-MSS-Daten ermittelt werden können und seit Bilder der Trockensaison über eine Zeitspanne von 20 Jahren erhältlich sind, können auch langfristige Veränderungen festgestellt werden.

Die Abholzung der Waldgebiete ist Teil einer Entwicklung zunehmenden Drucks auf die Landressourcen im größten Teil Afrikas. Die im Rhythmus von Jahrzehnten auftretenden Oszillationen der Niederschläge in der Sahelzone führen zu schweren Hungersnöten in dieser Region, die große öffentliche Aufmerksamkeit erregt haben (Abb. 11.12). Die Auswirkungen der Dürre auf die Vegetation können aufgezeichnet und besonders schwer betroffene Gebiete identifiziert werden. Dies bedeutet nicht, daß Hunger ausschließlich eine Frage von Dürrekatastrophen ist. Ganz abgesehen von den Auswirkungen innerer Unruhen und Bürgerkriegen, die die durch Dürre ausgelösten Probleme verschärfen, haben die Menschen der Sahelzone eigene Wege eingeschlagen, um mit der Dürre fertig zu werden, indem sie Nahrungsmittel einlagern und zeitweise in andere Gebiete ziehen. Und so müssen sogar in diesem Fall Satelliteninformationen mit bodengestützten Daten im Hinblick auf ökonomische, politische und soziale Faktoren in Einklang gebracht werden, wenn es gilt, zuverlässig vor drohenden Hungerkatastrophen zu warnen. Weiterhin fördern feuchtere Jahre die Vermehrung von Heuschrecken und Wanderheuschrecken, die dann mit dem Wind ziehen und potentiell fruchtbares Land verwüsten. Das Vegetationswachstum innerhalb potentieller Brutstätten kann mittels Fernerkundung überwacht werden, woraus dann Schritte zur Bekämpfung der Brut abgeleitet werden können. Auch hier ist das NOAA-AVHRR ein bevorzugt eingesetztes Instrument, da es pro Tag zwei Aufnahmen zuläßt und der Kostenaufwand für die Interpretation der 1- oder 4 km-Auflösung geringer ist. Wie im vorherigen Fall wird die Interpretation fernab in den USA oder Europa durchgeführt und folglich über Forschungsetats von Organisationen oder wissenschaftlichen Gruppen subventioniert, die ihren Sitz in der entwickelten Welt haben.

Eine aktuelle Frage, bei der Weltraumdaten von großer Bedeutung sind, ist die Abholzung tropischer Regenwälder. Das größte Waldgebiet liegt im Amazonasbecken, und seine Rolle im globalen Kohlenstoffkreislauf zusammen mit seinen internen Rückkopplungsmechanismen bezüglich Niederschlag und Boden-

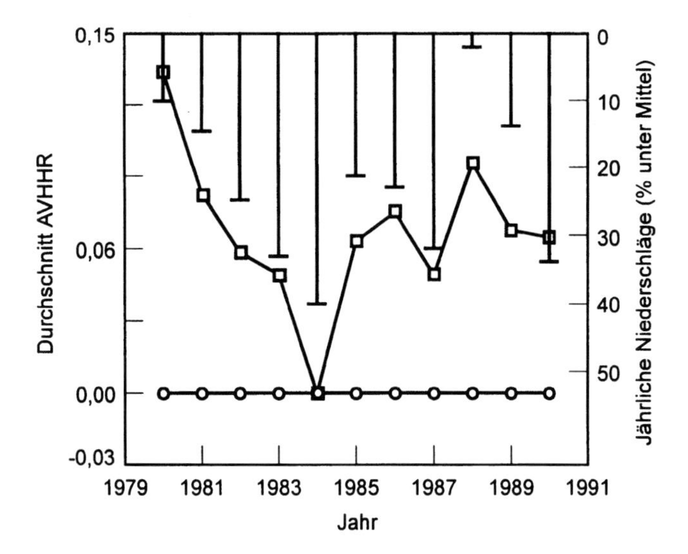

Abb. 11.12. Die Beziehung zwischen Niederschlag und Vegetationsdecke in der Sahelzone Afrikas. Durchschnittliche Vegetationsindizes beruhen auf NOAA-AVHRR-Daten in der Zone mittlerer Niederschläge zwischen 200 und 400 mm/a und der Sahara (Grundlinie). Die weitgehende Übereinstimmung zwischen Vegetationsproduktivität und Niederschlag ist erkennbar. Das sehr trockene Jahr 1984 verlagerte die Vegetation des südlichen Wüstenabschnittes in die normalerweise feuchte Savanne (*Quellen:* AVHRR-Werte von Tucker *et al.* 1991; Niederschlagsanomalien aus freundl. persönl. Mitteilung von M. Hulme).

fruchtbarkeit räumen der Überwachung diesbezüglicher Veränderungen höchste Priorität ein. Skole und Tucker (1993) berichten über das Ausmaß der Abholzung und der Fragmentierung der Habitate in der Zeit zwischen 1978 und 1988. Die aufgezeigten Ausmaße der Abholzung bewegen sich zwischen 21 000 und 80 000 km^2/a. Sie benutzen Computerklassifikationen der Landsat-TM-Bilder (zusammen 200), die sich gut mit der visuellen Interpretation von TM und den detaillierten SPOT-Bildern vergleichen ließen. Die Daten wurden auf Grund der großen Zahl einbezogener Bilder mit einem GIS organisiert. Ihre Analyse ergab, daß das gerodete Gebiet eine Größe von 230 000 km^2 hatte und daß zusätzlich ein auf 341 000 km^2 geschätztes Gebiet von Randeffekten naher Rodungen beeinflußt war. Um einen Vergleich zu 1978 anstellen zu können, mußten MSS-Daten analysiert werden. Daraus ergab sich ein Ausmaß von 152 000 km^2 gerodeten, ehemals geschlossenen Waldes. Die jährliche Rate lag somit um einiges unterhalb der veröffentlichten Schätzungen und machte im Jahr 1988 6 % der gesamten geschlossenen Walddecke aus. Auf jeden Fall war das Ausmaß an Waldflächen, die durch Rodung, Isolierung und Randeffekte beeinträchtigt wurden, sehr viel höher.

Eine frühere Studie (Green und Sussman 1990) über das begrenztere Waldgebiet von Madagaskar setzte Landsat-Bilder ein und kombinierte diese mit Karten von 1950, die aus Luftbildern erstellt wurden, um das Ausmaß der Veränderungen über 35 Jahre hinweg festzustellen (Abb. 11.13). Danach wurde die ursprüngliche Ausdehnung des Regenwaldes zur Zeit der Kolonisation auf 1120 km² geschätzt, wovon 760 km² auf der Karte von 1950 übrigblieben. Im Jahre 1985 war das Gebiet auf 380 km² dezimiert, davon lag der größte Teil in steilem und unwegsamem Gelände, das für die Landwirtschaft unbrauchbar ist. Das Ausmaß der Entwaldung hängt eng mit der Bevölkerungsdichte zusammen, wodurch nur allzu deutlich wird, daß gerade die Notwendigkeit, Flächen für die landwirtschaftliche Produktion von Nahrungsmitteln zu roden, zu den Waldabholzungen geführt hat.

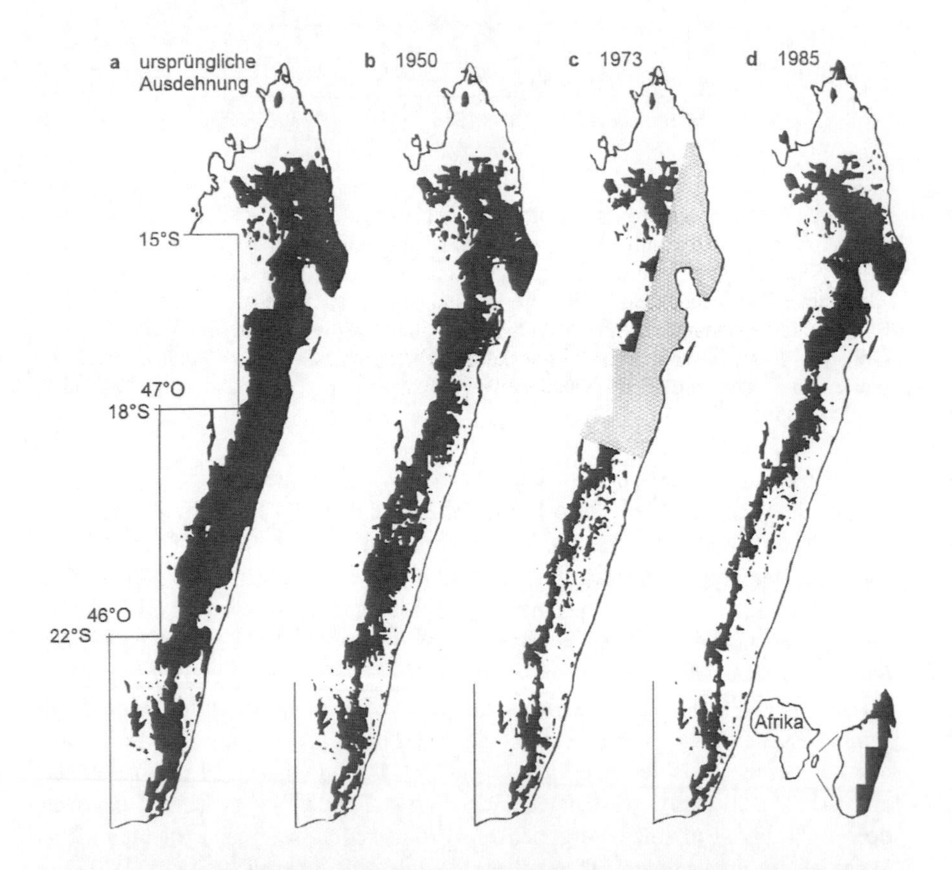

Abb. 11.13. Waldrodungen in Madagaskar bis 1985. Die linke Karte ist eine Rekonstruktion des Waldgebietes zu Zeiten vor der Kolonisation. Die Karte von 1950 wurde aus Luftbildern entwickelt. Die Karten von 1973 und 1985 basieren auf Landsat-Bildern. Man beachte die Unvollständigkeit der Karte von 1973, die daraus resultiert, daß wolkenfreie Bilder nur über zwei Dritteln des Gebietes möglich waren. Zieht man Vergleiche zu topographischen Karten, zeigt sich, daß der erhaltene, ungerodete Wald in steilem, für Kultivierung ungeeignetem Gelände vorzufinden ist (*Quelle:* Green und Sussman 1990, Abb. 1).

Bei der Suche nach detaillierteren Informationen über die Landoberflächen ergibt sich oft das Problem der nationalen Souveranität. Die niedrige Auflösung des AVHRR wird nicht als Bedrohung nationaler Sicherheit empfunden. Allerdings ist dies im postkolonialen Afrika durch die Verfügbarmachung von Bildern wie der von SPOT, die das Wiedererkennen und Kartieren von Straßen, Wegen, Dörfern und Feldern vom Weltraum aus erlauben, der Fall. Aus diesem Grund wird Frankreich keine SPOT-Daten an Anwender verkaufen, die nicht die Erlaubnis der betroffenen Nation besitzen. Es ist anzunehmen, daß ähnliche Probleme beim Tiefseebohrprogramm entstanden sind, vor allem dort, wo Untersuchungen in Bereichen des Festlandsockels vorgeschlagen wurden. Wenn detailliertes Bildmaterial für den Nachbarn verfügbar wäre, stellt sich die Frage, für welche Zwecke dieser es nutzen würde. Genauso inakzeptabel ist es aber, einem entwickelten Land ohne jede Kontrolle Daten zur Verfügung zu stellen, mit denen dieses etwa nach Bodenschätzen suchen und sich spätere wirtschaftliche Vorteile verschaffen könnte. Die meisten Entwicklungsländer werden durch die Kosten für das Rohmaterial und den weiteren Ausbildungs- und Geräteaufwand, der für eine effektive Interpretation und Nutzung nötig ist, benachteiligt. Mit der Zeit wird sich das jedoch geben. Die Preise für Computeranlagen, die effiziente Bildinterpretation und GIS-Programme ermöglichen, sind bereits auf ein akzeptables Niveau gefallen.

Literaturverzeichnis

Ascani F (1986) AGRIT-program: the operation use of remote sensing for wheat and corn production forecasting at national level. Proceedings of the 20th International Symposium on Remote Sensing of Environment, Vol I, pp 287–292. Environmental Research Institute of Michigan. Ann Arbor, Michigan

Asrar G (1990) Mission to planet Earth: a global change programme. Remote sensing & global change, Proc.16th Annual Conference of the Remote Sensing Society, pp i–v. Environmental Research Institute of Michigan. Ann Arbor, Michigan

Curran PJ (1985) Principles of remote sensing. Longman, London New York

Drury SA (1990) A guide to remote sensing: interpreting images of the Earth. Oxford University Press, Oxford

Folving S (1984) The Danish Wadden Sea: thematic mapping by means of remote sensing. Folia Geogr Danica 15/2:4–56.

Green GM, Sussman RW (1990) Deforestation history of the eastern rain forests of Madagascar from satellite images. Science 248:212–215

Hansen J, Lebedeff S (1987) Global trends of measured surface air temperature. J Geophys Res 92:13 345–13 372

Harris R (1987) Satellite remote sensing. Routledge & Kegan Paul, London New York

Jones PD (1988) Hemispheric surface air temperature variations: recent trends and an update to 1987. J Climatology 1:654–660

Meier MF (1980) Remote sensing of snow and ice. Hydrological Sciences – Bulletin des Sciences Hydrologiques 25:307–330

Paul CK, Mascarenhas AC (1981) Remote sensing in development. Science 214:139–145

Platt T, Sathyendranath S (1988) Oceanic primary production: estimation by remote sensing at local and regional scales. Science 241:1613–1620

Rapley C (1991) The ups and downs of climate change. Earth Observation Quarterly 34:1–6

Ravel A, Ramanathan V (1989) Observational determination of the greenhouse effect. Nature 342:758–761

Skole D, Tucker C (1993) Tropical deforestation and habitat fragmentation in the Amazon: satellite data from 1978 to 1988. Science 260:1905–1910

Spencer RW, Christy JR (1990) Precise monitoring of global temperature trends from satellites. Science 247:1558–1562

Tucker CJ, Dregne HE, Newcomb WW (1991) Expansion and contraction of the Sahara desert from 1980 to 1990. Science 253:299–301

Weiterführende Literatur

Cracknell AP, Hayes LWB (1991) Introduction to remote sensing. Taylor and Francis, London

Houghton JT, Cook AH, Charnock H (eds) (1983) The study of the ocean and the land surface from satellites. Proceedings of a Royal Society Discussion Meeting. The Royal Society, London

Massom R (1990) Remote sensing of polar regions. Belhaven Press, London

12 Bodenerosion und Landdegradation

Michael Stocking

Behandelte Themen:

- Boden als Ressource
- Folgen der Bodendegradation
- Prozesse der Bodendegradation
- Schätzung der Bodenerosion
- Voraussage und Erklärung der Bodenerosion
- Boden- und Wasserschutz

Die Konferenz von Rio wurde von vielen Entwicklungsländern dafür kritisiert, daß sie sich erzwungenermaßen auf Klimaveränderungen und den Verlust der biologischen Vielfalt konzentrierte. Die armen Nationen glauben, daß die reichen Länder diese Fragen mit Beschlag belegen, weil sie ein eigenes Interesse an langfristiger klimatischer Stabilität haben und über ihre eigene enorme Schuld an den langen Zeiträumen der Emission von Treibhausgasen stolpern könnten. Auch in bezug auf die Problematik der biologischen Vielfalt wird dies langsam deutlich. Der Schutz der biologischen Vielfalt als besonders vordringliches Problem muß in Ländern mit einer langen Geschichte der Landschaftsveränderung erst noch erkannt werden.

Das ist offensichtlich eine stark vereinfachende Analyse einer differenzierten Argumentation. Für die Armen der Welt sind Gesundheit, Bodenerosion, Verlust der Brennholzvorräte, unzureichende sanitäre Versorgung und Rückgang der landwirtschaftlichen Nutzflächen die Hauptanliegen der Umweltpolitik. Die Landdegradation ist gegenwärtig wohl das dringendste globale Problem. Auf Grund von Ergebnissen aus der Fernerkundung wissen wir, daß seit 1945 auf 1,2 Mrd. ha, also einer Fläche ungefähr so groß wie China und Indien zusammen, die Erosion mindestens einen Grad erreicht hat, an dem die ursprünglichen biotischen Funktionen beeinträchtigt sind. Es wird kostspielig und zeitaufwendig sein, sie wiederherzustellen. Von dieser Fläche sind ungefähr 9 Mio. ha so schwer geschädigt, daß sie nicht mehr kultivierbar sind, 300 Mio. ha sind stark geschädigt, so daß Ackerbau fast unmöglich ist. Davon liegen viele Flächen in Gebieten, die im Verhältnis zur Kapazität der Nahrungsmittelproduktion bereits überbevölkert sind.

Die Agenda 21 verlieh der Forderung nach Wiederherstellung eines nachhaltigen Lebensunterhalts für diejenigen 1 bis 2 Mrd. Menschen Nachdruck, die infolge von Wasser- und Brennholzmangel, des Verlusts der Bodendecke und

Bodenfruchtbarkeit verarmt sind. Das ist ein schwerwiegendes Problem für das Wohlergehen der Menschen wie auch der Umwelt. Die langfristigen Folgen der Bodendegradation riesiger Flächen in den Tropen und in semiariden Gebieten sind offen gesagt nicht bekannt. Aber eines ist sicher: es wird zunehmend katastophale Auswirkungen für das Land und dessen Bevölkerung haben, wenn man diese Prozesse andauern läßt.

Die Agenda 21 sprach sich sowohl für die Vermittlung von Fachwissen als auch für ökologisch und kulturell verträgliche Landrekultivierungsprogramme aus. Die Erweiterung der Wissenskapazität erfaßt das volkstümliche Wissen um lokale Fertigkeiten, Kenntnisse, Traditionen und erweitert diese um das westliche Wissen über Boden- mit Wasserbewirtschaftung, die Beobachtung der Niederschläge und Grundwasserbewegungen und über die Änderung der Bodenfruchtbarkeit als Folge unterschiedlicher Bearbeitungsverfahren. Das braucht Zeit, lange Vorbereitung und die Beteiligung von Wissenschaftlern, die ebensosehr Anthropologen und Lehrer sind wie Bodenkundler, Hydrologen oder Ökologen. Es gibt kein Patentrezept für die Bodensanierung. Das Verfahren wird von Anbaurhythmen, der kulturellen Erfahrung, politischen Erwartungen und dem Investitionsaufwand von Hilfswerken und philanthropischen Stiftungen diktiert.

Ein anderer Denkansatz sieht die Bodenerosion und Landdegradation als einen Vorgang fortwährender Übertragung zwischen Land und Kultur an. Bei gründlicher Überwachung der Ausdehnung von Baumbeständen und Savannen in semiariden Gebieten kommt eine Grenzlinie zum Vorschein, die sich ständig ändert und durch Schwankungen des Niederschlages, Migrationsbewegungen und den Wandel der Anbautechniken und -muster festgesetzt wird. Bodenerosion ist kein reines Naturereignis. Sie kann nicht allein nach Kriterien wie Sedimentbewegung, Nährstoffversorgung und Versickerungsrate beurteilt werden. Diese Maßstäbe in bezug auf den Bodenzustand haben möglicherweise nur begrenzte kulturelle Bedeutung für Gesellschaften, die es vorziehen, nur dann mit dem Land und nicht gegen das Land zu arbeiten, wenn sich die Notwendigkeit dazu ergibt, und die in Zeiten der Not oder des Überflusses Eigentum und Nahrung im Rahmen althergebrachter Rituale unter Gleichgestellten aufteilen und Systeme der Wassergewinnung bevorzugen, die sich auf geringen technischen Aufwand in Verbindung mit gemeinschaftlichem Handeln stützen. Solche Formen des kulturellen Umgangs mit der Natur sind nicht ungewöhnlich, Verallgemeinerungen dagegen immer gefährlich. Deshalb sind wir hinsichtlich der Landdegradation sowohl von volkstümlichem Wissen als auch vom Aufbau der Wissenskapazität für die örtlichen Landmanager und Gemeindeoberhäupter abhängig.

Es ist nicht einfach, dies zu realisieren. Es erfordert arbeitsintensive Ausbildung, eine große Zahl gründlich überwachter experimenteller Projekte und viel internationale Zusammenarbeit. Es ist noch immer umstritten, ob die Agenda 21 verläßliche Instrumente zur Finanzierung und Handhabung solcher Vereinbarungen bereitgestellt hat. Es ist ein kostspieliges Unterfangen, das sowohl Ausbildungs- und Beratungsprogramme als auch ein langfristiges Engagement für das

Management und die Überwachung der Ressourcen umfaßt. Die nichtstaatlichen Hilfswerke sind zur Hilfe bereit, auch wenn sie die Unterstützung durch nichtstaatliche Umweltorganisationen ebenso wie durch die internationale Gemeinschaft der Wissenschaftler benötigen dürften. Das Kunststück besteht darin, sich Programme auszudenken, welche die integrierte Entwicklung von Gesellschaft und Land vorantreiben und keinen Keil zwischen den Regierungsapparat vor Ort und die nationalen Verwaltungsstellen für Landwirtschaft, Schutz der Wälder, Tourismus und Regionalplanung treiben. Da dies nicht einfach sein wird, besteht die sicherste Methode vielleicht darin, in bescheidenem Rahmen, jedoch unter unterschiedlichen Bedingungen Experimente durchzuführen.

Solche Experimente können auch ein aufschlußreicher Test für die integrierten Umweltwissenschaften sein. Die wirtschaftlichen Folgen der Bodendegradation wurden in Kasten 1.4 behandelt. Jüngste Schätzungen weisen darauf hin, daß bei fehlenden Hilfsmaßnahmen das Bruttosozialprodukt von Ghana um bis zu 7 %, das von Nigeria um 17 % infolge von Bodenverlusten, Wasserverschmutzung und Beseitigung der Vegetationsdecke abnehmen könnte. Degradation läßt das Land sowohl ökonomisch als auch ökologisch ausbluten. Gerade diese Tragödie läßt sich mit überraschend bescheidenen Mitteln, jedoch nur unter Aufbietung aller Kräfte auf lokaler Ebene vermeiden. Da wir heute über die Vorgänge und deren Ursachen Bescheid wissen, gibt es kaum mehr eine Entschuldigung für Untätigkeit. Erfolg oder Scheitern der bevorstehenden UN-Konvention über Desertifikation werden ein Testfall für globale Verpflichtungen sein.

Weiterführende Literatur

Norse, D. (1992) A new strategy for feeding a crowded planet. Environment, 34(5), 6–11, 32–9.

12.1 Einführung

Der Boden ist für das Leben von elementarer Bedeutung. Er ist das grundlegende Mittel zur Erzeugung von Nahrungsmitteln, das direkt den Lebensunterhalt für die meisten Landbewohner und indirekt für jedermann sichert; er ist ein wesentlicher Bestandteil der terrestrischen Ökosysteme, der die Primärproduzenten (lebende Pflanzen) und Konsumenten sowie Destruenten (Herbivore, Karnivore, Mikroorganismen, Pilze) ernährt und die wichtigste Senke für Wärmeenergie, Nährstoffe, Wasser und Gase darstellt (Wild 1993). Daß Boden materiell betrachtet nur das nicht verfestigte Material an der Erdoberfläche und dennoch Mittelpunkt für eine Vielzahl lebenserhaltender Vorgänge ist, ist ein Beweis für die Wunder der natürlichen Umwelt.

Kasten 12.1 Nachhaltigkeit von Ressourcen: Landdegradation

Schätzungen zufolge, die mit Satellitentelemetrie und verbesserter Überprüfung auf der Erde möglich sind, sind ca. 1,2 Mrd. ha bzw. 11 % der von Vegetation bedeckten, potentiell kultivierbaren Erdoberfläche mäßig bis stark degradiert. Etwa 300 Mio. ha sind so schwer geschädigt, daß sie im wesentlichen ihre biologische Funktion verloren haben. Die Wiederherstellung wäre zu langwierig, schwierig und weitaus teurer, als es sich Landwirte leisten können. Während die Agrarproduktion der Erde auf dem höchsten Stand aller Zeiten steht, werden die Zuwächse der zukünftigen Nahrungsmittelproduktion in 64 Staaten weniger als die Hälfte der für das Jahr 2000 prognostizierten Bevölkerung ernähren können (World Resource Institute 1992; Norse 1992).

Gebiete mit mittlerer bis exzessiver Erosion (Mio. ha)

	Wasser-erosion	Wind-erosion	Chemische Degradation	Physikalische Degradation	Gesamt
Afrika	170	98	36	17	321
Asien	315	90	41	6	452
Südamerika	77	16	44	1	138
Nord- und Zentral-amerika	90	37	7	5	139
Europa	93	39	18	8	158
Austral-asien	3	–	1	2	6
Gesamt	748	280	147	39	1214

Quelle: Oldeman *et al.* 1990.

Der trügerische Schein komplexer Harmonie ist jedoch eine Herausforderung für den, der die Umwelt gestaltet, weil die Integrität der Böden der Welt bedroht ist. Die Bodenqualität nimmt ab (Kasten 12.1). Der Anbau von Nahrungspflanzen wird schwieriger und teurer, da Bodenfruchtbarkeit, Wasserspeicherfähigkeit und Gründigkeit geringer werden. «Badlands» sind an ungeschützten Standorten immer häufiger anzutreffen.

Böden können saniert werden, mit großem technischem Aufwand sogar recht schnell. Der Rückgang der Ertragsfähigkeit kann mittels Bewässerung und der Anwendung von Düngemitteln und anderen chemischen Stoffen korrigiert werden. Das kostet Geld und – schlimmer noch – die Landnutzung ist auf fremde Produktionsmittel angewiesen. Wie Drogenabhängige sind die Landwirte von Chemikalienhändlern und Spitzentechnologie abhängig. Dennoch ist der Boden bei minimalen Kosten für die Umwelt theoretisch mit allen notwendigen Bestandteilen ausgestattet und kann für die Selbstversorgung des Landnutzers und der Gesellschaft sorgen. Die grundsätzliche Frage besteht darin, wie man die Technologie bei angemessenen Kosten zur Erhaltung der Bodenqualität einsetzt, ohne ständig übermäßigen Aufwand treiben zu müssen.

In diesem Kapitel werden die Prozesse der Bodendegradation untersucht sowie Ausmaß und Methoden zur Abschätzung der Bodenerosion betrachtet; abschließend wird die Antwort der Landbewirtschaftung auf die Bedrohung durch Degradation im Überblick vorgestellt. *Bodendegradation* ist definiert als Abnahme der Bodenfruchtbarkeit, die an Veränderungen der Bodeneigenschaften und (pedogenen) Prozessen meßbar ist, und des sich daraus ergebenden Rückgangs der Ertragsfähigkeit bezüglich der gegenwärtigen und zukünftigen Erträge. *Bodenerosion* ist einer der wichtigsten Vorgänge bei der Bodendegradation und umfaßt die physikalische Loslösung von Bodenteilchen durch Wind und Wasser sowie deren Transport durch die Landschaft zu Flüssen, Wasserspeichern und ins Meer. *Landdegradation* ist ein zusammengesetzter Begriff, der die Verringerung des Produktionspotentials von Land in seiner Gesamtheit beschreibt. Darin sind dessen Hauptnutzung (Regen- und Bewässerungsfeldbau, Weideland, Forstwirtschaft), dessen Nutzungssystem (z.B. Subsistenzwirtschaft von Kleinbauern) und dessen Wert als ökonomische Ressource eingeschlossen.

12.2 Boden als Ressource

Die Bodenressourcen variieren je nach Landschaft hinsichtlich ihrer Nutzungseignung stark (Tabelle 12.1). Jeder Bodentyp hat seine Beschränkungen und jede agrarökologische Zone klimatische Faktoren, welche die Wachstumsperiode für Kulturpflanzen limitieren (FAO 1978). Beispielsweise wirken sich in den immerfeuchten Tropen vor allem Nährstoffmängel als Belastung für die Pflanzen aus, die durch Auswaschung und Oberflächenabtragung verschlimmert werden, wodurch der Boden sauer und nährstoffarm wird. Im Gegensatz dazu ist in weiten Teilen der wechselfeuchten Tropen Südasiens, Afrikas und Südamerikas, wo sich die Niederschläge nur auf einen Teil des Jahres konzentrieren, die (zu geringe) pflanzenverfügbare Wasserkapazität der größte Nachteil. Tatsächlich kann Bodendegradation in vielen Formen erscheinen. Was als Dürre erscheint, ist oft nicht mehr als ein Rückgang der Fähigkeit des Bodens, ausreichend Wasser für das Pflanzenwachstum in den durchschnittlich langen Pausen zwischen schweren Regenfällen zu speichern.

Das Ertragspotential von Land ist auf Grund der enormen Variabilität von Landnutzung, Bevölkerungsdruck, Niveau der Technik und Landbewirtschaftung schwer einzuschätzen. Die umfangreichste derartige Untersuchung mit dem Titel «Potential population supporting capacities in the developing world» wurde von der Ernährungs- und Landwirtschaftsorganisation der Vereinten Nationen (FAO)

Tabelle 12.1. Vergleich der Landnutzung (in Mio. ha) 1975 und 2000, bezogen auf Klassen des Ertragspotentials

	Klassen des Ertragspotentials				
	hoch	mittel	niedrig	null	gesamt
1975 aktuell					
Ackerflächen	400	500	600	0	1 500
Grünland	200	300	500	2 000	3 000
Wälder	100	300	400	3 300	4 100
Nichtlandwirtsch.	0	0	0	400	400
Andere Flächen	0	0	0	4 400	4 400
1975 Gesamt	700	1 100	1 500	10 100	13 400
2000 vorausgesagt					
Ackerflächen	345	745	710	0	1 800
Grünland	170	320	510	2 000	3 000
Wälder	30	100	230	3 140	3 500
Nichtlandwirtsch.	0	0	0	600	600
Andere Flächen	0	0	0	4 500	4 500
2000 Gesamt	545	1 165	1 450	10 240	13 400

Quelle: Buringh und Dudal 1987.

durchgeführt (FAO 1982). Obgleich ein wenig veraltet, werden deren Prognosen doch überall verwendet und vermitteln uns eine Vorstellung vom globalen Ausmaß der Bedrohung durch Degradation. Im Stichjahr 1975 hatten 54 Entwicklungsländer mit einer Gesamtbevölkerung von 460 Mio. nicht genügend Land von ausreichender Qualität, um ihre Bevölkerung bei geringem Produktionsmitteleinsatz ernähren zu können. Zu hohe Nutzungsintensität bedrohte schätzungsweise 2450 Mio. ha bzw. 38 % der gesamten Landfläche. Was die Zukunft angeht, so werden nach Norse (1992) 64 der 117 untersuchten Staaten nicht in der Lage sein, mit den derzeitigen technischen Mitteln für mehr als die Hälfte ihrer Bevölkerung im Jahr 2000 aufzukommen, während der Zustand von 18 Staaten selbst bei höchstem agrartechnischen Einsatz kritisch bleibt (Kasten 12.2).

Das gesamte potentiell nutzbare Land der 117 Entwicklungsländer würde insgesamt ausreichen, um das 1,6fache der für das Jahr 2000 erwarteten Bevölkerungszahl zu ernähren, wenn jedes Stück Land zur Nahrungsmittelproduktion herangezogen würde. Die beiden wichtigsten Veränderungen zwischen 1975 und 2000 betreffen die untereinander in Wechselbeziehung stehenden Faktoren der Bevölkerungzunahme und der abnehmenden Qualität der Bodenressourcen. Auf Grundlage der gleichen FAO-Daten rechnen Buringh und Dudal (1987) damit, daß 25 % des gesamten besonders fruchtbaren Landes infolge von Erosion und anderen Prozessen der Bodendegradation verloren gehen. Wald und Grasland werden um 24 % abnehmen, die fruchtbarste Landnutzungsklasse um 33 %. Der letzte Punkt ist eindeutig das Ergebnis der Bodendegradation. Er bezeichnet den Vorgang der zunehmenden Marginalisierung von Land und Leuten: da die Ertragsfähigkeit und das fruchtbare Land pro Kopf weniger werden, sind die Bauern zur Nutzung von ungeeignetem oder erosionsanfälligem Land wie Steilhängen, nassen Standorten oder tropischen Wäldern gezwungen (Abb. 12.1). Die Qualität des Bodens verringert sich rasch und der Kreislauf aus Bodendegradation und Verarmung der Kleinbauern beschleunigt sich immer mehr. Es gibt eine Vielzahl von Beweisen dafür, daß sich die Prognosen der FAO erfüllen - keine schönen Aussichten für die Zukunft.

Abb. 12.1. Der Rückgang von potentiell kultivierbarem Land hat dazu geführt, daß Bauern immer steilere Hänge bestellen. An diesem über 30° steilen Hang im Hügelland von Sri Lanka versuchen Kleinbauern, die durch den Bau größerer Wasserspeicher vertrieben wurden, Nahrungspflanzen mit Hilfe von Bewässerungsrinnen am Hang und Entwässerungsgräben mit Schleusen als einziger Form des Erosionsschutzes anzubauen.

Kasten 12.2 Prognose des Rückgangs an potentiell kultivierbarem Land, 1990 bis 2025

Abgesehen von ein paar großen Staaten mit ziemlich niedriger, aber dennoch zunehmender Bevölkerungszahl wie Brasilien und Zaire, haben die meisten Entwicklungsländer die Obergrenze für potentiell kultivierbare Flächen erreicht, zumindest mit den Technologien, Hilfsmitteln und Kosten, die sie sich leisten können. Wenn die Bevölkerung wächst, wird deshalb die nutzbare Landfläche pro Kopf abnehmen. In Afrika südlich der Sahara wird sie nach offiziellen Schätzungen bis 2025 von 1,6 auf 0,63 ha pro Person fallen. Vergleichswerte für Westasien und Nordafrika sind Rückgänge von 0,22 auf 0,16 ha pro Kopf, von 0,20 auf 0,12 ha für das übrige Asien ausschließlich China und von 2,0 auf 1,17 ha für Mittel- und Südamerika.

Quelle: Norse *et al.* 1992.

Kasten 12.3 Wie die Menschen Bodendegradation sehen: ein Beispiel aus Tansania

Die Burungee aus dem Distrikt Kondoa (Region Dodoma, Tansania) «sehen» Bodendegradation nicht ebenso wie unsereiner. Selbst wenn überall Anzeichen für Erosion bestehen, ziehen sie aus dem, was sich vor ihren Augen abspielt, Schlüsse, die sich stark von den tatsächlichen Vorgängen unterscheiden. Wie in einem Großteil des semiariden Afrikas sind die von intensiver Spüldenudation geformten Pedimente von Erosionsschluchten durchzogen. Das Ackerland liefert magere Ernteerträge und das Weideland kann nur ausgezehrtes Vieh ernähren. Wie nehmen die Burungee ihre Umwelt wahr?

Wilhelm Ostberg, ein schwedischer Anthropologe, sammelte diese Beobachtungen (1991).

Wie Boden entsteht:

> Wenn es stark regnet, führt das zu dicken Schichten Bodens, wenn es schwach regnet, werden die Bodenschichten dünn. Hast du schon einmal ein Hagelkorn in deiner Hand gehalten und es schmelzen lassen? Findest du nicht kleine Bodenteilchen in deiner Hand? Da kannst du sehen, daß der Regen Boden enthält. Wenn Regen fällt, versinkt das Wasser im Boden. Es erreicht einen Punkt, an dem es nicht weiter nach unten kann. Das Wasser sammelt sich dort und bildet eine Schicht Boden, wenn es vertrocknet. Diese Schicht wird fleckig von der Farbe des Wassers... Die Bodenschicht steigt nach oben, und beim nächsten Regen bildet sich eine neue Bodenschicht unter der zuletzt entstandenen. Auf diese Weise werden immer wieder neue Schichten Boden gebildet.

Warum die Bodenoberfläche mit Steinen übersät ist:

> Sieh, der Boden kommt nach oben.

Der Boden lebt:

> Wenn du von einem Baum einen Zweig abschneidest, ist er tot. Aber steck ihn wieder in die Erde und er wächst wieder. Er holt sein Leben aus dem Boden.

12.3 Folgen der Bodendegradation

Den besten Beweis für den Wert des Bodens als Ressource liefert die Beobachtung dessen, was bei der Degradation geschieht. Am Standort ist die Ertragsfähigkeit betroffen, die auf verschiedene Weisen eingeschätzt werden kann. Erstens gehen Nährstoffe im Sediment und Oberflächenabfluß verloren. Im allgemeinen sind dadurch Nährelemente, die in organischer Substanz (N und P) oder über Kationenaustausch an Bodenkolloide (K und Ca) gebunden sind, am stärksten gefährdet. Die Menge der im Sediment enthaltenen Nährstoffe beträgt ungefähr das Zehnfache der im Oberflächenabfluß gelösten Menge. Der Gegenwert der verlorengegangenen Nährelemente kann eventuell über die entsprechenden Kosten für Düngemittel, die die gleiche Menge elementaren N, P oder K enthalten, ermittelt werden.

Zweitens geht dem Boden und damit den Pflanzen über den Oberflächenabfluß Wasser verloren. Mit fortschreitender Degradation des Bodens verschlechtert sich dessen Infiltrationskapazität. Typischerweise erhöhen sich bei Oberflächenversiegelung und -verkrustung von tropischen Böden die Wasserverluste mit dem Oberflächenabfluß von 20 auf 50 % der gesamten Niederschlagsmenge.

Kasten 12.4 Die Kosten der Bodenerosion in Simbabwe

Weltweit ist man über Bodenerosion besorgt, aber nur selten besteht Gelegenheit, den verlorengegangenen Sedimenten einen finanziellen Wert beizumessen.

Über einen Zeitraum von fünf Jahren mit 2000 zu Bodenverlust führenden Unwettern wurden vier Böden überwacht, und die Verluste an Stickstoff, Phosphor und organischem Kohlenstoff gemessen. Über Extrapolation dieser Verluste auf alle Bodentypen und die wichtigsten Landnutzungssysteme errechnete man, daß Simbabwe jährlich 1,6 Mio. t N, 0,24 Mio. t P und 15,6 Mio. t C_{org} verliert.

Wenn der Wert von N und P über die Kosten für die entsprechende Menge Düngemittel mit diesen Nährelementen (zu den Preisen von 1984) ermittelt würde, würde sich Simbabwes jährliche finanzielle Belastung infolge von Erosion auf $1,5 Mrd. belaufen.

Auf Hektar-Basis schwanken die finanziellen Kosten für erodierte Nährelemente entsprechend den tatsächlichen Erosionsraten:

- $20–50 pro ha und Jahr auf Ackerland;
- $10–80 auf Weideland.

Allein das Ackerland verliert durch Erosion dreimal so viel N und P wie jedes Jahr als Dünger ausgebracht wird.

Hinter diesen Berechnungen stehen komplexe naturwissenschaftliche und ökonomische Annahmen, aber dennoch ist der potentielle Verlust im Vergleich zum BSP Simbabwes schwindelerregend hoch. Er beläuft sich auf Kosten von $200 pro Person: eine unhaltbare Belastung für die finanziellen Mittel eines jeden Staates, geschweige denn für ein armes Land.

Quelle: Stocking 1988a.

Für eine Maisfarm in der Regenfeldbauzone Sambias (800–900 mm mittlerer Jahresniederschlag) ist dies beispielsweise gleichbedeutend mit einer Verlegung der Farm in ein Gebiet mit semiaridem Niederschlagsregime (400–500 mm), das nur für geringwertige Nahrungspflanzen wie Rispenhirse geeignet ist. Man kann das Verhältnis der Bodenpreise dazu verwenden, die Kosten dieser Degradation zu ermitteln.

Weil schließlich die Erosion durch Wasser vor allem die feinere, fruchtbarere Korngrößenfraktion des Bodens betrifft, sind die erodierten Sedimente in der Regel reicher an Nährelementen und organischer Substanz als der Boden, aus dem sie stammen. Das Anreicherungsverhältnis (engl.: enrichment ratio = ER) ist als Maß für den relativen Konzentrationsgrad der wichtigsten Nährelemente bekannt, das den proportionalen Umfang der Minderung der Bodenqualität anzeigt. Durchschnittliche ER-Werte von 2,5 für verschiedene Bodentypen in Simbabwe zeigen, daß Bodenerosion einen Verlust der Fruchtbarkeit nach sich zieht, der viel gravierender ist als die kompakte Abtragung eines Stücks Oberboden.

Wie wirken sich diese Vorgänge vor Ort auf den Anbau der Nahrungspflanzen aus und was sind die ökonomischen Folgen? Die meisten Daten stammen aus den USA, wo Ertragsrückgänge und die damit verbundenen Kosten genau überwacht worden sind. Pimentel *et al.* (1993) entwerfen ein typisches Szenario: mindestens 7 cm Oberboden sind überall im Mittelwesten der USA verlorengegangen. Das entspricht einer Gesamterosion von 900 t/ha, einem Betrag, der auf Ackerland ohne Bodenschutz in zwanzig bis dreißig Jahren leicht erreicht wird. Ein Ertragsrückgang von 6 % pro Zentimeter Bodenabtrag ist ein zurückhaltender Schätzwert für die Erosionswirkung beim Anbau von Mais. Damit können die Kosten für die Aufrechterhaltung des Ertragsniveaus veranschlagt werden, wobei bekanntlich insbesondere bei erhöhtem Düngemitteleinsatz der Ertragszuwachs abnimmt. Nimmt man jedoch eine lineare Beziehung und einen durchschnittlichen Maisertrag von 6,5 t/ha in den USA an, so würden die Erträge nach dem Szenario auf 2,73 t sinken, ein unmittelbarer Ertragsverlust, dessen Kosten über den Herstellerpreis von Mais berechnet werden können. Anders gerechnet wäre – auf der Basis von 920 kcal, die in den USA pro Kilogramm Maisertrag aufzuwenden sind – ein Energieaufwand von 2,5 Mio. kcal/ha (oder 10 500 MJ) erforderlich, um die Erträge wieder auf das Niveau vor der Erosion zu heben. Die Kosten hierfür könnte man wiederum zu den gegenwärtigen Energiepreisen veranschlagen oder als die erforderliche Energiemenge betrachten, um eine Person 1000 Tage lang am Leben zu erhalten. Nach jeder beliebigen Berechnungsweise bewegt sich der finanzielle Verlust, der einem Bodenabtrag von 7 cm zuzuschreiben ist, in einer Größenordnung von mindestens $500 bis $1000 pro ha.

Obwohl die Schäden an den Bodenressourcen vor Ort für die Landnutzer quantitativ von größerer Bedeutung sind, haben weit entfernt auftretende Folgen auf Grund der Auswirkungen auf die Gesellschaft großes öffentliches Aufsehen erregt. Man vermutet in den USA, daß Sedimente, die vor allem von landwirtschaftlichen Flächen stammen, Schäden an Kanälen, Wasserspeichern, Bewässerungsanlagen, Häfen und Wasserkraftwerken verursachen. Neue Wasserspeicherbecken werden so konstruiert, daß 10 bis 25 % des Fassungsvermögens der Aufnahme von Sedimenten anstelle von Wasser dienen (Clark 1985). Die Schäden in Entwicklungsländern können genauso schwer sein. Fünf größere Staudämme im Hügelland von Sri Lanka, die mit Mitteln aus der Entwicklungshilfe errichtet wurden, versorgen Colombo mit Strom und die Bewässerungsanlagen des Trockengebiets von Mahaweli mit Wasser. Die Auswaschung von Düngemitteln aus den reichen Tabakpflanzungen im Einzugsgebiet hat nicht nur zur Eutrophierung der Speicher geführt, sondern Turbinenschäden haben auch Stromausfälle, wirtschaftliche Unkosten infolge des Produktionsausfalls und eine verringerte Glaubwürdigkeit der Regierung nach sich gezogen. Die Bewässerungsanlagen von Mahaweli sind während der entscheidenden Wachstumsphasen von Wasserknappheit bedroht, da sich die Polgolla-Talsperre bei Kandy immer wieder mit Sedimenten füllt. Ironischerweise werden derartige Auswirkungen gerade durch die Investitionen in die Wasserspeicher verschlimmert. Die Menschen, die durch die Wasserreservoire vertrieben wurden, haben nunmehr keine andere Wahl, als die Steilhänge im Einzugsgebiet zu bebauen, während andere, die sich Gelegenheiten zu Lohnarbeit und besseren Zugang zum Wasser erhoffen, dadurch den Bevölkerungsdruck erhöhen und weitere Erosion fördern.

12.4 Prozesse der Bodendegradation

Gewöhnlich unterscheidet man sechs Prozesse der Bodendegradation (Kasten 12.5). Auf Grund von Schwierigkeiten bei der Datenerhebung, von Wechselwirkungen zwischen den Prozessen und von in den Meßmethoden enthaltenen Fehlern werfen Definition und Messung der Degradationsprozesse für das Umweltmanagement Probleme auf (vgl. den nächsten Abschnitt über die Schätzung der Bodenerosion). Tabelle 12.2 gibt einen Überblick über die gebräuchlichsten Maßeinheiten und die FAO-Klassifizierung der Erosionsstärke. Diese Prozesse wirken derart, daß die Produktionsleistung der Pflanzen durch die Bodendegradation auf mehreren Wegen gleichzeitig beeinträchtigt wird. Beispielsweise ist Natriumanreicherung der bedeutendste Einzelfaktor, der tropische Böden erosionsanfälliger macht: bei Trockenheit wird der Boden dicht und hart, bei Nässe verliert er den Zusammenhalt und erodiert erschreckend schnell. Auf ähnliche Weise führt die Erosion durch Wasser zu Verlust des Bodengefüges, Oberflächenversiegelung und zum Zerfall von in Wasser stabilen Aggregaten; sobald bei stark tonhaltigen Böden, z.B. in Simbabwe, der Gehalt an organischer Substanz einen Schwellenwert von 2 % unterschritten hat, nimmt die Erodierbarkeit schlagartig zu. Derartige Wechselwirkungen unterstreichen die Anfälligkeit vieler vor allem tropischer Böden und agrarischer Nutzungsformen für Bodendegradation. Bei einigen tiefgründigen Böden mit großen Vorräten an verwitterbaren Mineralien (z.B. Vertisole und Nitosole) sind die Auswirkungen der Degradation eventuell nur gering. Bei Böden jedoch, deren Fruchtbarkeit bei intensiver Bewirtschaftung rasch nachläßt, wenn organische Substanz und Nährstoffe nicht künstlich ergänzt werden, können die Auswirkungen verheerend sein und sich auch auf angrenzende Flächen übertragen, die den Druck der zu ernährenden Bevölkerung aufnehmen müssen. In Abb. 12.2 werden zwei Böden hinsichtlich der wechselseitigen Einwirkungen von Degradation und Bodenbearbeitung über 40 Jahre, wodurch sich Erträge ober- oder unterhalb der Wirtschaftlichkeitsgrenze ergeben, verglichen.

Nehmen wir die sandigen, leicht zu bearbeitenden Alfisole (FAO-Klassifikation: Luvisole) der Savannenzonen von Afrika, Südasien und Südamerika. Durch sie werden viele Subsistenzbetriebe von Kleinbauern versorgt, bei denen die Bodenbearbeitung in Handarbeit erfolgt und der Einsatz von chemischen Mitteln selten ist. Die Nährstoffe sind in den obersten Zentimetern des Bodens konzentriert. Als Folge davon wirkt sich Erosion verheerend auf den Anbau von Nahrungspflanzen aus. Im Beispiel aus Westafrika (Abb. 12.3) sind flachgründige Böden auf schwach geneigten Hängen besonders anfällig, weil die Durchwurzelungstiefe begrenzt ist und die Nährstoffe im Oberboden konzentriert sind.

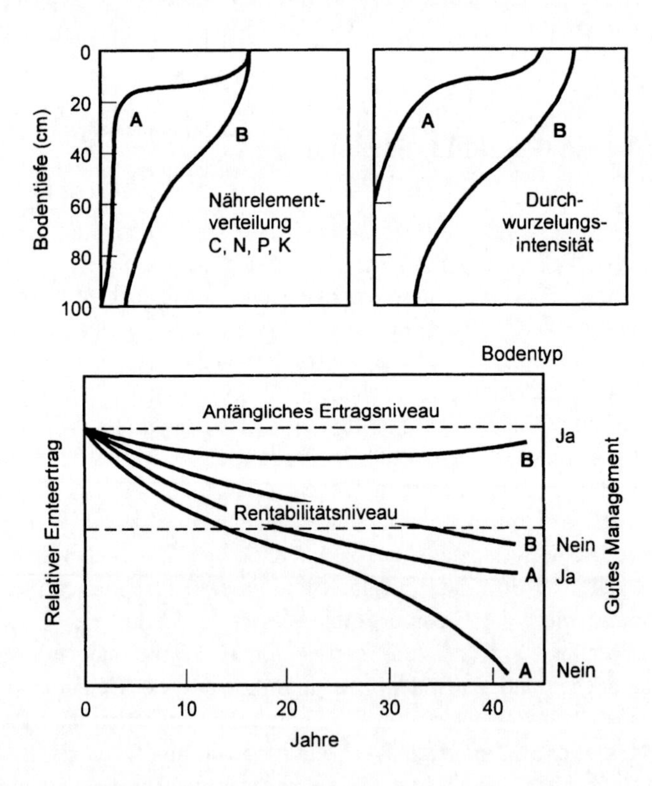

Abb. 12.2. Ertragsfähigkeit des Bodens (bzw. Ernte-Ertrag) in Abhängigkeit von unterschiedlichen Böden (*A* und *B*), vom Bearbeitungsniveau und von der Bodenerosion über einen Zeitraum von 40 Jahren.

Kasten 12.5 Prozesse der Bodendegradation

- *Erosion durch Wasser.* Aufprall von Regentropfen, flächenhafte Abspülung und rinnenartige Erosion, ebenso Massenbewegungen wie z.B. Erdrutsche.
- *Erosion durch Wind.* Abtragung und Ablagerung von Boden durch Wind.
- *Salzüberschuß.* Prozesse der Salzakkumulation in der Bodenlösung (Versalzung) und der Zunahme der austauschbaren Na-Ionen am Kationenbelag der Bodenkolloide (Natriumanreicherung oder Alkalisierung).
- *Chemische Degradation.* Verschiedene Prozesse, die mit der Auswaschung von Basen und essentiellen Nährelementen und der Bildung toxischer Stoffe zusammenhängen; darin sind pH-abhängige Probleme wie z.B. Aluminiumtoxizität und Phospatfixierung eingeschlossen.
- *Physikalische Degradation.* Nachteilige Veränderung von Eigenschaften wie Porenvolumen, Durchlässigkeit, Lagerungsdichte und Gefügestabilität; häufig verbunden mit Abnahme der Infiltrationsrate und Mangel an pflanzenverfügbarem Wasser.
- *Biologische Degradation.* Zunahme der Mineralisierungsrate von Humus ohne Ergänzung der (Vorräte an) organischen Substanzen.

12.5 Schätzung der Bodenerosion

Erosionsschätzungen werden meist mit Standardprobeflächen für Bodenabtrag und Oberflächenabfluß vorgenommen (Abb. 12.4). Beinahe jedes Land unterhält einige dieser Probeflächen an Landwirtschaftlichen Versuchsanstalten, um die Erosionsgefahr verschiedener Umstellungen von Anbauverfahren, Boden, Hang und Bewirtschaftung zu erproben. Die Abmessungen sind von Land zu Land verschieden, aber die Länge abgegrenzter Probeflächen liegt zwischen 6 und 10 m, die Breite zwischen 1,5 und 3 m. Sedimente und Oberflächenabfluß werden in einer Rinne am Hangfuß aufgefangen und zu einer Reihe von Speichertanks geleitet. Um außergewöhnlich schweren Unwettern gewachsen zu sein, die die größte Erosion verursachen, gibt es normalerweise zwei oder mehr Tanks, die durch ein Verteilersystem getrennt sind, so daß nur ein Teil des Oberflächenabflusses in die unteren Tanks geleitet wird. Der Oberflächenabfluß wird über den Wasserstand in den Tanks gemessen, der Bodenabtrag, indem man eine gründlich durchrührte Probe aus Wasser und Schlamm aus jedem Tank zieht, diese trocknet und wiegt. Meßfehler kommen häufig vor. Außerdem weiß man, daß durch die Methode der Sedimentprobennahme der tatsächliche Bodenabtrag wegen unzureichender Durchmischung unterschätzt wird. Um dies zu vermeiden, verwenden die Wissenschaftler am Institut für Agrartechnik in Simbabwe eine Gesamtwägemethode, aber das bedeutet, daß sie nach einem schweren Unwetter mit großen Mengen Wasser und Sediment hantieren müssen.

Tabelle 12.2. Prozesse, Einheiten und Klassen der Bodendegradation, nach *Methodology of Soil Degradation Assessment* der FAO

Degradations-prozeß	Kürzel	Definition	Maßeinheiten	Klassen fehlend bis gering	 mittel	 hoch	 sehr hoch
Wassererosion	E	Bodenabtrag	t/ha/a oder mm/a	<10 <0,6	10–50 0,6–3,3	50–200 3,3–13,3	>200 >13,3
Winderosion	W	Bodenabtrag	t/ha/a oder mm/a	<10 <0,6	10–50 0,6–3,3	50–200 3,3–13,3	>200 >13,3
Salzüberschuß							
Versalzung	Sz	Zunahme der elektrischen Leitfähigkeit im Sättigungsextrakt bei 25 °C in 0–60 cm Tiefe	mmho/cm/a	<2	2–3	3–5	>5
Natriumanreicherung	Sa	Zunahme der Na-Sättigung am Austauscher in 0–60 cm Tiefe	% pro a	<1	1–2	2–3	>3
Chemische Degradation							
Versauerung	Cn	Abnahme der Basensättigung in 0–30 cm Tiefe, wenn: (a) BS < 50 % (b) BS > 50%	 % pro a	 <1,25 2,5	 1,25–2,5 2,5–5	 2,5–5 5–10	 >5 >10
Toxizität	Ct	Zunahme von toxischen Elementen in 0–30 cm Tiefe	ppm pro a	noch nicht gebräuchlich, da nicht darstellbar			
Physikalische Degradation	P	(a) Zunahme der Lagerungsdichte in 0–60 cm Tiefe Ausgangsniv. (g/cm³):	prozentuale Änderung pro a				
		<1		<5	5–10	10–15	>15
		1–1,25		<2,5	2,5–5	5–7,5	>7,5
		1,25–1,4		<1,5	1,5–2,5	2,5–5	>5
		1,4–1,6		<1	1–2	2–3	>3
		(b) Abnahme der Wasserdurchlässigkeit Ausgangsniveau:	prozentuale Änderung pro a				
		schnell (20 cm/h)		<2,5	2,5–10	10–50	>50
		mäßig schnell (5–10)		<1,25	1,25–5	5–20	>20
		langsam (5)		<1	1–2	2–10	>10
Biologische Degradation	B	Humusschwund in 0–30 cm Tiefe	prozentuale Änderung pro a	<1	1–2,5	2,5–5	>5

Quelle: FAO 1979.

Es werden auch andere Methoden zur Erosionsschätzung verwendet. Geomorphologen setzen häufig Nägel ein, mit denen sie den Abtrag an der Bodenoberfläche messen. Gerlach-Rinnen, die ungefähr so groß wie eine Handkehrschaufel sind, fangen Boden und Oberflächenabfluß bei ihrer hangabwärts gerichteten Bewegung auf. In größerem Maßstab können kleine Einzugsgebiete von 0,5 bis 2 ha unter Verwendung einer Überfallrinne und eines Probenehmers für die

Sedimente überwacht werden. Hydrologen messen oft die Sedimentfracht aus großen Einzugsgebieten, indem sie Proben nehmen, anschließend den gesamten Bodenabtrag aus der Abflußganglinie des Baches extrapolieren und das Ergebnis

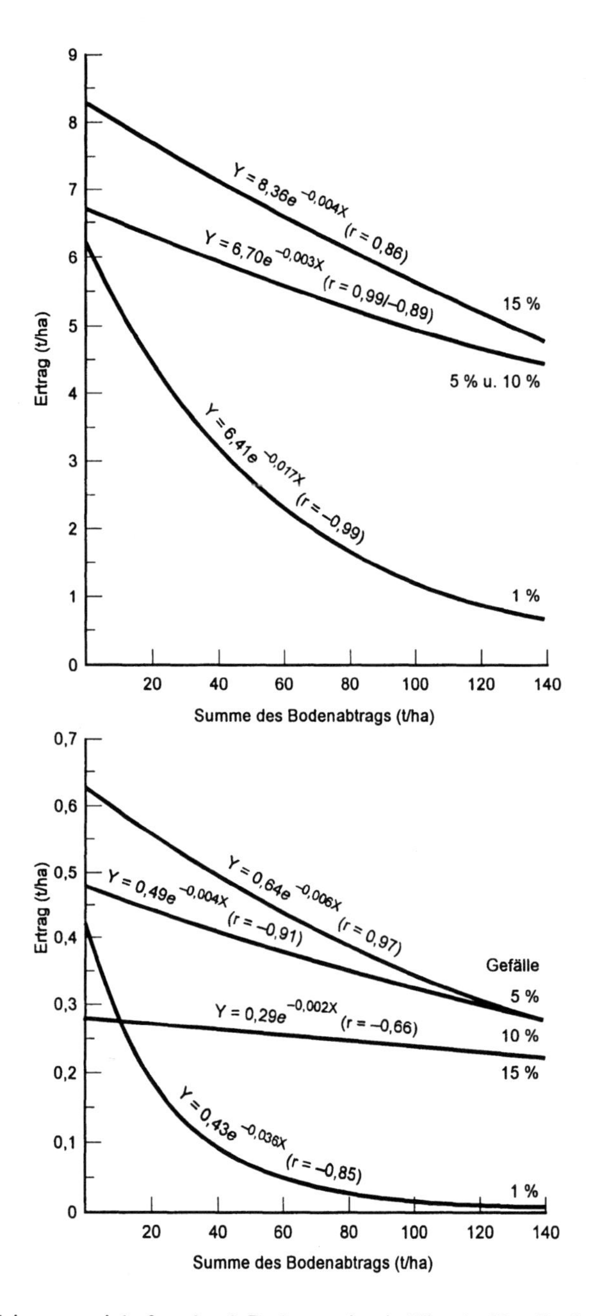

Abb. 12.3. Maisertragseinbußen durch Bodenerosion in Nigeria (*Quelle:* Lal 1984).

als Bodenabtrag pro Flächeneinheit des Einzugsgebietes anführen. Bei anspruchsvolleren Methoden werden fluoreszierende bzw. radioaktive Tracer oder die Konzentrationen von Isotopen wie z.B. Caesium-137 überwacht. Es ist jedoch unbedingt zu beachten, daß die Messungen je nach Methode unterschiedliche Ergebnisse liefern, weil sie unterschiedliche Vorgänge bewerten.

Tabelle 12.3. Bodenabtragsraten von ausgewählten Versuchsflächen in den USA und Australien

Landnutzung	Gebiet	Bodenabtragsrate (t/ha/a)
USA		
Ackerland	Landesdurchschnitt	18,1
	Mittelwesten, mächtige Lößdecke	35,6
	Südliche Hochebenen	51,5
Australien		
Brache	New South Wales	31,3–87,0
Ackerland	New South Wales	0–16,0
	Queensland	7,0–36,4
Weideland	New South Wales	0–1,9
	Queensland	0–21,1
Bergwerksgelände	Hunter Valley (NSW)	0,4–11,8
	Jabiru (Northern Territory)	20–102

Quelle: Pimentel *et al.* 1993; Edwards 1993.

Der häufigste Fehler besteht darin, den Effekt unterschiedlicher Maßstäbe zu vernachlässigen. Kleine, abgegrenzte Probeflächen liefern die höchsten Meßergebnisse für den Bodenabtrag pro Flächeneinheit. Der Grund dafür ist, daß jedes Bodenteilchen, das durch Erosion abgelöst und abtransportiert wird, aufgefangen und gewogen wird. Sobald die zur Schätzung verwendete Fläche größer wird, besteht eine höhere Wahrscheinlichkeit, daß Sedimente innerhalb der abgegrenzten Fläche gespeichert werden (und deshalb dessen Bewegung am unteren Ende der Probefläche nicht registriert wird). Unter den tatsächlichen Bedingungen lagern sich nicht weniger als 90 bis 95 % des erodierten Bodens anderswo im Gelände wieder ab. Infolgedessen umfaßt der Sedimentaustrag eines Einzugsgebiets typischerweise nur einen geringen Bruchteil des auf Probeflächen im Gelände gemessenen Abtrags. In der Hydrologie wird das als Sedimentaustragsverhältnis bezeichnet. Für das Umweltmanagement bedeutet das, daß alle Messungen des Bodenabtrags mit äußerster Vorsicht zu genießen sind: sowohl die Methode als auch der Maßstab der Messungen müssen angegeben sein. Im folgenden stammen alle Bodenabtragsraten von der Standard-Geländeprobefläche, wie sie in Abb. 12.4 zu sehen ist.

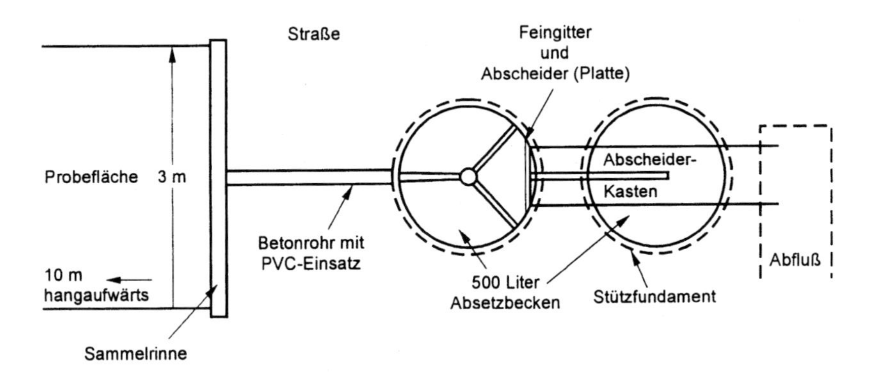

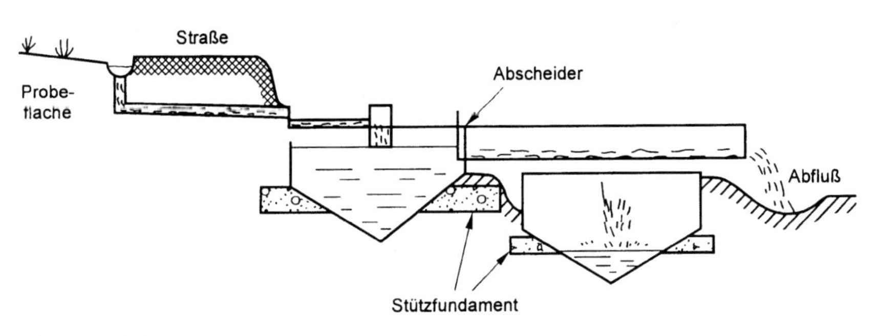

Abb. 12.4. Bodenerosions-Probeflächen, wie sie am Institut für Agrartechnik in Harare, Simbabwe, eingesetzt werden, um erodierte Sedimente und deren Abtrag zu messen.

Untersuchungen an Probeflächen belegen die enorme Schwankungsbreite gemessener Erosionsraten. Wenn eine vollständig deckende Vegetation entfernt wird, erhöht sich die Erosion um das 1000fache oder mehr. In den USA und in Australien liegen die umfangreichsten Aufzeichnungen über Ergebnisse von Probeflächen vor, die die Wirkung der Nutzungsweise und der Standortbedingungen auf den Bodenabtrag aufzeigen (Tabelle 12.3). Der jeweilige Abtrag bei Ausnahmeereignissen kann sehr viel höher sein; z.B. wurde in Westaustralien bei einem einzigen Sturm auf frisch angesätem Boden ein Abtrag von 350 t/ha registriert. Art und Deckungsgrad der Vegetation sind für die Erosionsrate maßgebliche Einzelfaktoren. Zwangsläufig ist der Boden bei agrarischen Nutzungsformen zu Beginn der Wachstumsperiode gar nicht oder nur unzureichend bedeckt. Bei Unwettern ist nicht nur die Erosionsrate hoch, sondern auch die potentielle Wirkung auf die Ertragsfähigkeit.

Für die Umwelt der Tropen, in deren Bereich fast alle Entwicklungsländer liegen, gibt es zahlreiche Beweise, daß die Erosionsraten in landwirtschaftlichen

Abb. 12.5. Die Bodenabtragsraten des chinesischen Lößberglandes gelten als die höchsten der Welt. Ausgedehnte Stufenterrassen können die Erosion kaum eindämmen.

Systemen sogar noch höher sind (Abb. 12.5). Von einer Versuchsfläche in Java, auf der die Erosionswirkung auf Bergreis gemessen werden sollte, wurden in etwas über einem Jahr 900 t/ha erodiert. Ähnlich beunruhigende Zahlen stehen uns aus den gesamten immerfeuchten Tropen zur Verfügung, wo die natürliche Pflanzendecke an Steilhängen durch jährlichen Anbau ersetzt worden ist. In den wechselfeuchten Tropen sind Raten von 100 bis 200 t/ha weit verbreitet. Dabei ist die Schwankungsbreite wiederum beträchtlich: unter einem dichten Laubdach verringert sich die Erosionsrate auf weniger als 1 % des Wertes ohne Pflanzendecke - ein äußerst wichtiger Aspekt, wenn man den Bodenschutz betrachtet.

12.6 Voraussage und Erklärung der Bodenerosion

Eine Analyse der Erosionsraten und unmittelbaren Ursachen am Standort beweist, daß mehrere Faktoren als Erklärung für Veränderungen dienen können. Die *Bodenart* ist ein entscheidender Faktor für die Erodierbarkeit eines Bodens.

Besonders in den Tropen wird die Erodierbarkeit nicht nur durch die physikalischen und chemischen Eigenschaften des Bodens, sondern auch durch die Nutzungsweise, die im Boden zu Krustenbildung, Zunahme der Lagerungsdichte und Rückgang des Gehalts an organischer Substanz führen, außerordentlich erhöht. *Morphographische* Faktoren wie Hangneigung, Hanglänge und Hangform haben ebenfalls großen Einfluß. Maßnahmen wie die Aufschüttung höhenlinienparalleler Dämme, wodurch der Hang in kürzere Abschnitte unterteilt wird, und Terrassierung, durch die die effektive Hangneigung verringert wird, dienen dazu, den Einfluß des Reliefs auf die Landnutzung zu reduzieren. *Niederschläge* sind ein bedeutender Faktor, der Erosion hervorruft und deren Ausmaß von der Menge, Intensität und saisonalen Wiederkehr der Niederschlagsereignisse abhängt. Man kann den Boden nur auf eine Art und Weise vor der Erosivität der Niederschläge schützen, nämlich indem man sicherstellt, daß eine *Pflanzendecke* die kinetische Energie der Regentropfen abfängt und diese - ohne daß sie Schaden anrichten könnte - auf die Blätter und die organischen Auflage leitet.

Diese Faktoren können in empirischen Modellen zur Voraussage der Erosionsraten bei jeder möglichen Kombination von Boden, Niederschlag, Relief und Vegetation miteinander verknüpft werden. Ein derartiges Modell, das seit mehr als einem Jahrzehnt im professionellen Bodenschutz eingesetzt wird, wird in Abb. 12.6 dargestellt. Vorhersagen können nur so genau wie die Datenbank sein, auf deren Grundlage den Variablen des Modells Zahlenwerte zugeordnet werden. In Entwicklungsländern sind der Verwendung komplexerer Modelle enge Grenzen gesetzt, da erhebliche Forschungsmittel erforderlich sind, um die nötigen Experimente zu finanzieren.

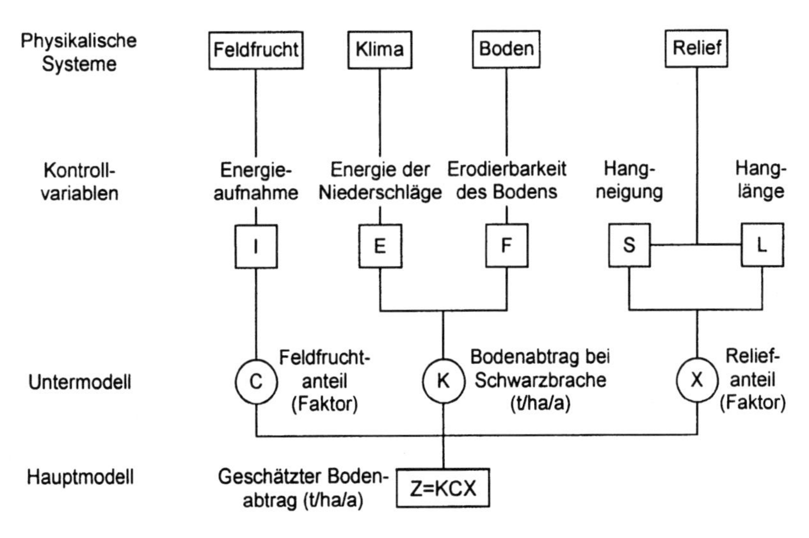

Abb. 12.6. Ein Modell zur Abschätzung von Bodenverlusten für das südliche Afrika (*Quelle:* Elwell und Stocking 1982).

Kasten 12.6 Warum schlagen Maßnahmen zum Bodenschutz so oft fehl?

Ein klassischer Ansatz für den Bodenschutz
oder: Wie einfach es ist, dem Landwirt die Schuld zu geben.

In seiner Jugendzeit arbeitete Watch Mafuta in einem Bergwerk. Mit 40 Jahren hat er nun genug davon, und die Sehnsucht nach dem Stammsitz seiner Gemeinschaft brachte ihn zur Familie «shamba» zurück ... Ein prächtig gedeihender Hausgarten versorgt ihn mit Gemüse ... Watch baut Baumwolle und Mais auf einem ausgedehnten Stück Land an ... Durch abnehmende Erträge wird er dazu gezwungen, jedes Jahr mehr Land umzupflügen. Die Unkräuter auf dem zusätzlichen Land sind ein echtes Problem ... Beunruhigt von den Berichten über Landdegradation besuchen der Beamte der Landwirtschaftsbehörde, ein ortsansässiger Helfer bei der Erschließung des Landes und ein ausländischer Entwicklungshelfer die Mafutas.

Was war das Ergebnis?

1. *Bestimmung des Problems:* diese Fachleute sehen das degradierte Ackerland, die überstockten Weiden, die armen Standorte ... und nicht eine einzige Maßnahme, die als «Bodenschutz» bezeichnet werden könnte ... Die Erosion wird als stark bezeichnet; Bodenschutz und Regeneration des Landes sind dringend nötig!
2. *Planung von Kontrollmaßnahmen:* Bodenabtragsraten werden berechnet und ein Bündel von Abhilfemaßnahmen zur Verringerung der Degradation entworfen ... «Wir brauchen jetzt bloß noch die Mitarbeit der Gemeinde», sagen sie.
3. *Durchführung des Plans:* der Plan wird den Mafutas erklärt. Sie werden dazu ermutigt und überredet; sogar versteckte Drohungen werden eingesetzt. Typischerweise zeigt man den Haushalten Fotos von erodiertem Land, Statistiken über Bodenabtrag und übertriebene Beschreibungen der furchtbaren Konsequenzen, wenn man die Erosion andauern läßt. Appelle werden an sie gerichtet, die sich auf Patriotismus, ihre Verantwortung für den Boden, gegenüber zukünftigen Generationen und für die Sicherheit des Landes berufen. Auf Versuchsflächen und an Geländetagen wird gezeigt, was sich machen läßt. Mit der Hacke in der Hand machen sich die Mafuta an die Arbeit.

Der nun folgende Ablauf erscheint in Form von Schlagzeilen in der Presse:

Projekt zum Bodenschutz stößt auf zunehmende Schwierigkeiten
Zielsetzungen von Schutzkonzept nicht erfüllt
Minister mahnt zur Geschlossenheit beim Kampf gegen die drohende Erosion
Faulen Bauern die Schuld an Erosion gegeben
Schwere Regenfälle zerstören Ackerterrassen
Hilfsorganisation steigt aus

Auf diese Weise werden die Schuldigen und Unschuldigen entlarvt. Bei den Unschuldigen stehen die Mitarbeiter der Hilfsorganisation an erster Stelle. Haben sie nicht ihr Möglichstes getan? Der Minister und die Experten sind ebenfalls schuldlos. Haben sie nicht vor den Gefahren der Erosion gewarnt? Sehen wir uns Mafuta, seine Familie und die Millionen von ähnlichen Haushalten an: sie haben es versäumt, den Warnungen Beachtung zu schenken und die nötigen Arbeiten zu erledigen – sie sind

Fortsetzung n.S.

Kasten 12.6 ***Fortsetzung***

die Schuldigen; sie leiden jetzt unter den Folgen. Wenn sonst nichts getan wird, so wird zumindest der Gerechtigkeit Genüge getan.

Schlußfolgerung

Die Mafutas beweisen, wie eng der Handlungsspielraum für Landwirte ist und wie leicht den Schwächsten der Gesellschaft die Schuld in die Schuhe geschoben werden kann. Auf globaler Ebene unterstützen wirtschaftliche und politische Kräfte die Hilfsorganisationen der Industrieländer dabei, etwas Geld – viele sagen: viel zu wenig – in die Entwicklungsländer zu lenken. Aber die Organisation will selbst entscheiden, wie das Geld ausgegeben wird. Investitionsgüter (Planierraupen, Traktoren), fachlicher und technischer Aufwand (Experten, Chemikalien) und Ausbildung (fortschrittliche Arbeitsverfahren, häufig in einer Einrichtung eines Industrielandes) stellen die am leichtesten mobilisierbaren Hilfsmaßnahmen und die bevorzugten Mittel dar, wenn man sich dem Erosionsproblem zuwendet. Das unmittelbare Problem ist jedoch nicht der Mangel an Maschinen, Experten oder sogar Wissen – es besteht darin, daß die Mafutas zu wenig Land, nicht genügend Arbeitskräfte, schwierige Umweltbedingungen und zu wenige wertvolle Ressourcen haben, um ihre Lebensbedingungen zu verbessern. Wenn sie härter arbeiten, Ackerterrassen und Abflußrinnen anlegen und ihnen dann gesagt wird, daß sie faul, unwissend und ungebildet seien, so ist das keine Lösung.

Quelle: gekürzt aus Stocking 1988b.

Es ist verlockend, bei der Erklärung der Bodenerosion bei den Standortbedingungen haltzumachen. Man kann damit den Gebrauch von Vorhersagemodellen rechtfertigen, die der Berechnung des Einflusses von Änderungen der Landnutzung oder -bewirtschaftung auf das Erosionsrisiko dienen. Die meisten fachlichen Untersuchungen und Sachverständigengutachten ziehen lediglich die augenfälligen und greifbaren Standortbedingungen in Betracht. Wenn sie überhaupt Berücksichtigung finden, so werden die sozioökonomischen, kulturellen und politischen Zusammenhänge nur als Komplikationen oder Äußerlichkeiten dargestellt, die den Kern der fachlichen Analyse nur am Rand streifen. Diese Ansicht über die Bedeutung einer standortspezifischen, fachlichen Analyse zieht möglicherweise unangenehme Nebenwirkungen nach sich. Weil mehrere dieser Variablen durch die Landnutzung gesteuert werden können und weil der Zustand des Bodens und der Pflanzendecke von falscher Bewirtschaftung des Landes stark betroffen ist, sind Vorhersagemodelle nicht nur bei der Konzeption von Schutzstrategien von Nutzen, sondern können implizit auch nachdrücklich darauf hinweisen, daß der Landnutzer an der Erosion schuld ist. Um so eher, wenn diese Person ein mittelloser Bauer ist, der seinen Lebensunterhalt auf Steilhängen, armen Böden und vegetationsarmen Flächen verdienen muß – der an der Erosion Schuldige ist eindeutig auszumachen (derart wird der Familie Mafuta die Schuld gegeben, vgl. Kasten 12.6). Aber ist das gerecht oder auch nur eine ausreichende Erklärung für Bodenerosion?

Nein! Erklärungen für Bodenerosion und Landdegradation sind auf mehreren Ebenen möglich. So stellt sich die berechtigte Frage, weshalb Landwirte die Erosion ihres Bodens zulassen sollten, wenn viele von ihnen ganz genau wissen, daß diese Verhaltensweisen ihr Wohlergehen in der Zukunft gefährden? Dies hängt teilweise davon ab, welche Entscheidungen getroffen und welche Verdienstmöglichkeiten in verschiedenen Haushalten bevorzugt werden. Für Landwirte in Entwickungsländern lohnt es sich wirtschaftlich nicht, den Bodenschutz in die eigene Hand zu nehmen. Die Direktinvestitionen sind in Relation zum Nutzen aus den zukünftigen Ernteerträgen, die nur für die folgenden Generatio-

Kasten 12.7 Elastizität und Belastbarkeit: Grundlagen für den Umweltmanager

- *Elastizität*: eine Eigenschaft, die es einem Ökosystem erlaubt, Veränderungen abzufedern und auszunutzen; Resistenz gegenüber Störungen.
- *Belastbarkeit*: der Grad, in dem ein Ökosystem in Abhängigkeit von natürlichen Einflüssen infolge anthropogener Störungen Veränderungen unterliegt; wie leicht Veränderungen bei geringen Unterschieden in einer externen Kraft ausgelöst werden.

Beispiele

1. Die tiefgründigen Lößböden der Maisanbaugebiete im Mittelwesten der USA. Sie sind leicht erodierbar (vgl. Dust Bowl), aber auf Grund großer Nährstoffvorräte und der Verfügbarkeit von Düngern und Bewässerung sind sie auch schnell regenerierbar. Hohe Belastbarkeit; hohe Elastizität.
2. Oxisole der brasilianischen Campos cerrados (Savanne). Sie weisen ein lockeres Gefüge und ausgezeichnete physikalische Eigenschaften auf. Aber der intensive Maschineneinsatz führt zur Zerstörung der Bodenstruktur und macht sie äußerst hart und erosionsanfällig. Geringe Belastbarkeit; geringe Elastizität.

		Empfindlichkeit hoch	niedrig
Elastizität	hoch	Leicht degradierbar, reagiert aber positiv auf ein Ertragspotential steigerndes Bodenmanagement	Leidet nur bei weitgehend fehlendem und dauerhaft falschem Management unter Degradation
	niedrig	Leicht degradierbar, keine Raktion auf Bodenmanagement, sollte in möglichst natürlichem Zustand belassen werden	Anfänglich gegenüber Degradation resistent, nach schweren Managementfehlern ist Ertragspotential sehr schwer wiederherstellbar

nen anwachsen, zu hoch. Die Umstellung auf alternative Landwirtschaft kann einen außergewöhnlich hohen Arbeitsaufwand erfordern und eventuell zu Beginn die Erträge sinken lassen, selbst wenn der langfristige Nutzen in geringeren Produktionskosten, einem Zuschlag auf die Marktpreise der Erzeugnisse und einer geringeren Abhängigkeit von fremden Produktionsmitteln besteht. Wenn die Gesellschaft die Ressourcen des Landes in guten Händen wissen möchte, dann kann sie nicht erwarten, daß der Landnutzer die Last alleine trägt. Für mittellose Bauern in Entwicklungsländern dürfte die Frage existentieller sein. Die Alternative besteht lediglich darin, jetzt oder in Zukunft zu verhungern. Dennoch ist die Lage in der Regel weniger dramatisch. Der von Blaikie (1989) beschriebene «Reproduktionsdruck» ist ein gutes Beispiel dafür, wie sehr die ländlichen Kleinbauern in der Klemme stecken, entweder für den augenblicklichen Lebensunterhalt zu sorgen oder sich um das Bodenschutzprojekt zu kümmern - meistens hat das Überleben Vorrang. Typischerweise muß ein Kleinbauer Rohstoffe erzeugen und zum Verkauf anbieten, um Produktionsgüter (z.B. eine Handhacke) oder Verbrauchsgüter (z.B. Batterien für ein Radio) erwerben zu können. Da der relative Wert örtlicher Erzeugnisse im Vergleich zu den Kosten für Anschaffungen abnimmt - eine weltweite Erscheinung -, muß der Kleinbauer die Produktionskosten senken und/oder die Rohstoffproduktion erhöhen. Als Folge davon müssen die verarmten Kleinbauern auf immer ärmeren, stärker degradierten und weiter entfernten Ackerflächen immer härter arbeiten. Die Arbeitskraft, die dringend in Meliorationen oder den Unterhalt von Bodenschutzmaßnahmen investiert werden müßte, muß für das unmittelbare Ziel der Rohstofferzeugung abgezweigt werden.

Eine weitere berechtigte Frage lautet, wie die ökonomische und politische Weltordnung einen solchen Zustand erreichen konnte, bei dem es für den Landnutzer sinnvoll erscheinen muß, das Land degradieren zu lassen. Unter solchen Bedingungen werden Marktpreise, die «terms of trade», das Gefüge der Agrargesellschaft, internationale Wirtschaftsbeziehungen, konkurrierende politische Interessen und globale Politik Teil der Erklärung, warum die Mafutas (Kasten 12.6) sich abmühen und es ihnen trotz ihrer bewundernswerten Anstrengungen und der Hinweise wohlmeinender Fachleute nicht gelingt, ihren Boden zu schützen.

Die Erklärung für Bodenerosion betrifft somit die gesamte Volkswirtschaft und einen Komplex nichttechnischer Fragen. Blaikie (1989) stellt ein Modell in Form einer «Kette von Erklärungen» vor, in dem diese Punkte zu einem analytischen System zusammengefügt werden; dadurch kann verdeutlicht werden, warum eine Erosionsrinne in Afrika mit einem Bürokraten an seinem Brüsseler Schreibtisch in Verbindung gebracht werden könnte. Der Finger, mit dem man auf die vermeintlich Schuldigen zeigt, könnte sich in eine Ohrfeige von diesen verwandeln.

Zwangsläufig können den Umweltplanern einige Fragen zur Erklärung gestellt werden und einige nicht. Wo sich natürliche Systeme aus Boden, Wasser und Vegetation elastisch verhalten, führen nur größere Störungen zu Degradation, die sich erheblich auf die Ernteerträge auswirkt. Diese natürliche Elastizität kann man abschätzen. Wenn diese mit einem relativ stabilen Wirtschaftsystem in einer Gesellschaft verbunden ist, die nicht nur fähig und bereit ist, Landnutzer bei der Sicherung des Bodenschutzes zu unterstützen, sondern auch ein hohes Maß an Qualifikation und Strukturen zur lokalen Entscheidungsfindung auf-

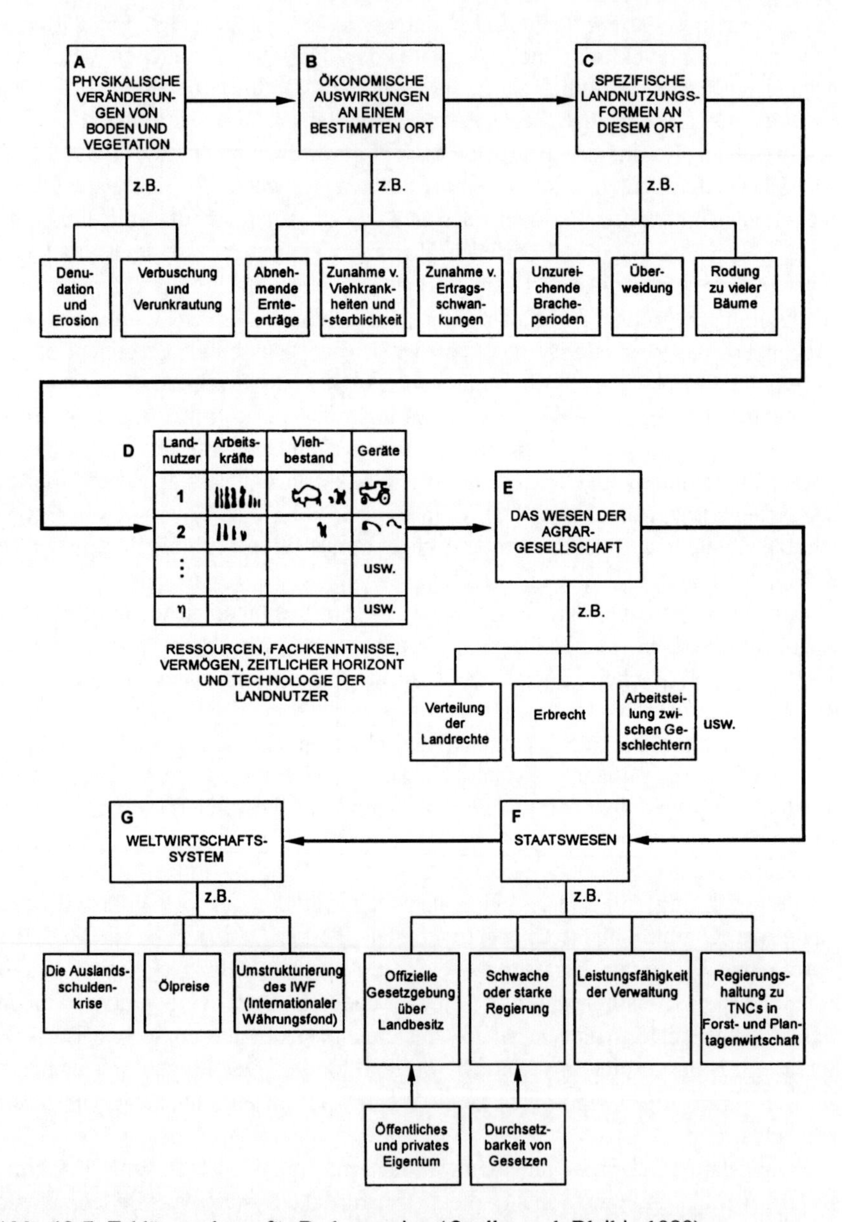

Abb. 12.7. Erklärungskette für Bodenerosion (*Quelle:* nach Blaikie 1989).

weist, dann ist das Land relativ einfach zu bewirtschaften. Aber in armen Entwicklungsländern mit ungerechtem Zugang zu Ressourcen, Korruption und vielen anderen drängenden Problemen müßte der Landbewirtschafter viel Mut besitzen, der versucht, sich mit den internationalen Wirtschaftsbeziehungen auseinanderzusetzen. Trotzdem macht das Verstehen der unterschiedlichen Erklärungsansätze für Bodendegradation es möglich, rein technische Lösungen in den Zusammenhang der wirklichen Welt zu stellen, und erlaubt, die Wahrscheinlichkeit von Innovationen einzuschätzen, die für den Landnutzer akzeptabel sind. Ein Erklärungssystem stellt auch alternative Wege zum Problem der Bodenerosion bereit - etwa die Beeinflussung der Erzeugerpreise, um gut deckende Feldfrüchte zu begünstigen; oder Zuschüsse und Leistungsprämien, um Bodenschutzmaßnahmen durchzuführen, oder eine Änderung der Zugangs- und Landeigentumsrechte. Unter den richtigen Umständen kann all das vielleicht eine Änderung der Verhältnisse herbeiführen, damit Degradation in Regeneration übergeht. Kasten 12.7 bietet sich dem Bewirtschafter des Landes als Leitfaden an, wobei zwei nützliche Begriffe verwendet werden - Elastizität und Belastbarkeit -, die beide sowohl aus der Sicht der Natur als auch des Menschen betrachtet werden können.

12.7 Boden- und Wasserschutz

Die Antwort der Gesellschaft auf Landdegradation heißt *Bodenschutz*. Dieser ist definiert als eine Reihe von Maßnahmen, welche Bodenerosion eindämmen bzw. verhindern oder Bodenfruchtbarkeit erhalten. *Wasserschutz* ist damit besonders in Trockengebieten so eng verbunden, daß viele Methoden des Bodenschutzes einen kurzfristigen Nutzen bringen, indem sie die Menge pflanzenverfügbaren Wassers erhöhen anstatt den Boden zu erhalten (Abb. 12.8). Die Zielsetzung des Schutzes von Boden und Wasser besteht darin, gleichbleibend dauerhafte Ertragsleistungen zu erzielen und gleichzeitig eine Bodenabtragsrate unter oder gleich der Rate der Bodenneubildung zu erhalten. Da die Bodenbildungsraten aus dem Anstehenden bei ungefähr 0,5–1 t/ha/a liegen, was den Raten der natürlichen Bodenerosion entspricht, sollten Bodenschutzprogramme keinen größeren Bodenabtrag zulassen, als unter einer vollständig natürlichen Pflanzendecke ohnehin stattfindet. Da jede Störung des Bodens zu einer Zunahme des Bodenabtrags führt, befinden wir uns in einem Dilemma: theoretisch sind alle Systeme der Landwirtschaft und Bodennutzung nicht nachhaltig. In der Praxis geht man deshalb von «tolerierbaren» Abtragsraten aus: entweder von einem willkürlich festgesetzten Zahlenwert, von dem man weiß, daß er in der Praxis erreichbar ist (z.B. die US-Methode, bei der Toleranzwerte in der Größenordnung von ca. 12–25 t/ha/a angegeben werden), oder von dem Niveau, auf dem die Bodenfruchtbarkeit mit technischem Aufwand in mittleren Zeiträumen, also bis etwa 30 Jahre, aufrechterhalten werden kann. Die letztgenannte Methode,

Abb. 12.8. Stufenterrassen sind überall in Südostasien das Hauptmittel zur Eindämmung der Erosion durch Wasser. Ihr Bau ist kostspielig, und sie erfordern ständigen Unterhalt.

sich ein Niveau des zulässigen Bodenabtrags als Ziel eines Bodenschutzprogramms zu setzen, gewinnt an Bedeutung. Damit wird klar erkannt, daß die Neubildungsrate des Oberbodens gut und gerne das Zehnfache der Neubildungsrate des Unterbodens erreichen kann und daß Landwirte sich das Nährstoff-«Kapital» ihrer Böden zu bestimmten Zeiten nutzbar machen und dieses sich später während einer Brachezeit regenerieren kann (Kasten 12.8); außerdem wird dabei die Rolle des Landnutzers berücksichtigt, der die Verluste an Nährstoffen und organischer Substanz durch bestimmte Eingriffe wie Gründüngung, Zwischenfrüchte, Düngemittel usw. kompensieren kann. Trotzdem bleiben erhebliche Zweifel. Aus dem augenblicklichen Wissensstand über Erosions- und Bodenbildungsraten folgt, daß die Gründigkeit der Böden im großen und ganzen geringer wird, selbst wenn die Güte des Oberbodens gleichbleibt.

Der Schutz von Boden und Wasser ist nichts Neues. Viele Weltkulturen wurden auf Bewässerungsfeldbau und bestimmten Techniken der Bodenbearbeitung begründet (z.B. Mesopotamien, die Inkas in den Anden); Homer, Vergil und Platon erwähnen beiläufig Umweltprobleme und die Notwendigkeit von Schutzmaßnahmen. Nichtsdestotrotz wurde erst in jüngerer Zeit erkannt, daß Bodenschutz für die Regenerierung degradierten Landes und den Erhalt der Ertragsleistung erforderlich ist. Die Situation in den amerikanischen Dust Bowl-Gebieten[1] zu Beginn der 30er Jahre war der Auslöser dafür, daß die größte unabhängige

[1] Trockengebiete mit Bodenerosionserscheinungen und Staubstürmen. (Anm.d.Ü.)

Institution ihrer Art, der Soil Conservation Service (SCS) des US-Landwirtschaftsministeriums und der damit verbundene Agricultural Research Service (ARS) eingerichtet wurden. Der Einfluß von SCS und ARS ist bis heute groß und führte zur Gründung ähnlicher Organisationen in anderen Staaten, vor allem in Australien, und zu Verfahren der Erosionsbekämpfung, die sich auf Forschung und einen hohen Aufwand an technischen und finanziellen Mitteln stützen. Da sich der Einsatz kostspieliger Lösungen in einer mittellosen Umgebung als schwierig erwies, hat man zum Teil für einheimische Antworten auf Landdegradation allmähliches Verständnis aufgebracht, so wie man auch die Schutzwirkung vieler traditioneller Landbauverfahren in Entwicklungsländern anerkannte (Abb. 12.9). In den Tabellen 12.4 und 12.5 werden zwei grundsätzliche Einstellungen zum Boden- und Wasserschutz gegenübergestellt, deren Unterschiede folgendermaßen zusammengefaßt werden können:

- Industrieland - Entwicklungsland;
- Subventionen/Leistungsprämien von der Gesellschaft - Landwirt zahlt selbst;
- eingeführte Technologie - im Lande entwickelte Technologie;
- Bekämpfung der Erosion - Verhinderung der Erosion;
- bauliche und mechanische Maßnahmen - biologische Mittel;
- Planierraupen und Traktoren - Hacken und Säen von Hand;
- hohe Unkosten - geringe/keine Unkosten.

Diese Unterschiede zwischen den Ländern sollten nicht übertrieben dargestellt werden. In den Industrieländern entstehen auch kleine Farmen, für die preiswerte biologische Verfahren der Bodenmelioration geeignet sind; Großgrundbesitz und kommerzielle Produktion kommen auch in Entwicklungsländern vor, wo Maschinen und bauliche Schutzmaßnahmen bei Landnutzern eindeutig erste Wahl sind. Konflikte zwischen beiden Verfahrensweisen treten jedoch dort auf, wo der Versuch gemacht wird, ein Schutzprogramm, das für eine bestimmte Ressourcenausstattung und bestimmte gesellschaftliche und ökologische Verhältnisse entwickelt wurde, auf eine völlig andere Situation zu übertragen - die Familienverhältnisse der Mafutas sind dafür ein klassisches Beispiel.

In letzter Zeit wurde der Begriff des «guten Wirtschaftens» (mit dem Boden) geprägt, um die unterschiedlichen Sichtweisen derjenigen, die den Bodenschutz praktizieren, zu überwinden und die Einsicht zu vermitteln, daß der Schutz des Bodens und des Wassers tatsächlich nur ein Teil der landwirtschaftlichen Produktion und des Umweltmanagements ist. Anstatt Bodenschutz als eine für sich stehende Strategie mit eigenen Methoden und Institutionen anzusehen, sollte man durch sparsamen Umgang mit dem Land die Vorstellung fördern, daß integrierte, an den Wurzeln der Probleme ansetzende Lösungsmodelle den gesamten Produktionskreislauf, Beschränkungen und Chancen für die Landnutzer, Zugang zu Land, Arbeitskraft und Kapital ebenso wie die technische Angemessenheit von Lösungen umfassen. Auch wenn Hudson (1992) das als neues Denkmodell lobt - vielleicht ist es das für Agrartechniker -, hängen der sparsame Umgang mit Land und Bodenerosion nicht direkt zusammen. Francis Shaxson, ein anderer neuer Stratege des Bodenschutzes bezeichnet das als «Schutz durch Verheimlichung» und begründet es damit, daß Landnutzer Bodenschutz praktizieren werden, wenn sie begriffen haben, daß er in ihrem eigenen Interesse liegt. Deren Hauptsorgen sind Ertragsleistung, Verringerung des Risikos auf ein Minimum und Sicherheit des Lebensunterhalts; wenn das, mit welchen Mitteln auch immer (verbesserte Saattechnik, neue Techniken der Bodenbearbeitung, Zwischenfrüchte, Agroforstwirtschaft, Konturpflügen etc.), erreicht wird, folgt der Bodenschutz automatisch. Das ist eine verlockende Aussicht - einfach in der Theorie, aber außerordentlich schwierig in der Praxis durchzusetzen.

Kasten 12.8 Nachhaltigkeitsquotient: ein Weg, die Landnutzung zu analysieren

Nachhaltigkeitsquotient (sustainability quotient; *SQ*)

Der Teil des gegenwärtigen landwirtschaftlichen Nettoeinkommens pro Hektar der gesamten Nutzfläche (incl. Brachflächen), der nicht auf Kosten des Nährstoffentzugs aus dem Boden erzielt wird. Dadurch wird der Anteil der Ertragsleistung ausgedrückt, der nicht aus erneuerbaren Quellen stammt (z.B. Stickstoffbildung bei Blitzschlag), und der Einkommensanteil, der nicht von der Nutzung des Boden-«Kapitals» abhängt.

Ein Beispiel aus Mali

Die landwirtschaftliche Nutzungsweise in Südmali trägt zu einer starken Abnahme der Bodenfruchtbarkeit bei. Es werden unterschiedliche Anbausysteme und Düngergaben erprobt, damit nicht nur die Erträge und landwirtschaftlichen Einkommen aufrechterhalten werden, sondern auch die Bodenfruchtbarkeit wiederhergestellt wird.

Inwieweit können Düngemittel zur Nachhaltigkeit beitragen? Die Vorräte der zwei wichtigsten Nährelemente N und K, die ständig entzogen werden, könnten höchstens zu 27 bzw. 12 % wiederhergestellt werden, wenn der Düngermitteleinsatz verdoppelt würde. Wenn die Erosion um die Hälfte verringert würde, würde sich das Defizit von N und K um 20 bzw. 33 % verringern. Anders ausgedrückt: in Trockengebieten ist Bodenschutz mindestens genauso effektiv wie erhöhter Düngemitteleinsatz. Und dabei wird die Steigerung der Ertragsleistung durch den Wasserschutz, die mit den Verfahren des Bodenschutzes einhergeht, nicht eingerechnet.

Worin besteht der Unterschied zwischen den Nutzungsweisen?

- Insgesamt: *SQ* = 0,57, d.h. 43 % des landwirtschaftlichen Einkommens basieren auf dem Gegenwert der Nährelemente (N,P,K,Ca,Mg), die der Boden durch Erosion, Auswaschung und Ernteentzug verliert und nicht auf natürliche oder künstliche Weise wieder ergänzt werden (z.B. Düngemittel, N-Fixierung).
- Empfohlene Fruchtfolge aus Baumwolle-Mais-Mohrenhirse: *SQ* = 0,95.
- Tatsächliche Folge aus Baumwolle-Mais-Mohrenhirse, wie sie von den Bauern praktiziert wird: *SQ* = 0,73.
- Traditionelle Folge aus Erdnuß-Rispenhirse-Rispenhirse: *SQ* = 0,39.
- Traditioneller Wechsel von Rispenhirse und Brache, ein Zyklus, der wegen des Bevölkerungswachstums bedroht ist: *SQ* = 0,01 - d.h. 99 % des landwirtschaftlichen Einkommens beruhen auf «Ausbeutung» des Bodens.

Quelle: van der Pool 1992.

Abb. 12.9. Ein intensives biologisches Verfahren zum Bodenschutz in Sri Lanka, bei dem lebende Zäune aus strauchförmigen Leguminosen, Grasstreifen und Bodenmulch verwendet werden.

Letzten Endes stellt der Schutz von Boden und Wasser eine der größten Herausforderungen unserer Zeit dar, um dem entgegenzutreten, was viele für die unmittelbarste Bedrohung für die Sicherheit der weltweiten Lebensmittelversorgung halten: die Landdegradation. Weitere Gefahren wie z.B. globale Erwärmung und Umweltverschmutzung regen die Phantasie der Katastrophenbeschwörer an. Aber Bodenerosion und Landdegradation sind nicht nur seit Jahrhunderten bekannte Phänomene, sondern die Menschen haben ihr Leben und ihre Gewohnheiten darauf eingestellt, einem Ressourcenbestand, der sich auf Grund dieser anthropogen beschleunigten Vorgänge verschlechtert, Rechnung zu tragen. Erosion ist nicht leicht zu erkennen; sie breitet sich schleichend aus. Die Technologie wirkt als Puffer, durch den die Gesellschaft Zeit gewinnt und es den reichen Industrieländern leichter gemacht wird, nicht den Glauben an Illusionen zu verlieren – aber früher oder später geht der Bodenvorrat zwangsläufig zur Neige. An einigen Orten ist dies bereits der Fall: Teile des Rif-Gebirges in Marokko sind infolge von Landdegradation bereits vollkommen entvölkert; die Probleme im Sahel kommen regelmäßig in die Schlagzeilen; weniger bekannt sind die verlassenen Farmen in den Hügelländern der USA, die sogenannten Grenzertragsflächen, auf denen die landwirtschaftliche Nutzung infolge der Erosion unrentabel ist; australische Weideflächen, auf denen die Erosion durch Wind an manchen Stellen den Oberboden abgetragen und ehemals ertragreiche

Tabelle 12.4. Beispiele für moderne Methoden des Boden- und Wasserschutzes

Methode	Beschreibung	Begleiterscheinungen
Techniken der Bodenbearbeitung		
Streifenpflügen	Bearbeitung von schmalen Streifen in oder neben den Saatreihen, wodurch man den übrigen Boden ungestört läßt.	Spezialausrüstung; mögliche Probleme mit Verkrustung o. Infiltration im ungepflügten Teil.
«basin listing» bzw. «tied ridging»	Bau von konturparallelen Dämmen und Furchen u. Errichtung von Querdämmen («tied ridging») zwischen den Längswällen. Ziehen der Furchen («basin listing») mit Maschinen; «tied ridging» meist in Handarbeit.	Bedarf an intensivem Maschineneinsatz und/oder erheblicher zusätzlicher Arbeitskraft. Vernässungsgefahr.
konservierende Bodenbearbeitung	Technik, bei der man leicht eggt und die Ernterückstände der Feldfrüchte liegen läßt.	Spezielle Maschinen; Ernterückstände stehen nicht für andere Zwecke (z.B. Futter, Brennstoff) zur Verfügung.
minimale bzw. keine Bodenbearbeitung	Anwendung von Herbiziden, dann direkte Einsaat in die Ernterückstände. Sehr geringe Störung des Bodens.	Teure Chemikalien und Maschinen. Gefahr der Verschmutzung und Bodenverdichtung. Kosteneinsparung für übliches Pflügen.
Techniken zur Überformung des Landes		
konturparalle Dämme («contour bunds»)	Bis zu 2 m breite Erdwälle quer zum Hang als Hindernis für den Oberflächenabfluß und zur Unterteilung des Hangs in kürzere Abschnitte. Varianten: mit schmaler o. breiter Basis; höhenlinienparallel oder ansteigend.	Zusätzlicher Arbeitsaufwand und/oder Ausrüstung. Kosten für Varianten unterschiedlich, z.B. geht bei schmalem Grundriß ca. 14% der Nutzfläche verloren.
Terrassen	Erdböschungen und größere Umgestaltungen der Landoberfläche. Drei Haupttypen: Ableit-, Rückhalte- und Bankterrassen.	Großer Arbeitsaufwand und Ausrüstung als Voraussetzung. Ständiger Unterhalt.
«terracettes»	Kleine Bauten, meist für Bewässerungsfeldbau. Unter verschiedenen lokalen Namen bekannt, z.B. «Fischschuppen»-Terrassen in China für Reihen ausdauernder Feldfrüchte; «Augenbrauen»-Terrassen für Baumpflanzungen in semiariden Gebieten.	Arbeitsaufwand und ständiger Unterhalt als Voraussetzung.
Stabilisierende Elemente		
Drahtschotterkörper	Mit Steinen und Felsbrocken gefüllte Behälter zum Schutz erosionsanfälliger Strukturen (z.B. Brücken, Wasserdurchlässe).	Hohe Kosten. Transport der Steine. Ständiger Unterhalt.
Verbau von Erosionsrinnen	Meist aus Reisig quer zur Erosionsrinne errichtet.	Material, Arbeitsaufwand und Unterhalt. Versagen oft bei schweren Unwettern.

Flächen mit unfruchtbarem Sand überdeckt hat. Man kann mit hoher Wahrscheinlichkeit davon ausgehen, daß die Zahl solcher Krisenherde der Degradation zunehmen wird. Dadurch werden angrenzende Flächen zusätzlich belastet; deren Elastizität wird auf eine sehr harte Probe gestellt. Um den Rückgang der Ertragsleistung wettzumachen, wird der Aufwand zur Nutzung der übrigen Flächen immer weiter steigen.

Tabelle 12.5. Beispiele traditioneller Boden- und Wasserschutzmethoden in Afrika

Land		Niederschläge (mm)	Methode
Burkina Faso	(Südwesten)	1000–1100	Steinwälle an Hängen; Netz aus Erdwällen und Entwässerungsgräben im Flachland
	(Mitte)	400–700	Steinriegel, -terrassen; Pflanzgruben
Kamerun	(Norden)	800–1100	(«zay»); Bankterrassen (0,5-3 m hoch)
Nigeria	(Bergland von Jos)	1000-1500	Steinwälle; gestufte, bankförmige Steinterrassen; rechtwinklig verlaufende Furchen («sagan»); Hügelbeete
Mali	(Mitte)	400	Große Gruben
		500–650	Kegelförmige Erdhügel; Pflanzlöcher; Terrassenbecken; Steinriegel; niedrige Mauern; Reihen aus Hirsestroh
Sierra Leone		2000–2500	Stöcke und Steinwälle auf den Äckern; Entwässerungsgräben
Tansania	(Uluguruberge)	1500	Leiterterrassen; konturparallele Reisigwälle
	(Südwesten)	1000	«Matengo»-Gruben von 1-1,5 m Durchmesser; Erd- und Steinterrassen;
	(Insel Ukara)	1500	«tied ridging»; Hindernisse aus Stein

Quelle: IFAD 1992.

Wie entkommt man diesem Teufelskreis? Frustrierenderweise sind die Methoden zur Lösung dieser Frage vorhanden. Es gibt keinen Mangel an Maßnahmen für alle möglichen Konstellationen von Umwelt, Landnutzung und Gesellschaft. Ein Teil der Antwort liegt wohl in einer besseren Anpassung der Lösungen an die jeweilige Situation, aber wahrscheinlich besteht auf lange Sicht die einzig mögliche Antwort darin, eine zunehmende Verschlechterung der Bodengüte zuzulassen, so daß die Menschen zu Veränderungen gezwungen werden. Schließlich reagiert man vor Ort meist erst angesichts von Hunger und Krisen auf die Landdegradation. Industrie- wie Entwicklungsländer werden Lösungen entwickeln müssen, wie es tatsächlich bereits geschehen ist; die Landnutzung muß sich notgedrungen ändern; Technologien werden kommen und gehen; Menschen werden migrieren und einige sterben. Inzwischen können die Umweltplaner das Arsenal ihrer Methoden ausbauen, neue Methoden der Analyse entwickeln und

Menschen finden, die die Mittel dazu haben, ihre Warnungen zu beachten sowie diejenigen, die sie mißachten, zu bestrafen. Nur eines ist sicher: Bodenerosion und Landdegradation müssen erst schlimmer werden, bevor sie besser werden.

Literaturverzeichnis

Blaikie PM (1989) Explanation and policy in land degradation and rehabilitation for developing countries. Land Degradation and Rehabilitation 1:23–37

Buringh P, Dudal R (1987) Agricultural land use in space and time. In: Wolman MG, Fournier F (eds) Land transformation in agriculture, Scope 32. Wiley, Chichester, pp 9–43

Clark EH (1985) The off-site costs of soil erosion. J Soil Water Conserv 40:19–22

Edwards K (1993) Soil erosion and conservation in Australia. In: Pimentel D (ed) World soil erosion and conservation. Cambridge University Press, Cambridge, pp 147–169

Elwell HA, Stocking MA (1982) Developing a simple yet practical method of soil loss estimation. Trop Agric 59:43–48

FAO (1978) Report on the agro-ecological zones project, Vol I, Methodology and results for Africa, World Soil Resources Report 48. Food and Agriculture Organization of the United Nations, Rom

FAO (1979) A provisional methodology for soil degradation assessment (mit Karten von Nordafrika im Maßstab 1:5 Mio.). Food and Agriculture Organization of the United Nations, Rom

FAO (1982) Potential population supporting capacities of lands in the developing world, Technischer Bericht FPA/INT/513 und Karten 1:5 Mio. In Zusammenarbeit mit UNFPA und IIASA. Food and Agriculture Organization of the United Nations, Rom

Hudson NW (1971) Soil conservation. Batsford, London

Hudson NW (1992) Land husbandry. Batsford, London

IFAD (1992) Soil and water conservation in sub-Saharan Africa. Towards sustainable production by the rural poor. Report prepared by the Centre for Development Cooperation Services, Free University, Amsterdam. International Fund for Agricultural Development, Rom

Lal R (1984) Productivity assessment of tropical soils and the effects of erosion. In: Rijsberman FR, Wolman MG (eds) Quantification of the effect of erosion on soil productivity in an international context. Hydraulics Laboratory, Delft, pp 70–94

Norse D (1992) A new strategy for feeding a crowded planet. Environment 34/5:6–12, 32–39

Norse D, James C, Skinner BJ, Zhao Q (1992) Agricultural land use and degradation. In: Dooge J (ed) Agenda for science for environment and development into the 21st century. Cambridge University Press, Cambridge

Oldeman LR, Hakkeling RTA, Sombroek WG (1990) Global assessment of soil degradation. International Soil Reference Information Centre, Wageningen

Ostberg W (1991) Land is coming up. Burungee thoughts on soil erosion and soil formation. EDSU Working Paper 11. School of Geography, Stockholm University, Stockholm

Pimentel D, Allen J, Beers A et al. (1993) Soil erosion and agricultural productivity. In: Pimentel D (ed) World soil erosion and conservation. Cambridge University Press, Cambridge, pp 277–292

Stocking MA (1988a) Quantifying the on-site impact of soil erosion. In: Sanarn Rimwanich (ed) Land conservation for future generations. Department of Land Development, Bangkok, pp 137–161

Stocking MA (1988b) Socio-economics of soil conservation in developing countries. J Soil Water Conserv 43:381–385

Van der Pol F (1992) Soil mining: an unseen contributor to farm income in southern Mali, Bulletin 325. Royal Tropical Institute, Amsterdam

Wild A (1993) Soils and the environment: an introduction. Cambridge University Press, Cambridge

World Resources Institute (1992) World resources 1992–93. Oxford University Press, Oxford

Weiterführende Literatur

Das Standardwerk, das Degradation aus einen nichttechnischen Blickwinkel betrachtet, ist Blaikie P und Brookfield H (eds) (1987) Land degradation and society (Methuen, London). Kapitel über Erosionsmessung, Kolonialismus, Gemeinschaftseigentum an Ressourcen, Unternehmungsgeist und wirtschaftliche Kosten und Nutzen. Nichts für furchtsame Gemüter.

De Graf J (1993) Soil conservation and sustainable land use: an economic approach (Royal Tropical Institute, Amsterdam) ist ein 190seitiges Buch, das technische Schutzmaßnahmen in einen eindeutigen Zusammenhang zur Ökonomie setzt und Richtlinien gibt, wie soziale und wirtschaftliche Kosten und Nutzen sowie externe Effekte einbezogen werden können. Viele nützliche Beispiele aus Entwicklungsländern.

Hudson NW (1992) ist ein Schuldeingeständnis eines Technikers, des Autors der Standardveröffentlichung (1971) zum Bodenschutz; er gibt heute zu, daß man die Symptome und nicht die Ursachen der Degradation behandelt hat. Gute Landbewirtschaftung bedeutet Pflege, Management und Verbesserung von Landressourcen. Noch ist es nur eine technischer Ansatz zum Management von Ressourcen, aber dieser umfaßt einen erweiterten Faktorenkomplex einschließlich biologischer Kontrolle. Auch alte Hasen können hier noch dazulernen!

Eine hervorragende Darstellung des Managements von Ressourcen mit Bürgerbeteiligung ist IFAD (1992), die besonderen Wert auf lokal vorhandenes Know-how legt und das Augenmerk auf die Gefahren eines Versuchs lenkt, mittellosen Ländern High-Tech-Lösungen für das Problem der Landdegradation aufzuzwingen. Pimentel D (ed) (1993) World soil erosion and conservation. Cambridge Studies in Applied Ecology and Resource Management (Cambridge University Press, Cambridge) hat einen ambitionierten Titel. Einige herausragende Übersichtskapitel von Ländern, besonders in bezug auf den Zusammenhang zwischen Landdegradation und Hunger in Äthiopien. Pimentel gibt eine nützliche Darstellung über den Zusammenhang zwischen Bodenerosion und landwirtschaftlicher Ertragsfähigkeit. Schließlich zeigen Tiffin M, Mortimore M, Gichuki F (1994) More people, less erosion: environmental recovery in Kenya (Wiley, Chichester) faszinierende Details davon, wie sich die Gesellschaft vor Ort an abnehmende Bodenressourcen anpaßt. Man betrachte und vergleiche vor allem Photos von 1937 mit Machokos, degradierten Hängen und von 1990 mit üppiger Vegetation.

Teil C

Teil C

Die Umweltverschmutzung, ihre Gefahrenpotentiale, Auswirkungen auf die Gesundheit und die Energieerzeugung - sie alle werden durch unzuverlässige Wissenschaften und institutionelles Versagen miteinander verknüpft. Die Umweltverschmutzung ergibt sich zum einen aus unangemessenen, staatlichen wie privaten Besitzrechten - einem ordnenden Instrument, das dem Kapitalismus stets dienlich war - und zum anderen aus der Unfähigkeit, die Folgen des eigenen Handelns abzusehen. Solange so etwas wie ein Bürgerrecht auf Umwelt fehlt, ist wohl der «Michigan Environmental Protection Act» von 1972 die beste Übereinkunft in dieser Richtung. Sie gestattet Bürgerinitiativen, gegen Umweltverschmutzer und Behörden vorzugehen, um die Gesundheit und den geistigen Frieden der Menschen zu erhalten. Im gegebenen Fall ermutigt eine solche Gesetzgebung eher den Staat, hart und aggressiv gegen Umweltverschmutzer vorzugehen, als daß sie eine riesige Lawine von Prozessen der betroffenen Bürger auszulösen vermag.

In unserer heutigen Welt, in der die Umweltverschmutzung stärker bekämpft wird, sind eine Reihe wichtiger Veränderungen zu beobachten:

- *Informationen* sind besser verfügbar. Dies ist ein Ergebnis regelmäßiger Umweltzustandsberichte, die heutzutage von den meisten Ländern der nördlichen Hemisphäre erstellt werden, und der Informationsnetzwerke, die durch das UN-Umweltprogramm versorgt werden. Die Schaffung einer Europäischen Umweltbehörde, die auf Grund von Querelen über ihren Standort lange hinausgezögert wurde, könnte dazu beitragen, die Sammlung und Veröffentlichung wissenschaftlicher Daten über den Zustand der Umwelt zu vervollständigen. Dies ist ein wichtiger Schritt nach vorne, selbst wenn alle Staaten eigene, unabhängige und kompetente Büros für Umweltstatistik aufbauen sollten.
- *Die Definition von Umweltschäden* wird ständig erweitert, so daß nicht nur das menschliche Wohlergehen, sondern auch die Integrität der Ökosysteme selbst einbezogen werden kann. Auch wenn dies auf keinen Fall ein Ersatz für ein effektives Umweltrecht sein kann, so liefert es den Exekutivorganen doch verstärkt ökologisch ausgerichtete Bewertungen des Zustands der Umwelt und ermöglicht genauere Zielvorgaben für eine erfolgversprechendere Durchführung vorbeugender Maßnahmen.

- *Qualitätsstandards für die Umwelt*, öffentliche Bewertungsmaßstäbe, Maßstäbe für die *de minimis*-Risikoabschätzung - all die allgemeinen oder regionalen Grenzwerte einer gesunden Umwelt - werden immer gebräuchlicher und zunehmend einheitlicher, um als Basis für die Bestimmung von Toleranzgrenzen bei Emissionen und der Abfallentsorgung zu dienen. Das Konzept der kritischen Belastbarkeit, insbesondere der Grenzwerte der ökologischen Aufnahme von Schadstoffen, wird ebenfalls verstärkt beachtet. Diese Normen und Maßstäbe lassen sich nicht einfach bestimmen. Die Wissenschaft hat eine wichtige Funktion zu erfüllen, indem sie Vorschläge unterbreitet, wie diese Standards, Maßstäbe und Grenzwerte auszusehen haben, selbst wenn dabei weiterhin viele Mutmaßungen eine Rolle spielen.
- *Der «lange Arm» der Verwaltungsbehörden* und die Verhandlungsformen hängen sehr stark von der Kultur der politischen Führung und den aktuell gültigen Vermittlungsrichtlinien ab. In den USA und Deutschland ist die Praxis eher formalisiert und zielorientiert, wobei die öffentlichen Organe als eine Art ökologische oder Umweltpolizei fungieren. In Großbritannien, Südeuropa und auch Skandinavien wählt man einen unauffälligeren Weg, um Umweltstandards festzusetzen, wobei die Wörter «verständlich» oder «machbar» die Funktion haben, die Härte der durchzusetzenden Maßnahmen und Regelungen zu mildern. In der Praxis verhandeln die meisten offiziellen Stellen über ein Set möglicher Vorgehensweisen, solange es technische oder verwalterische Alternativen im Rahmen der bestmöglichen Praxis gibt, solange die Manager zuzustimmen bereit sind und solange die festgelegten Standards dem Verschmutzer, der sowieso schon in wirtschaftlichen Schwierigkeiten steckt, nicht maßlose Emissionsreduktionen in einer viel zu kurzen Zeitspanne auferlegen. Es ist deutlich zu sehen, wie hier unvermeidlich Raum für Kompromisse eröffnet wird.
- Die Kontrolle *«up the pipe»* ist ein Ausdruck, der darauf hinweist, daß Firmen verstärkt ihre Produktpalette umstrukturieren, neue Erzeugnisse aus Abfällen entwickeln und nach effizienteren Techniken zur Schadstoffvermeidung suchen. Ebenso trachten die staatlichen Stellen nicht nur danach, die Schadstoffe an ihrer Quelle zu verhindern. Auf Grund neuer Umweltverwaltungsinstrumente - wie den Öko-Audits («ökologische Buchhaltung») der Industrie (und eventuell der Regierungen) in der Europäischen Union, dem BS 7750 in Großbritannien oder dem Programm zur Risikoverhütung der US-amerikanischen Umweltschutzbehörde (Environmental Protection Agency, US EPA) - beginnt das Management, den Umweltschutz im Zentrum seiner geschäftlichen Innovationen zu verankern.
- *Zahlungen für Schadstoffreisetzungen*, für die Kosten der erteilten Emissionslizenzen und um die Rücknahme gebrauchter Materialien zu geeigneten Entsorgungsformen (Abfallrückführung) zu fördern, gewinnen an Popularität. Dies ist teilweise einem Wandel in der politischen Ideologie zuzuschreiben, die lieber den Verursacher als den Steuerzahler als Einnahmequelle aus solchen Dienstleistungen heranzieht. Darin spiegelt sich auch die Auffassung

wider, die Lasten der öffentlichen Hand zu reduzieren, indem man den Verbraucher zwingt, über indirekte Steuern dafür zu aufzukommen. Aber der Fairneß halber muß man darauf hinweisen, daß dies auch Ausdruck eines neuen Willens ist, die Umweltbesteuerung zu verstärken, um Anreize zu schaffen, die das Verhalten in Richtung Nachhaltigkeit lenken, und um Einnahmequellen für die Finanzierung vorbeugender Maßnahmen zu eröffnen.

All diese Entwicklungen erfordern die Umorganisation der Wirtschaft, Wissenschaft und der Institutionen im Hinblick auf sozial verträglichere Konzepte und vorbeugende Ansätze des Ressourcenmanagements und der Schadstoffvermeidung. Gerade die besondere Natur der oben angeführten Veränderungen trägt auch dazu bei, das politische Klima zu verändern, das solche Reformen befördert. Da also internationales Handelns angesichts der Herausforderungen durch die grenzüberschreitende Verbreitung der Schadstoffe immer wichtiger wird, bedienen sich die Staaten der erweiterten, vernetzten und ihre Ergebnisse teilenden Wissenschaft, um Normen festzulegen, die Durchführung von Maßnahmen zu unterstützen und die Bezahlung für angebotene Dienste zu festzulegen.

In allen folgenden Kapiteln ist auch ein legitimes Anliegen zu spüren, eine angemessene Relation zwischen dem Aufwand an Technik, Mühen und finanziellen Mitteln, die eingesetzt werden müssen, um die Verschmutzung oder andere Umweltrisiken zu vermindern, und den dadurch bewirkten Verbesserungen der ökologischen Lebensfähigkeit und des menschlichen Wohlergehens zu bestimmen. Irgendeine Form der Bemessung des Nutzens muß gegen die Kosten aufgemacht werden, unabhängig davon, wie ungenau das wissenschaftliche Modelling und die gewichteten Beurteilungen sind. Dieser Punkt wurde in Kap. 2 erörtert und wird in der Diskussion der Risiko-Nutzen-Kalkulation in Kap. 17 wieder auftauchen. Einige Aspekte der Schwierigkeiten, Veränderungen des Wohlergehens auf Grund von Umweltveränderungen genau zu bestimmen, werden in Kap. 18 genauer untersucht.

In Großbritannien ringt *Her Majesty's Inspectorate of Pollution*, HMIP (1993), eine integrierte Aufsichtsbehörde für Schadstoffbelastungen, in einer bemerkenswerten Weise mit diesen Problemen. Das HMIP erkannte, daß die staatlichen Bewertungsstandards nicht über die vorhandenen wissenschaftlichen Kenntnisse festgesetzt werden können, so daß sich diese Institution, wenn formalisierte Standards nicht verfügbar sind, auf hausinterne Nachforschungen, Expertenurteile und internationale Vergleichsfälle bezieht. Dies bildet im Falle behördlicher Auflagen die Handlungsbasis. Um zu verhindern, daß sich die Umweltschäden zu sehr den politisch festgelegten Grenzen der Umweltverträglichkeit nähern, hat das HMIP festgelegt, daß die praktischen Richtwerte ein Zehntel des Qualitätsstandards der allgemeinen oder geschätzten Richtwerte umfassen sollen.

Der Punkt, an dem Kosten und Nutzen bestimmt werden, ergibt sich aus dem Kontext dessen, was das HMIP als «beste anwendbare Umwelt-Option» (*best practikable environmental option*, BPEO) bezeichnet. Diese Option wird in drei Schritten abgeleitet:

1. Zunächst wird ein *Substanztoleranzquotient* (TQ) für jede Substanz, die in die Luft, ins Wasser oder in den Boden emittiert wird, errechnet. Dies ist die Summe der aktuellen Emission zusammen mit der natürlichen Konzentration des Stoffes, geteilt durch den Umweltqualitätsstandard (UQS) oder den staatlich veranschlagten Wert (SVW):

$$\text{TQ (Stoff)} = \frac{\text{Umgebungskonzentration + geplanter Eintrag}}{\text{UQS oder SVW}}$$

2. Anschließend wird ein *mittlerer Toleranzquotient* durch die Summierung der mittleren TQs jedes einzelnen Stoffes abgeleitet:

$$\text{TQ (Mittelwert)} = \text{TA}(a) + \text{TQ}(b) + \text{TQ}(c) \ldots \text{TQ}(i)$$

wobei (a), (b), (c) usw. jene Stoffe umfaßt, die in bezug auf die Schädigung der Umwelt signifikant sind.

3. Schließlich wird ein BPEO-Index durch die Addition der mittleren TQs für den betreffenden Standort ermittelt. Wenn eine Reihe von Verfahren zur Schadstoffreduzierung in dieser Form betrachtet wird, dann wäre die beste Option für die Umwelt jene mit dem niedrigsten BPEO-Index. Dieser kann mit den jährlichen Kosten für die Reduzierung jeder anderen alternativen Option, die in bezug auf ihre Kosteneffektivität untersucht wurde, verglichen werden.

Dieser Ansatz steckt immer noch in seinen Anfängen. Eine Vorstudie hat ergeben, daß teurere Reduzierungsoptionen im Falle einer mit Kohle beheizten Kohlefabrik keine nennenswerten Verbesserungen des BPEO-Index erbringen. Deshalb sind also die «besten anwendbaren Techniken, die keine exorbitanten Kosten mit sich bringen», nicht zwingend die beste Technik überhaupt, aber die beste in bezug auf einen bestimmten BPEO-Index, wenn dieser nicht überschritten werden soll.

Wahrscheinlich werden die entsprechenden meinungsbildenden Umweltgruppen diesem Ansatz mit einiger Mißbilligung begegnen, da er ausdrücklich dazu führt, daß das HMIP die besten qualitativen Techniken, die es in Europa oder den USA gibt, *nicht* zur Anwendung bringt. Zudem besteht die Schwierigkeit, daß nicht jede in Betracht gezogene Option für die Umwelt die optimale ist, solange keine TQs für Stoffe verwendet werden, um die Auswahlmöglichkeiten für deren Beseitigung zu bestimmen. Und schließlich ist der Nutzen nicht in allen Fällen ein genau bestimmbarer Grenznutzen, sondern einfach ein Hilfsmittel, das auf einer mehr oder weniger groben Schätzung von Umweltqualitätsstandards beruht. Nichtsdestoweniger ist dies für den Anfang ein brauchbarer Versuch, handfeste Maßstäbe zu bestimmen, mit denen die Kosteneffektivität der Schadstoffvermeidung und, zur gegebenen Zeit, Risikoverminderung gemessen werden kann.

Weiterführende Literatur

Das betreffende HMIP-Dokument ist Her Majesty's Inspectorate of Pollution (1993) Environmental, economic and BPEO assessment: principles for integrated pollution control (HMIP, London). Eine gute Darstellung des sich verändernden Umganges mit der Verschmutzung bietet Weale A (1993) The new politics of pollution (Manchester University Press, Manchester). Als Bewertung integrierten Umweltschutzes empfiehlt sich Haigh N, Irwin F (eds) (1987) Integrated pollution control (The Conservation Foundation, Washington DC).

13 Grundwasserverunreinigung und -schutz

Kevin Hiscock

Behandelte Themen:

- Quellen der Grundwasserverschmutzung
- Grundwasserverunreinigung in Entwicklungsländern
- Grundwasserkontamination in Sri Lanka
- Grundwasserschutz in Entwicklungsländern
- Grundwasserverunreinigung in Industrieländern
- Grundwasserkontamination in Nassau County
- Grundwasserschutz in Industrieländern

Die Verschmutzung des Grundwassers könnte zur Geißel unseres Jahrhunderts werden. Dabei hängt viel von der Ausbreitung der toxischen und persistenten Chemikalien ab, die mit der weltweiten landwirtschaftlichen Intensivierung, aus Salz-Extrusionen gestörter Böden in Trockengebieten und mit dem Regen, der mit flüchtigen Emissionen aus Millionen winziger Quellen kontaminiert ist, von denen nicht alle festgestellt und überprüft werden können, in die Böden gelangen. Die natürlichen Speicher all dieser Chemikalien sind Boden, Grundwasser und mit toxischen Sedimenten gefüllte Flußmündungen. Am heimtückischsten sind die Kontamination des Grundwassers mit Krankheitserregern aus dem Abfluß von Kläranlagen, die Nitratverunreinigungen aus übermäßigem oder ungeeignetem Düngereinsatz, Schwermetalle aus dem Niederschlag, Ölverseuchung durch illegale Entsorgung, die Lösungsmitteleinträge aus schlecht geführten Müll- oder Sondermülldeponien und auch die Sedimente in Flüssen und Flußmündungen, aus denen sämtliche Arten eingelagerter Schadstoffe entweichen.

Die Hydrogeologie entwickelt sich immer mehr zu einer eigenständigen Disziplin, ihre beratende Funktion gewinnt an Bedeutung. Einer der Gründe dafür ist die stets zunehmende Bedeutung der Grundwasserquellen, da sich Erholungssuchende gegen neue Oberflächenquellen wenden oder diese aus naturschutzfachlichen Gründen (vgl. Kap. 7) wegfallen. Gleichermaßen wichtig sind Gesetzesänderungen, die kontaminierte Grundstücke betreffen, damit diese offiziell einen Status erlangen, für den eine unbeschränkte Haftung gilt. Im Prinzip ist der Eigentümer für alles verantwortlich, was auf seinem Land geschieht und eventuell gegen die Interessen von Nachbarn verstößt. In den USA wurde dieses Problem in gewissem Umfang durch die Einführung der «Superfund»-Gesetzgebung (offiziell bekannt als der *Comprehensive Environmental Response,*

Compensation and Liability Act 1980) gelöst. Mit diesem Gesetz wird von all denen eine Steuer erhoben, die toxische Abfälle auf schlecht verwalteten Industriegeländen, die langfristig eine Gefahr für das Grundwasser darstellen, lagern. Viele Fabrikgelände aus vergangenen Zeiten industrieller Aktivität wurden sich selbst überlassen. Der Kostenaufwand für die nötige Risikoeinschätzung und Altlastensanierung auf diesen verlassenen Standorten wird vom *Superfonds* getragen. Das Verfahren der Gefahrenabschätzung führt zu einer Gefahreneinstufung für jedes Industriegelände, von denen die gefährlichsten in einer nationalen Prioritätenliste geführt werden. Über 35 000 Vorabbeurteilungen und 20 000 Standortuntersuchungen wurden bereits abgeschlossen. Möglicherweise müssen 3500 von ca. 300 000 Standorten, die alle Aufmerksamkeit verdienen, auf die nationale Prioritätenliste gesetzt werden. Obwohl der Superfond über etwa $15 Milliarden «eingefrorener» Mittel verfügt, ist es sehr wahrscheinlich, daß diese und noch viel mehr erforderlich sein werden, um die notwendigen Arbeiten durchzuführen. Der Kostenaufwand für die Sanierung hängt teilweise von der Sachkenntnis der Hydrogeologen ab, die das nötige Rüstzeug mitbringen, um abschätzen zu können, an welcher Stelle die toxische Verunreinigung das Grundwasser erreicht, falls der betreffende Standort nicht saniert wird. Genauso wird jeder geplante Deponiestandort die Dienste eines ausgebildeten Hydrogeologen benötigen, wenn er einer Umweltverträglichkeitsprüfung standhalten soll.

Eine alarmierende Entwicklung für Wirtschaftsunternehmen und ihre Geldgeber in Europa ist die Aussicht auf eine EU-Richtlinie über die zivilrechtliche Haftung. Diese Richtlinie erlegt Grundstückseigentümern eine gesetzlich vorgeschriebene Verpflichtung auf, jedes kontaminierte Grundstück zu säubern oder für alle Folgen einer späteren Grundwasserkontamination aufzukommen. Weil die Haftung unbeschränkt ist und zugleich streng ausgelegt wird – sie tritt sogar dann ein, wenn ein Grundstückseigentümer die Kontrollvorschriften zum Umweltschutz eingehalten hat –, wird sie auf jeden ausgedehnt, der an einem solchen Grundstück finanziell beteiligt ist. Deshalb ist es verständlich, daß diese Richtlinie eine rege Betriebsamkeit in den Vorstandsetagen und in der Versicherungsbranche ausgelöst hat. Jeder müßte beim Kauf eines alten Gaswerkgeländes oder einer früheren Elektrotechnikfirma den teuren Rat eines erfahrenen Hydrogeologen in Betracht ziehen, bevor er das Gelände erwirbt. So überrascht es nicht, daß die Hydrogeologie in Umweltberatungen zu einer lukrativen Einkommensquelle wurde.

Ein kürzlich in Großbritannien aufgetretener Fall hebt die Bedeutung der angewandten Hydrogeologie im verschlungenen Verfahren zivilrechtlicher Schadensersatzverpflichtungen bei Verunreinigungen hervor. Die Cambridge Water Company ist eine private Körperschaft, die die Stadt Cambridge und ihre Umgebung mit Wasser versorgt. Im Jahr 1976 erwarb sie ein Bohrloch, aus dem ein Achtel des Wassers für die Versorgung von einer Viertel Million Menschen bezogen wird. Um dieses Wasser ins Netz einspeisen zu dürfen, mußte das Unternehmen den EU-Richtlinien für Trinkwasser entsprechen. Unter anderem fordert diese Richtlinie, daß gesundheitlich unbedenkliches Wasser nicht mehr als ein Mikrogramm pro Liter (1 μg/l) organische Chlorverbindungen enthalten darf. Für Tetrachloräthanverbindungen lag die maximal zulässige Konzentration bei 10 μg/l. Als das Unternehmen das erste Mal die Qualität des Bohrlochwassers prüfte, waren diese Verordnungen noch nicht in Kraft. Mitte der 80er Jahre wurden Perchloräthankonzentrationen in Höhe von 70–170 μg/l festgestellt. Das Unternehmen stellte die Förderung ein und versuchte die Schadstoffquelle ausfindig zu machen, um gegen den Verursacher eine Schadensersatzklage anzustrengen.

Es stellte sich heraus, daß die Quelle eine Gerberei war, die Eastern Counties Leather PLC. Diese Firma entfettete Felle mit Perchloräthan. Das Perchloräthan wurde in Fässern auf dem Gelände gelagert. Vermutlich sind einige davon ausgelaufen oder Perchloräthan ist versehentlich in das Grundwassersystem gespült worden. Der Kostenaufwand für die Erschließung einer Ersatzquelle belief sich auf nahezu £1 Mio. und bildete die Grundlage für die Schadensersatzforderung gegen Eastern Leather.

Das Berufungsgericht entschied zugunsten der Cambridge Water Company, nicht auf Grund der unbeschränkten Haftung, sondern wegen Belästigung. Bei der unbeschränkten Haftung handelt es sich um ein zivilrechtliches Instrument, das einem Grundstückseigentümer die Pflicht zu verantwortungsvollem Umgang mit seinem Grundstück auferlegt, unabhängig davon, ob erlassene Auflagen eingehalten wurden oder nicht. Jeder Austritt aus einer nicht natürlichen Quelle, d.h. einer Quelle, die von Natur aus nicht auf diesem Gelände zu erwarten wäre, bildet den Anlaß für eine Haftung. Das Berufungsgericht verfolgte eine andere Richtung und argumentierte, daß die Gerberei Ursprung einer Belästigung im Sinne einer Störung der natürlichen Eigentumsrechte anderer, die ebenfalls ein Gegenstand unbeschränkter Haftung sind, war. Die Behauptung, daß die Kontrollstandards für solche Verunreinigungen erst in Kraft traten, nachdem die Kontamination eingetreten war, wurde nicht als Verteidigung anerkannt.

Der Fall wurde schließlich im Dezember 1993 im Oberhaus, der höchsten Gerichtsbarkeit in gesetzlichen Grundsatzfragen in Großbritannien, entschieden. Ihre Lordschaften beschlossen, daß es übertrieben war, Eastern Counties Leather PLC für Aktivitäten haftbar zu machen, die vor langer Zeit geschehen sind. Zudem hätte das Unternehmen angemessene Vorkehrungen gegen ein Grundwasserverunreinigung getroffen. Das Urteil bezog sich auf die *Vorhersehbarkeit* eines Schadens: da die Lagerung von Chemikalien auf einem Industriegelände eine zu billigende oder notwendige Nutzung des Grundstücks sei, war ein Auslaufen dieser toxischen Stoffe einkalkulierbar, solange der Schaden gering gehalten und angemessene Sicherheitsvorkehrungen getroffen wurden. Das Urteil des Oberhauses lenkte die Haftungsfrage praktisch auf einen engeren Bezugsrahmen um, nämlich auf die Haftung für *nachweisbare* und *vermeidbare* Schäden, die jeder vernünftige Mensch *vorhersehen* könnte - sehr zur Erleichterung der Versicherungswelt. Aber Ihre Lordschaften wiesen auch mit allem Nachdruck darauf hin, daß die Maßnahmen zur Überwachung und Durchsetzung der neuen Vorschriften zum Grundwasserschutz beträchtlich verschärft werden sollten. Diese Entscheidung legt auch mehr Gewicht auf eine hochqualifizierte hydrogeologische Wissenschaft im Rahmen von Umweltverfahren.

Dieser Fall löst nicht den umstrittenen gesetzlichen Disput zwischen unbeschränkter Haftung *per se* und der Interpretation der unbeschränkten Haftung bei einer Verunreinigung. Es zeigt sich aber, daß Kenntnisse in der Grundwasserhydrologie dann bedeutsam werden, wenn es gilt, drohende Schadensersatzforderungen von enormem Ausmaß zu vermeiden. Es ist also kein Wunder, daß eine Anzahl besonnener Versicherungsgesellschaften es vermeiden, eine Versicherung für solche Grundstücke abzuschließen, bei denen auch nur die geringste Möglichkeit einer Umweltgefährdung besteht. Tatsächlich ist es für Firmen, die mit einer Umwelthaftung konfrontiert sind, zunehmend schwierig, eine Versicherung abzuschließen.

13.1 Einführung

Grundwassser bildet den Teil des natürlichen Wasserkreislaufs, der innerhalb der Gesteinsschichten oder *Grundwasserleiter* auftritt. Leider wird mit dem Grundwasser allzu oft nach dem Prinzip: «Aus den Augen, aus dem Sinn» verfahren. Mehr als 98 % der auf der Erde verfügbaren Süßwassermenge ist Grundwasser, das in Poren und Klüften der Gesteine gespeichert ist. In England und Wales werden etwa 35 % der gesamten öffentlichen Wasserversorgung über Grundwasser gedeckt, was ungefähr 75 % der Gesamtentnahme entspricht. Grundwasser ist ein wichtiger Faktor in Industrie und Landwirtschaft. Das gilt auch für unsere Flüsse, da sie bei Niedrigwasser immer noch mit Grundwasser gespeist werden. Grundwasser erfüllt nicht nur den Zweck der Flußregulierung, es speist auch Oberflächengewässer durch Quellen und Sickerungen, spielt eine bedeutende Rolle in Feuchtgebieten und ihren Ökosystemen. Ein Rückgang oder eine Absenkung des Grundwassers kann sich auf den Gesamtabfluß eines Flusses auswirken. Eine Verringerung in der Menge oder in der Qualität des austretenden Grundwassers kann einen bedeutenden Einfluß auf die Qualität eines Oberflächenwassers und auf die Einhaltung der Wasserqualitätsstandards haben. Oberflächenwasser und Grundwasser sind über viele gemeinsame Stellen eng in den Wasserkreislauf eingebunden.

Kasten 13.1 Die Definition von «kontaminiertem Grundwasser»

Kontaminiertes Grundwasser ist Grundwasser, das infolge einer menschlichen Einwirkung höhere Konzentrationen an gelösten oder suspendierten Stoffen enthält, als nationale oder internationale Normen für Trinkwasser, industriell oder landwirtschaftlich genutztes Wasser maximal erlauben.

Der Schutz des Grundwassers ist von höchster Bedeutung. Ist es erst einmal verunreinigt, wird es schwierig, wenn nicht gar unmöglich, es zu sanieren. Seine langsamen Strömungsraten und eine niedrige mikrobiologische Aktivität begrenzen jegliche Selbstreinigung. Prozesse, die in Oberflächengewässern Tage oder Wochen dauern, benötigen im Grundwasser wahrscheinlich Jahrzehnte.

Durch Abfallbeseitigung und weitverbreiteten Gebrauch potentiell umweltbelastender Chemikalien in Industrie und Landwirtschaft nimmt die Gefahr einer Grundwasserverunreinigung zu. Eine solche kann entweder von einer *einzelnen, lokal begrenzten* Quelle stammen, z.B. einer Abfalldeponie, oder durch eine *breitere, weitreichende* Nutzung von Chemikalien auftreten, wie bei der Anwendung von Düngemitteln oder Pestiziden und bei der Deposition von Luftschadstoffen in stark industrialisierten Regionen.

Die Vorräte und die Qualität des Grundwassers müssen deshalb durch ein ordentliches Management geschützt werden. Es ist besser, den Gefahren einer Kontamination des Grundwassers vorzubeugen bzw. sie zu verringern, als die Folgen einer Kontamination zu behandeln.

Abb. 13.1. Durch ungeeignete Lagerung und ein späteres Auseinanderbrechen von Fässern mit Schmierölzusatzstoffen entsteht eine punktförmige Verunreinigungsquelle. Obwohl vielleicht nicht sofort als Quelle einer Grundwasserkontamination erkennbar, sind solche heimtückischen Freisetzungen von Chemikalien in der Industrie eine ernste Gefahr, besonders da bereits sehr niedrige Konzentrationen synthetischer und toxischer Chemikalien das Grundwasser für den menschlichen Gebrauch untauglich machen können. Auf dem Foto gibt es einen offenbar undurchlässigen, harten Untergrund, aber in Wirklichkeit handelt es sich um schlecht erhaltene Betonversiegelung. Das Entwässerungsnetz an der Oberfläche kann wässrigen Schadstoffen einen direkten Zugang zum Grundwassereinzugsgebiet ermöglichen (Mit freundlicher Genehmigung von RP Ashley).

Dieses Kapitel befaßt sich mit der Grundwasserkontamination (Kasten 13.1). Das Thema umfaßt die Betrachtung von hydrogeologischen Grundsätzen und diskutiert zwei Falluntersuchungen - eine aus einem Entwicklungsland und eine aus einem Industrieland. Der Leser sollte zum Schluß des Kapitels ein allgemeines Verständnis der wissenschaftlichen Hintergründe und Fragen, die mit der Grundwasserverunreinigung und den dazu entwickelten Schutzmaßnahmen verbunden sind, gewonnen haben.

Abb. 13.2. Ein Beispiel für den Eintritt einer Verunreinigung, die durch die Entgleisung von Öltankwaggons verursacht wurde. Bemerkenswert sind die durch das nachfolgende Feuer entstandenen Verformungen der Waggons. Wie auch bei Unfällen im Straßentransport besteht die Gefahr einer Verunreinigung durch Oberflächenabfluß mit Erreichen lokaler Gewässer oder Versickerung (Mit freundlicher Genehmigung von RP Ashley).

13.2 Quellen der Grundwasserverunreinigung

Veränderungen der Grundwasserqualität können sich aus den direkten oder indirekten Einflüssen anthropogener Aktivitäten ergeben. Direkte Einflüsse resultieren z.B. aus Einleitungen natürlicher oder künstlicher Stoffe in das Grundwasser. Mit indirekten Einwirkungen sind solche Qualitätsänderungen gemeint, die mittels hydrologischer, physikalischer und biochemischer Prozesse, aber ohne Stoffeinträge ablaufen.

Kasten 13.2 Der Schadstofftransport im Grundwasserkörper

Der Schadstofftransport im Boden wird durch den Feuchtigkeitsgehalt im ungesättigten Bereich und die Grundwasserströmung im gesättigten Bereich unterhalb des Grundwasserspiegels beeinflußt. Beide hängen von klimatischen und topographischen Parametern ab.

Die grundlegenden physikalischen Prozesse, die den Transport der reaktionsträgen Schadstoffe steuern, sind *Advektion* und die *hydrodynamische Dispersion*. Advektion ist die Komponente in der Bewegung gelöster Stoffe, die auf den Transport durch das strömende Grundwasser zurückzuführen ist. Hydrodynamische Dispersion entsteht als Ergebnis einer *mechanischen Vermischung* und *Molekulardiffusion* (vgl. Abbildung unten).

Die Bedeutung der Dispersionsprozesse liegt darin, daß sie die Schadstoffkonzentration mit der Entfernung von der Schadstoffquelle verringern. Die nächste Abbildung zeigt, wie durch eine anhaltende Verunreinigung eine Schadstoffahne erzeugt wird, während eine singuläre, punktförmige Verschmutzung einen ellipsoidförmigen Körper verursacht, der mit der Zeit ähnlich anwächst wie die Fahne, die sich in die Richtung der Grundwasserströmung ausbreitet.

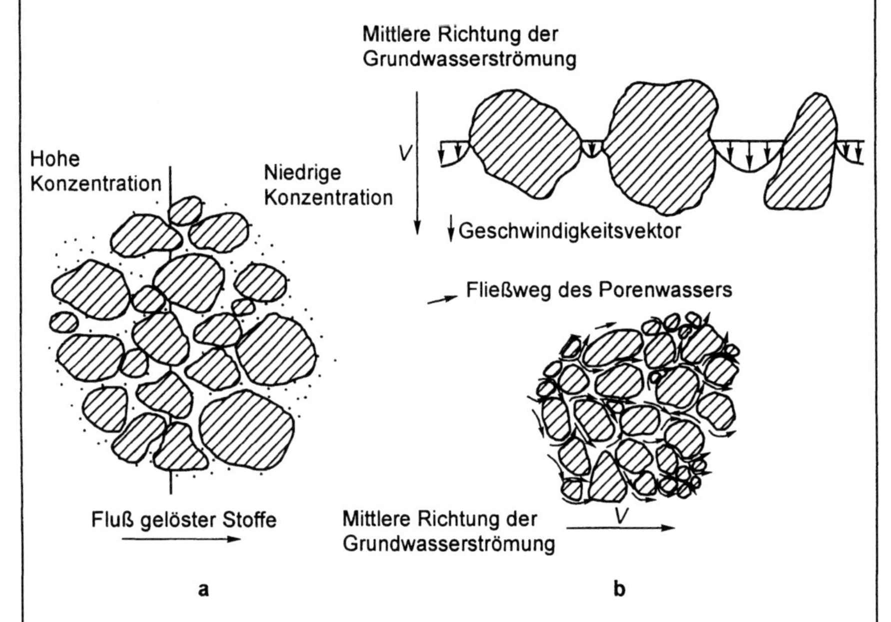

Diagramm einer **a** molekularen Diffusion und einer **b** mechanischen Dispersion, die zusammen einen gelösten Stoff innerhalb eines porösen Materials mittels der hydrodynamischen Dispersion transportieren. Man beachte, daß die mechanische Dispersion aus der Geschwindigkeitsveränderung innerhalb und zwischen gesättigten Porenräumen sowie aus den verschlungenen Strömungswegen durch eine Ansammlung fester Partikel resultiert. Molekulare Diffusion findet auch in Abwesenheit einer Grundwasserströmung statt, da die Bewegung der gelösten Stoffe entlang eines Konzentrationsgefälles abläuft, während die mechanische Dispersion nur stattfindet, wenn der Schadstoff advektiv mit dem Grundwasser verfrachtet wird.

Fortsetzung n.S.

Kasten 13.2 *Fortsetzung*

Die Vorstellung eines homogenen Wasserleiters, in dem die hydrogeologischen Eigenschaften nicht räumlich variieren, ist eine vereinfachte Darstellung der tatsächlichen Situation in der Natur. Heterogenitäten innerhalb der Wasserleiterlithologie erzeugen ein Bewegungsmuster von gelösten Stoffen, das sich beträchtlich von dem unterscheidet, das unter Voraussetzung eines homogenen Materials vorausgesagt würde.

Reaktionsfreudige Stoffe verhalten sich ähnlich wie reaktionsträge, jedoch können sich ihre Konzentrationen auf Grund chemischer Reaktionen verändern. Diese chemischen Reaktionen finden entweder in der wässrigen Phase oder als Ergebnis der Adsorption der gelösten Stoffe an die feste Boden- oder Gesteinsmatrix statt. Die chemischen und biochemischen Reaktionen, die die Schadstoffkonzentrationen im Grundwasser verändern können, sind im wesenlichen Säure-Base-Reaktionen, Lösungs- und Ausfällungsprozesse, Redoxreaktionen, Ionenpaar- oder Komplexbildungen, mikrobiologische Prozesse und radioaktiver Zerfall. Adsorption bedingt eine Verdünnung oder verzögert den Transport eines gelösten Schadstoffes im Grundwasser. Advektionsprozesse, Dispersion und Transportverzögerung beeinflussen das von der Kontaminationsquelle ausgehende Verteilungsmuster der Schadstoffe. Findet die Kontamination durch mehrere gelöste Stoffe statt und tritt sie innerhalb eines heterogenen Wasserleiters auf, werden mehrere Schadstoff-Fronten mit einem sehr komplexen Aufbau der daraus resultierenden Fahne entstehen. Infolgedessen werden sich Vorhersagen über die Front einer Verunreinigung als sehr schwierig erweisen.

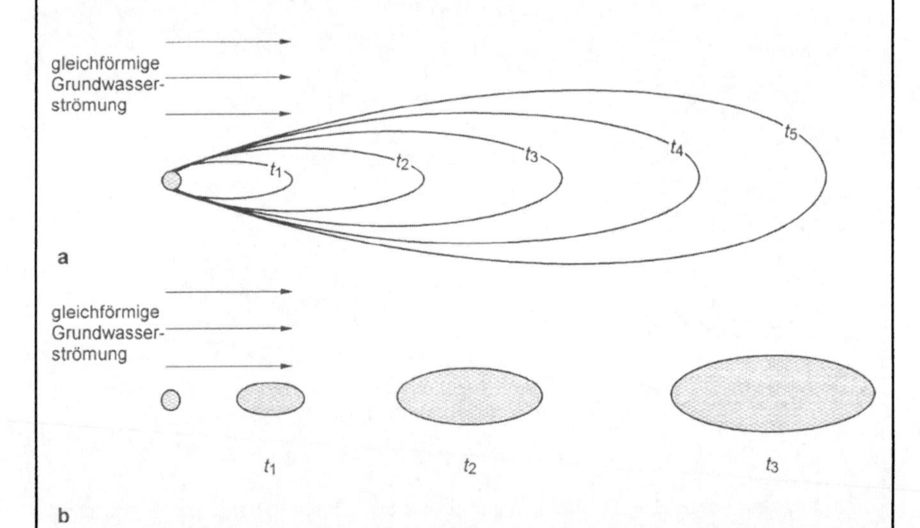

Dispersion innerhalb eines isotropen, porösen Materials von einer **a** kontinuierlichen, punktförmigen Schadstoffquelle zu verschiedenen Zeiten t, und **b** einer momentanen punktförmigen Schadstoffquelle. Die Ausbreitung der Schadstoffahne resultiert aus der hydrodynamischen Dispersion, während Advektion die Fahne in Richtung des gleichförmigen Grundwasserströmungsfeldes transportiert.

Fortsetzung n.S.

Kasten 13.2 *Fortsetzung*

In kluftreicher Umgebung sind die Eigenschaften des Wasserleiters räumlich variabel und werden durch die Richtung und Häufigkeit der Klüfte gesteuert. Informationen über die Schadstoffwanderung in klüftigem Gestein sind nur begrenzt vorhanden. Ein einfacher Kompromiß bei Feldversuchen ist der, das Problem wie bei einem körnigen Medium anzugehen.

Wie in der dritten Abbildung gezeigt wird, entsteht, sobald eine Kontamination in kluftreichem Gestein auftritt, ein Gradient der Schadstoffkonzentration zwischen dem mobilen Grundwasser der Klüfte und dem statischen Wasser der benachbarten Gesteinsmatrix. Unter dieser Bedingung wird ein Teil der Schadstoffmenge durch Molekulardiffusion aus den Klüften in die Gesteinsmatrix wandern und somit effektiv aus der Grundwasserströmung entfernt.

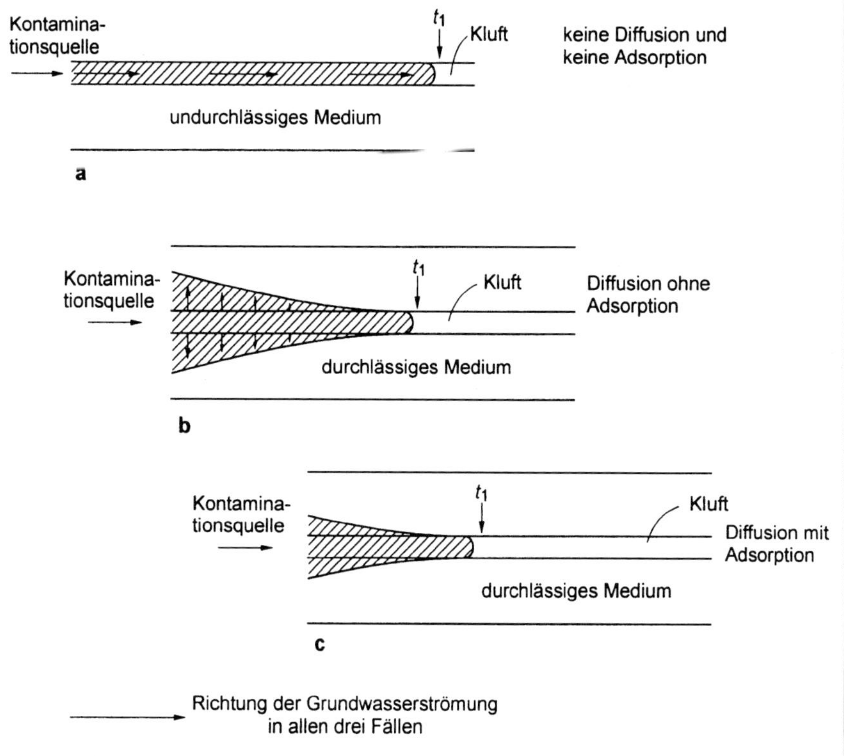

Schadstofftransport innerhalb eines porösen, klüftigen Materials. In **a** findet advektiver Transport der gelösten Stoffe ohne hydrodynamische Dispersion statt und strömt mit dem Grundwasser durch eine Kluft, deren Matrix eine geringe Porosität aufweist. In **b** wird der Schadstofftransport durch die unmittelbare molekulare Diffusion des gelösten Stoffes in die nicht kontaminierte poröse Matrix verzögert. Eine weitere Verzögerung wird in **c** durch die Adsorption reaktiver gelöster Stoffe verursacht. Sie wird durch die größere Kontaktfläche zwischen Schadstoff und poröser Matrix akzentuiert. Die Position der äußersten Schadstoff-Front innerhalb der Kluft ist in allen Fällen für die Zeit t_1 angegeben.

Tabelle 13.1. Mögliche Quellen der Grundwasserverunreinigung durch Haushalte, Industrie- und Landwirtschaftsbetriebe

Kontaminationsquelle	Eigenschaften der Kontamination	
Biologische Klärgruben	Schwebstoffe	100–300 mg/l
	BOD[a]	50–400 mg/l
	Ammoniak	20–40 mg/l
	Chlorid	100–200 mg/l
	Hohe Zahl an Koliformen und Streptokokken. Spurenorganismen, Fette.	
Regenwasserabfluß	Schwebstoffe	bis 1000 mg/l
	Kohlenwasserstoffe von Straßen, Raststätten. Chloride o. Harnstoff aus Enteisung. Bei Unfällen entwichene Verbindungen. Bakterielle Kontamination.	
Industrie		
Nahrungsmittel- und Getränkeherstellung	Hoher BOD. Hoher Schwebstoffanteil. Kolloidale und gelöste organische Stoffe. Gerüche.	
Textilien	Hoher Schwebstoffanteil und BOD. Alkalischer Abfluß.	
Gerbereien	Hoher BOD, Gesamtfeststoffe, Härte, Chloride, Sulfide, Chrom.	
Chemikalien		
Säuren	Niedriger pH[c].	
Detergentien	Hoher BOD.	
Pestizide	Hoher TOC[b], toxische Benzolderivate, niedriger pH.	
Kunstharz und -fasern	Hoher BOD.	
Petrochemische Industrie		
Raffinerie	Hoher BOD, Chlorid, Phenole, Schwefelverbindungen.	
Verarbeitung	Hoher BOD, Schwebstoffe, Chlorid, variabler pH.	
Galvanik/Metalloberflächenbehandlung	Niedriger pH. Hoher Gehalt an toxischen Metallen.	
Technische Betriebe	Hoher Schwebstoffgehalt, Kohlenwasserstoff, Schwermetallspuren. Verschiedene BOD, pH.	
Kraftwerke	Asche: Sulfat, evtl. Germanium u. Selen. Flugaschen u. Schlämme der nassen Rauchgasabscheidung: niedriger pH, diffuse Schwermetallverbr.	
Tiefbrunneninjektion	Konzentrierte Abwässer, oft toxische Salzlösungen. Saure oder alkalische Abfälle. Organische Abfälle.	
Tank- u. Pipelinelecks	Wässrige Lösungen, Kohlenwasserstoffe, Petrochemikalien, Abwasser.	
Landwirtschaft		
Nutzpflanzen	Nitrat, Ammoniak, Sulfat, Chlorid und Phosphat aus Düngemitteln. Bakterielle Kontamination durch organische Düngemittel. Organo-Chlor-Verbindungen von Pestiziden	
Viehhaltung	Schwebstoffe, BOD, Stickstoff. Hohe Koliformenzahl, Streptokokken.	
Silage	Hoher Schwebstoffgehalt, BOD $1-6 \times 10^4$ mg/l. Kohlenhydrate, Phenole.	
Bergbau		
Drainage im Kohlebergbau	Hohe TDS (gesamte gelöste Feststoffe), Schwebstoffe. Eisen. Niedriger pH. Möglicherweise hoher Gehalt an Chlorid.	
Erze	Hoher Schwebstoffgehalt. Möglicherweise niedriger pH. Hoher Sulfatgehalt. Gelöste Metalle und Metallpartikelteilchen.	
Hausmüll	Hoher Gehalt an Sulfat, Chlorid, Ammoniak, BOD, TOC u. Schwebstoffen aus frischen Abfällen. Bakterielle Kontamination. Bei Abbau: anfangs TOC vorwiegend aus dem Abbau zu kurzkettigen Fettsäuren (Essigsäure, Buttersäure, Propansäure), die sich später zu organischen Verbindungen mit hohem Molekulargewicht umwandeln (Huminstoffe, Kohlenhydrate).	

[a] BOD (**b**iological **o**xygen **d**emand) ist der biochemische Sauerstoffbedarf.
[b] TOC (**t**otal **o**rganic **c**arbon) ist der gesamte organische Kohlenstoff.
[c] pH ist $-\log_{10}(H^+)$
Quelle: Verändert aus Jackson 1980.

Die Hauptschadstoffe im Grundwasser sind Schwermetalle, organische Verbindungen, Dünger, Bakterien und Viren. Die Abbildungen 13.1 und 13.2 zeigen Situationen, die zu einer Grundwasserverunreinigung führten. Die enorme Palette an Schadstoffen, die im Grundwasser vorkommen, spiegelt die ganze Bandbreite der wirtschaftlichen Aktivität, gleichzeitig aber auch die ungenügenden Maßnahmen zur Grundwasserreinhaltung auf der ganzen Welt wider. Die wichtigsten schadstofferzeugenden Aktivitäten finden in den Bereichen Landwirtschaft, Bergbau, Industrie und in privaten Haushalten statt. Tabelle 13.1 zeigt eine Zusammenstellung charakteristischer Eigenschaften der im Grundwasser vorkommenden Schadstoffe und deren Quellen. In Kasten 13.2 wird der Schadstofftransport erläutert.

13.3 Grundwasserverunreinigung in Entwicklungsländern

Grundwasser wird in Entwicklungsländern ausgiebig zur Trinkwasserversorgung genutzt, besonders in kleineren Städten und in ländlichen Regionen, wo es die billigste und sicherste Trinkwasserquelle darstellt. Oft fördert die Zahlungsbereitschaft für billiges und sauberes Wasser in ärmeren Ländern Fortschritte bei der Entwicklung besserer sanitärer Versorgungseinrichtungen (Kasten 13.3).

In Entwicklungsländern bestehen Grundwasserprojekte in der Regel aus einer Vielzahl an Bohrungen, die oft unkontrolliert durchgeführt werden und unbehandeltes, nicht kontrolliertes Wasser oft ohne direkten Anschluß liefern. In einigen Fällen werden fortgesetzt flache Brunnen gegraben. In größeren Städten sind ergiebigere Bohrlöcher (10–100 l/s) verbreiteter und die Wasserversorgung erfolgt dort über Leitungen. Aber auch in diesen Fällen sind Überwachung und Behandlung des Leitungswassers oft eingeschränkt und erfolgen nur in Abständen. Ursachen der Grundwasserverunreinigung ergeben sich aus der weitverbreiteten Praxis, Hausmüll wild abzulagern und unbehandelte Haus- und Industrieabwässer direkt in den Boden vor Ort zu entsorgen. Eine Behandlung und Entsorgung würde einen nicht realisierbaren Kostenaufwand darstellen.

In Entwicklungsländern stellen nicht kanalisierte, belüftete oder mit Wasserspülung ausgestattete Senkgruben eine adäquate Beseitigung menschlicher Ausscheidungen in den ländlichen Gebieten, Dörfern und kleineren Städten dar, da sie mit einem viel geringeren Kostenaufwand verbunden sind als Kanalisationssysteme. Infolgedessen ist die Gefahr des Eindringens menschlicher Ausscheidungen direkt in den Boden in vielen asiatischen Ländern tatsächlich groß, da dort viele Menschen ohne irgendeine Art von Kanalisation leben.

Das natürliche Bodenprofil kann bei der Reinigung dieser Art von Stoffen tatsächlich sehr gute Dienste leisten, inklusive der Elimination von Krankheitskeimen (Bakterien und Viren) und der Adsorption, Aufspaltung und Beseitigung vieler Chemikalien. Dort jedoch, wo sich über wasserführenden Schichten nur geringmächtige Böden befinden, besteht die Gefahr einer unmittelbaren Migration pathogener Mikroben, besonders Viren, in die darunterliegenden Grundwasserreservoire. Die unvermeidliche Folge ist dann die Verbreitung von Krankheiten durch Grundwasser.

Ein weiteres Problem stellt der organische Stickstoffgehalt der menschlichen Ausscheidungen dar, der große und hartnäckige Probleme mit Nitratgehalten im Wasser mit sich bringen kann, selbst wenn Verdünnung und biologische Reduktionsprozesse stattfinden. Dieses Problem tritt verschärft in ariden Gebieten auf, die keine bedeutende regionale Grundwasserströmung aufweisen.

Eine andere Kontaminationsgefahr ergibt sich aus der Anwendung anorganischer Düngemittel und Pestizide, die eine wirtschaftliche Unabhängigkeit in der Nahrungsmittelproduktion sichern soll. Eine ungeeignete Bewässerungstechnik kann auf landwirtschaftlichen Flächen mit geringmächtigen, grobkörnigen Böden zu einer Nährstoffauswaschung führen. Die Verwendung von Abwässern zur Bewässerung kann den Salzgehalt des Grundwassers erhöhen, die Anreicherung von Nitrat und möglicherweise weiterer Mikroschadstoffe bewirken. Eine Zunahme von Chlorid, Nitrat und Spurenelementen ergibt sich auch aus der übermäßigen Ausbringung von Klärschlämmen oder Gülle. In vielen Entwicklungsländern müssen weite Stadtgebiete ohne Kanalisation auskommen. Dies sind jedoch gerade die Gebiete, in denen sich zunehmend Kleinbetriebe, z.B. der Textilindustrie, der Metallverarbeitung, des KFZ-Handwerks und auch der Papiermanufaktur ansiedeln. Die geringen Abwassermengen, die jeder Betrieb erzeugt, werden allgemein direkt in den Boden entsorgt. Größere Industrieanlagen, in denen erhebliche Mengen an Brauchwasser anfallen, verwenden gewöhnlich Sickerbecken zur Entsorgung ihrer Abwässer.

Kasten 13.3 Die Zahlungsbereitschaft für sauberes Wasser

Offensichtlich sind die Menschen, wenn sie die Mittel haben, dazu bereit, für sauberes Wasser, ausreichende Kanalisation und Abfallbeseitigung Geld auszugeben (vgl. Kapitel 3). Dies kann aus gesundheitlichen Gründen geschehen, aus Bequemlichkeit, zur Wahrung ihrer Privatsphäre oder stabiler Grundstückspreise. Untersuchungen in Afrika zeigen, daß die städtische Bevölkerung bereits über 2 % ihres Familieneinkommens für eine unzulängliche Wasserver- und -entsorgung sowie die Abfallbeseitigung aufbringt. Das ist in etwa so viel, wie sie auch für die Stromversorgung aufbringen muß. Selbst in den Städten der ärmsten Länder werden heutzutage Baugenehmigungen nur unter der Auflage sichergestellter Anbindung an Abwasserentsorgungssysteme erteilt. Eine kürzlich durchgeführte Untersuchung der Weltbank ergab, daß trotz solcher Vorschriften weniger als 10 % der Abwasseranschlüsse auch tatsächlich installiert werden. Mögliche Lösungen wären die stärkere Förderung technisch unaufwendiger Abwasserbehandlungsmaßnahmen, die Trennung von Kontrollinstanz und Anbieter, die Schaffung von Möglichkeiten zur Einforderung von Bar-Kautionen, um die Durchführung solcher Projekte zu sichern, indem ein finanzielles Scheitern mit ihrer Hilfe verhindert wird, und den privaten Sektor durch Ausschreibungen in die Lage zu versetzen, sich mit Angeboten um solche Projekte zu bewerben. Auf diesem Weg könnte in den Städten vieler Entwicklungsländer die gesundheitsgefährdende Grundwasserbelastung verringert werden.

13.4 Grundwasserkontamination in Sri Lanka

Die Halbinsel Jaffna in Sri Lanka ist eine 800 km^2 umfassende, niedriggelegene ebene Region im äußersten Norden des Landes. Die Niederschlagsmengen betragen ca. 1000 mm/a und fallen hauptsächlich in Verbindung mit dem Nordostmonsun. Durch die sehr hohen Temperaturen treten auch hohe Verdunstungsverluste auf. Der regionale Grundwasserleiter ist miozäner Kalkstein, der sich aus Korallenriffmassen und massivem verfestigtem Gestein mit eingebetteten Korallentrümmern aufbaut. Er wird von einer dünnen, gut drainierten, lockeren Bodendecke überlagert, die gewöhnlich weniger als 1 m mächtig ist. Oberflächengewässer fehlen weitgehend, bis auf ein paar intermittierende Tümpel und Überschwemmungskanäle. Der Grundwasserspiegel variiert abhängig von Saison und Standort von 2–10 m.

Jaffna Town hat ca. 100 000 Einwohner. Viele Gebiete der Halbinsel weisen eine sehr hohe Bevölkerungsdichte und eine schnell wachsende ländliche Bevölkerung auf. Es sind vielleicht mehr als 10 000 Brunnen, die in der Regel weniger als 10 m tief reichen, für die private Trinkwasserversorgung in Betrieb. Ähnlich hoch ist die Zahl der Bewässerungsbrunnen.

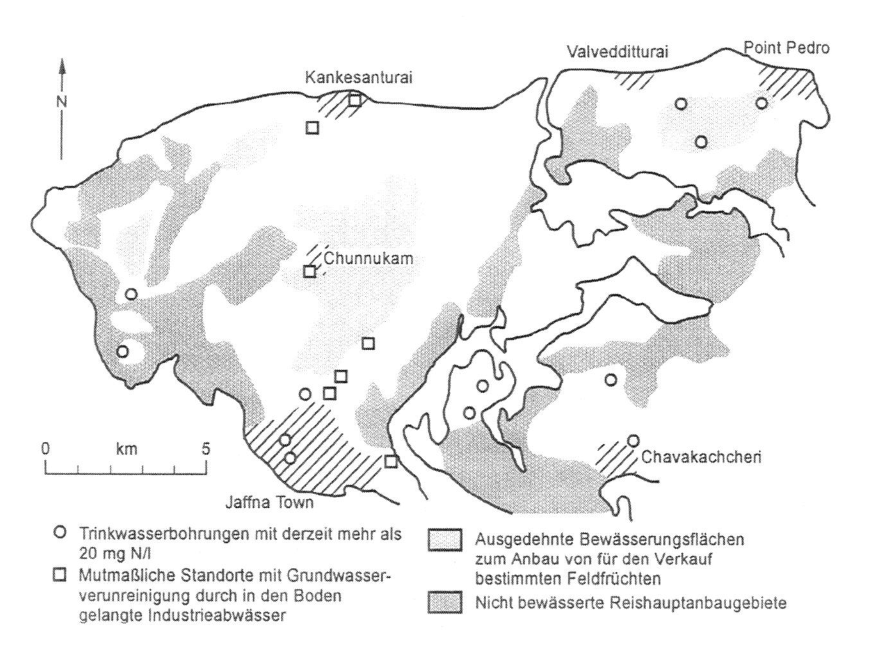

Abb. 13.3. Verteilung der Landnutzungsformen im westlichen Teil der Halbinsel Jaffna, Sri Lanka. Gezeigt werden die Probleme einer Grundwasserkontamination, die von landwirtschaftlichen und Industriebetrieben verursacht wird, respektive durch solche Bohrungen, die Nitratwerte von mehr als 20 mg N/l aufweisen und Standorte mit wahrscheinlichen industriellen Abwassereinleitungen in den Boden (*Quelle*: Nach Foster 1985).

In den städtischen Bereichen ist so gut wie keine Kanalisation vorhanden. In den 70er Jahren lief eine größere Kampagne für die Installation von Haushaltssenkgruben. Sie wurden mit einer Wasserspülung ausgestattet, waren gewöhnlich 2 m tief, wurden aber oft in weniger als 10 m Entfernung vom nächsten Trinkwasserbrunnen angelegt. Diese Senkgruben stehen nun im Verdacht, die Ursache für eine weitverbreitete mikrobielle Kontamination des Grundwassers und auch für einige Krankheitsfälle zu sein.

Das oberflächennah anstehende Grundwasser (Abbildung 13.3) enthält Höchstwerte von 20 mg N/l, örtlich auch 30–50 mg N/l und zwar in Form von Nitrat. Diese Konzentrationen sind sehr hoch im Vergleich zum Richtwert der Weltgesundheitsorganisation (WHO), der 10 mg N/l beträgt. Senkgruben tragen sicherlich zu den steigenden Nitratwerten bei, doch die Hauptquelle ist vermutlich in der Bewässerung der Ackerflächen zu vermuten. Teile der Halbinsel gehören zu den landwirtschaftlich am intensivsten genutzten und ertragreichsten Gebieten Asiens. Eine größere Ertragssteigerung bei Chili, Zwiebeln und anderen für den Export bestimmten Feldfrüchten wurde durch eine Intensivierung mit doppeltem oder dreifachem Anbau erreicht. Diese Intensivierung ist nur mit Hilfe anorganischer Düngemittel, in diesem Fall 80 kg N/ha pro Ernte, in Verbindung mit organischen Düngergaben in vergleichbarer Menge zur Saatzeit, möglich. Für die hohen Nitratkonzentrationen des Grundwassers sind in erster Linie die Stickstoffverluste durch Auswaschung bei der Bewässerung verantwortlich, begünstigt durch die flachgründigen wasserdurchlässigen Böden. Ein weiteres Problem stellt der steigende Salzgehalt im oberflächennah anstehenden Grundwasser in Jahren mit unterdurchschnittlichen Monsunregenfällen und dementsprechend niedrigem Wassernachschub dar.

In den Stadtgebieten der Halbinsel sind eine bedeutende Anzahl Kleinbetriebe angesiedelt. Ohne eine angemessene Entsorgung der Abwässer stellen diese Betriebe ebenfalls eine Bedrohung für das Grundwasser dar.

13.5 Grundwasserschutz in Entwicklungsländern

Der Schutz der Grundwasserentnahmestellen erfordert ein breitangelegtes Programm zur Vermeidung von Verunreinigungen, das folgende Punkte enthalten sollte: erstens ist, abhängig von den hydrogeologischen Verhältnissen, ein Mindestabstand zwischen den Grundwasserentnahmestellen und den Einrichtungen für die Beseitigung anthropogener Abwässer einzuhalten, um einen Schutz vor mikrobiellen Kontaminationen zu gewährleisten. Zweitens ist eine Ausweisung von Zonen mit einer extensiven veränderten Landnutzung notwendig, um die Belastung durch die nutzungsbedingten Verunreinigungen zu mildern.

Die Wasserhaushaltsgesetze und Verordnungen vieler Länder schreiben einen Mindestabstand zwischen Abwasserentsorgungseinrichtungen und Grundwasserentnahmestellen von 15 m vor und das nur unter günstigen hydrogeologischen

Verhältnissen. Einige Länder wählten einen größeren Abstand, z.B. 200 m im Wasserhaushaltsgesetz von Malawi. Dem stehen in einigen Entwicklungsländern, wie Bangladesh oder in Teilen von Indien und Sri Lanka, Forderungen zur Reduzierung solcher Mindestabstände auf bis zu 5 m entgegen, da in diesen Regionen auf Grund der dichten Besiedlung konkreter Raummangel herrscht.

Das Beispiel über die gesetzliche Festlegung der Standorte von Einrichtungen zur Entsorgung menschlicher Exkremente zeigt, daß die Kriterien zum Schutz vor einer Grundwasserverunreinigung ziemlich willkürlich gewählt werden und daß ihnen nur begrenzte oder gar keine technischen Daten zugrunde liegen. Für die Zukunft wird eine umfassendere, flexible und breit anwendbare Politik zum Schutz des Grundwassers benötigt, die eigens auf die Verhältnisse des Wasserleiters und auf die menschlichen Aktivitäten zugeschnitten ist.

Es muß ein konsequentes und detailliertes Verfahren zur Abschätzung der Risiken einer Grundwasserverschmutzung erarbeitet werden. Die Festlegung sollte auf folgenden Einstufungen basieren: zum einen der Schadstoff- und Wasserzufuhr durch bestimmte Aktivitäten; und zum anderen der Anfälligkeit des Wasserleiters für Verunreinigungen. Das Verfahren sollte dergestalt entwickelt werden, daß es sowohl die Darstellung der Ergebnisse als auch die Bestimmung und Durchführung von Umweltschutzmaßnahmen in bezug auf die jeweilige Verschmutzung umfaßt. In den Entwicklungsländern müssen intensive Ermittlungen, mit oder ohne sorgfältige Überwachung der Grundwasserqualität, an ausgewählten Standorten und unter der Schirmherrschaft von internationalen Organisationen durchgeführt werden, um so die Kenntnisse zu erweitern und die Aufmerksamkeit auf potentielle Probleme zu lenken.

Die Kriterien für die Wasserqualität müssen im Zusammenhang mit dem Grundwasserschutz detaillierter geprüft werden. Im Falle organischer Spurenverunreinigungen lassen sich nur dann präzise Richtwerte durchsetzen, wenn deren toxische Wirkung medizinisch ausreichend erwiesen ist. In manchen Fällen sind die WHO-Empfehlungen im Verhältnis zu anderen Gesundheitsrisiken jedoch angesichts eines unangemessenen Kostenaufwands zur Einhaltung solcher Standards übermäßig streng. Der WHO-Richtwert für Nitrat in Trinkwasserreservoiren tropischer Länder beträgt gegenwärtig 10 mg N/l, aber in vielen Fällen wird die Ansicht vertreten, daß Konzentrationen bis zu 22,6 mg N/l unter Umständen vertretbar seien.

13.6 Grundwasserverunreinigung in Industrieländern

In der Forschung über das hydrogeologische Verhalten von Schadstoffen werden analytische Verfahren zur Identifizierung der Schadstoffe und auch Wasserqualitätsstandards sowie Methoden zum Schutz der Grundwasserleiter erarbeitet. Es werden dabei vor allem solche Forschungsanstrengungen gefördert, die versuchen, das Verhalten der Schadstoffe im Grundwasser zu ergründen.

Das Entwicklungstempo auf diesem Gebiet spiegelt auch die Besorgnis der einzelnen Ländern wider. Zum Beispiel führte in den USA die öffentliche Besorgnis während der frühen 70er Jahre über gefährliche Mülldeponien und kontaminierte Grundstücke im Jahre 1980 zur Einführung des «Comprehensive Environmental Response, Compensation and Liability Act»: der «Superfund»-Gesetzgebung. Diese Gesetzgebung schließt auch Belange der Verschlechterung der Grundwasserqualität in Staaten wie New Jersey ein. Die dortige Verschlechterung der Wasserqualität schreitet auf Grund punktförmiger Quellen industrieller Verschmutzung in einer für die USA typischen Situation fort, nämlich in einem oberflächennah anstehendem Grundwasserkörper, der deshalb wenig geschützt ist.

In Großbritannien konzentrierte sich das Interesse bezüglich der Grundwasserqualität bis zu den späten 70er Jahren weitgehend auf die Bedrohung, die von diffusen Schadstoffen, besonders von Nitrat aus der landwirtschaftlichen Nutzung, ausging. Die strenge Gesetzgebung, die die EG-Kommission 1980 einführte, und Fortschritte in der Technik der Spurenanalytik begannen dann die Aufmerksamkeit auf organische und anorganische Verunreinigungen geringer Konzentration zu lenken.

In Industriegesellschaften umfaßt das Schadstoffspektrum auch toxische Chemikalien wie z.B. chlorierte Lösungsmittel, Mineralöle und Schwermetalle. Das Verhalten der Toxine im Grundwasser ist wegen ihrer physikalischen und chemischen Eigenschaften sehr kompliziert. Die Kästen 13.4 und 13.5 beschreiben jeweils das Verhalten einer nichtwässrigen flüssigen Phase und von Schwermetallen in Grundwasser.

Gewöhnlich sind viele der Chemikalien lange Zeit in Gebrauch, bevor sie als gefährlich erkannt werden. Während dieser Zeit ist der Umgang mit ihnen und ihre Entsorgung häufig nicht angemessen. Folglich muß damit gerechnet werden, daß jeder Industriebetrieb, der gefährliche Materialien benutzte, jetzt eine potentielle Quelle für eine Grundwasserkontamination darstellt. Des weiteren scheitert die simple Anwendung der klassischen Theorien der Hydrogeologie bei der Untersuchung von punktförmig auftretenden Kontaminationsquellen.

Probleme, die sich durch die Verunreinigung des Grundwassers ergeben, können nur durch eine sorgfältige Analyse der aktuellen Bodenverhältnisse und Infrastruktur direkt unter dem betroffenen Grundstück, gefolgt von genau positionierten Überwachungsbohrungen (oder schnelle Ergebnisse liefernde Untersuchungsmethoden wie z.B. Bodengasanalysen) zur Erlangung genauer Vorstellungen über die räumliche Verteilung der Schadstoffe, gelöst werden. Doch auch dann kann nicht jede Schadstoffahne, die von einer punktförmigen Verunreinigungsquelle ausgeht, richtig eingeschätzt werden, besonders in stark heterogenem Material oder in Lagen, wo Untergrundstrukturen, wie z.B. Gebäudefundamente, das Strömungsregime des Grundwassers komplizieren. Tatsächlich wird die Durchführung von Untersuchungen in bebauten Industriegebieten *per definitionem* durch die Anwesenheit von Gebäuden und weithin versiegelten Böden erschwert.

Kasten 13.4 Die nichtwässrige, flüssige Phase der Verunreinigung

Zu Anfang dieses Jahrhunderts wurden chlorierte Lösungsmittel entwickelt – als sichere, nichtentflammbare Alternative zu den immer mehr verdrängten Lösungsmitteln auf Erdölbasis in der metallverarbeitenden Industrie. Bis etwa 1970 waren überwiegend Trichloräthylen und Tetrachloräthylen in Gebrauch, letzteres auch in Trockenreinigungen. Beide Lösungsmittel wurden schon frühzeitig als für den Menschen potentiell gefährlich erkannt und zwar sowohl in flüssiger als auch in dampfförmiger Phase. In den 60er Jahren begann man beide durch die weniger giftigen 1,1,1-Trichloräthan und 1,1,2-Trichlortrifluoräthan (Freon 113) zu ersetzen. Ab Mitte der 70er Jahre wurde Besorgnis über die potentielle karzinogene Wirkung von Trichloräthylen, Tetrachloräthylen und Tetrachlorkohlenstoff geäußert, als Spuren davon im Trinkwasser gemessen wurden. Die WHO setzte Richtwerte von 30 μg/l für Trichloräthylen, 10 μg/l für Tetrachloräthylen und 3 μg/l für Tetrachlorkohlenstoff fest.

Kontaminationsquellen der Lösungsmittel entstehen während der Belieferung von Industriebetrieben, bei der Verwendung von Lösungsmitteln und bei der Entsorgung von Destillationsschlamm. Das Entweichen von Lösungsmitteln in den Untergrund ist hauptsächlich ein Ergebnis von fahrlässigem Umgang, Störfällen, Mißbrauch, unzureichender Entsorgung und ungeeigneter, unzureichend gewarteter oder schlecht arbeitender Ausrüstung.

Chlorierte Lösungsmittel sind dichte Flüssigkeiten, die flüchtig, von geringer Viskosität und deshalb in porösem Material mobiler sind als Wasser. Mit dem Eintritt in den Untergrund wandern die Lösungsmittel abwärts durch den Grundwasserkörper hindurch. Ihre Wanderung wird erst durch die Basis des Wasserleiters oder durch einen anderen Zwischenstauer aufgehalten (vgl. Abbildung). Restmengen der Lösungsmittel bleiben in den passierten Porenräumen zurück. Trichloräthylen und Tetrachloräthylen sind nicht vollständig unlöslich. Die nichtwässrige Phase wird somit von Grundwasser, das mit gelöstem Lösungsmittel kontaminiert ist, umgeben. Trichloräthylen und Tetrachloräthylen werden äußerst langsam abgebaut. Einige der Abbauprodukte können toxischer, löslicher und mobiler sein als die Ausgangsverbindung. So kann z.B. Tetrachloräthan fortschreitend dehalogenisiert werden, erst zu Trichloräthan, dann zu Dichloräthan und letztlich zu dem krebserregenden Vinylchlorid.

Benzin, Flugbenzin, Dieselöl und Heizöl sind raffinierte Mineralöle. Ihre physikalischen Eigenschaften sind variabel, besonders bezüglich ihrer Viskosität; aber alle haben eine geringere Dichte als Wasser und eine heterogene Zusammensetzung, die von reinen Kohlenwasserstoffen dominiert wird. Im Zusammenhang mit Grundwasser zielt eine Verordnung in erster Linie auf eine Geschmacks- und Geruchsverhinderung. Der WHO-Richtwert beträgt 10 mg/l. Quellen für eine Kontamination stellen Öldepots, Pipelines, Tankstellen, Tankwagentransporte und Flugplätze dar.

Mineralöle verhalten sich auf Grund ihrer Dichte ähnlich wie die chlorierten Lösungsmittel – wie in der Abbildung gezeigt wird, schwimmen sie jedoch im Gegensatz zu diesen auf der Grundwasseroberfläche. In dieser Situation wird ihre Wanderung durch das Gefälle des Grundwasserspiegels gesteuert. Mineralöle sind in der Lage, unter aeroben Verhältnissen abgebaut zu werden, allerdings ist ihre Abbaurate niedrig.

Fortsetzung n.S.

Kasten 13.4 ***Fortsetzung***

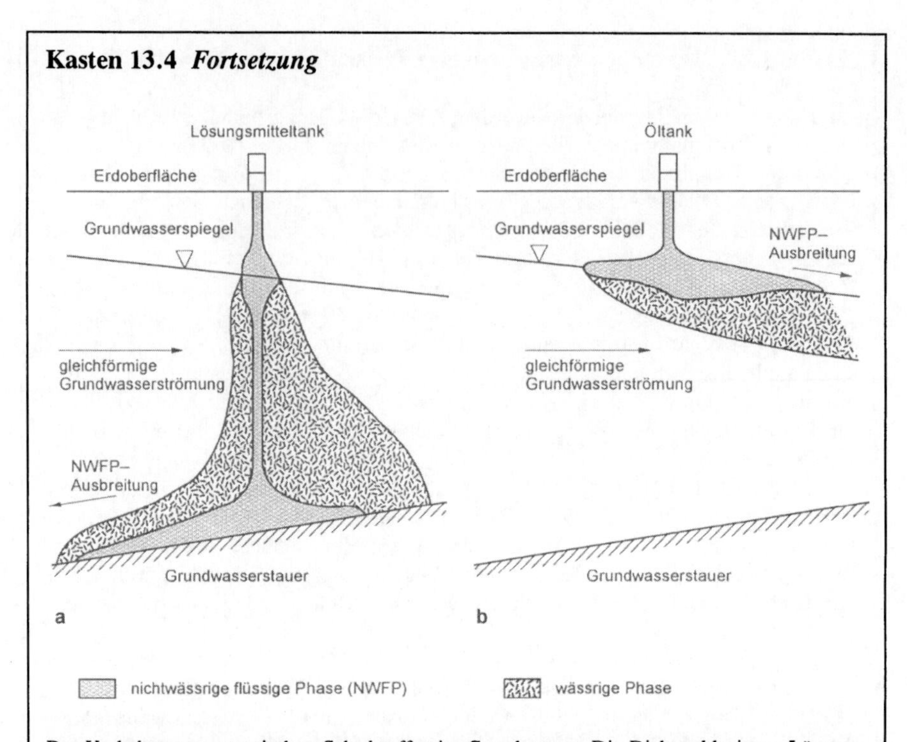

Das Verhalten von organischen Schadstoffen im Grundwasser. Die Dichte chlorierter Lösungsmittel, wie in **a** gezeigt, ist höher als die von Wasser. So sinkt das Lösungsmittel auf den Grund der wasserführenden Schicht. Dort wird der Transport der nichtwässrigen Phase durch das Gefälle an der Basis der wasserführenden Schicht gesteuert, während die gelöste wässrige Phase in Richtung der Grundwasserströmung fließt. Kohlenwasserstoffverbindungen, wie in **b** gezeigt, haben eine geringere Dichte als Wasser und schwimmen deshalb auf dem Wasserspiegel. In diesem Fall wird der Transport der nichtwässrigen Phase durch das Gefälle des Wasserspiegels gesteuert, während die gelöste wässrige Phase in Richtung der Grundwasserströmung fließt.

Sobald das Ausmaß der Verschmutzung abgeschätzt ist, kann mit der Säuberung des Standorts begonnen werden, aber auch hier können sich Probleme wegen ungünstiger Verhältnisse und der Entscheidung ergeben, bis zu welchem Grad man den Grundwasserleiter als sanierungsbedürftig erachtet. In den nächsten Jahren werden die Folgen des Umgangs mit potentiell gefährlichen Stoffen die Aufsichtsbehörden beschäftigen und Firmen, die sich mit Altlastensanierung befassen, mit sehr lukrativen Aufträgen versorgen.

13.7 Grundwasserkontamination in Nassau County

Infiltrationen aus Galvanikabfällen auf Abfalldeponien in Nassau County auf Long Island, New York, bilden seit den frühen 40er Jahren eine Schadstoffahne (Abb. 13.4). Die Fahne enthält erhöhte Chrom- und Kadmiumkonzentrationen.

Das Gebiet liegt innerhalb einer welligen glazialen Auswaschungsebene mit zwei hydrogeologischen Haupteinheiten: dem «Oberen glazialen Grundwasserleiter» aus dem Spätpleistozän und dem «Magothy Grundwasserleiter» aus der Oberkreide, der die gesamte kommunale Wasserversorgung speist.

Kasten 13.5 Die Schwermetallbelastung des Grundwassers

Schwermetalle, die in der Trinkwasserversorgung von Bedeutung sind, sind unter anderem Nickel, Zink, Blei, Kupfer, Quecksilber, Kadmium und Chrom. In reduzierter Form und in saurem Wasser bleiben Schwermetalle im Grundwasser mobil; aber in Böden und in wasserführenden Schichten, die eine ph-Pufferkapazität aufweisen, und unter oxidierenden Verhältnissen werden Schwermetalle ohne weiteres an Tonmineralen, Oxiden und anderen Mineralen adsorbiert oder ausgetauscht.

Mit Schwermetallen belastetes Grundwasser wird deshalb unter extremen Verhältnissen zu einer ganz besonderen Bedrohung, so z.B. in saurem Grubenwasser oder im Sickerwasser unter Deponien, wo hohe Konzentrationen von Fettsäuren auftreten. Andere Schwermetallquellen sind im allgemeinen metallverarbeitende Industrien, besonders Galvanisierbetriebe mit ihren konzentrierten Säureelektrolyten und weiteren Verfahren zur Metalloberflächenbehandlung.

Der Obere glaziale Grundwasserleiter ist zwischen 24 und 43 m mächtig, mit einem Wasserspiegel von 0 bis 8 m unter der Geländeoberfläche. Er besteht aus Grobsand mit Linsen aus Feinsand und Kies. Aus der Schichtung der Ablagerungen kann man schließen, daß die vertikale Durchlässigkeit fünf- bis zehnmal geringer ist als die horizontale Durchlässigkeit.

Als Teil der früher üblichen Untersuchung wurde 1962 im südlichen Gebiet von Farmingdale-Massapequa eine Reihe von Versuchsbrunnen installiert, die bis in Tiefen von 2,4–23 m unter Geländeoberfläche reichen. In Abständen von 1,5 m Tiefe wurden während ihres Betriebes mittels Handpumpen Wasserproben gesammelt. Die Untersuchungsergebnisse sind in Abb. 13.4 dargestellt und zeigen eine Schadstoffahne, die über 1300 m lang, bis zu 300 m breit und 21 m mächtig ist. Die Oberfläche der Fahne liegt allgemein weniger als 3 m unter dem Grundwasserspiegel. Die Fahne ist in der Längsachse, d.h. in der Hauptströmungsrichtung von der Deponie aus, am mächtigsten und entlang ihrer Ost- und Westgrenze am geringmächtigsten. Sie erstreckt sich augenscheinlich nur im Oberen glazialen Grundwasserleiter.

Die unterschiedlichen chemischen Eigenschaften des Wassers innerhalb der Fahne spiegelt die unterschiedlichen Kontaminationsarten in der Vergangenheit wider. Im südlichen Teil der Fahne werden die Verhältnisse von vor 1948 aufgezeigt, als mit der Extraktion von Chrom aus den Galvanikabfällen vor der Ablagerung in die Deponien begonnen wurde. Mit dem Beginn der Chromaufbereitung nahmen die maximal beobachteten Konzentrationen in der Fahne von etwa 40 mg/l 1949 auf etwa 10 mg/l 1962 ab. Der WHO-Richtwert für Chrom beträgt 0,05 mg/l. Kadmiumkonzentrationen nahmen an einigen Stellen scheinbar ab, an anderen zu, ihre Spitzenkonzentrationen decken sich nicht mit denen

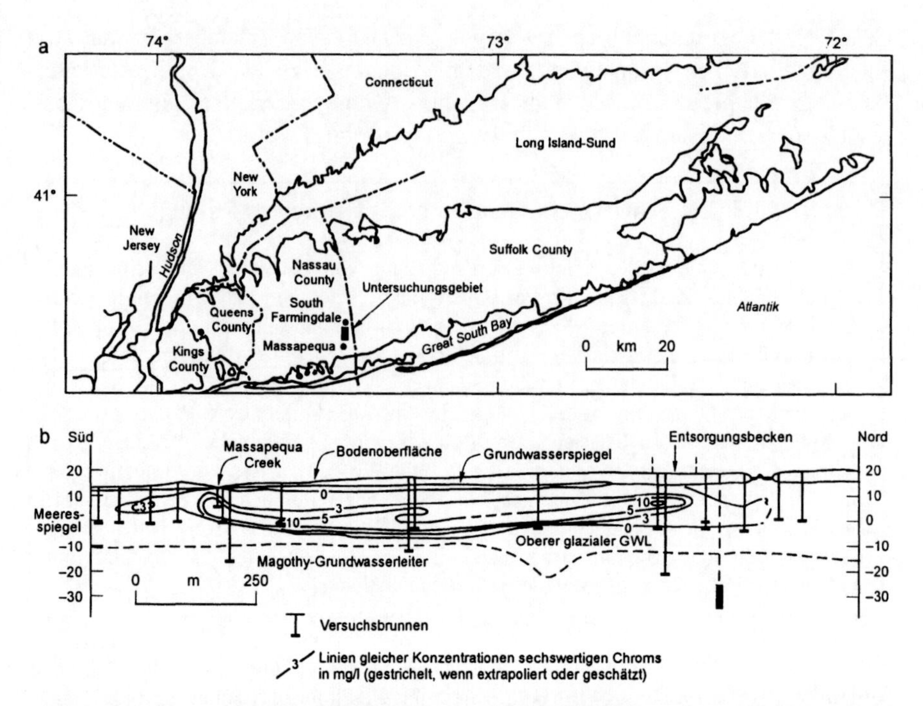

Abb. 13.4. Grundwasserkontamination durch Galvanikabfälle auf Long Island, New York. Die Lage des Untersuchungsgebietes ist in **a** dargestellt und in **b** wird ein Querschnitt der Verteilung der Fahne sechswertigen Chroms im Oberen glazialen Wasserleiter im Jahr 1962 in South Farmingdale-Massapequa-Gebiet in Nassau County gezeigt (*Quelle:* bearbeitet nach Ku 1980).

von Chrom. Diese Unterschiede entstehen wahrscheinlich teils durch Veränderungen der chemischen Eigenschaften des geklärten Abflusses in den vergangenen Jahren und teils durch den Einfluß von hydrologischen und geologischen Faktoren. An einem Probestandort in der Nähe der Abfalldeponien wurde 1964 10 mg/l Kadmium gemessen. Der WHO-Richtwert für Kadmium liegt bei 0,005 mg/l.

Das Bewegungsmuster der Schadstoffe aus den Galvanikabfällen verläuft vertikal von den Abfalldeponien durch die ungesättigte Zone in die gesättigte Zone des Oberen glazialen Grundwasserleiters hinein. Von hier aus strömt der Großteil des Grundwassers mit einer Durchschnittsgeschwindigkeit von etwa 0,5 m/Tag horizontal nach Süden und entleert sich in den Massapequa Creek. Computermodelle zum Transport der gelösten Stoffe zeigen, daß es nach dem Ende aller Einleitungen noch 7–11 Jahre dauern würde, bis die Fahne aus dem Gebiet verschwunden wäre.

Eine Bohrkernuntersuchung vom Material des Grundwasserleiters entlang der Fahne zeigte, daß die mittleren Konzentrationen von Chrom und Kadmium pro kg Material jeweils 7,5 und 1,1 mg und die höchsten Konzentrationen jeweils 19 und 2,3 mg betragen. An den wasserhaltigen Eisenoxidüberzügen der Sande des Grundwasserleiters tritt Adsorption auf. Die Fähigkeit des wasserführenden Schichtmaterials, Schwermetalle zu adsorbieren, macht die Vorhersage über den Verlauf und die Konzentration der Fahne schwierig. Des weiteren können Metalle fortgesetzt aus dem Material der wasserführenden Schicht in das Grundwasser ausgewaschen werden - und das noch lange nachdem der Abfluß aus dem Galvanikabfall beendet würde. Dies macht eine kontinuierliche Überwachung des Standorts erforderlich.

13.8 Grundwasserschutz in Industrieländern

Die Anwendung von Strategien zum Grundwasserschutz wird in einem Industrieland und in gewissem Umfang auch in einem Entwicklungsland von den hydrogeologischen Eigenschaften der wasserführenden Schicht beeinflußt. Es kann insbesondere zwischen solchen wasserführenden Schichten unterschieden werden, in denen die Grundwasserströmung überwiegend intergranular verläuft, und jenen, in denen das Strömen durch Klüfte von größerer Bedeutung ist.

In unverfestigten, porösen, durchlässigen Sedimenten finden sich Strömungsgeschwindigkeiten, die eine Ausweisung von Grundwasserschutzgebieten auf der Basis von *Verzögerungzeiten* sinnvoll erscheinen lassen. Der Vorteil einer «Verzögerungszeit»-Strategie liegt in der Möglichkeit, wirtschaftliche und technische Faktoren, aber auch das Schadstoffverhalten im Untergrund mit einzubeziehen. Unterschiede zwischen einzelnen Ländern hinsichtlich technischer, sozio-ökonomischer und gesetzlicher Belange bedeuten auch, daß ein exakt gleichförmiges System zum Schutz der Wasserversorgung nicht erreicht werden kann. Das Beispiel eines solchen Systems, wie es in den Niederlanden angewendet wird, soll nun im Folgenden beschrieben werden.

In den Niederlanden konzentriert sich die Entnahme zur Trinkwasserversorgung auf 240 Brunnenfelder, die hauptsächlich gleichförmige, horizontal gelagerte Grundwasserleiter auf unverfestigten Sanden und Tonen anzapfen. Im Prinzip sollte das gesamte Einzugsgebiet der Brunnen geschützt werden: das ist aber aus sozio-ökonomischen Gründen unrealistisch. In dieser Situation ist ein Zonierungssystem für das *Einzugsgebiet* oder das *Schutzgebiet* wünschenswert. Eine Zonierung erfolgt abhängig von den Bodeneigenschaften sowie dem Verhalten der Schadstoffe und berücksichtigt sowohl kurz- als auch langfristige Ziele.

Das in den Niederlanden gebräuchliche Zonierungssystem wird in Abb. 13.5 sowie in Tab. 13.2 dargestellt. Die erste Zone basiert auf einer Verzögerungszeit von 50 Tagen als Schutzmaßnahme gegen krankheitserregende Bakterien und Viren sowie schnell abbaubaren Chemikalien. Sie umfaßt einen Radius von 30–150 m um die einzelnen Bohrungen. Um die Kontinuität der Wasserversor-

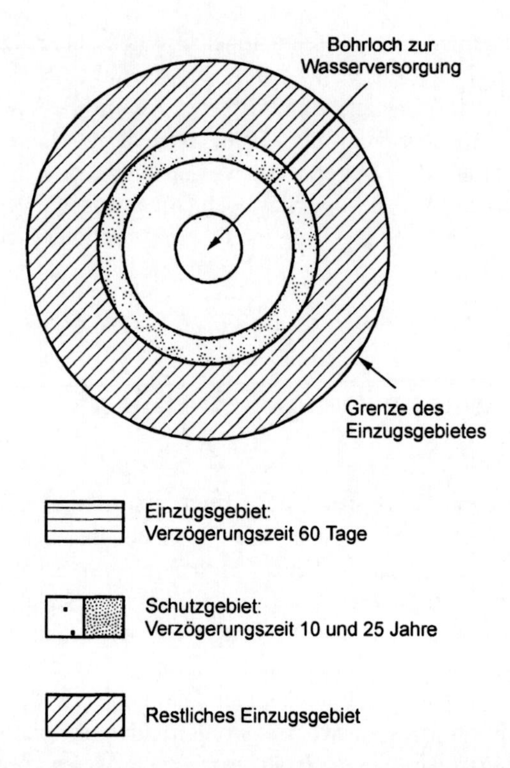

Abb. 13.5. Ein Zonierungsvorschlag für Bereiche mit einer beschränkten Landnutzung, um die Grundlage für ein Schutzprogramm zu stellen. Die Methodik wurde in den Niederlanden entwickelt und eignet sich bei porösen, durchlässigen Gesteinsschichten, in dem eine intergranulare Grundwasserströmung vorherrscht (*Quelle:* bearbeitet nach van Waegeningh 1985).

gung im Falle des Eintretens einer gravierenden Verunreinigung, die ein Eingreifen erfordert, zu gewährleisten und um eine gesundheitliche Gefährdung der Bevölkerung auszuschließen, wird in dieser Zone eine Verzögerungszeit von mindestens 10 Jahren veranschlagt. In vielen Fällen sind auch 10 Jahre nicht ausreichend, um die Kontinuität einer sicheren Wasserversorgung zu garantieren. So wird auch aus wirtschaftlichen Gründen eine Schutzzone mit 25 Jahren Verzögerungszeit notwendig. Diese zwei Schutzzonen bilden das Schutzgebiet und umfassen einen Radius zwischen 800 und 1200 m um die Bohrung.

Die Verzögerungszeiten sollten nur für die gesättigte Zone des Wasserleiters berechnet werden. Nur wenn reinigende oder verdünnende Eigenschaften oder die undurchlässige Beschaffenheit einer Deckschicht vorhanden sind, kann die vertikale Verzögerungszeit der Infiltration verschmutzten Wassers in die Berechnung einbezogen werden. Neben der Ausweisung eines Schutzgebietes ist es wichtig, die entfernteren Einzugsgebiete insbesondere vor schweren oder anhaltenden Kontaminationen gesetzlich zu schützen.

Tabelle 13.2. Beschränkungen in Schutzgebieten der Niederlanden

Fördergebiet	Schutzgebiet	Restliches Einzugsgebiet
60 Tage Verzögerungszeit	10 und 25 Jahre Verzögerungszeit	Regelungen zum Boden- und Grundwasserschutz
Schutz vor pathogenen Bakterien und Viren sowie vor chemischen Kontaminationsquellen	Schutz vor schwer abbaubaren Chemikalien	
Nur Aktivitäten, die in Verbindung mit der Wasserversorgung zulässig sind	Tätigkeiten, die generell nicht zulässig sind, z.B.: - Transport und Lagerung gefährlicher Güter - Industriebetriebe - Mülldeponien - Baumaßnahmen - Militärische Aktionen - Intensivlandwirtschaft und Viehhaltung - Kies-, Sand- o. Kalk-Abbau - Abwassereinleitung	

Quelle: Verändert aus van Waegeningh 1985.

Obwohl hydrogeologische Faktoren beim Grundwasserschutz eine wichtige Rolle spielen, sind auch Beschränkungen der Landnutzung und anderer menschlicher Tätigkeiten erforderlich. Die Art der Beschränkung hängt mit den Kriterien ihrer Definition zusammen. Früher galt die größte Aufmerksamkeit den Pathogenen; aber heutzutage tendiert man dazu, sich mehr auf die chemischen Schadstoffe zu konzentrieren. Die Verunreinigungsquelle, ob punktförmig oder diffus, und das Schadstoffverhalten im Untergrund bilden nicht nur die Kriterien für die Festlegung der Größe der Schutzzonen, sondern diktieren auch die Art der Beschränkungen, die zur Anwendung kommen. Die mit der Nähe zur Bohrung umfassender werdenden Beschränkungen sind in Tab. 13.2 aufgelistet.

Die Vorgehensweise, die in Europa zur Festlegung von Schutzzonen angewendet wird, basiert auf einer minimalen Verweilzeit (Verzögerungszeit) im Wasserleiter, die mit Tracertests oder mit Hilfe von Computermodellen bzw. einer Kombination aus beidem eruiert wird. Diese Vorgehensweise hat sich als effektiv herausgestellt, besonders für poröse, permeable Wasserleiter. Ein ähnlicher Ansatz für klüftige Gesteinsschichten ist weniger erfolgreich. Die höhere Geschwindigkeit des Grundwassers und die unterschiedliche Beschaffenheit solcher Wasserleiter haben zur Folge, daß die Schutzgebiete großflächig und unregelmäßig geformt sein müßten. Typischerweise gibt es oft kaum zur Verfügung stehende Daten zur Festlegung der einzelnen Gebiete – und wenn, dann sind sie oft widersprüchlich. Schutzgebiete mit einer riesigen Ausdehnung kollidieren mit anderen sozio-ökonomischen Belangen, da dort spürbar wird, daß die Wasserschutzinteressen unverhältnismäßig bevorzugt werden. Weltweit dominieren wahrscheinlich klüftige Gesteinsschichten. Deshalb ist es notwendig, einen vernünftigen Lösungsansatz zu diesem Problem zu finden.

Es ist ein modifizierter Ansatz zum Grundwasserschutz erforderlich, der sich auf eine innere Schutzzone, auf regionale Schutzmaßnahmen und auf Einzeluntersuchungen gründet. Ein solcher kombinierter Lösungsansatz, der auf die regionalen und standortspezifischen Aspekte als Teil einer integrierten Anwendung eingeht, ist bestrebt, ein realistisches Gleichgewicht hinsichtlich öffentlicher Interessen zu erreichen und gleichzeitig eine breite Palette hydrogeologischer Situationen zu behandeln.

In der inneren Schutzzone, die dem Schutz der bestehenden Trinkwasserquellen einen hohen Vorrang eingeräumt, ist die Einrichtung einer Zone erforderlich, die auf einer Verweilzeit von 50–60 Tagen basiert.

Das restliche Gebiet sollte in verschiedene Grundwassergefährdungsklassen eingeteilt werden, die die Grundwasserquellen weiträumig absichern sollen. Die Gefährdungsklassen sollten nach verschiedenen hydrogeologischen, bodenkundlichen und geologischen Kriterien bestimmt werden.

Der Wert regionaler Karten der Gefährdungsklassen liegt in der Bereitstellung von Informationen zu Verfahrens- und Planungszwecken. Richtig angewendet, können sie die Entwicklung von potentiell grundwassergefährdenden Vorhaben in jene Gebiete lenken, bei denen die geringsten Bedenken bestehen und somit zur Wahrung eines Interessensgleichgewichtes beitragen. Die Vorgehensweise bei diffusen Verunreinigungen kann mit den Grundwassergefährdungszonen in Einklang gebracht werden.

Karten zur Grundwassergefährdung liefern eine regionale Übersicht, sind aber auf lokaler Ebene nicht detailliert genug, um deutlich zu machen, ob eine einzelne mögliche Verunreinigungsquelle ein Grundwasserreservoir gefährdet oder nicht. Sie selbst fördern keinen Schutz für den Wasserleiter, aber sie können zur Klärung der unterschiedlichen Gefährdungsstufen beitragen. Der Schutz ergibt sich erst aus der Notwendigkeit, alle Vermutungen über mögliche Verunreinigungspraktiken durch Einzeluntersuchungen zu überprüfen. Diese Untersuchungen sind besonders auf Tracertests angewiesen, um einerseits eine Verbindung zu einem Bohrloch nachweisen zu können und um andererseits Laufzeiten zu messen. In klüftigem Material ist dieser Ansatz schwierig, da die Strömungswege nicht vorhersehbar sind. Wenn die Untersuchung jedoch an einem bekannten Standort in Zusammenhang mit einer spezifischen Verunreinigungsgefahr steht, ist es einfacher, eine geeignete Indikatormethode anzuwenden, um die begrenzten Laufzeiten in Grundwasserversorgungsreservoiren, Quellen und Flüssen zu bestimmen.

13.9 Schlußfolgerungen

Die Untersuchung von Grundwasserverunreinigungen ist ein multidisziplinärer Gegenstand, der physikalische, hydrochemische und hydrogeologische Techniken erfordert. Ebenso sind theoretische und praktische Erfahrungen mit derartigen Vorfällen und das Verständnis der Tätigkeiten und Prozesse, die zu einer Verunreinigung führen, vonnöten. Um Vorhersagen über die Anfälligkeit eines Grundwasserleiters für eine Kontamination zu machen, sind Kenntnisse über die nähere Umwelt, besonders über Bodenart und klimatische Verhältnisse notwendig.

Neben der Umsetzung dieser Techniken und Kenntnisse in Methoden, die darauf abzielen, die Grundwasserreserven zu schützen, muß auch der Kostenaufwand für den Schutz der Wasserversorgung gegen andere sozio-ökonomische Faktoren abgewogen werden. Außerdem ist zu beachten, ob das Schutzprogramm für ein Entwicklungs- oder ein Industrieland bestimmt sein soll. Wie in diesem Kapitel gezeigt wurde, sollten erst dann Untersuchungen vorgenommen oder Strategien für ein Schutzprogramm abgefaßt werden, wenn ein klarer Überblick über die geologischen Verhältnisse des Gebietes erstellt wurde. Geologische Eigenschaften sind für die Regeln der Grundwasserströmung grundlegend. Insbesondere der Strömungsmechanismus, ob nun intergranular oder innerhalb von Klüften, wie auch die Grenzen des Wasserleiters und die Eigenschaften des Grundwassers, die durch die geologische Struktur bestimmt werden, müssen ermittelt werden. Diese Überlegungen in Sachen Grundwasser sollten oberste Priorität sowohl bei Experten als auch bei Verwaltungsbeamten besitzen.

Literaturverzeichnis

Foster SSD (1985) Groundwater protection in developing countries. In: Matthess G, Foster SSD, Skinner AC (eds) Theoretical background, hydrogeology and practice of groundwater protection zones. Verlag Heinz Heise, Hannover, pp 167–200

Jackson RE (ed) (1980) Aquifer contamination and protection. UNESCO, Paris

Ku HFH (1980) Ground-water contamination by metal-plating wastes, Long Island, New York, USA. In: Jackson RE (ed) Aquifer contamination and protection. UNESCO, Paris, pp 310–317

Van Waegeningh HG (1985) Protection of groundwater quality in porous permeable rocks. In: Matthess G, Foster SSD, Skinner AC (eds) Theoretical background, hydrogeology and practice of groundwater protection zones. Verlag Heinz Heise, Hannover, pp 111–121

Weiterführende Literatur

Eine Reihe von Lehrbüchern, die sich mit physikalischen und chemischen Prinzipien der Hydrogeologie befassen, enthalten auch Abschnitte über den hydrogeologischen Aspekt kontaminierter Grundwässer. Hiervon bieten Freeze RA und Cherry JA (1979) Groundwater (Prentice Hall, New Jersey) und Domenico PA und Schwartz FW (1990) Physical and chemical hydrogeology (Wiley, New York) umfassende Aufarbeitungen des Themas. Fetter CW (1993) Contaminant hydrogeology (Macmillan, New York) befaßt sich speziell mit der Thematik verunreinigter Grundwässer. Ein eher leicht verständlicher Text für die, denen ein genaues, jedoch sofort zugängliches Lesen wichtig ist, stellt Price M (1985) Introducing groundwater (Allen & Unwin, London) dar. Eine UNESCO Publikation, herausgegeben von Jackson (1980), beinhaltet eine Diskussion theoretischer und praktischer Aspekte von Kontamination als auch der Protektion wasserführender Schichten und ein Kompendium von Fallstudien über Grundwasserverschmutzung. Schließlich veröffentlichte die Association of Hydrogeologists einen Band, der von Matthess G, Foster SSD und Skinner AC 1985 herausgegeben wurde und den Titel 'Theoretical background hydrogeology and practice of groundwater protection zones' (Verlag Heinz Heise, Hannover) hat. Dabei ist der Text gerade für jene geeignet, die sich dem Thema zum ersten Mal nähern, vor allem die Kapitel von Foster (Groundwater protection in developing countries) und H.G. Van Waegeningh (Protection of groundwater quality in porous permeable rocks).

Siehe auch Briscoe J (1993) When the cup is half full: improving water and sanitation services in the developing world. Environment 35/4:6–10, 28–36 und Ku (1980).

14 Marine und ästuarine Verschmutzung

Alastair Grant und Tim Jickells

Behandelte Themen:

- Kontamination und Verschmutzung
- Der Nachweis von Verschmutzung
- Kontaminationsquellen für die Nordsee
- Umweltbelastung durch spezielle Chemikalien
- Eutrophierung
- Badestrände
- Abfälle

Vieles in diesem Kapitel läßt sich als Übung im Forschen und Entdecken beschreiben. Die nächste wichtige Konvention der UN wird ein Abkommen zum Schutz der Meere sein. Wir wissen jetzt, daß die Meere beim Absorbieren und Emittieren atmosphärischer Gase eine lebenswichtige Rolle spielen, ebenso beim Verteilen der Energie in den nördlichen und südlichen Breiten, bei der Regulierung bio-geo-chemischer Kreisläufe und in der Bereitstellung eines riesigen Reservoirs voller Leben, das in komplexen Nahrungsketten organisiert ist. Die Meere haben wahrscheinlich eine größere Bedeutung für die Regulierung der Biosphäre, als vielen bewußt ist. Folglich ist es notwendig, die physikalischen und chemischen Beziehungen zwischen Ozean und der Atmosphäre kontinuierlich wissenschaftlich zu überwachen.

Die Überwachung der marinen Ökologie ist mit vielen Schwierigkeiten verbunden. Wenn eine ungewöhnliche Planktonblüte auftritt, wie später noch am Beispiel der Nordsee geschildert wird, ist man schnell versucht, die Schuld anthropogenen Einflüssen zuzuschreiben. Solange es jedoch keine verläßlichen historischen Aufzeichnungen bzw. keine umfassende Überwachung gibt, ist es denkbar, daß die Planktonblüte ein regelmäßig (oder unregelmäßig) wiederkehrendes natürliches Ereignis ist oder daß Veränderungen im Nordostatlantik oder im Klima wesentliche Gründe für diese Umweltvariabilität sein können. Kurz, wir wissen es nicht genau. Toxikologische Untersuchungen über eine Chemikalie kosten $10 000 allein für Messungen der Biokonzentration und akuten Toxizität; $100 000 bis $1 Mio. sind für eine ausführlichere, aber trotzdem noch unvollständige Untersuchung anzusetzen. Die Toxizität chemischer Wechselwirkungen in Nahrungsketten ist deshalb nur unzureichend erforscht.

Die Interaktionen der Arten sind so kompliziert und wurzeln in unbekannten Zusammenhängen, daß nur ein umfassendes und sehr teures Überwachungsprogramm alle Verbindungen aufdecken könnte. Das ist nicht realisierbar, außer eventuell bei den kostbarsten und in nahezu geschlossenen Ökosystemen. Ökologisches Monitoring nutzt Indikator- oder Leitarten, die Standardbedingungen anzeigen, unter denen andere Arten begünstigt oder benachteiligt werden. Aber nur wenige Arten sind überhaupt als Indikatoren geeignet und noch weniger Arten als Indikatoren, die überall und über lange Zeit gültig sind. So wird eine der wichtigsten Grundlagen ökologischer Überwachung in Frage gestellt. Rechnet man die subtilen Veränderungen der Umweltbedingungen hinzu, die aus zyklischen Energieänderungen oder aus chemischen Einflüssen anthropogener Quellen resultieren, wird man ohne weiteres begreifen, wie schwierig ökologischen Vorhersagen sind. Genaugenommen beginnen wir gerade erst zu erkennen, wie willkürlich oder chaotisch Populationsschwankungen tatsächlich sind. McGarvin (1994) zitiert eine Untersuchung über Rankenfüßer, die erkennen ließ, daß die Anzahl der Adulten durch die Anzahl von Larven bestimmt wurde, die ihre Planktonphase überlebten und sich auf Felsen ansiedelten. Diese Populationen variieren jedes Jahr stark, und ihre Entwicklung kann ohne eine immense Menge an Daten, die über Jahrhunderte gesammelt werden müßten, nicht mit ausreichender Genauigkeit vorhergesagt werden.

Dies hat nicht nur für die theoretische Ökologie, sondern auch für die Umweltschutzpolitik und deren internationale Koordination tiefgreifende Folgen. So sind z.B. die Konzentrationsschwankungen natürlich vorkommender Schwermetalle relativ groß und nicht vollständig bekannt. Es ist deshalb unsinnig, Grenzwerte für anthropogene Einträge dieser Schwermetalle festzulegen, da solche Grenzwerte oder kritischen Belastungen nie genau ermittelt werden können.

All das deutet darauf hin, daß in den nächsten Jahren ein noch größeres Gewicht auf das Vorsorgeprinzip gelegt werden sollte. Dies zwingt Umweltbehörden, in stärkerem Maß das Prinzip der Lastenverteilung anzuwenden und auf die Ausgeglichenheit der Maßnahmen zu achten, ohne dabei den Blick zu sehr auf die «wissenschaftliche» Rechtfertigung unterschiedlicher Vorgehensweisen zu richten. Es wird auch verstärkt auf eine Vermeidung von Verschmutzungen direkt an der Quelle nach dem «up the pipe»-Prinzip gesetzt, unter Anwendung von Methoden wie der Analyse biologischer Kreisläufe und Angeboten von Dienstleistungen im Bereich des Umweltmanagements für ganze Unternehmen. Die einführende Abhandlung zu diesem Abschnitt läßt auf einen Wandel schließen, der gerade erst seinen Lauf nimmt.

14.1 Einführung

Die Verschmutzung der Meere, der Küstengewässer und Ästuare ist ein Thema von großem öffentlichem Interesse. Bei öffentlichen Meinungsumfragen wird zu

90 % die Ansicht vertreten, daß sie ein ernstes oder sehr ernstes Problem darstellt. In Europa erregt das Thema höchste Aufmerksamkeit, was mit zwei Phänomen zusammenhängt, die im Sommer 1988 auftraten: eine Virusepidemie, die zahlreiche Robben tötete, und eine toxische Algenblüte in skandinavischen Gewässern.

Im April 1988 wurden auf der dänischen Insel Anholt beim Gemeinen Seehund fast 100 Frühgeburten gezählt. Kurz danach wurden im Kattegat an der dänischen und schwedischen Küste kranke erwachsene Seehunde beobachtet und tote Tierkörper an die Strände gespült. Die Epidemie breitete sich an der dänischen Küste und entlang des Wattenmeeres rasch aus und erreichte im August Großbritannien, wo die ersten Fälle in der Meeresbucht «The Wash» beobachtet wurden. Tote und sterbende Robben wurden entlang der britischen Küstenlinie bis Oktober gefunden. Die unmittelbare Todesursache war eine Virusinfektion, hervorgerufen durch ein mit dem Hundestaupevirus verwandtes Virus, dem Robbenstaupevirus. Mehr als 16 000 tote Seehunde wurden an die Strände gespült, und nach vorsichtigen Schätzungen starb mindestens die Hälfte der Population dieser Robbenart. Die großen traurigen Augen der Robben haben schon immer das Mitgefühl der Öffentlichkeit erregt. Bilder von den vielen toten Tierkörpern, die von den Stränden entfernt werden mußten, wurden regelmäßig in den Fernsehnachrichten gesendet und die Ereignisse erreichten einen hohen Stellenwert im öffentlichen Bewußtsein. In Großbritannien und in der Bundesrepublik Deutschland brachten Spendenaufrufe in Zeitungen Hunderttausende Pfund zur Rettung der Robben zusammen, obwohl die Sensationspresse offensichtlich keine vernünftigen Vorschläge parat hatte, wie man gegen die Epidemie angehen könnte.

Am 9. Mai 1988 meldete der Besitzer einer Regenbogenforellenzucht in Gullmarfjorden in der Nähe von Göteborg an der schwedischen Westküste, daß seine Fische Anzeichen von Streß zeigten. Er beobachtete eine gelbliche Farbe im Wasser, die von der kleinen geißelförmigen Alge *Chrysochromulina polylepis* stammte. Innerhalb der nächsten drei Wochen wanderte die Algenblüte die schwedische und norwegische Küste entlang nach Norden und Süden und erreichte am 26. Mai die Höhe von Stavanger. Bis Mitte Juni zerstreute sich die Algenblüte. Sie verursachte ein Lachs- und Forellensterben in mehreren Zuchtanlagen in Norwegen und Schweden. Es traten auch Fälle erhöhter Sterblichkeit mariner Invertebraten auf. Auch freilebende Fische starben, aber im allgemeinen war es ihnen möglich, der Algenblüte auszuweichen, die sich in den oberflächennahen Schichten konzentrierte.

Die unmittelbare Schlußfolgerung war, daß diese zwei Phänomene die Folge der jahrelangen Einleitung von Abwässern und Schadstoffen in die Nordsee waren. Die *Chrysochromulina*-Algenblüte wurde auf eine Eutrophierung zurückgeführt, während die Virusepidemie auf die Wirkung von polychlorierten Biphenylen (PCBs) und anderen Chemikalien zurückging, die das Immunsystem der Robben schwächen. In keinem der Fälle gibt es einen eindeutigen Nachweis für eine Beteiligung des Menschen, wenn auch der Mangel eines kausalen

Nachweises die Notwendigkeit detaillierter Kenntnisse über das komplexe Ökosystem Küstenmeer und die Auswirkungen, die das menschliche Handeln darauf hat, herausstellt. In diesem Kapitel werden einige dieser wichtigen Themen eingehend besprochen. Viele von unseren Beispielen stammen aus der Nordsee. Sie ist ein flaches Schelfmeer, daß zum größten Teil von den Landmassen acht reicher Industrienationen umgeben ist und somit besonders anfällig für eine Verschmutzung ist. Im Bereich der Küstengewässer ist die Nordsee wahrscheinlich das am intensivsten untersuchte Meer. Unsere Schlußfolgerungen sind jedoch von globaler Bedeutung.

14.2 Kontamination und Verschmutzung

Eine wichtige Unterscheidung ist die zwischen *Kontamination* und *Verschmutzung*. Die gebräuchlichsten Definitionen dieser Bezeichnungen gehen auf eine Organisation zurück, die mit GESAMP abgekürzt wird, eine wissenschaftliche Expertengruppe der Vereinten Nationen für Meeresverschmutzung.

- *Kontamination* ist das Auftreten einer erhöhten Konzentration von Stoffen in Wasser, Sedimenten und Organismen.
- *Marine Verschmutzung* ist die

> durch den Menschen verursachte direkte oder indirekte Einleitung von Stoffen oder Energie in die marine Umwelt (einschließlich der Flußmündungen) und die daraus resultierenden schädlichen Auswirkungen wie Schädigung der belebten Welt, Gesundheitsrisiken für den Menschen, Behinderung der marinen Nutzung, Qualitätsverminderung des genutzten Meerwassers und eine Einbuße von Erholungsgebieten. (GESAMP 1982)

Jede Verschmutzung schließt eine Kontamination ein, aber der Umkehrschluß muß nicht notwendigerweise zutreffen. Mit der Anwendung dieser Definitionen sind wir in der Lage, das Verfahren einer Schadensidentifizierung bei einer Verschmutzung in zwei Etappen einzuteilen. Das erste Problem ist die chemische Bestimmung des Schadstoffes. Bei verschiedenen toxischen Stoffen kann die Konzentration sehr gering sein, z.B. 1 Atom auf 10^9–10^{12} Atome Wasser und Salz. Das zweite Problem liegt in der Frage, ob diese Kontamination irgendeine schädliche Wirkung auf die Umwelt, ihre Organismen oder einen potentiellen Nutzer, ausübt. Die erste Aufgabe ist einfacher, obwohl auch sie nicht immer geradewegs zu lösen ist. Um zu beurteilen, ob eine Kontamination stattgefunden hat, braucht man einen Grundwert – die Konzentrationen in der Umwelt vor einem anthropogenen (auf den Menschen zurückgehenden) Eintrag. Bei synthetischen organischen Verbindungen wie PCBs, künstlichen Radionukliden und bei vielen anderen Stoffen ist dieser Grundwert gleich Null. Andere Stoffe, wie z.B. Schwermetalle und Öl, kommen auch natürlich vor. Für diese die Grundwerte zu bestimmen, kann einen beträchtlichen Aufwand bedeuten.

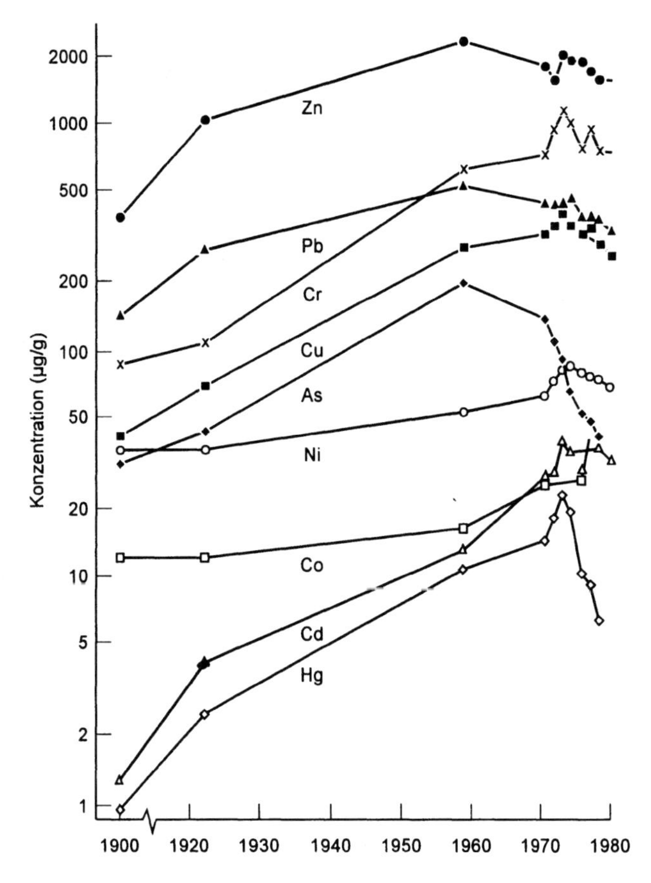

Abb. 14.1. Die zeitliche Abfolge der Metallkontamination im Rhein seit 1900, die mit Hilfe von Sedimentanalysen, gesammelt vom Niederländischen Institut für Bodenfruchtbarkeit, rekonstruiert wurde (*Quelle:* Salomons und de Groot 1978).

Für Schadstoffe, die in Sedimenten vorkommen, stehen mehrere Möglichkeiten zur Verfügung. Man kann versuchen, solche Umgebungen zu ermitteln, bei denen alle Bedingungen außer dem Ausmaß des menschlichen Einflusses vergleichbar sind, um dann diese Umgebungen als Grundwert zu verwenden. Das ist manchmal möglich, aber in vielen Teilen der Welt gibt es nur sehr wenige Gegenden, die vom Menschen unberührt geblieben sind. Außerdem ist es stets schwierig sicherzustellen, daß die verschiedenen Umgebungen auch wirklich vergleichbar sind. Eine andere Möglichkeit, die besonders bei Schwermetallen angewendet wird, verwendet als Grundwert die Konzentrationen in den Gesteinen, die vermutlich in ähnlicher Umgebung abgelagert worden sind. In der Geochemie werden mittlere Konzentrationen von Schwermetallen in Schiefern als Grundwert für den Vergleich mit Konzentrationen in den Schlämmen der Flußmündungen verwendet. Eine letzte Möglichkeit ist der Versuch, aus dem Untersuchungsgebiet selbst vorindustrielle Sedimente zu erhalten, etwa aus ehemaligen Flußmündungsbetten oder von Flächen, die trockengelegt wurden. Die daraus gewonnenen Daten sind sehr wahrscheinlich mit heutigen Proben vergleichbar und erfüllen die Bedingung, daß nach der Ablagerung keine Konzentrationsänderung aufgetreten ist.

Der Ansatz, als Grundwert ursprüngliche Sedimente aus derselben Umgebung zu verwenden, kann auf die Rekonstruktion der ganzen Kontaminationsgeschichte ausgedehnt werden. In einigen Fällen wurden in der Vergangenheit Proben gesammelt und aufbewahrt (siehe Abb. 14.1), aber das war keine gängige Praxis. Es ist jedoch möglich, Standorte zu ermitteln, an denen eine kontinuierliche Akkumulation von Sedimenten noch vor der Industrialisierung stattgefunden hat. Solche Standorte gibt es in vielen Flußmündungen und in einiger Entfernung vor der Küste in Tiefen, in denen der Einfluß der Wellen minimal bleibt. Eine ungestörte Sedimentsäule kann an solchen Stellen durch Bohrung gewonnen, in Abschnitte eingeteilt und auf eine Schadstoffkonzentration hin analysiert werden. Sind die Konzentrationen ab einer bestimmten Tiefe konstant, werden sie als Grundwert angenommen. Ist es möglich, die Bohrkerne (unter Verwendung von radioaktiven Isotopen, Artefakten oder Pollen) zu datieren, dann kann auch eine datierte Zeitabfolge der Kontamination rekonstruiert werden. Abbildung 14.2 zeigt hierfür ein Beispiel aus dem Bristolkanal in Großbritannien, das einen ausgeprägten Anstieg der Bleikonzentrationen während des 20. Jahrhunderts erkennen läßt.

Bei Kontamination der oberflächennahen Wasserschichten, der Meere und Organismen ist es schwieriger, Grundwerte zu definieren. Wie wir noch später ausführen, findet ein beachtlicher Eintrag vieler Schadstoffe aus der Atmosphäre selbst an Orten statt, die weit ab von den Ballungszentren liegen. Es gibt deshalb keine vollständig unberührte Umwelt mehr, die Grundwerte liefern könnte. Folglich ist es schwierig festzustellen, welche Metall- oder Kohlenwasserstoffkonzentrationen sich in den Organismen oder im Meerwasser befanden, bevor sie durch menschliche Einwirkung verändert wurden.

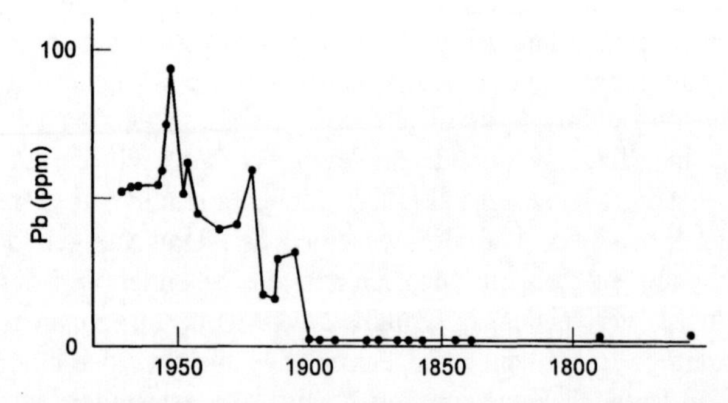

Abb. 14.2. Die Entwicklung der Bleikontamination in Sedimenten des Bristolkanals. Basierend auf der Datierung des Sedimentbohrkerns mit der ^{210}Pb Zeitbestimmung, abzüglich des natürlichen Bleigehalts (*Quelle:* Hamilton und Clifton 1979).

14.3 Der Nachweis von Verschmutzung

Der traditionelle Ansatz, um die Auswirkungen einer Verschmutzung vor Ort aufzudecken, ist die ökologische Überwachung. An zahlreichen Stellen werden Proben von Organismen gesammelt und gleichzeitig auch die Konzentrationen von Schadstoffen gemessen. Die biologischen Proben werden danach untersucht, ob es schädliche Auswirkungen gibt und - wenn dies der Fall ist - ob diese mit den Schadstoffkontaminationen korrelieren. Dabei ergeben sich zwei Probleme. Erstens kann die marine Umwelt sehr vielgestaltig sein, selbst wenn keine anthropogenen Störungen auftreten (siehe Abb. 14.3 und die folgende Diskussion über die Eutrophierung). Zweitens besteht die Kontamination an einem bestimmten Standort aus einem komplexen Chemikalien-«Cocktail», so daß nur schwierig nachzuweisen ist - auch wenn zwischen gestörten und ungestörten Umgebungen unterschieden werden kann -, welche Schadstoffe die Wirkungen erzeugen. Korrelationen können keine Kausalität beweisen, obwohl man mit ihnen Hypothesen testen kann.

Kasten 14.1

Die Untersuchung der marinen Verschmutzung umfaßt das Sammeln von Proben, z.B. von Schwebstoffen in der Tiefsee (linkes Foto) oder Tiefseesedimenten (rechtes Foto). In beiden Fällen sind die entscheidenden Punkte bei der Untersuchung die Rahmenbedingungen der Probenahme und die Genauigkeit der Messung. Die Rahmenbedingungen müssen die Variabilität der physikalischen Prozesse sowohl räumlich als auch zeitlich unter ungewissen Verhältnissen berücksichtigen. Die Probenahme muß deshalb möglichst repräsentativ erfolgen und anschließend gemittelt werden. Die statistische Ermittlung von Fehlerbalken zur Erkennung von Datenausreißern hilft diese zu eliminieren. Die Meßgenauigkeit ist bei Konzentrationen im Bereich von ppt (parts per trillion) von entscheidender Bedeutung. Die Vermeidung einer Kontamination durch die Beprobung selbst ist das oberste Ziel und erfordert eine sorgfältige Vorbereitung und Wiederholbarkeit.

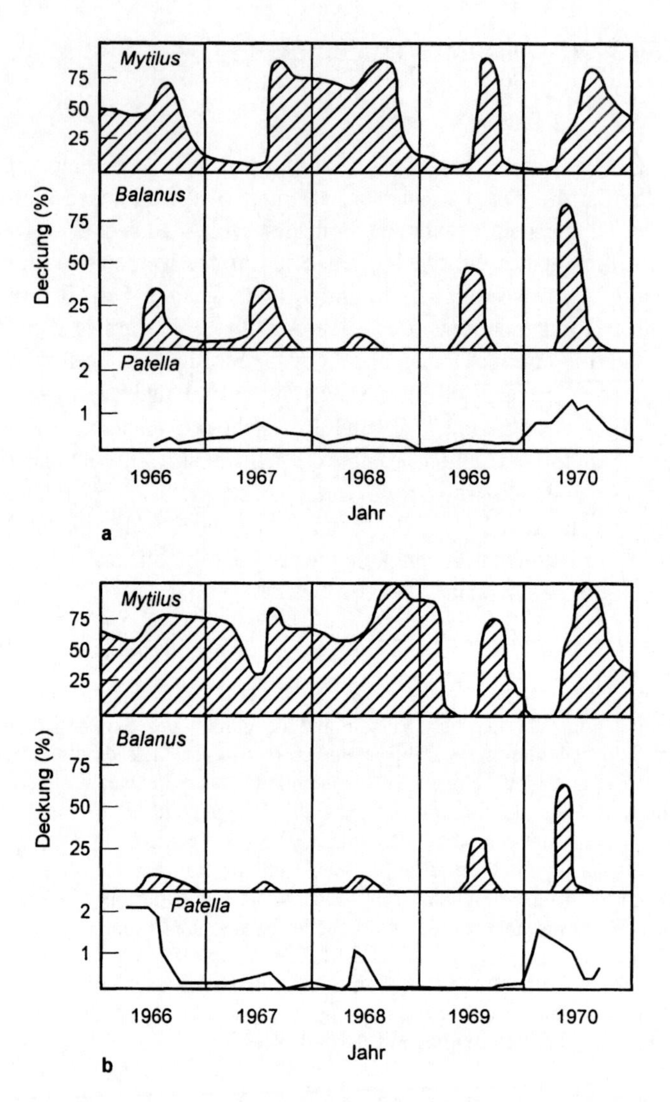

Abb. 14.3. Die natürlichen Bestandsschwankungen mariner Organismen können beträchtlich sein. Prozentangaben des Bewuchses mit Muscheln (*Mytilus*), Rankenfüßer (*Balanus*) und Napfschnecken (*Patella*) an zwei Standorten an der Nordküste von Yorkshire im Zeitraum von 1966 bis 1970 (*Quelle:* Lewis 1972).

Ein Lösungsansatz wäre, Toxizitätstests im Labor durchzuführen und dann zu versuchen, deren Ergebnisse auf die Felduntersuchung zu übertragen. Das Verfahren der Extrapolation ist nicht eindeutig, da die marine Umwelt in der Realität bezüglich ihrer physikalischen, chemischen und biologischen Eigenschaften viel komplexer ist als im Reagenzglas. Schadstoffe können in Wasser mit organischen Verbindungen Komplexe bilden oder von Partikeln adsorbiert werden.

Eventuell kann ein Schadstoff die interspezifische Konkurrenz stören. Welche dieser Wirkungen in einer bestimmten Situation vielleicht von Bedeutung sein könnte, ist ebensowenig vorhersehbar, wie es zur Zeit unmöglich ist, ihre Folgen abzusehen. Das einzige, was uns die ganze Laborarbeit mit ihren Toxizitätstests auszusagen erlaubt, ist, daß Schadstoffkonzentrationen selten so hoch sind, daß sie eine akute Toxizität verursachen (Abb. 14.4). Das bedeutet, daß wir nach subtileren «subletalen» Wirkungen suchen müssen.

In den letzten Jahren sind eine Anzahl von Methoden entwickelt worden, um diese subtilen Wirkungen vor Ort zu untersuchen. Die meisten schließen die Messung von biochemischen oder physiologischen Indikatoren ein. Es wird angenommen, daß eine Störung in der Leistung einer dieser Indikatoren eine Beeinträchtigung in der ökologischen Leistung widerspiegelt. Die wahrscheinlich am häufigsten untersuchte Wirkung ist die auf die für das Wachstum verwendete Energieausbeute der Muschel *Mytilus edulis*, das bedeutet die Energiemenge, die einem Individuum nach Abzug von Atmung und Ausscheidung für das Wachstum verbleibt. Die Methode umfaßt die Ermittlung des Energiehaushalts der einzelnen Tiere anhand von Messungen der Nahrungsaufnahme, der Respirationsraten und der Bestimmung der Assimilationseffizienz. Zur Beprobung werden entweder Tiere an verschiedenen Standorten gesammelt oder Tiere gemeinsamer Herkunft entlang solcher Transekte ausgesetzt, die einen mutmaßlichen Verschmutzungsgradienten aufweisen (das kann z.B. für eine Überwachung in offenem Wasser unter Verwendung von Käfigen geschehen, die an Bojen befestigt werden). Die Tiere werden nach gewisser Zeit in das Labor zurückgebracht und unter Standardbedingungen untersucht. In nicht kontaminiertem Meerwasser ist der Wachstumsanteil am Energieumsatz relativ hoch; als Reaktion auf relativ geringe Schadstoffkonzentrationen sinkt dieser Wert, entweder weil die Respirationsrate steigt oder weil die Nahrungsaufnahme sinkt. Im Gegensatz zu vielen anderen physiologischen und biochemischen Indikatoren hat diese Methode den Vorteil, daß mit ihr ein Faktor mit direkter ökologischer Bedeutung gemessen wird.

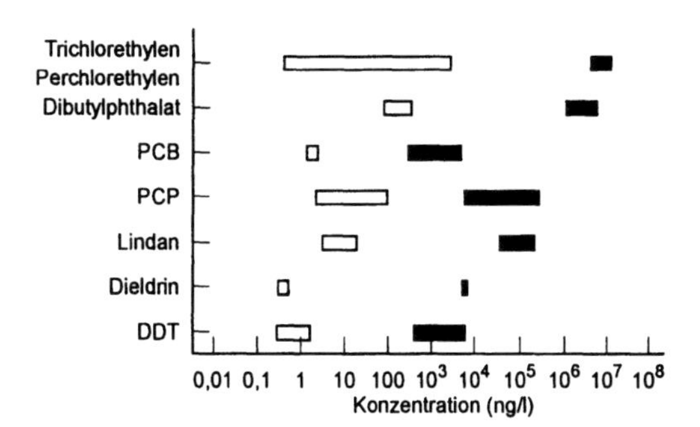

Abb. 14.4. Die Konzentrationen der meisten Schadstoffe (leere Balken) in der Umwelt liegen weit unter denen, die eine toxische Wirkung hervorrufen (schwarze Balken) (*Quelle:* Ernst 1980).

14.4 Kontaminationsquellen für die Nordsee

Wenn wir die Umweltbedingungen eines marinen Systems verstehen wollen, ist es zuerst notwendig, die Einträge in dieses System zu beschreiben. Nur wenn diese nachhaltig gestört werden, ist eine Veränderung der Umwelt wahrscheinlich. Einträge vom Land in das marine System stammen aus vielen Quellen: wir versuchen hier die bedeutendsten zu dokumentieren.

Flüsse leiten Material sowohl in der gelösten Phase als auch in der festen Phase in die Meere. Das Gleichgewicht zwischen diesen beiden Phasen kann sich mit der Vermischung von Salz- und Süßwasser ändern. Dies wird auf die Adsorption bzw. Ausfällung von gelösten Komponenten oder auf die Desorption von Partikeln unter dem raschen Wechsel des Salzgehaltes in den Ästuaren

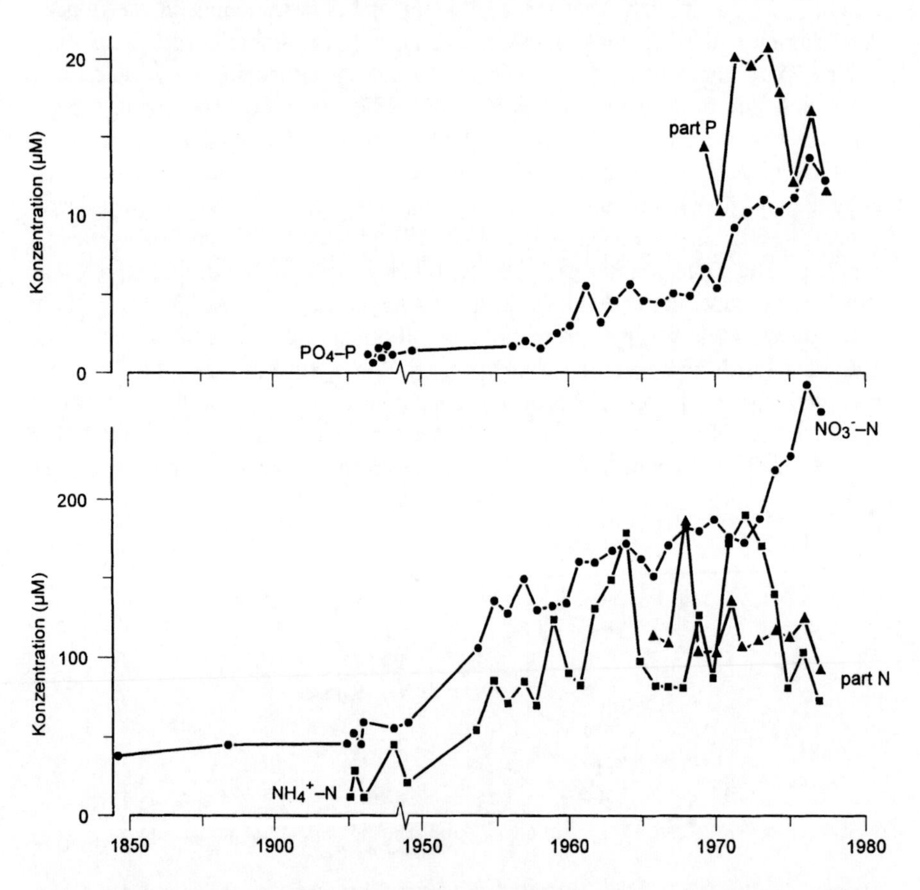

Abb. 14.5. Zunahme der Konzentrationen von Nitrat (*NO_3^-*), Ammonium (*NH_4^+*), festem Stickstoff (*part N*), gelösten Phosphaten (*PO_4-P*) und festem Phosphor (*part P*) im Rhein (*Quelle:* von Bennekrom und Salomons 1980).

zurückgeführt. Die Art der Mischung von Salz- und Süßwasser und von vielen anderen Prozessen (einschließlich der Primärproduktion) wird zudem durch die Flüsse beeinflußt, da Süßwasser eine geringere Dichte als Meerwasser aufweist und deshalb dazu neigt, auf dem Salzwasser zu schwimmen, bis eine turbulente Vermischung diese Schichtung auflösen kann. Sowohl die Lösungsfracht als auch der Feststofftransport in Flüssen reagieren empfindlich auf Veränderungen, die das Resultat zunehmender Einträge innerhalb des Einzugsgebietes (direkten Einleitungen oder erhöhter Erosion) oder abnehmender Einträge (Aufstauung, Wasserentnahme oder erhöhter biologischer Aktivität) sein können.

Abbildung 14.5 zeigt die Zunahme der Konzentrationen von Nitrat, Ammonium und Phosphat im Rhein als Beispiel für die Auswirkung steigender Einträge in die Flußsysteme. Im Fall des Nitrat wird vermutet, daß der Anstieg das Resultat wachsender landwirtschaftlicher Nutzung und intensivierter landwirtschaftlicher Nutzungsformen ist, einschließlich des Tiefpflügens und des ausgedehnten und relativ uneffektiven Einsatzes von Düngemitteln. Dieses Muster trifft auf die meisten Flüsse Europas zu (Abb. 14.6) und führt zu Nitratkonzentrationen, die beträchtlich über dem normalen Niveau liegen. Der gegenteilige Effekt einer Aufstauung wird am Beispiel des Nils veranschaulicht, dessen gesamte Wasserführung verändert und maximale Grundwasserzufuhr reduziert worden ist. Die Staudämme erzeugen Strom, erlauben eine Bewässerung und verhindern Hochwasserschäden. Sie senken jedoch auch die Bodenfruchtbarkeit, die früher von den vom Hochwasser abgelagerten Nilschlämmen profitierte, und beeinträchtigen den Fischfang in den Küstengewässern des Nildeltas. Da der Flußtransport episodisch abläuft und z.B. mehr Feststofftransport unter Hochwasserbedingungen stattfindet, ist es schwierig, verläßliche Schätzungen über die Einträge in die Ästuare zu erhalten.

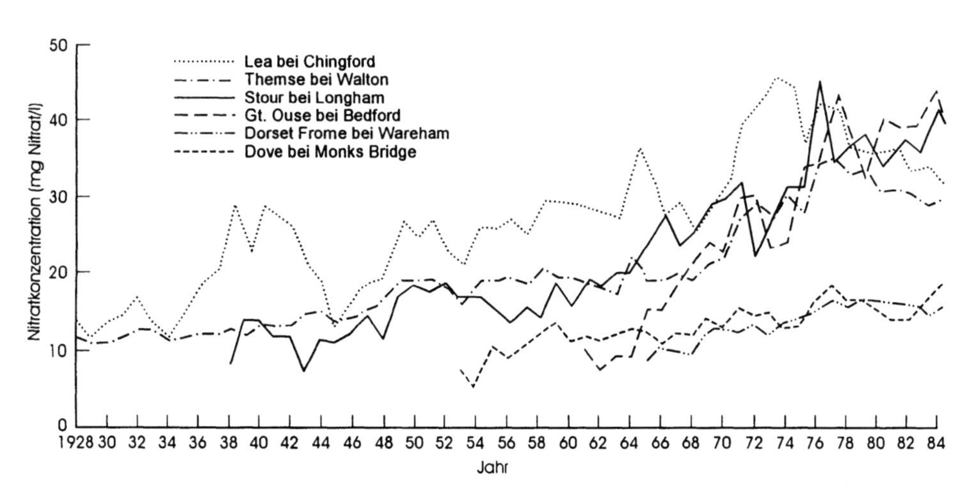

Abb. 14.6. Zunahme der Nitratkonzentrationen in verschiedenen Flüssen Großbritanniens (*Quelle:* Royal Society 1983).

Atmosphärische Einträge können die komplexen Prozesse in den Ästuaren umgehen und direkt in die offenen Küstengewässer und ins Meer gelangen. Die Atmosphäre ist ein effektives Transportmittel für Staub und Gase, das diese Stoffe direkt in die Küstengewässer trägt. Viele auf dem Land stattfindende Aktivitäten setzen Stoffe in die Atmosphäre frei, einschließlich Staub, der von den Feldern ausgeweht wird, und Gase, die landwirtschaftliche Abfallprodukte, Verbrennungsprozesse aller Art sowie viele industrielle Aktivitäten freisetzen. Zusätzlich zu diesen anthropogenen Einträgen findet ein großer natürlicher Kreislauf statt, mit dem Stoffe in die Atmosphäre gelangen, die zu den Einträgen in die Küstengewässer ihren Anteil beisteuern. In vielen Gebieten der Erde in der Nähe der Hauptaustragsgebiete wird nun deutlich, daß durch die Aktivität des Menschen Stoffe in vergleichbarer oder höherer Menge den natürlichen Stofftransport ergänzen. Atmosphärische Konzentrationen ändern sich innerhalb kurzer Zeiträume auf Grund von Windrichtungs- und Niederschlagsänderungen, wodurch sich genaue Schätzungen der Durchschnittskonzentrationen ohne eine umfassende Probenahme sehr schwierig gestalten. Zusätzlich macht die Schätzung der Einträge Kenntnisse über den Niederschlag und/oder über die trockene Deposition auf offener See erforderlich. Beide werden bisher nur unzureichend erfaßt und überwacht.

Tab. 14.1. Schätzungen der Eintragsraten ausgewählter Elemente in die Nordsee (t/a)

Weg des Eintrags	Element N[a]	Pb	Hg
Flüsse	1 000 000[b]	920–980	20–21
Atmosphäre	400 000[b]	2600–7400	10–30
Direkte Einleitungen	95 000[b]	170	5
Klärschlamm	11 700[b]	100[b]	0.6[b]
Ausbaggerungen	–[c]	2000[b]	17[b]
Industriemüll	–	200[b]	0.2[b]
Verbrennung auf dem Meer	–	–	Spuren[b]
Einträge durch Wassertransport aus anderen Meeren	7 705 000[d]		

[a] Diese Stickstoffflüsse berücksichtigen keinen gasförmigen Stickstoff, da dieser im allgemeinen nicht durch Algen verbraucht wird. Es dominieren Nitrat und Ammonium.
[b] Maximale Schätzung.
[c] Keine Daten verfügbar, aber wahrscheinlich gering.
[d] Nelissen und Stefels 1988.
Quelle: Department of the Environment 1987

Außer diesen zwei Haupteinträgen gibt es ein breites Spektrum weiterer Einträge, die in bestimmten Gebieten und für spezielle Verbindungen von Bedeutung sind. Manche davon, z.B. direkte Industrieabflüsse und Abwassereinleitungen sowie die Verklappung von Klärschlämmen und Material aus Ausbaggerungen, werden in den meisten Industrieländern genau überwacht, so daß die Austragsmengen relativ gut bekannt sind. Andere Einträge, wie z.B. Verluste aus Korrosion *in situ* und aus der Küstenerosion, sind leider nur unzureichend bekannt.

Trotz der damit zusammenhängenden Unsicherheiten sind Schätzwerte der Einträge aus verschiedenen Quellen in die Nordsee verfügbar (Tabelle 14.1) und veranschaulichen einige wichtige Punkte. Erstens sind die direkten Einleitungen quantitativ nicht von so großer Bedeutung, obwohl ihnen die größte Aufmerksamkeit gilt. Dennoch ist eine beträchtliche Belastung am Ort der Einleitung nicht zu leugnen. Zweitens sind die Einträge vieler Komponenten aus der Atmosphäre von großer Bedeutung. Die von Land stammenden Eintragsmengen werden hauptsächlich durch Einträge aus der Atmosphäre und aus den Flüssen gebildet.

Bei vielen der betrachteten Elemente, einschließlich Stickstoff und Blei, sind in den letzten Jahren die Emissionen tatsächlich stark angestiegen. Mit dem zunehmenden Verbrauch unverbleiten Benzins gehen die Emissionen von Blei jedoch schnell zurück. Das Ausmaß der Einträge vieler synthetischer organischer Verbindungen ist nur mäßig bekannt, aber da es keine natürlichen Quellen dieser Verbindungen gibt, ist ihre bloße Existenz schon der Beweis ihres anthropogenen Ursprungs. Es gibt jedoch noch viele Elemente und chemische Verbindungen mit einem großen natürlichen Stofffluß und einem relativ kleinen Beitrag aus industriellen Quellen (z.B. Aluminium), so daß sich diese Stoffflüsse noch im Bereich ihres natürlichen Niveaus bewegen.

Ein letzter wichtiger Punkt zur Tabelle 14.1: Obgleich die Einträge von Nitrat und Ammonium aus den Flüssen und der Atmosphäre in den letzten 50 Jahren drastisch zugenommen haben, sind die Einträge aus anderen marinen Gewässern immer noch die Hauptquelle, auch wenn diese Einträge besonders schwer zu quantifizieren sind.

Um die Effekte der jüngsten Eintragserhöhungen zu bestimmen, ist es notwendig, nicht nur den Umfang und die Form aller Einträge zu kennen, sondern auch deren Ort. Deshalb betrachten wir noch einmal den Stickstoff. Die aus den Flüssen stammenden Einträge konzentrieren sich in der südlichen Nordsee, in die die großen Ströme münden (Abb. 14.7). Die Einträge aus der Atmosphäre sind in diesem Bereich weniger konzentriert, sie sind aber wahrscheinlich im Süden in der Nähe der Industrie- und Stadtgebiete höher. Deshalb konzentrieren sich die zusätzlichen Einträge in den südlichen, flachsten, schlecht durchspülten Regionen der Nordsee, während der natürliche Eintrag aus anderen Meeren in der nördlichen Region stattfindet. Es ist deshalb keine einfache Aufgabe, lediglich die Informationen über die Einträge in eine Beurteilung der Umweltsituation in der Nordsee oder gar in anderen Küstengebieten umzuwandeln.

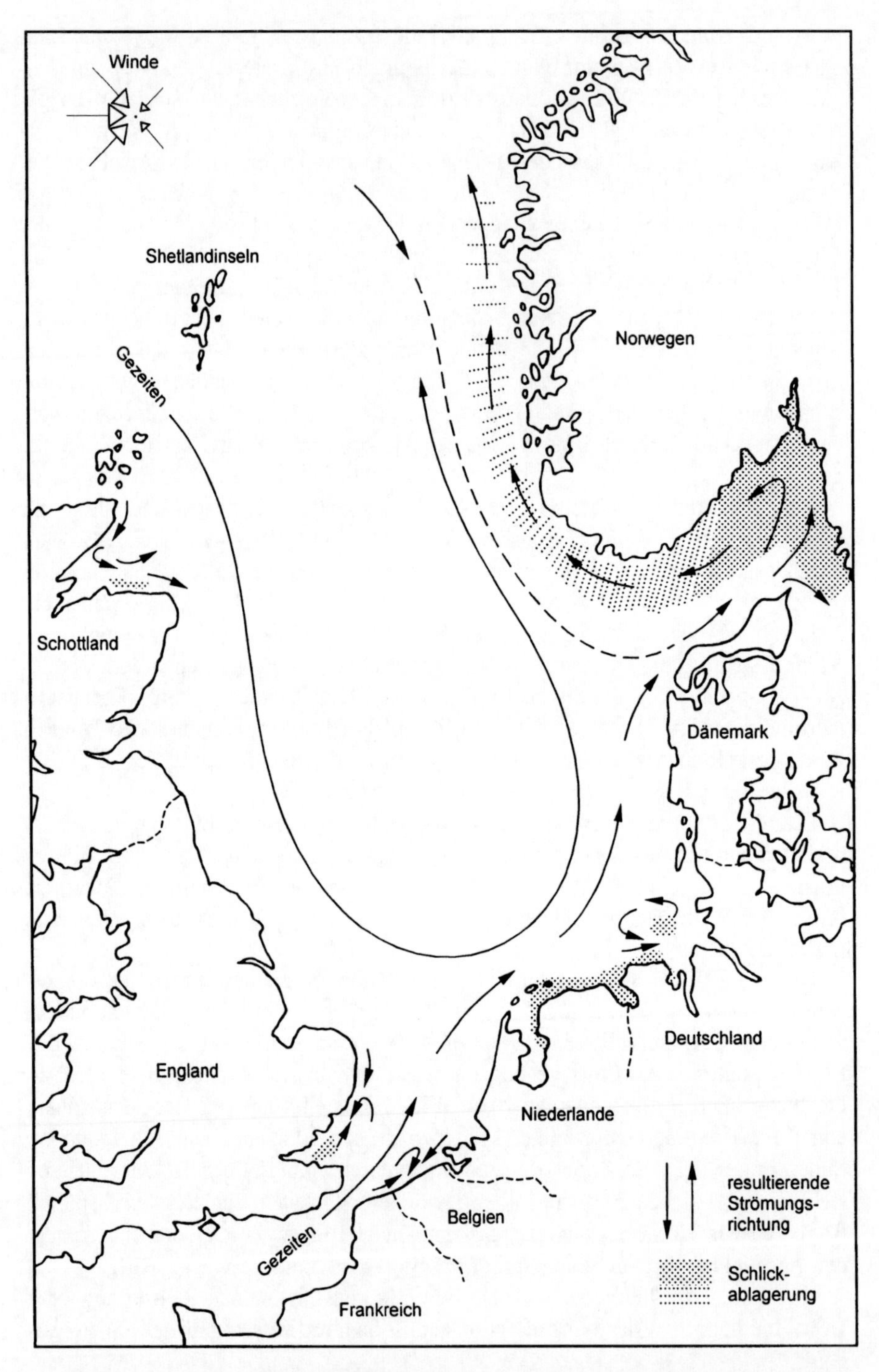

Abb. 14.7. Die Karte zeigt die für die Nordsee typische Wasserzirkulation (*Quelle:* Bearbeitet von Eisma und Irion in Salomons *et al.* 1988).

14.5 Umweltbelastung durch spezielle Chemikalien

14.5.1 Polychlorierte Biphenyle (PCBs)

PCBs sind organische Verbindungen, die eine Struktur aus zwei miteinander verbundenen Benzolringen und einer variierenden Zahl von Chloratomen aufweisen. PCBs sind sehr hitzebeständig und feuerresistent und wurden in großem Umfang in elektrischen Geräten, Lacken, Kunststoffen und Klebstoffen verwendet.

PCBs bauen sich im Körper von Organismen nur schwer ab. Sie sind fettlöslich und reichern sich daher ohne weiteres im Fettgewebe des Körpers an. Tiere lagern den größten Teil der in der Nahrung enthaltenen PCBs im Körper ein. Ein Großteil der Energie, die ein Tier aus seiner Nahrung bezieht, wird für energieintensive Aktivitäten und die Erhaltung lebenswichtiger Funktionen aufgewendet. Durchschnittlich werden nur 10 % der Nahrung in Körpergewebe umgewandelt. Wird die gesamte Menge der in der Nahrung enthaltenen PCBs aufgenommen, wird ein Tier schießlich PCB-Konzentrationen in seinem Gewebe aufweisen, die zehnmal höher sind als die in seiner Nahrung. Nahrungsketten bestehen für gewöhnlich aus mehreren Gliedern, so daß die PCB-Konzentrationen in den Endgliedern, den Fleischfressern (Karnivoren), wie z.B. in Robben und Seevögeln, sehr hoch werden können - ein Phänomen, das als Bioakkumulation bekannt ist.

PCBs waren eine der Ursachen für das Massensterben von Seevögeln und den Rückgang der Robbenpopulation in der Ostsee. Der überzeugendste Nachweis einer Belastung mit PCBs stammt aus dem niederländischen Wattenmeer. Zwischen 1950 und 1975 ging die Individuenzahl des Gemeinen Seehunds (*Phoca vitulina*) im Westteil des Wattenmeers von mehr als 3000 auf weniger als 500 zurück. Im gleichen Zeitraum ging auch die Geburtenzahl bei den Robben in den niederländischen Gewässern drastisch zurück. Ein Vergleich der Belastung mit Schwermetallen und organischen Verbindungen zwischen den niederländischen Robben und solchen aus den nördlicheren Teilen des Wattenmeeres zeigte, daß diese sich nur im PCB-Gehalt signifikant unterschieden. In einem Versuch, der auf der Insel Texel in den Niederlanden durchgeführt wurde, wurden zwei Gruppen von jeweils 12 Robben mit Fischen gefüttert, die unterschiedliche Gehalte an PCB aufwiesen. Robben, die mit Fisch aus dem Wattenmeer gefüttert wurden, der hohe Konzentrationen aufwies, zeigten im Vergleich mit der anderen Gruppe, die mit Fisch aus dem Nordostatlantik gefüttert wurde, eine reduzierte Reproduktion. Dies scheint ein stichhaltiger Beweis dafür zu sein, daß PCBs eine negative Wirkung auf die Reproduktion der Robben im Wattenmeer ausüben. Bei der Staupe-Epidemie im Jahre 1988 waren die ersten betroffenen Robben nicht die aus dem Wattenmeer, sondern die aus dem wenig kontaminierten Kattegat, was darauf schließen läßt, daß PCBs dabei keine bedeutende Rolle spielten.

14.5.2 Tributylzinnoxid

Jedes feste ins Meer verbrachte Substrat wird dort rasch von einer ganzen Reihe von Tieren und Pflanzen kolonisiert, die als «Foulingorganismen» bezeichnet werden. Als Analogie an Land können die Unkräuter herangezogen werden, die jedes Stückchen freien Bodens innerhalb kürzester Zeit besiedeln. Wenn das feste Substrat ein Schiffsrumpf ist, wird durch den Bewuchs die glatte Oberfläche des Rumpfes mit relativ geringer Reibung durch eine viel rauhere Oberfläche ersetzt. Ein gut entwickelter Bewuchs verringert die Höchstgeschwindigkeit und erhöht den Kraftstoffverbrauch eines Schiffes beträchtlich. Um diesem Problem aus dem Weg zu gehen, werden Schiffsrümpfe gewöhnlich mit einer Antifoulingfarbe gestrichen, die eine Ansiedlung dieser Organismen verhindert oder reduziert. Herkömmliche Antifoulingfarben enthielten Kupfer, Arsen und andere toxische Stoffe. Folglich erforderten diese Farben beim Auftrag beträchtliche Sicherheitsmaßnahmen. In den 60er Jahren wurde eine neue Gruppe von Antifoulingfarben eingeführt, die Tributylzinnoxid als Wirkstoff enthielten. Diese neuen Farben schienen weniger toxisch zu sein und hatten sehr bald einen großen Anteil auf dem Weltmarkt.

Die ersten Anzeichen, daß diese Farben doch nicht ganz so harmlos sind wie es zuerst schien, zeigten sich Anfang der 80er Jahre, als in den USA nachgewiesen wurde, daß Tributylzinnoxid, das aus den Antifoulingfarben ausgewaschen wurde, die weibliche Netzreusenschnecke *Nassarius* veranlaßte, männliche sekundäre Geschlechtsmerkmale zu entwickeln. Kurz darauf fanden französische Austernzüchter Austern mit abnormal verdickten Schalen. Die Austern waren auf Grund ihrer deformierten Schalen unverkäuflich. Dieser Effekt wurde ebenfalls auf Tributylzinnoxid zurückgeführt.

Eine der detailliertesten Untersuchungen über die Wirkung von Tributylzinnoxid wurde an der dickschaligen Meeresmuschel *Nucella lapillus* durchgeführt. Wurden Weibchen dieser Art Tributylzinnoxid ausgesetzt, begannen sie männliche sekundäre Geschlechtsmerkmale zu entwickeln, einschließlich des Wachstums eines Penis und der Blockierung des Eileiters. Der Kombination dieser Merkmale wurde die Bezeichnung «imposex» gegeben. Dieses Phänomen verhindert, daß die Weibchen Eier legen, und führt konsequenterweise zu einem Populationsrückgang. *N. lapillus* fehlt in etlichen Bootshäfen, die hohe Konzentrationen von Tributylzinnoxid im Wasser und im Sediment aufweisen gänzlich.

Bereits geringfügige Konzentrationen verursachen diese Effekte. Schalenverdickung tritt auf, wenn Austern Konzentrationen von 80 ng/l (80 Teile in 10^{12} Teilen) ausgesetzt werden; die Bildung männlicher sekundärer Geschlechtsmerkmale einschließlich der Blockierung der Eileiter bei den Weibchen von *N. lapillus* wird bei Konzentrationen von nur wenigen ng/l ausgelöst. Da die Wirkung bei *N. lapillus* einfach festzustellen ist und eindeutig auf Tributylzinnoxid zurückgeführt werden kann, ist es hier einfacher gewesen, eine Verbindung zwischen Ursache und Wirkung herzustellen als in irgendeinem anderen Fall. Es gibt einige Hinweise dafür, daß sich Tributylzinnoxid auf ganze

Lebensgemeinschaften auswirkt, aber diese Schlußfolgerungen gründen sich auf Korrelationen zwischen Tributylzinnoxidgehalten und Strukturmerkmalen der Gemeinschaften und sind somit den Schwierigkeiten ausgesetzt, mit denen alle derartigen Untersuchungen konfrontiert werden (siehe den Abschnitt über den Nachweis von Verschmutzungen). Nachdem deutlich wurde, daß Tributylzinnoxid für marine Organismen so schädlich ist, wird seine Verwendung in Antifoulingfarben nach und nach in der ganzen Welt verboten. In Großbritannien wurde 1987 ein Verbot eingeführt, das die Anwendung von Tributylzinnoxid bei Booten unter 25 Metern Länge untersagt. Tributylzinnoxid hat glücklicherweise eine geringere Verweilzeit in der Umwelt als viele andere Pestizide: seine Konzentration in der Umwelt ist zurückgegangen. Es gibt Anzeichen dafür, daß sich die Populationen der Netzreusenschnecken wieder erholen und daß Austern schnell wieder ihr normales Schalenwachstum annehmen, sobald sie dieser Verbindung nicht mehr ausgesetzt sind.

14.5.3 Ölverschmutzung

Einleitungen von Öl in die marine Umwelt werden oft in zwei Kategorien eingeteilt. Die erste, nämlich «betrieblich bedingte Einleitungen», bezeichnet die ständigen niedrigen Einträge, die durch Transport, Förderung, Aufbereitung und Entsorgung der Ölprodukte entstehen, und stellt den größten Teil am Gesamtbetrag des eingeleiteten Öls dar, erregt aber nur geringe Aufmerksamkeit. Verbesserte Schutzmaßnahmen und ein verstärktes Augenmerk darauf, die Einleitungen auf ein Mindestmaß zu reduzieren, haben zur Folge, daß die Einträge aus dieser Quelle im allgemeinen zurückgehen. Die zweite Kategorie umfaßt gelegentlich auftretende große Verschmutzungen durch Unfälle, wie z.B. Schiffbrüche, Schäden an Ölförderanlagen auf hoher See, Leckage von Pipelines oder Sabotage wie in Kuwait während der Besetzung durch den Irak. Diese gelegentlich auftretenden Einleitungen ziehen ein großes öffentliches Interesse auf sich und verursachen einen eindeutig signifikanten Umweltschaden. Nach dem Auslaufen breitet sich das Öl als dünner Film an der Wasseroberfläche aus und verursacht folglich nur bei solchen Organismen einen größeren Schaden, die mit dieser Grenzfläche in Berührung kommen.

Öl selbst ist eine komplexe Mischung Tausender organischer Stoffe, bei denen aliphatische Kohlenstoffverbindungen mit 1–24 Kohlenstoffatomen überwiegen. Diese Komplexität macht es sehr schwierig, das Verhalten von Öl zu verallgemeinern. Die Toxizität vieler dieser Verbindungen ist für einige Organismen abgeschätzt worden, jedoch ist es schwierig, die Wirkung einiger weniger Verbindungen auf eine reales Verschmutzungsereignis zu übertragen. In der Umwelt können sich die betroffenen Arten unterscheiden, die verschiedenen Verbindungen können zusammenwirken und somit die Toxizität der Einzelvebindungen erhöhen oder reduzieren. Trotz dieser Schwierigkeiten sind einige Verallgemeinerungen möglich. Aromatische Verbindungen und solche mit einem niedrigen Molekulargewicht sind im allgemeinen toxischer, neigen aber dazu, sich vom

Ölteppich durch Verdunstung und Lösung innerhalb weniger Stunden zu trennen, da sie am flüchtigsten und wasserlöslichsten sind. Diese Verluste sind natürlich temperaturabhängig und für ein Auslaufen von Öl in polaren Gewässern deshalb von geringerer Bedeutung. Die noch verbliebenen Einzelverbindungen werden langsam, in Zeiträumen von Tagen bis zu Jahrhunderten, zu CO_2, Wasser und anderen Ausgangsprodukten des Öls abgebaut. Die Abbaumechanismen umfassen Photooxidation, Auflösung und bakterielle Aufspaltung. Öl ist ein Naturprodukt. Bakterien, die es abbauen können, sind in geringer Anzahl in der gesamten marinen Umwelt vorhanden. Die Aufnahmekapazität einer Umwelt, auch sehr große Ölmengen aufzulösen, zeigte sich beim Unfall der *Braer* im Winter 1993 vor den Shetland-Inseln. Eine Einleitung von 87 000 t Öl wurde dank der außergewöhnlich stürmischen Wetterbedingungen relativ schnell aufgelöst. Es entstand ein recht bescheidener, lokal begrenzter Umweltschaden. Im Gegensatz zu persistenten Schadstoffen wie z.B. Metallen oder PCBs sind die Probleme einer Ölverschmutzung in der marinen Umwelt nur von kurzfristiger Dauer.

Nachdem das Öl in der Umwelt weitgehend abgebaut wurde, bildet der teerartige Rückstand Klumpen, die auf dem Meer treiben. Solche Teerklumpen bleiben auch als Rest bei Rohöltransporten übrig und werden bei Reinigungsarbeiten von Tankschiffen freigesetzt. Sie verbleiben ungefähr ein Jahr lang auf der Meeresoberfläche und können ein beträchtliches Problem darstellen, wenn sie in größeren Mengen an Strände gespült werden. Die Beobachtung, daß jedoch viele dieser Teerklumpen von Tieren wie z.B. Rankenfüßern besiedelt werden, ist ein Zeichen für die begrenzte Toxizität dieser letzten Reste einer Ölverschmutzung.

Wie bereits oben angesprochen, ist die chemische Toxizität von Öl nach einigen Stunden in warmer Umgebung relativ gering, während jedoch die physikalischen Eigenschaften von Öl, Organismen zu überziehen und dadurch zu töten, solange anhalten, wie ein zusammenhängender Ölteppich existiert. Seevögel und im Watt lebende Gemeinschaften sind deshalb hochgradig gefährdet, wenn sie mit schwimmendem Öl in Kontakt kommen, während die unterhalb der Gezeitenzone auf dem Meeresboden lebenden Gemeinschaften weniger gefährdet sind. Die Erfahrung mit ölverschmutzten Stränden läßt darauf schließen, daß die Wirkungen auf die im Watt vorhandenen Gemeinschaften mehrere Jahre lang andauern können. Dies gilt vor allem in den hohen Breiten, wo niedrige Temperaturen die Abbaurate von Öl herabsetzen.

Aus den Erfahrungen mit größeren Ölverseuchungen in den letzten 30 Jahren sind verschiedene Strategien abgeleitet worden, um deren Umweltbelastung zu minimieren. Befindet sich der Ölteppich auf hoher See und somit weit entfernt von Vogelkolonien, ist es am zweckmäßigsten und wirtschaftlichsten, ihn natürlichen Prozessen der Auflösung durch Verdunstung, Lösung und physikalischer Verteilung zu überlassen. Treibt der Teppich jedoch in Landnähe, wird es oft notwendig, Maßnahmen zu ergreifen, um den Umweltschaden zu minimieren. Eine Möglichkeit ist die Verwendung von chemischen Dispergatoren, die als starke oberflächenaktive Stoffe (oder Detergenzien) die Auflösung und Verteilung des Öls unterstützen. Die Dispergatoren bewirken eine viel effektivere Verteilung, haben aber den Nachteil, daß sie andere biologische System, die nicht an der Meeresoberfläche vorkommen, dem Öl aussetzen. Die erste Verwendung von Dispergatoren in großem Umfang während des *Torrey Canyon*-Unfalls geriet zu einem Desaster, da sich die Dispergatoren als toxischer erwiesen als das Öl selbst. Seit kurzem sind weniger toxische Dispergatoren verfügbar, es besteht aber noch in vielen Situationen eine Abneigung, diese anzuwenden. Außerdem ist die Anwendung von Dispergatoren bei einem großen Ölteppich logistisch sehr schwierig. Während des Vorfalls mit der *Torrey Canyon* wurde auch versucht, das Öl abzufackeln, was sich dann aber - auch bei späteren Versuchen - als sehr ineffizientes und kontraproduktives Ölbeseitigungsverfahren erwies. In ruhigen Gewässern besteht die Möglichkeit, das Öl mit einem saugfähigen Feststoff abzusaugen oder es mit Spezialgeräten von der Wasseroberfläche abzuschöpfen. Diese Lösungsansätze werden oft angewendet, wenn in Häfen geringe Mengen Öl ausgelaufen sind, da dort das Wasser für gewöhnlich ruhig ist und die Geräte schnell zur Verfügung stehen, sofern für den Fall eines Unglücks vorgesorgt wurde.

Steuert ein großer Ölteppich auf eine Küstenlinie zu, besteht die Möglichkeit, dieses Gebiet durch schwimmende Ölbarrieren zu schützen. Ihr Einsatz ist nur in ruhigen Gewässern effektiv, da starke Winde oder Gezeitenströme das Öl unter die Barrieren drücken können. Um nur ein kleines Küstengebiet zu schützen, werden Hunderte von Metern an Ölsperren benötigt, die außerdem in der Nähe ihres Einsatzortes gelagert werden müssen, da sie schwer und unhandlich sind und nur langsam und mit hohem Kostenaufwand zu befördern und einzusetzen sind. Daher werden Ölsperren gewöhnlich vor den Eingängen von Buchten oder Ästuaren verwendet, da dort eine relativ kleine Ölsperre eine lange Küstenlinie schützen kann. Sogar dann ist es notwendig, eine Auswahl der zu schützenden Küstenabschnitte zu treffen. Dies wiederum macht den Bedarf einer Katastrophenplanung für den Fall eines Ölunglücks deutlich. Küsten können bezüglich ihrer Empfindlichkeit gegen Ölschäden kategorisiert werden; z.B. hinsichtlich der Leichtigkeit, mit der sie gesäubert werden können, oder - falls angemessen - weiterer Faktoren wie z.B. Erholung, Fischfang oder ihrem wirtschaftlichen Wert. So sind z.B. Kliffe und Hafenmauern kaum vom Öl betroffen, da die Wellen dazu tendieren, das Öl von ihnen fernzuhalten bzw. das Öl, das sie erreicht, ohne weiteres wieder zu beseitigen. Sand- und Kiesstrände werden durch Öl viel stärker belastet, da das Öl tief in den Strand einzudringen vermag, wo es verweilt und schwer zu beseitigen ist. Diese Bereiche nehmen somit einen höheren Stellenwert im Schutz ein als Kliffe. Solche Strände können eine niedrige biologische Diversität, aber einen hohen Freizeitwert besitzen. Es besteht also die Notwendigkeit, gewisse Wertschätzungen vorzunehmen. Geschützte Felsküsten, Watt-, Marsch- oder Mangrovengemeinschaften reagieren alle empfindlich auf Öl, das dort schwierig zu beseitigen ist und eine hohe Verweildauer aufweist, weshalb diese Gebiete in puncto Schutz gewöhnlich einen hohen Stellenwert einnehmen.

14.5.4 Schwermetalle

Metalle werden aus einer Vielzahl von Quellen in die marine Umwelt entlassen. Sind sie erst einmal im Meer, werden sie nicht abgebaut, sie können jedoch durch die Einlagerung in Sedimente beseitigt werden. Quecksilber neigt zur Bioakkumulation, besonders wenn es in Verbindung mit organischen Molekülen wie z.B. Methylquecksilber auftritt. Das zeigte sich am Beispiel des «Minimata»-Vorfalls in Japan in den 60er Jahren. Eine Fabrik, die Vinylchlorid herstellte, ließ große Mengen von Methylquecksilber ins Meer ab. Eine Bioakkumulation führte zu hohen Konzentrationen von Methylquecksilber in Fischen. Da der Fischkonsum in Japan relativ hoch und Minimata ein Fischerdorf ist, verzehrten die Familien der Fischer in einer Woche durchschnittlich mehrere Kilo Fisch und nahmen dabei eine so hohe Dosis Quecksilber auf, daß das Nervensystem der Betroffenen geschädigt wurde. Es traten über 2000 Fälle von Quecksilbervergiftungen auf, von denen 43 tödlich verliefen. Mehr als 700 Personen wurden dauerhaft geschädigt. Die Einleitungen werden heute streng überwacht.

Cadmium neigt ebenfalls zur Bioakkumulation und zählt daher zu den wichtigsten Schadstoffen. Da es allerdings für das Leben im Meer von relativ geringer Toxizität ist und die meisten nationalen Vorschriften streng ausgelegt sind, wird der marinen Umwelt daraus wahrscheinlich kein Schaden entstehen. Kupfer und Silber sind für Meeresorganismen giftiger und stellen vermutlich eine reale Bedrohung dar. Die Wirkung der Schwermetalle wird erfreulicherweise infolge der chemischen Zusammensetzung des Meerwassers herabgesetzt. Der relativ hohe pH-Wert des Meerwassers, verbunden mit einem hohen Karbonatgehalt, bewirkt eine geringe Löslichkeit vieler Schwermetalle. Die tatsächlichen Metallkonzentrationen sind gewöhnlich einige Größenordnungen geringer als es ihrer Sättigungskonzentration entspräche, ein Resultat der Aufnahme durch feste Partikel und anderer Prozesse. Folglich sind die in die marine Umwelt entlassenen Metalle für gewöhnlich nicht ohne weiteres biologisch verfügbar. Hohe Metallkonzentrationen in den Organismen werden nur in ziemlich ungewöhnlichen Situationen beobachtet, wenn z.B. Ästuare Sickerwasser von Erzbergwerken oder Abflüsse von Schmelzhütten beziehen (z.B. der Restronguet Creek in Cornwall und Sorfjorden in Norwegen). An den meisten kontaminierten Standorten gibt es Anzeichen für einen Rückgang in der faunistischen Diversität. Dies geschieht jedoch nur bei Konzentrationen, welche die durchschnittlichen Werte in industriell genutzten Ästuaren bei weitem überschreiten.

14.5.5 Zusammenfassung der spezifischen Wirkungen

Wir haben einige Beispiele angeführt, bei denen wir ziemlich sicher sein können, daß bestimmte Chemikalien nachweisbare Wirkungen auf die Organismen haben. Solche Nachweise sind jedoch recht selten: die deutlichsten Beispiele für eine Umweltbelastung sind die Folgen der Sauerstoffaufzehrung, die durch Abwassereinleitungen in Flußmündungen verursacht wird. Die Feldforschung macht es uns im allgemeinen nicht möglich, die Wirkungen gegebener Konzentrationen spezieller Stoffe auf die Umwelt vorherzusagen. Wie schon in diesem Kapitel beschrieben, ist es außergewöhnlich schwierig, mit Toxizitätstests im Labor die Wirkungen im Gewässer vorherzusagen. Beschränkungen und Vorschriften für Abwassereinleitungen müssen deshalb in eher willkürlicher Weise festgesetzt werden. Die gesetzlichen Umweltvorschriften zur Freisetzung einzelner Chemikalien legen in der EU einen großen Wert auf eine Reduzierung der Belastung mit solchen Substanzen, die toxisch und persistent sind und zur Bioakkumulation neigen. Das sind jene Stoffe, die aller Wahrscheinlichkeit nach dauerhafte Umweltschäden verursachen. Grenzwerte werden für sie gewöhnlich festgesetzt, indem einheitliche Emissionsstandards angewendet werden – diese enthalten eine Festsetzung der niedrigsten Freisetzungsmenge pro Mengeneinheit eines Produktes, die vernünftigerweise durch die «beste verfügbare Technik ohne exzessive Kosten» (BATNEEC, vgl. Kap. 16) eingehalten werden können. Die Austräge anderer Stoffe werden in Großbritannien unter Verwendung von Umweltqualitätsnormen begrenzt. Die Genehmigungen für Austräge beziehen sich auf ein Maß, das in der Umwelt zu Konzentrationen führt, die weit unter denen liegen, die in Labortests eine Wirkung verursachten.

Dieser Ansatz berücksichtigt die Aufnahmekapazität der Umwelt, ist jedoch eben deshalb auch schwieriger verwaltungstechnisch umzusetzen als einheitliche Standardmaßstäbe für Emissionen, da hier über die Genehmigungen von Fall zu Fall entschieden werden muß.

14.6 Eutrophierung

In Kasten 14.2 wurden die Auswirkungen des Sauerstoffverbrauchs bei der Zersetzung organischer Stoffe besprochen. Findet die Zersetzung der organischen Stoffe jedoch nach einer ausreichenden Verdünnung statt, so übersteigt die Höhe der Sauerstoffzufuhr den Sauerstoffverbrauch. Das organische Material kann dann auf Grund des Sauerstoffgehalts ohne schädliche Auswirkungen in seine Bestandteile, Kohlendioxid und Nährstoffe einschließlich Stickstoff (in der oxidierten Form als Nitrat und in der reduzierten Form als Ammonium) und Phosphat, aufgespalten werden. Diese Nährstoffe können dann von kleinen, einzelligen, frei im Wasser schwebenden Algen, dem Phytoplankton, für ihr Wachstum verwendet werden. So wird in einem äußerst effizienten Recyclingprozeß neues organisches Material gebildet.

Das Phytoplankton bildet im Meer die Grundlage der Nahrungskette. Begrenzt werden kann die Primärproduktionsrate entweder durch die Verfügbarkeit von Licht (was im trüben Wasser der Ästuare und im Winter fast in der gesamten Nordsee häufig der Fall ist) oder von Nährstoffen. Sind die Nährstoffe der limitierende Faktor, dann wird eine Zunahme des Nährstoffgehalts eine erhöhte Primärproduktion zur Folge haben. In einem gemäßigten Umfang kann es durchaus von Vorteil sein, ein erhöhtes Nahrungsangebot bereitzustellen, eine größere Zunahme im Nahrungsangebot kann aber einige schädliche Auswirkungen haben, die allgemein als *Eutrophierung* bezeichnet werden.

Die möglichen schädlichen Auswirkungen lassen sich in zwei Gruppen einteilen: Änderung in der Artenzusammensetzung und erhöhter Sauerstoffverbrauch in der untersten Wasserschicht. Zu einer Änderung in der Artenzusammensetzung kommt es deshalb, weil die verschiedenen Algenarten an ein jeweils unterschiedliches Nährstoffangebot angepaßt sind. Eine Änderung im Nährstoffstatus kann also bestimmte Arten begünstigen und gleichzeitig andere benachteiligen. Zum Beispiel brauchen einige Arten wie die Kieselalgen Silizium für ihr Skelett. Silizium stammt aus der Verwitterung und gelangt vorrangig über die Flüsse in die marine Umwelt. Wenn Stickstoff- und Phosphateintrag zunehmen, der Siliziumeintrag aber unverändert bleibt, werden Kieselalgen im Vergleich zu anderem Phytoplankton benachteiligt. Eine Änderung bei den Phytoplanktonarten kann wiederum andere Beteiligte in der marinen Nahrungskette beeinflussen, da bestimmte räuberische Arten an eine bestimmte Art von Algennahrung angepaßt sind. Außerdem werden einige Phytoplanktonarten als Nahrung verschmäht, einige sind sogar toxisch. Vor allem bestimmte Dinoflagellaten können eine sogenannte «Rote Flut» mit einer massiven Algenblüte bilden, die Toxine freisetzt, die sich wiederum in Schalentieren akkumulieren. Von einer solchen Massenentwicklung von Algen wird gelegentlich aus der Nordsee berichtet, sie ist aber in tropischen Gewässern verbreiteter, wo sie regelmäßig für eine zeitweilige Schließung von kommerziellen Muschelzuchtbetrieben verantwortlich ist. Ein eindeutiger Zusammenhang zwischen Eutrophierung und solchen Algenblüten muß jedoch noch nachgewiesen werden.

Kasten 14.2 Probleme mit Sauerstoffmangel in Ästuaren

Traditionellerweise entstanden in der Nähe des Übergangs vom Fluß zum Ästuar Siedlungen, da sie geschützte Häfen und verbesserte Verbindungen boten. London und Glasgow sind dafür Beispiele. Wir werden London und das Themse-Ästuar als ein Beispiel für die Probleme heranziehen, die eine solche Entwicklung zwangsläufig für den ökologischen Zustand der Ästuare darstellt. Beim Versuch, die geschichtliche Entwicklung der Ökologie der Themse zu beurteilen, können uns wissenschaftliche Untersuchungen nur hundert Jahre in die Geschichte zurückführen. Davor müssen wir uns qualitativ auf historische Beschreibungen und/oder auf rekonstruierte historische Darstellungen verlassen, die auf in den Sedimenten konservierten Belegen basieren. Für London existiert eine Fülle von schriftlichem Material, das uns eine Vorstellung davon ermöglicht, wie die Menschen zu jener Zeit den Zustand der Flußmündung wahrnahmen. Bereits aus dem 14. Jh. existieren Protokolle zu einer Debatte zwischen Parlament und König über dieses Thema.

Fortsetzung n.S.

Kasten 14.2 ***Fortsetzung***

Die Themse innerhalb Londons wurde bis Anfang des 19. Jh.s zur Trinkwasserversorgung genutzt. Damals florierte auch noch der Fischfang. Die kleinen Bäche, die durch London flossen und in die Themse mündeten, waren jedoch zu offenen Abwasserkanälen verkommen und wurden später auch tatsächlich überbaut und als solche weiter genutzt. In der ersten Hälfte des 19. Jh.s wuchs die Bevölkerung rapide an und mit ihr erhöhten sich auch die Einleitungen an menschlichen Ausscheidungen und Industriemüll in die Themse. Darüber hinaus gelangte mit der Einführung der Wasserspülung und ihrer direkten Leitung zum Abwassersystem das ganze Abwasser Londons direkt in die Flußmündung. Das Ergebnis dieses gutgemeinten und erfolgreichen Ausbaus der öffentlichen Kanalisation war die rapide zunehmende Verschmutzung der Themse in London. Nach 1840 wurde ihr Gestank zum Thema eines Kommentars in Presse und Parlament. Es ist zu vermuten, daß es der Gestank von Schwefelwasserstoff war. Die Zersetzung organischer Stoffen verbraucht zuerst den im Wasser gelösten Sauerstoff. Bei Abwesenheit von Sauerstoff – unter anaeroben Bedingungen – entwickeln sich dann Bakterienkulturen, die organische Stoffe unter Verwendung alternativer Oxidantien zersetzen können. Zuerst werden Nitrat, Fe(III) und Mn(IV) verbraucht. Sind diese verbraucht, wird Sulfat verwendet, was zur Produktion von Schwefelwasserstoff (H_2S) führt. Die Sauerstoffarmut des Wassers reduziert in erheblichem Maße die Artenvielfalt der Invertebratenfauna des Flus ses und verhindert den Durchzug von Fischen wie etwa Lachsen.

Zwischen 1830 und 1870 gab es eine Reihe von Choleraepidemien, die, so wurde angenommen, von einer Kontamination der Trinkwasserversorgung aus der Themse herrührten. Bis 1852 war die Trinkwasserentnahme verboten. Angespornt durch die Aufregung über den Gestank vor ihrer Haustür, ernannte das Parlament einen für die Abwasserkanalisation zuständigen städtischen Beamten. Bis 1852 wurden Hauptabwasserkanäle gebaut, um bestehende Abwasserleitungen aufzufangen und die Abwässer unter London hindurch und bei Ebbe in die Flußmündung zu leiten. Dieses Unterfangen zeigte Wirkung, aber die Verhältnisse im Fluß blieben weiterhin schlecht, bis während der 80er und 90er Jahre des letzten Jahrhunderts Verbesserungen auf Grund wirkungsvoller Kläranlagen eintraten, die vor der Einleitung die organischen Stoffe beseitigten. Die ersten chemischen Messungen in der Themse stehen uns aus dem Jahre 1885 zur Verfügung und zeigen von 1885 bis 1895 eine bescheidene Zunahme der Sauerstoffkonzentration auf etwa 20 %ige Sättigung. Im Jahre 1890 gab es im Londoner Abschnitt der Themse wieder Fische.

Die Bevölkerung von London wuchs weiterhin stark an, so daß die Abwassereinleitungen ebenfalls so rasch zunahmen, daß das neue Kanalisationssystem überlastet wurde. Die Folge waren sich ab 1910 stetig verschlechternde Wasserverhältnisse der Themse. Ab etwa 1950 traten wieder anaerobe Verhältnisse und im Herbst desselben Jahres wieder Schwefelwasserstoff auf, der von den inzwischen regelmäßigen Untersuchungen aufgezeichnet wurde (wie in der Abbildung dargestellt).

Anfang der 50er Jahre forderten die öffentliche und politische Meinung Maßnahmen zur Verbesserung der Situation in der Themse. Die Kläranlagen wurden ausgebaut, um eine größere organische Fracht vor der Einleitung zu beseitigen. In den darauffolgenden Jahren war eine erhebliche Verbesserung des Sauerstoffgehalts die Folge, ab Mitte der 60er Jahre begannen Fische und Makroinvertebraten in die Themse zurückzukehren.

Fortsetzung n.S.

Kasten 14.2 *Fortsetzung*

Der historische Verlauf der Themseverschmutzung zeigt die Wechselwirkung zwischen allgemeinem Gesundheitszustand, Wasserqualität und politischen Entscheidungen. In einem begrenzten Wasserkörper stellen Abwässer eine sehr ernste Verunreinigung dar. Die anfallende Abwassermenge steht in unmittelbarem Zusammenhang mit der Einwohnerzahl. Die Verschmutzung durch Abwässer kann jedoch ohne weiteres verhindert werden, vorausgesetzt, der politische Wille und die finanziellen Mittel sind vorhanden. Durch eine entsprechende Reduzierung der Einträge organischer Stoffe lassen sich die Schäden nahezu vollständig beheben.

Der historische Verlauf der abwasserbedingten Sauerstoffverarmung in der Themse ist besonders gut dokumentiert, doch es gibt noch viele andere ähnlich gelagerte Fälle, einschließlich der Mündungen der Flüsse Clyde in Schottland, Humber in England, Schelde an der niederländisch-belgischen Grenze und der Häfen von New York und Boston, wo ein ähnlicher historischer Ablauf verfolgt werden kann.

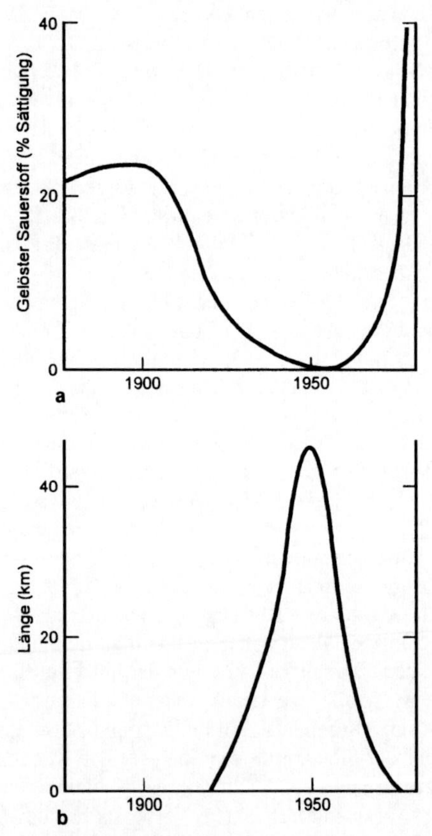

a Herbstliche DOC-Werte im Gezeitenfluß Themse; **b** Strecke des Gezeitenflusses Themse mit einem DOC-Wert unter 5% des Sättigungswertes.

Quelle: Wood 1982.

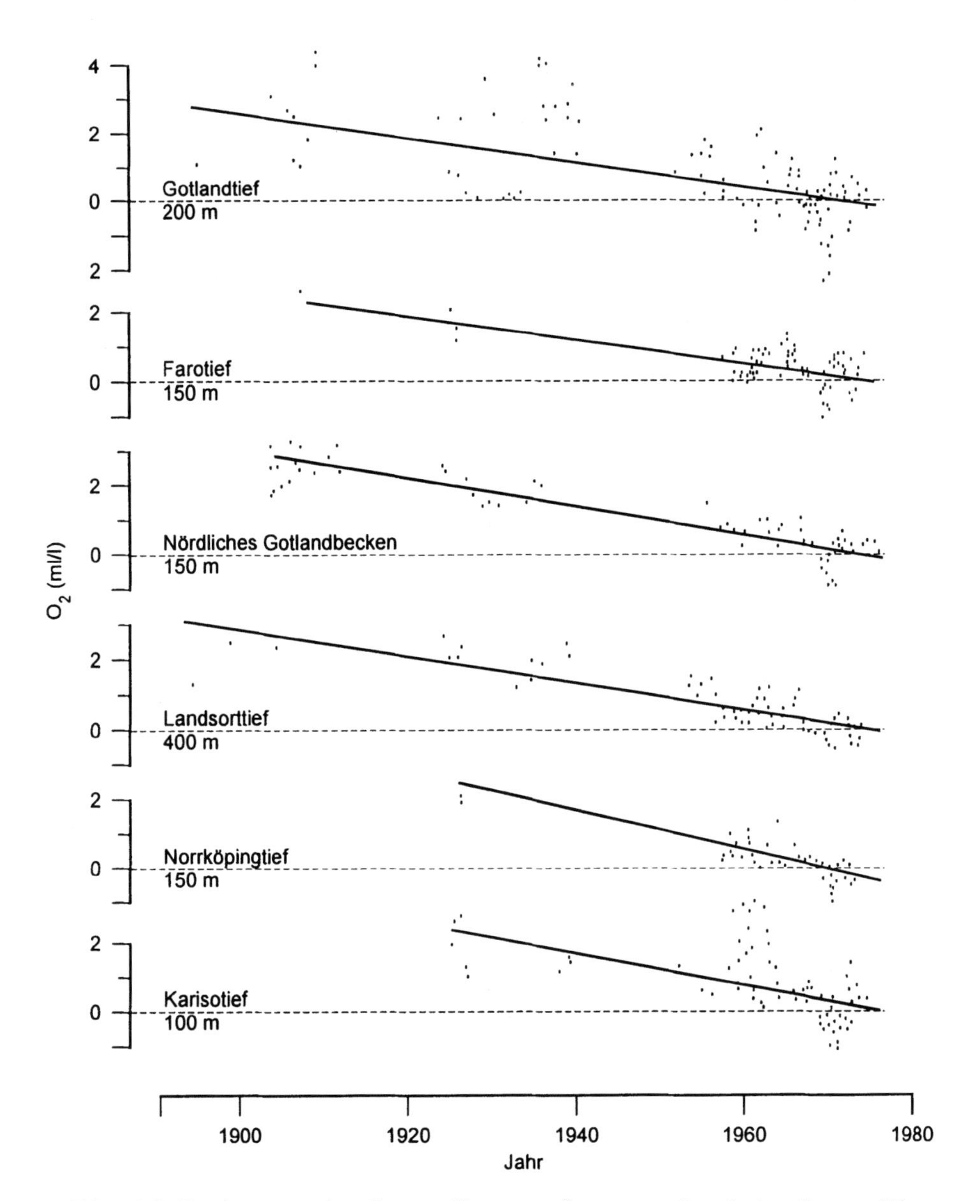

Abb. 14.8. Verringerung der Sauerstoffkonzentrationen am Grund der Ostsee. Die negativen Werte lassen eine Schwefelwasserstoffproduktion erkennen (*Quelle:* Fonselius 1982).

Der zweite Problemkomplex durch erhöhte Nährstoffeinträge entsteht, wenn das vermehrte Phytoplankton abstirbt und in tiefere Wasserschichten sinkt. Dort stellt der zusätzliche Vorrat an totem Phytoplankton eine zusätzliche Belastung mit organischem Material dar, das für seine Zersetzung Sauerstoff benötigt, falls kein Licht bis in diese Schichten dringen kann und somit auch keine Sauerstoffproduktion durch Photosynthese stattfinden kann. Übersteigt der Sauerstoffverbrauch in den tieferen Schichten die Rate der Sauerstoffproduktion oder -zufuhr, nimmt die Sauerstoffkonzentration ab. In der Folge treten die schädlichen Wirkungen auf, die bereits für den Abbau des im Abwasser enthaltenen organischen Materials in den Ästuaren beschrieben wurden. Neben zunehmenden Nährstoffen können noch einige andere Faktoren diese Situation verschlimmern. Tiefere Gewässer neigen zur Bildung stabiler Wasserschichten, wobei warmes, weniger dichtes Wasser eine Schicht über dem kalten Tiefenwasser bildet. Dadurch wird ein Sauerstofftransport in die tieferen Schichten verhindert. Dieser Effekt nimmt unter warmen Witterungsverhältnissen zu, da dann in den oberen Wasserschichten mehr Licht für die Photosynthese zur Verfügung steht, aber auch die Zersetzungsrate der organischen Stoffe im ganzen Wasserkörper ansteigt.

Nachweise eines durch Eutrophierung induzierten Sauerstoffschwunds gibt es von verschiedenen Küstengebieten, einschließlich der Ostsee und der Chesapeake Bay an der Nordostküste der USA. In beiden Fällen fand eine beträchtliche anthropogene Anreicherung mit Nährstoffen statt, die zu einem erhöhten Algenwachstum führte. Hinzu kommt, daß in beiden Fällen die ästuarinen Systeme tiefe Becken (etwa 100 m) umfassen, die auf Grund flacher Schwellen am meerseitigen Ende nur einen beschränkten Austausch mit den küstennahen Gewässern aufweisen. Durch die Beckenform bleibt das tiefere Wasser auf lange Zeit isoliert, während das abgesetzte organische Material durch Bakterien zersetzt und Sauerstoff verbraucht wird. In der Chesapeake Bay löst sich die Schichtung durch die winterliche Abkühlung auf. Das tiefe Wasser vermischt sich mit oberflächennahem, sauerstoffreichem Wasser. Der Sauerstoffmangel tritt somit nur saisonal auf. In der Ostsee reicht die winterliche Durchmischung nicht aus, um eine solche Sauerstoffanreicherung zu erzielen, und die anaeroben Verhältnisse können jahrelang andauern, bis durch einen Austausch mit der Nordsee auch das tiefe Wasser durchgespült wird. Die Situation in der Ostsee ist viele Jahre lang überwacht worden und es gibt gute Meßreihen über einen längeren Zeitraum, die den zunehmenden Nährstoffgehalt und den Rückgang im Sauerstoffgehalt (Abb. 14.8) belegen.

Im südlichen Teil der Nordsee sind die Gewässer gewöhnlich flach (weniger als 50 m tief) und werden durch die Gezeiten ganzjährig gut durchmischt. Unter diesen Bedingungen kann das Wasser am Meeresgrund nicht isoliert werden und anaerobe Verhältnisse annehmen. Im Südostwinkel der südlichen Nordsee werden seit 1902 in Abständen Zonen mit einem niedrigen Sauerstoffgehalt beobachtet. Während die steigenden Nährstoffkonzentrationen vielleicht zu dieser Situation beitragen, ist der Hauptgrund wahrscheinlich die zunehmende Schichtung in diesem Gebiet, die durch Süßwassereinträge verursacht wird. Diese Schichtung schließt die unteren Wassertiefen von Natur aus ab, und die Abwesenheit einer frischen, sauerstoffreichen Wasserversorgung von oben führt durch den bakteriellen Sauerstoffverbrauch zu niedrigeren Sauerstoffgehalten.

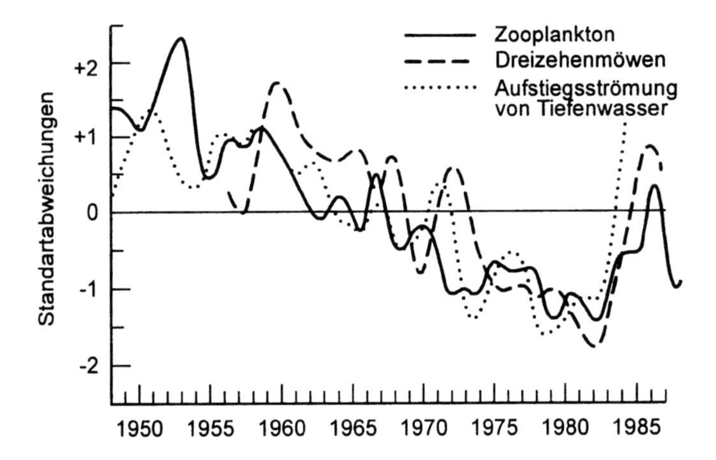

Abb. 14.9. Daten aus kontinuierlichen Planktonaufzeichnungen zeigen synchrone, langfristige Änderungen in den Beständen an Zooplankton und Dreizehenmöwen (*Quelle:* Bearbeitet nach Aebischer *et al.* 1990 und Dickson *et al.* 1988).

Es hat eine lange Debatte darüber gegeben, ob zunehmende Nährstoffeinträge in den Südteil der Nordsee das Gebiet auf eine Eutrophierung zusteuern lassen. Es gibt jedoch von Jahr zu Jahr aus klimatischen Gründen eine beträchtliche Variabilität in den Planktonbeständen, so daß es sehr schwer ist, feinere Veränderungen festzustellen. Erfreulicherweise gibt es für die Nordsee Aufzeichnungen über die Planktonpopulationen, die mehr als 40 Jahre umfassen. Diese Aufzeichnungen wurden mittels eines Gerätes gemacht, das hinter Frachtschiffen hergeschleppt wird und kontinuierlich Planktondaten sammelt («continuous plankton recorder», CPR). Die Aufzeichnungen belegen die von Jahr zu Jahr beachtlichen Veränderungen, lassen aber auch in allen Planktongruppen überall in der Nordsee und im Nordatlantik eine langfristige Veränderung erkennen (Abb. 14.9). Eine Veränderung in diesem Ausmaß über ein so großes Gebiet hinweg kann nicht das Resultat einer Umweltbelastung sein. Außerdem ist eher eine Abnahme von Plankton zu erkennen als eine Zunahme, die beim Auftreten einer Eutrophierung zu erwarten wäre. Es wird nun angenommen, daß dieser Trend ein Ergebnis langfristiger klimatischer Veränderungen der Windstärke und Windrichtung ist, der sich z.B. durch die nachlassende Durchmischung von Oberflächenwasser mit Tiefenwasser in Teilen des Nordatlantiks äußert. Der Trend ist auch in der Population der Dreizehenmöwe erkennbar (in diesem Gebiet der einzige Vogel, der seine Nahrung ausschließlich aus dem offenen Meer bezieht), deren Rückgang vielleicht mehr eine Nahrungsverknappung widerspiegelt als eine Umweltbelastung.

Während der gleiche Trend, der durch die kontinuierliche Planktonaufzeichnung beobachtet wird, in der ganzen Nordsee und im Nordatlantik zu beobachten ist, gibt es nahe der europäischen Nordseeküste, die nicht mit dem CPR beprobt wird, Belege für die Zunahme einiger Algenarten, besonders von *Phaeocystis*, einem Flagellat, der im Wasser große Mengen Schleim freisetzt und an den Stränden Schäume hervorruft. Diese Schäume können über einen Meter hoch an den Stränden der Niederlande, Deutschlands und Dänemarks liegen und geben der öffentlichen Besorgnis über die Verhältnisse in der marinen Umwelt beträchtliche Nahrung. Die Zirkulation der Nordsee bewirkt, daß die Einträge der großen europäischen Flüsse wie des Rheins sich auf die Küste beschränken (Abb. 14.7). Es ist daher wahrscheinlich, daß die wachsende Zahl der Algen in Küstennähe das Ergebnis einer zunehmenden Eutrophierung ist, wobei dieser Effekt aber lokal beschränkt ist. Außergewöhnliche Algenblüten werden gelegentlich aus der ganzen Nordsee gemeldet und haben manchmal ernste Folgen, einschließlich der Einstellung des Fischfangs bei einer «Roten Flut» und des Massensterbens von Fischen während der *Chrysochromulina*-Blüte vor der norwegischen Küste (wie bereits erwähnt). Die Ursachen für solche Algenblüten sind jedoch nicht ausreichend untersucht. Es gibt heute noch keinen eindeutigen Nachweis, durch den sie mit einer Eutrophierung in Verbindung gebracht werden könnten.

14.7 Badestrände

Seebäder sind häufig große Ballungszentren: im Sommer kann die Bevölkerung um einige hundert Prozent zunehmen. Wie in unserer Diskussion der Ästuare bereits erwähnt wurde, sah die herkömmliche Problemlösung bei der Abwasserbeseitigung in Großbritannien so aus, daß das Abwasser nur unzureichend geklärt ins Meer eingeleitet wurde. Dies ist auch die gängige Praxis in vielen Ferienorten der Küste gewesen. Oft umfaßte dies auch die Einleitung von ungeklärtem Abwasser, das bestenfalls durchrecht und durch ein Absetzbecken geleitet wurde, und dies nahe der Niedrigwassermarke der meisten beliebten Strände. Der Anblick schwimmender Kinder, die von – euphemistisch ausgedrückt – «aus Abwasser stammenden Feststoffen» umgeben sind, stellt zumindest eine optische Unannehmlichkeit dar und bewirkt vielleicht Infektionen, die durch das Abwasser übertragen werden. Wenn das Abwasser nicht durch einen feinen Rechen (vorrangig vor einem Absetzbecken) geleitet wird, kann die Einleitungsstelle im Meer auch eine bedeutende Quelle für Plastikmüll sein.

Als Reaktion darauf wurden die Abwassereinlässe weiter ins Meer hinaus verlegt: statt einer Kläranlage wurde einfach ein längeres Rohr gebaut. Der Abfluß wird dann durch die Wellentätigkeit und die Gezeiten verdünnt, die organischen Stoffe können durch Bakterien in einer Weise abgebaut werden, die der in einer Kläranlage an Land sehr ähnlich ist. Die größere Entfernung zwischen der Einleitungsstelle und den Badestränden schafft ein größeres Verteilungspotential für den Abfluß. Das Salzwasser und das Sonnenlicht fungieren ebenfalls als Desinfektionsmittel. Unter der Voraussetzung, daß die weit ins Meer reichenden Einleitungsstellen richtig konstruiert sind, können sie die üble Verunreinigung mit Fäkalien verhindern, auch wenn dies in Zeiten mit Seewinden gelegentlich dennoch vorkommt. Standardmethoden zur Abschätzung der Abwasserkontamination, wie z.B. Zählungen der Bakterien, die aus dem Abwasser stammen, zeigen eine Zunahme der Bakterienzahl in Badegewässern in der Nähe von weit ins Meer reichenden Abwassereinleitungsstellen. Die Frage ist, ob diese erhöhten Bakterienzahlen ein Gesundheitsrisiko darstellen.

Es gibt hartnäckige anekdotenhafte Nachweise von Badenden mit Magen-, Darm- und Ohrinfektionen, die offensichtlich eine Folge der Abwasserkontamination waren. Bis vor kurzem war aus Sicht der britischen Aufsichtsbehörden erst dann eine signifikante Infektionsgefahr gegeben, wenn das Badewasser derart mit Abwasser kontaminiert war, daß es zu einer «ästhetischen Revolte» kam. Konkrete wissenschaftliche Nachweise der Gesundheitsrisiken beim Baden sind dünn gesät. Es können auf Grund der moralischen Bedenken keine Experimente durchgeführt werden, da diese Menschen einer Situation aussetzen würden, die gesundheitsschädlich sein könnte. Reihenuntersuchungen sind auf Grund der unterschiedlichen geographischen Herkunft der Menschen, die zu einer bestimmten Zeit am Strand baden gingen, schwierig. Die detailliertesten epidemiologischen Untersuchungen stammen aus Nordamerika, diese basieren jedoch auf Süßwasserbadestränden. Deshalb sind die Ergebnisse nur schwer auf die Meeresstrände zu übertragen. Der Hauptunterschied zwischen dem Salzwasser- und Süßwasserregime liegt wahrscheinlich in der Sterberate der Bakterien. Vorausgesetzt, lebensfähige Bakterien verursachen mit derselben Wahrscheinlichkeit unabhängig vom Salzgehalt des Wassers Infektionen, dann lassen sich Zusammenhänge zwischen Bakterienzählungen und Krankheiten aus Süßwasser als Grundlage für Vorhersagen über die Verhältnisse im Meer verwenden. Die epidemiologischen Untersuchungen zeigen, daß in Süßwasser eine Bakteriendichte von 23 Koliformen pro ml nachweislich gesundheitsgefährdend ist. Dies läßt darauf schließen, daß das Baden in Wasser, das die EU-Richtlinie für Badegewässer (die ein Maximum von 2000 Koliformen pro ml zuläßt) erfüllt, ein Gesundheitsrisiko darstellt. Viele Badegewässer genügen bei weitem nicht diesem Standard. Zur weiteren Unsicherheit trägt der Umstand bei, daß Koliforme nur als ein Indikator für die Konzentrationen menschlicher Krankheitserreger verwendet werden, da pathogene Organismen viel schwieriger zu erfassen sind. Das ist besonders bei Viren der Fall, die im Meerwasser wesentlich länger überleben können als die aus dem Abwasser stammenden Bakterien. Jüngste sorgfältige epidemiologische Untersuchungen über die Wirkungen, die das Baden in einem mit Abwasser kontaminierten Gewässer auf die Gesundheit des Menschen zeigt, lassen auf eine eindeutige Verbindung mit dem Auftreten verschiedener Symptome schließen.

14.8 Abfälle

Die auf dem Land anfallenden Abfälle werden allgemein als Problem erkannt, wogegen das Problem der Abfälle auf See weniger auffällig ist, weil es nur wenige Menschen bemerken. Das ändert sich jedoch, wenn die Abfälle an den Stränden angespült werden. Man kann davon ausgehen, daß die Zusammensetzung von ins Meer geworfenen Abfällen jener der als Strandgut angelandeten Abfälle wenigstens ähnlich ist. Die Reinigung der Strände führt zu beträchtlichen Kosten für die betroffenen Gemeinden, besonders da sie in Fremdenverkehrsgebieten unbedingt notwendig ist. Von einem Teil des angespülten Materials geht auch eine erhebliche Gefahr aus.

Strandabfälle wurden systematisch untersucht, indem das gesamte Material entlang einem Transekt quer zum Strand aufgesammelt und bestimmt wurde; das Ursprungsland und das ungefähre Herstellungsdatum können oft festgestellt werden. Die Ergebnisse solcher Untersuchungen lassen erkennen, daß die Abfälle am Strand aus drei Quellen stammen: Abwässer, von Besuchern weggeworfene Abfälle und auf See über Bord gekipptes Material. Die mit den Abwässern eingeleiteten Stoffe wurden oben bereits erwähnt. Bei einer Reihe von Untersuchungen an nordeuropäischen Stränden in den 70er Jahren stellten Flaschen von Haushalts- und Toilettenreinigern 38–50 % des identifizierten Materials, was die Bedeutung der von Schiffen stammenden Abfälle unterstreicht (bzw. auch die zwanghafte Reinlichkeit mancher Strandbesucher!). Man schätzt (gestützt auf detaillierte Untersuchungen auf einigen Schiffen), daß jährlich mehr als 6 Mio. t Abfall von Schiffen ins Meer geworfen werden, auch wenn ein Großteil davon aus der Ladung (z.B. aus Cargo-Containern) stammt. Neuere Trends zu umfangreicheren Verpackungen vergrößern ohne Zweifel die Gesamtmenge der weggeworfenen Abfälle und insbesondere die Menge des auf dem Wasser schwimmenden Abfalls. Ein Großteil des weggeworfenen Materials versinkt (Flaschen und Dosen) oder löst sich schnell auf (Papier und Lebensmittel). Kunststoffe werden jedoch nicht so schnell abgebaut und schwimmen auf dem Wasser, so daß sie sich nicht im gesamten Wasserkörper der Meere verteilen können. Daß ein Großteil des Abfalls von Schiffen einfach ins Meer geworfen wird, erklärt auch die kosmopolitische Herkunft der Behälter, die an Stränden angespült werden und in der Mehrzahl anscheinend weniger als fünf Jahre alt sind. Dieses geringe Alter läßt auf eine relativ schnell ablaufende Beseitigung schließen, eventuell durch die Anlandung oder physikochemische Zersetzung. Die Einzelheiten solcher Abbaumechanismen sind jedoch nicht bekannt.

Einige Abfallstoffe sind eindeutig potentiell gefährlich. Zum Beispiel werden hin und wieder pharmazeutische oder medizinische Abfälle an der Küste angeschwemmt, nachdem sie auf See über Bord gekippt wurden oder zusammen mit anderer Ladung verloren gingen. Auch andere gefährliche Frachtgüter wie Chemikalien und Munition werden mit ziemlicher Regelmäßigkeit an die Strände gespült. Während diese seltenen Ereignisse eine akute Gefahr darstellen, bedeutet der Plastikmüll eine ständige und heimtückische Bedrohung für das Leben im Meer. Sogar die Analysen des Mageninhalts von Vögeln in abgelegenen Gegenden ergeben, daß diese oft Plastikteile einschließlich Kunststoffpellets mit wenigen Millimeter Durchmesser enthalten, die wahrscheinlich ursprünglich das Ausgangsmaterial für die Herstellung von Kunststoffprodukten waren und entweder auf See oder aus Kunststoffabriken an der Küste verlorengegangen sind. In größeren Plastikteilen können sich Vögel oder im Wasser lebende Tiere verfangen und schließlich verenden. Das gilt für Plastikmüll, aber noch mehr für verlorengegangenes Zubehör für den Fischfang, vor allem für große Treibnetze. Wenn diese oft mehr als 10 km langen Netze verlorengehen, treiben sie noch wochenlang im Wasser und fangen Fische ein. Durch die gefangenen Fische angelockt, werden die Netze weiteren Fischen und marinen Säugetieren zum Verhängnis.

Die Eindämmung von Abfällen und Fischereizubehör stellt eindeutig ein internationales Problem dar. Es sind mittlerweile eine Reihe internationaler Vereinbarungen getroffen worden, um dieses Problem in den Griff zu bekommen. Derartige Vereinbarungen können jedoch auf See unmöglich erfolgreich durchgesetzt werden: ihre Einhaltung hängt deshalb davon ab, daß die Öffentlichkeit darauf drängt, auf See Einrichtungen zur Aufbewahrung des Mülls und in den Häfen Einrichtungen zur Müllbeseitigung bereitzustellen. Wie beim an Land anfallenden Müll ist es dann eine Frage der Öffentlichkeitsarbeit, die Bevölkerung von ihrem Gebrauch zu überzeugen. Etwas anders liegt das Problem bei den Fischnetzen, da die Herstellung reißfester Treibnetze, deren gelegentlicher Verlust nicht zu vermeiden ist, darauf verweist, daß das Problem unzweifelhaft in dieser Form der Fischerei besteht: ein offizielles Verbot scheint die einzige Lösung zu sein.

14.9 Schlußfolgerungen

Es gibt eine Menge Beweise dafür, daß das ganze Meer und insbesondere die Küstengewässer kontaminiert sind. Der Nachweis der Belastung ist schwierig und beschränkt sich auf ein recht kleines Gebiet oder auf die Wirkungen weniger persistenter Chemikalien. Für andere anthropogene Belastungen der Küstengewässer gilt dies nicht. Der Fischfang bedeutet für die marine Umwelt einen erheblichen Eingriff, auf Grund dessen die meisten Fischbestände heute beträchtlich kleiner sind als vor Beginn ihrer Ausbeutung. Der Fischfang kann auch noch andere Umweltbelastungen mit sich bringen. Der ganze Meeresboden der Nordsee wird durchschnittlich einmal pro Jahr mit Schleppnetzen abgefischt, wodurch das Sediment zerpflügt wird – ganz zu schweigen von den ungewissen Auswirkungen auf die Tier- und Pflanzenwelt des Meeresbodens. Eine andere anthropogene Umweltbelastung betrifft die Lebensräume der Küste. Große Flächen mit Marschland wurden für den Ackerbau umgebrochen. Ästuare werden weiterhin durch Bauvorhaben von Gezeitenstauwerken und Bootshäfen bedroht. Diese Bereiche gehen dann für immer der Natur verloren. Keiner weiß mit Sicherheit, welche Auswirkungen das haben wird, obwohl ihre Bedeutung für die Vogelwelt und als Fischreproduktionsstätten gut belegt ist. Darüber hinaus sind die Ästuare und Marschen mit ihrer Umwelt die letzten wirklich natürlichen Flächen in Nordeuropa. Ein Versagen bei der Weitergabe dieses intakten Erbes wird die Umwelt unserer Nachkommen im Wert ernsthaft herabsetzen.

Literaturverzeichnis

Aebischer NJ, Coulson JC, Colebrook JM (1990) Parallel long-term trends across four marine trophic levels and weather. Nature 347:751–753

Department of the Environment (1987) North Sea Status Report. Department of the Environment, London

Dickson RR, Kelly PM, Colebrook JM, Wooster WS, Cushing DH (1988) North winds and production in the Eastern North Atlantic. J Plankton Res 10:151–169

Ernst W (1980) Effects of pesticides and related organic compounds in the sea. Helgol Meeres 33:301–312

Fonselius S (1982) Oxygen and hydrogen sulphide condition in the Baltic Sea. Mar Pollut Bull 12:187–194

GESAMP (1982) The review of the health of the oceans. GESAMP (United Nations Joint Group of Experts on the Scientific Aspects of Marine Pollution) Reports and Studies No. 15. UNESCO, Paris

Hamilton EI, Clifton RJ (1979) Isotopic abundances of lead in estuarine sediments, Swansea Beach, Bristol Channel. Estuarine Coastal Mar Sci 8:271–278

Lewis JR (1972) Problems and approaches to baseline studies in coastal communities. In: Ruivo M (ed) Marine pollution and sea life. Fishing News (Books) Ltd., London

McGarvin M (1994) The implications of the precautionary principle for biological monitoring. In: O'Riordan T, Cameron J (eds) Interpreting th precautionary principle. Cameron and Day, London

Nelissen P, Stefels J (1988), NIOZ Report 1988–4. NIOZ, Texel, Niederlande

Royal Society (1983) The Nitrogen cycle of the UK – A study group report. Royal Society, London

Salomons W, de Groot AJ (1978) Pollution history of trace metals in sediments as affected by the Rhine River. In: Krumbein WE (ed) Environmental biogeochemistry and geomicrobiology, Vol 1: The aquatic environment. Ann Arbor Science, Ann Arbor, Michigan

Salomons W, Bayne BL, Duursma EK, Forstner U (1988) Pollution of the North Sea. Springer-Verlag, Berlin

von Bennekrom AJ, Salomons W (1980) Pathways of nutrients and organic matter from land to ocean through rivers. In: Martin JM et al. (eds) River inputs to ocean systems. UNEP/UNESCO, Paris

Wood LB (1982) The restoration of the Thames. Adam Hilger, Bristol

Weiterführende Literatur

Abel BB, Axiak V (1991) Ecotoxicology and the marine environment. Ellis Horwood Series in Aquaculture and Fisheries Support, London

Alexander LM, Heaven A, Tennant A, Morris R (1992) Symptomalogy of children in contact with sea water contaminated with sewage. J Epidemology and Community Health 46:340–344

Clark RB (1989) Marine pollution, 2nd ed. Oxford Sciences Publications, Oxford

Department of the Environment (1987) Quality status of the North Sea. Department of the Environment, London

Dixon TR, Dixon TJ (1981) Marine litter surveillance. Mar Pollut Bull 18/68:303–365

Key D, McDonald A (1986) Coastal bathing water quality. J Shoreline Manage 2: 259–283

Newman PS, Agg AR (1988) Environmental protection of the North Sea. Heinemann, London

Wolfe DA (ed) (1987) Plastics in the sea. Mar Pollut Bull 18/6B:303–365

15 Städtische Luftverschmutzung und ihre Folgen

Peter Brimblecombe und Frances Nicholas

Behandelte Themen:

- Historischer Hintergrund
- Rauch
- Gasförmige Schadstoffe
- Rauch und Nebel ergeben Smog
- Gesundheit und Smog
- Weitere Schäden durch Rauch
- Rauch in der modernen Welt
- Photochemischer Smog
- Auswirkungen des photochemischen Smog
- Weitere Veränderungen und ihre Auswirkungen
- Zukünftige Problemlösungen

Die Luftverschmutzung ist allgegenwärtig: Selbst die einst klare Luft der Arktis ist dunstig (Sooros 1992). Der Dunst, der sich aus Aerosolen von Chemikalien menschlichen Ursprungs zusammensetzt, erstreckt sich über eine Fläche von der Größe Nordamerikas und hat bis zu 25 verschiedene Schichten und eine Dicke von bis zu 8 km. Eine hohes Verhältnis von Mangan zu Vanadium legt nahe, daß Industrieanlagen in Rußland und Europa, in denen Kohle verbrannt wird, die Hauptquelle sind. Ein ungewöhnlich dichtes Dunstband wurde über 10 000 km weit von den Küsten Nordalaskas bis in die Wolga-Ural-Region Rußlands beobachtet.

Der Dunst ist reich an flüchtigen Bestandteilen, von denen viele schon in niedrigen Konzentrationen Krebs verursachen. Sulfate tragen zur Versauerung von Ökosystemen bei, die empfindlich gegen kleine Veränderungen im pH-Wert des Erdbodens sind. Rußpartikel lagern sich auf der Schneeoberfläche ab, beschleunigen das Abschmelzen und verstärken die Tendenz zur Erwärmung, indem sie das Reflexionsvermögen der Landoberfläche ändern.

Interessanterweise wurde dieses Problem vor Mitte der 70er Jahre kaum untersucht, weil der kalte Krieg eine enge wissenschaftliche Zusammenarbeit zwischen den USA und der Sowjetunion verhinderte. Inzwischen ist die Zusammenarbeit intensiv und es besteht Hoffnung auf eine ökologische Aufsicht für die Antarktis (siehe Kap. 19 und Young u. Osherenko 1993). Es gibt aber wenig Anreiz für die unter Druck stehenden Wirtschaftssysteme der Sowjetunion und ihrer früheren europäischen Satellitenstaaten, die Arktis sauberzuhalten. Die wissenschaftlichen Grundlagen sind sicher geschaffen, aber es kann Jahre dauern, bis die nötigen Aktionen koordiniert werden. Nur wenn Hilfsleistungen an die industrielle Erneuerung gekoppelt werden, kann dieses Problem gelöst werden. Niemand kann realistischerweise erwarten, daß die schwachen und aufstrebenden Ökonomien diese Aufgabe alleine lösen. Der Handel mit Emissionsgenehmigungen könnte sich als Schritt in die richtige Richtung erweisen, aber leider muß die Arktis wohl zuerst noch offensichtlicher verschmutzt sein.

In der Zwischenzeit können die Kosten für die Luftreinhaltung durch wirtschaftliche Anreize niedriger sein als bei festgelegten Zielen und Standards, dem von den meisten Ausführungsorganen bevorzugten Ansatz (Howe 1991, S. 12). Untersuchungen von Tietenberg (1985) deuten darauf hin, daß die konventionellen Maßnahmen zur Luftreinhaltung in den USA zwischen 1,07 und 14,4mal so teuer sind wie die geschätzten Kosten der günstigsten Ansätze. Dies ist eine der vielen Erkenntnisse, die die US-Behörden dazu gebracht haben, Steuern und Handelsgenehmigungen als Mittel zur Reduktion der Verschmutzung wesentlich stärker zu berücksichtigen.

Howe (1991, S. 92) warnt jedoch aus verschiedenen Gründen vor übersteigerten Hoffnungen auf eine umweltökonomische Revolution:

- Juristen bestimmen nach wie vor die Regeln und bevorzugen Standards und Ziele sowie Druckmittel als etablierte, vor Gericht verwertbare Verfahren.
- Dem Gesetzgeber ist, da ihm dies fairer erscheint, die Gleichbehandlung aller wichtiger als die Erzielung von Ergebnissen mit geringsten Kosten.
- Einige einflußreiche US-Umweltorganisationen leisten gegen die Anwendung ökonomischer Instrumente Widerstand, vor allem, weil sie diesen Ansatz nicht völlig verstehen, aber auch, weil sie an das Recht auf eine saubere und gesunde Umwelt glauben.
- Firmen, die bereits strenge Auflagen bezüglich der Luftreinhaltung erfüllen, sind froh über die Wettbewerbsvorteile vor Firmen, die sich in einem Gebiet mit hoher Luftverschmutzung ansiedeln wollen und die äußerst hohe (und unnötig teure) Standards erfüllen müssen.
- Die tatsächlichen Kosten für die beste Technologie erscheinen als nicht besonders hoch, vergleicht man sie mit den jährlichen Kosten für Umweltabgaben und -genehmigungen, insbesondere, wenn die Technologie auch noch andere Vorteile birgt. Noch kostet die Luftreinhaltung jährlich $15 Mrd., bringt aber im ganzen Land nur $1 Mrd. ein. Das System versagt auch bei der Vermeidung grenzüberschreitender Schadstoffe, die durch Sonneneinstrahlung und andere Prozesse in noch schädlichere Stoffe umgewandelt werden. Bis jetzt gibt es auch wenig Koordination zwischen den Verwaltungsbehörden, die jeweils für Verfahren der Landnutzungskontrolle und der Luftreinhaltung zuständig sind. Wenn die Umsetzung ineffizient und bürokratisch ist, kann alle Wissenschaft der Welt keine saubere Luft zu möglichst geringen Kosten erzeugen.

15.1 Historischer Hintergrund

Heutzutage scheint sich jeder Sorgen über die schlechte Luft zu machen, die wir in den Städten einatmen. Obwohl wir immer noch über die großen schwarzen Rauchwolken sprechen, die aus den Fabriken der Vergangenheit quollen, müssen wir uns heute für sehr viel kompliziertere Dinge interessieren. Die Verschmutzung, die wir heute in unseren Städten sehen, unterscheidet sich stark von derjenigen in der Vergangenheit, so daß wir nachvollziehen müssen, auf welche Weise sie sich verändert hat. Ob es heutzutage besser oder schlechter ist, darüber kann man streiten. Sicherlich aber ist es anders.

Seit es Städte gibt, sind sie verschmutzt, und bevor es Städte gab, gab es verschmutzte Hütten und Häuser. Im alten Rom, wo mit Holz geheizt wurde, beschwerte sich Neros Erzieher Seneca über die schlechten Auswirkungen, die der Rauch auf seine Gesundheit hatte. Die römischen Gerichte behandelten auch Fälle, in denen Qualm aus Fabriken die Anwohner störte.

Im London des 13. Jahrhunderts gab es eine bemerkenswerte Veränderung. Der dramatische Bevölkerungsanstieg verursachte eine Brennstoffkrise und Holz wurde in einigen industriellen Prozessen, wie der Herstellung von «Zement», durch Kohle ersetzt. Der Wechsel des Brennstoffs verursachte soviel Rauch und Gestank, daß die Einwohner um ihre Gesundheit fürchteten und der Protest der Bevölkerung zu Versuchen führte, die Nutzung der Kohle einzuschränken.

Im späten 17. Jhahrhundert war Kohle sowohl im häuslichen als auch im industriellen Gebrauch weit verbreitet. Später veränderte die Entwicklung der Dampfmaschine und allgemein die industrielle Revolution die Lebensweise, weil sie die Konzentration vieler Arbeitskräfte in den Fabriken erforderte. Daher konzentrierte sich Anfang des letzten Jahrhunderts die Bevölkerung in den Städten.

Dieses starke Anwachsen der städtischen Bevölkerung wurde von zahlreichen sozialen Problemen begleitet. Insbesondere die ernsthaften Auswirkungen der Verschmutzung auf die Gesundheit, Krankheiten und die sanitären Einrichtungen waren Umstände, mit denen sich die Stadtverwaltungen noch nie in diesem Ausmaß hatten auseinandersetzen müssen. Schon frühzeitig gab es Gesetze, die den Rauch aus Dampfmaschinen in Großbritannien und Frankreich betrafen und durch die wir wissen, daß Rauch ein Problem war, mit dem Ingenieure, Heizer und Behörden kämpften. In der Tat waren die meisten Leute gegen verrauchte Städte, aber Rauch wurde allgemein als ein notwendiges Übel angesehen. Während einige gegen ihn stritten, sahen andere, daß Rauch mit Reichtum verknüpft war: «Wo Dreck ist, ist auch Geld».

15.2 Rauch

Die Besorgnis über die Luftverschmutzung im 19. Jh. konzentrierte sich auf Rauch: Rauch, der die Kleidung verschmutzte, die Gebäude schwärzte, und durch seine Gegenwart in der Luft der Städte die Gesundheit ruinierte. In der Tat hat Rauch die Gedanken über Luftverschmutzung fast bis zum heutigen Tag dominiert.

Wie wurde dieser Rauch erzeugt? Brennstoffe und ihre Nutzung bilden den Kern des Problems der Luftverschmutzung. Luftverschmutzung hat auch andere Quellen, aber im großen und ganzen ist Verbrennung die wichtigste Quelle. Die Brennstoffe, die wir verwenden, basieren normalerweise auf Verbindungen von Kohlenstoff mit geringen Mengen Wasserstoff, auch wenn recht exotische Brennstoffe wie Metalle für spezielle Zwecke verwendet werden (z.B. als Festtreibstoffe für Raketen).

Wenn wir uns einen Brennstoff wie Kohle oder Öl vorstellen, können wir seine Verbrennung in folgender Gleichung darstellen:

$$\text{'CH'} + O_2 \rightarrow CO_2 + H_2O$$

Kohle/Öl + Sauerstoff → Kohlendioxid + Wasser

Das sieht nicht so aus, als ob dies für die städtische Umwelt schädlich ist, denn Kohlendioxid ist nicht wirklich giftig (obwohl es ein Treibhausgas ist).

Nehmen wir nun an, daß bei der Verbrennung nicht genügend Sauerstoff zur Verfügung steht. Dann sieht die Gleichung eher so aus:

$$\text{'CH'} + O_2 \rightarrow CO + H_2O$$

Kohle + Sauerstoff → Kohlenmonoxid + Wasser

Nun haben wir Kohlenmonoxid produziert. Das ist ein ziemlich giftiges Gas, das sich an die roten Blutkörperchen bindet und in hohen Konzentrationen zum Ersticken führen kann. Darum ist es kein erwünschter Bestandteil der städtischen Luft. Mit noch weniger Sauerstoff erhalten wir Kohlenstoff, den wir vereinfacht als Rauch bezeichnen können.

$$\text{'CH'} + O_2 \rightarrow C + H_2O$$

Kohle + Sauerstoff → Rauch + Wasser

Bei niedrigen Temperaturen und relativ wenig Sauerstoff können die Reaktionen zu einer Neuanordung der Atome führen und so polycyclische aromatische Kohlenwasserstoffe erzeugen. Typisch für diese Klasse von Verbindungen ist Benzo(a)pyren, ein berüchtigtes Karzinogen:

$$\text{'CH'} + O_2 \rightarrow \text{B(a)P} + H_2O$$

Kohle + Sauerstoff → Benzo(a)pyren + Wasser

Obwohl also die Verbrennung von Rohstoffen eine harmlose Sache zu sein scheint, kann sie eine Reihe von schädlichen Kohlenstoffverbindungen erzeugen. Auch früher schon sahen Ingenieure, daß ein Sauerstoffüberschuß helfen würde, den ganzen Kohlenstoff in Kohlendioxid zu verwandeln. Deshalb entwickelten sie die Vorstellung, den Rauch durch Verbrennung zu vernichten (oft bekannt als «verbrenn Deinen eigenen Rauch»), obwohl dies zur Durchführung beträchtliche technische Fähigkeiten erforderte und in der Praxis oft nicht sehr erfolgreich war.

15.3 Gasförmige Schadstoffe

Obwohl das Problem der Luftverschmutzung und das Problem des Rauchs miteinander verbunden sind, gab es immer Leute, die dachten, daß Luftverschmutzung mehr ist als Rauch. Sie haben Recht, da Brennstoffe nicht in Sauerstoff verbrannt werden, wie die obigen Formeln suggerieren. Sie werden in Luft verbrannt, die hauptsächlich aus einer Mischung von Sauerstoff und Stickstoff besteht. In den Flammen können Moleküle zerbrechen, und auch die Moleküle der Luft können in eine Kette von Reaktionen eintreten.

$$O + N_2 \rightarrow NO + N$$

atomarer Sauerstoff + Stickstoff → Stickstoffmonoxid + atomarer Stickstoff

$$N + O_2 \rightarrow NO + O$$

atomarer Stickstoff + Sauerstoff → Stickstoffmonoxid + atomarer Sauerstoff

Wenn wir diese beiden Reaktionen zusammenfassen, erhalten wir:

$$N_2 + O_2 \rightarrow 2\,NO$$

Stickstoff + Sauerstoff → Stickstoffmonoxid

Man beachte, daß bei der zweiten der obigen Reaktionen ein Sauerstoffatom freigesetzt wird, das in die erste Reaktion eintreten kann. Wenn atomarer Sauerstoff in der Flamme freigesetzt wird, nimmt dieser an der Reaktion teil, wird am Ende der Reaktion wiederhergestellt und trägt so zu einer Kettenreaktion bei.

Die Stickoxide (NO_x) in Autoabgasen entstehen auf diese Weise. Sie enstehen einfach deshalb, weil wir Brennstoffe mit Luft statt mit reinem Sauerstoff verbrennen. Und natürlich enthalten einige Brennstoffe Stickstoffverbindungen als Verunreinigung, so daß die Verbrennungsprodukte dieser Stoffe zusätzliche Stickoxide aufweisen.

Die häufigste und bedenklichste Verunreinigung in fossilen Brennstoffen ist jedoch Schwefel. Kohle enthält bis zu 6 % Schwefel, der bei der Verbrennung in Schwefeldioxid umgewandelt wird:

$$S + O_2 \rightarrow SO_2$$

Schwefel + Sauerstoff → Schwefeldioxid

Es gibt auch andere Verunreinigungen in Brennstoffen, aber Schwefel ist immer als diejenige angesehen worden, welche die wichtigste Rolle beim Problem der Luftverschmutzung in den Städten spielt.

Tabelle 15.1. Schwefelgehalt von Brennstoffen

Brennstoff	S (%)
Steinkohle	0,2–7,0
Heizöl	0,5–4,0
Koks	1,5–2,5
Diesel	0,3–0,9
Benzin	0,1
Kerosin	0,1
Holz	sehr gering
Erdgas	sehr gering[a]

[a] Schwefelwasserstoff wird oft aus Erdgas entfernt, kann aber auch als Geruchsstoff zugesetzt werden.

Wenn wir uns die Zusammensetzung verschiedener Brennstoffe ansehen, stellen wir fest, daß sie recht verschiedene Schwefelmengen enthalten, wie in Tabelle 15.1 gezeigt wird. Im Fall der Kohle sehen wir, daß der Schwefelgehalt recht hoch sein kann. Der Schwefelgehalt von Kohle variiert auch geographisch. Zum Beispiel enthält die Kohle des Kohlenreviers im Osten der USA mehr Schwefel als diejenige aus dem Westen. In Europa finden wir eine ähnliche Situation: Die Kohle aus Osteuropa hat oft einen höheren Schwefelgehalt. Wenn die Besorgnis über die Luftverschmutzung durch Schwefelverbindungen dazu führt, daß Kohle mit niedrigem Schwefelgehalt mehr geschätzt wird, kann dies ökonomische Rückwirkungen haben.

Aus der Tabelle der Schwefelgehalte wird ersichtlich, daß Steinkohle, Braunkohle und Heizöl die höchsten Schwefelgehalte aufweisen. Dies sind Energieträger, die stationär verwendet werden, beispielsweise in Dampfkesseln, Dampfturbinen (und traditionell in Dampfmaschinen), in häuslichen Kaminen, Hochöfen und Kraftwerken usw. Als einfache Regel kann man daher sagen, daß Luftverschmutzung durch Schwefel mit stationären Quellen verbunden ist.

Rauch ist ebenfalls hauptsächlich mit stationären Quellen verbunden. Natürlich ging das Problem gelegentlich auch auf Dampflokomotiven und Dampfschiffe zurück, aber die stationären Quellen waren am bedeutendsten.

Für viele Leute sind Schwefeldioxid und Rauch die Essenz des Luftverschmutzungsproblems in den Städten. Rauch und Schwefeldioxid nennt man primäre Schadstoffe, weil sie direkt an der Schadstoffquelle produziert werden, wie man in den vorangegangenen Gleichungen sehen kann. Sie gehen in dieser Form in die Atmosphäre über. Im Fall der primären Schadstoffe kann man also den Standpunkt vertreten, daß bestimmte Schadstoffe eindeutig mit ihren Quellen in Verbindung gebracht werden können. Die traditionellen Probleme mit der städtischen Luftverschmutzung waren also oft mit primären Schadstoffen verbunden.

15.4 Rauch und Nebel ergeben Smog

Rauch kann man sehen, aber Schwefeldioxid ist unsichtbar. In verschmutzten Städten wurde jedoch die Kombination dieser beiden Schadstoffe in Form von rauchgeschwängertem Nebel deutlich bemerkbar. Einige Leute beschrieben diese Nebel als so dick, daß man sie auf Brot schmieren könne. In den ersten Jahren des 20. Jh.s nannte ein Experte für Luftverschmutzung, der eine Vorliebe für Wortspiele hatte, diese Art von Nebel *smog*, d.i. *sm*oke (Rauch) + f*og* (Nebel). Dieses Wort wurde seitdem als Umschreibung städtischer Luftverschmutzung viel verwendet.

Der klassische London-Smog bildet sich unter feuchten Bedingungen, wenn sich Wasserdampf auf den Rauchpartikeln absetzen kann. Schwefeldioxid kann sich in diesem Wasser auflösen.

$$SO_2 + H_2O \rightarrow H^+ + HSO_3^-$$

Schwefeldioxid + Wasser → Hydroniumion + Sulfition

Spuren metallischer Verunreinigungen katalysieren die Umwandlung des gelösten Schwefeldioxids in Schwefelsäure:

$$2\ HSO_3^- + O_2 \rightarrow 2\ H^+ + 2\ SO_4^-$$

Sulfition + Sauerstoff → Hydroniumion + Sulfation

Schwefelsäure hat eine große Affinität zu Wasser, so daß der Tropfen weiteres Wasser absorbiert, er wird größer und der Nebel dicker.

15.5 Gesundheit und Smog

Die seltsamen Gerüche der Verbrennungsprozesse haben die Menschen schon immer dazu gebracht, sich Sorgen über die Auswirkungen dieser «Dämpfe» auf ihre Gesundheit zu machen. In der Mitte des 16. Jh.s begannen Wissenschaftler Beweise für diese Wirkungen zu sammeln. Die höhere Sterberate in London im Vergleich zu den ländlichen Gebieten wurde manchmal dem Rauch aus Kohle angelastet. In den Gebieten um Hochöfen waren industriell bedingte Krankheiten bekannt und wurden oft toxischen Stoffen im Rauch zugeschrieben, wie z.B. Antimon, Arsen oder Quecksilber.

Schreckliche Nebel plagten London um die Jahrhundertwende, zu den Zeiten von «Sherlock Holmes» und Jack the Ripper. Die Sterberate stieg in längeren Perioden mit Winternebel unausweichlich an; das ist wenig verwunderlich, wenn man berücksichtigt, daß die Tröpfchen Schwefelsäure enthielten. Die medizinischen Experten der Viktorianischen Zeit stellten fest, daß die Nebel die Gesundheit beeinträchtigten, aber sie waren, so wie andere auch, nicht in der Lage, den Rauch zu unterbinden.

Auch wenn der Wille vorhanden war - und in der Tat gab es Enthusiasten sowohl in Europa als auch in Nordamerika, die nach einer Veränderung strebten - war die Technologie noch viel zu einfach, um wirkliche Veränderungen zu erreichen. Die Verbesserungen, die erreicht wurden, lagen oft mehr im Wechsel des Energieträgers, in Ortsänderungen der Industrie, Klimaänderungen usw. begründet als in Änderungen der Technologie.

Solch positiven Veränderungen waren in den Entwicklungsländern, in denen es einen starken Industrialisierungsdruck und nur begrenzte Möglichkeiten für die Verminderung und Kontrolle der Umweltverschmutzung gab, nicht einmal annähernd zu bemerken (siehe Kasten 15.1).

In verschmutzter Luft kann sich das Atmungssystem nicht von den inhalierten Partikeln reinigen. Die Flimmerhärchen, die normalerweise die Atemwege reinigen, werden gelähmt und die Partikel dringen tiefer ein. Menschen, die empfindlich für Erkrankungen der Atemwege waren, wurden krank. Andere waren scheinbar gesünder, aber die Partikel konnten immer noch langfristige Probleme verursachen. Auf der Oberfläche einiger der kleinen Rußpartikel befanden sich toxische Spurenelemente, andere enthielten Verbindungen wie z.B. Benzo(a)pyren, ein starkes Karzinogen. Diese können zu erhöhten Krebsraten in den verrauchten Städten beigetragen haben.

Kasten 15.2 zeigt die gesundheitlichen Auswirkungen und die Richtwerte für Luftschadstoffe.

Kasten 15.1 Luftverschmutzung in den Entwicklungsländern

Im Jahr 1950 hatten 13 Städte mehr als 4 Mio. Einwohner. Heute gibt es 40 Städte von dieser Größe, zwei Drittel von ihnen liegen in Entwicklungsländern. Für das Jahr 2025 wird geschätzt, daß 100 der 135 Städte mit mehr als 4 Mio. Einwohnern in den Entwicklungsländern liegen werden. Die unzureichende Kontrolle industrieller Emissionen, speziell der staatseigenen Betriebe, und eine rapide Zunahme schlecht gewarteter Fahrzeuge führten dazu, daß die Mehrheit der Städte in der Dritten Welt unter gravierender Luftverschmutzung leidet. In Shanghai in China wird an 146 Tagen im Jahr der Richtwert der WHO für SO_2 überschritten, in Teheran an 104 Tagen, in Seoul an 87 Tagen und in Peking an 68 Tagen. Die Menge an Schwebstoffen in der Luft überschreitet in Kalkutta im Schnitt an 268 Tagen den Richtwert der WHO, in Delhi an 294 Tagen. In Peking gibt es jährlich 272 Tage mit erhöhter Staubbelastung. Die Kohlenmonoxidkonzentration in 15 Städten, die vom Umweltprogramm der UN (UNEP = UN Environment Programme) im Jahr 1985 untersucht wurden, überschritten die Richtwerte der WHO. In Mexiko City wird das Fahren mit motorisierten Fahrzeugen bei Smogalarm verboten, nur wurde das bisher noch nie kontrolliert. Die strengen neuen Gesetze werden in der ganzen Metropole nur von insgesamt 9 Inspektoren überwacht.

Quellen: UN Environmental Programme 1985; Humme 1991.

Kasten 15.2 Gesundheitliche Wirkungen und Luftqualitäts-Richtwerte

Schadstoff	WHO-Richtwert		Auswirkungen
	Jahresmittel ($\mu g/m^3$ Luft)	98 %-Anteil ($\mu g/m^3$ Luft)[a]	
Schwefeldioxid	40–60	100–150	Verschärfung von Erkrankungen der Atemwege durch kurzzeitige Einwirkung. Überhandnehmen von Krankheiten der Atemwege, einschl. chronischer Bronchitis, durch längerfristige Einwirkung
Feste Schwebstoffe			
Schwarzer Ruß	40–60	100–150	Dieselben wie bei SO_2
Feste Schwebstoffe gesamt	60–90	150–230	Kombinierte Einwirkung von SO_2 und Aerosolen kann die Lunge schädigen
Blei	0,5–1	–	Veränderung der Blutenzyme Blutarmut. Hyperaktivität und Verhaltensstörungen
Stickstoffdioxid			
1 Stunde	400	–	Asthmatische Lungenstörungen durch kurzzeitige Einwirkung
24 Stunden	–	150	
Kohlenmonoxid			
15 Minuten	100 000	–	Reduzierte Sauerstoff-Aufnahmefähigkeit des Blutes
30 Minuten	–	60 000	
1 Stunde	30 000	–	
8 Stunden	–	10 000	
Karboxy-Hämoglobin	–	2,5–3 %	

[a] Der 98 %-Anteil gibt an, daß 98 % der täglichen Durchschnittswerte unter einer bestimmten Konzentration liegen müssen. Das heißt, daß diese Konzentration bei weniger als 2 % oder an weniger als 7 Tagen im Jahr überschritten werden darf.

Dies sind die Richtwerte, die die Weltgesundheitsorganisation (WHO) als Grundlage der weltweiten Luftreinhaltung verwendet.

15.6 Weitere Rauchschäden

Rauch hat nicht nur der Gesundheit geschadet: Seine Auswirkungen auf das Erscheinungsbild der Städte waren leicht zu erkennen. Auch heute noch sieht man in vielen großen Städten schwarze Verkrustungen auf älteren Gebäuden. In der Vergangenheit, als es praktisch keine wirksame Einschränkung der Rauchemissionen gab, war der verursachte Schaden noch offensichtlicher.

Bis zur Verabschiedung von Gesetzen zur Luftreinhaltung (Clean Air Acts) wiesen diejenigen, die mit Nachdruck für eine Verminderung des Rauchs eintraten, auf die erheblichen Kosten hin, die durch Rauch in der Atmosphäre verursacht wurden. Kleidung wurde verschmutzt, Vorhänge und Tapeten geschwärzt und das Äußere der Häuser ruiniert. Ein großer Teil der Reinigungsarbeit entfiel auf die Frauen, so daß es verständlich ist, daß sie den Rauch als entschieden unerwünscht betrachteten. Sie waren es, die die weißen Hemden der Geschäftsleute waschen mußten, die manchmal für den Nachmittag ein neues Hemd anziehen mußten, nachdem das alte bereits während des Vormittags schmutzig geworden war. Obwohl es für die Frauen nicht leicht war, ihre Ansichten klarzumachen, legen Aufzeichnungen nahe, daß einige von ihnen die Anwesenheit des Rauchs in der Atmosphäre fast als moralische Frage betrachteten. Wenn Sauberkeit eine Tugend wie Gottesfurcht war, dann konnte der Rauch, der die Dinge so verschmutzte, als etwas Böses betrachtet werden.

Rauch in der Atmosphäre könnte der Grund für einige interessante Veränderungen in der Mode gewesen sein. Vielleicht ist der traditionelle Regenschirm schwarz, weil der tintige, rußige Regen auf anderen Farben Spuren hinterlassen hätte. Frauen in den englischen Städten des letzten Jahrhunderts mieden Weiß als Farbe, die zu leicht vom Rauch verschmutzt wurde und bevorzugten Cremefarben und gebrochenes Weiß.

Sie trugen Schuhe mit ziemlich dicken Eisensohlen, um die Säume langer Kleider vom rußigen Schmutz der Londoner Strassen fernzuhalten. In der Stadt gab es viele kleine Läden, die stark «verrauchte» Kleidung wieder auffrischten.

Rauch kann auch das Wachstum von Pflanzen beeinträchtigen. In der Landwirtschaft wurden schrittweise Varietäten eingeführt, die gegen Luftverschmutzung resistenter sind. Auch in städtischen Gärten werden zunehmend resistente Pflanzen eingesetzt. In der Vergangenheit waren die Bäume in den Industriezentren so geschwärzt, daß hell gefärbte Schmetterlinge nicht mehr länger getarnt waren. Dunkle Formen wurden häufiger, weil sie von Räubern weniger leicht gesehen wurden. Pflanzen sind auch sehr empfindlich gegen Schwefeldioxid, das sich wahrscheinlich als erstes durch die Hemmung des Photosynthesevermögens schädigend auswirkt.

Rauch war nicht auf die Städte und ihre Umgebung beschränkt. Er wurde über große Entfernungen verfrachtet. Im Südwesten Englands sagte die Landbevölkerung im Jahr 1780, daß sie «London riechen» könne, wenn der Wind aus dieser Richtung kam. In den Mooren beobachteten die Schäfer, daß die Wolle ihrer Schafe mit etwas geschwärzt war, das sie «moor-groime» (= Moorruß) nannten. Im Schottischen Hochland und im weit entfernten Skandinavien waren Regen und Schnee manchmal durch den Ruß schwarz gefärbt, der bei ungewöhnlichen Windrichtungen über diese riesigen Entfernungen transportiert wurde. So etwas geschieht auch heute noch.

Abb. 15.1. Luftverschmutzung an einem Winterabend des Jahres 1976 in Stirling. Bei völliger Windstille sammelt sich der Rauch aus den Häusern im Tal. Dies ist typisch für die Art der Luftverschmutzung in Städten, in denen mit Kohle geheizt wird.

Wie wir gesehen haben, enthält Smog sowohl Schwefelsäure als auch Ruß. Schwefelsäure wirkt stark korrodierend. Sie ließ Stahlträger rosten und zerfraß die Steine der Gebäude. Architekten beschwerten sich manchmal darüber, daß der Kalkstein von einer 10 cm dicken Sulfatschicht überzogen war. Der Stein dieser Gebäude wurde durch folgende Reaktion angegriffen:

$$H_2SO_4 + CaCO_3 \rightarrow H_2O + CO_2 + CaSO_4$$

Schwefelsäure + Calciumcarbonat → Wasser + Kohlendioxid + Calciumsulfat

Man sollte denken, daß diese Reaktion eine gute Sache ist, weil sie die Schwefelsäure beseitigt und Kalkstein ($CaCO_3$) in ein anderes Baumaterial, nämlich Gips ($CaSO_4$) verwandelt. Leider ist Gips jedoch wasserlöslich und löst sich im Regen auf. Das andere Problem ist, daß Gips ein größeres Volumen hat, so daß das Gesteinsgefüge aufgesprengt wird.

15.7 Rauch in der modernen Welt

Rauch und Smog sind nicht nur Probleme der Vergangenheit. Es gibt immer noch viele Städte, in denen Kohle in Massen in unzureichend überwachten Hochöfen und in häuslichen Feuerstellen verwendet wird (Abb. 15.1). Dies trifft speziell auf Entwicklungsländer zu. Zum Beispiel werden in Shanghai enorme Mengen an Kohle verbraucht. Dort gibt es große Probleme mit der Verringerung der atmosphärischen Rußkonzentration. Eine große Zahl kleiner Hochöfen müßte überwacht werden, und eine Umrüstung der Haushalte auf das weniger schädliche Kohlengas braucht Zeit.

In Westeuropa und Nordamerika sind die Probleme mit Rauch in den Städten in wesentlichen verschwunden und die Schwefeldioxidmenge nimmt ab. Dies beruht zum Teil auf dem Wechsel der Energieträger, speziell im häuslichen Bereich auf dem Übergang von Kohle zu «saubereren» Energieträgern wie Gas oder Elektrizität. In Großbritannien trugen auch die Gesetze zur Luftreinhaltung (Clean Air Act) zum Rückgang des Rauchs bei. Wenn in Industrieländern heutzutage Kohle verwendet wird, dann konzentriert in großen Kraftwerken weit entfernt von den Städten. Dort werden Staubpartikel wirkungsvoll ausgefiltert, so daß Rauch kein Problem darstellt. Die Entfernung von Schwefeldioxid ist jedoch eine vergleichsweise teure Angelegenheit, die von einigen Ländern mit einem hohen Ausstoß wie Großbritannien, den USA, Polen usw. nur langsam eingeführt wird. In zunehmendem Maß verlangen internationale Abkommen, daß Schwefeldioxid aus den Abgasen entfernt wird, um die Versauerung des Regens zu verhindern und Umweltschäden dort zu verhindern, wo der Wind die Abgase hinträgt. Durch diese Verbesserungen trägt Schwefeldioxid immer weniger zum sauren Regen bei, an dessen Entstehung nunmehr Salpetersäure stärker beteiligt ist als Schwefelsäure. Ein bedeutender Anteil dieser Salpetersäure stammt aus Autos, die wiederum nicht zur Schwefelsäure in der Luft beitragen.

15.8 Photochemischer Smog

Die Quellen der Luftverschmutzung, die wir bislang besprochen haben, stammen aus stationären Quellen. Der Brennstoff ist vorwiegend Kohle. Dies ist die traditionelle Art der Verschmutzung, die es in Städten gibt, seit Kohle verbrannt wird; oder, wenn wir nur an Rauch denken, können wir sagen: solange irgendwelche Brennstoffe verbrannt werden.

In diesem Jahrhundert ist jedoch eine ganz neue Art der Verschmutzung zu beobachten. Sie tritt hauptsächlich auf, wenn flüchtige flüssige Energieträger verbrannt werden. Deshalb trägt das Automobil ganz wesentlich dazu bei. Die meisten Schadstoffe, welche die aktuellen Probleme verursachen, werden gar nicht von den Automobilen selbst abgegeben. Statt dessen bilden sie sich in der Atmosphäre. Sie werden deshalb sekundäre Schadstoffe genannt – sie bilden sich aus Reaktionen der primären Schadstoffe, wie Stickoxiden und unverbranntem Kraftstoff, die direkt von den Automobilen stammen. Die chemischen Reaktionen, bei denen die sekundären Schadstoffe entstehen, laufen am effektivsten im Sonnenlicht ab, deshalb nennt man das Ergebnis photochemischen Smog.

Kasten 15.3 Reaktionen des photochemischen Smog

Wie wir im Text gesehen haben, bilden Reaktionen, an denen Stickoxide und Ozon beteiligt sind, die Basis für den photochemischen Smog:

$$NO_2 + h\nu\ (\lambda < 310\ \text{nm}) \rightarrow O + NO \qquad [1]$$

$$O + O_2 \rightarrow O_3 \qquad [2]$$

$$O_3 + NO \rightarrow O_2 + NO_2 \qquad [3]$$

Dem Ganzen liegt ein dynamisches Gleichgewicht zugrunde, das die Partialdrucke von Stickoxiden und Ozon in Beziehung setzt.

$$K = \frac{[NO] \cdot [O_3]}{[NO_2]} \qquad [4]$$

Wenn wir die NO_2-Konzentration erhöhen würden (ohne dabei Ozon zu verbrauchen), könnte das Gleichgewicht aufrechterhalten werden, indem man die Ozonkonzentration erhöht. Dies geschieht im photochemischen Smog durch die Mitwirkung von Hydroxy-Radikalen (OH ist ein wichtiges Radikal, das in Spuren in der Atmosphäre vorhanden ist) bei der Oxidation von Kohlenwasserstoffen:

$$OH + CH_4 \rightarrow H_2O + CH_3 \qquad [5]$$

$$CH_3 + O_2 \rightarrow CH_3O_2 \qquad [6]$$

$$CH_3O_2 + NO \rightarrow CH_3O + NO_2 \qquad [7]$$

$$CH_3O + O_2 \rightarrow HCHO + HO_2 \qquad [8]$$

$$HO_2 + NO_2 \rightarrow OH \qquad [9]$$

In diesen Reaktionen findet also ein Umwandlung von NO nach NO_2 und von Alkanen zu Aldehyden statt. Man beachte, daß das Hydroxy-Radikal regeneriert wird, man kann es also als eine Art Katalysator betrachten. Die Aldehyde können ebenfalls vom Hydroxy-Radikal angegriffen werden:

$$CH_3CHO + OH \rightarrow CH_3CO + H_2O \qquad [10]$$

$$CH_3CO + O_2 \rightarrow CH_3COO_2 \qquad [11]$$

$$CH_3COO_2 + NO \rightarrow NO_2 + CH_3CO_2 \qquad [12]$$

$$CH_3CO_2 \rightarrow CH_3 + CO_2 \qquad [13]$$

Das Methyl-Radikal von [13] kann wieder in [7] eintreten. Ein bedeutender Seitenzweig dieser Reaktionen ist:

$$CH_3COO_2 + NO_2 \rightarrow CH_3COO_2NO_2 \qquad [14]$$

Hierbei entsteht das die Augen reizende PAN (Peroxyacetylnitrat).

Photochemischer Smog wurde zum ersten Mal während des Zweiten Weltkriegs in Los Angeles festgestellt. Zunächst wurde angenommen, daß dieser einzigartige Smog der bekannten Luftverschmutzung ähnlich sei. Als jedoch die bekannten Techniken zur Rauchverminderung keinen Erfolg hatten, wurde klar, daß diese Verschmutzung andersartig ist: die Experten waren verblüfft. Der Biochemiker Haagen-Smit, der sich mit Vegetationsschäden befaßte, fand schließlich heraus, daß der Los Angeles-Smog durch Reaktionen der Autoabgase im Sonnenlicht verursacht wurde.

Abb. 15.2. Photochemischer Smog, der sich unter einer hochgelegenen Inversionschicht angereichert hat. Diese Situation ist typisch für Los Angeles und viele Städte an der Westküste Nordamerikas.

Wie geht das vor sich? Die Reaktionen sind recht kompliziert, aber wir können sie vereinfachen, indem wir die Autoabgase durch ein einfaches organisches Molekül wie Methan (CH_4) repräsentieren:

$$CH_4 + 2\,O_2 + 2\,NO \xrightarrow{h\nu\ \text{[Sonnenlicht]}} H_2O + HCHO + 2\,NO_2$$

Methan + Sauerstoff + Stickstoffmonoxid → Wasser + Formaldehyd + Stickstoffdioxid

Stickstoffmonoxid ist ein gängiger Schadstoff in Autoabgasen. Wir können sehen, daß bei dieser Reaktion zwei Dinge geschehen. Erstens werden die Kohlenwasserstoffe aus dem Automobil zu einem Aldehyd oxidiert (das ist ein Molekül mit einer COH-Gruppe). In der obigen Reaktion ist dies das Formaldehyd. Aldehyde besitzen Reizwirkung, manche behaupten, sie hätten karzinogene Wirkung. Zweitens können wir sehen, daß das Stickoxid zu Stickstoffdioxid oxidiert ist. Das ist ein bräunliches Gas. Es kann Licht absorbieren und zerfallen:

$$NO_2 + h\nu \rightarrow O + NO$$

Stickstoffdioxid + Sonnenlicht → atomarer Sauerstoff + Stickstoffmonoxid

Dabei entsteht wieder Stickstoffmonoxid, aber es wird auch ein reaktionsfähiges Sauerstoffatom frei, das Ozon bilden kann:

$$O + O_2 \rightarrow O_3$$

atomarer Sauerstoff + molekularer Sauerstoff → Ozon

Gerade Ozon ist für den photochemischen Smog charakteristisch. Man beachte die Tatsache, daß Ozon, das wir hier als Problem ansehen, nicht aus einer Schadstoffquelle stammt, es ist das Resultat der Wechselwirkung einer Reihe von Schadstoffen in der Atmosphäre. Die detaillierten Reaktionen sind viel komplizierter als die hier gezeigten. Sie sind in Kasten 15.3 zu sehen.

Der Smog in Los Angeles unterscheidet sich erheblich von dem, was wir vorhin als typisch für Städte angeführt haben, in denen Kohle verbrannt wird. Bei der Entstehung des Los Angeles-Smog ist kein Nebel beteiligt und die Sichtweite nimmt nicht auf ein paar Meter ab, wie es für die Londoner Smogs typisch war. Der Smog in Los Angeles entsteht am leichtesten an sonnigen Tagen. Die Londoner Nebel werden weggetragen, wenn Wind aufkommt, aber ein leichter Seewind im Becken von Los Angeles kann die Luftverschmutzung gegen die Berge drücken und daran hindern, in Richtung Meer abzuziehen. Die Verschmutzung kann nicht in die Atmosphäre aufsteigen, da sie durch die Inversionsschicht

Tabelle 15.2. Vergleich des Los Angeles- und London-Smog

Merkmal	Los Angeles	London
Lufttemperatur	24–32 °C	−1–4 °C
Relative Luftfeuchtigkeit	<70 %	85 % (+ Nebel)
Art der Temperaturinversion	Temperaturabfall innerhalb weniger tausend Meter	Wärmestrahlung in Bodennähe, auf etwa 100 m Höhe
Windgeschwindigkeit	< 3 m/s	windstill
Sichtweite	< 0,8–1,6 km	< 30 m
Häufigstes Auftreten	Aug.–Sept.	Dez.–Jan.
Hauptursache	Benzin	v.a. Kohle
Grundbestandteile	O_3, NO, NO_2, CO, organische Stoffe	Aerosole, CO, Schwefelverbindungen
Art chemischer Reaktionen	oxidativ	reduktiv
Tagesmaximum	Mittag	früher Morgen
Primäre gesundheitliche Auswirkungen (SO_2/Rauch)	temporäre Augenreizung (PAN)	Lungenerkrankungen
Beschädigte Materialien	Gummi wird spröde (Ozon)	Eisen und Beton korrodieren

Quelle: RW Raiswell *et al.* 1980.

daran gehindert wird: Die Luft am Boden ist kühler als die in der Höhe, so daß ein Deckel aus warmer Luft die kühlere Luft daran hindert, aufzusteigen und die Schadstoffe zu verteilen (Abb. 15.2). Eine vollständigere Liste der Unterschiede zwischen Smog des Los Angeles-Typs und des London-Typs findet man in Tabelle 15.2.

15.9 Auswirkungen des photochemischen Smog

Der photochemische Smog ist der rauchigen Luft, die für die früheren Städte typisch war, recht unähnlich, so daß wir keine dicken Rußschichten auf den Gebäuden erwarten. Benzin enthält, anders als Kohle, relativ wenig Schwefel, so daß durch Schwefel verursachte Schäden unwahrscheinlich sind. Es gibt jedoch eine Menge anderer Schadstoffe, die Materialien beschädigen können. Ozon ist ein reaktionsfreudiges Gas. Es attackiert gern die Doppelbindungen organischer Moleküle. Gummi ist ein polymeres Material mit vielen Doppelbindungen und wird darum leicht von Ozon angegriffen. Gummi bekommt unter der Einwirkung von Ozon Risse, speziell Reifen und Scheibenwischerblätter sind anfällig. Neue synthetische Gummis haben Doppelbindungen, die durch andere chemische Gruppen besser geschützt sind, so daß sie in gewisser Weise gegen Ozon resistent sind. Viele Pigmente und Farbstoffe werden ebenfalls von Ozon angegriffen. Infolgedessen bleichen normalerweise die Farbstoffe aus. Das bedeutet, daß es für Kunstgalerien in verschmutzten Städten wichtig ist, ihre Luft sorgfältig zu filtern, besonders wenn die Sammlungen Bilder enthalten, die mit traditionellen Farbstoffen gemalt sind, da diese besonders anfällig sind.

Stickoxide sind ebenfalls mit photochemischem Smog verbunden. Auch sie können Pigmente beschädigen. Es ist auch möglich, daß Stickoxide die Schäden an Gebäuden verstärken, obwohl nicht ganz klar ist, wie das vor sich geht. Manche haben behauptet, daß Stickstoffdioxid mehr Schwefelsäure auf der Oberfläche von Steinen in Städten mit mäßiger Schwefeldioxidkonzentration entstehen läßt. Andere vermuten dagegen, daß die Stickstoffverbindungen in der verschmutzten Luft es Mikroorganismen ermöglichen könnten, besser auf der Steinoberfläche zu wachsen und den biologisch verursachten Schaden zu verstärken.

Nicht nur Materialien werden vom photochemischen Smog beschädigt. Auch Lebewesen leiden unter ihm. Besonders Pflanzen sind empfindlich gegen Ozon, daher wurden hier früh die Schäden beobachtet, die zu den Forschungen von Haagen-Smit führten. Ozon schädigt Pflanzen, indem es die Durchlässigkeit der Zellmembranen für wichtige Ionen wie Kalium ändert. Ein frühes Symptom für diese Schäden sind wassergetränkte Flecken auf den Blättern.

Auch die menschliche Gesundheit wird durch diese Gase angegriffen. Im allgemeinen verursachen Oxidantien wie die Aldehyde Reizungen von Augen, Nase und Rachen sowie Kopfschmerzen. Ozon beeinträchtigt die Lungenfunktion. In hohen Konzentrationen wirken Stickoxide genauso, vor allem bei Menschen mit Asthma. Die Reizung der Augen ist während des photochemischen Smog ein häufig auftretendes Beschwerden. Der Grund dafür ist die Gegenwart einer Gruppe von Chemikalien, die sich durch eine Reaktion zwischen den Stickoxiden und verschiedenen organischen Komponenten im Smog bilden. Der bekannteste dieser die Augen reizenden Stoffe ist Peroxyacetylnitrat (PAN), das speziell für die Reizwirkung der Atmosphäre in Los Angeles verantwortlich ist. Die Reaktionen, bei denen PAN entsteht, werden in Kasten 15.3 gezeigt, die Richtwerte der Weltgesundheitsorganisation für Schadstoffkonzentrationen in Städten findet man in Kasten 15.1.

15.10 Weitere Veränderungen und ihre Auswirkungen

Photochemischer Smog ist nicht das einzige Verschmutzungsproblem, das von Automobilen verursacht wird. Sie werden auch mit anderen Schadstoffen, wie Blei und Benzol, in Verbindung gebracht. Der Erfolg der Bleitetralkyl-Verbindungen als Antiklopfmittel zur Verbesserung der Leistung von Automotoren hat dazu geführt, daß in Ländern mit einem hohen Verkehrsaufkommen große Mengen an Blei freigesetzt wurden. Dieses Blei hat sich weit verteilt, aber besonders große Mengen haben sich in Städten und neben stark befahrenen Straßen abgelagert. Blei ist ein Gift und wurde mit einer Reihe von Gesundheitsproblemen in Verbindung gebracht. Der besorgniserregendste Verdacht kam von Studien, die auf eine Abnahme der Intelligenz bei Kindern, die vergleichsweise niedrigen Bleidosen ausgesetzt waren, hinweisen.

Bleifreies Benzin wurde in den USA in den 70er Jahren eingeführt, um die Benutzung von Katalysatoren in Autos zu ermöglichen. Seitdem hat die Verwendung bleifreien Benzins zugenommen. Es gibt Hinweise, daß sich die Bleigehalte im Blut parallel zur abnehmenden Emission von Blei aus Automobilen verringert haben. Trotzdem kann es sein, daß diese Abnahme an Blei in der Atmosphäre nicht ausreicht, um das Risiko für Kinder auf ein zufriedenstellendes Maß zu reduzieren. Das hohe Verhältnis von aufgenommener Nahrungsmenge zum Körpergewicht bei Kindern bedeutet, daß sie mit hoher Wahrscheinlichkeit einen großen Teil ihrer Bleibelastung aus Quellen wie Nahrungsmitteln und Trinkwasser aufnehmen (obwohl einiges von diesem Blei aus der Atmosphäre stammen kann).

Benzol ist eine weiterer Bestandteil von Kraftstoffen, der Sorgen bereitet. Es kommt natürlicherweise in Rohöl vor und ist ein nützlicher Bestandteil, da es das Klopfen, das durch bleifreies Benzin verursacht wird, verhindern kann (der Produktionsprozeß wird normal so eingestellt, daß der Benzolanteil ungefähr

5 % beträgt. Benzol ist jedoch stark karzinogen. Es scheint so, daß mehr als 10 % des verwendeten Benzols (33 Mt/a) in die Umwelt entweichen. Hohe Konzentrationen können in der Luft der Städte gefunden werden. Diese Konzentrationen könnten die Zahl der Krebsfälle erhöhen. Die Einwirkung wird durch die Bedeutung anderer Quellen von Benzol, wie zum Beispiel Tabakrauch, kompliziert.

Toluol ist eine weitere aromatische Verbindung, die in Benzin in großen Mengen vorhanden ist. Die Erkenntnisse legen nahe, daß es weit weniger karzinogen ist als Benzol, aber es hat einige sehr unerwünschte Wirkungen. Es trägt merklich zur Entstehung von Ozon und Formaldehyd im Smog bei. Außerdem kann es eine PAN-artige Verbindung bilden, das Peroxybenzylnitrat, das die Augen besonders stark reizt.

Dieselfahrzeuge finden in Europa immer stärkere Verbreitung, und das sind keineswegs nur große Fahrzeuge. Heutzutage wird ein beträchtlicher Teil der Fahrzeuge mit Diesel betrieben, um die niedrigeren Treibstoffkosten auszunutzen. Dieselkraftstoffe haben auch den Vorteil, daß sie unverbleit sind. Andererseits führt der Einspritzprozeß im Dieselmotor dazu, daß der Kraftstoff im Motor in Form von Tröpfchen zerstreut wird. Diese verbrennen nicht immer vollständig, was zur Folge hat, daß ein nicht ordentlich gewarteter Dieselmotor große Mengen Ruß abgeben kann. Dieser Rauch leistet inzwischen eine erheblichen Beitrag zur Verschmutzung der Luft in den Städten. Zusätzlich sind die Partikel reich an aromatischen Kohlenwasserstoffen, die karzinogen sind. Dieselkraftstoffe haben traditionell einen hohen Schwefelgehalt, aber es wurden gesetzliche Maßnahmen zu seiner Verringerung getroffen. Es wird in Zukunft auch erhöhte Anstrengungen geben, um die Emissionen der wachsenden Zahl an Dieselfahrzeugen zu senken.

15.11 Zukünftige Problemlösungen

Die Lösung des Problems der Luftverschmutzung erscheint relativ einfach. Wir müssen weniger Schadstoffe emittieren. In der Tat liegt diese Philosophie Gesetzen wie dem britischen Gesetz zur Luftreinhaltung (Clean Air Act) von 1956 zugrunde. Sein Zweck war, den Rauch in der Luft zu reduzieren, indem in einigen Gebieten die Verwendung rauchfreier Brennstoffe vorgeschrieben wurde. Spätere Gesetze in Großbritannien und andernorts schrieben eine veränderte Zusammensetzung für einige Brennstoffe vor – es wurde ein niedrigerer Schwefel- oder Bleigehalt verlangt.

Eine andere Lösung war der Versuch, die Schadstoffe durch Verwendung hoher Kamine weiträumiger zu verbreiten. Dies hat zur Folge, daß die Schadstoffkonzentration lokal abnimmt, während sie in der vorherrschenden

Windrichtung ansteigt. Folglich wird dieser Ansatz von vielen kritisiert, besonders in Zusammenhang mit dem Problem des sauren Regens. Es ist jedoch kaum vorstellbar, daß Kamine aus dem Bild unserer Städte verschwinden werden. Wenn sie richtig eingesetzt werden, sind sie möglicherweise ein Weg, um die Schadstoffbelastung zu verringern. In den großen Kohlekraftwerken müssen jedoch hohe Kamine mit aktiveren Methoden zur Verringerung der Verschmutzung kombiniert werden.

Bei der Frage der sekundären Schadstoffe müssen wir uns darüber im klaren sein, daß das Problem sehr viel komplizierter ist. In einigen Fällen kann die Beendigung der Emission eines Schadstoffes bedeuten, daß die Konzentration des sekundären photochemischen Schadstoffs in der Luft ansteigt! Den Anstrengungen zur Lösung des Verschmutzungsproblems in den Städten, die einer hohen Belastung durch photochemische Schadstoffe ausgesetzt sind, war bis jetzt noch kein großer Erfolg beschieden. Los Angeles hat typischerweise große Probleme, die US-Richtlinien für Luftqualität zu erfüllen.

Ein Weg, das Problem der sekundären Schadstoffe anzugehen, besteht in der Eliminierung der für ihre Entstehung verantwortlichen «Katalysatoren». In diesem Fall würde man versuchen, die Kohlenwasserstoffe zu beseitigen, welche die Grundlage der photochemischen Reaktionen bilden. In unserer Darstellung (siehe Kasten 15.3) wurden sie durch Methan repräsentiert, aber in der Realität sind es normalerweise etwas größere Kohlenwasserstoffmoleküle. Man versucht, diese zu beseitigen, indem man Automobile mit Katalysatoren ausrüstet, welche die Kohlenwasserstoffe in den Abgasen zerstören. Kohlenwasserstoffe entweichen jedoch immer noch durch Verdunstung beim Tanken oder aus dem heißen Motor abgestellter Autos. Eine weitere Lösung wäre die Entwicklung von Kraftstoffen, die weniger flüchtig sind, also schlechter verdunsten. Eine weitere Möglichkeit, die allerdings nur langfristig zu verwirklichen ist, wäre die Verwendung von Stoffen wie Methanol, deren Moleküle eine geringere Tendenz haben, in photochemische Reaktionen einzutreten. Das Problem ist, daß Methanol die Formaldehydkonzentration in der Luft der Städte erhöhen könnte, während es die Menge anderer photochemischer Schadstoffe reduziert. Einige betrachten das im Vergleich zur Verringerung der Flüchtigkeit von Brennstoffen, der Verwendung von Erdgas oder von Katalysatoren als recht teuren Weg, das Problem der Luftverschmutzung anzugehen.

Diese Versuche, die Belastung durch sekundäre Schadstoffe zu verringern, gehen davon aus, daß die Städte weiterhin voller kohlenwasserstoffbetriebener Fahrzeuge sein werden. Den direktesten Weg, Emissionen aus Fahrzeugen zu verringern, bietet jedoch die Beschränkung des privaten Gebrauchs von Automobilen. Das würde die Entwicklung billiger, effizienter und bequemer öffentlicher Verkehrsmittel erfordern. Die Bedingungen für Fahrradfahrer und Fußgänger müßten ebenfalls verbessert werden, obwohl natürlich eine deutliche Reduzierung des Autoverkehrs das Fahrradfahren und Zufußgehen sicherer, gesünder und attraktiver machen würde. Anreize zum Car-Sharing könnten zu einem Rückgang des Verkehrs beitragen und die Verwendung von Elektroautos würde die Verschmutzung in den Städten verringern, obwohl natürlich weiterhin eine Belastung durch die notwendige Stromerzeugung besteht. Auch eine Verlagerung des Frachtverkehrs von der Straße auf die Schiene (der Schienenverkehr geht generell rationeller mit fossilen Rohstoffen um), sofern möglich, würde die Emissionen verringern.

Schließlich würde eine dauerhafte Lösung für das Problem der Luftverschmutzung in den Städten eine Änderung des Lebensstils mit sich bringen, z.B., daß die Menschen näher an ihren Arbeitsplätzen wohnen (oder zuhause arbeiten), mehr Produkte kaufen, die in der näheren Umgebung erzeugt wurden, und indem eine rationellere Energieverwertung in den Köpfen der Planer Vorrang erhielte. Eine rationellere Energieverwertung hat auch den Vorteil, daß die Ressourcen geschont werden und der Treibhauseffekt begrenzt wird.

Fahrzeuge sind jedoch nicht die einzige Quelle städtischer Luftverschmutzung. Verbrennung von Müll, ob zuhause oder industriell, kann beträchtliche Luftverschmutzung verursachen. Moderne industrielle Prozesse können zur Emission eines weiten Spektrums neuartiger Schadstoffe führen. Da die meisten Stadtbewohner einen großen Teil ihrer Zeit in Gebäuden verbringen, kann die Belastung dort ebenfalls einen bedeutenden Faktor darstellen. Beispielsweise können Spanplatten und Isolierschaum Formaldehyd abgeben, Gaskocher produzieren Stickoxide, schlecht funktionierende Holzöfen emittieren verschiedene karzinogene Stoffe, und Zigarettenrauchen erzeugt eine große Menge schädlicher Verbindungen, einschließlich Benzol und Kohlenmonoxid. So dreht sich die Lösung des Problems der städtischen Luftverschmutzung nicht mehr einfach um die Reduktion von Rauch. Wenn wir die Belastung des Menschen durch Luftschadstoffe wirklich senken wollen, müssen wir ein enormes Spektrum an Schadstoffquellen berücksichtigen und kontrollieren.

Literaturverzeichnis

Howe CW (1991) An evaluation of US air and water policies. Environment 33/7:10–15, 32–36

Humme RP (1991) Clearing the air: environmental reform in Mexico. Environment 33/10:6–11, 26–30

Raiswell RW, Brimblecombe P, Dent DL, Liss PS (1980) Environmental Chemistry. Edward Arnold, London

Soroos MS (1993) The odyssey of Arctic haze: towards a global atmospheric regime. Environment 34/10:6–11, 25–27

Tietenberg T (1985) Emissions trading. Resources for the future, Washington, DC

UN Environment Programme (1985) An assessment of urban air quality. Environment 31/8:7–13, 26–34

Young O, Osherenko G (eds) (1993) Polar politics: creating international environmental regimes. University of Columbia Press, New York

Weiterführende Literatur

Zum historischen und literarischen Hintergrund: Brimblecombe P (1987) The big smoke (Methuen, London) und Brimblecombe P (1990) Writing on smoke, in: Bradby H (ed) Dirty words (Earthscan, London) pp 93–114.

Über Luftschadstoffe in der heutigen Welt: Elsom DM (1992) Atmospheric pollution (Blackwell, Oxford).

Über Auswirkungen auf Gesundheit und Pflanzen: Wellburn A (1994) Air pollution and climate change, 2nd ed (Longman, Harlow) and World Health Organization (1987) Air quality guidelines for Europe (WHO, Kopenhagen).

In Bezug auf Gebäude- und Materialschäden siehe die speziellen Artikel aus Atmospheric Environment 26B/2, 1992, die Schriften der International Conference on Acidic Deposition in Glasgow beinhaltet.

Über Chemie und Photochemie des Smog schreibt Brimblecomge P (1986) Air composition and chemistry (Cambridge University Press, Cambridge) und Raiswell et al. (1980).

Über alternative Energien siehe Gray CL und Alson JA (1992) The case for methanol, Sci Am 11:86–92.

Schließlich ist im Hinblick auf die gegenwärtige und zukünftige Entwicklung der erste Bericht von The Quality of Urban Air Review Group (1993) Urban Air Quality in the UK (Department of Environment, London) zu erwähnen.

16 Management von Umweltrisiken

Simon Gerrard

Behandelte Themen:

- Einführung: Das Konzept der Sicherheit
- Das Konzept des Risikomanagements
- Management von Umweltrisiken: Die vorherrschenden Philosophien
- Der Dialog über Risiken
- Die Rolle der Experten beim Risikomanagement

Unter dem Begriff «Risiko» versteht man heutzutage eine kulturelle Vorstellung, mit dem die individuellen Gefühle des Kontrollverlustes und der Ohnmacht angesichts der globalen sozialen Veränderungen, die zu einer Verschlechterung der Situation für die gesamte Erde führen, umschrieben werden. *Risiko* ist ein vielschichtiger Begriff. Er läßt sich nicht automatisch in Komponenten wie Wahrscheinlichkeit und Bewertung zerlegen. Der Begriff *Risiko* spiegelt den Wandel in der gesellschaftlichen Ordnung in bezug auf soziale Gerechtigkeit und die individuellen Möglichkeiten wider.

Die Toleranz gegenüber Risiken meint dabei etwas ganz anderes als deren Akzeptanz. Wo die Ursachen einer Bedrohung bekannt sind bzw. abgelehnt werden, kann es so etwas wie Risiko-Akzeptanz nicht geben. Untersuchungen haben immer wieder nachgewiesen, daß der harte Kern der Opposition gegen die Kernenergie der Ansicht ist, daß der Industrie nicht vertraut werden könne und sie mit demokratischen Mitteln nicht zu stoppen sei, so wie sie auch glaubt, daß Kernreaktoren aus technischen Gründen nicht sicher seien. Umweltschutzgruppen nützen dies aus, indem sie der Heimlichtuerei der Industrie den Kampf ansagen, indem sie Vertuschungen in Unfallberichten öffentlich machen oder indem sie Schmiergeldzahlungen und politische Verbindungen zwischen führenden Industriellen und Politikern aufdecken. In ähnlicher Weise wird der Widerstand gegen gentechnisch modifizierte Nahrungsmittel durch die Befürchtung angetrieben, daß diese Technologie eine endlose Folge «unnatürlicher» Nahrungsmittel produzieren könnte, während wertvolle Nahrungsmittel vom Markt verdrängt würden.

Dies legt nahe, daß bei Untersuchungen darüber, wie Risiken wahrgenommen werden, der psychometrische Ansatz in das kulturtheoretische Modell integriert werden sollte. Der erstere behandelt die Beziehung zwischen dem Urteil über die Sicherheit von Produkten und Prozessen und dem wirklichen Maß an Sicherheit, wie der Betroffene sie selbst sieht (Krimsky und Golding 1992). Das letztere behandelt eine Reihe von Annahmen darüber, wie Menschen technische Urteile akzeptieren, die andere für sie fällen. Einige bevorzugen ein hierarchisches Modell der Gesellschaft, in dem eine anerkannte Elite solche Entscheidungen fällt. Dieses Modell ist bei medizinischen und juristischen Berufen verbreitet, außerdem bei den Ansichten der Öffentlichkeit über die Glaubwürdigkeit von Medizinern und Rechtsanwälten. Andere bevorzugen eine eher egalitäre Perspektive, bei der Beurteilungen zwischen Fachleuten und Laien auf der Basis gegenseitigen Respekts ausgehandelt werden (Rayner 1992). Dazwischen gibt es viele Abstufungen. Der entscheidende Punkt ist, daß die Toleranz gegenüber Risiken nur ein Teil des allgemeineren Problems ist, wie eine Gesellschaft im fortwährenden demokratischen Diskurs mit technischen Fragen umgeht (s. Schwartz und Thompson 1990; Piller 1991).

Hinter diesen interessanten akademischen Betrachtungen steckt eine wichtige Debatte über die veränderte Funktion der Wissenschaft und der Beteiligung der Bürger in der modernen Gesellschaft. Diese Punkte sind in der Einleitung erwähnt worden. Ob sich Einschränkungen durchsetzen lassen, hängt in der Welt des Risikomanagements sehr vom Konsens zwischen dem Verursacher des Risikos und der betroffenen Öffentlichkeit ab. In den USA und in einem geringeren Maß in Deutschland und den Niederlanden spiegeln die Regelmechanismen im allgemeinen klar definierte Ziele des öffentlichen Gesundheitswesens und der öffentlichen Sicherheit wider, welche von Politikern, technischen Experten und Vertretern von Interessengruppen gemeinsam festgelegt werden. Diese Ziele werden zu durchsetzbaren Standards, unabhängig davon, ob sie durch Untersuchungen bestätigt werden. Zuweilen sind diese Standards nicht nur eine technische Herausforderung, sie können auch wirtschaftliche Notlagen verursachen. Eben weil diese Sicherheitsstandards im Gesetz festgeschrieben sind, werden sie vom Verwaltungsapparat verteidigt und von Interessengruppen, deren Einfluß gesetzlich festgeschrieben ist, unterstützt.

In Großbritannien, Frankreich und vielen Ländern des Commonwealth, in denen die Rechts- und Verwaltungstradition Großbritanniens vorherrscht, baut die Regulierung von Risiken sehr viel mehr auf einem Ansatz der Selbstregulation auf. Die Rolle der Verwaltung ist es, einen großen Spielraum für die Erfüllung von Sicherheitsanforderungen aufzubauen, der auf Ermessensentscheidungen wie dem Einsatz der besten anwendbaren Mittel mit dem geringsten vertretbaren Aufwand beruht und dem Antragsteller ermöglicht, die passende Sicherheitsoption aus diesem Freiraum auszuwählen. Dies ist auf jeden Fall ein Ansatz, der stärker auf Verhandlungen basiert, bei denen Kontollorgan und Antragsteller sich in einem offenen Feld unterschiedlichster Möglichkeiten und Überzeugungen bewegen. Weil viele Vorschriften hier auf freiwilliger Basis geregelt sind, haben Umweltaktivisten und Verbraucherverbände hier weniger Gelegenheit, ministerielle Entscheidungen gerichtlich zu überwachen.

Vor einiger Zeit schien sich das alles zu ändern. Die Amerikaner und die Deutschen bevorzugten verstärkt einen Ansatz, der die Kommunikation in den Vordergrund rückte, wobei die Deutschen eine Vorliebe für Zusammenschlüsse haben, an denen Beschäftigte, Anteilseigner, Manager und Betroffene vor Ort beteiligt sind. Die Briten fingen an, eher lockere und zielorientierte Ansätze zum Umgang mit Risiken zu bevorzugen, wobei mehr Wert auf die Einhaltung der Formalitäten und der Distanz zwischen Kontrollorgan und Antragsteller als auf freundschaftliches Einvernehmen gelegt wurde. In jüngster Zeit scheint sich diese Tendenz wieder umgekehrt zu haben. Und das zu einem Zeitpunkt, in dem die Industrie beginnt, mehr Rücksicht auf Verbraucher und Umwelt zu nehmen, und die Kontrollorgane sowohl ein ökonomisches Steuersystem und handelbare Lizenzen entwickeln als auch eine aktivere Haltung bei Verhandlungen einnehmen.

Die Regulation von Risiken hängt von sozialen Veränderungen und althergebrachten Verhaltensweisen ab, mit denen vernünftiges Handeln sichergestellt werden soll. In dem Maß, in dem die Überprüfung auf ökologische Verträglichkeit im Management gebräuchlicher wird und immer mehr örtliche Verwaltungen die Agenda 21 umsetzen, in dem die Kontrollorgane für die öffentliche Meinung sensibilisiert sind und die Vertreter von Umwelt- und Verbraucherschutzorganisationen in die Prüfungsgremien eingebunden werden, wird die Bürgerbeteiligung bei der Regulation von Risiken eine vermittelnde Rolle spielen zwischen verschiedenen Interpretationen der Wichtigkeit von Sicherheitsmaßnahmen, der Fairneß und der technologischen Veränderung. Risikomanager werden verstärkt in der Lage sein müssen, soziale und politische Stimmungen zu erkennen und effektive interdisziplinäre Arbeit zu leisten.

Weiterführende Literatur

Der beste verfügbare Bericht über die im Wandel begriffene Welt des Risikomanagements wurde 1992 von der Royal Society Study Group unter dem Vorsitz von Sir Fred Warner verfaßt: Risk: analysis, perception and management (Royal Society, London). Einen guten Überblick über die grundlegenden sozialen Theorien bietet S. Krimsky und D. Golding (Hrsg.) (1992) Social theories of risk (Praeger, New York). Für eine genaue Analyse der Kulturtheorie: S. Rayner (1992) Cultural Theory and Risk Analysis, in Krimsky und Golding (1992), Seite 83–117. Über den Widerstand gegen technologische Entwicklungen: M. Schwartz und M. Thompson (Hrsg.) (1990) Divided we stand: redefining politics, technology and social choice (Harvester Wheatsheaf, Hemel Hempstead) und G. Piller (1991) The fail-safe society: community defiance and the end of American technological optimism (Basic Books, New York).

> Diese Welt ... ist kein statisches Gebilde, das von denkenden Ameisen bevölkert ist, die sie Stück für Stück entdecken, während sie darüber hinwegkrabbeln, ohne sie zu verändern. Sie ist ein dynamischer und vielgesichtiger Gegenstand, der die Aktivitäten seiner Erforscher beeinflußt und reflektiert. Sie war einst eine Welt voller Götter; dann wurde sie eine eintönige materielle Welt, und sie wird sich hoffentlich in eine friedfertigere Welt verwandeln, in der Materie und Leben, Gedanken und Gefühle, Innovation und Tradition zum Wohle aller zusammenwirken.

Dieser Gedanke des kalifornischen Philosophen Paul Feyerabend (1987, S. 89) gibt wieder, was viele Leute, die sich mit der Umwelt beschäftigen, hoffen und fühlen. In der Umweltliteratur gibt es zahlreiche ähnliche Formulierungen, aber wenige, die auch Vorschläge unterbreiten, wie diese «neue Welt» erreicht werden soll. In diesem Kapitel wird im kleinen Rahmen versucht, Einsicht in ein alternatives System zu geben, durch das die Umwelt im Kampf für Gerechtigkeit und Gleichheit besser gemanagt werden kann. Es beschreibt einen alternativen Rahmen zur Entscheidungsfindung, mit dessen Hilfe eine Umweltpolitik entwickelt werden kann, die den effektiven Gebrauch der Wissenschaft und Technologie zum Wohle der Mehrheit fördert.

16.1 Einführung: Der Begriff der Sicherheit

Meistens, aber nicht immer, wurde in der Entwicklung der modernen Gesellschaft die Förderung der Sicherheit als etwas Gutes betrachtet. Der Wunsch, Risiken zu vermindern, vor allem solche, die vom Menschen geschaffen werden, wie etwa die Atomkraft oder das Automobil, ist vielleicht Teil unseres unbewußten Wunsches, das Leben soweit wie möglich zu verlängern. Was immer die genaue Ursache ist, der Prozeß des Risikomanagements, und damit der Erhöhung der Sicherheit, beinhaltet einen Balanceakt zwischen den Kosten der Risikominderung und den Vorteilen, die aus der Verringerung des Risikos erwachsen. Dieses Kapitel untersucht das Konzept des Risikos sowie einige der Schlüsselprobleme, die mit dem Risikomanagement verbunden sind, unter anderem die technische Einschätzung, die Risikowahrnehmung und Verständigung darüber. Wie Kasten 16.1 zeigt, sind dies die grundlegenden Komponenten des Risikomanagements. In Kasten 16.2 folgen einige grundlegende Definitionen.

Die Idee des Managements impliziert irgendeine Form der Entscheidungsfindung, oft in einer Atmosphäre des Konflikts zwischen streitenden Parteien. Solche Konflikte können zum einen durch Stärke entschieden werden, wobei die stärkste Partei gewinnt, indem sie ihre Meinung durchsetzt und Proteste erstickt. In diesem Fall gibt es wenige oder keine Auseinandersetzungen oder Diskussionen über Alternativlösungen. Konflikte können aber auch durch den Gebrauch von Theorien gelöst werden, indem bestimmte Gruppen, beispielsweise Wissenschaftler, das Problem analysieren, Systeme entwickeln, die das Problem repräsentieren und Richtlinien für seine Lösung bereitstellen.

Dieser Ansatz war die Grundlage bei der Entwicklung der Umweltpolitik in Großbritannien, er hat jedoch eine Reihe von Nachteilen. Erstens wird angenommen, daß nur Wissenschaftler und technische Experten an der Debatte teilnehmen dürfen, und daß – selbst wenn sie keine Einigung erzielen können – eine von ihnen erreichte Übereinstimmung stets zum Wohle der Gesellschaft ist.

Zweitens gibt es viele Beispiele, in denen die Übernahme eines wissenschaftlichen Ansatzes auf Kosten der instinktiven Einschätzung von einzelnen und gesellschaftlichen Gruppen katastrophale Folgen für bestimmte Menschen oder Ökosysteme nach sich zog und zu unnötigem menschlichen Leid geführt hat. Beispiele dafür sind die Unfähigkeit, schwer abbaubare chlororganische Pestizide zu kontrollieren, die in den 60er Jahren zum Tod von Greifvögeln geführt haben, oder die verzögerte Herabsetzung der Zeiten, in denen Arbeiter Strahlung ausgesetzt waren, wodurch viele von ihnen erkrankt sind, oder die Verwendung von Chemikalien in der Landwirtschaft. In diesem letzten Fall ergab die toxikologische Bewertung durch das «Pesticide Advisory Council» (PAC) der britischen Regierung wiederholt, daß es auf Grund von Laborversuchen keinen wissenschaftlich begründeten Verdacht gäbe, daß diese Substanzen dem Menschen schaden, und das entgegen vielen Erfahrungsberichten der betroffenen Farmarbeiter.

Kasten 16.1 Der Risikomanagement-Zyklus

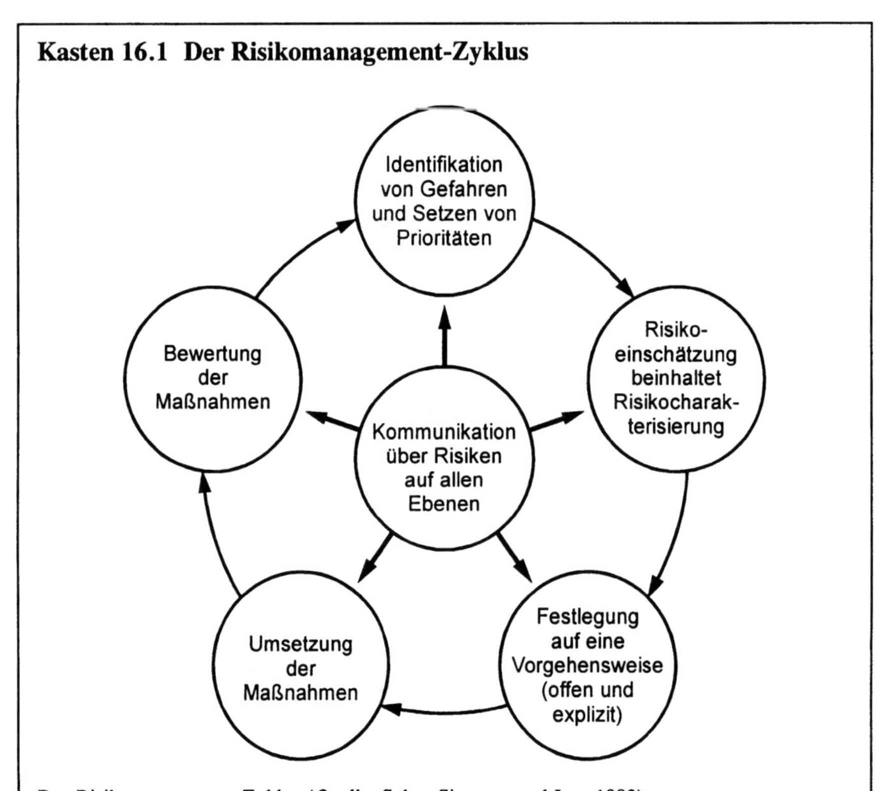

Der Risikomanagement-Zyklus (*Quelle:* Soby, Simpson und Ives 1993).

Dieses Diagramm zeigt die Grundkomponenten des Risikomanagements. Man beachte die Wichtigkeit der Kommunikation in alle Richtungen während jeder Phase sowie die Rückkopplungsschleife von der Überwachung der Maßnahmen zur Identifikation der Gefahrenquellen und Problemdefinition.

Schließlich wurde die PAC angesichts wachsender Opposition gezwungen, ihre ursprüngliche Aussage zu korrigieren und zuzugeben, daß die Pflanzenschutzmittel nur bei sachgemäßer Herstellung und sachgemäßem Gebrauch keinen Schaden verursachen (Wynne 1992). Diese scheinbar geringfügige Änderung der wissenschaftlichen Tatsachen ist insofern von Bedeutung, als sie die Konzepte des Managements und der praktischen Durchführung in die Sicherheitsdebatte einführt - zwei Punkte, von denen wir sehen werden, daß sie so wichtig sind wie die wissenschaftlichen und technischen Aspekte des Risikomanagements. In all diesen Fällen war entweder die wissenschaftliche Einschätzung fehlerhaft oder die weitergehenden Aspekte des Managements und der praktischen Durchführung waren nicht berücksichtigt worden. In zu vielen Fällen waren beide Fehler gemacht worden.

Eine alternative Methode zur Lösung von Konflikten ist der freie und offene Austausch der Ideen zwischen den betroffenen Parteien. Das heißt nicht, daß Konflikte zwischen den Parteien auf diese Weise vermieden werden. Dieser Ansatz nimmt jedoch zur Kenntnis, daß dort, wo Konflikte auftreten, eine positive Erfahrung darin bestehen könnte und sollte, Vorschläge in Lösungen umzusetzen. In dem Maße, in dem die Menschen begreifen, daß Wildwest-Methoden nicht das Allheilmittel sind, das sie zu sein vorgaben, beginnen sie zu verstehen, daß Entscheidungen über die Rolle der Wissenschaft im Prozeß der Entscheidungsfindung Entscheidungen darüber sind, wie wir leben, fühlen und denken möchten. Wenn das so ist, dann sollten Entscheidungen über den Umgang mit der Umwelt sich nicht allein auf wissenschaftliche Einschätzungen verlassen, sondern die ethischen und moralischen Überlegungen anderer Mitglieder der Gesellschaft einschließen. Dies kann nur geschehen, indem der Prozeß der Entscheidungsfindung geöffnet wird. Das Management von Umweltrisiken ist ein System, in dem das geschehen kann.

Kasten 16.2 Definition der Stufen des Risikomanagements

- *Identifikation von Gefahrenquellen*: feststellen, wo unter bestimmten Umständen Probleme entstehen können.
- *Risikoabschätzung*: vorhersagen, wie wahrscheinlich das Eintreten bestimmter Umstände ist.
- *Analyse der Konsequenzen*: auf Grund subjektiver Einschätzung die Bedeutung der Folgen eines Unfalls bewerten.
- *Bewertung von Risiken*: kombiniert die Risikoabschätzung und die Analyse der Konsequenzen.
- *Beurteilung von Risiken*: nach subjektiven Maßstäben das tolerierbare Maß an Risiko festlegen.
- *Vermindern von Risiken*: feststellen, wie man Risiken am besten vermeidet, sie auf ein tolerierbares Maß senkt und kontrolliert.
- *Überwachen von Risiken*: liefert Rückmeldungen über die Auswirkungen der Risikoverminderung.

Dieser Ansatz hat zwei Aspekte. Der erste umfaßt die aufrichtige Verständigung über Gefahren und die Toleranz gegenüber Gefahren. Der andere liefert einen vermittelnden Mechanismus, mit dem nach Gemeinsamkeiten zwischen den betroffenen Parteien gesucht werden kann. Vermittlung in Umweltfragen ist in Europa und Japan, wo es starke hierarchische Machtstrukturen gibt, nicht sehr gebräuchlich. In den USA und Kanada und in steigendem Maße auch in anderen Ländern werden jedoch solche Vermittlungsmodelle in Umweltfragen als wichtige Methode anerkannt, um einen Konsens zu erreichen (guter Überblick in Bingham 1986). Diese Vorgehensweise erfordert das Teilen von Macht zwischen verschiedenen Parteien und darum ein eher offenes, vertrauensvolles und pluralistisches Verhältnis zu Politik und Macht. Hier kann die Umweltwissenschaft in ihrer interdisziplinären Form zu ihrer Rolle finden, so wie es in der Einleitung dargestellt wurde (siehe v.a. die Kap. 5 und 6 im «Report on Risk» der Royal Society 1992 und Krimsky *et al.* 1992).

16.2 Das Konzept des Risikomanagements

Historisch gesehen beruhte das Management von Umweltrisiken auf technischen Bewertungen, die sowohl die Wahrscheinlichkeit eines bestimmten Ereignisses als auch die Schwere der daraus resultierenden Konsequenzen berechneten. Dies ist jedoch nur ein Teil des umfassenderen Prozesses des Risikomanagements. In letzter Zeit hat sich der Schwerpunkt von der technischen Bewertung auf die Berücksichtigung der Risikowahrnehmung verschoben. Dies ist zum Teil durch die Vermittlung von Informationen über Risiken bedingt, die im Rahmen der umfassenderen Entwicklungsprozesse in Richtung Umweltmanagement erstellt wurden und von der Öffentlichkeit toleriert werden.

Es gibt keine allgemein akzeptierten Definitionen von «Gefahr» und «Risiko». Infolgedessen bemerkt man in der Literatur über Risiken einige Verwirrung, da Begriffe wie *Gefahr*, *Risiko*, *Risikobewertung*, *Risikoberechnung* und *Risikoanalyse* auf verschiedene Weise interpretiert werden. Dies resultiert zum Teil aus dem noch relativ unentwickelten Zustand des Fachgebiets. Man könnte aber auch den Standpunkt vertreten, daß das Fehlen allgemeingültiger Definitionen für Risikobegriffe die Vielfalt der Situationen und politischen Systeme widerspiegelt, in denen Risikomanagement stattfindet. Die im folgenden beschriebenen Definitionen wurden aus der modernen westlichen Gesellschaft abgeleitet. Es wäre falsch anzunehmen, daß ähnliche Definitionen in anderen Kulturen gleichwertig verwendbar wären. Die Tatsache, daß andere nichtwestliche Gesellschaften die Umwelt und ihre Gefahren auf andere Weise managen, ist eines der Hauptmerkmale des Risikokonzepts: in der Tat liegt seine Stärke in seinem kulturellen Pluralismus. Man muß nur die mißlungenen Versuche der westlichen

Gesellschaften betrachten, anderen Kulturen bei der ökologischen und ökonomischen Entwicklung zu helfen, um festzustellen, daß unsere Art des Denkens nicht unbedingt auch andernorts ein Erfolgsrezept ist. Beispielsweise fördern westliche Tabakkonzerne aktiv das Rauchen in der Dritten Welt, da ihre Gewinnspannen in den gesundheitsbewußteren und gebildeteren postindustriellen Gesellschaften schwinden. Obwohl die Risiken des Rauchens inzwischen feststehen, sind sie dem potentiellen Konsumenten rund um den Erdball nicht unbedingt bekannt.

Die Wissenschaft hat die Notwendigkeit erkannt, Meinungsvielfalt zu erhalten. John Stuart Mill hat drei Gründe erkannt, warum dies ratsam ist (Feyerabend 1987). Erstens: eine bestimmte Ansicht zu leugnen, setzt Unfehlbarkeit voraus - eine zu jeder Zeit gefährliche Anmaßung. Zweitens: auch eine als falsch erachtete Ansicht kann immer noch eine Portion Wahrheit enthalten. Nur selten enthält eine Ansicht die ganze Wahrheit. Drittens: ein Standpunkt, der als vollständig wahr angesehen und nicht mehr angefochten wird, wird zu einem Vorurteil. Es ist wichtig, Ansichten gegeneinander abzuwägen, selbst wenn die ursprüngliche beibehalten wird, weil man die Bedeutung einer anderen Ansicht nicht nachvollziehen kann, wenn man sie nicht vergleicht. Wir werden sehen, daß dies grundlegende Gedanken für das Risikomanagement sind.

16.2.1 Gefahr und Risiko verstehen

Verwirrung stiftet oft die Unterscheidung zwischen «Gefahr» und «Risiko». Einfach ausgedrückt bezieht sich der Begriff *Gefahr* auf Eigenschaften einer Substanz oder Aktivitäten, die Schaden verursachen können. Diese Eigenschaften oder Aktivitäten können am besten als eine Reihe bestimmter Umstände beschrieben werden. Beispielsweise ist von einer Substanz wie Cyanid bekannt, daß sie gefährlich für die menschliche Gesundheit ist, wenn sie in den Körper gelangt. Wenn sie in einem Schrank verschlossen ist, ist das Gefahrenpotential zu vernachlässigen. Damit das Gefahrenpotential Wirklichkeit wird, müssen sich die Umstände ändern. Es muß beispielsweise einen Weg geben, auf dem das Cyanid aus dem Schrank gelangt und von einer Person eingenommen wird. Gefahr als eine Reihe bestimmter Umstände zu verstehen, egal ob sie einfach oder komplex sind, ist der Schlüssel, um Systeme zu entwickeln, die das Gefahrenpotential verringern und so die Sicherheit erhöhen.

Indem wir eine Reihe von Umständen definieren, können wir die Art und die Merkmale der Gefahr erkennen. Der nächste Schritt ist, sich zu fragen, wie wahrscheinlich es ist, daß diese Kombination von Umständen auftritt, so daß das Gefahrenpotential Realität wird. Manchmal, aber nicht immer, ist es möglich, jedem der Faktoren in der Menge der Umstände eine Wahrscheinlichkeit zuzuschreiben. In dem vorigen einfachen Beispiel würde das bedeuten, daß man die Wahrscheinlichkeit kennt, mit der das Cyanid aus dem Schrank gelangen und von einer Person aufgenommen werden kann.

Die meisten Definitionen von *Risiko* verwenden Ausdrücke wie *Wahrscheinlichkeit*, *Plausibilität* und *Zufall*, die von der Wahrscheinlichkeit handeln, mit der ein Ereignis eintritt. Dabei handelt es sich normalerweise um ein nachteiliges Ereignis - es ist nicht üblich, ein positives Ergebnis wie einen Lotteriegewinn oder ein bestandenes Examen als Risiko zu bezeichnen. *Risiko* bezeichnet also die Wahrscheinlichkeit, daß eine bestimmte Kette von Ereignissen mit bestimmten Konsequenzen und in einem bestimmten Zeitabschnitt eintritt. Dies wird normalerweise als Häufigkeit ausgedrückt: beispielsweise beträgt das Risiko, innerhalb eines Jahres vom Blitz erschlagen zu werden, 1 zu 10 Mio. Diese Zahl basiert auf der Zahl der Leute, die jedes Jahr vom Blitz erschlagen werden, dividiert durch die Gesamtbevölkerung. Es ist klar, daß diese statistische Wahrscheinlichkeit nur eine Schätzung ist und daß das Risiko für einige Leute, beispielsweise Golfspieler, größer ist als für andere. Traditionellerweise umfaßt der Zeitraum, für den man Risiken berechnet, ein Jahr, und das häufigste Ergebnis eines Risikos ist der Tod eines Menschen - eine andere Möglichkeit wären z.B. Schäden für die Umwelt.

Kasten 16.3 zeigt zwei gängige Methoden, wie man Gefahren erkennt und mit ihnen umgeht. Wenn aber schon die Definition einer Reihe von Umständen recht problematisch ist, so ist es die Abschätzung der Wahrscheinlichkeiten um so mehr. Zuerst stellt sich das Problem, ein Risiko so zu formulieren, daß man es

Kasten 16.3 Analyse eines Ereignis und Fehlerbaumes

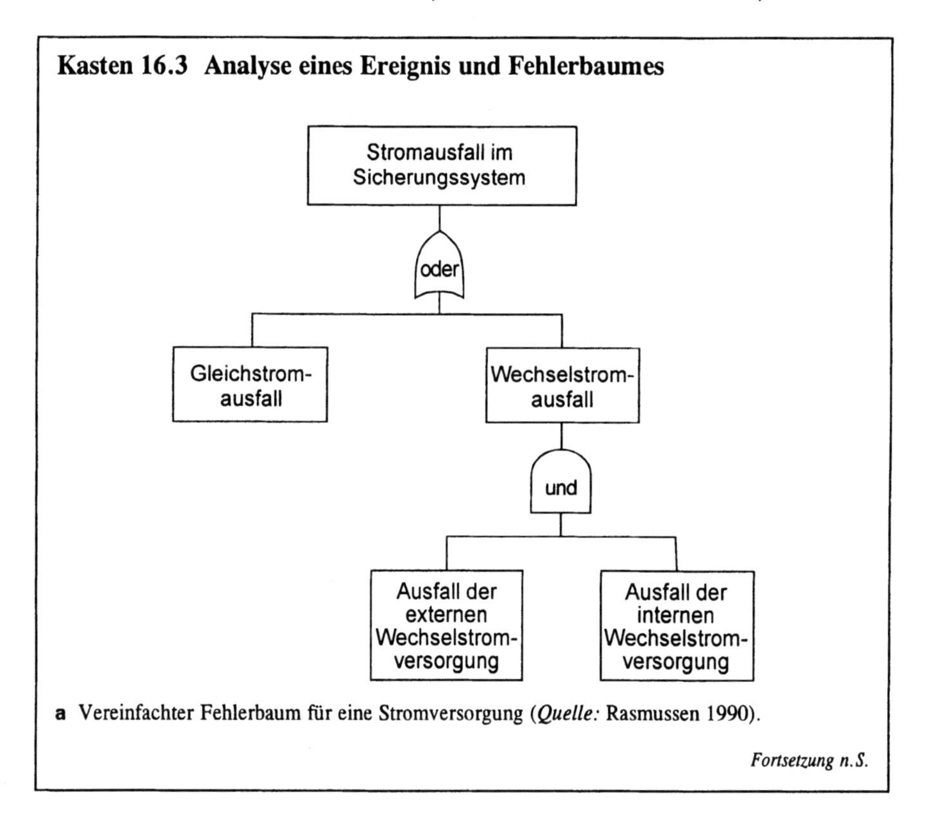

a Vereinfachter Fehlerbaum für eine Stromversorgung (*Quelle:* Rasmussen 1990).

Fortsetzung n.S.

Kasten 16.3 Fortsetzung

Logische Diagramme dieser Art werden in der technischen Fehleranalyse seit den 60er Jahren angewandt. Jede Form der Analyse versucht diejenigen Komponenten eines Systems zu identifizieren, die zu einem Schadensfall führen können. Ereignisbäume spezifizieren eine Reihe von möglichen Ergebnissen eines Schadens, wie beispielsweise den Bruch einer Pipeline. Jedes Ergebnis wird dann mit dem Hauptereignis über eine Kette von Ereignissen verbunden, die als Unfallkette bekannt ist. Die Wahrscheinlichkeit für jedes Glied dieser Kette kann geschätzt werden, ebenso kann die Gesamtwahrscheinlichkeit eines bestimmten Resultats, wie beispielsweise eines Funkens und einer darauffolgenden Explosion, berechnet werden, indem man die einzelnen Wahrscheinlichkeiten in der Kette multipliziert.

Fehlerbäume nutzen den umgekehrten Prozeß, sie beginnen mit dem ursprünglichen Ereignis. Dann wird eine Analyse «von oben nach unten» durchgeführt, bei der eine Folge von Entscheidungen oder «logischen Gattern» verwendet wird, welche die Beziehung zwischen den einzelnen Umständen in der Unfallkette bestimmen. Solche Entscheidungen legen fest, ob alle Umstände gleichzeitig auftreten müssen (UND-Gatter) oder ob das Eintreten einzelner Umstände ausreicht (ODER-Gatter).

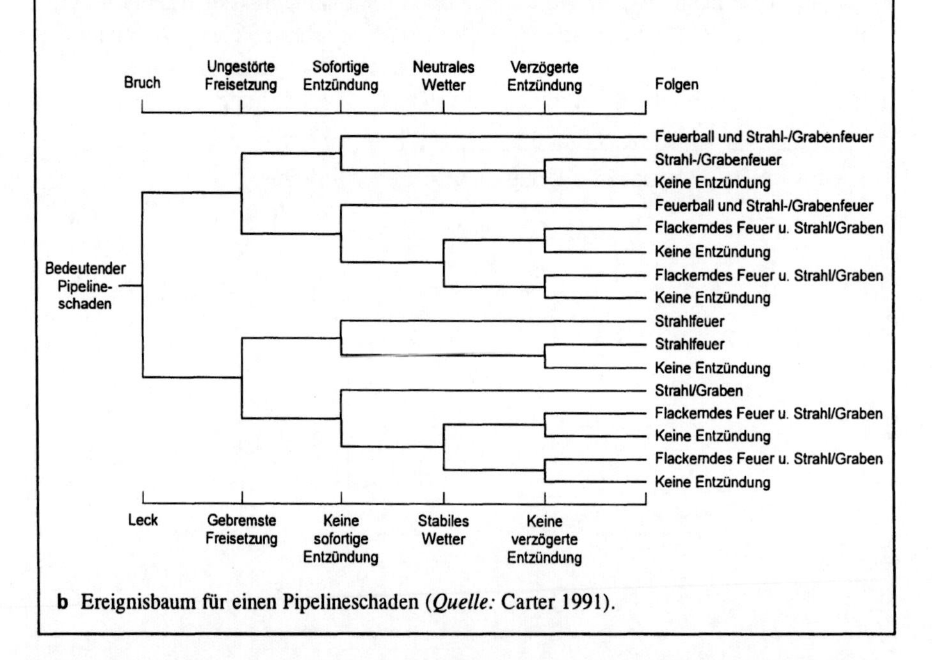

b Ereignisbaum für einen Pipelineschaden (*Quelle:* Carter 1991).

numerisch analysieren kann. Jede Formulierung muß mit der Notwendigkeit, das Problem verständlich zu halten, in Einklang gebracht werden, so daß die Mehrzahl der möglichen Folgen berücksichtigt wird. Zweitens ist es wichtig, Unsicherheiten innerhalb des Systems zu berücksichtigen. Diese können sich während der Analyse in einem Maße anhäufen, das die numerische Einschätzung der Wahrscheinlichkeit sinnlos macht. Drittens ist es wichtig, die Art der Wahrscheinlichkeitsdaten zu berücksichtigen, da die Kombination dieser Daten Vorsicht und Sorgfalt erfordert.

Kasten 16.4 FN-Kurven

Häufigkeits-Konsequenz-Graphen oder *FN*-Kurven (Häufigkeit der Ereignisse (*F*); Zahl der Betroffenen Personen (*N*)) werden oft verwendet, um Risiken verschiedener Tätigkeiten zu veranschaulichen und zu vergleichen. Wo die Konsequenzen eines Ereignisses über einen weiten Bereich variieren, ist dieser Ansatz besonders nützlich. Es gibt auch eine Reihe von Problemen mit *FN*-Kurven. Die Berechnung der Unglücksfolgen ist nicht immer einfach. Es ist beispielsweise schwierig, verzögerte Todesfälle zu berücksichtigen, die lange nach dem Ereignis auftreten. Wenn man nur *Todesfälle* berücksichtigt, übergeht man Schicksale, die schlimmer sind als der Tod.

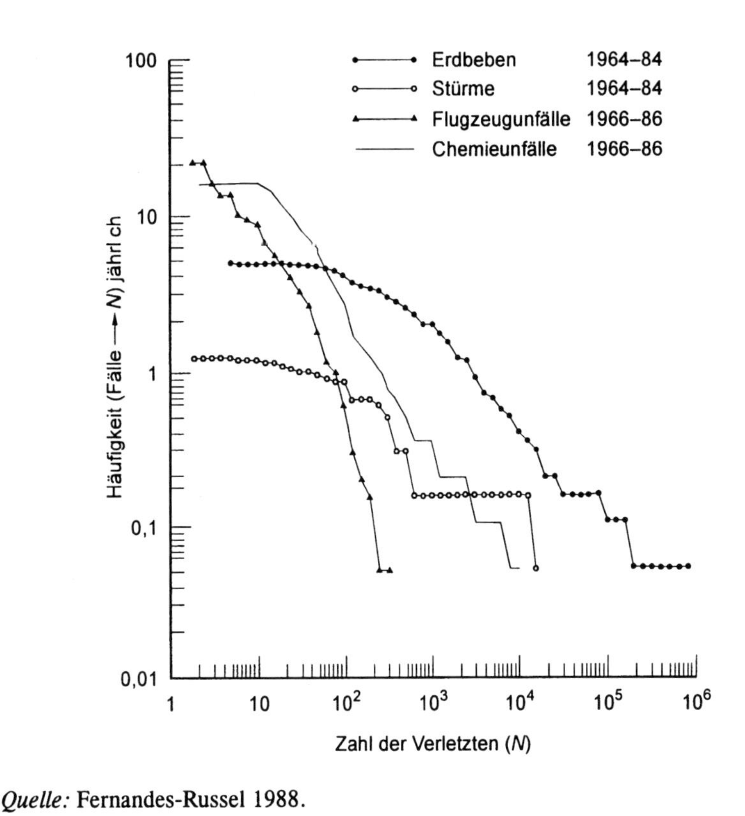

Quelle: Fernandes-Russel 1988.

Obwohl diese Definition des Risikos eine besondere Konsequenz impliziert – wie beispielsweise den Tod eines Menschen – wird eine Risikobewertung erst durchgeführt, wenn die Bedeutung der Konsequenzen unter dem Blickwinkel ihrer Kosten für die Gesellschaft relevant wird. Eine gebräuchliche Form der Risikobewertung ist also die Kombination der Schätzung einer Häufigkeit (eines Risikos) mit einer Form der Analyse der Konsequenzen, also einer Bewertung der Schwere der fraglichen Konsequenz. Dies können ein Todesfall oder Schäden für die Umwelt sein oder eine Einschränkung der Möglichkeiten zukünftiger Generationen bezüglich der Menge an fossiler Energie, die diese verbrauchen können. Dieser zweidimensionale Ansatz bezeichnet das, was viele Menschen in diesem Bereich unter *Risikobewertung* verstehen. Diese zwei Dimensionen können grafisch dargestellt werden, wie in Kasten 16.4 gezeigt wird.

Wenn man diese Definition erweitert, kann man Risikomanagement als eine Folge verknüpfter Komponenten sehen, mit der technischen Risikoabschätzung am Anfang, der Risikobewertung und der Entwicklung einer Antwort auf diese Bewertung. Wie die Kästen 16.1 und 16.2 zeigen, beinhaltet Risikomanagement wesentlich mehr als nur die zweidimensionale Einschätzung des Risikos nach Wahrscheinlichkeit und Konsequenzen. Es umfaßt auch wesentlich mehr Faktoren, wie die Wahrnehmung des Risikos in der Öffentlichkeit, die erheblich von jener der Experten abweichen kann, rechtliche Erwägungen, welche die Art der Vorschriften betreffen, und Kosten-Nutzen-Analysen für verschiedene Arten der Risikominderung. Diese Punkte werden weiter unten behandelt. Schließlich ist die Entwicklung der Umweltpolitik und der Prozeß der Entscheidungsfindung, aus dem diese Politik entsteht, vor die Herausforderung gestellt, eine große Vielfalt von Belangen zu berücksichtigen, die bestimmen, welches Maß an Risiko unter bestimmten Umständen tolerierbar ist. Dies umfaßt nicht nur die wissenschaftliche Beweisführung und die Einschätzung der Wahrscheinlichkeiten, sondern auch einen kulturellen Sinn für Fairneß gegenüber den Bürgern und der Wirtschaft, das Maß an Vertrauen in die Kontrollorgane und die zugrundeliegende Stimmung darüber, wieviel Manipulation unseres Lebens wir hinzunehmen bereit sind, wenn wir keine Möglichkeit haben, bestimmte Ereignisse zu vermeiden, wie z.B. die zusätzliche UV-Strahlung, die aus der Zerstörung der Ozonschicht resultiert.

16.2.2 Wie sicher ist sicher genug?

Die Frage, wie man ein hinreichendes Maß an Sicherheit erreicht, beschäftigt Risikoanalytiker und Entscheidungsträger intensiv. Eine akzeptable, oder genauer: tolerierbare Höhe des Risikos zu bestimmen, hat sich aus mehreren Gründen als schwierig erwiesen, nicht zuletzt, weil die Antwort nicht in der wissenschaftlichen und technischen Beurteilung liegt, sondern auf wirtschaftlichen, moralischen und ethischen Grundlagen beruht. Darum sind Entscheidungsträger wie Politiker gezwungen, ein viel breiteres Spektrum an sozialen Belangen zu berücksichtigen, um eine tolerierbare Höhe des Risikos zu erreichen. Die einfache Tatsache, daß verschiedene Gruppen in unserer demokratischen Gesellschaft sehr verschiedene Definitionen des Begriffs *tolerierbar* haben, zeigt, wie schwierig diese Aufgabe ist. Entscheidungsträger sind oft beschuldigt worden, daß sie versuchen, Kritik zu vermeiden, indem sie verbergen, wie Entscheidungen getroffen werden. Dies hat in der Öffentlichkeit zu wachsender Unruhe über die Fairneß des Risikomanagements geführt, besonders in Situationen, in denen eine lokale Öffentlichkeit die Hauptlast der Risiken einer Aktivität tragen soll, deren Vorteile weiträumig zur Geltung kommen. Beispiele hierfür sind die Lagerung radioaktiver Abfälle und die Müllverbrennung, aber auch die Trassenführung von Hochspannungsleitungen ist ein solcher Streitpunkt. Die ungleiche Verteilung der Risiken und Vorteile ist ein Merkmal des modernen Risikomanagements, das dringender Aufmerksamkeit bedarf, bis zu dem Punkt, an dem sich die Frage stellt: Wie fair ist fair genug?

Es ist klar, daß es eine große Zahl verschiedenartiger Risiken gibt, die berücksichtigt werden müssen. Mit einigen Risiken gehen wir täglich unbewußt um - wenn wir die Straße überqueren, etwas essen oder unseren Hobbys nachgehen. Andere, die sogenannten gesellschaftlichen Risiken, werden in ihren Auswirkungen auf die ganze Gesellschaft berechnet. Auf die letzteren konzentriert sich dieses Kapitel. Zuerst jedoch wollen wir kurz betrachten, wie individuelle Risiken eingeschätzt werden. Warum unternehmen die einen gefährliche Dinge und suchen ein relativ hohes Maß an Risiko, während die anderen weitgehend darauf bedacht sind, Risiken zu vermeiden? Offensichtlich verfügen wir als Individuen über ein bestimmtes Maß an Risikobereitschaft, bei dem wir uns wohlfühlen. Wenn also jemand unsere Aktivitäten für uns sicherer macht, könnten wir versuchen, sie auf eine gefährlichere Art und Weise durchzuführen, um so unser persönliches Maß an Risikotoleranz wieder «auszureizen». Ein Beispiel dafür bietet das Fahrverhalten der Autofahrer. Die Einführung von Sicherheitsgurten war eine Sicherheitsmaßnahme, mit der die Zahl der Toten bei Autounfällen verringert werden sollte. Das britische Verkehrsministerium wog die Kosten der Einführung von Sicherheitsgurten gegen einen angenommenen Wert der Leben auf, die durch Sicherheitsgurte gerettet würden, und kam zu dem Schluß, daß es kosteneffektiv wäre, von allen Autoherstellern zu verlangen, neue Autos mit Sicherheitsgurten auszustatten, und von Fahrern und Beifahrern zu verlangen, diese zu benutzen. Das Gesamtergebnis erbrachte eine Verringerung der Todesfälle bei Fahrern und Beifahrern. Es ist jedoch darauf hingewiesen worden, daß eine Nebenwirkung dieser Verringerung eine Veränderung in der Fahrweise einiger Verkehrsteilnehmer war. Nicht nur, daß einige Menschen schneller fahren, wenn sie einen Sicherheitsgurt tragen, sondern sie beschleunigen und bremsen auch schärfer, um das von ihnen wahrgenommene höhere Maß an Sicherheit zu kompensieren. Das mag hinnehmbar sein für diejenigen, die in einem Auto sitzen, aber für Radfahrer und Fußgänger ergibt sich eine Erhöhung des Gesamtrisikos. Diese Beispiel veranschaulicht die Komplexität des Risikomanagements, besonders wenn es um den Transfer von Risiken von einer Gruppe auf eine andere geht.

16.2.3 Bewertung von Risiken

Es gibt eine Reihe von Wegen, Risiken zu bewerten. Im obigen Beispiel war die Methode, welche die Regierung verwendete, eine einfache Kosten-Nutzen-Analyse auf Grundlage der Wirtschaftlichkeit der Maßnahmen. Es gibt jedoch auch andere Methoden, die z.B. in Kasten 16.5 gezeigt werden.

Kasten 16.5 Methoden zur Bewertung von Risiken

- *Kosten-Nutzen-Analyse des Risikos*: basiert auf der Wirtschaftlichkeit der Einführung bestimmter Maßnahmen zur Risikominderung.
- *Der Multi-Attribut-Ansatz*: verwendet die «multi-attribute utility theory» (MAUT), die verschiedene Faktoren unabhängig voneinander bewertet und diese Bewertungen zu einer Gesamtbeurteilung kombiniert.
- *Erwiesene Präferenzen*: verwendet die Toleranz gegenüber momentanen Risiken als Basis für die Einführung neuer Risiken, unter der Voraussetzung, daß der Nutzen ähnlich ist. Diese Methode nimmt an, daß der Grad, bis zu dem sich die Menschen einer Gefahr aussetzen, ihre Bereitschaft enthüllt, das zugehörige Risiko zu tragen. Diese Technik basiert auf aktuellen Beobachtungen des Verhaltens der Betroffenen.
- *Ausgedrückte Präferenzen*: ist eine direktere Methode zur Messung des Risikos, bei der Menschen befragt werden, welches Maß an Sicherheit und Gefahr sie für gewisse Klassen von Gefährdungen bereit sind zu akzeptieren. Dies kann statistisch erreicht werden oder durch Vergleiche, indem man beispielsweise bestimmt, wie gefährlich eine Bedrohung im Vergleich mit einer anderen Bedrohung sein darf. Die Schwierigkeit besteht hier darin, vergleichbare Gefahrenquellen auszuwählen. Man kann Risiken, denen man unfreiwillig ausgesetzt ist, wie der Atomenergie, nicht mit Risiken vergleichen, denen man sich freiwillig aussetzt, wie dem Rauchen. Diese Methode setzt auch voraus, daß die Menschen gut informiert sind. Sie liefert jedoch nur einen Ausschnitt aus einer Menge von Präferenzen zu einem bestimmten Moment.
- *De minimis* (wörtlich: *so wenig wie möglich*): Dieses Prinzip geht davon aus, daß einige Risiken zu trivial sind, um sich überhaupt damit zu beschäftigen bzw. daß das Maß an Sicherheit schon so hoch wie möglich ist. Es wird versucht, Grenzwerte festzulegen, unterhalb derer Risiken als akzeptabel betrachtet werden. Dies hat den Nachteil, daß ein gewisses Maß an Risiko für «natürlich» und «normal», ja sogar für moralisch vertretbar gehalten wird. Das wird je nach Ermessen in Worte gefaßt, d.h. daß sich das Urteil der Kontrollorgane – etwa darüber, welches Maß an Sicherheit tolerierbar ist – auf den Grad der technischen Entwicklung, die wirtschaftlichen Umstände desjenigen, der das Risiko erzeugt, und die erwartete Reaktion der Öffentlichkeit stützt.

Es ist naheliegend, die technische Einschätzung von Risiken als irgendwie objektiv und rational einzuschätzen, während eine weitergehende Betrachtung der Tolerierbarkeit von Risiken voller Werturteile, interner und externer Verzerrungen zu sein scheint. In der Realität ist jede Komponente des Risikomanagements Werturteilen, Verzerrungen und Unsicherheiten ausgesetzt. Risikomanagement ist zwar ein sehr nützliches Vorgehen, aber es ist keine exakte Wissenschaft, sondern eher eine besonders hochentwickelte Kunstform. Einige Komponenten des Risikomanagements befinden sich noch im Entwicklungsstadium, obwohl der Weg von der Identifikation der Gefahrenquellen über die technische Einschätzung der Risiken bis zu ihrer Bewertung, Verminderung und Überwachung eine im großen und ganzen sequentielle Struktur mit Rückkopplungen auf sich selbst aufweist.

Alle Methoden der Risikoeinschätzung und Risikobewertung werden durch dürftige oder unsichere Annahmen beeinträchtigt. Offene und ehrliche wissenschaftliche Auseinandersetzung ist daher ein wesentlicher Teil des Prozesses der Entwicklung von Strategien zum Umgang mit Risiken. Befürworter sehen diese Prozesse als rationale wissenschaftliche Werkzeuge, die akkurate Bewertung und effektives Management erlauben, während Gegner sie als extrem unausgewogen und mangelhaft betrachten. Wie auch immer, die Darstellung der Risikobewertung und -einschätzung als wissenschaftlich ist nicht nur vorteilhaft. Selbst wenn die Bewertung und Einschätzung von Risiken auf irgendeine wundersame Weise objektiv wären, sie wären nicht in der Lage, die Fragen zu beantworten: Wie sicher ist sicher genug? Oder: Welches Maß an Risiko ist tolerierbar?

16.2.4 Risiko und Tolerierbarkeit

Der Begriff der «Tolerierbarkeit von Risiken» im Gegensatz zur Akzeptabilität von Risiken stammt aus der lang andauernden Sizewell-Untersuchung, die zwischen 1983 und 1986 im Rahmen des Genehmigungsverfahrens für einen neuen Atomreaktor in East Anglia (Großbritannien) abgehalten wurde. Der Prüfer Sir Frank Layfield prägte diesen Ausdruck, weil er die Idee genauer vermittelte, daß die Menschen Risiken nicht nur nach ihren Kosten, sondern auch nach ihrem Nutzen beurteilen (O'Riordan *et al.* 1987). Er argumentierte, wenn man der Meinung wäre, daß die Vorteile aus einem bestimmten Risiko den Kosten die Waage halten würden, man das Risiko zwar tolerieren, aber nicht voll akzeptieren würde. Während die wissenschaftliche und technische Bewertung ein besseres Verständnis der Art des Risikos liefert, ist die Frage, ob solche Risiken tolerierbar sind, Gegenstand einer weitergehenden Debatte. Diese Debatte sollte ihre Argumente nicht nur von Wissenschaftlern beziehen, sondern nicht zuletzt von der Öffentlichkeit selbst. Es ist klar, daß die Meinungen voneinander abweichen werden. Wichtig ist jedoch, daß ungeachtet der vielen und unterschiedlichen Philosophien und Weltsichten, die diese Wahrnehmungen stützen, jede ihre Berechtigung hat. Eine offene Debatte zu ermöglichen, in der die verschiedenen Meinungen nicht nur toleriert, sondern willkommen sind, ist die Herausforderung, der sich das Risikomanagement heutzutage stellen muß.

Grundlage des Begriffs der Tolerierbarkeit sind zwei fundamentale Prinzipien. Das erste besteht darin, sicherzustellen, daß die Sprache der Kommunikation dient und nicht zum Mittel der Machtausübung wird. Das zweite bezieht sich auf gegenseitiges Vertrauen. Die Verfahren, in denen über Risiken debattiert wird, müssen auf wechselseitigen Respekt für die jeweiligen Positionen der betroffenen Parteien basieren. Dies wiederum impliziert die Anwendung einiger der Vorsichtsmaßnahmen, die in Kap. 1 vorgestellt wurden – insbesondere, Raum für Irrtümer zu lassen; sicherzustellen, daß derjenige, der das Risiko erzeugt, nachweisen muß, daß kein unverhältnismäßiger Schaden auftreten wird; und den Ausgleich für den Fall vorzusehen, daß unvorhersehbare Umstände eintreten.

Kasten 16.6 Das ALARP-Prinzip

ALARP («as low as reasonably practicable» = «so niedrig wie vernünftigerweise möglich») ist ein Prinzip, das aus der britischen Art der Festlegung von Sicherheit entstanden ist. Die Verpflichtung zur Erhaltung der Sicherheit liegt beim Verursacher des Risikos, der den Inspektor überzeugen muß, daß beim Management der industriellen Aktivitäten das ALARP-Prinzip befolgt wurde; daß die Sicherheit überwacht wird; daß die Vorkehrungen für einen Unfall angemessen und für die unmittelbare Umgebung verständlich sind. Schließlich beruht ALARP auf einem einfachen Kosten-Nutzen-Vergleich. Selbst für Privatunternehmen kann der Nutzen einer bestimmten Technologie oder eines Managementansatzes nur ein Zehntel der Kosten ausmachen. Trotzdem kann die Verwendung dieses Schemas auf der Basis von Toleranz und Vorsicht durchgesetzt werden.

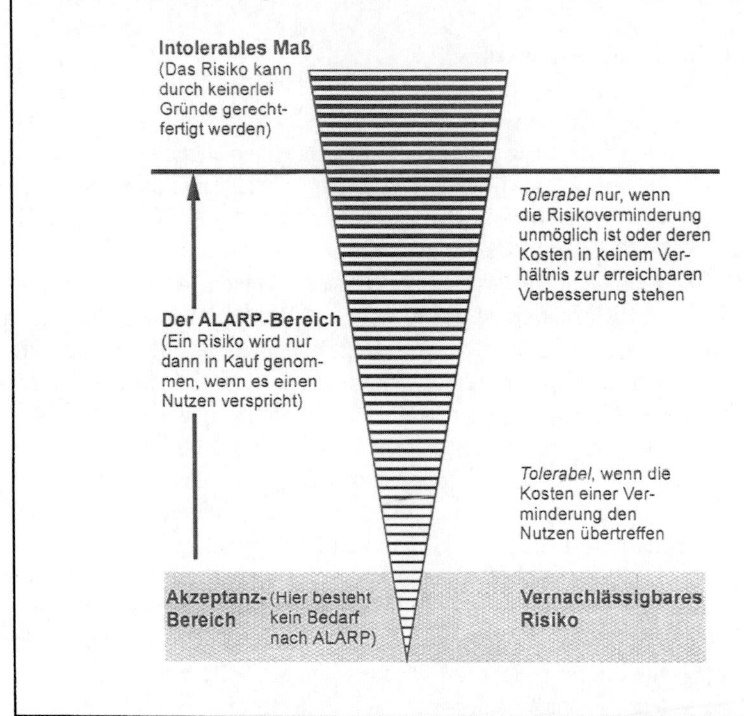

16.2.5 Risikoregulierung und das ALARP-Prinzip

In Großbritannien ist die treibende Kraft hinter der Risikobewertung und dem Risikomanagement das ALARP-Prinzip. Dieses Prinzip versucht, Risiken soweit zu vermindern, wie es mit vernünftigen Mitteln möglich ist. Da ein Nullrisiko unerreichbar ist, bestimmt dieses Prinzip, daß Risiken nur dann reduziert werden sollten, wenn sie entweder vollkommen intolerabel sind oder wenn das Risiko zu vernünftigen Kosten reduziert werden kann. Kasten 16.6 illustriert die grundlegenden Konzepte von ALARP. Es gibt drei Bereiche: Im oberen Bereich des Diagramms wird das Risiko als komplett intolerabel betrachtet und muß reduziert werden, egal was es kostet, oder die entsprechende Aktivität muß beendet werden. Unten im Diagramm werden die Risiken als vernachlässigbar betrachtet; es ist keine Reduktion nötig. Der mittlere Bereich, das ALARP-Gebiet, repräsentiert Risiken, die vermindert werden sollten, wenn die Kosten dafür im Verhältnis zur betroffenen Aktivität vernünftig sind. Das ALARP-Prinzip ist als ein sich selbst verschärfender Mechanismus zur Risikoverminderung konzipiert, so daß mit der Einführung neuer Techniken und neuer Kontrollsysteme für Verschmutzung die industriellen Risiken schrittweise reduziert werden. Dies ist ein klassisches Beispiel für die Vorgehensweise Großbritanniens beim Sicherheitsmanagement. Das Ziel ist, die Last der Sicherheitskontrollen dem Betreiber aufzubürden, der die Einhaltung des ALARP-Prinzips für jede Anlage und jeden Herstellungsprozeß nachweisen muß. Derjenige, der die Sicherheit kontrolliert, wird nur eine Betriebserlaubnis ausstellen, wenn die obengenannten Bedingungen für die Tolerierbarkeit erfüllt sind. Zusätzlich gibt es eine ungefähre Richtlinie für die Berechnung des Nutzens von Risiken. Wenn das Risiko lokal begrenzt ist, sollte das Verhältnis von Nutzen zu Kosten im allgemeinen ungefähr 1 zu 3 sein. Wenn das Eintreten des Risikofalles jedoch potentiell eine Katastrophe bedeutet, kann das Verhältnis zwischen Nutzen und Kosten leicht auf 1 zu 1000 steigen, wie es bei der Lagerung radioaktiver Abfälle der Fall ist (siehe auch das vorige Kapitel über Studien zur Luftverschmutzung und öffentlichen Gesundheit).

16.2.6 Der Vergleich von Umweltrisiken: Äpfel mit Birnen vergleichen

Ein offensichtliches Problem stellt sich beim Vergleich des relativen Nutzens verschiedener und machmal konkurrierender Strategien des Risikomanagements ein. Wie kann man sinnvoll zwischen verschiedenen Alternativen vergleichen, die nicht leicht vergleichbar sind? Wenn wir mit der Wahl zwischen verschiedenen Ausmaßen und verschiedenen Arten der Luftverschmutzung konfrontiert sind, welche sollen wir wählen, und - entscheidender noch - wie können wir unsere Entscheidung rechtfertigen? Dieses Problem ist unter Risikoanalytikern wohlbekannt und findet seinen Weg zunehmend auch zu Politikern, speziell denen, die auf der Suche nach der besten BPEO («best practicable environment option» = beste anwendbare Option für die Umwelt) (siehe Kasten 16.7) oder der besten BATNEEC («best available technique not entailing excessive costs» = beste verfügbare Technik ohne exzessive Kosten) sind.

Ein entscheidender Punkt im effektiven Vergleich von Risiken findet sich gleich am Anfang des eigentlichen Prozesses der Risikobewertung - die erheblichen Unsicherheiten, die damit verbunden sind, Schätzungen der Wahrscheinlichkeit für gewisse Ereignisse aufzustellen. Es ist möglich, fünf verschiedene Ebenen zu identifizieren, auf denen Informationen für die Bewertung und den Vergleich von Risiken verfügbar sind. Diese Punkte sind in den Kästen 16.8 und 16.9 hervorgehoben und wurden auch in der Einleitung angesprochen, da sie ein wichtiger Teil der angewandten Wissenschaft der Gegenwart sind.

1. Es existieren brauchbare statistische Hinweise, entweder aus historischen Aufzeichnungen oder aus Laboruntersuchungen.
2. Direkte statistische Hinweise sind nicht für den ganzen Prozeß, sondern nur für einzelne Komponenten verfügbar. Deshalb kann der ganze Prozeß unter Verwendung von Fehler- oder Ereignisbäumen zerlegt und die Wahrscheinlichkeit für den gesamten Prozeß berechnet werden.
3. Es gibt keine brauchbaren Daten für diesen, aber für einen ähnlichen Prozeß. Diese können entweder direkt oder indirekt angepaßt oder erweitert werden.
4. Es gibt kaum oder keine Hinweise, aber es ist möglich, die Meinung eines Experten heranzuziehen, der ein gewichtiges subjektives Urteil abgibt.
5. Es gibt kaum oder keine Hinweise, und auch die Experten haben Probleme, zuverlässige oder miteinander vergleichbare Urteile abzugeben.

Kasten 16.7 Die beste anwendbare Option für die Umwelt

Eine größere Schwierigkeit beim modernen Risikomanagement ist es, Übereinstimmung über Auswirkungen zu erzielen, die nicht leicht zu vergleichen sind. Als Beispiel kann man die Entscheidung heranziehen, ob Giftmüll in einer Deponie abgelagert oder auf offener See verbrannt werden soll. Ein Gesichtspunkt ist der Transport des Mülls, ob zur Deponie oder zum Hafen. Dabei gibt es verschiedene Routen, die durch verschiedene Gemeinden mit verschiedenen sozialen Gruppen führen. Wenn der Müll einmal am Ziel angekommen ist, gibt es das Problem der Lecks in Deponien, die den Boden und das Oberflächenwasser verseuchen, und die Möglichkeit, daß Emissionen aus der Verbrennung in der Nahrungskette angereichert werden. Wie vergleicht man beides? Im weitesten Sinne ist BPEO eine Technik, welche die beste wissenschaftliche und ethische Abwägung ermöglicht, indem bestimmte Gruppen nach ihrem Urteil gefragt werden und dies mit den relativen Kosten in Zusammenhang gebracht wird. In einer weiterentwickelten Form versuchen *Multi-Attribut-Techniken* dies für komplexe Umweltentscheidungen zu erreichen.

Zu oft sind diejenigen, die Risiken beurteilen, auf Daten aus subjektiven Quellen angewiesen. Meistens können Beurteilungen nicht auf Schätzungen der Wahrscheinlichkeit, sondern müssen auf Meinungen aufgebaut werden. Es bleibt zu hoffen, daß die Bewertungen von Risiken mit dem Anwachsen der Datenbanken und dem besseren Verständnis für diese Prozesse zuverlässiger werden. Bis dahin sind wir auf eine Bewertung der möglichen Gefahren, die mit einer Aktivität verbunden sind, angewiesen. Die Umstände zu identifizieren, die der Grund für Probleme sein können, ist ein notwendiger Teil der Risikobewertung, aber Risikomanager sollten sich im klaren darüber sein, daß das, was oft Risikobewertung genannt wird, in Wirklichkeit nichts anderes ist als eine Übung in der Identifikation von Gefahrenquellen.

Kasten 16.8 Unzureichende Daten: Leukämie in Seascale

Seascale ist eine Gemeinde in der Nähe der Wiederaufbereitungsanlage Sellafield in Cumbria, Nordengland. Es wurde seit längerer Zeit festgestellt, daß die Zahl der an Leukämie erkrankten Kinder größer ist, als für eine «typische» Stadt dieser Größe zu erwarten wäre. Das hat zu Spekulationen geführt, daß Anhäufungen von Leukämiefällen mit Atomanlagen in Zusammenhang stehen und ein besonderes Risiko für Kinder besteht, die lange Zeit niedriger radioaktiver Strahlung ausgesetzt sind. Die Debatte dreht sich darum, ob es solche Häufungen wirklich gibt oder ob sie nicht das Ergebnis statistischer Spielereien sind. Zudem gibt es eine Auseinandersetzung über die Gründe für Leukämie. Es kann auch sein, daß sie überhaupt nicht durch Radioaktivität hervorgerufen wird, sondern daß der Grund in der Schädigung des Immunsystems der Kinder durch andere Ursachen liegt. Dies könnte zu einer Anfälligkeit für Mutationen führen, die zu Leukämie führen. Eine neuere Studie zeigt, daß Kinder von Arbeitern, die vor der Geburt ihrer Kinder der Strahlung der Anlage ausgesetzt waren, keine höhere Leukämiewahrscheinlichkeit aufweisen als Kinder, die geboren wurden, bevor die Eltern nach Seascale zogen. Dies widerlegt die Theorie, daß Leukämie von einem der Strahlung ausgesetzten Vater an das Kind weitergegeben wird und stützt die These der Störung des Immunsystems. Letzten Endes sind die Daten einfach nicht gut genug, um den wissenschaftlichen Nachweis der Ursachen zu ermöglichen. Darum muß man sehr vorsichtig gegenüber den Ansprüchen der Statistik und der Wissenschaft als Basis für die Bestimmung der Tolerierbarkeit von Risiken sein.

Wo die Einschätzung von Risiken möglich ist, sollten die Risikomanager sich darüber klar werden, daß ein sinnvoller Vergleich von Risiken mehr beinhaltet als die akkurate, aber isolierte Abschätzung aller Optionen. Bei dem gegebenen Maß an wissenschaftlichen und technischen Unsicherheiten, die es bei der Entwicklung der Umweltpolitik gibt, erscheint es angemessen, über eine Öffnung des Entscheidungsprozesses für ein weiteres Publikum nachzudenken. Auf jeden Fall sollten diejenigen, die für die vergleichende Berechnung von Risiken zuständig sind, folgendes wissen:

- Vergleiche sollten so viele Optionen wie möglich umfassen. Es ist leichter, Optionen wieder auszuschließen, nachdem man sie berücksichtigt hat, als während der Bewertung noch weitere Optionen hinzuzunehmen.
- Vergleichende Bewertungen müssen geographische und technische Parameter enthalten – eine Lösung, die an einem Ort in Ordnung ist, kann anderswo fehl am Platz sein.
- Unzureichende Daten können die ausgiebige Verwendung vorsichtiger Annahmen nötig machen, bei der Einschätzung von Auswirkungen auf die Umwelt sollte man übervorsichtig sein.
- Werturteile, die einer Bewertungstechnik inhärent sind, sollten als solche gekennzeichnet werden, um Fehlinterpretationen vorzubeugen.

16.3 Management von Umweltrisiken: Die vorherrschenden Philosophien

Die Regulation von Umweltrisiken kann in direkter Form erfolgen, wie bei der Durchsetzung technischer Standards, oder indirekt, wie die Richtlinien über den Umgang mit Abfällen, die vom *Royal Inspectorate of Pollution* veröffentlicht werden und beim Umweltministerium erhältlich sind. Andere Ansätze zur Regulation von Risiken umfassen die freiwillige Einwilligung in die «best practice», Prämien für das Ersetzen von Gefahrenquellen und wirtschaftliche Strafen oder Strafsteuern. Turner und seine Kollegen (1991) vertraten den Standpunkt, daß Umweltpolitik in den 90er Jahren auf einem Gleichgewicht zwischen der fragmentarischen, stückweisen und praktischen Entscheidungsfindung und einem mehr integrierten, umfassenden Ansatz basiert. Der graduelle Übergang zu letzterem wird notwendigerweise zu einer größeren Aufmerksamkeit für die analytischen Ressourcen und zu einem besseren Verständnis für die Potentiale, Beschränkungen und institutionellen Anforderungen alternativer Konzepte für solche integrierten Systeme führen. Turner und seine Kollegen kommen zu dem Schluß, daß eine Vorgehensweise, die entweder auf einer BAT («best available technique» = beste verfügbare Technik) oder auf einem Vergleich von Beurteilungen wie BPEO beruht, den Blick zu sehr auf technische Lösungen lenkt anstatt auf Methoden zur Ausschaltung gefährlicher und schwer zu bearbeitender Substanzen durch Änderungen am Produktionsprozeß. In der Tat wurde für eine gewisse Zeit BAT eher für technologische Anwendungen herangezogen als die umfassenderen Verfahrensweisen, die Management und Vorgehensweise wie auch die angewendete Technik berücksichtigen. Beispielsweise verursachen manche industrielle Lösungsmittel unmerkliche Luftverschmutzung in Form von Ozon und mikrotoxischen Aerosolen. Der Umstieg auf wasserbasierte Lösungsmittel hat dazu beigetragen, die Emissionen flüchtiger organischer Verbindungen zu senken, aber es bleibt noch viel zu tun.

Es gibt einige sehr wichtige geographische und technische Beschränkungen bei einem eindimensionalen Ansatz zur Regulierung. Die Lagerung von Klärschlamm hat beispielsweise offensichtlich eine geographische Dimension. In ländlichen Gebieten, wo solche Schlämme eventuell nicht mit Schadstoffen belastet sind, könnte eine BPEO-Studie ergeben, daß man diese Schlämme zur Düngung von Feldern oder Wäldern verwenden könnte. Eine andere Strategie ergibt sich für Klärschlämme aus städtischen Industriegebieten, bei denen eine BPEO-Studie als günstigste Möglichkeit die Verbrennung vorsehen könnte, zumal dabei noch Energie gewonnen werden kann.

Die letzte Philosophie – das Vorsorgeprinzip – verschärft dieses Dilemma noch – zumindest auf kurze Sicht. Der Grundgedanke des Vorsorgeprinzips (und wie bei Gefahr und Risiko gibt es viele Interpretationen) ist es, die Beweislast auf den potentiellen Verursacher der Verschmutzung zu übertragen und in Fällen, wo es größere Unsicherheiten gibt, im Zweifel für die Umwelt zu entscheiden. Diese Punkte wurden in Kap. 1 ausführlicher zur Sprache gebracht. Die Auswirkungen der weitverbreiteten Anwendung des Vorsorgeprinzips geben Grund zur Besorgnis, wenn man die extremen Unsicherheiten betrachtet, was die Auswirkungen alternativer Methoden des Umgangs mit Abfällen auf die Umwelt angeht. Obwohl es richtig ist, daß das Vorsorgeprinzip auf lange Sicht zum Ziel hat, die Produktion, die Verwendung, den Umgang und die Beseitigung von Stoffen einzustellen, die nicht auf eine umweltverträgliche Art und Weise gehandhabt werden können, kann man auch den Standpunkt vertreten, daß Entscheidungen, die vorwiegend auf politischen, ökonomischen und moralischen Gründen beruhen, andere Auswirkungen haben als solche, die auf wissenschaftlichen Daten basieren. Erstens wird die nach dem Vorsorgeprinzip getroffene Entscheidung, eine bestimmte Aktivität zu beenden, die wissenschaftliche Erforschung dieser Aktivität einschränken und die Entwicklung eines besseren Verständnisses ihrer ökologischen Auswirkungen behindern. Zweitens gibt es keine Garantie dafür, daß die getroffene Entscheidung umgekehrt wird, selbst wenn wissenschaftliche Erkenntnisse die grundsätzlichen Annahmen der getroffenen Entscheidung widerlegen. Politische Entscheidungen zu ändern, ist in vielen Fällen mit einem Vertrauensverlust verbunden, der sehr nachteilige Folgen haben kann.

16.3.1 Vorsorge, Abfall und saubere Technologien

Die Förderung sauberer Technologien als Antwort auf das Müllproblem der Industrieländer sollte das Potential für den Transfer von ökologischen Risiken reflektieren. Obwohl es mehrere Möglichkeiten dafür gibt, wie z.B. die Beseitigung aller Schadstoffe am Ende des Produktionsprozesses aussehen kann - durch zusätzliche Technologien; betriebsinterne Umstellungen; die Reduktion der Abfallmenge bereits an der Quelle; Wiederverwendung und Recycling; Änderungen des Produktionsprozesses; Strategien für niedrige Emissionen und die grundlegende Änderung und das Ersetzen von Produkten –, ist es wichtig, sich darüber klar zu werden, daß die Anwendung jedes dieser Schritte keine Garantie dafür bietet, daß sich das Gefahrenpotential verringert.

Die Verschärfung der Umweltgesetzgebung in den USA hat dazu geführt, daß immer mehr Abfallprodukte als gefährlich eingestuft werden. Das bedeutet, daß ihre Deponierung auf dem Land nicht länger akzeptabel ist und daß nach alternativen Wegen für ihre Beseitigung gesucht werden muß. Auf lange Sicht wird das zur Minimierung der Müllmenge, zur Zunahme des Recycling und sogar zur Aufgabe der Herstellung von Produkten führen, die schwer zu behandelnde Abfälle erzeugen. Auf kurze Sicht jedoch existieren diese Abfälle und müssen behandelt werden. Sie zu lagern, bis ein neues technisches Verfahren zu ihrer Behandlung entwickelt wird, ist eine Möglichkeit. Es ist dies die Option, die einige Gruppen für den Umgang mit radioaktiven Abfällen bevorzugen. Lagerung ist jedoch auf keinen Fall eine Lösung mit geringem Risiko. Kasten 16.9

hebt einige Probleme mit speziellen Abfällen hervor, wie z.B. polychlorierten Biphenylen (PCB), die zur elektrischen Isolation in Produktionsanlagen verwendet werden. Die aktuellen Ansichten zu diesem Thema umfassen die Hochtemperaturverbrennung als einem Ansatz zur Zerstörung dieser Abfälle (von einigen Befürwortern dieser Technik euphemistisch thermische Oxidation genannt), den

Kasten 16.9 Die Bewertung der Emissionen von PCB und Dioxin bei der Hochtemperaturverbrennung

PCB und Dioxine sind komplexe Chemikalien, die schwierig zu überwachen sind. Sie sind schwer abbaubar und reichern sich in der Biosphäre an. Sie verursachen bei Mäusen und Ratten Krebs; der Beweis, daß sie beim Menschen ebenfalls Krebs auslösen, steht noch aus.

Die *Environmental Risk Assessment Unit* an der Universität von East Anglia hat kürzlich die erste Phase der wohl gründlichsten Untersuchung über die Kontamination mit PCB und Dioxinen in einem Gebiet in Südwales abgeschlossen, das sich in unmittelbarer Nähe einer Hochtemperatur-Verbrennungsanlage für chemische Abfälle befindet. Die Studie, die vom Welsh Office in Auftrag gegeben wurde, kostete fast £500 000 und dauerte 36 Monate. Sie beinhaltete die Beteiligung mehrerer Laboratorien, die alle leicht unterschiedliche Techniken zur Messung der PCB- und Dioxingehalte in Luft, Gras, Erdboden und Enteneiern verwendeten.

Letzten Endes zeigten die Daten, daß der Gehalt an PCB und Dioxinen in der Umgebung höher war als erwartet. Wenn die Konzentrationen in der Luft mit Messungen der Windrichtung kombiniert wurden, legten die Resultate nahe, daß die Verbrennungsanlage die Quelle der Emissionen ist.

Trotz der Intensität der Überwachung war die Studie nicht in der Lage, einen Schluß zu ziehen, wieviel von der Kontamination auf vergangene und wieviel auf momentane Aktivitäten zurückzuführen ist. Auch konnte die Studie nicht feststellen, welcher der Prozesse der Müllbeseitigung den größten Teil zur Verschmutzung beiträgt. Eine wichtige Rolle wurde den Emissionen aus dem Schornstein zugemessen, aber in diesem Fall können Emissionen aus anderen Teilen der Anlage genauso, wenn nicht mehr für die Abgabe von Schadstoffen in die Umgebung verantwortlich sein. Außerdem konnte die Studie die Signifikanz der Kontamination nicht bestimmen, sowohl was die Verbreitung von PCB und Dioxinen in der Umgebung als auch die Auswirkungen auf die menschliche Gesundheit angeht.

Diese Bewertung nach allen Regeln der Kunst stellte einen Meilenstein bei der Überwachung der Umwelt dar. Um das Problem jedoch zu managen, sind die Informationen aus der Studie zu beschränkt. Es konnte keine klare Schlußfolgerung gezogen werden, welche Teile des Verbrennungsprozesses geändert werden müssen, um die Emissionen zu reduzieren. Die für den Betrieb der Anlage Verantwortlichen sind, was die Wahl der Risikomanagementstrategie angeht, weiterhin auf Vermutungen angewiesen.

Obwohl über die Art und das Ausmaß der Verschmutzung nun zwischen allen Parteien Übereinstimmung herrscht, konnte die Öffentlichkeit vor Ort in bezug auf die Versuche, den Verbrennungsprozeß sauberer ablaufen zu lassen und die Risiken zu managen, die diese Anlage der Umgebung aufbürdet, nicht überzeugt werden. Solange keine weiteren aufwendigen Studien über die Auswirkungen auf die menschliche Gesundheit durchgeführt werden, scheint es unwahrscheinlich, daß die unmittelbaren Anwohner sich beruhigt fühlen.

biologischen Abbau (was die Verwendung spezieller Mikroorganismen nötig macht, die PCBs «verdauen») und die Haltung der australischen Regierung, die es vorzieht, auf eine bessere Alternative zu warten. In Großbritannien wird die Verbrennung momentan als die «bessere» Alternative zur Lagerung auf einer Deponie betrachtet, vor allem wegen der Emission von Gasen, die den Treibhauseffekt verstärken, und der Gefährdung des Grund- und Oberflächenwassers (Royal Commission on Environmental Pollution 1993).

Der Vergleich zwischen Verbrennung und Deponielagerung zeigt die Vorteile der ökologischen Wissenschaften in der Praxis. Die Royal Commission richtete die Aufmerksamkeit auf Unzulänglichkeiten bei der Kontrolle der Emissionen sowohl von Mülldeponien als auch von Verbrennungsanlagen, die zu einer Zeit erbaut wurden, als die Vorschriften noch lockerer waren. Im Jahre 1996 werden alle kommunalen Müllverbrennungsanlagen die strengen Standards der Europäischen Union für Luftverschmutzung erfüllen müssen, die in der Richtlinie von 1989 festgelegt wurden. Diese Standards reflektieren die bereits angesprochenen Themen der Abwehr von Risiken und der Tolerierbarkeit. Es wurde angekündigt, daß nur eine Handvoll der 30 Verbrennungsanlagen aufgerüstet werden, um die neuen Bedingungen zu erfüllen.

Mülldeponien jedoch sind der UN-Rahmenkonvention über den Klimawandel zum Opfer gefallen, die in Kap. 6 erläutert und auch in Kap. 19 diskutiert wurde. Sie zwingt Großbritannien, die Emissionen von Methan und Kohlendioxid im Jahr 2000 auf das Niveau von 1990 einzuschränken. Es wird geschätzt, daß 40 % der Methanemissionen in Großbritannien aus Mülldeponien stammen, aber auch das muß noch genauer untersucht werden. Der Müll würde das Dreifache an Treibhausgasen als Kohlendioxidäquivalent produzieren, wenn er statt der Verbrennung in Deponien gelagert wird. Bei der Müllverbrennung kann man elektrische Energie gewinnen, die – vorausgesetzt, man setzt neue Techniken zur Stromerzeugung ein (siehe nächstes Kapitel) – den Haushalt der Treibhausgase noch weiter entlastet, da die Abhängigkeit von Elektrizität aus fossilen Rohstoffen reduziert werden kann.

Umweltgruppen betrachten diese Schlußfolgerung als Aufforderung, Müll zu verbrennen, und als Hemmschuh für die Entwicklung von Programmen zur Vermeidung und Reduzierung von Müll. Sie plädieren für mehr Recycling und Vermeidung von Müll an der Quelle. Dies würde unterstützt durch die Einführung einer Deponiesteuer und den Vorschlag einer EU-Richtlinie, die vorschreibt, daß Produkte mit möglichst geringem Aufwand an Material verpackt werden. Dies illustriert die Bandbreite an Möglichkeiten zur Regulation – von globalen Angelegenheiten über wissenschaftliche Absprachen bis zur Regulierung über Preise und die Kontrolle des Markts. Dies ist typisch für das lebhafte Geschehen in der interdisziplinären Umweltwissenschaft.

Wenn wir also für ein pragmatisches Vorgehen bei der Entwicklung der Umweltpolitik plädieren, dann ist es wichtig, eine Kombination von Optionen zu bewerten und gegebenenfalls zu verwenden, die von nachträglichen Maßnahmen bis zum kompletten Neudesign reicht. Die Kontrolle der Verschmutzung sollte nicht auf eine Option eingeschränkt werden, und wir sollten mit einer schrittweisen Verbesserung der Technologie zufrieden sein, statt in Aktionismus zu verfallen, der uns Optionen verbauen kann. Man muß im Kopf behalten, daß es unmöglich ist, die wissenschaftlichen und technischen Unsicherheiten über die ökologischen Risiken einer Option zu vermindern, wenn diese Option beendet wird. In einem gewissen Umfang wurde das durch die Beendigung der Müllverbrennung auf offener See im Januar 1991 bewiesen. Obwohl niemand behaupten konnte, daß die Müllverbrennung auf offener See keine Auswirkungen auf die Umwelt hat, war die Entscheidung, sie zu beenden, eine politische Entscheidung, die auf dem Vorsorgeprinzip und dem Prinzip der Verteilung der Lasten beruhte. Die wissenschaftlichen Beweise über die Art und das Ausmaß der Belastung durch die Verbrennungsprodukte waren nicht überzeugend. Wenn man berücksichtigt, daß ein Ergebnis der Beendigung dieser Vorgehensweise die Rückführung der Abfälle in die Nordseeanliegerstaaten war, die in einigen Fällen zu einem erhöhten Bedarf an landgestützten Verarbeitungsmöglichkeiten geführt hat, könnte man argumentieren, daß man die Verbrennung auf dem Meer als Option für spezielle Abfälle wieder einführen sollte. Es muß jedoch gesagt werden, daß diese Argumentation auf eine starke politische Opposition durch Umweltorganisationen treffen würde. Die Toleranz gegenüber Risiken ist offensichtlich kein objektives Phänomen: sie hängt sehr stark von der momentanen Praxis ab, die wiederum die sich verändernde Balance zwischen politischer Macht und moralischer Verantwortlichkeit in der heutigen Zeit widerspiegelt, in der die Meinungen von Umweltgruppen und Industriellen nicht mehr so weit auseinanderklaffen. Der springende Punkt ist, daß das Maß an Risiko, dem man ausgesetzt ist, ebenso abhängig ist von Fragen der Regulation und von sozialen Vorurteilen, die den Lebensnerv einer Nation treffen, wie auch von wissenschaftlichen Unsicherheiten bzw. dem Mangel an ausreichenden Daten.

Ein besseres Verständnis des Risikomanagements wird durch vier Hindernisse erschwert, die oft auch als «institutionelle Fehler» bezeichnet werden:

1. *Unzureichende Daten* können zweierlei Ursachen haben: entweder das Fehlen älterer Aufzeichnungen, so daß Veränderungen nicht erkannt werden, oder unzureichendes wissenschaftliches Verständnis, so daß die Grundlage für Urteile über Ursache und Wirkung fehlt.
2. *Schlechte Rahmenbedingungen für die Analyse* behindern das Verständnis und die Entscheidungsfindung, die nötig sind, um sich in der heutigen Zeit eine inoffizielle Meinung zu bilden. Hier sollte die Multi-Attribut-Analyse mehr Aufmerksamkeit finden.
3. *Unangemessene Regulationsprinzipien*, die den für die Sicherheit Verantwortlichen zu viel Geheimhaltung auferlegen und zu Meinungsverschiedenheiten über das Maß an Sicherheit führen, das für verschiedene Gruppen der Gesellschaft entsprechend ihrem Milieu und ihrem Einkommen zur Verfügung gestellt wird. Das bedeutet, daß die Armen höheren Gefährdungen ausgesetzt sind als die Reichen, die sich der Gefährdung durch Industrieanlagen eher entziehen können.

4. *Unzureichende Kommunikation* schränkt die verschiedenen Interessengruppen ein, die am Entscheidungsprozeß beteiligt sind. Dies hat sich in jüngster Zeit in Hinsicht auf chemische Fabriken und die Gemeinden verbessert, es bleibt aber ein Problem für allgemeinere Beratungen und die Beteiligung beim Prozeß der Risikobewertung und der Entwicklung von Regulationsmöglichkeiten.

Ein weiteres Hindernis ist, daß in den meisten westlichen Nationen die Müllbeseitigung teilweise oder ganz in privater Hand liegt. Wie jedes Wirtschaftsunternehmen stehen diese Firmen unter dem Druck, Gewinne erzielen zu müssen. Dies kann besonders in Zeiten der Rezession zu Problemen führen, wenn gespart werden muß. Dies zwingt die Kontrollorgane, «das Gesetz zu beugen», wenn Müll ungeachtet der Opposition der Öffentlichkeit beseitigt werden muß. Eine Methode, dies zu erreichen, besteht darin, sich Orte auszusuchen, an denen die Opposition wahrscheinlich nicht so lautstark sein wird, eine andere, die Gemeinden zu «bestechen», damit sie Anlagen zur Müllbeseitigung akzeptieren. Allenthalben stellt es ein ernsthaftes Problem dar, eine Planungserlaubnis zu erhalten. Die Entwicklung komplexer Anlagen zur Verarbeitung und Beseitigung von Müll erfordert viel Kapital. Eine typische Hochtemperatur-Verbrennungsanlage für chemische Abfälle kostet momentan zwischen £50 und £100 Mio. Gewinne erwirtschaftet eine solche Anlage erst ab einer Betriebsdauer von

Kasten 16.10 Ungleichheiten bei der Gefährdung durch Risiken

In den USA wurde viel Aufmerksamkeit auf die Beziehung zwischen der Ortswahl für unwillkommene und gefährliche Anlagen und sozialer Ungerechtigkeit gelenkt. Eine neuere Analyse der *American Association for the Advancement of Science* behauptet, daß die Regeln der *US Environmental Protection Agency* (EPA) die Ungerechtigkeiten bei der Regulation von Risiken verstärken. Das kommt daher, daß sich die EPA bei ihrer Vorgehensweise mehr auf die Rettung von Leben konzentriert als auf die Verringerung der Krankheitsziffer (Krankheiten, Fortpflanzungsstörungen, Erkrankungen der Atemwege). Darum ist in Gemeinden, wo die Sterblichkeit auf Grund von Armut, Eßgewohnheiten, Rauchen, Alkohol- und Drogenkonsum hoch ist, die Wahrscheinlichkeit geringer, daß bei den Schutzbestimmungen dieselben hohen Standards angelegt werden wie in reichen und gesunden Vorstädten. In einer Studie von Greenpeace USA wurde beispielsweise festgestellt, daß:

- der Anteil von rassischen Minderheiten an der Bevölkerung in der Nähe kommunaler Müllverbrennungsanlagen um 89 % höher ist als im nationalen Durchschnitt.
- Gemeinden, die als Standort für eine Verbrennungsanlage vorgeschlagen werden, einen um 60 % höheren Anteil an rassischen Minderheiten in der Bevölkerung haben.
- das Durchschnittseinkommen in Gemeinden mit Verbrennungsanlagen um 15 % unter dem nationalen Durchschnitt liegt.
- in Gemeinden, die für Verbrennungsanlagen vorgeschlagen werden, die Vermögensverhältnisse um 35 % schlechter sind als im nationalen Durchschnitt.

Quelle: Costner und Thornton 1990.

20–25 Jahren, so daß die Argumente der Opponenten nicht ganz aus der Luft gegriffen sind, daß solche Anlagen in Wirklichkeit die Produktion von Müll und die Verschwendung förderten. Die US-Umweltbehörde hat jedoch kürzlich ein Paket neuer Einschränkungen angekündigt, das eine Zunahme der Kapazitäten der Hochtemperaturverbrennungsanlagen weitgehend verhindert. In Großbritannien scheint es unwahrscheinlich, daß Abfallbeseitigungsfirmen weitere Entwicklungen vorschlagen werden, solange unsicher ist, ob Planungsgenehmigungen erteilt werden. Kasten 16.10 umreißt einige aktuelle Kritikpunkte an der Risikoregulation in den USA im Hinblick auf die Ungleichheit der Gefährdung durch solche Anlagen.

Obwohl man nicht beweisen kann, daß alternative Methoden der Müllbeseitigung sicher sind (in der Tat kann die Wissenschaft Sicherheit nicht garantieren, sondern nur die Schadenswahrscheinlichkeit abschätzen), haben sich die verantwortlichen Stellen mehr auf technische Lösungen als auf Menschen verlassen, um die Sicherheit zu fördern, einfach, weil ersteres leichter zu kontrollieren ist. Eine übermäßig bürokratische Regulierung kann jedoch schließlich die Verantwortung für die Sicherheit von Konstrukteuren auf Bürokraten übertragen.

Die letzteren konzentrieren sich dann darauf, die Vorschriften durch Festhalten an strikten Regeln zu erfüllen. Erfahrungen in den USA zeigen, daß die ernsthaften rechtlichen Folgen im Falle eines Fehlers zur weitverbreiteten Verwendung von standardisierten Risikobewertungstechniken – unabhängig von ihrem Wert und ihrer Eignung für den speziellen Fall – führen, und zwar vor allem als Mittel, um Verantwortung zu vermeiden.

Kasten 16.11 Der Umgang mit genetisch modifizierten Organismen

Wir sind inzwischen in der Lage, Gene nach Belieben zu kombinieren. Die Genforscher können mit ihrer Technologie Millionen von Varianten der Bausteine des Lebens konstruieren, so daß es nun möglich ist, Nahrungsmittel zu erzeugen, die spezielle Eigenschaften haben, was die Krankheitsresistenz, die Farbe oder die Lagerfähigkeit angeht. Bei der Anwendung dieser Technik stellt sich die moralische Frage, inwieweit es richtig ist, Nahrungsmittel so hemmungslos zu verändern und ob wir unsere Nachfahren nicht der «natürlichen» Produkte berauben. Es ist nicht einfach, solche moralischen Fragen bei der Bewertung der Risiken neuer Nahrungsmittel zu berücksichtigen. Eine Möglichkeit ist, Vertreter von Konsumentengruppen und von Institutionen (wie der Kirche) an Gremien, welche die Regierung bei der Einführung solcher Substanzen beraten, zu beteiligen. Obwohl Probleme mit (der Einschätzung) ihrer Fähigkeit, mit technischen Daten umzugehen, diese Beteiligung bis zu einem gewissen Maß behindert haben, stellt dies eine oft praktizierte Lösung dar. Eine andere Variante ist, solche Produkte klar und unmißverständlich zu kennzeichnen, so daß der Konsument die Wahl hat, ob er diese Produkte kaufen will oder nicht. Eine dritte Möglichkeit besteht darin, die Interessengruppen dazu zu ermutigen, ihre Meinung offen in politischen Foren zu artikulieren, so daß die moralischen und ethischen Argumente Gehör finden. Obwohl wir schon uns schon ein gutes Stück von rein wissenschaftlichen Gremien entfernt haben, liegt noch ein weiter Weg vor uns.

Es kann sein, daß es eine direkte Beziehung gibt zwischen der Ernsthaftigkeit der Konsequenzen, dem Maß an Besorgnis in der Öffentlichkeit und dem Mangel an bürokratischer Rationalität. Auf Grund der komplexen technischen Natur der Systeme, der unbekannten (und vielleicht auch nie feststellbaren) Bedrohung, die sie darstellen, der Bereitwilligkeit der Medien, die Unsicherheiten und Unentschlossenheit der Regierung und der Wissenschaft hervorzuheben, und der insgesamt verstärkten Ängste der Bevölkerung sind Bedrohungen durch gefährliche Abfälle unter solchen Umständen besonders schwer zu managen (siehe Kasten 16.11).

Kasten 16.12 Psychologische und soziologische Theorien der Risikowahrnehmung

Der Ruf nach verstärkter Beteiligung der Öffentlichkeit am Risikomanagement geht schon seit einem Jahrzehnt durch die Literatur über Risiken. Um diesem Wunsch gerecht zu werden, ist es nötig, genauer zu verstehen, wie Laien ihre Wahrnehmung von Risiken, die sich oft von derjenigen der Wissenschaftler und Techniker unterscheidet, entwickeln. Anfängliche Versuche, die Risikowahrnehmung in der Öffentlichkeit zu verstehen, konzentrierten sich auf die Bestimmung «akzeptabler» Risikoniveaus. Als deutlich wurde, daß kein bestimmtes Standardmaß als akzeptabel bezeichnet werden kann, begann den Psychologen klarzuwerden, daß die Natur der Risikowahrnehmung alles andere als einfach ist. Ein komplexes Gewebe von Faktoren, von denen man annahm, daß sie die öffentliche Wahrnehmung beeinflussen, wurde identifiziert und in psychometrischen Versuchen getestet, welche die Bewertung verschiedener Gefahrenquellen entweder im direkten Vergleich oder durch verschiedene Faktoren wie Kontrollierbarkeit, Bekanntheit, Bedrohung und Katastrophenpotential einschlossen. Der Ansatz der kognitiven Psychologie führte eine ganze Reihe von qualitativen Faktoren ein, die auf irgendeine Weise bewertet werden mußten. Eine Methode verband Risikowahrnehmung mit verschiedensten «Faustregeln» oder heuristischen Methoden, von denen die auffälligste die Verfügbarkeit war. Diese legte nahe, daß die Wahrnehmung von Risiken zum Teil durch das direkte und aktuelle Erleben eines bestimmten Ereignisses gesteuert wird. Ein anderer Ansatz verwendete die Faktorenanalyse, um Umstände auf zwei Koordinatenachsen zu kombinieren, von denen man annahm, daß sie die Risikowahrnehmung beeinflußten, so daß eine «Landkarte der Gefahren» erstellt werden konnte. Obwohl es so möglich wurde, Vergleiche zwischen verschiedenen Gruppen in der Öffentlichkeit (typischerweise Studenten) zu ziehen, wurde offensichtlich, daß der psychometrische Ansatz nur einen Teil des Gesamtbildes der Risikowahrnehmung zeigte. Beim psychometrischen Ansatz ergab sich eine Reihe von Nachteilen. Die Studien benutzten nur kleine Stichproben, die größerenteils aus den USA stammten. Die Resultate erlauben nur einen Blick auf die Wahrnehmung zu der Zeit, als sie erstellt wurden. Wenn Beurteilungsskalen verwendet wurden, schränkten sie die Antworten ein, die die Befragten geben konnten. Noch entscheidender war, daß es keinen Weg gab, von den im kleinen Maßstab durchgeführten Studien auf die Gesamtbevölkerung zu extrapolieren. Darum blieb es schwierig, die öffentliche Risikowahrnehmung in die nationale Politik einzubauen.

Fortsetzung n.S.

Kasten 16.12 Fortsetzung

Zum Teil als Antwort auf das Versagen der psychometrischen Studien, insbesondere auf die Art, wie dort versucht wurde, die Bevölkerung zu homogenisieren, begann man, einem soziologischen Ansatz zur Risikowahrnehmung mehr Vertrauen entgegenzubringen. Die Kulturtheorie stellt fest, daß es eine Reihe von Verfälschungen gibt, die in zwei Dimensionen charakterisiert werden können. Die erste betrifft das Ausmaß, in dem die Menschen durch ihre Zugehörigkeit zu Gruppen in ihrer Lebensweise beeinflußt werden. Die zweite betrifft das Ausmaß, in dem das soziale Leben durch Regeln gesteuert wird. Die Vertreter des zweiten Arguments sind der Meinung, daß die Sichtweisen und Werte des Lebens und die Wahrnehmung von Risiken zum Teil durch die kulturelle Umgebung erklärt werden können. Die Kulturtheorie bietet andere Einsichten in die Risikowahrnehmung, aber obwohl viele Anstrengungen unternommen wurden, die Theorie durch empirische Forschung zu operationalisieren, hat sie es nicht geschafft, einen theoretischen Rahmen zu entwickeln, der das Konzept der Risikowahrnehmung überzeugend erklären kann.

Ob die psychometrische und die kulturelle Theorie der Risikowahrnehmung eines Tages vereinigt werden, bleibt abzuwarten. Eine Gemeinsamkeit scheint in der Bewertung der Wichtigkeit des Vertrauens als beeinflussendem Faktor in der Wahrnehmung und beim Management von Risiken zu liegen.

16.4 Der Dialog über Risiken

Wenn man noch einmal zu Kasten 16.1 zurückblickt, könnte man annehmen, daß Kommunikation die zentrale Komponente des Risikomanagements ist. Unterschiede in der wissenschaftlichen bzw. technischen Einschätzung von Risiken und der öffentlichen Wahrnehmung von Risiken wurden lediglich als Problem der Vermittlung erachtet – Risikomanagern gelinge es nicht, ihre Botschaft richtig an den Mann zu bringen. Also wurden große Anstrengungen unternommen, um effektive Wege zu finden, der Öffentlichkeit die wissenschaftlichen Aspekte zu vermitteln. Vergleiche von Risiken waren ein bevorzugtes Werkzeug. Das kann nützlich sein, wenn sie in einer sinnvollen Weise präsentiert werden und wenn man sich auf Risiken konzentriert, die tatsächlich vergleichbar sind. Zu oft wurden falsche Vergleiche angestellt, bei denen die Risiken der Atomenergie mit den Risiken verglichen wurden, die mit dem Überqueren der Straße oder dem Rauchen in Zusammenhang stehen.

Die meisten dieser Anstrengungen schlugen fehl und schienen die Ansicht zu verstärken, daß der Faktor, der die öffentliche Wahrnehmung von Risiken beinflußt, die Wahrscheinlichkeit von Todesfällen ist. Die Kästen 16.12 und 16.13 beschreiben Studien von Psychologen, die zeigen, daß dies eine vereinfachende Annahme ist. Die öffentliche Wahrnehmung von Risiken wird von einem weiten Spektrum von Gesichtspunkten beeinflußt, zu denen die folgenden gehören:

- *Der Grad der Vertrautheit und der Kontrolle.* Alltägliche Risiken wie Rauchen oder Autofahren werden normalerweise toleriert. Unbekannte und unkontrollierbare Gefahren wie elektromagnetische Felder von Starkstromleitungen oder gentechnisch modifizierte Organismen wecken Widerstand.
- *Die Möglichkeit einer irreversiblen Katastrophe.* Je mehr von einer Gefahr angenommen wird, daß sie ein plötzliches größeres Unglück hervorrufen kann, und je größere weltweite Auswirkungen ein solcher Unfall haben kann, um so stärker wird der Widerstand sein.
- *Der Grad der Rücksicht auf die öffentliche Meinung und der Zeitpunkt ihrer Berücksichtigung.* Dies beeinflußt die Bereitschaft, die Ergebnisse des Risikomanagements zu akzeptieren. Wenn die Verantwortlichen zeigen, daß sie die öffentliche Meinung bei ihren Urteilen über Risiken und Sicherheit in Betracht ziehen wollen, wird das Vertrauen in den Entscheidungsprozeß gestärkt, speziell wenn dies zu einem frühen Zeitpunkt im Prozeß des Risikomanagements geschieht.
- *Die Möglichkeit der Unterstützung im Falle eines Unglücks.* Dies ist ebenfalls ein wichtiger Aspekt der Risikotoleranz. Die Menschen möchten wissen, ob sie beispielsweise durch medizinische Langzeitüberwachung geschützt werden, wenn in einer benachbarten Müllverarbeitungsanlage ein Unfall geschieht. Auch aus diesem Grund wurde 1981 das *US Superfund*-Programm aufgelegt, ein spezieller Fond, in den die Chemieproduzenten einzahlen und mit dem die Reinigung alter Produktionsstätten bezahlt wird, wenn die Verantwortlichen nicht mehr auszumachen sind. In der Praxis wird der Superfund seinen Möglichkeiten nicht gerecht. Das liegt jedoch an administrativen Problemen und ist kein Fehler des Prinzips selbst.

Kasten 16.13 Die Abneigung gegen Risiken als Stigma

Psychologen der Universität von Oregon haben versucht, dem Widerstand von Bürgern in Nevada gegen die geplante Endlagerstätte für hochradioaktive Abfälle in den Yucca Mountains auf den Grund zu gehen. In einer im ganzen Staat durchgeführten Umfrage lehnten über 80% der Bürger den Vorschlag ab, was praktisch ein Veto gegen diesen aus technischen Gründen geeigneten Entsorgungsstandort bedeutete. Die Psychologen fanden heraus, daß die Menschen auf den Begriff des radioaktiven Abfalls in Form von fundamentalen unterschwelligen Abneigungen gegen Gefahr, Tod und Verschmutzung reagierten. Über die Hälfte der negativen Reaktionen war an diese drei Bilder gekoppelt, die wiederum durch die Angst vor Nuklearwaffen, das Mißtrauen sowohl gegen das Militär als auch gegen die durchführenden Organe und eine intensive Abneigung gegen die Art, wie diese Entscheidung ohne demokratische Debatte getroffen wurde, aktiviert wurden. Das Ergebnis war eine tiefverwurzelte Voreingenommenheit, die mehr durch Fehler in der Kommunikation als durch die aktuelle Bedrohung einer Verstrahlung hervorgerufen wurde. Jeder weitere Versuch, mit der Bevölkerung über diese Sache zu kommunizieren, würde im Rahmen der tiefgehenden Abneigung und des bereits geweckten Mißtrauens stattfinden und deshalb mit größter Wahrscheinlichkeit scheitern.

Quelle: Slovic *et al.* 1991.

Die neueren Anstrengungen zur Kommunikation über Risiken haben sich vor allem darauf konzentriert, die Tatsache zu berücksichtigen, daß die Öffentlichkeit die Welt anders sieht als Wissenschaftler und Techniker - das soll nicht besagen, daß Wissenschaftler und Techniker kein Teil der Öffentlichkeit sind, sondern daß es eine ganze Reihe verschiedener Denkweisen gibt. Niemand kann vollständig recht haben, aber auch niemand gänzlich unrecht, sondern diese verschiedenen Denkweisen koexistieren in unserer demokratischen Gesellschaft und werden zu Recht beim Prozeß der Entscheidungsfindung berücksichtigt. So ist die Kommunikation über Risiken ein erheblich vielschichtigerer Ablauf, der darauf ausgelegt ist, Risikomanagement für jeden leichter zugänglich zu machen. Dieser Dialog versucht, wechselseitiges Verständnis zu fördern, wenn nicht sogar Übereinstimmung zu ermöglichen. Und obwohl niemand behaupten würde, daß die Verstärkung des Risikodialogs sofortige Lösungen zur Verminderung von Konflikten anbieten kann, bietet er der Bevölkerung eine Gelegenheit, sich an der Erarbeitung von Lösungen zu beteiligen und ein größeres Verständnis für den Prozeß der Entscheidungsfindung aufzubauen - auch wenn die Bevölkerung nicht unbedingt mit dem Ergebnis der Entscheidung einverstanden ist.

16.5 Die Rolle der Experten beim Risikomanagement

Es gibt wenig Zweifel, daß die Entwicklung der westlichen Gesellschaften sich in zunehmenden Maß auf das Urteil wissenschaftlicher Experten stützt. Diese Expertenurteile sind oft subjektiver und wertbesetzter, als die Gesellschaft weiß oder die Wissenschaftler selbst zugeben würden. Wissenschaft und wissenschaftliche Analyse werden als rational und demnach logisch und vernünftig dargestellt, obwohl es innerhalb der wissenschaftlichen Gemeinschaft viele verschiedene und einander widersprechende Ansichten und Glaubensrichtungen gibt. Beispielsweise vertreten Empiriker den Standpunkt, daß es irrational sei, Ansichten beizubehalten, die durch Experimente widerlegt sind, während Theoretiker es für irrational halten, bei jedem kleinen Verdachtsmoment den Standpunkt zu ändern. Schließlich basiert Wissenschaft ungeachtet dieser Konflikte auf der Idee, daß es nur eine richtige Vorgehensweise geben kann, und daß die Welt dazu gebracht werden muß, das zu akzeptieren.

Das Endergebnis dieses Vorgehens wissenschaftlicher Analyse war, daß die Bürger sosehr vom Prozeß der Entscheidungsfindung ausgeschlossen wurden, daß sie in unserer sogenannten demokratischen Gesellschaft bei der Entwicklung der Umweltpolitik und dem Management von Umweltrisiken oft übergangen werden. Wir haben eine Situation erreicht, in der die Bürger erst am Prozeß der Entscheidungsfindung beteiligt werden, nachdem die Wissenschaft ihr Urteil gefällt hat und die Entscheidung in vielen Fällen praktisch schon getroffen worden ist. Die Beteiligung der Öffentlichkeit dient in Großbritannien und ähnlichen Ländern manchmal nur der Legitimation der Entscheidung, während die Bevölkerung Risiken weitgehend ungefragt ausgesetzt oder als irrationale Opposition gebrandmarkt wurde, die ihre Eigeninteressen über das Gemeinwohl stellt. Kasten 16.15 illustriert diese Punkte anhand einer Fallstudie über die Entsorgung radioaktiver Abfälle in Großbritannien.

Wie Feyerabend bemerkt: «Die Gründe des Durchschnittsbürgers dafür, eine bessere und sicherere Welt für sich selbst und für seine Kinder zu erschaffen, haben wenig gemeinsam mit diesen ignoranten und irrationalen Träumen von Herrschaft». Er fährt fort: «Unglücklicherweise ist der gesunde Menschenverstand ein zu gewöhnliches Werkzeug, um die Intellektuellen zu beeindrucken, und so wurde [von den Experten] vor langer Zeit darauf verzichtet. Sie haben ihn durch ihre eigenen Konzepte ersetzt und versucht, die Machtverhältnisse entsprechend zu ändern.» Er zieht die Schlußfolgerung, daß «wir ihren Einfluß einschränken, sie von den Machtpositionen entfernen und aus den Beherrschern freier Bürger ihre gehorsamsten Diener machen müssen» (Feyerabend 1987, S. 102 ff).

16.6 Schlußfolgerungen

Risikomanagement ist ein Instrument, um einen Sinn für größere Zusammenhänge zu wahren. Da wir uns zu sehr auf die Universalität wissenschaftlicher Gesetze verlassen haben, haben wir verstärkt jene Anomalien und Eigenarten zurückgewiesen, die nicht mit der restriktiven Rationalität unseres wissenschaftlichen Systems im Einklang stehen.

Diese Zurückweisung bedeutet jedoch nicht, daß sie aufgehört hätten zu existieren. Und wie sich bei vielen Gelegenheiten gezeigt hat, können diese Idiosynkrasien Schlüsselinformationen für den Prozeß des Risikomanagements liefern.

Gleichzeitig ist es wichtig, ein Gefühl dafür zu haben, was Risikomanagement leisten kann. Die Anstrengungen der US-EPA, das Gebiet des ökologischen Risikomanagements zu entwickeln, ist von einigen Seiten auf Widerstand gestossen. Zudem steigt der Widerstand, wenn in Zeiten wirtschaftlicher Rezession der Gürtel enger geschnallt werden muß. Bis jetzt scheinen die Vorteile der Fähigkeit, komplexe Ökosysteme akkurat zu modellieren, nicht die beträchtlichen Kosten aufzuwiegen, insbesondere, weil weniger ausgefeilte Methoden der Gefahrenbewertung genauso in der Lage sind, die meisten der Standorte, an denen eine Entsorgung nötig ist, aufzufinden. Es macht keinen Sinn, alle limitierten Ressourcen auf Kosten der Fähigkeit, Lösungen zu entwerfen, durchzusetzen und zu überwachen, auf das Verständnis ökologischer Systeme zu lenken. In ähnlicher Weise ist es unvernünftig, Erfolge zu erwarten, wenn ohne ein gewisses Verständnis des betreffenden Ökosystems vorgegangen wird.

Kasten 16.14 Superfund: Die Politik des Umweltmanagements

«Superfund» ist der umgangssprachliche Ausdruck für das innovative Verursacherprinzip, für die Verantwortlichkeit bei der Entsorgung von Giftmüll, das 1980 in der *US Legislation Comprehensive Environmental Response* (= US-Gesetzgebung über die umfassende Behandlung von Umweltfragen), im *Compensation and Liability Act* (CERCLA = Gesetz über Ausgleich und Verantwortlichkeit) und dem Nachtragsgesetz von 1986 eingeführt wurde. Dieses Statut setzte einen Beitrag fest, den alle Produzenten giftiger Substanzen für die Sanierung von etwa 1256 Altlastenstandorten in den USA zu zahlen hatten. Die ursprüngliche Umlage betrug $8,5 Mrd., obwohl die Gesamtkosten dieser Maßnahmen leicht $250 Mrd. hätten überschreiten können. Dies rührt zum größten Teil daher, daß die amerikanische Öffentlichkeit extrem sensibel gegenüber Giftmüll in all seinen Formen ist, aber besonders gegenüber alten Deponien, die in früheren Jahren in einer Cowboymentalität angelegt wurden und aus denen schon seit Generationen Schadstoffe austreten können. Die Abneigung gegen Risiken wird angetrieben durch von der Bevölkerung durchgeführte epidemiologische Untersuchungen (siehe Kasten 18.1), durch das Mißtrauen in bezug auf die Unabhängigkeit und Kompetenz der ausführenden Organe wie auch durch die Medien, die die Risiken durch Anspielungen, Darstellungen der Fehlbarkeit der Wissenschaft und emotionale, menschlich ansprechende Artikel ausmalen, in denen stellvertretend das Schicksal nur eines betroffenen Haushalts dargestellt wird.

Superfund wurde ausgiebig dafür kritisiert, daß er uneffektiv, zu sehr auf Rechtsstreitigkeiten ausgelegt und gleichgültig gegenüber den Vertretern von Minderheiten sei, die durch das Hinauszögern von Haftungsansprüchen finanziell schwer geschädigt werden können. In einer Antwort weist die *US Environmental Protection Agency* (= US-Umweltschutzbehörde) darauf hin, daß es viele Jahre dauern kann, bis ein solcher Standort isoliert und saniert ist. Dies kommt daher, daß die Sanierung des Grundwassers auf dem Durchspülen des Bodens aufbauen muß oder darauf, daß grundwassergefährdende Altlasten aus toxischen Stoffen (die sogenannten «Zeitbomben») oberhalb des Grundwasserspiegels verbleiben. Ein Durchspülen des Bodens kann sechs oder mehr Wiederholungen erfordern, die alle sorgfältig von einem Hydrogeologen überwacht werden müssen. Bis jetzt sind lediglich 21 von 150 Sanierungen erfolgreich – und selbst das kann falsch sein, wenn die von der Bevölkerung durchgeführten Untersuchungen weiterhin so viel Auftrieb bekommen. Damit soll nicht die Intervention der Öffentlichkeit kritisiert werden. Der Punkt ist, daß die Sanierung ein kulturelles Konzept ist, das Kommunikation und Risikomanagement am runden Tisch erfordert. Sie ist definitiv nicht, so wie die EPA glaubt, ein rein technisches Problem.

Der Einwand, daß die Aufwendungen für Rechtsstreitigkeiten extrem hoch seien, ist schwerer zu widerlegen. Eine Studie fand heraus, daß in der Zeit von 1980–1990 88 % alle Kosten des Superfund aus Rechtsstreitigkeiten entstanden. Die US-EPA leugnet dies nicht und weist darauf hin, daß Firmen, die nicht nur für alle augenblicklichen toxischen Emissionen, sondern im Falle auch nur des kleinsten Verdachtsmoments auch für die Entsorgung zahlen sollen, natürlich vor Gericht gehen, um sich entlasten zu lassen. Getrieben von der Angst vor unbegrenzten finanziellen Forderungen gehen auch die Versicherungen vor Gericht, um sich vor Forderungen nach Versicherungsschutz aus der Zeit vor 1986 zu schützen, als sie im guten Glau-

Fortsetzung n.S.

Kasten 16.14 Fortsetzung

ben an eine Rechtslage versichert haben, in der es noch keine solche strenge Verantwortlichkeit gab. In vielen Fällen wurden diese Verfahren aufrechterhalten und ließen wenig Geld für die Sanierung übrig.

Der Misere der kleinen Verursacher wird nun im Nachtragsgesetz von 1986 durch eine *de minimis*-Klausel Rechnung getragen. Dies erlaubt der EPA, kleine Summen schnell auszugleichen und so diejenigen, die nur marginal zur Verschmutzung beigetragen haben, zu entlasten. Über 6500 Beteiligte haben als Resultat dieser Initiative in den letzten fünf Jahren einen zufriedenstellenden Ausgleich gefunden, der weitgehend eine Antwort auf gerechtfertigte Kritik war.

Die Geschichte des Superfund wird weitergehen. Er ist das Ergebnis eines extrem bürokratischen Ansatzes zur Entsorgung toxischer Abfälle, der durch spektakuläre Geschichten vom Versagen der zuständigen Organe und die Angst vor «Zeitbomben» angetrieben wurde. Dieses Problem wurde durch ein unbeholfenes Management und eine ungenügende Beteiligung der Kommunen in einem frühen Stadium immens verschlimmert. Die Umweltwissenschaften am runden Tisch ermöglichen einen besseren Weg, aber es hat viel gekostet, das einzusehen.

Quelle: Saillan 1993.

Obwohl also das Risikomanagement eine wichtige Rolle bei der Entwicklung der Umweltpolitik spielt, liegt seine Hauptbedeutung darin, einen Rahmen zu liefern, in dem die wissenschaftliche und technische Wahrnehmung von Risiken mit der Sichtweise anderer Interessengruppen vereinigt werden kann.

In Großbritannien und anderswo verschwindet das «Not in my backyard»-Phänomen (= das Nicht-in-meinem-Vorgarten-Phänomen) langsam auf Grund einer besser informierten und aktiveren Öffentlichkeit vor Ort. Darauf reagierende Kampagnen geraten zu aktionsfördernder Erziehung. Der Schwerpunkt verlagert sich von technischen und geographischen Aspekten auf die fundamentale Frage des Bedarfs. In manchen Fällen kann das zu einer zunehmenden Toleranz gegenüber industriellen Aktivitäten führen, in anderen zu tiefsitzender Abneigung. Konflikte zwischen den Interessengruppen beim Entscheidungsprozeß sind unvermeidlich. Die Aufgabe besteht darin, während des Prozesses zur richtigen Zeit eine positive Atmosphäre für Konflikte zu erzeugen, so daß, wo überhaupt möglich, ein Konsens erzielt wird. Bei der Entscheidungsfindung einen Risikomanagementansatz zu verfolgen, hat zwei Gründe. Erstens ermutigt bzw. erfordert er Kommunikation zwischen den Gruppen, wodurch das wechselseitige Verständnis und die gegenseitige Achtung zwischen den am Entscheidungsfindungsprozeß beteiligten Parteien gefördert wird: Zusammenarbeit braucht keine gemeinsame Ideologie. Zweitens öffnet er den Entscheidungsfindungsprozeß und macht die Methoden deutlich, nach denen Entscheidungen getroffen werden. Dies garantiert nicht, daß alle mit dem Ergebnis dieser Entscheidung zufrieden sind, aber es erlaubt den Interessengruppen, sich zu beteiligen und zu verstehen, wie die Entscheidungen getroffen werden, und es gibt denen, die die Entscheidung treffen, eine Rechtfertigung für die Früchte ihrer Arbeit.

Kasten 16.15 Die Entsorgung schwach und mittel radioaktiver Abfälle

Seit den frühen 1980ern hat die Nirex, die *Nuclear Industry Radioactive Waste Executive*, eine Firma, die für die Lösung des Problems der Beseitigung radioaktiver Abfälle zuständig ist, ein weites Spektrum an technischen und geographischen Lösungen untersucht und vorgeschlagen. Ursprünglich sollten die schwach und die mittel radioaktiven Abfälle getrennt beseitigt werden, die schwach strahlenden Abfälle in flachen Gräben in Elstow in Bedfordshire und die mittel radioaktiven Abfälle in einem tiefen Bergwerk in Nordostengland. Öffentlicher Widerstand gegen diese Vorschläge und Kritik von Experten, die die beschränkte Zahl an berücksichtigten Optionen betraf, führten dazu, daß diese Optionen nochmals überdacht wurden.

Anfang 1985 wurde angekündigt, daß zusätzlich zu Elstow noch drei andere Orte für eine Deponie in geringer Tiefe untersucht würden. Die formelle Ankündigung geschah im Unterhaus des britischen Parlaments. Aber da Nirex daran gehindert worden war, vorher mit den lokalen Behörden der drei Orte Kontakt aufzunehmen, war es keine Überaschung, daß sich eine heftige Opposition entwickelte. Diese Opposition wurde verstärkt durch die Neuigkeit, daß die Genehmigung zur Untersuchung der drei Standorte durch eine *Special Development Order* (SDO) erteilt werden sollte. Solch eine Anordung nahm die Gewalt über die Entscheidungen bei der Planung aus der Hand der lokalen Behörden und verlagerte sie zum Unterhaus. Vom Planungsprozeß ausgeschlossen, formten die Behörden in den drei Gebieten eine politische Opposition gegen das Vorhaben. Im Vorfeld der Unterhauswahlen im Mai 1987 trat ein weiterer Meinungsumschwung in der Politik ein. Dieses Mal wurden wirtschaftliche Gründe für eine gemeinsame Entsorgung schwach und mittel radioaktiver Abfälle in der Tiefe angegeben. Es gab beträchtliche Skepsis über den Zeitpunkt dieser politischen Kehrtwende, nicht zuletzt weil die vier oberflächennahen Entsorgungsstandorte in den Wahlbezirken prominenter konservativer Parlamentsmitglieder lagen.

Als Versuch, einer Opposition gegen diese neueste Veränderung der Politik zuvorzukommen, startete Nirex eine Umfrage, um die Standpunkte von Interessengruppen und Öffentlichkeit zu sammeln. Die Geschichte der politischen Fehler diente jedoch nur dazu, die Effektivität dieser Umfrage einzuschränken. In der neunmonatigen Befragungsperiode gingen über 2500 Antworten ein. Obwohl Nirex durch eine kleine Minderheit der Öffentlichkeit eingeladen wurde, für «eine kurze Verlobungszeit zu sorgen und eine stattliche Mitgift mitzubringen», war die große Mehrheit der Meinung, daß diese neue Politik der Offenheit von Nirex nur ein «Trojanisches Pferd» war.

Nach den Ergebnissen dieser Umfrage wurden zwei Entsorgungsstandorte ausgesucht: Sellafield in Cumbria (England) und Dounreay in Grampain (Schottland). Beide Standorte hatten bereits Nuklearanlagen, die Bevölkerung war mit dem Thema der Radioaktivität vertraut, und, wahrscheinlich entscheidend, beide Gemeinden waren wirtschaftlich von der Atomindustrie abhängig. Seitdem hat Nirex, zum Teil auf Grund der heftigen Proteste gegen den Transport radioaktiver Abfälle in Schottland, damit begonnen, in Sellafield Untersuchungen für eine Tiefenlagerstätte anzustellen, deren Zugang an Land liegt, die sich aber bis unter die Irische See erstreckt. Die technischen Probleme in Sellafield sind nicht gering, aber der relativ schwache öffentliche Widerstand macht Sellafield als Kompromiß zwischen technischer Eignung und politischer Verfügbarkeit zur ersten Wahl.

Eine tiefgehende und unterhaltsame Diskussion der Geschichte der Entsorgung radioaktiver Abfälle in Großbritannien legt Kemp (1992) vor.

Literaturverzeichnis

Anon (1993) Major overhaul of US incinerator and waste reduction regs. HAZNEWS Int Hazardous Waste Manage Monthly 63/June:p 16

Bingham G (1986) Resolving environmental disputes. Conservation Foundation, Washington DC

Carter D (1991) Aspects of risk assessment for hazardous pipeline containing flammable substances. J Loss Prevention Process Industries 4:p 68

Costner P, Thornton J (1990) Playing with fire. Greenpeace USA, Washington DC

Fernandes-Russell D (1988) Societal risk estimates from historical data for UK and worldwide events. University of East Anglia, Norwich

Feyerabend P (1987) Farewell to reason. Verso, London

Kemp R (1992) The politics of radioactive waste disposal. Manchester University Press, Manchester

Krimsky S, Golding D (eds) (1992) Social theories of risk. Praeger, New York

O'Riordan T, Kemp R, Purdue M (1988) Sizewell B: an anatomy of the inquiry. Macmillan, London

Piller (1991) The fail-safe society: community defiance and the end of American technological optimism. Basic Books, New York

Rasmussen NC (1990) The application of probabilistic risk techniques. In: Glickman TS et al. (eds) Readings in risk. John Hopkins University Press, Washington DC, p 198

Rayner S (1992) Cultural theory and risk analysis. In: Krimsky S, Golding D (eds) Social theories of risk. Praeger, New York

Royal Commission on Environmental Pollution (1993) Incineration of Waste: Seventeenth Report. HMSO, London

Royal Society (1992) Risk: analysis, perception, and management, Report of a Royal Society Study Group. The Royal Society, London

Schwartz M, Thompson M (eds) (1990) Divided we stand: redefining politics, technology and social change. Harvester Wheatsheaf, Hemel Hempstead

Slovic P, Layman M, Flynn JH (1991) Risk perception, trust and nuclear waste: lessons from Yucca Mountain. Environment 33/3:6–9, 11, 28–30

Soby BA, Simpson ACD, Ives DP (1993) Integrating public and scientific judgements into a toolkit for managing food-related risks, stage 1 Literature review and feasibility study. University of East Anglia, Norwich

Turner RK, Brown D, Vickers IJ, Powell JC (1991) An assessment of the concept of BPEO by case studies, Final report to ESRC and HMIP. University of East Anglia, Norwich

Wynne B (1992) Introduction. In: Beck U, Risk society: towards a new modernity. Sage, London

Weiterführende Literatur

Bromley DB, Segerson K (eds) (1992) The social response to environmental risk. Policy in an age of uncertainty. Kluwer, Dordrecht

Douglas M, Wildavsky A (1984) Risk and culture. University of California Press, Berkeley

Glickman TS, Gough M (eds) (1990) Readings in risk. John Hopkins University Press, Washington DC

National Research Council (1989) Improving risk communication. National Academy Press, Washington DC

Jungermann H, Kasperson RE, Weiderman P (eds) (1991) Risk communication. KFA Research Centre, Jülich, Deutschland

Shrader-Freschette KR (1991) Risk and rationality: philosophical foundations for populist reforms. University of California Press, Berkeley

Der im Abschnitt Literatur angeführte Bericht der Royal Society ist wohl eines der zuverlässigsten Statements sowohl über Natur- und Ingenieurwissenschaften als auch über die sozialen Aspekte des Risiko-Managements. Für US-amerikanische Leser bieten Bromley und Segerson (1992) und Shrader-Freschette (1991) eine primär soziologisch-politische Interpretation von Risikotoleranz und ihrer Erwiderung. Das Buch von Glickman und Gough wie auch der Band von Krimsky und Golding greifen das Thema in erweiterter Form auf und liefern damit eine gründliche Untersuchung des sozialen und kulturellen Zusammenhanges von Risiko. Letzterer präsentiert mit jedem seiner Autoren aufschlußreiches Hintergrundmaterial; dieses zeigt die vielfältigen und unterschiedlichen Einzelheiten auf, die das Risikoumfeld ausmachen. Die zwei Bände über Risikokommunikation, herausgegeben von der KFA in Jülich und dem National Research Council, geben einen hervorragenden Überblick über die sich immer wieder ändernden Auslegungen dieses wichtigen Themas. Beide enthalten gute Beispiele aus Nordamerika und Europa.

17 Energie: Schwierige Entscheidungen stehen bevor

Gordon Edge und Keith Tovey

Behandelte Themen:

- Ein technologisch-sozialer Komplex
- Antworten auf Umweltprobleme
- «Ohne Reue»: Das Beispiel der Energieeffizienz
- Energieversorgung: Ein neuer Ansatz

Von allen großen Anforderungen an eine nachhaltige Entwicklung scheint die Erwartung einer nachhaltigen Nutzung von Energie in der näheren Zukunft am schwersten erfüllbar zu sein. Der Gebrauch von Energie ist in allen Gesellschaften untrennbar mit der Technologie, dem Konsumverhalten, mit Preisverzerrungen und den Landnutzungsformen verknüpft. Es ist offen gesagt extrem unwahrscheinlich, daß die Energieproduktion jemals wirklich nachhaltig im Sinne der in Kasten 17.1 vorgestellten Definitionen sein wird. Zu viele Länder, die über fossile Energieressourcen verfügen, hinken in ihrem Entwicklungsstand viel zu weit hinterher, als daß sie dem Druck ihrer Mittelklassen und deren unersättlicher Gier nach mehr, billiger und subventionierter Energie widerstehen könnten.

Wie hoch sind die vermutlichen volkswirtschaftlichen Kosten des Energieverbrauchs? Dies festzustellen, erfordert die Berechnung der sogenannten «externen Beiträge» der verschiedenen Umweltschäden, die mit dem Energiezyklus verbunden sind, und bleibt zugleich ein Gegenstand inspirierter Vermutungen, die mit etwas einfallsreicher Wissenschaft und ökonomischer Analyse verknüpft werden. Darum muß man jede Berechnung mit Vorsicht genießen. Die Schätzungen für Schwefeldioxid beinhalten den Schaden an Bäumen und Gebäuden und die Auswirkungen auf Erholungsgebiete durch kranke Wälder. Es wurden Beträge von 10–17 Pence pro kg SO_2 und £14 pro Tonne Kohlenstoff vorgeschlagen (Pearce *et al.* 1992). Dies würde den Preis für eine Kilowattstunde aus «alter» Kohle gewonnener Energie um 1,06 Pence erhöhen (vgl. 2–3 Pence für einen Privathaushalt), für eine Kilowattstunde aus «neuer» Kohle um 0,64 Pence (vgl. 2 Pence), um 0,22 Pence pro Kilowattstunde, die aus Gas gewonnen wurde (vgl. 2–3 Pence) und um 0,03–0,28 Pence pro Kilowattstunde Atomstrom (vgl. 4–5 Pence). Der Preisrahmen für Atomstrom enthält die Kosten möglicher Unfälle und einen Zuschlag für die Risikovermeidung (siehe Kap. 16). Suchen Sie sich etwas heraus: dies sind nur erste Annäherungen und ein weites Feld für eine interdisziplinäre Umweltwissenschaft.

Die Umstellung auf regenerative Energiequellen wird weniger als 10 % des künftigen Energiebedarfs decken und möglicherweise nicht mehr als 6 % der künftigen Bereitstellung (McGowan 1991). Auf jeden Fall verbrauchen auch erneuerbare Energien Ressourcen und haben Auswirkungen auf die Umwelt, so daß es im Hinblick auf die nachhaltige Entwicklung immer noch große Probleme gibt. Deshalb ist es dringend notwendig, die Methoden zu verbessern, mit denen die Aufmerksamkeit der Gesellschaft auf andere Energien gelenkt werden kann – Alternativen für die Umwelt, die durch das Aufzeigen der Konsequenzen und das Durchspielen verschiedener Kompromisse darauf zielen, dringend nötige Wertpräferenzen für verschiedene Arten der zukünftigen Energiewirtschaft und des Umgangs mit der Umwelt zu setzen. Ansonsten werden die erneuerbaren Energien im Rahmen der falschen Ökonomie konventioneller Energiegewinnung dahinkümmern oder aber sie werden durch arrangierte Hochzeiten mit den großen Firmen auf dem Energiesektor (mit nichtfossiler Energie als Mitgift) an Bedeutung zunehmen.

Um im großen Maßstab mehr Energieeinsparung zu erreichen, wären beträchtlich und anhaltend steigende Strompreise erforderlich, was nur unter größten politischen Schwierigkeiten durchsetzbar wäre – besonders, wenn für die Armen keine Ausgleichsfonds zur Verfügung stehen –; dies müßte mit drakonischen Vorgaben für die Effizienz der Nutzung, Vorschriften für Bauwerke, Kontrollen der Landnutzung und einer Kombination von Wärme- und Energiegewinnung kombiniert werden. Es ist fast unvorstellbar, daß ein solcher Maßnahmenkatalog politisch toleriert würde, außer in sehr fortgeschrittenen, wohlhabenden und egalitären Gesellschaften wie Dänemark oder Neuseeland.

Es lassen sich sehr gewichtige und überzeugende Argumente für eine Anpassung der bestehenden Energiepreise anführen, um Subventionen abschaffen zu können, die eine Mischung von nichtnachhaltigen Energiequellen und deren Nutzung unterstützen. Beispielsweise wird die Energie in einigen Entwicklungsländern zu Preisen zur Verfügung gestellt, die nicht einmal die Produktionskosten abdecken, geschweige denn die aus der Umweltbelastung. Zwischen 1979 und 1988 stiegen die Stromtarife in den reichen Ländern im Schnitt um 3,5 %, in den armen Ländern fielen sie um 1,4 % (Weltbank 1992, S. 117). Verlust an Elektrizität durch Diebstahl während der Übertragung kosten arme Länder jedes Jahr über $30 Mrd. Preisdumping bei der elektrischen Versorgung kommentiert die Weltbank wie folgt:

> Regierungen mischen sich oft in das tägliche Geschäft der Versorgungsbetriebe ein, und sie sorgen sich, daß Preiserhöhungen die Inflation verschärfen. Die Manager der Betriebe und ihre Ausschüsse haben bei Preis- und Investitionsentscheidungen wenig mitzureden. Das Fehlen von Verantwortlichkeit und Transparenz führt zu schlechtem Management entweder der Versorgungsbetriebe selbst oder der staatlichen Betriebe, die diese oft unterstützen.

Analyse ist das eine, korrigierendes Eingreifen etwas ganz anderes. Wenn die Gestaltung der Energiepreise nicht im ganzen reformiert wird, wird es massiven Widerstand gegen die Preiserhöhungen geben, solange konkurrierende Nationen nicht mitziehen. Solange die Energiepreise nicht durch den Technologietransfer, der eine dauerhaftere Energieversorgung ermöglicht, beeinflußt werden, ist schwer abzusehen, wie sich diese extrem verzerrte Energiepreisstruktur bald ändern sollte. Unter diesen Voraussetzungen bleiben die Aussichten für wirklich einschneidende Energieeinsparungen trübe, selbst wenn die Technologie jetzt verfügbar ist (Shipper 1991).

Die Verbindung zwischen Transportwegen und Landverbrauch ist inzwischen ein Gegenstand der Forschung und des politischen Interesses geworden. In Europa beginnt die Idee der nachhaltigen Mobilität in ebenfalls nach Kriterien der Nachhaltigkeit erbauten Städten langsam politisches Interesse zu wecken. Im Moment gibt es jedoch so gut wie keine Beziehung zwischen den Investitionen im Transportbereich, der Politik und in Landnutzungsplanungen. In dem Maß jedoch, wie die Regierungen vor Ort gehalten sind, die Regelungen der Agenda 21 umzusetzen, wird man den Verbindungen zwischen Arbeit, Freizeit, Heim und Mobilität mehr Aufmerksamkeit schenken. Insbesondere auf Grund der revolutionären Möglichkeiten, die Glasfaserkabel mit ihren vielen Informationskanälen bieten, wird es möglich sein, Geschäft und Vergnügen hocheffizient auf elektronischem Wege zu verbinden. Es kann sein, daß die Gesellschaft des 21. Jh. weniger gesellig ist, aber sie wird viel effizienter mit Energie umgehen.

17.1 Einführung

Alle Gesellschaften sind von Energie abhängig. Von den entferntesten Stämmen bis zur Innenstadt von Los Angeles wird Brennstoff verschiedenster Art in großen Mengen benutzt. Worin sich die Gesellschaften unterscheiden, das ist die *Art* und das *Ausmaß* des Energieverbrauchs. Zur Illustration der Mengenunterschiede berechnete Amory Lovins (1975), daß der Weltverbrauch an Energie einer Anzahl von 12 Sklaven für jeden Menschen entspräche. Wenn diese Sklaven Realität wären, wäre die Erde von 50 Mrd. Menschen bevölkert, von denen die USA, die ein Drittel der Energie auf der Welt verbrauchen, 17 Mrd. aufwiese und damit das bei weitem bevölkerungsreichste Land der Erde wäre. Diese Ungleichheit wird auch daran deutlich, daß der Pendlerverkehr mit dem Auto von und nach New York jedes Jahr mehr Treibstoff verbraucht als ganz Afrika (ohne Südafrika). Neben der Höhe des Energieverbrauchs unterscheiden sich die industralisierten Gesellschaften von anderen auch dadurch, daß sie von Formen der Energie abhängen, die aus unseren endlichen *Energievorräten* (fossile und Atomenergie) stammen und nicht aus dem unerschöpflichen *Energieeintrag* (der direkten und indirekten Sonnenenergie). Gesellschaften, die von diesen endlichen Energiequellen abhängig sind, haben noch die schwierige Abkehr von diesen Energiequellen vor sich, allerdings nicht, wie man es in den 70er Jahren befürchtet hat, weil die Brennstoffe ausgehen. Das Problem besteht eher darin, daß man nicht länger von der Annahme ausgehen kann, daß die Erde die Aufnahmekapazität besitzt, um als Senke für die Schadstoffe zu dienen, die bei der Verbrennung fossiler Rohstoffe entstehen. (Kasten 17.1 liefert die Definitionen verschiedener Energieformen.)

Kasten 17.1 Energiedefinitionen und Umrechnungsfaktoren

Die grundlegende Einheit für Energie ist das Joule. Es sind viele andere Einheiten in Gebrauch. Sie stehen in folgender Relation zum Joule:

1 Kilowattstunde (kWh)	= 3,6 MJ
1 Megawattstunde (MWh)	= 3,6 GJ
1 Gigawattstunde (GWh)	= 3,6 TJ
1 Terawattstunde (TWh)	= 3,6 PJ
1 Terawattjahr (TWa)	= 31,5 EJ
1 Kalorie	= 4,1868 J
1 Kilokalorie	= 4,1868 KJ
1 Britische Wärmeeinheit (British Thermal Unit = BTU)	= 1,05506 KJ
1 therm (100 000 BTU)	= 0,105506 GJ
1 Tonne Steinkohle bzw. eine Steinkohleeinheit (SKE) (= entsprechender Brennwert einer Tonne Kohle, britisch: tonne coal equivalent (tce). Es werden auch zusammengesetzte Einheiten, so wie mtce (= million tonnes coal equivalent = das Äquivalent einer Mio. Tonnen Kohle) verwendet.)	≈ 24 GJ (Def. für Großbritannien)
1 Steinkohleeinheit (SKE)	≈ 29,3 GJ (Def. für Europa ohne GB)
1 Tonne Öl, entsprechender Brennwert	≈ 44 GJ
1 Barrel Öl (= 158,9871 l)	≈ 6,8 GJ
1 Liter Öl	≈ 42 MJ
1 britische Gallone Öl (= 4,546 l)	≈ 192 MJ
1 US-Gallone Öl (= 3,785 l)	≈ 160 MJ
1 Kubikmeter Gas	≈ 38 MJ
1 Tonne Torf	≈ 14 GJ
1 Tonne Holz	≈ 20 GJ

Die Einheit für die *Leistung* oder die Energieverbrauchsrate ist das Watt = Joule pro Sekunde. Andere Einheiten für Leistung sind:

1 PS	= 0,7355 kW
1 BTU pro Stunde	= 0,293 W

Primärenergie, gelieferte Energie, nutzbare Energie, Energieleistung

Primaärenergie ist ein Maß für den Energiegehalt eines Brennstoffes, der fossilen oder biologischen Ursprungs sein kann.

Gelieferte Energie ist die Energie (in Form von Gas, Strom usw.), die beim Konsumenten ankommt. Sie unterscheidet sich von der Primärenergie dadurch, daß bei ihr die Verluste für die Gewinnung der Brennstoffe, ihre Verarbeitung und die Verluste bei Umwandlung und Übertragung schon berücksichtigt sind.

Fortsetzung n.S.

Kasten 17.1 ***Fortsetzung***

Nutzbare Energie ist Energie in der Form, wie sie vom Verbraucher benötigt wird (beispielsweise als Wärme, Licht, Bewegung, nicht aber Elektrizität oder Gas selbst). Nutzbare Energie unterscheidet sich von gelieferter Energie dadurch, daß die Ineffizienz bei der Umwandlung in den Geräten des Endverbrauchers berücksichtigt wird.

Energieleistung ist die Leistung (z.B. um ein Haus zu heizen), die von der Energie erbracht wird.

Kommerzielle Brennstoffe

Dieser Ausdruck unterscheidet zwischen den Energieträgern, die gehandelt werden, und denen, die gesammelt oder gefunden werden (wie Brennholz), die letzteren werden manchmal *traditionelle* Brennstoffe genannt.

Nutzungsgrad, Energieeinsparung

Diese Begriffe werden oft synonym gebraucht, haben aber eine recht unterschiedliche Bedeutung. Der Nutzungsgrad ist ein technisches Maß dafür, wieviel nutzbare Energie aus der Eingabeenergie gewonnen wird, dargestellt als Anteil der aufgewendeten Energie. Energieeinsparung ist der Vorgang der Verringerung des Energiebedarfs, entweder dadurch, daß man die Nutzung der Energie effizienter macht, oder dadurch, daß man den Bedarf an Energie reduziert. Der Nutzungsgrad ist eine notwendige, aber nicht hinreichende Bedingung für Energieeinsparung.

Im Jahr 1990 verbrauchte die Menschheit das Äquivalent von 13 Mrd. t Kohle, viermal mehr als 1950 und 20mal mehr als 1850 (siehe Tabelle 17.1; Holdern und Pachauri 1992, S. 103). Im Jahre 1990 kamen 77 % der Energie aus fossilen Brennstoffen, 18 % aus erneuerbaren Energien und 5 % aus Nuklearenergie. Die 1,2 Mrd. Bewohner des «Nordens» konsumierten über zwei Drittel dieser Energie, den Rest verbrauchten die 4,1 Mrd. Bewohner des «Südens». Diese Ungleichheit im Energieverbrauch ist ebenso auffällig wie die Folgen für die Umwelt. In den ärmeren Ländern ist in erreichbarer Nähe der meisten Haushalte kein Brennholz mehr verfügbar. Arbeit muß aufgewendet werden, um es über wachsende Entfernungen zu befördern, während die Rodung der Wälder die Pflanzendecke beseitigt. Böden erodieren schneller, weil der bodenverbessernde Dung verbrannt und nicht als Dünger eingesetzt wird. Staubpartikel in der häuslichen Umgebung und Luftverschmutzung durch ineffiziente, mit fossilen Brennstoffen betriebene Kraftwerke senken die Lebenserwartung in vielen der ärmeren Ländern. Im Süden wirken sich die Erschütterungen der Umwelt durch die ungleich verteilte Energienutzung vor Ort unmittelbar auf Gesundheit und Wirtschaft aus. Im Norden sind die meisten Auswirkungen grenzübergreifend und werden erst in der Zukunft fühlbar werden.

Beim momentanen Verbrauch fossiler Brennstoffe könnten die Erdölvorräte noch etwa 70 Jahre, die Erdgasvorräte noch für etwa 140 Jahre und die Kohlevorräte noch für etwa 300 Jahre ausreichen. Diese globalen Schätzungen verdekken die Tatsache, daß die Reserven in den Industrieländern knapp werden und daß diese deswegen in zunehmendem Maß von den Ressourcen der Entwicklungsländer abhängig werden (siehe Tabelle 17.1). Beispielsweise hat Nordamerika Ölreserven, die seinen momentanen Verbrauch für 7 Jahre decken würden, während Afrika Reserven für etwa 50 Jahre hat. Die Industrieländer werden natürlich die Energieressourcen der Welt erschließen wollen. Trotzdem, wie oben bereits festgestellt, ist die Verknappung der Vorräte nicht länger das Hauptproblem: das Problem ist die Aufnahmekapazität der Erde - in Erdboden, Wasser und Luft -, die durch den momentanen Verbrauch ernsthaft bedroht ist.

Tabelle 17.1. Reserven und Ressourcen an fossilen Brennstoffen (TWa)[a]

	Öl		Gas		Kohle	
	Reserven	RURR[b]	Reserven	RURR	Reserven	RURR
Nordamerika	12,1	30	12,7	50	200	2000
Europa & Rußland	24,3	50	58,3	120	290	3500
Mittlerer Osten	114,0	140	43,0	80	0	0
Afrika	11,6	20	7,1	20	60	200
Asien & Ozeanien	8,8	30	9,9	35	290	1000
Lateinamerika	14,1	30	8,4	13	16	20
Gesamt	184,9	300	139,4	318	856	6720

[a] 1 TWa = 1 Terawattjahr = 31,5 EJ.
[b] RURR = engl.: remaining ultimately recoverable reserves = verbleibende, mit maximalem technischen Aufwand förderbare Reserven
Quelle: Holdern und Pachauri 1992, S. 106.

Die Verbrennung fossiler Rohstoffe ist die Quelle für den überwiegenden Teil der CO_2-Emissionen ebenso wie die Quelle von SO_2, NO_x, CH_4 und anderen Schadstoffen (siehe Kasten 17.2). Andere Versorgungsoptionen haben ihre eigenen Probleme, wie z.B. die öffentliche Akzeptanz bei der Atomenergie. Die Probleme des Energieverbrauchs anzugehen, ist eine enorme Aufgabe, weil die westlichen Industriegesellschaften vom Verbrauch fossiler Brennstoffe und von der Elektrizität abhängen und die Entwicklungsländer einen stark steigenden Bedarf an kommerzieller Energie haben. (siehe Kasten 17.3: Es gibt auch andere Energiekrisen in den Entwicklungsländern, speziell die Brennholzkrise, aber dies geht über den Rahmen dieses Kapitels hinaus.).

Die zunehmenden Beweise aus der ökologischen Wissenschaft, daß die Nutzung von Energie im heutigen Maßstab mit einer nachhaltigen Nutzung unvereinbar ist, muß gegen die unzweifelhaften Vorteile der Energienutzung abgewogen werden: Eine grundlegende Versorgung für alle hat soziale und individuelle Vorteile, wie das verminderte Auftreten von kälte- oder hitzebedingten Krankheiten, wodurch der Bedarf an medizinischer Behandlung verringert wird.

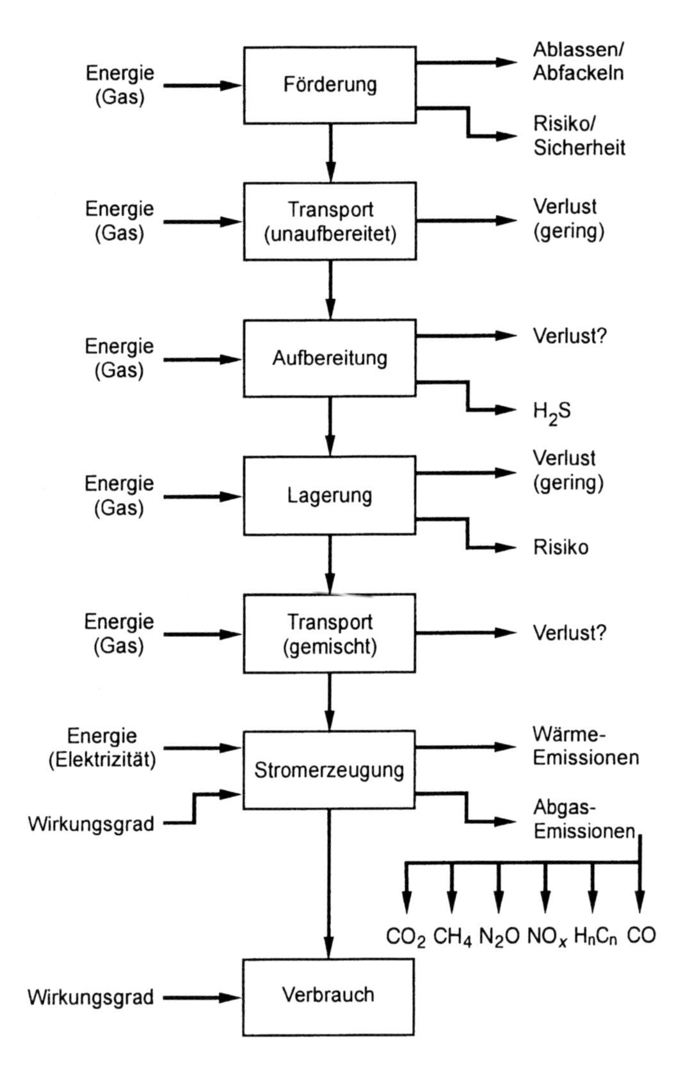

Abb. 17.1. Die Umwandlung von Gas in Elektrizität. Auf der linken Seite ist die Art des Verlustes angegeben, auf der rechten Seite die Auswirkungen auf die Umwelt.

Die Vorteile der Energienutzung werden sicherstellen, daß der Bedarf an Energie auch weiter steigen wird. Viele Studien haben jedoch gezeigt, daß kein direkter Zusammenhang zwischen Energieverbrauch und Wirtschaftswachstum besteht. Während der 50er und 60er Jahre glaubte man, daß Energieverbrauch eine wichtige Vorbedingung für Wirtschaftswachstum ist; man betrachtete dies sogar als einen Indikator für das Wirtschaftswachstum. Inzwischen ist dieser Mythos in sich zusammengebrochen. Alle Industrieländer haben ihr Bruttoinlandsprodukt erhöht, während sich der Verbrauch von Energie pro Produktionsseinheit verringert hat. Japan ist hier führend mit einem Wirtschaftswachstum von 2–3 % im

Jahr und ähnlich hohen Zuwächsen des Nutzungsgrades (siehe die zweite Abbildung in Kasten 17.3). Japan hat auch die höchsten Energiepreise unter den OECD-Ländern.

Diese Entkopplung des Energieverbrauchs vom Wirtschaftswachstum beruht auf einer Reihe von Faktoren:

- Veränderungen in der wirtschaftlichen Struktur durch das stetige Verschwinden von Industrien mit hohem Energiebedarf, wie Metallverarbeitung und Schiffsbau, und einen rationellen Umgang mit Energie.
- Technologische Verbesserungen, die durch Maßnahmen zur Eindämmung der Verschmutzung und durch den Wettbewerb bei den Herstellungsverfahren angeregt wurden. In vielen Fällen hat das zum Übergang von der direkten Verbrennung von Öl und Kohle zur indirekten Anwendung der Elektrizität geführt, die am Ort der Verwendung effizienter ist, wodurch die Ineffizienz bei ihrer Gewinnung oft mehr als ausgeglichen wird.
- Vorschriften über Standards für den rationellen Umgang mit Energie, die von der Industrie, welche die Kostenvorteile der Innovationen und der abnehmenden Energiekosten schätzt, unterstützt werden.
- Die Gefahr von Preisanstiegen infolge von Umweltschäden, insbesondere die Aussicht auf Steuern für sauren Regen (also für SO_2 und NO_2) und auf CO_2-Emissionen. Obwohl bis jetzt nur geplant, haben solche Vorschläge die Industrie und andere Hersteller zum Sparen veranlaßt.
- Störungen der Erdölversorgung in den 70er Jahre haben die Gefahr verdeutlicht, daß sich die westliche Welt zu sehr vom Öl abhängig macht. Dies löste eine anhaltende Abwendung vom verschwenderischen Ölverbrauch zugunsten der Verwendung von Kohle (anfänglich), dann von Atomenergie, momentan von Gas und in der Zukunft von erneuerbaren Energien aus.
- Veränderungen in der Finanzierung des öffentlichen Sektors, bei denen einheitenbasierte Haushalte auf der Grundlage von separaten Etatposten gefördert werden (z.B. für Schulen und Krankenhäuser). Dies ist eine notwendige, aber nicht hinreichende Bedingung für größere Wirtschaftlichkeit, da Wirtschaftlichkeit auch ein dezentralisiertes Management erfordert.

Die Regierungen wandern auf einem schmalen Grat, weil sie internationale Abkommen unterzeichnet haben, in denen sie sich dazu verpflichtet haben, Maßnahmen zur Senkung des Verbrauchs fossiler Brennstoffe zu ergreifen. Um diese Maßnahmen jedoch zu realisieren, müssen sie sich gegen starke politische Kräfte durchsetzen, die den Energieverbrauch steigern wollen. Die politische Balance zu halten zwischen der *möglichen* katastrophalen Veränderung und den sehr realen sozialen und ökonomischen Umwälzungen, die nötig sind, um das Problem zu lösen, gleicht einem Drahtseilakt. Ökologische Informationen und andere Daten bei der Entscheidungsfindung im Energiesektor zu integrieren, ist darum sehr problematisch; eine Schwierigkeit, die aus der Natur der Umweltprobleme und ihrer Wechselwirkungen mit Energiesystemen entsteht.

17.2 Ein technologisch-sozialer Komplex

Ein für das Verständnis von Energiesystemen wichtiges Instrument ist das Konzept des Brennstoffkreislaufs. Dieses betont die Tatsache, daß es eine Reihe von Aktivitäten zwischen der Gewinnung des Brennstoffs und seiner Nutzung gibt, wie sie für den Gas-Elektrizitätskreislauf in Abb. 17.1 gezeigt werden. Man beachte, daß Brennstoffkreisläufe nicht kreisförmig sind, wie es der Name nahelegt, sondern linear. In jeder Phase des Zyklus gibt es Verlust an Brennstoff bzw. einen Energieverbrauch, der als Verlust betrachtet werden kann. Diese Verluste werden durch die Umwandlungsverluste noch verstärkt, weshalb größere Verluste (pro Einheit des Durchsatzes in einer Phase) zu Beginn unwichtiger sind als kleinere Verluste, die später auftreten. Dies trifft speziell für Elektrizität zu, deren Nutzungsgrad sehr gering ist. Deshalb ist die Garantie maximaler Effizienz beim Verbrauch hier besonders wichtig: auch durch kleine Verbesserungen bei der Effizienz elektrischer Geräte wie Kühlschränken oder Gefriertruhen können erheblichc Einsparungen erzielt werden. Beispielsweise könnte eine Verbesserung des Wirkungsgrades von Haushaltsgeräten um 10 % in Großbritannien den Bau eines Kraftwerks mit 2000 Megawatt Leistung überflüssig machen.

Kasten 17.2 Energie- und Umweltprobleme

Trotz der starken Zunahme bei der Verwendung kommerzieller Brennstoffe seit dem Ende des zweiten Weltkriegs ist eine weitere Steigerung des Verbrauchs möglich. Die Abbildung zeigt den Anstieg des Verbrauchs, nach Brennstoffen getrennt. Sie zeigt den enormen Anstieg bei der Verwendung flüssiger Brennstoffe, d.h. von Erdöl und seinen Produkten, obwohl es einen Rückgang während der Ölkrise in den 70er Jahren gab. Der Verbrauch war trotzdem 1985 viermal höher als 1950. Auch der Gasverbrauch hat stark zugenommen, allerdings von einem niedrigeren Ausgangsniveau, er zeigt einen Anstieg auf das Achtfache. Der Verbrauch an Kohle hat sich andererseits lediglich verdoppelt. Die Bedeutung dieses Verbrauchs an fossiler Energie ist aus der zweiten Abbildung ersichtlich, die zeigt, daß 75 % der vom Menschen verursachten CO_2-Emissionen bei der Gewinnung und Verbrennung fossiler Brennstoffe entstehen. Der Unterschied zwischen dem Anteil der verwendeten Energieform und der dabei produzierten Menge an CO_2 kann mit Unterschieden beim Kohlenstoffgehalt der verschiedenen Brennstoffe erklärt werden, die zu verschieden hohen CO_2-Emissionen bei der Verbrennung einer Einheit der verschiedenen Brennstoffe führt. Die Emissionsfaktoren für die drei grundlegenden Typen fossiler Brennstoffe sind:

- bituminöse Kohle – 89,7 kg/Gigajoule
- Rohöl – 69.7 kg /GJ
- Erdgas – 50.6 kg/GJ

Fortsetzung n.S.

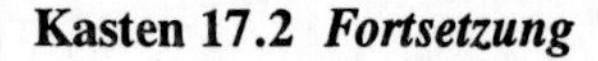

Kasten 17.2 *Fortsetzung*

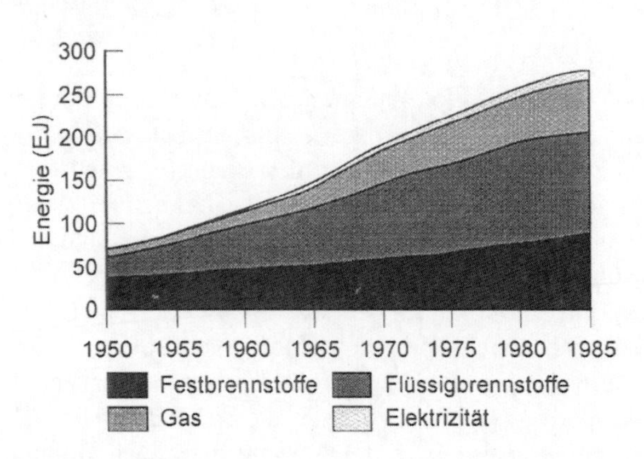

a. Kommerzieller Weltenergieverbrauch, aufgeschlüsselt nach Energieträgern, 1950–1985 (*Quellen:* UN 1982; 1989).

Tabelle 17.2 zeigt auf, wie ungleich SO_2- und NO_x-Emissionen auf die verschiedenen Aktivitäten in Großbritannien verteilt sind. Anthropogene SO_2-Emissionen ergeben sich fast ausschließlich aus der Energienutzung und konzentrieren sich auf die Verwendung von Brennstoffen mit einem hohen Schwefelgehalt, in Großbritannien also auf die Verbrennung einheimischer Kohle in Kraftwerken. Stickoxide, die sich bei Verbrennungsprozessen mit hohen Temperaturen bilden, sind ebenfalls weitverbreitet. Es ist wichtig, festzuhalten, daß Stickoxide zu verschiedenen Problemen beitragen, je nachdem, wo sie emittiert werden. Wenn sie aus den hohen Schornsteinen von Kraftwerken austreten, tragen sie zur grenzüberschreitenden Versauerung der Niederschläge bei; werden sie in Städten von Automobilen oder Heizungen in Bodenhöhe freigesetzt, dann tragen sie zu Smog und dem troposphärischen Ozonproblem bei.

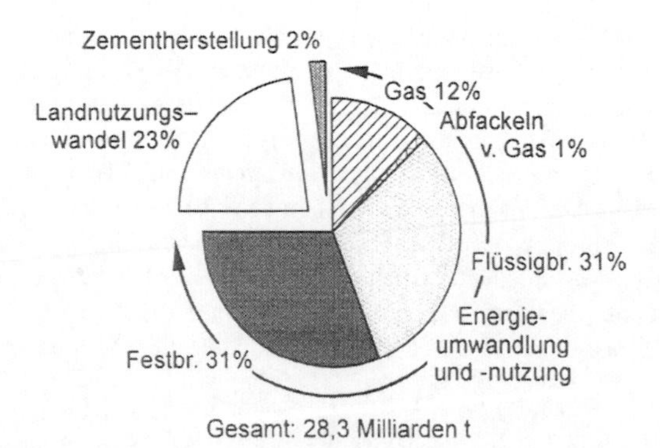

b. Weltweite CO_2-Emissionen, nach Quellen aufgeteilt (*Quelle:* World Ressources Institute 1993, S. 349–359).

Fortsetzung n.S.

Kasten 17.2 ***Fortsetzung***

Der Energieverbrauch ist für viele andere Umweltprobleme verantwortlich: Viele Energieanlagen sind groß und häßlich und stellen daher ein Problem der optischen Umweltverschmutzung dar; Nuklearanlagen sind verantwortlich für die Kontamination der Umwelt mit kleinen Mengen radioaktiver Substanzen, deren Auswirkungen allerdings umstritten sind; Partikelemissionen bei der Verbrennung fossiler Brennstoffe, insbesondere von Kohle, waren ein Problem. Durch den Einbau von elektrostatischen Ausfällapparaten, die 99 % der Partikel aus Kraftwerken zurückhalten, hat sich die Situation verbessert, obwohl Emissionen aus Dieselmotoren in städtischen Gebieten immer noch ein Problem darstellen; viele Energieanlagen haben ein hohes Risikopotential, wie zum Beispiel Verladeanlagen für Flüssiggas oder Atomkraftwerke, woraus sich ein Problem für die Akzeptanz dieser Anlagen ergibt. Jeder der vielen ökologischen Gesichtspunkte, von denen hier nur eine Auswahl gegeben wurde, wirft seine eigenen Probleme auf, obwohl CO_2 und der saure Regen die größten Probleme sind und sie durch die Bandbreite ihrer Auswirkungen sicher schwer zu kontrollieren sind.

Wenn man die Umwelt zusammen mit anderen Faktoren in die Entscheidungsfindung einbezieht, sollte man die Schäden, die in jeder Phase von Energieerzeugung und -verbrauch entstehen, auf Einheiten an erbrachter Leistung der jeweiligen Energie (wie z.B. Wärme, Licht, o.ä.) oder zumindest auf Einheiten an verbrauchter Energie (wie z.B. Gas, Elektrizität, o.ä.) bezogen werden. Das bedeutet, daß die Unsicherheit der Umweltwissenschaften in bezug auf die Einschätzung zukünftiger Auswirkungen - etwa von Kohlenstoffemissionen oder Windkraftwerken (an landschaftlich schönen Hängen oder Küsten) - mit wichtigen Annahmen über die Funktionsweise von Brennstoffkreisläufen verbunden wird. Dies ist eine der Schlüsselfragen, die in diesem Kapitel behandelt wird.

Um die verschiedenen Vorgehensweisen in Hinsicht auf ihre ökologischen Auswirkungen zu analysieren, werden viele implizite Annahmen über die Funktionsweise von Brennstoffzyklen gemacht, Annahmen, die von einer bestimmten Sichtweise der technologischen Kontrolle über Prozesse herrühren. Wenn diese Annahmen in Wirklichkeit nicht zutreffen, ist die Analyse mit Mängeln behaftet und eventuell ungültig. Beispielsweise werden Ingenieure die Wahrscheinlichkeit eines Systemversagens in einem Atomkraftwerk auf der Basis von Kontrollstudien über die technische Ausrüstung und einer «Fehlerbaum»-Abschätzung für mehrfaches Versagen berechnen (wie im vorigen Kapitel gezeigt wurde). Es gibt jedoch keine Garantie, daß solche Schätzungen von denen akzeptiert werden, die neben der Anlage leben müssen. Dies zeigt, daß bei der Wechselwirkung von technischen und sozialen Systemen die Komplexität der Wahrnehmung und des Entscheidungsprozesses in der Gesellschaft einen rein analytischen Ansatz zur Entscheidungsfindung ungeeignet machen kann. Dies wird durch die ethischen und politischen Streitpunkte verstärkt, ob Entscheidungen von solcher Wichtigkeit wie diejenigen über Energie mit nur minimaler politischer Kontrolle den Technokraten überlassen werden sollten.

Kasten 17.3 Energie und Wachstum

Vieles spricht eindeutig dafür, daß Wirtschaftswachstum und Energieverbrauch eng gekoppelt sind. Tatsächlich betrachtete man die These, daß Energie für wirtschaftliches Wachstum unbedingt notwendig sei, als Axiom. Die erste Abbildung mit einer starken Korrelation zwischen Bruttoinlandsprodukt und dem Verbrauch an kommerzieller Energie zeigt, warum diese Beziehung für unauflösbar gehalten wurde. In den letzten Jahren wurde jedoch immer mehr von der «Entkopplung» von Energie und Wirtschaftswachstum gesprochen, wobei die Wirtschaftskraft von Ländern wie Japan als Beispiel eines neuen Phänomens genannt wurde.

Die zweite Abbildung zeigt, wie solche Länder auf den Ölpreisschock reagiert haben: In Japan stieg das Bruttoinlandsprodukt weiter an, der Energieverbrauch nahm kaum zu. Diese Entkopplung beruhte zum Teil auf der Effizienz, mit der Energie genutzt wurde, aber auch auf einer «Umstrukturierung» der japanischen Wirtschaft, die sich, wie die der meisten westlichen Länder, von der Schwerindustrie weg und auf weniger energieintensive Dienstleistungen verlagerte. Die energieintensiven Industriezweige verschwanden jedoch nicht, sondern wanderten in Länder ab, in denen Energie billiger ist. Die Energie wird von der japanischen Wirtschaft immer noch «genutzt», sie steckt jetzt in den importierten Produkten. Der Weltgesamtverbrauch an Energie wird daher durch einen solchen «Export» des Energieverbrauchs nicht sonderlich beeinflußt. Es wird sogar Energie für den Transport der anderswo hergestellten Güter benötigt, so daß der Gesamtenergieverbrauch steigt. Da «Entkopplung» für die Entwicklungsländer nicht möglich ist (sie können ihren Energieverbrauch nicht exportieren), wird mehr Energie benötigt, um den steigenden Bedarf ihrer Bevölkerung zu decken. Wenn sie einen westlichen Lebensstil anstreben, wird der Energieverbrauch in den Entwicklungsländern beträchtlich zunehmen.

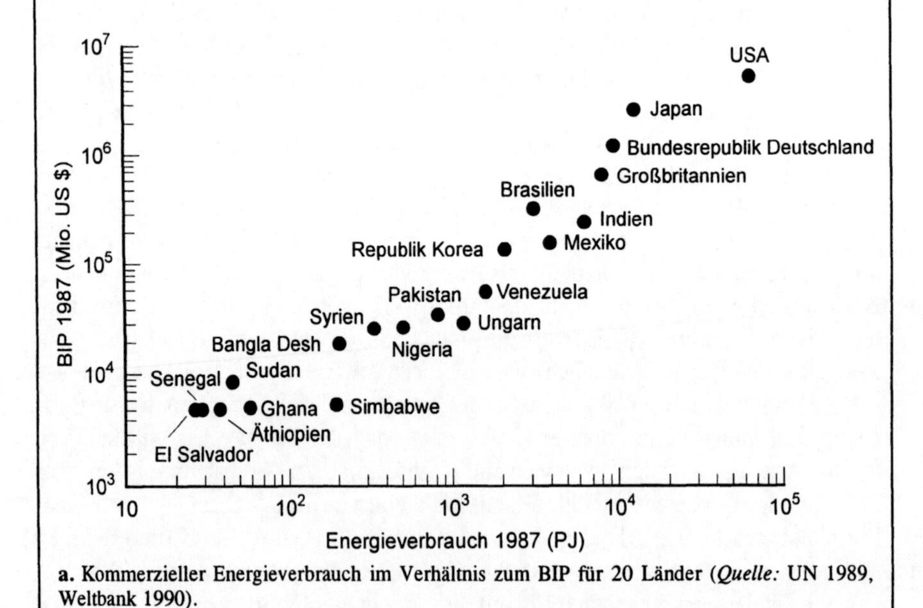

a. Kommerzieller Energieverbrauch im Verhältnis zum BIP für 20 Länder (*Quelle:* UN 1989, Weltbank 1990).

Fortsetzung n.S.

Kasten 17.3 ***Fortsetzung***

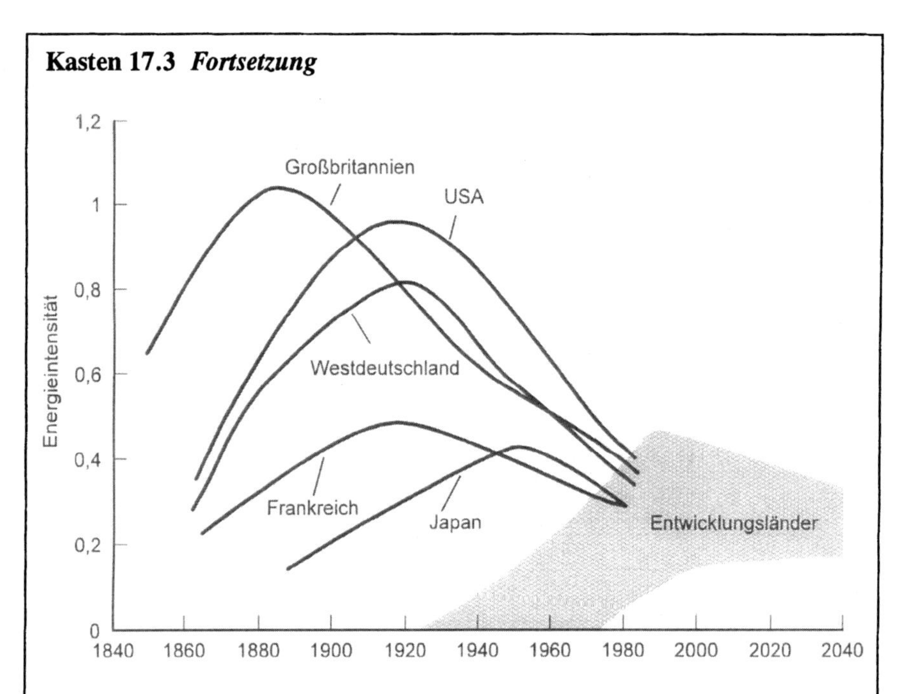

b. Energieeinsatz zu verschiedenen Zeiten und in Industrie- und Entwicklungsländern. In Industrieländern stieg der Energieeinsatz (das Verhältnis von Energieverbrauch zum Bruttoinlandsprodukt; die Menge an Energie (entsprechend dem Brennwert von Erdöl), die verbraucht wird, um $1000 an Bruttoinlandsprodukt zu erwirtschaften) zuerst an, dann fiel er. Auf Grund von Verbesserungen in der Materialwissenschaft und beim rationellen Umgang mit Energie haben sich die Maxima, die die einzelnen Länder dabei erreichen, mit der Zeit verringert. Die Entwicklungsländer könnten es vermeiden, dieselbe Entwicklung wie die Industrieländer zu durchlaufen, indem sie Energie rationell verwenden. Wir müssen jedoch hinzufügen, daß es sehr unrealistisch wäre, von den Entwicklungsländern eine energieeffiziente Entwicklung zu erwarten, wenn man die Kapitalprobleme und die industrielle Schwäche dieser Länder betrachtet (*Quelle:* Holdern und Pachauri 1992, S. 111).

Die dritte Abbildung zeigt den Energieverbrauch pro Kopf in verschiedenen Regionen der Welt: man sieht deutlich eine erhebliche Ungleichheit im Energieverbrauch zwischen den Entwicklungsländern und den Industrienationen. Wenn der Pro-Kopf-Verbrauch in den Entwicklungsländern auf westliches Niveau stiege, würde das den Anstieg des Energieverbrauchs in den letzten 50 Jahren weit übertreffen: Asien, Afrika und Südamerika verbrauchen nur etwa ein Drittel der Energie auf der Welt, besitzen aber drei Viertel der Weltbevölkerung. Diese Situation wird sich noch verschlechtern, wenn die momentanen Vorhersagen für den Bevölkerungszuwachs Realität werden: Es wird erwartet, daß im Jahr 2025 85 % der Weltbevölkerung von 8,5 Mrd. Menschen in Asien, Afrika und Lateinamerika leben werden. Wenn der momentane Energieverbrauch nicht nachhaltig ist, wie soll man dann reagieren, wenn die Armen der Welt die Lebensweise der Reichen übernehmen wollen?

Fortsetzung n. S.

Kasten 17.3 *Fortsetzung*

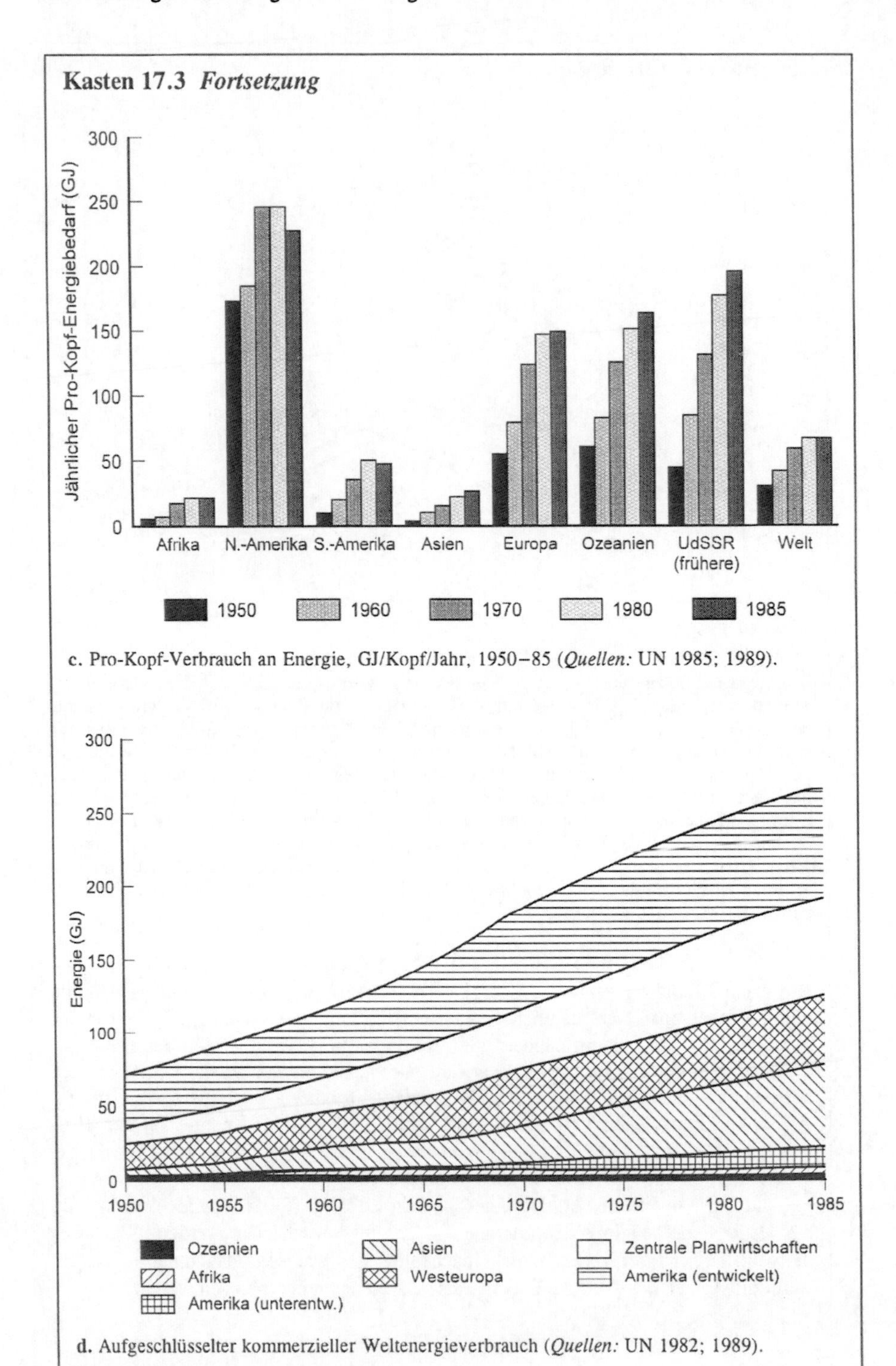

c. Pro-Kopf-Verbrauch an Energie, GJ/Kopf/Jahr, 1950–85 (*Quellen:* UN 1985; 1989).

d. Aufgeschlüsselter kommerzieller Weltenergieverbrauch (*Quellen:* UN 1982; 1989).

Tabelle 17.2. Emissionen von SO_2 und NO_x in Großbritannien, nach Emissionsquellen aufgeschlüsselt (in tausend Tonnen)

Quelle	SO_2	%	NO_x	%
Haushalte	133	4	76	3
Wirtschafts- u. öffentliche Dienstleistungen	83	2	60	2
Kraftwerke	2534	71	718	26
Raffinerien	115	3	37	1
Landwirtschaft	8	–	4	–
Sonstige Industrien	569	16	224	8
Gas- u. Ölgewinnung auf See	–	–	50	2
Eisenbahnen	3	–	31	1
Straßengüterverkehr	58	2	1400	51
Zivile Luftfahrt	2	–	14	1
Schiffahrt	61	2	133	5
Gesamt	3565		2747	

Quelle: UK Department of Environment 1993.

Wenn ein rein analytischer Weg gewählt wird, dann führt der Mangel an eindeutigen Beweisen bei der Umweltforschung zu mehreren Schwierigkeiten, wie man in anderen Kapiteln dieses Buches nachlesen kann. Da die Umweltwissenschaft keine zweifelsfreien Beweise liefern kann, müssen von denen, die diese Beweise bewerten, wichtige Werturteile gefällt werden. Wird jedoch ein technokratischer Weg beschritten, werden diese Werturteile (nicht immer bewußt) von Experten getroffen, nicht aber von Vertretern der Bevölkerung. Wenn die Umwelt als technische Arena betrachtet wird, ist dies auch die angemessene Antwort; wenn die Umwelt aber als ein Bereich, in dem kollektive Entscheidungsfindung gefragt ist, angesehen wird, ist das inakzeptabel.

17.3 Antworten auf Umweltprobleme

Die traditionelle Antwort bei der Regulation der Umweltfolgen von Energieerzeugung und -verbrauch ist die «command-and-control»- (c-und-c)-Strategie. Bei dieser Politik verabschiedet die Regierung Vorschriften, die es speziellen Aufsichtsbehörden erlauben, die Emissionen von Anlagen auf einen bestimmten Standard zu senken. Diese Politik hat einige Nachteile: Erstens, da jeder vom Gesetz zur Beschränkung seiner Emissionen gezwungen wird, gibt es keinen Anreiz, die Emissionen unter den Standard zu senken, auch wenn dies unter Umweltgesichtspunkten kosteneffektiv geschehen kann, wie in Kap. 2 und 3 beschrieben wird; zweitens, wenn es kein passendes Mittel gibt, um die Verschmutzung an der Quelle zu beseitigen (z.B. CO_2-Emissionen), läuft die c-und-c-Strategie schlicht auf eine Treibstoffrationierung hinaus; drittens kann die c-und-c-Strategie nicht die *Gesamtemissionen* beschränken, sondern nur die Emissionen einer Anlage – wenn die Zahl der Emittenten steigt, können die Vorteile des Emissionsstandards in ihr Gegenteil verkehrt werden (beispielsweise kann die Zunahme der Zahl der Automobile die Schadstoffreduzierung durch den Katalysator wieder zunichte machen).

Meist gibt die Gesetzgebung den regulierenden Aufsichtsbehörden die Macht, Lizenzen zu widerrufen und mit einem höheren Standard wieder zu erteilen. Dies erfordert jedoch normalerweise einen teuren und zeitaufwendigen Rechtsweg, muß also mit politischer Macht durchgesetzt werden. Das ist der Grund, warum die heutigen Umweltgesetzgeber nach Standards für die Luft- und Wasserverschmutzung innerhalb einer Region suchen, um so die Gesamtemissionen zu begrenzen, und dann den Weg für einen möglichen Tausch von Emissionsrechten zwischen den Verschmutzern ebnen. Wegen der Nachteile und insbesondere wegen der Unfähigkeit der c-und-c-Strategie, das Problem der Klimaänderung angemessen anzugehen, hat man nach anderen Lösungsmöglichkeiten gesucht.

Die Alternative zur c-und-c-Strategie, die meistens in den Vordergrund gestellt wird, ist die Nutzung der Instrumente der Umweltökonomie, die in Kap. 2 und 3 beschrieben wurden. Indem man die externen Kosten der Energienutzung einbezieht, erlangt die Wirtschaft ein neues Gleichgewicht, bei dem der restliche Schaden das Gleichgewicht zwischen dem volkswirtschaftlichen Nutzen zusätzlicher Investitionen in die Bekämpfung der Verschmutzung und den Kosten für diese Vorteile widerspiegelt. Das Preissignal ist das Mittel, durch welches der einzelne Informationen über die Auswirkungen seiner Handlungen erhält und sich darauf entsprechend einstellen kann. Das bekannteste dieser Instrumente ist die Energiesteuer, die (siehe Kasten 17.4) nun mit viel größerem Interesse betrachtet wird, weil man glaubt, daß sie der effektivste Weg ist, um die CO_2-Emissionen zu reduzieren, und außerdem ein Mittel darstellt, Mehreinnahmen für die unter Druck geratenen Staatskassen zu sichern. Andere Formen dieser ökonomischen Instrumente werden ebenfalls zunehmend verwendet, wie zum Beispiel handelbare Emissionsberechtigungen für CO_2, die durch den *US Clean Air Act* von 1990 eingeführt wurden.

Das Problem bei diesen Methoden ist, daß sie darauf angewiesen sind, daß die Umweltwissenschaft brauchbare Schätzungen für den ökologischen Schaden liefern kann, so daß Preise festgelegt werden können. Wenn solche Schätzungen fehlen, müssen Ökonomen versuchen, sie durch Schätzungen über die Kosten für die *Verminderung* von Emissionen oder die *Linderung* ihrer Folgen zu ersetzen. Die ethische Rechtfertigung dieses Ansatzes ist nicht unumstritten. Ökonomen sind der Meinung, daß ehrliche Abschätzungen besser sind als nichts; Nichtökonomen sind der Meinung, daß solche Berechnungen die moralische Verantwortung außer acht lassen, die Verschmutzung zu reduzieren und den globalen Schaden generell so niedrig wie möglich zu halten. Wie schon in Kap. 2 und 3 aufgezeigt wurde, sind diese beiden Standpunkte gar nicht so weit voneinander entfernt.

Kasten 17.4 Energiesteuern: bisherige Erfahrungen

Durch den steigenden Druck auf die Regierungen, ökologische Verpflichtungen zu erfüllen und trotzdem die Haushalte ausgeglichen zu halten, gewinnt die Idee, Ressourcen und speziell Energie zu besteuern, immer mehr an Boden. Ein grober Überblick über die Vorschläge für solche Steuern läßt jedoch nichts Gutes für die Zukunft ökologischer Steuern erwarten.

Einer der ehrgeizigsten Pläne für die Einführung von durch Umweltprobleme motivierten Steuern ist der europäische Plan für eine gemischte Kohlenstoff-Energiesteuer. Nach diesem Plan würde eine Steuer auf Energieträger erhoben, von der die Hälfte den Energiegehalt und andere Hälfte den Kohlenstoffgehalt besteuern würde. Sie würde am Anfang 0,21 ECU/GJ plus 2,81 ECU/t CO_2 betragen, und würde jedes Jahr um ein Drittel dieses Betrages steigen, bis sie im Jahr 2000 0,7 ECU/GJ und 9,4 ECU/t CO_2 betragen würde. Kleine Wasserkraftanlagen und Anlagen zur Erzeugung erneuerbarer Energien würden von der Steuer ausgenommen werden. Die Steuer würde von den Mitgliedsstaaten eingezogen werden, wobei die Intention der Europäischen Union ist, daß diese Einnahmen dazu verwendet werden sollten, die anderen Steuern um diesen Betrag zu senken. (Wenn das der Fall wäre, wäre dies eine *aufkommensneutrale* Steuer.) Einige energieintensive Industriesektoren würden von der Steuer ausgenommen werden, bis alle größeren Mitbewerber in der EU ähnliche Steuern eingeführt haben.

Konzessionen, welche die Steuer für alle Mitgliedsstaaten der EU akzeptabel machen sollen, würden ihre Effektivität bei der Reduzierung der Kohlenstoffemissionen abschwächen. Ursprünglich als reine Kohlenstoffsteuer gedacht, wurde sie zu einer gemischten Steuer erweitert, so daß Länder mit einem hohen Anteil an Nuklearenergie keine übermäßigen Vorteile hätten. (Nuklearenergie würde nicht unter eine solche Steuer fallen.) Die Ausnahmen für ganze Sektoren wurden nach viel Lobbyarbeit von Seiten der Industrie eingeräumt und werden die Wirksamkeit dieser Steuer erheblich reduzieren. Es wurden kaum Diskussionen darüber geführt, daß ein Teil dieses Steueraufkommens in die Erhöhung des rationellen Umgangs mit Energie im europäischen Wirtschaftssystem verwendet wird: dies könnte einiges an der ungerechten Natur der Steuer ausgleichen, die unverhältnismäßig stark die einkommensschwächeren Teile der Bevölkerung belastet.

Die Höhe der Steuer hat wenig mit den Schätzungen der Ökonomen über die möglichen Kosten für die Schäden der globalen Erwärmung zu tun: sie wurde so gewählt, daß die Steuer *politisch akzeptabel* ist. Es gibt auch keine Versuche, die anderen Vorteile eines verringerten Energieverbrauchs zu quantifizieren, wie die Reduzierung saurer Emissionen, Ersparnisse bei den Gesundheitskosten, usw.

Um bezüglich der Steuer zu einer Einigung zu kommen, wurden nicht nur bei der Steuer selbst größere Konzessionen gemacht, auch *ergänzende* Maßnahmen in den SAVE- und ALTENER-Programmen (die Energieeinsparungen bzw. alternative Energiequellen fördern sollten) wurden beschnitten, um bei der Steuer Einigkeit zu erreichen. Auch nach intensiven Verhandlungen und vielen Kompromissen ist eine Einigung über diese Steuer zum Zeitpunkt der Niederschrift dieses Kapitels noch weit entfernt.

Auch bei Präsident Clintons Energiesteuer zeigten sich etliche Schwierigkeiten. Explizit als eine Maßnahme zur Erhöhung der Steuereinnahmen vorgelegt, mit der ein Teil des Defizits im US-Budget aufgefüllt werden sollte, wurde sie auch als

Fortsetzung n.S.

Kasten 17.4 ***Fortsetzung***

Maßnahme zur Verbesserung der Energieeffizienz verkauft. Diese BTU-Steuer (nach der British Thermal Unit, einem Maß für Energie, das paradoxerweise in den USA und nicht in Großbritannien verwendet wird) sollte einfach auf den Energiegehalt eines Brennstoffs erhoben werden, und zwar 25,7 Cent pro einer Mio. BTU, zusätzlich 34,2 Cent für eine Mio. BTU für weiterverarbeitete Erdölprodukte. Widerstand aus dem Kongreß, von dem man eine zustimmende Haltung vermutet hatte, hat zu Konzessionen für eine Reihe spezieller Interessengruppen geführt, die sowohl die Einnahmen aus der Steuer senken als auch ihre Auswirkungen auf den Energiebedarf schwächen werden.

Trotz solcher Bedenken erscheint es wahrscheinlich, daß solche Instrumente zur Marktregulierung verwendet werden, um Energie- und Umweltprobleme zu lösen. Um zu verstehen, warum das so ist, müssen wir uns die verschiedenen Sichtweisen vor Augen führen, mit denen Menschen Energie betrachten: verschiedene Sichtweisen setzen verschiedene Grenzen im Hinblick darauf, welche Politik «erlaubt» ist. Die vorherrschende Sichtweise ist, daß Energie einfach eine *Ware* ist, die auf einem offenen Markt wie jede andere Ware gekauft und verkauft wird. Unter diesem Aspekt hat die Beziehung zwischen Käufer und Verkäufer im wesentlichen privaten Charakter und alle Aspekte außerhalb dieser Transaktion sind von sekundärer Bedeutung. Andere Sichtweisen erkennen die weitergehende Bedeutung von Energie an: als eine *ökologische Ressource*, so daß die Transaktion zwischen Käufer und Verkäufer nicht privat sein kann, sondern eine Art Umweltvertrag beinhalten muß; als eine *soziale Notwendigkeit*, wobei der Zugang zu einer Mindestenergiemenge als Bürgerrecht gesehen wird; oder als *strategisches Material*, wobei die Art der Energienutzung Einfluß auf die Sicherheit der Nationen hat. Die Menschen, die Energie unter einem der letzten drei Gesichtspunkte sehen, müssen sich dafür einsetzen, daß ihre Position in der vorherrschenden Politik des *laissez-faire* berücksichtigt wird. Umweltökonomie wird manchmal insofern mit dem vorherrschenden Standpunkt gleichgesetzt, als die Anpassung der Preise an ökologische externe Kosten für den Marktpreis sekundär ist. Wenn die Auffassung von Energie als einer ökologischen Ressource vorherrschend wäre, würde der Verbrauch durch die volle Anrechnung der ökologischen Kosten limitiert und die Auswirkungen auf die Wirtschaft wären sekundär. In ähnlicher Weise erfordert Energieversorgung als Teil der Sozialpolitik eine radikal andere Einstellung gegenüber Preisen, Steuerpolitik und politischen Strukturen.

Die vorherrschende Sichtweise von Energie als Ware formt auch die institutionellen Rahmenbedingungen und damit auch die möglichen Reaktionen. In Großbritannien haben aufeinanderfolgende Regierungen die kommunalen Versorgungsbetriebe, die während der Konsensperiode nach 1945 aufgebaut wurden, demontiert und durch Institutionen ersetzt, die auf der Prämisse von Energie als Ware aufgebaut sind: die Energieversorgung wurde privatisiert und nur mit einer schwachen Kontrolle an der langen Leine durch das *Office of Gas Supply* (OFGAS) und das *Office of Electricity Regulation* (OFFER) versehen. Interessanterweise hat sich keine dieser Vollzugsbehörden einen bestimmten Auftrag zum Gebrauch von Energie als ökologische Ressource gegeben, nur damit der freie Wettbewerb und stabile Preise für den Verbraucher gewährleistet werden. Die Generaldirektoren der beiden Behörden betrachten jeden Schritt in Richtung auf eine ökologische Preisgestaltung als Sache der Regierung, die mit Hilfe der Gesetzgebung durchgesetzt werden müßte.

Eine Preisgestaltung, die ökologische Belange berücksichtigt, wird immer mehr zu einem legitimen politischen Ziel. Das Problem ist, diese Preise zwar mit Hilfe der Umweltwissenschaften festzulegen, den Politikern aber die Bestimmung dessen zu überlassen, was akzeptabel ist. Das kann nicht allein von Ökonomen geleistet werden: daher wird eine breiter gefaßte Umweltwissenschaft eine Rolle spielen. Jedes neue Verfahren im Umgang mit Energie und Umwelt sollte soziale Verhandlungen beinhalten, um die Vorteile der Energienutzung mit ihren Auswirkungen auf die Umwelt in der Balance zu halten: Techniken aus der Entscheidungstheorie wie eine Nutzentheorie, die mehrere Eigenschaften berücksichtigt (*Multi-Attribut-Theorie*), können hier hilfreich sein: diese Methoden erlauben es dem Benutzer der Entscheidungshilfe festzustellen, wie eine Änderung der Gewichtung verschiedener Aspekte einer Wahl das Ergebnis beeinflussen würden. Das ermöglicht Entscheidungen, die unter Berücksichtigung des Zusammenhangs getroffen werden, was insofern von Bedeutung ist, als sich Umweltprobleme in ihrer jeweiligen Dimension und ihrer Beziehung zueinander von Fall zu Fall unterscheiden. Diese Dimensionen müssen in aller Offenheit berücksichtigt werden und dürfen nicht hinter simplen Verfahren zur Addierung von Kosten versteckt werden.

Beispielsweise müssen offene Entscheidungen über die Kompromisse zwischen Umweltrisiken, Gesundheitsrisiken, Versorgungssicherheit, dem Bedarf und den Kosten, um ein paar der möglichen Dimensionen der Wahlmöglichkeiten der Energiepolitik zu nennen, getroffen werden. Wenn ein Kosten-Nutzen-Rahmen verwendet wird, müssen viele Annahmen über solche Kompromisse während des *Prozesses* der Entscheidungsfindung gemacht werden, bevor der Bericht in die Hände eines für solche Kompromisse Verantwortlichen gelangt. Rahmenbedingungen, die auf der Annahme basieren, daß diese Kompromisse ein integraler Teil solcher Entscheidungen sind, wie zum Beispiel Instrumente zur interaktiven Entscheidungsanalyse, können Dimensionen in die Entscheidung bringen, die durch Kosten-Nutzen-Analysen ausgeschlossen werden.

Dafür braucht man eine «Entscheidungsmatrix» aus den verschiedenen, an einer Entscheidung beteiligten Faktoren. Diese umfaßt die Kosten der verschiedenen Optionen, die sozialen Aspekte wie Gerechtigkeit, die Auswirkungen auf die Gemeinschaft und schließlich die Auswirkungen auf die Umwelt. Die Informationen in dieser Matrix müssen in einer Form vorliegen, die den Rohdaten so nahe wie möglich kommt, so daß diejenigen, die die Entscheidung treffen, die

Wichtigkeit jedes Faktors selbst beurteilen können. In einem interaktiven Prozeß der Entscheidungsfindung, mit dem man mit den Informationen in der Matrix «Was wäre wenn»-Optionen durchspielt, können bevorzugte Optionen identifiziert werden, so daß ein klareres Verständnis für die Relevanz der verschiedenen Dimensionen gewonnen wird.

Damit diese Instrumente funktionieren, muß eine moralische Kraft hinter ihnen stehen: die Menschen müssen wissen, daß die mit diesen Mitteln getroffenen Entscheidungen bindend sind. Sie müssen mächtige Sachzwänge, die die Entscheidungen beherrschen, überwinden. Da die Bestrebungen in der Energiepolitik jedoch in Richtung einer *Verstärkung* des Profitmotivs in der Energieversorgungsindustrie gehen, drohen beide Tendenzen in Konflikt zu geraten. Eine Abwendung vom ökologischen Wirtschaften würde deshalb ein anderes Konzept für den Betrieb der Energieindustrie erfordern.

Ist eine Alternative aber überhaupt nötig? Ökologisches Wirtschaften ist in der Praxis noch nicht in vollem Umfang erprobt worden; können wir also wissen, ob es eine Erfolgschance gibt? Um das herauszufinden, können wir einen der für die Reduzierung unserer Einwirkung auf die Umwelt wichtigsten Punkte betrachten: den rationellen Umgang mit Energie.

17.4 «Ohne Reue»: Das Beispiel der Energieeffizienz

Während die Gefahr einer Katastrophe durch solche Probleme wie die globale Erwärmung schließlich dazu führen kann, daß sich Gesellschaften grundlegend ändern müssen, um die Gefahr abzuwenden, gibt es auch Vorgehensweisen, denen man folgen kann, ohne die grundlegenden «Regeln» unserer Gesellschaft in Frage zu stellen. In der Tat gibt es Optionen, die man aus Gründen rechtfertigen kann, die nichts mit ihren Vorteilen für die Umwelt zu tun haben und die man unter dem Begriff der Politik «ohne Reue» zusammenfassen kann. Im Hinblick auf die globale Erwärmung besteht die wichtigste Strategie einer Politik ohne Reue in der Erhöhung der Energieeffizienz. Viele Hinweise sprechen dafür, daß eine erhebliche Reduzierung des Gesamtenergiebedarfs möglich ist, wenn man den Wirkungsgrad der Energienutzung erhöht. Dies trifft speziell für die Elektrizität zu, weil dort eine erhebliche Ineffizienz bei der Erzeugung von Strom aus fossilen Brennstoffen auftritt. Auf den ersten Blick gibt es dort viele Möglichkeiten für Energieeinsparungen (siehe Kasten 17.5), einschließlich jener, durch Investitionen in energiesparende Anlagen Kosten zu reduzieren. Diese Gelegenheiten werden jedoch nicht wahrgenommen.

Die Gründe dafür liegen größerenteils in den Institutionen, d.h. in der Art und Weise, wie die Energie vom Kunden betrachtet, von der Bürokratie reguliert und von der Politik behandelt wird. Dazu kommt, wie bereits betont, daß die Energiemärkte, obwohl sie nominell «freie» Märkte sind, in Wirklichkeit weitgehend ohne Beziehung zu den volkswirtschaftlichen und ökologischen Kosten der Energiegewinnung und -nutzung sind. Eventuell sollten die Preise in den nächsten zehn Jahren verdoppelt werden, gestaffelt nach dem Beitrag zur Umweltzerstörung. Zusätzlich sollten alle in die Preise eingebauten Subventionen abgeschafft werden. In den meisten Ländern der Dritten Welt sind die Preise halb so hoch wie sie sein sollten (selbst wenn man ökologische Belange nicht berücksichtigt), weil sie bewußt subventioniert werden, um die mächtigen städtischen Eliten zufriedenzustellen (Weltbank 1992).

Grubb (1991) faßt die Hauptgründe für diese «Effizienzlücke» zusammen:

- *Fehlen von Wissen, Know-how und technischen Untersuchungen*. Die meisten Verbraucher wissen wenig von den Möglichkeiten der Energieeinsparung und reagieren nicht auf bloße Informationen. Solange es kein Preissignal gibt, interessieren sich Konsumenten einfach nicht für die Möglichkeiten, Energie zu sparen.
- *Trennung von Aufwendungen und Nutzen*. In vielen lokalen Behörden und bei vermietetem Eigentum verleitet die Art der Ausgaben nicht dazu, in «nach vorne gerichtete» Investitionsprojekte zur Energieeinsparung zu investieren. Lokale Behörden haben oft nur begrenzte Mittel, die sie als Kredite vergeben können, wogegen ihre täglichen Ausgaben oft weniger streng kontrolliert werden. Die Haushaltsrichtlinien Großbritanniens erlauben es den Behörden nicht, Energieberater einzustellen, die sie über Energieeffizienz beraten können, obwohl diese beweisen könnten, daß ihre Ratschläge kosteneffektiv sind. In ähnlicher Weise haben Hausbesitzer oder Hausverwaltungen kein Interesse daran, ihre Gebäude zu isolieren oder das Heizungssystem auszuwechseln, auch wenn sich die Kosten für sie nach 5-7 Jahren amortisieren würden.
- *Limitiertes Kapital* betrifft speziell die Armen, für die normalerweise die Ausgaben für Energie den größten Posten in den Haushaltskosten ausmachen (beispielsweise geben in Großbritannien die ärmsten 10 % der Bevölkerung 4 %, die reichsten 10 % aber nur 1 % ihres Einkommens für Energie aus). In ähnlicher Weise haben kleine Firmen einfach nicht die Mittel, um in energiesparende Maßnahmen zu investieren, da sie ihr Geld für andere Dinge ausgeben müssen.
- *Schnelle Amortisation* wird von Investitionen in die Energieeinsparung erwartet oder oft sogar verlangt - normalerweise zu Ertragssätzen in der Größenordnung von 15 %, d.h. die Ausgaben für die Investition sind durch die Einnahmen innerhalb von 5 Jahren gedeckt. Die Rendite der Energieversorgung beträgt jedoch oft nur 10 % oder sogar nur 5 %, wie es lange Zeit bei der Nuklearenergie der Fall war.
- *Mangelndes Interesse an peripheren Betriebskosten*, weil beim größten Teil der Industrie und der Haushalte die Energiekosten nur 4-8 % der Gesamtausgaben ausmachen. Jeder Beschäftigte, um den die Belegschaft reduziert wird, führt zu höheren Einsparungen als die Energiesparmaßnahmen in einem kleinen Betrieb oder in einer nicht allzu großen Schule. Ein Ergebnis davon ist, daß Budgetmanager Energiekosten oft nicht allzu ernst nehmen.

- *Auswirkungen der Tarifstrukturen für Gas und Elektrizität.* Diese teilen sich in der Regel auf in eine verbrauchsunabhängige Grundgebühr, die unabhängig vom tatsächlichen Verbrauch zahlbar ist, und einen gestaffelten Verbrauchstarif, der sich bei Massenabnahme verringert: In vielen Fällen zahlt es sich für den Verbraucher aus, bis zu 10 % der Energie zu verschwenden, um in eine niedrigere Tarifklasse zu kommen.
- *Steuerliche Regelungen* stellen die Energieversorgung über die Bedarfsreduktion. Beispielsweise gibt es in Großbritannien Mehrwertsteuer auf Materialien zur Energieeinsparung, während die Energieversorgung zum Teil steuerfrei ist. Kürzlich erfolgte Änderungen führen zu einer Mehrwertsteuer auf die private Energieversorgung, aber diese unterscheidet nicht nach den unterschiedlichen ökologischen Folgen des Energiekreislaufs. Die Besteuerung von Firmenwagen bevorzugt immer noch Vielfahrer, auch wenn Steueränderungen vorgenommen wurden, die Intensität der Nutzung statt des Kaufpreises oder des Hubraumes zugrunde legen. Nichtsdestotrotz führt die Struktur der Steuern nicht dazu, daß energieeffiziente Fahrzeuge bevorzugt werden.
- *Bürokratische Ordnungsliebe.* Energieeinsparung erfordert Millionen von Entscheidungen, die auf unterschiedlichsten Wegen zu treffen sind. Da es nicht leicht ist, dabei den Überblick zu behalten, betrachtet man es in bürokratischer Hinsicht als ordentlicher, sich um die Versorgungsaspekte des Energiemanagements zu kümmern statt um die Bedarfsdämpfung.
- *Energiemanagement am runden Tisch* wird nicht gefördert, obwohl es sich in den USA als sehr effektiv erweist. Die US-Versorgungsbetriebe profitieren davon, wenn sie den Verbrauch ihrer Kunden senken, statt mehr zu liefern. In Frankreich wurde mit einigem Erfolg versucht, diesen Ansatz über Finanzierungen durch eine «dritte Partei» zu verfolgen. In Großbritannien bewegen sich die privatisierten Energieversorger stetig in diese Richtung, jedoch entgegen der von der Gesetzgebung vorgegebenen Richtung. Idealerweise würde die neue Gesetzgebung sie vor allem dafür belohnen, «Allround»-Energiemanager zu sein, die Einsparungsmaßnahmen und effizienzfördernde Maßnahmen genauso zur Verfügung stellen wie Verbesserungen auf der Versorgungsseite.

Die Existenz dieser Hindernisse bedeutet, daß die Verbraucher nicht auf die bereits verfügbaren Preissignale reagieren. Aus wirtschaftlicher Sicht liegt der einzige Grund dafür, daß die Menschen auf solch starke Signale wie die Geldverschwendung durch ineffiziente Energienutzung nicht reagieren, im Mangel an jenen Informationen, die sie bräuchten, um mit Energie effizient umgehen zu können. Dies erklärt das Vertrauen der Regierungen in Informationskampagnen zur Förderung der Effizienz und die Vermeidung interventionistischer Optionen, wie etwa der Verordnung hoher Effizienzstandards. Trotzdem ist der Erfolg dieser Kampagnen kurzlebig, da sie die oben aufgeführten Barrieren für die Effizienz nicht thematisieren.

Kasten 17.5 Das Potential für Energieeinsparungen

Die Einsparung von Energie hat bis in jüngste Zeit viel weniger Aufmerksamkeit erfahren als die Notwendigkeit, immer größere Mengen an Energie bereitzustellen. Die Technologie für substantielle Energieeinsparungen existiert seit Jahrzehnten. Zur gleichen Zeit wurden neue Verfahren entwickelt, die zu einer verbesserten Effizienz bei der Energienutzung geführt haben und von denen einige potentiell zu erheblichen Energieeinsparungen beitragen werden. Auf der anderen Seite existiert ein Unwillen sowohl der einzelnen als auch der Gesellschaft, diese Verfahren aufzugreifen. Ein Teil des Problems ist in einigen Fällen daraus erwachsen, daß die Kosten anfänglich höher sind, selbst wenn sich erhebliche Einsparungen ergeben. In anderen Fällen haben behördliche oder kommunale Interessen aktiv Möglichkeiten gefördert, die Energie verschwenden (beispielsweise der «Electricity Act» von 1947, in dem festgelegt wurde, daß *Elektrizität* (und nicht Energie) so effizient wie möglich erzeugt werden muß). Das Problem muß auf drei Wegen angegangen werden. Erstens durch Verbesserungen in der Effizienz der Energieumwandlung; zweitens durch Verbesserungen der Effizienz bei der Endnutzung; und drittens durch eine Änderung der Sichtweisen und des Verhaltens.

Verbesserungen des Nutzungsgrades bei der Energieumwandlung

Nahezu zwei Drittel der Energie, die freigesetzt wird, wenn fossile Brennstoffe für die konventionelle Elektrizitätsgewinnung verbrannt werden, gehen in die Umgebung verloren. Neuere Techniken können diese Verluste auf etwa 50 % senken. Dies erbringt eine erhebliche Ersparnis an fossilen Brennstoffen und Reduzierungen bei den Emissionen von CO_2 und SO_2. Andere Techniken wie die Kraft-Wärme-Kopplung werden seit hundert Jahren verwendet, um die Verluste weiter zu reduzieren. Der Gesamtnutzungsgrad der Umwandlung von über 80 % scheint ohne weiteres erreichbar zu sein. Obwohl jedoch die kombinierte Kraft-Wärme-Nutzung weit verbreitet ist, wurde ihre Entwicklung oft durch unangebrachte Entscheidungen von Seiten der Politik oder Wirtschaft behindert. Für jede Elektrizitätseinheit werden zwischen 0,8 Einheiten (bei der Kraft-Wärme-Kopplung) und 1,8 Einheiten (in gewöhnlichen Kraftwerken) an Wärme erzeugt. Für diese Wärme muß es einen Bedarf geben. Kraft-Wärme-Kopplung reduziert den Anteil an Elektrizität, den ein Kraftwerk erzeugt, aber sie steigert die Gesamteffizienz der Umwandlung in nutzbare Energie erheblich.

Es treten hier zwei Schwierigkeiten auf. Erstens sind viele der in den letzten 30 Jahren erbauten Kraftwerke sehr groß (2000 MW). Ein Kraftwerk dieser Größe würde genügend Wärme liefern, um den Bedarf aller Häuser in Liverpool und Manchester zusammen zu decken. Zweitens ist die jahreszeitliche Schwankung beim Wärmebedarf für die Raumheizung stärker als diejenige beim Strombedarf. Wenn es keinen signifikanten Grundbedarf der Industrie an Wärme gäbe, würde ein Limit für die Elektrizitätsmenge, die auf diese Weise erzeugt werden kann, existieren. Die Situation kann durch den Bau kleinerer Kraftwerke in der Nähe der Stadtzentren, wo der Wärme- und der Strombedarf genau aufeinander abgestimmt werden können, wesentlich verbessert werden. Dies hat Auswirkungen auf die Umwelt vor Ort, jedoch verringert sich das Problem mit der Entwicklung sogenannter «grüner» Kraftwerke.

Industrielle Kraft-Wärme-Kopplung ist seit vielen Jahren weit verbreitet, aber es gibt auf diesem Feld noch ein erhebliches Potential. Viele Firmen, bei denen die

Fortsetzung n.S.

Kasten 17.5 ***Fortsetzung***

Kraft-Wärme-Kopplung verstärkt eingesetzt wird, haben trotzdem einen Überschuß an Wärme, der durch die Kühltürme verlorengeht. Manchmal können benachbarte Betriebe zur Deckung ihres Gesamtbedarfs an Wärme kooperieren, um eine Verbesserung der Gesamteffizienz zu erreichen, aber im allgemeinen bedarf es einer Infrastruktur und der Planungskontrolle durch eine lokale Behörde, um solche überschüssige Energie bzw. Wärme effektiv zu nutzen.

Kleine Kraft-Wärme-Anlagen, die für ein einzelnes Gebäude wie ein Krankenhaus oder ein Hotel ausgelegt sind, werden in Großbritannien zunehmend beliebter. Wahrscheinlich wird ihre Zahl in den nächsten zehn Jahren erheblich zunehmen.

Verbesserungen bei der Effizienz der Endnutzung

Technologische Entwicklungen haben zur Effizienzverbesserung bei Haushaltsgeräten geführt. Eine der spektakulärsten war vielleicht der Übergang von Röhren zu Transistoren bei Fernsehgeräten in den 70er Jahren. Die Kosten für einen Fernsehapparat änderten sich kaum, aber es gab eine 75 %ige Energieeinsparung, die die zunehmende Nutzung der Fernsehgeräte bei weitem überwog. In anderen Gebieten waren die Einsparungen geringer, und weitere signifikante Verbesserungen sind nur durch erhöhten Kapitaleinsatz möglich, werden aber trotzdem durch die Einsparungen im laufenden Betrieb wieder wettgemacht. Der Gesetzgeber könnte bei der Förderung effizienter Geräte helfen. Obwohl es thermodynamische Beschränkungen für die Effizienz einiger Arten der Energienutzung gibt (z.B. beim Kühlen), sind erhebliche Verbesserungen (vielleicht bis zu 40 oder 50 %) durch eine bessere Isolierung möglich, die die «Kälte» nicht mehr hinausläßt. Zusatzgeräte zur Verbesserung des Wirkungsgrades, die nun auch für den Hausgebrauch verfügbar werden, können mit Kühl- und Gefrierschränken verbunden werden und weitere 10 % einsparen.

Die Gesamteffizienz bei der Umwandlung der für den Transport aufgewendeten Energie kann bis zu einem gewissen Ausmaß verbessert werden, aber durch effizientes Design der anderen mit dem Transport assoziierten Komponenten, wie des Gewichts der Fahrzeuge, Tempolimits und (in geringerem Maß) einer aerodynamischen Linienführung, können weitere Einsparungen erzielt werden.

Energiesparbirnen benötigen nur 20 % der Energie, die eine normale Glühbirne mit Wolframglühfaden benötigt, neue Leuchtstoffröhren mit weiterentwickelter Zündelektronik ermöglichen ebenfalls erhebliche Einsparungen. Die hohen Anschaffungspreise waren jedoch ein Hindernis für ihre Verbreitung, obwohl sie sich bereits nach 1–2 Jahren amortisieren. Vorbehalte gegenüber der Ästhetik und der Lichtqualität der Energiesparbirnen haben eine Verwendung im großen Maßstab ebenfalls verhindert.

Wärmepumpen werden seit langer Zeit verwendet und stellen eine effektive Methode für die Raumbeheizung dar. Im Gegensatz zu Kraftwerken nutzen Wärmepumpen thermodynamische Effekte und ermöglichen eine besonders effektive Form des Heizens. Typischerweise muß nur ein Drittel der als Wärme benötigten Energie in Form von Elektrizität zugeführt werden. Wenn die für den Motorantrieb der Wärmepumpe notwendige Energie aus Erdgas gewonnen wird, sind die Einsparungen noch größer.

Die Niedrigtemperaturheizung von Räumen macht bis zu 40 % des gesamten Energiebedarfs in einem Industrieland aus. Einfache Maßnahmen wie Wärmedäm

Fortsetzung n.S.

Kasten 17.5 ***Fortsetzung***

mung, Doppelverglasung und Isolation durch Hohlraummauern können den Energiebedarf eines Gebäudes erheblich senken. Ausgefeiltere Systeme können sogar Wärme aus der Lüftung zurückgewinnen und so zu weiteren Ersparnissen beitragen. Es ist also möglich, neue Gebäude zu bauen, die nur einen geringen oder sogar gar keinen Bedarf an Heizungsenergie haben.

Die Bauvorschriften in Großbritannien sind so angelegt, daß nur ein Minimum an Maßnahmen zur Energieeinsparung vorgeschrieben wurde, statt zur Energieeinsparung zu ermutigen. Das britische Standardhaus, das im Jahr 1993 gebaut wird, hat einen Energiebedarf, der etwa halb so hoch ist wie der Bedarf eines Hauses, das nach den Vorschriften von 1976 erbaut wurde. Bei der heutigen Bautätigkeit ergibt sich eine Lebensdauer von Wohnungen von etwa 200 Jahren. Eine Verzögerung bei der Festlegung strengerer Vorschriften bedeutet, daß sich insgesamt solche Niedrigenergiehäuser für mindestens 10 bis 20 Jahre kaum auswirken werden. Dies zeigt, wie wichtig es ist, so schnell wie möglich strenge Vorschriften zur Wärmedämmung zu erlassen.

In den letzten Jahren hat sich unter den Forschern die Ansicht durchgesetzt, daß es eine «Effizienzlücke» gibt: die bekannten *wirtschaftlichen* Technologien werden nicht angewendet, auch wenn der Investor dadurch Geld sparen würde. Wann das Potential zur Energieeinsparung wirtschaftlich vielversprechend wird, ist unklar. Vieles hängt von den Annahmen über Energiepreise, Zinssätze und andere Unbekannte ab. Klar ist jedoch, daß ein Teil der Energie unnötig verbraucht wird und ohne negative Auswirkungen eingespart werden könnte, woraus oft auch noch wirtschaftliche Vorteile erwachsen könnten.

Die Ansichten ändern

Die Einstellung der Öffentlicheit und der Firmen zur Energienutzung kann den Energiebedarf erheblich beeinflussen. Gutes Energiemanagement kann leicht zu Einsparungen von 10–20 % führen, auch wenn keine technischen Maßnahmen ergriffen werden. Die Beobachtung des Energieverbrauchs und seine Analyse (unter Berücksichtigung des Wetters u.ä.) ist grundlegend, um festzustellen, wo Energie verschwendet wird. Auf der anderen Seite kann der soziale Wunsch nach weiteren Haushaltsgeräten oder das Verlangen nach größerer Mobilität alle technisch machbaren Einsparungen wieder zunichte machen. Obwohl die Energieeffizienz von Automobilen in den letzten 20 Jahren ständig verbessert worden ist (um 15–20 %), sind alle Einsparungen nicht nur durch die Zunahme der Zahl der Automobile, sondern auch durch die Zunahme der pro Fahrzeug gefahrenen Kilometer ausgeglichen worden.

Möglichkeiten zum Energiesparen schließen sich oft wechselseitig aus: Beispielsweise würden bedeutende Verbesserungen der Isolationsstandards in neuen Gebäuden die Wirtschaftlichkeit von Fernwärmekraftwerken in Städten verringern. Darum ist eine vorsichtige Balance zwischen den Optionen nötig, um die größtmögliche Gesamteffizienz bei der Energienutzung zu erreichen.

Technische Innovationen und Entwicklungen sind ein notwendiger erster, aber nicht der wesentliche Schritt zur Energieeinsparung; Gesetzgebung und gutes Management durch die kommunalen Unternehmen sind ein wichtiger zweiter Schritt; individuelle Verantwortlichkeit und institutionelle Veränderungen der letzte Schritt.

Die Anwendung von ökologischen Steuern soll das Verhalten durch eine Verstärkung des Preissignals ändern: Verbraucher werden besser über die Kosten für Energienutzung informiert. Wenn die Menschen nicht in der wirtschaftlich «korrekten» Weise reagieren, kann es sein, daß die Erhebung von Energiesteuern und ähnlichem nicht die gewünschte Wirkung hat und soziale Konflikte über die Umweltpolitik verstärken.

Wenn Unzulänglichkeiten des Energiemarktes Preiserhöhungen zu einem stumpfen Werkzeug zur Änderung des Verhaltens machen, kann es sein, daß eine sehr starke Erhöhung nötig ist, um die gewünschte Wirkung zu erzielen. Um beispielsweise eine 15 %ige Verringerung des Gesamtverbrauchs an fossiler Energie zu erzielen, so daß die CO_2-Emissionen im Jahr 2000 auf dem Niveau von 1990 stabilisiert werden könnten, müßte der Preis für Kohle um mindestens 80 %, der Preis für Erdöl um mindestens 60 % und der Gaspreis um mindestens 10 % steigen (Grubb 1991). Um die CO_2-Menge in der Atmosphäre im Jahre 2025 zu stabilisieren, müßte der Preis für Kohle in den USA auf das 6fache und in China auf das 90fache erhöht werden. Angesichts der Tatsache, daß die empfindlichen Punkte in den Industrieländern die Inflation und die Wettbewerbsfähigkeit der Wirtschaft sind, sind solche Preiserhöhungen extrem unwahrscheinlich. Die Europäische Union hat es nicht geschafft, eine mäßige Energiesteuer auf CO_2-Emissionen von \$3 auf das Äquivalent von einem Barrel Erdöl im Jahr 1993 zu erheben, die sich auf \$10 auf das Äquivalent von einem Barrel Erdöl im Jahr 2000 erhöhen sollte (das wären durchschnittlich 60 % des momentanen Ölpreises, aber das hängt natürlich von unvorhersehbaren Veränderungen des Ölmarkts und der Ölpreise ab). Trotzdem schlagen Pearce und Frankenhauser (1993) vor, daß eine Energiesteuer von \$20 pro Tonne emittierten Kohlenstoffs einer Minimalschätzung der volkswirtschaftlichen Kosten der CO_2-Emissionen im Zeitraum von 1991–2000 entspricht und sich nach den vorsichtigsten Schätzungen auf etwa \$28 pro Tonne Kohlenstoff im Jahr 2030 erhöhen sollte. Dies würde den Preis der billigsten Importkohle fast verdoppeln und fast 50 % auf den Preis subventionierter Kohle für Haushalte in den USA und in Großbritannien aufschlagen. Im Gegensatz dazu schätzen Haugland und seine Kollegen (1992), daß momentan eine globale Steuer von \$9 pro Tonne, von \$19 im Jahr 2010 und von \$100 im Jahr 2025 nötig wäre, um die CO_2-Emissionen auf dem Niveau von 1987 zu stabilisieren.

Es könnte gefährlich sein, sich auf diese Instrumente zur Marktbeeinflussung zu verlassen, weil ihre Durchsetzung schwierig werden könnte. Das Herausheben der nichtwirtschaftlichen Faktoren, die mit dem Gebrauch bzw. Mißbrauch von Energie verbunden sind, macht es möglich, eine effektivere und zielgerichtetere Politik zu formulieren, aber nur wenn der enge Blickwinkel der Definition von Energie als Ware aufgegeben wird. Die besondere Qualität der notwendigen Politik kann auch mit anderen Zielen in Konflikt geraten: Produktstandards und gewisse Steuern können dem Trend zum freien Handel zuwiderlaufen. Darum befürworten einige Analytiker wie Lovins einen c-und-c-Ansatz zur Energieregulation. Die Einhaltung von Energieeffizienzzielen, ob bei

Maschinen, Bauvorschriften oder den Energiebudgets in Behörden und Industrie, garantiert zumindest teilweise das Ziel der Emissionsreduktion in einer Form, die jeder als unparteiisch betrachtet. Ökonomen beschweren sich zu Recht, daß dies höchst uneffizient ist, aber es könnte sich als politisch akzeptabler erweisen.

Wenn Programme zur Förderung des Energiesparens erfolgreich sein sollen, müssen sie sorgfältig entworfen werden. Sonst kann es sein, daß sie weniger effektiv sind, als sie es durch unangemessene Einschränkungen sein könnten. Ein Beispiel bietet der Zuschuß zur Isolierung von Dachgeschossen, der 1978 von der britischen Regierung eingeführt wurde. Wohnungen mit weniger als 30 mm Isolierung kamen für den Zuschuß in Frage, der zwei Drittel der Kosten für die neue Isolierung betrug, bei einigen besonders Bedürftigen (beispielsweise Rentnern) bis zu 90 %. Dieser Zuschuß war mehrere Jahre lang abrufbar. Für ein typisches nach 1945 erbautes Haus (mit einer Gasheizung) würde sich eine solche Isolierung ohne den Zuschuß nach einem Jahr von selbst amortisieren - eine gute Amortisation, die sich durch den Standardzuschuß auf 4 Monate und durch den 90%igen Zuschuß auf lediglich 5 Wochen verringert.

Andererseits kämen Häuser, in denen die Bewohner kürzlich ohne Zuschuß eine 50 mm dicke Isolierung installiert hätten, nicht für den Zuschuß in Frage, wenn sie die Isolierung auf 100 mm aufrüsten wollen. In diesem Fall erhöht sich die Amortisationszeit auf deutlich über 3 Jahre, was diese Investition weniger attraktiv macht als für einen Haushalt ohne jede Isolation. Wenn in unserem Beispiel die Isolierung auf 150 mm erweitert werden sollte und vorher schon 100 mm installiert worden wären, würde die Amortisationszeit dafür 18 Jahre betragen. Dagegen verlängert sie sich für jemanden, der in einem Haus ohne Isolierung eine 150 mm dicke Isolierung anbringen würde, nur auf 7 Monate.

Dieses einfache Beispiel veranschaulicht mehrere Punkte. Zum ersten ist die Energiesparmaßnahme ohne den Zuschuß für denjenigen viel kosteneffektiver, der keine Isolation hatte, als für jemanden, der bereits eine Isolation angebracht hat. Diese Art des Vorgehens gibt vielen Leuten das falsche Signal: wenn sie nur abgewartet hätten, wäre ihnen ein Zuschuß gewährt worden. Dies wird sie in Zukunft von solchen Maßnahmen abschrecken. Natürlich muß es Subventionen für Menschen mit geringem Einkommen geben, aber ein gerechteres System, das Anreize für die Zukunft bereithält, würde Steuersenkungen für alle möglichen Energiesparmaßnahmen ermöglichen. Zweitens ist offensichtlich, daß in einem Fall wie diesem schrittweises Vorgehen weit weniger kosteneffektiv ist als die einmalige komplette Installation der bestmöglichen Isolation.

17.5 Energieversorgung: Ein neuer Ansatz

Obwohl es viele Möglichkeiten der Energieeinsparung gibt, wird es immer einen Energiebedarf geben, der gedeckt werden muß. Eine integrierte Strategie für die nachhaltige Energienutzung wird den Übergang der Energieversorgung von fossilen zu erneuerbaren Energiequellen einschließen, wobei Gas als Übergangslösung dient. Der Schritt von der Nutzung des Energiekapitals zur Nutzung des Energieeinkommens muß vollzogen werden: Die Nutzung von Gas als fossilem Brennstoff mit der geringsten Schadstoffbelastung der Umwelt stellt einen bedeutenden Schritt zu einer Energieversorgung (mit geringen oder sogar überhaupt keinen Emissionen) dar, der notwendig ist, um die Gefahr einer Umweltzerstörung zu vermeiden. Es muß jedoch bemerkt werden, daß jeder positive Schritt bei der Energieversorgung durch wachsenden Bedarf zunichte gemacht werden kann, da das absolute Niveau der Emissionen steigen kann, selbst wenn die Umweltbelastung pro Mengeneinheit sinkt – weil die emittierte Menge weiter zunimmt. Die Ersetzung einer Energie*quelle* durch eine andere reicht deshalb allein nicht aus, sie muß Hand in Hand gehen mit Maßnahmen, die den *Bedarf* zügeln. Da die Art der Versorgung jedoch leichter zu steuern ist als der Bedarf, kann man annehmen, daß sich viele Regierungen auf diesen Aspekt konzentrieren werden.

In der Energiewirtschaft ist eine institutionelle Veränderung trotz allem wirklich notwendig: von der Orientierung auf die Lieferung von Brennstoffen hin zur Lieferung von Energie*dienstleistungen*. Wenn verschiedene Organisationen verschiedene Energieträger zur Verfügung stellen, ist die Abstimmung zwischen Energiebedarf und Versorgung schwierig: speziell private Unternehmen werden darauf achten, viel von den Energieträgern zu verkaufen, die sie anbieten, statt zu berücksichtigen, ob dieser Energieträger für die spezielle Anwendung der richtige ist. Beispielsweise hätte die Nutzung von Strom zur Beheizung von Räumen kaum eine Chance, wenn die Firmen auf die Bereitstellung von Energiedienstleistungen ausgerichtet wären und nicht ihren speziellen Energieträger auf Kosten ihrer Konkurrenten auf dem Markt durchzusetzen versuchten. Diese Überlegung wurde angestellt, um auf eine radikale Verschiebung vom Wettbewerb hin zu Planung und Koordination hinzuweisen, die vielleicht von öffentlichen Energiebüros vor Ort betrieben werden könnte: zumindest impliziert diese Umstellung eine erheblich aktivere Rolle für die Steuerung und Leitung privater Energieversorger.

Schritte in dieser Richtung sind in den USA durch die Einführung des «least cost planning» (LCP = der «Planung mit den geringsten Kosten») gemacht worden. Um die Kriterien für Investitionen in Versorgung und Bedarf zur Deckung zu bringen, haben einige der Steuerungsorgane für die staatliche Elektrizitätswirtschaft Beschränkungen für die Elektrizitätsversorger erlassen, die diese Firmen dazu gebracht haben, die LCP einzuführen (die wiederum die Verwendung des «demand side management» (DSM = «Bedarfsplanung») einschließt). Bei der LCP werden Investitionen in die Versorgung (z.B. neue Kraftwerke oder neue Leitungen) mit den Investitionen in die Bedarfsreduzierung (z.B. die Subvention oder kostenlose Abgabe von Energiesparlampen) verglichen. In vielen Fällen liegt es im Interesse des Versorgers, beim Kunden in die Technik zur Energieeinsparung zu investieren, da dadurch neue Kraftwerke überflüssig werden.

Fraglich ist, ob die Versorger diese Einsparungen ohne die Drohung der Behörden, die automatische Weitergabe der Kosten für neue Anlagen an den Verbraucher zu verbieten, verwirklicht hätten. Dies zeigt, daß institutionelle Trägheit ein weiteres Hindernis bei der Durchsetzung von Energieeffizienz ist. LCP zwingt die Versorger, darüber nachzudenken, wie sie ihren Kunden Energie-*Dienstleistungen* anstatt konventioneller Energieversorgung anbieten können. Die LCP, wie sie in den USA eingesetzt wird, hat zur Voraussetzung, daß die Firmen in der Lage sind, die Kosten für neue Kapazitäten für Erzeugung und Übertragung durch Investitionen in die Verbesserung der Effizienz ausgleichen. Wenn diese Aufwendungen, wie in Großbritannien, zwischen verschiedenen Firmen aufgeteilt sind, z.B. zwischen Erzeugern und Verteilern, dann kann keine Firma von einer Verbrauchsreduzierung profitieren, und die Durchsetzung der LCP wird wesentlich erschwert.

17.6 Schlußfolgerungen

In diesem Kapitel sind nur ein paar der vielen Themen diskutiert worden, die bei einer Umorientierung der Energiepolitik zur Umweltfreundlichkeit eine Rolle spielen. Die Diskussion hat auf den Konflikt zwischen Nachhaltigkeit auf der einen Seite und den vorherrschenden Arrangements und Sichtweisen der Institutionen zur Energie auf der anderen Seite hingewiesen. Hier muß jedoch eine weitergehende Frage erlaubt sein: Bis zu welchem Grad ist die Verschwendung von Energie in der wirtschaftlichen Struktur westlicher Gesellschaften «eingebaut»? Beispiele dafür sind die Ausbreitung der Elektrizität, deren Bedarf erheblich schneller gewachsen ist als der Energiebedarf im allgemeinen, und der motorisierte Transport, der um die Jahrtausendwende eine der wichtigsten ökologischen Streitfragen sein wird.

Elektrizität ist der «moderne» Energieträger: sauber, leise, kontrollierbar. Leider ist sie auch eine sehr verschwenderische Energieform, bei der bis zu zwei Drittel der eingesetzten Wärme verloren geht. Der ökonomische Druck auf die Industrie, die Arbeitsproduktivität zu erhöhen, führt zu verstärkter Mechanisierung, diese wiederum zu einem größeren Bedarf an Elektrizität. Da Elektrizität nicht dort erzeugt wird, wo sie verbraucht wird, fördert sie eine «Aus den Augen, aus dem Sinn»-Mentalität, so daß Umweltprobleme, die mit der Elektrizität verbunden sind, akzeptabler erscheinen als solche, die mit einer Energiequelle vor Ort verbunden sind.

Die wirtschaftlichen Strukturen, die Elektrizität so attraktiv machen, heizen auch den Bedarf nach Mobilität an, wodurch es zu einer rapiden Verbreitung des Automobils kommt. Die Mobilisierung der Gesellschaft und das Profitstreben führen beispielsweise zu großen Einkaufszentren außerhalb der Städte, die nur mit dem Auto zu erreichen sind: solange die Strukturen, die diese verschwenderischen und schädlichen Praktiken fördern, nicht verändert werden, wird der Bedarf nach Mobilität weiter steigen.

Obwohl die Aussichten für solche grundlegenden Veränderungen schlecht sind, besteht dennoch bereits die Technologie, die für die Entwicklung einer Gesellschaft mit geringen Auswirkungen auf die Umwelt nötig wäre. Technologien mit regenerativen Energiequellen können die Auswirkungen der Energieversorgung auf die Umwelt mindern, wenn auch vielleicht mit einigen Auswirkungen auf ästhetische Aspekte. Die Informationstechnologie hat das Potential, den Bedarf für Reisen durch Telearbeit und andere Formen des Zugangs zu Informationen von zu Hause aus zu reduzieren. Die Kreisläufe der Ressourcennutzung können durch Recycling und Energiegewinnung aus Abfall geschlossen werden. Dies sind nur einige der Möglichkeiten, die einen geringeren Energieverbrauch pro Kopf ohne Beeinträchtigung der Lebensqualität möglich machen würden und die auch die wirtschaftliche Stabilität der Gesellschaft bewahren würden.

Die Existenz dieser Technologien bedeutet, daß wir bewußte Entscheidungen über unsere Ressourcennutzung treffen müssen. Die gegenwärtigen wirtschaftlichen Strukturen zwingen die Gesellschaft, sich sozusagen immer mehr Sklaven, die uns mit Energie versorgen, gefügig zu machen. Ivan Illich schrieb 1974:

> Die Energiekrise richtet die Aufmerksamkeit auf den Mangel an Futter für diese Sklaven. Ich würde es vorziehen, zu fragen, ob freie Menschen sie wirklich brauchen.

In zwanzig Jahren kann es sein, daß die Umweltkrise die Welt zwingt, diesen Punkt wieder auf die Tagesordnung zu setzen.

Literaturverzeichnis

Carter D (1991) Aspects of risk assessment for hazardous pipeline containing flammable substances. J Loss Prevention Process Industries 4:p 68

Department of the Environment (1993) Digest of environmental protection and water statistics, No. 15, 1992. HMSO, London

Grubb M (1991) Energy policies and the greenhouse effect, volume one: policy appraisal. Royal Institute of International Affairs, London

Haugland TH, Olsen O, Roland K (1992) Stabilizing CO_2 emissons: are carbon taxes a viable option? Energy Policy 20/5:405–419

Holdern J, Pachauri RK (1992) Energy. In: Dooge J (ed) An agenda for science for environment and development into the 21st century. Cambridge University Press, Cambridge, pp 103–118

Illich I (1974) Energy and equity. Calder and Boyars, London

Lovins AB (1975) World energy strategies: facts, issues and options. Friends of the Earth, New York

McGowan F (1991) Controlling the greenhouse effect: the role of renewables. Energy Policy 19/2:110–118

Pearce DW, Frankhauser S (1993) Cost effectiveness and cost-benefit in the control of greenhouse gas emissions (IPCC-Präsentation von Arbeitsgruppe 3), Montreal
Pearce DW, Turner RK, O'Riordan T (1992) Energy and social health: integrating quantity and quality in energy planning. CSERGE Working Paper 000 92–105. University of East Anglia, Norwich
Rasmussen NC (1990) The application of probabilistic risk techniques. In: Glickman TS et al. Readings in risk. John Hopkins University Press, Washington DC, p 198
Shipper L (1991) Improved energy efficiency in the industrialized countries: past achievements, CO_2 emission prospects. Energy Policy 19/2:127–137
UN (1982) 1980 yearbook of world energy statistics. United Nations, New York
UN (1989) 1987 world statistics yearbook. United Nations, New York
UN (1985) 1982 yearbook of world energy statistics. United Nations, New York
World Bank (1990) World development report 1989. Oxford University Press, New York
World Bank (1992) Energy. In: World Development Report 1992. Oxford University Press, Oxford, pp 115–127
World Resources Institute (1993) World resources 1992–93. Oxford University Press, Oxford

Weiterführende Literatur

Chapman PF (1975) Fuels paradise: energy options for Britain. Penguin Books, Harmondsworth, UK
Eastop TD, Croft DR (1990) Energy efficiency. Longman, Harlow, UK
Foley G (1987) The energy question. Pelican, London
Lovins AB (1977) Soft energy paths: towards a durable peace. Penguin Books, Harmondsworth, UK
Patterson W (1976) Nuclear power. Penguin Books, Harmondsworth, UK
Ramage J (1983) Energy: a guide book. Oxford University Press, Oxford
Roberts JU, Elliot D, Houghton T (1991) Privatizing electricity: the politics of power. Belhaven Press, London
Stern PC, Aronson E (eds) (1984) Energy use: the human dimension. W.H. Freeman, New York
Thompson M (1984) Among the energy tribes: a cultural framework for the analysis and design of energy policy. Policy Sciences 17/3:321–339
Vellinga P, Grubb M (eds) (1993) Climate change policy in the European Community. Royal Institute of International Affairs, London

18 Gesundheitsvorsorge

Robin Haynes

Behandelte Themen:

- Sauberes Wasser und sanitäre Einrichtungen
- Luftverschmutzung
- AIDS
- Ultraviolette Strahlung und Hautkrebs
- Strahlung
- Wissenschaft und Management

Gesundheit wird in steigendem Maß als ein ganzheitliches und soziokulturelles Phänomen, nicht mehr nur als rein medizinische Angelegenheit betrachtet. Das bedeutet, daß die vier Aufgaben des Gesundheitsmanagements – Vorsorge, Aufklärung, Behandlung und Rehabilitation – sowohl in sogenannte «ergänzende» medizinische Verfahren als auch in sozioökonomische Entwicklungsmuster integriert werden müssen, die das physische und mentale Wohlergehen der Menschen zum Ziel haben. Wir haben in Kap. 1 bereits gesehen, daß es eine enge Verbindung zwischen der Gesundheitsvorsorge auf kommunaler Ebene, verbesserten zivilen und wirtschaftlichen Rechten für Frauen und einer Verringerung des Bevölkerungswachstums gibt. In diesem Kapitel wird dargestellt, wie die ländliche Entwicklung in bestimmten Gegenden, vor allem in Zentral- und Ostafrika und in Teilen Südostasiens, durch die Abnahme der Zahl gesunder junger Erwachsener stark belastet wird, die oft mit AIDS und anderen schwächenden Krankheiten, deren Verbreitung auch soziale Gründe hat, infiziert sind.

Die Gesundheitsvorsorge ist auch besonders von einer sozial akzeptablen, (hinsichtlich der Entfernungen und Kosten) leicht verfügbaren und wissenschaftlich seriösen Versorgung mit Leistungen abhängig. Die medizinische Versorgung erfordert in ihrer einfachsten Form keine medizinische Spezialisierung: viel kann auch durch kommunale Säuglingsfürsorge, präventive Gesundheits- und Sozialprogramme, Gesundheitserziehung in Schulen und adäquatem (aber mäßigem) Kapitaleinsatz für einen zufriedenstellenden Service erreicht werden. Auch durch selbständige Maßnahmen, die mit sozialen und wirtschaftlichen Entwicklungsprogrammen verbunden sind, kann viel erreicht werden. Aber leider ist das noch nicht der Fall. Für den Preis von einigen High-Tech-Kampfflugzeugen pro Jahr könnte für 90 % der Weltbevölkerung eine medizinische Grundversorgung sichergestellt werden, die noch genug Spielraum für Ausbildungs- und kommunale Beschäftigungsprogramme ließe. Auch nach einem Jahrzehnt der internationalen Anstrengungen für die Bereitstellung von Trinkwasser und sanitären Einrichtungen durch verschiedene Organisationen der Vereinten Nationen haben über eine Milliarde Menschen immer noch keinen Zugang zu sauberem Trinkwasser. Und nahezu 1,5 Mrd. stehen noch nicht einmal die einfachsten sanitären Einrichtungen zur Verfügung (Bergstrom und Ramalingswami 1992, S. 121).

Die Ideen sind da, aber in der Praxis mißlingen sie meist. Die chemische Bekämpfung ansteckender Krankheiten wie Flußblindheit (Onchozerkose) und Malaria erweist sich als unzulänglich und teuer. Im Fall der Flußblindheit hat sich herausgestellt, daß die biologische Bekämpfung mit Bakterien sowohl den größeren Erfolg hat als auch am besten an die jeweilige Kultur angepaßt werden kann. Schutz mit Moskitonetzen sowie die Trockenlegung ökologisch wenig wertvoller Gewässer stellen anerkanntermaßen eine bessere Alternative dar als der umfangreiche Einsatz von DDT oder anderen billigen, aber nichtsystemischen Pestiziden. Dennoch müssen jedes Jahr 100 Mio. Menschen mit Malaria klinisch behandelt werden und 5 Mio. sterben jährlich an ihr. In manchen Gebieten an der Siedlungsgrenze, in denen die Wälder abgeholzt werden, sind sechs von zehn jungen Erwachsenen infiziert.

Interessant für die moderne Epidemiologie sind die Auswirkungen von Wanderungsbewegungen auf die menschliche Gesundheit. Auf der einen Seite werden Krankheiten verbreitet, weil einzelne Überträger mit fremden Krankheiten mit anderen Menschen in Berührung kommen, die keine natürlichen Abwehrkräfte gegen diese Krankheiten haben. Wie man weiß, sind ganze Eingeborenenpopulationen durch die Kolonisation durch Fremde und deren Krankheiten ausgelöscht worden.

Es ist möglich, daß ein ähnliches Muster der Immunschwäche durch die modernen Wanderungsbewegungen der Menschen unter sehr ähnlichen Umständen ausgelöst wird. Hafenstädte und militärische Einrichtungen ziehen Zuwanderer und Reisende aus der Ferne an. Wie Robin Hayes in diesem Kapitel vorschlägt, könnte Leukämie entweder von einem Virus verursacht werden oder entstehen, wenn ein schlecht entwickeltes Immunsystem ungewohnten Infektionen ausgesetzt wird. Ähnlich interessant, aber noch unbewiesen ist die These, daß Krankheiten wie Asthma heutzutage weiter verbreitet sind, weil die üblicherweise tödlichen Krankheiten, namentlich Cholera, Pocken und Tuberkulose, heute zwar nicht mehr zum Tode führen, das Immunsystem sich aber nun mit subtileren Krankheitserregern wie der Luftverschmutzung, Giftstoffen in der Nahrung und Viren auseinanderzusetzen hat.

Die Epidemiologie ist sowohl eine statistische als auch eine beurteilende Wissenschaft. Eine Verbindung zwischen Ursache und Wirkung kann nur selten eindeutig hergestellt werden. Anhäufungen von Leukämieerkrankungen müssen gar keine Anhäufungen sein und ihre Ursache in der vom Menschen erzeugten Strahlung haben. Noch immer kann der Mangel an wissenschaftlichen «Beweisen» in der Öffentlichkeit Vorurteilen und Ängsten Vorschub leisten, durch die Druck ausgeübt werden kann. Umweltgruppen führen erfolgreiche

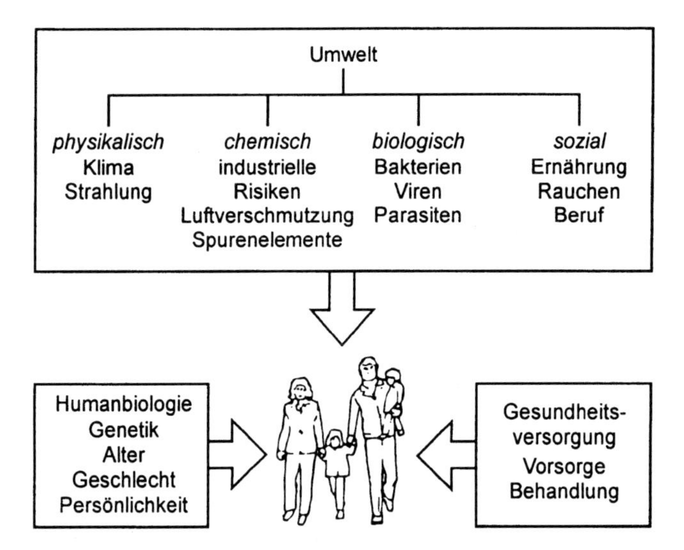

Abb. 18.1. Einflüsse auf die Gesundheit.

Kampagnen gegen Blei im Benzin und Nitrat im Wasser, weil wissenschaftliche Vorsicht es verhindert, die Schuld in Ursachen zu sehen, die als inakzeptabel und behebbar betrachtet werden. In der Erforschung und im Management der Auswirkungen der Umwelt auf die Gesundheit wird, genauso wie in der Literatur über Risiken, eine «öffentliche» Form der Wissenschaft zugrunde gelegt. Das bedeutet einerseits, dafür zu sorgen, daß die besten wissenschaftlichen Analysen verfügbar sind, andererseits aber sicherzustellen, daß man erhebliche Vorsicht walten läßt, wenn es öffentliche Unruhe oder vermeidbare Gefahren gibt, und die Stimmen der «Laien»-Wissenschaft in beratende Organe und Strukturen zur Bürgerbeteiligung zu integrieren. Das Phänomen ökologischer Einflüsse auf die Gesundheit wird zu einem Problem der Integration ethischer und medizinischer Werte bei sozial signifikanten Themen wie der Gesundheitserziehung, der Versorgung und der Verstärkung eines ganzheitlichen Ansatzes zum menschlichen Wohlbefinden.

Wenn die Umwelt «alles ist, was ich nicht bin», wie Albert Einstein gesagt haben soll, dann ist die Umwelt zum großen Teil für die menschliche Gesundheit und für Krankheiten verantwortlich. Interne genetische Faktoren erhöhen sicher die Anfälligkeit für einige Krankheiten, aber der Einfluß der Umwelt ist generell stärker. Epidemiologen haben geschätzt, daß beispielsweise 75–80 % aller Krebserkrankungen durch Umwelteinflüsse, inklusive Ernährung und Rauchen, verursacht werden. Abbildung 18.1 zeigt die wichtigsten Einflüsse. Da wir viele Aspekte unserer Umwelt unter Kontrolle haben (anders als unsere genetische Erbsubstanz), könnten viele Krankheiten verhindert werden, indem man die Umwelt verändert – zumindest theoretisch. Es gibt klare Verbindungen zwischen der Arbeit der Wissenschaftler, die die Zusammenhänge zwischen

Umwelt und Krankheiten erforschen, und dem ökologischen Management, mit dem Krankheiten verhindert und die Gesundheit gefördert werden soll. Dieses Kapitel geht auf einige dieser Verbindungen ein, es werden aber auch die Unterschiede in der Ethik und Verantwortlichkeit von Wissenschaftlern und Managern auf Gebieten skizziert, in denen die Ursachen für Krankheiten erst gefunden werden müssen.

18.1 Sauberes Wasser und sanitäre Einrichtungen

Seit dem frühen 19. Jh. sinken die Sterberaten in den industrialisierten Ländern des Westens und betragen nun die Hälfte der früheren Werte. Die größten Fortschritte gab es bei Säuglingen und Kindern. Damals weitverbreitete Krankheiten wie Tuberkulose, Cholera, Ruhr, Typhus, Fleckfieber, Pocken, Scharlach, Masern, Keuchhusten und Diphterie sind inzwischen ausgerottet oder unter Kontrolle. Veränderungen wie die Versorgung mit sauberem Wasser, Kanalisationssysteme, Nahrungsmittelhygiene, bessere Wohnbedingungen und die Kontrolle der Arbeitsbedingungen haben wesentlich zum starken Rückgang der wichtigsten endemischen Infektionskrankheiten beigetragen. Weitere bedeutende Veränderungen betrafen Verbesserungen in der Ernährung, die aus Fortschritten der Landwirtschaft resultierten, wodurch die Widerstandsfähigkeit gegen Krankheiten erhöht wurde. Medizinische Maßnahmen hatten vor den 30er Jahren dieses Jahrhunderts, als zum ersten Mal Sulfonamide gegen Infektionen eingesetzt und später Antibiotika und verbesserte Impfstoffe verwendet wurden, sehr geringe Auswirkungen. Inzwischen wurden in den entwickelteren Ländern die Infektionskrankheiten von Herzerkrankungen und Krebs als Haupttodesursachen abgelöst. Diese reagieren nicht positiv auf die durch wirtschaftliche Entwicklung hervorgerufenen Veränderungen der Umwelt. In der Tat haben Entwicklung und Wohlstand neue Gesundheitsprobleme erzeugt.

In großen Teilen der Dritten Welt dominieren immer noch Diarrhöe, Ruhr, Cholera, Typhus, Darmwürmer, Tuberkulose und Erkrankungen der Atemwege. Viele Erkrankungen des Verdauungstrakts werden durch Fäkalien übertragen, darum ist die wirksamste Maßnahme dagegen die Verbesserung der Wasserversorgung und der sanitären Einrichtungen. Trinkwasser, das durch Exkremente verschmutzt ist, Feldfrüchte, die mit Exkrementen gedüngt werden, und Fische aus verschmutzten Gewässern stellen Gefährdungen der Gesundheit dar, die deutlich verringert werden könnten. Aber etwa 1,3 Mrd. Menschen in den Entwicklungsländern ist kein sauberes Wasser zugänglich und fast 2 Mrd. haben keine ausreichende Abwasserentsorgung (siehe Abb. 18.2). Die Weltbank (1993) schätzt, daß die Kosten für eine angemessene Versorgung mit Wasser und sanitären Einrichtungen im Bereich von $15 pro Person und Jahr in einfachen ländlichen Gebieten und $200 in städtischen Gebieten (mit einer eigenen Was-

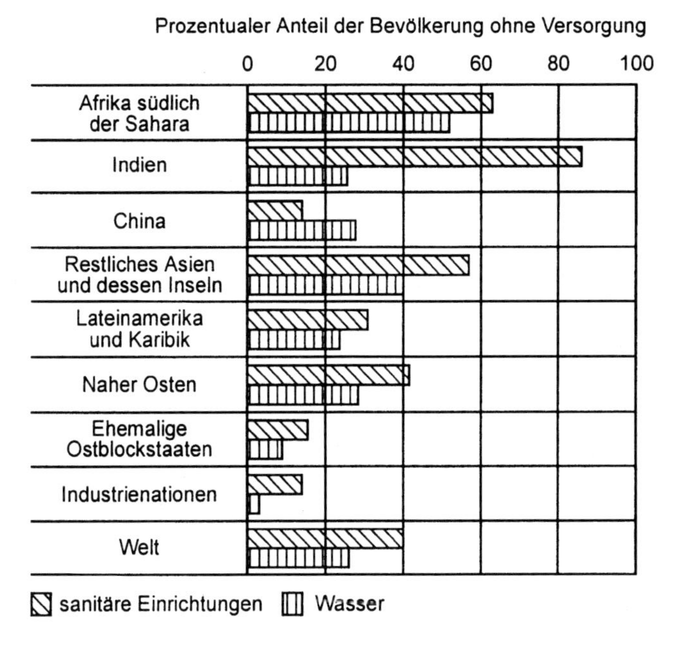

Abb. 18.2. Anteil der Bevölkerung ohne sanitäre Einrichtungen oder Wasserversorgung.

serversorgung und Toiletten mit Wasserspülung für jeden Haushalt) liegen. Die erzielbaren Vorteile umfassen gesteigerte Produktivität genauso wie verbesserte Gesundheit; die Kosteneffektivität ist also extrem hoch.

18.2 Luftverschmutzung

Die Luftverschmutzung und ihre zahlreichen Folgen werden im Detail in Kap. 15 besprochen. Der winterliche «Smog» war früher in den Städten der Industrieländer eine häufige Erscheinung. Bei unvollständiger Verbrennung von Kohle und Öl entstanden Ruß, Schwefeldioxid und indirekt Schwefelsäure, Stoffe, die tödliche Folgen haben können, wenn sie bei stabilen winterlichen Wetterlagen durch eine temperaturbedingte Inversionsschicht gefangen sind (Abb. 18.3). Gesetze zur Reinhaltung der Luft, Technologien zur Rauchgasreinigung und die Verwendung alternativer Energiequellen schützen heutzutage die Bevölkerung der meisten entwickelten Gebiete, aber diese Fortschritte gibt es in den osteuropäischen Ländern noch nicht. Teile der Tschechischen Republik, Polens und Ostdeutschlands leiden immer noch unter den Auswirkungen der

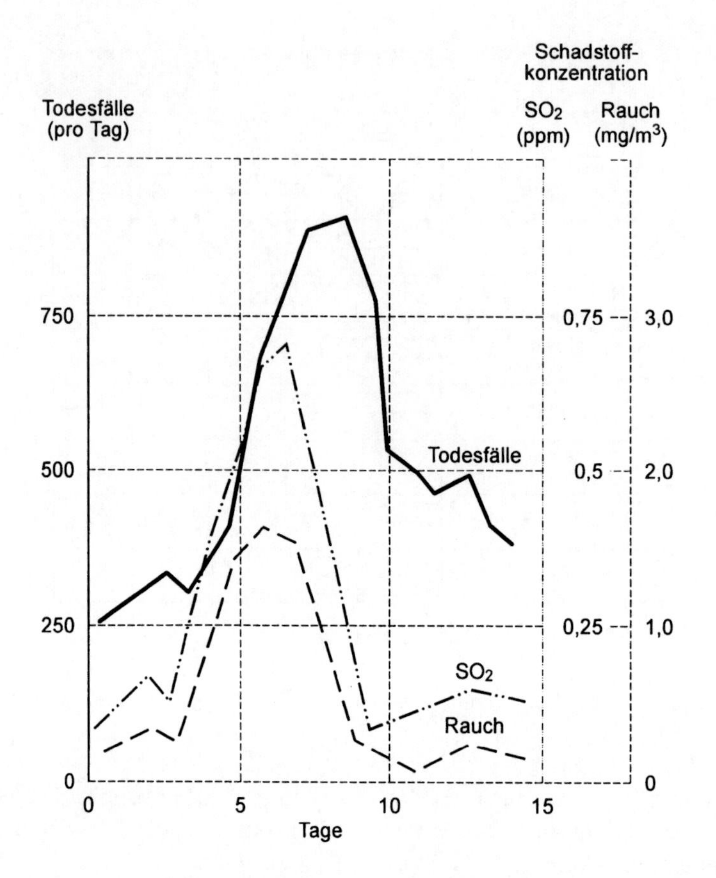

Abb. 18.3. Der *London Smog*, Dezember 1952 (*Quelle:* UK Ministry of Health 1954).

unkontrollierten Emission von Aerosolen und Schwefeldioxid und weisen eine hohe Rate von Erkrankungen der Atemwege und daraus resultierenden Todesfällen auf. Man vermutet, daß z.B. die Luftverschmutzung für bis zu ein Viertel der Todesfälle durch Erkrankungen der Atemwege bei tschechischen Kindern verantwortlich ist (Weltbank 1993). Sowohl die menschlichen als auch wirtschaftlichen Kosten solcher Zustände sind hoch.

In vielen anderen Städten ist inzwischen eine andere Form des Smogs verbreitet, die durch Automobile erzeugt und durch sonniges Klima verschärft wird. *Photochemischer Smog* besteht aus Ozon, Kohlenmonoxid, Kohlenwasserstoffen und deren photochemischen Zersetzungsprodukten und führt zu einer Reihe von Gesundheitsproblemen, von der Reizung der Augen bis zu ernsthaft beeinträchtigten Lungenfunktionen. Der motorisierte Verkehr ist heutzutage auch eine bedeutende Quelle für Blei in der Umwelt. Die Symptome von Bleivergiftungen sind wohlbekannt, aber kleine Mengen Blei aus Autoabgasen könnten den Blutdruck bei Erwachsenen und sogar die geistige Entwicklung von Kindern, die in der Nähe starkbefahrener Straßen wohnen, beeinflussen. Auf der Ebene der nationalen Gesetzgebung haben Vorschriften für Kraftfahrzeuge, die Anreize zur Verbesserung der Kraftstoffqualität, des Wirkungsgrades der Motoren und zur Verringerung des Verkehrsaufkommens enthalten, die größte Wirkung. Die meisten Industrieländer und einige Entwicklungsländer haben den Bleigehalt in Treibstoffen limitiert und wenden steuerliche Instrumente an, um die Verwendung bleifreien Kraftstoffs zu fördern. Als Folge davon sinkt in urbanen Gebieten der Bleigehalt im Blut der Menschen.

Die Luftverschmutzung innerhalb von Häusern ist vor allem in den weniger entwickelten Ländern ein Problem. Das Verbrennen von Kohle und Holz zum Kochen in schlecht gelüfteten Wohnungen setzt vor allem Frauen und Kinder sehr hohen Partikelkonzentrationen aus.

Die Luftverschmutzung in Innenräumen trägt zu Lungenentzündungen und anderen Erkrankungen der Atemwege bei Kindern und zu chronischen Lungenerkrankungen einschließlich Lungenkrebs bei Erwachsenen bei. Sie kann sogar zu Totgeburten führen. Die Verringerung dieser Auswirkungen wird nicht nur davon abhängen, daß die Betroffenen über den potentiellen Schaden für Säuglinge und Kinder aufgeklärt werden, sondern auch davon, ob alternative Brennstoffe oder Gas zu erschwinglichen Preisen zur Verfügung gestellt werden können.

18.3 AIDS

Die HIV/AIDS-Epidemie wurde zum ersten Mal 1981 erkannt und hat sich heute fast über die ganze Welt ausgebreitet. Diese Ausbreitung erfolgte sehr schnell und unberechenbar. Im Vergleich zu Herz-Kreislauferkrankungen, Erkrankungen der Verdauungsorgane oder Krebs ist AIDS («acquired immune deficiency syndrome») weltweit noch keine bedeutende, aber in der wirtschaftlich produktivsten Altersgruppe (20–40 Jahre) eine der häufigeren Todesursachen, und zwar an so verschiedenen Orten wie New York und großen Teilen Afrikas. Gegen AIDS gibt es keine wirksamen Impfstoffe oder Behandlungsformen und ein anhaltender geometrischer Anstieg ist in absehbarer Zukunft unausweichlich (Abb. 18.4).

Bisher sind die meisten Fälle in Afrika südlich der Sahara aufgetreten, gefolgt von Nordamerika und Lateinamerika, das Muster ist aber nicht stabil. Vorbeugende Maßnahmen sind aus der Untersuchung der Übertragungsmechanismen und dem sozialen Kontext der Übertragung entstanden.

HIV («human immunodeficieny virus») ist ein Retrovirus, das die Zellen attackiert, die das Immunsystem kontrollieren, so daß der Körper für Folgeinfektionen extrem anfällig wird. HIV wird durch Geschlechtsverkehr übertragen (die meisten Infektionen ergeben sich aus heterosexuellem Verkehr), durch ver-

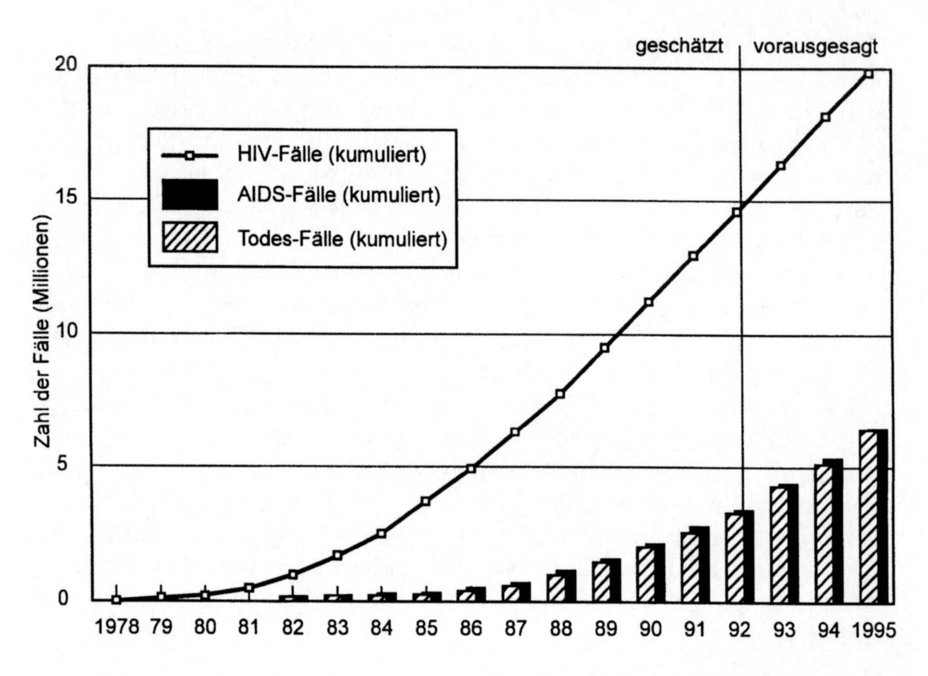

Abb. 18.4. Zahl der HIV-Fälle und der AIDS-Fälle und -Toten weltweit (*Quelle:* Mann *et al.* 1992).

seuchte Blutkonserven oder gemeinsamen Gebrauch von Injektionsnadeln, außerdem vor der Geburt oder durch die Muttermilch von der Mutter auf das Kind. Der Ausbruch der Krankheit wird diagnostiziert, wenn eine mit HIV infizierte Person eine Infektionskrankheit bekommt, die bei Menschen mit funktionierendem Immunsystem selten ist. AIDS wurde zuerst in San Francisco und New York erkannt, als bei offensichtlich gesunden jungen homosexuellen Männern eine seltene Krebsart auftrat (das Karposi-Sarkom). Die Inkubationszeit zwischen der Infektion mit HIV und dem Auftreten von AIDS ist lang, typischerweise 8–10 Jahre. Antivirenmedikamente wie AZT können diese Zeit etwas verlängern, aber sie haben schwere Nebenwirkungen und sind teuer. AIDS ist immer tödlich.

In einigen Städten Zentral- und Südafrikas sind bis zu 30 % der Bevölkerung infiziert, eine steigende Zahl von Säuglingen wird bereits infiziert geboren. Die Infektionen haben sich durch flüchtige sexuelle Kontakte in den Städten ausgebreitet und das Leben der Familien in den Dörfern zerstört. Die Erkrankung eines jungen Erwachsenen in einer ländlichen Gemeinschaft führt zu einer geringeren landwirtschaftlichen Produktion, also zu geringerem Einkommen und einer schlechteren Nahrungsmittelversorgung der ganzen Familie. Wenn ganze Gemeinden betroffen sind, wird eine Spirale des Abstiegs in Gang gesetzt: der Ackerbau als Geldquelle wird aufgegeben, der Ackerbau zur Eigenversorgung vernachlässigt, so daß die Feldfrüchte von Schädlingen befallen werden und eine

Generation von Waisen entsteht, die versorgt werden muß. Die Anforderung an die sehr unzureichend entwickelte medizinische Versorgung besteht darin, einfache Behandlungsmethoden mit preiswerten Medikamenten zur Verfügung zu stellen, die die mit AIDS verbundenen Erkrankungen lindern. Die Vorsorge konzentriert sich auf Programme, die den Gebrauch von Kondomen propagieren, und auf die Kontrolle der anderen durch sexuelle Kontakte übertragenen Krankheiten, die die Übertragung von HIV fördern. In Uganda sind einige Zentren für HIV-Tests entstanden. Das Bewußtsein für AIDS ist in Uganda inzwischen so geschärft, daß viele Menschen glauben, sie seien infiziert. Paare, die getestet werden und deren Befund negativ ist, könnten nun motiviert sein, monogam zu bleiben.

In anderen Teilen der Welt haben andere kulturelle Voraussetzungen für Variationen der HIV/AIDS-Epidemie gesorgt, die nach anderen Strategien verlangen. In Thailand hat es beispielsweise eine rapide Zunahme der Infektionen bei Drogenabhängigen und Prostituierten gegeben. Prostitution ist in der thailändischen Gesellschaft fest verwurzelt, so daß sich hohe Infektionsraten in Bordellen schnell über die ganze Bevölkerung ausbreiten. Eine über die Massenmedien durchgeführte nationale Kampagne in Thailand versucht, Veränderungen der sexuellen Normen zu bewirken, aber auf kurze Sicht gesehen ist ein Gesetz effektiver, das den 100%igen Gebrauch von Kondomen in Bordellen vorschreibt. Das Problem in Rumänien könnte nicht verschiedener sein. Rumänien ist ein Brennpunkt von AIDS bei Kindern. Während des Ceausescu-Regimes, das 1989 gestürzt wurde, wurden viele Kinder in Waisenhäusern durch verseuchte Bluttransfusionen und Injektionen mit wiederverwendeten Spritzen infiziert. Blut für Transfusionen sollte vor der Verwendung kontrolliert werden. Ein radikalerer Schritt, der in allen Ländern angebracht wäre, bestände darin, die Bezahlung der Blutspenden abzuschaffen (da bezahlte Spender oft Menschen sind, die in Armut leben und bei ihnen ein erhöhtes Infektionsrisiko besteht) und die Notwendigkeit von Infusionen durch effektivere Vorbeugemaßnahmen zu verringern. Die gemeinsame Benutzung von Injektionsnadeln ist speziell für Drogenabhängige ein Risiko. In Großbritannien gibt es Zentren, in denen Drogenabhängige alte gegen neue Nadeln tauschen können. Es gibt jedoch große Probleme, die Menschen, die unter chaotischen Umständen am Rand der Gesellschaft leben, zu einer regelmäßigen Nutzung dieses Angebots zu bewegen. Die Tuberkulose ist nach New York zurückgekehrt, als Plage für die Armen und Bedrohung für die Reichen. Tuberkulose war in den westlichen Ländern bis zum Auftauchen von HIV fast ausgerottet, breitet sich aber nun unter Obdachlosen, Alkoholikern und Drogenabhängigen wieder aus. Gefängnisse und Obdachlosenasyle sind ideale Brutstätten, auch für neu aufgetauchte medikamentenresistente Stämme der TB. In New York sind Obdachlosigkeit, Drogenabhängigkeit, AIDS und TB untrennbar miteinander verbunden. Notwendig wäre ein breitangelegtes Programm zur Linderung der extremen Armut in den Städten. Die Probleme mit AIDS sind auf der ganzen Welt sicher nicht voneinander zu isolieren und als solche singulär zu lösen.

18.4 Ultraviolette Strahlung und Hautkrebs

Die Sorge um die Abnahme des Ozons in der Stratosphäre als Folge menschlicher Aktivitäten hat die Aufmerksamkeit auf die momentane Hautkrebsepidemie in den westlichen Ländern gelenkt. Ozon in der Stratosphäre absorbiert ultraviolette Strahlung, doch da die Schutzschicht zunehmend durch Fluorchlorkohlenwasserstoffe (FCKWs) und andere vom Menschen erzeugte Stoffe zerstört wird, dringt mehr UV-Strahlung zur Erdoberfläche durch. In den Ländern der Dritten Welt werden die Hauptauswirkungen der steigenden UV-Strahlung eine Zunahme des grauen Stars sowie die sozialen und wirtschaftlichen Kosten der Blindheit sein. Für die westlichen Länder wird eine Zunahme der Hautkrebserkrankungen vorhergesagt.

Es gibt zwei Haupttypen von Hautkrebs, die beide vorwiegend hellhäutige Menschen betreffen. Gutartige Melanome sind relativ häufig und leicht zu behandeln. Sie treten meist an den ungeschützten Stellen des Körpers auf (Gesicht, Hals, Arme und Hände), vor allem bei Menschen, die im Freien arbeiten. Ältere Menschen erkranken daran häufiger als junge. Als Hauptursache vermutet man die häufige Exposition gegenüber der Sonne. Bösartige Melanome sind zwar seltener, aber gefährlicher: etwa einer von sieben Fällen verläuft tödlich. Sie treten bei Frauen oft auf den Beinen und bei Männern auf dem Rumpf auf und kommen bei älteren Menschen gleichermaßen vor wie bei jüngeren Büroarbeiter erkranken leichter an ihnen als Menschen, die im Freien arbeiten. Man vermutet, daß gelegentliche hohe Dosen an UV-Strahlung die Ursache sind. UV-Strahlung scheint zwei Auswirkungen zu haben: Erstens wird die DNA jener Zellen geschädigt, die von einem starken Sonnenbrand betroffen sind, und zweitens wird die natürliche Immmunabwehr unterdrückt, die ansonsten die beschädigten Zellen ausschalten würde. Das Ergebnis sind sich ausbreitende Krebszellen.

In den meisten Ländern mit hellhäutiger Bevölkerung nimmt die Zahl der Fälle von bösartigem Hautkrebs schneller zu als die Zahl der Fälle der anderen relevanten Krebsarten, und zwar nicht auf Grund des Schwindens der Ozonschicht (das ist ein jüngeres Phänomen), sondern vermutlich auf Grund des wachsenden Wohlstands und des veränderten Freizeitverhaltens. Queensland in Australien, das reichlich Sonneneinstrahlung und einladende Strände hat, hat die höchste Hautkrebsrate in der Welt. In Australien sind seit Mitte der 80er Jahre Aufklärungskampagnen durchgeführt worden, um die Öffentlichkeit auf die Gefahren von Sonnenbränden und die Symptome des Hautkrebses aufmerksam zu machen. Den Leuten wird geraten, schützende Kleidung wie beispielsweise breitkrempige Hüte zu tragen und die Mittagssonne zu meiden. Sonnenschutzcremes können das Risiko eines Sonnenbrandes verringern, aber sie können die Unterdrückung des Immunsystems durch die UV-Strahlung nicht verhindern. Poster in den Apotheken halfen bei der Früherkennung von Melanomen im präinvasiven Stadium, aber die Zahl der Fälle ist immer noch nicht gesunken.

Das Hauptproblem ist natürlich, daß die Menschen Vergnügen am Sonnenbaden finden und daß Bräune als attraktiv gilt. Das Verhalten der Menschen zu ändern, ist ein schwieriger und langwieriger Prozeß, wie sich auch bezüglich des Rauchens erwiesen hat.

Das Schwinden der Ozonschicht wird das Problem sicher verstärken. Trotz der natürlichen Schwankungen der Ozonkonzentration gibt es inzwischen Beweise für eine deutliche Abnahme. Ein Bericht des Umweltprogramms der Vereinten Nationen (1991) schätzt, daß die für die DNA schädlichen UV-Dosen pro Jahrzehnt auf dem 30. nördlichen und südlichen Breitengrad um 5 %, am Nordpol um 10 % und über der Antarktis um 40 % zugenommen haben. Derselbe Bericht sagt voraus, daß eine anhaltende Reduzierung des Ozons um 10 % pro Jahr weltweit mindestens 300 000 zusätzliche Fälle von gutartigem, 4500 Fälle von bösartigem Hautkrebs und 1,6 Mio. weitere Fälle von grauem Star verursachen würde. Das sind vorsichtige Schätzungen. Wenn die Auswirkungen der UV-Strahlung auf das Immunsystem die Widerstandskraft gegen Infektionskrankheiten senken, wie manche Forscher behaupten, wären die Folgen unserer Tatenlosigkeit noch schädlicher für die Gesundheit.

18.5 Strahlung

Die Sicherheit der Atomkraft ist ein wichtiges Thema. Der Unfall im Kernkraftwerk Tschernobyl im Jahr 1986 hatte bei denen, die hohen Strahlendosen ausgesetzt waren, Strahlenkrankheit und den baldigen Tod zur Folge. Es wird erwartet, daß dieser Unfall in den nächsten Jahren in Europa bis zu 7000 weitere tödliche Krebsfälle verursachen wird. Wenn man aber spektakuläre Unfälle einmal beiseite läßt - wie hoch sind die Gefahren, wenn man neben einem normal funktionierenden Kernkraftwerk wohnt? Viel Aufmerksamkeit wurde der Leukämie bei Kindern als möglicher Folge gewidmet.

Leukämie umfaßt eine Gruppe von Krankheiten des Blutes, bei denen die weißen Blutkörperchen, die sich im Knochenmark entwickeln, das Reifestadium nicht erreichen, die unreifen Zellen sich vermehren und schließlich die Abwehr des Körpers gegen akute Infektionen zusammenbricht. Akute lymphatische Leukämie ist die häufigste Krebsform bei Kindern, aber insgesamt immer noch eine seltene Krankheit. Die Ursachen für Leukämie sind unklar. Aus Studien über die Überlebenden der Atombombenabwürfe von Hiroshima und Nagasaki von 1945, über die Auswirkungen von Röntgenstrahlen in der Medizin und Untersuchungen über Menschen, die beruflich hohen Dosen von Radioaktivität ausgesetzt sind, weiß man jedoch, daß ionisierende radioaktive Strahlung eine Ursache darstellt. Als 1983 über das Fernsehen ein gehäuftes Vorkommen von Leukämie bei Kindern in der Nähe der Wiederaufbereitungsanlage Windscale

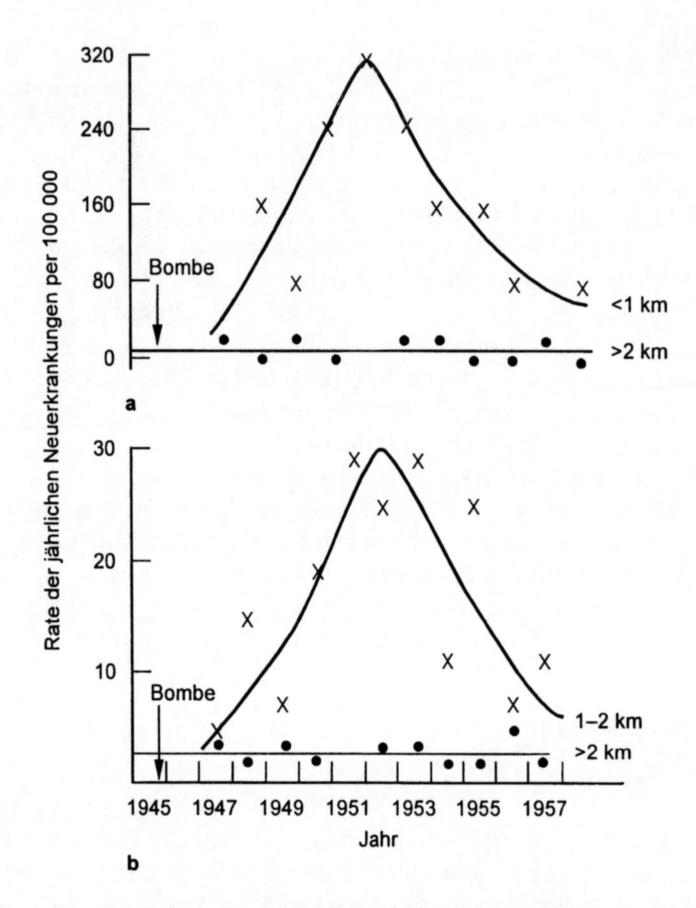

Abb. 18.5. Zahl der jährlichen Leukämiefälle bei den Überlebenden des Bombenabwurfs in Hiroshima. **a** Menschen, die weniger als 1 Kilometer vom Explosionszentrum entfernt waren und **b** Menschen, die 1–2 Kilometer vom Explosionszentrum entfernt waren, jeweils verglichen mit Menschen, die zur Zeit der Explosion mehr als 2 Kilometer vom Zentrum der Explosion entfernt waren (*Quelle:* Cobb *et al.* 1959).

(die später in Sellafield umbenannt wurde) in Cumbria bekannt wurde, erschien die Verbindung zwischen dem Entweichen von Radioaktivität aus Großbritanniens unsauberster Atomanlage und der Krankheit offensichtlich. Weitere Forschungen haben jedoch wesentlich komplexere Sachverhalte aufgedeckt.

Für eine Weile konzentrierten sich die Untersuchungen auf die Suche nach Anhäufungen von Leukämiefällen bei Kindern in der Umgebung von britischen Atomanlagen. Die signifikanteste der entdeckten Häufungen war (mit fünf Fällen) die von Sellafield. Diese auffälligen Indizien beweisen jedoch noch keinen kausalen Zusammenhang. Das fehlende Glied in der Argumentationskette war der Nachweis, daß die Strahlungsdosen, die von der Nuklearanlage auf die Kinder eingewirkt hatten, ausreichten, um die zusätzlichen Leukämiefälle zu verursachen. Vorsichtige Berechnungen, die auf dem Wissen über den Ausstoß von Radioaktivität, die Wege der Radioaktivität in den menschlichen Körper und die Beziehungen zwischen der Dosis und dem Risiko für Leukämie basierten, konnten keine Begründung für die Häufungen liefern. Eine andere Möglichkeit war, daß die Väter der Kinder vor der Zeugung durch die Arbeit in der Anlage hohen Dosen von Radioaktivität ausgesetzt waren, wie das in Sellafield der Fall war, aber bei Studien in anderen Anlagen oder über die Kinder von Japanern, die den Atombombenabwurf überlebt hatten, konnten keine bestätigenden Hinweise gefunden werden.

Das Forscherteam, das in der Nähe aller Nuklearanlagen in England und Wales bei Kindern Leukämieraten festgestellt hatte, die höher waren als erwartet, muß überrascht gewesen sein, als sie Orte untersuchten, die als potentielle Standorte für Nuklearanlagen vorgesehen waren. Diese Gegenden wiesen zum Teil ebenfalls erhöhte Leukämieraten bei Kindern auf, obwohl dort noch gar keine Anlagen existierten. Vielleicht haben die Leukämiefälle bei Kindern nichts mit den Atomanlagen zu tun, sondern mit unbekannten Merkmalen der Menschen an Standorten, an denen solche Anlagen existieren. Abgelegene ländliche Gebiete weisen beispielsweise überdurchschnittliche Leukämieraten auf, genauso wie Gebiete mit überdurchschnittlich wachsender Bevölkerung, und beides sind typische Standorte für Atomanlagen. In neuerrichteten Städten, die in den 50er Jahren in ländlichen Gebieten gebaut wurden, traten hohe Leukämieraten bei Kindern auf. Vielleicht ist eine plötzliche Vermischung der Einwohner in Gebieten, in denen die Situation vorher stabil war, für die Verbreitung der Krankheit verantwortlich, gerade als ob ein Virus beteiligt wäre. Eine raffiniertere Theorie vermutet, daß Leukämie bei Kindern entsteht, wenn das noch nicht voll entwickelte Immunsystem durch die Konfrontation mit einer Reihe von Infektionen herausgefordert wird. Dies kann in Situationen geschehen, in denen Kinder zunächst sehr früh von Infektionen abgeschirmt, ihnen dann aber später ausgesetzt werden, wenn Einwanderer die Infektionen einschleppen. Diese und andere Hypothesen werden zur Zeit erforscht, aber jede neue Entdeckung kompliziert die Sache. Die Einflüsse der Umwelt auf die Leukämie bei Kindern bleiben zum heutigen Zeitpunkt ein Geheimnis.

Für die meisten von uns übertrifft der Einfluß der natürlichen Strahlungsquellen die Gefahr durch die vom Menschen erzeugte Strahlung bei weitem (siehe Abb. 18.6). Radon, ein radioaktives Gas, das beim Zerfall von Uran tief im Grundgestein entsteht, ist die wichtigste Quelle ionisierender Strahlung. Das Gas steigt durch Risse im Fels auf und gelangt durch den Erdboden an die Oberfläche, wo es sich entweder ohne Schaden in der Atmosphäre verteilt oder sich in Gebäuden ansammelt. In den USA könnte Radon bis zu 20 000 Lungenkrebstote pro Jahr verursachen, die momentane Schätzung für England liegt bei 2000 zusätzlichen Lungenkrebsfällen pro Jahr (National Research Council 1988; National Radiological Protection Board 1990). Solche Schätzungen stützen sich auf Kenntnisse über Lungenkrebsfälle bei Arbeitern in Uranminen, die hohen Strahlungsdosen durch unterirdisches Radon ausgesetzt sind. Sie sind für die

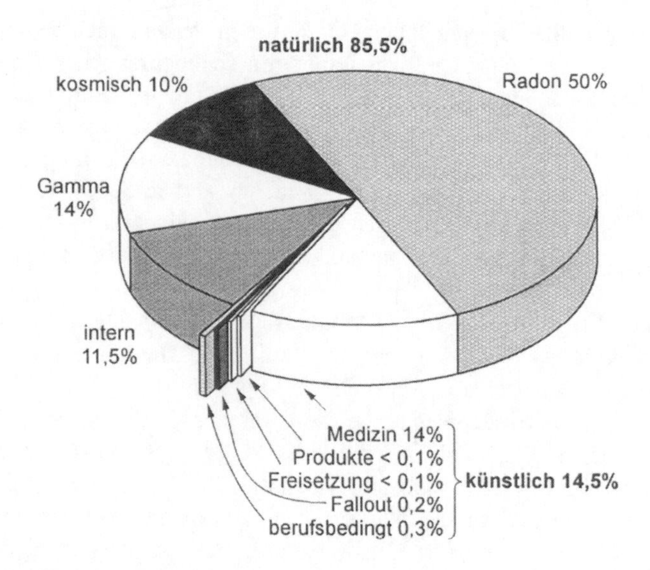

Abb. 18.6. Quellen der durchschnittlichen Strahlenbelastung der Bevölkerung Großbritanniens (*Quelle:* Verändert übernommen aus Hughes und O'Riordan 1993).

meisten westlichen Länder alarmierend genug, um Grenzwerte für die Radonkonzentration in Häusern festzulegen, ab denen bestimmte Maßnahmen erforderlich werden. In Gebieten mit einem geologischen Untergrund, der hohe Radonmengen wahrscheinlich macht (beispielsweise Minnesota und North Dakota in den USA, Cornwall und Devon in Großbritannien), werden die Bewohner dazu aufgerufen, ihre Häuser testen zu lassen. Wenn die Radonkonzentration ein bestimmtes Maß überschreitet, werden Abhilfemaßnahmen empfohlen. Die Bodenversiegelung und Kellerentlüftung sind die wichtigsten Vorsorgemaßnahmen.

18.6 Wissenschaft und Management

Die meisten Gesundheitsprobleme in den weniger entwickelten Ländern haben ihre Wurzeln in der Armut. Der Zusammenhang von Verarmung und schlechter Gesundheit ist eindeutig. Der Kampf gegen die durch Armut verursachten Krankheiten stützt sich auf die Versorgung mit sauberem Wasser, auf eine ordentliche Kanalisation, vernünftige Wohnungen mit sauberer Luft, ein bessere Ernährung, gesicherte Arbeitsplätze und auf die effektive Bekämpfung von Krankheiten wie auch auf Impfprogramme und die medizinische Grundversorgung. In den entwickelten Ländern sind die offensichtlichsten Gefahren für die Gesundheit beseitigt worden (mit Ausnahme des Rauchens). Die nächste Herausforderung erwächst aus der Erforschung heimtückischer und seltener Effekte, die Krankheiten verursachen können. Es kann beispielsweise sein, daß weiches Wasser einen Risikofaktor für Herz-Kreislauferkrankungen darstellt, daß Nitrate im Wasser Magenkrebs fördern, daß Pestizide Asthma verursachen, daß Blei aus der Verbrennung von Kraftstoffen die Intelligenz von Kindern beeinflußt oder daß irgendeines der neuen chemischen Produkte in Zukunft unvorhergesehene Probleme verursacht. Hypothesen kann man leicht aufstellen, aber nicht so leicht beweisen.

Das hat mehrere Gründe. Erstens gibt es Probleme mit der Genauigkeit der Daten. Man weiß, das ein großer Teil der Diagnosen auch in Ländern mit fortgeschrittener medizinischer Versorgung falsch ist, denn viele Krankheiten werden nie entdeckt oder von einem Arzt registriert und erreichen nicht einmal das Stadium der Diagnose. Für manche Krankheiten ist eine lange Latenzzeit typisch, so daß der Zusammenhang mit dem auslösenden Umwelteinfluß nicht geklärt werden kann. Abbildung 18.5 zeigt dies am Beispiel der Leukämie. Lungenkrebs etwa hat eine durchschnittliche Latenzzeit von 20 Jahren.

Rauchen ist als eine der wichtigsten Ursachen für Lungenkrebs bekannt, aber aus unbekannten Gründen ist es schwierig, Risikofaktoren zu identifizieren, die schon viele Jahre zuvor eingewirkt haben. In ähnlicher Weise werden die Auswirkungen heutiger neuer Formen der Umweltverschmutzung viele Jahre lang nicht sichtbar sein. Die Probleme verstärken sich dadurch, daß die meisten Krankheiten nicht durch einen einzigen Umweltfaktor, sondern durch eine Kombination mehrerer hervorgerufen werden, wobei eventuell verschiedene Kombinationen verschiedene Stadien der Krankheit in Gang setzen. Zusammenwirkende Variablen wie Alter, Geschlecht, soziale und wirtschaftliche Umstände, Beruf, Rauchen usw. wirken sich sehr direkt auf die Gesundheit aus und müssen in einer epidemiologischen Studie richtig überwacht werden (siehe Kasten 18.2), so daß deren Effekte nicht den zu untersuchenden Effekt verbergen. Daneben besteht das Problem, wie das Wissen über die Auswirkungen hoher Dosen eines Schadstoffes anzuwenden ist, um die Wirkung kleiner Dosen auf die Gesundheit vorherzusagen, ein Problem, das beispielsweise bei Untersuchungen über die Auswirkungen von Strahlung auftritt.

Viele Krankheiten treten vergleichsweise selten auf. Wenn man eine Million Menschen untersucht, kann man 10–20 Leukämie-Fälle pro Jahr erwarten. Die berüchtigte «Häufung» bei Sellafield bestand aus lediglich 5 Fällen, so daß jede Suche nach Zusammenhängen schwierig wird. Begleitumstände, wie die Beobachtung, daß Leukämie bei Kindern in der Nähe einer Wiederaufbereitungsanlage auftritt, beweisen nicht, daß die Anlage die Krebsfälle verursacht hat, da beides mit einem anderen Faktor wie der Zuwanderung in das Gebiet, in der die Anlage gebaut wurde, zusammenhängen kann. Weitere denkbare Zusammenhänge könnten ein reines Zufallsprodukt sein, so daß die Methoden der Statistik hier von unschätzbarem Wert sind.

Kasten 18.1 Öffentliche Kampagnen

Das nördlich von Boston in Massachusetts gelegene Woburn ist Standort einer Giftmülldeponie. In den 70er Jahren wurden die Einwohner des Ortes durch immer wieder auftretende Leukämiefälle alarmiert und setzten sich dafür ein, die städtischen Trinkwasserbrunnen zu schließen. Untersuchungen bewiesen, daß das Wasser der Brunnen mit industriellen Abfällen verseucht war. Die Eltern der leukämiekranken Kinder verbrachten Jahre im Rechtsstreit gegen zwei Firmen. Eine Firma wurde für schuldig befunden, Chemikalien nachlässig deponiert zu haben, die andere wurde jedoch freigesprochen. Die Beweise, die von den Aktivisten gesammelt wurden, initiierten mehrere offizielle Studien und trugen zur Verstärkung der staatlichen Bemühungen bei, für eine bessere Entsorgung toxischer Abfälle zu sorgen.

Der Fall Woburn ist typisch für viele öffentliche Kampagnen, bei denen normale Bürger gegen die Selbstgefälligkeit von Firmen oder Behörden vorgehen und selbst versuchen, die Art und das Ausmaß von Gesundheitsrisiken herauszufinden. Kampagnen beginnen normalerweise mit ein paar Aktivisten, die ungewöhnliche Gesetzmäßigkeiten beim Auftreten von Krankheiten feststellen und einen Arzt vor Ort kontaktieren, der mithilft, Daten über örtliches Auftreten von Mißgeburten, Hautausschlägen oder was immer Besorgnis erregt zusammenzustellen. Die betroffenen Gruppen mobilisieren die Medien. Die Gesundheitsbehörden vor Ort stellen die Aussagen in Zweifel und behaupten, die Schlußfolgerungen seien falsch. Die aufgebrachten Bürger bringen eigene Experten bei, ergreifen rechtliche Schritte und gehen generell auf Konfrontationskurs. Sie drängen auf eine offizielle Bestätigung ihrer Feststellungen und fordern eine angemessene Entschädigung. Die Teilnehmer der Kampagne schwimmen gegen die Strömung und bekommen nur begrenzten Zugang zu Informationen. Die Wissenschaftler, die sie beraten, werden als voreingenommen gebrandmarkt, die Masse der wissenschaftlichen Beweise scheint gegen sie zu sprechen.

Woher kommt es, daß Hinweise, die so offensichtlich eine Verbindung zwischen einer Schadstoffquelle und Krankheitsfällen belegen, für einen Wissenschaftler als Beweise nicht akzeptabel sind? Die Wissenschaftler benötigen mehr als die Existenz einer «Häufung», weil gerade auch zufällig und verteilt auftretende Ereignisse manchmal zufällige Häufungen an einer bestimmten Stelle verursachen können. Der Wissenschaftler sucht nach einer Bestätigung, daß die verdächtige Einwirkung vor dem Auftreten der Krankheit stattgefunden hat, daß das Auftreten der Krankheit mit der Stärke und Dauer der Einwirkung korreliert ist, daß es einen plausiblen biologischen Mechanismus gibt, durch den der Schadstoff die Krankheit bewirken kann und daß derselbe Effekt unter ähnlichen Umständen auch anderswo auftritt. Vom wissenschaftlichen Standpunkt aus sind die Beweise, die ein bestimmtes Urteil stützen, oft einseitig, und ihnen fehlt der Vergleich mit einer Kontrollgruppe. Da gute Studien jedoch teuer sind und es Jahre dauern kann, bis sie Schlußfolgerungen erlauben, ist die Frustration der Öffentlichkeit über die Wissenschaft verständlich.

Die Erfüllung strenger wissenschaftlicher Standards sollte keine Vorbedingung für die Wahrnehmung von Vorsichtsmaßnahmen sein. Während die Kampagnen der betroffenen Bürger selten beweisen, daß eine Schadstoffquelle Gesundheitsschäden verursacht, stellen sie doch Ignoranz, Selbstgefälligkeit und Untätigkeit bloß und geben einen starken Anreiz, um gründliche Untersuchungen und behördliche Maßnahmen in Gang zu setzen.

Quellen: Brown 1993; Crouch und Kollersmith 1992.

Wenn es eine Wahrscheinlichkeit von mehr als 5 % dafür gibt, daß das Resultat auch zufällig eingetreten sein könnte, wird der Wissenschaftler den Beweis als nicht hinreichend verwerfen. Der Wissenschaftler ist dafür verantwortlich, niemals mehr zu behaupten, als die Beweise erlauben, die Komplikationen zu bedenken und bei der Interpretation vorsichtig zu sein. Wissenschaftliche Skepsis stellt sicher, daß die Forschung weitergeht und nicht stagniert.

Andererseits hat der Umweltmanager eine davon klar unterschiedene Verantwortung: das Wohlergehen der Öffentlichkeit im Licht des aktuellen Wissensstandes zu sichern. Ein Teil dieser Verantwortung besteht darin, den momentanen Wissenstand der Öffentlichkeit leichter zugänglich zu machen: beispielsweise die Risiken natürlicher Strahlung im Vergleich zu anthropogener Strahlung deutlicher herauszustellen. Die Besorgnis der Öffentlichkeit muß durch effektivere Kommunikation gemindert werden, wenn wissenschaftliche Nachforschungen festgestellt haben, daß keine ernsthafte Bedrohung existiert, aber die Beweise der Wissenschaft sind oft unvollständig oder sogar widersprüchlich. Wie der Wissenschaftler muß der Manager übervorsichtig sein, aber für ihn besteht die vorsichtige Strategie darin, im Zweifelsfall so zu handeln, als ob die Bedrohung tatsächlich vorhanden wäre.

Statistische Signifikanz ist ein Kriterium dafür, ob man eine Hypothese annimmt oder ablehnt, aber ein Manager befaßt sich eher mit der Signifikanz für die öffentliche Gesundheit, was nicht notwendigerweise dasselbe ist. Statistische Signifikanz hängt zum Teil von der Größe der Stichprobe ab, so daß ein Resultat, das für die Vorbeugung von Krankheiten wichtig ist, übersehen werden könnte, weil die Größe der Stichprobe nicht ausreicht, um wissenschaftlich sichere Schlußfolgerungen zu ziehen. Eine Gefahrenquelle kann weitere Wechselwirkungen auslösen, so daß es schwer ist, eine perfekte Untersuchung zu konzipieren, die einen bestimmten Zusammenhang für sich betrachtet. Während also der Wissenschaftler mit methodischen Problemen ringt, muß der Berater für die öffentliche Gesundheit entscheiden, was zu tun ist. Die genauen Auswirkungen niedriger Strahlendosen sind immer noch eine offene wissenschaftliche Frage, aber die wenigsten werden etwas dagegen einzuwenden haben, daß es das Vernünftigste ist, die Belastung der Menschen durch Strahlen so niedrig wie vernünftigerweise möglich zu halten. Die Definition dessen, was vernünftigerweise praktikabel ist, ist für den Manager ein ethisches Minenfeld. Selbst wenn die wissenschaftlichen Beweise gesichert sind – wie in dem Fall, daß Fluor im Trinkwasser gegen Karies schützt – ist die Frage, ob man in Gebieten mit wenig Fluor dieses dem Trinkwasser zusetzen soll, nicht leicht zu beantworten: denn zuviel Fluorid verfärbt die Zähne und könnte negative Folgen haben, die man jetzt noch nicht kennt. Zu viele Veränderungen der Umwelt laufen ab, zu viele neue Werkstoffe gelangen in Gebrauch, um sie alle untersuchen zu können, und im Fall möglicher Langzeitwirkungen wäre es unmoralisch zu warten, bis der Schaden auftritt, bevor man etwas unternimmt. Das Umweltmanagement für die Gesundheitsvorsorge benötigt deshalb eine Mischung aus präziser Wissenschaft und praktischem Urteilsvermögen.

Kasten 18.2 Epidemiologische Methoden

Die Epidemiologie beschäftigt sich mit der Verbreitung von Krankheiten in der Bevölkerung. Während klinische Ärzte die Krankheit am einzelnen Patienten erforschen, suchen Epidemiologen nach Mustern des Auftretens von Krankheiten bei einer großen Zahl von Menschen, um die Gründe für Krankheiten zu erforschen und Gesundheitsprobleme zu bekämpfen. Es gibt drei Untersuchungstypen: deskriptive, analytische und intervenierende.

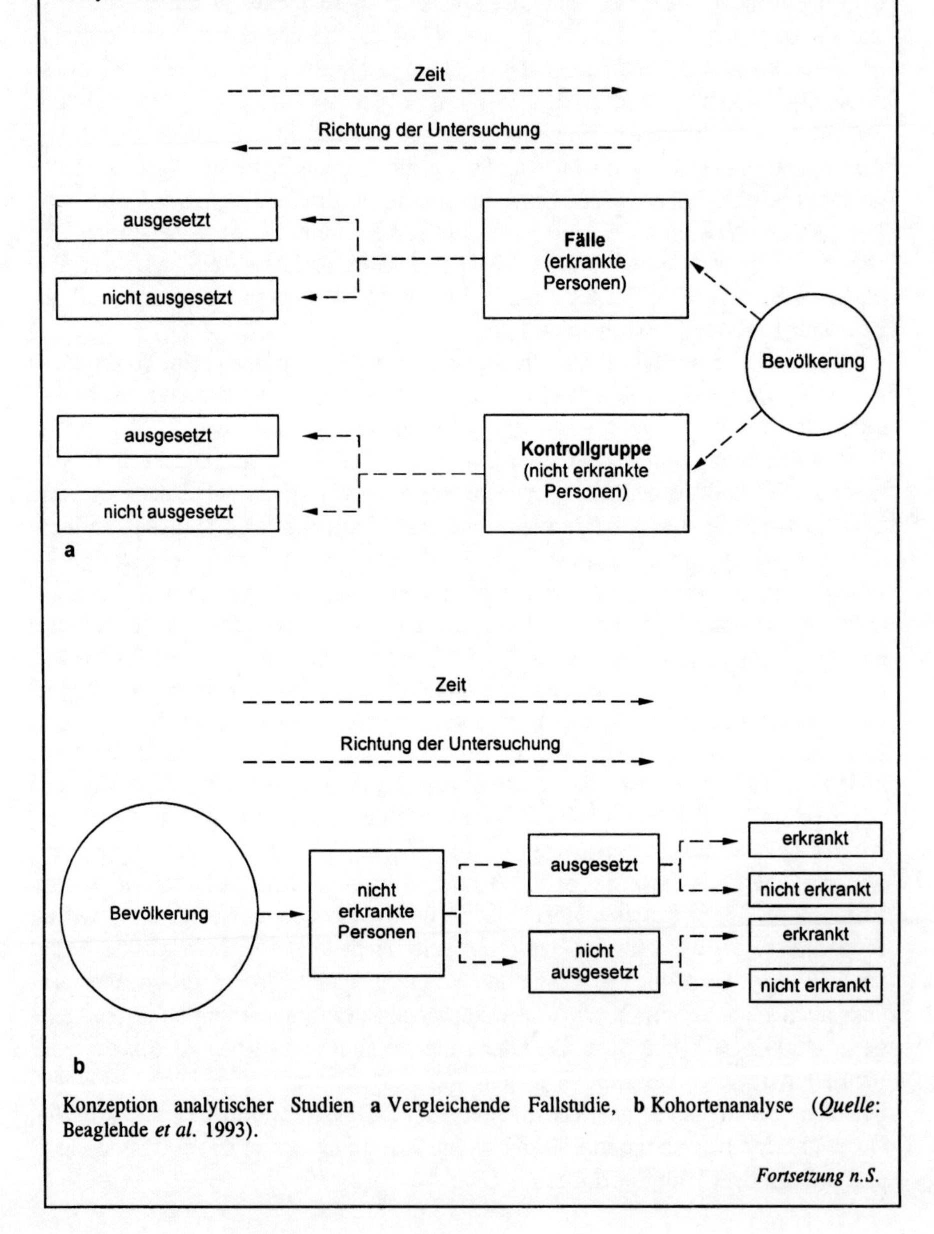

Konzeption analytischer Studien **a** Vergleichende Fallstudie, **b** Kohortenanalyse (*Quelle*: Beaglehde *et al.* 1993).

Fortsetzung n.S.

Kasten 18.2 *Fortsetzung*

Deskriptive Untersuchungen

Das Auftreten von Krankheiten variiert mit persönlichen Merkmalen wie Alter, Geschlecht und Beruf, es kann sich im Laufe der Zeit ändern (wie es bei Epidemien oder Infektionskrankheiten der Fall ist) oder es kann eine spezielle geographische Verteilung aufweisen. Wenn man ein Muster erkennt, kann das neue Hypothesen über die Ursachen erzeugen, reicht aber alleine nicht als Beweis für einen Kausalzusammenhang aus. Beispielsweise erkranken in manchen städtischen Gebieten Großbritanniens zweimal soviel Menschen an Lungenkrebs wie auf dem Land, wodurch nahelegt wird, daß die Luftverschmutzung oder industrielle Einwirkungen die Ursache sind. Weitere Untersuchungen müßten die Verbreitung des Zigarettenrauchens in beiden Gebieten während der letzten Jahre in Betracht ziehen und nachweisen, daß innerhalb der Städte die Menschen die höchsten Lungenkrebsraten haben, die den vermutlichen Risikofaktoren am stärksten ausgesetzt waren.

Analytische Untersuchungen

Hypothesen werden normalerweise durch geeignete Untersuchungen überprüft (siehe Abbildung). *Vergleichende Fallstudien* beginnen damit, daß man eine Gruppe von Erkrankten bestimmt (Fälle) und eine Stichprobe von Gesunden aus derselben Bevölkerungsgruppe (Kontrollgruppe) auswählt. Oft werden die Kontrollgruppen so ausgewählt, daß einige Faktoren, von denen man weiß, daß sie mit der Krankheit zwar in Verbindung stehen, aber nicht Gegenstand der Studie sind (wie Alter oder Geschlecht), möglichst gut mit denen der Fallgruppe übereinstimmen. Die Geschichte der Fälle und der Kontrollgruppen wird dann untersucht, um festzustellen, ob die Fallgruppe dem vermuteten Risikofaktor stärker ausgesetzt war. Eine vergleichende Fallstudie in Südwestengland untersucht momentan, ob Opfer von Lungenkrebs größeren Radonmengen in Häusern ausgesetzt waren als eine gesunde Kontrollgruppe.

Kohortenanalysen beginnen mit einer Stichprobe von Gesunden, von denen ein Teil der vermuteten Ursache ausgesetzt wird, der andere nicht. Beide Gruppen werden eine Zeit lang (oft mehrere Jahre) beobachtet, um festzustellen, in welcher Gruppe Krankheitsfälle auftreten. Die langfristigen Auswirkungen einer Vergiftung mit Methylisocyanat werden in einer Kohortenstudie in der Umgebung der Pestizidfabrik in Bhopal (Indien) untersucht, bei der es 1984 zu einem größeren Unfall kam. Kohortenanalysen brauchen länger und sind viel teurer als vergleichende Fallstudien, aber sie liefern bessere Informationen über die Ursachen von Erkrankungen und das direkteste Maß für das Risiko einer Erkrankung.

Interventionsstudien

Kontrollierte Zufallsexperimente sind Experimente, mit denen neue Methoden der Krankheitsvorbeugung oder -behandlung getestet werden. Personen werden zufällig einer Behandlungs- oder einer Kontrollgruppe zugewiesen, aber nur die erste Gruppe wird behandelt. Die Resultate werden beurteilt, indem man die Ergebnisse vergleicht. Ein kontrolliertes Zufallsexperiment wurde beispielsweise verwendet, um zu zeigen, daß Menschen mit akuter Diarrhöe während einer Choleraepidemie in Bangladesh besser auf orale Rehydrationslösungen auf Reisbasis ansprachen als auf Lösungen auf Glucosebasis.

Literaturverzeichnis

Beaglehole R, Bonita R, Kjellstrom T (1993) Basic epidemiology. World Health Organization, Genf

Bergstrom SKD, Ramalingswami V (1992) Health. In: Dooge JC et al. (eds) An agenda for science for environment and development into the 21st century. Cambridge University Press, Cambridge

Brown P (1993) When the public knows better: popular epidemiology challenges the system. Environment 35/8:16–20, 29–41

Cobb S, Miller M, Wald N (1959) On the estimation of the incubation period in malignant disease. J Chronic Dis 9:385–393

Crouch JR, Krollersmith JS (eds) (1992) Communities at risk: Collective responses to technological hazard. Peter Lang, New York

Hughes JS, O'Riordan MC (1993) Radiation exposure of the UK population: 1993 review (NRPB R263). National Radiological Protection Board, Chilton

Mann J, Tarantola DJM, Netter TW (eds) (1992) AIDS in the World. Havard University Press, Cambridge, Mass.

National Radiological Protection Board (1990) Board statement on radon in homes. Documents of the NRPB No. 1. National Radiological Protection Board, Chilton

National Research Council (1988) Health risks of radon and other internally deposited alpha-emitters: BEIR IV. National Academy Press, Washington DC

United Kingdom Ministry of Health (1954) Mortality and morbidity during the London fog of December 1952. HMSO, London

United Nations Environment Programme (1991) Environmental effects of ozone depletion: 1991 update. UNEP, Nairobi

World Bank (1993) World development report 1993: investing in health. Oxford University Press, New York

Weiterführende Literatur

British Medical Association (1987) Living with risk. John Wiley, Chichester

Farmer R, Miller D (1991) Lecture notes on epidemiology and public health medicine. Blackwell, Oxford

Rowland AJ, Cooper P (1983) Environment and health. Edward Arnold, London

Rodricks JV (1992) Calculated risks. Cambridge University Press, Cambridge

World Health Organization (1990) Potential health effects of climate change. World Health Organization, Genf

19 Die Verwaltung globaler Gemeingüter

Timothy O'Riordan

Behandelte Themen:

- Über die Verwaltung der Gemeingüter
- Internationales Umweltrecht
- «Weiche» Gesetze in der Anwendung
- Gemeinsames Erbe und globale Rechtsethik
- «Regime-Theorie» und Nachhaltigkeit
- Die UN-Kommission über nachhaltige Entwicklung, UNCSD
- Erziehung und Ausbildung für eine nachhaltige Zukunft
- Einschränkungen in der Erziehung zur Nachhaltigkeit

Die weltweiten Veränderungen stellen für die Umweltwissenschaft eine enorme Herausforderung dar. Die Größenordnungen, die Komplexität und die Unbestimmbarkeit vieler der beteiligten Prozesse haben wir bereits angesprochen. Grundsätzlich versuchen wir zwei völlig unergründliche Systeme miteinander zu vereinen - die Gesamtheit der Prozesse, welche die Erde bewohnbar machen, und die Gesamtheit der Prozesse, welche die menschliche Gemeinschaft, die Kultur und das Verhalten bestimmen. Keine der beiden ist in einem Modell darstellbar und ihr Zusammenhang übersteigt grundsätzlich den Horizont unseres Wissens. Dennoch müssen wir diese wechselseitige Beziehung in irgendeiner Form erhellen, wenn die Menschheit das Ziel hat, als zivilisierte Art zu überleben.

Dieses abschließende Kapitel befaßt sich mit der dringenden Notwendigkeit, in jedem Haushalt und in jeder unserer Handlungen den Sinn für eine Art von «Weltbürgerschaft» wecken. Natürlich ist dies ein sehr hochgestecktes Ziel, vernehmen wir doch heutzutage nur noch einen äußerst schwachen Widerhall des Ursprungs der Schöpfung in uns selbst. Eine moderne, wirtschaftlich orientierte Gesellschaft in eine Gemeinschaft auf der Basis nachhaltigen Güterverbrauchs und mit ernsthaftem Interesse am Wesen der Natur und den Auswirkungen ihres Handelns auf weitere Generationen zu verwandeln, ist eine immens schwierige Aufgabe. Die Erziehung liefert dafür nur zum Teil den Schlüssel. Die Lösung liegt in einem gesamtgesellschaftlichen Umbau - wir müssen die Nachhaltigkeit umfassend in unser Leben umsetzen. Da jede große gesellschaftliche Umwälzung mindestens eine Generation in Anspruch nimmt, bedeutet dies für die Umweltwissenschaft in ihrer populären Form eine schwerwiegende Bürde für ihren Auftrag, den Weg zu einer Weltbürgerschaft aufzuzeigen.

Einer der Wege dahin besteht in der Verknüpfung der großen internationalen Abkommen zu Klima, Wüsten, Ozeanen, biologischer Vielfalt, Wäldern und Bevölkerung mit den lokalen Ausarbeitungen der «Agenda 21». Dies wäre eine Grundlage sowohl für gesamtgesellschaftliches Handeln als auch für die Einbindung aller einzelnen Haushalte. Bisher erwies es sich als schwierig, den einzelnen davon zu überzeugen, das Auto nicht zu benutzen und alle Abfälle wiederzuverwerten, wenn er den Gewinn gemeinsamen Handelns nicht erkennt oder die Mißbilligung der Gesellschaft im Falle der Nichteinhaltung der Vorgaben nachhaltigen Handelns nicht zu spüren bekommt. Von lokalen Formen der «Agenda 21» sind wir so weit nicht entfernt. In Großbritannien experimentieren bereits mehrere örtliche Behörden mit solchen Ansätzen. Vieles hängt aber von einer Einbindung in eine staatliche «Agenda 21» und deren Verhältnis zur Welt im ganzen ab. Die Konferenz von Rio regte den Prozeß der Formulierung solcher Überlegungen an. Eine «öffentliche Wissenschaft» sollte in einer solchen Atmosphäre gedeihen können und nicht nur die Sozial-, Geo- und Biowissenschaften vereinen, sondern auch die Geisteswissenschaften, die Medien und die Kirchen. Für den jungen Umweltwissenschaftler wird es noch viele Überraschungen geben, wenn er die Instrumente, mit denen er die Erde erhalten kann, erst in Händen hält.

> Wir können ... schlußfolgern, daß einige schwerwiegende Probleme nicht aus dem Bösen im Menschen resultieren, sondern aus seiner Hilflosigkeit als Individuum. Das heißt nicht, das es keine herzlosen, ja böswilligen Auswirkungen wie Lärm, Abfall und Vandalismus gibt .... Einiges aber geschieht unwissentlich; in anderen Fällen besteht kaum eine Wahl; und einiges resultiert aus der Ausweitung kleiner Ursachen zu weitreichenden Folgen. (Schelling 1972, S. 90)

19.1 Über die Verwaltung der Gemeingüter

In Kap. 1 haben wir bereits einen Blick auf die wechselnden Interpretationen für «Gemeinschaftlichkeit» geworfen. Die ursprünglichen «Gemeingüter» waren weder allzu leicht verfügbar noch wurden sie in großem Maß mißbraucht. Im Verlauf der Geschichte hat es schon immer Landschaften und Gewässer gegeben, die als Ressourcen für Nahrung, Brennstoff oder Holz dienten und nicht in privatem Besitz waren, sondern entsprechend ungeschriebener Gesetze allen Menschen zur Verfügung standen. Das «Gemeingut» des mittelalterlichen Dorfs umfaßt nur ein Bruchteil der immensen Spanne gemeinsamer Ressourcen, die noch immer Millionen Menschen Lebensunterhalt bieten.

Gemeingüter sind mit einer besonderen Art von Besitzrechten ausgestattet. Gebrauchsrechte werden durch kulturelle, verwandtschaftliche oder örtliche Zugehörigkeit vorgegeben, somit stehen sie nicht allen offen. Auch die Erlaubnis zum Verbrauch wird durch klar definierte Bräuche und Verpflichtungen anderen Verbrauchern gegenüber sowie durch die Güte der Gemeingüter selbst umschrieben. Jeder, der diese Privilegien mißbraucht, setzt sich innerhalb echter Gemeinschaften örtlicher Verurteilung und dem Haß der Mitverbraucher aus. Für solche Menschen sinkt die Wahrscheinlichkeit, daß ihnen in Notzeiten geholfen wird. In einer Gesellschaft, die in Zeiten der Not oder des Mangels vom gemeinsamen Teilen abhängig ist, stellt dies eine wesentlich härtere Bestrafung dar als etwa Freiheitsentzug.

In der heutigen Zeit jedoch werden diese Gemeingüter zerstört, vernachlässigt, unsachgemäß genutzt oder aber vereinnahmt. Sechs Voraussetzungen, die sich genau beschreiben lassen, sind es, die diesen Entwicklungen Vorschub leisten:

1. Freier Zugang, ohne Einschränkungen für alle und jeden.
2. Die Assimilationskapazität oder die kritische Belastungsgrenze der Gemeingüter ist begrenzt, kann reduziert oder überschritten werden.
3. Einzelne, die diese Gemeingüter nutzen, handeln isoliert von ihren Nachbarn; es gibt keine Regeln gemeinschaftlicher Verpflichtung und wechselseitiger Unterstützung.
4. Der Einzelne ist sich der Nebenwirkungen seines Handelns auf andere nicht bewußt, teilweise deshalb, weil er diese Auswirkungen einfach nicht kennt oder weil er sich nicht die Mühe macht, sie herauszufinden, da er sich mit anderen in Wettbewerb und nicht in Kooperation sieht.
5. Kooperation funktioniert nur dann, wenn der einzelne Verbraucher weiß, daß jeder so handeln wird, aber solange es kein anerkanntes Managementsystem mit polizeilichen Rechten gibt, wird es bezüglich ursprünglicher Gemeingüter immer einzelne geben, die zum eigenen Vorteil andere betrügen: Dies führt dazu, daß andere ebenso verfahren, so daß sich Betrug und Lüge weiter verbreiten.
6. Der Einzelne kann jeden dieser Punkte nicht auf sich allein gestellt ändern. Sein persönlicher Einfluß ist zu gering und der Effekt des Handelns von Bürgern ist äußerst gering im Vergleich zu den volkswirtschaftlichen und tatsächlichen Kosten solchen Handelns bei einem ursprünglichen und nicht kontrollierten Gemeingut.

Die Verwaltung von Gemeingütern bedeutet die Regulierung des Zugangs, die Festsetzung von Besitzrechten, die Bestimmung von Handlungsrichtlinien, die von allen akzeptiert werden, um derart das Einverständnis zu verstärken und sicherzustellen, daß der gesamte Verwaltungsprozeß auf der Grundlage der bindenden Zustimmung aller beruht.

Bis jetzt haben wir Gemeingüter in allgemeiner Hinsicht betrachtet. Dieses Kapitel dreht sich um zwei bestimmte Typen von Gemeingütern, welche beide die Kooperation von Regierungen untereinander oder internationale Vereinbarungen einschließen. Das heißt, daß ihre Verwaltung nicht vom Wohlwollen einer nationalen Demokratie abhängen darf. Es muß eine bestimmte Form international vereinbarter Regelungen vorliegen, damit die globalen Interessen geschützt werden. Bei diesen beiden Arten von Gemeingütern spricht man normalerweise von «internationalen Gemeingütern» und «gemeinsam genutzten Ressourcen».

Internationale Gemeingüter sind physikalische oder biologische Systeme, die außerhalb der Rechtsprechung eines einzelnen Landes liegen, deren Dienste aber von der gesamten Gesellschaft geschätzt werden. Beispiele dafür sind die Biosphäre im allgemeinen und im besonderen die Ozonschicht in der Stratosphäre, die Atmosphäre, die Vielfalt natürlicher Arten und ihrer Lebensräume auf dem Land und im Wasser, wie auch Tiefseemineralien, die Antarktis, das elektromagnetische Spektrum, der Weltraum und die bio-geo-chemisch aktive Oberfläche der Meere. In einigen Fällen hat technologischer Fortschritt das Interesse an einem Gemeingut erst geschaffen, an dem vorher kein wirkliches Interesse bestanden hat. Das Weltall, der geostationäre Orbit und das elektromagnetische Spektrum sind dafür augenfällige Beispiele. In anderen Fällen wurden ehemalige Gemeingüter wirkungsvoll verstaatlicht, zugleich aber auch internationalen Regelungen unterworfen. Küstenzonen sind ein Fall, in dem größtenteils Einzelstaaten die Verwaltungsrechte über das Wasser und die Bodenschätze bis zu einer Entfernung von 200 Meilen vor der Küste nach dem Prinzip ausschließlicher Wirtschaftszonen innehaben (Birnie 1991).

Für internationale Gemeingüter sind die häufigsten Formen der Verwaltungsorganisation folgende:

- *Verwaltung durch die ganze Welt*, die in der Praxis von Einrichtungen der Vereinten Nationen durchgeführt wird;
- *Erweiterte nationale Verantwortung*, indem die Basis von Besitzrechten um eine Form wechselseitiger Verpflichtungen, die durch Verträge oder Abkommen eingegangen werden, erweitert wird.
- *Eingeschränkter Gemeinschaftsbesitz*, bei dem Einzelstaaten durch vertragliche Verpflichtungen, bilaterale Abkommen oder internationale Gesetze Nutzungsbedingungen auferlegt werden.

Gemeinsame Ressourcen sind physikalische oder biologische Systeme, die sich über Landesgrenzen hinaus erstrecken, aber geographisch zusammenhängend sind. Augenfällige Beispiele sind Flüsse, Seen oder Grundwasservorkommen, die nationale Grenzen überschreiten, Öl- und Gasreserven, die unter zwei oder mehreren Einzelstaaten liegen können, wandernde Vögel, Fische oder Säugetiere (z.B. Wale), die in einem Land Nahrung suchen, brüten oder einfach nur auf dem Weg zwischen zwei Ländern in den Bereich einer dritten nationalen Gerichtsbarkeit geraten. Ein weiteres Beispiel hierfür sind regionale Meere wie die Nordsee (siehe Kap. 14) und das Mittelmeer.

Einen Ansatz für das gemeinschaftliche Management gemeinsamer Ressourcen bieten nationale Behörden, die entweder mit den entsprechenden Behörden anderer Länder zusammenarbeiten oder einer Art multinationaler Verwaltung (siehe Young 1992, S. 250; engl.: «joint national agency») unterstehen. Birnie und Boyle haben in einer sehr hilfreichen Untersuchung internationaler Umweltgesetze viele dieser Vereinbarungen besprochen.

Eine dritte Gruppe von Problemen internationaler Gemeingüter betrifft die Übertragung von Schadstoffen oder gefährlichen Substanzen von einem Land in ein anderes. Diese Probleme betreffen im Grunde genommen eine Reihe untergeordneter Bestimmungen für die gemeinsame Ressourcenverwaltung, da sie Dinge wie sauren Regen, atomare Sprengungen oder die chemische Verschmutzung internationaler Wasserwege einschließen. Doch diese sogenannten «grenzüberschreitenden externen Effekte» sind der Ausgangspunkt für eine Reihe wesentlicher und wichtiger Grundsätze einer internationalen Umweltgesetzgebung:

- *Rechte souveränen Handelns über die Grenzen hinaus.* Wenn ein Land einem benachbarten Land Umweltschäden zufügt, welche Rechte hat dann das betroffene Land dem Verursacher gegenüber, um die Schädigung zu beenden? Der Schwefel aus den Kohlekraftwerken in Ohio fügt der Zuckerahornindustrie Quebecs ebenso Schaden zu wie auch die giftigen Emissionen der Eisenerzwerke auf der Halbinsel Kola in Rußland den empfindlichen Ökosystemen Finnlands. Welche Rechte können Kanadier oder Finnen zu vorbeugendem Handeln ihren Nachbarländern gegenüber in Anspruch nehmen?
- *Kauf von Emissionsrechten.* Das Prinzip, daß der Verursacher zu bezahlen hat, legt nahe, daß derjenige, der für Schaden verantwortlich ist, entweder die Schadensursache beseitigt oder für die Schadensverursachung bezahlt. Wenn jedoch ein von Armut betroffenes Land weder die wirtschaftlichen Möglichkeiten hat noch die nötigen politischen Anreize gibt, um Schädigungen zu beseitigen, zahlt es sich in der Praxis für ein reiches Nachbarland wahrscheinlich aus, die Verschmutzung in Form von Hilfsleistungen durch politische Vereinbarungen oder Zahlungen für wirtschaftliche Umstrukturierungsmaßnahmen aufzukaufen. Sind in einem Land die Kosten für die Beseitigung der Verschmutzungen höher als die Kosten zur Beseitigung der Ursachen der Verschmutzung bzw. der Umweltbedrohung, wird dieses wahrscheinlich eher bereit sein, in technologische Sanierung oder in die Entwicklung von Alternativen zu investieren. Das setzt natürlich voraus, daß der Kenntnisstand über Ursachen und Wirkungen sehr hoch ist, daß es einen wachen Blick für die Veränderung von Besitzrechten gibt und daß man über Umweltökonomie Bescheid weiß. Juristen, die im Umweltrecht gut ausgebildet und mit einfallsreichem Verhandlungsgeschick ausgestattet sind, haben eine große Zukunft vor sich.

All das führt uns auf das recht eigentümliche Gebiet der internationalen Umweltgesetzgebung und Diplomatie und zu der veränderten Rolle, die Wissenschaft, Wirtschaft, Politik und Ethik dabei spielen, in einen Bereich, der möglicherweise das heikelste und am schlechtesten entwickelte Gebiet des angewandten Umweltmanagements ist. Diesem wollen wir uns jetzt zuwenden.

19.2 Internationales Umweltrecht

Internationale Gesetzgebung erfordert im allgemeinen ein enormes Potential an Vertrauen, Wohlwollen und Bereitschaft zu gemeinsamem Handeln. Im Grunde genommen ist jede Vereinbarung zwischen zwei oder mehr Ländern vom gemeinsamen Willen zur Zusammenarbeit abhängig oder andernfalls von der Bereitschaft der internationalen Gemeinschaft, diese Vereinbarung durch Handelssanktionen oder diplomatischen Druck durchzusetzen. Im Idealfall besteht eine allseitige Zustimmung innerhalb eines Handlungsrahmens.

Internationale Gesetze bestehen grundsätzlich aus einer Reihe von Prinzipien, Verpflichtungen und Regelungen, die internationales Handeln festschreiben. Mit Hilfe verschiedener formaler oder nichtformaler Vereinbarungen muß die Freiheit, als souveräner Staat handeln zu können, durch eine Verpflichtung, die legitimen Interessen anderer souveräner Staaten zu respektieren, umschrieben werden. Damit dies glaubwürdig gelingt, sollten drei Bedingungen erfüllt werden:

1. *Wechselseitiger Vorteil*. Die Staaten müssen anerkennen, daß alle nur von Kooperation und Verständigung profitieren und nicht durch die Mißachtung vereinbarter Regeln. Die Staaten müssen also ihre geteilten souveränen Interessen in gemeinsame Vereinbarungen einbringen.
2. *Glaubwürdige Bedrohung*. Die Staaten müssen davon überzeugt werden, daß Nichtzustimmung nicht in ihrem nationalen Interesse ist. Dies erfordert eine hilfreich zuarbeitende und glaubwürdige Wissenschaft (wie sie in der Einführung skizziert wurde), die durch unabhängige wissenschaftliche und technologische Kontrollmechanismen gestärkt wird.
3. *Glaubwürdige Durchführung*. Die Staaten müssen wissen, daß die Nichtbefolgung der Regeln verschiedene Sanktionen zur Folge hat. Auf die eine oder andere Weise muß es Berichte darüber geben, ob das Verhalten oder das Handeln zu den vereinbarten Zielen führt oder nicht. Dies kann nur durch Einrichtung eines unabhängigen, anerkannten Überprüfungverfahrens geschehen, das für eine akzeptable Grundlage für internationale Regelungen und Durchführungsverpflichtungen sorgt.

Die Instrumente des internationalen Umweltrechts sind normalerweise *Verträge*, *Abkommen* oder *Protokolle*, die manchmal auch als «harte» Gesetze bezeichnet werden, oder *Gewohnheitsrechte* bzw. *Rahmenabkommen*, die eher zurückhaltend formuliert und daher weiter auslegbar sind. Man bezeichnet sie auch als «weiche» Gesetze. Die Unterscheidung von «harten» und «weichen» Gesetzen ist eine zweifelhafte Angelegenheit, zumal sie in der Literatur oft nebeneinander genannt werden (Birnie 1991, S. 52–54). *Harte Gesetze* auf internationaler Ebene sind am besten zu verstehen als Reglementierungen oder durchsetzbare Ziele, deren Durchführung in Verträge eingebunden ist. Diese erlegen den Einzelstaaten Verbindlichkeiten auf, die folglich diesen Verpflichtungen durch nationale Gesetze oder Regelungen nachkommen müssen. Ein gutes Beispiel dafür sind die Reglementierungen ozonzerstörender Substanzen im «Montreal-Protokoll» (siehe Kap. 6). Hierin werden bestimmte chemische Verbindungen bis zum Ablauf einer festgesetzten Zeit aus dem Verkehr gezogen. Alle neuen Produkte müssen sich einem standardisierten Test unterziehen, der eventuelle Auswirkungen auf das Ozon untersucht, bevor sie irgendwo auf den Markt gelangen können - zumindest in den Unterzeichnerstaaten.

«Weiche Gesetze» sind für manche ein Widerspruch in sich. Gesetze sind Regelungen und Verpflichtungen, die man eingeht oder an denen man festhält, unabhängig von der ursprünglichen Bereitschaft oder Ablehnung. Also kann es kein Gesetz geben, das durch seine vage Formulierung überzogene Auslegungen oder extreme Verzögerungen bei der Durchführung gestattet, ohne dadurch dem Prinzip jeder gesetzlichen Vereinbarung zu spotten. Andere jedoch sehen in der vorsichtig formulierten Vieldeutigkeit moderner internationaler Umweltvereinbarungen ein Element berechnender Überredung. Einige Juristen betrachten diese in ähnlicher Weise wie *Gewohnheitsrechte*, die eine Unterstützung weitreichender Vereinbarungen ermöglichen, ohne formaler Rechtsinstrumente zu bedürfen. Dies gestattet den Unterzeichnern, das Prinzip souveräner Zustimmung zu akzeptieren, erlaubt aber gleichzeitig, die Auslegung zu variieren, wenn es um grundsätzlich mehrdeutige Ausdrücke wie die *nachhaltige Entwicklung*, das *Vorsorgeprinzip*, die *Kosteneffektivität* und *Grenzwertanalyse* geht.

Somit stellen weiche Gesetze ein echtes Phänomen dar. Es ist unbestreitbar, daß sie von größter Bedeutung in der Entwicklung internationaler Umweltabkommen sind, die darauf zielen, die verschiedenen globalen Gemeingüter zu verwalten. Und dafür gibt es vier Gründe:

1. *Wissenschaftliche Zweifel*. In Bereichen, in denen die wissenschaftlichen Kenntnisse noch ungenau oder tatsächlich nicht präzisierbar sind und ständig erneuert werden müssen, ermöglicht eine Folge abgestufter Verpflichtungen auf immer enger gefaßte Verbindlichkeiten (oder umgekehrt auf weniger strikte Verbindlichkeiten, falls frühere wissenschaftliche Ergebnisse zu pessimistisch ausfielen) eher breite Zustimmung.
2. *Freiheit des Handelns*. Eine der großen Errungenschaften der EU ist es, daß sie es den einzelnen Mitgliedsstaaten überlassen hat zu entscheiden, wie sie ein vereinbartes Ziel erreichen. Auf diese Methode hat man sich bei allen Richtlinien geeinigt. Auf internationalem Niveau ist dies der Ansatz, den die UN in ihrem Rahmenabkommen zu Klimawandel und Biodiversität verfolgt. Es werden umfassende Ziele vorgegeben, aber jede Unterzeichnerpartei hat die Freiheit, verschiedene Wege zu finden, um diese Ziele mittels politisch akzeptabler Maßnahmen zu erreichen.
3. *Soziales Lernen*. Regierungen lernen häufig durch Experimentieren oder auch durch die Übernahme einer Verfahrensweise, die ihnen durch internationale Verpflichtungen auferlegt wurde. Dieser Prozeß der Anpassung und Neuinterpretation einer früheren Verhandlungsposition wird manchmal als soziales Lernen bezeichnet. Die kollektive Verfügbarkeit dieser Verfahren und

Instrumente – von wissenschaftlichen Entdeckungen, den Alarmierungssystemen der Bevölkerung, internationalen Vereinbarungen bis zur Unterstützung institutioneller Veränderungen – bildet das Entwicklungselement verwaltenden Handelns. Weiche Gesetze können bei der Förderung dieser manchmal schmerzhaften Anpassungsprozesse sehr einflußreich sein.

4. *Wahrung des Gesichts*. Am Beginn schwieriger Verhandlungen ist es möglich, daß sich die Parteien bestimmten Prinzipien widersetzen. Um schließlich Einigung zu erreichen, müssen Formulierungen gefunden werden, die es Diplomaten und ihren politischen Vorgesetzten erlauben, das Gesicht zu wahren und trotzdem dem Ergebnis zuzustimmen. Normalerweise ergibt sich der vereinbarte Wortlaut aus dem Zusammenführen verschiedener Aspekte des gleichen Prinzips. Artikel 2 des Maastrichter Vertrages der EU, der erst Ende 1993 endgültig ratifiziert wurde, spricht beispielsweise von «harmonischer und ausgeglichener Entwicklung wirtschaftlicher Aktivitäten (und) nachhaltigem und nichtinflationärem Wachstum, welches Rücksicht auf die Umwelt nimmt». Dies ist eine Melange aus nachhaltiger Entwicklung und weiterem wirtschaftlichem Wachstum. Das Ergebnis kann entweder bedeutungslos oder aber sehr bedeutsam sein, je nachdem, welchen Standpunkt die Vertragsparteien einnehmen. Das UN-Rahmenabkommen über den Klimawandel (UN Framework Convention on Climate Change) spricht von «gemeinsamer, aber unterschiedlicher Verantwortung» bei der Reduzierung weltweiter Treibhausgasemissionen. Das kann bedeuten, daß jedes Land seinen Beitrag leisten muß, einige jedoch mehr als andere. Man kann dies aber auch als Hinweis auf das Problem der Möglichkeiten oder der Durchführbarkeit verstehen, anstatt als moralisches Prinzip oder Schuldzuschreibung in bezug auf den Beitrag zur atmosphärischen Erwärmung. Sicher werden verschiedene Länder diese Formulierungen irgendwann als Ausflüchte oder diplomatische Druckmittel bezeichnen, je nachdem, wie groß die politische und wirtschaftliche Verantwortung ist, die bei der Reduzierung von Treibhausgasen eine Rolle spielt.

19.3 «Weiche» Gesetze in der Anwendung

Ein Rahmenabkommen schafft die rechtliche Grundlage, auf der Regierungen zusammenarbeiten können. Eng definierte Ziele und fixierte Wege, auf denen diese Ziele zu erreichen sind, würden von Anfang an kontraproduktiven Widerstand zur Folge haben, vor allem wenn die wissenschaftlichen Kenntnisse noch unpräzise sind und große wirtschaftliche Opfer zu erwarten sind. Das UN-Rahmenabkommen über den Klimawandel, das 1992 in Rio unterzeichnet und das Anfang 1994 ratifiziert wurde, hat sich diesbezüglich einer geschickten Formulierungskunst bedient.

- Es schuf ein akzeptables Ziel der Stabilisierung von Treibhausgaskonzentrationen auf einem Niveau, das «gefährliche anthropogene Wechselwirkungen mit dem Klimasystem verhindern soll». Dies soll in einem Zeitrahmen erreicht werden, der es «Ökosystemen erlaubt, sich auf natürlichem Weg anzupassen». Beide Formulierungen gestatten eine breitgefächerte Auslegung. Sich frühzeitig darauf festzulegen, die Niveaus von 1990 bis zum Jahr 2000 zu stabilisieren, reicht einfach nicht aus, um gefährliche anthropogene Wechselwirkungen zu verhindern (siehe Kap. 6). Tatsächlich erreicht man dadurch nicht mehr als eine Verzögerung der Verdoppelung von CO_2-Konzentrationen und eine Reduzierung des Meerespiegelanstiegs bis zum Jahr 2100 um 1 cm. Deshalb müssen die Vertragsparteien mit voranschreitender wissenschaftlicher Forschung härtere Treibhausgas-Reduzierungssysteme vor dem Jahr 2000 für die Zeit nach dem Jahr 2000 prüfen. Dies heute schon zu tun, wäre kontraproduktiv.
- Die Handlungsweisen jeder einzelnen Nation sollten in «angemessener Art und Weise, entsprechend der historischen Verantwortung, dem Stand der Entwicklung und der Möglichkeiten des Reagierens» ausgelegt sein. Dies bringt das Konzept der Fairneß bzw. des ökologischen Spielraums in die Verhandlungen ein. Denjenigen, die sich langsamer entwickeln und die möglicherweise in der nächsten Generation den Großteil des CO_2- und Methanausstoßes verursachen werden, wird eine Verschnaufpause von 10 Jahren eingeräumt. Diese Frist sollte den Technologietransfer, gestützt durch Zahlung der *incremental costs* (siehe Kap. 1), ermöglichen und Ländern wie China, Indien und der Russischen Föderation erlauben, energieeffizientere Technologien zu entwickeln und die CO_2- sowie Methanemissionen zu reduzieren. Dies ist der Punkt, an dem eine restrukturierte *GEF* die Durchführung einer gemeinsam umzusetzenden CO_2-Reduzierung ermöglicht. Dies bedeutet, daß reiche Länder den wachsenden CO_2-Ausstoß durch Baumpflanzungen finanzieren (siehe Kap. 6) oder CO_2-Emissionen durch den Einsatz von Strategien zur Senkung des CO_2-Ausstoßes ausgeglichen werden (Umstellung auf Gas, Schaffung energieeffizienter Technologien, Unterstützung nuklearer, erneuerbarer oder sauberer Energien aus Wasserstoff). Dies ist einer der vielversprechendsten Bereiche für internationale Nachhaltigkeitsfinanzierungen und ein Punkt, dem von der interdisziplinären Umweltwissenschaft große Aufmerksamkeit geschenkt werden muß.

19.4 Gemeinsames Erbe und globale Rechtsethik

Die Vorstellung von *internationalen Gemeingütern* enthält ein Konzept, das sich auf den Schutz der Lebenserhaltungs- und kosmischen Prozesse bezieht, die den unendlich kurzen Zeitraum des Besitzes der Erde durch die Spezies Mensch überschreiten. Dies ist der Grundsatz vom «gemeinsamen Erbe der Menschheit» (siehe Brown-Weiss 1989, S. 48–49). Diese Idee entstand in den 30er Jahren unseres Jahrhunderts und fand in den 50er Jahren Eingang in die Gesetzgebung. Sie beruht auf fünf Elementen: dem Nichtbesitz des gemeinsamen Erbes, der gemeinsamen Verwaltung, dem geteilten Nutzen, der ausschließlichen Nutzung zu friedlichen Zwecken und dem Erhalt für die Menschheit, insbesondere für künftige Generationen. Die Bedeutung dieses Grundsatzes liegt in seiner Verpflichtung heutiger Generationen, als Sachwalter des natürlichen und menschlichen Erbes zu handeln, um das biologische und geistige Leben ihrer Nachkommen zu verbessern.

Der Grundsatz des gemeinsamen Erbes verbindet Ethik und Gesetze in einer Weise, die keineswegs die Zustimmung der juristischen Fachleute für internationales Recht findet. Ein kritischer Standpunkt beruht darauf, daß eine Vereinbarung ohne die Zustimmung der nationalen Gesetzgebung als einem Teil der formellen Ratifizierung von Verträgen, die von Ministern oder Staatschefs unterzeichnet werden, wirksam werden kann. Ein radikaler oder nonkonformistischer Standpunkt hält daran fest, daß Gesetze moralischen oder ermahnenden Charakter haben sollten, mittels derer die Nationen auf der Basis ihrer Verwaltungsstrukturen (einem klugen Management mit effektiver Umsetzung) und der Treuhänderschaft (der Weitergabe des Vermächtnisses früherer Generationen an künftige Generationen) in bisher unbekannte Bereiche geführt werden. Allott glaubt beispielsweise: «Wenn Gesetze sich nicht nur aus der Vielseitigkeit individueller Absichten, sondern der Allgemeingültigkeit eines sozialen Zweckes ergeben, [dann] treten sie über das Eigeninteresse hinaus und tragen zur Selbstdefinition einer Gesellschaft bei». Diese Argumentation geht davon aus, daß der Internationale Gerichtshof in Den Haag die Macht haben sollte, generelle Prinzipien zur Nachhaltigkeit für die Erde zu bestimmen, die von den betroffenen Menschen in einer Gewissensentscheidung akzeptiert wurden. Dies wiederum sollte den Weg zur universellen Deklaration der Grundprinzipien, z.B. aller Arten fundamentaler Umweltrechte und einer nachhaltigen Entwicklung, bereiten.

Die Probleme liegen sowohl in der Konzeptionierung als auch in der Durchführung ethischer Gesetze und Fragen, die das gemeinsame Erbe betreffen. Wenn es auf nationaler Ebene keine Übereinstimmung gibt, dann helfen auch alle Deklarationen der Welt nicht, denn dann gibt es keinen kollektiven Rückhalt für Durchführungsverpflichtungen und auch keine strafenden Sanktionen für falsches Handeln. Weiche Gesetzespraxis kann zur Bestimmung von «Prinzipien» und «Deklarationen», mittels derer internationale Übereinstimmung erzielt werden können, beitragen. Im Bereich der Umwelt entstehen diese Erklärungen und Prinzipien in der Nachfolge sowohl der Stockholmer wie auch der Rio-Konferenz. Deren Ermahnungen wirken heute nur auf Grund moralischer und geringer politischer Unterstützung. Die Tatsache, daß sie existieren, erlaubt bestimmten Interessengruppen, auf künftige Verhandlungen Einfluß auszuüben, rückt Regierungen ins Rampenlicht, wenn neue Verträge zur Unterzeichnung anstehen, und eröffnet der Gesetzgebung einen gewissen Raum der kritischen Überwachung.

Brown-Weiss glaubt, daß diese Angelegenheit so wichtig ist, daß man sie nicht nur dem UN-Verwaltungsapparat überlassen sollte. Sie befürwortet die Schaffung einer «Kommission für die Zukunft des Planeten» (Commission on the Future of the Planet). Dies könnte eine Mischung aus zwischenstaatlichen und regierungsunabhängigen Organisationen sein. Sie müßte gestützt werden durch eine «UN-Resolution zu Menschen- und Umweltrechten» (UN Resolution on Human and Environmental Rights), um ihr moralische Kraft zu geben. Professor Brown-Weiss meint, daß ein solches Gremium sechs Funktionen ausüben sollte:

1. *Die symbolische Funktion* einer Betonung der weltweiten Verpflichtung zur Treuhänderschaft.
2. *Die warnende Funktion:* Warnung vor kommenden Bedrohungen jedweder Art für das gemeinsame Erbe.
3. *Die katalytische Funktion,* indem neue Ideen durch Zusammenführung von Interessen, die nicht unbedingt erkennbare kollektive Selbstinteressen verstärken müssen, entwickelt werden.
4. *Die beratende Funktion:* Bereitstellung technischer und wissenschaftlicher Hilfe für Länder, die das gemeinsame Erbe in Treuhänderschaft verwalten.
5. *Die wissenschaftliche Funktion*, indem Forschungsthemen interdisziplinärer Art ermittelt werden, um sicherzustellen, daß das Erbe angemessen eingeschätzt und beurteilt wird und die notwendige politische Unterstützung erfährt.
6. *Die erzieherische Funktion*, indem notwendige Informationsmaterialien bereitgestellt und das Problembewußtsein gefördert wird, um die Angelegenheiten des gemeinsamen Erbes in der allgemeinen Öffentlichkeit zu fördern.

Sie führt außerdem aus, daß diese Kommission eine Art Störungsdienst in Form eines Ombudsmann-Büros braucht. Dieses würde sich mit Beschwerden der NGOs und auch der Öffentlichkeit auseinandersetzen, wenn Hinweise auf drohende Schädigungen des gemeinsamen Erbes vorliegen oder als Ergebnis andauernder oder beabsichtigter Praxis oder Handlungen zu erwarten sind. Dieses Büro, das in allen Erdteilen regionale Zweigstellen besitzen könnte, sollte auch die Macht haben, Beschwerden zu untersuchen, und wäre, wie oben vorgeschlagen, für die wissenschaftlichen und beratenden Funktionen zuständig.

Hinter den radikalen Vorstellungen von Brown-Weiss steckt ein Konzept internationaler Gesetzgebung und Organisation, welches eine breitere Grundlage für die Treuhänderschaft für unsere Erde bilden kann, als wenn dies in Gänze den politisch ausgerichteten UN-Organisationen und Staaten überlassen bliebe. Für ihre Vision mindestens genauso wichtig ist das Prinzip der Besitzrechte, das sowohl die private wie auch die öffentliche Verantwortung umfaßt und in den Grundsatz der Treuhänderschaft und Kameradschaft während dieser evolutionären Reise des Lebens auf der Erde integriert ist. Philosophen haben die Begriffe «Tiefökologie» oder «Transpersonale Ökologie» geprägt, um diese spezielle Anwendung der Besitzverpflichtung widerzuspiegeln. Die beiden Begriffe bedeuten nicht ganz das gleiche. Die *Tiefökologie* bezieht sich auf die spirituelle Erfahrung der Untrennbarkeit von menschlichem Bewußtsein und Natur (Kasten 19.1). Die *Transpersonale Ökologie* geht noch einen Schritt weiter und versucht den geistigen Zusammenhang zwischen den Zielen tagtäglicher Existenz einerseits und der Begeisterung, ein Teil der kreativen Energie des Evolutionsprozesses zu sein, andererseits wiederherzustellen (siehe Kasten 19.2).

Ein weiterer, davon sehr unterschiedener Ansatz, einen neuen Blick auf das Verhältnis des Menschen zur Natur zu werfen, besteht in der wissenschaftlichen Untersuchung der engen Verbindung zwischen den Organismen und der Existenz von chemischen und energetischen Austauschströmen in einem integrierten dynamischen System, welches den Erhalt des Lebens auf der Erde bewirkt. Diese Vorstellungen werden mit dem Begriff «Gaia» bezeichnet. Ihr Urheber, James Lovelock, betrachtet die Gesamtheit physikalischer und biologischer Prozesse als physiologischen oder selbstregulierenden Mechanismus (Lovelock 1992, S. 11). Lovelock vertraut auf die Interdisziplinarität wissenschaftlicher Untersuchungen als Schlüssel für die Suche nach den Grundprinzipien Gaias. Die Diagnose der Krankheiten und Ermittlung von Therapien als einer planetaren Medizin verlangt nach einer Erweiterung der empirischen Wissenschaft - auf der Grundlage der Anerkennung jener der Erde als Ganzes innewohnenden Fähigkeiten, einen Zustand der Homöostasie aufrechtzuerhalten.

Kasten 19.1 «Tiefökologie»

Die Philosophie der *Tiefökologie* wurde durch den Norweger Arne Naess geprägt, um dem Umstand Rechnung zu tragen, daß immer tiefgreifendere Überlegungen zum Wesen des Menschen und seines Verhältnisses zur Natur angestellt werden. Die Tiefökologie bezeichnet so eine Form des äußersten Ökozentrismus, die Bemühung um Ausgleich mit der Biosphäre als Teil einer organischen Gesamtheit der Schöpfung in Vergangenheit, Gegenwart und Zukunft im Rahmen des Gaia-Konzeptes. Sie predigt Gleichheit, Gewaltlosigkeit, Animismus und eine nichtdualistische, verständnisvolle Haltung der Ökosphäre als Ganzes gegenüber. Die Tiefökologie ermuntert zu Mitgefühl und Wohlwollen nichtmenschlichen Wesen gegenüber, gewährt ihnen Rechte für eine Koexistenz mit dem Menschen und ruft die Menschen auf, den bedenkenlosen Konsum hinter sich zu lassen. Sie glaubt, daß eine materialistisch orientierte Menschheit Sklave ihrer Genußbedürfnisse ist und ein passiver Teilnehmer an der kollektiven globalen Zerstörung.

Paradoxerweise wurde diese Philosophie von einer zunehmenden Zahl von Ökoaktivisten aufgenommen, ganz besonders von «Earth First!», «Sea Shepherd» und der «Environmental Liberation Front». Jede einzelne dieser Gruppierungen ist zwielichtig, operiert in Gruppen von Aktivisten, die sich je nach Notwendigkeit bilden, aufteilen und neu formieren. Sie sind Ziel der Überwachung durch Geheimdienste und nehmen an Zahl und Aktivität ständig zu. Inwieweit sie Erfolg darin haben werden, den Lauf der Dinge zu ändern, hängt in hohem Maß vom Niveau der Akzeptanz des Ökoterrorismus ab. Die Ironie besteht darin, daß für all diese Gruppen Gewalt gegen Objekte oder die Störung von Vorgängen, die ihrer Meinung nach dazu beitragen, unseren Planeten zu zerstören, legitime Mittel sind.

Quelle: Naess 1989.

Kasten 19.2 «Transpersonale Ökologie»

Transpersonale Ökologie ist ein Konzept des australischen Philosophen Warwick Fox. Er war unzufrieden mit dem Formalismus der Tiefökologie und suchte deshalb nach einer stärker transzendental orientierten Philosophie. Diese sollte, so argumentierte er, alle Dinge der Welt als Teile eines fortwährenden und verwobenen Ganzen ansehen, in dem bei angeborener Gleichheit alles mit allem in engster Beziehung steht. Er glaubt daran, daß der angemessene Zustand der eines reinen Bewußtseins ist, d.h. die Erfahrung von Ganzheit und völliger Ungeschiedenheit. Sobald wir in der Welt um uns herum Unterscheidungen einführen, indem wir einzelne Objekte oder emotionale Befindlichkeiten voneinander scheiden, fallen wir zurück in einen Bereich gewußter Inhalte. In dieser Weise, so behauptet er, entstehen durch eine mechanistisch orientierte Wissenschaft diskrete Gegenständlichkeiten. Kontinuität erreichen wir dagegen durch die «neuen interaktiven Wissenschaften» und ein Identitäts- (oder Gleichheits-)Konzept aus mystischer Tradition. Transpersonale Ökologie ist der Mittelweg zwischen der erweiterten Wissenschaft der Interdisziplinarität, wie sie in der Einführung beschrieben wurde, und der Gesamtheit eines Empfindens, das aus der Transzendentalität entspringt: der Empfindung des absoluten Nichts, der völligen Aufhebung individueller Vereinzelung, des spirituellen Eingeschlossensein in die alles umfassende schöpferische Evolution. Dieser emanzipierte Zustand, so glaubt er, sei die Grundlage für eine Erziehung zu nachhaltigem Handeln.

Quelle: Fox 1992.

Lovelock und verschiedene Kollegen haben eine beeindruckende Liste von Beweisen aufgestellt, die zeigen, wie das Leben und die Erde zusammenwirken, um den Planeten in einem aktiven Ungleichgewicht mit sich selbst zu halten, ohne das es keinerlei Leben auf ihm gäbe. Wenn nur die Geophysik und Geochemie eine Rolle spielten, würde die Erde eine Atmosphäre besitzen, die von CO_2 dominiert wäre und eine um 20 °C höhere Durchschnittstemperatur aufwiese. Wie auf dem Mars und der Venus gäbe es keine Ozeane: der Planet wäre absolut unbewohnbar. Die Zusammenhänge, mit denen sich das Gaia-Konzept befaßt, ändern dies alles. Lovelock und eine steigende Zahl von Anhängern decken eine Masse von lebenserhaltenden Zwischenverbindungen auf. Plankton im Ozean beispielsweise reguliert die Wolkenschichten und die Temperatur der Atmosphäre, indem es Schwefel und andere Aerosole in Wolkentröpfchen verwandelt. Genauso wird der CO_2-Austausch durch Pflanzenwachstum, das in Zeiträumen von Jahrzehntausenden die Verwitterung von Gesteinen bewirken kann, oder durch das «Pumpen» von CO_2 in die Ozeane im Maßstab von Jahrhunderten reguliert. Der Mensch kann diese Verbindungen unterbrechen: die Abnahme von Meeresalgen auf Grund klimatischer Erwärmung könnte einen lebensnotwendigen CO_2-Speicher zerstören. Dies könnte auch durch großflächige Veränderungen der Vegetation geschehen. Die Intensivierung der Landwirtschaft könnte eine der größten Langzeitbedrohungen für die Bewohnbarkeit unseres Planeten werden, zumindest im Zeitrahmen menschlicher Reaktionsfähigkeit.

Kasten 19.3 Das Gaia-Konzept

Das Gaia-Konzept ist das Produkt eines ungewöhnlichen Geistes – eines nichtetablierten Wissenschaftlers. Jim Lovelock ist Geochemiker und Erfinder, der sich seinen Lebensunterhalt durch Gestaltung und Patentierung einfallsreicher Maschinen verdient. Seine wahre Liebe aber gehört der «echten Wissenschaft» – dem «Staunen darüber, wie die Welt funktioniert, und der Gestaltung von einfachen Experimenten, um die Theorien, die ihm dabei in den Sinn kommen, zu überprüfen» (Lovelock 1992, S. 15). Echte Wissenschaft sei am besten, wie künstlerische Kreativität auch, im stillen und unaufwendig zu praktizieren. Er bedauert die Unmenge spezialisierter Umweltwissenschaftler, «die leuchtend polierten Doktoren der Philosophie», die wohl nichts anderes erreichen werden als eine sichere und bequeme Anstellung. Das Gaia-Konzept ist holistisch und nicht reduktionistisch; integrativ, nicht separatistisch; einfallsreich, nicht pedantisch; offen, nicht geschlossen.

Er glaubt, daß das Gaia-Konzept eine Art planetarer Medizin darstellt, ähnlich den Heilkräutern vorwissenschaftlicher Zeiten. Einen gesunden Planeten mit einem ausgeglichenen Klima zu erhalten, ist ebenso kompliziert, wie einen gesunden Körper zu erhalten. Die Idee von «Gaia» ist es, die Existenz so zu gestalten, daß die Erde in natürlicher Weise leben kann – und, wenn möglich, der Natur die Führung und die Mechanismen zur Homöostasie zu überlassen. Die Gaia-Prinzipien zu ignorieren, kann bedeuten, daß der Mensch auf ewig mit einer Art Umweltverpflichtung leben muß: sich um den Planeten zu kümmern, als wäre er eine künstliche Niere – das mag zwar funktionieren, erzwingt aber ständige Einschränkungen. Im Sinne des Gaia-Konzepts zu handeln, heißt, planetares, gesundes Leben zu erhalten – und dabei vielfach im Kleinen zu beginnen, so daß sich die Erfolge durch die Aufmerksamkeit Milliarden anderer Menschen zu kollektiver planetarer Gesundheit summieren. Das Gaia-Konzept bezeichnet dies als anarchischen Zustand: wir verhalten uns angemessen, weil wir wissen, daß andere das auch tun. Gaianismus ist der transpersonale Lebensstil einer in nachhaltiger Weise belebten Welt.

Nach Schneider (1990) verknüpft «Gaia» fünf unterschiedliche Paradigmen:

1. *Das Einfluß-Konzept* besagt einfach, daß Lebewesen Einfluß auf die abiotische Welt haben, Temperatur und atmosphärische Chemie regulieren.
2. *Die Idee der Koevolution* glaubt, daß biotische und abiotische Aktivitäten in synergetischer Weise miteinander in Wechselbeziehung stehen, die Biosphäre bilden und aufrechterhalten.
3. *Die Homöostase-Konzeption* macht geltend, daß es Aufgabe der Koevolution ist, ein dynamisches Gleichgewicht in der Biosphäre gegen internen und externen Druck aufrechtzuerhalten.
4. *Die Teleologie-Vorstellung* vertritt die Ansicht, die Atmosphäre würde nicht nur durch, sondern auch für die Biosphäre in einem Zustand der Homöostasie gehalten.
5. *Die Optimierungs-These* kommt zu dem Schluß, daß die Biosphäre in einer Weise arbeitet, die Bedingungen für ein optimales biologisches (Über)Leben schafft.

Diese Punkte sind nach dem Prinzip der gegenseitigen Abhängigkeit aufgelistet. Die beiden ersten sind relativ schwache Paradigmen. Die drei letzten deuten an, daß es eine implizite Zweckhaftigkeit des Lebens auf der Erde gibt – eben jene, für das Leben selbst möglichst ideale Lebensbedingungen zu erhalten. Sie haben die Wahl!

Quellen: Lovelock 1992; Schneider und Boston (Hrsg.) 1991; Schneider 1990.

Gaia ist grundsätzlich eine wissenschaftliche Konzeption. Sie wird hier vorgestellt, um die Leser zu ermutigen, über das Verhältnis zwischen einer gesamtheitlichen Wissenschaft, der Planetenphysiographie und der gesellschaftlichen Verantwortung für die Erhaltung der Mechanismen, die eine bewohnbare Welt aufrechterhalten, nachzudenken. Trotz der ernsthaften Versuche, jedwede ethischen Grundsätze aus der Gaia-Konzeption auszuschließen, gesteht Lovelock (1979, S. 17) ein, daß im Rahmen der Gaia-Konzeption «unsere kollektive Haltung zur Erde die Gesundheit des Planeten beeinflußt und diese wiederum rückwirkend unsere Haltung». Diese beiden Perspektiven sollten als gleichwertig in der Gaia-Konzeption berücksichtigt werden.

Kasten 19.4 Planspiele und Umweltdiplomatie

Dasgupta (1992) behauptete, daß es sich für private Ressourcenmanager auszahlt, wenn sie nicht wissen, welche Schäden sie verursachen. Unwissenheit spart Kosten. Natürlich gibt es Argumente für öffentliche Investitionen in wissenschaftliche Forschung, andernfalls hat das Opfer keine Grundlage für Ansprüche und der Verursacher keinen Anreiz, vorbeugend aktiv zu werden. Planspiele können eine Möglichkeit sein, dieses Wissen und die Machtverhältnisse zu bewältigen, so lange es möglich ist, den Status quo zu verändern.

Bei der sogenannten «Gefangenen-Zwangslage» zahlt es sich für Spieler aus, Nichtkooperation anzunehmen, womit ein umgekehrtes Ergebnis erreicht wird. Es ist natürlich leichter zu versuchen, sich auf dem Rücken anderer, die die Vorschriften befolgen, auszuruhen, doch nehmen natürlich alle Spieler die gleiche Haltung ein, mit dem Ergebnis, daß alle auf Grund des Fehlens irgendeiner zwingenden Form zur Verständigung letztlich Nachteile haben.

Maler (1992) zeigt, wie dies für die Reduzierung von SO_2 funktioniert. Unter normalen wettbewerblichen Bedingungen wird ein Land so lange SO_2 ausstoßen, bis die Nebenkosten der Verminderung die Nebenkosten für den verursachten Schaden durch die eigenen Emissionen ausgleichen. Dort aber, wo SO_2-Emissionen Grenzen überschreiten, sollten die Nebenkosten der Verminderung jeden Landes dem Gesamtschaden aller betroffenen Länder gleichgestellt werden. Maler zeigt, daß bei einer Verringerung um 40 % die Gesamteinsparungen für alle europäischen Länder bei einem Maximum von DM 6 Mrd. liegen. Hauptnutzer sind die Länder, die einen niedrigen Ausstoß haben und von ihren Nachbarn «übersäuert» werden, wie Schweden.

Die Hauptverlierer sind solche Länder, die wenig grenzüberschreitende Austräge aufweisen, wie Großbritannien oder Italien. Theoretisch besteht für diese Länder ein hoher Anreiz, bei SO_2-Vereinbarungen passiv zu bleiben, sofern keine Kompensation erfolgt. Maler beweist schließlich, daß es sich für Länder auszahlen würde, nicht zu kooperieren, wodurch alle Vereinbarungen negiert würden – außer sie würden durch eine Vorschrift auferlegt.

In der Praxis wirken Politik, Moral und die Bindung an Fragen der Außenhandelspolitik zusammen, um internationale Mindestabkommen zu schaffen. Trotzdem sind die Anreize, nicht zu kooperieren, sehr hoch, bevor nicht der Wert der Vorsorge und die vollen ökologischen Wirtschaftskosten ordentlich kalkuliert worden sind. Deshalb ist eine gute interdisziplinäre Umweltwissenschaft für die internationale Umweltdiplomatie ein so enorm wichtiger Partner.

Quellen: Dasgupta 1992; Maler 1992.

19.5 «Regime-Theorie» und Nachhaltigkeit

«Regime» bestehen aus einer Reihe von Regeln, Normen und Entscheidungen beeinflussenden Erwartungen, die einzelne Handlungsstränge um vereinbarte Prinzipien und Ziele zusammenziehen und die auf einer Verbindung von internationalen Gesetzen, glaubhafter Wissenschaft und akzeptablen politischen Gewohnheiten aufbauen. Regime können nur dann funktionieren, wenn die daran beteiligten Parteien anerkennen, daß ihre Eigeninteressen von Kooperation, gemeinsamen Sanktionen und kollektivem Handeln profitieren. Die Möglichkeiten des «Sichausklinkens» – also zuzusehen, wie andere sich anpassen, während man die eigene Verantwortlichkeit meidet und somit aus der Zustimmung anderer Nutzen zieht – müssen durch eine Art wechselseitiger Zwangsmittel, auf deren Einsatz man sich gemeinsam einigt, ausgeschaltet werden. Für die Herausbildung von Regimen gibt es drei grundsätzliche Theorien:

1. *Strukturelle oder hegemonistische Theorien*. Hierbei wird das Regime durch eine einzelne Kraft oder aus einer geringen Zahl von Staaten gebildet, so daß die Möglichkeit besteht, die schwächeren Mitglieder zu beeinflussen oder sie zu zwingen, sich den Bestimmungen akzeptierter Handlungsrichtlinien zu fügen. Mit dem Ende des Kalten Krieges und der zunehmenden relativen Dominanz der «Gruppe der 77» (der Entwicklungsländer) wird dies nun eher als eine veraltete Interpretation internationalen Umwelthandelns angesehen. In gewissem Maße haben auch die USA keine zentrale Rolle bei internationalen Umweltverhandlungen eingenommen, so daß ihre offensichtliche diplomatische und militärische Dominanz nicht so augenscheinlich wurde. Es ist interessant, daß die Konferenz in Rio ein Rahmenabkommen zur Biodiversität ohne die Unterstützung der USA zustande gebracht hat und Ziele für die Reduzierung von Treibhausgasen gegen den Widerstand der USA aufstellen konnte. Noch interessanter ist es zu beobachten, daß die Clinton-Regierung nicht nur das Abkommen zur Biodiversität unterzeichnete, sondern auch der Stabilisierung von US-CO_2-Emissionen bis zum Jahr 2000 auf dem Niveau der Werte von 1990 zustimmte. Man muß zugestehen, daß dies ein neuer politischer Ton in Washington ist – es ist aber auch ein gutes Zeichen für die Bedeutung eines globalen Gemeingut-Regimes.
2. *Utilitaristische Theorien*. Diese stützen sich auf Strategien, die auf Planspielen basieren. Nützlichkeit ist ein Maß für die Bevorzugung, und erwartete Nützlichkeit ist die Verbindung der Wahrscheinlichkeit eines Ergebnisses mit der Bewertung seines Nutzens. Spieltheoretiker versuchen zu berechnen, wie Verhandlungspartner manövrieren, um den besten zu erwartenden Nutzen festzusetzen, basierend auf der Beurteilung des Handelns anderer. Das «Spiel» gerät dabei zu einer intelligenten Rateübung darüber, wieviel andere zu opfern bereit sind, um das zu erhalten, was sie wollen, und wie sie die Gewißheit oder die Ungewißheit des Verhandlungsergebnisses bewerten. Kasten 19.4 illustriert diesen Ansatz. Entsprechende Taktiken können am besten in kleinen

Gruppen von Verhandlungspartnern und bei einem klar definierten Ziel (z.B. Beseitigung von Schwefel und Einschränkung des Schadens durch sauren Regen) oder einer regionalen Ressource (z.B. Nahrungskontrolle in der südlichen Nordsee) ermittelt werden.

3. *Epistemische Gemeinschaften*. Diese Theorie stützt sich auf die Voraussetzung, daß gutunterrichtete und einflußreiche Menschen mit vergleichbarem Wissensstand internationale Gutachter-Netzwerke bilden und strenge, unabhängige Überprüfungen durchführen, um Glaubwürdigkeit herzustellen und zu erhalten. Dieser Aspekt wurde in der Einleitung angesprochen. Es kommt darauf an, unter politischen Beratern gegenseitiges Einverständnis hinsichtlich des angemessenen politischen Handelns aufzubauen. In bezug auf die voraussichtlichen Ergebnisse der politischen Maßnahmen hängt vieles vom wissenschaftlichen Einverständnis und der vernünftigen Annäherung von Beurteilungen ab – wie zum Beispiel bei Umweltsteuern und ihrem Einfluß auf Arbeitsplätze und Einkommensverteilung, oder bei der Schadstoffbeseitigung als vorbeugender Maßnahme und ihrem Nutzen für bestimmte Ökosysteme. Die in der Einleitung angesprochenen Punkte sind hier wichtig. Die Wissenschaft erfordert sowohl Glaubwürdigkeit als auch politische Unterstützung auf breiter Basis, bevor sich epistemische Gemeinschaften als erfolgreich erweisen können. Das IPCC (Intergovernmental Panel on Climate Change) ist ein gutes Beispiel für eine epistemische Wissenschaftsbasis zur Bildung von Regimen.

In der heutigen Welt ist keine dieser Theorien zur Identifikation von Verhandlungssystemen bei der Lösung der Umweltprobleme in idealer Weise geeignet. Es gibt nicht den einen, mächtigsten Teilnehmer; die Ungewißheit wissenschaftlicher Analysen hemmt sowohl utilitaristische wie epistemische Ansätze. Die Bindung von Umweltfragen an Handelsabkommen, regionale Konflikte und Sicherheitsaspekte und an die Wanderungsbewegungen von Vertriebenen (siehe Kap. 1) bedeutet, daß vieles in der modernen Regimeentwicklung Forschungs- und Entdeckungscharakter hat. In der Tat besteht guter Grund anzunehmen, daß sich das Feilschen in Fragen globaler Gemeingüter als grundlegend innovativ und einzigartig erweist, da es Politiker verschiedensten Eindrücken aussetzt und sie in Interessenkonstellationen bringt, die sie bisher nicht erfahren haben. Verhandlungsregime müssen also klein anfangen und sich innerhalb größerer und stützender internationaler Strukturen kreativ weiterentwickeln.

All dies betont die Wichtigkeit konstruktiver Kommunikationsmechanismen zwischen den Verhandlungsparteien und verlangt vom «Wissenschaftsunternehmer» besondere Fähigkeiten, dies zu übersetzen. Dies ist eine völlig neue Wissenschaftler-Gattung: sie müssen wissenschaftlich ausgebildet, in den Komplexitäten und Unzulänglichkeiten des Handels bewandert und dennoch in der Lage sein, in zuverlässiger und verständlicher Form Zusammenhänge darzustellen. Solche Spezialisten werden halb Wissenschaftler und halb Politiker und mit einem medienwirksamen Talent ausgestattet sein, um ihre Gegenstände entsprechend den Erfordernissen der Medien mit einfacher Sprache, beschwörenden Erläuterungen und wiedererkennbaren Slogans präsentieren zu können.

Kasten 19.5 Stufendiplomatie und das Ozonloch

Ozon ist ein Molekül, das aus drei Sauerstoffatomen besteht und das durch die Energie des Sonnenlichts gebildet wird. In den äußeren Schichten der Atmosphäre, etwa 50 km über der Erdoberfläche, werden Sauerstoffmoleküle, die durch die Stratosphäre sinken, ständig zu Ozon umgewandelt. Die Ozonmoleküle werden anschließend durch die katalytische Aktivität winziger Konzentrationen bestimmter Gase zerstört. Diese Gase können ein Sauerstoffatom «stehlen» und Ozon zu einer, wie es Warr nennt, «Atomquadrille» zersetzen. Eines dieser Gase ist Stickstoffmonoxid (NO). Die Reaktion mit Ozon geschieht wie folgt:

$$O_3 + NO \rightarrow O_2 + NO_2$$
$$O + NO_2 \rightarrow O_2 + NO$$

Chlor verhält sich ähnlich:

$$O_3 + Cl \rightarrow O_2 + ClO$$
$$O + ClO \rightarrow O_2 + Cl$$

Die katalytische Natur dieses Prozesses stellt sicher, daß aktive Chlorradikale Ozon mehrmals zersetzen können; möglicherweise bis zu 100 000 Ozonmoleküle pro freiem Atom. Zum großen Teil sind diese freien Atome in inaktive «Reservoire» eingeschlossen. Der Chlorrest als Chlorwasserstoff und der Stickstoff als Chlornitrat.

All das ist in Ordnung, solange das dynamische Gleichgewicht nicht gestört ist. Die Ausgangsgase von Chlor und Stickstoff werden jedoch durch den Eingriff des Menschen erhöht. Verschiedene Stickoxide bilden sich beim Verbrennen fossiler Brennstoffe, in Autoabgasen, im Ammoniak aus Dung und Kunstdünger. Chlorkomponenten finden sich zunehmend in vielen chemischen Produkten, angefangen von Pestiziden über Lösungs- und Bleichstoffe bis zu Plastik. Auch Methan (CH_4) spielt als Ozonzerstörer in steigendem Maß eine Rolle. Die größte Gruppe dieser neuen Gase sind jedoch FCKW, eine Gruppe chemischer Verbindungen, die aus Kohlenstoff, Chlor, Fluor und Wasserstoff bestehen. Diese Gase wurden entwickelt, da sie scheinbar träge reagieren und nicht brennbar waren und deshalb mit reaktiven Stoffen zu Sicherheitszwecken kombiniert werden konnten. In der Stratosphäre jedoch spaltet die intensive Sonnenstrahlung ein Chloratom ab. Die Zeitspanne, in der ein FCKW-Molekül aktiv bleibt, und die Anzahl der Chloratome, die es enthält, liefern einen Index, der unter dem Namen «Ozon-Zerstörungs-Potential» bzw. «ODP» (Ozone Depleting Potential) bekannt ist; ein Index, der auf die häufigste dieser Gruppe, nämlich $CFCl_3$, bezogen wird. Wenn ausreichende Mengen frei werden, können jedoch schon niedrige ODP-Werte eine Gefahr anzeigen. Zwei Beispiele sollen dies illustrieren: Methylchloroform ist ein weitverbreitetes Trockenreinigungsmittel mit einem jährlichen Output von mehr als 500 000 t, doch mit einem ODP-Wert von 0,1 bis 0,2. Die Fluorkohlenwasserstoffe, die heute als Ersatz für FCKW hergestellt werden, enthalten immer noch Chloratome und tragen so zur Ozonzerstörung bei. Beide Gruppen sind auch Treibhausgase, die an der Klimaerwärmung mit etwa 8 bis 10 % beteiligt sind (siehe Kasten 6.5).

Die Polarregionen, vor allem die antarktische Atmosphäre, stabilisieren sich in den sonnenlosen Wintermonaten sehr stark. Leuchtende Wolken aus Eispartikeln bilden sich in der extrem kalten und stabilen Atmosphäre. An diesen Eispartikeln

Fortsetzung n.S.

Kasten 19.5 ***Fortsetzung***

führen chemische Prozesse, die wir bis jetzt noch nicht ganz verstehen, dazu, die Spurengase für ihre Freisetzung vorzubereiten, wenn sie durch die ersten Strahlen der Frühlingssonne angeregt werden. Dies ist der Grund, warum die polaren Ozonlöcher im Frühling so ausgedehnt sind, wenngleich dies über der Antarktis wegen des Ausmaßes der polaren Eiskappe am stärksten ausgeprägt ist. Jüngste Schätzungen stellen fest, daß der zeitweise Verlust von Ozon in der Antarktis zum Teil bis zu 60 % beträgt, etwa 15–20 % in der Arktis. Insgesamt liegt der jährliche Ozonverlust in der Atmosphäre bei 1–2 %. Selbst wenn alle zusätzlichen Spurengase auf die jetzigen Mengen stabilisiert werden würden, würde es über 70 Jahre dauern, bevor der Nettoverlust an Ozon stagnieren würde.

Das Entfernen stratosphärischen Ozons setzt Menschen und Pflanzen höheren Dosen der intensiveren ultravioletten Sonnenstrahlung aus. Seltsamerweise wurden bei Messungen der derzeitigen Intensitäten des UV-B, des Wellenbereichs, der die größten Sorgen verursacht, in mittleren Breiten keine Zunahmen festgestellt. Dies hat zu Spekulationen geführt, daß die ganze FCKW-Panik dem Alptraum eines Wissenschaftlers entspringt, den dieser ausgeheckt hat, um mehr Forschungsgelder zu erhalten (siehe Kenny 1994). Das Problem wird in der Einführung schon angesprochen: Messungen müssen genau, langfristig und sehr verläßlich sein, bevor ein Trend im Mikrobereich mit Sicherheit aufgezeichnet werden kann. Ungeduld ist keine wissenschaftliche Tugend. Doch zahlt es sich aus politischen und vor allem auch aus wirtschaftlichen Gründen für die großen Chemiekonzerne aus, Wissenschaftler, die diesen Beweisen skeptisch gegenüberstehen, anzuhören und zu finanzieren. Erst seit 1985 wurden Meßinstrumente mit geeigneter Genauigkeit entwickelt, um Veränderungen von UV-B in den weniger verschmutzten Gebieten, wie den Kontinenten der südlichen Hemisphäre und der Antarktis selbst, zu entdecken. In der Zwischenzeit machen Chemiehersteller schöne Gewinne mit der neuen Gefrierschranktechnologie, die Niedrig-ODP-Komponenten benutzten. Dies geschieht, obwohl Greenpeace einen sicheren Propan-Butan-Kühlschrank propagiert, der sowohl preiswert wie auch vollständig ozonfreundlich ist.

Die Stufendiplomatie befaßt sich mit Verhandlungen zu den verschiedenen Protokollen, die dem «Montreal Protocol on Substances that Deplete the Ozone Layer» beigefügt wurden.

In seiner Version von 1987 verpflichtete es jeden Unterzeichnerstaat, bestimmte FCKW bis 1999 auf ein Niveau von 50 % der Menge von 1986 zu reduzieren. Im Jahre 1990 wurden durch den Londoner Zusatzantrag weitere FCKW, Halogene und andere Substanzen hinzugefügt und das Netz der Unterzeichnerstaaten auf acht ausgedehnt. Im Jahre 1992 berichtete die meteorologische Weltorganisation, daß der «Ozonwinter» von 1991–1992 als einer mit den «stärksten negativen Abweichungen seit dem Beginn der systematischen Ozonbeobachtungen» bezeichnet werden könnte. Untersuchungen zum Hautkrebs, der durch die erhöhte UV-B-Strahlung ausgelöst wird, alarmierten viele Menschen, wie auch Berichte von grauem Star bei Menschen und Tieren, der in Berggebieten zunahm, wo die dünne, klare Luft zur Strahlenbelastung noch beiträgt. Ein Gegengewicht zu diesen wissenschaftlichen Entdeckungen war die politische und wirtschaftliche Kraft multinationaler Chemiekonzerne und Staaten, die von der Herstellung von Hoch-ODP-Verbindungen, die jetzt im Kreuzfeuer der Kritik stehen, noch immer abhängig sind. Stufenweise Umweltdiplomatie

Fortsetzung n.S.

Kasten 19.5 ***Fortsetzung***

ist ein Katz-und-Maus-Spiel auf mehreren Ebenen. Die Wissenschaft ist dabei nur ein Teil: Unsicherheiten werden gnadenlos ausgenutzt, ebenso die Hinweise von Umweltorganisationen, daß umweltfreundliche Ersatzstoffe mit Profit hergestellt werden können.

Im November 1992 vereinbarte das vierte Treffen des Montreal-Protokolls, die Herstellung von FCKW bis 1996 zu stoppen und bis 1994 um 75 % zu reduzieren. Dennoch ist der Gebrauch für wichtige Zwecke weiterhin möglich, wenn keine brauchbaren Ersatzstoffe verfügbar sind. So kann auch der FCKW-Ausstoß in den Entwicklungsländern bis zum Jahr 2006 weitergehen, solange die Herstellung darauf ausgerichtet ist, grundlegende Bedürfnisse zu sichern. Das Schwarzmarktpotential ist immens, wenngleich die Herstellung von FCKW in kleinen Mengen nicht besonders profitabel ist.

Nichtsdestotrotz hat die Umweltdiplomatie in einem Zeitraum von 10 Jahren FCKW, Halogene, Methylchloroform und Tetrachlorkohlenstoff alles andere als eliminiert. Doch der Einfluß der Produzenten von FCKW sollte nicht unterschätzt werden. Sie haben es geschafft, den Herstellungsstopp bis auf das Jahr 2030 zu verschieben, was ihnen ermöglicht, die Profite wieder einzufahren, welche die hohen Forschungs- und Entwicklungskosten decken. Rowlands weist darauf hin, daß der US-Chemiekonzern DuPont eine siebenköpfige Delegation zu den Verhandlungen schickte, eine Zahl, die die Delegationen aller anderen Länder, bis auf sechs, übertraf. Die Verzögerung des FCKW-Stopps geschieht in Übereinstimmung mit den Forderungen durch US-amerikanische Geschäftsinteressen, daß die Klimaanlagen in Gebäuden über den gesamten Zeitraum ihres Einsatzes von 40 Jahren erhalten bleiben.

Auch Methylbromid ist eine bekannte ozonzerstörende Substanz. Anders als die FCKW-Gruppe wird sie als Fungizid verwendet und ist in Ländern der Dritten Welt weitverbreitet. Israel ist einer der Hauptproduzenten. Ärmere Länder legten erfolgreich ein Festhalten an diesen Substanzen, mit nur sehr geringfügigen Beschränkungen bei vorliegenden wissenschaftlichen Beweisen, nahe. Stufenweise Diplomatie wird zweifelsohne ihr Augenmerk auf dieses Produkt richten, wenn die Wissenschaft der Ozonzerstörung Fortschritte macht. Ärmere Länder suchen nach Ausnahmen oder nach Gewährung von Hilfen durch die GEF, um ihnen einen Übergang zu ermöglichen. In der Ozondebatte wird die Umweltwissenschaft, wie in anderen Fragen auch, immer mehr vom Strudel wirtschaftspolitischer Interessen erfaßt ist.

19.6 Die UN-Kommission über nachhaltige Entwicklung, UNCSD

Als Beispiel für den Aufbau eines zeitgenössischen *Regimes* in der Praxis wollen wir einen Blick auf eine der grundlegenden organisatorischen Erneuerungen der Rio-Konferenz, nämlich die Gründung einer UN-Kommission über die nachhaltige Entwicklung (UN Commission on Sustainable Development, UNCSD) werfen. Dieses Gremium mit 53 Mitgliedern verfügt über die Vollmacht, nationale Strategien zur nachhaltigen Entwicklung anzuerkennen, Hilfestellung in bezug auf die Inhalte und die Beschaffenheit dieser Strategien zu geben und Bestimmungen der Agenda 21 auszuführen. Als solche ist sie der bedeutendste institutionelle Schwerpunkt für die Verwaltung der gesamten globalen Gemeingüter.

Haas und seine Kollegen (1992) schlagen für die Bestimmung des Erfolgs neuerer institutioneller Vereinbarungen zur Verwaltung der globalen Gemeingüter drei Kriterien vor:

1. *Fokussierung der Analysen* durch die Zentrierung und Umsetzung von Diskussion und Forschung in politische Begriffe (und Verfahrensweisen) und durch die Förderung der Formulierung konsensfähiger Positionen.
2. *Schaffung internationaler Handlungsmöglichkeiten* durch Angleichung der Nichtregierungsinteressen an zwischenstaatliche Verhandlungsstrukturen mittels *Verhandlungen* und *inszenierter* Beschlüsse.
3. *Förderung vereinbarten nationalen Handelns*, indem die nationalen Regierungen in die Lage versetzt werden, Positionen zu übernehmen, die volkswirtschaftliche oder ökologische Schäden aufhalten oder verhindern, auch wenn dies ursprünglich nicht den primären nationalen Interessen entsprach.

Alle diese Punkte könnten dort, wo es vorher keine Verständigung gab, den Sinn für die wechselseitigen Interessen und gemeinsames Handeln wecken, könnten anpassungsfähige Foren zur Förderung staatenübergreifender Übereinstimmung schaffen und nationale politische und administrative Kompetenzen aufbauen, um auf die neuen Herausforderungen reagieren zu können.

Die Einrichtung der UNCSD hat innerhalb der UN selbst einige wichtige Veränderungen erzwungen. Zunächst existiert innerhalb des Generalsekretariats eine «Abteilung für Politikkoordination und nachhaltige Entwicklung» (Department of Policy Coordination and Sustainable Development). Diese soll sicherstellen, daß alle UN-Dienststellen, einschließlich der Finanzinstitutionen wie der Weltbank, politisches Handeln anstoßen und koordinieren, welches der Förderung nachhaltiger Entwicklung dient. Dies soll durch jährliche Berichterstattung an die UNCSD dargelegt werden.

Dieses Vorgehen wird sich nicht nur auf die Hauptstellen der UN wie die *FAO*, das *Entwicklungsprogramm der Vereinten Nationen* und das *Umweltprogramm der Vereinten Nationen* beschränken. Die Überprüfungen, inwieweit diese Körperschaften auf das Bedürfnis nach nachhaltigeren Ansätzen reagiert haben, werden aufregend genug sein. Die Weltbank, die multilateralen Finanz- und Hilfseinrichtungen und die verschiedenen Handelsabkommen, einschließlich GATT (= «General Agreement on Tariffs and Trade»), werden regelmäßigen Anhörungen zur Überprüfung ihres Beitrags zur Nachhaltigkeit ausgeliefert sein. Da die UNSCD Vertreter der neun bedeutenden Basisgruppen (vgl. dazu Kap. 1) in ihren Reihen haben wird, werden diese regelmäßigen Berichte lebhafte Debatten auslösen.

Wir stehen allerdings erst am Anfang. Deshalb sollte man zunächst auch nicht übermäßige Erwartungen hegen. Aber im Prinzip könnte der gesamte Apparat globaler Entwicklung für regelmäßige Überprüfungen seiner Aktivitäten in bezug auf die Prinzipien und Praktiken der Nachhaltigkeit, wie sie in Kap. 1 und 2 beschrieben und die in die Agenda 21 eingebunden sind, offener werden. Es wäre ein entscheidender Durchbruch, wenn sich dies als Ergebnis der ersten Manöver der UNCSD erweisen sollte. Das würde bedeuten, daß zum ersten Mal die Zusammenhänge zwischen Handel und Hilfsprogrammen, Schulden und Krieg in bezug auf die Frage, inwieweit sie die Orientierung sowohl an nationalen wie regionalen Nachhaltigkeitssstrategien und -initiativen verhindern oder unmöglich machen, abgeschätzt werden könnten. Offensichtlich hängt viel davon ab, wie die neuen Strukturen von den nicht auf die Umwelt ausgerichteten Bereichen des Handels, der Hilfseinrichtungen, der Entwicklung und der internationalen Finanzwelt angenommen werden. Die Durchsetzung «grüner» Vorstellungen in diesen Bereichen verlangt nach einem rücksichtsvollen Vorgehen der Umweltwissenschaft. Umweltwissenschaftler verfahren möglicherweise dann erfolgreicher, wenn sie als Buchhalter, Finanzexperten, Diplomaten oder Militärattachés tätig sind.

Die potentiell einflußreiche «Abteilung für Politikkoordination und nachhaltige Entwicklung» wird ihrerseits wiederum von einem Ausschuß aus Fachleuten beraten. Diese Gruppe wird vom Generalsekretariat speziell dafür ausgewählt, vor jedem UNCSD-Treffen alle Unterlagen zu überprüfen. Die Unterlagen werden sich nacheinander mit den Grundelementen der Agenda 21 befassen – Eröffnung von Möglichkeiten für Wissenschaft und Management, Gesundheit und ökologisches Wohl, giftige Abfälle und internationale Exporte, nachhaltige Besiedlung, Trinkwasser-Verfügbarkeit und Energie. Diese werden in einer Reihe von Sitzungen behandelt werden, die zwischen den jährlichen Überprüfungssitzungen der UNCSD stattfinden. Ziel ist es, Krisensituationen zu vermeiden und praktische, in Programmen entwickelte Perspektiven zu vermitteln. Zu diesem Zweck hat das UN-Generalsekretariat ein zusätzliches Kommitee geschaffen, das «Inter Agency Committee on Sustainable Development». Dieses wird versuchen, die thematischen Agenda 21-Elemente in den Programmen und Haushalten aller UN-Abteilungen und verwandter Einrichtungen zu koordinieren.

Mittlerweile ermutigt und ermöglicht die UNCSD selbst nationale Strategien zur nachhaltigen Entwicklung. Diese werden alle Bestimmungen der Agenda 21-Themen enthalten, vermutlich aber auch einen klaren nationalen Ansatz. In vielen Ländern schaffen örtliche Verwaltungen (eine der neun Basis-Gruppen) lokale Agenda 21-Strategien entsprechend ihren Fähigkeiten und ihrem Einfluß. Erwähnenswert ist, daß in einer Reihe von föderativen Staaten die Verfassung das Eingreifen einer Zentralregierung in rein lokale Interessengebiete nicht zuläßt. Sogar regionale Regierungen (Staaten, Provinzen, Bundesländer) haben möglicherweise keine Macht über die Kommunen. Da die Notwendigkeit lokal ausgerichteter Nachhaltigkeits-Initiativen immer offensichtlicher wird, müssen diese konstitutionellen Verhältnisse neu überarbeitet werden.

Das Ziel jedoch ist es, örtliche (Bürger-)Initiativen zu fördern, welche die Angelegenheiten der Nachhaltigkeit vertreten und umsetzen. Dadurch werden sich überschneidende Schichten von Regimen gebildet, die die internationalen Verpflichtungen mit den Vorstellungen von einer Weltbürgerschaft verbinden. Niemand weiß, wie erfolgreich dieses Unternehmen sein wird: die Einsätze sind so hoch, wie sie nur sein können. Zuerst jedoch müssen wir uns selbst erziehen und uns unserer selbst noch viel bewußter werden.

19.7 Erziehung und Ausbildung für eine nachhaltige Zukunft

Was bedeutet *Erziehung zur Nachhaltigkeit*? Es bedeutet, den Sinn für echte Weltbürgerschaft in der gesamten Menschheit zu wecken und eine entsprechende Praxis aufzubauen. Möglicherweise existiert in den untersten Schichten eines jeden menschlichen Bewußtseins ein Reflex jener Zusammenhänge, von denen die Gaia-Konzeption ausgeht. Die Menschheit ist ein Ergebnis der Evolution des Lebens auf der Erde. Daher liegt die Vermutung sehr nahe, daß wir im Innersten eigentlich alle Weltbürger sind, bereit, zum Erhalt des Planeten Erde beizutragen. Auf dieser Grundlage hätte eine Erziehung zur Nachhaltigkeit eine Chance.

19.8 Einschränkungen in der Erziehung zur Nachhaltigkeit

Eine erste Einschränkung ergibt sich aus der *demokratischen Kurzsichtigkeit*. Paradoxerweise ist die Demokratie für einen Übergang zur Nachhaltigkeit sowohl das notwendige Medium wie auch dessen größtes Hindernis. Demokratie beruht auf wissentlicher Zustimmung. Ohne die Unterstützung der Bevölkerung kann keine Regierung regieren, worum es sich auch immer handeln mag. Verständlicherweise stören demokratische politische Institutionen wie die Lobbies die regelmäßigen, allgemeinen Wahlen und von den Medien erzeugter öffentlicher Unmut alle langfristigen Ziele der Nachhaltigkeit. Ebenso verständlich ist es, daß eine Ideologie, die die Eigeninteressen und das Interesse für die Zukunft der eigenen Familie favorisiert, der Hilfe für die Benachteiligten und jene noch nicht geborenen Menschen entgegensteuert - sofern nicht die Art der Auswahl, die getroffen werden muß, in irgendeiner Form in unpersönliche Begriffe übersetzt werden kann. Daher liegt der Fehler nicht so sehr in der Demokratie begründet, sondern in den Institutionen, die Kurzsichtigkeit und Selbstsucht in die individuellen Vorlieben und politischen Prioritäten hineintragen, dagegen das Teilen und gegenseitige Hilfe als Unding betrachten.

Eine weitere Einschränkung erwächst aus den Effekten einer *wertbesetzten Semantik und Sprachsymbolik*. Dies meint, daß Begriffe wie «Eigeninteresse» und «Opfer» negativ belegt sein können. Der erste deutet auf ein «zuerst Ich» hin, der zweite auf ein «Du zuletzt». Dies ist nicht die Sprache des Gaia-Konzepts. In der Wirklichkeit des Gaia-Konzepts verweist das Eigeninteresse auf ein gemeinsames Interesse. Die Tropenwälder werden nicht zufällig unberührt bleiben: wenn sie größtenteils abgeholzt sind, ist das ein Verlust für uns alle. Und alle nachfolgenden Generationen werden sich einer ärmer gewordenen Welt gegenübersehen. Den Interessen der Tropenwaldbewohner und der Länder, denen der Tropenwald gehört, dienen wir alle am besten, wenn wir uns am Erhalt und der nachhaltigen Verwaltung dieser prächtigen Ressource beteiligen.

Somit stellt es kein «Opfer» dar, wenn wir heute unseren Verbrauch etwas einschränken, um für morgen noch mehr vom Tropenwald übrigzubehalten. Ebensowenig ist es ein «Opfer», einen bestimmten Betrag nachweislichen Überkonsums heute zu reduzieren, damit andere ihren Grundbedarf besser decken können. Wohltätigkeit wird zumeist als bürgerliches Schuldeingeständnis betrachtet. Sie sollte aber ein Effekt der Emanzipation und der Freude sein, anderen zu helfen, damit wir alle gemeinsam in einer nachhaltigen Welt leben können.

Doch wir haben uns *vom Wissen um die Konsequenzen unserer Bedürfnisse entfremdet*. Diese Unfähigkeit, zu erkennen, welche «Fußspuren» wir in den Lebenserhaltungs-Systemen der Erde hinterlassen, ist nicht nur ein Moment wissenschaftlicher Ignoranz, wenngleich sie teilweise sicherlich auch das ist. Die Trennung von Ursachen und Wirkungen ist in unserem Lebensweg, in unseren regulativen Strukturen, in unserem ökonomischen Leben als Konsumenten und in unserem politischen Leben als Wähler tief verwurzelt. Wir erlauben es wirtschaftlichen Strukturen fortzubestehen, selbst wenn wir wissen, daß sie nicht dem Prinzip der Nachhaltigkeit gehorchen. Wir wählen Regierungen, die unsere Ignoranz der Bedürfnisse und ihrer Folgen noch fortschreiben. Wir tolerieren Verpackungen, Werbung, Reisemechanismen, Straßensysteme, die die Nachhaltigkeit an jeder Stelle unterlaufen. Erziehung zur Nachhaltigkeit sollte unser Bewußtsein erweitern und unser Gewissen anstacheln. Ursprung und Befähigung dazu wäre die Einsicht in die zahllosen Widersprüche, die unser öffentliches und privates Leben bestimmen. Wir sind wahrscheinlich nicht in der Lage, alle diese Ungereimtheiten zu lösen, aber wir sollten uns ihrer ständig bewußt sein und zu erkennen versuchen, warum sie existieren und wie sie in den wirtschaftlichen und politischen Strukturen, die uns bestimmen, so fest verankert sind.

Bedauerlicherweise beinhaltet die moderne Erziehung *keinen Anspruch auf Lehrplaninhalte zur Verknüpfung von Umwelt und Entwicklung*, keinen gemeinsamen Kern von Materialien, die allen jungen Menschen unabhängig von ihrer Bildung oder Ausbildung offenstehen. Zusätzlich gibt es herzlich wenig *Interdisziplinarität in den Umweltwissenschaften*. Wie in der Einführung bereits angesprochen, meint Interdisziplinarität nicht die bloße Eingliederung von Disziplinen. Sie ist vielmehr eine Frage der Beziehung der Wissenschaften zu den verschiedenen Wegen, mit denen wir die Welt wahrnehmen, begreifen und erfühlen. Diese Wege des Lernens werden ihrerseits von den sozialen Netzwerken bestimmt, die uns und unsere Wege des Lernens beinflussen und uns umgeben. Interdisziplinarität besteht in der Verknüpfung wissenschaftlicher Methoden mit den eher vertrauten Wegen des Lernens und der Erfahrung. Dies hilft uns, der

Wissenschaft ihren Platz zuzuweisen - einen wichtigen, aber nicht notwendigerweise den wichtigsten.

Alle Ressourcen weisen eine Qualität auf, die sie zu einem gemeinschaftlichen Besitz aller macht: sie bilden die Grundlage aller Lebensprozesse auf der Erde - somit sind Ressourcen sowohl das Eigentum der ökologischen Prozesse selbst als auch einzelner Individuen sowie der Eigentümer der gesetzlichen Besitzdokumente. Dieses doppelte Verständnis von Besitzrechten bildet die eigentliche Grundlage für echtes Weltbürgertum.

Möglicherweise können wir unsere Erfahrungen mit dem Übergang zu einer nachhaltigen Gesellschaft durch «verschwisterte Niederlassungen» in der entwickelten und der sich entwickelnden Welt auch verdoppeln. Welchen besseren Weg erzieherischer Erfahrung kann es geben, als ein gemeinsames Bündnis auf dem Weg zur Nachhaltigkeit einzurichten!

Schließlich müssen wir die Wände unsereres «Klassenzimmers» öffnen. Das «Klassenzimmer» besteht nicht aus den vier Wänden einer Schule oder eines Gebäudes für höhere Ausbildung. Es ist die einschränkende Kabine unserer alltäglichen Erfahrungen, die betäubende Barriere der Bequemlichkeit und der Vermeidung von Erfahrungen, wodurch wir dazu gebracht werden, auf nichtnachhaltige Weise gegen unser Gewissen (wie es im Gaia Konzept bestimmt ist) zu leben. Die «Klassenzimmer» von morgen sollten aus der Summe örtlicher Initiativen für einen Übergang zur Nachhaltigkeit gebildet werden. Dies sind die Laboratorien des Lernens und der Ausbildung. Wenn wir zu beweisen versuchen, daß wir damit beginnen können, werden vielleicht auch die Politiker daran glauben, daß eine «Schule ohne Klassenzimmer» das eigentliche politische Handlungsfeld für die Gestaltung einer Demokratie ist, die bereit und gewillt ist, die lange und beschwerliche, aber unendlich lohnenswerte Reise zur Nachhaltigkeit auf sich zu nehmen.

Literaturverzeichnis

Allott P (1990) Eunomia: new order for a new world. Oxford University Press, Oxford

Birnie P (1991) International environmental law: its adequacy for future needs. In: Hurrell A, Kingsbury B (eds) The international politics of the environment. Clarendon Press, Oxford, pp 51-84

Birnie P, Boyle S (1992) International environmental law. Butterworth, London

Brown Weiss E (1989) In fairness to future generations: International law, common patrimony and intergenerational equity. Dobbs Ferry, New York

Dasgupta P (1992) The environment as a commodity. In: Helm D (ed) Economic policy towards the environment. Blackwell, Oxford, pp 25-51

Fox WR (1992) Towards a transpersonal ecology: developing new foundations for environmentalism. Shambhala Press, Toronto

Haas PM, Levy MA, Parson EA (1992) Appraising the Earth Summit: how should we judge UNCED's success? Environment 34/8:6-12

Kenny A (1994) The earth is fine: the problem is the greens. The Spectator 11 March:3–7
Lovelock J (1992) Gaia: the practical science of planetary medicine. Gaia Books, London
Maler KA (1992) International environmental problems. In: Helm D (ed) Economic policy towards the environment. Blackwell, Oxford, pp 156–201
Naess A (1989) Ecology, community and lifestyle: outline of an ecosophy. Cambridge University Press, Cambridge
Rowlands I (1993) The fourth meeting of the parties to the Montreal Protocol: report and reflection. Environment 35/6:25–34
Sachs W (1993) Global ecology: a new arena of political conflict. Zed Books, London
Schelling T (1972) On the ecology of micromotives. The public interest 25:61–78
Schneider SH (1990) Debating gains. Environment 32/5:5–9, 30–32
Schneider SH, Boston PJ (eds) (1991) Science of gaia. MIT Press, Cambridge, Mass.
Warr K (1991) The ozone layer. In: Smith PM, Warr K (eds) Global environmental issues. Open University Press, Milton Keynes, pp 121–171
Young O (1992) International environmental governance: building institutions in an anarchical society. In: IIASA, Science and sustainability. International Institute for Applied Systems Analysis, Laxenburg, pp 245–369

Weiterführende Literatur

Neuerdings gibt es eine große Auswahl an Büchern zu den Themen internationale Umweltpolitik und -recht. Dies ist auf steigendes Interesse zurückzuführen. Empfehlenswert ist folgendes:

Birnie P, Boyle S (1992) International Environmental Law. Butterworth, London
Hurrell A, Kingsbury B (1992) The international politics of the environment. Clarendon Press, Oxford
O'Riordan T, Turner RK (1983) The commons theme. In: O'Riordan T, Turner RK (eds) An annotated reader in environmental planning and management. Pergamon, Oxford, pp 265–288
Porter G, Brown Welsch J (1992) Global environmental politics. Westview Press, Boulder, CO
Sand P (1994) International environmental law. Earthscan, London
Sjostedt G, Svedin U, Aniansson BH (1993) International environmental negotiations: process, issues and contexts. The Swedish Institute of International Affairs, Stockholm
Thomas C (1992) The environment in international relations. Royal Institute for International Affairs, London

Es gibt noch ziemlich wenig Literatur über die Erziehung zur Nachhaltigkeit. Einiges an gutem Material wird vom Forum for Education for Sustainability, International Institute for Environment and Development, 3 Endsleigh Street London WC1H ODD, bereitgestellt. Siehe auch: Scottish Office (1993) Learning for life: a national strategy for environmental education in Scotland (The Scottish Office, Edinburgh).

Empfohlene Zeitschriften

Umweltmanagement verbessert sich durch Forschung. Kritische Fachzeitschriften berichten über die besten Ideen und neuesten Perspektiven. Will man mit dem sich rasch verändernden Markt mithalten, empfiehlt sich die regelmäßige Lektüre folgender, von den Mitautoren empfohlener Zeitschriften.

Umweltpolitik und Wissenschaft

Die klassischen Wissenschaftsmagazine *Nature*, *Science* und *New Scientist* liefern regelmäßig Besonderheiten und Berichte über Fragen der Umweltpolitik und die Bedeutung neuer Ergebnisse wissenschaftlicher Ergebnisse. *Environment* ist eine monatlich erscheinende Zeitschrift, die eine große Bandbreite umweltwissenschaftlicher Berichte abdeckt und es wert ist, gelesen zu werden. Auf ähnliche Weise bringt *Ambio* anspruchsvolle wissenschaftliche Berichte, die auch für den nicht spezialisierten Leser von Interesse sind. *The Ecologist* umfaßt sowohl Umweltthemen des Nordens als auch des Südens: zwar auf gewisse heitere Art radikal, aber immer anregend. Die führende Zeitschrift in bezug auf Belange globaler Veränderung mit interdisziplinärer Perspektive ist *Global Environmental Change*. *Environmental Politics* ist ein Neuzugang der Szene, bietet jedoch eine gute Auswahl an zeitgenössischer politischer Analyse. Außerdem stellt sie eine Fundgrube ökologisch orientierter Ideen dar, ebenso wie eine weitere neuere Zeitschrift, *Environmental Values*. Letztere und *Environmental Ethics* bieten einen herausragenden Überblick über ideologische und ethische Fragestellungen.

Umweltökonomie und Ressourcenmanagement

Die zugänglichsten Zeitschriften sind *Ecological Economics* und *Journal of Resource and Environmental Economics*. Beide umfassen Forschungsberichte angewandter Umweltökonomie. Das *Journal of Environmental Economics and Management* bewegt sich auf sehr fortgeschrittenem Niveau, ist jedoch nur für ausgesprochene Spezialisten von Interesse. Das *Journal of Environmental Management and Planning* deckt bezüglich der Landnutzung sowohl ökonomische als auch Aspekte des Management ab. Dem Fachmann erschließt sich in *The American Journal of Agricultural Economics*, *Journal of Agricultural Economics*, *Land Economics* und *American Economic Review* bedeutsames Material. Auf verständlicherem Niveau geben *Project Appraisal*, *The Environmentalist* und *Environmental Management* vielzählige hervorragende Fallstudien innerhalb der angewandten Ökonomie und Planung wieder. *Town and Country Planning* und *The Planner* handeln aktuelle thematische Fragestellungen auf lebendigere und allgemeine Art und Weise ab.

Ökosystemmanagement und Umweltethik

Die wichtigsten Zeitschriften über angewandte Ökologie sind *Journal of Biological Conservation*, *Journal of Environment Management*, *Biodiversity and Conservation* und *Conservation Biology*. Jede beinhaltet hochinteressantes Material über Fallstudien. Auf allgemeinverständlicherem Niveau, vor allem für Landschaftsmanagement, sind *Ecos*, *Land Use Planning* und *Journal of Rural Studies* empfehlenswert.

Ozeane und Küsten

Die beste Zeitschrift für Küstenforschung ist *Marine Policy*, obwohl sie auch eine gute Auswahl von Themen der Fischerei bereithält. *Marine Pollution Bulletin* ist eine lebendig aufgemachte Zeitschrift mit vielen aktuellen Artikeln. Küstenthemen finden sich in *Estuarine*. Auf grundlegendem Niveau ist als lesbares Magazin *Ocean Challenge* zu nennen, während *Oceanus* sehr bunt und für jeden, der sich für die Meere interessiert, geeignet ist. Als Zeitschrift, die sich mit neuen ozeanographischen Theorien und Beobachtungen beschäftigt, sei *Deep-Sea Research* empfohlen.

Bodenerosion und Landdegradation

Die drei nützlichsten Zeitschriften hier sind *Land Degradation*, *Journal of Soil and Water Conservation* und *International Agricultural Development*. Jede bietet gute Fallstudien aus allen Teilen der Erde.

Hydrologie und Hydrogeologie

Journal of Hydrology und *Water Resources Research* sind die wichtigsten Veröffentlichungen, obwohl auch *Ground Water* und *Journal of Contaminant Hydrology* empfehlenswert sind.

Luftverschmutzung, Energie und Risiko

Atmospheric Environment ist hier eines der wichtigsten wissenschaftlichen Journale. Untergeordnete, aber brauchbare Zeitschriften sind *Environment and Technology* und *Journal of Air and Waste Management Association. Risk Analysis* ist in bezug auf Gesundheit, Sicherheit und soziale Begrifflichkeit die bei weitem umfassendste Publikation. Die zuverlässigste Quelle für Energiebelange ist *Energy Policy*.

Umweltrecht

The Journal of Environmental Law ist der nützlichste Überblick über Belange der Planung und des Rechts, aber *Journal of Environment and Planning Law* ist von unschätzbarem Wert als Austauschbörse in Fragen der jüngsten Gesetzgebung. *Environmental Policy and Practice* beinhaltet eine Vielzahl aktueller, aus juristischer Perspektive entstandener Artikel über Umweltpolitik und -management. Was das internationale Umweltrecht angeht, so werden zwei Publikationen empfohlen: *Review of European Community and International Environmental Law* und *European Environmental Law Review* bieten einen wertvollen Überblick über europäische und internationale Belange.

Deutschsprachige Literatur

Bächler G, Böge V, Klötzli S u.a. (1993) Umweltzerstörung: Krieg oder Kooperation? Ökologische Konflikte im internationalen System und Möglichkeiten der friedlichen Bearbeitung. Agenda, Münster

Backhaus R, Grunwald A (Hrsg) (1995) Umwelt und Fernerkundung. Was leisten integrierte Geo-Daten für die Entwicklung und Umsetzung von Umweltstrategien? Wichmann, Heidelberg

Bauer A (1993) Der Treibhauseffekt. Eine ökonomische Analyse. Mohr, Tübingen

Beckenbach F (Hrsg) (1991) Die ökologische Herausforderung für die ökonomische Theorie. Metropolis, Marburg

Csaplovics E (1992) Methoden der regionalen Fernerkundung. Anwendungen im Sahel Afrikas. Springer, Berlin

Daecke SM (Hrsg) (1995) Ökonomie contra Ökologie? Wirtschaftsethische Beiträge zu Umweltfragen. Spektrum Akademie, Heidelberg

Drake F-D (1996) Kumulierte Treibhausgasemissionen zukünftiger Energiesysteme. Springer, Berlin

Elkington J (1992) Umweltfreundlich einkaufen. Droemer Knaur, München

Elkington J, Burke T (1989) Umweltkrise als Chance. Orell Füssli, Zürich

Endlicher W (1986) Fernerkundung und Raumanalyse. Wichmann, Karlsruhe

Endres A (1994) Umweltökonomie. Wiss. Buchges., Darmstadt

Erdmann K-H, Kastenholz HG (Hrsg) (1995) Umwelt- und Naturschutz am Ende des 20. Jahrhunderts. Probleme, Aufgaben, Lösungen. Springer, Berlin

Flemmig G (1991) Einführung in die angewandte Meteorologie. Akademie-Verlag, Berlin

Hauff M von, Schmid U (Hrsg) (1992) Ökonomie und Ökologie. Ansätze zu einer ökologisch verpflichteten Marktwirtschaft. Schäffer-Poeschel, Stuttgart

Jänicke M, Bolle H-J, Carius A (Hrsg) (1995) Umwelt Global. Veränderungen, Probleme, Lösungsansätze. Springer, Berlin

Kelletat D (1989) Physische Geographie der Meere und der Küsten. Teubner, Stuttgart

Korte F, Bahadir M (1992) Lehrbuch der ökologischen Chemie. Grundlagen und Konzepte für die ökologische Beurteilung von Chemikalien. Thieme, Stuttgart

Kranvogel E (1994) Neue Konzepte für die Klimapolitik. Lang, Frankfurt a.M.

Krumm R (1996) Internationale Umweltpolitik. Eine Analyse aus umweltökonomischer Sicht. Springer, Berlin

Kugeler K, Phlippen P-W (1993) Energietechnik. Technische, ökonomische und ökologische Grundlagen. Springer, Berlin

Löffler E (1985) Geographie und Fernerkundung. Eine Einführung in die geographische Interpretation von Luftbildern und modernen Fernerkundungsdaten. Treubner, Stuttgart

Lovelock J (1991) Das Gaia-Prinzip. Artemis und Winkler, Zürich

Lovins AB (1978) Sanfte Energie. Rowohlt, Reinbek b. Hamburg
Malberg H (1994) Meteorologie und Klimatologie. Eine Einführung. Springer, Berlin
Maslow AH (1991) Motivation und Persönlichkeit. Rowohlt, Reinbek b. Hamburg
Matschullat J, Müller G (Hrsg) (1994) Geowissenschaften und Umwelt. Springer, Berlin
May RM (Hrsg) (1980) Theoretische Ökologie. Verlag Chemie, Weinheim
Meadows DL (1973) Die Grenzen des Wachstums. Rowohlt, Reinbek b. Hamburg
Meadows DL (1974) Das globale Gleichgewicht. Dt. Verl. Anst., Stuttgart
Merton RK (1980) Auf den Schultern von Riesen. Ein Leitfaden durch das Labyrinth der Gelehrsamkeit. Syndikat, Frankfurt a.M.
Merton RK (1985) Entwicklung und Wandel von Forschungsinteressen. Suhrkamp, Frankfurt a.M.
Organisation für wirtschaftliche Zusammenarbeit und Entwicklung (OECD) (Hrsg) (1993) Umweltpolitik auf dem Prüfstand. Bericht der OECD zur Umweltsituation und Umweltpolitik in Deutschland. Economica, Bonn
Organisation für wirtschaftliche Zusammenarbeit und Entwicklung (OECD) (Hrsg) (1992) Umwelt global. Dritter Bericht zur Umweltsituation. Economica, Bonn
Pearce F (1990) Treibhaus Erde. Die Gefahren der weltweiten Klimaveränderungen. Westermann, Braunschweig
Sietz M (Hrsg) (1994) Umweltbewußtes Management. Umwelt-Checklisten, Umweltbetriebsführung, Ökoauditing, Abfallmanagement, UVP, Umweltrisikoanalyse, Umweltgesetze, Umwelthaftung, Umweltinformation, Umweltkommunikation. 2. vollst. neubearb. Aufl. Blottner, Taunusstein
Sietz M (Hrsg) (1995) Öko-Audit: Umwelthandbuch. Konzept, Organisation und Inhalt am Beispiel eines mittelständischen Unternehmens. Blottner, Taunusstein
Steger U, Timmermann M (Hrsg) (1993) Mehr Ökologie durch Ökonomie? Springer, Berlin
Toynbee AJ (1979) Menschheit und Mutter Erde. Die Geschichte der großen Zivilisationen. Claassen, Düsseldorf
Vischer D, Huber A (1993) Wasserbau. Hydrologische Grundlagen, Elemente des Wasserbaus, Nutz- und Schutzbauten an Binnengewässern. Springer, Berlin
Voss G (1994) Sustainable development. Leitziel auf dem Weg in das 21. Jahrhundert. Dt. Inst.-Verlag, Köln
Warnecke G (1991) Meteorologie und Umwelt. Eine Einführung. Springer, Berlin
Welfens MJ (1993) Umweltprobleme und Umweltpolitik in Mittel- und Osteuropa. Physica, Heidelberg
Wicke L (1991) Umweltökonomie und Umweltpolitik. dtv, München
Wicke L (1993) Umweltökonomie; eine praxisorientierte Einführung. Vahlen, München
Wilson EO (1992) Ende der biologischen Vielfalt? Der Verlust an Arten, Genen und Lebensräumen und die Chancen für eine Umkehr. Spektrum Akad. Verl., Heidelberg
Wissel C (1989) Theoretische Ökologie. Eine Einführung. Springer, Berlin

Sachverzeichnis

Springer-Verlag und Umwelt

Als internationaler wissenschaftlicher Verlag sind wir uns unserer besonderen Verpflichtung der Umwelt gegenüber bewußt und beziehen umweltorientierte Grundsätze in Unternehmensentscheidungen mit ein.

Von unseren Geschäftspartnern (Druckereien, Papierfabriken, Verpackungsherstellern usw.) verlangen wir, daß sie sowohl beim Herstellungsprozeß selbst als auch beim Einsatz der zur Verwendung kommenden Materialien ökologische Gesichtspunkte berücksichtigen.

Das für dieses Buch verwendete Papier ist aus chlorfrei bzw. chlorarm hergestelltem Zellstoff gefertigt und im pH-Wert neutral.

Druck: Saladruck, Berlin
Verarbeitung: Buchbinderei Lüderitz & Bauer, Berlin